宝典级房地产精益成本管理丛书

房地产·建筑
设计成本优化管理

主　编　侯龙文　曹德志　秦长金

副主编　刘志仁　邓明政

中国建材工业出版社

图书在版编目（CIP）数据

房地产·建筑设计成本优化管理 / 侯龙文编著.
—北京：中国建材工业出版社，2016.5
ISBN 978-7-5160-1436-3

Ⅰ.①设…　Ⅱ.①侯…　Ⅲ.①建筑设计—成本管理
Ⅳ.① TU723.3

中国版本图书馆 CIP 数据核字（2016）第 080266 号

房地产·建筑设计成本优化管理

侯龙文　编著

出版发行：中国建材工业出版社
地　　址：北京市海淀区三里河路 1 号
邮　　编：100044
经　　销：全国各地新华书店
印　　刷：北京鑫海金澳胶印有限公司
开　　本：787 mm×1092 mm　1/16
印　　张：43.5
字　　数：993 千字
版　　次：2016 年 5 月第 1 版
印　　次：2016 年 5 月第 1 次
定　　价：168.00 元

网上书店：www.jccbs.com.cn　　微信公众号：zgjcgycbs

本书如出现印装质量问题，由我社营销部负责调换。联系电话：（010）88386906

前　　言

　　房地产开发和建筑设计是房地产开发过程中的首要环节，是将房地产开发决策、规划的各项内容具体化的过程，也是决定房地产开发项目成本造价和经济效益的重要因素。

　　当前，房地产开发企业最突出的问题是土地成本、人工成本和建安成本的急剧增加，导致房地产开发的利润持续下降。作者在长期的培训、咨询、顾问中研究发现，房地产开发与建筑的成本造价与设计的关系密不可分，设计的经济合理性直接关系到房地产建造成本的高低。而通过设计优化与优化设计，可为房地产项目提升价值，节省成本，降低造价，提高利润。

　　目前国内房地产开发和建筑设计阶段的成本控制还处于瓶颈状态，设计管理和事前成本管控相结合方面的意识、体制、机制还没有形成，设计阶段成本控制的领头羊作用还未得到重视。如何解决房地产项目开发规划、设计阶段成本造价控制中的难题，提高规划、设计阶段的成本造价控制成效仍没有切实可行的方法，以上这些问题严重影响着房地产企业成本造价的降低和利润的提升。如何正确认识房地产项目及建筑设计并通过设计优化提升房地产项目价值和利润是本书研究、讨论的主题。

　　本书写作、研究、讨论的目的为：一方面通过房地产开发与建筑设计的优化，挖掘项目潜力，突显项目亮点，打造综合性价比最高的产品来提高房地产企业的综合效益；另一方面，通过整合运用价值工程(VE)＋成本企划（TC）＋稳健性设计优化技术方法，降低项目成本，提升项目价值，提高项目利润。

编　者

目　　录

导论　优化设计及其价值

之前我们一直在犯一个概念性的错误,认为设计优化与优化设计就是削减工程成本。开始研究并写作此书,我才对设计优化和优化设计有了深刻的理解和认知:设计优化、优化设计既为节省工程造价(成本),让设计更经济、更合理,也为设计的建筑产品更优质、更安全、更适用、居住更舒适,直接回到了设计的原点,即"安全、适用、经济"的基本原则。设计优化和优化设计关乎建筑产品的品质、功能、安全性、可靠性,同时关乎建筑产品的成本、效益、可持续发展、科学发展观。设计优化、优化设计的概念完全颠覆了传统的设计概念。

一、优化设计的概念

优化设计的英文名是 optimization design,是从多种方案中寻求最佳或最合理的设计方案的设计过程方法。它以最优化理论为基础,以计算机为手段,根据设计所追求的性能目标,建立目标函数,在满足给定的各种约束条件下,寻求最佳的设计方案。就是在所有"可行的"设计方案中寻找一个"相对最优的"设计方案,使房地产项目变得相对更优秀,少花钱、多赚钱。

我们可以这样通俗易懂地解释优化设计的含义:明明这个人只有 1.68 米的身高,却给他做了适合 1.8 米身高人穿的衣服,虽然也能穿,但是有浪费。量体裁衣,这种节省是切切实实的。

优化设计是从本身概念出发提出了全新的经济设计理念,更注重的是设计工作的综合管理,以及设计工作对项目造价控制的前后延伸。主要是注重考虑方案的可行性、使用的合理性、新工艺的合理利用、建造的可施工性等,考虑项目的综合效益。

而即便如此,大量的片面的理解、错误的认识与说法,仍然充斥在我们的身边,特别是很多的建筑设计师在工作中都曾面临设计优化推进的尴尬,如"建筑设计是一个严肃的事情,安全第一,不能为了省钱而降低安全保险系数"。这尴尬里面,既有我们面对设计领域专业性较强的客观困难,也有我们对于设计优化与优化设计理念知之甚浅的主观原因。

二、建筑优化设计

成本造价控制是房地产企业永恒的话题,作为一个建筑设计师,怎样用最低的成本造价建造出最优秀的房子,怎样在这似乎不可调和的矛盾中寻求一个最佳的平衡点,满足开发商对建筑结构的期望和社会、客户(业主)对结构安全度的要求,这就需要建筑设计师的优化设计的水平。

建筑设计优化涵盖的内容很广,既是一个建筑、结构、机电、景观、装修、消防等多专业可独立实施的过程，也更需要设计与施工多领域、建筑与结构等多专业统筹考虑、互动沟通、综合协调、追求整体优化效果的过程。在设计优化和优化设计工作上，切不可孤立的追求某一单体成本造价的最低，而需要全面考虑总体的节约才是真实的节约；也不可片面的追求成本造价的最低，而需要全面考虑项目总体目标的优化匹配。事实上，设计优化、优化设计是一个精细化、精益化设计的过程，同时精细化、精益化能够从细微之处节省大量的成本。要做到根据每个建筑的不同特性、个性去做精细化、精益化的设计，"优生优育"，尽量减少建筑怪胎的出现，就必须要将优化设计置于房地产开发项目的初始端（源头），做到"未雨而绸缪"。

建筑优化设计，安全第一，主张在不降低安全储备的前提下满足建筑安全、质量、功能的需要，也就是在保证建筑安全与功能的同时节省成本。这既是社会的需要、业主的需要，也是对设计人员设计水平的磨练。设计就是一道菜，凭着设计师的职业经验和扎实的理论基础，理解规范、标准的精髓，从大处着手，高屋建瓴，该加盐的时候加盐，该放水的时候放水，好吃的菜是没法用度量衡来计量的，反对死抠钢筋，该加强的地方别犹豫，该削弱的地方别胆小。

三、建筑结构优化设计

1.传统意义上的结构设计

传统的建筑结构设计方式，一般遵循"假设→分析→校核→重新设计"的主要过程，设计人员凭借自己的设计经验或者参考已经完工的类似的设计案例确定基本的设计方案，进而进行刚度、稳定性、承载力、尺寸等方面的计算、演算或者校核，只要符合规范标准，满足强制性或者构造要求即可。这种设计方法其实只注重了对结构本身分析。它是建立在分析的层面上进行的设计，一般只能依靠操作人员的理论经验，通过反复的校核来实现设计改进工作；或者有的做出多个可行的方案，然后对其进行各种数据比较得出一个比较合理的设计方案。这其实是一种一贯按部就班的常规设计模式。

2.结构优化设计

"设计"一词本身就有优化的意思。一个设计师如果用价值工程（*VE*）原理（刚度条件＋强度条件＋几何约束条件）→*F*(功能函数＋重量＋几何尺寸）→*C*(成本或造价），通过*F/C*去求得*V*(价值指数）最优，也可以这样说，结构优化设计就是在可行域内用优化的方法去搜索所有的设计方案，并从中找到最优设计方案。

结构设计优化的思想源于100多年前，Maxwell(1890)和Miehell(1904)发表的"关于最小体积构架结构设计问题"论文，是从所有不同的可行设计方案中选择最满意的一种方案，其思想内涵不仅仅是追求体积最小或重量最轻，其宗旨是要达到一种资源合理的优化配置，即在同样成本约束条件下得到性能更合理的设计方案，或在同样性能要求下得到成本更低的设计方案。

结构的优化设计与传统的结构设计有一样的设计过程，也要经过设计（拟定各部分尺寸）、校核（是否满足规范等要求），修改设计、再校核，如此反复进行，直到找到理想方案为止。所不同的是，传统的结构设计过程的安全性、经济性缺乏衡量的标准，而最优设计是在一个明确特定指标（如结构的体积最小、重量最轻、成本造价最低）下来说明结构的经济性与安全性，并在保证结构安全合理的前提下进行设计的优化工作，从所有的设计方案中选取最好（最合理）的方案后进行后续施工图设计，从而避免不必要的人（人工）、材（材料）、机（机械）、资（资金）等资源的浪费。这是传统结构设计所不可比拟的。

四、房地产建筑优化设计的价值

房地产企业最关注的就是成本、安全和质量。然而要做到三者兼顾并不容易。在保证安全度、舒适度的同时，往往会增加成本的投入；而单纯为了减少成本投入，却易导致品质下降、安全性降低。而优化设计师恰恰能够通过优化设计，来保障建筑的安全和功能，提升产品质量并有效控制和减少成本。

作为房地产企业，优化设计是让建筑产品的安全性更高、建筑的品质更好、而投入的成本造价相对最少。万达很早就开始关注地产优化设计并深刻体会到了优化设计的益处，确实为建造和运营节省了大量成本：以广州白云万达广场项目为例，为优化设计投入了 200 多万元，建造和运行成本反而节省了 7000 多万元。

五、房地产建筑优化设计的价值贡献：帕萨特进去劳斯莱斯出来

以前有过一个广告，是说做什么投资，桑塔纳进去，奔驰出来，言下之意是投入少产出大的意思。其实这句话用于房地产建筑优化设计更为适当。据我们多年房地产建筑优化设计咨询顾问经验显示，一个 20 万 m² 的项目，进行建筑设计优化基本可以为客户节省 8000 万甚至上亿的成本造价，项目方案设计整体策划提升的价值更高，而收取的咨询顾问费不过是区区很小的一部分——节省额的 30%。所以，这句话用于房地产建筑优化设计给房企带去的价值再恰当不过——优化设计咨询服务进去，劳斯莱斯价值出来！

第1章 房地产设计成本控制存在的
问题与影响因素

第一节 建筑设计理念对房地产开发项目成本的影响

一、"唯规划论"设计理念对设计成本造价的影响

唯规划论就是指严格按政府规划主管部门批复的总体规划要求，对于市场/客户需求则不予关注或较少关注。从表面上看这种做法既符合原则又给了建筑设计师一定的创作空间，但由于规划主管部门批准的规划条件是基于城市发展宏观上考量的，侧重于建筑技术指标的合理性，没有充分考虑区域市场的市场竞争情况和土地的市场价值。在此情况下，完全按规划条件完成产品设计，则既不能够最大限度地实现土地的商业价值，也可能使产品趋于与竞争对手同质。这样的操作方式对产品的市场诉求是致命性的，没有挖掘出地块的应有价值，无法形成产品规划上的差异化；规划上的卖点不突出，入市的价格不能获得溢价的优势；产品的技术指标无法完成优化配置，达不到最高获益目标，等等。如北京西部万柳区域市场中的某项目，其西临昆玉河和绿化带，是区域市场中距离万柳生态公园最近的一个项目，其地块的自然景观条件非常优越，且项目具有一定的规模优势。但在该项目的总体规划中没有充分考虑自然环境优势，仅按传统的板楼布局方式使楼座呈行列式排列。该项目的设计师在项目规划时没有认真推敲景观资源，仍沿用了原有的规划布局，导致项目中真正可观赏昆玉河的户型很少，和竞争对手相比没有明显的差异化竞争优势，最终项目以低价入市，靠大规模广告宣传进行市场竞争，形成销售成本过高，销售周期长，增加了财务成本，没有形成品牌效应。虽然造价控制的比较好，但也是单方面的控制，没有和设计形成一致性。

二、"唯建筑论"设计理念对设计成本造价的影响

唯建筑论是指不考虑区域市场的差异性，不是从项目目标定位出发而是完全从建筑技术的角度考虑设计方案。很多开发商设计控制力量薄弱，而且没有聘请专业咨询公司，目标定位不明确，一切以设计单位的方案为标准，设计人员根据自己的创作喜好完全从建筑的角度编制设计方案，市场方向感不明确，靠推广没有市场基础或实际地域基础的概念来取胜，形成的产品与市场需求错接，可销售面积不能很好地挖掘，产品业态组合不当等，从多方面为产品走向市场创造了障碍，项目成本增高，总收益降低，使得项目收益不能达到最大化。目前，这种现象比较多见。

随着社会经济的发展，人民生活质量的日益提高，购房者对住宅的户型、使用功能、面积和层高等多方面提出了较高的要求。然而设计师往往没有太多的时间和精力，也无

法从多个角度去考虑经济的问题，而是根据设计规范标准的要求和自己的经验并参考类似工程的设计做法来进行设计，最后设计出的方案往往只是可行方案，而不是最合理、最经济的方案。

三、"为控制造价"设计理念对设计成本造价的影响

房地产建筑设计和成本造价控制是矛盾对立的统一体，两者都是在为获得项目效益最大化的原则下开展工作，项目定位为建筑设计的导则，达到产品定位目标的最低投资为造价控制目标。两者配合的目标是同一的，达到项目定位目标，并且花费最低。产品的定位是针对于客户的，客户导向不变，定位目标不能随意改变，因此，设计的目标导向也不能随意改变，造价控制的方式就是促使建筑设计进行优化功能设置和技术方案等影响造价的因素，使用最少的成本达到产品定位目标。成本造价的形成从立项到施工图设计的完成是多次计价的过程，随着设计的逐渐深入，造价会逐步清晰，一般的造价控制是前一阶段的造价计价为下一阶段工作计价的限额，如设计突破限额，则需要以调整设计方案的方式来达到目标限额的目的，这对于公共建筑产品或企业自用建筑来说是行之有效的控制方式，但对于以市场为导向的造价控制不能完全以造价的限额而遏制产品的设计目标，在产品设计的各个阶段，对于产品的功能、配置、内外装修等的设计确定都有一个不同程度的反复修整、雕琢的过程，对于产品定位的要求或因定位的调整，造价的控制目标要和建筑设计密切协作，给予造价相应的调整。这种调整不是说随意满足设计要求，否则造价失去了可控性，而是在原控制限额的基础上，给予变化部分的相应调整，而且要求设计和市场人员充分利用价值工程工具，寻求不变更限额造价的替代因素，或以最少成本的变更限额达到产品调整的目标。如果以限额作为不可调整的目标来规范满足产品定位目标的建筑设计，则会形成本末倒置，使得产品无法达到项目定位的目标，偏离客户的需求方向，造成的后果和决策的失误是相同的。

第二节 影响房地产建筑设计成本的因素

图1.1反映了目前房地产行业在设计阶段成本失控的主要因素。本节主要从设计单位和业主两个方面识别影响房地产开发设计阶段成本的因素。

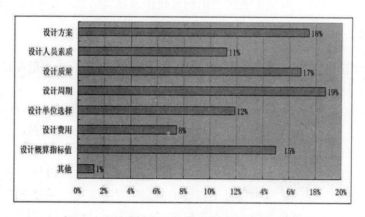

图1.1 影响房地产开发设计阶段成本的主要因素

一、设计单位方面

1. 设计单位的设计理念和技术水平

建筑、结构、设备和水电等专业设计在整个工程设计中相当重要，但个别设计单位不重视其重要性，以致增加了工程造价。如某工程 15 层总建筑面积约 2.6 万 m^2，标准层平面布置基本为 98m×19m 的矩形，建筑设计单位为了效果在南侧的 7～13 层挖去了 32.8m×8.1m 的楼板，14～15 层楼面和屋面板在该处又基本恢复成标准层平面；结构设计采用了跨度为 49.2m 的钢桁架，以上 2 层的屋面采用钢结构梁柱，使用约 180t 的 Q345 钢材（未包括钢骨梁和钢骨柱钢筋）；施工中钢骨柱和钢骨梁中的钢筋穿越钢梁的梁柱节点时非常困难，使用约 7t 的节点板，不但成本造价高，而且影响了工程进度。

建筑设计为了达到立面效果，经常不计成本，如工程钢屋面为弧形曲线，标高 25～28m，面积约 16000m^2，采用氟碳铝镁锰屋面板。为了使屋面达到挺拔硬朗有质感的效果，设计师在屋面上加大了 200mm×200mm 的装饰带和 200mm×100mm 的装饰线，使工程的直接成本达 200 万元。

2. 设计人员缺乏成本造价控制意识

目前的建筑设计人员，大多存在"技术情结"，普遍存在"懂技术、重技术，轻成本、轻造价"的不正确意识。往往从"技术上可行,安全上保险,质量上可靠"出发，设计中"层层附加保险系数"、"算不清,加钢筋"及"肥梁、胖柱、密筋、厚板、深基础"等现象司空见惯；甚至以传统的规范标准为由，拒绝接受科学的、合理的、经济可行的优化措施。设计的保守浪费造成了巨大的建造浪费。据统计，普通高层建筑每平方米用钢量 120kg，有的甚至超过 180kg，而国外设计的 88 层的上海金茂大厦用钢量仅 127kg/m^2。这里面有客观原因（如设计人员由于水平所限，采用了不属最经济的结构形式），也有主观原因，如设计人员为"保险"起见，往往加大截面，提高混凝土强度等级，超量配筋等，这些都造成了建造成本的浪费。

目前设计招标过程很大程度上仍停留在"建筑造型谁独特，谁中标"的阶段，甚至为了片面追求建筑造型独特"不惜血本"，而设计人员往往唯"甲方"是从，盲目配合建筑方案，在追求设计的新奇的同时，往往会忽略方案的成本造价、使用维护成本，形成了"多用钢筋少动脑筋"的现象，导致建造成本难以控制。

因此，作者将设计人员成本造价意识的欠缺作为导致房地产建筑设计成本控制效果不佳的原因之一。

3. 设计人员的职业素养

设计人员的职业素养作为意识形态，对于设计质量的提高有重要的助推作用。然而，现实中仍存在一些问题：

其一，职业认识不到位。由于建筑设计专业出身的设计师在校学习和创作时几乎不受到任何成本造价的限制，他们接受的教育理念多以"安全"、"保险"、"自保"、"创意"为主，往往过多地关注空间结构、平面形式、造型美观等，忽视设计及其施工建造的成本。因此在设计越来越走向市场化的今天，设计人员必须认识到"手下一条线，价值千千万"的道理，设计质量不仅仅是指技术上安全保险，更包括经济的合理，设计人员必须具备成本意识而且将其作为常态性标准之一纳为设计的关注领域中，成本限制并不是额外的添加，而是同创造性一样是设计本质所要求的职业内涵。

其二，职业精神不高。目前多数设计人员不仅缺乏这样的职业认识，而且由于欠缺责任心和职业精神导致的设计错误不胜枚举。例如：某项目因二三层楼梯设计反向致使业主直接经济损失达 18 万元。设计中的种种"错、漏、碰、缺"问题不仅引起返工，而且往往造成高额的造价浪费，这些看似不可思议的错误很大程度上是设计人员的疏忽、大意造成的。不恰当的提高设计保险系数和设计标准，任意提高混凝土强度等级，随意加大梁柱截面等，这些不合理的现象致使造价严重失控。这些归根结底则是职业精神不足。

4. 设计单位和设计人员责任不明确

设计单位和设计人员对成本造价控制的责任缺失是目前房地产建筑设计成本控制不佳的原因之一。因为设计人员必须要对建筑设计的安全性负终身责任，而设计的成本造价与设计单位和设计人员无直接联系，设计人员对任何成本造价的增加、资金的损失和建造的浪费漠不关心，造成设计人员为逃避设计责任，层层加大设计安全保险系数，增大成本造价。所以作者认为设计单位和设计人员成本责任不明确是导致房地产开发项目设计成本失控的原因之一。

5. 设计与成本造价控制分离

在我国工程设计领域一直存在设计与成本造价控制脱节，技术与经济相分离的体制。设计人员认为成本造价是预算人员的工作，设计人员的责任只是"画图"，所以很少考虑如何控制成本造价；而概预算人员由于不熟悉工程技术，也较少了解工程进展中的各种关系，根据有关概预算编制原则机械地编制概预算，不管设计，也不以成本造价来控制或约束设计。因此，设计的形成过程与工程计价之间缺乏有机的联系，形成你搞你的设计，我算我的账，技术与经济脱节，设计阶段的成本造价难以得到有效控制。所以作者认为设计与成本造价控制脱节是导致设计成本失控的原因之一。

6. 电脑依赖症严重

电脑的不断普及，设计软件的发展，给设计人员带来了不小的方便，但是也带来了不少弊端，大有"没有电脑就什么都干不成"、"要想算得快，全靠电脑带"的势头。在这个设计软件泛滥的今天，设计软件良莠不齐，设计人员若没有一定的经验和施工知识，很难把软件用到实处上，往往会造成后期的设计变更。电脑的程序是固定的，而实际的工程却是时时刻刻变化，这就导致了有许许多多的不确定因素是设计软件所不能料及的，设计人员若一味依赖于设计软件，设计出来的结果往往只能满足结构规范，但是在实际中难以施工。过分依赖电脑只关注软件的计算结果，就会把理论知识抛之脑后，不利于自身设计技能的提升和建筑产品本身的经济技术优化。

一些设计单位为了人工成本最小化、利益最大化，把一些设计工作交给一些资质不够的设计人员甚至应届毕业生来负责，他们认为有电脑的辅助，有了以往类似的工程设计实例作为模板，什么人都能胜任。设计人员的资质不足，甚至基础知识不扎实，电脑再精细，也是需要设计人员来操作的，是很容易造成疏漏的。

7. 设计取费方式不合理

设计影响房地产建筑项目成本造价的因素之一是设计费计取方式不合理。当前的设计取费标准往往是以下面两者之一：一是以建筑面积为基数，以一定的系数（如 3000

元 /m²) 计算；一是以项目总投资 (双方商定) 为基数，以一定系数计算。这就导致了设计单位在设计时采取保守方案，使设计方案偏安全保险，相应的工程造价也会增加，设计费用也会随之增加。所以，作者将设计取费方式不合理作为影响房地产建筑设计阶段成本失控的因素之一。

二、业主方面

1. 设计目标不明确

业主往往只关注建设单位让利、招投标中投标价越低越好等，对设计与造价、设计与施工之间的关系认知不够，意识不到设计工作对于项目建设的巨大影响。不少业主缺乏相应的专业知识，对项目应达到的目标及相应的功能要求也不明确，随意性大，很难对设计方案提出设计优化方面的意见，只关注出图时间。同时，业主在选择方案设计中，又特别看重形式，将成本经济指标放在一边；有些业主刻意追求外观奇特、豪华气派，开发商存在着"拍脑袋"的现象，仅凭几张效果图就一拍脑袋做出决策，建造过程不断造成设计变更。因此，作者认为项目设计目标不明确是影响房地产建筑设计成本失控的因素之一。

2. 设计标准不明确

缺乏统一的技术措施或统一做法不利于进行成本控制，若要使得设计单位设计风格相统一，则在项目开始之初就要编订统一的技术标准。例如某小区有多栋住宅楼的设计，虽然是由同一个设计单位完成，但是由不同设计人员完成的不同栋楼的设计做法不同，同样尺寸和功能的房间结构楼板厚度各不相同，有的取 110cm，有的取 120cm，有的取 150cm。可见，缺乏统一的设计标准，使得设计过程中个体特征明显，设计结果凌乱。同时标准的缺失使得后续的评审工作无所适从，主观性强。而设计评审是业主对设计单位提交成果的把关，评审的成败很大程度决定了后续工作中设计变更和工程签证数额，对项目成本有重要影响。因此，作者认为设计标准不明确是影响房地产建筑设计成本失控的因素之一。

3. 设计概预算偏差大，失去引导设计成本控制的作用

设计概预算是在设计阶段对项目预期造价所进行的优化、计算和核定，设计概预算是签订承包合同的依据，考核设计经济合理性的重要参考。对于房地产建筑项目而言更是如此，其成本管控是一个由投资估算、设计概算、施工图预算串联起来的层层细化的过程，概预算是设计阶段成本管理的重要工作。因此作为纲领性的指导和后续工作的依据，设计概预算偏差大，设计阶段成本控制的源头性失误使得其失去引导约束设计成本的作用。所以，作者认为设计概预算偏差大是导致房地产建筑设计阶段成本控制效果不佳的原因之一。

4. 设计合同条款不完善

合同既是产生利润的源泉，也是产生风险的根源。一份规范的合同不仅可以保障双方的权利义务关系，而且可以防范绝大部分的法律风险，从而避免争议的发生。而示范合同文本中缺少因设计方责任导致甲方产生无效成本时的赔偿条款，使得甲方的索赔陷入被动。同时目前我国的建筑设计合同中欠缺管理性条款，一般只是规定了设计进度、

设计收费标准、工程技术要求、设计范围等因素，很少或几乎不对设计单位进行"成本造价限额约束"。所以设计阶段的成本管理缺少合同的约束和保障，管理成效与业主要求相距甚远。因此，作者将设计合同不全面规范作为影响房地产建筑设计成本失控的因素之一。

5. 设计进度安排不合理

目前，开发商（业主）看重短期效益，片面追求项目建设进度，随意压缩设计时间，使得设计管理处于尴尬境地。很多开发商拿到土地后，恨不得一夜之间把小区造好，措施之一就压缩设计周期。作者认为，合理的设计周期是保证设计质量的前提。如果设计阶段没有进行认真地策划，急于赶工的结果就是返工，不但规划设计的质量难以保证，而且会造成经济和工期的损失。其实，设计时间是保证设计质量的前提，但是由于房地产开发项目资金投入大、市场风险高、销售压力大，开发商出于回收资金的压力往往片面追求项目的营建周期，不合理地压缩设计时间，经常出现方案设计周期过长而导致施工图设计周期较短，设计单位后期加班加点的现象，正所谓"欲速则不达"，时间的紧迫性限制设计师对设计问题的深度思考与解决，设计质量得不到保障，因此设计质量问题难免频频出现，例如：方案的规划不合理、户型设计不满足实际需求、施工过程中变更签证满天飞等等，使得成本控制变成"事后诸葛亮"。可见，设计赶工的代价往往是后期成本的失控。因此，作者认为设计进度安排不合理是导致房地产建筑成本失控的原因之一。

6. 设计管理流程不合理

流程作为设计管理的手段之一是实现设计目标的重要纽带。规范的设计流程是控制体系的保障措施之一，对于房地产开发企业，规范的流程能够让每项工作高效，节约时间成本，而且在合理流程的引导下便于设计和成本的相互联系和相互制约，不管是从设计角度还是管控角度，设计流程管理都不容忽视。设计流程管理有助于对设计实施过程进行有效的监督和控制，协调设计开发与各专业的关系，清晰合理的设计管理流程，一方面保证设计单位、营销策划人员、成本合约人员、工程技术人员等在设计规划部门的协调组织下通力合作，另一方面明确各职能人员与设计的搭接点，利于提高多种专业人员参与设计过程的积极主动性。

流程的缺乏或不合理难免降低团队的合力，使得工作零散化，不利于工作的整体化，比如：设计任务书难以综合多方意见，缺乏指导性；设计各阶段的技术经济分析形式化；成本人员难以及时传递造价信息能动地影响设计等。因此，作者将设计管理流程不合理作为影响房地产建筑设计成本失控的因素之一。

7. 缺乏有效的设计招标管理

目前房地产建筑设计管理中往往采取直接委托的方式，虽然可以缩短建设周期，节约设计组织方面的费用，但却不利于设计成本的控制。设计招标不彻底也是影响设计成本的因素之一，因为业主往往重视方案设计阶段的招标，忽视技术设计和施工图设计的招标工作，导致施工图设计缺乏竞争，设计人员控制成本造价的积极性不高。因此，作者认为缺乏有效的设计招标管理是导致房地产建筑设计成本失控的原因之一。

8. 只重视施工阶段的成本控制，不重视设计阶段的造价控制

开发商普遍对项目施工阶段比较重视。他们普遍存在的一个错觉是：工程成本主要

含在施工阶段的"一砖一瓦"中,加强工程施工监控,就可大量降低成本。为了做到这一点,开发商经常费尽心血,采取多种措施,例如加强预算审查,安排施工全过程材料采购的监控。为了订购"便宜"的材料,开发商亲自出马去"货比三家"等等。然而,项目结束,大楼建成之际,开发商清点"战果",却往往发现一番心血并没有使成本造价有多少下降。因为开发商忽视了对设计阶段的目标成本控制,很少或几乎不对设计单位进行目标成本造价设计限额约束。

9.价值工程优化设计难以开展

价值工程是通过集体智慧和有组织的活动对产品进行功能分析,以最低的全寿命成本可靠地实现产品的必要质量功能,从而提高产品的价值。但由于我国的计价体系是以工序为对象,所以成本与功能难以对接,价值工程难以真正在房地产业界得到广泛应用。所以,作者认为房地产开发企业和设计单位对价值工程技术应用的缺乏是导致房地产建筑设计成本控制效果不佳的原因之一。

由上可见,房企要想在竞争中生存和发展,必须严格控制房地产开发的成本造价,特别是应在规划设计阶段,从各规划及建筑、基础、结构、给排水、供配电、景观等各专业入手,从各个环节入手,运用专业知识,严格控制成本,要像挤海绵一样地把所有成本链中多余"水分"挤出来,尽量节约每一分钱,才能创造更大的项目价值和利润。

从设计降成本,向设计要利润:优化设计帮您省下上千万!

设计阶段是房地产项目成本控制的源头及其重点。大量的项目实践表明,前期策划和设计阶段(项目策划、方案设计、初步设计、施工图设计)影响整个房地产项目成本/造价在80%以上,而工程施工阶段影响成本的可能性一般不会超过20%;设计质量对工程成本的影响高达75%以上,设计质量的好坏直接影响建造成本的多少和建造工期的长短,直接决定人力、物力和财力投入的多少。我们还发现,结构成本是我们所有的客户所最不关注的成本,同时结构成本又占到建安成本的40%~60%,而结构成本还常常由于策划及设计质量的好坏出现非常大的波动,如不同策划及方案的基础选型常常造成上千万元的造价差别;不同的设计结果会导致建筑物每平方米的含钢量相差几十千克,一个20万 m^2 建筑面积的楼盘仅钢筋成本就可能相差几千万元。因此结构成本的优化设计控制就成为整个设计阶段成本管控的重中之重。

据权威统计数据揭示,房地产项目建造成本中平均83%为有效费用,其余的17%均是无效费用,而其中施工阶段可以控制的部分不足无效成本的10%,每20万 m^2 的商住建造项目中,大约会有超过6000万元的资金作为无效投入而付诸流水。

建筑设计优化在房地产开发中的实际价值贡献,我们在咨询顾问服务中感触颇深。且看以下三个案例。

案例一:隐形浪费的消除

某设计公司完成的600万 m^2 住宅小区建设项目,仅钢筋购置费一项用资3.42亿元,经验测算用钢指标较大,超出经验估值。业主解除了合同设计单位后重新委托一家资质、信誉、能力良好的设计单位,其结构专业设计人员优化结构方案,精心结构计算,完成的结构设计成果经造价咨询机构详细计算钢筋用量,钢筋购置费1.98亿元,仅用钢资金一项就节省建设投资 1.44 亿元。该开发商支付了设计公司 1800 万元设计费用，避免了 1.44 亿元（相当于 8 倍设计费）的隐性投资浪费——类似于水电管线的非合理布置，"肥梁胖柱"的混凝土用量增加，不科学的空调系统设计，非简约式的采暖系统布局，结构基础方案中的非必要超挖，用电负荷的超功能计算，建筑用材的不当选取等。诸多"隐性浪费"在建筑设计中随处可见，而这种"隐性浪费"很难被人们发现，也不会引起人们的足够重视。

在竣工验收座谈会上，负责项目前期开发的人员感慨地说：设计费用在建筑安装工程成本中占有很小的百分比，而正是这占有很小百分比的设计单位去完成全过程的建安设计成果，过度压低设计费用，过短的设计周期，挫伤了设计师的创作热情，挤掉了设计师的设计优化时间，换回了数倍设计费用等值的"隐性浪费"。

案例二：绝对值高出 3 亿元

某房地产开发企业建设的住宅小区，总体规划审批后根据开发商的资金条件，分两期设计、建设与销售：一期 32 万 m²，二期 20 万 m²。一期开盘后销售状况不好，大多客户反映户型问题，施工质量问题，使用功能与平面布局不协调等等。开发商更换了设计单位，重新委托二期设计工程项目，该设计单位选派了最强设计人员组成专项设计团队，认真研讨和总结一期项目设计失败的教训，通过一系列的精心组织、精心设计、精心计算，最终完成的设计成果在整体建设标准不低于一期基础上呈现良好状态。一期项目建造投资浪费 9600 万元（较经验值）；二期项目建造投资较一期节省 6000 万元；二期销售收入高出一期 1500 元 /m²，绝对值高出 3 个亿。

以上案例证明，合理优化的建筑设计不但可以节约项目造价，还可以为开发商创造溢价价值，对建筑规划设计来说，设计是生产力，设计是价值、设计利润的创造与奉献者。

第三节　房地产项目设计成本优化的必要性

一、建筑设计与房地产成本造价的关系

在整个房地产项目营建过程中，设计阶段是决定房地产开发成本、价值和使用价值的关键阶段。据德国索墨尔 (Hans Rolf Sommer) 博士多年研究工程项目不同阶段对投资的影响程度的结果表明：设计准备阶段 95% ~ 100%；初步设计阶段 75% ~ 95%；技术设计阶段 35% ~ 75%；施工图设计阶段 10% ~ 35%；施工阶段 < 10%。图 1.2 是国外描述的不同建设阶段影响成本造价程度的坐标图，该图与我国的情况大致吻合。从该图可以看出，影响工程项目投资最大的阶段是约占工程项目建设周期 1/4 的技术设计结束前的工作阶段，在初步设计阶段，影响项目投资的可能性为 75% ~ 95%；在技术设计阶段，影响项目投资的可能性为 35% ~ 75%；在施工图设计阶段，影响项目投资的可能性则为 5% ~ 35%。很显然，项目成本造价控制的重点在于施工以前的决策和设计阶段，而在项目作出决策后，控制项目成本造价的关键在于设计，其各阶段成本造价优化控制降低的空间如图 1.3 所示。

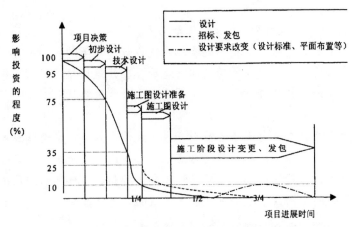

图 1.2　项目不同阶段影响成本造价程度的示意图

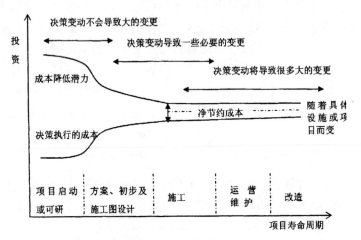

图 1.3　房地产项目各阶段成本降低的空间

二、房地产建筑设计与房地产开发效益的关系

房地产建筑设计是房地产开发过程中的一个重要步骤，是房地产项目建造前的重要策划活动，是将投资决策的各项内容具体化的过程，也是决定房地产项目开发效益的重要因素，有什么样的项目设计就需要什么样的营销方式；有什么样的项目设计就会有什么样的建筑管理；有什么样的项目设计就会有服从于硬件条件的使用者的行为方式。可以说房地产建筑设计阶段是房地产开发企业整个项目运作过程中的重要环节，是不可小视的微观生产力。

三、房地产开发各重要节点对成本造价的影响

房地产开发是一个全流程的过程，从土地获取、前期策划、项目规划、设计、施工、销售、物业服务、后评估等全过程环节进行控制，从而实现成本造价的降低，达到预定的目标。但到目前为止，我国的房地产开发企业成本管控还有很多地方需要完善和改进。在成本控制方面，我国房地产开发企业通常只重视施工阶段的成本控制，而对项目定位、

策划、决策、设计、招标等阶段的成本管理缺乏足够的重视。特别是有些开发商故意压低设计费用，认为压低了设计费用就是降低了成本；或者在决策阶段不重视可行性研究和决策，不重视项目投资的决策管理，这些重要的成本控制方法和措施经常被留于形式。咨询中作者发现，我国房地产开发商只重视"显成本"的控制，而对"隐成本"不加以重视，结果造成了很多房地产开发商只得意于设计费用的减少却反而增加了其后工程的成本造价，使得成本造价实际大大增加。造成这些问题的主要原因是开发商缺乏长远的战略思想，没有从全局的眼光看待问题。

表 1.1　不同阶段对成本造价的影响程度

阶 段	决策阶段	设计阶段	施工阶段	销售阶段
所占费用比重	1%	10% ~ 20%	60% ~ 80%	1% ~ 3%
成本造价影响程度	60% ~ 70%	20% ~ 30%	10% ~ 15%	5%

根据上表、图可知，事前（源头）的设计成本管理是项目成本造价控制的关键。

四、房地产项目设计阶段成本优化控制的必要性

国内外对工程建设投资的大量资料分析表明，在实施项目成本控制的各个阶段里，影响项目成本最大的阶段，是约占工程项目建设周期 1/4 的技术设计结束前的工作阶段。设计费一般只相当于建设工程全寿命费用的 1% 左右，但对投资的影响却高达 80% 以上。对一般的工程项目而言，材料、设备的费用约占总成本的 70% 左右，而这 70% 左右的费用都是在设计阶段通过材料的选用、建筑和结构型式的选择、设备选型等决定的。根据有关部门资料测算，不同跨度对造价的影响为 –21% ~ 15%；不同建筑高度对造价的影响为 8.3% ~ 33.3%；不同层数对造价的影响为 10% ~ 20%；不同层高对造价的影响为 –1% ~ 13%；多跨建筑不同长宽比对造价的影响为 –4% ~ 7%；不同平面型式对造价的影响为 1% ~ 10%；不同户平均居住面积对造价的影响为 –6% ~ 4%；不同建筑外形对造价的影响为 3% ~ 5%；不同的单位组合对造价的影响为 3.2% ~ 7.2%；不同进深对造价的影响为 –3% ~ 1%；不同的跨数对造价的影响为 2% ~ 3.5%。因此，在建设项目全过程投资控制中，设计阶段是决定项目成本造价总额是否合理的关键阶段，如图 1.4 所示。

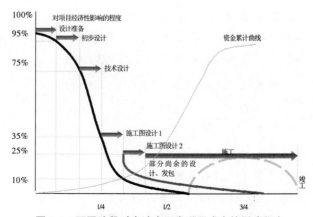

图 1.4　不同阶段对房地产开发项目成本的影响程度

　　另外，据统计，在工程质量事故的众多原因中，设计责任占多数，高达40.1%。不少建筑工程由于缺乏设计优化，出现功能设置不合理，影响正常使用；有的设计图纸质量差，专业设计之间相互矛盾，造成施工返工、停工的现象；有的造成质量缺陷和安全隐患。这些都间接的影响了工程项目的成本造价。由此可见，设计阶段是房地产项目管理及一切建筑成本造价控制的"龙头"。

　　1. 房地产开发的特点决定了要进行系统的成本管理控制

　　房地产项目开发具有高风险、高收益，投资期限长的特点。一个房地产开发项目需要经过从规划、策划、设计、招标、施工到营销等阶段。每个阶段的内容不一样，成本控制的方法也不一样。因此房地产项目成本控制需要分阶段、分步聚，在技术上、设计上、经济上、管理上进行系统的控制。虽然房地产开发成本控制是分阶段、分步骤的进行，但每个阶段相互制约，相互作用，相互补充，构成了一个全过程的成本管理控制系统，如图1.5所示。

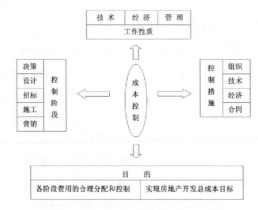

图1.5　房地产开发项目成本控制系统图

　　2. 决策阶段是房地产开发成本控制的重点

　　房地产开发决策阶段的基本特征是智力化或知识密集化，其主要发生的费用是机会分析费、市场调查分析费、可行性研究费、项目决策费等。这些费用占整个房地产项目开发费用比例很小，而且在此阶段基本不会有诸如土地、材料、设备等要素费用的投入。但决策工作是成本控制的关键。因为决策阶段产生的决策结果是对开发项目的使用功能、基本实施方案和主要要素投入做出总体策划。决策的好坏、优劣将直接影响整个项目的成本。房地产开发各阶段对成本控制影响见表1.2、图1.6。

表1.2　房地产开发各阶段对成本控制的影响

阶　　　段	决策阶段	设计阶段	施工阶段	营销阶段
所占费用	1%	10% ~ 20%	60% ~ 70%	1% ~ 5%
对成本控制的影响	60% ~ 70%	20% ~ 30%	10% ~ 15%	5%

　　3. 设计阶段是房地产开发项目成本控制的关键

　　设计阶段是用图纸表示具体的设计方案，设计方案确定以后，其实施方案和主要投入要素就基本确定了，因此这个阶段对成本造价的影响因素很大。一个成功的设计方案不仅能节约造价成本，保证项目按进度进行，而且能够促进商品房的销售，增加商品房的卖点。

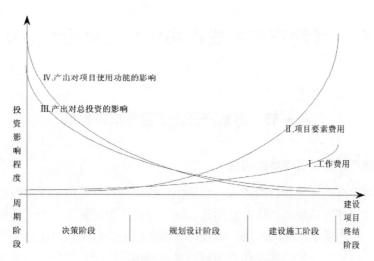

图 1.6 房地产开发各阶段对成本控制的影响

（1）经济、合理的设计是施工阶段成本控制的前提

设计费用虽然在整个成本控制中费用占比例很小，但它在房地产开发的成本控制中却有举足轻重的作用。经济、合理的设计方案可以节约施工阶段的建造成本，因为当初步设计方案确定以后，其结构形式、外观设计、平面布置及装修标准全部已确定，它对整个项目总投资的影响占 75% ~ 95%。只有设计上把技术和经济结合起来，质量、功能与成本结合起来，优化设计方案，项目的成本造价才能得到有效的控制。

（2）优秀的设计方案是房地产住宅开发的重要卖点

优秀的设计方案可以吸引顾客的注意力，增加市场营销的动作能力，从而提高房屋的销价，从而达到成本控制的目的。以深圳金地集团开发的金地香蜜山为例，其设计方案是由香港设计师设计的，其室外景观绿化，依山就势，将住宅与自然充分的融合在一起，体现了"以人为本，融于自然，天人合一"，让业主有温馨、舒适的感觉。由于金地香蜜山成功的设计方案，销售价格比同期深圳的楼盘销售价格高，而且销售火爆。可见优秀的设计在一定程度上不但起到成本控制、而且提升价值的作用。

第2章　房地产开发成本构成与设计阶段成本管理

第一节　房地产开发项目的成本构成

一、房地产开发项目成本的构成

优化控制房地产开发项目的成本，必须先了解掌握房地产项目成本的构成。

房地产项目开发一般要经历征地拆迁、规划设计、组织施工、竣工验收、产品销售五大阶段，一般均采取招标的办法，将设计、施工任务发包给设计、施工单位承担。这些特点决定了房地产开发的成本和费用包括拿地费用、拆迁补偿费、前期工程费、基础设施费、建筑安装工程费、公共配套设施费、管理费用、营销费用、财务费用、销售税金、预备费等项目，见图2.1、表2.1。

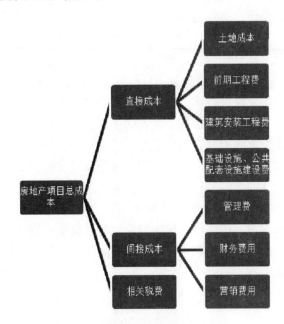

图 2.1　房地产开发项目成本构成图

表 2.1　房地产项目开发各阶段成本明细表

阶　　段	费　　用	明　　细	
决策立项阶段	项目调研费用	市政设施调研	
		周边配套调研	
		可行性研究报告编制	

（续表）

阶　段	费　用	明　　　细	
设计策划阶段	土地补偿费用	土地补偿费用	
		青苗补偿费用	
		地面附着物拆迁	
	土地相关税费	土地出让金	招拍挂费用
		新增土地使用费	
		开垦费	
		耕地占用税	
		不可预见费	
		管理费	
		契税	
		评估费	
		图纸费	
		测绘费	
		登记费	
		土地使用税	
		土地增值税	
		征用林地补偿费	
	前期费用	规划测绘放线费用	
		市政配套费	
		勘察设计费	
		图纸审查费	
		环评费	
		环保卫生费	
		试验费用	
		防雷抗震监测费	
		招标投标费用	
		工程监理费	
		七通一平及临建	
建设调试阶段	工程费	建筑工程	地基工程
			基础工程
			主体结构
			装饰工程
			节能专项工程
			外立面专项工程
			门窗工程
			围护结构
		安装工程	配电系统
			给水系统
			排水系统
			建筑智能化系统

（续表）

阶　　段	费　　用	明　　细	
建设调试阶段	公共配套费用	附属设施费	销售、物管中心
			水泵房
			配电室
			排水处理设施
			周界防范及监控
			大门与围墙
		公共设施费	园林绿地
			园林景观
			停车场
			公共活动器材
			室外照明
			道路
			广场
	经营费用	管理费用	办公费用
			工资福利费用
			差旅费用
			业务费用
			交通费用
			通讯费用
		销售费用	合同工本费
			物料维护费
			销售提成
			广告费用
			展览费用
			产权测绘登记
			产权交易税费
		财务费用	利息支出
			银行手续费
		税务费用	营业税
			建安税
			地税代收税费
			所得税
			印花税
使用维护阶段	物业管理费用	能源消耗	水费
			电费
			燃气费
			燃油费
		维护费用	装饰维护费
			园林景观维护费
			设施维护费
		保洁费用	
		安保费用	
		办公管理费	
		设备设施折旧费	

二、房地产开发各项目成本构成比

在房地产开发项目成本的各组成部分中，土地获取费用、建筑安装成本是重要的组成部分，所占比例也相当大，一般占总成本的80%以上。土地获取成本包括土地转让费、相关税费、资金利息等等，是随土地的地域、属性有关，是个弹性可变量，但建筑的主体结构相对来说是固定量，基本可分为多层建筑、中高层、高层三类基本建造成本。整个成本构成包括：土地获取费、前期开发费、基础设施建设费、建筑安装工程费、公共配套设施建设费、开发间接费、管理费、销售费、开发期税费、其他费、不可预见费，如图2.2所示。

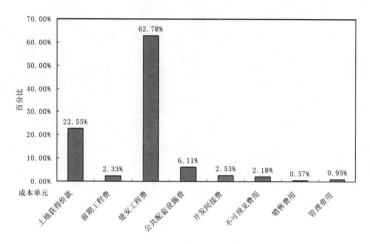

图 2.2　房地产项目成本构成比

三、房地产项目开发过程基本阶段划分

一般房地产项目开发根据建设程序和实施周期大体可以分为四个阶段：投资决策阶段、规划建筑设计前期准备阶段、工程施工及配套建设阶段、竣工交付使用阶段，如图2.3所示。

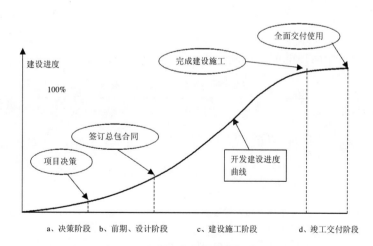

图 2.3　房地产开发基本阶段的划分

四、房地产开发项目设计阶段的工作程序和细分工作决策节点

房地产项目开发设计阶段的工作程序根据其工作决策目标，可分为如下工作节点：

（1）市场/客户定位

（2）项目定位

（3）方案设计（和方案深化设计）

（4）初步设计（扩初设计）

（5）施工图设计

如图 2.4 所示。

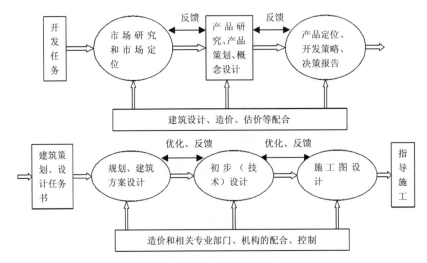

图 2.4　房地产开发设计阶段工作程序的细分工作节点

五、设计阶段成本控制在房地产开发各阶段的影响力

房地产开发项目中的设计工作，按照专业可以分为规划设计、建筑设计、结构设计、给排水设计、暖通设计、电气设计、景观设计、精装设计等。设计工作渗透到房地产开发项目的每一个细节，项目前期策划的每一个技术目标的实现都离不开设计的指导。设计文件是建筑安装施工的依据，除了项目决策之外，设计工作起着决定性的作用。一般来说，开发项目各个阶段的成本控制在各阶段的影响力见表 2.2。

表 2.2　项目各阶段成本控制表

序号	不同阶段	各阶段主要费用构成	投资比例	对成本优化影响的比例
1	决策阶段	1. 可行性研究费用 (1%) 2. 项目评估费用 (1%)	2% ~ 3%	100%
2	前期阶段	1. 土地费用 (20% ~ 25%) 2. 勘探费用 (1%) 3. 设计费用 (3% ~ 5%) 4. 招标管理费用 (0.5%) 5. 场地三通一平费用 (3% ~ 5%)	30% ~ 35%	75% ~ 85%

（续表）

序号	不同阶段	各阶段主要费用构成	投资比例	对成本优化影响的比例
3	建设施工阶段	1. 建安工程费 (30% ~ 35%) 2. 市政配套工程费 (10% ~ 15%) 3. 监理费用 (1.5% ~ 2%)	50% ~ 60%	5 ~ 10%
4	竣工交付阶段	1. 住宅维修基金 (2%) 2. 物业费用 (2%) 3. 财务费用 (5% ~ 8%) 4. 销售费用 (2%) 5. 开发管理费 (2%) 6. 税金等费用 (5% ~ 7%)	15% ~ 20%	0%

由上述各阶段投入的可控费用看，施工阶段是可控资金投入最多的阶段，但房地产开发各个阶段对投资的影响程度和阶段的投入多少不是相对应的，主要在于投资决策和前期阶段。房地产开发项目前期的决策确定后，设计阶段就成了成本控制的关键。德国索墨尔 (Hans Rolf Sommer) 博士多年研究工程建设项目不同阶段对投资的影响程度，最后得出的结果表明：在方案设计阶段，工程设计影响项目造价成本的可能性为 75% ~ 95%；在初步设计阶段，影响项目造价成本的可能性为 35% ~ 75%；在施工图设计阶段，影响项目投资的可能性为 10% ~ 35%；而进入建造施工阶段，采取加强施工管理措施来节约投资的可能性只有 5% ~ 10%（图 2.5）。

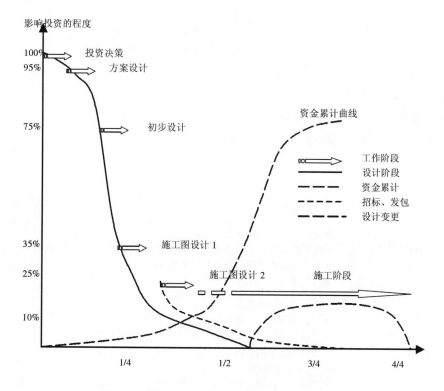

图 2.5　项目开发投资累计和影响投资强度的曲线

第二节　房地产开发项目设计优化重点与成本管控关键指标

一、房地产项目设计管理的特点

房地产项目设计管理条块分割较大，房地产企业设计管理的范围远远大于传统的建筑设计院。因此，传统建筑设计所完成的工作只是房地产企业全部设计管理内容的一部分，建筑设计单位并不能代替房地产企业改善全面控制设计阶段的成本。房地产企业必须基于设计单位的设计成果，结合设计各个阶段的特点进行设计优化和成本控制，已达到产品品质和成本控制双重兼顾的目的。图2.6给出了房地产住宅开发项目设计相关的各个阶段。

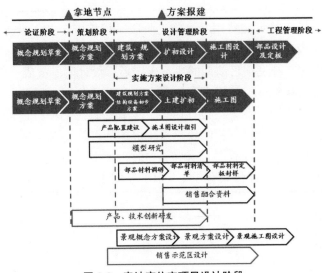

图2.6　房地产住宅项目设计阶段

二、房地产项目设计优化的重点

房地产住宅项目设计优化重点如表2.3所示。

表2.3　房地产项目设计优化重点

序号	阶段	优　化　重　点
1	项目论证阶段	土地性质是否有调整机会 ◆土地变性，如写字楼变公寓 ◆规划要点调整，如商住比例 ◆容积率调整（偷面积或主动减低容积率） ◆市政条件的利用
2	概念设计	做好项目周边环境调研 ◆项目地理位置、自然景观、配套、地质情况 ◆项目竞争对手楼盘情况（"适度"领先配置） ◆做好用地分析，成本估算 "多个"概念方案比选 ◆产品类型比例、交通分析、功能分区、景观分析、土方分析、设备房分析、商业配套、地下室设置、人防设置、停车设置等分析

（续表）

序号	阶段	优　化　重　点
3	方案设计	1. 分析客户群真实需求，分析客户敏感点，精准定位控制成本 2. 非销售公建配套建面与客户需求间寻找平衡点，提高可售面积比例 3. 容积率、建筑密度的把握 　◆提高土地价值，多布置高端产品在优势位置 4. 住宅平面、单元、户型和户型面积 5. 建筑效果和成本双赢的建筑布局 6. 窗地比、建筑周长面积比、屋顶复杂程度 7. 平衡总价控制与单价控制
4	地质勘查设计	技术问题 　◆地基承载能力 　◆地下水位，特别是抗浮设计 　◆不良地质条件的分析 　◆场地周边管线
5	基坑边坡、地基设计	1. 岩土工程的设计控制，经验占 70%，计算占 30% 2. 基坑与边坡根据性质采取不同保险系数
6	地下室设计	1. 地下室水位，特别是抗浮计算水位深度 2. 地下室高度 3. 地面覆土厚土 4. 消防车道的位置 5. 设备机房及车位的布置 6. 地下室位置同主体的关系 7. 管线路由及层高
7	结构设计	1. 结构比选，结构与空间的关系 2. 荷载布置优化 3. 计算优化 4. 构造配筋
8	设备选型	1. 综合建安、运营、安全，使用年限及品牌 2. 设计重要性及客户敏感度，材料性价比选 3. 机房面积大小
9	建筑施工图设计	1. 功能性问题 2. 构造措施 3. 施工图深度
10	场地设计	场地设计优化内容 　◆场地总平面设计 　◆场地道路设计 　◆场地竖向设计 　◆场地管线综合设计 　◆小市政同大市政的关系
11	景观成本	1. 重点部位提高成本，优化非重点部位 2. 利用景观成本在总建安本中"调节池"的作用
12	外围护结构保温设计	1. 选择性价比合适的保温材料 2. 综合考虑窗墙比、遮阳等
13	门窗工程设计	1. 门窗适当减少分隔，大幅度降低型材含量 2. 适当减少开启扇数量，减少五金使用 3. 满足受力条件下，调整型材截面，降低型材含量

三、房地产项目设计成本优化关键指标（表 2.4）

设计与成本控制密切相关，房地产项目如何提炼一些成本优化的关键指标，跨越专业管理边界，实现成本无缝管理对房地产开发项目成本控制具有重要意义。

表 2.4　房地产开发项目设计阶段成本优化关键指标

序　号	一　级　指　标
1	建筑项目成本关键指标
2	机电设备成本关键指标
3	精装修成本关键指标
4	园林景观成本关键指标
5	市政项目成本关键指标

各二级指标的具体情况如下：

1. 建筑成本关键指标（表 2.5）

表 2.5　建筑成本关键指标

序　号	二级指标	备　　注
1	可售比率	可售面积/总建筑面积
2	每户建筑面积使用率	套内建筑面积/销售面积
3	地下面积比率	地下总建筑面积/总建筑面积
4	地下单个车位面积（含分摊面积）	
5	建筑层高	标准层高 首层大堂层高 地下室层高
6	地下室顶板覆土厚度	
7	钢筋、混凝土含量	
8	会所面积、位置及经营可能性	
9	物业管理用房面积	
10	综合设备用房面积	
11	窗墙比率	外窗面积/外墙面积
12	架空层面积	

2. 机电成本关键指标（表 2.6）

表 2.6　机电成本关键指标

序　号	二级指标	备　　注
1	空调消耗单方冷吨指标	
2	给水、排水管材	
3	主要设备参数	
4	电梯参数	梯速 载重 层高 是否标配
5	高低压配电费用	
6	智能化工程	智能家居 楼宇自控 梯控 一卡通

3. 精装修成本关键指标（表 2.7）

表 2.7　精装修成本关键指标

序号	二级指标	备　　注
1	精装成本售价比	户型可售面积精装成本 / 开盘售价
2	户内精装单方造价	橱柜 厨电 洁具五金 石材 壁纸 木地板
3	标准层公共区域精装单方造价	
4	大堂精装单方造价	
5	电梯轿厢精装单方造价	
6	售楼处、样板间配饰单方造价	

4. 景观绿化成本关键指标（表 2.8）

表 2.8　景观绿化成本关键指标

序号	二级指标	备　　注
1	绿化单方造价	
2	铺装、景观单方造价	
3	示范区园林单方造价	
4	绿化园建比率	绿化面积 / 铺装、景观工程面积（除消防通道）
5	景观立面比率	景观立面面积 / 景观工程面积

5. 市政配套成本关键指标（表 2.9）

表 2.9　市政配套成本关键指标

序号	二级指标	备　　注
1	外电源路由、配电开闭站位置、配电所数量	
2	燃气路由及调压站数量	
3	热力路由及热力站数量	
4	给水路由	
5	中水路由	
6	雨水路由	
7	污水路由	

四、房地产项目设计成本造价控制理念

1. 从源头抓起，着手大局为之上策

一般来说，项目的成本造价在建筑方案确定的时候就已经基本决定了，想省钱，结构专业应该提前介入，参与到建筑方案设计中去，在满足建筑安全、质量、功能和建筑艺术的前提下提醒设计人员不要采用费钱不讨好的建筑方案和建筑造型，提供可变通、结构可行的备选建议，大到建筑的规则性、柱网的布置，小到局部建筑造型的处理，建筑柱网的规则性等。

2. 中间过程入手，抓结构方案为之中策

现在大的工程项目都流行请国外设计公司出方案，国内做施工图，这种模式，结构设计师前期参与的可能性很小，即使参与了话语权也很有限。这种情况下，只能就现有建筑设计方案选最优的结构方案了。结合现有的国家规范，根据不同烈度不同建筑类型，采用不同的结构类型，抗震等级是不一样的，三、四级抗震与一、二级抗震有着天壤之别。另外不同的建筑结构类型有着不同的构造措施，这对于含钢量有着很大的影响。比如说小高层住宅，可以用纯剪力墙结构、框架、框剪、异形框剪、短肢剪力墙结构，出于建筑功能要求，一般会在纯剪、异形框剪、短肢进行选择。哪种最省？纯剪与短肢比较无疑短肢费，抗震等级高一级，短肢配筋率 1.0% ~ 1.2%，这对于三、四级抗震的建筑来说，普通剪力墙结构 0.5% 而已，差距显而易见，并且短肢的抗震性能与普通剪力墙也不可同日而语。纯剪力墙与异形框剪比较，异形框剪抗震等级首先就高一级，肢端配筋率等构造措施限定了受力钢筋非 $\phi 14$、$\phi 16$ 及以上不能用，体积配箍率也不可小觑，省的只是混凝土而已，而混凝土的价格和钢材的价格近 30 倍的差距，抗震性能也不在一个数量级上。用纯剪结构也有讲究，周期扭转不达标不一定是墙少了，这是初开始做设计的思路，适当的调整墙的位置，将墙体尽量外围布置，尽量减少中部的剪力墙数量，不仅可以取得很好的经济效益，还可以优化结构受力性能，必要的时候，电梯井也可以不做筒，甚至改成框架也未尝不可，控制好结构的宏观参数，不大也不小，往往带来的经济效益和安全效益不是死抠钢筋能够实现的，减法有时候比加法更管用。

3. 抓配筋，省小钱为之下策

省的虽是小钱，却是甲方最在意的，也是最直观的，甲方对你的作品印象都在这了。想省这小钱，唯一的办法就是抠规范，能省就省，省的好的不一定就是以牺牲强度安全储备为代价。比如说：

（1）I 级钢的 $\phi 10$ 比 III 级钢的 $\phi 8$ 贵，但是强度不如 $\phi 8$，用小钱买大强度、何乐而不为呢？买钢材不就是买强度吗？这在板配筋上可发挥优势。另外被大多设计者忽视的是，在以计算剪力控制的梁柱箍筋上也可采用 III 级钢小直径替换 I 级钢的大直径，用 III 级钢的大间距换 I 级钢的小间距，省钱还提高了强度储备。

（2）高强混凝土替换低强度等级混凝土，混凝土的单方市场价，一个强度等级等级价差 10 块钱，强度却差不少，还是那句话，结构买建材买的是强度，要买就买强度单价最便宜的，不过也不是标号越高越好，C35 以上的混凝土对体积配箍率是有影响的，强度高了，截面就可以减小，截面不减配筋就少了。

（3）体积配箍率、最小配筋率这些指标都与钢筋强度成反比，用 III 级钢，框架柱体积配箍率会小很多，梁板最小配筋率也会小很多。

（4）控制通长钢筋，通长钢筋有用，多了就是浪费，不妨采取通长钢筋与分离式钢筋配合使用。如地下车库顶板配筋，传统的双层双向配筋过于浪费，可采用负筋采取部分通长，支座配筋较大处额外附加分离式钢筋与通长钢筋交替放置，板底钢筋亦可采用部分通长，在大板跨处增加局部板跨通长钢筋与部分通长钢筋交替放置，这样既不降低结构安全度，还节省成本造价。

（5）调整构件截面，配筋率控制在经济配筋率附近。

（6）对照计算书一点一滴的抠钢筋，规范可以用 $\phi6mm$ 的坚决不用 $\phi8mm$，间距可以用 250mm 的坚决不用 200mm。

五、房地产项目设计阶段成本控制措施

设计在整个项目的成本投入上占比不大，却影响 75% 的项目成本和盈利。一方面不能不计成本盲目追求设计效果，另一方面要避免成本不合理导致质量下降。定位拿地、规划设计、报批报审、招标采购、总包分包、销售推广、物业管理、客户服务是相互关联、贯穿项目全生命周期的节点汇集，这其中，因为拿地成本是不可控的，所以成本前置的重点在于规划设计阶段。

在项目一开始，要确定级别、档次等定位，设定设计和材料部品部件配置标准，从而在精装设计、材料部品、成本造价指标上能轻松"对号入座"。方案设计阶段是成本定型的重要阶段，决定了房地产项目整体开发成本的 75% 以上，其重要程度不言而喻，具体而言，初步设计阶段，主要在于减少不可售面积；施工图阶段，主要在于降低部分对产品品质影响不大的材料档次。

成本管控的最高阶段主要围绕设计做文章，设计方案落地，就决定了大致的成本。基础数据表、图纸核算出来的技术经济指标、建造标准等，逐一分解到相应的成本科目，进行量价合理判断，确定目标成本。方案版、施工图版确定，图纸设计指标确定与落地后，再要进行调整影响会很大，因而对施工图设计质量的要求很高。

像有些招标阶段，如总包，算清单，发现结构含量偏高，比如长沙某项目，含钢量 $40 \sim 43kg/m^2$ 就已足够，实际使用却达到 $60 \sim 70kg/m^2$，远远偏离合理指标值，而此时设计再做优化，进行图纸调整，可行性和效率非常低。又如，进入施工状态之后，要调整图纸，影响也会很大，牵一发而动全身。因此，在设计阶段，设计、工程、财务、成本、营销等业务部门应进行讨论，提出大量成本优化的建议，发现优化的方向，而强有力的执行还是在于业务部门，尤其是设计部门。

方案设计阶段的成本控制要点有很多，如地下面积、竖向标高、窗地比、外立面率、核心筒及消防前室、建筑形态、工艺标准、建筑风格、人防面积、层高等等，以下将从地下面积、窗地比、外立面以及无效成本等方面来重点分析方案设计阶段的大头成本如何控制。

1. 尽可能减少和科学利用地下面积

建筑面积跟销售面积是两个概念，建筑面积无论可售还是不可售都投入了资金和成本。过去在于得房率，现在讲求可售比。可售比是可销售面积占总建筑面积的比例。可售比越大，用于分摊的成本将越少，所有的成本都会分摊到销售面积的单方造价。提高可售比，地下室面积是很重要的一部分。一般来说，住宅的地下室不计容，建造成本却高于地面建筑的一倍以上。地下室面积越大，投入面积越高，分摊成本越高，可售比越低。

投入成本在于希望产生溢价，如果能够有利于销售价格提高，亦可分担增加的平均成本，否则就是浪费。以上海某项目的地下室设计为例，地下车库无法直接进入地下室，因而 2 层、3 层赠送的地下室面积实际使用量很低，且没有做到真正意义上的独立入户和较好的私密性。

经验证明，如果地下室的面积超过建筑面积 15% 就不具经济性了。因此要严格控

制地下室面积,控制土方开挖量,控制以赠送面积作为卖点;联排别墅慎用地下停车方式,减少大开挖的地下室。地下室面积跟车位配比相关,有些车位配比比较大,会设计大的地下车库,大地库成本很高,如果是容积率高的项目如超高层等,要满足车位比,可能还得往地下发展,这其中钢筋配比、结构成本、桩基、土方等,要增加很多成本。

因此,地下车库的设计,一是在车位配比上尽可能与政府博弈,取得优惠政策;二是可通过配置机械立体停车库达到车位配比;三是在地下室功能布局上注重设计合理性,充分利用空间;四是通过车位划线和单双行合理动线设置,来尽可能增加停车位数量。如小户型楼盘车位配比压力很大,可充分采用这一方式;五是通过设计地上停车位来实现车位配比。但地上停车位会影响小区景观,对于某些项目来说不宜采用。此外,对于一些赠送地下车库的别墅产品,可以设计半地下室,半地下室土方开挖量少,成本低于地下室,尤其是西南地区由于山区地下多石头,开挖成本更高。但是,半地下室设计,一要考虑当地地质,二要让客户满意。

2. 控制窗地比减少开窗面,实现门窗节能并降低造价

窗地比是指窗洞的面积与地上计容面积(不含地下室)的比例。开窗越大,意味着成本造价越高,对节能保温的要求越高。控制窗地比就是控制外立面门窗的造价,外立面门窗造价比钢筋混凝土的结构造价要高得多。因此,要控制窗地比及过多过大的开窗面,并控制会影响门窗节能和造价的设计方案。

首先,通过项目定位和成本标准化,来控制窗地比的比率,通过指标来控制,比如普通住宅的窗地比在 0.21 ~ 0.23,别墅的窗地比可达 0.3。

其次,通过门窗和立面分割方式减少耗材。凹凸越少、窗洞越小节能保护越容易配置,采用普通玻璃、型材就能满足;但是如果开窗太大、立面设计曲线过多,则能耗越大,型材和节能要求就比较高。比如采用断桥铝合金等等来节能,会增加成本。

再次,窗开启方式、型材品牌和五金配置标准会影响成本造价。比如,平开窗比推拉窗要贵,会在窗扇上使用更多五金材料,这都需要通过设计来控制标准。磁瓦涂层的处理上,可用阳极氧化、粉末喷涂来代替成本相对较高的氟碳烤漆。

3. 降低外立面率,优化工艺设计

外立面率,是指扣除窗门洞的外立面装饰面积与地上计容面积的比率。外立面率这个指标在于控制外立面装饰成本,线条和凹凸越多越复杂,外立面率越高,越费人工和模板,用的装饰材料也多,成本越高。建筑形态不同则外立面造价及结构体系不同,结构体系影响外立面指标和外立面消耗的模板,而建筑风格不同对外饰面的标准与造价亦有影响。因而,控制外立面率、外墙面保温层与外装饰面的造价及施工模板的损耗、措施费的增加,是减少成本的重要举措。

首先,外立面越平整,成本越低。通常外立面率会超过 1.5 ~ 1.6,加大外立面投入,一方面要考虑设计师的发挥空间;另一方面要看能不能通过销售的途径回收回来。

其次,外立面率又与不同的设计风格相关,比如英伦风格和地中海风格的外立面形状不一样,地中海轮廓简单,英伦风格比较复杂;又如某些建筑强调竖向线条,实际展开的装修面积比较多,成本指标也比较高。因此,建筑风格的定位要与初始成本指标结合起来,保证每个系列、每种产品外立面的造型能标准化、固化,实现相对可控。

再次，材料方面，主要靠设计发挥，将普通材料做出优质或高端的设计效果。例如，大面积石材如果没有体现立体感，远看跟涂料没有区别，好的真石漆也可以达到这种平面效果，但成本造价却低得多，像砂岩的成本为 800 ~ 900 元 /m²，加上施工费，要达到 1200 ~ 1300 元 /m²，如果线条复杂，则到 2000 ~ 2500 元 /m²，造价非常高，而真石漆可能才 120 元 /m² 左右。此外，无论是 PK 砖、陶瓷砖的拼接和色彩搭配、组合，要达到很有质感的效果，可通过高超的设计功力来达到节省成本的效果。

此外，保温材料是外立面的内在，消防要求等级高，要满足消防和节能保温的要求，从成本、设计的角度，要找新产品、新工艺来替代它。比如，抗反射保温材料，同一涂层既抗反射又保温，自然可以节省工序和成本；又如，对于 A 级保温板来说，岩棉上不能贴 PK 砖，所以涂一些涂料，可两步并成一步。新工艺带来差异化的竞争，在于研发部门要大量研发，还要经政府验收、支持指导，图审要通过。在欧美国家，涂料替代贴砖已经很普遍了，但是国内的占比才 10% 左右。

4. 不均衡使用成本，规避无效成本

上述地下面积、窗地比、外立面率等方面的成本管控要注意掌控一个度。比如，全地下室比半地下室更受欢迎，大开窗光线更通透，复杂的外立面设计风格往往更吸引客户，所以要看由此产生的溢价是否能够偿付增加的成本，否则就是无效成本。如下引出灰空面积、品质拐点和无效空间等概念。

（1）灰空面积与品质拐点

灰空面积，是指直接投入成本但却不能作为销售面积换取产出的部分。不同于无效成本，灰空面积对营销会起到卖点的作用，是有溢价空间的面积。如下沉式庭院、架空层、转换层、阁楼、阳台、电梯前室后室等，出售时都不计面积。

品质拐点是指品质追加的临界点，即到了这个界限，客户不会再买单。比如外立面的打造，是敏感性成本，如将单方造价 200 元的涂料改用单方造价高达 400 ~ 500 元的石材，这个转变在品质上是有冲击力的，即便销售单价增加 500 元，客户还是会认可，但是，当以品质为哄抬，致使最终销售单价从 5500 元涨到 7500 元，客户就不会买单了。到了一定临界点，客户会觉得没有必要，就不愿意花更多的钱。

并不是说灰空面积投入越多越好，要根据需要来打造；品质提升不是无极限地提升，提高售价的目标在于投资回报最大化。所以，在设计前期，营销部门要对客户关注点进行调研。营销自然希望品质越高越好，售价越低越好，卖得越快越好，而设计部门会与营销汇总意见，通过标准化来实现产品设计与成本之间的平衡。

（2）无效空间与无效体积

无效成本不同于前述灰空面积，无效成本对整个销售没有溢价，没有带动销售、扩大品牌影响的价值，比如砸掉重做的成本、存货的资金成本、容积率浪费、结构含量过大增加的成本等。

无效成本在结构性成本这一块反映得最多，而设计方面主要控制结构方面的成本；敏感性成本方面也有一些无效成本的例子，如在景观石材如铺砖材料的选择、花池压顶的做法等方面，也容易发生浪费。比如围墙的石材压顶，10cm 就足够了，但是有个项目却采用整块石材，很厚，进行整石雕刻，效果也不见得很好，即便分开压顶也能实现相同的效果。

无效空间，主要体现在层高上，政府规定 2.5m 以下不算销售面积，如果进深和开间固定，那么层高越高意味着空间越大，体积越大，但是因为房子按面积卖，层高过高无法产生溢价，就是浪费。层高每增加 10cm，建造成本将增加 3% ~ 5%。一般来说，首置产品层高宜为 2.9m，不应超过 3.0m。当然，通过市场检验溢价贡献，如果设置成 3m 或 3.1m，更通风舒适，溢价更高，则可适当调高层高。此外，层高增加，还要注意空间比例，比如，开间 4m，进深 10m，一旦层高过高就会显得过于狭窄，不成比例。

一言以蔽之，永远要围绕客户敏感点来进行产品质量 - 成本优化配置。成本是活的，不是死算，要切记房地产开发投入的核心点——成本投入只为创造价值、获得利润服务。

第三节　房地产开发项目设计价值链管理

一、房地产建筑设计阶段的价值链分析

房地产建筑设计分为方案设计阶段、初步设计阶段和施工图及构件深化设计等几个阶段。按照专业类别划分，各专业在设计阶段的主要工作有：方案设计、技术选择、资源采购、成本测算及施工图设计等，见表 2.10。

表 2.10　房地产建筑设计阶段主要工作内容

工作	内容
建筑设计	建筑方案设计—立面设计、平面修改、构件划分—节点大样推敲—建筑综合及立面设计确认—建筑立面确认—建筑图纸完成
结构设计	结构方案设计构建截面初定—结构计算构件截面确定—结构可行性确认—构件排列图绘制—构件图绘制—构件图纸完成
设备设计	设备选型方案—设备方案确定—设备留洞确认—设备生产采购
部品设计	部品清单初列—部品需求沟通—部品留洞确认—部品深化设计—部品样品生产
内装设计	草案设计—功能方案深化—功能方案确认—内装留洞确认—内装整体方案确认
成本测算	确定本次工业化对象背景资料、结构形式、规划指标等—根据部分指标进行成本增量测算—完成工业化楼幢项目单体成本测算工作，修订数据得出成本控制数据—招标前置工作完成
技术支持	编制施工技术组织方案—技术标书的标准化

房地产开发企业的价值链管理体系如图 2.7 所示。

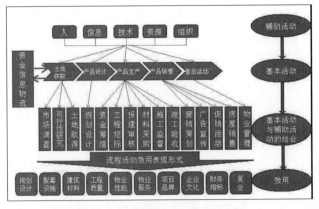

图 2.7　房地产项目价值链管理模型

　　根据房地产价值链模型和识别出的主要因素可以看出设计任务书的编制和设计单位的选择是价值链前端的管控要点，设计合同和设计评审是价值链中端的管控之处，设计变更则为价值链后端的管控点，如图 2.8 所示。

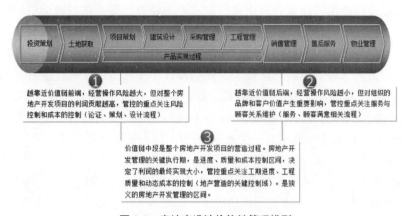

图 2.8　房地产设计价值链管理模型

二、房地产建筑设计价值链管理

1. 价值链前端——设计任务书与设计单位

（1）设计任务书

　　设计任务书不仅体现了业主的开发理念、营销主题、策划定位等，而且是设计单位最主要的设计依据。对于房地产开发企业而言，为了使设计单位更加准确地理解其设计理念和意图，建议将超前观念和并行工程的思想引入设计过程，业主方在研究规划设计要点的同时初步选择设计单位，在研究讨论规划设计要点形成设计任务书的阶段不仅有业主方的各个职能部门参加，而且设计单位的参与也将从设计的角度提出更多建议，或者要求设计单位对设计任务书的编制提出正式的书面完善意见，这样双方可以从不同的角度讨论用户需求和竞争产品的特征等。

　　这种模式下，设计单位的提早介入，不仅保证了设计任务书的编制质量与可操作性，而且保证了设计单位与营销、工程、成本等部门的有效交流，更有利于建立一支由企业内部成员和设计单位外部成员共同构成的团队。

（2）设计单位

　　目前我国的设计单位主要有三种类型：一是大型设计院，其显著特点是综合实力强，设计院内部管理制度完善，内部会审会签制度运行较好，各专业实力相对均衡且配合较好，因此图纸的"错、漏、碰、缺"等现象较少，有利于项目施工、变更管理和成本控制。但设计院可能因业务繁忙，对项目的重视程度不够，导致设计方案创新不足，较为传统；设计院内部标准做法、通用做法较多，设计较为保守；不接受业主的限额设计等要求。二是由知名设计师创立的中小设计院，其主设计师能力较强，设计特色或特长较为突出，但由于主设计师设计任务多，导致服务质量有可能下滑，设计院内相关专业配置薄弱，专业配合及设计深度不足，图纸的"错、漏、碰、缺"等现象可能较严重。三是一般小型设计院或设计事务所，其设计费用相对较低、服务态度较好，业主在管理设计院时有较强的管控力度，但是设计质量存在问题（包括方案质量和图纸质量）的风险性较大，设计单位内部的质量管理体系不健全。

不同类型、不同规模的房地产开发企业在选择设计单位时的标准或许不同，但是为了有效的向设计单位输入成本管理信息，提高成本管理效果，选择设计单位时基本原则应该是易于管控，因为设计管理的关键是业主而不是设计单位。与此同时，还需结合具体项目的特点。当项目作为公司的标志性工程时，对建筑的外立面效果、景观布置、材料的选择等方面要求较高，此时选择实力强的设计单位较易保证设计质量；当公司以赢利为主要目标时，可考虑一般小型设计院，此时对外立面、户型等的要求不会特别复杂，对成本经济性的要求则会较高，而这类设计单位服务态度相对较好，更容易接受甲方的意见。但是合作伙伴的选择并不是一劳永逸的结果，同时还需注意备选单位的收集与考察。

2. 价值链中端——设计过程

加强设计过程管理，促使成本管理有效介入设计过程，促使设计的发展沿着满足成本要求的路径进行，避免设计成本超限而造成事后修改返工，主要可以从以下几个方面改进：

第一，设计合同方面。通过分析设计合同示范文本不难发现其中管理性条款的欠缺，而增加管理性条款更能使得业主通过合同保证对设计单位的管理成为可能，使得设计单位能够接受业主的管理，业主能够有效监管设计院内部质量管理体系是否正常运行并发挥作用，促使设计院内部管理工作外部化，业主进而可以见证设计院的内部管理行为等。比如双方可以约定提交设计成果时设计单位提出其节约投资的具体措施，以加强设计单位的成本理念；在符合安全条件下，设计成果低于限额设计指标一定百分比时给予设计师而非仅限于设计单位的奖励，以提高设计负责人的积极性和主动性，有效利用设计单位内部的自控体系；通过约定设计人员清单（包括年龄、职务、职称、工作年限、执业资格等）以保证设计团队的稳定性；具体约定专业负责人到场服务的时间和次数，以保证设计与施工的连贯性、一致性；约定设计单位应承担的风险：设计错误、设计延误、施工配合不到位所导致的损失以及设计结果超限额的罚则等。

第二，设计评审方面。一方面需要根据不同设计阶段的任务特点制定不同的评审标准，而且评审标准需综合考虑各个专业的要求，并得到大家的广泛认可；另一方面需要特别加强对设计方案的评审，因为建筑方案是初步设计和施工图设计的方向标，方案的经济合理性是过程管理的关键之一。为了提高项目的性价比，本文建议将项目的技术经济指标分为两大类：功能类指标和成本类指标。每一个功能指标与成本指标相对应，功能类指标按照重要程度依次排序，成本类指标按照数值从小到大排序。在功能类和成本类指标中排序均靠前的则其价值较大，作为必然要实现的功能；相反在两类指标中排序均靠后的指标则其价值较小，可以剔除该项功能；若功能类指标和成本类指标排序方向不一致，则要考虑项目的具体定位情况，项目定位为高端时以功能类指标为主，而项目定位为中低端时以成本类指标为主。这样不仅可以将技术与经济结合，提高决策的科学性，有效地控制设计阶段的成本，而且指标的引入降低了设计评审的主观性。但是，在评审之前功能分析和成本测算是基础工作，设计单位在提出方案时需附功能分析表，业主方在此基础上进行每项功能的成本测算，只有这样才能保证方案评审时指标的可实施性。此外，方案的评审形式不能太拘泥，要"因地制宜"，要根据不同的评审内容、不同的评审环节，合理安排评审专家和评审形式，通过评审形式的创新和完善使得评审专家能够发挥专家能力，防止过强的主观性、相互干扰性和评审的随意性。

第三，设计沟通方面。大多数人都会觉得自己的沟通能力没有问题，但是现实中我们往往只是看到自己去"沟"，却并没有在意结果是不是"通"了。设计中的沟通也是如此，我们不仅要看行为本身，更要看到行为产生的结果。设计沟通能够使各项工作串联成一个整体，产生整体大于分项之和的效果。设计的创造性和成本限制性的矛盾更需要充分的沟通交流从而达到润滑效果。一方面要给双方可能多的提供正式或非正式沟通平台，另一方面要注意沟通信息的收集和反馈，因为沟通的目的并不仅仅是把信息传递出去，更重要的是给予对方反馈的机会，这样才能了解对方的想法，达到互动交流的效果，不仅利于设计对成本目标的认可和落实，而且通过设计过程的信息反馈便于及时更新材料成本信息库。

3. *价值链后端——设计变更*

设计变更是指设计单位对原设计文件中所表达的设计标准的改变和修改，根据变更原因的不同主要包括三类：因设计单位本身的图纸"错漏碰缺"或其他原因而导致设计资料的修改或补充；因开发商市场定位和功能调整而导致的变更；因施工单位的材料设备使用问题而提出来的变更，比如原有材料设备缺货而使用其替代产品。随着项目的推进，设计变更引起的成本增加将越来越大，因此，加强变更管理对成本控制有重要意义。

从变更的提出到变更的实施，既需要技术把关又需要经济的审核，所以变更管理是一个多方参与共同决定的系统工作。加强变更管理可以从以下几个方面入手：

第一，变更需求的提出。将设计变更分类管理，区分变更发生的原因以便进行后续的分析、改进和预防。

第二，变更的合理性分析。将变更以后所产生的综合效益（质量、工期、造价）和变更所引起的索赔等损失进行比较，权衡轻重后做出是否变更的决定。

第三，审批流程设计。为了提高工作效率，首先需要判定是否需要进行成本测算，其次，根据成本测算的结果选择不同的审批流程（不同的成本变化采用不同的授权体系来完成）。因此，在变更审批单中需求加入判定结果，同时建立不同的责权体系，流程设计中体现出流程的选择路径。

第四，变更的实施。组织实施之前需要考虑相关的接口，比如项目事务部是否需要重新报建，是否涉及销售承诺的顾客接口；与动态成本管理的接口（成本变更的信息管理）。此外，组织实施后需要进行变更的跟踪关闭。

第五，变更实施后的分析。变更实施后要对项目变更进行相关分析，包括总成本的变化、变更的效果、如何改进等。

以上措施与建议的出发点并不仅仅是简单的降低成本，重点则在于成本的避免和成本的预防，通过将技术与经济、设计与成本的有机结合，达到提高设计阶段成本管理成效的目的。然而，由于设计阶段的成本管理是一个由点连线、由线连面的系统性工作，所以目的的实现需要多管齐下的综合管控。既需要复合型的人才，又需要高效的组织、清晰的制度；既需要合作方的配合，又需要业主的管控；既是设计与成本的矛盾斗争，又是二者的协调统一。

第3章　房地产项目优化设计现代技术方法

第一节　价值工程（VE）优化设计方法
——消除过剩质量功能，降低住宅建造成本

质量功能过剩形象的概念是"技术肥胖症"，就像人体摄入过多而产生肥胖，住宅建筑里包含了过多的质量功能也会导致肥胖，从而产生相反的结果。建筑质量功能过剩，从价值工程的角度来界定，是指在建筑设计建造中出现了过剩的质量或者功能，或者不必要的质量／功能。质量功能过剩的后果，建筑产品中"内置"了那么高的安全保险系数、那么多的功能，最后却被建筑使用者"闲置"起来，产生浪费，浪费的是金钱；对于建筑设计人员来说，浪费的是宝贵的时间；对于开发商来说，增加的是成本造价，侵蚀开发商的利润，而最终的成本造价的增加还是由购房者来买单；对于社会来说，浪费的是有限的资源。价值工程（VE）则是消除过剩质量功能，降低住宅建造成本的科学工具。

一、价值工程概述

价值工程是由美国工程师麦尔斯（Lawrence.D.Miles）在采购实践中创立的，通过对产品的功能分析，使之以最低的总成本，可靠地实现产品的必要功能，从而提高产品价值的一套科学技术经济方法。

1. 价值工程的定义与内涵

美国价值工程师协会对价值工程的定义是："价值工程是一种以功能分析为导向的系统群体决策方法，它的目的是增加产品、系统或者服务价值。通常这种价值的增加通过降低成本来实现，也可以通过提高顾客需要的功能来实现。"该定义明确指出降低产品成本是价值工程的重要目标。

价值工程是处理工程造价和质量功能矛盾的一种现代化方法。运用这一种方法，就可以通过质量功能展开与细化，把过剩的质量、多余的功能去掉，对成本造价高的质量、安全、功能实施重点控制，从而最终降低工程造价，实现项目经济效益、社会效益和环境效益的最佳结合。大量的实践经验也证实了价值工程在降低工程项目成本，特别是在消除不必要质量、安全、功能成本方面的独特功效。

价值工程的目的是以"对象的最低寿命周期费用，可靠地实现使用者所需功能，以获取最佳的综合效益"，这三者的关系是：

$$V=F/C$$

式中：V (Value) 表示价值、F (Function) 表示功能、C (Cost) 表示成本。

从三者的关系可以得出，产品价值的高低，取决于其功能与取得相应功能所耗费的成本。对房地产开发项目而言，其价值系数表现为该项目具有的功能与开发运营全过程

中所需投入成本的比值。功能高，成本低，相应的产品价值就越高；反之，功能低，成本高，相应的产品价值就越低。

当 $V=1$ 时，表示在房地产开发运营全过程中，项目的功能实际成本与实现功能的目标成本接近，即以合理的成本造价实现了产品的最佳功能，无须改进。

当 $V>1$ 时，存在两种情况。一是开发项目具有明显优势，且 V 值越大，存在的优势越明显，此时无须改进；二是开发项目功能的实现成本小于功能评价值，即成本造价偏低，不能满足或实现目标功能，需进行分析，加以改进。

当 $V<1$ 时，也存在两种情况。一是开发项目存在一定的抑制因素，或者与开发项目的要求存在一定的差距，且 V 值越小，存在的差距越大；二是开发项目功能的实现成本大于功能评价值，即成本造价偏高，实现的对应功能偏低。该两种情况均需进行成本或功能改进。

2. 价值工程的特点

（1）从客户的质量功能需求出发，通过价值创造，实现价值最大化

价值工程以客户的质量功能需求为出发点，致力于提高住宅产品价值的创造性活动，强调寻求住宅使用功能和产品建造成本、使用成本、运营维护成本的平衡点，发掘住宅的最高性价比。这就要求，开发商必须创造和提供客户满意的价值，因而为此付出的代价——成本造价，也就不能离开为创造和提供客户价值的一连串的活动——价值链。基于现代价值链理论的成本控制正是这一思想的最好体现，它从价值创造出发，终于客户价值最大化——成本投入为了创造价值，而创造价值又必须投入成本。这一变化使得开发商成本控制应该从价值链分析出发首先确定其成本定位，进而从价值创造和成本投入两个不同的视角进行成本造价控制，从而实现"价值创造→投入成本→创造价值→实现效益"的良性循环。

如何平衡价值创造和成本投入之间的关系，价值工程理论为我们提供了一座桥梁。而从技术的角度讲，价值工程更擅长的是对住宅产品的功能进行分析，保留和增加必要功能，删除和减少不必要的功能，然后再根据保留功能情况确定最低的成本造价数额。也就是说，开发商不能单方面压低成本造价，也不能盲目强调质量功能的提高，要技术与经济相结合，力求达到"技术先进条件下的经济合理，在经济合理的基础上技术先进"，在满足住宅项目安全、功能要求的前提下，优化配置和使用既有资源，适度降低成本造价。这是开发商应该优先选择的成本造价控制方法。

（2）以最低的寿命周期成本，使产品具备应有的功能

通过对价值工程基本原理的理解，明确价值工程理论中功能、成本和价值的三个核心含义，了解提高价值工程的途径在于功能与成本间的变化及二者之间的变化幅度，因此判断功能与成本的关系就成为价值工程的一个重要过程。经分析发现，功能和成本之间存在内在联系。一般而言，在经济技术条件稳定的情况下，生产成本 C 生会随着质量功能增加呈上升趋势，而使用成本 C 使会随着质量功能增加呈下降趋势。产品的寿命周期成本 C 生是生产成本与使用成本 C 使之和，在功能成本直角坐标系中就表现为二个成本曲线的叠加，呈凹形，抛物线存在一个最低点，对应的成本最低总成本 C_0，对应的功能为企业和用户追求的最佳功能 F_0，如图 3.1 所示。

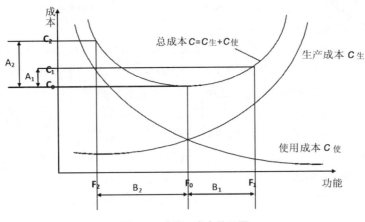

图3.1　功能、成本关系图

从图中变化趋势可以看出,当功能提升($F_0 \to F_1$)时,生产成本增加,使用成本降低,但增加幅度大于降低幅度,导致总成本($C_0 \to C_1$)仍偏高;同样,当功能降低($F_0 \to F_2$)时,生产成本降低,使用成本增加,增加幅度大于降低幅度,导致总成本偏高($C_0 \to C_2$)。若企业欲进一步提高产品功能,由F_0提高至F_1,功能增加幅度为B_1,对应的成本提高幅度为A_1,功能得到大幅度增加,成本小幅度提高,从而使价值也得到提升。同样地,从现有功能F_2提升至F_0,远远大于成本增加的幅度A_2。作为价值工程追求的就是功能与成本之间的一种最佳状态,即功能与成本的最佳匹配。

（3）以功能分析优化为核心

价值工程是通过对所研究对象的质量功能进行分析,系统研究质量功能与成本费用之间的关系,满足消费者的合理需求,实现设计方案与使用功能的有效对接。

价值工程原理告诉我们:为保证必要的功能而支付必要的成本是值得的,不能为节省成本而牺牲必要的功能;但为非必要的"过剩质量功能"而支付成本则是一种浪费。在房地产建筑结构设计中,只要满足了现行《设计规范》的安全和使用要求,就应力求避免随意加大构件截面、配筋数量和提高材料强度。在景观绿化方面,种树要找代价不高、成活率高、成长快、树阴覆盖面积大的树种,尽量少采用名贵树种。凡此种种,不一而足。具体操作是对产品功能进行系统分析,弥补设计方案的不足功能,剔除不需要的多余功能,在满足使用功能的前提下,优化和改进产品功能,降低功能的实施和使用成本,提高产品价值,实现利润最大化。

价值工程的工作可以通过一系列系统化的具有启发的提问展开,例如可以由下列问题组成一个系统的问题:"研究对象有哪些功能?""这个功能在整个产品整体功能中处于什么地位?""实现这个功能的成本是多少?""研究对象的价值是多大?""有没有其他的方案实现这个功能?""新方案能否满足必要的功能要求?""其他方案的成本是多少?"。

（4）将产品的价值、功能和成本作为一个整体来考虑

价值工程的理论支柱是把研究对象作为一个"系统"。价值工程中对价值、功能、成本的考虑,不是片面和孤立的,而是在确保产品功能的基础上综合考虑生产成本和使

用成本，兼顾开发商和购房者的利益，从而创造出总体价值最高的商品。

（5）以系统组织为方针

价值工程研究的问题涉及产品的整个寿命周期，涉及面广，研究过程复杂，所以应有组织、有计划地按一定的工作程序进行。Miles 指出："价值分析是从一个识别和处理产品、工艺或服务中产生无贡献成本因素的完整系统。"在开展价值分析的活动过程中，应当把分析对象视为一个系统来进行研究。在系统的研究过程中，必然会涉及到多个部门、多个工种、多种背景专业人员之间的设计、采购、生产制造、运营维护等工作。完成这一系列的工作，必须有组织、有计划的进行，否则势必产生混乱。

3. 提升价值的五个途径

从价值的一般表达式可以看出，如果要提高商品房住宅的价值 V，只有通过提升其功能 F 或降低其成本 C 来实现。

一般说来，提升产品价值的途径有五种：一是提高功能，降低成本，这是最理想的途径；二是功能不变，降低成本；三是成本不变，提高功能；四是功能略有下降，但带来成本大幅度降低；五是成本略有上升，但带来功能大幅度提高。运用这一方法，就可以通过功能细化，把多余的功能去掉，对造价高的功能实施重点控制，从而最终降低项目成本造价，实现项目经济效益、社会效益和环境效益的最佳结合。表 3.1 中列出了提高产品价值的五个途径。

表 3.1　提升产品价值的五个途径

途径	模式	适用范围	特点	采用方法
提高功能，同时降低成本	$V\uparrow\uparrow=F\uparrow/C\downarrow$	新产品设计、老产品更新换代以及重大工艺技术革新	符合用户物美价廉心理，最理想途径，为 VE 实施主要方向	采用新技术、新方法、新材料等先进方法
提高功能，成本保持不变	$V\uparrow=F\uparrow/C\rightarrow$	功能不足，用户在价格相当前提下欲购买质量最佳的产品	功能提升为提升价值的主要手段	采用新技术、新方法等提升功能
功能大幅度高，成本小幅度增加	$V\uparrow=F\uparrow\uparrow/C\uparrow$	高档产品、新型时髦产品、特殊功能产品		采用新构思、新思维等
功能保持不变，降低成本	$V\uparrow=F\rightarrow/C\downarrow$	发展较成熟、质量较稳定、基本满足用户需求的产品	成本降低为提升价值的主要手段	保障质量前提下，选择材质或加强管理，减少非必需成本
功能小幅度低，成本大幅度降低	$V\uparrow=F\downarrow/C\downarrow\downarrow$	"经济实惠"型产品，常见于消耗品、低档产品		不影响必要功能，降低次要功能，以简代繁

注：→表示不变，↑表示提高，↑↑表示大大提高，↓表示降低，↓↓表示大大降低。

4. 价值工程工作的步骤

价值工程工作主要包括四个阶段、12 个步骤，见表 3.2。

表 3.2　价值工程工作步骤

构思阶段	价值工程工作步骤		价值工程提问
	基本步骤	具体步骤	
提出和分析问题	确定对象	对象选择	(1) VE 对象是什么？
		数据资料	(2) 与该对象有关的资料有哪些？
	功能分析	功能定义	(3) 目的是什么？
		功能整理	(4) 用哪些手段实现这个目的？
	功能评价	成本分析	(5) 分摊给各功能目前的成本是多少？
		功能评价	(6) 各功能应有的成本是多少？
		选定 VE 对象	(7) 有哪些 VE 对象可改进？
拟定方案	方案创造	方案创造	(8) 怎样改进？
方案评价与实施	方案评价	概略评价	(9) 新成本是多少？
		方案具体化	(10) 能否可靠地实现必要功能？
		详细评价	(11) 技术经济效益和社会效益怎样？
方案实施	方案实施	制定改进方案	(12) 怎样实现？

在设计阶段的价值实现模型如图 3.2 所示，设计阶段价值工程考虑的重点是如何在工程造价控制的过程中实现建筑产品的核心价值；建立项目内外部的反馈机制。项目外部的反馈可以更好的识别利益相关者的需求；项目内部的反馈就是价值工程活动团队对核心价值的研究和反馈；外部的反馈是指项目的其他利益相关者对价值活动的意见和建议；在项目内外部反馈的基础上形成项目的价值目标。

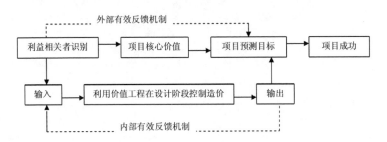

图 3.2　设计价值实现模型

房地产不同于工业产品，针对房地产项目进行的价值工程研究的程序也与一般的工业产品的价值工程活动的程序不同。一般分为研究前的准备阶段、研究阶段以及研究后阶段三个阶段。

研究准备阶段的工作是为进行正式的研究做必要的准备，包括组织准备与技术准备。组织准备包括建立价值工程研究小组，小组成员一般由开发商、设计单位、价值工程专家（优化设计专家）以及其他专业人员组成；技术准备的主要工作是建立成本造价模型，通过建立模型对建筑工程的成本造价进行分解、分析。

价值工程研究阶段，一般按以下五个步骤进行研究：

第一步是收集与项目有关的情报。这些情报包括开发商的建设意图，开发商对功能的要求，设计单位对设计成果的介绍；还包括与功能定义和功能分析的相关内容，例如"如何实现产品功能？""产品功能的成本是多少？""产品功能的价值是多少？"等等。

第二步进行方案创造,通过方案创造看有无其他成本造价更低的方案来实现功能要求。

第三步进行方案分析,分析新方案是否能实现产品功能要求,产品功能是如何实现的。

第四步对方案进行完善与评价,通过前面三个步骤的研究,进一步完善可行的方案并形成提案。

第五步选择最终的提案。通过分析各个提案的优点和缺点来确定最优的设计方案。

价值工程研究后阶段的主要工作任务是编写研究报告,详细介绍各个设计方案,报告由开发商进行审核并决定是否采纳,如果采纳并实施的话,还需要对最终的设计方案进行追踪、检查实施效果,必要时进行纠偏。

上述价值工程的活动过程可用图 3.3 表示。

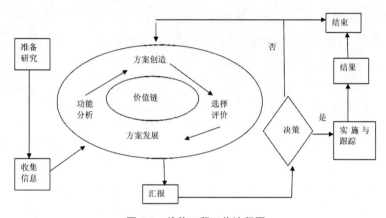

图 3.3　价值工程工作流程图

以上价值活动的开展既可以是单个环节、单个阶段的,也可以是针对项目整体的,既可以进行一次性的价值活动,也可以进行多次性的重复循环价值活动。

5. 房地产开发设计阶段应用价值工程的价值

设计阶段对房地产项目成本造价而言至关重要。遗憾的是,目前设计人员普遍存在"重安全、轻成本,重功能、轻造价"的倾向,在安全、结构、功能上精益求精,但对工程的成本造价的考虑明显不够。而且,开发商和设计单位并没有完全认识到价值工程的作用。首先,开发商和设计单位没有认识到价值工程在房地产开发中应用的潜力和前景。房地产开发的投资规模庞大和复杂性,使得其节约成本空间巨大,这是房地产开发应用价值工程的一大优势。研究表明,应用价值管理可以降低整个建设项目初始投资额的 5% ~ 10%,同时可以降低项目运行费用的 5% ~ 10%,在某些情况下,节约率可以高达 35%,而整个价值管理活动的经费仅为项目建设成本的 0.1% ~ 0.3%。由此可见,将价值工程应用于房地产开发项目设计,节省的金额是很巨大的,充分体现了价值工程的应用价值。

美国建筑业在应用价值工程方法的统计的数据表明,其降低成本造价的潜力如图 3.4 所示。

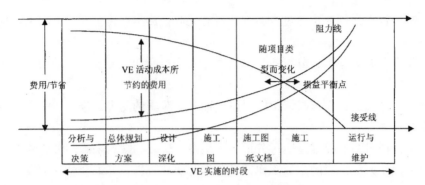

图 3.4 各阶段应用价值工程降低成本造价的潜力

二、设计阶段应用价值工程的思路、范围与切入点

1. 开发设计阶段应用价值工程原理的思路

首先，进行功能分类，把它分解为一级功能、二级功能、三级功能。对功能重要程度进行整理分析、比较评价，把重点放在功能与成本的对比上。一般来章，住宅最基本的功能是起居功能，即给人以安身之处。其后是享受功能，即给人以安全、舒适、美观、娱乐等精神和物质上的享受。围绕住宅的上述功能，在应用价值工程进行功能分析时，就要弄清用户所要求的功能的侧重点，寻找实现功能的最低费用。在分析中应该多问几个为什么，比如："这是干什么用的？""它的成本是多少？""它为什么需要，是否可以取消？"等等。以住户的要求和减少成本为准则，区分必要功能和不必要功能，而不是由设计和建设单位主观决定。找出多余功能或过剩功能后就应予以消除，只有这样才能使住户避免支付不必要的费用。近几年，在提高住宅的使用功能，合理分配功能空间方面有了很大改进，但当人们发现大居室有多余功能应进行消除后又转向了给客厅、卫生间、厨房增添过剩功能，有的客厅面积大到可以开舞厅和台球室，造成许多功能的不必要浪费。其次，在住宅本身的一级功能和二、三级功能中进行合理分配，计算合理比重，进一步分清功能主次。对于面向普通大众的住宅应从美观功能向实用功能转移，从次要功能向主要功能转移，以此体现以人为本、以人为核心的思想。

再次，为了相对准确地计量和表达出住宅的性能，我们可以用量化的指标来表示。第一步，确定住宅的适用性、安全性、耐久性和环境性的评价得分，用 DI 表示;第二步，求出住宅的成本指数 C，第三步，确定住宅的性能成本比指数 $FI = DI/C$。最后，我们还可以结合住宅性能认定加强相关科研工作，总结出住宅达到各项性能指标所需的技术措施和标准构造作法。如屋面和墙体保温、隔热作法，楼板隔声作法，南方地区外墙防渗漏作法等等，为住宅良好性能的实现和认定工作提供技术支持和可靠保证。

2. 设计阶段应用价值工程的范围

英国的价值工程专家 Jhon. Kelly 将英国价值工程的应用按照从低到高的顺序分为四个层次：

(1) 构件——对构成部件的结构利用价值工程进行优化选择;

(2) 部件——对构成项目空间的部件利用价值工程进行优化选择;

(3) 空间——对项目的空间利用价值工程设计优化；

(4) 项目——对项目建设与否，建设规模大小等重大问题利用价值工程进行决策分析。

现阶段，VE 的应用在工程建设领域除继续在部件、空间、构件三个层次发挥效用之外，在工程项目设计的各个阶段都可以广泛应用。

(1) 应用于总体设计方案的优化

房地产开发项目规模大，投资额高，价值工程应用于总体方案优化效果最为显著。

总体方案的功能应从比较宏观的角度进行分析，既要站在开发商的角度考虑，也要站在购房者的角度考虑，也要站在社会经济的角度考虑。总体方案的成本除了考虑项目建设投资外，还应考虑项目建成投产使用后的运营成本以及维修费用。

在总体方案设计过程中，利用价值工程对设计方案进行比较和优化，对设计方案实行科学决策，也就是使开发项目的最终价值体现在经济效益和社会效益中。这样既能对社会资源进行合理配置，又能提高产品的性能，因此意义重大。

对总体方案进行价值分析的重点在于提高开发项目的"价值"。除了"项目功能不变，降低工程造价"和"工程造价不变，提高项目功能"外，还要注意"工程造价略有提高，而项目功能大幅度提高"这一提高开发项目价值的途径。

(2) 应用于建筑结构方案的优化

建筑结构的选择不仅对开发项目的造价有影响，而且对项目的质量和使用寿命也有很大地影响。如建筑主体结构类型的选择，地基的处理方案，基础结构形式的确定等，都与项目造价密切相关。因此，确定合理的建筑结构，能在一定程度上降低工程造价。

价值工程应用于建筑结构方案的优化，要以项目的使用要求为重点，以功能分析为核心，围绕项目的基本功能进行分析，对各个设计方案进行比选和优化，从而确定最终设计方案。

(3) 应用于设计方案的评价与选择

在以往的设计方案评价与选择中，技术和经济是相互脱节的。人们分别对设计方案的功能与技术的先进性和合理性、设计方案的经济性进行评价，在"一定功能的前提下选择工程造价最低的设计方案"或者"在一定工程造价限额的前提下选择功能最强的设计方案"。

从价值工程的观点出发，这样评价选择出来的设计方案都不一定是最优方案。评价选择最优设计方案，应该从建筑产品的"价值"出发，同时考虑设计的建筑产品功能与费用，选择满足用户需求的"价值最高"的设计方案。

(4) 应用于建筑材料和设备选择

在房地产开发和建筑建造过程中，材料费和设备费所占比例很大，约占工程直接费的 60% ~ 70%，因此，在满足建造质量和使用要求的前提下，必须合理选择建筑材料和设备，有效控制材料和设备使用成本，提高开发效益。

在选择建筑材料和工程设备时应用价值工程，一般可以采用提问法：

①这种材料的功能是什么？

②实现这项功能的成本是多少？

③有无其他材料实现同样的功能？

④替代材料的成本是多少？

⑤替代材料能满足要求吗？

建筑设计中因选择材料或设备选用不当而导致造价增加的情况在实际中经常发生。运用价值工程，通过合理选择材料和设备，以达到在产品功能不变的情况下降低造价，提高产品的价值。

(5) 应用于建筑设备的选择

在项目设计中，建筑设备的合理选择是另一个重要方面。按照价值工程原理，对于设备方案的选择，不应局限于单独地追求设备功能的提高和设备费用的降低，而应该力求正确处理设备功能与费用的合理匹配，提高设备的使用价值。

价值工程用于设备方案选择的步骤是：

①确定价值工程分析对象，对其进行功能定义和功能评价。

②根据设备的性质和特殊要求，确定功能评价指标。

③确定各功能评价指标的权重。

④计算各设备方案的成本系数、功能系数和价值系数：

成本系数 = 方案的全寿命成本 / 各方案全寿命成本总和；

功能系数 = 方案的功能得分 / 各方案功能得分总和；

价值系数 = 方案的功能系数 / 方案的成本系数。

⑤进行方案选择，价值系数最大的设备方案是备选的最优方案。

(6) 应用于设计图纸审核

图纸审核是设计阶段产品质量的最后把关。价值工程应用于图纸审核主要有以下两个方面：

第一，应用价值工程方法选择最有"价值"的审核图纸对象。审核设计图纸应该重点突出，着重选择那些功能比较强，工程造价比较大，对工程影响大的对象进行审核，以求获得较大的技术经济效果。价值工程的一些在这一方面恰恰具有优势。

第二，应用价值工程对所审核的对象进行功能分析、比较、论证，研究设计文件和图纸中的总体方案、平面布置、建筑造型、结构形式、材料、设备等等是否合理，在科学分析的基础对设计方案实行评审，选择技术上可行、经济上合理的建设方案，使设计工作做到功能和造价统一，在满足功能要求的前提下，节约工程造价。

(7) 应用于设计概算和施工图预算的审核

设计概算和施工图预算的审核是设计阶段工程造价控制工作的一个重要环节。

审查设计概算和施工图预算可以促进设计单位严格遵守国家有关概预算的编制规定和造价控制标准，保证设计的工程造价控制在限定的目标值之内。

概算造价和预算造价是后续各阶段的工程造价控制目标值，其准确性直接影响下一阶段的工程造价控制工作。认真审查设计概算和施工图预算，有利于工程造价的目标管理。

设计概算和施工图预算的审核还可以对建设项目的工程量、工料价格、费用计取及其编制依据的合法性、时效性、适用范围等各方面进行审核，从而严格控制初步设计和施工图设计的不合理变更，确保概算造价和预算造价的准确可靠。

审核概预算是一项繁杂、单调、工作量大、涉及面广的工作，需要责任心强，工作细致。常用的概预算审核方法有全面审查法、分解对比审查法和重点审查法。重点审查法以其审核工作量小，审核速度快，审核结果能控制在合理范围内等优点，成为设计阶段常用的一种概预算审核方法。

重点审查法的审核结果是否合理、准确，关键取决于如何抓住重点进行着重审核。在实际工作中，选择重点审核对象通常凭借审核人员的个人经验，缺少科学有效的方法，导致了概预算审核的效果因人而异。

利用价值工程中选择价值工程对象的"ABC 分析法"和"价值系数法"，可以有效地选择重点审查法的审核重点。

(8) 应用于限额设计中的限额分配

设计各专业和项目各部位的造价限额合理分配是实行限额设计的前提。利用价值工程，可以比较科学的分配设计各专业和项目各部位的造价限额。根据价值工程中的"功能和成本动态相关原理"，产品的合理成本应该是和产品要实现的功能大致成比例的，这就为我们合理分配造价限额提供了一条思路：将造价限额与产品的功能挂钩。

通过对各专业和项目各部位的功能进行分析、整理和评价，并采用适当方法将其定量化，我们可以计算出各专业和项目各部位的功能在项目总体功能中所占比例，然后大体上按照这个比例分配各专业和项目各部位的造价限额。

3. 价值工程在房地产开发项目过程的切入点

价值工程在房地产企业中各阶段应用的切入点具体情况如下：

（1）可行性研究阶段运用价值工程，主要是通过优化方案设计，确定一个合理的成本估算，求得一个最佳的设计方案。在该阶段，建设项目的范围、组成、功能、标准、结构形式等内容并不是十分明确，所以可优化的约束限制条件较少，优化的内容较多，对房地产项目成本影响也最大，应是价值工程应用的重点阶段。

（2）设计阶段运用价值工程，主要是通过优化初步设计、技术设计、施工图设计，确定一个合理的成本概算和施工图成本预算，从而求得一个最佳的初步设计、技术设计、施工图设计。在该阶段，开发项目的内容一步步明确，可以优化的内容越来越少，优化的约束限制条件也越来越多，对成本的影响程度较方案设计阶段也逐步下降，但依然是价值工程应用的重点阶段。

（3）建设准备阶段运用价值工程，主要是运用价值工程的基本原理和思想，选择一个能使开发项目价值最大化的一个最优的施工组织设计和对项目价值最大化的承包商。

（4）项目实施阶段运用价值工程，主要是运用价值工程的基本原理和思想，在确保实现建筑产品必要功能的前提下，努力降低建筑产品的施工成本，同时根据市场的变化及项目营销策略针对项目的主要销售热点予以动态控制管理，利用价值工程原理和基本思想，进行动态控制，保证项目价值最大化以及企业效益最大化。

（5）竣工验收阶段运用价值工程，主要是从功能和成本两方面来衡量和评价建筑产品价值的高低，从而为以后同类项目运用价值工程积累和提供丰富的应用经验。

三、房地产开发设计各阶段价值工程的具体应用

1. 在房地产开发方案设计中应用价值工程

把房地产开发项目的方案设计阶段作为价值工程研究对象，建立设计功能系统图，如图 3.5 所示。将多个方案设计对照功能系统图运用价值工程的基本原理逐一进行评价，选择价值系数最大者，即为所求的最佳设计方案。

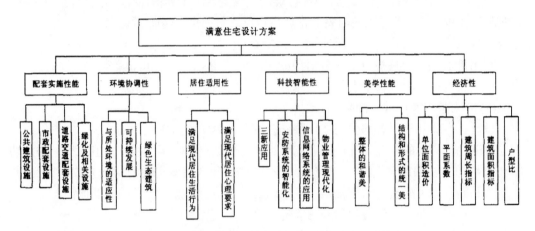

图 3.5　住宅项目方案设计应用价值工程功能系统图

2. 在房地产开发初步设计、施工图设计中应用价值工程

把房地产开发项目的初步设计 / 施工图设计作为价值工程活动研究对象，可建立设计与施工功能系统图，如图 3.6 所示。将多个设计方案，对照功能系统图运用价值工程的基本原理逐一进行评价，选择价值系数最大者，即为所求的最佳设计。

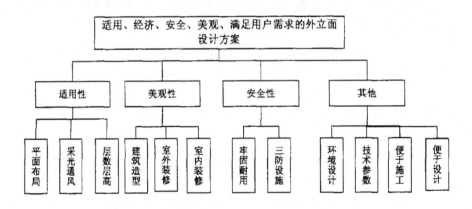

图 3.6　住宅设计应用价值工程功能系统图

3. 在房地产建造选择承建商中应用价值工程

把选择承建商的评标过程作为价值工程活动研究对象，可建立承建商选择功能系统图，如图 3.7 所示。将参加投标的多个承建单位，按照功能系统图运用价值工程的基本原理逐一进行评价，选择价值系数最大者，即为所选的最优承建商。

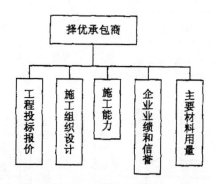

图 3.7 择优选择承包商中应用价值工程功能系统图

4. 在开发项目实施组织中应用价值工程

把房地产开发项目实施组织作为价值工程活动对象，可建立组织设计功能系统图，如图 3.8 所示。将实际可用的多个实施方案，对照功能系统图运用价值工程的基本原理逐一进行评价，选择价值系数最大者，即为所求的最佳的项目实施组织设计，以此来指导项目实施。

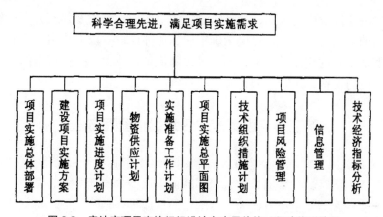

图 3.8 房地产项目实施组织设计中应用价值工程功能系统图

5. 在房地产开发实施阶段成本造价控制中应用价值工程

把房地产开发实施阶段的成本造价控制作为价值活动对象，可建立成本造价控制功能系统，如图 3.9 所示。把房地产实施过程中的成本造价控制作为价值工程活动对象，对照功能系统图运用价值工程的基本原理进行评价，在确保实现基本功能的前提下，选择价值系数较低者，作为成本改进的对象，有效地控制开发成本，从而达到降低开发成本的目的。

6. 在开发项目价值评价中应用价值工程

把通过竣工验收合格的房地产开发项目作为价值工程活动对象，可建立开发项目价值功能系统图，如图 3.10 所示。将合格的开发项目，对照功能系统图运用价值工程的基本原理进行评价，看是否可靠的实现了开发项目的基本功能而成本较低，使住户最终得到了价值较高的建筑产品。

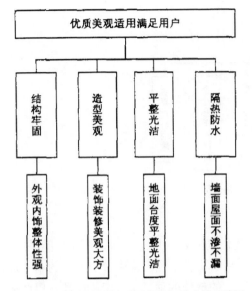

图 3.9　开发成本控制中应用价值工程功能系统图

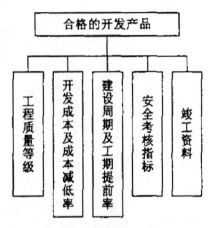

图 3.10　开发成品的价值评价中应用
价值工程功能系统图

作者大量的咨询及研究表明，设计阶段对整个房地产开发及建筑成本造价的影响度远远高于后期的施工阶段，在投资决策确定后，加强设计阶段的成本造价管控显得尤为重要。应用价值工程优化设计方案，不仅可以降低工程造价，提高资金的利用效率，还可以避免不必要的浪费，缩短工期，实现项目价值的最大化。

第二节　设计成本企划优化管理方法

1991 年 8 月美国《幸福》杂志在《锋利的日本秘密武器》一文指出："这是一种独一无二的成本管理体系，它帮助日本公司削减成本以低价与西方业者竞争，用新产品击败对手。这个秘密武器就是正日益为世界瞩目的"成本企划"。

一、成本企划运用的美、日比较

欧美的公司通常是先设计产品，再计算出成本，然后再估计产品是否可能有市场销路，而图 3.11 所示的日本的成本企划思想则截然不同。它是先基于最可能赢得消费者认可的售价减去期望利润来计算目标成本，再运用所谓"成本工程"的手段来确保生产的产品满足目标。这样生产出的产品市场适销的可能性更高。

成本企划最关键的因素是目标成本，也就是说在产品的设计阶段就关注到将要制造的产品成本只允许是多少。成本是事先限定好的，生产过程实际消耗的成本乃至客户的使用成本都不允许超越这一范围。这意味着，成本思考的立足点从传统的生产现场转移到了产品的企划、构想与设计阶段，从业务长河的下游转移到了上游或者说是源头。日本人说："这东西市场上只能卖 50 元钱，我必须有 40% 的盈利率，那么成本最多只能是 30 元钱，让我们回过头去从头做起确保这 30 元钱目标成本的达成。"被誉为秘密武器的成本企划思想就是这么朴素而简单。

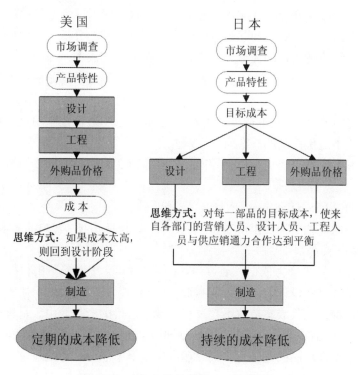

图 3.11   如何保持低成本——美日比较

二、成本企划的定义与实质

"成本企划"是日文汉字的写法, 按其英文名称 target costing 或 cost design 译为"目标成本计算"或"基于成本的设计", 也可按其日语的字意将其译为"成本策划"或"成本企划"。

日本成本企划特别委员会对成本企划做出了较具发展观的定义 :"成本企划是在进行产品的企划与开发时, 设定出满足顾客需要的品质、价格、诚信、交货期等目标, 把从上游到下游的所有活动作为对象, 使这些目标同时实现的综合利润管理"。

由此可见, 所谓成本企划是指 : 在新产品的策划、开发和设计阶段, 以产品的整个生命周期为管理对象, 以既定的目标利润为前提, 制定为了实现目标利润所需要的单位产品成本的目标 (成本目标), 并在在新产品的策划、开发和设计等阶段实施为了达成成本目标的各项活动。

三、成本企划所蕴含的先进建造管理思想

成本企划源于产品开发设计。所谓产品的开发设计，是指在图纸上就房地产建造过程进行一次预演，预演时赋予的各种条件就是实际建造过程中各项具体要求事项的体现。直观地说，设计就在图纸上"建造"产品。既然实际建造过程必然要发生成本，那么图纸上的"建造"考虑成本发生这一因素就理所当然。这意味着降低成本的重心可以从房地产建造阶段转移到开发规划及设计阶段，成本企划的思维正是由这种"重心转移"引起的。这种重心转移突出地表现在两个方面。其一是"有备无患"，即在开发规划设

计阶段乃至企划阶段就开始降低成本造价的活动。这种降低成本造价的活动具有"源流管理"的属性，即从事物的最初起始点开始实施充分透彻的分析。这种从源流着手的分析有助于避免后续建造过程的大量无效作业所耗费无效的成本，即源流式成本控制的实施使得大幅度降低成本造价成为可能。其二是重心转移更重要的方面表现为成本的"筑入"，成本筑入意味着将材料、部品等汇集在一起装配成产品的同时，将成本造价一并"筑入"进去。这种源流的成本造价"筑入"，引起了成本造价控制的重心转移，这是房地产项目开发成本造价控制的一次质的飞跃。

成本企划基本实现主要包括市场导向、顾客满意、全生命周期、源流管理、成本筑入等思想。

1. 市场导向 (Market Orienattion，MO) 思想

所谓市场导向，就是一切以市场／客户为中心，按照市场／客户的需求来进行设计、建造和销售产品 (商品房) 与服务（物业）。

成本企划以市场售价为依据，通过预计的目标利润，"倒逼"出目标成本造价。换句话说，也就是通过在设计阶段进行成本造价控制，以开发、设计出质量、安全与功能达到一定预期标准，且其成本造价不超过目标成本造价的产品。由于目标成本造价是建立在极具市场竞争力的售价基础之上的，且同时考虑了质量、安全、功能等具体情况，因此能够有效地增强产品的竞争力，最终在市场竞争中取得有利的地位。

2. 顾客满意 (Cuostmersatisafetion，CS) 思想

成本企划的一个重要思想是"顾客满意"。菲利普·科特勒 (Philip Kotler) 认为，顾客满意"是指一个人通过对一个产品的可感知效果与他的期望值相比较后，所形成的愉悦或失望的感觉状态"。房地产企业在成本企划时，首先要进行市场调研，了解顾客目前和将来的住宅需求，通过需求调研，获取顾客需求信息，产生出未来住宅构思、设计、建造的规划书。从这一角度，成本企划的过程也是实现"顾客满意"目标的过程。由此可以看出，成本企划的出发点和归宿都是针对"顾客满意"的，其目标售价、功能、外观、套型、品质等等均是反映了顾客对该住宅的预期，或者说，其售价体现了顾客对于特定功能、外观、套型、品质等可接受的价位，因此，其市场销售及销售建筑自然看好。

3. 项目全生命周期成本 (Whole liefe icrle cost，LCC) 管理思想

房地产项目的全生命周期成本管理是从最初成本测算，到目标成本、动态成本、成本回顾、再到成本核算，最后形成成本数据库，整个成本演变的过程。为便于理解，我们将成本全生命周期管理又分为三个阶段，即前期的成本测算，过程中的成本控制和项目竣工后的成本核算。而其中的控制阶段又具体分为三个环节：即确立目标成本、动态成本管理、成本回顾（图 3.12）。因此，成本企划中的目标成本造价范围是指全生命周期条件下的各项必达目标成本造价。

4. 源流成本管理 (Origlnmnagaemnet) 思想

传统的成本造价管理将重点放在了施工环节，也就是说在既定的设计和建造流程的前提下，尽量减少对施工要素的浪费。而实际上，这种成本控制思维并没有抓住成本造价管理的根本。因为，据有资料表明：房地产项目成本造价的 65% ～ 80% 已经在规划设计阶段就确定了，成本造价的 90% ～ 95% 在建造工艺阶段就已经确定。产品一旦

投入建造，降低成本造价的潜力就不大了。因此，控制成本要从成本造价产生的源流源头——设计阶段着手，如图 3.13 所示。

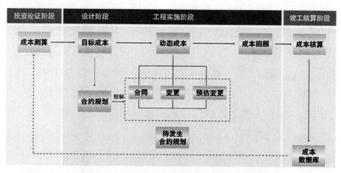

图 3.12　房企成本企划的全生命周期管理

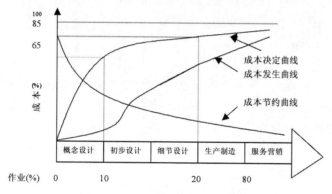

图 3.13　项目不同阶段的成本曲线

源流成本造价管控的实质在于其预防性，从成本造价的最初起始点，做事前分析，通过"源流"分析，借助源流管理向前向的设计（构想设计、基本设计、详细设计与施工图设计）、建造阶段推展，实现成本造价的前馈式控制，避免后续建造过程中大量无效作业成本耗费，从而大幅度削减成本造价。

5. 成本造价筑入 (Building-ni eost) 思想

成本筑入的"筑入"译自日语 **"つくりこみ"**，大意为在生产建造过程中同时"深深地嵌入"或"紧密地结合进"新的要素。

关于"成本筑入"的理论含义，日本学者清水信匡的研究可谓独树一帜。清水信匡从"成本降低"与"成本最低化"这两个概念出发说明问题。他指出，"成本降低可以定义为，对某对象产品及作业过去发生的成本，或认为理论上应发生的成本，在不招致该对象特定属性变化的前提下使其减少"。他又从微观经济学的角度来说明成本最低化，认为成本最低化是成本函数的选择问题，是"由选择生产函数设定的投入组合中，由最低的成本选择对应于要求的产出量的投入组合"。换句话说，成本降低是相对比较的概念，而成本最低化则是最优化的概念。因此，清水信匡对"成本筑入"作了这样的定义："为选择达成目标成本的技术与投入的最优组合根据需要开发出的伴随着成本降低的技术"。

由上可以看出，所谓"成本筑入"是指随着实物（如材料、部品）装配成产品的同时，将成本一并"装配"进去，达成"成本装配成形"，在成本发生的前期，确保成本优化降低的可能。

成本企划作为一种先导性的综合性管理，对其具体表现形态可以作更为深入的描述。而以价值工程等管理技术实施房地产项目成本筑入，可以说是把产品的装配成形视为"成本造价的装配成形"，这种思想是现代房地产项目成本造价管理思想的巨大飞跃。以浅显的比喻来说，成本造价筑入思想在于把成本造价视作一种"特殊的功能与部品"，设计者是在尝试能否将这种"功能或部品"的一部分乃至全部剔除，删除部分又能否"装配"到其他更重要的功能上去。因而可以说，成本筑入的具体落实也就是"对成本这种特殊部品的削减与重新装配"。而对构想方案的选择，即对其技术性与经济性概略评价阶段，则是为了对已"装配"部分做更优化的调整与修正。因此，有必要针对开发、设计、建造乃至销售阶段的目标成本造价，将成本造价概算与产品设计一体化分析，以达成根本性的成本造价降低。倘若在图纸的预演中排除了各种无效或低效成本造价因素，图纸上有限的筑入成本造价可能就等同于建造现场的实际成本造价，这就等于在前期确保了成本造价降低的可能性。

"源流成本管理"和"成本筑入"思想表明，成本企划着眼于成本的发生源头，立足于成本源头做事前周密、全盘的分析考察，把住宅的建造成型视为成本造价的装配成型。这是现代房地产企业成本造价管理的巨大飞跃。

6. 工程与管理学融合的手段

成本企划在房地产项目规划设计中的成本造价管理是工程学中的产品设计与管理学中的成本管理两个领域的交叉。成本企划关注产品成本造价构成、部品成本构成以及建造技术等方面，因此，在进行理论研究时，可以同时利用这两个领域的理论来进行。但是，有必要指出的是，工程学领域的研究更注重技术性（质量、安全、功能），管理学领域的研究则更关注经济性（成本造价、功能价值）。

四、目标成本企划流程

目标成本企划流程（图 3.14）可归纳为以下几个主要阶段：

1. 目标成本造价的设定

房企成本企划最关键的要素是目标成本造价，也就是说在房地产项目的企划与设计阶段就关注到将要建造的产品造价只允许是多少，建造过程中实际消耗的成本乃至客户购买的成本却不允许超越这一范围。这就意味着，项目成本造价思维的立足点从传统的施工阶段转移到了项目的企划、构想与设计阶段，从房地产项目营建"长河（流程）"的下游转移到源头——上游。

在成本企划中制定出的目标成本造价，要求达到以下两个要求：其一是目标成本造价必须保证目标利润的实现，否则会失去目标成本造价应有的作用；其二是目标成本造价须保证企业在市场竞争中具有能够取胜的商品房价格，以最终实现企业的经营目标。由此可见，目标成本造价的确定，关系到房企的前途和命运，企业测定的成本造价若达不到以上目标要求，就需要进一步分析研究，在掌握更多信息的基础上，重新核定目标成本造价，或改变经营决策。

2. 目标成本造价的分解

由主管设计师负责，由成本管理人员与工程技术人员参与，以满足客户需要和参与市场竞争为立足点，对企划对象的构成从建筑、结构、部品、功能多个角度展开分析。

确定了产品的目标成本造价后，为使其更容易达成及后续阶段的成本造价"筑入"更为有的放矢，有必要在制定成本造价达成方案之前对上述目标成本造价进行分解。具体的分解方式有多种，如按功能类分解、按构造类分解、按成本要素类分解及按开发设计人员分解等（见图 3.15）。

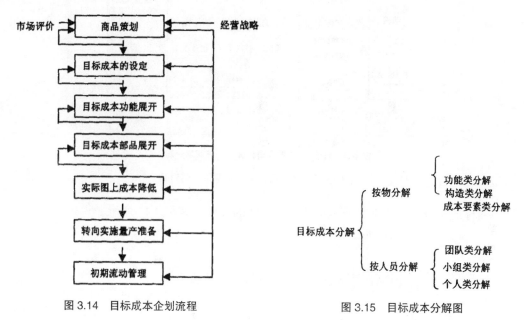

图 3.14　目标成本企划流程　　　　　　　　　　图 3.15　目标成本分解图

按功能类分解是指将产品的建造成本分解为各项功能的成本。其步骤为：首先分解为大的功能域的成本，再向中功能域分解，最后再向小功能域分解。一般而言，在构想设计阶段只能做到向大功能域的分解，进入详细设计阶段才能进行更细的分解。按功能类分解主要适于在房地产开发设计过程中，对基于源流思想有必要进行功能分析的产品或者是处于导入期、成长期的产品。

按构造类别分解一般是先将产品的构造作粗略的区分，再根据经验评估各个构造的重要程度（通常以百分比表示），或按历史上类似产品的成本造价构成比，将其作为合理的分配基准，据此进行目标成本造价的分解，也可在此基础上，基于项目的定位、政策加以调整后作为目标成本造价的分解基准。它主要适于基本构造及其运作方式已大体定型，或为抢占市场开发时间而难以及时拿出新构想的产品。

对于上述两种分解方式结合起来使用将更为理想，即首先按大功能域分解目标成本造价，再向次级的功能域进行细分解，这时构造的轮廓大体趋于明确，再按构造别进行分解。

按成本造价要素类别分解一般发生在按功能或构造类别分解之后，是按直接材料费和建造费等成本造价要素所作的进一步分解。在此分解之前必须预先确定成本造价要素的项目。按成本造价要素类别分解后，建造过程中工程技术方法的采用就有了明确的依据，从而有助于详细设计阶段的成本造价控制及建造阶段的标准成本造价设定。

按设计人员类别分解是将目标成本造价分解给设计人员，并据此计算和评价设计质量及绩效。这种分解方式可以促进提高设计人员的成本意识，有助于设计成本限额目标的达成。

房地产项目目标成本造价分解过程如图 3.16 所示。

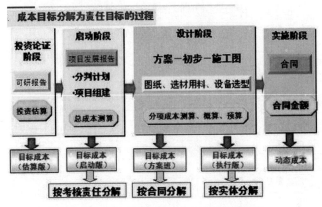

图 3.16 房地产项目目标成本造价分解过程

目标成本分解实质上是成本责任层层落实的过程，如图 3.17 所示。

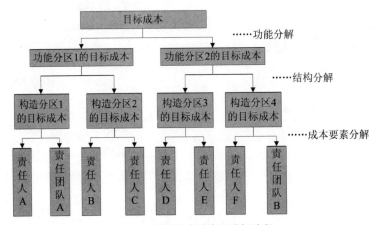

图 3.17　目标成本的责任分解流程

五、目标成本管理流程

房地产企业应以确定的目标成本为基准，本着全面、全过程、全要素、全员的目标成本管理思路，建立一个计划 (P)、实施 (D)、检查 (C) 和处理 (A) 的 PDCA 循环。PDCA 循环在成本管理中是不断进行的，为了实现一定的目标，就循环一次，解决一定的问题，同时不断的进行反馈，使成本管理目标不断得到优化。同时，在企业项目成本管理中，整个项目是一个大的 PDCA 循环，各部门有小的 PDCA 循环，下一级的 PDCA 循环是上一级的具体落实，实现全过程，全要素，全员参与，从而提高整体经济效益，实现企业目标。目标成本管理具体流程如图 3.18 所示。

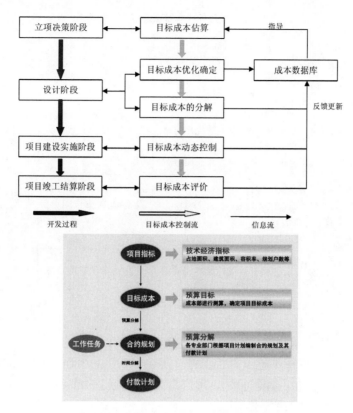

图 3.18 项目全过程目标成本管控流程图

六、多阶段目标成本企划循环（图 3.19）

在确定了企划对象之后就可进入设定目标成本。从设定目标成本到在设计图纸上实现降低成本的活动,是成本企划的中心阶段,成本降低是在这一阶段真正得以落实的。"设定→分解→达成→……"这一过程看似简单,实际上其中包括了多重循环。产品开发设计过程一般可以区分为构想设计、基本设计、详细设计与工序设计这四个阶段,严格地说,每个阶段都需要实施"设定→分解→达成→……"这一循环,每一次循环都是对成本的一次挤压。只有在最后工序设计阶段的成本降低额达成后,挤压暂告一段落,才能转向施工生产。全过程目标成本管理流程与控制要点见表 3.3。

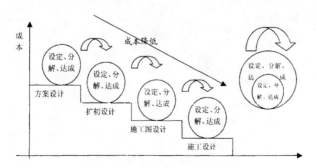

图 3.19 多阶段成本企划循环

表 3.3   全过程目标成本管理流程与控制要点

设计开发过程	各开发阶段主要设计任务	目标成本管理流程	各阶段实际发生的主要成本	各阶段成本控制要点
立项决策阶段	产品定位策划、可行性研究和经济性评价	目标成本初步测算	土地成本	确定土地成本最高限额
前期设计阶段	规划设计与建设方案的制定，主要材料、设备的初步选型定板	目标成本的优化与最终确定，目标成本的纵向分解和横向分解	报建费、设计费等前期费用	设计招标、限额设计、目标成本制定与部门责任成本的确定
项目建设实施阶段	项目招投标，落实发包、施工组织、建设监理、市政公建配套、组织销售	目标成本的动态监控，确保目标成本实现	建安费用、公共基础设施费、配套设施费、开发间接费、销售费用等	招投标、变更和签证的管理，付款审核，营销费用
竣工结算阶段	竣工验收，工程结算以及甲供材料、甲供设备的结算	进行目标成本完成情况的分析与评价	开发间接费用、销售费用，管理费用	严格审核工程竣工结算，重视全过程评审

七、目标成本造价的实现机制

为了更有效的实施成本造价管控工作，房企应在项目各阶段进行成本造价概预算并以此作为项目成本造价的控制目标，形成贯穿全价值链的目标成本造价管理体系，并从图 3.20 中的四个方面开展工作。

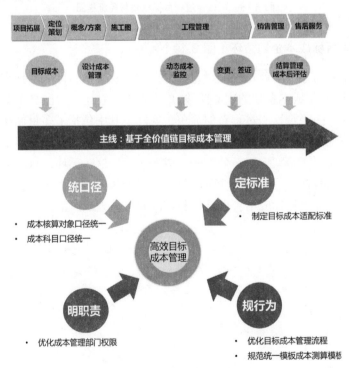

图 3.20   目标成本造价管控体系

七、基于价值工程（VE）的成本企划

1. VE+ 成本企划

成本企划的目标细分至各设计部后，各设计部即开始从事设计及价值分析（VA）活动，它是一种通过分析调查产品的性能与价格，有助于降低成本造价及商品房开发的一种成本造价管理的科学手法，是成本企划活动的有效手法。对设计部门来说，其目标不仅是要设计出满足客户需求并具有良好质量和功能的产品，而且同时必须达成成本造价目标。至于中间过程是要通过降低多少材料费、建造费等来实现，则一律由各设计部根据其能力而定。设计部门根据目标成本限额及其他相关部门提供的信息设计"施工图纸"，再根据施工图进行成本造价"筑入"。

2. 成本企划中 VE 的形态表现

从价值工程对象从具体到抽象，可依次分为设计 VE、建造 VE 和市场 VE 三种应用形态。

（1）设计 VE(lstlook VE)

在房地产项目开发设计阶段，使用价值工程技法称为"设计 VE"。设计 VE 的出发点是"产品企划书"，通过对房地产项目的建筑、结构、使用材料、外观形状和建造方式等方面的分析，使设计建筑的式样、参数、景观等符合目标成本造价的要求，以此做成"建筑规划设计图"。这一阶段进入了成本筑入的实施阶段，基本表现为从提案到选案，运用 VE 改善设计方案的过程，其实质是创新或创造。

设计 VE 可以进行更细层次的区分：构想设计阶段、基本设计阶段、详细设计阶段和施工准备阶段。它们之间表现为设计层面上 lst Look VE 的层层挤压方法的运用。实际上体现的是一种创造、改进、再创造的 PDCA 螺旋式推进过程，与建造相关的问题就会趋于明朗。在设计中的 VE，常常着眼于提高质量功能，或者既提高质量功能又削减成本造价使两者同时得以实现。

设计 VE 过程表现出"将经济性的成本'深深地嵌入'或'紧密地结合进'技术性的建造方案中"的特质，这是成本筑入极为典型的体现。两者是同一过程的不同认识，前者立足于构想方案的形成与优化，包括技术性与经济性两方面的各自表现，后者则着重于方案所包含的成本造价削减与合理化，专注于技术性与经济性的结合。

（2）建造 VE(Zndloko VE)

在房地产项目建造阶段运用 VE 是最为常见的，在美国与日本均称为 Zndolok VE，这是以实施顺序命名的，根据其实施阶段命名为"建造"，比较直观易解。

建造 VE 是在产品投入生产后开始实施的。实施的出发点是"建筑设计图"（包括式样和各种参数），通过对建筑构造的具体检测分析来确保目标成本造价的达成。具体地说，可以通过改变施工组织和工艺等方法来改善功能成本比，常见的情况是保持质量功能不变而成本造价削减，或者花同样的成本造价达到更优的质量功能，二者均使得价值提高。

（3）市场 VE(olook VE)

它是指在项目企划阶段实施 VE，即将 VE 应用于成本造价企划的源流。这对成本企划是非常重要的一步。其出发点是购房者的需求，分析的重点是项目的观念，即项目

的功能意境。具体地说，购房者究竟需要哪些实用的、美学的居住功能，同时需要突破什么技术、法规等的限制，投入多少成本造价才能使这些的功能得以实现。在此阶段运用 VE 的结果是作成"项目品企划书"，从而为项目设计、建造阶段消除不必要的产品质量、功能浪费，降低产品成本造价指明方向。

由上可见，成本企划具有强烈的管理工程学属性，那就是在成本企划过程中应用 VE 作为工具来进行成本造价管理。但两者并不等同，成本企划是在项目的设计阶段为了降低成本造价以及确保利润目标而实施的各种活动；而 VE 是通过分析调查产品的功能与价格，有助于降低成本造价及项目开发的一种成本管理科学，可以说是成本企划活动展开的有效手段。设计成本控制与 VE 的有机结合的必然结果，是房地产项目在质量、功能、价格等方面均能够在最大限度上满足购房者的需要，产品的竞争力可见一斑。

当然，在房地产开发实务中，VE 的应用并不一定按三个阶段严加区分，三个阶段之间也不见得有明显的界限，整个 VE 的实施过程都伴随着如何将目标成本造价"筑入"到项目开发、产品建造和销售服务的各个环节，从而使目标成本造价得以达成。

第三节　目标成本限额设计控制方法

一、目标成本限额设计

1. 目标成本限额设计的概念

如何在房地产开发设计阶段对项目成本进行有效的控制，目标成本限额设计就是非常适用且目前在实践中较为常用的一种成本造价控制方法。

（1）目标成本

目标成本是以给定的顾客可接受的价格为基础决定商品房的成本造价，以保证实现项目的预期利润。即首先确定购房者会为商品房付多少钱，然后再回过头来设计能够产生期望利润水平的商品房及其服务。特别是在房地产项目生命周期的规划设计阶段规划好产品的成本造价，而不是试图在建造过程中降低成本。

目标成本造价管理包括"成本企划"和"成本持续改善"两个阶段。

（2）限额设计

限额设计是按照"按成本设计"的理论、思想和方法进行的。"按成本设计"的主要目的是要设计出既有合格的性能，又经济实用的系统。它强调的是成本应作为与性能、进度同样重要的设计参数，其重点在于将成本目标分配到分系统、部件和元件级，进行比较设计，这一过程反复迭代并贯穿于整个项目规划、设计与施工阶段。限额设计是通过优化设计和设计方案比选，对各种方案的成本造价进行核定，为设计人员提出目标成本造价控制标准，以达到动态控制成本造价的目的，使之满足预期的总成本目标。

但限额设计并不是一味地考虑成本节约造价，也不是简单地裁减功能，而是包含了实事求是、精心设计，保证造价合理、设计科学的实际内容，应该是设计质量的管理目标。

限额设计包括两方面的内容，一方面是下一阶段设计工作按照上一阶段的成本造价限额达到设计技术要求，即按照可行性研究报告批准的开发投资限额进行初步设计，按照批准的初步设计概算进行施工图设计，按照施工图预算对施工图设计中各专业设计文件做出决策的设计工作程序；另一方面是项目局部按设定的成本造价限额达到设计技术要求，也就是设计单位根据开发商的要求展开设计工作，并在保证项目的使用功能的前提下，按照各专业的限额分配进行限额设计。严格控制变更，保证总成本造价不突破目标限额。其主要特点在于变事后核算为事前控制，由被动接受变成主动控制。

2. 目标成本造价限额设计的作用

实行目标成本造价限额设计，能够树立设计人员的经济观念，使设计人员不仅从技术可行、结构安全可靠方面搞设计，而且能从经济的角度对项目设计中的经济指标、成本指标以及影响项目造价的因素进行分析比较，优化设计，以保证建筑项目设计先进合理，新颖美观，又不突破造价限额目标，从根本上改变过去设计人员只管画图，不管算帐，在建筑设计中任意提高结构安全系数标准，只考虑技术方案的可行性，不重视经济合理性的现象，保证项目造价得到有效控制。

3. 目标成本限额设计控制过程

目标限额设计的控制过程是合理确定成本造价限额目标，对成本造价限额目标分专业进行层层分解的过程。在设计过程中，分目标进行控制，并对实施情况进行跟踪检查，如发现与设计目标有偏差，再通过设计优化的措施进行纠偏。由此可见，目标限额设计是一个设定目标→执行目标→跟踪检查→目标调整的完整的 PDCA 循环过程，如图 3.21 所示。

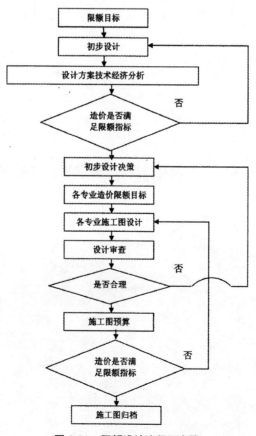

图 3.21　限额设计流程示意图

4. 目标成本限额设计控制的途径

众所周知，实施目标成本限额设计的第一步是合理确定目标成本限额设计总值。由于可行性研究报告是确定总投资额的重要依据，所以，应以经过批准的投资估算作为目标成本造价限额设计总值。

在实施限额设计过程中，则依据纵向和横向两方面的手段加以控制。其中纵向控制即从可行性研究、初步勘察、初步设计、详细勘察、技术设计直到施工图和设计变更整个过程中，将目标限额设计贯穿到各个阶段，而在每一阶段又贯穿于各专业的每一道工序，步步为营，层层控制，改变和克服各个环节相互脱节的现象，最终保证限额设计目标的实现。横向控制即健全和加强设计单位对建设单位以及设计单位内部的经济责任制，而经济责任制的核心则是正确处理责、权、利三者之间的有机联系。

5. 目标成本限额设计的实施

（1）合理确定项目投资限额。经建设单位批准的设计任务书中的项目总投资额是确定项目投资限额的主要依据，为规避风险及降低成本，一般情况下按项目投资总额的85%～90%作为项目投资的限额，预留10%～15%的不可预见费用作为风险控制。这就要求在编制项目总投资额时要实事求是、科学合理，依据投资总额确定的项目的投资限额要与项目建筑标准、功能水平相协调，这样才能达到限额设计的目的。

（2）成本限额目标的形成。确定了项目投资限额后，成本管理人员要分专业、工序层层正确分解投资限额，形成各工序的目标成本，并将形成的目标编入设计任务书中，形成经济指标。

（3）根据目标成本限额进行设计。在设计开始之前，设计单位根据项目设计任务书中规定的各项技术经济指标等向设计人员进行交底，将目标成本作为设计的工程建造成本控制目标。设计必须满足设计任务书所确定的设计原则、设计范围、设计内容、功能质量，完成的设计图纸预算造价应严格控制在批准的限额以内。限额设计的重点应放在材料选用及材料用量的控制上。

案例：从"世博会博物馆项目外立面方案"看限额造价设计

上海世博会博物馆占地 4 公顷，总建筑面积为 46550m² 。该项目由国际展览局和上海市政府合作共建，是国际展览局唯一官方博物馆和官方文献中心，也是上海市"十二五"重点文化设施建设项目。作为具有国际性、唯一性、专题性、可持续性等特点的博物馆，是迄今为止中国国内唯一的国际性博物馆，也是全世界独一无二的世博专题博物馆。

根据业主要求，该项目需要进行限额设计：建筑外幕墙控制造价在 1300 元/m²，面材造价约在 500～600 元/m²。外围浅色面和内部红棕色面质感对比，一毛一光。

由于设计人员往往在工程造价方面意识比较薄弱，只是遵规范、讲技术、按标准，设计过程当中很少算成本账、造价账、经济账。设计完成之后，才知道设计造价已经超过投资标准，形成了投资的失控状态。面对该项目的限额设计要求，设计师登陆筑想选材系统进行材料搜索，在外立面部位选材板块查询到多达 20 几种材料价格在 400～600 元/m² 的外立面材料。

以下是 3～4 种外立面材料介绍以及在博物馆建筑案例中的应用情况。通过目标成本造价限额设计的推行和实施，使外立面材料造价控制在了目标限额之内。

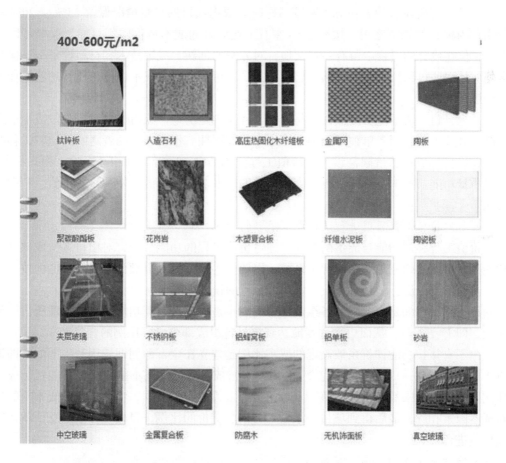

二、运用价值工程进行限额设计

基于价值工程的限额设计是实现项目成本造价控制的有效管理技术和方法。在目标限额的前提下，利用价值工程原理，对建筑、结构进行优化设计，不仅使成本造价控制在一定的范围内，还能使项目在成本造价控制限额内达到价值最大化。

1. 基于价值工程的限额设计过程

首先，目标成本造价限额设计是房地产企业常用的成本造价控制的有效措施。确定合理的限额指标值，计算出项目的总成本造价限额，通过设计的细分，将总成本造价分配到各个专业中去，各专业之间相互配合，通过技术与经济相结合的方法将成本造价控制在预先核定的范围之内。主要是根据开发投资估算控制设计方案的选取，概算控制技术对初步设计概算进行修正，使之更加合理有效，用修正后的概算控制项目的施工图设计和施工图预算，避免出现"三超"现象。

其次，将成本造价控制目标分解到各专业后，应充分发挥价值工程的应用，各个专业根据细分的成本造价限额目标，在方案的比选过程中采用价值工程法，提高产品的价值。尽量采用降低成本造价，提高产品功能的有效途径来提高项目的价值。通过价值分析（VA），剔除不必要辅助功能，提高客户需求的主要功能，采用先进的技术方案和材料优化设计方案，通过专家打分，比选出优秀的设计方案。

最后，需要注意的是在分解限额指标时，根据项目的自身情况保留15%～20%的费用作为项目的调节之用，按照80%左右下达分解的成本造价限额目标。这样可以给设计单位在设计的过程中留有一定余地，对方案的创新、先进技术和材料设备引进保留空间。从而通过项目开发投资额的相应调整，就可能创造出成本造价与质量功能最佳匹配的设计方案。

总之，目标成本造价限额设计与价值工程法都是房地产项目规划设计阶段成本造价控制的有效方法，两者单独运用都会出现一些局限性。作者通过两者之间的比较，各取所长，将目标成本造价限额设计与价值工程法相结合，两者之间相互影响、相互约束，通过质量功能与成本造价的分析，力求在总的开发造价限额内，使项目的价值、利润最大化。

2. 运用价值工程原理进行设计成本限额的分配

价值工程强调功能与成本的匹配。通过价值工程的功能分析，对项目各组成部分的功能加以量化，确定出其功能评价系数，以此作为目标设计限额分配时供参考的技术参数，从而最终求出分配到各专业、各单体工程的设计限额值。

该方法的目的是使分配到各组成部分的成本造价比例与其功能的重要程度所占比例相近，即 $V=F/C=1$，从而更大程度地达到项目各组成部分投资比例的合理性。

由于直接按功能评价系数确定的成本比例是建立在全寿命周期费用基础上的，即该成本中包含了建造成本（工程造价）和后期运营成本，因此还不能直接按功能目标成本比例来分配设计限额。这样，就需要分析类似工程的经验数据，将功能目标成本中的运营成本因素扣除，最后得到项目各组成部分占总造价的比例，目标设计限额总值就按照该比例进行分配。

3. 绘制施工图和编制、审查施工图预算

上述基于价值工程原理的目标成本限额设计方法应用步骤，可用图3.22来表示。

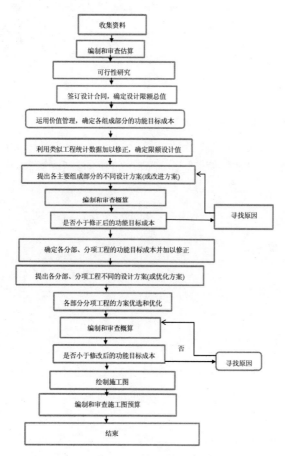

图 3.22　基于 VE 的目标成本限额设计流程

三、价值工程在工程项目限额设计的应用实例

1. 项目背景

某基础设施改造工程需将五层建筑改造为 IDC 机房使用，改造后可提供 850 个 IDC 机架的装机条件，按计划的目标投资额 12000 万元进行限额设计，在满足甲方对项目功能要求的前提下，设计单位经过分析给出以下方案供讨论，见表 3.4。

表 3.4　设计方案

项　　目	技　术　方　案
变配电工程	①变压器：M（1+1）冗余 ②后备柴油发电机系统：N 台主用机组
不间断电源系统	①不间断电源系统配置：2N 系统 ②电池备用时间：15min
空调工程	①冷冻机组、冷冻和冷却水泵：N+1 冗余 ②机房专用空调：N+1 冗余
建筑相关工程	①机楼建筑、结构、装修改造 ②智能设综合布线系统、安全防范系统、机房动力监控系统等 ③消防设七氟丙烷灭火系统、火灾自动报警系统、早期烟雾探测系统等

2. 存在问题

经过设计概算，项目造价为 12530 万元，超出了计划投资额 12000 万元，需采取设计优化措施将成本造价降下来，使项目顺利进行。

3. 解决方案

设计和造价人员利用价值工程原理进行科学计算，在此方案设计的基础上进行设计优化，将投资概算控制在要求的目标造价限额之内。

首先将此改造工程按专业类别分为变配电工程、不间断电源系统、空调工程、建筑相关工程四大块，然后利用价值工程的原理进行价值系数的计算。功能评分及目前成本数据见表 3.5。

表 3.5 各专业工程功能评分及成本造价表

项　　　目	功能评分	目前成本（万元）
变配电工程	48	5765
不间断电源系统	17	2350
空调系统	22	2665
建筑相关工程	13	1750
合计	100	12530

计算 4 个功能项目的功能系数 F，成本系数 C 和价值系数 V，见表 3.6。

表 3.6 各专业工程价值系数计算表

工程项目	功能评分	功能系数 F	目前成本（万元）	成本系数 C	价值系数 V
变配电工程	48	0.48	5765	5760/12530=0.460	0.480/0.460=1.043
不间断电源系统	17	0.17	2350	2350/12530=0.188	0.170/0.188=0.904
空调系统	22	0.22	2665	2665/12530=0.212	0.220/0.212=1.038
建筑相关工程	13	0.13	1750	1750/12530=0.140	0.130/0.140=0.929
合　　计	100	1.0	12530	1.0	

根据任务投资额，计算各工程内容的目标成本额，从而确定成本降低额度，如表 3.7 所示。

表 3.7 各专业工程成本造价降低额计算表

工程项目	目前成本（万元）	功能系数 F	目标成本（万元）	成本降低额	成本降低额排序（万元）
变配电工程	5765	0.48	12000×0.48=5760	5	4
不间断电源系统	2350	0.17	12000×0.17=2040	310	1
空调系统	2665	0.22	12000×0.22=2640	25	3
建筑相关工程	1750	0.13	12000×0.13=1560	190	2
合　　计	12530	1.0	12000	530	

由表 3.7 可以看出，根据成本降低额的大小，应优先选择不间断电源系统、建筑相关工程为降低成本的重点对象。

4. 满足目标成本造价限额要求下的设计优化

由于价值工程注重的是以功能分析为核心，需要得到的是项目的功能，而不是项目的本身，因此，从满足功能要求出发，经过设计和造价人员分析，决定对设计方案进行调整。

首先从最需要降低工程造价的不间断电源系统开始。原设计不间断电源系统方案按 A 级标准配置，不间断电源系统按 2N 配置，根据相关市场调查所得，中小型企业对 B 级 IDC 产品需求逐步增大，经与甲方协商，基于限额设计和市场需求，将 30% 的机架配置标准调整为 B 级，即 N+1 配置，造价额度降低约 12%。此种配置的差异化，既能解决建设资金紧张的问题，也能满足市场营销需求。第二，由于本项目为数据中心并不作为对外展示工程，考虑将装饰档次定位降低，装饰材料选用一些实惠型材料，从而将装饰成本控制在目标成本之内。

经过以上基于价值工程原理的设计限额调整的分析过程，优化前后各个方案的成本比较如表 3.8 所示。

表 3.8　设计优化前后成本造价比较表

项　　　目	设计优化前成本（万元）	目标限额成本（万元）	优化设计后成本（万元）
变配电工程	5765	5760	5679
不间断电源系统	2350	2040	2068
空调系统	2665	2640	2644
建筑相关工程	1750	1560	1610
合　　　计	12530	12000	12000

优化前后总成本比较如图 3.23 所示。

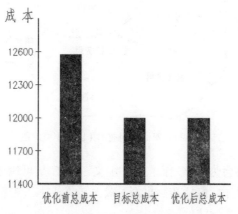

图 3.23　设计优化前后成本造价比较

利用价值工程方法对设计方案作进一步优化，既保证了项目总成本造价限额不被突破，也保证产品的质量功能和市场销售，使之更具市场竞争力。

可见，在实际工作中，价值工程在设计方案优化中的应用前景非常广阔，利用价值工程不仅可以控制工程成本，也可以提高工程的价值，是大有可为的。

第四节　全寿命周期成本设计控制方法

生命周期成本"LifeCyclecosts，LCC"，在其他文献中也有称为寿命周期成本"Life Cyele Costs，LCC"，全生命周期造成本"Whole Life Costing，WLC"，这是国外比较流行的一种工程成本管理理论，并在房地产建筑项目中得到了广泛的应用。

寿命周期成本管理是一种实现工程项目全生命周期，包括建设前期、建设期、使用期和翻新与拆除期等阶段总成本最小化的方法。这一说法从工程项目生命周期的阶段构成和生命周期成本管理，从"实现工程项目全生命周期总成本的最小化"的目标出发，给出了全生命周期成本管理的定义。由此可以发现生命周期成本管理的根本出发点是：要求住宅建筑从项目全生命周期出发去考虑造价和成本问题，其中最关键的是要实现项目整个生命周期总成本的最小化。

一、寿命周期成本（LCC）的含义与特点

ISO156868 在第一部分中对全生命周期成本方法作了如下定义：LCC 是一种能够综合比较特定时期内，考虑所有相关经济因素在内的成本估价方法，既包括初始成本，也包括未来运营成本。LCC 的出发点是由投资决策引起的所有未来成本和现在成本是同样重要的，从而考虑了两者之间的平衡。如图 3.24 所示，如果业主仅仅关注初始成本，而忽视未来成本，将会使其陷入很大的困境。

图 3.24　寿命周期成本（LCC）概念图

美国试验和材料协会为 LCC 作了如下定义：LCC 是可用于投资决策的经济估价技术，它能够对一定研究期内，包括初始投资（减去转售成本）、更新、运营（包括能源使用）、维护和修理等所有费用进行估价。

美国建筑师协会（AIA）将 LCC 定义为：LCC 是一种能够考虑在指定时期（或生命周期）内所有相关经济因素后，对指定方案进行估价或者从众多方案中择优选择方案的估价技术。

戚安邦教授在《工程项目全面造价管理》中对全生命周期造价管理给出了三种含义，其中第二种含义指出：全生命周期造价管理是建筑设计的一种指导思想和手段。全生命

周期造价管理是可以计算房地产项目整个服务期的所有成本（以货币值），直接的、间接的、社会的、环境的等等，以确定设计方案的一种技术方法。这一含义实际上反映的即是全生命周期成本（LCC）作为全寿命周期造价管理的一个侧面。

关于建设项目生命周期成本管理的定义给出下列说明：

（1）该定义是以从建设项目全生命周期的阶段构成和其管理目标为出发点的；

（2）全生命周期造价管理方法不只局限于项目建设前期的投资决策阶段和设计阶段，还进一步在施工组织设计方案的评价、工程合同的总体策划和工程建设的其他阶段中使用，尤其是要考虑项目的运营与维护阶段的成本控制。根据这种定义可以得出的结论是：全生命周期成本管理不仅需要在建设项目造价确定阶段使用，而且应在造价控制阶段使用；

（3）全生命周期工程成本管理不仅对工程成本可以进行主动控制，还可以进行事后审计、评价。

二、寿命周期成本（LCC）的特点

综合国内外的许多研究文献，可以发现寿命周期工程成本管理具有以上特点：

1.寿命周期工程成本管理研究的时域是建筑物的整个寿命周期，包括决策阶段、设计阶段、建设阶段和运营维护及报废阶段，而不只是建筑物的建设阶段。

2.寿命周期工程成本管理的目标是建设项目整个寿命周期总成本的最小化。寿命周期成本包括初始成本（建设成本）及运营和维护成本。

3.寿命周期成本管理包括寿命周期

成本分析和寿命周期成本管理两个内容，寿命周期成本分析用来计算建设项目的寿命周期成本，在计算时常常采用折现技术，即把未来的成本折和成现在的费用，寿命周期成本分析主要用在建设项目的投资决策阶段，作为建设项目投资决策的一种分析工具，寿命周期成本分析还可以用在设计、实施和运营维护等阶段，用来作为设计方案、施工方案和运营维护方案等方案选择的工具。寿命周期成本管理是在建设项目整个寿命周期的各个阶段对寿命周期成本加以控制，确保寿命周期成本最小化目标的实现。

4.寿命周期成本分析在建设项目整个寿命周期的各个阶段是可以被确定和控制的，寿命周期成本管理不仅是一种可跟踪审计的工程成本管理系统，而且还是可主动控制的工程成本管理系统。

三、建筑全寿命周期成本的构成

全寿命周期成本是一个建筑物或建筑物的系统在一段时期内的拥有、运行、维护和拆除的总成本。

在我国《全国造价工程师执业资格考试培训教材》中对工程项目的寿命周期成本的论述中认为工程寿命周期成本是工程设计、开发、建造、使用、维修和报废过程中发生的费用，也即该项工程在确定的寿命周期内或在预定的有效内所需支付的研究开发费、制造安装费、运行维修费、运行维修费、回收报废等费用的总和，如图3.25所示。

房地产建筑项目全寿命周期成本包括初始化成本和未来成本。房地产建筑项目全寿命周期成本构成占比如图3.26所示；成本分解树如图3.27所示。

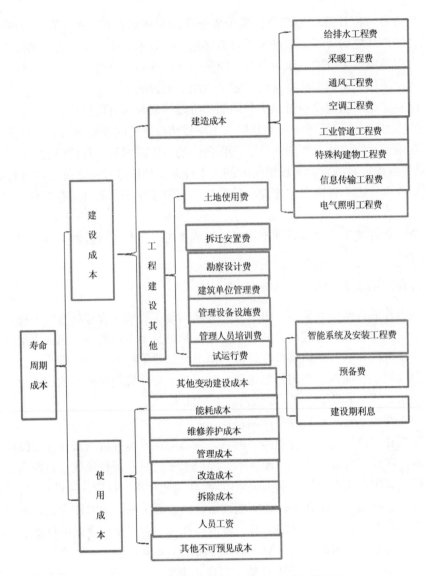

图 3.25　房地产建筑项目全寿命周期成本构成体系

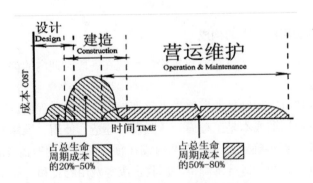

图 3.26　房地产建筑项目全寿命周期阶段成本的占比

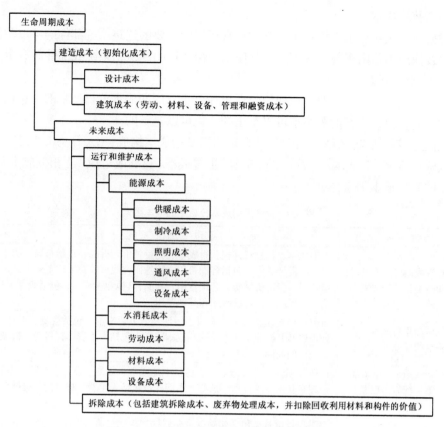

图 3.27　房地产建筑项目生命周期成本分解树

1．初始化成本

初始化成本是在设施获得之前将要发生的成本，即建造成本，也就是我国所说的工程造价，包括资本投资成本，购买和安装成本。

2．未来成本

从设施开始运营到设施被拆除期间所发生的成本，包括能源成本、运行成本，维护和修理成本，替换成本，剩余值（任何转售或处置成本）。

（1）运行成本

运行成本是年度成本，去掉维护和修理成本，包括在设施运行过程中的成本。这些成本与建筑物功能和保管服务有关。

（2）维护和修理成本

维护和修理成本又分为维护成本和修理成本，这两个成本之间有着明显的不同。

维护成本是和设施维护有关的时间进度计划成本。

修理成本是未曾预料到的支出，是为了延长建筑物的生命而不是替换这个系统所必须的。

一些维护成本每年都会发生，其他的频率会小一些。修理成本按照定义是不可预见的，所以预见它什么时候发生是不可能的。为了简单起见，养护和修理成本应该被当作年度成本来对待。

（3）替换成本

替换成本是对要求维护一个设施的正常运行的主要的建筑系统部件的可以预料到的支出。替换成本是由于替换一个达到其使用寿命终点的建筑物系统或部件而产生的。

（4）剩余价值

剩余价值，是一个建筑物或建筑物系统在全生命周期成本分析期末的纯价值。不像其他的未来支出，方案的剩余值可以是正的，也可以是负的。

美国建筑师协会（AIA）给出了LCC更为清晰的成本构成，AIA认为LCC应该包括：初始投资成本、财务成本、运营/维护成本、重置成本、更新改造成本、相关成本和残值，各部分的具体成本因素详见表3.9。

表 3.9　生命周期成本分析中的成本因素

成本范畴	包　含　内　容
初始投资成（与初始规划、设计和施工相关的成本）	土地成本，包括特许权获得成本、测量估价、拆除、重新布局、法律和文书费用；设计成本，包括咨询费用、特殊研究或试验费；施工成本，包括人工费、材料费、机械费、管理费用、利润；其他业主成本，包括业主项目管理、施工、保险、许可证费用和其他费用
设施维修和重置成本（恢复设施最初性能的成本）	研究期内建筑构件的大修成本；计划的更新成本，包括规划、设计、拆除、处理以及其他业主成本；这些成本同样也包括人工费、材料费、机械费以及承包商的利润
设施更新改造成（由增加、改变、重新配置、以及其他设施改造增加的费用）	在研究期内所有改造费用，包括土地成本、规划、设计、拆除、重新规划、处理和其他业主成本；这些成本同样也包括人工费、材料费、机械费以及承包商的利润
财务成本	为本项目贷款（包括初始投资和后期增加项目所需费用），所发生的贷款费用及一次性财务费用；短期财务利息。注：长期财务利息在生命周期成本分析时已在折现率中考虑了

四、设计阶段对项目全生命周期成本造价的影响

如图3.28所示，在项目的全寿命周期中，设计阶段能够更有效的控制项目的全寿命周期成本，从概念、设计、实施、运营/维护、直到拆除阶段，随着项目的进展，能够施加的对寿命周期成本影响的可能性越来越小。因此，有必要加强LCC在决策设计阶段的应用。

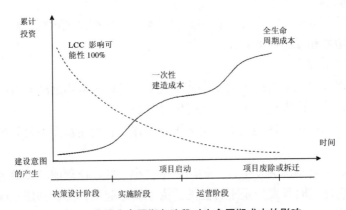

图 3.28　房建生命周期各阶段对生命周期成本的影响

在设计阶段，对建筑寿命周期成本产生影响的关键因素有以下方面：

（1）建筑结构和形状以及维护结构的设计。建筑结构和形状的选择将主要影响到项目的建设成本。建筑结构的优化和建筑形状的协调、美观问题是应该考虑的主要问题，建筑维护结构设计会影响到建筑的照明、采暖空调的能耗，会直接影响运行费用。建筑细部精确设计，提高设计正确性，减少由于设计错误导致在施工过程中才发现引起的变更费用。如房屋耐用程度的考虑；玻璃幕墙和非玻璃幕墙的比选。

（2）建筑设计方案的选择。包括路的走向、土地、房屋拆迁、路线的选择、建筑朝向的选择、选址的好坏；

（3）建筑材料、设备设计的选择。材料和设备的选择会关系到可施工性以及建筑能耗，影响项目的建设成本以及运营成本。如防水材料的选择，绿色、环保材料的采用，优质、节能设备的选择，国内设备与进口设备的比选。设计时要对设备的功能先进性与适（实）用性、设备的升级与扩容等提前考虑。

施工材料的选择需充分考虑表 3.10 中的因素。

表 3.10　选择施工材料考虑的因素

因　　素	描　　述	因　　素	描　　述
设备类型 / 性能定位	这决定了结构构件的性能特征和今后衰退的动因	最小服务寿命	构件被更换前要求应起作用的时间
场地位置	建筑物的场地位置会影响构件安装的时间的成本，并且当地的气候会影响构件预期的生命周期	通货膨胀率	充分考虑通货膨胀率便于计算材料的实际成本
基期	构件的未来运营成本要折算成现值计算必须有一个参照的基础日期	风险评估	数据的不一致性和不可靠性是导致估价风险产生的原因，因而要进行风险评估
构件的购买量	购买量的选择方便于安装时间和成本的计算	可建筑施工性	材料应该是易于切割、放置、运输、粘合，方便施工
设计寿命	构件作为设备或建筑物构成部分所要求应该达到的服务寿命	节能性	材料应能满足节能的热工性能

（4）施工方案设计的选择。施工方案的选择将直接影响到项目的建设成本和进度。施工方案主要起到保障安全的作用；特殊工艺在设计阶段确定，由施工单位考虑。不同施工方案，投入都不同，重点是保障安全和工期。

（5）运营维护方案的选择。运营维护方案的选择将决定未来运营维护成本的高低。

（6）废弃物处理。废弃物的处理要充分考虑可回收再利用资源的处理。在建筑设计阶段应认真规划建筑废弃物的处理，应多选用可以重复利用及循环利用的建筑材料和构件。在项目更新或拆除时，原建筑仍具有功能价值的构件，材料，应在新工程中加以重新利用。

五、全寿命周期成本管理的优越性

根据统计数据表明，方案设计阶段结束时，只消耗全生命周期成本的 3% 左右，但却已决定了建设项目的 70% 的寿命周期成本（全生命周期造价），在初步设计和施工图设计阶段结束时，一般约消耗生命周期成本的 10% ～ 15%，但已决定了建设项目的

90% 以上的寿命周期成本 (全生命周期造价)。

（1）从时间跨度的角度，生命周期工程造价管理要求人们从项目整个生命周期出发考虑成本问题，它覆盖了项目的全生命周期，考虑的时间范围更长，也更合理。

（2）从投资决策科学性角度，生命周期成本分析指导人们从项目全生命周期出发，综合考虑项目的建造成本和运营与维护成本，从多个可行性方案中，按照生命周期成本最小化的原则，选择最佳的投资方案，实现更为科学合理的投资决策。

（3）从设计方案合理性角度，项目生命周期成本管理的思想和方法可以指导设计者从项目生命周期出发，综合考虑建设项目的建设造价和运营与维护成本，从而实现更为科学的建筑设计和更加合理的建筑材料选择，在确保设计质量的前提下实现项目全生命周期成本最小的目标。同时亦达到建筑规则、法令规定的标准，如《国务院关于加强节能工作的决定》(国发 (2006)28 号) 和《国务院关于印发节能减排综合性工作方案的通知》(国发 (2007)15 号) 等等。

（4）从建设项目实施的角度，项目生命周期成本管理的思想和方法在综合考虑到生命周期成本的前提下，使施工组织设计方案的评价、工程合同的总体策划和工程施工方案的确定等方面更加科学合理。

（5）LCC 是实现全生命周期造价管理的关键方法：LCC 适合用于设计方案比选的过程，通过 LCC 的分析结果来对不同的设计方案进行排序；在建设项目的设计阶段，LCC 可以用来指导建筑设计方案与建筑材料的选择；在设计阶段中，通过全生命周期成本、限额设计、可持续设计等来更好的实现方案设计比选和优化，同时更有效的进行造价控制。从而实现合理的投资分配。

从以上几点可以看出，生命周期工程成本管理比我国目前流行的全过程工程造价管理和项目管理蕴涵的逻辑空间和内容更宽阔，理论和观点更优越。

六、基于 LCC 的设计方案比选

全寿命周期成本方法指导人们自觉地、全面地从工程项目全寿命周期出发，综合考虑项目的建设成本和运营与维护成本，从多个可行性方案中，按照寿命周期成本最小化的原则，选择最佳的设计方案。

在设计阶段，通过方案竞赛、专家评审产生优化方案。在进行方案比选的时候，必须严格项目规模范围、标准、节能减排等控制，对影响造价的重要因素作重点分析，产生合理方案。方案选择的原则是以全寿命周期成本最低的方案为最优方案，同时考虑方案可持续性和可建筑性。

在方案比选时，仍有进行造价控制的空间。由于结构方案与造价的联系较大，外观设计时与造价联系小，在进行结构设计时，对复杂地形、复杂结构，采用多方案比选的方法。对于设备、工艺、结构，考虑其对项目 LCC 的影响程度，对于项目的功能、规模、标准，尽早就拟定好，最好在项目立项时达成统一意见，减少后期的更改，同时也便于下一阶段的设计。

在方案设计中进行全寿命周期成本估算，其目的就是为了：

(1) 使得投资选择能够被更有效的估算；

(2) 考虑所有成本而不是初始化成本的影响；

(3) 帮助整个建筑物和项目进行有效的管理；

(4) 帮助在竞争的比较方案间作出选择。

基于 LCC 的方案比选流程如图 3.29 所示：

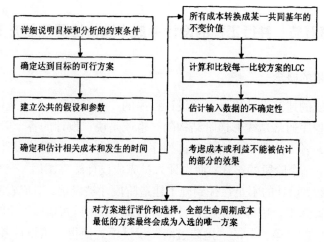

图 3.29　基于 LCC 的方案比选流程

价值工程、目标成本限额设计和全寿命周期成本法的比较，如表 3.11 所示：

表 3.11　设计成本优化控制方法的比较

方　法	优　越　性	存在的不足
价值工程	①它是企业提高核心竞争力和可持续发展战略的主要途径之一。②它以工程的全寿命周期成本为研究对象。③它不仅考虑到项目的显性成本，还考虑了项目的隐性成本	①在房地产项目的规划设计过程中，对功能的合理量化还需要深入的研究。②在规划设计阶段对项目各部分价值的准确量化，也需要深入分析。③在实践中，具有相关专业的管理人员也相对较为缺乏
限额设计	①它是以投资控制为重点，在确定总投资控制目标的前提下，进行分解投资额的控制过程，能克服"三超"现象的发生，提高企业的效益。②能够使设计单位将设计与经济相挂钩，体现了经济与技术的高度统一。③各专业部门明确控制额度，在限定的额度范围内，创造出合理有效的方案。④可以增强企业员工的责任感，提高全员成本控制意识	①传统的限额设计没有给出限额设计具体分配方法和操作方法，在执行过程中往往难以确定合理的投资总限额。②限额设计重点强调了设计限额的重要性，常常忽视了一些工程功能和成本的相互匹配性。③限额设计主要侧重的是资金的约束，项目的可持续性考虑较少
全寿命周期成本控制	①在规划设计阶段进行方案的选择时，能够全面考虑项目在整个寿命期的成本费用。②在费用方案的比较过程中，是以全寿命周期作为研究的内容，能够对建安费用和运营费用深入分析，从可持续发展的角度选择优秀的设计方案	①全寿命周期的成本控制的计算方法只是考虑各阶段的计算成本，未考虑建造成本与使用成本的之间的关系。②对于不确定的成本进行测算时，需要长期历史数据的积累。③目前，对房地产项目全寿命周期的拆除阶段的成本估算尚无有效的方法

通过以上分析，可见每种方法各有优缺点，本书在方法的选取上综合考虑各方法的可行性和实用性，最终确定本书的研究和管理方法，即以全寿命周期成本控制为指导思想，将成本企划、目标成本限额设计与价值工程方法相结合，改进目标成本限额设计，并运用价值工程对其方案进行优选。

第五节　并行工程的设计－成本造价协同控制方法

一、并行工程的概念

当前国内传统的建筑设计思维导致设计程序的"串行性"。在建筑信息集成的阶段，传统的建筑设计程序通常是线形递阶结构的。也就是说，设计的各个阶段的工作是按照顺序方式进行的，各个阶段都有自己的排列序号。只有当一个建筑设计阶段的工作完成后，才开始启动下一个阶段的工作，而设计人员完成设计施工图后，交给建筑施工企业，不再参与建造过程，设计的不足往往到施工建造阶段才被发现，造成较晚进行设计变更，甚至大规模的设计返工。这种典型的设计过程被称为"抛砖过墙式"设计模式（图2.30）。这种在设计过程中的"串行"的"抛砖过墙"设计模式使得建筑设计各工种缺乏必要的互动沟通交流，其后果就是建筑设计方案频繁变更，增加了不必要的施工变更成本。

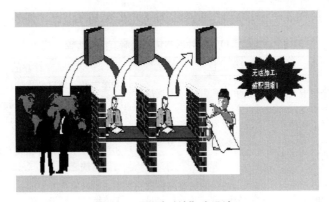

图 3.30　"抛砖过墙"式设计

与传统设计流程和分散式的设计方法不同，并行设计采用集成化和并行化的思想设计产品，在产品开发的早期就充分考虑产品生命周期中的所有因素（从产品概念形成到产品报废各阶段所有因素，如功能、质量、成本、进度计划、客户要求等），达到提高质量、缩短产品开发周期、消除设计浪费、降低设计成本的目的，力争一次成功。其实质就是集成地、并行地设计产品及其各部品和相关各种过程的一种系统方法。

并行工程是对传统产品开发设计模式的一次变革，这种改变是多方面的，不但体现在信息技术层面，而且体现在企业层面、项目层面和过程管理层面。

1. 信息技术层面

从一开始就考虑建筑项目的全寿命周期的问题，将购房者的需求准确及时的传递给前期、设计、建造、销售、使用人员，采用支持信息共享，资源共享的平台，采用计算机技术模拟项目设计的全过程。

2. 企业层面（图 3.31）

建立多学科小组来促进设计过程的协作。要求相关人员最大化的参与，克服来自传统的按功能划分部门的习惯及狭隘的局部利益等方面的阻力，使多学科小组间便于合作，并在此组织架构下获得优化的过程模型，使产品开发设计过程具有合理的任务、信息传递关系。

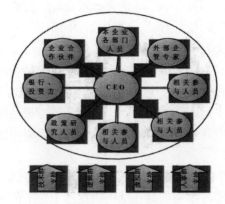

图 3.31　企业层面

3. 项目层面（图 3.32）

4. 过程管理层面（图 3.33）

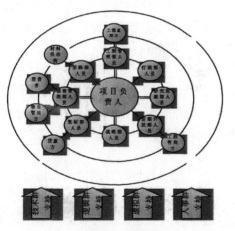

图 3.32　项目层面

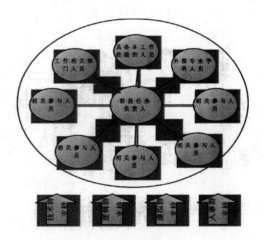

图 3.33　过程管理层面

二、并行工程的特点

1. 互动交流性

现代建筑的复杂程度越来越高，很多建筑产品的设计需要跨专业领域的知识，单个专业的设计人员很难独立完成整个建筑项目的设计开发任务。然而，建筑设计中包括的知识专业的多元化，在多方面使建筑队伍分散化，其中最重要的是知识的分散化。建筑工业几个世纪形成的专业知识分离造成了建筑体系的"离散化"：建筑师不欣赏机械工程师的杰作，反过来也是一样。设计专业就像几个行星的宇宙，每个都在它自己的轨道上愉快地生存着。这种分散性的最坏结局是沟通交流问题。

正如我们所知，沟通交流是任何社会单体的凝聚力，也是建筑设计或施工的凝聚力。没有沟通交流和专业间的交往，各专业就不能集成一体。缺乏沟通交流，产品开发设计过程中就不可能使下游设计过程中的需求及早地反馈给相应的过程，设计就不会彻底优化。没有沟通交流使做出的最好结构设计可能产生欠优化的设备设计。按初始造价制定的方案可能从运行成本看是不可行的，但优化建筑设计，交流比线性程序更重要。缺少沟通交流的最终结局是昂贵的重复劳动，设计过程中同一信息由不同人反复处理。

2. 协同性

建筑产品设计的门类和专业人员相当多，如何取得产品设计过程的整体最优，是并行工程追求的目标，其中的关键是如何更好的发挥掌握现代先进技术的人的群体协作，组成集成产品开发团队和支持团队进行协同工作的环境，把建筑产品设计过程看成是个有机系统，消除串行模式中各部门间的壁垒，使各部门协调一致，提高团体效益。

3. 并行性

产品设计前期，让更多领域内的专家参与建筑产品的概念设计与详细设计，既能考虑到产品的功能实现，也能考虑到产品在结构、建造工艺上的可建造性和可施工性以及尽可能加强建筑产品的绿色环保意识，使其相关过程在同一时间框架内并行处理。主要体现在以下两个方面：

(1) 并行交叉：它强调项目策划与设计、生产技术准备、采购、施工、销售等各种活动并行交叉进行。并行交叉的形式为：对每个项目，可以使其建筑设计、结构设计、工艺过程设计、施工技术准备、采购、施工等各活动尽最大可能并行交叉进行，从一开始就考虑各个阶段的目的和任务，使后期的活动提前准备和进行。

(2) 尽早开始工作：强调在信息不完备情况下就开始工作。因为根据传统观点，只有等到所有项目设计图纸全部完成后才进行施工工作，所有施工工作完成后才进行销售，最后是竣工交付使用和物业服务。正因为并行工程强调将各有关活动细化后进行并行交叉，因此很多工作要在传统上认为信息不完备的情况下进行。

4. 集成性

是指将建筑产品设计的各个环节有机地组织结合，统一各种信息的描述和传递，协调各环节有效运行，主要体现在以下几个方面：

(1) 信息集成：在建筑设计的各个环节内可以进行双向信息交流与数据共享，既能接受信息，也能为其他环节提供相关信息。

(2) 功能集成：可研阶段不仅要为设计、施工、销售阶段提供相应的任务目标，而且还要对设计进行综合分析与评价，为后期的施工修改、销售方法的反馈进行提前研究。

(3) 过程集成：在设计前期，能够从产品全寿命周期角度出发研究产品、成本及其相关过程。

(4) 人员集成：在优化和重组产品设计过程的同时，实现多学科、多领域专家群体的协同工作，形成一个集成的产品设计团队。

除了以上特性外，CE 还具有整体性、一致性、学习性、计算机性等一些串行工程所不具有的独特特性。

三、房地产开发及建筑采用并行设计的意义

并行设计在制造业已经成为一个热点和发展趋势，然而在建筑产品设计领域内的研究才刚刚起步。将并行设计概念引入建筑产品设计领域，对支持建筑产品开发过程的并行、过程间的协同以及建筑产品综合设计优化等方面有重要意义——在建筑产品设计中运用并行设计思想是解决设计效率低下、难于进行成本造价控制的好方法。应用并行设计，可以将房地产开发中看似独立的投资决策、规划设计、工程施工、市场营销、物业管理和后评价等过程有机的纳入一套完整的管理系统中，有助于提早发现问题，减少浪费。

由此可见，并行设计是提高设计效率和设计质量的先进设计模式。美国 IDA 的研究结果表明，并行设计的效益是明显的：（1）设计质量改进——使早期生产中工程变更次数减少 50% 以上；（2）产品设计及相关过程并行——使产品开发周期缩短 40% ~ 60%；（3）产品设计及实施过程一体化——使建设成本降低 30% ~ 40%；（4）产品及其有关过程的优化——使产品的反复工作减少 75%。

1. 缩短产品投放市场的时间

传统的建筑设计过程是串行式的，从初始概念设计到产品的最终定型，各个设计阶段依次进行，如果一个阶段发现前面阶段的设计问题，必须从头开始新的设计或修改过程，致使产品设计的周期长。并行设计是集成地、并行地设计产品及相关的各种过程的系统方法，它以多学科设计小组协同工作的方式进行设计工作，要求参加设计的人员在设计一开始就考虑产品整个寿命周期中的所有因素，包括产品质量、成本、进度计划和用户要求等，其主要特点就是可以大大缩短产品设计和生产施工准备时间，使两者部分相重合。

2. 降低工程成本造价

并行设计可以降低成本。由于各专业人员协同工作，可以及时发现各专业设计中相互抵触的部分，及时协调，减少了为消除抵触而进行重复设计的工作量，从而降低了设计成本；同时，它可以将错误限制在设计阶段，减少了在生产施工中的设计变更，消除工程变更浪费。据有关资料介绍，在产品寿命周期中，错误发现的愈晚，造成的损失就愈大。由于在设计过程中有造价控制人员参予其间，可及时从经济角度对设计提出建议，使所设计的产品在经济方面趋于合理，既有利于建造施工，也有利于客户。

3. 提高设计质量

采用并行设计方法，尽可能将所有质量问题消灭在设计阶段，使所设计的产品便于建造，易于维护。这就为质量的"零缺陷"提供了基础。事实上，根据现代质量控制理论，质量首先是设计出来的，其次才是制造出来的，并不是检验出来的。检验只能去除废品，而不能提高产品质量。

4. 保证产品功能的实用性

由于在产品设计过程中，同时有销售人员参加，有时甚至还包括顾客，这样的设计方法反映了用户的需求，才能保证去除过剩质量、冗余功能，降低产品的复杂性，提高产品的可靠性和实用性。

5. 增强市场竞争能力

由于并行设计可以较快地、完美地交付产品，能够降低建造成本，能够提高建筑产

品的综合质量，提高项目的生产的柔性，因而，企业的市场竞争能力将会得到加强。

四、并行设计的协同组织

并行设计的实施建立在项目各参与方之间的信息沟通和交流基础上，由不同的参与人员建立一种类似团队的组织以提高效率和成本造价控制力。房地产开发中参与方众多，基于并行工程理论可以将各参与方有机协调建立起类似团队的开发组织结构（如图 3.34）。基于并行工程建立的团队组织要求其构成成员必须拥有相同的目标并能够相互承担责任。这些由多个行业、不同利益群体形成的组织事实上都是房地产开发全寿命周期中的构成主体的集成，他们在项目活动中均起到重要的作用。

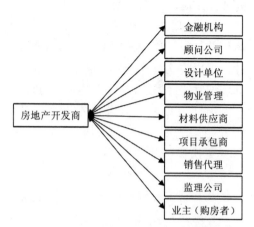

图 3.34　并行工程中房地产开发组织结构

应用并行工程的原理和思想进行房地产开发全寿命周期的成本管理，可以使全寿命期中的各项工作的起始点有所提前，后续工作以前期计划为基础，项目的进行状况得到实时监控，当项目实施过程中遇到偏差可以进行及时调整，使工作安排具有较强的伸缩性，较以往的"单一团队管理"或"工作流管理"有很大进步。因并行工作交叉进行而产生的项目管理的弹性又为开发企业抵御外界环境变化提供保障。

五、并行设计与造价控制的关系

控制工程成本造价的关键就在于项目实施之前的项目决策和设计阶段。设计不仅对工程造价，而且对于工程项目建设进度、质量、成本以及建成后能否获得较好的经济效益、社会效益、生态效益都起着决定性作用。在满足项目使用功能的前提下，合理设计会大幅度降低工程造价。

一般在建筑产品设计工作中，均采用确定方案→编制方案估算→进行初步设计→编制概算书→进行施工图设计→编制预算书的作业流程（图 3.35）。在这种串行的作业流程下，当行使成本造价控制功能时，必然会要求相关设计工作返工修改，从而延长了设计工作周期。

要实行切实的成本造价控制，必须使成本造价控制工作渗透到设计过程之中。在"安全、经济、美观"的设计准则中，经济性和其他两个准则存在着一定的矛盾性。由于项目成本造价的计算工作量大、繁琐、创意性低、具有较强的专业性，而设计人员的设计工作则是高技术含量、高创意性的工作，加之设计人员的专业知识所限，由设计人员独立考虑经济问题，会分散设计人员对技术和创意的注意力。因此，在串行设计模式下，设计人员难于做到从经济角度进行优化设计，这又增大了设计返工的几率。但不对工程项目在设计阶段进行控制，会由于工程设计从经济的角度考虑不足，发生设计保守浪费的现象。更有甚者，有人认为成本造价越高设计费越高，把成本造价控制工作视为影响设计单位利润的障碍。长此以往，不但会造成社会资源、房地产企业资金的浪费，还会严重损害设计单位的形象，也使设计单位在市场竞争中处于不利地位。同时，设计是一种脑力劳动，要求思维的连贯性，在具有一定间隔期的返工会使设计思路发生中断，增大设计出错、出现疏漏的可能。

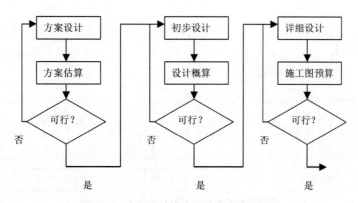

图 3.35　串行设计模式下的成本造价控制

六、建筑产品并行设计模式

建筑产品的并行设计模式如图 3.36 所示，其模式对整个建筑工业产生深远的影响。

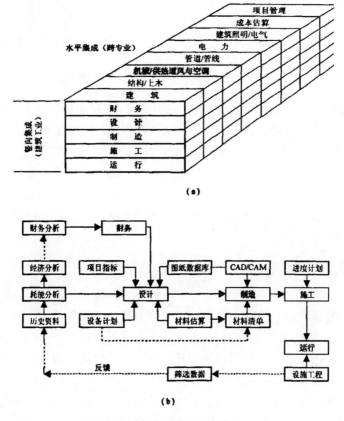

图 3.36　建筑产品并行设计模式

从 20 世纪末，建筑过程就要求管理和规划人员、建筑师、结构工程师和施工人员的合作。实现建筑工程并行设计，和各个专业之间的设计集成，就是要把不同的专业、不同功能的 CAX 系统 (计算机辅助系统)，如建筑、结构、给排水，暖通以及有限元分析，信息管理等系统，按不同的用途有机的结合起来，用统一的执行控制程序来组织各种信息的传递，保证系统内信息流畅，并协调各子系统有效地运行。

建筑设计包括从概念设计、详细设计到技术工程设计等阶段，由于每个阶段的目的性和信息粒度的不同，在运用并行设计方法时涉及的部门和实现手段均有不同。图 3.37 表示各个设计阶段并行设计的特征。

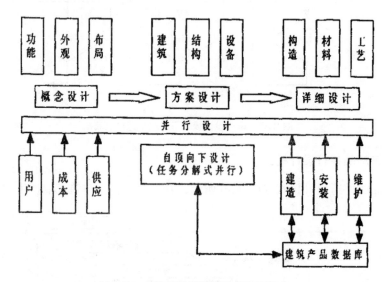

图 3.37　各个设计阶段的并行设计模式

在概念设计阶段，设计主要考虑产品的功能范围和实现方式、产品的外观和布局。在此阶段，要与市场营销、成本造价、采购供应等部门协同工作，制定出符合用户需求和市场状况的建筑产品框架。在产品详细设计阶段，可以利用先进的 CAD 设计软件，采用自顶向下的设计方法，实现任务分解式并行，以提高设计效率。在产品数据一致性的前提下，通过产品结构细分和定义全局约束 (目标限额控制标准)，各专业设计小组 (团队) 可以并行展开产品按专业或子系统划分的局部设计，这是并行设计的核心要求和功效所在。

七、建筑产品并行设计工作流程

将造价控制工作贯穿于整个设计过程，就要求推行新的设计工作模式，即并行设计的工作模式，变概预算的被动计算为积极参与设计活动，在不延长设计周期的前提下达到成本造价控制的目的 (图 3.38)。在这种工作模式下，概预算工作与设计工作同步进行，使成本造价控制人员不用在时间压力下赶工，提高了概预算的编制水平和概预算的正确率，缩短整个设计工作的周期。

并行设计中，各专业设计是可以交叉进行的，专业设计内部各部位相关部分也是可以并行进行的，这就要求成本造价计算工作要按部位进行，如图 3.39 所示。

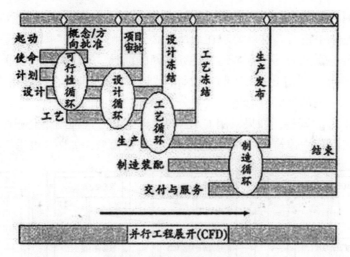

图 3.38 并行设计的工作流程

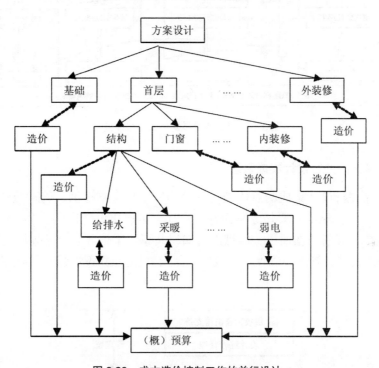

图 3.39 成本造价控制工作的并行设计

　　从图 3.39 中可以看出，为体现 DFC 的设计思想，对每个部位的专业设计之后都要进行造价分析。这就是并行设计与造价控制之间的关系。

　　项目的设计可以分为土建类和安装类两种，在传统设计模式下，这两种设计类别存在着先后顺序关系，当到具体的一项专业设计中则存在着随意性，这是因为设计工作是一种脑力劳动，而人类的思维是随意的。在并行设计中，各专业人员要共同工作，共同思维，如不对设计工作的随意性进行限制，不同专业人员之间无法协调，达不到并行工

作的目的。同时，一些专业设计必须以另外一些专业设计成果为前提，如电气设计必须
在结构设计的基础上进行，这就要求在局部上必须有顺序关系。因此，要将设计任务分
解成相对独立的一系列局部任务，建立任务之间的前导、后继以及并行关系，按照投入
的各专业人员，可以利用 PERT 法制定设计计划，使设计人员在计划指导下协同工作。
在实际工作中，任务的分解可以按部位划分，由部位之间的相关性，后续部位的设计可
能会引起前导部位的调整，如果采用 CAD 的设计工具，这种调整会相对简单。根据这
一思想，我们可以建立建筑产品并行设计的工作搭接模型，如图 3.40 所示。

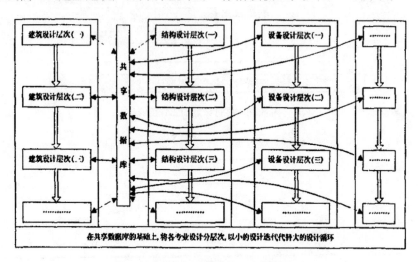

图 3.40   并行设计模式的工作搭接模型

八、建筑产品并行设计集成管理

建筑产品并行设计集成的总体结构划分为三个域：支撑域、管理域和执行域，如
图 3.41 所示。支撑域的主要任务是为并行设计、集成化设计提供一个高效、可靠、功
能完备和用户友好的数据通讯、信息以及知识共享的工作环境；管理域基于 CE 原理，
对执行域实施监督、管理，确保执行域中产品及其相关过程的设计严格按照 CE 的原理
和方法开展。

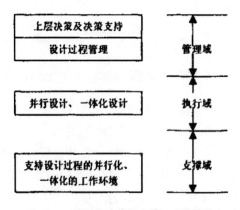

图 3.41   并行设计的集成管理总体结构

1. 支撑域

在支撑域上，基于计算机网络，完成并行设计和产品数据的分布式存储。支撑域以共享数据为基础，为执行域搭建一个可供各专业之间并行设计的平台，由硬件与通讯，信息集成，工具集成三部分组成，硬件与通讯满足了并行工程对数据通信的要求；以产品数据数据库管理系统为基础，通过统一的产品数据管理、约束管理等集成化管理，实现了建筑工程设计过程以及后续的施工过程的信息集成；在共享数据的基础上，集成面向执行域各成员的应用平台和接口，为各专业设计人员提供了集成的系统工作环境。图 3.42 为支撑域具体的层次结构示意图。

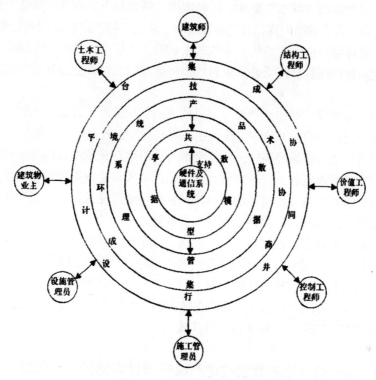

图 3.42　支撑域的层次结构

2. 管理域

管理域的主要任务是按 5 个坐标，即计划与进度控制、技术组织与管理、质量控制、成本控制及人员的组织与管理，对建筑设计的整个过程实施集成化的面向并行设计的组织与管理，以保证整个设计过程的并行、一体化设计的顺利进行。在管理域中，设计过程的管理是以活动 / 过程的组织与管理为基础的，并在各项约束条件下（资源约束、进度约束等），通过对活动，过程的组织与管理来实现的。

3. 执行域

在支撑域提供的环境下，在管理域的监控和管理下，设计的各项活动组成了执行域。各专业设计人员在支撑域提供的环境下，按照管理域对其的要求开展并完成其工作。

第4章　提高房地产建筑价值的经济性设计

我国长期以来形成的房地产建筑设计工作模式主要表现在两个方面：一种是开发商全面开展设计，设计人员只管参照技术规范、设计标准画图；另一种是开发商几乎不参与设计过程，只管提出"基本"要求，按时取图。显而易见，前者容易造成开发商因只顾控制成本造价、追求利润而降低建造质量标准，从而影响产品的使用功能和舒适程度。而后者往往因设计师过分考虑结构安全或艺术效果，无谓加大建筑安全保险系数，增加建造成本。这两种情况都会降低开发项目的经济效益，而对社会、环境等宏观效益的兼顾几乎没有。

本章针对上述情况，对房地产开发项目的规划、设计管理方法及如何通过经济性设计管理来提高项目总体效益(经济效益、社会效益、生态效益等)的途径进行讨论。

本章从提高房地产建筑经济性入手，全面分析房地产建筑项目的经济性的内涵，按照房地产项目设计实施流程，分析经济性在房地产开发设计前期阶段、构思阶段并着重讨论在方案设计阶段中的体现与影响，讨论如何在房地产建筑设计的过程中融入经济性理念以创造良好的经济效益，社会效益和生态效益。

本章讨论的目的在于，通过对房地产建筑设计中的经济性理念进行分析和研究，使房地产开发、设计单位能够认识到经济性在房地产建筑活动中的重要作用，并了解如何在房地产建筑设计过程中实现经济性目标，帮助设计人员从思想上建立起对房地产开发项目、建筑设计与经济性之间相互关系的正确认识，并在设计实践中合理利用社会资源、企业资源，力求获得房地产开发项目的最佳效益。

第一节　当前我国房地产建筑设计中的经济性误区

当前，在房地产项目规划与建筑设计领域，一味追求形式、不讲功能的建筑层出不穷。设计的建筑"华而不实"；设计过程"闭门造车"；设计与成本造价相背离……这些都导致国家、社会资源和开发商资金的严重浪费，直接影响可持续发展和企业效益。其问题主要表现在以下方面：

1. 华而不实的建筑创作

现在某些设计师在建筑设计中只是一味贪大求洋，片面追求新、奇、特与豪华高档，而不考虑建筑产品的适用与经济。20 世纪 80 年代之后，中国的建筑市场空前繁荣，竞争也越发激烈起来。大大小小的国际、国内设计竞赛，使越来越多的国外建筑师事务所涌进我国，中国似乎成为了世界前卫建筑设计师的试验场。

盲目的崇洋心理不仅影响了开发商，也影响了国内的设计师们。一时间，模仿国外的"欧陆风情"、"英伦风情"等建筑（图 4.1）以及"符号"（图 4.2）、"架子"、"锐角"、

"玻璃幕墙"等标志建筑成为一种时尚。"适用、经济、美观"的设计原则在崇洋的风气中已经被渐渐忽视了,甚至国内的设计师们已经不敢理直气壮地宣扬"适用、经济、美观"。

图 4.1　现在时兴的欧陆式建筑

图 4.2　三角、畸形建筑

2. 闭门造车的设计过程

现在很多工程中,设计师对工程前期的研究工作不够重视,没有建筑策划的概念,缺乏可行性研究,埋头专注于方案设计,使得设计中的一些问题直到施工阶段才暴露出来。闭门造车的做法导致设计过程中的错、漏、补,使工程造价出现"概算超估算、预算超概算、决算超预算"的"三超"现象,同时还严重拖延工期,造成时间上的浪费。例如,太原理工大学的一项工程建设中,由上级管理部门指定的设计单位远在西安,由于设计单位在设计过程的前期对建设单位地质资料没有进行深入地了解,可行性研究不够全面深入,导致设计不能满足实际条件的要求,设计过程中漏项和变更不断增多,造成建设单位在设计阶段的时间、成本浪费。设计人员若是知识更新较慢，且又忽视与其他部门之间的互动沟通，也难免会由于未选用合理的结构、材料、设备等而造成严重的浪费。

3. 建筑设计与成本造价控制相分离

我们的一些设计人员，技术水平、工作能力以及知识储备并不差，但是却缺乏成本观念、经济观念。有很多设计人员在设计中只是单纯地从技术、标准、规范出发，仅仅关注建筑的安全保险系数，关注建筑的质量、造型等问题，而不考虑设计的经济性和成本造价，无视项目的利用率和建造成本。例如，有些设计人员总是认为只须将总平面、平面、立面等设计好就达到目的，导致某些建筑个体设计得很好，建造的成本造价却被抬得很高，造成经济上的浪费。还有，追求民族形式的复古主义建筑，在新型结构的骨架外再包上仿古形式的外衣；又例如北京饭店的门厅，在钢筋混凝土的梁板下又包上一层木结构形式的类似藻井的天花，不仅额外增加了荷载也额外增加了不必要的成本。

方案评审过程中，建设单位与有关政府部门只关心方案中的造型因素而忽视成本造价经济性因素也是导致建筑设计与成本造价相分离的原因之一。建筑设计与成本造价控制的分离，必然造成开发项目经济效益的损失。

第二节　房地产开发经济性及其影响因素

一、房地产开发的经济性概念

为了解决以上问题，首先要正确认识房地产建筑的经济性，认识经济性理念在房地产建筑设计中的影响和作用。

1928年CIAM的拉萨拉兹宣言中指出："现代建筑学的观念包括建筑现象与总的经济制度之间的联系"。建筑的基本属性包括：社会属性——功用、经济、技术；环境属性——城市、自然；文化属性——艺术、历史、心理、精神等。任何时期、任何形式、任何规模的建筑都离不开经济条件的约束，经济性理念对房地产建筑设计有着极大的制约作用。

建筑经济学家P·A·斯通在《建筑经济学》一书的序言中开宗明义地指出："经济的建筑并不一定是最廉价的建筑，而是一种美观的而且在建造费用、运营管理费用、人工费用上都便宜合算的建筑。"从中可以看出，建筑的经济性不仅是建造成本造价多少的问题，更要考虑如何将有限的资源综合、高效地加以利用。因此，全面地分析建筑消耗、合理平衡建造成本和消费成本是提高建筑经济性的关键。另外，还要从现实经济条件出发，对设计标准进行恰当的选择，有机协调建筑诸要素，提高房地产开发的综合效益。

　　在新常态下，房地产建筑设计已经不只是一座建筑的适用、经济、美观的问题，它涉及社会、政治、经济、文化、科技以及美学、环境、生态等的方方面面，建筑只有同时具备社会观、文化观、经济观、科技观、审美观、生态观，才能为人类创造出最适宜的生活和工作的空间环境。房地产建筑的观念也已不仅仅是狭隘的纯营造观念，而是向广义的建筑观转化，具有综合的社会、经济、环境效益。

　　在房地产建筑设计中，建筑的价值主体与建筑经济性设计将产生互动效应。具体表现为开发商对利润的欲求，购房者对建筑良好使用功能的要求，体验者对建筑价值的评价及实际操作者的建筑设计等几方面会能动地促进建筑经济设计；而良好的经济性设计必将有助于各价值主体的价值得以实现。

　　建筑经济性的提高就是以最少的投入达到最高的产出，是进度、规模、质量、成本、效益的有机综合，从而促进整个社会综合效益的提高。在此，应主要从建筑的价值主体对建筑经济性设计的能动性上去把握，也就是说，作为建筑设计师，有责任将房地产建筑的经济性问题作为重要问题针对性地展开研究，从成本、效益的角度出发完善房地产建筑设计，使其以最小的建造投入，实现最高、最好的使用价值，更以经济、环境、社会的协同发展为最终目标，达到人居环境的可持续性发展，这才是提升房地产建筑整体经济性价值的"无间道"。

二、房地产建筑经济性的基本内容

　　建筑经济性的基本内容包括：建筑物首次建造、改建或扩建的总投资；建筑物交付使用后投入运营、维护费用及盈亏的综合经济效益；建筑物的标准，即每平方米建筑面积的成本造价；设计和施工周期所耗的时间成本；建筑物的经济技术指标，如建筑密度、容积率、层高、层数等，通过控制指标力求合理利用空间，节约有限的用地；建筑空间立体发展，综合安排地下建筑空间以节约用地；建筑物的空间设计能够满足多功能活动的灵活展开，在不同时期最大程度地利用建筑物。

　　1. 建筑经济与投入产出

　　（1）建筑经济的内涵

　　建筑的经济性是建筑设计不能避开的一个问题。它是用来衡量所设计的建筑物是否达到了资源的最有效利用，是指建筑设计产品的投入与产出的比例，是投入最小的资金、资源而产出最大的建筑空间、建筑寿命及建筑使用效用 (图 4.3)。

　　著名建筑大师勒·柯布西耶（法国）曾经说过："建筑师必须认识建筑与经济的关系，而所谓经济效益并不是指获得商业上最大利润，而是要在生产中以最少的付出，获得最大的实效。"以最低的成本造价建造出符合社会或住房者需求的建筑才是最经济的。在建筑设计中融入经济性理念，也就是在进行设计时既要考虑建筑功能、

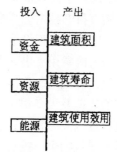

图 4.3　建筑经济与投入产出的关系

质量上的需要又要考虑建造成本造价的支出。

经济的建筑，不是低投入、高消耗的建筑，而是能够合理地利用土地、资金、能源、材料与劳动力等资源，并在长期的综合比较后能够保持数量、标准和效益三者之间适当平衡的相对经济的建筑；是一种不仅外形美观而且建造、管理以及后期运营等所有费用都相对便宜合算的建筑；是在建筑投入使用后，不经过新的投资或是投入较少的资金却仍能保证可持续运营的建筑。对于我国这样的发展中国家来说，寻求良好的建筑经济性是很有必要的。

（2）建筑经济性设计

建筑的经济性设计是指设计师以建筑设计为手段来创造建筑产品的高效能，以高效的设计方法使建筑设计方案投入最小的成本，使用最少的资源与能源，而达到最多、最好的建筑空间、建筑环境、建筑寿命及建筑使用效用。这可以从以下几方面理解：

第一，在建筑经济上，建筑设计就是以最少的资金投入得到最多的实用面积、实用空间以及最大价值和利润回报的设计。

第二，在资源、能源利用上，经济性设计就是在建筑物使用寿命的全过程中，在达到建筑物相同面积、相同使用效用的前提下，可以使所用的资源、能源最少的设计，为建筑的可持续发展提供坚实保证。

第三，在建筑物使用及建筑环境上，经济性设计指使所设计的建筑物达到其自身所要求的功能需要，达到建筑产品的舒适、方便、高效、灵活的使用，并能创造美好的建筑环境，提升建筑的环境、社会价值的设计。

第四，经济性设计就是追求建筑在建筑经济、资源、能源利用、建筑使用及建筑环境上的协同发展。

2. 建筑"全寿命过程"的经济性

建筑的"全寿命过程"是一个由规划、设计到建造、使用前后相继、彼此关联的系统运作过程。

在前工业社会中，建筑物的成本绝大部分体现在一次建造中。例如，为了达到经济的目标而盲目压低造价，忽视建筑物长期使用中的经常消耗，也会使建筑物的全寿命费用增加而造成浪费。例如，我国建国初期的一些建筑为了节省建筑材料和造价，用减薄砖墙、把双层玻璃改为单层等方法来降低墙体维护结构的厚度，造成维护结构保温性能的不足。这样虽然节省了第一次投资，降低了建筑造价，却会引起经常性采暖能耗的增加，实际上降低了建筑效益。

随着科学技术的不断发展，建筑物为了满足多种使用功能要求，增添了采暖、通风、照明、电梯等各种设施。这些设施及整个建筑物在建成之后的经常运行及管理中，还要有相当大的费用支出。在能源短缺的形势下，这种经常性的支出往往要高出建筑物的初始造价，甚至高出几倍之上。据研究，一栋典型的高层商业楼在其 50 年的使用过程中，最初的建造及设备投资占总投资额的 13.7%，而使用能耗占 34.0%；一项民用建筑物的一次投资以及经常运行管理费用的比例为 1：4 ～ 1：6。因此，在建筑设计之初，不仅要研究建筑物生产投资的经济合理性，还要重视建筑物使用消费的经济合理性，尽量控制和减少建筑物后期运营费用。实践中，应将建筑的经济性与建设、使用相关的土地、能源、材料、设备等方面的消耗相结合，建立"全寿命周期"经济性理念。这在客观上要求设计者要全面掌握建筑结构、材料、设施、设备的性质、性能、各项技术指标，以及它们在建筑使用中的重要性、所占投资的比例，结合不同的经济条件和使用目的加以综合分析，以提高建筑建造、运营过程整体的经济性。

3. 技术先进性与经济可行性相结合

国际建协《北京宣言》指出：21 世纪是多种技术并存的时代。建筑实践中对技术体系的恰当选择，首先要与现实的经济条件相结合。我们当前的建设实践中存在有盲目追求"豪华型"、追随国际最新潮流的做法，更有许多出于权贵意志的"标新立异"。对于它们是否与现实条件相适宜、是否经济有效，缺乏深入的研究。这不是一种客观的设计思路。应当看到，高技术表现类建筑在发达国家和地区兴起，是与其深厚的经济基础分不开的。我们现有的经济状况与这些国家、地区相比尚有较大的差距，无视这一差距的建筑创作设计只能给开发者、使用者带来过重的经济负担，而且会助长社会趋向非正常的超前消费。在当代建筑设计中，我们既要消除低造价、低效益的传统发展思路的影响，也要杜绝不顾经济条件片面追求高技术设置的做法，将技术的先进性与经济的可行性相结合，积极探索一条适宜性技术的发展道路。

4. 效益型设计

效益型设计，就是将项目前期确定的总体效益目标（除项目自身经济效益，还须兼顾社会、环境效益），分解到各专业设计的各个阶段，拟订出分步控制目标（控制点），同时结合相应设计技术规范，对整个设计过程进行有效控制和管理的方法。

效益型设计管理是在矛盾中求得统一的过程，将创造最大综合效益目标渗透到各设计阶段中，并在各设计阶段辅以技术经济分析，通过方案比较，以取得最优化设计。开发商应该由过去的被动等待设计结果或任意更改设计方案，发展为主动参与设计过程，把握好每个设计阶段的控制要点，掌控实现项目效益目标。

5. 可持续性设计

目前在建筑设计领域，正广泛实践着一些有关可持续发展的设计概念，如"生态建筑"、"绿色建筑"、"低碳建筑"等，这些概念正逐渐被建筑师、业主所接受。然而在当代建筑走向"绿色与可持续发展"之时，建筑设计师们越来越依赖于绿色技术和构造措施。我们不能否定绿色技术对于建筑的作用，但也要清醒的意识到，在仅依赖绿色技术时，解决问题的成本和负面效应也在上升。绿色建筑体系包括如图 4.4 所示内容。

审视当代绿色建筑，我们不仅要采用先进的绿色生态技术，对于建筑设计师而言，更大的责任和挑战来自于从传统建筑学中不断挖掘和创新构建绿色空间的设计手法，用形态和空间来实现"绿色"建筑，这种做法成本更低，更具有可持续效果，也更富有建筑学特色。

目前，已经有多家开发商运用"可持续性理念"建造建筑。如上海开建的"积木型住宅"（图 4.5），可减少建筑垃圾 91%。据了解，这种"积木型住宅"，即用工业化方式生产住宅，在工厂生产加工建筑主要构件，运送到工地现场，拼装成高品质的商住楼，甚至任何你想要的建筑形式。工厂化预制可以使精度精确到 2mm 内。据有关数据显示，"积木型住宅"能使建筑垃圾减少 91%，脚手架用量减少 50% 以上，钢材节约 2%，混凝土节约 7%，节电 10% 以上，节水 40% 以上。如果到达使用年限，拆除后废旧物料还可回收利用，真正实现了建筑的可持续发展。

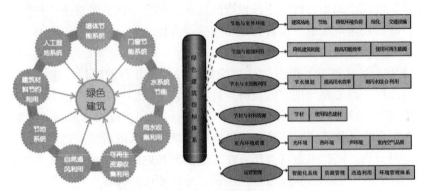

图 4.4　绿色建筑体系

图 4.5　积木型住宅

案例：生态、节能、可持续性空间设计

一、项目概述

福州市规划设计研究院新办公大楼分二期建设：一期为创意设计产业楼，地上六层、地下一层，建筑高度 23.5m；二期为研发 A 楼和 B 楼，地上建筑均为 25 层，地下均为两层，建筑高度 99.9m。规划用地面积 32473m²，远期总建筑面积 116512m²，其中地上 85776m²，地下 30544m²，建筑占地面积 8985m²，容积率为 2.65，建筑密度为 27.67%，绿地率为 33.2%。一期工程建设总部办公大楼，总建筑面积 41579m²，其中地上 27146m²，地下 14433m²，结构形式为框架结构，抗震设防烈度 7 度，耐火等级为二级，耐久年限为 50 年。

该项目按内部使用功能不同分为四大区域：A. 科研用房；B. 科研辅助用房；C. 公用设施；D. 行政及生活设施。项目充分考虑了实用性、先进性、安全性并坚持以人为本的理念。项目建成后成为了集科学研究、实验、办公、生活等为一体的科研性综合大楼。

建设目标：达到公共建筑三星级绿色建筑标准，使创意设计产业楼成为福州海西高新技产业园区具有示范意义的标志性绿色建筑，如图 4.6 所示：

图 4.6　效果图

二、设计思路

1. 立足传统建筑学的设计手法建构绿色空间

绿色建筑应着眼于建筑本身，从传统建筑学入手，积极运用设计手法建构绿色空间并引导人们在建筑中的行为，用最低的建造成本获得绿色建筑使用上最大的节能、环保和可持续性。

设计方法之一：充分利用自然条件，合理选址，做好整体环境规划，解决好建筑与地貌、水土、风向、日照的关系。

创意设计产业楼为一期地上六层建筑，研发 A 楼和 B 楼为二期地上 25 层建筑。为了争取最大的自然采光和通风，最大程度降低建筑自身的能耗，设计上将该楼设置于用地正中区域，面向南面公共休闲绿化带的开阔地，建筑体量沿东西走向展开，结合本地气候夏季以东南风为主的特点，将南半部形体适当朝东南向旋转一定角度，并将一层东南角设计成亲水架空休闲公共空间，更好的引入新风改善建筑内部自然对流通风效果图 4.7。

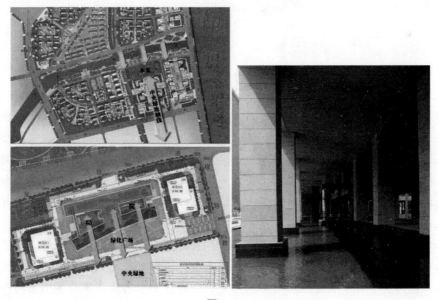

图 4.7

设计方法之二：化整为零，减小建筑体量，调浅空间进深，引导人们优先利用自然通风和自然采光。

由于建筑功能和使用需求上的要求，导致创意设计产业楼体量较大。对于夏热冬暖地区的建筑来说，因为室内外温差不大，建筑对通风散热要求较高，过大的进深对自然通风和自然采光不利。通过减小建筑体量，调浅空间进深，可以增大建筑空间与外界的接触面，更好地引导室内空气的对流、自然光的渗透，让人们优先利用自然条件满足内部的环境要求。因此，在平面布局中顺应用地东西走向狭长的特点，将办公空间切割成体量相当的四个区块，划分为南北两大区域，各自向东西两侧分布，每个区块进深控制在 16m，形成办公空间最佳进深，用东西两端架空连廊和中部敞开式中庭回廊作为交通联系，楼电梯及辅助功能用房结合连廊设置于建筑中间开敞部位。四个区块由此可以获得三面自然采光，使得东南风能够通畅的进入建筑内部。通过减小建筑体量，调浅空间进深，实现了办公区内部和中间敞开式中庭回廊在平日里拥有良好的自然通风效果，即使在无风的季节里，这些空间也会比很多办公楼更加舒适。这样的设计，可以促使员工们在多数情况下，自发地选择利用自然光而不开灯，开窗通风而不开空调（图 4.8）。

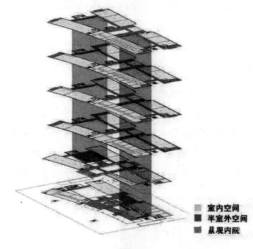

室内空间
半室外空间
景观内院

图 4.8

设计方法之三：公共空间室外化，引导人们减少对人工环境的依赖。

建筑的中庭、大厅、电梯厅、走廊等公共空间，不是主要的使用空间，往往面积比例较大，虽然人们很少在此处逗留，但这些空间却消耗着很大的能源，这也是公共建筑的能耗远远超过一般民用建筑的原因之一。对于夏热冬暖地区，应重视公共空间使用模式的合理性，将公共空间室外化对于高效节能不失为一个行之有效的好方法。由于夏热冬暖地区四季温差不大，所以有顶棚、无围护墙的半室外空间在绝大部分季节有着良好的舒适度。

在创意设计产业楼的空间设计上，除了人员密集的办公、会议场所外，其他多数公共空间都采用半室外空间形式。一层的大厅不设围墙和中央空调，采用架空的空间形态营造阴凉的环境；将传统意义上的室内走廊和电梯厅空间结合半室外休闲空间形式，设计成每个楼层都有的兼具交通、会谈、休闲功能的半室外平台和中庭回廊。在这里，员工们可以尽情的观赏两侧庭院的美景，可以坐下交流谈心，甚至许多的工作沟通也可以从室内移步此地，成为员工们聚会的中心；而位于二层西侧的羽毛球馆上空屋顶花园与楼上的办公区室外走廊和平台也有着良好的视觉互动。员工们可以在此举行各种沙龙活动，进行轻松开放的讨论，这里将成为重要的非正式交流场所。通过将创意设计产业楼大约 35% 的地上建筑面积设计为半室外空间，大幅缩减了人工环境，大幅减少了建筑能耗。

　　设计方法之四：合理设置天井内院空间，积极改善建筑内部气候环境。

　　为了适应气候，南方传统民居大多采用狭窄高耸的天井空间为建筑内部提供怡人的环境。有别于北方民居开阔的院落，南方民居幽深的天井避免了直射阳光的进入，为建筑引入柔和的漫射光，同时也有利于增强热压作用带动室内通风。天井空间的灵活运用，使得建筑能够充分利用自然条件营造出阴凉的内部环境，在紧凑的用地上提升了空间品质。根据这样的原理，创意设计产业楼空间设计中，在四个办公区块与架空连廊、中部敞开式中庭回廊的结合部穿插布置了大小不等的天井、内庭院空间，利用被动式热交换原理组织自然通风，将阳光引入建筑内部，促使员工们尽可能利用自然光，降低室内人工环境的能耗。随处可见的亲切宜人的天井内院空间与每一处的办公空间亲密接触，营造独具特色的空间体验（图 4.9）。

图 4.9

　　设计方法之五：合理设置采光天窗，积极改善建筑内部采光效果和室内环境。

　　地下车库和羽毛球馆采光天窗的设计，极大地改善了室内空间的采光效果和室内环境，减少人工照明，节约能源（图 4.10）。

图 4.10

2. 根据公共建筑三星级绿色建筑标准，因地制宜采取易于实施的实用性绿色建筑设计技术。

（1）注重办公建筑的围护结构节能

办公建筑是耗能较大的建筑，因而建筑设计中在尽量提高室内环境舒适性的同时，还要尽可能地减少能源的消耗。建筑能耗中空调能耗几乎占了总能耗的 50%，而在空调采暖这部分能耗中，大约 20% ~ 50% 是由外围护结构传热所消耗的，因此围护结构设计对于建筑运行中的耗能是一个主要因素。

建筑的围护结构由屋面、墙体（包括石材、金属等非透明的幕墙）和门窗（包括玻璃幕墙）构成，设计时必须考虑通风和采光的需求，并提供适合于当地气候的热湿保护。在南方的炎热地区，考虑重点应放在围护结构的隔热与窗户遮阳的问题上。

设计优化方法之一：提高外围护墙体的保温隔热性能

办公建筑的外墙根据建筑节能的标准要求，墙体必须要做保温和隔热。创意设计产业楼项目外墙体在控制造价的前提下，通过控制各朝向窗墙面积比，采用 30mm 厚无机保温干粉砂浆和 200mm 厚加气混凝土砌块 (B05 级) 设计成外保温方式达到建筑节能标准要求。

设计优化方法之二：采用屋面绿化，创造舒适环境

现代办公建筑中做植被屋面已被越来越多地采用，因为屋面绿化不仅可以使屋顶具有更好的保温隔热性能，改善室内热环境，而且也为办公楼的工作人员在顶层提供了一个室外休闲的绿色花园，同时建筑立体绿化对美化城市也可起到一定的作用。

创意设计产业楼项目在屋顶层选用适合福州地区生长的乡土植物，采用乔、灌、草的复层绿化模式进行景观绿化设计，实现屋顶绿化面积占屋顶可绿化总面积的比例达到 30% 以上。同时在绿地中设置各部门自种的菜园，对营造都市农业和丰富企业文化进行积极探索（图 4.11）。

设计优化方法之三：采用高性能的节能窗和新型幕墙

在办公建筑围护结构中，窗的朝向和面积对空调降温采暖能耗的影响很大。办公建筑的窗墙比较大，热损失是个较为突出的问题。为了获得良好的景观视野和满足充足的采光需求，增强立面视觉效果，常常采用大面积开窗和成片的使用玻璃幕墙。这样就使透明的围护结构占据了整个外墙面的很大一部分，而这些透明的窗户也经常是建筑的冷（热）桥所在。

图 4.11

创意设计产业楼项目通过节能计算后，采用非隔热铝合金中空玻璃门窗 (6 高透光 Low–E+9 空气 +6 透明) 和非隔热铝合金中空玻璃幕墙 (6 高透光 Low–E+9 空气 +6 透明) 可以达到建筑节能标准要求。除此以外，本项目还选择部分房间外墙玻璃幕墙采用 XIR 超节能夹胶玻璃进行实践性应用。经过有关节能测试，XIR 超节能夹胶玻璃具有良好的节能性能，其优点显著：

①隔音效果良好。

②可见光反射率低，在任何异面设计（曲面、斜面等）的建筑上都能保持卓越的节能效果与均一的外观反射色，可见光反射率≤ 8%。

③自重较轻，其重量等同于一般夹胶玻璃。

④安全性好，XIR 玻璃是一种安全玻璃，其安全性优于普通夹胶玻璃。

⑤屏蔽紫外线、红外线，XIR 夹胶玻璃可以屏蔽 99.8% 的紫外线、97% 的红外线，有效阻隔紫外线对人体和植物的侵害并减少室内饰物褪色、塑料机壳老化等。

⑥屏蔽微波，特殊制作的 XIR 夹胶玻璃能有效屏蔽微波干扰（如手机信号、电台信号等）。

设计方法之四：设置合理的外遮阳系统

为了改善现代化办公建筑的室内热环境，采用遮阳技术无疑是一项重要的技术手段，它不但可以防止眩光，还可以在夏季阻挡直射光透过玻璃进入室内，防止阳光过分照射造成围护结构温度过高；在冬季又能允许阳光进入室内，提升温度，减少空调的能量消耗。

创意设计产业楼项目紧密结合公共建筑三星级绿色建筑标准进行设计，在外立面造型塑造时充分借用外遮阳系统作为一种灵活的立面元素，南面选用电动偏心冲孔型水平遮阳系统 (图 4.12)，东西北三面选用电动折叠窗式遮阳系统 (图 4.12)，与幕墙系统相结合，形成具有动感的建筑形象，从而使办公建筑的造型更具现代化与人性化。电动遮阳系统采用智能化集中控制，紧密结合项目场地周边环境，实现节能效率最大化。智能化控制系统采取自动风力控制、自动光线控制、自动追踪控制、远程手动控制四个主要技术措施，自动风力控制优先级别最高，其余控制优先级顺序由高到低，远程手动控制级别最低。

①自动风力控制

当处于自动状态时，风力控制功能默认打开。通过分析设置适当的叶片保护风力级数，既达到满足正常使用要求又能达到保护叶片的要求。当外部风力达到设定风力级数时，叶片自动关闭。

图 4.12

②自动光线控制

a.在小于设定光照度（最小光照度，例 1000Lux）时，该区域遮阳板全部开启；

b.在最小光照度和最大光照度之间时，该区域遮阳板根据具体实际光照度可设置择不同的开启角度。以 10° 为单位开启动作。

c.在大于最大光照度时，该区域遮阳板全部关闭。

d.遮阳状态有 0°、10°、20°、30°、40°、50°、60°、70°、80°、90° 共10 个遮阳角度；

③自动追踪控制

根据建筑自身形体与遮阳百叶的相对位置建立遮挡模型，及根据每年自动采集的对每个区域的日照分析结果，来计算各区域日照时间段的阴影变化，将计算结果存储于智能控制器中，由其按不同的日照时间段控制不同朝向的遮阳百叶翻转角度，以达到自动遮阳的目的。同样遮阳状态也有 10 个遮阳角度。

根据大楼周边建筑的阴影以及本身的形状和朝向来计算每天以及一年的阴影变化，并记录在控制器中。根据记录计算遮阳的形式：

哪些参考点处于阴影下，而翻转叶片到水平位置，让更多的光线进入室内，进行采光；

哪些参考点处于光照下，而翻转叶片到垂直位置，阻挡光线进入室内，起到遮阳作用，降低能耗。

④远程手动控制

按设定值对所有百叶同步调整角度；能以每个电动单元（一套电动系统所控制的范围）为单位进行全开、全闭、30° 等操作（以 10° 为单位）。电动单元设置时，考虑了建筑设计空间分割情况。

（2）天棚电动遮阳系统

创意设计产业楼项目通过在一层位于南北门厅之间的内庭院上空玻璃天棚底部设置折叠式电动天蓬卷帘，夏季可避免炎热的太阳直射进建筑内庭院，冬季打开可让温暖的阳光直达内庭院（图 4.13）。

图 4.13

（3）太阳能热水系统

创意设计产业楼项目通过在屋顶层架空屋面板设置太阳能热水系统，使用清洁可再生能源为淋浴间提供热水，实现了公共建筑三星级绿色建筑标准要求的太阳能提供热水量达到建筑热水消耗量的 10% 的目标。

（4）雨水收集系统

创意设计产业楼项目通过在地下一层设置 630m 雨水收集池和雨水净化过滤系统收集硬屋面及绿化屋面雨水，用于园林灌溉、卫生设施用水及洗车、景观水池等用水，节约水资源。总屋面雨水收集面积为 6697m，其中硬屋面为 4822m，绿化屋面面积 1875m，办公楼生活用水量为 26249.7m /d，雨水收集量为 8108.3m /d，非传统水源利用率达到 30.8%（图 4.14）。

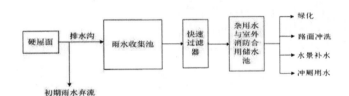

图 4.14

（5）节水器具

创意设计产业楼项目全部采用感应式节水器具，所选器具满足《绿色建筑评价标准》及《绿色建筑评价技术细则》的要求，节水率可达 30% 以上（图 4.15）。

（6）直饮水系统

创意设计产业楼项目通过将市政供水经过多层过滤膜处理后再经臭氧消毒，水质达到国家饮用水标准，可供直饮。

（7）分项计量设计

创意设计产业楼项目对绿化用水、冷却水补水、综合办公用水、餐厅厨房用水等按用途设置水表进行分别计量，以便统计各种用途的用水量和漏水量（图 4.16）。

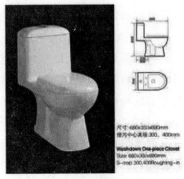

图 4.15

图 4.16

通过将空调冷源用电（冷源机组）、输配系统用电（新风系统）、照明系统用电分别设置配电系统，并在各自的配电系统中加装计量装置，满足分项计量要求，并为运行过程中掌握建筑用电分配提供支持（图 4.17）。

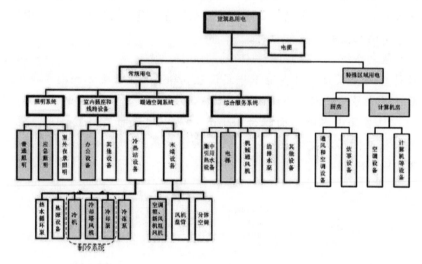

图 4.17

（8）LED 节能灯

创意设计产业楼项目所有照明均采用 LED 节能灯，LED 光源是目前最为环保、节能的照明方式，使用寿命长、照度高、能耗小。

（9）时控控制节能

除重要机房及消防设备外，创意设计产业楼项目所有动力设备配电及照明控制都采用了时控功能，办公场所的照明兼具时控和手动功能，方便节能。

（10）大楼的夜景设计

为了节能及降低造价，创意设计产业楼项目的夜景照明未另外设置夜景灯具，而是利用沿外墙的一排办公灯具兼做夜景内透灯具，该部分灯具既可受夜景控制箱集中控制，也可受现场的办公场所的开关控制。

（11）VRV 变频空调系统

创意设计产业楼项目因为所处地块地质条件不佳，无法满足地源热泵和水源热泵的安装要求，因此通过仔细能耗分析比选，采用 VRV 变频空调系统进行能耗控制。VRV 变频空调系统由模块式变频空调机组构成，可灵活分区分层控制，根据需求人数及使用面积调控启动机组，不会造成不必要的能源浪费。

此外，大空间空调区域设置全热交换式换气机，既引入室外新风，又排除室内污浊空气、并回收排风中冷量，节约新风处理能耗，选用的全热交换式换气机热回收效率 ≥ 65%。

三、影响房地产建筑设计的经济性因素

1. 项目决策

项目决策阶段的任务主要是对拟建项目的必要性和实施可行性进行技术经济论证，通过对不同设计方案进行技术经济比较，选出技术先进，经济合理，效益最佳的设计方案来。项目决策是项目成功的关键，据有关资料统计，在项目建设各阶段中，投资决策阶段对工程造价的影响高达到 80% ~ 90%。

对于房地产项目来说，项目开发之前的投资决策是方向性与决策性的，决策的失误会对项目造成的影响，即使在后期阶段进行补救也是难以挽回的。因此，设计师不能像以往一样仅仅按照任务书行事，而是必须深入到建筑设计的前期阶段，对项目可能产生的社会效益、经济效益、环境效益等进行全面的分析研究，为项目决策提供科学合理的依据。

2. 项目定位标准

项目的定位标准高低决定了建筑的建造成本，并对建筑物投入使用后的运营费用、资金回收，以及建筑物所产生经济效益和社会效益都有很大的影响。

项目定位标准过高，会造成不必要的无效造价浪费。例如，在设计经济适用房时如果忽视经济性要求，一味追求高标准，就会造成需要买房的居民无力购买，而建好的房子却闲置无用的现象；标准过低，难以适应人们不断提高的使用要求，也会间接造成建筑物使用寿命的缩短，造成浪费。因此，在制定建造标准时，应当以实事求是的态度，按照建筑寿命周期及远近结合的观点，综合分析房地产项目的定位、档次以及所需要的规模，做到应高则高、该低则低、高中有低、高低结合。

3. 场地环境

项目用地的选择对于整个项目的开发成本以及建成使用后的运营成本等都有重要的影响。例如，在进行工业厂房的设计时，如果厂址选择不当，既浪费资源又会在后期生产中留下障碍，造成原料缺乏、物流运输路距远、成本费用高、长期亏损等影响。而且，由于地质、气候、施工等原因，不同用地上建筑物的造价是不相同的。例如，场地坡度越陡，基础和土方工程的造价也就越高，大量开挖和填土石方就会增加费用；地层的承载能力对建筑的造价也有很大影响，差的土层条件会使建筑工程的总造价提高，在岩石中开挖的费用比在土层中开挖的费用高出数倍，而软地基又会因基础埋深过大，或需进行地基处理而增加工程造价。

因此，关于项目用地的自然条件（包括地形地貌、气象条件、地质水文、土壤植被等）、环境条件（包括区域位置、周围道路与交叉口、周围建筑与绿化、市政设施条件等）以及规划要求（包括用地范围控制、容积率、建筑密度、出入口限制、空间要求、高度限制、环境保护等）等，建筑师都应进行充分的研究分析。通过对各种因素的综合考虑，排除由于坡度过大、费用过高、基地狭小、污染严重、交通不便等种种原因而不能接受

的基地，然后做进一步的研究分析，选出比较合理的建设用地。

4. 设计理念

设计理念就是设计人员根据项目的环境、性质、功能、价值、效益要求等要素，经过方案构思之后所制定的设计纲领、设计观念。建筑设计经济性理念的内涵包括全面分析建筑消耗、合理平衡建筑成本和运营成本，根据实际经济技术水平选择恰当的技术设置，通过对建筑各要素的有机协调提高建筑经济性以及综合效益。

不同的设计理念决定不同的设计方法，建筑设计师的设计理念对于房地产项目的成本造价有着重要的影响。将经济性理念融入项目设计的过程之中，把成本造价的观念渗透到建筑设计的各个环节，正确处理技术先进性与经济合理性的关系，可以充分利用资源、降低建造成本、带来可观的经济效益。

5. 结构选型

建筑结构的形式对建设成本有着重要的经济性影响。不合理的结构或是没有经过仔细推敲的结构都会造成不同程度的浪费（图 4.18）。

图 4.18

例如，中央电视台大楼新台址的设计方案中，主楼的两座塔楼双向向内倾斜 6°，在 163m 以上由悬臂 60m 的 L 形结构连为一体（图 4.19），过度扭转与悬挑的结构都是与抗震设计原则相违背的，极不合理、不科学。因此，为了保证结构的安全性就需要增加大量的额外投资，据说需要花费 50 亿元甚至 100 亿的巨资，单方造价 1～2 万元，甚至还存在即便增加了投资也未必能保证其安全性的可能。

图 4.19　CCTV 大楼新台址方案网状结构示意图

又例如国家体育场的"鸟巢"方案（图 4.20），为了避免概率不到 1% 的有赛事又下雨的情况发生，要花费几亿甚至十几亿的昂贵造价去修建额外增加集中荷载的活动屋顶，而且技术上的复杂性也很容易造成使用上的问题，增加后期的维修费用。

图 4.20　国家体育场的"鸟巢"结构

由上可见，建筑设计必须注意结构的选型与适用、经济的关系，结构设计一定要合理，没有选择最佳的结构体系肯定不是最经济的方案。在进行结构的设计和选择时，应当结合我国建筑工业发展的实际水平，从"结构合理与造价最低"这样一个综合的角度去考虑。

合理的结构体系可以有效地降低建筑造价，获得显著的经济效益。例如，1989 年落成的香港中国银行新大厦（图 4.21），建筑面积 12.8 万 m^2，底层平面 52m×52m，170 层高。结构工程师列兹·罗伯森运用出色的设计，使得大厦的结构用钢量与其他面积、高度基本相同的建筑相比减少了 40%，工程总投资 10 亿港元，与 4 年前建成的汇丰银行（使用面积 7 万 m^2，据传花费 50 亿港元，图 4.22）相比，既经济又突出。

图 4.21　香港中国银行大厦

图 4.22　香港汇丰银行大厦

6. 材料选择

建筑材料品种繁多、性能各异，价格也相差甚远。在一般工程造价中，材料费占 60% ~ 70%。因此，建筑材料的选用，直接影响建筑的坚固性、实用性、耐久性、经济性及工程造价要求。

现在很多建筑设计只考虑外观效果，忽视材料在选择和使用上的经济性。例如现在流行的"玻璃幕墙"热，不管什么类型、什么规模的建筑都要装上玻璃幕墙。实际上，对于不同的使用功能，有时整面的玻璃不仅有碍使用，还会增加能耗，造成建筑成本的增加。因此，在材料的选择上一定要精打细算，做到高材精用、中材高用、低材广用。建筑设计师也应对各种材料的性能充分了解，以便正确选择和使用建筑材料。

7. 构造方式

建筑构造中不同构配件之间的连接方式对建筑成本造价产生不同的影响。合理的构造方式不仅可以充分发挥材料特性，避免浪费，降低造价，还可以加快施工进度，缩短工期，降低成本。因此设计师需要通晓建筑的构造方法，对于每个不同的设计方案都应当全面分析其结构特点和设计背景，以选择合理的构造方式、节约建造成本造价。

第三节　建筑经济性设计措施

一、处理好建筑"适用、经济、美观"的关系

1. 辩证统一的认识适用、经济、美观

适用、经济、美观三者之间是辩证统一的关系。它们三者既互相联系、密不可分，又互相制约、互相矛盾；既不能过分地强调某一方面，也不能过分地削弱某一方面。不适用的建筑即使造价再低也是不经济的，忽视了适用与经济的美观也是毫无价值的。因此我们应当在满足"适用、经济"的前提下，尽可能地创造美观。

早在两千年前，罗马建筑师维特鲁威就在他的《建筑十书》中提出了"适用、坚固、美观"的建筑三原则，深刻地揭示了建筑的本质。随着近代工业的进步，以实用功能为主的建筑设计原则得到了发展，建筑中的经济要素更加突出。1953年我国提出过"适用，经济，在可能条件下注意美观"的建筑设计方针，即使在今天，方针所倡导的从现实经济条件出发，有效地利用财力、物力的内涵仍然应该是我们从事建筑创作的一条重要经济理念。最近，这个建设方针又成为了建筑界中的新焦点。

但是，随着社会经济的发展，处理"适用"、"经济"、"美观"三者之间的关系也要以发展观的眼光加以权衡。"适用"、"经济"是相对具体经济条件而言的。社会经济的发展会改变"适用"、"经济"的内涵，不同的服务对象也有不同的"适用"要求。而审美标准也不是一成不变的，它会随着时代的发展而变迁。

新时期的"适用、经济、美观"设计原则有其新的内涵，"适用"不仅仅是满足"住得下，分得开"的简单要求，而是应当更多地体现"以人为本"的设计理念；"经济"不再仅仅是投资多少的问题，更多的是体现科学的发展观，节地、节水、节能，使用可循环利用的建筑方法和材料；"美观"也不再是"在可能条件下注意美观"，而应成为需要普遍关注的原则，在具体建筑设计中有机地处理好"适用"、"经济"、"美观"三者的相互关系。

2. 适用与经济

这个世界上的一切都是一个公式的产物：功能与经济。

——H. Meyer(汉纳·迈耶)

适用指的是建筑物的功能、用途合理与适度，它包括有关空间利用的诸方面，如功

能部分的组成、合理尺寸的确定、空间的功能关系及其环境特征等。适用与经济的关系是对立统一的。建筑工程必然要受到一定的技术经济条件制约，因此适用总是受经济所制约的；然而，社会生产力的迅速发展，国家经济条件的不断改善，也可以促进建筑设计的标准和适用程度的更加提高。在建筑设计中，不仅要注意技术的先进性、适用性、安全性，而且要十分注意经济效益。

适用的建筑不一定是经济的，但是不适用的建筑肯定是不经济的。脱离一定时期人民经济生活水平，过分追求高标准的"适用"，增加国家和人民的负担，是不经济的。仅满足了少数人的适用标准，却不利于更多人的适用要求的满足，片面追求经济，损害工程质量，也是不经济的。我们反对以牺牲功能和舒适度的方法去片面地追求经济，真正要做到经济需要提高资源的利用率，力求在建造时少投入资源，在使用时少消耗资源，并能够在不降低舒适标准的前提下达到经济的目的。不同时期、不同地区、对于不同的使用者来说，适用的标准是不一样的。在实际的建筑活动中，应当把"适用"与"经济"结合起来统一分析，尽可能做到既适用又经济。

美籍捷克建筑师 A·雷蒙设计的印度教高僧住宅（戈尔康得，Golconde）居住建筑被公认是印度独立之前最优秀的功能性现代建筑（图 4.23）。

图 4.23　A·雷蒙，印度教高僧住宅

3. 美观与经济

建筑物除了本身所具有的使用功能和使用价值之外，还具有一定的艺术价值，并对周围的环境产生一定的影响。随着物质文化水平的提高，人们对于建筑物不仅有物质方面的使用要求，还有精神方面的欣赏要求，在美观方面的要求越来越高。

美观是建筑的基本要素和属性之一，贯穿于全部建筑史和当今的建筑营造活动。一般说来，建筑物的美观是建立在适用、经济的基础上的。单纯追求美观，有时会造成低效率，随着时间的消耗，建筑物的效益也随之递减。美而不经济不仅浪费资金，增加使用者负担，有时还有碍使用，难以满足使用者的要求。建筑作为兼有多方面价值的物质实体，其使用价值是占主要地位的，研究建筑的价值首先要树立起正确的建筑价值观。

当然，建筑物既具有社会价值又具有美学价值，这是不能单纯地用经济尺度去衡量的。如果能够获得所需的美学价值和社会价值，在不改变建筑物功能的前提下适当提高建筑造价是值得的。1973 年，澳大利亚悉尼歌剧院落成（图 4.24），其独特的形式使其在建造过程中给当时的悉尼带来极大的经济压力。复杂的力学问题使大剧院最后的造价超出预算 10 几倍，工程也拖了 17 年之久。虽然设计者伍重自己说建成后的悉尼歌剧院"内部空间，完全不是我所设想的模样"，但是这座建筑物却被称为二次大战以来世界上最美的建筑，为澳大利亚在世界建筑史上赢得足够的文化声誉，给悉尼带来极多的旅游收入和经济收入，其经济效益是不可估量的。

贝聿铭设计的北京香山饭店（图 4.25），以其设计新颖和高雅精致得到了人们的认可与称赞，但造价却高得惊人，其昂贵的造价和对环境间接的损害使它所获得的赞誉大打折扣，但香山饭店的建成使中国建筑师对民族化的追求和探索却有着不可忽视的贡献和影响。

图 4.24　澳大利亚悉尼歌剧院

图 4.25　北京香山饭店

忽视经济重要性、片面追求美观固然是错误的，但我们也并非就是追求只重"低成本、低造价"、不顾美观的简陋建筑。美观与经济并非是完全对立的，艺术价值的高低也不一定就与成本造价成正比。在建筑设计过程中，建筑的艺术性和经济性也应当统一起来考虑，尽可能在一定的成本造价基础上设计出艺术效果更好的建筑物，或是增加少量的成本造价却获得更大幅度提高的建筑艺术效果。路易斯·康设计的艾哈迈达巴德印度管理学院（IIM）的整体很像一种几何装饰设计，其中蕴含着的秩序在印度意味着标准化和降低造价。对光影的灵活运用使得不用花什么钱就可以造就美丽的艺术效果（图 4.26、图 4.27）。

图 4.26　印度管理学院教学楼，走廊

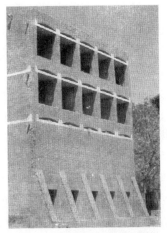

图 4.27　印度管理学院宿舍楼

4. 安全与经济

在建筑的使用过程中，必须有坚固的结构体系，才能够保证居住者的安全。任何不能够保证足够安全度的建筑都无价值、效益可谈，任何效益很低的项目也难以实现高度的文化价值。因此，"安全"也应作为建筑设计的方针之一。

新技术、新材料的不断出现，使得建筑工程随之迅速发展起来，建筑跨度越来越大，越来越高。建筑的安全性问题更应引起人们的重视。不管对哪个国家、哪类建筑或是哪个级别的建筑师来说，"坚固"问题都是不容忽视的。建筑师不能把建筑设计看作是随心所欲的艺术创作活动，如果弱化或忽视设计的技术可靠性和公众安全性等要素，再舒适再美观的建筑也是早晚要出问题的。

建筑如果达不到坚固耐用的标准，就会造成建筑的实际使用年限较短，势必要增加维护费用或再建费用，有时也会影响生产活动正常持续进行，给国家带来经济上的损失。如果由于结构安全水平偏低、结构失效等问题而导致建筑事故，其所造成的方方面面的损失就难以估计了。2004 年 5 月末法国戴高乐机场 2E 候机厅发生垮塌事故（图 4.28、图 4.29）。专家对坍塌的屋顶进行技术审查后发现，由于机场设计之初的应对偶然性安全系数不足，大厦的混凝土材料不足以支撑用来巩固大厦玻璃外壳的钢构支架而导致了候机厅顶棚坍塌。

图 4.28　戴高乐机场坍塌事故现场

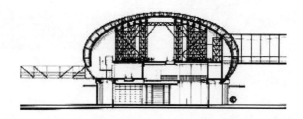

图 4.29　坍塌事故发生后，为缺乏辅助承重的外壳添加支撑物

当然，安全系数不足必然会带来难以估量的损失，但是如果结构安全水平偏高，同样也会给国家的资源造成不必要的浪费。因此，从建筑的结构设计到维修加固的安全标准，都必须要从经济角度进行考虑，以确定合理的结构安全水平。

二、建筑经济性设计原则

注重经济性的建筑设计包含非常广泛的内容。除了以往实践中所强调的改善建筑体形系数、降低层高、改进建筑材料保温性能和气密性等一系列节能降耗措施外，更要在建筑空间组织、结构设置、能源与资源利用、技术组织、以及建筑循环再利用等方面全面地确立经济性的原则、方法。

1. "少费多用"原则

"少费多用（more with less）"是由美国建筑师R·B·富勒提出的。意在借助有效的手段，用尽可能少的材料、资源消耗来取得尽可能大的建筑经济效益。在人类发展与资源危机的矛盾日渐突出的今天，它不失为一条重要的经济性设计原则。

在富勒的实践中，这一原则最具代表性地表现在他对空间结构及建材应用的创意中。他的短杆网架穹隆结构体系（geodesic dome）被称为人类迄今为止最轻、最高效、最为有力的空间围合手段，在造型、尺寸、材料选用上具有很大的灵活性，且造价低廉、营造方便。另外，F·埃斯克里格的自成型结构、T·达兰德对摩天楼张力结构的探索也都从不同侧面诠释了这一原则（图4.30）。

"少费多用"原则还体现在建筑空间组织、利用的高效化方面。这要求我们不仅要重视对每一平方米面积的有效利用，还要对三向度的空间做充分的发掘。南京某高效空间住宅的设计中则对厨房、厕所的上区、卧区上下等潜在空间进行了有效的利用。将每户主、次二个开间设置为不同层高，对应于不同的功能使用要求，大大提高了住宅空间的使用效果和效益。

图 4.30

2. 集约化原则

建筑是各项物质资源的集合体，全球 2/5 的能源、材料，1/6 的净水消耗在建筑的建造及使用中。提高建设及使用过程中资源、能源利用的集约化程度，无论是对于建筑业还是对于社会经济的良性发展都具有非常重要的意义。

（1）土地利用的集约化。城市房地产、建筑发展与土地资源总体供求矛盾是当今环境危机的突出问题之一。在建设实践中应注意立体地开发用地空间，发掘城市地上及地下空间的利用效益；结合旧城改造，拆旧建新，提高城市容量；在建筑空间的构筑中，还应积极采用轻、薄的新型节能建筑材料，以少占建筑空间。

（2）水资源利用的集约化。水是人类十分有限的资源，建筑设计中应注意结合废水净化、雨水收集，设置循环用水和分质用水系统，并积极采用各类节水设施、设备，有效地控制用水量。如在日本许多高层建筑中所采用的"中水道"技术，将生活污水处理后用于冲洗卫生洁具、盥洗、清扫等，有效地提高了水的集约化利用程度。

（3）能源利用的集约化。在全球推进可持续性能源开发、利用的战略进程中，建筑节能是其中的一个重要环节。设计中应结合相关技术的进步，提高能源的集约化利用程度；另外，要积极结合自然气候条件，充分利用太阳能、风能、地热能等资源，以减少空调、照明对不可再生能源的消耗。美国近期以来的建筑实践表明，利用现有技术结合自然气候进行建筑设计可削减空调能耗 60%、人工照明能耗 50% 以上。

3. 适宜性原则

"适宜性"应是建筑设计的出发点，因为它是重要的经济性原则之一。

（1）与经济条件相适宜。

当前多种技术体系并存的现实首先是与地域经济差异相对应的。技术设置要做到切实可行、经济有效，就必须从地域经济的客观条件出发，与人们的实际消费需求相适宜。许多发展中国家成功的设计实践为我们提供了良好的启示。如土耳其博德鲁姆的度假村（图 4.31）就是立足于本地区现实状况，在经济许可的范围内运用传统技术或中间技术（intermediate technology）所构筑的建筑实例。这些与当今高新技术设置并行的适宜性技术的设计思路得到了广泛的认同。

图 4.31　土耳其博德鲁姆的度假村

（2）与自然条件相适宜。

建筑设计中与自然气候、地形、地貌、地质等因素相结合，常常会使方案的建构获得事半功倍的效果，而且可以有效地降低建筑使用中的能耗、物耗。如今，"设计结合自然"、"设计结合气候"已成为建筑设计的一个基本出发点。托马斯·赫尔佐格的生态建筑实践也是建立在对自然环境因素进行全面分析的基础上展开的。这些与自然环境条件相统一的设计思路，是技术设置达到高效节能、经济适宜目的的重要保障。

（3）与社会人文因素相适宜。

社会习俗、信仰、审美、价值观等因素对建筑有重要的影响作用。一个单纯从技术合理化角度出发，而忽视社会人文要素的建筑方案是很难得到使用者认可的，甚至与其经济实用性的基本前提都是相背离的。建筑历史上美国圣路易斯城普鲁特·伊戈住宅区的最终命运已为那些片面注重经济性、无视社会人文因素的创作思路敲响了警钟。由此，我们应意识到，与各类人文环境要素相适宜，是建筑实现其社会价值及经济价值的必要前提。

4. 循环利用原则

从人类发展的长远利益着眼，将建筑的循环再利用与添建、新建相结合，形成建筑发展的动态循环机制，这不仅有利于环境的维护，对于提高建筑的经济性也有十分重要的意义。

建筑的循环利用原则包括再利用、再循环两方面内涵。再利用是指将各种建筑产品以初始形式多次加以使用。主要表现为对早期建筑的改造利用以及对结构构件、照明设施、管道设施、各类设备以及砖石构件的重复利用。再循环是指建筑产品在完成其使用功能后，经过一定加工处理使之变成可再次利用的资源。这表现在对旧建筑中可再生材料的重新加工、合成和利用。

近20年来，许多建筑师致力于建筑的再循环、再利用的设计研究。这类实践的经济性价值也不断被证实。1993年，纽约的奥杜邦协会总部将有100年历史的8层楼建筑改建沿用，与新建相比节省了800万美元的费用；1995年，俄勒冈波特兰开拓者玫瑰园剧场建设中，将原剧场1300 t木材、1000 t金属及29 t板材加以循环利用，为工程节约了18.6万美元支出；1993年，南京市绒庄街70号弃用车间改建成住宅，通过对旧建筑的空间进行全面、高效的开发，使改建后的建筑面积比新建的可建面积扩大近一倍，资金投入却节省了1/4。

顺应可持续发展的目标要求，使建筑发展走高效化、集约化的道路是一个综合的系统工程。它在总体上要求社会宏观经济的发展要步入高效化、集约化的轨道，为建筑的集约化发展提供良好的社会环境；同时也要求建筑设计者必须从当今经济现状及发展趋势出发，建立宏观的经济性理念，合理地确定各种条件下的建筑设计标准、评价体系，总结各项经济性措施、原则，为满足社会各类需求、改善人居环境质量做出贡献。

第四节　建筑经济性设计手段

一、在建筑设计中体现经济性思想

建筑创作的构思就是在设计的全过程中所进行的酝酿与思考，它是围绕创作立意而积极展开的发挥想象力的过程。

构思注重整体性。好的构思应当包括对于建筑环境、功能、形式、技术、经济等方面的全面深入的思考。构思贵在创新，但应保证实施可行性的前提。现在很多建筑师将追求形式作为构思的手段，忽视建筑使用上的舒适性以及经济上的合理性，有时甚至会影响到整个创作立意的实现。随着社会经济的发展和人们生活质量的提高，人们对美观和环境质量的要求越来越高，但绝不能脱离国情而过分追求豪华、。丹麦建筑师伍重在悉尼歌剧院设计中，以"象征风帆"作为立意进行构思，但由于对建筑立面形式与结构技术的处理上思考不够完善，使得工程的实际造价超出预算十几倍，而且结构问题使得工程推迟多年才得以完工。

经济条件作为建筑设计的制约因素，对建筑设计的过程有着重要影响。建筑师通过精心构思，将经济性理念融入设计中的选址、空间利用、结构选型、材料利用以及构造施工等环节，可以使建筑设计以较少的投入获得最大的效益。崔恺设计的北京外国语大学逸夫教学楼（图4.32，图4.33）中，本着少花钱，多出面积的原则，精心设计。设计中追求的是适用的要求，控制经济的成本造价以及达到美观的效果。经济的观点贯穿始终，一开始就决定无装修，没有吊顶，没有包砌，暴露梁柱，让钢筋混凝土系统直接成为室内外空间界面的通用语汇。填充墙外面为黄色陶土毛面砖与黑色铝窗交错镶嵌，强化其真实性和逻辑性。拒绝装修并不是没有室内设计，室内设计起始与方案构思，终止于工程洽商，始终以建筑空间的变化、建筑功能特点和建筑的材料结构去经营室内环境。

图4.32　北京外国语大学逸夫教学楼，外观　　　图4.33　北京外国语大学逸夫教学楼，室内

在"海南盛财大厦"建筑设计方案竞赛中，单从平面布局和空间造型上考虑，参赛方案中是不缺乏优秀方案的。但是最后被选中的实施方案却以其设计中独到的经济性理念而胜出。海口市地价昂贵，为实现对建筑用地的充分利用，设计时将一层主入口架空，下面可通车，上部为歌舞厅，对地面和空中均加以利用。合理地安排功能分区布局，方案中还设计了一定的可供使用者自己组织布置的模糊空间，可以避免重复装修所带来的经济损失。立面造形上，大部分为实体开窗的墙面，只有主体四角用了少量的镜面反光蓝灰色玻璃。结构为筒中筒结构，平面规整，施工方便，能够有效地节约投资。

在经济适用房的设计过程中，经济性构思同样贯穿于设计的全过程。设计的全过程中都要考虑经济条件的限定，突出"实惠"二字。在进行小区总体规划时，往往以最大限度强调经济与容积率的共存，要根据小区的基本功能和要求，因地制宜地合理安排住宅以及其他附属设施，避免大填大挖，增加土石方和基础工程费用；平面布置上，在保证居住质量的前提下，尽可能加大住宅进深、缩小外墙周长系数；户型设计上，严格控制住房面积，以二居和三居户型为主，最大限度地挖掘、开发潜在空间的使用效率，在较小的空间内创造较大的舒适度，做到物尽其用；结构布置上多采用砖混结构，层高以2.8m 为宜，层数多选用 5～6 层；装修上一般都采用粗装修模式，防止高标准装修以及住户二次装修造成成本的提高。设计中，建筑师应当在经济条件的制约下，以价格最低，工期最短，容积率最大化，设备最经济作为经济性构思的目标，实现经济适用房建设的根本目的，获得较好的经济效益、社会效益和环境效益。

二、崇尚本土建筑的经济性设计

最近几年，世界顶级设计大师在中国展开了一场声势浩大的"设计秀"。从保罗·安德鲁设计的国家大剧院（图 4.34），到赫尔佐格和德梅隆设计的"鸟巢"（国家体育场），以及库哈斯设计的中央电视台新台址，超大型公共建筑设计方案接连出炉。作为国家重点建设工程，建筑在造型上要求高标准是可以理解的，但同时也要明确其使用功能以及技术上的经济可行性。

图 4.34　国家大剧院

实际上大多数外来建筑师在设计中也很注重较强的实用性和良好的经济效益，并非一味地追求贵重材料和豪华装饰。如陈宣远建筑师事务所设计北京建国饭店（图 4.35），虽然外形朴实，看似普通住宅，但其在建设的速度、投资上的节约以及投资的回收等方面的优势却使这个看似普通的建筑获得了显著的效益。

图 4.35　北京 - 建国饭店，1980 ~ 1982 年

由此可见，只有解决了经济的可行性问题，才能够真正实现"洋建筑"的先进性；也只有从我国国情和人民的生活水平出发，"洋建筑"所带来的先进的设计理念才具备

实际意义。

　　印度与中国同属于第三世界国家，我们可以从许多西方现代建筑大师在印度的作品中看出他们对当地建设条件的尊重。法国建筑大师勒·柯布西耶在对印度的历史与环境作了研究之后，认为只有崇敬自然、尊重传统，才能使现代的思想、方法、技术和材料在印度获得生命。他在艾哈迈达巴德和昌迪加尔的设计的很多作品中，都能体现出以古代文明解决现代问题的构思（图4.36，图4.37）。

图4.36　勒·柯布西耶，高法院，昌迪加尔　　　　图4.37　勒·柯布西耶，萨拉巴依
　　　　　　　　　　　　　　　　　　　　　　　　　　　　住宅，艾哈迈达巴德

　　勒·柯布西耶的堂弟——建筑师彼埃·让奈亥则认为只要通晓了印度建筑中的真谛，就能够实现"方案经济、结构简洁、施工迅速"。他在印度昌迪加尔创作的建筑作品中，材料上尽可能利用当地材料砖，作品都较为谦虚、朴实（图4.38）。

图4.38　P·让奈亥，昌迪加尔某住宅

　　一般来说，外来建筑对当地的建筑发展都起到了一定的示范作用。然而在经历了这个过程的一段时间之后，人们就会很快意识到呼唤本土风格的回归。外国设计大师在印度的作品只能是一种启发，只有依靠印度师自己才能创造出不可替代的印度现代建筑。印度在经历了一个漫长的过程后，其本地建筑师如建筑设计大师多西、R·里沃、柯里亚等等，他们的作品里也体现出了现代技术和印度传统的完美融合（图4.39～图4.41）。

图 4.39　多西，甘地劳工学院；使用地方技术拱券，表面贴白磁片，利于反射光和热

图 4.40　柯里亚，圣雄甘地纪念馆，局部

　　我们应当在学习国外先进建筑思想和观念的同时，对本土的建筑文化传统作深入地研究，把国外先进的建筑设计理念、对新材料、新结构和新技术的应用方法等引入我国，与本土的地理、气候、风土人情以及文化传统有机地融为一体，创造出富有地方特色的建筑风格来。目前，我国的建筑师也在朝着本土建筑的方向努力。例如，戴复东教授设计的北斗山庄海草石屋 (图 4.42)，是利用地方材料的成功典例。设计从经济性角度出发，利用当地建筑素材——胶东沿海民居常用的海草和沙岩作为覆盖和墙面材料，赋予传统的材料以现代的使用价值，并将建筑以"北斗七星"的形式布置在黄土台坡上，具有浓厚的地方特色。整个设计成本很低，所获得的社会效益、经济效益和生态效益都是巨大的。

图 4.41　R. 里沃，亚运村，新德里

图 4.42　北斗山庄

三、在成本造价限额下优化设计

优秀的建筑不一定就是"昂贵"的建筑,在建筑创作中"少花钱"同样可以建造"优质房"。丹麦建筑师伍重 1961 年在丹麦本土设计的 Kingohuse ne 居住区(图 4.43,图 4.44),建成时是当时丹麦最便宜的居住项目之一。每套住宅基地面积 15m × 15m, 为 L 形院落住宅, 各栋都有良好的日照以及与公共绿地视觉上的良好联系, 住宅的主要空间都朝向院落, 院落的另两侧由高低不一的矮墙围成, 设计上考虑既创造一个属于住户自己的亲切私密的空间, 又能引纳院外的自然风景。所有建筑都由土黄色砖砌成, 门窗用简单的木材, 由当地手工制作。整个居住区通过以同样的建筑材料, 同样的居住单元及造型因素的建筑组合, 并结合地形环境, 与基地林木融为一体。

图 4.43　Kingohuse　ne　居住区某院入口前的广场

图 4.44　Kingohuse　ne　居住区住宅庭院

赖特在进行芝加哥橡树公园协和教堂（图 4.45）的设计时, 造价限额只有 45000 美元, 因此节约造价就成为了设计的重要出发点。为了充分发挥空间效益, 赖特打破传统教堂的长十字形平面设计模式, 将教堂设计为简洁的正立方体形状, 减小建筑的体形系数, 以较小的界面围合成最大的空间容量, 提高空间使用效率。在材料的使用上选择廉价的混凝土, 并采用方便经济的施工方法, 不仅获得了很好的经济效益, 还达到了特殊的艺术效果。

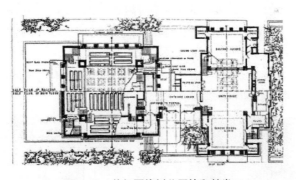
图 4.45　芝加哥橡树公园协和教堂

我国也有很多在有限的经济条件下创作出来的优秀建筑作品。二、三十年之前, 我国的建筑市场还处于"供不应求"的状态。材料、资金短缺、技术水平比较落后都是建筑创作过程中要面临的问题。然而在这样苛刻的条件下, 我国的建筑师们仍然创作出了许多优秀的建筑作品, 例如内部流畅、环境宜人, 外形朴实的桂林火车站（图 4.46,

图4.47），以及平面形式独特、有效节约空间的昆明汽车站（图4.48，图4.49）。这些作品虽然未必取得多大的成就，但是它们却体现出在当时的特定条件下，建筑师力求用有限的资源发挥建筑最大功能的责任感和进取精神。

图 4.46　桂林火车站，1977 年

图 4.47　桂林火车站，室内

图 4.48　昆明汽车客运站，1979 ～ 1983 年

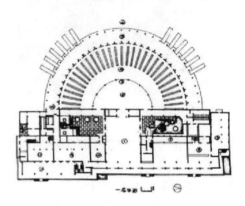

图 4.49　昆明汽车客运站，平面

　　潘家峪惨案纪念馆（图4.50，图4.51）也是在投资造价限定下进行创作的典型。建筑师沈瑾等人在进行设计时，落实的资金仅有 80 万元。由于交通不便，为尽可能降低建筑造价，可实施性就成为首要考虑因素，经过反复比较后采用经济可行的建筑方案。该纪念馆平面设计简洁，内部空间简单平实，采用砖混结构，尽量选用当地材料，材料的加工手段上也采用了一些巧妙的想法，有效地降低了造价。1240m^2 的潘家峪惨案纪念馆，单方造价与城市普通住宅接近。

图 4.50　潘家峪纪念馆，外景

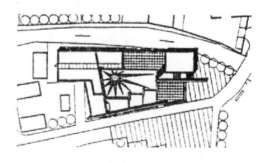

图 4.51　潘家峪纪念馆，总平面

第五节　建筑设计经济性体现

　　建筑设计总是在一定的造价预算约束条件下进行的，只有技术上先进可靠、经济上合理可行的产品才能被客户／业主接受。随着建筑领域科学技术的发展，出现了新的建筑设计理论，新的结构形式，新型建筑材料，以及新型施工机械和施工工艺，这些科技因素都对建筑经济性产生很大的影响。设计师可以通过更加有效灵活地利用空间，提高建筑的使用价值；也可以通过选择最为合适的材料以及可施工性方法等来降低建造成本，并使设计方案适用于可采用的各种材料和构配件的范围；还可以通过提高结构耐久性或延缓建筑产品的老化以减少维护费用和其他费用，相应提高建筑的价值。建筑设计的各个环节中都可以采用不同的设计策略以提高建筑的经济性。但是，对于整个建筑设计的全过程而言，用地布局、空间利用，结构及形式，建材、设备、施工方案的选择，以及室内外各工程的设计合理性等，都应在进行全面分析比较，充分研究项目的经济可行性之后选择出最佳的设计方案来。

一、准确把握建筑总图布局的经济性

　　总图布局是建筑设计中的一个重要环节，是在对建设用地进行全面分析的基础之上，全面、综合地考察影响场地设计的各种因素，因地制宜、主次分明、经济合理地对建设用地的利用做出总体安排。而高层住区的总体布局形式效率直接决定高层住宅与住宅之间、住宅与周边环境之间关系的好坏，是提高标准层平面形式经济性的基本保证。

　　1. 总图布局中的节地设计

　　房地产项目的节地性是房地产建筑产生和发展的最主要原因，是其经济性的最佳体现。不仅房地产住宅本身，而且房地产项目住区的布局形式对实现住宅的节地效率同样有至关重要的作用。且由于土地资源的紧缺，节地是当代房地产建筑设计师所必须担负的职责。

　　（1）沿街布局方式节约用地

　　将住宅布置在干道、公共绿地、水面或无日照要求的建筑旁，利用道路干线、绿地、水面或相邻建筑的间距，使其阴影不影响居民居住的生活空间，如图 4.52 为上海乌镇路的高层住宅就采用沿街的方式布置节约用地；也可采用住宅底层布置公共建筑的方式，达到土地的竖向多功能综合利用，达到经济、环境、社会利益的综合平衡与提升。目前，底层商业，上部高层住宅的布置方式比比皆是 (图 4.53)。另外，在大规模开发时常进行连体拼接以节约用地，如深圳世纪村的连体住宅，在节约用地的同时更创造了不同的环境空间。

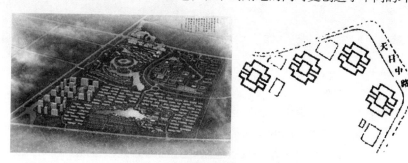

图 4.52　上海乌镇路高层住宅群组

（2）合理搭配建筑形式节约用地

从节地性来看，高层塔楼要优于高层板楼，但不同平面形式的塔式住宅的节地性是不同的。其中方形平面最节约用地，接下来是"井"字形节地性也比较突出；而蝶形、蛙形、"Y"形、"X"形等平面用地都不够经济。在大规模开发时常需进行连体拼接以便节约用地，此时，方形无法拼接，蛙形拼接后视线不开阔的问题更加严重；"Y"形、蝶形不能平接，成角度拼接时节地性能不佳；而"井"字形平面利于平接，整体节地效果显著，因此在20世纪90年代运用较多（图4.54）。

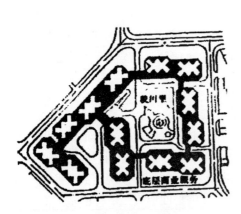

图4.53　天津川府新村貌川里

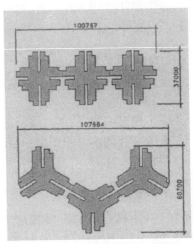

图4.54　"井"、"Y"字形平面拼接

从适地性来看，板式住宅一般要求较宽阔、平坦的完整用地，对土地的适应性不强；而塔式住宅体型紧凑灵活，可以布置在较小面积或基地地形变化较多的土地上，对用地地块的适应性很强。如华侨城海景苑高层住宅。建筑布局充分利用地形，将四幢公寓楼布置在高差为4m的三块台地上，地面设计成缓坡，既节约了土方量，又自然形成错落有致的天际线（图4.55）。

图4.55　华侨城海景苑

另外，短板式住宅也较利于在不同地块上建造，适地性较好。对于住宅小区布置来说，板式住宅容易形成住宅组团的围合感，并能达到住户景观朝向的均好性，但板式高层宜造成室外环境大面积阴影和室外视线遮蔽，并且因为其会造成对室外风的阻挡而应避免垂直于主导风向布置；塔式住宅室外环境阴影较小，日照、通风、视线遮蔽小，布局活泼，绿地容易形成规模。在实际应用中，常常采用两种方式结合的手法。例如通达都市花园设计 (图 4.56)，板式高层住宅布置在基地周边，阻挡了外界对住区环境的干扰，形成很好的围合感；而在大面积绿地之中点缀三座椭圆形塔式高层住宅，将绿地自然划分成相互通透的两个区域，而塔楼本身也成为绿地中的一景。

图 4.56　通达都市花园板塔楼结合布设计

因此，建筑师在设计时，应当充分考虑用地的经济性，尽量采用先进技术和有效措施，寻求建设用地的限制与建筑意向之间的最佳结合点，使场地得到最大限度的利用，使设计得到最有利可图的用途。

（3）不同形状标准层平面经济效率比较

可以用建筑周长系数 (建筑周长系数 = 外墙长度之和 / 建筑面积) 来衡量建筑物平面形状对建筑造价的影响。建筑周长系数越大，其外墙面积，墙身基础、墙身内外表面装修面积依次逐渐增大，工程造价自然升高。一般来说，建筑周长系数按圆形、正方形、矩形、T 形、L 形的次序依次增大，而且随着平面所开凹槽越多越大而增大。由于圆形建筑施工复杂，套型设计也不一定好，因此用正方形或矩形比较经济，且平面形状越简单，它的单位造价就越低。以相同的建筑面积为条件，依平方造价由低到高的顺序排列建筑平面形状的顺序是：正方形、矩形、L 形、工字形，复杂不规则形。例如仅以矩形平面形状建筑物与相同面积大小的 L 形平面形状建筑物比较，L 形建筑比矩形建筑的围护外墙增加了 6.06% 的工程数量，相应造成施工放线的费用增加 40%；土方开挖的费用增加了 18%；散水费用增加 4%；屋面费用增加了 2%；就整幢建筑物而言，每一平方米造价增加了约 5% 左右。以北京地区的高层普通住宅为例，造价按 2800 元 /m² 计算，则相应增加单位造价 2800 元 /m²×50%=1400 元 /m²，设计 10 万 m² 的高层住宅，由于平面形状的变化将会造成成本增加 10 万 m²×2800 元 /m²×5%=1400 万元。由此可见充分注意建筑平面形状的简洁设计，会在降低工程造价上起到巨大的作用。

（4）充分合理利用地形

进行总图布局时，应在充分掌握基地的地形、与相邻建筑的关系以及环境现状等基础上，研究如何将建筑与周边环境协调统一，并有效地利用基地等问题。通过对基地平面形状、倾斜方向、高低起伏等特征，以及相邻地区情况、地区方位等的调查，充分利用地形、发挥用地效能以取得显著的经济效益和环境效益。

为适应基地形状，充分发挥土地的作用，可以采用将建筑错落排列、利用高差丰富空间效果、在建筑群的交通联系上进行精心设计等方法。在用地中较完整的地段，可以布置大型的较集中的建筑组群；在零星的边角地段，可以采用填空补缺的的办法，布置小型的、分散的或点式建筑。上海重庆南路中学的总图布局中，充分考虑了用地形状，将教学楼体型与用地形状很好地结合，在用地很小的情况下留出了较为完整的运动场地，并保证了教室良好的朝向和通风条件（图4.57）。

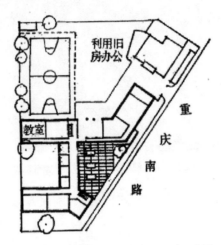

图 4.57　上海重庆南路中学总平面示意图

对于坡地、脊地等特定的场地来说，更应因地制宜地利用山坡的自然地形条件，根据建设项目的特点进行总体布置，力求充分发挥用地效能。在考虑充分结合地形时，还需综合考虑建筑朝向、通风、地质等条件，尤其是山地丘陵等地质较为复杂的地形，只有在对地质做全面了解之后才能做出合理的总体布局。

坡地地形中，建筑与地形之间不同的布置方式会对造价产生不同的影响。建筑与等高线平行布置，当坡度较缓时，土石方及基础工程均较省。坡度在10%以下时，仅需提高勒脚高度，建筑土石方量很小，对整个地形无需进行改造，较为经济。坡度在10%以上时，坡度越大，勒脚越高，不太经济。此时应将坡地进行挖填平整，分层筑台。坡度在25%以上时，土石方量、基础及室外工程量都大大增加，宜采用垂直等高线或与等高线斜交的方式布置。垂直等高线布置的建筑，土石方量较小，通风采光及排水处理较为容易，但与道路的结合较为困难，一般需采用错层处理的方式。与等高线斜交的布置方式，有利于根据朝向、通风的要求调整建筑方位，适应的坡度范围最广，实践中采用的最多。

厦门仙阁里花园小区（图4.58）的总体设计中很好地利用了坡地地形，并将当地原来一层做储藏间二层以上做住宅的习惯做法改为透底住宅，利用庭院高差的空间作为储藏间，结合庭院绿化布置，把庭院、休闲、储藏、挡土墙融为一体考虑，使得适用、经济及环境获得较好的整体效益。小区内幼儿园的布置，以及基地内保留下来的两株大榕树和水面，都达到了较经济且与自然完美融合的效果。小区在具有明显经济效益的同时也获得了良好的环境效益。

延安市东馨家园——窑洞绿色住宅小区（图4.59～图4.61）的总体布局中，充分利用坡地地形，畔上窑洞采用台阶式合理布局，依山就势，较少破坏地面植被，土方开挖量小，既节约了宝贵的耕地资源，又有利于社会的可持续发展。窑洞住宅还具备能源消耗低，保温性好，冬暖夏凉；就地取材，造价低廉；施工简便，不需大型设备、复杂器械，施工技术简单，工作面大，工期短等优越性。

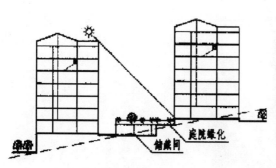

图 4.58　仙阁里花园小区剖面示意图

图 4.59　延安市东馨家园，主台阶

图 4.60　延安市东馨家园，总体效果

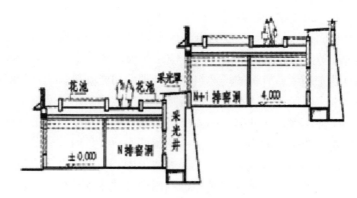

图 4.61　延安市东馨家园，剖面

日本全国有 70% 的土地是起伏不平的地势，充分利用山地地形具有显著的经济效益。日本很多住宅都是建造在山坡地上，合理利用地形，向山坡、地下、屋顶要建筑面积是设计中的关键问题。因此在设计中大多充分利用自然山势，不仅可以保留自然风光，创造出比平地更好的居住环境，还可以利用南北高差地势来缩短日照间距，节约土石方量，提高建筑密度，节约土地。日本大田区修养村（图 4.62，图 4.63）的建设用地位于坡地上部，周围环境优美。设计中通过将不同的功能分区自然地分离与延续、进行最小限度的地形改造、尽最大可能控制对生态和景观的影响，使得建筑不仅合理解决了约 20m 的高差，同时又使建筑和谐地融入自然环境。

图 4.62　日本大田区修养村

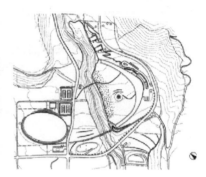

图 4.63　日本大田区修养村，总平面图

（5）合理规划布局及功能分区

在总图布局过程中，要结合用地的环境条件以及工程特点，将建筑物有机地、紧密地、因地制宜地在平面和空间上组织起来，合理完成建筑物的群体配置，使用地得以最有效的利用，提高场地布局的经济性。

场地的使用功能要求往往与建筑的功能密不可分。例如，在中小学的总平面布局中，应充分考虑各类用房的不同使用要求，将教学区、试验区、活动区和后勤区分别设置，避免相互交叉，并保证使用方便。在进行总平面图设计时还要考虑长远规划与近期建设的关系。在建设中结合近期使用以及技术经济上的合理性，近期建设的项目布置应力求集中紧凑，同时又有利于远期建设的发展。

张家港市职业高级中学新校区工程的设计中，学校对建筑项目及面积有很高的要求，节约土地成为总平面设计的主旨。建筑群集中布置，将行政办公楼、阶梯教室、实验教室、实习车间和报告厅等组合在一起形成主楼，空出足够的体育活动空间和绿化空间，并保留原有水系和自然态环境。有机的场地组织与合理的功能安排，通常的结构形式与清晰的建筑语言等要素，既保证了建筑的舒适与坚固，也能够满足经济与美观。

新加坡苏州工业园区（图 4.64，图 4.65）的设计中注重了建设的整体性以及建筑与环境和融合。在对工业园区的中心——中央商贸区进行设计时，充分利用土地价值是其主要设计理念，力求精心理性地策划每一个地块。中心商贸区西部靠近苏州古城，建筑高度受到控制，而东部濒临金鸡湖，越靠近湖面的地块土地价值就会越高，在设计中适当提高东部地区的土地容积率是经济可行的。因此，中央商贸区的总体设计呈东西向展开，由西向东逐步升高，整体轮廓呈梯形。

图 4.64　苏州工业园区空间形态

图 4.65　苏州工业园区中央商贸区总平面

（6）合理布局建筑排列方式

合理布置建筑朝向、间距、排列方式，并使建筑与周围环境、设备设施协调配合，可以有效提高建筑容积率，节约用地。以住宅建筑为例，可以看出建筑朝向及排列方式对建筑用地的影响。

目前高层住区建筑布局形式主要有行列式、周边式、点群式、组合式、混合式五种，各种布局方式均各有利弊，应根据设计要求的不同进行选择。

①行列式布局

行列式布局是住宅群布局的最为普通的一种形式（图 4.66），这种布局形式一般都能够为每栋建筑争取好的朝向，可使每户都能获得良好的日照和通风条件，且便于布置道路、管网、方便工业化施工。但千篇一律的平行布局方式如果处理不好形成的空间往往会有单调、呆板的感觉，并且产生穿越交通的干扰。

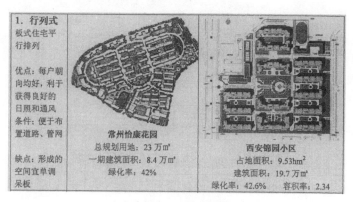

图 4.66　行列式布局

例如，中低价住宅小区的规划设计中，为提高容积率，住区的总平面设计中常会采用较为经济的行列式布局，使住宅具备朝向好、通风畅、节约用地、整体性强等优点。但是如果在建筑层数受到限制的情况下追求过高的容积率，总体的规划设计就会受到较大的限制，难以形成多元化的空间组织关系，小区环境的设计上也会受到影响。这种布置方式但如果能在住宅排列组合中，注意避免"兵营式"的布置，多考虑住宅群体空间的变化，如采用山墙错落、单元错落拼接以及用矮墙分隔等手法仍可达到良好的景观效果。设计中应兼顾经济效益、社会效益和环境效益，创造出符合现代居住生活和管理模式需要的居住空间来。

行列式布局的基本形式的变化形式有下列几种：（1）交错排列；（2）变化间距；（3）单元错接。

适当加大建筑长度可以节约用地，但平行布置的两排住宅长度不宜过大，应结合院内长、宽、高的空间比例，以免形成狭窄的空间。这时可以将住宅错接布置，或利用绿化带适当分隔空间。在上海阳光欧洲城四期经济适用房的规划设计中，虽然对于容积率要求不是很高，但是出于经济方面的原因，甲方不允许采用扭转围合、南入口处理等手法来营造多样的空间。设计者为适应住户对舒适、安全、环境等方面日益增高的标准，利用平接、错接的手法组织建筑单元（图4.67、图4.68），并创造出空间与平面形态变化流畅的绿地系统，避免了单调的住宅布局。

图 4.67　阳光欧洲城四期经济适用房规划

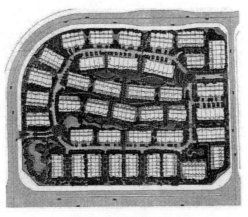

图 4.68　蓝湖香颂平面图

②周边式布局

住宅建筑群体沿街道或院落周边围合布置，形成封闭或半封闭的内院空间。这样的布局形式可以在围合区域内布置中心公共绿地、休闲活动场所和公共建筑等，形成安静、安全、方便，有利于居民交往的场所，小区整体景观较好，建筑师 L·Martin 将其称为"边缘—围绕—绿地"。在实际上，这种布局方式扩大了室外环境空间，达到了绿地围绕建筑的效果。周边式的布局有利于丰富城市千道的轮廓线，遗憾的是不能保证居住区内所有居民都拥有良好的朝向，可能会受到周围其他环境条件的影响。但从总体来说，围合式布局利大于弊。在龙湖地产周边式典型的代表为龙湖·大城小院（图 4.69）、龙湖·枫香庭等。

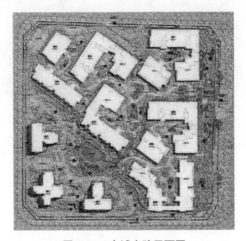

图 4.69　大城小院平面图

周边式基本形式的变化有 3 种，即单周边式、双周边式和自由周边式，如图 4.70 所示：

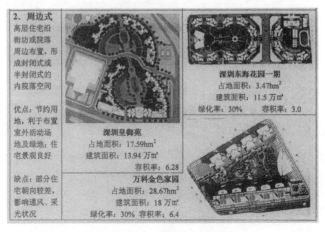

图 4.70　周边式布局

③点群式布局

点群式住宅布局包括低层独院式住宅，多层点式及高层塔式住宅布局，由住宅建筑基地面积较小的建筑相互临近形成散点状的群体空间，不同业态的住宅自成想对独立的群体布局（图4.71）。一般可以围绕组团中心建筑、活动场地或绿地来布置，这样布局方式使得建筑群体的外墙面积增大，四个方向的建筑都需要美化处理，但是也给景观创造提供了更多的发挥空间；同时形成的外部空间相对较为分散，空间主次关系不够分明，景观环境设计较为复杂，为了较好的绿化效果和舒适度，需要的投资较多。

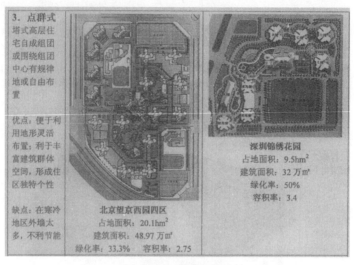

图 4.71　点群式布局

但还是在不少地形复杂的高档住宅区适用比如富有创意的童话社区龙湖·紫都城（图4.72)、龙湖·观山水等。

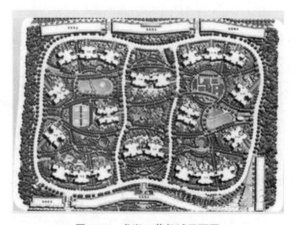

图 4.72　龙湖·紫都城平面图

④组合式布局（图 4.73 ）

⑤混合式布局

混合式布局是采用周边式、行列式和点群式三种基本形式中两种或多种相集合或变形的布置方式，兼顾了集中和分散的布置方式，具有丰富的院落空间和良好朝向的特点，适应性广泛，可以将低层、多层和高层不同层数与类型相结合布置，构成立面高低错落、平面布局灵活、空间多变的住区组群形式，如龙湖·花千树（图4.74)等。

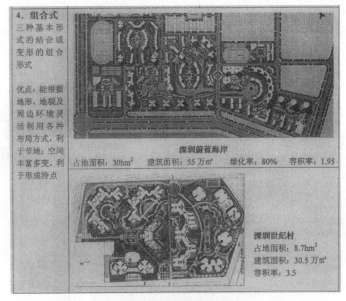

图 4.73　组合式布局

图 4.74　龙湖·花千树项目平面图

⑥自由式布局

　　为了更好的平衡经济利益和生态效益，越来越多的大型社区规划手法已不再是单纯的某一形式的布局或是简单的布局形式组合，而是在满足基本功能要求的前提下，因地制宜，充分利用地形、地貌及周围环境，按"规律中求变化，变化中有规律"的原则将住宅群体不规则的组合在一体，以追求更少的投资带来更加丰富多彩的住宅组团空间。这种布局方式以其较好地适应了用地条件，在形起伏地段因地就势，加上灵活的布局形式受到了广大房地产商和规划设计者的青睐。

　　如几栋住宅建筑成一定的角度布置，在节约用地上有明显的优势，并且可以取得较为生动的空间效果。在地势平坦，并满足日照通风等条件的情况下，采用相互垂直的布置能够获得大面积的完整、集中的内院，可以用于绿化或作为休息娱乐场所。而且，内院与内院之间通过空间上的处理相互联系，可以产生空间重复和有节奏的效果。为了适应地形，住宅之间也常常会成一定角度斜向布置。这样的布置形式不仅可以与环境协调，结合地形，节省土石方，还可以形成两端宽窄不等的空间，避免单调。

龙湖地产的多数大型住宅社区均采用了这种形式，比如龙湖·香樟林 (图 4.75)、龙湖·悠山郡 (图 4.76) 等。

图 4.75 龙湖·香樟林项目鸟瞰图及局部

图 4.76 龙湖·悠山郡平面图

在地形较为复杂的情况下，大面积统一采用一种布置方式往往是不容易的。因此，应当根据地形、地貌，结合考虑日照及通风，因地制宜地组织建筑布局。例如上海曹杨新村，各组团在行列式、垂直成角、斜向成角等布置方式的基础上稍做变化，形成一定的自由式布局（图 4.77）。

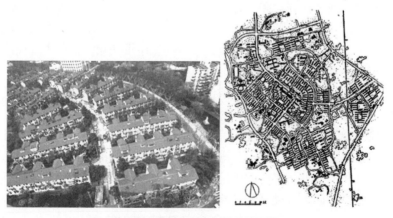

图 4.77 曹杨新村规划及总平面图

2. 总图布局中的环境效益

评价一个建筑物，不仅要看其本身价值，还要看其对周围环境的影响。环境条件直接影响工程项目的整体效益（图 4.78）。建筑师在设计的过程中常常考虑的是单体建筑，而对周围环境缺乏总体的考虑。这就需要建筑师在进行总体设计时能够将建筑单体设计与环境设计协调组织起来，充分考虑建筑与城市、建筑与建筑以及建筑与景观之间的关系。建筑师除了要保证自然环境质量的最低限度要求之外，还要创造一个良好的人造环境，并为用户留出足够的自我创造或自我改善的余地，以实现较佳或最佳的总体效益环境。

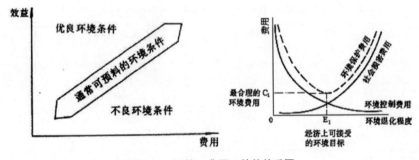

图 4.78　环境、费用、效益关系图

（1）合宜的建筑容积率与建筑高度

创造良好的建筑环境与建筑上追求商业利润的矛盾在我国比较突出。现在许多大中城市的建筑容积率过高，导致局部环境较差，还会对社会面貌、道路交通以及设备设施等造成不良影响，直接损坏社会效益和环境效益。因此，各建设项目对容积率以及建筑高度等应有严格控制，不能只顾眼前或局部利益，也不能脱离实际提出过高的标准，应当坚持适宜的建筑环境要求。

中国的城市用地十分有限，所以垂直化建造是必然的结果。随着城市土地存储量的不断减少，以及建筑技术的飞速发展，高层建筑的建设将是一段时期发展的重要途径和趋势。增加建筑层数可以节约建筑用地。当建筑面积规模一定时，层数越高，建筑物基底所占用地就越少。一般来说，长条形平面房屋层数较少时，增加层数对节约用地所起的作用较为明显（图 4.79）。

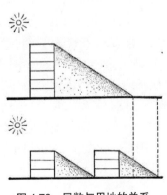

图 4.79　层数与用地的关系

层数的增加，使得日照、采光、通风所需的空间随之增大，但总的来说还是节约用地的。从住宅建筑层数与用地效果分析表（表4.1）中我们可以看出，层数的增加可以有效地节约用地，但随着层数的增加，节地的幅度逐渐趋于稳定。由于建筑层数的增加也会带来造价增高、能源消耗增加，施工复杂以及安全隐患等问题，因此一般来说8层以下的住宅通过降低层高带来的节地效果较好。无论是多层住宅还是高层住宅，都希望通过增加住宅层数达到节约城市用地的目的。建筑师在设计中应根据具体情况进行分析，选择合理的层数，使之既能满足人们生活生产的要求又能达到节约用地的效果。

表 4.1   住宅建筑层数与用地效果分析表

层数	每户用地面积（m²/户）	每户节约用地（m²/户）	比第一层节约百分比（%）	节约用地增长百分比（%）
1	74.62	0	0	0
2	49.18	25.44	34.09	34.09
3	40.70	33.92	45.46	11.37
4	36.46	38.16	51.14	5.68
5	33.92	40.70	54.54	3.40
6	32.22	42.40	56.82	2.28
7	31.01	43.61	58.44	1.62
8	30.10	44.52	59.66	1.22

虽然节约用地是降低成本的有力措施之一，但也不能因为一味地节约用地而对环境造成反面影响。居住建筑设计方案的技术经济分析，核心问题是提高土地利用率。在建筑的规划与设计中，合理地提高容积率是节约用地行之有效的措施，但这是应该以控制建设密度，以保证日照、通风、防火、交通安全的基本需要、保证良好的人居环境为前提的。若是由于设计和组织不当，还会造成土地的实际使用效率下降。合理的容积率不仅可以充分利用土地、降低成本，还有利于可持续发展以及创造良好的人居环境。因此，在建筑总体规划设计中可以结合以下准则：凡是不必采用高层楼房就能达到所要求密度的地方，仅从节约资金的角度考虑就不应修建高楼；在为了得到所要求的密度而需要一些高层建筑的地方，高层建筑的数量应保持最小；密度较高时，宁可使用少量的高达32层的高层建筑而不采用大量的中等高度的建筑；紧凑的平面布局有助于把高层建筑的数量保持到最小限度，并尽量保证最多数量低层建筑，已取得所要求的密度。

贝聿铭设计的纽约大学广场高层公寓（图4.80，图4.81），利用点式塔式住宅，尽可能地使建筑体型挺拔高耸并使基地用地减少，以解决周围多层板式住宅所带来的用地拥挤、空间封闭不灵活的问题。新建筑外部空间灵活通透，形成开放公共空间与板式住宅外部空间之间的良好联系。空间组织上，每幢住宅平面采用风车形，单元布置灵活，空间结构明确。结构体系上，采用露明混凝土，结构网格简单明确，富有规律，便于施工，造价低廉。虽然这个公寓是贝聿铭设计的造价最低的工程之一，但也是最好的作品之一。

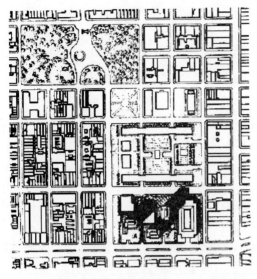

图 4.80　纽约大学广场高层公寓，所在区域状况

图 4.81　纽约大学广场高层公寓，外观

（2）构成开敞的景观环境

　　发挥土地集约优势，节约出大量的土地作为景观绿地和活动场所，创造良好的景观环境是高层住宅建设突出的优势所在。对于开发商而言，虽然增加景观绿地意味着增加投入，但从全局利益来看，只要经营得当，这笔投资有助于提升楼盘的品牌形象和市场竞争力，提高销售溢价能力，具有较高的经济效益。现在规划设计的高层住宅区，往往邻接良好的自然景观而建，高层住宅尽力朝向景观设计，如重庆的东方港湾、金沙水岸、阳光 100 国际新城等高层楼盘都是临江而建。

　　图 4.82 为深圳云顶翠峰的规划布置，项目北侧为皇岗公园，所有高层住宅均朝向这一主要景观而进行半围合式布局。图 4.83 为临长江而建的重庆海客冻洲楼盘望江卧室的室内望江效果。相应的，这些楼盘的标准层布置也通常采用利于观景的蝶形平面，尽量保证每户都朝向良好景观，其标准层平面图参见图 4.84。对于项目周边没有良好自然景观的高层楼盘，多采用周边围合式布置，创造良好的中心庭院景观。

图 4.82　深圳云顶翠峰规划布置

图 4.83　重庆海客冻洲楼盘望江卧室室内望江效果

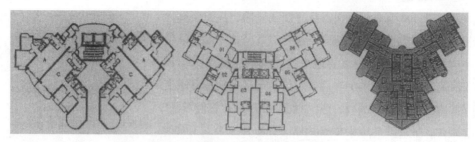

图 4.84　各种利于观景的蝶形平面

（3）合宜的景观布置

保证一定比例的景观绿地面积是实现较好的环境效益的基本要求。国外很多国家都能够建设标准较高、环境较好的城市绿地，甚至在高层密集的城市中心区也会留有大片的城市绿地（图 4.85）。环境效益的好坏又直接影响到项目整体效益的好坏，因此在设计中应当注重建筑与周围环境的关系，力求建筑与环境的最佳融合。

图 4.85　波士顿市中心绿地

在无锡市市北高级中学新校区、市旅游商贸职业技术学校两校共存的规划设计中，将水作为两个校区结合的枢纽与景观设计的核心（图 4.86）。设立"两横一纵"生态轴，将生态与经济有机结合，营造校园优美的治学环境。对生态的理解不仅仅着眼于规划地段内的生态环境，更将对资源的节约作为设计中考虑的一个重点。方案用地力求经济合理，节约投资；考虑到水面的大片开挖会对整个工程建设的土方平衡起到重要作用，因此规划布局采用"取之自然，回报自然"的手法，通过生态河的建设达到自身土方的平衡，并将两个校区自然而又有机地整合为视觉整体。

建筑设计应当与自然很好地结合，建立可持续发展的建筑观，在策略上、技术上做出合理的控制。在欧洲的许多城市，包括耗资百亿美元的慕尼黑新机场，仍然沿用着一种小石块铺筑的步行场地道路。这种石块铺筑的道路有着坚固、便宜的优点，而且还有小雨时可渗透、不积水、不溅水的特点。只此一项所减少的水泥用量，就对环境保护带来很大的潜在效益。这与中国历代庭院中采用的鹅卵石铺地相似。

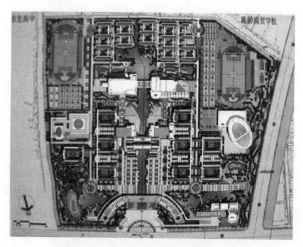

图 4.86 无锡市两学校规划设计总平面图

对于中低价位的经济适用房，在其居住环境设计中，通过细心周到的安排，也可以创造出优质的小区环境。如在硬质铺装上应运用质优价廉的材料如彩色混凝土、彩色道板及混凝土预制品，并大量采用本地树种进行种植。这样一方面可降低造价，另一方面也利于产生富有本土特征的环境效果。

考虑环境建设的经济性，既要计算一次性建设投资，也要计算建成后的日常运行和管理费用。标准过低或奢华浪费，或是设计好的室外环境工程由于日常运行和管理费用较高而弃之不用，都会造成资源、经济上的浪费，以至于影响整个工程的综合效益。要想实现较好的环境效益，既要充分利用自然环境，又要注意内外环境的一致协调，还要考虑到环境的保持和维护费用，不搞华而不实、脱离实际、维护费用较高、中看不中用的"景观工程"。

（4）合宜的停车场位布置

停车场的布置也反映出很大的环境效益问题。随着私家车拥有量的不断增加，在城区里如何解决大量的停车位已成为相当严峻的问题。室外集中设置停车场，或在沿街住宅与红线之间设停车位的做法都会对城市环境造成较差的影响。现在，室外停车多采用以植草砖为铺装的停车场地，这种场地可以按照 1/2 的比例计算入绿化面积。这样的做法可以消除水泥地面停车场对环境的负面影响，但若将植草砖为铺装的停车场地按 1/2 的比例计算入绿化面积，其经济效益显然远远大于环境效益。室内停车方式可以节约土地，环境效益较好，但是造价却相对较高。现在也有一些小区将室内环境较差的底层住宅架空，利用架空层的一侧设车库，另一侧供居民活动或作为自行车停放。类似的还有利用楼间空地，抬高底层，下面作为停车库的做法，也可以充分利用楼间空地面积，提高土地利用率（图 4.87）。

底层停车方式一

图 4.87 符合环境效益的两种停车方式

二、充分发挥建筑空间的效益

充分发挥建筑的空间效益就必须要有合理高效的空间布局，不仅要处理好建筑与外部环境的协调关系，还要充分利用空间，达到节约土地资源的目的。空间的高效性，要求建筑的内部功能具有合理清晰的组织，各组成部分之间有方便的联系，采用的形式也要与空间的高效性相符合。在进行空间布局设计时，要将建筑物使用时的方便和效率作为设计的出发点。

1.简单高效的平面形状

平面设计一般要求布局紧凑、功能合理、朝向良好。建筑平面形式规整，外形力求简单、正规，提高平面利用系数，力求避免设计转角和凹凸型的建筑外形。建筑物的形状对建筑的造价有显著的影响。一般来说，建筑平面越简单，它的单位造价就越低。在平面设计中，每平方米建筑面积的平均外墙长度是衡量造价的指标之一。墙建筑面积比率越低，设计就会越经济。当一座建筑物的平面又长又窄，或者它的外形设计得复杂而不规则时，其建筑周长与建筑面积的比率必将增加，造价也就随之增高。在建筑面积相同的条件下，以单位造价由低到高的顺序排列，建筑平面形状的顺序是：正方形、矩形、L形、工字形和复杂不规则形。增加拐角设计会增加施工的费用。现在，很多建筑为了立面新奇有变化，平面上切角，加圆弧曲线；立面上凹进凸出，搞得平面不规整，折角多、曲线多，导致使用系数低，空间浪费大，造价也较高。

贝聿铭设计的费城社会岭高层住宅（图4.88，图4.89），以建造低造价的住宅社区为设计目标，采用方整、高效的平面布局，使每户取得良好的空间效果，同时提高平面的使用效率，整体上提高建筑的经济性。外部造型上，简洁完整的体量和清水混凝土外墙及玻璃构成住宅的立面，大大降低了建筑造价。

图4.88　费城社会岭高层住宅（外形）

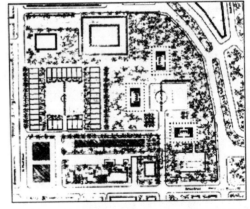

图4.89　费城社会岭高层住宅（总平面图）

在平面布局中，采用加大进深、减小面宽的方法可以降低建筑物的周长与建筑面积的比率，节约用地（图4.90）。

但是进深与面宽之间也要保持合适的比例，过分窄长的房间会造成使用上的不便。如果每户面宽太小还会产生黑房间，使得部分空间丧失使用功能。以一般的二居室大厅小室普通住宅为例，一梯三户住宅的面宽应在4.2 ~ 4.8m之间，一梯二户住宅面宽应在 5.1 ~ 5.7m 之间，过大或过小都不合适。进深以 12m 左右为宜，低于 10m 的进深就视为不经济。

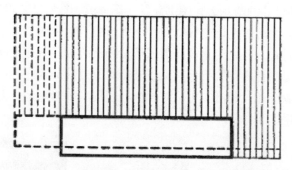

图 4.90　房屋栋深（或每户面宽）对用地的影响

　　不同的建筑项目中，不同的功能、外观、使用方式、造价等设计标准，分别对平面形状的设计过程起着不同程度的影响。例如，就成本造价而言，正方形的平面是最为经济的，但对于住宅、学校、医院建筑等对自然采光有较高要求的建筑来说就不适用。一座大型的正方形建筑在其中心部分的采光设计上必然是要受到较大限制的。对于这些类型的建筑而言，建筑的进深也要受到控制，因为当建筑物的进深增加时，为获得充足的光线有时就需要增加建筑层高，这样建筑造价就会随之增加，节约用地所取得的经济效益也可能会被抵消。因此在设计时，针对不同的实际情况应采取不同的处理措施。设计中要保持各要素之间的平衡，也就是遵循"适用、经济、美观"的原则，经过综合分析得出理想的优化设计方案。

　　2. 经济美观的建筑外形

　　在满足使用合理、方便建造的原则下，采用合理的建筑外形，尽量增加场地的有效使用面积是缩减建设用地、节约投资的有效途径。建筑是科学与艺术的结合。建筑的形式要随功能、环境、材料、构造与技术、社会生活方式以及文化传统等因素而定。形式作为外在的东西，应当是内在建筑要素的外部综合表现，因而它是以其他建筑要素的合理结合为支撑的。形式与内部各要素的完美结合能有效地节约投资，同样可以提高建筑的经济性。

　　一个完美的建筑，其内容与形式应该是一致的，与内容相脱离的形式不但不美观，而且会造成不必要的浪费。设计师应当利用现代社会的成就，合理布置功能，将功能的适用性作为造型的基本依据，同时也让造型给功能以必要的启示。

　　现在一些设计师在设计时从形式出发，形式决定功能，立面决定一切，或是通过运用先进的建筑技术来追求新奇的形式，既不考虑建筑的经济性也不重视建筑功能。例如有的建筑为了强调立面通透或虚实对比，本应封闭的房间却开了大窗户，甚至做成玻璃幕墙；而需要自然采光的房间却只有小窗甚至无窗，结果是只好看不好用。这样都难免会造成建筑设计一味追求形式、缺乏内涵的状况，设计出来的建筑也很难顾及到经济合理性以及与周围环境的协调性。对于住宅、学校、厂房等与人民利益密切相关的建筑，适用与经济尤为重要，绝不能一味追求时髦与形式。

当然，追求建筑的经济性并不意味着单调乏味、简陋粗糙，给城市景观、环境造成不良的负面影响。在有限的条件下，通过精心的设计，仍然可以营造出赏心悦目的建筑形态。例如，关肇邺设计的清华大学图书新馆（图4.91，图4.92），没有追求表面的华贵，而是在内涵上下功夫。新馆设计充分遵循"尊重历史，尊重环境"的原则，在体现时代精神和建筑个性的同时，努力使建筑与周围环境和谐统一。既在空间、尺度、色彩和风格上都保持了清华园原有的建筑特色，又不拘于原有建筑形式而透出一派时代气息。新馆使用效率高，功能合理，经济实用。对于材料使用、装修细部也都做了仔细推敲，用清水砖墙做到了"粗粮细作"。

图 4.91   清华大学图书新馆，外景

图 4.92   清华大学图书新馆，拱廊

三、提高空间利用的经济性

空间的经济性是与空间的使用效率有关的。提高建筑空间的利用率，发挥建筑空间的最大潜能可以有效地节约土地资源，最大限度地发挥建筑的使用价值，实际上也是对资金、能源的有效利用。这就要求设计师通过分析各使用空间之间的相互关系以及联系，合理地安排平面布局，充分挖掘空间的潜力，创造出具备灵活适应性且经济合理、使用高效的建筑空间。

1.功能的合理布局

一个合理的平面设计方案，不仅可以节省建筑材料，降低工程造价，节约用地，还可以提高建筑空间的使用效率，发挥建筑空间的最大潜能。

早在20世纪20年代，当第一代现代主义建筑大师登上设计舞台时，就打出过"功能与经济"的旗号。G.Schutte Lihotsky 设计的"法兰克福厨房"和 B.Fuller 在"迪马西昂住宅"（DymaxionHouse 意即"动态加效率"）中的"预制卫生间"都是空间要功能、要效率的范例（图4.93）。文登布洛克（J.H.Van den Broek）1935年完成了一个极具影响力的低成本劳工住宅设计（图4.94），设计中每一部分的用途都有非常严谨的规定，甚至于以一天中不同的时间段来细分。不同的功能空间如客厅、卧室、厨房及浴室，也都以最可观的标准来分类。浪费建筑面积是不经济的，但有时把建筑面积压缩到能满足要求的最小限度实际上也并不能达到对建筑成本的节约。以长远的观点来看，随着社会的发展和人们生活水平的提高，人们对空间的要求也不断提高，有时预留适当的使用空间也许是经济的。

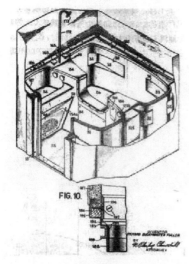

图 4.93　迪马西昂住宅中的预制卫生间

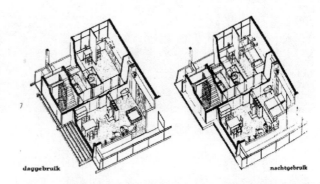

daggebruik　　　　　　　　　　　　　　　　　nachtgebruik

图 4.94　文登布洛克，低成本劳工住宅，日夜使用情形等积图

　　　建筑内的交通空间常常也会占据较大的面积，因此交通空间的合理布置也相当重要。有关调查结果表明，一些高层商住楼楼上的通道面积与层面积之比高达 9%～29%，而研究表明 15% 的比例就已经足够了。所以，只要合理的安排交通空间，就能够有效地节约空间，降低造价。建筑师亨利·其里亚尼设计的海牙公寓大楼（图 4.95～图 4.98），具有简洁的平面组织和高效的交通空间。简洁紧凑的体形不但满足了严格的预算限额要求，并使其空间产生了高效的利用。

　　　人们对于住宅的实用意识要求建筑空间能够被充分利用。但目前普遍存在大户型住宅空间设计划分大而无当，功能使用混杂，不实用、浪费大等问题，经过精心设计的充实的小房间有时也许比空旷的大房间更受欢迎。小户型住宅由于其面积小，尤其强调空间的有效利用，力求在相同的建筑面积下创造最大的使用空间。而大户型的设计中则要加强细节的精心设计，通过对功能的细分，增加更多的功能空间等方法达到经济性的要求。

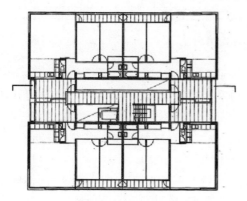

图 4.95　海牙公寓大楼，标准层平面

图 4.96　海牙公寓大楼，连廊内景

图 4.97　海牙公寓大楼，竖向交通内景　　　　　图 4.98　海牙公寓大楼，外景

　　利用工效学原理可以提高室内空间的使用效率。例如，在大面积住房中，通过合理配置储藏空间和面积，能够改善住宅面积大与层高较低之间的矛盾，改善室内空间比例。现在一些住宅由于各方面的原因限制，设计时常会加大建筑进深，这就会使得室内出现一部分日间采光量较少、相对较暗的区域。这部分空间常会因为不便使用而被浪费掉。此时只要通过优化布局，例如将储藏空间置于光线较暗的区域，便可使这部分空间得以充分利用。根据工效学原理，对储存空间与储存物品的橱柜设施的设计还应满足使用者的人体尺寸要求。现在大多数成品家具是按照普通体形的身高尺寸设计的，这实际上会造成使用上的不合理。因此，可以根据家庭成员的人体尺寸，有的放矢地设计储物柜，隔层、隔板等都应能满足舒适地达到最大高度（图 4.99）。

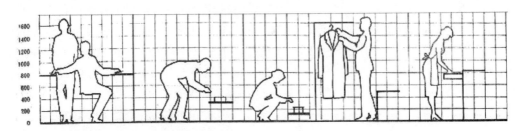

图 4.99　存取动作示意图

2. 空间的充分利用

　　住宅建筑中提高空间利用率常采用的是充分利用建筑空间高度的手法，如"复式住宅"、"大房间高，小房间低"等方案，一般来说都能取得较好的效果。例如，有些复式住宅在设计时从高度上划分出一个 2.4m 左右高的夹层，夹层可用作工作室、视听室等，客厅挑高为 4.8m，空间开敞舒适，充分利用了空间（图 4.100）。

　　但要注意的是，在改变层高时要做全面分析比较，不能为解决不同标高之间的联系而占用过多的可利用面积，反而造成空间使用上的浪费。

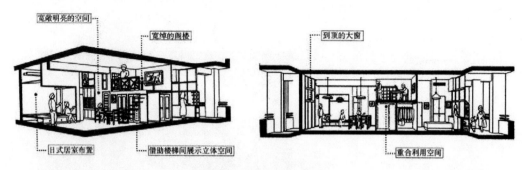

图 4.100 复式住宅示意

现在我国的住宅建筑中所采用的"六跃七"模式和"七、五"模式，也都是进一步挖掘建筑内部空间的做法，具有较好的经济价值和使用效益。"七、五"模式空间构成中（图 4.101），底层为一层半高的复式住宅，结合户外庭院构成具有别墅品味的户型，二至五层仍为单元式住宅户型，六层保持"六跃七"跃层户型，兼带天台户外活动空间。这样的做法，不仅可以改善传统底层和顶层住宅环境及使用上的劣势，而且通过底层设别墅型住宅，对庭院绿化、环境优化、美化均大有助益。这种住宅模式可以同时获得较好的经济效益与环境效益。

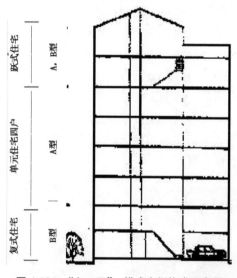

图 4.101 "七、五" 模式空间构成示意图

还有一些住宅采用了北向退台或坡屋顶的建筑形式。将住宅剖面做成台阶状，有利于缩小建筑间距，节约用地（图 4.101）。目前我国的住宅规划设计中，住宅顶层采用北向退台后，可使 6 层住宅的间距与 5 层住宅基本相同，顶层减少的面积通过架设跃层来平衡，相当于平均层高下降至 2.25m。利用坡屋顶之后，六层住宅在不改变规划设计条件的情况下至少可多获得 8% 的建筑面积，坡屋顶内的阁楼空间经过精心设计还可获得很大的使用价值（图 4.103）。这两种做法都不仅提高了室内空间的利用率，还可以在层数不变的前提下有效节约建设用地。

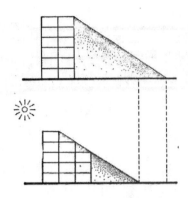

图 4.102　剖面形式与用地的关系

图 4.103　坡屋顶下跃层室内空间

　　体育建筑功能较为单一，因此常会造成空间的闲置和浪费，再加上其所需的日常维护费用相对较高，使得目前我国的体育建筑经济效益微薄，社会效益显著。但是通过对体育建筑空间的合理设计，提高空间的使用效率，也可以在一定程度上获得综合效益的提高。高校体育馆平时举行大型比赛的机会较少，多样使用及教学训练的需求较大，因此在进行设计时就要更多的关注空间的高效利用，为节省占地对空间进行精打细算。例如，云南大学体育馆（图 4.104，图 4.105），东向室外看台的遮雨棚是利用室内看台的自然出挑，室内多功能训练厅的屋面正好用作室外看台；西向，剖面上的曲线结合室内看台空间回收，把空间上的浪费将到最低点，也使拥挤的外部空间变得宽松。在体育馆的设计中，尽量加大场地面积，除满足多种比赛要求之外，还能为平时的练习和教学提供更实用的空间。场地内活动看台的设计增加了使用上的灵活性，提高了空间效率。除比赛厅之外，还设置了尽量多的文化活动空间，既能满足学校的教学训练又能在课余时间对外开放，相对减少了维护费用。

图 4.104　云南大学体育馆，运动场一侧

图 4.105　云南大学体育馆，总平面

3. 开发提高地下空间效率

　　随着城市的发展，城市内各种用地日趋紧张。地球表面以下占有其自身近 1/2 的可建筑空间，地下空间的拓展可以扩大城市的可利用空间，促进城市土地的高效利用，带来巨大的社会效益和环境效益。从节约土地、节约能源和开拓新的空间等角度出发，对

地下空间进行开发利用是一个必然的发展趋势。

地下交通的发展，可以节约大量土地，还具备准时快速、无噪音、节约能源、无污染等优点，并能有效地降低事故率、车祸率。地下空间的开发对城市历史文化的保护也有重要贡献。通过利用地下空间，我们可以将一些诸如废物处理厂、垃圾焚化炉的影响城市景观的设施，以及产生大量噪音的工厂移到地下，减少地面污染。

英国滑铁卢国际列车站（图 4.106）的设计中充分利用了地下空间，设计为全包式结构，长 400m，宽 35 ~ 55m 不等，是为适应所处闹市区狭窄场地而设计的，同时又与列车形状吻合，方便功能使用。

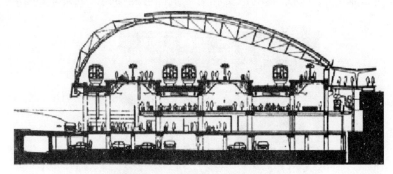

图 4.106 英国滑铁卢国际列车站

经济问题是影响地下空间开发利用的主要因素。由于自然环境、空气污染、安全及防火以及施工复杂等方面的问题，地下工程的建筑投资一般为地面相同面积工程建设的 3 ~ 4 倍，最高可达 8 ~ 10 倍。但是衡量地下空间利用的经济性应当从社会效益、环境效益、经济效益三方面全面考虑。虽然地下空间开发的一次性投资较高，但是它能够带来的效益也是巨大的。例如日本于 1957 年建成了一条作为交通枢纽的地下商业街，其清新独特的建筑风格和完善的设施得到了大家的普遍认可，并且收到了很好的经济效益。据介绍，建一个地下商场，只要十年左右就可以收回投资成本，经济效益十分明显。

科学地确定地下建筑发展方向是开发的前提，在考虑地下空间的开发利用时，必须根据经济实力和发展要求做出具体分析，经过充分论证后开展。一般来说，单建式的地下建筑造价较高，而附建式的地下建筑造价反而比地面楼房造价低 1/4 左右。地下粮库、冷冻库与同规模的地面建筑相比，可节省 30% 到 60% 的造价，贮存保管费也可以得到大量节省。据有关研究结果显示，通过采用新技术，地下隧道的建造成本每年可降低 4% 左右。当地下基础条件较好且施工技术较成熟时，地下隧道的建设成本可能还会更低。例如，芬兰首都赫尔辛基地铁隧道的建设成本仅为 1000 万欧元 /km。在征地和拆迁费用较高的地区，甚至还可能低于地面的建设成本。

4. 提高建筑空间使用的灵活性

建筑空间的合理布局还要求考虑空间的灵活性，以适应现代生活的多变性，以获得建筑的长期效益。

（1）灵活的功能布局

住宅建筑在我国的建筑总量中占很大比例，住宅的合理设计及使用具有重要的经济性作用。我国家庭发展过程中不断改变的居住需求不能像西方国家一样通过频繁而方便地更换住宅来满足，因此在住宅设计中应当考虑适应不同时期需求的灵活性，向可变性、实用性、开放性的方向发展。可变性住宅中，门、窗、厨、卫、阳台等的设计是统一标准化布置的，其余的则留给居住者自己去完成。这样，居住者就可以根据个人的喜好对住宅的室内空间进行灵活的布置（图 4.107）。例如利用隔断和活动门随意改变住房的整体和内部格局，以及利用拆装式家具改变室内布局等，使住宅更符合起居和生活需要。20 世纪 80 年代广州就兴起了只做初装修的公寓。1997 年 4 月 1 日起上海推出的住宅新标准规定了此种统一做法，这可以使得建筑造价减少 10% 以上，同时也避免了由于二次重新装修所带来的人、财、物的浪费和对建筑构造的损伤及对环境的影响。

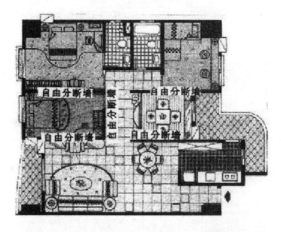

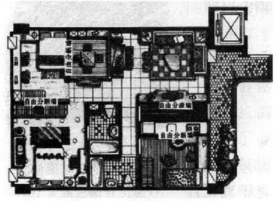

图 4.107　住宅的功能分隔

　　密斯在 1927 年斯图加特住宅展览会的作品（图 4.108）和勒·柯布西耶的多米诺（Dom. ino）住宅都对可变性住宅的研究产生过很大影响。密斯的住宅中户内平面全部开敞，户内梯板由几根柱子支撑，户内空间则依靠轻质隔墙划分。柯布西耶的多米诺住宅方案中第一次将结构部分和非结构部分划分开来（图 4.109），开敞的、灵活的住宅框架可以使工业化需求与住户需求得以统一。柯布西耶的马赛公寓是从早期的多米诺住宅上发展起来的。他将住宅比作架子，每个套型比作酒瓶，整个公寓就是酒架的结构，酒架理论的核心就是以固定的结构支撑多种不同的套型（图 4.110）。

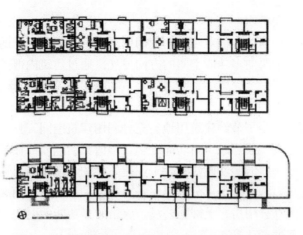

图 4.108　密斯为斯图加特住宅展览会设计的住宅，平面

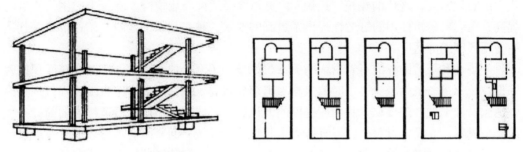

图 4.109　Dom. ino 住宅结构体系　　　　　图 4.110　马赛公寓某套型几种布局

　　20 世纪 50 年代末我国就有关于住宅可变性的研究与设计，但是并未得到大面积的推广。新技术和新材料的使用可以提高住宅的可变程度，但是造价相对较高。人们对于新技术和新材料的过分依赖阻碍了可变性住宅的发展。事实上并非只有新技术、新材料才能实现住宅的可变性，我国古代传统木结构住宅中就已具有很大的可变性。因此，应尽可能采用现有材料与技术，结合中间技术，以适应可变性要求。例如，无锡支撑体住宅试验工程中，依靠现有技术条件，住宅采用砖混结构，横墙承重，局部用混凝土梁，预制楼板，最大开间是 4.2m（图 4.111）。

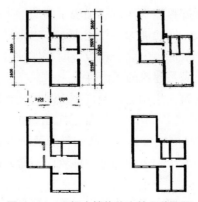

图 4.111　无锡支撑体住宅的几种平面

（2）多功能的空间组织

随着城市化进程加速，人们对建筑的使用要求也日益变化。为适应经济、社会、环境的新需求，建筑必然要向多功能空间的方向发展。通过建筑内部各组成部分之间的优化组合，使它们共存于一个完整的系统之中。多功能的系统化组合，可以避免建筑单一功能的局限，创造更为广泛和优越的整体功能。

就目前状况而言，为了节约建筑用地、充分利用建筑空间，具备多种功能的建筑更能满足人们的需要。例如居住建筑中功能齐全、户内灵活隔断的住宅，公共建筑中集文化、娱乐、休闲等于一体的多功能建筑，工业建筑中的灵活车间、通用车间、多能车间等。现在我们经常可以看到地下部分为停车场，底层和裙房布置商店、餐厅、银行和娱乐设施，中层部分为办公用房，上部为公寓、旅馆的多功能大厦。

5. 提高建筑空间的舒适度

建筑的适用性原则是不变的，内容是发展的。舒适是更高层次上的适用，为满足现代人的心理需要，现代的建筑"适用"性更强调舒适性与愉悦性。随着人们生活质量的提高，人们对建筑使用的舒适性提出了更高的要求，越来越多的建筑开始逐步改善其室内使用环境的舒适度。

经济性和舒适的标准有着密切的关系。如果为了降低建筑成本而压缩建筑面积或者降低建筑标准，虽然减少了一时的成本支出却导致建筑在使用要求上也随之降低，并没有达到设计上的经济要求。我们所提倡的设计经济是要求在不降低舒适标准的前提条件下降低成本。在设计过程中，只有把成本和舒适标准统一起来综合考虑才能够实现设计上的经济性。同时在设计中也要考虑建筑在整个寿命期间的舒适标准和成本。

（1）适宜的空间尺度

建筑设计要确保建筑经济性与舒适性的合理结合。为了实现舒适性，应重视在居住生活实态调查的基础土，建立新的设计观念，平面布局分区明确，做到"公私分离"、"动静分离"、"洁污分离"、"食寝分离"、"居寝分离"。空间尺度不宜过大，应以适宜为标准。还应充分考虑邻里交往的空间和场所，利用"整合设计"的概念及不断发展的科技成果来实现建设小康住宅"住得好"的目标。

近些年来，在住宅设计中加大进深，控制面宽成为常用的做法。但进深过大会使能够到达室内最深部分的自然采光量减少，影响居住的舒适性，而且导致使用期间人工照明费用的增加。为获得较好的自然采光，又出现了凹凸形平面的住宅形式以加大采光面积。但若开口天井深度过大，即使加大了住宅进深，也未必能够节省用地。而且在某些地区，过大的凹凸还会影响节能。因此，在设计时要保证合宜的建筑形体系数，使得建筑既满足居住的舒适性，又满足建筑的经济性。

建筑物的层高在满足建筑使用功能的条件下应尽可能地降低。据有关资料分析，层高每降低 10cm，可减少成本造价约 1%，增加建筑面积 1 ~ 3m^2。在不降低卫生标准和功能要求的前提下，降低层高可缩短建筑之间的日照及防火距离，节约用地（图 4.112），还可减少墙体材料用量，降低工程造价和减少能耗，减轻建筑自重，从而有效地降低工程造价。

多层住宅房屋前后间距一般大于房屋栋深，有时降低层高比单纯增加层数可以带来更为有效的节地效果。可见，适当降低房间高度有很大的经济意义。以住宅为例，建筑层高（多层）与造价关系见表（表 4.2）。从表上可以看出，造价随层高增加而增加，层高的最佳选择，国内目前偏高在 2.68 ~ 2.88m，而国外相对偏低在 2.2 ~ 2.4m。寒冷地区的住宅，通过适当降低层高，可以减少外墙面积，减少冬季热损失，同时室内热空气分布也更均匀。

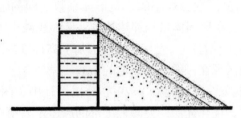

图 4.112　层高与用地的关系

表 4.2　建筑层高与造价关系

层高	3.6	4.2	4.8	5.4	6.0
造价比	100	108	117	125	133

　　降低层高带来的经济效益是显著的，但是室内空间高度过低会导致居住的压抑感。因此，降低层高要适度，并可将节约的投资用于扩大面积。面积加大，空气量不变，降低层高也不一定会妨碍室内的采光。降低层高所带来的一些压抑感，也会随着空间比例的调整带来的宽敞感而有所抵消。

　　在小面积住宅中降低层高之后，可以通过采用以下措施来消除空间压抑感，例如加大窗户尺寸、采用不到顶的半隔断可以扩大视野，减少空间阻塞；尽量减少墙面水平划分，避免采用各种线脚；适当降低窗台以及踢脚线高度；在户内过道或居室进门位置上部设置吊柜，通过空间对比给人以开敞的感觉；改变墙面着色、室内采用顶灯或壁灯等方法也有助于增加亮度和开阔感，消除压抑感。由此可见，只要经过精心设计，矮小的房间也能够获得良好的空间效果。

　　（2）高舒适度低能耗

　　高舒适度就是健康舒适程度，包括人体健康所要求的合理的温度 (20℃ ~ 26℃)、湿度 (40% ~ 60%RH)、空气质量、光环境质量、噪声环境质量、卫生条件等。要实现这些目标就必然要增加成本、消耗更多的能源。为节约能源并同时保证健康舒适的居住环境，就必须走高舒适度低能耗的可持续发展之路。

　　保证空间的舒适度就要保证良好的热环境、气环境、声环境和光环境等。我国大部分冬冷夏热地区住宅的总体规划和单体设计中，都能尽量做到为住宅的主要空间争取良好朝向，满足冬季的日照要求，充分利用天然能源，这是改善住宅室内热环境最基本的设计，也是最基本的节能措施。

　　科技的创新与进步使得人们可以仅需支付少量的费用，就能在拥有建筑物数十年之后，连续从中得到更高的健康舒适的条件，也就是既满足人们更高的、持续健康的舒适要求，又能保证消耗自然资源最少。目前人们越来越喜欢大玻璃窗，然而随之而来的却是冬季采暖、夏季空调能耗加大和低舒适度问题。如果采用新型材料和技术，并改进开启扇的密封件和窗系统的安装方式，使外窗具有良好的气密性和水密性，就可以很好地改善窗户在能耗方面所产生的问题，有效提高居住的舒适度。朗诗国际（绿色地产商）在这方面创新创造了成功的经验和楼盘案例。

　　当代集团万国城 Moma 国际寓所的设计中，通过精心巧妙的平面设计实现了合理的户型布局、统一的门窗模数、很小的建筑形体系数之间的统一，为建筑节能创造了很好的条件。Moma 寓所在比同体量相邻建筑的外墙面积减少近 30%，外窗面积减少近 40% 的情况下，仍保持了充足的采光日照要求。加上高标准的维护结构设计，使 Moma 的建筑能耗只及北京地区现在一般节能住宅的 1/3。

　　德国建筑师英恩霍文设计的埃森 RWE 办公楼设计中（图 4.113，图 4.114），采用圆形平面以减少热流失，优化光照，并降低上部的风压；采用双层玻璃，以加强建筑的自然通风和保温性能，经检测该楼 70% 采用自然通风，可节约能耗 30%。

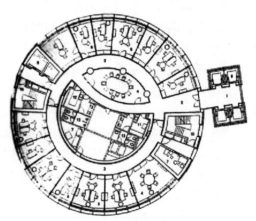

图 4.113　埃森，RWE 办公楼，外观　　　　图 4.114　埃森，RWE 办公楼，标准层平面

四、合理确定结构选型，提高建筑的经济性

　　随着科学技术的迅速发展，结构形式逐渐向"轻型、大跨、空间、薄壁"的方向发展。由一般的梁柱线型结构向板梁合一、板架合一的板型结构和薄壁空间结构过渡，过去广泛采用的梁板结构也逐渐被壳体（薄壳）结构、折板结构、悬索结构、板材结构（单 T 板、双 T 板、空心板）所代替。选择合理的结构形式，不仅能够满足建筑造型及使用功能的要求，还能达到受力的合理完善及造价的经济。

采用先进的结构形式和轻质高强的建筑材料，对减轻建筑物的自重、提高建筑的经济性有很大的作用。但是，建筑创作的新概念不能脱离现实，建筑结构的设计要结合建材工业的发展，要对新材料、新设计进行经济分析。

1. 建筑结构体系的合理性

建筑结构上的合理性已经不仅仅意味着只需保证结构的安全性，人们对建筑结构设计提出了更高层次上的"科学"要求。建筑结构在保证安全可靠的前提下，还要满足受力合理、节约造价的要求。建筑结构的合理性体现的是建筑的内在美，结构受力的科学合理是与建筑的外形美观相一致的。考虑建筑结构与建筑形式间的关系问题，还必须结合合理的结构传力系统和传力方式，以符合逻辑的结构形式来表达建筑的美。受力合理一向是结构设计中追求的目标，简洁合理的传力系统可以避免增加不必要的传递构件和附属建筑空间。受力的科学性在很大程度上取决于设计者对结构受力情况的了解。因此，设计师对建筑结构中各部分受力的性质和大小，可能产生的结构组合、效应，结构的特点，以及产生某种效应时起控制作用的结构部位等，都应有系统的概念与了解。

意大利建筑师皮埃尔·鲁基·奈维 (Pier Luigi Nervi) 在设计创作中十分重视设计方案的经济利益。他认为建筑除了必须满足坚固、耐久等功能要求外，还必须"以最少的代价获取最大的效益"，他在设计中始终寻求建筑本质上和结构上最为经济的解决方案。

奈维从自然界生物的结构形式中得到启发，认为如果使钢筋混凝土仿照植物的肋状主脉、扇形叶片式的折面，或动物中的曲面壳体形状，就能够增强结构的刚度与稳定性，他将这种结构称为"形体抗力结构" (Form-resistant structre)。钢筋混凝土结构中采用这种合理的形式，不仅可以节省材料、减轻结构自重，而且可以覆盖很大的空间。奈维的许多作品中都可以体现出他创造性的构思能力、娴熟的建筑结构技巧以及精通的施工技术。

奈维同布劳耶 (M.Breuer)、泽尔孚斯 (B.Zehrfuss) 合作设计的联合国教科文组织总部会堂（图 4.115，图 4.116），采用了一种新型的空间折板薄壁结构。在折板设计中，由于屋盖中心顶部区和底部区不能承受最大的正负弯矩区的应力，便在屋盖的褶槽中附加承压板，屋顶的造型按照弯矩图的变化采取了同折板直线相对比的波浪形。折板的结构形式不仅满足了刚度大、用料省的结构要求，还创造出生动得室内空间效果。

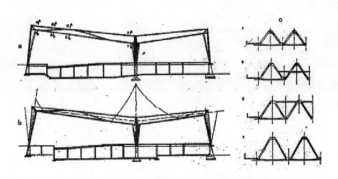

(a) 纵剖面；(b) 弯矩图；(c) 屋盖结构细部

图 4.115　联合国教科文组织总部会堂

图 4.116　联合国教科文组织总部会堂，从主厅看入口，折板逐渐缩小至消失

罗马小体育馆中（图 4.117，图 4.118），屋顶为双曲壳结构，整个拱顶由菱形槽板、三角形板及弧形曲梁拼装而成，板缝中布筋现浇成肋，在槽板上再浇一层混凝土增强整体性，兼作防水层。36 根暴露在外的 Y 形斜撑呈轴向受压状态，将圆拱屋盖的推力按照力的传递方向沿最直接的路线传到地环基础上。既增强了建筑物的刚度和稳定性，也相应减小了土壤所受的压应力。奈维还将圆拱屋顶的外部边缘处理成波浪形状，在 Y 形斜撑两叉之间的部分做成向上弯起的波形，既可以阻止圆顶边缘在支座间的下垂，又可以用于增加采光。

图 4.117　罗马小体育馆

图 4.118　罗马小体育馆施工中，肋集中于周圈斜柱的支撑点上

在意大利佛罗伦萨体育场的设计中，奈维采用了一个悬挑 22m，长 100m 的钢筋混凝土结构。不仅将悬挑的雨棚挑梁与其弯矩图巧妙地结合起来（图 4.119，图 4.120），还在挑梁支座附近挖了一个三角形孔，减轻了结构自重。整座建筑造形简洁优美，结构巧妙合理。

虚线 A-B 表示所有荷载的合力作用在柱 1 与柱 2 的中间，可以减少造价甚高的基础锚固。

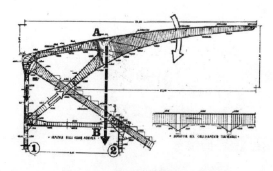

图 4.119　佛罗伦萨体育场，带雨盖大看台结构体系示意图

图 4.120　佛罗伦萨体育场，施工中的带雨盖大看台

2. 建筑结构与使用空间相结合

在建筑的空间围合中，当结构覆盖的空间与建筑实际应用所需的空间趋于一致时，可以大大提高空间的利用率，并减少照明、供暖、通风、空调等设备方面的负荷。一般常见的长方体空间能够比较容易地与其所采用的承重墙、框架结构等结构形式取得协调，但是对于大体量的建筑空间或是变化丰富的建筑空间来说，结构空间与实际使用空间的充分结合就相对困难。此时就更应当认真考虑空间的形状、大小和组合关系等因素，灵活使用各种建筑结构形式，力求结构空间与使用空间的协调一致。例如，日本东京代代木室内体育馆是一座将功能、结构、技术、艺术巧妙结合的名作，其新颖的外观，巧妙处理的室内空间都获得了建筑界的高度评价（图 4.121，图 4.122）。

图 4.121　日本东京代代木室内体育馆，全景鸟瞰

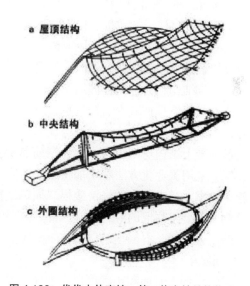

图 4.122　代代木体育馆，第一体育馆结构体系

建筑结构的断面形式也可根据使用空间的具体情况而灵活变化，通过采用高低错落、倾斜、弯曲、或是非对称等处理方法，可以更好地与使用空间相结合。例如，捷克斯洛

伐克波特里游泳馆（图 4.123），内部空间利用不对称的拱形结构满足高台跳板的设置，同时又利用不对称拱形结构的缓坡一侧作为室外看台的承重部分，巧妙地利用了空间。

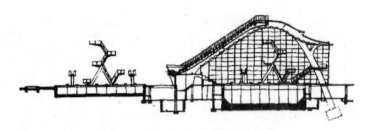

图 4.123　捷克斯洛伐克波特里游泳馆

3. 合理节约实体面积

合理的建筑结构体系要求以较少的材料去完成建筑物各种功能的要求，在保证结构安全的前提下尽量减少实体所占面积。我国普遍存在着结构设计"肥梁、胖柱、密筋、厚板、深基础"现象。现在有些高层建筑中的用钢量已经大大超过国外同等高度钢结构的用钢量。如果为满足坚固性、安全保险而盲目加大构件截面，增加材料用量，就会造成不必要的浪费，不能够达到经济、合理的标准。一般来说，正常的建筑结构计算相对较为容易，而科学地选择建筑结构方案、尺度、比例却有一定难度。

在保证安全的前提下，尽量减少建筑结构的占有面积，提高建筑的空间利用率，能够提高建筑的经济性。尤其是在小面积住宅的设计中，由于房间使用面积相对较小，建筑结构面积的比重就相对增大，同时所占的造价比重也增大，因此减少建筑结构面积是提高使用系数和降低造价的一个主要环节。

还有，在实际使用中，柱子周围的空间经常会被浪费掉，特别是对于一些大型商场、写字楼来说，柱子的数量、位置与所占空间都可能对其产量产生重要影响。因此，应当尽量缩小柱子所占的空间甚至取消柱子。虽然这样做需要采用费用较高的建筑结构形式，但总的来说也可能降低有效面积的费用。

建筑结构和材料的合理运用是节约空间的有效手段。按照建筑各层荷载的大小，尽可能地减薄墙身，减少结构自重，可以节约基础用料。在建筑及结构布置时，应尽量使各种构件的实际荷载接近定型构件的荷载级别，充分发挥材料强度，减少建筑自重。例如，钢筋混凝土结构与钢结构相比，钢筋混凝土结构坚固耐久，强度、刚度较大，便于预制装配，采用工业化方法施工加快施工速度，能有效地节省钢材、木材，降低成本，提高施工效率，具有很大的经济效果。而钢结构重量轻、强度高，用钢结构建造的住宅重量是钢筋混凝土住宅的 1/2 左右。因此，跨度较小的多层建筑采用钢筋混凝土结构较为经济。当跨度较大时，混凝土结构的自重对承受的荷载的比例很高，此时用钢筋混凝土结构就不一定经济了。

钢结构占有面积小，可以增加使用面积，满足建筑大开间的需要。高层建筑钢结构的结构占有面积只是同类钢筋混凝土建筑面积的 28%。采用钢结构可以增加使用面积 4% ~ 8%，实际上是增加建筑物的使用价值，增加经济效益。与普通混凝土结构相比较，轻钢结构更能增加使用面积，提高得房率。一般来说，轻钢结构可以增加 8% ~ 12%

的使用空间，其建筑面积和使用面积比例可以达到 1∶9.2 左右，而普通结构大约为 1∶8.5 或 1∶7.5。轻钢结构的可塑性还可以使室内空间具备更大的灵活性，充分甚至超值发挥空间的利用率。普通砖混结构中上下层墙体必须相互对应，而轻钢结构的采用可以使不同的楼层墙体自由组合，可以更为合理的布置空间。由此可见，钢结构对提高综合经济效益的作用是显著的。在采用钢结构时，也应对钢材的形状、厚度、重量和性能数具有所掌握，进行合理设计，正确确定构件的形式和截面尺寸，采用经济的结合方法，节约钢材用量，力求建筑设计方案满足结构的合理性。

五、合理选择构造方案，提高建造的经济性

建筑构造与建筑结构相比较，结构强调整体，关注力的传承问题；构造则强调技术问题的解决和细部研究。正如卒姆托所言："构造是在许多分散的局部中建立起有意义的整体的艺术……就在具体的材料被装配和建构的同时，我们的建筑成为真实世界的一部分。"形式美的产生不过是结构逻辑、构造逻辑的视觉反映。

建筑构造方案的选择与建筑物的使用要求、平面布置和立面处理、选用材料、结构类型以及施工条件等都有密切关系。通过减轻结构自重、减少结构面积、统一构件规格并提高其性能、采用地方材料、结合当地技术条件、采用先进技术等措施，可以达到快速施工、节约材料、提高质量和降低造价的目的。

1. 合理的构造细部设计

随着建筑业的迅速发展，建筑设计中的技术因素影响已经越来越大。设计师常常喜欢用外露的先进技术（新材料、新结构、新工艺）来表现时代的进步。然而，为了显示新技术，往往要采用一些"超前"的技术手段，因而造价非常昂贵。建筑构造中不同构配件之间的连接方式对建筑成本产生不同的影响，因此设计师还要通晓建筑构造中各不同构配件在设计方法上的细节，以便选择合理的构造方式，节约造价。

建筑的细部可以有多种不同构成的表现，而造成这种多样性的原因则是在于构造细部所起作用的多样性。构造细部是从探求创造空间的基本规律开始的，通过构造细部的设计可以创造出丰富多彩的建筑整体环境。

构造细部受自然条件、文化、社会背景、不同生活、不同对象以及不同价值观等方面的影响而产生不同的形式。遭受季节性暴雨袭击的地域不可能同风和日丽的地域采用同样的细部做法，木结构和混凝土结构、柔性结构和刚性结构的细部构造必然也都是不会相同的。合理的构造细部可以充分发挥材料特性，避免浪费，节约造价。因此，对于每个不同的设计方案来说，都应当全面分析其结构特点和设计背景，使设计出来的细部形式不仅能够发挥材料相关于建筑的力学属性，在技术上是合理的，而且还具有一定的视觉表现力。

（1）自然决定的建筑构造细部

建筑物与自然界有着密不可分的联系，构造细部多是由建筑物与自然的关系来决定的。

日本爱知工业大学钾德馆（体育馆），其大屋顶为立体桁架结构，为适应热膨胀以及地震时可能产生的移位，采用了以下做法（图 4.124，图 4.125）：①将大屋顶与下部窗框的节点做成活动连接。②把支撑大屋顶的支点做成活动支点。

图 4.124　爱知工业大学钾德馆（体育馆），外景

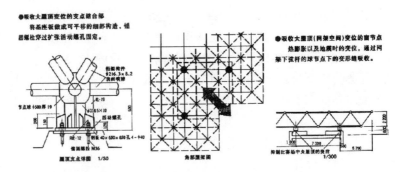

（左图）吸收大屋顶变位的支点结合部，（中图）角部屋架图，（右图）吸收大屋顶变位的窗节点

图 4.125　爱知工业大学钾德馆（体育馆）

（2）生活决定的建筑构造细部

建筑与人们的生活息息相关，建筑细部的设计直接影响人们的使用感受。不同的行为和动作产生了不同的建筑细部。

阿克瑟·舒尔特斯 (Axel Schultes) 设计的波恩艺术博物馆中，为照明而设计的细部构造十分复杂，既考虑了灯光的照明，也考虑了自然光线的照射 (图 4.126)。整个建筑物采用两层普通混凝土墙体，非贴面的混凝土见证了光影的变化细节。建筑外部 13m 高的混凝土柱顶部细节处理也很有特色，在平整混凝土饰面的屋面板上开洞，柱子与屋面平板之间通过四根钢丝网来连接。

（3）技术决定的建筑构造细部

新材料、新结构和新的施工方法，使得建筑设计的领域不断扩大。适应综合技术的不断发展，现代的建筑细部也体现出更多的技术因素影响。

"超大跨"满足了人们对于具有更多灵活性的大空间的需求。多雪地带的屋顶积雪会给屋顶带来很大的变形，采用合理的构造方法使得

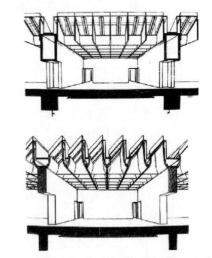

图 4.126　波恩艺术博物馆，展厅屋顶采光示意

多雪地带的"超大跨"成为可能。日本小松墙体工业第三工厂的设计中，将屋顶与墙面分离，使其独立。将以往在钢筋混凝土梁上利用预应力钢索的拉力产生压缩力的方法用于钢构架梁上，抑制由于自重及荷载加重而产生的挠度，用小厚度的桁架实现了大跨结构（图 4.127，图 4.128）。

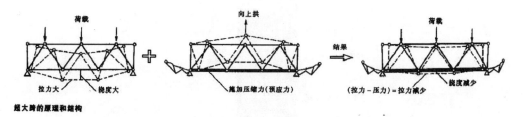

图 4.127　超大跨的原理和结构

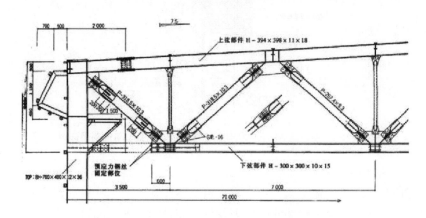

图 4.128　小松墙体工业第三工厂，屋顶剖面详图

　　屋顶利用常见的材料相互结合，使屋顶各部分能够追随挠度带来的变形，确保屋顶的双重安全性。

　　（4）文化决定的建筑构造细部

　　多元化的文化影响着人们的生活观、人生观以及审美意识，而这些思想反映在建筑上，就形成了各种不同表现的建筑细部表现。

　　在马来西亚驻日本大使馆的设计中，入口区域的幕墙界面在蕴含"近代性"意味，具有城市尺度的梁柱格网中融入了"传统"的伊斯兰文样。其作为幕墙，又能够使光、声音和隐约的视线相互交融贯通（图 4.129，图 4.130）。

　　2. 运用可施工性的建筑构造方法

　　不同的工艺要求反映在建筑结构设计中差别很大，不同的施工方法导致截然不同的建筑处理。建筑结构设计时不仅要根据材料的特性进行设计，还要考虑现场施工条件的可能性。

图 4.129　马来西亚驻日本大使馆

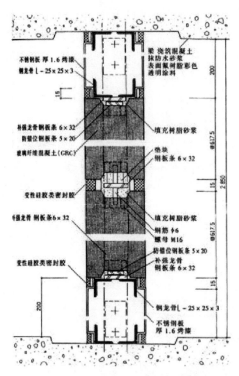

图 4.130　马来西亚驻日本大使馆，玻璃纤维混凝土幕墙剖面详图

例如，从经济方面比较，采用整体现浇的施工方法，施工成本较大但是建筑整体性较好；采用预制式装配，施工成本较小，建筑整体性却较差。从建筑构造形式来看，现场浇筑模板的尺寸大小会影响墙面的肌理效果，而且间断施工浇筑会产生不同部位之间的连接问题；采用预制式装配方式，会出现建筑构件间的连接、搬运吊装、容差裂缝、固定等问题。能否采用合理的建筑构造处理方式对建筑的细部以及整体形式效果都有很大的影响。无论是从经济的角度出发，还是从建筑构造形式的角度出发，建筑设计都要综合考虑现场施工的便利性。

例如，大部分钢结构的构配件都是在工厂制作之后运到工地进行安装。这种工艺对运输、安装设备要求较合理，施工成本低。但对某些用钢量较大的建筑结构来说，结构设计中还应注意对构件的合理分段。分段太多则节点材料用量就多，分段太少则会造成主体材料利用率降低，都会降低建筑结构的经济性。因此在分段时应根据结构内力的变化，兼顾施工方便，充分利用设备的功能以尽可能发挥材料的强度。

还有一些大型钢结构建筑采用现场拼焊后整体吊装，或是局部拼焊后大件吊装的施工方法。虽然这种施工方法可以节约不少节点的用钢量，但是由于其场地要求较高，设备复杂、体量较大，如果设备重复使用率较低的话往往也是不经济的。因此对于这类建筑结构设计，就需特别处理好钢材的交叉焊缝以及整体起吊吊点、起吊时塔脚支承铰接点等问题。

建筑师诺曼·福斯特设计的雷诺（英国）公司产品配送中心（图 4.131，图 4.132），建筑形态由独立的模数尺度构成，突出表现了结构。平面在标准单元的基础上进行扩展，既具有良好的独立性；建筑结构体系采用了 24m 的标准拱形钢架单元，支撑在四个角点的桅杆上，杆顶的钢索从钢架中部将其悬吊，施工技术上的"模数"单元组织方法，既兼顾建造上的标准化，又同时满足了不断增长的需要，大大提高了建造的效率，保证了建造的周期。

图 4.131　雷诺（英国）公司配送中心

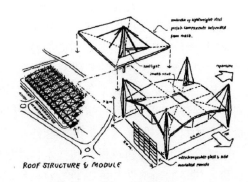

图 4.132　雷诺（英国）公司配送中心，结构示意图

　　奈维认为新的施工方法可以提供新的造型表现力和形式上的自由度。从意大利都灵劳动宫的设计中，就可看出施工条件对其设计方案创作的影响。从有利于建造施工出发，整个设计构思中充分考虑了施工工艺，启发并影响整个设计方案特点的形成。整个大厅屋面由 16 根高 20m 的钢筋混凝土现浇柱独立支承，柱顶辐射状伸出悬臂钢梁，如同一把巨大的伞，可覆盖 38m 见方的方形面积。其独特之处在于，各蘑菇柱为相互独立的单体结构，可分别单独施工，在单体结构完成之后便可进行装修（图 4.133）。为了抵抗水平风荷，柱子底部截面很大，成十字形，而在和屋盖相接的地方，则过渡成圆形（图 4.134）。由于模数设计和制作精细，施工方法构思巧妙，现浇混凝土大柱子表面光洁、有高度完整的连续性，免除了拆模后的修饰工作。为保证工期，还采用了金属结构来代替钢筋混凝土结构屋盖。

图 4.133　都灵劳动宫，施工中

图 4.134　都灵劳动宫，蘑菇柱建筑形式

六、因地制宜选用建筑材料，提高建筑的经济性

　　随着时间的推移，建筑在时间和地域上都有了很大的发展。从最初的使用天然材料搭建房屋，到熟练运用各种构配件建造住所，再发展到由专业人员设计建造住宅，我们

可以看出，建筑的进化演变，是材料、工艺技巧和客观经济条件之间相互作用的结果。科学技术的发展为建筑设计带来前所未有的创新领域，新材料、新工艺、新技术实现了建筑的现代化与形式的多样化，建筑材料逐渐向轻质、高强、多功能、经济与适用的方向发展。建筑的结构形式对建筑经济性有着直接的影响，而建筑材料和建筑技术的发展则直接决定结构形式的发展。

随着可供建筑使用的材料范围越来越广，人们对各种材料性能的了解也更加全面广泛，材料已经越来越能够被人们更加经济地使用。建筑师应当能够根据不同的气候及环境条件，灵活经济地选用建筑材料及设备。选择材料及形式时，应根据建筑的规模、类型、结构、使用要求、施工条件和材料供应等情况，全面综合考虑，选择最适宜的建筑材料。在保证坚固、适用的前提下，注重材料的节约，并尽量利用地方性的轻质、高强、性价比高的材料，保证技术上的可能性与经济上的合理性。

经济合理地选择建筑材料和技术，才能既使建筑物达到功能的合理使用又能降低建筑造价。建筑的经济性既可以通过对材料更好地开发利用中获得，也可以从新型材料的使用中获得，还可以标准化和材料构配件尺寸上的一致获得，根据不同的实际条件可以采用不同的材料使用方案。

1. 充分发挥材料特性

在材料的选择上仅考虑其价格是片面的，还应考虑其特性并将其作用充分发挥。古时候，人们多是就地取材，但那时人们就已经可以熟练地使用材料。中国古代建筑使用木结构，通过合理地选择建筑结构及形式，能够将木材的特性发挥到极致。我国侗族村寨的"风雨桥"，利用短小的木材解决大跨度问题，既充分利用了材料资源，又简化了操作的程序，有效减轻了劳动负担，展现出古代工匠的高超才艺（图 4.135）。

图 4.135　明朝时期侗族风雨桥，长 15m，宽 2m，构架基本完好

然而现在随着建筑技术的进步，可供使用的高新材料越来越多，人们却不愿意花费太多的心思去研究材料应用的经济性与合理性。有些建筑中建筑材料只不过是虚假的装饰，并没有发挥其特性；有些建筑则是由于随意选择材料，造成在坚固性上达不到标准或是远远超出标准，这些做法都不符合经济性的原则。

赖特对材料的天然特性非常重视，对于材料的内在性能，包括形态、纹理、色泽、力学和化学性能等都做了仔细研究。设计中他力求尽可能简单地使用材料，他说"材料

使用得愈简单就愈能给有机建筑完美的形式
和经济的效果，整体将更合乎逻辑"。1949 年
的莫里斯商店（图 4.136），沿街立面上采用了
一大片清水实砌墙面，墙面十分简洁，没有任
何其他材料的装饰，但是恰到好处地展现了砖
材料的纹理、色彩和砌筑工艺，很好地体现出
赖特对材料本性的运用。

图 4.136　莫里斯商店，外观

　　芬兰建筑师伦佐·皮亚诺能够在设计中充
分利用木材的特性，用灵活的方式表达对现代
技术材料的理解，通过将木材与其他材料的结合使用，充分发挥各种材料的最佳性能。
皮亚诺事务所及工作室中，木板层叠而成的木梁构成屋面框架，整个构造由钢柱支承，
联系构件也是钢的。墙壁为清一色无框玻璃板，外墙朝外一面是毛石，朝里一面选用当
地典型的浅粉红色涂料（图 4.137）。

图 4.137　皮亚诺事务所及工作室，屋面框架及无框玻璃板墙面

2. 合理运用新型材料

　　传统的建筑材料一般体量较大、较沉重，形状、大小多变。由于传统材料缺乏规则
性和均匀性，给技术的发展带来一定的阻碍。因此，虽然传统材料本身价格较低，但在
使用上却需花费较多的人力和资金。为了有效降低建筑工程造价，材料品种范围的扩大
和材料的标准化成为迫切的需要。新材料的不断发展显示出其广泛的适应性，它们一般
比传统材料更轻、更规则、质地更均匀。新型建筑材料能够适用于更广泛的设计之中，
解决更多的设计问题，而且在材料的使用上比传统材料更方便、造价更低。

　　新型的建筑材料既可以改善建筑的使用功能，便于施工，还能够减少维修费用。使
用越灵活、运用范围越广的建筑材料，对建筑成本的限制越小，例如现代建筑中广泛运
用的钢材和混凝土；而使用范围越窄的材料，建筑成本也就越高。新型建筑材料的开发
引起建筑生产技术的飞跃发展，钢索、钢筋混凝土等作为建筑的承重材料，突破了土、
木、砖、石等传统材料的局限性，为实现大跨、高层、悬挑、轻型、耐火、抗震等结构
形式提供了可能性。一项工程的建成需要大量的建筑材料，对一般的混合结构来说，如
果采用轻质、高强的建筑材料，建筑重量可减轻 40% ～ 60%，可以节省大量材料及运费，
还可以减少建筑用工量，加快建设速度，降低工程造价。

　　建筑技术的改良和材料的进一步发现和利用，不仅使得建筑设计具备更大的灵活性，而且也可以更加经济地使用材料本身。例如，钢筋混凝土作为两种材料的有效结合，充分利用了混凝土的受压性能和钢筋的受拉性能，使材料实现了受压和受拉性能的平衡。但是只有在产生挠度，混凝土裂开时钢筋才能充分发挥作用。预应力钢筋混凝土是钢筋混凝土的进一步发展，它将材料的被动结合转化为主动结合，具有强度大、自重轻、抗裂型好等优点。材料性能的高效结合使结构能够更好地控制应力、平衡荷载和减少挠度，可以在许多情况下代替钢结构。预制混凝土构件可以加快施工速度，结构构件较为昂贵，但是只要通过精心设计，使其在最大限度最有效地发挥作用，还是经济可行的。预应力平板可以比普通钢筋混凝土平板更薄或者可以达到更大的跨度，因此在跨度较大时使用预应力技术更为经济。例如，济南长途电信枢纽工程主楼面积约为 4.2 万 m^2，标准层面积将近 1500m^2，选用筒体的结构形式，并采用了无粘结预应力梁板结构新技术。采用这项新技术之后，大楼主要机房里看不到梁柱，最大跨度达 12m，并降低了层高，在建筑控制总高度为 99.8m 的情况下多建了两层楼，既节约了建筑空间，又增加了建筑面积，相应降低了造价。新技术、新材料的应用使之取得了良好的经济效益和社会效益。

　　3. 充分运用地方材料

　　在建筑活动中巧妙地利用当地建筑材料，展现材料真实的特性，不仅可以使建筑具有独特的地方特色，还可大大节省运输量，有效地降低造价。

　　印度的地方材料中廉价的砖占主要地位，石头建筑的真实、朴实和结实在建筑师的设计中可以精彩地体现出来。如英国的建筑师劳莱.贝克，擅长用地方材料建造地价房屋。他经常运用砖、瓦、泥和石灰，有时还利用旧料，用砖格取代窗户，利于通风、减少光照。他经常采用砖拱和穹顶，用小构件构成大空间，同时又能把功能和美观处理得非常典雅（图 4.138 ~ 图 4.140）。

图 4.138　L·贝克，克里斯塔弗小礼拜堂　　　图 4.139　L·贝克，克里斯塔弗小礼拜堂，屋顶

　　Jeet Lal Malhotra 设计的昌迪加尔某中学（图 4.141），结合墙面上的窗洞，用砖材料创造出丰富的现代效果。

　　还有 Uttam C.Jain 设计的焦特布尔大学的报告厅，同样也巧妙地使用了地方材料（图 4.142）。

　　南太平洋塔希提 (Tahiti) 岛的 Bora Bora 旅游度假村（图 4.143），大量使用了当地的土产材料，以雪松木做承重结构，毛竹筑墙，海草铺顶，像一个真正的塔希提村庄，对游客产生了巨大的吸引力。整个建筑架空在浅水中，向大海开敞，利用海上的信风自然通风降温，收到了良好的经济和生态效益。

图 4.140　L·贝克，圣约翰教堂细部

图 4.141　昌迪加尔某中学墙面窗洞效果图

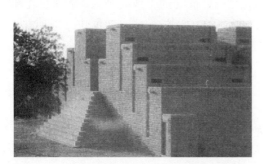

图 4.142　Uttam　C.Jain，焦特布尔大学报告厅　　图 4.143　南太平洋塔希提岛 Bora　Bora 旅游度假村

七、合理规划设计电梯设备，提高电梯设备的经济性

电梯作为高层住宅最基本的垂直交通工具，是影响高层住宅居民生活最关键的因素之一，直接影响高层住宅的舒适度；电梯系统的造价及电量消耗是整个建筑造价及用电量的 10% ~ 20%，是高层住宅造价高的重要因素；在塔式高层中，电梯井道通常与服务空间结合，形成高层住宅的结构核心，且直接影响标准层的平面利用效率，电梯设置甚至对外观造型也有一定程度的影响。因此，电梯设备技术的合理性与高层住宅设计的效率直接相关，且应从以下三方面考虑：

1. 电梯的服务形式及效率的提高

电梯的服务形式会影响电梯的价格，停层数越少其价格就越低。在决定高层住宅的服务形式时，要考虑楼栋的形状、楼层数、住户数量、建筑物中心部位的有效利用率等各因素，对各种方式进行对比研究，选用适合于建筑物的形式。电梯的服务形式有如下三种 (表 4.3):

表 4.3 高层住宅电梯的不同服务形式

逐层停梯	跃层停梯	分区服务
	单数楼层停站　双数楼层停站	快行区间

(1) 逐层停梯：在每一楼层都停梯，使用上相当方便，是现在高层住宅最普通的服务方式。电梯的通融性虽大，但设备费用会增加。

(2) 跃层停梯：每隔层或隔几层停梯。在有两台电梯的普通高层住宅中也可使两台电梯分别仅在奇数层或偶数层停靠。另外，跃廊式高层住宅就是采取这种方式：只在布置交通廊的层数停靠电梯，其他层利用公共楼梯或者通过户内的小楼梯到达（跃层式住宅）。

有时采用跃层停与逐层停相结合的方式使用效率也比较高。如设三台电梯，中间一台电梯逐层停靠，两边两台电梯各分奇数或偶数层停靠。这在使用上相当方便，人流高峰时，乘客按所去的层数自然集中候梯，平时可以只运行中间电梯或其他两台电梯。

(3) 分区服务：当楼层层数超过 20 层时，将楼内竖向交通分成几个区，各个区由不同容量与速度的电梯服务。电梯的速度可随着分区所在的部位的增高而加快。这种方式可以提高电梯的运载能力与运行速度，减少人在轿厢内的停留时间，提高服务效率，并且可节省电梯数量与井道以提高标准层净有效面积。因此，这是在超高层住宅中提高电梯效率的较好方式。

2. 合理确定高层住宅电梯台数

电梯数量的确定问题是高层住宅电梯合理设置的重要前提，其中涉及到经济、规模、层数、层高、高峰人流量等多方面因素。

我国目前 18 层以下和每层不超过 8 户的 18 层以上的高层住宅一般采用 2 台或 3 台电梯，其中有一台兼作消防电梯。表 4.4 是某市 2004 年最新高层楼盘的电梯数量设置。

表 4.4 重庆 2004 年最新高层楼盘的电梯数量设置表

	居住层数	每层户数	总户数	电梯台数	户/（台）
半岛利园 A 栋	26	10	258	2	129
水晶郦城 2-1	17	4	68	2	34
水晶都城 2-3	25	6	150	2	75
金沙水岸 6 号楼	32+1	5	160	2	80
金沙水岸 7 号楼	32+1	4	128	2	64
上江城 A3 栋	11+1	2	20	1	20
上江城 C 栋	11	2	22	1	22
上江城 D 栋	24	12	288	3	96
上江城 E 栋	28	4	112	2	56
上江城 F 栋	29	4	102	2	51
海客瀛洲	43 局部 47	12	480	6	80

　　另从各国现代高层住宅的电梯服务户数的建筑实践来看，可综合分为四个方便舒适等级。

　　(1) 经济级：每台电梯服务 90 ～ 100 户以上。我国目前的经济条件及电梯技术与管理水平，大体如此。塔式高楼虽明确规定设两台一大一小的电梯，一般还是有司机操作，其中一台主要作主梯维修与故障时备用。经常只用一台运行，高峰时间用大梯，平时用小梯。

　　(2) 常用级：每台电梯服务 60 ～ 90 户。

　　(3) 舒适级：每台电梯服务 30 ～ 60 户。欧洲国家的高、中收入居民所住住宅，楼层不高、每层户数不多，多属于此种情况。现在我国一些追求高舒适度的高层楼盘的电梯也会按此标准设置。

　　(4) 豪华级或高标准级：每台电梯服务 30 户以下。高收入居民住宅的高楼，每户建筑面积在 100m^2 以上，每层布置 2 ～ 3 户，层数又不高，这是相当方便舒适的。例如上海的世茂滨江花园就是每层两户，配备三部三菱高速电梯，其中两部为主人专用，住户凭借业主专用 CI 卡即可直达居住层面，出电梯即为自家玄关，闲杂人等概莫能入，既保障居家安全，又有效增加居室使用率；另一部电梯为佣人专用，并另设户门直达家政服务区，确保主人生活的私密性。这种豪华型电梯设置是为满足社会富裕阶层家庭的高品质生活需要而产生的，在全国很多地区都相继出现，如重庆的帝景名苑、海棠晓月等。

　　3. 合理布置选型住宅电梯

　　电梯的设置位置，不论从建筑平面的哪一位置开始，都要使步行距离短捷，而且尽量使其在步行活动路线的中心位置。另外要考虑到电梯及电梯厅的防犯罪问题，要尽量把电梯设置在居住者能够很自然看到的位置。

　　根据国家标准和实际运输量来选择电梯的规格 (图 4.144)。现在许多高层住宅采用两至三台 1000kg 的 15 人客梯。

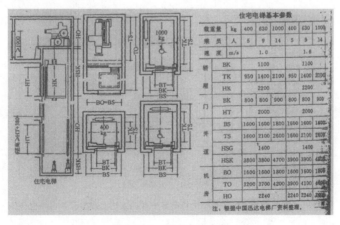

图 4.144　住宅电梯参数

　　上海市曾对此作过测试，在 278 次运行记录中录得乘 0 ～ 7 人的次数占 95%，乘 11 ～ 15 人的次数约占 1%。因此，高层住宅中只选用一台 1000kg 的电梯，其他选用 750kg 以下的中小型电梯，井道净空尺寸可由 2100mm × 2250mm 降至 2000mm × l850mm (根据广日中速电梯井道资料)，减少公共面积，提高了电梯效率。

4. 适当扩大候梯厅

电梯候梯厅是同一楼层居民见面次数最多的地方。适当扩大候梯厅面积，引入自然采光，栽植绿化，增设休息座椅等设施，确保人们在等电梯的过程中有眺望的空间并增加交往的可能性，使人们感觉不到等待的时间 (图 4.145、图 4.146)。在扩大候梯厅时要注意座椅的位置不要紧邻电梯入口，否则居民会因紧张感和拥挤感而回避使用这些设施。

图 4.145　深圳锦缎之滨高层住宅扩大的候梯厅

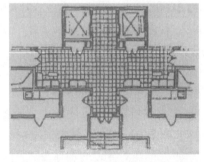
图 4.146　扩大的候梯厅布置休闲座椅

针对本书讨论的建筑设计经济性理念问题，还需提出以下几点认识与看法：

（1）建筑设计过程中的各阶段，包括前期阶段中的可行性研究与建筑策划、建筑方案构思阶段和方案设计阶段是紧密联系的。方案设计阶段的各个环节，包括总图布局、空间利用、结构选型、材料选择和构造施工等，也都是前后相接、互相影响的。因此，建筑设计中的经济性理念应当是一个系统的完整过程，既分别体现于建筑设计的各阶段和环节之中，又经过良好的互动不断反馈影响，最终得以实现建筑作品的最佳综合效益。

虽然在建筑设计的各个阶段都能够体现出经济性的理念，但是一般来说，一个优秀作品的经济性优势都不会仅从设计过程的某一个单独阶段体现出来。例如本章中提到的潘家峪纪念馆，从设计构思、平面形式、材料选择、以及施工技术等各方面，都能够看到经济性理念贯穿设计过程之中的影响。

要在建筑设计的所有阶段与环节中都力求实现经济性是比较困难的，各阶段、各环节之间必然会有矛盾与冲突。这就要求设计师能够进行统筹安排，分析可能产生的矛盾与问题，选取设计的最佳平衡点，求得最大的经济价值。

（2）在对建筑的经济性理念进行研究时，总是不断碰到经济性与适用、美观之间的相互关系问题。统观本章，在经济性方面表现突出的优秀作品，无一不兼顾到适用与美观。再次重提适用、经济、美观的辩证统一，希望在诸多建筑设计经济性问题中能兼顾三者之间的平衡，不至于顾此失彼。

（3）一般来说，设计师比较注重建筑方案的功能使用及形式方面的设计，对于设计前期阶段的可行性研究与建筑策划，以及结构选型、材料使用、构造方式等方面却常常缺乏细致深入的研究分析，有时还会形成设计过程各阶段之间的脱节。这难免就会导致设计过程中的反复修改，造成时间、资金上的浪费。针对这些薄弱环节，设计师应当予以重视，加强对相关理论和方法的研究，争取从整体上求得建筑设计方案的最佳效益。

第5章 房地产项目开发与建筑设计策划

一个房地产开发项目的成功与失败，影响着整个房地产开发企业的发展——成功地实施一个项目策划，能够让项目拥有稳定的销售卖点和利润增长点。所以，房地产企业所面临的新一轮的挑战，即怎样"策划"建造出被市场和购房者欢迎、接受的地产项目，怎样把自己的产品(房屋)销售出去，并且卖个好价钱。

本章从为什么做房地产开发建筑设计策划？到怎么做房地产开发建筑设计策划？讨论房地产开发策划对建筑设计的影响，并提出作者的观点：房地产项目开发与建筑策划是房地产建筑创作中建立"骨骼系统"的工作，建筑设计是建筑创作中填补"肌肉"的工作，房地产建筑设计策划对房地产项目开发的规划设计的影响决定了房地产项目建筑的高矮胖瘦，决定房地产建筑项目是否健康的运行。

第一节 房地产开发与建筑项目策划概述

一、我国房地产建筑策划的现状与建筑策划的重要性

虽然包括建筑院校的许多老师、学者和建筑师们都已认识到建筑策划对于建筑的社会效益、经济效益、环境效益以及建筑本身的生命力来说都至关重要，但目前建筑设计的工作人员绝大部分从高校建筑系毕业，接受着传统建筑学教育。虽然普遍具备较强的空间塑造能力，较高的美术基础，较多的方案图、施工图绘制经验，还具备有较强的图面表达能力，但都普遍对房地产行业认识单一，缺少综合经济意识，无意介入房地产项目设计的前后期工作。

建筑设计师丢弃自己的想法，成为开发商的绘图员，是目前市场上的普遍现象。由于建筑市场长期繁荣，建筑长期处于项目做不完的紧张状态，没有时间和精力站在开发商的角度、市场的角度、购房者的角度去全面考量房地产项目，而是完全听从开发商的号令，满足于充当绘图员的角色。在设计师成为绘图员的情况下，面对大量待设计项目尤其是重复性较大的房地产项目，难免不来回复制粘贴，使用既有作品去填充新项目，把南方的方案照搬到北方，沿海的方案照搬到山区也是常有的事。他们不再有自己的创作灵感与激情，建筑产品同质化现象日趋严重。

导致目前这种状况的原因很多，虽然建筑策划已经成为注册建筑师必须掌握的基础知识，但最根本的问题在于我国原有的设计程序是按照计划经济的要求制定而完成的，建筑活动的程序呈现为：项目建议书→可行性研究报告→项目立项→建筑设计→建筑施工→试用运营，只要完成了甲方的《设计任务书》就表示完成任务。虽然，我国建设项目的可行性研究也已经法律化，为建筑策划提供了一个良好的前期环境，但在项目立项

与建筑设计之间并未明确建筑策划这一程序，而建筑策划和可行性研究在操作主体、研究领域和结论对象三方面的不同，两者不可相互替代。

从以上问题可以看出，一个房地产开发与建筑项目设计做的再好，但如果前期策划的方向或者定位是错误的，或者是策划中的某一个基本要素决策错误，都有可能给开发商或设计者或建筑的使用功能带来翻天覆地的修改或者是巨大的麻烦。

例如某开发商一个山地楼盘住宅项目，在前期项目整体规划时该地块是被定义为全部的小高层，而设计院也根据前期的规划对该地块进行了小高层的方案设计，规划方案几经修改、汇报，已基本定稿，如图 5.1 所示。

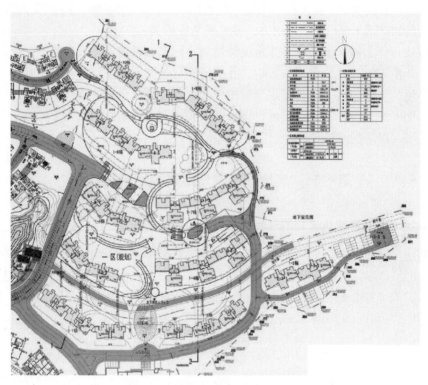

图 5.1　原设计方案总平面规划图

可由于建筑成本策划的滞后，在设计院进行方案设计的同时，开发商内部还在进行建筑成本的分析，开发商只是让设计先行开展了工作，当建筑策划做到成本分析这个阶段的时候，分析发现建设小高层的投入产出比比建设别墅的投入产出比要大，虽然建设别墅会损失一部分的容积率，但是就利润来说，建设别墅投入的少，产出的多，所以当这个分析结果一出来，尽管该地块的规划设计已基本定案，且做总规时，修建性详细规划已经批复，但公司仍然决定修改规划方案，将原来的全部小高层改为别墅＋小高层（因为还有一部分高层是为了满足国家 90/70 的规定，不可以取消），就因为成本分析的滞后导致整个方案全部推翻，设计单位前期大量的工作投入都浪费掉了。

据相关资料显示，房地产开发项目设计对投资的影响，在前期策划至初步设计阶段为 75% ~ 90%，在施工图阶段为 10% ~ 25%，在项目开工后为 10% 左右。建筑策划处于规划立项与项目设计之间，在各种规范要求下，通过客户需求调研，对项目的未来销售使用进行预测和评价，确定科学、合理、经济、切实可行的设计依据，使建筑设计的科学性、逻辑性、实用性及经济效益产生质的飞跃，减少房地产项目开发的盲目性，减少或消除设计浪费，找出最优途径。因此，应建立在专业设计知识的基础上，做好项目前期策划，对房地产开发的经济性将起到决定性的作用。

二、房地产建筑策划的涵义

建筑策划指在房地产开发领域内建筑设计师根据总体规划的目标设定，从建筑学的学科角度出发，以实态调查为基础，通过运用现代营销理论和科技手段，对目标项目进行客观分析，最终策划出实现既定目标所应遵循的方法和程序的研究工作。

房地产建筑策划处于项目规划立项与建筑设计之间，在当地规划部门的各种规范要求下，通过细致调查研究，对项目的未来销售及使用进行预测和综合评价，确定科学、合理、切实可行的设计依据，使建筑设计的科学性、逻辑性、实用性及经济效益产生质的飞跃，为减少项目开发的随意性、盲目性，减少或消除浪费找出最优途径。在满足项目美观性、实用性、经济性的前提下，策划出具有最佳开发效益的方案，为能够最充分地实现总体规划目标，保证项目在设计完成之后具有较高的经济效益、社会效益和环境效益提供科学的依据。

但目前此项工作在国内还停留在设计、营销、成本控制、运营各自为政的阶段，还没有形成一个系统的统筹专业，但是一些大型的房地产开发商为了加快建筑的开发进度会对一些特定功能建筑的各个专业、客户群、经营状况等进行专项研究从而形成一个标准化要求，这个可以视为建筑策划的一个方向，例如万达地产对商业建筑有很深入的调查研究，并形成《万达商业综合体设计准则》《万达百货规划设计技术标准》，对建筑层高、外型、室内、结构选型、设备选型等都提出了具体的要求，这是他们对功能、形式、经济、时间进行充分研究后得出的一个通用性的要求，可视为建筑设计策划的一部分。

吴良镛先生在《广义建筑学》中是这么讲到的：从宏观上来讲建筑学的主要范畴是研究和分析各种影响因素之间相互交织的关系和多种多样的生产生活活动，将美好的理想与当时的生产力条件结合起来，设计与之相适应的、具体而实在的物质空间环境，并指导其实现。因此可以说，从微观环境到宏观环境，即从个体建筑（当然个体建筑本身还可以划分为不同功能的空间）到建筑群，以至城镇、城镇群，从庭院到大的风景区的规划设计，都属于广义建筑设计的范畴。"

西方建筑策划理论的代表建筑师罗伯特·赫什伯格认为，策划是设计的定义阶段——它应该揭示出设计问题的本质，而不是解决方案的本质。因此他对建筑策划的定义是"建筑策划是建筑设计过程的第一阶段，在其过程中应该确定业主、用户、建筑师和社会的相关价值体系，阐明重要的设计目标，揭示有关设计的事实，说明所需要的设备工具，即建筑策划应是一个体现出所确定的价值、目标、事实和需求的文件。"赫什伯格在总结前人各种策划方法的基础上提出了以价值为基础的建筑策划方法。他认为建筑策划的理论基础是价值取向，策划人应该有意识的搜寻，并且在报告书中明确地陈述有关社会、业主、用户和建筑师的价值取向，同时还要明确报告中所阐述的目标、需求和性能标准是与这些价值取向相关的。

　　庄惟敏教授在《建筑策划导论》一书中，对"建筑策划"做了如下的阐述："建筑策划是特指在建筑学领域内建筑师根据总体规划的目标设定，从建筑学的学科角度出发，不仅依赖于经验和规范，更以实态调查为基础，通过运用计算机等近现代科技手段对研究目标进行客观的分析，最终定量地得出实现既定目标所应遵循的方法及程序的研究工作。它为建筑设计能够最充分地实现总体规划的目标，保证项目在设计完成之后具有较高的经济效益、环境效益和社会效益而提供科学的依据。简言之，建筑策划就是将建筑学的理论研究与近现代科技手段相结合，为总体规划立项之后的建筑设计提供科学而逻辑的设计依据。"

　　关于房地产项目策划，有两种不同的理解：一种观点认为，房地产项目策划就是促销策划，即如何想方设法把楼卖出去，这是一种狭义的理解；另一种观点认为，房地产项目策划就是从开发商获得土地使用权、市场调查、消费者行为心理分析直到物业管理全过程的策划，即业界人士所说的房地产项目全程策划。本章讨论的是后者，即房地产项目全程策划。

三、房地产建筑策划的内涵

　　房地产建筑策划是针对项目定位的目标，在总体规划的基础上，对环境进行层阶性、地方性、历史性的建筑考察，分析人与生活环境在社会、空间、时间方面的信息交流和相互干涉的状况，归纳出目标人群对居住、生活环境的使用模式，以及带有社会、历史、科技、时空信息的环境评价，形成建筑策划结论来指导或修正目标的设计，也就是形成能够完善地表达开发项目定位意图的建筑设计任务书，正确地指导建筑设计。

　　房地产建筑策划不同于总体规划而是受制于总体规划，在总体规划所确定的目标内，通过对项目定位的分析，根据用地性质的划分，对项目的性质、品质、档次做建筑的确定；但又不同于建筑设计，建筑设计是根据设计任务书将其中各部分内容经过合理的平面布局和空间上的组合，在图纸上表述出来供项目施工作用，建筑的设计要求，而对建筑设计任务书是否满足了项目定位的意图，设计能否达到项目定位所企求的产品目标，建筑设计人员并不关心。建筑策划的工作则是在建筑设计进行空间、功能、形式、色彩等内容的图面研究之前，对其设计内容、性格、房间朝向、空间尺寸、色彩运用等的可行性进行研究，即对设计任务书的内容和要求进行调查研究和分析，并对项目定位的内容进行反馈，通过反复研究和反馈，科学地制定出设计任务书。

　　房地产建筑策划接受总体规划的指导思想，为达到项目定位的目标整理和准备条件，确定设计内涵，构建建筑的具体模式，对实现手段进行策略上的判定和探索。探讨项目定位目标和期望提供的生活环境中人与建筑的关系，找到研究建筑设计的依据、空间和环境的设计基准。建筑的策划内容包括项目定位目标的内容研究、建筑项目具体的构想和实现、建设项目设计运作方法和程序的研究。研究相关领域如图5.2。

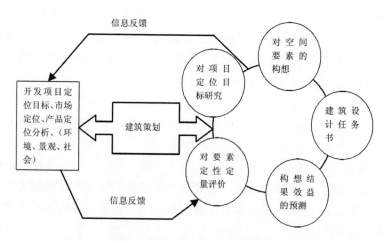

图 5.2 房地产建筑策划相关领域

四、房地产建筑设计策划的领域

随着房地产建筑策划在建筑活动中的位置调整，其承接规划立项与建筑设计的作用演变为指导整个建筑活动，它的研究领域也由双向渗透延伸为各向渗透 (图 5.3)。它不仅包括原有的总体规划立项环节和建筑设计环节，而且增加了项目投入使用后的后评价环节及项目之外的建筑评论环节。具体的，我们可以把房地产建筑策划与建筑活动各阶段相互渗透的学科领域大致分为五个领域：与影响阶段相联的项目外领域；与人与环境相联的建筑领域——第一领域；与总体规划、建设立项相联的第二领域；与设计施工相联的第三领域；与使用磨合、耗散结构相联的第四领域。下面分别加以分析讨论。

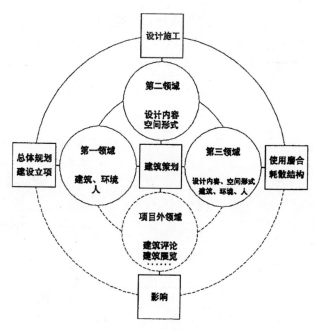

图 5.3 房地产地产建筑设计策划的领域

1. 项目外领域

为使项目立项之后能够顺利的发挥建筑策划的互动性和开放性，建筑策划有必要在项目开始之前建立起专业人员和非专业人员沟通交流的平台。我们将"功夫在戏外"这一过程称为影响，它可以通过项目评估、楼盘展示、广告宣传、项目方案的全社会征集等形式开展。建筑策划不等同于建筑评估等影响形式，它侧重在项目外领域研究它们的开放性和互动性。例如，就建筑评估而言：一方面，建筑策划研究如何将专业评估引入大众化杂志，又如何收集社会评估进入专业人员的视线，从而扩大建筑评估的开放程度；另一方面，它研究建立怎样的共同平台，让专业人员和社会大众在上面进行讨论，促进建筑评估的互动。因此，我们可以把建筑评估、项目展示等与建筑策划之间的研究建筑活动参与的开放性、互动性的课题作为建筑策划的一个领域，并由于其在建设项目范围之外，所以称之为项目外领域。

从建筑策划具体实施者的经济利益出发，项目外领域的研究活动并非不关己事，而是一项有实际意义的长远投资。它一方面能提高社会大众参与建筑乃至项目设计的积极性，提高其建筑素养；另一方面能改善设计师在项目中的地位和设计师面向使用者的设计观念。这为今后建筑活动中专业人员和非专业人员的互动沟通节约宝贵时间，有效提高设计工作效率。

2. 第二领域

把人与环境建筑的关系（天人合一）作为研究对象是建筑策划的一个基本出发点，也是建筑策划的第一个领域。建筑策划在总体规划所确定的红线范围内，对项目社会环境、人文环境、物质环境和生态环境进行实态调查，对经济、社会和环境效益进行分析预测，根据项目土地区域的功能性划分，拟定项目的性质、品质和档次定位。同时建立宏观相关因素模型，对拟定项目的性质、品质和档次进行前馈预测，再根据反馈信息来修正它们。

与目前建筑策划类似，可以把总体规划和建筑策划之间的研究建筑、环境和人的需求课题作为建筑设计策划的第一领域。但所不同的是，这里更侧重于预测而不是确定，由于建筑活动的非线性本质，它更关注由于相关因素的相互作用引起的目标的不确定性。（图 5.4）

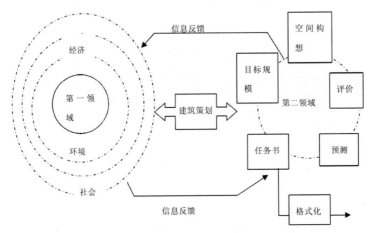

图 5.4　"以人和环境为本"的建筑设计策划领域图式

3. 第三领域

建筑设计策划的第二领域研究建筑设计的依据、空间、环境的设计基准，它包括以下几个部分：①项目目标的确定；②对项目目标的构想；③对项目构想结果、使用效益的预测；④对目标相关的物理、心理及要素进行定量、定性的评价；⑤设计任务书的拟定。这样，由目标设定→构想→预测→评价，建设项目的各项前期准备就基本完成了。将这一过程用建筑语言加以描述，进行文字化、定量化，就可以得出建设项目的设计任务书。设计任务书经过标准化处理就可以成为下一步建筑设计的依据了。

4. 第四领域

在拟定项目的性质、品质和档次定位之后，建筑策划开始对建筑设计的依据，互动设计方式，建造施工的流程以及前馈模型和反馈渠道进行研究制定。这样建筑策划的研究课题不仅渗入到建筑设计而且渗透到建造施工中，可以作为第四领域。

与目前建筑策划相比，关注的内容具体到了设计内容和空间形式，但在下面两个方面有所差异：一方面，第四领域范围扩大了，随着建筑设计虚拟技术的进步，建筑材料和建造施工效力的提高，建筑设计和建筑施工之间的渗透能力也越来越强。建筑设计阶段对施工的预测能力提高，降低了施工时才发现的图纸上的缺陷和不足，施工的灵活性增强也利于减少设计变更。所以从总体上看，将二者放在建筑策划下同一个领域研究能为项目的一体化运营打下良好的基础。另一方面，同样由于建筑活动的非线性本质要求，第四领域的研究不一味追求设计依据的量化，而是更侧重于研究设计依据的灵活性及其产生机制，设计与施工的开放性、互动性和反馈机制以及相关因素模型对阶段目标的检验。

5. 第五领域

房地产项目建成投入使用后，建筑策划任务并未完成。使用者和建筑、建筑与环境的相互作用在现实中才刚刚开始，虽然前面有使用者的参与和各阶段的预测模型，但是限于使用者的理解能力和环境的发展，未经三者的磨合，建筑仍处于无序状态。为使建筑朝有序的方向发展，需要建筑策划对包括规划层次上和设计施工层次上的相关因素作实态的调查，建立相关因素的反馈模型，进行有序程度的评价。我们可以把这一部分的研究作为第五领域。

五、房地产建筑策划的内容

对于房地产项目的开发管理来说，前期管理的战略地位也充分体现出来，前期策划的质量，将直接影响着项目的成败和企业经济效益的实现。具体的策划内容及流程如图5.5 所示。

建筑策划具体工作流程方法为：

1. 建筑规划策划

（1）对开发项目定位的研究和总体规划设计的延伸。通过对项目定位（或可行性研究报告）的研究，明确建筑设计的目标、建筑的目的、使用群体、建筑性质、建设技术经济指标；了解有关项目开发和设计的法律、法规及规范上的制约条件，经济、技术、人口构成、文化环境、生活方式、气候特征、环境特性、基础设施、道路交通和各项规

划指标等制约条件、人文条件和建设条件；了解建筑功能所需要的建筑功能要求、使用
方式、设备配置条件；

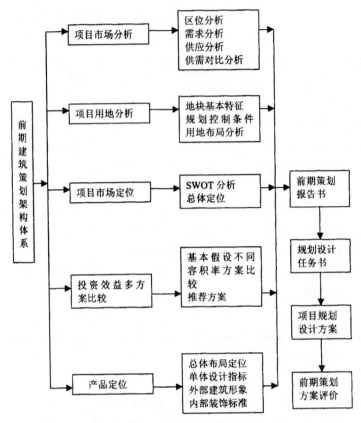

图 5.5　房地产项目开发与建筑策划流程

（2）内外空间构想。确定总体布局的规划设计风格，确定空间的性质，对总平面图
中的分区朝向、绿化效果、建筑密度构成等进行构想，明确总体立意，确定各空间的具
体要求；对建筑的平面、立面、剖面、风格等特征进行构想，确定设计要求，并对空间
成长、感观环境、空间构成等进行设计预测，由此导入拟设计的空间形式，并对构想进
行评价，反馈修正初步设计任务书；

（3）建筑技术构想。其主要是对建筑的建筑材料、构造方式、施工技术手段、设备
标准等进行策划，研究建筑设计和施工过程中各项技术环节的关系和配合要素，协调设
计和各技术部门的关系，为建筑设计提供技术配合；

（4）设计任务书的拟定。将建筑策划工作合乎逻辑地进行规范化、文件化地编写，
总结和表述，通过评价，修正，甚至是对定位中的产品要求进行合乎市场的调整，在策
划过程中，市场研究等相关专业人员进行配合、监控，直到建筑设计任务书能够准确地
用建筑语言描述出项目定位的产品目标。

建筑策划的定量研究和评价方法主要有语义学解析法、模拟法及数值解析法、多因
子变量分析等方法，本书不做详细介绍。

通过建筑策划工作完成准确的建筑设计任务书后，即进入建筑设计方案工作阶段。

2. 建筑方案设计（方案深化设计）

(1) 经过建筑策划，开发商对建筑设计方案已具有了总体的意向，即可进行征求方案的设计招标或委托工作，编制招标文件或委托设计协议，设计方案通过招标确定拟选方案后，根据开发方的评价标准，对方案进行修改调整，直到达到项目定位的目标，即满足设计任务书的要求。对建筑设计的基本要求应注重以下方面：

①根据产品定位的要求进行设计，平面布置合理，注重使用功能与建筑形式的统一，对于项目战略需求的标志性建筑，功能和形式的关系应符合项目需要而定；

②根据居住区开发总体设计理念，注重建筑与环境的协调性，达到定位目标；

③美学特质与经济合理性相平衡；

④层高的确定应符合使用功能的产品定位要求；

⑤结构选型应符合建筑的特点；

⑥在经济合理的前提下，优先选用新型环保节能建筑材料和设备、设施。

(2) 建筑设计方案较为常用的技术评价指标主要有：占地面积、建筑面积、使用面积、辅助面积、有效面积、平面系数、建筑体积、单位指标等，其中常用指标有：

①有效面积：使用面积加辅助面积

②平面系数 K：使用面积与建筑面积之比

③平面系数 K_1：使用面积与有效面积之比

④平面系数 K_3：结构面积与建筑面积之比

⑤建筑周长指标：墙长与建筑面积之比

⑥建筑体积指标：建筑体积与建筑面积之比，衡量层高

⑦平均每户建筑面积：建筑面积比总户数

⑧户型比：评价户型结构的合理性。

⑨每平方米造价

(3) 建筑方案的评价应以产品和项目的定位目标为基础，评价出符合目标市场需求的产品，在评价标准中应明确此原则。方案评价的方法主要有：平分法、加权评分法、层次分析法等方法。方案确定后，即进行方案深化设计，深化设计的成果图册主要为：建筑总图关系，各出入口的布置应合理；商业性质用房设计应方便经营管理；平立剖面相互对应，消防设计符合规范要求，建筑高度不突破规划限高；户型平面应有具体的家具布置；外檐用材效果的说明及局部节点做法；面积指标应与计划任务相符。

建筑方案深化设计从建筑使用的角度已经描述出了产品的主要目的，其和景观设计、配套设计、户内配置等一起用建筑设计的语言基本反映出了项目定位的目标。

房地产建筑全程策划管理体系框架如图 5.6 所示。

六、建筑策划构成框架

根据建筑策划涉及的领域和内容，其构成框架可由图 5.7 表示。

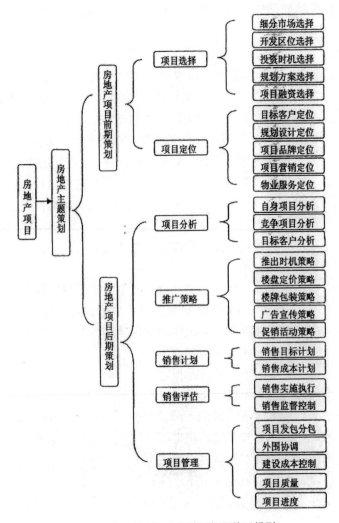

图 5.6　房地产建筑项目全程策划框架体系模型

　　房地产建筑策划的构成框架可由两个"节点"分解成四个过程。其一是信息吸收过程，它是将总体规划、投资状况、分项条件、原始参考资料等进行全面的收集，存入原始信息库。通过对原始信息的初级论证，初步确定项目的规模、性质。而后，在既定的目标及规模性质下，进行全方位的实态调查，拟定调查表，将调查结果用电脑进行多因子变量分析，并将结果定量化，这是信息加工过程。将调查结果反馈到前级的初级论证阶段，对目标的规模、性质进行修正，这是信息的反馈过程。接下来是依定量的分析结果，将建设项目建立起模型，并将设计条件和内容图式、表格化，产生出完整的、合乎逻辑的设计任务书，这是最终建筑策划信息的生成过程。

　　框架中的两个节点是至关重要的，它们是建筑策划逻辑性的体现。第一节点是原始信息库的建立，以此作为建筑策划的物质理论依据。第二节点是电脑多元化、多因子变量分析库的建立，以此作为建筑策划的科学技术依据。以这两个节点联系起来的建筑策划的框架是合乎逻辑、全面而科学的。

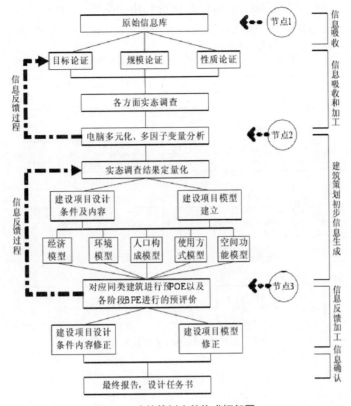

图 5.7 　建筑策划完整构成框架图

在这个框架中，第一过程可以说是业主理念的过程，而第二过程是使用者理念的过程。现代建筑策划的特点也就是站在业主者立场上的使用者理念的建筑创作过程。对这一点，框架中第二阶段所占的份量即是最好的体现。

七、建筑策划的八个操作模型及其整合

由以上内容可以看出，建筑策划的操作程序并不是一个严格的限定过程，每个策划过程都有它所关注的重点问题。在此将对几个模型加以说明，并比较它们之间的异同，从而综合出一个较为全面的建筑策划操作图景。

1. Gerald Davis 的建筑策划操作模型

Gerald Davis 模型一共有 21 步，它从策划的前期开始，一直到评估结束。整个过程的第一部分，是对组织结构，运行方式，市场需求等方面的研究，即针对目前的情况，同时也预测将来的发展趋势。策划过程包括信息的收集，生理上的需求，比如影响健康、安全等因素。行为的需求，比如影响动机等因素。对方案进行功能评价的同时也对它对于社区和环境的影响进行评估。同时建立造价预算估计和一些重要的标准。当建筑落成后，在使用一段时间后，再对建筑进行评估（图 5.8）。

2. Jay Farbstein 的建筑策划操作模型

Jay Farbstein 模型的第一步是查阅现存的文献资料，从中获取相关类型建筑的信息。第二步是调查使用者的偏好和习惯，接下来根据用户的情况制定面积分配，交通流线等

等各种和建筑设计相关的标准。然后以此标准和用户交流,对每个议题的花费情况、收益等进行磋商。最终制定出具体的各空间尺度及其相互联系。当然,在这个文本制成后,业主和客户可以对最终成果进行评价(图5.9)。

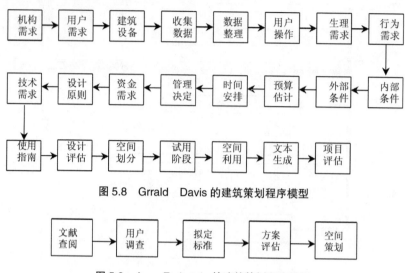

图 5.8　Grrald　Davis 的建筑策划程序模型

图 5.9　Jay　Farbstein 的建筑策划程序模型

3. Kaplan McLaughlin Diaz(KMD)的策划模型

Kaplan McLaughlin Diaz(KMD)的策划过程分为三个阶段,第一阶段包括使用者调查,以及方案的经济可行性。第二个阶段考虑物理内容、功能分析和审美需求。这个阶段包括建筑类型的调查和对建筑内容与形式的影响要素分析。第三阶段研究方案的组织、时间安排、审美特征、以及成本造价预算(图5.10)。

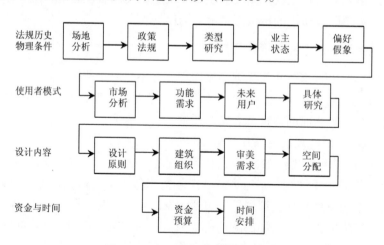

图 5.10　KMD 的建筑策划程序模型

4. John M. Kurtz 的建筑策划操作模型

John M. Kurtz 的策划过程一直持续到设计阶段。模型中的第一步是对于业主情况的熟悉。基本的操作包括该类型建筑的文献研究,对于业主需求的了解,以及关于建筑尺度、空间关系的基本策划。这个初步的策划将留给业主和使用者进行反馈，经过反复的修改后，最终达成各方的满意。优化设计过程也被看作策划过程的一部分，因为业主和使用者们也对初步的设计过程进行了持续的反馈（图5.11）。

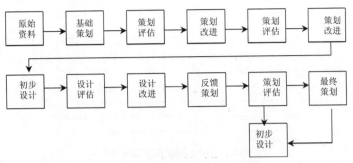

图5.11 Kurtz 的建筑策划程序模型

5. Walter H. Moleski 的建筑策划操作模型

Walter H. Moleski 的模型包括四个阶段，以及两次与业主、建筑师、和策划人之间的反馈过程。第一步是对业主的了解过程，通过访谈等方法决定建筑的功能，以及目前设施的优点和缺点，是个发现问题的过程。第二步通过对考察、观察和问卷技术对信息进行收集，收集来的信息用来分析行为、相关问题和需求。第一次反馈，发生在第三步前，策划者和用户们商讨一些基本问题，以及选择适当的策略继续完善策划。第四步是发展策划策略并建立空间标准。使得一个较为具体的设计需求标准得以建立。策划者向设计者提供空间的特点，物理条件，和空间组织等方面的建议。第二个反馈过程是业主和用户对于一些策划方案进行讨论，明确意向，并对于策划的策略给予认可（图5.12）。

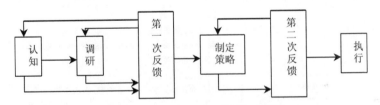

图5.12 Moleski 的建筑策划程序模型

6. Pena 的建筑策划操作模型

Pena 的策划程序分为五个步骤：（1）建立目标；（2）收集信息；（3）寻求概念；（4）决定需求；（5）明确功能、形式、经济、时间、能源方面的问题。有一百多项关注点覆盖了方案的各个方面，比如方案成立的原因，空间需求，场所分析。这套程序更偏向于寻求问题，它把几方面的工作都综合在一起，并在策划过程中进行会议研讨。建筑策划人员在这个过程中运用卡片和图表等辅助手段来共同说明策划问题，同时会把分析的过程贴在墙上，在业主和用户面前进行解释说明，同时进行讨论（图5.13）。

7. Edward T. White 的建筑策划操作模型

Edward T. White 的策划模型包含了三个阶段的一系列任务：策划前、策划中、策划后。策划前阶段，业主、用户和策划者在策划过程、规则、策划的内容等方面达成一致。任何前期的资料都将得到收集与整理，确定信息收集的顺序，以及工作顺序，人员的分组情况等内容。策划阶段包括信息收集、分析、评估、检验、组织和文本生成。信息将经过业主们的审查，空间需求会经过预算的验证，规划和设计的大体方向将会确定。策划后期将进行文本制作，并且进一步展开讨论（图 5.14）。

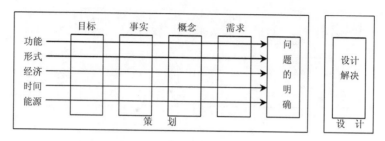

图 5.13　Pena 的建筑策划操作模型

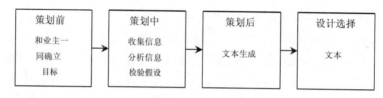

图 5.14　White 的建筑策划操作模型

8. 庄惟敏教授的建筑策划操作模型

以上 7 个策划操作模型反应了国外比较典型的建筑策划操作程序。我国的建筑策划流程一般应用的是以庄惟敏教授的《建筑策划导论》一书中所提供的模型进行操作的（图 5.15）。

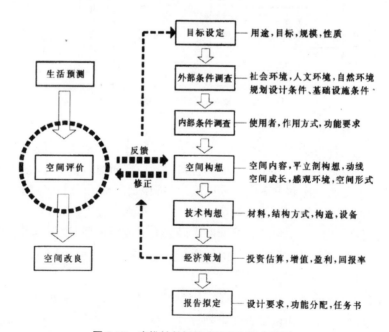

图 5.15　庄惟敏教授的建筑策划操作模型

该策划模型共分为七个步骤：

（1）目标的确定。根据总体规划立项，明确项目用途和项目性质，规定项目规模（层数、面积、容积率等）。

（2）外部条件的调查。这是查阅项目的有关各项立法、法规与规范上的制约条件。

（3）内部条件的调查。这是对建筑功能的要求、使用方式、设备系统的状态条件等进行调查，确定项目与规模相适应的预算、与用途相适应的性格以及与施工条件相适应的结构形式等。

（4）空间构想。又称"软构想"，对总项目的各个分项目进行规定，草拟空间功能的目录——任务书，确定设计要求。同时对空间的成长、感官环境等进行预测，从而导入空间形式并以此为前提环境对构想进行评价，以评价结果反馈修正最初的设计任务书。

（5）技术构想。又称"硬构想"，主要是对项目的建筑材料、构造方式、施工技术手段、设备标准等进行策划，研究建设项目设计和施工中各技术环节的条件和特征，协调与其他技术部门的关系，为项目设计提供技术支持。

（6）经济策划。根据软构想和硬构想委托经济师草拟出分项投资估算，计算一次性投资的总额，计算项目损益及可能的回报率，做出宏观经济预测。

（7）报告拟定。对整个建筑策划的工作总结和表述，为下一步建筑设计提供依据，便于投资者做出正确的选择与决策。

归纳该运作模式可抽象概括为以下表达：认识→限定条件→解决方案→实施。整个程序不是一个单向的线性运行过程，而是一个不断反馈、循环的多变量函数的系统运行过程

9. 建筑策划操作模型的综合

以上的模型在形式、侧重点上都有所不同。一些策划者把策划和设计过程分别对待，而另一些把策划看作设计的一个部分。不论策划和设计的关系如何，每个操作模型都对于信息进行收集、分析并在此基础上对设计过程产生帮助。如果把八个模型合并成为一个，则将得到一个从策划前、一直到使用后评估的完整策划过程。表 5.1 则把各种模型的特点进行了整理，是对这些模型的汇总（用名字的第一个字母代表各自的模型）。

表 5.1　对几个建筑策划操作模型的综合

建　筑　策　划	D	F	K	Ku	M	P	W	Z
明确参与者并组织策划团队	●	●	●		●	●	●	
明确策划对象	●	●	●	●	●		●	●
明确策划内容	●	●	●		●		●	●
明确所需信息	●	●	●	●	●		●	●
与业主商定过程、顺序、任务、时间、规则	●	●	●				●	
明确信息源	●	●	●			●	●	●
理解业主 / 使用者的组织和方式								
组织机构的属性、运作方式	●		●		●			
机构的功能、沟通过程	●	●			●			
对目前建筑设施的满意度	●	●	●					●
明确客户	●	●	●		●			●

（续表）

建　筑　策　划	D	F	K	Ku	M	P	W	Z
确立方案目标								
功能目标	●	●		●		●		●
形势目标						●		●
审美目标	●	●				●		●
时间计划						●		●
组织信息收集								
收集并组织与方案相关的资料	●	●	●		●		●	●
问卷与访谈	●	●	●	●	●	●	●	●
文献查阅	●	●	●	●	●	●	●	●
对现有设施的观察	●	●	●		●			●
业主 / 用户的背景信息	●	●	●		●		●	●
考察同类型的建筑设施	●	●	●	●	●	●		●
收集与建筑功能相关的信息	●	●	●	●	●	●	●	●
收集与建筑形式相关的信息	●	●	●	●	●	●	●	●
收集与预算相关的信息	●	●	●			●		●
收集与时间性相关的信息	●	●						
分析信息								
分析收集的资料	●	●	●		●		●	●
建立功能空间标准	●	●						●
对所需的空间分类	●	●	●	●				●
空间的图表制作		●	●		●			●
各活动间的交叉模式		●	●	●				
对功能单元的描述	●	●	●					
标准的建立								
建立并发展几种标准	●	●	●		●		●	
功能标准的发展			●			●	●	●
建立形式、经济及时间标准						●		●
明确预算需求								
功能需求	●	●			●	●	●	●
形式需求		●			●	●	●	●
经济需求	●	●				●	●	●
对方案的建议								
对业主 / 使用者们使用的建议	●							●
对社区和生态的建议	●							●
策划的反馈修正	●	●	●	●	●	●	●	●

这个综合的策划表虽然分了很多步骤，但它们之间并不是线性关系。这种比较能够反应各模型表达之外的一些内容，这种分类也显示了一些关键问题。除以上提到的几个程序外，还有很多关于建筑策划的程序研究，有的侧重于如何让使用者更好的参与到策划中来，有的则更偏向影响使用环境的管理政策上，在此就不进行深入的介绍和讨论了。

第二节　房地产项目开发策划系统

一、房地产项目开发策划体系

房地产项目策划体系可分为六个子系统，他们分别是市场策划系统、营销策划系统、投资策划系统、设计策划系统、文化策划系统和经营策划系统。

1. 市场策划系统

市场策划系统的内容包括开发市场调研、项目区位选择、目标市场细分、目标客户定位、客户需求分析、项目发展导向、项目营销方向、项目研究方向、项目经营方向、项目品牌方向和物业服务方向等，它是项目发展策划的基础工程。其作用体现为针对房地产项目所在市场进行调研和预测，确定项目的市场位置，找出项目现在的和潜在的目标客户群，分析目标客户的需求方向，从而对项目的营销、产品、品牌、经营以及物业服务进行发展方向、价值内涵的初步定为，为进一步的项目各项专业策划做好基础性的工作。

市场策划开辟了项目的"航道"。找准自己的价值之源，才会有项目的立身之本和发展之道，反之市场策划出现偏差，则很可能使项目陷入迷途，导致全盘皆输。

2. 营销策划系统

营销策划系统的内容包括项目营销环境和形式的分析、营销主题思想的凝练、营销战略规划的制定、营销指导原则的规定，价值构造和价格策略的设定、营销及招商的全程工作计划等。它是项目发展策划的导向工程。其作用体现为在全面掌握项目市场营销环境、形式基础上，树立项目发展的营销导向，提炼营销主题思想，制定营销战略规划、确立营销指导原则，为其他子系统和项目的后期销售推广企划提供具有明确服务对象、目标、主题、原则、策略和标准的营销指南。

营销策划指引着项目的"航道"，明确项目的服务对象和服务导向，项目才能向精益化开发的目标顺利进发。

3. 投资策划系统

投资策划系统的内容包括投资时机选择、项目经济分析、项目融资选择、项目合作选择和项目分经营效益预估等。它是项目发展策划的效益工程。其作用体现为在市场策划的前提下，从投资的角度来对项目进行经济评价，对投资方案进行筛选，使项目的效益达到预期的目标。

投资策划调度着项目的资本。除了从量的方面把关以外，投资时机的选择、合作方式和对象的考量，产出机会的把握等，都左右着市场策划、营销策划、设计策划、文化策划和经营策划的方向。

4. 设计策划系统

设计策划系统的内容包括规划设计定位、建筑设计定位、景观设计定位、会所设计定位和销售设计（销售中心、样板间等）定位等。它是项目发展策划的产品工程。其作用体现为围绕各子系统所确定的方向、标准和目标，根据目标客户的需求，展开量身定制的产品研发设计工作，它是房地产项目的硬实力工程，为项目的营销和经营做好了成功的铺垫。

设计策划决定了产品的高下。项目的产品塑造最终通过设计策划完成，设计策划堪称项目发展策划中的"临门一脚"，传球再妙，破门乏术，一样赢不了球，有的项目一路误打误撞，但设计出彩，竟也歪打正着。这样的案例在尚处于起步阶段的 20 世纪 90 年代国内楼市并不少见。

设计策划即本文要论述的建筑策划，主要研究如何科学地制定建设项目的总体规划立项之后建筑设计的依据问题，摈弃单纯依靠经验确定设计内容及依据（设计任务书）的不科学、不合理的传统方法，利用对建设目标所处社会环境及相关因素的逻辑数理分析与相关定性分析，研究项目任务书对设计的合理导向，制定和论证建筑设计依据，科学地确定设计内容，并寻找达到这一目标的科学方法。其主要内容包括如下：项目总平规划、套型、户型及户型比、户型面积、交通系数、公摊系数、使用系数、配置标准、环境景观设计等等，产品本身的品质是最主要的策划内容。房地产策划就是将市场策划的成果，通过建筑技术语言将其表现出来的一个过程。产品策划是介于城市规划与建筑设计（设计院所）之间的一项重要"断层"工作，也是我国目前房地产业发展过程中最薄弱的环节，是房地产市场经济发展到今天的必然产物。

5. 文化策划系统

文化策划系统的内容包括项目文化战略规划、品牌文化策划、文化资源开发、文化主题策划、文化环境设计和文化发展计划等。它是项目发展策划的魅力工程。其作用体现为通过创建项目的商业文化价值体系，确立项目的品牌内涵、文化格调和艺术品位，极大地提升项目的附加值，使项目获得厚积薄发文化推动力，西方国家的高端房地产项目无一例外地经过文化熔炉的熔炼。它是房地产项目的软实力工程。文化策划奠定了项目的内涵。项目品牌声誉的优劣、与买方情感纽带的强弱、利润附加值的高低、发展后劲的大小，很大程度上取决于文化策划的功力。

6. 经营策划系统

经营策划系统的内容包括项目品牌策略、经营管理策略、产业发展策略和经营推广策略等。它是项目发展策划的未来发展工程。其作用体现为着眼于项目的未来经营和长期发展价值，从经营理念、品牌、招商、产业、政策等各方面，为开发完成后的成功经营做好准备。

经营策划导演着发展的"钱程"。无论是开发后推向市场营销还是长期持有经营，"以用户利益文本"应是房地产项目的价值基石，因此，经营策划是实现项目长远发展价值的行动指南。

二、房地产建筑策划的相关因素（图 5.16）

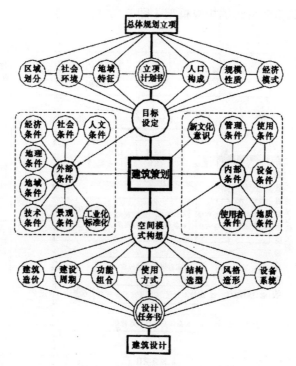

图 5.16 房地产建筑策划的相关因素
资料来源：庄惟敏《建筑策划导论》

三、建筑策划与建筑设计的关系

建筑策划是研究设计项目的设计依据。他的结论规定或论证了项目的设计规模、性质、内容和大小尺寸，它为设计制定出了空间的模式和空间的组合概念，因此可以说建筑策划是建筑创作中建立"骨骼系统"的工作，而建筑设计则是将策划中的空间概念和模式以建筑语言的形式加以丰富充实，并表现在图纸上，绘制出具体的空间形态和造型。所以又可以认为建筑设计是建筑创作中填补"肌肉"的工作。以"骨骼"和"肌肉"的关系来形容和说明建筑策划和建筑设计的关系是恰当且直观的。

"骨骼"的建立，最重要的课题是对各种要求条件的全面把握以及将其转变为空间概念。而设计阶段，填补"肌肉"的工作中最终的就是将"骨骼"中抽象的空间概念和模式具象化，直至绘出完成的空间图形。这一从"骨骼"到"肌肉"的过程可以简述为由问题的解决过程到形态的发现过程。其中建筑策划阶段是"问题解决的过程"，而设计阶段则是"形态发现的过程"。因此建筑策划对建筑设计的影响就好比决定了一个建筑的高矮胖瘦，决定这个建筑是否运行的健康。

威廉·佩纳 (William M. Pena) 在《问题搜寻法——建筑策划初步》书中是这样对建筑策划与建筑设计之间的关系进行总结的："如果策划是对于问题的搜寻，那么建筑设计就是对于问题的解决"，建筑策划与建筑设计之间亦是搜寻问题，确定目标和解决问题、完成目标的关系。建筑策划对建筑设计的影响就是决定了解决的问题，完成的目标是否正确。

四、房地产建筑策划系统的构成框架（图 5.17）

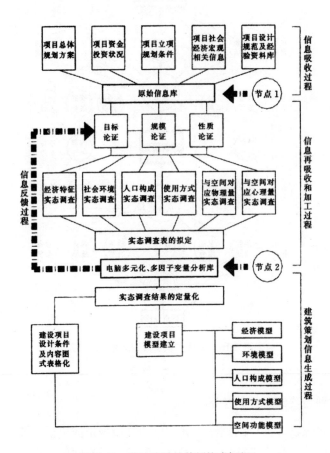

图 5.17　房地产建筑策划构成框架

五、房地产建筑策划协同运作体系

一份完整的房地产建筑策划报告通常由开发商的成本控制中心、运营中心、营销中心及设计中心共同完成，相互指导，碰到大型的商业或者酒店项目时也会请到专业的策划公司或者顾问公司进行配合，如图 5.18 所示。

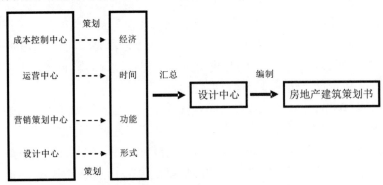

图 5.18　房地产建筑策划协同配合图

　　成本造价控制中心主要负责指导建筑成本造价的控制，用成本造价目标导向来影响建筑设计，例如：由于地质条件的限制，地质层存在很深的岩石层，导致需要大量的爆破，从而引起成本造价的增加，那么建筑就必须进行场地标高的调整，亦或者取消地下室，又或者精装交楼的住宅，交楼标准成本指标的高低也决定了建筑设计的风格等等。下面来看一个案例：

　　一栋高层公寓，由于地质情况的原因导致对施工图的修改。在详勘出来之前设计单位已经进入了单体设计阶段，由于项目的场地非常的小，该地块为商业兼停车场功能用地，停车要求特别高，因此地下室的设计与布置就非常之难，修改之前的方案当时做了四层的地下室，其中有一层有夹层，当时层高基本都在四米，地下室底板的标高在 -21.40m，后来详勘出来后发现在地下埋深为 21.00 ~ 45.70m 的位置为微风化岩带，到了微风化岩带每挖深一米都涉及巨大的爆破工程，费事费钱，因此开发商经与规划局协商，规划局同意突破地下室轮廓的控制线，把每层的地下面积增大，抬高地下室底板的深度，调整之后地下室底板深度为 19.00m，避开了微风化层。这一修改给甲方节约了巨大的时间和造价，但是设计院也多了一次修改，如果详勘能够早点提供，这个修改其实是可以避免的。

　　运营中心主要负责对项目整体的协调、统筹，就像人的大脑神经中枢，对整个项目的开发成本、开发周期及开发中的重要时间节点、项目的整体定位进行把握和控制，而控制这一切的最主要的点是时间。由于时间的限制，导致建筑在基础选型、地下室防水方式等各个方面需进行定向选配的例子比比皆是，同时项目一般都尽量避免那些施工周期长的基础做法或防水做法，例如：能用天然基础的就一定不用桩基础，能选用混泥土自防水的就一定不另外做防水，因为这些都导致施工周期的增加。

　　营销中心主要负责对目前的市场情况进行调查，包括在售楼盘的户型、面积配比及竞争性楼盘的市场情况分析；对未来 2 ~ 3 年市场将推出的货量预计，包括市场所有在售项目产品后续情况及未来的土地市场情况调查；并根据前面的调查对开发的项目进行产品规划及布局建议，包括对项目的优劣势分析、产品定位、目标客户分析、产品类型、产品配比及外立面风格意向参考。

　　设计中心负责归纳整理以上三个中心策划报告成果，并将相关要求提炼成设计语言，结合三个中心的成果对建筑设计有关的内容提出《建筑策划报告》，形成最终的《设计任务书》发给设计单位，《建筑策划报告》会作为《设计任务书》的附件一并提供给到设计院以作为设计依据。

　　因建筑策划是一个指导性的内容，通常会根据后续设计的过程中遇到的实际问题进行微调，因此《建筑策划报告》是可以进行修改的，在扩初设计前会再次形成一版修正过的《建筑策划报告》给到设计院进行进一步的设计工作。

六、房地产建筑策划程序模型

　　由于在具体建设项目的具体建筑策划程序受个别性的影响，具体细微环节的逻辑顺序并非一成不变。但其对应建筑活动的基本程序如图 5.19 所示：

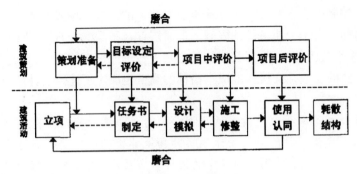

图 5.19　房地产建筑策划基本程序

第三节　基于成本效益优化的房地产建筑设计策划实践

房地产建筑策划最科学的方式是房地产开发企业在建筑设计人员的技术支持下，对规划设计条件进行仔细分析，在满足项目美观性、实用性、经济性的前提下，策划出具有最佳开发效益的方案。下面通过实例推理，详细讨论某房地产项目开发项目在前期策划阶段功能定位策划策略。

一、项目基本情况分析

项目规划条件通知书规划要求主要内容：

（1）规划建设用地面积：$10782.6m^2$；

（2）容积率：$3.0 < FAR < 4.0$；

（3）建筑密度：$30\% < D < 40\%$；

（4）绿地率：不少于 30%；

（5）建筑控制高度 < 50m；

（6）建筑退让距离：北向退让道路红线不少于 5m；西向退让道路红线不少于 3m；东向退让道路红线不少于 3m；南向基准离界距离不少于 8m；

（7）车位要求：商业按营业建筑面积 0.7 车位 $/100m^2$，居住停车按 0.7 车位 / 户配置，公共停车位按总停车位的 5% 配置。

以上规划设计条件由规划主管部门提供，原则上应遵守其规定要求进行设计。项目规划设计条件见图 5.20。

开发商在项目前期策划阶段即邀请建筑设计人员进行策划定位，设计师在实地勘踏以后，得到的基本印象是：①该地位于城市主干道旁，交通便利，周

图 5.20　规划设计条件通知书

边商业氛围好；②临街面较宽（近 180m），进深方向短（60m）；③周边楼盘沿街基本布局为商住楼形势—底部为两层商铺（14m 左右进深），以上为 15 层住宅；④场地内高差有 6 ~ 8m，部分有填方，低于主干道。

经过初步分析后，设计师认为如何根据该地块的实际情况，扬长避短，在遵守规划部门规划设计条件的前提下最大程度实现房地产开发的经济效益是本项目策划的重中之重。展开思维，建筑师应深入考虑以下问题：①充分利用地块沿街面宽的有利优势，在设计时多规划商铺；②地块东、西、北向均环路，尽可能在这三向均布置商铺；③商业与住宅的面积控制在什么样的比例，经济效益最佳；④地块进深较短、建筑间日照间距小应如何合理布置建筑；⑤场地内高差较大，如何规划可降低成本。

二、建筑策划设计方案比较分析

经过充分考虑并结合规划设计条件通知书的要求，设计师决定通过三个不同的策划方案比对经济效益，推理出最佳的功能定位方案（图 5.21）。

策划方案一：借鉴周边项目的布局模式，将东、西、北三向布置两层商铺，根据地块进深较短的特征，在南北向分别布置多层与高层住宅（图 5.22）。

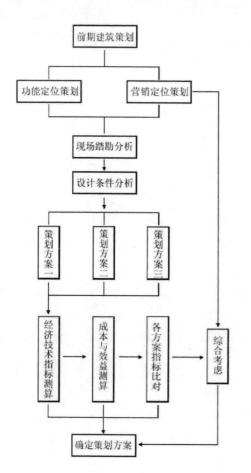

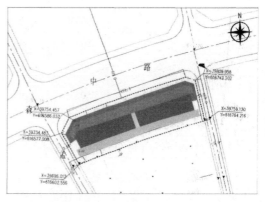

图 5.21　建筑策划分析比选步骤　　　　　　　　　　图 5.22　项目策划方案一示意图

根据以上策划方案，估算项目的经济技术指标见表 5.2：

表 5.2　策划方案一：经济技术指标表

用地面积		m²	10782.6
总建筑面积		m²	50530
地上建筑面积		m²	42970
其中	高层住宅建筑面积	m²	25200
	多层住宅建筑面积	m²	10500
	商业建筑面积	m²	5400
	地上车库建筑面积	m²	1870
地下建筑面积		m²	7560
建筑基地面积		m²	4270
住宅套数		套	294
容积率		%	3.99
建筑密度		%	39.6
绿地率		%	30.2
停车位数	地上停车位	个	95
	地下停车位	个	168(5040m²)

根据以上指标，分析各项成本及经济效益见表 5.3：

表 5.3　策划方案一：损益表

建设成本					销售收入			
分项名称		单方成本（元）	建筑面积（m²）	分项合计（万元）	分项名称	单方售价（元）	建筑面积（m²）	分项合计（万元）
土地成本		1120	50530	5660	高层住宅	3500	25200	8820
建安成本	地上 高层	1800	25200	4536	多层住宅	3000	10500	3150
	地上 多层	1300	12370	1608	地上车库	6000	1870	1122
	地下	2500	7560	1890	地上车位	2000	1710	342
营销费用		100	50530	505	地下车位	5500	5040	2772
管理费用		80	50530	404	一层商铺	25000	2600	6500
税费		135	50530	682	二层商铺	8000	2800	2240
报建费		85	50530	430	—	—	—	—
财务费用（未含贷款利息）		60	50530	303	—	—	—	—
总计		16018 万元			总计	24946 万元		
项目总经济效益估算为：(销售收入 − 建设成本)=8928 万元								

策划方案二：为建设出更多的商业面积，将该项目裙楼设计为四层大空间商铺，作为大型卖场来考虑布局，其上为 10 层住宅（图 5.23）。

根据以上策划方案，估算项目的经济技术指标见表 5.4:

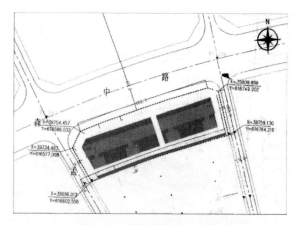

图 5.23　策划方案二示意图

表 5.4　策划方案二：经济技术指标表

用地面积		m²	10782.6
总建筑面积		m²	49665
地上建筑面积		m²	42870
其中	高层住宅建筑面积	m²	27390
	商业建筑面积	m²	15480
地下建筑面积		m²	6795
建筑基地面积		m²	4290
住宅套数		套	220
容积率		%	3.98
建筑密度		%	39.8
绿地率		%	—
停车位数	地上停车位	个	125
	地下停车位	个	151（4533m²）

根据以上概念性设计，估算经济技术指标见表 5.5：

表 5.5　策划方案二：损益表

建设成本					销售收入			
分项名称	单方成本（元）		建筑面积（m²）	分项合计（万元）	分项名称	单方售价（元）	建筑面积（m²）	分项合计（万元）
土地成本	1140		49665	5660	高层住宅	3500	27390	9687
建安成本	地上	1-4F	2100	15480	3251	地上车位	2000	2250	450
		5-14F	1800	27390	4930	地下车位	5500	4533	2493
	地下	2500		6795	1699	一层商铺	20000	3870	7740
营销费用	150		49665	745	二层商铺	5000	3870	1935
管理费用	80		49665	397	三层商铺	4500	3870	1742
税费	135		49665	670	四层商铺	4000	3870	1548
报建费	85		49665	422	—			
财务费用(未含贷款利息)	60		49665	298	—			
总计	18072 万元				总计	25595 万元		
项目总经济效益估算为:(销售收入—建设成本)=7523 万元								

策划方案三：考虑到商业销售压力等问题，将裙楼设计为两层大空间商业，其上为13 层住宅（图 5.24）。

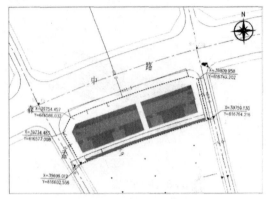

图 5.24 策划方案三示意图

表 5.6 策划方案三：经济技术指标表

用地面积		m²	10782.6
总建筑面积		m²	48595
地上建筑面积		m²	42970
其中	高层住宅建筑面积	m²	35230
	商业建筑面积	m²	7740
地下建筑面积		m²	5625
建筑基地面积		m²	4290
住宅套数		套	286
容积率		%	3.99
建筑密度		%	39.89
绿地率		%	
停车位数	地上停车位	个	125
	地下停车位	个	125(3746m²)

表 5.7 策划方案三：损益表

建设成本					销售收入			
分项名称		单方成本（元）	建筑面积（m²）	分项合计（万元）	分项名称	单方售价（元）	建筑面积（m²）	分项合计（万元）
土地成本		1165	48595	5660	高层住宅	3500	35230	12330
建安成本	地上 高层 1-2F	2100	1625		地上车位	2000	2250	450
	地上 多层 3-15F	1800	6341		地下车位	5500	3746	2060
	地下	2500	5625	1406	一层商铺	20000	3870	7740
营销费用		120	48595	583	二层商铺	5000	3870	1935
管理费用		80	48595	389	—	—	—	—
税费		135	48595	656	—	—	—	—
报建费		85	48595	413	—	—	—	—
财务费用（未含贷款利息）		60	48595	292	—	—	—	—
总计		17365 万元			总计	24515 万元		
项目总经济效益估算为：(销售收入—建设成本)=7150 万元								

三、策划方案对比及基本结论

表 5.8 将以上三个策划方案的关键指标进行对比。

表 5.8　策划方案数据对比表

对比项目	策划方案一	策划方案二	策划方案三
商业面积 / 层数	5400/2F	15480/4F	7740/2F
住宅面积 / 层数	35700/3F-15F	27390/10F	35230/13F
地下层面积	7560	6795	5625
经济效益	8928	7523	7150

经过项目功能定位策划，得出以下基本结论：

(1) 选用第一种策划方案经济效益最佳，设计布局最贴近当地实际，商业规模适中，且不违反规划部门制定的规划设计条件书的要求；

(2) 由于场地内高差较大，较大面积的地下层可以减少填方，节约土方运输成本，降低工程造价。

通过以上功能定位推理分析后，从经济效益角度看，基本可选择第一种策划方案实施，但仍需经过营销策划环节再分析，结合项目实际情况进行再验证，才能最终决定选用哪一策划方案。

四、房地产项目营销定位策划比较

房地产项目的营销策划与功能策划是同期展开的，功能策划根据营销策划的指导思想进行深入研究，为营销策划提供科学的数理分析与论据，论证营销策划的可行性；营销策划则必须根据功能策划推理出的数据进行再研究，并作出相应的调整。当两者之间达到有机统一时，房地产项目的前期建筑策划才是最科学的、最具开发效益的。以下将通过对两个房地产案例进行分析研究营销定位策划策略。

通过对以上三个功能策划方案比对后，可发现第一方案更具操作性、符合当地实际，经济效益更好，明显优于其他两个方案。从营销策划角度分析并结合功能定位策划的数理论据考虑，结论如下：

（1）第二、三种策划方案虽然商业面积较第一种策划方案大，但经济效益却并不理想，且商业面积的增加意味着销售压力的增大。而且，当地购房者长期以来的商铺购买习惯是沿街的独立商铺，一二层连用；大空间商业的销售必须通过产权式商铺营销模式来实现，这种模式在其他的项目实践中很不成功，因此尊重当地消费习惯，仍然采用独立商铺设计较为稳妥。

（2）第一种策划方案住宅建筑面积最多，考虑到商住综合项口销售时往往先售住宅后售商业的惯例，在前期回笼资金速度将比第二、第三方案更快。

（3）第一种策划方案住宅部分设计一栋多层、一栋高层，在施工过程中多层建筑的施工进度必然快于高层建筑，可以较早展示项目形象，并早于高层拿到《预售许可证》，有利于项目营销推广，并快速回笼资金减轻开发压力；

（4）第一种策划方案设计的多层住宅购买及使用成本更低，在目前市场多层住宅缺乏的情况下，可以引起一部分消费者的抢购。多层住宅底层设计的独立车库可以满足多种使用需求，是一个较强的卖点。

因此，营销定位也是选择第一种策划方案实施，该方案贴近当地实际，可操作性强，综合效益最高。

此例通过前期建筑策划阶段的功能策划定位与营销定位，为房地产项目的发展指明了方向，彰显了建筑设计对于优化房地产开发效益的重要作用。

第四节　案例：丽湖馨居地产项目设计策划方案分析

一、项目情况介绍

该项目总计 50 万 m²，分 121 地块 (01-01、02)，122 地块 (01-03、04)，具体项目分期情况如 5.9 表：

表 5.9　地块分期开发情况

地块情况	分期情况	商业面积（万 m²）	住宅面积（万 m²）	备　注
01-01 地块	2 期	3.9	8.0	居住商业办公
01-02 地块	2 期	10.0	4.0	居住商业办公
01-03 地块	2 期	0	17.0	居住
01-04 地块	2 期	0	10.0	居住

该项目土地出让价格约 21 亿人民币，土地价格平均成本约 4000 元 /m²。考虑到该项目土地所占成本比重偏高，如何快速盘活项目，降低后期开发成本成为重中之重，所以重点在项目策划、设计、施工、材料选择等阶段进行价值分析，以便提高项目盈利能力。

二、项目相关分析

1. 确定研究对象

对于该项目来说，确定建筑形式的比例及建筑形式的区位分布，是项目策划的一个关键点，我们将项目建筑形式的分布作为讨论对象，主要考虑到以下几点：

1) 该项目的地理位置已经确定，从区域交通情况来说，没有可能改变，所以在已经确定各个建筑类型占比的情况，如何更大限度地提高项目价值，是需要深入讨论的，通过分析该地块周边的交通情况，最优地确定各个建筑形式在各个地块的不同分布，则是更大限度提高产品附加值。

2) 由于当地政府对于该项目支持很大，更希望该项目成为周边项目的中心地带，所以盘活商业、布置好商业的分布、确定商业占地与住宅间的关系，则为兼顾公司利益与当地政府要求的一个重要议题。

所以作好项目的策划方案为当务之急。通过选择住宅、商业、公建、办公等建筑形式在该地块布置作为研究的对象，希望通过优化合理的布置获得项目的附加值。

2. 项目区位与交通

项目地铁、公交及高速等交通网络的分布如图 5.25 所示：

图 5.25　项目交通区位图

3. 项目功能及优劣分析

通过附近道路交通分析可以得知，01-01 地块环境比较安静，同时交通也比较便利，适合做高品质的别墅项目，同时地块内环境比较好，对于别墅业主比较容易得到认可。

01-02 地块内由于有公交总站、地铁站，而且道路交通非常便利，满足做商业项目的基本条件：交通便利、人群密集、停车方便，所以该地块适合做办公、商业等业态。

01-03 地块紧邻微山路，且地铁从北至南通过，环境一般，而且关于住房规划中，要求套型面积的 90/70 政策，所以该地块可以建设高层住宅项目，满足政府要求的 90/70 政策，同时由于住户比较多，可以设置人防建设，不仅满足了停车的要求，同时也满足了人防设施建设的要求。

01-04 地块环境清幽，适合做高品质项目，可以获得高附加值，因此别墅项目也是不二只选。

考虑到市外环线附近在建别墅项目很少，所以别墅项目将是市场上比较紧俏的商品。

下面采用优缺点列举法进行项目方案分析，确定各个地块建筑形式的优点（ 表 5.10 ）。

表 5.10　项目建筑形式方案分析

地块	交通情况	环境情况	建筑形式	产品附附加值
01-01	道路交通便利	清幽	联排别墅	1) 别墅的环境好 2) 交通比较适合开车业主 3) 周边绿化比较多 4) 具有别墅独享的私密感觉
01-02	公路、地铁、公交非常便利	一般	办公、商业、配套	1) 交通便利，提神价值 2) 公交地铁，集聚人气 3) 停车便利，扩大商圈范围 4) 可以借商业便利与地铁公司商谈地铁上盖项目

（续表）

地块	交通情况	环境情况	建筑形式	产品附加附加值
01-03	公路、地铁非常便利	一般	高层建筑	1) 密度大，适合更多人群 2) 总价低，便于快速回款 3) 地铁沿线环境与项目匹配 4) 小区投资及居住均适合
01-04	道路交通便利	清幽	联排别墅	1) 别墅的环境好 2) 交通比较适合开车业主 3) 周边绿化比较多 4) 具有别墅独享的私密感觉

通过以上分析，可以看出各个地块建筑形式的匹配关系，从总体上来说满足了项目对于产品附加值的要求，大大提高了项目的市场适应性和经济性。

4. 进行项目方案评价

该策划方案提高了项目的价值内涵，使产品具有较强的市场适应性，同时在一定程度上通过项目所在地的特定优势，更好地适应市场（比如项目中的商业综合体结合地铁上盖项目进行策划），不仅能够改善项目的产品性能，而且可以增强产品市场竞争力，从而达到产品价值的提高。

该方案注重对市场建设工程项目的功能进行分析，促进项目产品功能的完善。价值工程法不单单关注建筑项目本身，并且具体研究住宅的开发成本与用户需求的匹配性。它把成本、功能、用户有机地联系起来，用以提高产品性价比和适应性。采用这种方法，可以使开发公司全面地了解市场状况、产品区域及政策导向，确保项目决策的正确性和市场适时性。

5. 项目策划改进

在项目策划过程中，对于商业业态中的具体业态，在策划阶段可以通过前期招商，针对特定客户进行定制化服务，通过已经通过招商引资确定的商家，来带动整个商业地块的商业氛围，将该方案引入商业业态管理中，能大大增加对于项目策划的成功率。

三、价值工程在项目策划阶段的应用

建筑设计阶段是房地产开发项目的一种重要阶段，也是建筑使用功能筹划的阶段，同时决定了项目的最终使用价值，对开发投资有着非常重要的影响。随着设计工作的深入，这种影响逐渐降低。建筑设计是开发项目管理中重要一环，项目能否保质保量地完成，不仅仅取决于施工阶段，在很大程度上取决于设计的优劣，建筑设计是否可行、设计内容是否到位、相关专业是否协调都会影响到项目成本、甚至直接影响到项目必要功能的实现；同时建筑设计具有重大意义。下面通过案例分析讨论，在满足政府相关规划及容积率的情况下，通过好的方案设计，提高建筑产品的附加值。

1. 确定研究对象

丽湖馨居 121 地块的 O1C 地块，位于梨双公路旁，距离地铁站约 200m，属于新兴的商业区域，01C 地块要求：商业金融建筑面积 42000m^2，建设限高为 35m，配套公建面积 1600m^2，由于该地块为 01 地块的最后一期，所欠缺的规划上的人防面积、车位数

量均需要在该地块内落实，所以选择 01C 地块建设项目规划 WE 研究对象，并对其进行价值分析。

2. 项目功能成本分析

通过成本分析法，对该项目的开发成本进行定量分析，通过定量分析确定该地块内的建筑设计类型，从而得到最大价值的项目规划设计。

原方案设计分析：

4 座办公楼，每座办公楼层高 5.1m，顶层层高 4.4m，每层 1296m²，合计总 36288.00m²，同时设置 4 座小型商业楼，建筑面积合计 5712m²。项目销售收入分析见表 5.11。

1) 初步计算出销售总价 M_1：

表 5.11　项目销售收入分析

序号	产品类型	销售价格（万元）	面积（m²）	合计（万元）
1	办公楼	1.1	36288	39916.8
2	独立商业房	1.9	5712	10852.8
3	合计			50769.6

成本方面主要由以下几个部分组成：

土地成本：该地块的土地出让金为 18000 万元。

建安成本：办公楼、商业楼的建安成本分别为 3500 元 /m²，3700 元 /m²，人防车库的建安成本为 3600 元 /m²；配套公建的建安成本为 2800 元 /m²；

配套费用：电力 + 热力 + 给水 + 排水 + 园林合计为 1200 元 /m² 管理费、土地出让金、贷款利息及其他，约占总造价的 10%。

所以该项目总建设成本见表 5.12：

表 5.12　项目建设成本分析

序号	产品类型	成本所属	目标成本（万元 /m²）	面积（m²）	合计（万元）
1	办公楼	建安	0.35	36288	12700.80
2	商业房	建安	0.37	5712	2113.44
3	配套公建	建安	0.28	1500	420.00
4	人防车库	建安	0.36	4000	1440.00
5	市政配套	基础	0.12	42000	5040.00
6	土地出让金	前期	—	—	18000.00
7	贷款利息及管理费	间接	(1+2+3+4+5+6)×10%		3971.42
8	合计				43685.66
备注：以上分析为按照目标成本进行分析，并非实际成本					

所以该项目的毛利润为 $M_2 - M_1$=7083.94 万元。

新设计方案分析：

在该项目实际开始进行方案设计的时候，结合价值工程在设计中的应用，考虑在基本建设成本相差不大的情况下，加大高价值产品的数量，从而提高该地块项目的价值工程。

设计 4 栋酒店式公寓，可以办公也可以居住，首层及二层设置为商业，分别由独立的入户方向。商业部分采用 1 拖 2 的方式进行销售，每层层高 6m；3 层至 6 为酒店式公寓，层高为 4.9m（可以自行搭建阁楼及 LOFT 公寓的户型），顶层为 3.4m 标准层公寓。其中底商为面积 10368m²，4.8 层高公寓面积为 20736m²，标准层公寓为 5184m²，独立商业 5712m²，人防车库 4000m²，配套公建 1500m²。

如果设计成为酒店式公寓，则需要增加停车位，预计需要增加车库面积为 4000m²，合计建设地下面积为 8000m²。

根据目前市场销售情况来看，底商一层价格为 19000 元 /m²，底商二层的价格为 14000 元 /m²，4.8m 层高公寓为 12000 元 /m²，标准层公寓价格 10000 元 /m²，独立商业价格为 19000 元 /m²。

1）初步计算出销售总价 M_1（表 5.13）：

表 5.13 项目销售总价分析

序号	产品类型	销售价格（万元）	面积（m²）	合计（万元）
1	4.8m 公寓楼	1.2	20736.00	24883.00
2	3.0m 公寓楼	1.0	5184.00	5184.00
3	独立商业	1.9	5184.00	9849.00
4	底商一层	1.9	5712.00	10852.00
5	底商二层	1.4	5184.00	7257.00
6	合计			58027.00

项目成本方面主要由以下几部分组成：

土地成本，该地块的土地出让金为 18000 万元。

建安成本：公寓和商业的建安成本分别是 3500 元 //m²，3700 元 /m²，平层公寓的成本为 3100 元 /m²，人防车库的建安成本为 3600 元 /m²，配套公建的建安成本为 2800 元 /m²，合计建安成本为：10368m² × 3700 元 /m²+5712m² × 3700 元 /m²+20736m² × 3500 元 /m²+5184 m² × 3100 元 m²+8000m² × 3600 元 /m²+1500m² × 2800 元 /m²=3836.16 万元 +2113.44 万元 +7257.6 万元 +2880 万元 +420 万元 =16525.2 万元。

配套费用：燃气 + 电力 + 热力 + 给水 + 排水 + 园林合计为 1500 元 /m²，即 42000m² × 1500 元 /m²=6300 万元

管理费、土地出让金、贷款利息及其他不可预期费用，约占总造价的 10%。

以上成本合计 (16000 万元 +16525.2 万元 +6300 万元) × 1.1=42707.72 万元。

所以该项目的毛利润为 $M_2 - M_1$=10447.54 万元，该方案不仅增加了项目的销售收入，同时增加了产品的附加值：停车的车位数量增加，对于盘活商业及公寓的入住，打下了坚实的基础。

通过以上分析可以确定：

1）以项目的价值为导向，增加价值高、容易出售的商业面积。

2）将纯办公调整为适合居住又适合办公的综合业态。

3）满足规划要求，增加了停车位的数量，提高商业价值。

4）成本相同的情况下，最大限度地增加产品的附加值。

项目建设总成本分析见表 5.14。

表 5.14　项目建设总成本分析

序号	产品类型	成本所属	目标成本（万元 /m²）	面积（m²）	合计（万元）
1	4.8m 公寓楼	建安	0.35	20736.00	7257.60
2	3.0m 公寓楼	建安	0.31	5184.00	1607.04
3	商业	建安	0.37	16080.00	5949.60
3	配套公建	建安	0.28	1500.00	420.00
4	人防车库	建安	0.36	8000.00	2880.00
5	配套费用	基础	0.17	42000.00	7140.00
6	土地出让金	前期			18000.00
7	贷款利息及管理费	间接	(1+2+3+4+5)×10%		4325.42
8	合计				47579.66
备注：以上分析为按照目标成本进行分析，并非实际成本					

3. 方案评价及分析总结

设计阶段的工作不仅直接影响着建筑工程质量，同时对房地产项目开发投资也有非常重要的影响。建筑设计是项目管理中的重要一环，项目能否保质保量的完成，在很大程度上取决于建筑设计成果的优劣，实践证明，项目全寿命周期内的投资约 70% 的费用就已经在设计阶段确定，而其他阶段也只影响项目总成本的 20% 左右。

但是很多情况，设计本身并没有达到业主所要得效果，为什么呢？究其原因主要是：项目业主方根据自身项目经济指标及项目指标进行建设，在此过程中形成了项目可行性报告及设计任务书，设计工作按照上述要求完成后，项目的建设主体和运营方式均已确定，工程施工必然会按照设计的图纸进行施工，所以上述工作直接影响建筑工程的施工、投资、运营和使用。

因此，虽然说项目的实际投资主要发生在施工阶段，但是节约建造成本的主要阶段是在施工图设计及方案设计的阶段。如果要使项目的价值得到大幅度的提高，必须首先在项目设计阶段应用价值工程，使项目的功能与成本达到最优的匹配。

4. 价值工程在该项目施工阶段的应用

房地产开发项目中应用价值工程在目前房地产企业和建筑施工领域是一个短板，在项目施工精细化、专业化的大背景下，在目前房地产 / 建筑行业拥有比较好的应用环境下，在保证施工质量达到设计要求的前提下，通过降低成本和缩短施工期、优化施工方案达到提高工程价值的目的。

丽湖馨居项目 03 地块共有 16 幢高层建筑，其中 22 层的 5 幢、28 层的 5 幢、33 层的 6 幢，1 座 2 层配套公建，1 个地下车库及 1 个人防车库，总计建筑面积为 17.9 万 m²，建筑结构形式为钢筋混凝土剪力墙结构，该工程由三个施工劳务队，整个工程工期为 24 个月。

5. 选择施工模板作为研究对象

价值工程研究对象选择方面，优先选择模板作为价值工程研究对象，因为模板的选择将直接影响工程的进度、劳动力安排、施工成本等，所以模板工程满足作为研究对象的基础条件。

6. 采用对比的方法进行价值分析

根据总承包单位施工人员的配置情况来看，劳动力存在 150 人左右的缺口，同时劳动力成本呈现大幅递增的趋势，工人工资尤其是木工工资将达到 350 元 / 天，同时施工场地比较狭小，可供使用的加工场地比较小，因为项目同时开工建设，所以各个加工场地只能在各个楼梯及车库之间进行放置，同时根据业主方的要求，工程工期不能超过 9 个月，经过施工方对上述工期进行分析下，经计算：建筑累计模板总面积为 33 万 m²，木模板的周转次数为 4 次，钢模板的周转次数为 25 次，我们根据上述基础数据进行定性分析。

表 5.15　工程材料成本分析

模板类型	钢模板	木胶合板	备　　注
合计费用	4 万 m² × 8 月 × 30 天 × 0.18 元 / 天 m²=173 元	4 万 m² × 37 元 /m² =148 万元	
施工质量	合格	较好	
机械占用率	高	低	
加工制作	易	较易	
劳动强度	高	低	
工人操作	一般	熟练	

7. 进行定量分析（表 5.15）

（1）木模板的经济分析

木模板施工费 20 元 /m²，木模板材料费 60 元 /m²，按 5 次周转，木枋单价为 4 元 /m²，则每周转一次材料费，使用木模板材料费为 60/5+4=16 元 /m²，总木模板分项工程造价为 330000m² × (20+16) 元 /m²=1188 万元。

（2）采用钢模板的经济分析

钢模板的材料费为 202 元 /m²，按照周转 25 次计算，则单平米钢模板为 245 元 /25 m²= 9.8 元，由于组合模板的复杂程度比较高，钢模板施工费按 23 元 /m² 计算，则模板施工费用为 32.8 元 /m²，则钢模板分项工程总造价 (含残值) 为 33 万 m² × 32.8 元 /m²=1082.4 万元。

（3）经济技术比较

钢模板周转次数多，残值高，钢模板的清理费、维修费、入库费按 400 元 /t 计算 (钢模板按照 45kg/m² 计算，总计 1.32 万 m²，模板重量为 594t)，钢模板的清理费、维修费、入库费合计 23.76 万元；钢模板残值总价为 594t × 1600 元 / 吨 =95.04 万元；因此该项目使用钢模板总造价 (不含残值)1082.4+23.76-95.04=1011.12 万元

经济技术比较：通过以上计算可知，本工程使用钢模板比木模板便宜 1188 万元—1011.12=176.88 万元。钢模板与木模板特点对比见表 5.16。

表 5.16　钢模板与木模板特点对比

模板类型	钢模板	木胶合板	备　注
施工质量	合格	较好	
机械占用率	高	低	
加工制作	易	较易	
劳动强度	高	低	
工人操作	一般	熟练	

　　在实际施工中，钢模板因具有施工周期短，施工便捷，拼装速度快，平整度，垂直度比较好，阳角方正能，周转次数多、等优点，为提高经济效益，满足技术要求，应在工期许可情况下尽可能提高钢模板周转次数情况下，应首先考虑钢模板，能保证项目建设的经济性。

第 6 章　房地产项目规划设计阶段成本优化管理

城市规划大师伊·沙里宁曾经说过："通常做设计是要把它置于一栋房子中；将一栋房子置于周围的环境中；将周围的环境置于一个城市规划中"。某知名房地产开发公司老总曾说过"怎样才能很好的降低房地产项目开发的成本？首先是注重项目的规划设计，其次是项目的施工方案。好的规划设计和好的施工方案可以在项目成本节约上起到80%的作用"。大量的实例告诉我们，房地产项目规划方案的设计直接决定房地产开发的成败，是决定项目生死的重要工作，只有成功的规划设计才是项目成功所必需的前提条件。

但目前我国的房地产开发项目规划设计仍然存在很多不尽人意的地方。如普遍存在缺少成本控制纲领、体系、工具，成本造价指标高；偏重设计效果忽视设计成本，或者重视成本造价控制忽略整体效果，或者对建筑外观、景观绿化等过分重视而忽视户型设计、建筑物布局等；重视施工过程中的成本控制而忽视项目事前规划造价控制等问题。归根到底就是缺乏正确的规划设计理论和方法，尤其是缺乏对规划设计成果进行运用的科学方法。

最近，对于规划设计阶段成本控制的理论研究较多，人们更加重视规划设计阶段的工作，然而系统的从管理角度和技术角度对房地产规划设计阶段的成本研究较少。因此本章针对房地产项目规划设计进行讨论，分析我国房地产项目规划设计的现状，提出在房地产开发项目规划设计方案的选择中应用价值工程的意义，介绍价值工程的基本理论、特点、工作程序、工作方法和评价模型，结合价值工程进行房地产项目规划设计的实际案例，对房地产企业在项目规划设计阶段的方案选择提供一定的参考。

第一节　房地产项目规划设计阶段成本控制的特点

一、房地产建筑项目全程策划管理框架体系及内容

房地产开发的规划设计管理对房地产项目开发的成败有着极大的影响。一般来说，一个房地产开发项目的成功与否70%受到前期策划的影响。在前期策划中的项目定位、价格定位、客户定位、形象定位等重要的理念，可在后期的规划设计方案中全部得以体现。可以说，规划设计方案中还凝聚着开发商的心血和投资，所以，精细、精益的规划设计，是开发项目开发成功的必要基础。

房地产建筑规划设计流程如图 6.1 所示。

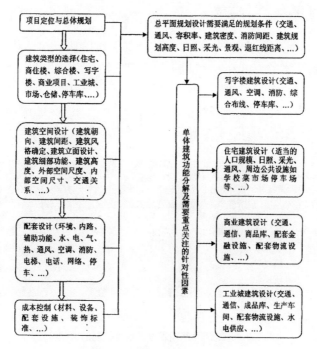

图 6.1　房地产建筑规划设计内容

二、房地产项目规划设计阶段成本控制的特点

首先，规划设计阶段在房地产项目开发中占据着十分重要的地位，它连接着投资决策阶段和实施阶段，起到承上起下的作用，一个项目能否按照设想有效的实施，关键就在于规划设计阶段的工作。它是指导房地产项目开发实施的技术经济性文件。

其次，规划设计阶段是房地产项目成本造价控制的关键阶段。项目设计中，规划设计方案的好与坏直接决定项目的投资额及其成本，据相关资料统计发现，规划设计阶段对房地产项目的影响力占到 30%，而规划设计阶段的工作决定了项目本身 70% ~ 80% 的成本造价。

再次，好的规划设计能节约 10% 左右的造价，而在设计方案的优选过程中，只需投入相对较少的资金（约占整个项目成本的 0.2% 左右），如图 6.2 所示。

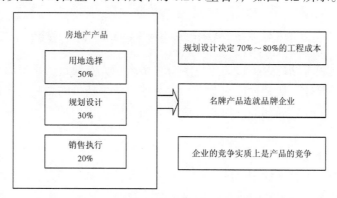

图 6.2　规划设计决定地产项目定位、品质和成本

三、房地产项目规划设计阶段成本控制的重要性

项目规划设计阶段是房地产项目成本控制的关键阶段，根据数据统计，规划设计阶段对房地产项目成本的影响在61%以上，而施工阶段对项目的成本影响不超过20%。设计质量的好坏直接决定项目的资本投入和工期长短，直接决定人力、物力和财力的投入量。合理科学的设计能够降低15%左右的工程造价。图6.3的调查结果也说明规划设计阶段成本控制的重要性，其次是实施阶段和投资决策阶段。

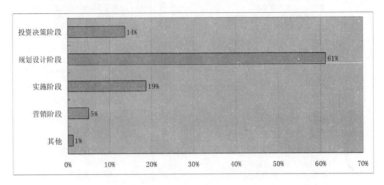

图6.3　影响房地产项目开发成本控制的关键阶段

1.项目决策阶段

由图6.4可见，在房地产投资决策阶段，影响成本造价的主要问题是投资估算指标值，指标值的可靠性和准确性直接决定项目成本造价的估算精度。

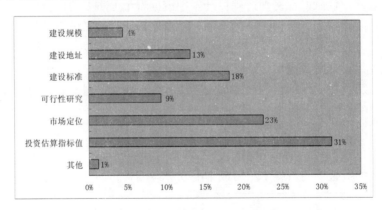

图6.4　房地产项目投资决策阶段影响成本控制的因素

其次，根据调查结果，项目的定位本身也是影响成本造价的重要因素。它关系到项目的可行性和必要性。从某种层面上讲，它对项目成本造价的影响是全局的，而后面三阶段的成本造价工作是局部的。因此，应该对前期的工作增加投入，使得项目的定位更加准确、有效。

2.规划设计阶段

设计工作是一项技术性很强的工作，需要专业的人员，通过长时间的反复推敲，才能设计出优秀的作品，而且需要很好的将建筑、结构、土建、水暖、空调等专业相结合，

各部门相互协同配合，才能够设计出完美的方案。所以，要想取得质量好的设计方案，必须安排合理的设计周期。图 6.5 反映了现在房地产行业在规划设计阶段成本造价失控的的主要原因就是设计周期的不合理。开发商为了提高资金的回收率，一再地压缩设计周期，设计方案的比选就被掠去，从而导致项目设计深度不够，在项目实施阶段变更量大，直接导致成本失控。设计概算指标值的准确性与可靠性对房地产项目后期的成本控制影响较大。

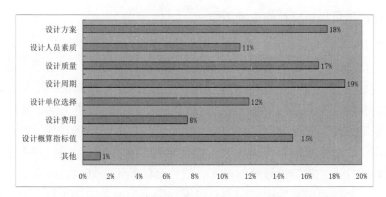

图 6.5　房地产项目开发规划设计阶段影响成本控制的因素

3. 项目施工阶段

项目施工阶段是房地产建筑由蓝图变为实体的阶段。这一阶段是项目投资的最大阶段，传统认为，这一阶段是成本控制的重要环节。由图 6.6 可知，施工阶段影响成本控制的主要因素是设计变更、工程签证、设备材料的价格波动和施工周期。设计质量的好坏直接影响到施工阶段成本的控制，为了更好的进行施工阶段的成本控制，就应该对设计变更严格审核，确定问题出现原因，避免将设计变更的原因推到承包商身上，并对设计变更进行方案优化，以便将成本控制在一定的范围内。

好的项目成本控制需要合理的施工周期作保障，开发商往往为了急于开盘，压缩施工周期，使得成本控制的难度加大；施工单位为了按期完成工程，常常以牺牲质量为代价。企业自身也没时间更好的进行成本控制，经常夜间施工，增加管理费用，使得成本更加难以控制。

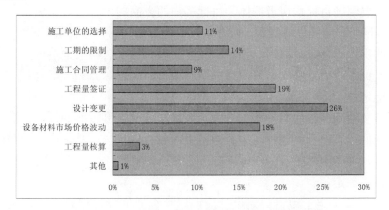

图 6.6　房地产项目开发施工阶段影响成本造价的因素

从以上对各影响因素分析可以看出，规划设计阶段对各阶段的成本的控制起着承上启下的作用。可以从成本控制失控的原因和因素分析得出每一阶段的成本控制都与规划设计阶段有着千丝万缕的联系。

第二节　房地产规划设计阶段成本控制的工作内容

一、房地产项目规划设计的主要工作

1. 项目定位

项目定位是房地产项目入市的第一步，是做好项目规划设计的重要基础工作。

房地产规划设计六要素中指出："规划设计必须符合项目定位，不能偏离项目定位去追求不切合实际的东西"。房地产项目定位是一个项目的根本大纲，是规划设计的基础和前提，限定了规划设计的范围和方向。项目定位包含的市场定位、客户定位、户型定位、形象定位、营销策划定位等理念，必须准确的体现在规划设计方案中。开发商的投入、策划师的投入、建筑设计师的投入，最终都结晶于规划设计方案之中，决定整个项目的成败。例如项目定位为面对白领阶层设计中小户型的中端市场，而规划设计却做出亭台轩榭、水景楼阁的高端项目，即使都能顺利售出，如何保证充足的物业管理费用和后期运营维护费用也将是一大难题。因此，在进行项目规划设计时，要充分考虑和把握项目（楼盘）的定位，把自由设计的发挥空间限定在项目定位范畴和项目定位框架之内，不能单纯只从成本造价控制和建筑设计的角度片面考虑规划设计方案。

从规划设计的角度理解项目（楼盘）定位，可将项目（楼盘）定位分为市场定位、客户定位、功能定位、形象定位四个模块。

（1）市场定位

项目的市场定位必须明确走什么样的规划设计路线，服务于什么档次的购房者。这就要求搜集项目所处环境的资料，进行归类整理分析，包括从宏观方面的经济、政治、需求、消费、价格、竞争对手等有关环境市场的分析，还包括从微观角度对项目本身的优势、劣势、机遇、威胁(SWOT)的分析。

（2）客户定位

客户定位要明确目标购房者群体和目标客户两方面的内容，要从项目存在和发展的角度，整合项目可利用的优势资源，避开项目劣势方面，制定适合项目的受众服务对象。在此阶段对购房者群体风俗习惯、年龄构成、受教育程度、购买消费行为、购买力等方面进行分析，可以较为准确的设置项目户型和项目档次。

（3）功能定位

功能定位要明确项目的基本服务功能，明确应该进行哪方面的设计以满足购房者在项目功能方面的需求。具体到项目中，通常以项目社区环境、社区内配套功能、服务设施、社区内交通、休闲娱乐等为指标。

（4）品牌形象定位

品牌形象定位决定了项目规划设计应该以什么样的设计理念指导完成项目规划设

计。通过品牌形象定位，明确项目的特色和差异化策略问题，有助于在规划设计阶段突出项目设计特点。

2. 项目规划设计

项目规划设计是在房地产项目定位分析基础上的进一步设计操作，力求使规划设计项目符合城市基础设施发展的要求，切合城市未来规划的发展趋势，既满足电气、消防、通风、给排水、暖通、电梯、结构等专业设计的要求，又兼具功能的通用性要求。

根据房地产项目定位，在项目规划设计过程中必须考虑楼盘地段、开发商实力、规划设计、硬件配套、物业管理、开发策略等六项内容。对这六项内容进一步分解，可得到地理位置、开发前景、开发商资质、开发商信誉、开发商产品质量、设计理念、设计特点、户型设计、节能减排、商业网点、功能设施、服务设施、物业能力、管理服务质量、开发期数、开发顺序等子内容。这些内容涉及的功能面广，涵盖的专业多，包含的因素复杂，因此，往往需要专业的设计机构和设计优化咨询机构配合以提供支持保障。

二、房地产项目规划设计的内容

房地产项目规划设计包括总体规划设计、建筑设计、专业设计等三个方面，其重点在于住宅小区的空间排列组合，其中包括建筑物群体组合、公共空间规划、景观绿地设计等。

1. 建筑群组团优化设计

根据容积率、地块规模、形状等因素确定建筑个数、高度、布局、朝向、间距、风格等，即通常所说的平面布局、立面处理以及其他涉及建筑外形和组合的一些内容。建筑群组团确定了小区的内在构成部分（包括主要建筑及附属设施）以及各部分的相互关系，规划出小区的基本风貌，是规划设计的主干。建筑群组团应符合功能、经济、美观三大要求，达到三者的和谐统一：

（1）功能原则。符合日照、通风、密度、朝向、间距等功能要求，使居民生活更方便、安全、安静。

（2）经济原则。制定合理的技术经济指标，充分适宜地利用每一处土地、空间。

（3）美观原则。运用美学原理，既能体现地方特色，又能反映出建筑个性。

2. 公共空间规划

公共空间规划即在"没有建筑覆盖的空间"进行规划布置。包括两方面内容：

（1）硬性内容：设置围墙、铺整地面。

（2）软性内容：布置树、木、草坪等等。

公共空间规划是在建筑占地之余对室外空间的进一步功能划分，为下一步规划道路及绿地打下基础。

3. 园路规划

园路规划即路网设计，根据小区所处的地形地貌、气候等自然条件、地块规模、位置及周边环境布置主要出入口、主要干道、区内次要道路、小径、天桥等。园路规划亦有三大原则：

（1）方便原则。方便居民出入、车辆出入、邻里沟通、各建筑体之间联系，既便于内部与外部的联系交通，又便于内部的交流沟通。

（2）经济原则。路网设置应当有序合理，体现效率要求。在方便生活、交通的同时又要减少对土地空间的占用，因为复杂的路网会将公共空间分割成诸多小块，不利于公共空间的规模整合，给配套设置和环境增加难度。

（3）安全原则。人车分流方式便是基于安全的考虑。

4. 景观绿地规划

小区内的景观绿地可分为四类：第一类是公共绿地，第二类是宅旁绿地，第三类是配套公共建筑绿地，第四类是道路绿地。景观绿地规划是景观设计的前提。

（1）景观设计。景观设计是指根据景观空间规划，结合小区整体风格，对小区景观进行整体设计。包括一般性公共空间、架空层、泳池等，通常要与项目的营销策划要求紧密结合。不但要表现项目的特质，还要实现宜居、宜用的目的。

（2）绿化设计是指根据项目建筑规划、景观设计等，以及营销策划的要求，合理选择绿化类型、苗木种类，既充分体现项目的特点，极具美感，又有很强的使用、观赏功能。

5. 户型规划设计

户型设计的好坏对购房者是否选择购买具有重要的影响作用，不仅要实现高使用率的经济目标，还要满足购房者的文化审美需求，适合购房者的生活习惯，具备灵活性、舒适性、功能性、私密性、美观性等特点。

6. 硬件及生活配套设施

硬件及生活配套设施是否完善也是影响顾客是否选择购房的重要因素，直接决定着小区的生活便捷性、生活舒适度，这方面主要包括了商业网点的布置、功能设施建设、服务设施建设等内容。

根据房地产规划设计的主要内容不难看出，房地产项目规划设计首先需要具有独特的设计理念和突出的设计特点，满足购房者需求，有良好的销售市场和销售对象。其次，交通便捷。不仅要在设计规划之初考虑项目建成后片区的区位交通状况是否满足居民的出行要求，还要考虑小区内部的交通布局和消防布置是否有利于居民的日常生活。再次，公共设施、公共空间、商业服务设施等是否齐全，数量和空间位置安排是否合理，是否能让居民日常生活便捷，是否能满足居民对公建设施的使用需求、对商业设施的经营需求等。另外，小区的安全性、舒适性高，这是住宅小区受客户喜爱的一个重要因素。小区环境是否安静，安保措施是否到位，小区居住是否安全等功能要求也是房地产规划设计时需要考虑的因素。

以上组成了房地产项目规划设计的基本内容。透过上述内容不难看出规划设计应符合以下原则要求，实现以下几个功能：

（1）个性突出，满足营销策划要求。好的规划设计方案，必须忠实的将营销策划的要求完整的体现出来，必须是市场需求的结果。依据其开发建设的住宅小区，必定在市场中受到追捧。

（2）公共建筑、公共空间设置合理。这将有利于小区居民未来的经营、居住、使用。

（3）生活便利，易于管理。

（4）交通布置合理，满足消防要求，也有利于小区居民的日常生活。

（5）安全、安静。小区的安全性、舒适性高，这是住宅小区项目受客户喜爱的一个重要因素。

第三节　规划设计阶段成本控制的方法与核心内容

一、规划设计阶段的成本控制方法

在规划设计阶段基于目标成本法与限额设计理论，构建目标成本及合约规划体系作为建设项目后续成本控制的工具。

房地产项目运作讲求的是成本、质量与进度的平衡，而非某一个极端，因为其中任何一项都意味着代价，只有三者平衡才能获得最小的代价付出，如图 6.7 所示。

在房地产项目开发过程中，"目标成本"是成本控制的前提。合约规划中实际成本与预算成本、合同成本对比差异及其原因，分析期内成本超出的控制措施、效果、存在问题及改进意见、对策等，一系列动态成本的跟踪检查、阶段性的回顾总结，是成本控制到位的保障。

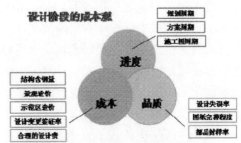

图 6.7　成本、质量与进度的平衡

规划设计阶段分为四个具体阶段，分别为概念设计、规划方案设计、施工图初步设计、施工图优化，第一个阶段解决项目成本规划即研究房地产项目产品类型，根据不同产品类型的市场售价，在规划指标下，根据区位、产品定位决定项目选择的建设产品，这个阶段的原则为收入最大化，即在相同面积的情况下预测最终销售收入最大。后三个阶段为产品成本控制研究，将建造成本从性质上划分为结构性成本、品质性成本两大类，按照建设工程分部分项划分为主体土建工程、景观绿化工程、外立面装饰工程、室内公共区域精装修工程、机电工程五大分部工程。

二、规划设计阶段的关键着力点

前期完整的规划设计成为成本估算及投资决策的依据，如地形的处理、产品的分布、交通的规划、流线的设计、停车的考虑、地库的规模、竖向的设置、景观的处理、资源的利用等，成本及市场的互动加多方案比较形成完善的项目 SWOT 分析，如土地价值分析、管理界面分析、开放空间分析、竞争楼盘分析、主要成本分析、财务分析等，成本制定自财务到设计的一张 EXCEL 表用于费用评估。市场、设计、工程工作计划进度表用于指导工作

规划设计要求项目管理制定策划、设计、工程、销售的基准周期。成本管理根据项目的特性、定位制定设计成本目标，并分解列出分项工程清单。建设工程一般有总图及室外工程、商业及社区配套工程、市政配套工程如变配电、建筑主体、地下车库及人防

工程、景观及绿化工程、会所或售楼处、室内装饰及样板房等，注意不要漏项，有些大盘还有市政工程、教育设施。

综上，成本控制是项目管理核心工作之一，设计阶段具备项目成本的最大可控性，具备项目成本的最大决定权，设计阶段将决定后续阶段的成本控制。合约规划及设计阶段成本控制是成本事前控制的有效方法，成本事前控制将推进合约规划及设计阶段成本控制工作。

三、规划设计阶段成本控制的主要思路和方法

规划设计阶段是目标成本和责任成本的形成阶段，此阶段要做好成本控制，在测算目标成本时，一定要根据项目定位、市场行情、预期售价、合理利润，倒逼目标成本。再保持总目标或主要指标不变的情况下，按照合约规划要求的四级成本科目，逐项细分。项目策划定位之初就应谋划宏观成本目标；项目前期：预估与测算；概念方案：目标成本提案；规划设计：目标成本设定；单体设计：目标成本细分；初步设计：技术措施与成本优化；施工图设计：实现目标成本及后期动态比较、分析、评估。

规划设计阶段明确市场定位优化成本目标；建筑设计阶段进一步明确并分解成本目标；设计阶段集中体现了营销及工程的所有问题；设计阶段完成了成本控制的80%的工作，应采用项目管理制将营销、成本整合进来。随着设计的逐步深入和细化，各阶段的成本测算也逐步细化和准确，最终形成项目目标成本，经管理层决策批准后形成该项目的最终责任成本。在项目做出投资决策后，控制工程造价的关键应在于设计。设计是在技术和经济上对拟建工程的实施进行全面的安排，也是对楼盘建设进行规划的过程。技术先进、经济合理的设计能使项目建设缩短工期、节省投资、提高效益。

对建造成本的有效控制就要对项目成本进行分解并将构架一个工具，在项目开发过程中，利用这个工具能够反映所有需要进行成本控制的内容及限额设计的指标，从而进行全面限额设计并严格控制细部限额设计，因为在规划设计阶段各分部工程不是按照先后顺序进行设计的而是同时进行设计的，比如设计结构时装修、机电工程园林景观工程等设计也在同时进行。

除目标成本限额设计内容外，还有部分前期费用不需要设计的内容。确定目标成本，需要设计的内容与不需要设计的费用共同体现在目标成本中，这个工具就是目标成本控制体系，有了整个项目的目标成本控制体系也就有了成本控制的纲领；合约规划是对目标成本体系的进一步分解，将目标成本分解为合同金额，建立目标成本与合约金额的联系与对应。

依据分部工程成本数据分析，找出成本控制内容及重点，研究通过技术性及经济性控制达到的数据指标。在概念设计及规划方案设计阶段对结构性成本研究技术性指标变动对经济指标影响，找出在概念及规划方案阶段的成本控制内容，决定品质性成本优先投放次序；通过分部工程组成内容的成本所占比例研究，找出成本控制内容，有了重点再研究如何控制及控制在什么数值为合理，最终将技术性指标及经济性指标控制在合理数值内，使各个分部工程的目标成本及限额设计指标得到有效执行，如图6.8所示。

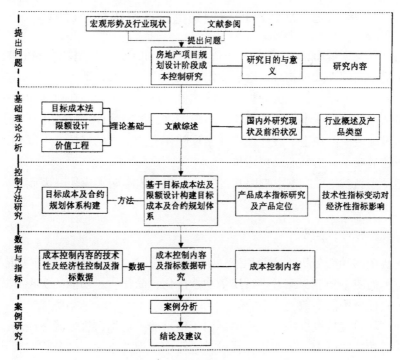

图 6.8 目标成本限额设计控制体系

其核心内容关系如图 6.9 所示。

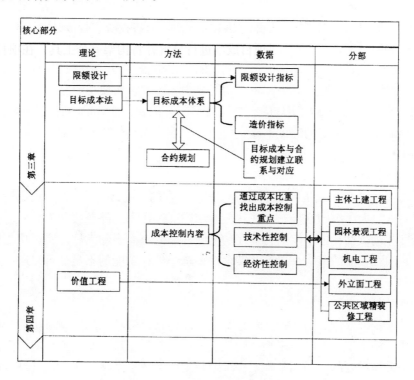

图 6.9 目标成本限额设计关系图

第四节 房地产项目规划指标评价体系及设置

对房地产开发项目而言,功能是某一住宅产品区别于另一住宅产品的主要划分标准,是内在于住宅产品的以某种物理形态表现出来的本质的东西,即为住宅产品所表现出来的适用性、安全性、耐久性、美观性、环境性等。成本是指产品在寿命期内所花费的全部费用,包括产品建设成本和使用成本。对住宅进行经济性评定,正是利用了价值工程的原理,通过确定商品住宅的性能成本比来反映住宅经济性的好坏。可以利用这项指标来控制住宅建造成本,指导商品房定价。

对房地产项目功能 - 成本影响因素可分为功能和成本两大模块,因此对应设置功能指标和成本指标两大模块。

一、功能指标评价体系

价值工程中的功能分析（VA）主要目的是在保证基本质量功能得以实现的前提下,剔除多余过剩的质量功能,或者进行质量功能优化,简化质量功能的实现方式,从而降低成本造价,提高价值系数。

在房地产项目规划设计中,一方面,由于信息的不对称,规划者往往难以确切了解购房者对质量功能的诉求,从而导致在设计过程中主观的添加一部分购房者并不真正需要的多余功能；另一方面,存在思路定位偏差,设计者可能盲目设计某些功能,导致不必要的质量功能的产生。因此,规划设计初期对项目定位的认识和把握非常重要,只有在了解项目所需的必要质量功能的前提下,才能准确定位和设计项目的质量功能,消除多余过剩的质量功能,优化偏差功能,降低建造成本和运营成本,提高价值系数。

1. 主要功能和次要功能

主要功能和次要功能共同构成项目完整的使用功能,两者都是决定项目性质的因素,两者缺一不可,互为补充。其中,主要功能是主导因素,次要功能是次导因素,两者的区别在于对质量功能完整性实现的影响程度不同。例如,建筑的主体工程和水电工程,仅主体工程完工不通水电的房屋不能交付使用,不能满足住户的日常生活需要,不能称其为可居住住房。

2. 内在功能和外在功能

内在功能和外在功能是针对项目同一方面而言的,是该方面功能的不同表现形式。例如,酒店入户大厅中的立柱,内在功能起结构支撑作用,外在功能为负值,破坏了空间的通透性和连续性,但不能因为外在功能的片面要求而去除支柱,实现功能优化。此时必须满足内在功能的结构性要求和安全性要求,外在功能的不足,可以通过室内设计进行弥补。

3. 显性功能和隐性功能

显性功能是外显的、易于被受众感知的功能,这部分功能的实现对房地产项目居住舒适度、住户满意度都有较大影响。隐性功能往往是受众难以感知的功能,但往往这部分功能又是最为重要的。例如基础工程等隐蔽工程就属于隐性功能,竣工以后难以检验、难以感知,房屋的装饰装修、小区的环境工程、硬件设施功能等这类和住户生活息息相关，易于接触，属于显性功能。

4. 实用功能和附加功能

实用功能是必要功能，是功能完整性的主体和保障；而附加功能相对于实用功能而言则可有可无，是一种辅助性功能，可针对不同的购房者设置不同的附加功能。例如智能可视对讲机，对于普通住户而言，门铃应答足以满足居住需求，智能可视对讲机是多余功能，使用它不能产生效用，因而也不会购买此项功能。但对于别墅住户而言，智能可视对讲机就显得更为重要和实用，购房者就愿意购买此项功能。

二、功能系统分解模型

要建立指标评价体系要先进行项目功能分析，将项目的实现作为价值活动的主要目标。整体目标的实现要通过目标分解将最终目标逐步细化为具备可操作性和可控性的具体目标。在价值活动中这一过程体现为功能的逐级分解和针对独立功能提出的实现手段，具体过程如图 6.10 所示。

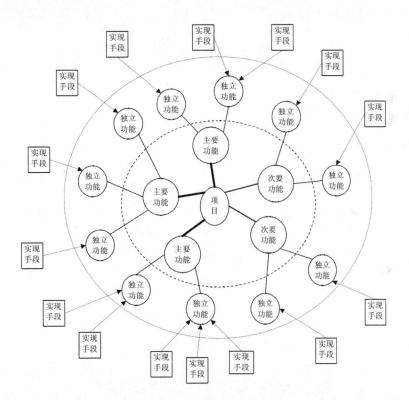

图 6.10　房地产建筑功能分解模型

这个过程可以划分为三个层次：第一个层次是直接针对项目的分解，划分出主要功能和次要功能，这是功能分解的关键，其中主要功能也是开展价值活动的关键；第二个层次是针对主要功能和次要功能的分解，划分出若干具备可操作性的独立功能。对于复杂的项目，功能分解往往需要通过若干次划分才能完成；第三个层次是针对独立功能寻找该功能的实现手段，即通过什么方式完成目标。

由功能分解图可以看出项目的组成功能之间往往存在上下级关系，通常将目标称为上位关系，实现目标的手段称为下位关系。具体到价值活动中，项目目标为上位关系，由此分解产生的主要功能和次要功能就是项目目标对应的下位关系。同理，将主要功能和次要功能作为上位关系，继续分解产生独立功能，独立功能就是主要功能和次要功能的下位关系，针对独立功能提出的实现手段就是独立功能的下位关系。据此，构造出本书指标评价体系的基础模型，如图 6.11 所示。

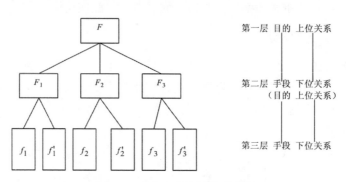

图 6.11   指标评价体系基础模型

三、功能系统分析模型

功能系统模型利用"怎么做 (How)"和"为什么做"(Why) 的逻辑关系将功能定义所鉴别出来的功能关联起来，建立起完整而系统的项目功能体系，如图 6.12 所示。

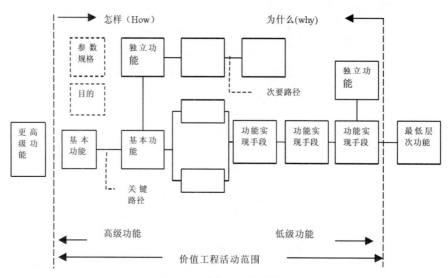

图 6.12   功能系统分析模型

四、功能 – 成本评价模型

房地产住宅价值评价指标体系中的功能指标体系和成本指标体系分别为：

(1) 功能指标体系

　　为明确房地产开发的影响因素，需要建立合理的指标评价体系。住宅功能指标体系如表 6.1、图 6.13。

表 6.1　住宅功能指标体系表

适用性能	安全性能	耐久性能	环境性能	日常运行耗能
单元平面	结构安全	结构功能	用地与规划	采暖制冷耗能
住宅套型	建筑防火	装修工程	建筑造型与色彩	日常生活耗能
建筑装修	燃气及电气设备安全	防水工程	绿地与活动场地	日常照明耗能
隔声性能	日常安全防范措施	管线工程	室外噪音与空气污染	日常维修费用
设备设施	室内污染物控制	设备工程	水体与排水系统	
无障碍设施		门窗工程	公共服务设施	
			智能化系统	

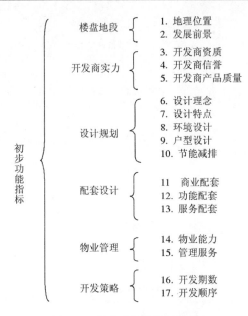

图 6.13　住宅功能指标评价体系

　　本书按照层次分析的操作方法，将房地产项目的各影响因素分为三个层次，建立层次结构模型——第一层层为标准层；第二层为准则层；第三层为子准则层。将初步指标评价体系中的指标划分出的规划方面、具体设计方面和经济性方面三个模块作为第一层标准层 B 层。对标准层指标进行归类整理得到第二层准则层 C 层，对准则层继续划分，得到第三层子准则层 D 层。具体功能指标评价体系如图 6.14 所示。

　　（2）房地产项目成本指标及评价体系

　　根据房地产项目规划设计各方案的投资情况，将成本分为主体部分、公建部分、市政绿化工程部分、不可预见费用以及其他费用五个方面。其中，主体部分进一步细分为土建工程部分、给排水工程部分、电气工程部分和地下工程部分；公建部分进一步细分为幼儿园部分和商业酒店部分；市政绿化工程部分进一步细分为道路广场部分和园林绿化部分，如图 6.15 所示。

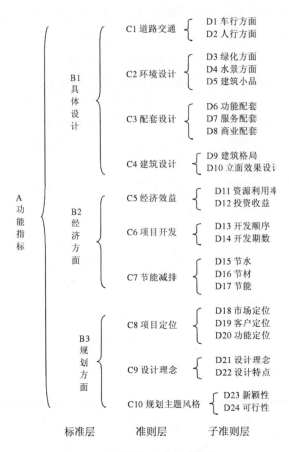

图 6.14　功能指标层次评价体系

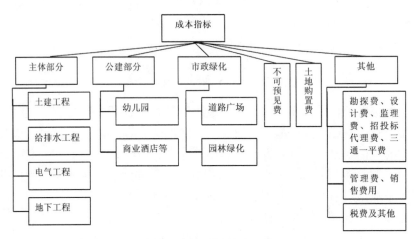

图 6.15　房地产项目成本指标结构体系图

（3）价值指数的确定

就价值工程功能与成本指标体系而言，可以针对评价对象进行调整和补充。确定权重的方法很多，如专家估测法、主成分分析法、层次分析法、多元统计分析法等。由于住宅功能评价指标体系影响因素多达几十个，因素之间相互关系复杂，因此采用层次分析法来确定权重。在确定权重后，要对各功能指标和成本指标打分，进行单个指标的评价。对功能指标评分可以参见国家《住宅性能评定技术标准》。对于成本指标评分，以当地同类物业平均成本和最大成本作为参考，将成本指标采用10分制打分法进行打分，得到成本系数，加权计算总平均得到总成本系数。

在功能分析中，可以结合用户和专家的意见进行综合评分，把用户、专家两者评分的权重分别定为一定比例。则住宅价值指数为：

$$V = \frac{w_1 \cdot F_{专家} + w_2 \cdot F_{用户}}{C}$$

式中　　w_1——专家功能评价时对应的权重；

w_2——用户功能评价时对应的权重；

$F_{专家}$——专家评价所得到的功能系数；

$F_{用户}$——用户评价所得到的功能系数；

C——住宅总成本系数；

V——住宅价值系数。

第五节　房地产项目规划设计阶段成本控制方法

由以上分析得出，房地产项目成本控制的关键环节是规划设计阶段，规划设计阶段成本控制存在问题的原因主要是管理和技术方面的问题，本节重点就管理思路和成本控制方法讨论项目规划设计阶段的成本控制方法。

一、房地产项目规划设计阶段成本控制思路

1. 房地产项目规划设计阶段成本控制的全局观

在房地产开发的设计过程中，规划设计阶段的成本控制是实现成本优化的重要部分，而随后几个阶段的成本造价都由规划设计阶段决定。尽管规划设计阶段的设计费用所占项目成本的费用比重较少，但对项目的成本造价影响较大。总而言之，设计的好坏直接决定着人力、物力和财力的投入量。

一个房地产开发项目从规划方案开始、其设计工作从宏观到微观、涉及各个专业、始终贯穿于项目开发的整个过程。无论是哪一个设计环节，成本造价人员都应该了解和关注。越具体的设计工作，成本造价人员的参与深度及可发挥的影响力越大。

将设计由传统的规划设计阶段向房地产开发的全过程延伸，对影响房地产产品的各项因素进行综合分析，通过对各种资源的优化整合，对房地产产品的生产全过程进行有效控制，以创造优质房地产产品的行为是房地产项目开发的重要内容，与全程策划相辅相成共同完成房地产项目的全过程。

由图6.16可知，房地产开发全程策划是房地产项目的市场导向性过程。房地产开发全程规划设计是房地产项目的产品导向性过程。所以我们要注重房地产产品的全程设计，从而全面控制规划设计阶段的成本。

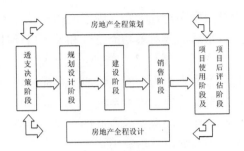

图 6.16　房地产规划设计的全局观

2. 房地产项目规划设计全程中的组织关系

房地产开发的每一个设计环节都会受到其上游成本工作的条件制约，成本造价部门的成本控制要求应成为设计部门的成本控制目标。图 6.17 说明了房地产项目规划设计成本管理与成本部门的关系。

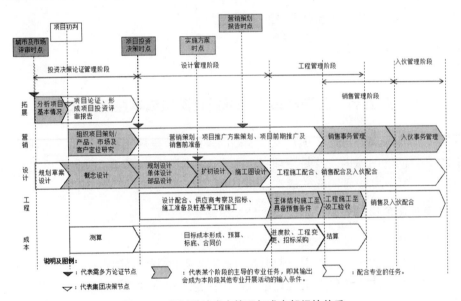

图 6.17　规划设计成本管理与成本部门的关系

3. 房地产项目规划设计阶段成本管理规范化流程

对于房地产开发企业来说，规范的管理流程能够让每一步工作更加高效，同时也能节约时间成本。无论从成本控制还是到设计成本管理都有合理的流程可以追寻，有了规范的、系统的引导，建筑设计就逐渐的和成本控制变得相互联系，相互制约了。

图 6.18 为传统规划设计流程图，设计周期较长。

图 6.18　传统规划设计流程

通过优化的流程图如图 6.19 所示。

通过优化的流程可以缩短规划设计周期，并且将部品等设计提前，为施工阶段的进度控制缩短时间。规划设计流程优化横道模型如图 6.20 所示。

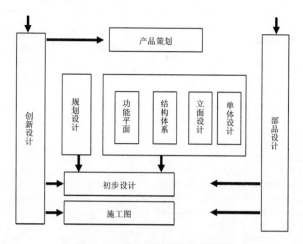

图 6.19　优化后的规划设计流程

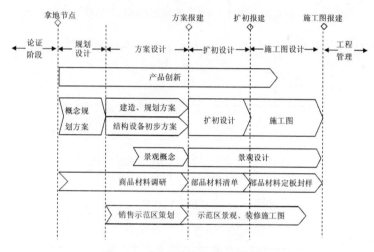

图 6.20　规划设计流程优化横道模型

4. 规划设计阶段进度、成本、质量的均衡

房地产开发在运作过程中，讲究的是进度、成本和质量之间的协调平衡，并非某一个极端的出现。因为任何一方失去平衡都意味着房地产企业将要为此付出一定的代价，只有三方均衡发展，才能获得最小的代价付出。因此我们必须从全局观点出发，综合进度、成本和质量进行规划设计阶段的成本优化控制，以达到房地产开发总成本最小化、价值最大化，如图 6.21 所示。

5. 部品规划设计的优化

部品是指包含材料、设备和细部构件这三类需要细部设计和采购完成的，影响项目效果和成本的工程用品。

首先，设立内外装饰材料和设备部品的成本目标，强化敏感点投入，如环境、立面形式、立面材料、大堂、电梯、电梯厅、入户门、门窗、栏杆等。倡导在设计管理阶段，部品工作并行并前置。倡导在施工图结束前，完成主要部品定样定板。

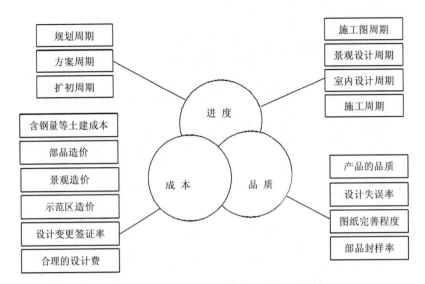

图 6.21　进度、成本、质量之间的相互关系

传统的部品设计流程主要有两种：传统 A 和传统 B，如图 6.22 所示。

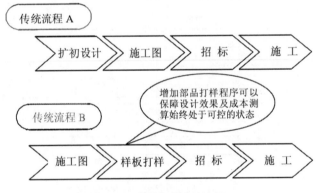

图 6.22　传统部品设计流程

传统设计流程存在的问题：

（1）传统流程 A 的问题。假设我们按传统流程操作，一旦在设计图纸出现问题，例如设计不周详，或施工方图纸理解错误等问题，必将对施工造成影响，反过来又会影响到设计品质及成本控制，其中最典型的情形就是现场设计变更增加，返工量增加。

（2）传统流程 B 的问题。由于打样时间安排在施工图完成之后，这样实际上就影响了招投标时间，延伸下去又影响到施工时间，并同时为打样工作带来时间压力，影响了打样质量。

对上述两种流程存在问题分析后，这里介绍一个新的部品设计流程。通过新流程的设计我们可以在招投标前做好部品部件的打样，可以合理的确定材料的类型及种类，方便招投标价格的控制和施工阶段进度的控制等，从而达到事前成本控制的目的。如图 6.23 所示。

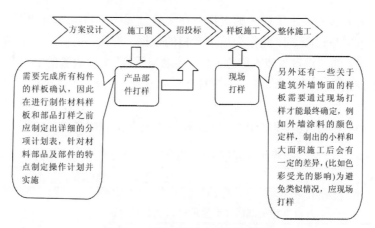

图 6.23 优化后的部品设计流程图

二、房地产项目规划设计阶段成本控制的保障措施

1.组织保障措施

（1）提高全员成本意识

规划设计阶段的成本控制不仅仅是成本部门的责任，其他部门应该共同协作完成，这样不仅可以提高房地产项目成本控制的效率，还可以使各部门之间互动性加强，为项目的成本控制达到预期的效果奠定良好的基础。成本部门在负责各部门的协作过程中应向其他部门灌输成本控制的思想与知识，使得工程部、研发部、成本部、市场部、销售部等部门能够深刻意识到每一个成员在成本控制过程中重要性。设计部门应在设计方案比选和初步设计阶段结构方案的优化等方面进行详细经济与技术分析；工程部在项目的实施过程中应严格控制设计变更和工程量签证；成本部应该对项目从投资决策到客户接收阶段的每一分钱的耗费记录在册，分析哪些是可控的，哪些是不可控的，并明确控制方法，以便在下次执行过程中有章可寻；市场营销部门应该汇集客户的需求信息，及时的反馈给研发部。总之，在他们工作的过程中时时刻刻想到自己的每一决定都会对项目的成本产生一定的影响。树立全员成本意识，将其作为企业文化的一个组成部分，蔓延下去对房地产企业来说是一种巨大的无形财富。表 6.2 是各部门参与规划设计的内容。

表 6.2 房地产企业其他部门参与规划设计的内容

流程阶段	设计前期阶段	方案设计阶段	施工图设计阶段
参与部门	销售、物业	销售、工程	工程、成本、物业
参与事项	①小区的容积率、绿化率等是否符合小区的市场定位要求。②商业、住宅、车库等功能性设施的比率	①户型设计。②综合分析各部分的功能与成本，对方案进行评价	①图纸设计是否与委托书一致。②各专业之间有无技术冲突。③结构的设计等是否经济合理。④设备材料的选定是否符合规定和标准

（2）落实成本控制责任制

房地产企业为了有效的进行成本控制，对项目实行分级分口管理责任制，通过责任基本单元的组建，建立其成本控制组织系统。企业将对不同的责任中心确立不同的管理权限。责任中心主要包括费用中心和成本中心。其费用中心主要对发生的费用负责任，而成本中心只对成本的发生负相关的责任。在实施过程中，将成本与费用逐级分解，确定个人的责任范围与权限，以此作为员工考核的依据。在房地产企业，将直接参与项目的建设管理的相关部门设置为成本中心，不直接参与项目，提供服务的部门设为费用中心。

全面成本控制主要是指全员和全过程相统一的控制过程。总的来说，成本控制要调动全员的积极性，因为每一员工的每一决策都或多或少的与项目的成本发生着联系，成本控制贯穿在项目的整个过程之中。表6.3列举了成本控制中各部门的职责。

表 6.3　成本控制中各职能部门的职责

职能部门	成本管理中的职责
研发部	1. 设计费用的管理与控制； 2. 根据相关部门及专家的建议进行设计优化
成本合约部	1. 开发项目成本管理与控制； 2. 材料设备的采购管理； 3. 合同及招投标管理； 4. 目标成本的编制与动态成本的跟踪控制
工程部	1. 对工程的质量、进度和成本进行合理的控制； 2. 工程签证和设计变更的现场管理与控制
销售部	销售费用的管控。
财务部	1. 财务费用的管理与控制； 2. 公司总体资金计划的管理与控制； 3. 项目财务指标的控制
人力资源部	公司人力资源成本的控制
行政部	公司管理费用的管理与控制

2. 经济保障措施

（1）论证阶段的成本控制目标

根据房地产企业的战略规划、开发能力和市场定位情况等，对将要开发的项目进行总投资额的估算，即成本造价估算。具体的成本控制目标体现在项目的可行性研究中，将在经济合同中提出。

（2）方案审定阶段的成本控制目标

在项目规划设计阶段，根据可行性研究报告和经济合同中提出的项目的总投资额，对设计阶段的方案进行细化研究，明确各个部门的成本控制目标，最后通过不断的实践与修正项目估算，提出项目的成本概算。

（3）施工图设计阶段的成本控制目标

在施工图设计阶段，根据前面的设计方案，将概算成本细分到每一部门及各设计专业，各部门、专业根据概算要求设计图纸，最后根据施工图确定项目的成本预算。项目的成本预算一般由项目部编制，经经济合同部门审批后上报经营主管部门。作为考核项目成本控制管理相关责任人的依据。

（4）结构含钢量的限额指标

目前建筑产品多样性、独特性等使得房地产项目结构的经济指标很难与工业标准化产品相比较。产品的含钢量并不是唯一确定的经济指标，由于每一个项目所处的环境、建筑风格等都存在一定的差异，过分的强调结构的经济指标，往往造成产品质量的缺陷，影响产品的品牌等一系列因素。所以建议房地产企业，根据自身企业情况和项目的实际情况研究确定合理可行的结构含钢量目标。

3. 技术保障措施

房地产项目在结构成本的控制过程中，主要分以下几个阶段：扩初设计和施工图设计，对其设计周期的控制要科学合理。这样才能使得设计单位有充分的时间对方案进行比较分析，确定出优秀的方案，才能保证设计结果在技术与经济上较为合理。

（1）结构设计成本优化

结构方案的选择可以对项目总成本进行较大优化，比如在结构形式的确定上、桩基形式的确定上等。由于选择不同类型的结构或桩基形式，其结果的差异会很大。

（2）结构计算数据的审核

结构成本控制的重要环节是对技术指标的审核：

首先是输入信息的审核，根据设计图纸的内容，输入基本信息如抗震等级，场地的类别、设防烈度、各类荷载值、柱梁板的结构系数等是否存在问题，是否符合规范要求。其次是对输出信息的审核，主要是检查各项技术性指标是否在规范的限值内。

（3）建筑细部的审核

首先是结构的含钢量。钢筋含量的高低对成本的影响也很大，优化控制结构的含钢量是控制成本的有效方法，比如采用Ⅲ级钢，Ⅲ级钢的强度高、延性好，在施工中合理的采用可以有效的降低结构的含钢量。因此，建议广泛采用Ⅲ级钢，控制工程成本；其次是合理的归并结构构件，结构构件的分类过多容易造成含钢量的上升，如果分类太少，又多不便于施工，所以建议对构件进行合理的分类。

4. 信息保障措施

房地产项目成本控制的信息主要包括制定的目标成本信息、实际发生的成本信息、产生成本偏差的信息、成交合同的信息和市场变化等信息。

房地产企业在生产运作过程中所发生的信息是相当多而复杂，需要相关部门不断的对这些信息进行筛选与整理，选择有用的信息，并通过相关部门及时的反馈回去，利于下一步工作的顺利进行，从而必须保障项目信息的高效性传递。并且定时编制信息报告，对相关信息的偏差进行分析，分析其产生的原因，责任部门与相关责任人。并且对例外事件进行例外管理，对此进行专门的分析研究，并以报告的形式上交经营管理部门。以便他们能够尽快做出正确的决策。

现在已经步入了信息化时代，通过信息共享平台的建立，可以收集大量的成本信息，并且使大家都能共享信息化提供给的便利，节约了人力、财力和物力。信息化平台为成本决策和成本控制分析等提供可靠的信息。

信息平台在建筑主要有以下几方面的工作：建立、维护成本信息资料库；建立、维护供应商信息资料库；积极应用成本信息管理软件；汇总、比较项目成本管理举措，推广经验。

5. 制度保障措施

（1）做好设计招标工作

　　以往的的设计工作是委托房地产企业自认为信得过的设计单位进行设计，对设计的结果也只是认同。很少采取奖罚措施。现在，由于市场竞争的加剧，设计单位也涌现出不少，增加了企业之间的竞争力，从而对房地产企业来说也是件好事，可以从众多的设计单位优选出符合自己要求的设计单位，即设计招标也就诞生了。

　　房地产项目的设计通过招投标方法，采用多家竞标，将建筑方案与经济方案进行比较，通过专家评标，最后确定出各方面都比较优秀的设计单位。这样既便于房地产项目的成本控制与管理，也促进了设计单位在项目整体的空间布局和建筑造型等方面深入研究，开拓创新，以合理的价格设计出完美的成果。

　　其次，在设计合同的签订过程中明确项目的设计进度、项目的控制额度，将设计的质量与付款相挂钩，以及项目设计过程中的奖惩办法，以此激励设计单位更好的完成项目的设计任务。同时还要做好与政府相关部门沟通工作，以防审批部门对设计的不了解而导致返工，增加成本。

　　最后，对于项目实施阶段发生的设计变更，要分析原因，明确责任，对设计单位造成的设计变更应进行一定额度的罚款，并追究相应的责任。

　　（2）专家会议评审制度

　　在规划设计阶段，加强图纸的审核工作，由于房地产企业大小不同，不可能每一个企业都有自己的专家团队，但是每一个企业都可以聘请组织专家进行图纸的会审工作，虽然图纸会审会花费一定的财力和人力，但是通过图纸会审，项目可节约的成本远远超过这些费用。因此，应加强对施工图纸、设计交底等会审工作。采取前置的事前控制方法，将存在的问题消除在项目的实施之前。因为一旦项目实施，才发现存在的问题，那造成的成本相当高，其中包括返工影响项目的工期，索赔造成工程造价的增加等等。所以图纸会审是项目成本控制的管理的主要方法之一。设计方案评审制度是通过专家组评审的方式，对各阶段重要环节的设计方案进行深入研究论证，指导产品的设计，保证产品的竞争力。评审流程如图6.24所示。

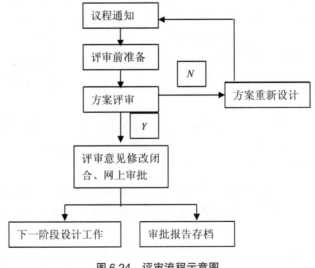

图6.24　评审流程示意图

案例：丽景翠庭项目规划设计优化分析

一、项目概况

丽景翠庭项目位于某市高新技术开发区，占地 120 亩，建筑面积约 38 万 m^2，主要由住宅、公寓、办公楼和商铺等组成。其定位主要是白领居住区，户型面积的设计以 90m^2 左右的居多。第一期开发项目主要有高层、小高层和临街的办公楼。该项目在户型的设计上涵盖的范围较广，主要有 60 ~ 70m^2 的左右一室、80 ~ 90m^2 的左右两室和三室的，其他少部分的是 120 ~ 160m^2 的三室和四室。小区设有地下停车场，供暖方式是集中供暖，提供 24 小时热水。开发商根据自己多年的行业经验，在项目的规划上力求做到，精益求精，在设计上，聘请知名的设计公司，按照住户的需求设计出最具潮流、符合当地环境的一流的建筑。

图 6.25 丽景翠庭项目鸟瞰图

丽景翠庭项目的鸟瞰图如图 6.25 所示。

二、丽景翠庭项目规划设计管理思路

根据房地产项目规范化流程，丽景翠庭项目对规划设计工作组织结构进行优化，优化的结果如图 6.26 所示。在土地资源确定的前提下，首先项目设计启动，通过概念规划方案竞赛，选择甲公司为规划设计单位，对项目的全过程进行规划设计，另外开发商聘请专家和市场营销部门的人员，根据客户的需求设计户型，两者同时进行，为后续扩初设计和施工图设计赢得时间。

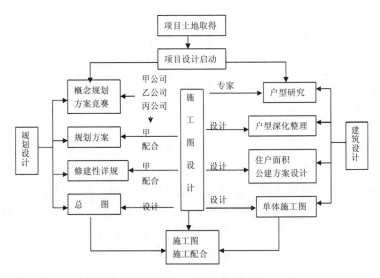

图 6.26 丽景翠庭项目规划设计工作组织结构与设计流程管理

通过优化的组织结构及设计流程，丽景翠庭项目从拿地到施工图总共用了 7 个月时间。与其他类似项目相比设计周期缩短了 20 天，为项目的实施做好了充分的准备。图 6.27

为丽景翠庭一期项目的设计周期图。

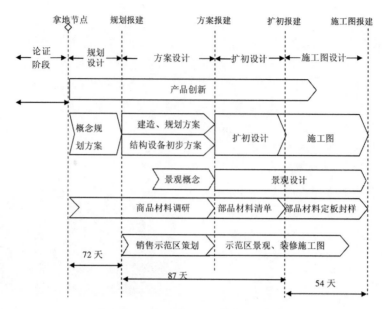

图 6.27　丽景翠庭项目流程优化横道图

从图 6.27 可以看出，丽景翠庭项目的设计改变了传统的一条直线式的设计，而是采用优化的并行设计流程图。这样多部门共同参与、协同配合，为丽景翠庭项目提前完成规划设计提供了有力的条件。

三、丽景翠庭项目规划设计阶段的优化方法

1. 项目规划阶段的成本控制

（1）规划设计方案评价分析把握的原则

①在规划设计过程中坚持"以人为本"的原则，以住户的生活舒适为本。房地产住宅建成是让人住的，往往要住上几十年甚至一辈子，所以必须对客户负责，而且是长久的。有些项目在规划设计阶段为了尽快完成方案设计，草草设计完就进入下一阶段的设计，对方案没有进行深入分析研究，设计过程存在许多问题，为住户留下了永久的隐患。如某项目小区的主要入口设计在主干道上，人车混流，而且小区主入口旁边还是一个公交站牌，一旦公交车停下来，小区门口的车就堵了，人心也慌了。这就是由于设计师在规划设计时未从住户舒适方便的角度出发考虑。

②规划设计符合项目的定位。项目的定位是项目实施的根本保证，不能违背项目的定位，一旦违背了，项目就会产出不同的产品，这样造成的结果可能无法估量。比如某地产项目，其定位的是中小户型的白领社区，住宅环境与配套设施的定位都是中等水平，然而设计单位为了别出心裁，设计了园林式的景观，在社区布置了"地中海"等一系列水系，最后的设计结果是顶级豪宅小区的设计。其物业管理等方面的花费就远远超出了投资控制目标。面对这样的设计结果，该怎样运转，值得我们思考。

③在规划设计的条件允许的情况下，尽量给销售部门的工作提供方便。在样板间的设计过程中尽量将不同户型的房子设计在一栋楼里或一个楼层里，这样方便市场营销部

门的互动沟通管理，还对顾客提供方便，让他们在某一区域内能了解到各种户型的布置情况，为大家节约时间。有些项目在设计过程中往往欠缺这一方面的考虑，使得样板房满地开花，这样对市场营销管理工作带来不便，而且使得周边的景观的装饰装修工程量增加，无形中增加了项目的成本。

④除了上面提到我们应该把握的几个原则外，还有一点很重要的原则，那就是中国人受传统思想的影响较为深刻，对建筑中的风水学也有一定的讲究，所以在规划设计的时候要尽量避免。比如路冲、门冲等许多禁忌。规划设计人员一定要加以重视。

（2）项目规划方案设计阶段成本控制流程

①在市场调研和可行性研究论证过程中，加强投资决策的科学性、客观性和程序化。

②设计任务书的编写，主要通过建设单位对项目的投资意图、所需功能和使用价值的分析，确定项目的开发理念、营销主题、建设规模等要求。设计任务书的编写要求尽量深刻，便于设计单位编制设计文件。

③建筑方案的征集工作：通过设计任务书的编制后，对相关的设计单位进行考察，选择技术实力雄厚的、资质较深或者知名的设计人员进行建筑设计方案竞赛。然后请专家对建筑方案进行综合评价，选择最具实力的设计单位。

④户型设计的采集：安排专人员组成户型研究小组，首先通过市场调研，了解客户需求；其次，聘请专家就现在市场需求的户型进行研究分析，最终确定一些可行的户型类型，便于设计单位参考和设计。

（3）规划设计阶段成本控制的技术经济措施

首先，确定合理的技术指标体系。建立控制指标体系，规划评价指标主要考虑可使用土地面积、建筑密度、容积率、绿地率、停车泊位、市政配套、公共设施配套、交通等因素。

①可使用土地面积：建筑用地里可以使用的有效土地面积。

②建筑密度：是指建筑基底面积占总用地面积的百分比，它反映用地合理性情况，是城市管理的控制性指标。

③容积率：是反映地块开发强度的重要指标，无纲量，其内涵与"建筑密度"一致，但表述形式不同，容积率＝总建筑面积／地块面积。

对容积率的标准化：

表 6.4　开发商对容积率标准化

类别 - 容积率	效果好	效果可以	效果较差
别墅	～ 0.35	0.35 ～ 0.4	0.4 ～ 0.5
Townhouse	—	0.7 ～ 1.0	—
多层住宅	1.1 ～ 1.3	1.4 ～ 1.6	1.7 ～ 1.8
小高层住宅	2.0 ～ 2.3	2.4 ～ 2.6	2.7 ～ 3.0
高层 16 ～ 20	3.0 ～ 4.0	—	—
高层 20 ～ 25	4.0 ～ 5.0	—	—
高层 25 层以上	≥ 5.0	—	—

④绿地率：是指居住区用地范围内各类绿地的总和占居住区用地的比率，是反映居住区内可绿化的土地比率，它为搞好环境设计、提高环境质量创造了物质条件。

⑤停车泊车位：是指提供给居民的停车位个数。

⑥市政配套：是对居民生活基础设施的建设以方便工农业发展、居民出行及生活的基础设施的建设内容，包括城市供排水、道路建设、燃气、通讯设施、民众信访、市容市貌建设与整治等

⑦公共设施配套：住宅区内的市政公用设施和绿地。

⑧交通：包括小区动态交通组织即小区入口和内部织网；静态交通，即机动车停车场、摩托车、非机动车停放

其次，规划阶段成本控制的经济措施。根据可行性研究编制项目估算，并且制定项目成本控制目标。在方案的设计完成后采用，将技术与经济相结合进行优化控制，开发商常用的方案优选指标有：差额投资内部收益率和净现值法，以净现值最大的方案为优选方案；当开发项目的经营期不同时，采用等额年值指标进行优选，等额年值大的方案为优选方案。

2. 扩初设计及施工图设计阶段的成本控制

（1）确定成本限额设计指标值

表6.5列举了丽景翠庭项目施工图设计阶段建安成本目标成本限额设计的控制标准。

表6.5　施工图设计阶段建安成本限额设计成本控制标准

序号	分项工程设计名称	经济指标值	技术指标值	材料单价	设计阶段成本控制要点
一	6层框架结构				
1	桩基	35元/建筑面积			
2	混凝土含量		0.31m³/建筑面积		
3	钢筋含量		43kg/建筑面积		
4	窗		0.26 开窗率		
5	外墙饰面砖			≤40元/m²	
6	地热			非温控	
					1.桩基形式的选择对成本影响很大，建议作多个桩基方案进行经济比选。
二	11～12层短肢剪力墙结构	（无地下室）			
1	桩基	40元/建筑面积			2.结构配筋、混凝土含量设计尽量优化，可提供多个方案比选，以达到主体结构经济性
2	混凝土含量		0.33m³/建筑面积		
3	钢筋含量		45kg/建筑面积		
4	窗		0.26 开窗率		
5	外墙饰面砖			≤40元/m²	
6	地热			非温控	
三	11～12层短肢剪力墙结构	（有地下室）			
1	桩基	40元/建筑面积			

（续表）

序号	分项工程设计名称	经济指标值	技术指标值	材料单价	设计阶段成本控制要点
2	混凝土含量		0.33m³/ 建筑面积		
3	钢筋含量		50kg/ 建筑面积		
4	窗		0.26 开窗率		
5	外墙饰面砖			≤40 元 /m²	
6	地热			非温控	
四	16～18 层短肢剪力墙结构	（无地下室）			1. 桩基形式的选择对成本影响很大，建议作多个桩基方案进行经济比选。 2. 结构配筋、混凝土含量设计尽量优化，可提供多个方案比选，以达到主体结构经济性
1	桩基	40 元 / 建筑面积			
2	混凝土含量		0.35m³/ 建筑面积		
3	钢筋含量		55kg/ 建筑面积		
4	窗		0.26 开窗率		
5	外墙饰面砖			≤40 元 /m²	
6	地热			非温控	
五	16～18 层短肢剪力墙结构	（有地下室）			
1	桩基	40 元 / 建筑面积			
2	混凝土含量		0.36m³/ 建筑面积		
3	钢筋含量		58kg/ 建筑面积		
4	窗		0.26 开窗率		
5	外墙饰面砖			≤40 元 /m²	
6	地热			非温控	

（2）利用价值工程法在目标成本限额的基础上进行方案比选

随着价值工程法的普及运用，人们开始注重产品价值的提升。通过分析项目的功能和成本，以降低项目成本提高项目的功能为主要途径的成本控制方法，获得项目的最大效益。

下面是丽景翠庭项目一期商住楼的设计方案：

方案 A：结构采用大柱网框架，楼板为预应力板，墙体采用多孔砖，并配套可移动式分室隔墙。窗户类型为：单框双玻璃钢塑窗，面积的利用系数为 94%，预算造价：2157 元 /m²；

方案 B：结构采用大柱网架，楼板为现浇板，墙体采用复合式内浇外砌，窗户类型：单框双玻璃塑钢窗，面积的利用系数为 88%，预算造价：1662 元 /m²；

方案 C：结构上采用砖混结构，楼板选用预应力板，墙体采用多孔砖，窗户类型：单玻璃空腹钢塑窗，面积利用系数为 81%，预算造价：1748 元 /m²。

开发商聘请专家对丽景翠庭项目的各个方案进行分析并打分，如表 6.6 所示，在这次方案比选中采用价值工程法选择优秀的方案，并且对所选的最优方案进行细化价值分析研究。本案例主要对土建部分展开价值分析，将其分为四个主要功能，即：桩基工程、地下室工程、主体结构工程和装饰工程。其功能评分和目标成本见表 6.7。按照目标成本限额的要求，项目的目标投资额控制在 14700 万元。并且对各功能的当前成本与目标进行比较，确定优化顺序。

表 6.6　方案各功能和权重及各方案的功能得分

方案功能	功能权重	方案功能得分		
		A	B	C
结构类型	0.25	10	10	8
模板类型	0.05	10	10	9
墙体材料	0.35	9	9	8
面积系数	0.25	8	7	7
窗户类型	0.10	9	8	7

表 6.7　目标成本限额设计要求

功能项目	功能评价	目前成本（万元）
桩基工程	10	1625
地下室工程	11	2075
主体结构工程	35	5685
装饰工程	38	6126
合计	94	15511

计算各方案的功能指数，见表 6.8。各方案的成本指数见表 6.9。各方案价值指数见表 6.10。

表 6.8　各方案的功能指数

方案功能	功能权重	功能方案加权得分		
		A	B	C
结构类型	0.25	2.5	2.5	2
模板类型	0.05	0.5	0.5	0.45
墙体材料	0.35	3.15	3.15	2.8
面积系数	0.35	2	1.75	1.75
窗户类型	0.10	0.9	0.8	0.7
合　　计		0.95	8.70	7.7
功能指数		0.361	0.346	0.307

表 6.9　各方案的成本指数

方案	A	B	C	合计
预算造价（元/m²）	2157	1662	1748	5442
成本指数	0.396	0.305	0.321	0.999

表 6.10　各方案的价值指数

方案	A	B	C
功能指数	0.361	0.346	0.307
成本指数	0.396	0.305	0.321
价值指数	0.910	1.136	0.952

由上表计算结果可知，B方案的价值指数最高，为最优方案。

根据上表所列数据可知，优选项目各功能的功能指数、成本指数和价值指数，根据给定的投资总额度，计算出项目的目标成本额，与当前成本进行比较，计算出每个功能可降低的成本额度。具体结果见表6.11。

表 6.11　计算结果汇总

功能项目	功能评分	功能指数	目前成本（万元）	成本指数	价值指数	目标成本（万元）	成本降低额（万元）
桩基工程	10	0.1064	1625	0.1048	1.0155	1564	61
地下室工程	12	0.1277	2075	0.1338	0.9543	1877	198
主体结构工程	34	0.3617	5685	0.3665	0.9868	5317	367
装饰工程	38	0.4042	6126	0.3949	1.0234	5942	183
合计	94	1.0000	15511	1.0000		14700	811

由表6.11计算结果可知，桩基工程、地下室工程、主体结构工程和装饰工程均应通过适当方式降低成本。根据成本降低额的大小，功能改进顺序依次为：①主体结构工程；②地下室工程；③装饰工程；④桩基工程。设计单位再次对主体结构进行了结构优化，采用普通的框架结构，其他不变，计算最后得到，优化后的成本与目标成本趋于一致。

（3）聘请专家进行评审，优化结构设计

在图纸完成后项目的实施以前，必须加强图纸的审核工作，对设计单位设计图纸的质量进行严格的审查，开发商聘请了专门的审图专家对丽景翠庭项目图纸进行审核，力求将图纸中潜在的问题提前消除。本案例主要介绍丽景翠庭项目在3、7栋底层商铺的钢结构部分的设计优化分析，由于图纸设计完成后，专家组对钢结构部分进行了成本测算，发现成本较高，通过他们的实践经验，对此结构部分进行了深入的研究，最终确定出经济合理的又不影响建筑效果的设计方案。

①原设计3、7栋楼的商铺钢结构的建筑效果图6.28，建筑配套图6.29。

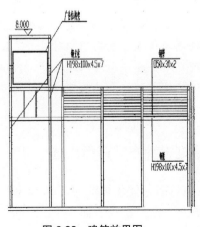

图 6.28　建筑效果图

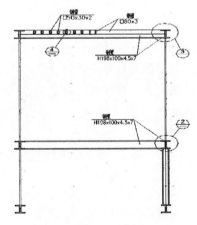

图 6.29　建筑配套图

本设计主要采用的是两层钢架，分别为 4.6m 和 5.6m 高的位置，其中在 5.7m 高的位置需要铺设钢化玻璃，并且设置钢管百叶；立柱的间距是 3m；4.6 ~ 5.6m 的高度之间间隔性的设置钢管百叶。

材料的选用：柱和梁分别采用工字钢，玻璃选用 5+0.76+5 的双层夹胶玻璃。防锈漆的选择采用氟碳漆。

②成本测算：根据第一次设计方案测算出钢材的含量达到 140kg/m^2，钢构件代刷漆的综合单价为 10000 元 /t，再加上玻璃等其他辅助材料费和利润、税金等，这部分钢结构的综合单价为 1700 元 /m^2，工程约为 480m^2，因此投资的总额在 85 万元。

③专家组讨论优化结构：专家组对建筑效果进行严格审核，看是否有优化的可能性。通过专家组的一致讨论认为可以将 5.6m 地方的平面钢架取消，将玻璃降低到 4.6m 的位置，仍然保留 4.6 ~ 5.6m 间的钢架百叶。从而降低了钢结构的含钢量。

同时通过结构力学测算，将柱间距调整到 4.5m，并且对工字钢尺寸进行了优化，将设计的标准尺寸 200×100×7×11.4 改为非标尺寸 198×100×4.5×7，尽管非标尺寸需要提前专门定制，使得材料价格增长了 220 ~ 260 元 /t，但钢材含量的降低节约的成本远远大于材料价格的增长。

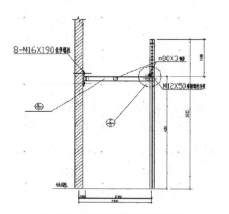

图 6.30　优化后的结构配套图

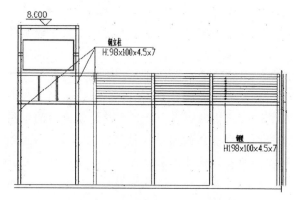

图 6.31　优化后的建筑效果图

④优化结果：通过上述优化过程，钢材的含量降到了 75kg/m^2，钢结构的价格由原来的 1700 元 /m^2 降到了 1050 元 /m^2，价格降到 52.5 万元，节约了 22.5 万元，降幅达 38%。

总之，规划设计阶段的成本控制体现了成本控制的前置控制思想，对整个项目的成本控制起到很大的作用。丽景翠庭项目从项目管理思路出发，通过限额设计与价值工程方法的相结合，对方案进行了结构优化，真正体现了技术与经济的高度统一性，取得了显著的成效。

第六节　运用价值工程对项目规划设计方案进行比选

国外成功运用价值工程的实例表明，房地产项目前期优化可节约 20% 以上的成本造价。但目前我国房地产规划设计阶段的价值工程运用还停留在表面，对工程的优化力度和节约效果不明显，对功能和成本的相关性和匹配度考虑较少。对价值工程的研究和应用要突破这个瓶颈，在符合各项建筑指标、建筑规范、建筑标准的前提下，寻找功能和成本的平衡点，在技术手段和设计规范可行的范围内，进行价值管理活动。

本节根据房地产项目规划设计的特点，充分考虑项目定位对房地产规划设计的影响，将价值工程与层次分析法相结合运用于规划设计方案的比选中，并针对既选方案再次运用价值工程和层次分析法进行方案优化。

一、我国房地产规划设计和价值工程相结合的现状

设计影响工程造价的 80%，而设计阶段运用价值工程所投入的成本只占 0.1%～0.5%，却可以降低原设计成本造价的 10%～30%，可见运用价值工程的重要性。

我国房地产行业价值工程引入较晚，缺乏专业的价值工程师和专门研究房地产价值工程的机构。香港理工大学刘贵文和沈岐平 (2001) 针对价值工程在我国房地产建筑领域的应用做过一次大规模问卷调查显示，"设计人员对价值工程完全不了解、了解一些、了解很多分别占 25%、75%、0%；施工人员为 35%、59%、6%；对于价值工程的应用，只有 24% 的人认为他们曾经在工作中用过，而且几乎处于一种零散状态，系统持久使用的很少。"并且"价值工程在我国房地产建筑领域的发展还处于初级的探索阶段"。

二、价值工程在项目规划设计方案选择中应用的意义

房地产项目规划设计，是根据项目定位报告，综合了项目用地的用地面积、建筑面积、绿化率、总户数等等若干指标后，按国家有关规范进行的设计活动。规划设计集艺术性、实用性、经济型于一体。只有规划设计大胆创新、技术方案切实可行、经济合理的设计方案，才是房地产开发商最终选择的方案。而当前我国的开发商，在进行规划设计时，往往走向极端：或者是偏重于方案创新，为追求项目的亮点、创新点，不惜一切代价，造成项目开发成本偏高；又或者是单纯的考虑成本造价，只要产品基本功能具备，想尽一切办法压缩成本造价，而对于综合考虑项目的整体功能和成本造价之间的理想平衡点的几乎没有。而价值工程应用的主要任务，就是实现房地产住宅功能与成本造价的最佳结合。这与规划设计方案的目标完全一致。因此，在房地产项目规划设计方案的比选上应用价值工程具有重要的现实意义，其具体体现在：

1. 有效控制成本造价，有利于降低建造成本

价值工程是指以最低的成本费用实现一定的必要功能，而致力于功能分析的有组织的活动，其目标是以最低的成本，可靠地实现产品或服务的必要功能。通过增加产品的用途、提高产品的作用效果，降低产品的投入成本和消耗成本，可以获得更高的产品价值。国外开展价值工程活动的经验表明，开展价值工程活动至少可以降低建设成本初始投资的 5%～20%，同时可以降低建成后运营费用的 5%～10%，而开展价值工程活动的投入成本仅为总造价的 0.2%～0.5%。对于固定投资基数庞大的房地产项目来说，实施价值工程的经济效益不言而喻。

2. 有利于项目方案的整体完整性，使产品的功能更合理

规划设计实质上就是对房地产项目的功能进行设计，而价值工程的核心就是功能分析。通过实施价值工程，可以使设计人员更加准确地了解购房者所需要及建筑产品各项功能之间的比重，，从而使设计更加合理。

3. 价值工程能在多个设计方案中进行优化比选

价值工程不仅能在多个设计方案中对方案进行比选，也能在选定方案后对已选方案进行优化。在运用价值工程对规划设计方案进行优化的过程中，充分考虑产品成本和产品功能两者动态变化对产品功能的影响，将两个因变量关联考量，注重方案的整体实现，力争降低项目投资额、提高产品的功能价值，实现"物有所值"和"物超所值"。

4. 在项目规划设计阶段应用价值工程，可节约社会资源

价值工程着眼于寿命周期成本，即研究对象在其寿命周期内所发生的全部费用。对于房地产项目工程而言，寿命周期成本包括建造成本和使用成本。实施价值工程，既可以避免一味地降低工程造价而导致研究对象功能水平偏低的现象；也可以避免一味地节约成本而导致功能水平偏高的现象，使工程造价、使用成本及建筑产品功能合理匹配，节约社会资源。

5. 有利于同其他计算方法相结合

价值工程可以针对项目进行事前控制、事中控制和事后控制，在这些过程中，除了运用价值工程，还可以将其他分析方法与价值工程相结合。这种运用不仅限于方案的选择，也可进行单方案的优化调整。

三、房地产规划设计阶段运用价值工程的思路

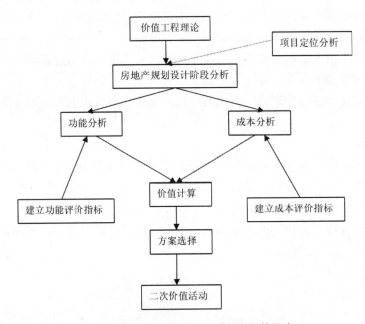

图 6.32   项目规划设计阶段运用价值工程的思路

四、价值工程在房地产规划设计方案选择中的应用

用价值工程方法对房地产住宅项目进行评选，主要有以下几个步骤：确定评选对象；对评选对象进行功能评价；计算成本系数；计算功能评价系数；求价值系数并进行方案评价。

如某开发商选作评选对象的四个住宅设计方案如下：

各方案分析评价如下：

1. 确定评选对象

根据初步的市场调查和开发商的大体意向，设计单位按要求设计出若干方案作为评选对象，见表 6.12。

表 6.12　某开发商选作评选对象的四个住宅设计方案

方案	主　要　特　征	单方造价（元 /m²）
A	5 层混合结构，层高 3m，一梯二户 3 室 2 厅三单元；主墙 240mm 砖墙，其他 120mm 砖墙；平屋顶单层防水；内装修及设备一般	721
B	6 层混合结构，层高 2.9m，底层做储存室；一梯二户 3 2 厅、4 室 2 厅三单元；主墙 240mm 砖墙，其他 120mm 砖墙；坡屋顶单层防水，徽式建筑；内装修及设备较好	742
C	6 层混合结构，层高 2.9m，底层做储存室；一梯二户 3 室 2 厅、2 室 2 厅五单元；主墙 240mm 砖墙，其他 120mm 砖墙；平屋顶单层防水，欧式建筑；内装修及设备一般	713
D	5 层混合结构，层高 3m，底层做储存室；一梯二户复式三单元；主墙 240mm 砖墙，其他 120mm 砖墙；坡屋顶双层防水，欧式建筑；内装修及设备一般	752

2. 对评选对象进行功能评价

将主要功能细分为八个方面，包括平面布局、采光通风（包括保温、隔热、隔声）、层高与层数、牢固耐用、建筑造型、室内装饰（包括室内设备）、环境设计（指日照、绿化、噪声、景观及间距等）、技术参数（包括平面系数、每户平均用地等）。结合用户和专家的意见综合评分后见表 6.13。

表 6.13　功能重要系数评分表

功　　能		用户评分		专家评分		重要系数 φ
		得分 P1	0.4P1	得分 P2	0.6P2	
适用	平面布置 F1	43.23	17.292	33.74	20.244	0.3754
	采光通风 F2	15.64	6.256	16.23	9.738	0.1599
	层高层数 F3	2.78	1.112	3.15	1.89	0.0300
安全	牢固耐用 F4	24.47	9.788	25.33	15.198	0.2499
美观	建筑造型 F5	1.97	0.788	5.29	3.174	0.0396
	室内装饰 F6	7.98	3.192	9.05	5.43	0.0862
其他	环境设计 F7	2.12	0.848	4.67	2.802	0.0365
	技术参数 F8	1.81	0.724	2.54	1.524	0.0225
合计		100.00	40	100	60	1.00

3. 求成本系数 C

见表 6.14。

表 6.14　成本系数评分表

方案名称	单方造价（元 /m²）	成本系数 C
A	721	0.2462
B	742	0.2534
C	713	0.2435
D	752	0.2568

4. 求功能评价系数 F

见表 6.15。

表 6.15　功能评价系数评分表

评价因素		专家 A	专家 B	专家 C	专家 D
功能因素	重要系数 ψ				
F1	0.3754	7	9	8	10
F2	0.1599	8	9	9	10
F3	0.0300	10	9	9	9
F4	0.2499	8	8	8	8
F5	0.0396	9	9	9	10
F6	0.0862	6	8	6	6
F7	0.0365	7	8	7	10
F8	0.0225	7	9	9	8
方案总分 $\sum \psi isij$		7.4928	8.6274	8.0431	9.0354
功能评价系数 F		0.2257	0.2599	0.2423	0.2722

5. 求出价值系数 V 并评价

按 $V = F/C$ 求出各方案的价值系数，见表 6.16

表 6.16　方案价值系数表

方案	功能评价系数 F	成本系数 C	价值系数 V	最优方案
A	0.2257	0.2462	0.9167	
B	0.2599	0.2534	1.0257	
C	0.2423	0.2435	0.9951	
D	0.2722	0.2568	1.0600	√

结合房地产项目的情况，价值评价系数优选 V 最大的数值，因此选择方案 D。

案例分析：现代城项目规划设计方案优选

1. 项目概况

现代城项目地处深圳龙岗中心城，占地 63477.5m²，建筑面积 177756.53m²，由 8 栋高层及配套的商业、幼儿园、会所等项目组成。项目技术经济指标见表 6.17。

表 6.17　工程项目技术经济指标

总用地面积（m²）		63477.50	容积率（%）	不计核增容积率 2.2 容积率计核增 2.37
总建筑面积（m²）		177786.53	覆盖率（%）	24.20
其中	地上总建筑面积（m²）	150430.23	绿化率（%）	47.66
	地下总建筑面积（m²）	27356.30	总高度（m）	60.55（18 层）
	住宅（m²）	123968.89	建筑规模	958 户
	配套商业、幼儿园、会所等 (m²)	15795.91	结构类型	框架剪力墙
	增核面积（m²）	10665.53	停车位（地上 / 地下）	234/966

2. 应用价值工程原理进行设计方案优选

（1）对建设项目功能进行定义、评价

对于商品住宅来说，要满足适用、安全、美观以及其他一些功能，对于适用功能而言，可以分为平面布置、采光通风等功能；就安全功能来说，可以分为牢固耐用、"三防"设施等功能；就美观功能而言，有建筑造型、室内外装饰等；其他功能主要包括环境设计、技术参数、便于施工等功能。然后根据功能分析绘制功能系统图，如图 6.33 所示。

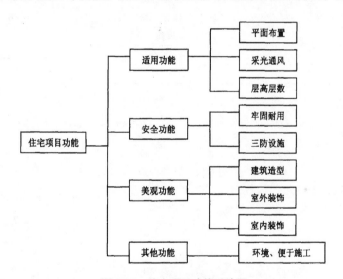

图 6.33　住宅项目功能系统图

以上定义基本上表达了住宅功能，这 9 种功能在住宅功能中占有不同的地位，要分别确定其相对重要系数。各方面对设计方案评价的权重分别定为 0.65、0.25、0.10，得出功能权重系数见表 6.18。

由功能权重系数可以看出，对于该住宅设计功能的重要性依次为：平面布置→牢固耐用→建筑造型→采光通风→室外装饰→环境、便于施工→三防设施→室内装饰→层高层数。

（2）确定 4 个比选方案为评价对象

对四个比选方案进行成本分析，确定各方案成本评价系数，见表 6.19。

表 6.18　功能权重系数

功　　能		投资方（业主）		设计方		施工方		功能权重 W_i
		评分 J	$0.65J$	评分 K	$0.25K$	评分 L	$0.10L$	$(0.65J+0.25K+0.10L)/100$
适用功能	平面布置 A	30	19.50	23	5.75	35	3.50	0.2875
	采光通风 B	14	9.10	15	3.75	12	1.20	0.1405
	层高层数 C	2	1.3	1	0.25	3	0.30	0.0185
安全功能	牢固耐用 D	18	11.70	20	5	23	2.30	0.1900
	三防设施 E	3	1.95	4	1	4	0.40	0.0335
美观功能	建筑造型 F	15	9.75	18	4.5	10	1.00	0.1525
	室外装饰 G	11	7.15	12	3	6	0.60	0.1075
	室内装饰 H	2	1.30	2	0.5	1	0.10	0.0190
其他功能	环境、施工 I	5	3.25	5	1.25	6	0.60	0.0510
合　　计		100	65	100	25	100	10	1

表 6.19　比选方案成本评价系数

比选方案	单位造价（元 /m²）	成本评价系数
方案一	1755	0.245
方案二	1822	0.255
方案三	1745	0.244
方案四	1836	0.256
合计	7158	1.00

（3）方案功能评价

根据住宅功能要求采用十分制加权评分，对各方案功能的满足程度分别评定分值，得出功能评价系数见表 6.20：

表 6.20　功能评价系数

评价因素		名称	方　　案			
功能	功能权重 W_i		方案一	方案二	方案三	方案四
平面布置 A	0.288	各方案功能满足程度评定值 X	10	10	8	9
采光通风 B	0.141		9	8	9	9
层高层数 C	0.019		10	10	9	10
牢固耐用 D	0.190		9	8	9	9
三防设施 E	0.034		8	7	7	8
建筑造型 F	0.153		9	8	8	8
室外装饰 G	0.108		8	8	8	7
室内装饰 H	0.019		8	7	6	8
环境、便于施工 I	0.051		8	8	8	7
方案总分 $\sum W_i \times X_i$（$i=A \sim I$）			9.095	8.560	8.278	8.497
功能评价系数			0.264	0.249	0.240	0.247

（4）最优设计方案的选择

根据各比选方案的价值系数 (功能评价系数除以成本评价系数) 见表 6.21，选择价值系数最大的方案一为最优方案。

表 6.21　各方案的价值系数

方案	方案一	方案二	方案三	方案四
功能评价系数	0.264	0.249	0.240	0.247
成本评价系数	0.245	0.255	0.244	0.256
价值系数	1.077	0.977	0.986	0.962

价值系数最大的方案一，各个单项功能要求均满足需要，具有功能强、结构户型合理、造价较低的特点，满足投资方的需要，故选择方案一作为胜出方案，并且，事实证明该方案与其他方案相比也具有合理的最低成本。

3. 运用价值工程对目标成本限额设计方法进行优化改进

目标成本限额在实际应用中的不足主要有两条：一是由于目标成本限额设计突出强调了设计限额的重要性，致使一些项目在设计过程中忽视了对工程功能水平的要求和功能与成本的匹配性，这样就容易造成工程运营维护成本的增加，同时在一定程度上限制了设计人员的创造性。二是目标成本设计限额都是指建设项目的一次性投资，对项目的运营维护成本考虑较少，这样容易造成项目寿命周期费用过大。

针对目标成本限额设计在使用中的不足，作者认为最根本的问题还在于如何在目标设计限额总成本确定以后，如何结合项目全寿命周期，将总值准确合理的分配到工程项目的各组成部分。

价值工程就是分析研究功能和成本的关系，对象的功能评价值就是实现用户功能的最低成本，也可以看成是理想的目标成本值。受此启发，目标限额总成本的分配可按下述步骤进行：

(1) 先求出项目各组成部分的功能评价值，进而求出功能评价系数，即项目各组成部分的功能目标成本比例。该成本比例是工程造价和运营成本占整个项目全寿命周期费用的比重。而我们希望得到的是项目各分项工程的造价占项目总造价 (目标限额设计总成本) 的比例，只有得到了这个比例值，才能将目标成本限额按比例分配到各组成部分。

(2) 收集以往类似工程项目资料，可得到每个项目各分项工程的工程造价数据 (A_{ij}) 和运营成本数据 B_{ij})，求出平均值 A_j 和 B_j，进而求出各分项工程运营成本和工程造价比例 $Z_j B_j/A_j$；根据每个项目的工程造价数据 A_i 和运营成本数据 B_i 可以求出每个类似项目的造价平均值 A_i；和运营成本平均值 B_i，同样可得到 $Z_i=B_i/A_i$。

(3) 工程项目各分项工程的功能目标成本比例 $C_j=(A_j+B_j)/(A_0+B_0)$ 为已知，将 $B_j=Z_j$，A_j 和 $B_i=Z_i$，A_i 代入可得到：$C_j=(1+Z_j)A_j/(1+Z_i)A_0$，于是，项目各组成部分的造价比例 $A_j/A_0=C_j(1+Z_i)/(1+Z_j)$，限额设计总值即按此比例分配到各组成部分。

按照上述方法将目标限额设计总成本分配到项目各组成部分，既实现了目标成本限额设计分配中功能和成本的有机统一，又充分考虑到以往类似工程的经验数据，在方法上有一定的先进性。

例如现代城项目经可行性研究得出，项目的投资估算为40000万元，建筑面积177786.53m^2，结构形式为框架剪力墙，现对其进行目标成本限额设计的分配。

(1) 功能定义和评价此类高层建筑中，项目各分项工程有：建筑工程、结构工程、给排水工程、暖通工程、强电工程、弱点工程、电梯工程。以上七个部分共同实现整栋建筑的功能，根据相关资料和标准，将该项目功能定义为6项大功能和24项子功能。通过综合专家、用户和设计人员的意见，确定出各大功能和子功能对项目整体功能的重要度权数，并由专家对各分项工程打分，从而求出各分项工程的功能得分和功能评价系数 (表 6.22)。

表 6.22　各分项工程功能评价分析表

功能名称	权重 W_i	子功能名称	权重 X_i	子分项工程名称							
				建筑工程	结构工程	给排水工程	暖通工程	强电工程	弱电工程	电梯工程	各功能总分
使用功能	0.2	形成围护空间	0.2	20	80	0	0	0	0	0	100
		采光通风	0.115	40	10	0	30	20	0	0	100
		垂直运输	0.18	8	5	0	0	5	2	80	100
		生活公办条件	0.16	20	10	15	22	18	5	10	100
		保温隔声隔热	0.115	30	70	0	0	0	0	0	100
		照明	0.115	10	0	0	0	90	0	0	100
		信息传输	0.115	10	20	0	0	0	60	10	100
美观功能	0.1	建筑造型	0.4	60	40	0	0	0	0	0	100
		室外装饰	0.3	90	10	0	0	0	0	0	100
		室内装饰	0.3	100	0	0	0	0	0	0	100
安全功能	0.5	牢固	0.35	5	95	0	0	0	0	0	100
		耐用	0.35	10	70	4	3	5	3	5	100
		三防设施	0.3	20	60	5	8	5	2	0	100
社会效益	0.1	节约能源	0.3	20	20	3	25	20	2	10	100
		节约土地	0.4	80	20	0	0	0	0	0	100
		废物利用	0.15	30	60	10	0	0	0	0	100
		技术进步	0.15	30	25	5	20	5	10	5	100
环境效益	0.05	大气污染	0.32	20	10	0	70	0	0	0	100
		水质污染	0.32	10	20	60	5	5	0	0	100
		室内环境	0.18	80	0	0	20	0	0	0	100
		室外环境	0.18	50	0	0	50	0	0	0	100
其他	0.05	技术参数	0.55	20	45	7	10	8	5	5	100
		便于设计	0.1	30	45	5	5	5	5	5	100
		便于施工	0.35	25	55	5	2	5	5	3	100
各分项工程功能得分				23.23	41.17	3.51	6.33	5.92	2.98	4.67	87.80
各分项工程功能评价系数				0.26	0.47	0.04	0.07	0.07	0.03	0.05	1.00
$C_i=F_i(\%)$				26.46	46.89	4.00	7.21	6.74	3.39	5.31	100

通过以上计算,我们可以得到现代城商住楼项目各组成部分的功能目标成本(比例)。但这并不等同于各组成部分工程造价占总造价的比重。因为功能目标成本是在全寿命周期费用的基础上计算得出的,所以还需要结合类似工程的经验数据来考虑,即扣除功能目标成本中的维持费因素,才能求得各组成部分造价占总造价的比例。

(2) 这里收集了 6 个类似工程的数据如下:

表 6.23 各分项工程的工程成本及运营成本

类 别	建筑工程	结构工程	供排水工程	暖通工程	强电工程	弱电工程	电梯工程	其他
i	6	6	6	6	6	6	6	6
工程造价 A_i(万元)	35261	103480	6160	3888	10853	5524	7576	1745
运营成本 B_i(万元)	22512	11983	3790	9861	3497	1880	6656	892
$A+B$	57773	115463	9950	13749	14351	7403	14232	2637
$A/A+B$	0.6	0.9	0.6	0.3	0.8	0.7	0.5	0.7
$B/A+B$	0.4	0.1	0.4	0.7	0.2	0.3	0.5	0.3
$Z_j=B_j/A_j$	4/6	1/9	4/6	7/3	2/8	3/7	5/5	3/7
由以上数据也可得到 6 个工程的平均成本造价为 $A_j=2908$ 万元,平均运营成本 $B_j=10178$ 万元,$Z_j=B_j/A_j=10178/20981=35\%$								

(3) 现代城商住楼项目各组成部分的设计限额比例按下式计算得出:
$A_j/A_0=C_j(1+Z_i)/(1+Z_j)$,设计限额成本为:$40000 \times A_j/A_0$,见表 6.24。

表 6.24 各分项工程目标限额设计成本

类 别	建筑工程	结构工程	供排水工程	暖通工程	强电工程	弱电工程	电梯工程
i	6	6	6	6	6	6	6
$C_i(\%)$	26.46	46.89	4.00	7.21	6.74	3.39	5.31
$(1+Z_i)/(1+Z_j)$	0.824	1.210	0.836	0.382	1.021	1.007	0.719
$C_j(1+Z_i)/(1+Z_j)(\%)$	21.80	57.99	3.34	2.75	6.88	3.42	3.82
目标成本设计限额(万元)	8719	23700	1337	1102	2753	1366	1527
单位成本造价(元 /m²)	490	1330	75	62	155	77	86

由于本案例中类似工程的造价和运营成本采用的是平均值,故最后分配的设计限额值是一个单一数值而不是一个区间,在对类似工程数据进行处理时,也可以用数理统计原理求出造价和维持费占总造价比例的置信区间,用区间表示限额设计值具有一定灵活性,可以给设计人员以一定的优化设计空间。

第七节 房地产项目规划设计案例分析

一、项目概况

项目位于泉州市安溪县参洋开发区,规划面积 29.075 公顷,结合龙湖规划区域 6.152 公顷,总规划用地面积约 35.227 公顷。可建设建筑面积为 80 ~ 91 万 m²,并控制建筑密度在 50% 以内，建筑高度在 100m 以内。整个用地被城市道路切割为七个功能地块，1、2、3、4、5、6 及致远 1E-01 号地块，用地相对比较零散。致远 1E-01 号和 6 号为商业服务地块，一号路和九号路之间的 2、4 号地块相对较小，不利于社区环境的营造，5 号地块位于龙湖东侧，用地相对独立，如图 6.34 所示。

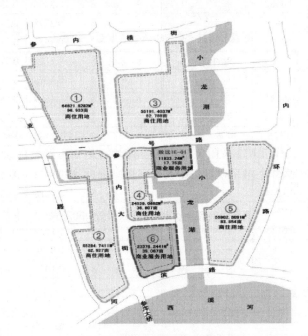

图 6.34　项目规划区用地概况

二、项目定位

1. 客户定位

区域人口的年龄构成如表 6.25 所示，20 ~ 49 岁人数占总人口数 35% ~ 40% 左右，总体平稳，变化幅度不大，这一部分人群是置业的主要构成部分。

表 6.25　区域人口年龄构成表

项　　目	2010	2011	2012	2013	2014	2015
0 ~ 19 岁（%）	27.4	28.04	28.36	28.27	28.12	23.1
20 ~ 29 岁（%）	15	13.31	20.09	20.09	20.13	19.56
30 ~ 39 岁（%）	19.5	18.11	19.06	19.06	19.07	18.03
40 ~ 49 岁（%）	15.2	15.63	13	13	13	16.83
50 ~ 59 岁（%）	10.9	11.99	7.41	7.41	7.42	11.06
60 岁及以上（%）	12	12.92	12.08	12.17	12.26	11.42

针对这部分人群进行购房目的调查 (图 6.35) 可以看出，48.8% 受访者首次购房用于居住，21.6% 受访者二次购房用于改善居住环境或者居住条件，其余主要是用作投资和商住。

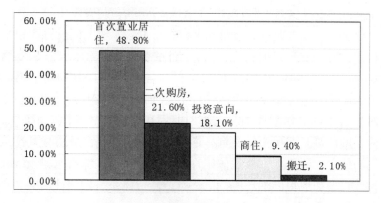

图 6.35　购房目的

因此，本项目开发的定位必须与市场的需求及产品的功能相联系，根据项目分析表年龄层次 (表 6.25) 以及购房目的 (图 6.35) 可以得出，现有主力客户群以县城商家及工薪阶层、乡镇茶农为主。我们可以将客户对象分为本地居民和外地居民两大类，其中，本地居民主要以常驻居民和茶农茶商为主，外地居民主要是围绕茶博汇生活居住的茶农茶商、房地产投资客、选择第二居所的度假游客、购置商务会议场所的公司与团体。

2. 户型定位

以住宅项目为主的房地产规划设计方案，户型的定位借鉴现有的经验和教训往往更贴近市场，风险相对较小。该项目近期的开发户型分布统计如表 6.26 所示，其中三房户型占总开发项目户型的 69%，是大多数购房者的首选户型，其次是二房和四房户型，选择别墅和五房户型的比例很小，其中别墅户数略多于五房户数。

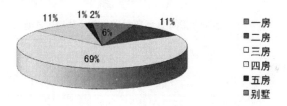

图 6.36　开发项目户型分布图

表 6.26　项目所在地家庭户类型构成表

项　　　目	2010	2011	2012	2013	2014	2015
一户人（%）	13.2	12.1	12.8	13.5	12.1	12.1
二户人（%）	24.4	23.5	23.8	25.9	25.6	17.2
三户人（%）	27.8	27.85	27.6	27	26.3	24.3
四户人（%）	19.4	20.4	19.8	18.1	19.2	21.7
五户人（%）	9.9	10.8	10.6	9.8	10.2	13.7
六户及以上（%）	5.3	5.35	5.4	5.7	6.6	11

综合上述，本项目的户型定位以小三房和三房为主，辅以花园洋房以及少量二房户型。由于本项目规划面积大、整体性强，市场定位高于当地已建或在建项目，因此花园

洋房的规划比例可略高于市场统计比例。

　　3. 功能定位

　　项目公建设施应当满足对内和对外两方面的需求。休闲综合体、特色餐饮店、风情步行街等商业设施以及会所、幼托等的服务设施主要针对于社区居民，体现社区风貌，实现社区生活的便捷舒适。五星级酒店、商务会所等大型商业设施主要针对于整个参洋开发区内的各类商业、商务人群，凸显地块内所具备的地区性商业潜力。

　　规划区内交通应满足居民出行便利，衔接主城区和茶博汇，方便功能区内部各类商业、购物、和居住等生活需求。景观休闲性道路宜利用小区原有水景及绿化，丰富生态环境和景观设计，增加地块内的环境特色，打造步行体系，构建社区的文化休闲带。

　　三、各规划设计方案内容介绍

　　1. 各规划设计方案经济技术指标

　　本项目规划设计招标共有六家设计单位参与投标，由开发商提供项目定位报告、规划指标等基本资料。投标单位在现场勘查和充分调研的情况下，提交了各自的规划设计方案，各方案的规划指标如表 6.27 所示，其中总建设投资不包括湖面景观费用、销售费用和税费。

表 6.27　各规划设计方案规划指标

项　　目	方案 A	方案 B	方案 C	方案 D	方案 E	方案 F
总建设投资（万元）	345348	364865	351310	359781	350579	319678
用地面积（m²）	290750	290750	290376	290750	290750	290700
建筑面积（m²）	986681	979796	985661	978200	985251	972842
计容积率面积（m²）	877138	885149	892376	896170	909663	885128
不计容积率面积（m²）	109543	94647	93285	82030	75588	87714
容积率	2.873	2.9	3.1	3	3.05	2.86
绿地率（%）	37	38	37	36	37	38
建筑密度（%）	23.1	23.4	23.6	23.3	23.3	22.7
商业用地面积（m²）	35211	35211	35211	35211	35211	35211
商业用地建筑面积（m²）	79918	83860	82854	81120	78926	75989
酒店建筑面积（m²）	42685	41974	42700	42800	43950	40053
住宅用地面积（m²）	255539	255539	255539	255539	255539	255539
住宅用地建筑面积（m²）	751951	756091	762321	769121	784209	766815
沿街商铺建筑面积（m²）	97105	193100	122659	171211	117548	0
小高层建筑面积（m²）	66172	68048	65560	65375	65874	69013
高层建筑面积（m²）	566115	479822	552102	510807	576029	674797
花园洋房建筑面积（m²）	22559	15121	22000	21728	24758	23004
90m² 户数 / 比例（%）	2421/39.5	1691/36.7	2385/38	2436/39.8	2458/38.5	3024/40
110m² 户数 / 比例（%）	3004/49	2268/49.2	3076/49	3000/49	3147/49.1	3713/49.1
130m² 户数 / 比例（%）	613/10	580/12.6	722/11.5	600/9.8	702/11	718/9.5
花园洋房户数 / 比例（%）	92/1.5	69/1.5	94/1.5	86/1.4	87/1.4	105/1.4

项　　目	方案 A	方案 B	方案 C	方案 D	方案 E	方案 F
总户数（户）	6130	4608	6277	6122	6384	7560
幼儿园建筑面积（m²）	1556	1713	2235	1825	962	1235
会所建筑面积（m²）	1028	1511	2266	1304	1616	1036
地下停车位（个）	2883	2491	2455	2159	1989	2308
地面停车位（个）	1837	1242	2504	2616	2899	3437
总停车位（个）	4720	3732	4959	4775	4888	5746
车位比	0.77	0.81	0.79	0.78	0.77	0.76

2. 各规划设计方案内容介绍

（1）A 方案的规划设计内容介绍

①设计理念及设计特点

本方案以湖区资源为设计重点，以龙湖为景观轴线，形成发散空间序列，力求打造全湖景社区，创造内部开放式的居住空间，强调居住视线穿越。设计建立边际化社区，创造社区内部和外部的品质差异性，强化城市界面，提供公共开发的社区休闲平台。采用组团空间布置多样化小区，提供社区不同的生活方式，具有可识别性，内部强调大社区归属感和小社区私密性。同时，将开放空间运用于商业界面，使湖区资源与商业空间内部、开放休闲平台融为一体。

商业设计采用骑楼式，社区由架空层构建的停车场和院落，从形式上丰富空间层次结构，增加沿街面的长度，将单调的街道空间打造成庭院式休闲台，最大化的利用了空间结构布局，带给住户多样式居住体验，实现人车分流的和谐社区环境，降低建设成本。同时，活动平台的搭建，实现了资源共享，并作为社区和社区之间的连接体，将社区组成连续的社区整体。此外，社区无障碍一体化设计利用基地坡度铺设有一定粗糙度的路面铺装材料，防止雨后积水问题。

②环境设计

项目总容积率 2.87，总绿地率 35%，总建筑密度 24.9%。其中，商业用地容积率 4.01，绿地率 22%，建筑密度 42.6%，停车位 710 个，地面非机动车停车位 5800 个，地下停车面积 26000m²。住宅用地容积率 2.71，绿地率 37%，建筑密度 22.5%，停车位 4350 个，地面非机动车停车位 12500 个，地下停车面积 42105m²。

建筑立面设计采用闽南传统气息的红砖和灰砖，增加建筑居家的温馨感和亲切感。开窗方式由随机的窗洞错动组合而成，窗洞内设置可自由调节的遮阳板，在调节通风的同时保障居住的私密性和安全性。

景观效果采用时间性设计和景观的连续性。社区内部分不同风格的景观体系，以自然元素林、洞、山、木为主导，创建生态社区平台，利用不同元素营造差异化小社区。

③户型设计

户型设计引入特色入户花园，空中回园，空中步行街等创新性户型，电梯直接入户。户型结构采用板式南北通透设计，客厅和卧室南向采光。

住宅以小三房和大三房为主力户型，搭配花园洋房和两房户型，无四房户型设置。

其中，花园洋房 21 栋，一梯两户，230m^2，六房三厅三卫格局，使用率 94.02%；小高层 18 栋，一梯两户，117m^2，三房两厅两卫格局，使用率 90.74%；高层 58 栋，一梯四户，80 ～ 140m^2，三房两厅两卫格局和两房两厅一卫格局，使用率分别为 85.31% 和 87.91%。

④硬件及生活设施配套设计

社区设置幼儿园两所、高层办公楼、高层公寓、高层酒店、商务会所若干。商业区沿社区内步行街布置形成内街商业界面，以及沿小龙湖畔带状布置形成沿湖商业界面，其余多以架空层设置开放式休闲商业平台。

⑤节能减排

建筑布局以板式建筑为主，朝向为南向和东南向，迎合夏季主导风向。外墙装饰少用玻璃，以青灰色调为主，增强保温隔热效果，降低建筑表面的吸热量。

围护结构采用保温隔热材料、屋面隔热材料、节能型断热铝合金门窗、节能玻璃，屋面铺设太阳能集热板。

水循环利用主要包括污水循环和雨水收集两大系统，回收水主要用于座便器冲水、绿化浇洒用水、广场道路清洁用水、景观用水、洗车用水。

墙体采用新型建筑材料，降低建筑用钢量，推行标准化装修方案，局部采用混凝土免拆模技术。

⑥开发策略

本方案共分三期开发。一期重点开发参内大街东侧龙湖南端靠近西溪的号地、6 号地和致远 1E-01 号地，完成小区基本设施建设，二期开发参内大街南部东西两处 2 号地和 4 号地，三期开发参内大街北部东西两处 1 号地和 3 号地，逐步完成住宅区域的开发。

（2）B 方案的规划设计内容介绍

①设计理念及设计特点

设计在保持一号路和参内大街线形不变的前提之下将基地分为四个组团，分别组织内部道路体系，利用商业服务用地建立区域服务的商务设施，并分别在小龙湖畔以及西溪河岸从空间和功能等方面形成区域的公共中心。强调龙湖周边空间的塑造，强化湖面视觉联系，强化商业建筑与滨水区域的景观关联，利用水景提升地产价值。

规划方案按照"双轴引擎、河湖双景、四片双核、外张内敛"的空间结构进行布局。设计通过南北生态轴线架起背山面水的空间框架，连接基地与茶博汇，以龙湖为景观轴线，参内大街为商业轴线，四大片区围合出商业节点。区域分为四个功能组团：商业文化功能地块、综合配套功能地块、生态宜居功能地块和休闲游憩功能地块。借助规划区主干道的两个交汇核心通盘全局，构成外张内敛的空间渗透格局，以发展轴线强化整体定位，以景观架构突出空间特征。

②环境设计

总容积率 3.1，总绿地率 40.20%，总建筑密度 23.60%，其中，5 号地块绿地率最高位 41.2%。总地下停车位 5243 个，总地面停车位 528 个。

建筑风格突出时代渐进的特色，采用古典简约的住宅建筑风格与现代唯美主义商业建筑相结合的形式。高层住宅立面采用欧式与现代简约相结合的风格，展现自然凹凸层次，不外加多于体块和线脚，突出大气、稳重和质感。立面材料主要采用涂料和石材，使用中性的棕黄色贵族色调。花园洋房也采用简约欧式风格，配合小区自然景观和人工景观资源，设置多边形观景凸窗和景观露台。

立面材料主要使用石材面砖和仿红砖面砖，略带精致典雅的复古风情。利用小龙湖与西溪湖作为景观轴线，东侧依托小龙华创造自然水景，西侧围绕住在创造生态植被人工绿色中心。在四大功能块设置主要景观节点，周边布置亲水空间及景观小品，强调由点及面的空间带动，塑造个性化景观空间。在水系沿岸布置休闲、康体、展示等公共设施，并将水体引入社区和商业区，沿水系结合建筑布局创造景观回廊，提升地块商业价值。

③户型设计

本案规划住宅以 90m^2 小三房和 110m^2 三房结构为主力户型，130m^2 的四房户型适度搭配，滨水花园洋房少量点缀，设计将建筑高度划分为三个等级，采递退的设计手法。其中主要景观节点周边布置花园洋房，最近距离享受景观资源的稀缺，内侧建筑高度控制在 17 层，外侧建筑相对较高，采用 32 层建筑设计，形成梯次排布，空间通透。

高层住宅户型共四种，包括 115m^2 三房两厅两卫格局和三室两厅两卫服饰格局，使用率分别为 83.71% 和 83.83%；90m^2 三房两厅一卫格局，南北通透，主卧凸窗设计，使用率为 82.7%；134m^2 四房两厅两卫格局，客厅和餐厅设计观景阳台，使用率85.46%。花园洋房户型六房三厅五卫格局，地下一层地面三层，地下一层为娱乐间，首层为公共空间，二层和三层为居住空间。

④硬件及生活设施配套设计

社区设置一处五星级酒店、一处休闲综合体、四处会所和一处幼儿园。

五星级酒店位于参内大街和滨河路交叉口，采用自由弯曲的平面形态，外观采用现代风格，立面以金属板材为主。内设一般酒店客房包括 373 间普间，42 间套间和顶层 4 间总统套房，公寓式酒店客房 173 间，满足各层次顾客的需求。一层至三层裙房包含酒店大堂、餐饮区、健身运动区、娱乐休闲区、商务会议区、后勤办公及商店、便利店等功能。

休闲综合体位于参内大街和一号路交叉口南侧，功能包含购物、餐饮、休闲娱乐和公寓式酒店。建筑在平面布局上采用流体造型。裙房与沿街商业相互连续，公寓式酒店立面用无规则的元素自由堆砌而成，具有强烈的现代风格，可成为城市一标志性建筑景观。

社区设置会所四处，每个住宅片区设置一处，主要用于解决小区内部居民和少量外来人员的休闲、美容、会客以及聚会等需求，选址于各小区交通便利的高位节点。幼儿园建筑位于东南地块小区内，规模为八个班级。建筑分为南北两部分，南楼两层为学习区，北楼三层为办公区，包含食堂和教室办公，两楼之间用连廊连接。

⑤节能减排

通过使用 LED 照明灯具和点灯方式的设置节能照明，通过屋顶植被绿化和屋顶绝热强化以及外墙的导光百叶窗、双层玻璃、绝热套装的配置，增强房体的保温性和隔热性。

雨水通过屋顶雨水收集，用于厕所冲水和灌溉用水；中水主要处理生活污水，作为非饮用水再次循环回用。

主要路口、重要地段以及各社区主要车行人行出入口、社区及交通道路交叉节点安装低照度彩色摄像机，实行实时监控，应对紧急情况和突发事件。周边报警系统和监控系统联合设计，在社区周围为情和护栏上安装脉冲式红外对射探头，对社区进行布防。电子巡更管理系统规划在各个社区设置多出巡更信息点以及巡更帮，由物业公司具体负责实施和管理。

⑥开发策略

本方案分三期实施。其中，一期重点开发参内大街东侧小龙湖南端靠近西溪的 4 号、5 号、6 号及致远 1E-01 号地块，首先完善茶博汇相关建设以及交通、住宿等基础配套设施，保障茶博汇区域基础服务，建立品牌效应。二期开发小龙湖北侧居住区 3 号地块，通过一期建设所积累的人气挖掘地产潜力，促进有序的市场开发。三期为规划区西侧带状居住功能区 1 号和 2 号地块，以地块功能集聚效应的完善，创造衍生价值为目标展开参内大街西侧居住功能区的建设，为整个项目画上圆满的句号。

（3）C 方案的规划设计内容介绍

①设计理念及设计特点

本案对用地的功能结构进行调整，将中心临龙湖的各个地块整合，规划为一条带状的开放性城市功能空间。整块带状空间建设以龙湖为纽带构架整个片区结构，以滨水商业为主，辅以商住功能，作为整个规划片区的中心功能地带。再以 BLOCK 街区模式串联其他各个地块，强调居住和商业的集中融合。采用滨水新兴城市商业空间与 BLOCK 街区相融合的模式，运用围合及半围合的方式进行建筑布局，强调 BLOCK 街区特征，将道路根据不同功能设计成商业街区，沿规划路两侧后退布置高层建筑，设计商业街南北贯通。一号路与参内大街交汇形成城市中心，规划为整个片区的最繁华中心地带，沿参内大街贯通的南北向用地和沿一号路穿透的东西向用地为两空间大发展轴线，组成整个片区的空间组织架构，其中参内大街纵轴南段为中心门户。

②环境设计

总容积率 3.27，总绿地率 38.1%，总建筑密度 37.8%，地下室建筑面积 239444.75m²，地下车库停车位 5680 个。

住宅建筑设计风格统一采用 ART DECO 风格，通过入口、裙楼体块等进行材质与颜色的不同划分，暖色石材的粗糙感、玻璃材料的通透感、高级面砖的纹理感营造富有变化的建筑群。酒店建筑体由 24 层楼板和 4 层裙房构成，注重柱网规整，利用玻璃和实体对比，西侧设计面湖叠层，向下设计退台式花园，造型设计解构为帆船。

设计约 1000m 的滨水景观轴线，广场、栈道、码头等各种景观小品和活动场所分散在水系轴线之上，成为整个规划片区的景观核心。各住区功能组团的景观设计均以串接各组团的景观休闲纽带为统筹核心，不同功能广场、不同形态的绿地庭院设计景观的分主题设立，同时设置屋顶绿化及空中花园。

地下车库的运用，将人行和车行分隔。在每个地块沿外环城市道路设置两个车型出入口，在五个片区地块场地与外界联系的车行出入口处分别设置了 14 个住宅及公共用地下车库出入口。人行考虑居住人流和商业人流两方面，对参内大街、内环路、一号路进行人行系统铺地设计引导人流。商业平面通过环地块的沿街道路和中心龙形带状滨水商业街相结合的方式进行交通组织。

③户型设计

本案共规划设计住宅8栋11层，5栋12层，23栋15层，7栋18层，18栋24层，2栋30层，12栋31层，12栋32层，各个地块均为围合及半围合结构，有效日照满足两个小时。外围住宅楼层设计均为24～33层高层，内部为11～18层中高层住宅，其中2号地块均为高层住宅，3号地块为围合结构。住宅共有14种户型，面积从62m² 到288m² 不等，房屋使用率从78.46%到91.10%不等，户型面积越小，房屋使用率越低。房屋结构以大三房两厅两卫为主，辅以四房、五房、两房结构，无花园洋房。

④硬件及生活设施配套设计

本方案总设计幼儿园两处，会所五处，服务于片区居民及附近外来人员的休闲、娱乐、商务办公等需求。五星级酒店位于6号地块南端，28层设计，裙楼四层，商业两层。沿街主干道及次干道均带状布置商业区，建筑设计均为两层或三层结构。综合商业休闲体带状布置于致远1E-01号地块和6号商务地块，以龙脉构架商业结构片区，以滨水串联各个组团空间，商场建筑设计四层，其余多为两层或三层结构。

⑤节能减排

设计重点在太阳能热水器的应用、屋顶与墙面绿化、建筑材料本身对热、光和气的运用于处理，雨水收集、水流系统的生态、住宅区内绿化系统生态及废物管理与处理等方法。通过利用太阳能满足洗浴需求，利用无机房节能电梯技术，节约建筑物空间，实现建筑节能的同时降低建筑成本。

雨水的收集用于景观用水和住宅区内的绿化系统用水，通过循环水流高低错落的流动，形成水气混合体。

各片区设置专门的地理式垃圾处理用房，分类收集生活垃圾，通过生态垃圾处理系统进行分解。

⑥开发策略

可分三期工程对本案进行开发。开发片区中部的4号地块、6号地块、致远1E-01号地块为一期工程，率先形成规划片区的中心空间、生活配套服务等基础设施和滨水商业中心。开发片区西部的1号地块、2号地块和北部的3号地块为二期工程，配合一期工程完成贯穿南北片区的空间纵轴区块。三期工程为用地相对独立的东南片区5号地块，完成整个项目的开发建设。

（4）D方案的规划设计内容介绍

①设计理念及设计特点

方案对原设计路网进行优化，在基地内部形成"一纵三横"的城市路网，以参内大街和一号路的交点为圆心架设直径250m的高架人行游览环道，在基地中部、环道外侧设置直径360m，可通往湖边的步行景观环廊，形成"五片、一环、一心、三轴"的规划结构。

②环境设计

总容积率3.55，总绿地率18.69%，总建筑密度35.20%。

内部交通采用车行道和人行道形成环路，每个居住小区设置两个车行出入口实现"人车分离"，内部步行系统的硬地铺装可与外部车道联系，形成"隐形消防车道"。设置3662个住宅停车位和1500个商业停车位，其中，地面停车位9个，零散分布于各住宅片区的区间道路。地下车库均为二层结构，采用"地面与地下相结合，地面用于临时停车，以地下停车为主"的方式，在高层住宅和商业区采用满铺式的两层地下车库，实现"直接入室"。

各商业地块采用不同的尺度和材料处理：塔式酒店办公楼稳重厚实，小体量零售商业街色彩艳丽。此外，西溪河畔大型商业为本项目的标志性建筑。

住宅造型采用现代加欧式风格，重复展开排列，或对称或跌落。建筑顶部采用退台、跌落的设计手法，突出韵律和变化性，营造整体轻逸灵动的氛围。

将小龙湖的水体引入各个地块，与步行系统相结合，形成连通的水系，使远离小龙湖的住宅亦能享受到湖区水景。以环形商业中心为中心景观节点，购物中心与对岸的临湖步道形成轴线，轴线上的临湖观光塔成为制高点。

③户型设计

建筑高度控制在100m以内，1号地块房屋以错落式散装布局，其余地块多以平行方式布局。各个地块外层住宅主要以26层、30层的高层为主，内层住宅主要以9层、11层的小高层为辅，沿小龙湖湖岸布置花园洋房，总体呈阶梯状布局。住宅户型以大三房两厅两卫和小三房两厅两卫为主，辅以四方两厅两卫和花园洋房，共计5321户。其中，面积90m²的小三房占总户型数的43%，110m²的三房占总户型数的49%，花园洋房总计85户，面积在130m²以上的四房户型共计336户。

④硬件及生活设施配套设计

规划在高架环内布置了中高层快捷酒店、公寓和写字楼；高架环外、景观环道内依据用地形态布置了在经营种类上各有侧重点的特色市场、购物中心和购物公园。除中心区大型商业外，每个居住区均设置了小型会所和少量裙房。

⑤节能减排

机电产品均采用高效节能型产品，住宅楼的空调系统采用变制冷剂流量多联分体式空气调节系统，每单元一套，室外机集中布置。地下停车场及设备用房均设置机械排风系统，自然进风。

室内、室外均采用污水、废水合流的排水系统，生活用水处理后用于绿地植被灌溉及厕卫用水。

⑥开发策略

可分三期进行开发。一期建设西溪、龙湖滨水商业区块，包括5号地块、6号地块和致远E-01号地块。第二期开发建设南部住宅片区，包括2号地块和4号地块。第三期开发北部住宅片区，包括1号地块和3号地块。

（5）E方案的规划设计内容介绍

①设计理念及设计特点

倡导"新城市主义"，营造城市社区，构建位置和特征合理分区，创造自然环境与人造社区紧密结合的可持续整体的功能化走廊，注重城市步行系统和城市公共空间的建立。以绿色生态社区设计方案的基调，引入自然环境的同时保持社区环境的整体性，注重室内外空间环境的渗透及景观视线的穿透性。规划结合基地的道路和水系将地块划分为七个片区，分别为五个住宅区、一个酒店办公区、一个购物中心区，五大居住片区围绕中部公建中心环状分布，连同南面沿参洋大街的酒店办公组团。高层全部布置在参内大街的西侧，小高层和多层布置在参内大街的东侧，形成由东向西逐渐升高的空间形态。绿化利用长达 2000m 的绿化环形廊道串联各个居住区，连接原本松散的地块，并在每个居住区内部布置核心景观区。

②环境设计

住宅容积率 2.79，绿地率 9%，建筑密度 38%，地下车库 183153m²，机动车停车位 4361 个。商业用地容积率 2.78，绿地率 8%，建筑密度 47%，地下车库 20580 ㎡，机动车停车位 490 个。绿化用地 99219m²，占总居住用地的 39%，道路用地 59816m²，占总居住用地的 23%。

以花园洋房为主的多层、小高层区结合龙湖水景，布置于参内大街的东面，与茶博汇呼应。参内大街西面规划高层住宅，形成从西高东低、沿小龙湖向东西两侧逐渐升高的建筑空间形态。

建筑外立面采用现代的简洁欧式手法处理，强调三段式分割和线脚处理，色调明快。宅的整体以砖红色，白色为色彩基调，营造温暖的宜居环境，同时引入闽南建筑元素，利用阳台与外窗的肌理变化处理立面，采用空调百叶、凸窗、平窗丰富立面效果。

景观设计以龙湖为景观资源，规划的大型中央水景主题公园，以特色步道、生态茶叶岛、茶叶雕塑、游船码头、沙滩景观、街头小品等为景观元素，形成公共活动空间。以小龙湖水体贯通项目基地南北，以绿化景观渗透廊道贯穿各个居住组团，以中央水景主题公园为中心，串联两个商业用地形成的环湖特色步行道。

每个居住区入口广场以个性景观元素构图，形成小区标志景观。商业景观设计根据小区各种商业空间性格特点，以现代广告、街头小品等为景观元素，通过建筑立面几何构图形成相应的商业空间。

步行系统案由沿湖水景步道和小区内部的景观步道共同组成。步行道贯穿各个居住组团，伸入到各住户或住宅单元的入口，串联住户花园、公共绿地、户外活动场地和公共服务设施，形成一体化步行系统。

③户型设计

房屋以平行方式布局，1 号地块、2 号地块均为高层住宅，共计 38 栋，其余各地块为小高层和多层花园洋房，总计 5872 户。住宅户型以小三房（92m² 和 96m²）和三房（113m²）为主，小四房（128m² 和 137m²）和花园洋房（290m²）为辅。其中 90m² 小三房户型套数占总套数 37%，110m² 三房户型套数占总套数 49%，130m² 四房户型套数占总套数 13%，花园洋房共 90 套，占总户型套数比例的 2%。

④硬件及生活设施配套设计

酒店办公区靠近南面主要城市干道参洋大街布置，会所及幼儿园散布于小区内部，基地中间的商业服务地块形成于酒店办公区互补的购物娱乐型商业，服务于整个基地。

⑤节能减排

排水系统以闭合循环的方式运行，提高用水效率。通过屋面雨水收集、生物蓄水绿地和地表径流水三个方式完成雨水收集。节水技术的运用包括卫生间节水设备的使用，景观区域采用滴灌方式等。

太阳能主要用于加热生活热水，易于安装、高效环保。

采用循环流动人工水系、树木种植增大绿地面积、屋顶材料遮阴檐篷等方式，配以遮阴檐篷、种植树木等设施减少热岛效应。

⑥开发策略

可分三期进行开发。一期建设西溪、龙湖滨水商业区块，包括5号地块、6号地块和致远1E-01号地块。第二期开发建设南部住宅片区，包括2号地块和4号地块。第三期开发北部住宅片区，包括1号地块和3号地块。

（6）F方案的规划设计内容介绍

①设计理念及设计特点

方案从功能上将规划地块分为四大区块。规划用地致远1E-01号地块为综合服务区块，区内除了布置办公建筑、卫生站、市场、邮电所等必要功能外，还增加旅馆、餐饮、店铺等商业设施。6号地块为商业服务区块，区内布置酒店、购物广场以及商业办公。1号地块、2号地块、3号地块、4号地块、5号地块为生活居住地块，以龙湖环绕、西溪相依，构筑西溪湖景商业居住区的生态骨架及商住环境特色，以滨水休闲区块为整个片区的主要休闲娱乐场所。

②环境设计

总容积率3.0，总绿地率38%，总建筑密度30.65%，停车位5169个，其中居住停车位4024个，公建停车位1145个。

多层住宅建筑延续当地民居的建筑特色，选择现代简约欧式住宅，设计采用坡屋顶，立面的装饰采用欧式元素通过简化提炼而成。高层住宅建筑户型合建，一梯四户，风格简洁明快。建筑高度设计包括6至24层的不同高度空间，错落有致、高差循序渐进。

设计建立绿地空间网络，由滨水公园、街头公园、中心公园及开放公共廊道形成区内主要休闲与景观空间。公园结合道路绿化带、组团绿地、广场、水系、等构成大公园景观系统，强调宅间绿地与中心绿地的关系，绿地与商业、娱乐间的关系，通过道路绿线渗透到西溪和小龙湖，生成具有层次的绿化生态结构网络。景观规划主要体现泉州的丝绸之路及安溪的茶文化为主要特色，沿小龙湖以丝绸带状为主要景观轴线，在安溪、龙湖周边及居住区内通过提炼主要"茶"特色的景观小品来诠释"茶文化"。景观主轴以道路干道贯穿整个规划区形成开阔的视觉走廊。组团内部住宅，每幢住宅均紧临中心绿地，无视线遮挡。滨水景观设计以一个西溪和小龙湖为重点展开，在商业服务区设置喷泉广场，邻里居住区中部设置叠水广场。

本规划设计方案根据现有交通条件、用地条件、地形地貌条件，采用环状与树枝状相结合的道路交通系统。车行道规划有参内大街、参内横街、内环路、河滨路、规划一号路、规划支一路以及和各组团内的车行道。步行道平行或垂直于地形等高线布置，由主要步行街、步行道以及滨水景观步道形成步行交通系统，道路最大纵坡控制在8%。

③户型设计

本方案住宅采用多层和高层两种形式。多层住宅，层数6+1层，板式一梯两户型，主要有 90m²、110m²、120m² 三种户型。高层电梯住宅，层数 18+1 层，板式一梯四户型，有 90m²、110m²、130m² 三种户型。住宅建筑层高为 2.8m，住宅的布置的方位主要为正南向的 –15°～ 15° 之间。户型以实用的小三房、三房和四房为主。

④硬件及生活设施配套设计

本设计方案配置有物业管理用房、幼托、垃圾转让站、公共停车场、商业服务、幼儿及老人活动场所等公共配套设施。沿街的公共组团的公共服务设施主要分为大范围服务的公共设施和为小区内部居民服务的公共活动两部分。各组团分别设有自己的公共服务中心，采用集中式布局，提高了建筑的使用效率和经营效益。

沿街商业建筑位于城市主干道沿线，公共配套服务设施位于组团主入口处。造型的主体设计体现现代建筑的体量美与现代材料的对比，利用骑楼的形式形成良好的商业空间。商业服务区建筑位于河滨路北侧，沿西溪河岸，采用裙楼形式，层次疏密有致、高低结合，打造高档的商业服务中心。综合服务区建筑沿规划一号路，采用裙楼及塔楼形式，主要为商业、办公、饮食、文化活动中心、邮政服务、银行网点、市场等公共建筑。

⑤节能减排

组团采用集中管理，利用人车分流的方式减少机动车对居民日常生活带来的干扰。住宅垃圾进行袋装化处理，在各组团西南侧设垃圾转运站；厨房能源统一使用煤气，设集中排烟道，进行高空排放。

⑥开发策略

规划考虑了分期建设，在短期和长期计划方面设立了优先开发地区和重点开发建设区。本区规划分四期进行建设，首期启动建设西溪、龙湖滨水区，由政府投资带动城市开敞空间的形成，包括建设河滨大道和整治滨水景观带。第二期开发建设一号路北部片区，该片区与参内大街和参内横街相接，是通往城市中心的重要区域。第三期开发并完善一号路南部片区的建设，该区域分布有商业服务中心和综合服务中心，对整个区域以及整个片区的发展起推动作用。第四期开发建设内环路西部片区，紧邻茶博汇的 5 号地块，是改善居民生活质量、提升住宅居住区形象的工程。

四、规划设计方案选择

1. 规划设计方案初选

（1）排除设计方案 C

方案 C 设计将建筑高度划分为三个等级，采用递退的设计手法，其中主要景观节点周边布置花园洋房，内侧建筑高度 17 层，外侧建筑较高，采用 32 层建筑设计，形成梯次排布。根据《福建省泉州市建筑工程日照分析技术管理规则》可知受遮挡的住宅建筑物每套至少有一个卧室或起居室的有效日照不应低于 3 小时，根据方案 C 的日照分析图，可以发现部分建筑物的日照时间不能满足 3 小时要求，故排除设计方案 C。

（2）排除设计方案 F

开发商最关心的是项目效益问题，在房地产开发中商业地产无论是出租还是出售，盈利都高于普通住宅，因此，开发商往往偏好商业规划建筑面积较大的规划设计方案。通常对于规模庞大的商业房地产，其经营多采用开发商整体开发，以收取租金或整体出售为投资回报形式的模式。

从投资回收的角度考虑四个方案的毛利润（未考虑湖面景观），假设所有项目建成完工后的住宅以及商业地产都用于销售，不考虑用于出租的情况（事实上出租利润更大）。住宅的销售价格分别以小高层 4500 元 /m²，大高层 4800 元 /m²，花园洋房 5800 元 /m² 计算，商业网点、酒店、商铺售价分别为 8500 元 /m²，7500 元 /m²，12000 元 /m²，车位按个计算，均价 120000 元，据此计算出四个方案的毛利润（不考虑销售费用、税费及其他；管理费、前期工程费、设施费、不可预见费分摊到单价计算）结果如表 6.28 所示。

表 6.28　毛利润表

项目	单位	方案 A	方案 B	方案 D	方案 E	方案 F
小高层	万元	29777	30622	29419	29643	31056
高层	万元	271735	230314	245187	276494	323903
花园洋房	万元	13084	8770	12602	14360	13343
商业	万元	67930	71281	70426	68952	67087
酒店	万元	32014	31481	32100	32100	32963
沿街商铺	万元	116526	231720	205453	141058	0
车位	万元	34593	29889	25904	23870	27699
总计	万元	565659	634076	621092	586476	496050
毛利润	万元	220311	269211	261311	235897	176372
经济效益	分值	7	10	9	8	排除

由于方案 F 规划设计为纯住宅小区，未考虑沿街商铺的建造，毛利润远远小于其他方案，显然，方案 F 在同等条件下利润最低，从开发商角度而言是最不可能选择的方案，因此排除设计方案 F。

2. 其他各设计方案功能系数计算

排除规划设计方案 C、F 后，开发商组织公司管理层的管理人员 5 名，专业技术人员 15 名，其中，建筑规划、结构设计、成本控制、工程管理、营销策划各 3 名，并邀请相关专家 5 名，潜在客户 30 名，对剩余的四个备选规划设计方案进行评分。受邀人员采用十分制打分法，评分统计去掉一个最高分和一个最低分，取各功能分数结果的平均值（取整）。公司管理人员、专业技术人员、专家、客户的评分权重分别以 0.25、0.35、0.25、0.15 进行加权计算。评分统计计算如表 6.29 ~ 表 6.32 所示。

表 6.29　管理人员评分表

编号	指标名称	项目权重	管理人员评分（权重 0.25）				加权得分			
			方案 A	方案 B	方案 D	方案 E	方案 A	方案 B	方案 D	方案 E
D1	车行交通	0.0482	9	10	9	8	0.4338	0.482	0.4338	0.3856
D2	人行交通	0.0482	8	9	9	8	0.3856	0.4338	0.4338	0.3856
D3	绿化设计	0.0422	9	9	10	9	0.3798	0.3798	0.4220	0.3798
D4	水景设计	0.0395	9	8	9	7	0.3555	0.3160	0.3555	0.2765
D5	建筑小品	0.0303	9	9	8	8	0.2727	0.2727	0.2424	0.2424
D6	功能设施	0.0572	8	9	8	9	0.4576	0.5148	0.4576	0.5148
D7	服务设施	0.0501	9	9	8	8	0.4509	0.4509	0.4008	0.4008

（续表）

编号	指标名称	项目权重	管理人员评分（权重 0.25）				加权得分			
			方案 A	方案 B	方案 D	方案 E	方案 A	方案 B	方案 D	方案 E
D8	商业网点	0.0438	8	8	9	8	0.3504	0.3504	0.3942	0.3504
D9	建筑格局	0.135	9	9	9	8	1.2150	1.2150	1.2150	1.0800
D10	立面设计	0.0407	9	9	10	9	0.3663	0.3663	0.4070	0.3663
D11	资源利用率	0.0579	9	9	9	8	0.5211	0.5211	0.5211	0.4632
D12	投资收益	0.1574	7	10	9	8	1.1018	1.5740	1.4166	1.2592
D13	开发顺序	0.0443	9	9	10	8	0.3987	0.3987	0.4430	0.3544
D14	开发期数	0.0163	9	8	10	8	0.1467	0.1304	0.1630	0.1304
D15	节水	0.0103	8	9	8	8	0.0824	0.0927	0.0824	0.0824
D16	节材	0.0134	8	8	8	9	0.1072	0.1072	0.1072	0.1206
D17	节能	0.0143	8	9	8	8	0.1144	0.1287	0.1144	0.1144
D18	市场定位	0.0256	9	8	9	7	0.2304	0.2048	0.2304	0.1792
D19	客户定位	0.0224	10	8	9	8	0.2240	0.1792	0.2016	0.1792
D20	功能定位	0.0196	9	8	8	9	0.1764	0.1568	0.1568	0.1764
D21	设计理念	0.029	8	9	9	9	0.2320	0.2610	0.2610	0.2610
D22	设计特点	0.0194	8	8	9	9	0.1552	0.1552	0.1746	0.1746
D23	新颖性	0.0139	9	9	9	7	0.1251	0.1251	0.1251	0.0973
D24	可行性	0.0208	9	9	8	9	0.1872	0.1872	0.1664	0.1872
	总计	1	207	210	212	197	8.4702	9.0038	8.9257	8.1617
	总计加权得分	0.25	51.75	52.50	53.00	49.25	2.1176	2.2510	2.2314	2.0404

表 6.30　专业技术人员评分表

编号	指标名称	项目权重	管理人员评分（权重 0.25）				加权得分			
			方案 A	方案 B	方案 D	方案 E	方案 A	方案 B	方案 D	方案 E
D1	车行交通	0.0482	9	10	8	8	0.4338	0.482	0.4338	0.3856
D2	人行交通	0.0482	8	9	9	8	0.3856	0.4338	0.4338	0.3856
D3	绿化设计	0.0422	9	9	10	9	0.3798	0.3798	0.4220	0.3798
D4	水景设计	0.0395	9	8	9	7	0.3555	0.3160	0.3555	0.2765
D5	建筑小品	0.0303	10	9	8	8	0.3030	0.2727	0.2424	0.2424
D6	功能设施	0.0572	8	9	9	9	0.4576	0.5148	0.5148	0.5148
D7	服务设施	0.0501	8	9	9	8	0.4008	0.4509	0.4509	0.4008
D8	商业网点	0.0438	9	9	9	8	0.3942	0.3942	0.3942	0.3504
D9	建筑格局	0.135	9	9	9	8	1.2150	1.2150	1.2150	1.0800
D10	立面设计	0.0407	9	8	10	9	0.3663	0.3256	0.4070	0.3663
D11	资源利用率	0.0579	9	9	9	8	0.5211	0.5211	0.5211	0.4632
D12	投资收益	0.1574	7	10	9	8	1.1018	1.5740	1.4166	1.2592
D13	开发顺序	0.0443	9	9	9	8	0.3987	0.3987	0.3987	0.3544
D14	开发期数	0.0163	9	8	9	8	0.1467	0.1304	0.1467	0.1304
D15	节水	0.0103	9	9	8	8	0.0927	0.0927	0.0824	0.0824
D16	节材	0.0134	8	7	8	9	0.1072	0.0938	0.1072	0.1206

（续表）

编号	指标名称	项目权重	管理人员评分（权重 0.25）				加权得分			
			方案 A	方案 B	方案 D	方案 E	方案 A	方案 B	方案 D	方案 E
D17	节能	0.0143	7	9	9	8	0.1001	0.1287	0.1287	0.1144
D18	市场定位	0.0256	9	8	9	7	0.2304	0.2048	0.2304	0.1792
D19	客户定位	0.0224	8	8	9	8	0.1792	0.1792	0.2016	0.1792
D20	功能定位	0.0196	9	8	9	9	0.1764	0.1568	0.1764	0.1764
D21	设计理念	0.029	9	9	8	9	0.2610	0.2610	0.2320	0.2610
D22	设计特点	0.0194	8	8	9	9	0.1552	0.1552	0.1746	0.1746
D23	新颖性	0.0139	9	9	8	7	0.1251	0.1251	0.1112	0.0973
D24	可行性	0.0208	9	9	8	9	0.1872	0.1872	0.1664	0.1872
总计		1	207	209	211	197	8.4744	8.9935	8.9152	8.1617
总计加权得分		0.35	72.5	73.2	73.9	69.0	2.9660	3.1477	3.1203	2.8566

表 6.31　专家评分表

编号	指标名称	项目权重	专家评分（权重 0.25）				加权得分			
			方案 A	方案 B	方案 D	方案 E	方案 A	方案 B	方案 D	方案 E
D1	车行交通	0.0482	9	10	9	8	0.4338	0.482	0.4338	0.3856
D2	人行交通	0.0482	8	9	9	8	0.3856	0.4338	0.4338	0.3856
D3	绿化设计	0.0422	9	9	10	9	0.3798	0.3798	0.4220	0.3798
D4	水景设计	0.0395	9	8	9	7	0.3555	0.3160	0.3555	0.2765
D5	建筑小品	0.0303	10	9	8	8	0.3030	0.2727	0.2424	0.2424
D6	功能设施	0.0572	8	9	8	9	0.4576	0.5148	0.4576	0.5148
D7	服务设施	0.0501	8	9	8	7	0.4008	0.4509	0.4008	0.3507
D8	商业网点	0.0438	8	8	9	8	0.3504	0.3504	0.3942	0.3504
D9	建筑格局	0.135	9	9	9	8	1.2150	1.2150	1.2150	1.0800
D10	立面设计	0.0407	9	8	10	9	0.3663	0.3256	0.4070	0.3663
D11	资源利用率	0.0579	9	9	9	8	0.5211	0.5211	0.5211	0.4632
D12	投资收益	0.1574	7	10	9	8	1.1018	1.5740	1.4166	1.2592
D13	开发顺序	0.0443	9	9	10	8	0.3987	0.3987	0.4430	0.3544
D14	开发期数	0.0163	9	8	9	8	0.1467	01304	0.1467	0.1304
D15	节水	0.0103	8	9	9	8	0.0824	0.0927	0.0927	0.0824
D16	节材	0.0134	8	8	8	9	0.1072	0.1072	0.1072	0.1206
D17	节能	0.0143	8	9	8	8	0.1144	0.1287	0.1144	0.1144
D18	市场定位	0.0256	9	8	9	7	0.2304	0.2048	0.2304	0.1792
D19	客户定位	0.0224	9	9	9	8	0.2016	0.2016	0.2016	0.1792
D20	功能定位	0.0196	9	8	8	9	0.1764	0.1568	0.1568	0.1764
D21	设计理念	0.029	9	9	8	8	0.2610	0.2610	0.2320	0.2320
D22	设计特点	0.0194	8	8	9	9	0.1552	0.1552	0.1746	0.1746
D23	新颖性	0.0139	9	9	9	7	0.1251	0.1251	0.1251	0.0973
D24	可行性	0.0208	9	9	8	9	0.1872	0.1872	0.1664	0.1872
总计		1	207	210	211	195	8.4570	8.9855	8.8907	8.0826
总计加权得分		0.25	51.75	52.50	52.75	48.75	2.1143	2.2464	2.2227	2.0207

表 6.32　潜在客户评分表

编号	指标名称	项目权重	客户评分（权重 0.15）				加权得分			
			方案 A	方案 B	方案 D	方案 E	方案 A	方案 B	方案 D	方案 E
D1	车行交通	0.0482	9	9	9	8	0.4338	0.4338	0.4338	0.3856
D2	人行交通	0.0482	8	9	9	8	0.3856	0.4338	0.4338	0.3856
D3	绿化设计	0.0422	9	9	8	8	0.3798	0.3798	0.3376	0.3376
D4	水景设计	0.0395	9	8	9	7	0.3555	0.3160	0.3555	0.2765
D5	建筑小品	0.0303	9	9	8	8	0.2727	0.2727	0.2424	0.2424
D6	功能设施	0.0572	8	9	8	9	0.4576	0.5148	0.4576	0.5148
D7	服务设施	0.0501	9	9	8	8	0.4509	0.4509	0.4008	0.4008
D8	商业网点	0.0438	9	8	9	8	0.3942	0.3504	0.3942	0.3504
D9	建筑格局	0.135	9	8	9	8	1.2150	1.0800	1.2150	1.0800
D10	立面设计	0.0407	9	8	10	9	0.3663	0.3256	0.4070	0.3663
D11	资源利用率	0.0579	8	8	8	8	0.4632	0.4632	0.4632	0.4632
D12	投资收益	0.1574	7	10	9	8	1.1018	1.5740	1.4166	1.2592
D13	开发顺序	0.0443	8	8	8	8	0.3544	0.3544	0.3544	0.3544
D14	开发期数	0.0163	8	8	8	8	0.1304	01304	0.1304	0.1304
D15	节水	0.0103	8	9	8	7	0.0824	0.0927	0.0824	0.0721
D16	节材	0.0134	8	9	8	8	0.1072	0.1206	0.1072	0.1072
D17	节能	0.0143	7	9	9	8	0.1001	0.1287	0.1287	0.1144
D18	市场定位	0.0256	9	9	9	7	0.2304	0.2304	0.2304	0.1792
D19	客户定位	0.0224	9	8	9	8	0.2016	0.1792	0.2016	0.1792
D20	功能定位	0.0196	9	8	9	9	0.1764	0.1568	0.1764	0.1764
D21	设计理念	0.029	9	9	9	9	0.2610	0.2610	0.2610	0.2610
D22	设计特点	0.0194	8	8	9	9	0.1552	0.1552	0.1746	0.1746
D23	新颖性	0.0139	9	9	8	8	0.1251	0.1251	0.1112	0.1112
D24	可行性	0.0208	8	8	8	8	0.1664	0.1664	0.1664	0.1664
总计		1	203	206	206	194	8.3670	8.6959	8.6822	8.0889
总计加权得分		0.15	30.45	30.9	30.9	29.1	1.2551	1.3044	1.3023	1.2133

将表 6.29 ～表 6.32 各方案的加权得分做和，得到功能评分，根据 $F_{ij} = \dfrac{f_{ij}}{\sum\limits_{j=1}^{n} f_{ij}}$ 公式计算出功能系数，计算结果如表 6.33 所示。

表 6.33　设计方案 ABD 功能系数计算表

方　案	方案 A	方案 B	方案 D	方案 E
功能评分	8.4529	8.9494	8.8768	8.1310
合　计	34.4101			
功能系数 F	0.2457	0.2601	0.2580	0.2363

3. 计算成本系数

根据项目现有的楼盘开发成本情况和目前的市场情况，结合各方案招投标的投资分析，土地费用按每亩 65 万元除以容积率进行分摊计算，多层（6 层以下）2700 元 /m²，小高层（12 ～ 18 层）3100 元 /m²，点式高层（18 ～ 32）3250 元 /m²，板式高层（18 ～ 32

层）3450 元 /m²，商业网点 2900 元 /m²，酒店 5000 元 /m²，地下车库 3000 元 /m²。其中已包括：前期工程费、配套设施建设费、不可预见费（均取建安工程费的 5% 进行计算），建设管理费（取总成本 3%）。本书根据各投标方案报价，以各方案的成本预算作为价值工程研究的成本指标，取用各不同建筑类别单方造价（不计湖面景观），如表 6.34 所示。

表 6.34　设计方案 ABDE 成本系数计算表

方　案	方案 A	方案 B	方案 D	方案 E	总计
单方造价（元 /m²）	3500	3724	3678	3558	14460
成本系数	0.2420	0.2575	0.2544	0.2461	1

4. 计算价值系数

根据价值系数计算公式 $V=F/C$，计算各方案的价值系数 V，并计算各方案价值系数与 $V=1$ 时的偏差率，得出各方案的最终排序，其中，偏差率越小，说明方案的价值越佳，计算结果如 6.35 所示。

表 6.35　设计方案 ABDE 价值系数计算表

方　案	方案 A	方案 B	方案 D	方案 E
功能系数 F	0.2457	0.2601	0.2580	0.2363
成本系数 C	0.242	0.2575	0.2544	0.2461
价值系数 V	1.0151	1.0100	1.0140	0.9602
偏　差　率	1.51%	1.00%	1.40%	−3.98%
排　　序	3	1	2	4

通过价值工程理论的运用，结合具体案例进行价值工程的计算，可以得出方案 B 为最优规划设计方案。各方案如下：

方案 B 的价值工程系数 $V_B=1.0100$，偏差率最低，为 1%，说明该方案的功能实际成本与实现功能的目标成本接近，即以较为合理的成本实现了产品的最佳功能。其中，方案 B 的商业服务建筑面积最大，从后期运营收益角度考虑，也是最优的。

方案 D 的价值工程系数 $V_D=1.0140$，偏差率为 1.4%，同方案 B 相比，方案 D 的工程总投资稍高，实现的功能略优，表明在某些功能的实现上，方案 D 投入了更多的总成本；而同比 B 方案，单方造价最接近。因此，D 方案存在某些功能评价稍高或者成本投入偏低的情况，在优化时，应找出成本偏低的项目，针对这些项目进行优化。例如住宅的建筑面积同比偏大，可以从住宅成本着手分析，适当增加一部分成本，或者在成本不变的情况下减少建筑面积，保证功能完整实现。

方案 A 的价值工程系数 $V_A=1.0151$，偏差率为 1.51%，分析可发现方案 A 总成本低，功能高。方案 A 地下建筑面积最大，而地下工程的费用相对较高，总成本应更高，而方案 A 恰恰相反。因此表现为成本投入不足，同时功能评估偏高，在优化时重点考虑地下建筑部分，通过减少地下建筑面积或增加投入保证功能的实现。

方案 E 的价值工程系数 $V_E=0.9602$，偏差率为 −3.98%，是偏差率最大的，结果表明项目功能的实现成本小于功能评价值。在方案 E 的优化中，应找出投入成本较高的项目，分析功能在现有条件下实现的可能性，消减部分投资，采用价格更低廉的替代材料或者优化设计方案以实现相同功能等方法，进一步降低分项目成本。

5. 对选择的 B 设计方案进行价值分析

（1）建立细化指标

在以上已建立的指标体系的基础上，考虑与成本系数计算的衔接，针对方案 B 做进一步的指标细化，用于方案的价值活动计算，具体细化指标如图 6.37 所示。该细化指标对方案的各项功能进行分类整合，将各项功能划分为易于用成本进行量化的指标。

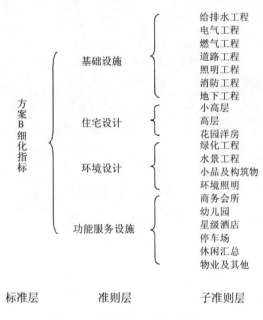

图 6.37　设计方案 B 的细化指标

（2）计算设计方案 B 的功能系数

根据建立的细化指标进行设计方案 B 功能系数的计算。按照层次分析法的基本原理，将本次计算中的细化指标作为第一个层次——决策层，将基础设施、住宅设计、环境设计和功能服务设施作为第二个层次——准则层，将具体的细化指标作为第三个层次——子准则，建立层次分析模型。

表 6.36　设计方案 B 准则层判断矩阵

方案优化	基础设施	住宅设计	环境设计	功能服务设施	W_i
基础设施	1	0.125	3	3	0.1478
住宅设计	8	1	9	9	0.7243
环境设计	0.3333	0.1111	1	2	0.0749
功能服务设施	0.3333	0.1111	0.5	1	0.0530

根据上述层次分析的方法，建立判断矩阵，邀请专家评分，采用 1 ~ 9 打分法对各层级指标进行两两比较，评分值取整数平均，计算相应权重值及合成权重，结果如表6.37 ~ 表 6.41 所示。

表 6.37　设计方案 B 基础设施子准则层判断矩阵

基础设施	道路工程	照明工程	消防工程	电气工程	燃气工程	给排水	地下工程	W_i
道路工程	1	4	4	3	3	2	1	0.2654
照明工程	0.25	1	1	0.5	0.5	0.3333	0.2	0.054
消防工程	0.25	1	1	0.5	0.5	0.5	0.25	0.0591
电气工程	0.3333	2	2	1	1	1	0.3333	0.1053
燃气工程	0.3333	2	2	1	1	0.5	0.3333	0.0953
给排水	0.5	3	2	1	2	1	0.3333	0.1305
地下工程	1	5	4	3	3	3	1	0.2904

表 6.38　设计方案 B 住宅设计子准则层判断矩阵

住宅设计	沿街商铺	小高层	高层	花园洋房	W_i
沿街商铺	1	3	0.3333	4	0.2779
小高层	0.3333	1	0.3333	2	0.1349
高层	3	3	1	5	0.5090
花园洋房	0.5	0.5	0.2	1	0.0781

表 6.39　设计方案 B 环境设计子准则层判断矩阵

环境设计	绿化工程	水景工程	小品及构筑物	环境照明	W_i
绿化工程	1	3	4	5	0.5166
水景工程	0.3333	1	4	5	0.2982
小品及构筑物	0.25	0.25	1	3	0.1221
环境照明	0.2	0.2	0.3333	1	0.0631

表 6.40　设计方案 B 功能服务设施子准则层判断矩阵

功能服务设施	酒店	会所	幼儿园	W_i
酒店	1	3	1	0.4434
会所	0.3333	1	0.5	0.1692
幼儿园	1	2	1	0.3874

表 6.41　设计方案 B 功能合成权重值表

项目指标	权重		指标	权重	指标	权重	指标	权重
基础设施	0.1478		住宅设计	0.7243	环境设计	0.0749	功能服务设施	0.053
道路工程	0.0392	燃气工程	0.0141	沿街商铺	0.2013	绿化工程	0.0387	酒店	0.0235
照明工程	0.008	给排水	0.0193	小高层	0.0977	水景工程	0.0233	会所	0.009
消防工程	0.0087	地下工程	0.0429	高层	0.3687	小品及构筑物	0.0091	幼儿园	0.0205
电气工程	0.0156			花园洋房	0.0566	环境照明	0.0047		

其中，准则层判断矩阵一致性比例为 0.0686，其余各子准则层判断矩阵一致性比例分别为 0.0103，0.0515，0.0943，0.0176，均满足一致性检验要求。在本次优化中，只

涉及一个方案自身各组成指标之间的计算，故直接取各指标的权重值作为价值工程计算的功能系数。

（3）计算设计方案 B 的成本系数

在以上所建立的成本指标和细化指标的基础上，建立更为详细的针对设计方案 B 的成本分析指标，根据工程概预算得出各项指标的成本，汇总合成成本分析表 6.42，根据成本分析表进行下一步的计算。由于只考虑对本方案的计算，故此处只考虑项目的基础设施、住宅、环境、功能服务设施四个方面的费用。

表 6.42　设计方案 B 成本分析表

指　　　标	成本（万元）	占总成本比例
基础设施	36630	0.1004
道路工程	5679	0.0156
照明工程	488	0.0013
消防工程	683	0.0019
电气工程	2588	0.0071
燃气工程	488	0.0013
给排水工程	3988	0.0109
地下工程	28394	0.0778
住宅设计	289724	0.7941
沿街商铺	106205	0.2911
小高层	21095	0.0578
高层	158341	0.4340
花园洋房	4083	0.0112
环境设计	10391	0.0285
绿化工程	7736	0.0212
水景工程	1225	0.0034
小品及构筑物	613	0.0017
环境照明	817	0.0022
功能服务设施	22428	0.0615
酒店	20987	0.0575
会所	756	0.0021
幼儿园	685	0.0019
总计	364865	1

由成本系数的公式 $C_i = \dfrac{c_i}{\sum\limits_{i=1}^{c} c_i}$ 和定义可知，成本系数的实质是该项指标或功能实现所需就要付出的成本占共消耗成本的比值。于是可得，设计方案 B 的成本分析表中的第三列数值是成本系数。

（4）计算设计方案 B 的价值系数

按照以上所述计算价值系数的方法，根据公式 $V = F/C$，计算设计方案 B 各细化指标的价值系数如表 6.43 所示。

表 6.43　设计方案 B 价值系数表

指标	功能系数	成本系数	价值系数
基础设施	0.1478	0.1004	1.4721
道路工程	0.0392	0.0156	2.5128
照明工程	0.008	0.0013	6.1538
消防工程	0.0087	0.0019	4.5789
电气工程	0.0156	0.0071	2.1972
燃气工程	0.0141	0.0013	10.8462
给排水工程	0.0193	0.0109	1.7706
地下工程	0.0429	0.0778	0.5514
住宅设计	0.7243	0.7941	0.9121
沿街商铺	0.2013	0.2911	0.6915
小高层	0.0977	0.0578	1.6903
高层	0.3687	0.434	0.8495
花园洋房	0.0566	0.0112	5.0536
环境设计	0.0749	0.0285	2.6281
绿化工程	0.0387	0.0212	1.8255
水景工程	0.0233	0.0034	6.8529
小品及构筑物	0.0091	0.0017	5.3529
环境照明	0.0047	0.0022	2.1364
功能服务设施	0.053	0.0615	0.8618
酒店	0.0235	0.0575	0.4087
会所	0.009	0.0021	4.2857
幼儿园	0.0205	0.0019	10.7895

6. 计算结果分析

根据价值工程原理：V<1 表明功能与成本相比偏小，或者成本与功能相比偏大，即功能设置合理，但实现相应功能的成本投入过高，此时需要消减部分成本投入。反之，V>1 表明功能与成本相比偏大，或者成本与功能相比偏小，即实现该项功能的成本投入不足，或者投入成本足够功能要求偏高的情况，此时需要去掉某些不必要功能，或者对必须保留的功能加大成本投入力度，保证其实现。另外，由于功能系数的评价人为主观因素较高，产生不准确的评价值的可能性大，价值系数偏差度较高，此时成本及成本系数是合理的，即使价值系数存在一定偏差，也不需要对成本或功能进行优化。分析计算结果，发现功能服务设施和住宅设计两大块价值系数小于 1，环境设计和基础设施价值系数大于 1。

（1）景观环境设计分析。景观环境工程成本占项目总成本的比例最小，价值系数大于 1，具体分析环境工程的四个分项指标，发现所有的价值系数均大于 1，其中水景工程照明和小品及构筑物价值系数偏差度大。由于环境工程整体投入成本偏小，具体到项目中表现为功能不足，不能实现项目预期。因此，需要增加环境工程的投入，同时对景观环境工程规划设计进行调整，在增加一部分成本投入的前提下大幅提升功能，实现预期景观效果。

（2）功能服务设施设计分析。占项目总成本比例次小的是功能服务设施，价值系数计算结果小于 1，其中幼儿园及会所价值系数大于 1，特别是幼儿园的价值系数，偏差度高。一方面由于人为评分，存在一定的主观性，导致功能评价偏差，另一方面说明幼儿园投入成本存在偏低的可能，应对该成本进一步审核。若剔除主观评分带来的偏差，幼儿园成本审核结果无误，成本投入合理，则说明该方案以低成本实现了高功能，无需调整。同时，参照其余方案，本方案可以考虑适当增加幼儿园和会所的数量。此外，本方案酒店的价值系数小于 1，应考虑从原材料、结构优化方面减少成本。

（3）基础工程设计分析。基础工程的价值系数大于 1，除地下工程外，各细化指标的价值系数也远大于 1。通过前文对各方案成本的介绍可知，本方案在基础设施方面的资金投入适中，造成价值系数大于 1 的原因在于对功能的过高评价，评价主观性偏高。运用现有的资金进行工程建设可以达到预期目标，因此需要对功能评价进行修正。例如采用增加评价专家的人数和专业分类，根据专家专业和影响力对专家评分赋权重值，建立更为契合的判断矩阵，选用更为合理的评价模式，引入修正系数降低评分主观性等方法。

住宅设计分析。住宅设计的投入成本占项目总成本近 80%，应当重点优化的部分。高层住宅和沿街商铺价值系数小于 1，可以从成本入手进行优化，充分运用现有资金，剔除不必要功能，优化设计，通过降低目标从而降低成本，或者通过运用新材料、新工艺、新设备，优化结构设计，合理安排施工组织等措施降低成本。小高层和花园洋房价值系数大于 1，成本较为合理，应从功能和功能评价两方面着手优化。

7. 其他设计方案功能的借鉴

（1）B 方案特点。方案 B 住宅单体以一梯两户、一梯四户为主，户型结构多样，包括两房、三房、四房、五房以及花园洋房，住宅使用率最高可达 91.1%，朝向以南北向为主，户型通透，效果图如图 6.38 所示。

图 6.38　设计方案 B 效果图

B 设计方案的特点有：

①围合及半围合 BLOCK 街区，商业街南北贯通；

② ART DECO 住宅建筑设计风格；

③ 1000m 的滨水景观轴线；

④屋顶绿化及空中花园；

⑤分主题设立绿地庭院；

⑥实现完全意义上的人车分流；

⑦外墙装饰通过材料和颜色变化营造动感；

⑧节能减排：太阳能热水器、屋顶与墙面绿化、无机房节能电梯、雨水收集系统。

（2）其他方案可借鉴功能。虽然已选择B方案为价值最优方案，但其余各方案也有各自特点，存在值得借鉴的功能。

①A方案。"骑楼式"商业设计，通过架空层构造停车场和院落，丰富空间层次和增加沿街面长度的同时降低了工程造价，通过骑楼构建活动平台有利于社区资源共享。此外，A方案墙体采用新型建筑材料，降低建筑用钢量，致力于推行标准化装修方案，局部采用混凝土免拆模技术。

②C方案。外墙装饰以石材和涂料为主，稳重大气，突出凹凸层次。设计将水体引入社区和商业区，即使远离湖区也能感受水景。节能减排除雨水收集系统外另设中水循环系统；采用节能玻璃和中空玻璃增强保温效果；智能系统实时监控，社区安全系数高。

③D方案。对路网进行了优化，架设直径250m的高架人行游览环道，区内人车分离，高层住宅和商业区采用满铺式的两层地下车库，实现"直接入室"；采用高效能机电产品，节能环保。

④E方案。倡导"新城市主义"，利用2000m的绿化环形廊道串联各个居住区，建筑空间形态沿小龙湖递升，外立面强调三段式分割和线脚处理引入闽南建筑元素。闭合循环排水系统以，提高用水效率，卫生间使用节水设备，景观区域采用滴灌方式。

⑤F方案。公共服务中心集中式布局，采用集中管理，有利于提高建筑的使用效率和经营效益。厨房能源统一使用煤气，设集中排烟道，进行高空排放。

以上各方案的设计功能均具有借鉴价值，对方案B进行优化时，在满足成本控制和可持续发展的前提下，可适度吸收和运用，完善出价值更优的规划设计方案。

8. B设计方案的优化及效果

选择对方案B影响较大的因素，通过针对方案本身的调整和其他方案的功能借鉴，对方案B进行优化。优化指标以地下工程、酒店和住宅设计指标为主，其中，住宅设计是优化的重点内容。

（1）地下工程。本方案地下工程主要为地下车库,通过规划设计实现小区人车分流,本次优化可以采用现浇混凝土暗梁空心楼盖结构方案对地下工程进行结构优化处理。该方案同有梁板结构方案相比可以节约综合造价10%左右，施工工期缩短20%左右。

（2）酒店。虽然单纯从结构造价讲，钢结构方案比混凝土结构方案增加10%左右，但结构剪力墙和框架柱截面减少小，建筑平面布置得以优化；结构高度减小，层高减低，在同样建筑高度前提下楼层增加；结构总量减少，优化了基础工程；施工速度提高，施工周期缩短，能提早收回投资，综合经济效益是可观的。从价值工程的角度看，本次结构优化提高价值的途径为提高部分成本，功能大幅提高，总价值提高。

（3）住宅设计。从各方案的规划指标和方案简介可以得出，方案B为提高项目整体经济效益，在住宅用地建筑面积中规划设计了高比例的沿街商铺建筑面积。一方面，从成本角度看，沿街商铺的单方造价高于普通住宅，另一方面，从小区居住环境条件看，高比例的沿街商铺设计势必会降低小区居住条件的舒适度和安全度。因此，可以考虑减少部分沿街商铺的建筑面积，增加高层住宅和花园洋房的建筑面积。

（4）其他。方案 B 沿街商铺设计可借鉴方案 A 的"骑楼式"商业设计，一方面可以降低工程造价，另一方面可以增加沿街面长度，可部分弥补减少沿街商铺建筑面积带来的影响。此外，还可参照方案 D 及方案 E 对路网和绿化带进行优化，提高小区居住环境的舒适度；借鉴方案 F 集中布置和管理公共服务设施，提高建筑的使用效率和经营效益。

五、向优秀地产商学设计成本优化：万科地产设计阶段 44 个成本优化点

在房地产项目开发各阶段设计和单项设计中，万科都持续地开展方案优化工作，比较不同设计方案的所带来品质、效果、成本、效益等方面的差异，同时还考虑物业维护成本、客户使用成本，从中选择最优设计方案，兼顾长期利益和短期利益的平衡

1. 前期规划（图 6.39）

图 6.39

（1）产品组合规划优化

实施原理：根据不同的产品组合，追求土地的价值最大化和项目的利润最大化。

优化原则：根据项目获取前期七对眼睛的工作成果，综合确定规划设计中的最优产品组合。

（2）成熟产品选用优化

实施原理：使用成熟产品不仅能够节约时间、提高效率，而且能够大幅度地减少后期的变更签证费用，从而降低产品建造成本。成熟产品的大量使用是未来的一个发展方向。

优化原则：在符合客户需求的前提下，尽量选用成熟产品。

（3）建筑体形设计优化

实施原理：建筑外部体形的长宽比例、对称性以及复杂程度直接影响建筑物结构成本高低，同时建筑体形对节能产生较大影响。

优化原则：高层建筑单体应选择对称形式；地层建筑尽量形体简单；考虑抗震及成本要求。

（4）土方工程设计优化

实施原理:外运及外购土方在项目实施过程中不仅耗费大量成本而且耗费极大精力,且为隐性成本,对客户并无直接价值体现,应尽可能减少土方外运及外购量。

优化原则:尽可能按原有地势建造产品,例如在坡地上建造坡地建筑,在洼地中建造地下室,能有效减少动土量。

(5)山地建筑设计优化(图6.40)

图 6.40

实施原理:山地建筑的处理较为复杂,因地制宜是最好的选择。

优化原则:

①根据山体高差确定产品类型;

②山地建筑赠送的地下室面积应根据地形设计而不完全按营销要求。

6.合理确定组团大小

实施原理:组团大小对成本的影响要点是:

①每个组团一般需要1~2个出入口;

②每个组团均有围墙;

③每个组团均要考虑消防要求;

④每个组团出入口均需配备专门安全管理与设施。

现实中的经验是:如果组团布置过小,则上述费用均大幅增加;如果组团布置过大,可能的物业服务能力跟不上。

优化原则:合理确定组团规模,避免组团规模过小;相对集中布置出入口。

(7)路网设计优化

实施原理:道路(包括基层和面层)造价远高于同等面积软景造价,在满足规范与交通组织的前提下,减少不必要的道路面积代之以软景可以节约大量的道路开支。

优化原则:减少路网的不合理曲线和弯折,道路的设计应充分考虑客户的需求。

(8)出入口布置设计优化

实施原理:每设置一个道路出入口就意味着需增加管理人员及相应设备费用,并且此类费用将长期发生,同时也会带来一定安全隐患问题。

优化原则:满足消防、交通流向疏导等前提下,应尽量减少出入口。既可节省出入口的建造成本,又可减少出入口长期的人员管理费用。

(9)消防分区布置设计优化

实施原理:消防设计规范中有对消防分区的明确要求,各消防分区之间的消防设备有明确要求。一般而言应尽量最大限度的布置消防分区，并使其布置的消防分区的面积尽量为其整数倍。

优化原则：

①在符合消防规范的前提下，最大限度布置消防分区；

②布置防火分区应注意住宅、商用、地下车库（单体、复式）的区别。

（10）地下室面积设计优化

实施原理：地下室造价高昂，对建造地下室的要求是：在满足人防要求的前提下能少建则少建。

优化原则：严格控制地下室面积。

2. 路网工程设计优化

（11）道路宽度设计优化（图 6.41）

图 6.41

实施原理：道路宽度与道路长度一样，减少道路宽度同样起到减少道路面积、增加建设用地、节约成本开支的作用。

优化原则：

①在满足消防与交通流量的前提下，适当地减少道路宽度，以节约建设用地。

②注意双车行道设置与单车行道设置，单车行道较车行道节约占地。

③通过设置单车行道会车区，可以有效地满足消防验收需要。

（12）给水管优化选择

实施原理：压力等级越高的管材造价越高，结合现场实际情况，不同区间管道适当选择不同的压力等级。

优化原则：着重考虑管材优选：综合施工、使用等因素，给水管经济合理性排序为；PE 管→焊接钢管→无缝钢管→镀锌钢管→ UPVC 塑料管→球墨铸铁管→钢塑管。

（13）排水管优化选择

实施原理：合理进行施工组织设计，减少人工土方开挖量，减少土方倒运量。

优化原则：排水管排序为；规格 500 以内；UPVC 波纹管→钢筋混凝土管→ PE 波纹管，规格 500 以上；钢筋混凝土管→ UPVC 波纹管→ PE 波纹管。一般情况下，机动车道下选用重型（Ⅱ级管或 S2 管材），对非机动车道下选用重型要严控

（14）检查井设计优化

实施原理：室外排水是由管道系统和检查井系统组成，检查井系统的成本优化应从井的数量、井的规格、井的深度以及井盖等几方面入手。井太多也会影响美观和行车方便。

优化原则：避免设计盲目统一选用大规格井；控制重型井盖使用部位；除机动车道外的非机动车道或绿化带等部位严控采用重型，并尽量减少检查井数量。

（15）管网埋深与井深设计优化

实施原理：排水系统中一般来说管网与井的深度越深，相应的土方工程量和建造造价都会增加。

优化原则：减少管网埋深与井深。

（16）管网走向、长度设计优化

实施原理：管网的长度直接关系其造价，管道走向设计的系统性则决定了管道的长度。

优化原则：优化管网走向、长度。

3. 单体设计优化

（17）建筑层高设计优化

实施原理：建筑层高直接影响建筑柱、墙体、垂直向管道管线的工程量，一般来说建筑物每增加 0.1 米，单层建筑成本增加 2% 左右。在高层建筑中层高的累计则会对建筑的基础产生较大影响。

钢筋含量和混凝土含量是体现结构设计经济性的最终检验指标，采用限额设计能有效地对设计院的设计工作进行约束。

优化原则：无特殊情况，层高采用 2.8m。

（18）结构设计优化

实施原理：在结构设计中，结构荷载和承载力均有一定系数和取值范围，若不对其做要求，设计院通常取值偏于保守，对其经济性考虑较少。

常用的钢筋主要有一级钢、二级钢、冷轧带肋钢、三级钢等，同样的构件使用不同的钢材其经济性不同，应该对使用的钢材种类根据不同的构件进行匹配。

优化原则：向设计院下发设计限额，跟进设计参数。

（19）防火墙设计优化

实施原理：专业的消防防火墙造价昂贵，规范上允许利用建筑墙体作为防火墙。

优化原则：尽量利用建筑墙体设置防火墙，减少防火卷帘、防火门作为防火隔离等方法合理设置消防分区，减少消防水幕喷淋系统的设置。

（20）沉降缝设计优化

实施原理：每设置一条沉降缝，不仅要增加缝自身的装饰费用，缝两侧也要增加柱、墙及基础的费用，因此沉降缝数量宜越少越好。

优化原则：在符合设计规范的情况下，减少沉降缝设置。

（21）控制地下室层高

实施原理：在地下室层数确定的情况下，地下室层高是决定地下室埋深的主要因素，控制层高能够减少埋深，从而降低地下室结构成本。

地下室层高的确定一方面需考虑地下室停车和设备放置的需要，另一方面应考虑机械车位设置的可能性。

优化原则：严格控制地下室层高。

（22）地下室层数设计优化

实施原理：地下室层数、层高以及室外地坪标高共同决定地下室埋深，从而影响地下室建造成本。如果通过对地下停车布置的优化，能在两（一）层地下室内解决三（二）层地下室的停车要求，无疑应减少地下室层数。

优化原则：严格控制地下室层数。

（23）地下室排水设计优化

实施原理：地下室内排水通过建筑找坡实现，将地面水收集到排水沟。由于地下室面积较大，建筑找坡需进行大量混凝土浇筑，费用昂贵。能否取消建筑找坡层？

优化原则：通过结构找坡

（24）优化转换层设计优化

实施原理：转换层是指柱网的转换，高层建筑中由于地下室柱网与上部住宅柱网的布置差异巨大，一般设置转换层。转换层由于承受上部全部荷载，往往出现界面巨大的转换梁，转换层用钢量与混凝土用量一般而言非常大，设计中应予以关注。

优化原则：优化转换层

（25）设备层设计优化

实施原理：设备层往往容易被忽视，设计中的保守和浪费情况也较为普遍，结构设计优化中不应忽略对设备层的优化。

优化原则：优化设备层。

（26）屋顶造型设计优化

实施原理：坡屋面与平屋面、老虎窗与天窗、屋顶上造型构件之间均存在成本差异，如何对比选型应予考虑。

优化原则：既有经济性的比选又满足建筑的要求。

（27）外挑外挂构件设计优化

实施原理：合理布置外挑外挂构件能较好地提高产品的素质，繁琐和过分复杂的外挑外挂件则不仅在建筑上显得多余，而且增加成本支出。

优化原则：精减过度的外挑外挂构件，形成建筑和成本的双赢。

（28）铝合金门窗设计优化

实施原理：同样面积的门窗造价远高于建筑外墙造价，且直接影响建筑能耗。控制门窗面积不仅是建筑成本的要求，也是建筑节能的需要。

优化原则：通过节能测算指标来控制窗墙比；避免大面积西晒玻璃的使用，日落之前可获得较好的采光条件，但是进行空气调节的费用很高。在考虑满足通风要求的条件下尽量减少开启窗扇数量，并注意防止空气渗漏以及紧急出口设置，平开窗可以较推拉窗获得高的通风能力，但是开启形式设计需要考虑风压作用。

根据门窗系统（木、铝、塑）、项目产品定位、建设期和使用期全寿命周期费用综合选择门窗五金件系统。避免功能不足或过剩。慎重选择非标门窗系统，减少开模费用。

（29）栏杆栏板设计优化

实施原理：栏杆作为建筑中的重要构件，但却往往容易被忽视，采用 300 元 /m 的栏杆与 200 元 /m 的栏杆总造价可能相差数十万。因此，一方面应根据客户需求确定栏杆档次，另一方面应尽量使用标准化栏杆，提高采购效率并降低成本。

优化原则：（1）尽量使用标准化栏杆；（2）栏杆、栏板档次规范化；（3）兼顾后期的维护费用。

（30）外墙装饰设计优化

实施原理：外墙装饰主要是建筑外立面用材，包括石材、面砖、涂料的使用以及外挂件（木材、钢构件、陶制品）等。

一般来说，外立面讲究装饰精致，能起到大幅提高建筑观感效果的作用。同时也切忌外墙装饰材料的堆砌，万科就曾经有分公司的建筑立面方案被当地规划部门要求简化的例子；

建筑装饰另一个不能忽视的部分是：要考虑装饰材料的耐久性与后期维护成本。木制品容易开裂脱漆，钢制品易生锈，这些都是后期客户投诉的隐患。

优化原则：多方面比较，实现价值最大化。

（31）部品及材料设计优化（百叶、玻璃雨棚）

实施原理：实用性与美观性相结合。

优化原则：

（1）减少百叶、玻璃天窗等不易清洗的部品设计，室外防腐木的应用，减少后期的维护成本；

（2）栏杆百叶等非承重构件，需控制断面尺寸，不宜过大或过厚满足强度和刚度即可（需注意节点构造设计），间距满足安全和遮挡要求即可；

（3）玻璃雨蓬是由支撑系统与玻璃平板构成，一般需通过受力计算进行设计。支撑系统兼顾受力与造型的功能，玻璃主要是起到遮挡作用。玻璃雨蓬的优化一方面要注意玻璃的材质与厚度，另一方面则要简化支撑系统。

（32）金属构件标准化优化

实施原理：金属构件主要包括住宅的阳台栏杆、围墙栏杆、空调百叶、小院门等，金属构件的标准化不仅能够减少设计、招标次数，体现规模效益，还有利于性价比较高的金属构件的定型。

优化原则：金属构件尽量标准化。

（33）钢构件设计优化

实施原理：钢构件需区分使用场所（室内外），分别采用不同的防腐处理。

优化原则：室内楼梯扶手、楼梯间栏杆刷防锈漆＋调和漆即可；室外栏杆选择氟碳喷涂或热镀锌＋静 电喷涂或热镀锌＋普通喷涂。

4. 景观设计优化

（34）景观方案优化

实施原理：景观工程是项目中最能让客户产生好感的内容之一。在景观工程中的几个重要法则是：

①硬景成本比软景高得多；

②景观中花钱多并不一定效果好；

③绝大多数的客户对绿化的感觉比硬地铺装要好；

④景观中的软硬景比例是重要的指标；

⑤水景让人感受亲切，同样存在夜间噪音大、夏日蚊蝇多、后期维护管理费用高的缺点。

优化原则：对景观设计的优化决不能简单化——怎么省钱怎么来；更多的要与设计销售在沟通中与效果的把握中达到共识。另需关注细节，会有出其不意的效果（如残疾人通道、门槛斜坡等）。

（35）景观标准化设计优化（图 6.42）

图 6.42

实施原理：拥有多年经验的累计，万科有能力形成自己的兼备经济性与功能要求的标准景观做法，以避免在后期的各项目设计中出现不同的设计方案，增加优化工作量。

优化原则：提供软硬景观标准做法表（如草坪、绿篱、道路、石材、砌块）及相应价格表。

（36）景观构筑物的数量与体形设计优化

实施原理：景观构筑物主要包括景观桥、墙、亭、台、廊、雕塑等。这类构筑物造价往往较高，使用过多对景观效果会产生不利影响。

优化原则：控制景观构筑物的数量与体形。

5. 配套工程设计优化

图 6.43

（37）泳池设备优化选型

实施原理：泳池设计成本控制要点为：严格按照流量、过滤周期等参数合理选择泳池设备中的加压泵、沙缸、给水管径等主要设备。

优化原则：兼顾后期的运营成本。

（38）智能化方案规划比选

实施原理：智能化的设计方案决定了智能化工程的成本，采用符合项目规划的智能化方案能较大程度地节约智能化工程的成本。

优化原则：以项目的市场定位、规划设计思想和物业管理思路来确定智能化系统规划设计方案（如，封闭管理社区选用红外对射周界防翻越系统、开放的大社区管理结合封闭的单元管理选用电视监控加电子巡更系统）。

（39）围墙层次设计优化

实施原理：小区内围墙主要包括组团围墙、小区围墙与公建（例如学校）围墙，组团围墙与小区围墙的量所占比重较大。围墙的造价按不同的设计档次差别可达数倍之多。

优化原则：不同档次项目选择不同档次围墙，且兼顾实用性。

（40）配套面积设计优化

实施原理：同一项目，建设 1 万 m² 的配套与建设 5000m² 的配套所付出的成本代价的差别是数以千万计的。而这些成本都需要由可销售的产品来承担，因此控制配套面积是控制配套成本的最关键点。

优化原则：

①会所面积优化；

②学校面积优化；

③物业用房面积优化；

④架空层面积优化。

图 6.44

（41）停车方式设计优化

实施原理：同样一块停车面积内，科学地规划停车方式与不合理的停车方式设计所能得到的有效车位数量是有很大差别。同样，从地面到地下各种停车位的建造成本有也巨大的差别。

优化原则 :

①车位平面布置最优化 : 限定面积内停放量最大 ;

②车位建造成本由低到高的顺序为 : 地面露天车位→首层架空车位→地上独立车库→半地下车位→地下车位, 具体停车方式要结合容积率情况综合考虑。

（42）配电设备布置优化

实施原理 : 配电设备的布置影响到配电房的设计以及配电房面积。

优化原则 :

①测算配电设备分期布置与合并布置的经济性 ;

②所有供配电设备（除发电机组外的高压柜、变压器、低压柜）尽可能设在同一房间内, 确保在符合规范要求下距离最短, 以减少之间联接线路。

（43）开闭所选址设计优化

实施原理 : 开闭所是所有电缆的出口, 其位置直接决定了所用电缆的长度。在电缆价格高昂的现阶段, 其长度是影响成本的一个非常重要的因素。

优化原则 : 合理布置开闭所位置, 使整体走线长度最短。

（44）水泵房设计优化

实施原理 : 小区的供水往往有以下几种方式 : 从市政供水管网直接供水 ; 当市政供水管网压力不够时, 对部分高层住宅通过水泵方式加压供水 ; 为整个小区建设水泵房, 统一加压供水。统一建设水泵房往往投资在 100 ～ 200 万元左右。

优化原则 :

①重点考虑建造水泵房的必要性 ;

②必须建造水泵房时应考虑建造位置及占用空间应以距市政接入点最近为原则。

③根据项目产品组合（高层、小高层、多层）, 进行供水方案技术经济比选（带水箱变频加压控制系统 ; 无负压管网直联式供水系统、市政压力直供或多方案组合等）。

第 7 章　房地产建筑设计成本优化管理

房地产建筑设计包括建筑设计、结构设计、电气设计、给排水设计、采暖通风与空气调节设计、热能动力设计，在设计时应正确处理设计技术与设计经济的关系、建筑设计与成本造价的关系，应用多种优化理论和方法优化建筑设计方案，降低成本造价，提高房地产开发项目的价值。

第一节　建筑设计成本优化概论

一、建筑设计的内容

建筑设计是指建筑物在建造之前，建筑设计师按照建造任务，把施工过程和使用过程中所存在的或可能发生的问题，事先作好通盘的设想，拟定好解决这些问题的办法、方案，用图纸和文件形式表达出来。作为备料、施工组织工作和各工种在制作、建造工作中互相配合协作的共同依据。便于整个工程得以在预定的成本造价限额范围内，按照周密考虑的预定方案，统一步调，顺利进行，并使建成的建筑物充分满足使用者和社会所期望的各种要求。

广义的建筑设计包括设计一个建筑物或建筑群所要做的全部工作，其设计工作常涉及建筑学、结构学以及给水、排水，供暖、空气调节、采光、电气、燃气、消防、防火、自动化控制管理、建筑声学、建筑光学、建筑热工学、工程估算、景观绿化等方面的知识，需要各专业设计师的密切协作。

房地产项目的建筑设计内容从广义上包括前期规划设计（主要建筑群体组合（组团）、主要路网设计、公共空间规划）、初步设计及施工图设计（如材料设备设计、户型设计、建筑结构安装设计、建筑式样风格设计等）、景观绿化设计（各种设施与小品、绿地）、公共设施及管网配套设计、施工图设计等多阶段的多项内容。

二、建筑设计与成本造价的关系

设计阶段对建筑成本造价的影响体现在以下三方面：

（1）设计方案直接影响投资。设计费占建设投资的比例为 1% ~ 1.5%，但设计阶段对投资的影响最高达到 75% ~ 95%；在房地产建筑工程设计中，对投资影响较大的是建筑方案、结构方案和材料的选择。例如结构设计中如何选择结构形式、基础类型以及对于设计规范应用等都需要进行技术经济分析。

（2）设计质量影响投资效果。设计的质量问题是建筑工程质量事故的主要原因。不同专业的设计若相互矛盾，会导致施工时返工甚至停工；建筑产品的功能若设计不合理会造成质量缺陷和安全隐患，影响使用效果；毫无疑问，设计的质量必然会提高工程造价，增加项目投资。另外一方面，工程造价也制约着工程设计，工程造价决定了工程的建设规模和建设水平。在设计阶段应对工程造价和工程设计的关系进行分析，处理好这种制约关系，使设计安全可靠、经济合理、技术先进，同时使成本造价得到有效控制。

（3）设计方案影响建筑产品在使用过程中的经常性费用，例如建筑的保养费、维修费以及建筑的能耗等等。一次性的建造费用与使用过程中的经常性费用存在一定反比关系，利用价值工程分析可以找到建造费与使用费的最优组合，从而使建筑产品的全寿命周期成本最低。

三、建筑设计对成本造价的影响

多高层住宅建筑设计中的不同参数组合，对造价具有相当的影响，见表 7.1。

表 7.1　多层建筑结构各种不同条件时的造价比

序号	项目		所占造价的比例						
1	不同层高	单层	单多层跨建筑物其高度增加 1m，造价增加 1.5% ~ 3%						
		多层	层高 (m)	2.8	3.0	3.2	3.4	3.6	3.8
			造价 (%)	99	100	103	107	110	113
2	不同层数		层数	1	2	3	4	5	6
			造价 (%)	100	90	84	80	82	85
3	不同外形		外形	长方形	L 形	H 形	Y 形	U 形	圆形
			造价 (%)	100	103~108	102~105	103~107	105~109	107~113
4	不同走廊形式		走廊形式	内廊	内外廊	梯间	外廊	半内廊	
			造价	100	101	106	107	110	
5	不同进深		进深 (m)	4.4	4.8	5.2	5.6	6.0	
			造价 (%)	101	100	99	98	97	
6	不同开间		开间 (m²)	2.8	3.0	3.2	3.4	3.6	3.8	4.0
			造价 (%)	107	104	102	100	99	97	96
7	不同户平均居住面积		面积 (m)	24	27	31	44	50	55	57
			造价 (%)	104	102	100	98	97	95	94
8	不同单元组合		单元造价 (%)	2	3	4	5	6	7	
				100	96.8	95.2	94	93.4	92.8	

1. 总平面布局设计对成本造价的影响

建筑总平面设计是指总平面配置与总图设计；总平面设计主要包括的内容是项目的选址方案、项目的占地面积以及土地的利用情况；主要建筑物、构筑物以及公用设施的配置等。总平面设计对于整个设计方案经济合理性有重大影响，合理的总平面设计能大幅度减少工程量，节约用地，节省投资，加快建造进度。在房屋建筑工程的总平面设计中，项目的占地面积和功能分区会影响建筑工程造价。占地面积的影响征地费用与管线布置成本。功能分区会影响总平面布置的紧凑性、安全性，合理的功能分析可以减少土石方量、节约用地，从而降低工程造价。

2. 建筑平面形状设计对成本造价的影响

在相同的建筑面积下，建筑平面布置不同，会导致工程成本的不同。一般而言，房屋建筑平面形状越简单，其每平方米的单位造价越低。正方形的建筑设计和施工都较经济，但是可能不能满足美观和使用的要求；采用圆形建筑可以节约墙体工程量，但是由于圆形建筑施工复杂，增加的施工费比节约的墙体费用要高；正方形和矩形的平面布置造型简单，施工难度小，所以正方形和矩形的平面布置在工程成本上更为经济合理；而在矩形的平面布置中，长宽比为 1 : 2 的矩形平面布置为最优；L 形、T 形建筑比矩形建筑单方造价高，但是可能在功能上优于矩形建筑。建筑物平面形状的设计应在满足建筑物功能要求的前提下，使平面形状简洁、布局合理，从而降低成本造价。

3. 建筑面积设计对成本造价的影响

在一定的条件下，加大建筑面积将降低建筑工程的每平方米的单位造价，这是由于增加建筑面积会降低外墙围护结构的长度所占单位面积的比率，在设计是应分析建筑面积与建筑造价的关系，选择合理的建筑面积。

4. 建筑层高设计对成本造价的影响

根据相关资料的统计分析，住宅的层高每增加 0.1m，其工程成本就相应增加 1.2% ~ 1.5%；单层厂房层高每降低 0.1m，其单位面积成本就降低 1.8% ~ 3.6%；年度采暖费用降低约 3%；多层厂房层高每降低 0.6m，其单位面积成本就降低 8.3% 左右。由此可见，在单层建筑面积保持不变的提前下，随着建筑层高的增加，建筑总高度会随之增加，导致其单位面积成本也随之增加。由于多层建筑的承重部分在总成本中占有较大比重，而单层建筑的墙柱部分在总成本中占有的比重较小，所以随着层高的增加，多层建筑比单层建筑成本的增幅更大。以现浇钢筋混凝土框架结构的工业厂房为例，在只考虑梁、板、柱的情况下，层高增加 1m，梁的成本就相应增加 37 元 /m³，板的成本就增加 20 元 /m³，柱的成本也增加 28 元 /m³，见表 7.2。

表 7.2　梁、板、柱单位成本受层高影响表

层数	柱（m³）	梁（m³）	板（m³）	合计（m³）
层高 3.5m	1114	1013	1000	3127
层高 4.5m	1142	1050	1020	3212
增加额	28	37	20	85
增加（%）	2.51	3.65	2.00	2.70

层高的增加会增加水管道的长度和楼梯、电梯设备的费用，提高墙面粉刷、装饰的费用。层高的增加还会导致施工垂直运输距离的增加，使得屋面成本变高。为了保证建筑物的质量和安全，建筑总高度的增加可能会导致地基基础成本的增加。以矩形柱 (500mm × 500mm) 为例，层高的变化使得材料的用量产生了较大的变化，具体见表 7.3。

表 7.3　材料用量受层高影响表

材　料	层高 6.0m	层高 4.5m	层高 3.5m
水泥（kg）	680.56	512.69	399.36
钢材（kg）	18.96	14.28	9.77
木材（kg）	0.03	0.02	0.02
河砂（kg）	867.83	653.76	509.12
石子（kg）	1921.4	1447.45	1127.22
钢筋（kg）	243.6	183.51	142.91

　　层高的降低可以节约建筑材料、降低减少消耗的能源、降低施工成本。但是，为了保证居住的舒适度，考虑到室内的湿度、温度、风速，以及空气的流通等要求，民用住宅的净高不应低于 2.4m，所以一般住宅层高为 2.7 ~ 3.0m 之间。

　　5. 建筑层数设计对成本造价的影响

　　建筑层数的改变，对项目总成本的影响不是一个固定的方向，它会随着项目结构形式的改变而改变。一般来说，在结构形式不变的情况下，增加建筑层数会使得单位建筑面积的成本造价降低，见表 7.4。但是随着建筑高度达到一定的高度后，层数的增加会导致结构形式的改变，其单位建筑面积的成本造价反而会增加。建筑物的高度越高，其所用的材料、设备的费用就越高，其维护费用也越高。因此，在项目控制性规划许可的范围内，确定合适的层数和层高是非常关键的。

表 7.4　砖混结构多层数与造价的关系

层　　数	1	2	3	4	5	6
单方造价系数 (%)	138.05	116.95	108.38	103.51	101.68	100
边际造价系数 (%)		-21.1	-8.57	-4.87	-1.83	-1.68

　　由表 7.4 可知，随着建筑住宅层数的递增，单方造价系数在逐渐减少，而边际造价系数在逐渐增大。这说明在砖混结构形式下，六层以内的建筑，层数的增加，会使单位面积成本降低，但是降低的幅度在逐渐减缓。对于土地资源紧张、费用较高的地方，为了减少单位面积土地费用，提供建筑密度，降低总成本，在容积率允许的情况下，中、高层住宅是一种比较经济合理的选择。

　　6. 流通空间设计对成本造价的影响

　　住宅建筑的流通空间包括走廊、过道、楼梯、电梯井以及电梯门厅等。流通空间越大有效的使用面积越小，占用的采暖费、采光费与装饰费等越高。在设计阶段优化平面布置的目标之一是满足使用要求的前提下尽可能地减少流通空间。

　　7. 建筑材料选用对成本造价的影响

　　在建设项目的总成本中，材料费占有很大的比重，达到项目总成本的 50% ~ 70%。建筑材料关系着建筑工程的整体质量和安全，而不同材料的选用会直接影响到项目的总造价。在建筑材料里，钢筋、混凝土的价格比重较大，对项目成本的影响也较大。不同的钢筋型号、混凝土强度等级等级，在价格上又有很大的区别。而在设计阶段，设计人员为了保险起见，往往会超筋配置，或者提高混凝土的等级标准等等，这些都直接导致了工程成本的增加。

　　以框架剪力墙结构为例，在填充墙材料的选择上，常用的混凝土加气砌块、砖砌块。混凝土加气砌块具有重量轻、保温隔热性能好、强度好、隔音性能好等优点。虽然价格上混凝土加气砌块比砖砌块贵，但是由于混凝土加气砌块自重轻，使得建筑整体结构上框架结构使用减少，从而使总成本降低。

　　材料成本的降低，不但减少了工程的直接成本，同时还降低了工程的间接费用。在满足建筑质量安全和使用功能的前提下，选用先进的轻质、高强度的新材料，既减少了建筑自身的重量，简化了基础工程，节约了建筑材料，同时还能提高效率，缩短施工工期，降低工程成本。因此，在建筑设计阶段，合理的选用建筑材料，保证建筑工程质量和安全的同时，可以有效的降低工程项目的总成本。

9. 设备选用设计对成本造价的影响

设备系统是现代建筑的重要组成部分，例如电梯、通风、空调、采暖等设备系统。据资料分析，设备安装工程造价占工程总造价的比例达 20% ~ 50%，因此为了控制造价，应选择合理的设备安装工程设计方案。设备方案的考虑因素很多，如设备的分布空间、设备配置、设备位置的优选等。

四、建筑结构设计对成本造价的影响

不同的建筑结构形式对建筑成本的影响也是不同的。国内目前主要的建筑结构形式有砖混结构、框架结构、剪力墙结构、框架剪力墙结构等等。

1. 砖混结构

砖混结构是指建筑物中竖向承重结构的墙、柱等采用砖或者砌块砌筑，横向承重的梁、楼板、屋面板等采用钢筋混凝土结构。砖混结构具有施工方便、就地取材、耐火耐久性能好、造价低廉等优点。有关资料研究表明，五层以下的建筑物采用砖混结构更为经济。

2. 框架结构

框架结构是指由梁和柱以刚接或铰接相连接而成，构成承重体系的结构，即由梁和柱组成的框架来承受水平荷载和竖向荷载。

框架结构体系的优点是：空间分隔灵活，自重轻，节省材料；具有可以较灵活地配合建筑平面布置的优点，有利于安排需要较大空间的建筑结构；框架结构的梁、柱构件易于标准化、定型化，便于采用装配整体式结构，以缩短施工工期；采用现浇混凝土框架时，结构的整体性、刚度较好，设计处理好也能达到较好的抗震效果，而且可以把梁或柱浇筑成各种需要的截面形状。

缺点是：框架节点应力集中显著；框架结构的侧向刚度小，属柔性结构框架，在强烈地震作用下，结构所产生水平位移较大，易造成严重的非结构性破坏数量多，吊装次数多，接头工作量大，工序多，浪费人力，施工受季节、环境影响较大。当高度大、层数相当多时，结构底部各层不但柱的轴力很大，而且梁和柱由水平荷载所产生的弯矩和整体的侧移亦显著增加，从而导致截面尺寸和配筋增大，对建筑平面布置和空间处理，就可能带来困难，影响建筑空间的合理使用，在材料消耗和造价方面，也趋于不合理，故一般适用于建造层数不超过 15 层的建筑。

由于框架结构的梁柱截面尺寸较大，其装饰装修费用也会相应的增加。另外，受框架结构自身的影响，其建筑物的高度和层数都有一定的限制，建筑密度和容积率都不高，单位面积的成本会相对较高，不利于项目的投资控制。

3. 剪力墙结构

剪力墙结构是用钢筋混凝土墙板来代替框架结构中的梁柱，承担各类荷载引起的内力，并能有效控制结构的水平力的结构，这种用钢筋混凝土墙板来承受竖向和水平力的

结构称为剪力墙结构。在地震区也称为抗震墙。

剪力墙结构的侧移刚度大，结构的水平位移小，抗震性能好，有很好的承载能力和整体性，可建造较高的建筑物。但是由于结构本身的自重大，不能拆除或破坏，不利于形成较大空间，灵活性较差，因此一般适用于高层公寓、住宅、酒店等建筑。

剪力墙结构相比于框架结构，室内空间更大，肥梁胖柱的现象减少，而且剪力墙结构多用于高层建筑，建筑密度和土地利用率较高，单位面积成本也相应的减少。但是，由于剪力墙结构的钢筋混凝土用量比较大，其总体建筑成本相对较高。

4. 框架 - 剪力墙结构

框架剪力墙结构也称框剪结构，这种结构是在框架结构中布置一定数量的剪力墙，构成灵活自由的使用空间，满足不同建筑功能的要求，同样又有足够的剪力墙，有相当大的侧向刚度。

框架剪力墙结构具有框架结构平面的布置灵活，有较大空间的优点，同时又具有剪力墙结构侧向刚度较大的优点。空间整体性好，房间内不外露梁、柱棱角，便于室内布置，方便使用。框架剪力墙结构一般用于高层写字楼、教学楼和办公楼等空间较大的建筑物，也适用于高层公寓、住宅、酒店等。一般适宜用于 10 ~ 20 层的建筑物。

由于在钢筋混凝土的用量上，框架剪力墙结构位于剪力墙结构和框架结构中间，所以，其建筑成本低于剪力墙结构，略高于框架结构。

从上面的分析可以得出，建筑结构形式的选择是不是合理，不但直接关系着工程的质量、安全，以及其他性能，同时还影响着项目的施工成本和总造价。

五、其他设计因素对成本造价的影响

使用面积系数，即建筑实际使用面积与建筑面积之比。使用面积系数越大，实际使用面积就越大，建筑的结构面积就越小，户型结构越经济。使用面积系数不仅与建筑结构形式有关，还与建筑内部房间的平均面积大小有关，平均面积越大，内墙、隔墙的建筑面积所占有的比重就越小，建筑就越经济。使用面积系数是新型结构是否经济的重要指标。

柱网布置也是影响工程成本的一个重要因素。柱网布置是指确定柱子的行距 (跨度) 和间距 (每行柱子相邻两柱间的距离)。一般情况下，柱网尺寸在 6 ~ 12m 之间。如果柱网偏小，传力路线短，可以节省上部结构的材料，但有可能会导致地基基础费用过高。如果柱网偏大，会导致梁的高度增加，相应的配筋也会增加，使得项目的成本增加，同时使室内净高受到影响。因此，合理的柱网布置，对工程的结构成本控制有很大的作用。

影响项目成本和投资的还有很多因素，比如基础形式的选用、装饰风格的不同、装修材料的不同等等。而这些因素，大部分在设计阶段就已经确定了，所以，要控制房地产建设项目的总投资，就要在方案设计阶段对这些因素进行分析、比较，选用最经济合理的方案设计，才能有效的对建设项目进行投资控制。

第二节　建筑设计阶段划分及各阶段设计成本控制工作内容

一、建筑设计阶段划分及内容

根据我国目前的实际情况，房地产项目建筑的设计阶段分三个阶段，即："方案设计阶段"、"初步设计阶段"、"施工图设计阶段"。如果是大型的项目，项目阶段又可分为四大阶段：即"总体规划设计阶段"、"方案设计阶段"、"初步设计阶段"、"施工图设计阶段"。各阶段的工作流程及成本造价控制方法如图 7.1 所示。

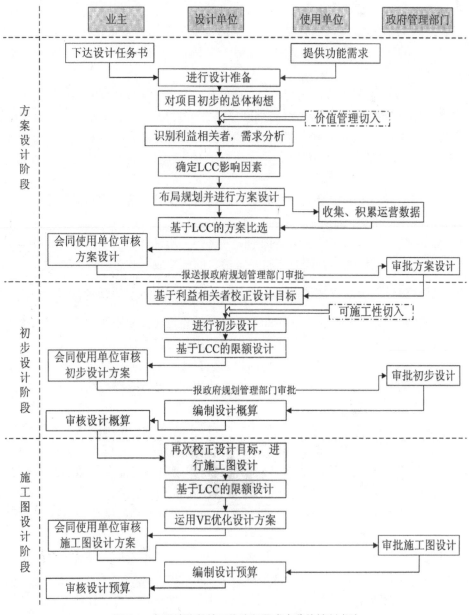

图 7.1　各设计阶段的工作流程及成本造价控制方法

各设计阶段主要工作内容为：

1. 方案设计阶段

各专业方案设计说明书，主要技术经济指标，总平面图，建筑平面图、立面图、剖面图，透视图、鸟瞰图、模型，投资估算。

2. 初步设计阶段

各专业初步设计说明书，主要技术经济指标，总平面设计，竖向设计，交通组织，各专业平面图、立面图、剖面图、系统图，设计概算。

3. 施工图设计阶段

各专业施工图设计说明书，主要技术经济指标，总平面设计，竖向设计，交通组织，各专业平面图、立面图、剖面图、系统图、详图，计算书，施工图预算（如合同要求）。

目前，建筑设计阶段成本造价控制的主要工作内容是：

(1) 方案设计阶段是编制总投资估算、初步确定投资目标、编制项目总投资分配、分解规划，并在项目实施过程中控制其执行；

(2) 初步设计阶段是编制设计概算、确定投资目标，使设计深化严格控制在初步设计概算所确定的投资范围之内；

(3) 施工图设计阶段是编制施工图预算，在充分考虑满足项目功能的条件下，挖掘节约投资的可能性。在项目设计过程中，进行投资计划值与实际值的比较。各设计阶段成本管理的主要内容如图 7.2 所示。

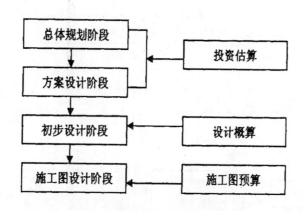

图 7.2　各设计阶段初步造价管理内容

二、建筑设计各阶段成本优化控制流程

由于各设计阶段投资控制的主要任务和方法基本上是相同的，因而它们的工作流程结构是非常相似的。图 7.3 ~ 图 7.5 分别为方案设计阶段、初步设计阶段和施工图设计阶段的成本控制工作流程图。

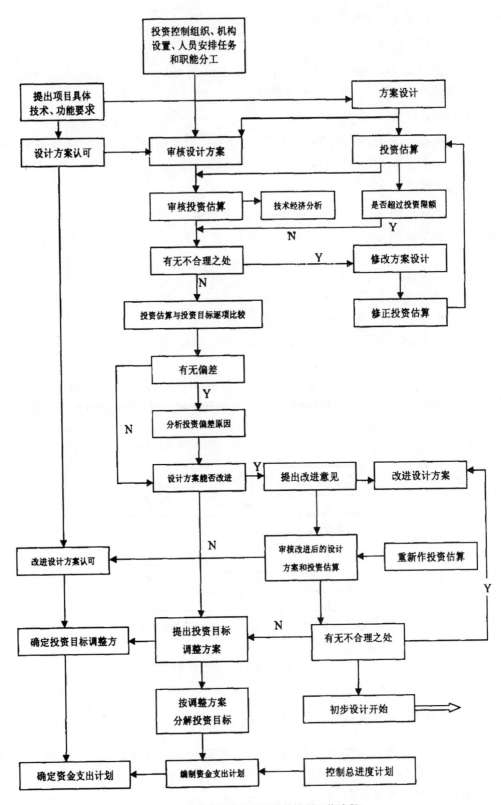

图 7.3　方案设计阶段成本造价控制工作流程

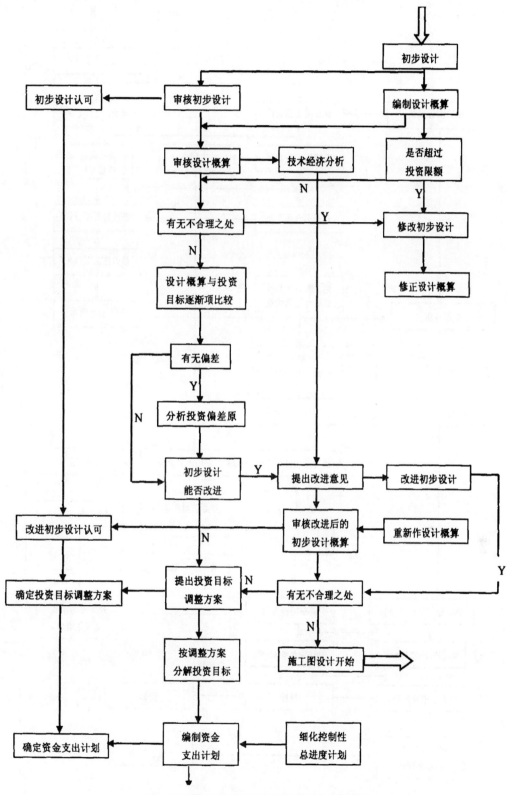

图 7.4 初步设计阶段成本造价控制工作流程

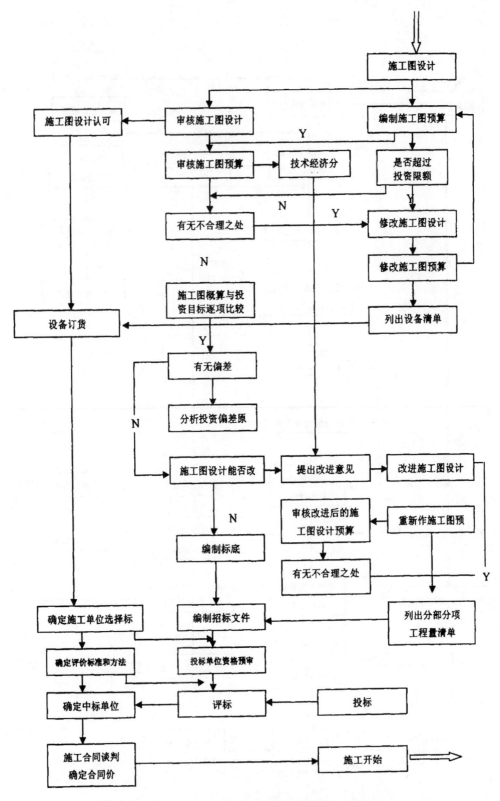

图 7.5 施工图设计阶段成本造价控制工作流程

从图 7.3 ~ 图 7.5 中可以看出，前两个设计阶段成本控制工作流程图的结构基本上是一样的，这反映了各设计阶段成本控制工作的共性。设计阶段的成本控制工作涉及到业主、项目管理和设计三方面人员，为此，要特别注意在某项任务上业主与项目管理人员的职能分工，明确地将该项任务归入某一方；还要注意在某项任务上项目管理人员与设计人员的职能分工，特别是对于某些由项目管理人员和设计人员所完成的同一项成本控制任务 (可能是双方共同完成，也可能是分别完成)，要分清主次，将其归入较为主要的一方。这也说明将各设计阶段成本控制的任务和职能分工综合起来表示是有依据的，与各设计阶段成本控制工作流程图分开来表示并不矛盾。

设计阶段进行成本控制的一个基本原则是要求设计单位在确定的投资限额 (一般为投资目标的 80%) 的前提下深化设计。这就要求设计人员具有自觉控制成本的意识，超出投资限额的设计被认为是不合理的设计，使业主所不能接受的，设计人员应当自觉、主动地修改设计，直至满足投资限额的要求，为了体现这一原则，在各设计阶段成本控制工作流程中安排设计人员自行控制投资的循环回路。

三、房地产项目设计阶段成本造价控制的总体思路

房地产建设项目设计阶段的造价控制是以项目设计阶段 (包括方案设计阶段、初步设计阶段、施工图设计阶段) 为主线，以项目全寿命周期的最小投入产出比为目标，在项目设计管理团队的协助下，通过参与项目前期定位和可行性研究，主导项目过程设计，配合项目现场实施，参加项目竣工验收及后评价等工作，并积极采取各种有效的经济、技术、组织、合同等措施对设计全过程进行管理，从而实现房地产建设项目造价的有效控制，提高项目投资效益和社会效益。

具体的，在前期可行性研究阶段，要认真做好工程相关资料的收集 (如勘测技术资料的收集、相关市场和环境等信息) 工作，保证项目投资估算的准确度；在方案设计阶段、初步设计阶段及施工图设计阶段的主要工作内容基本相同，主要包括方案设计、方案优选及方案优化与确定。在具体操作过程中，要积极运用价值工程、限额设计等指导设计，并做好相应的工程造价文件的编制，加强图纸审核工作；施工阶段，设计单位应全程提供配套服务，保证项目顺利完成。

房地产项目建筑设计阶段成本造价控制的总体思路如图 7.6 所示。

第三节　房地产建筑设计阶段成本造价控制措施

一、建筑设计阶段需重点注意的问题

房地产项目建筑设计阶段成本造价优化控制总体思路如图 7.6 所示。在进行建筑设计时要注意的是：

（1）在建筑和结构设计时。

在满足使用功能的情况下做好建筑和结构必选，做好技术经济分析可节约 10% ~ 15% 的成本造价。包括：

①建筑方案中的平面布置为内廊式还是外廊式、进深与开间的确定；

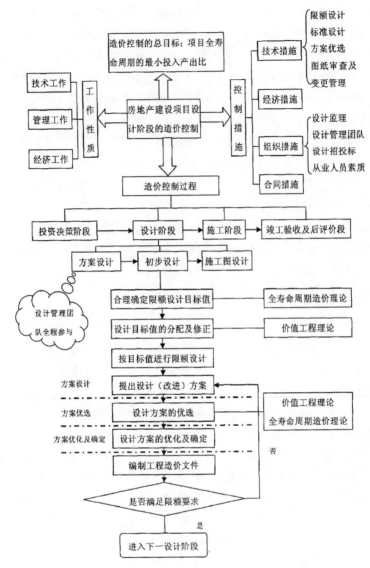

图 7.6　房地产项目建筑设计阶段成本造价优化控制的总体思路

②立面形式的选择、层高与层数的确定；

③基础类型选用；

④结构形式选择；

⑤地下室的选择；

（2）节能方面的考虑。

在设计建筑的电气、给排水、采暖通风与空气调节、热能动力设备时就要考虑建筑的节能问题。在现代社会中，建筑的节能性设计也是体现一个建筑方案设计优良的一个体现，好的节能方案设计，可以是建筑在建成后运行期间的总成本降低，是项目的全寿命周期成本降低，是一个项目方案设计成功的又一个因素。

（3）建筑材料的选用。

建筑材料种类繁多且用量巨大，按常规情况，建筑材料价格占工程造价的比例一般都在 75% 以上。建筑材料的选用对总投资的影响是巨大的，具体到方案阶段的工作，传统意义上的几大主材如水泥、钢材等实际上在各个地区都有较为成熟的生产企业和供货渠道。一般其价格也较为透明，价格主要受制于国家宏观经济调控以及区域经济状况，所以对方案阶段控制总投资意义不大。此阶段控制总投资在材料选用方面应把握好以下几个方面：①砌体材料的选用；②屋面保温材料的选用；③门窗的选用。

另外，在设计过程中设计、管理人员要注意做好询价工作，多方收集各类经济信息，加强经济信息工作。具体地讲，一是要加强材料、设备来源的价格动态管理，以便正确的选型定厂；二是要加强竣工工程经济信息工作，了解各工程结算情况，以便与本工程概预算对比，总结经验教训，进一步提高技术经济工作水平；三是建立自有的一套数据库，及时收集信息，更新材料价格，使材料价格不致出入过大。

（4）正确处理设计与成本、技术与经济的关系，应用多种优化理论和技术优化设计方案。

二、建筑设计阶段成本造价优化控制的重点

建筑工程的设计整体性原则要求我们：不仅要追求工程设计阶段各个部分的优化，而且要注意各个部分的协调配套。因此，我们在进行选择优化方案和进行优化的时候就要从整体上优化设计方案，优化设计，即在满足功能需要的条件下合理选择，用技术手段、经济手段对方案设计进行科学分析论证，最终采用既满足功能需求又能节约成本，达到预期控制目的的一个过程。在优化设计过程中要把握不同设计内容的造价控制重点：

1. 建筑方案设计优化

方案优化设计，就是在原设计方案的基础上，结合新工艺和设备的使用，新材料的投入，进行局部设计的改变，不仅使技术更可行，更加满足功能要求，还能节约材料，使工程造价明显降低。应该重点把握的是平面布置、柱网、长宽比的合理性；合理确定建筑的层数和层高，按功能要求确定不同的建筑层高；按销售要求、合理分布户型、确定内墙分割，减少隔墙和装饰面：尽可能地避免建筑形式的异型化和色彩、材料的特殊化。

2. 建筑结构设计优化

在建筑结构设计中，不同方案的选择及不同建筑材料的选用对工程造价会有较大影响，像基础类型选用、进深与开间的确定、层高与层数的确定、结构形式选择等都存在着技术经济分析问题。据统计，在满足同样功能的条件下，技术经济合理的设计，可降低工程造价 10% 左右，有的可达 20% 以上。建筑结构由基础、柱、墙体、梁、楼板、屋面板等部分组成，各部分占工程总造价的比例不尽相同，结构方案优化时对工程造价的影响也就不一样，因此在方案优化设计时我们所考虑的重点要有所侧重。

结构设计优化途径的核心内容通常包括三方面：体系选型与结构布置要合理、结构计算与内力分析要正确、细部设计与构造措施要周密。三方面的工作互为呼应，缺一不可，建筑结构优化系统图如图 7.7 所示。

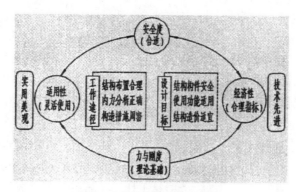

图 7.7 建筑结构优化系统图

3. 设备选型优化

在满足建筑环境和使用功能的前提下，以经济实用、运行可靠、维护管理方便为原则进行主要设备的选型。

4. 装修设计优化

装饰工程以满足销售目标，形象要求和主题宣传为前提进行设计。设计过程中要加强装饰材料的市场价格的调查和管理，不同部位按档次选材、设计尽量采用成熟可靠，经济实用、形象美观的设计方案。

5. 特殊工程和室外附属工程设计优化

对于特殊工程如综合布线、有线电视、车辆管理系统及无线网络覆盖系统等以满足销售为前提进行设计，对于室外附属工程如道路工程，环境绿化等在保证道路应用和绿化指标前提下进行设计。

三、方案设计优化的步骤

在设计方案优化中，设计方案的优选结果直接影响到项目的综合投资效果，尤其是对工程造价的影响更是显著，因此，选取最经济的设计优选方案就成为建筑设计阶段造价控制必须做的工作。

建筑设计优化的具体实施步骤可用图 7.8 来表示。

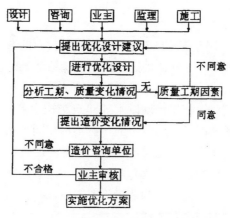

图 7.8 建筑结构设计优化流程图

第四节　设计成本优化在房地产开发中的应用及效益

本节以某房地产项目建筑施工图设计为例，对各专业施工图中存在的不合理情况进行分析，对原方案及优化后的方案进行对比，在满足各项使用功能、保证建筑质量及效果的条件下，尽可能的降低建造成本，保障房企利润的最大化。

一、建筑专业

1. 户型设计优化

项目公寓住宅部分户型有单房公寓、一房一厅、两房两厅、三房两厅、四房两厅组成。根据"十一黄金周"开盘销售情况来看，1 ～ 3# 楼公寓、一房、三房销售情况良好，户型无需更改。4# 楼、5# 楼是办公楼不存在户型调整问题，6 ～ 10# 楼的户型整改建议在市场部深度调查后，对已成交客户、拒成交客户、持币观望客户对 1 ～ 3# 楼户型意见汇总后，了解市场后续户型需求，方可有针对性进行调整。现对 1 ～ 3# 局部细节构造修改，提高使用功能，增加销售亮点。

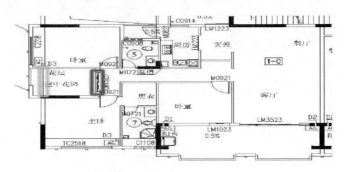

图 7.9　1# 楼　C（A）户型

1# 楼 C（A）户型，将图 7.9 中深灰色方框圈住门移到浅灰色方框位置处，可使空中花园变成一个房间，增加原阳台一半可使用面积。

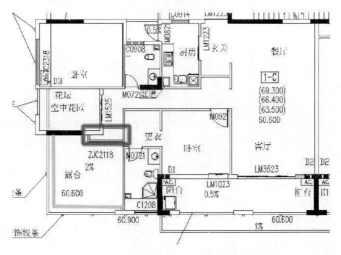

图 7.10　1# 楼　C（A）户型　18 层

1# 楼 C（A）户型 18 层，将图 7.11 中深灰色圈住飘窗改为可外出门，在浅灰色线处增加栏杆，可使客户使用露台，增加卖点。

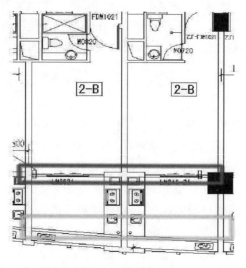

图 7.11　2# 楼户型

2# 楼户型，将图 7.12 中深灰色方框圈住门移到浅灰色方框位置处，可使空中花园变成一个房间，增加原阳台一半可使用面积。

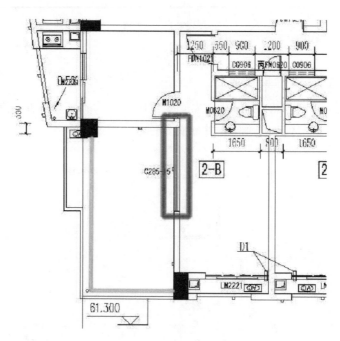

图 7.12　2# 楼 18 层户型

图 7.12 为 2# 楼四个边角户型 18 层，将深灰色圈住飘窗改为可外出门，在浅灰色线处增加栏杆，可使客户使用露台，增加卖点。

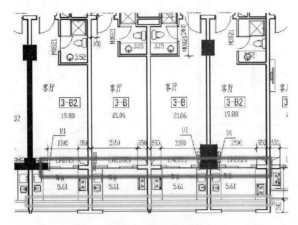

图 7.13　3# 楼户型

图 7.13 为 3# 楼户型，将深灰色方框圈住门移到浅灰色方框位置处，可使空中花园变成一个房间，增加原阳台一半可使用面积。

经分析，以上设计优化调整成本造价基本未增减，但却提高了产品的使用功能，增加了销售卖点。

2. 立面阳台栏杆设计优化

材料：取消阳台所有玻璃栏杆（图 7.14 ～ 图 7.16），改为普通铸铁栏杆，根据幕墙样板房栏杆单价核算：阳台栏杆中标公司的玻璃栏杆为 769.45 元 /m，铁艺栏杆的报价为 340 元 /m，两者价差为 429.45 元 /m，玻璃栏杆数量约为 9421.38 m，如使用普通铁艺栏杆可节省 9421.38×429.45=404.6 万元。

图 7.14　原方案玻璃栏杆示意图

图 7.15　优化后方案铸铁栏杆示意图

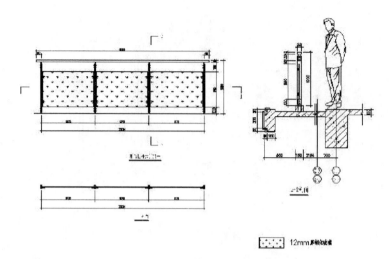

图 7.16　原方案玻璃栏杆示意图

3. 防火卷帘设计优化

经专家评审及方案对比，在本项目中所用防火卷帘太多，建议通过优化设计减少卷帘的使用。经成本核算：钢质防火卷帘门（按 $30m^2$/樘的规格来测算）市场价约 400 元 /m^2，规格越小单价越高。原方案防火卷帘门面积约为 25402 m^2，造价约 25402×400=1016.08 万元；按优化后的图纸测算防火卷帘门面积约为 22615m^2，总价约 22615×400=904.6 万元，优化后设计方案比原设计方案减少造价约 111.48 万元。

综上所述，建筑专业合计可以省成本 516.08 万元。

二、设备专业

1. 取消中央热水系统

项目位于北回归线南侧，属湿润的亚热带季风气候，阳光充足，雨量充沛，霜少无雪，气候温和，夏长冬短，年平均气温在 21.6 度左右。而该项目大部分为住宅，经客户调查了解，大部分客户对热水统一供应持反对意见，表示即使楼盘有统一热水供应，也不会安装使用。可见中央热水系统不是楼盘的销售卖点，因此经过各相关部门讨论后，取消中央热水系统。该项可节省造价约 1668 万元。

2. 空调系统

通过专家审查，第一次专家会审减 600Rt，第二次专家会审减 1000Rt，取消热水系统减 400Rt，现为 5600Rt，镀锌钢管改为焊接钢管，从设备选型、材料选用、日常运行维护费用等都可以节省一大笔费用。优化设计小组讨论后提出如下建议：

（1）取消溴化锂吸收式冷水机组，用离心式冷水机组代替，这样可以保证有比较好的能效比，一般离心式冷水机组能量转换的效率比溴化锂的高 4 ~ 5 倍。

（2）空调风管保温建议采用 $32kg/m^3$，厚度 25mm 铝箔贴面离心玻璃棉保温代替原来的 $48kg/m^3$，厚度 25mm 铝箔贴面离心玻璃棉。

（3）空调水管从造价考虑，建议不采用热镀锌无缝钢管，≥125 管径时，建议直接采用无缝钢管。

（4）冷凝水管的保温厚度，从造价考虑，建议采用 10 ～ 15mm 的保温厚度，以降低成本造价。

（4）风机盘管、风柜的进水管原设计大样图上（NK-02B）有动态平衡阀，建议取消，只保留回水管上的电动二通阀。

表 7.5　项目的空调造价估算对比

方案	主机冷量 （Rt）	估计造价 上限（万元）	估计造价 下限（万元）	备　　注
原方案	7600	5320	4560	采用国产品牌，考虑到部分塔楼只安装水管，不考虑设备，空调造价上限按 7000 元 /Rt 考虑，下限按 6000 元 / 每冷吨考虑。
优化后方案	5600	3920	3360	采用国产品牌，考虑到部分塔楼只安装水管，不考虑设备，空调造价上限按 7000 元 /Rt 考虑，下限按 6000 元 /Rt 考虑。
差额		1400	1200	

从以上数据分析可以了解到，取消中央热水系统后，且对空调系统优化后，至少可节省造价约 1200 万元。

3. 调整设备机房

消防中心、监控中心、BA 控制机房均设在同一房间内，不做 BMS 系统的集成，可节省造价约 120 万元。

4. 水表优化

取消远程抄表，及 IC 卡水表，改用传统机械水表；（住宅：2822 户）可节省成本 90 万元。

5. 水箱优化

不锈钢水箱改用混凝土水池，现在 180m³ 不锈钢水箱 2 组约 20 万元，改混凝土后约用混凝土 50m³，约 4 万元，节省 16 万元。

6. 交楼标准优化

采用大毛坯交楼，所有管线只预留到入户门口（住宅：2822 户），现在毛坯交楼标准验收要做到"一灯、一开关、一插座"，每户可省 70 元，约 20 万元。

综上所述，设备专业经优化设计后可节省成本造价约 3114 万元。

三、室内专业

1. 入户大堂

（1）墙、地面由原大理石饰面建议更换为抛光砖，可节省造价约 100 万元。

（2）光照方面建议适当减少筒灯及暗藏灯带，可节省造价约 80 万元。

2. 消防电梯前室

吊顶建议做无造型的平顶，安装普通吸顶灯，墙面改为涂料，电梯门套保留石材门套，可节省造价约 57 万元。

3. 消防疏散梯

由原防滑砖地面改为素水泥面，可节省造价约 80 万元。

4. 标准层电梯厅

墙面黑色钢化玻璃改为抛光砖或涂料，如为抛光砖，建议规格采用 600×600mm。可节省造价约 40 万元。

综上所述，室内专业可以节省约 357 万元。

四、景观绿化优化

景观工程施工面积约 32501m²，主要施工部位为首层商业街、五层架空层，主要包括水景、雕塑、花架、绿化、背景音乐、园林灯、水景灯等内容；其中水景在首层共有 12 处，五层共有 6 处；雕塑有 28 个；部分水景界于红线范围内与红线范围外（图 7.17）。按初步设计图纸编制预算，该工程造价约 1574 万元，而目标成本为 810 万元，合计超出目标成本约 764 万元。为控制造价，节约成本，现结合目标成本，提出如下优化建议：

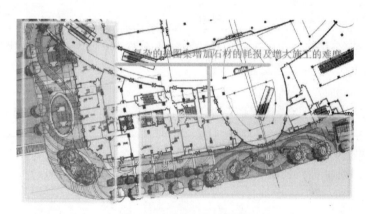

图 7.17　景观工程平面图

1. 首层商业街

项目首层四周是商业步行街，是项目档次体现和商业氛围营造的一个关键部分。按一般的设计经验和其他同类商业项目成本来看，首层商业街的景观造价会比一般住宅的景观造价要稍高些。就目前来看，在保证必要的效果的前提下，可以通过以下一些措施，从而达到效果和成本的最大化。

2. 施工面积

原方案：超红线外园建面积为 5024m²；

优化方案：退回红线内进行园建施工，可节省成本约 120 万元。

3. 原方案水景太多

优化建议：取消部分水景，可节省成本约 100 万元。且优化其水循环的系统，降低日后的运营成本。同时，考虑物业一旦不经常放水，仍能成为一个良好的景观设施。

4. 特色雕塑

青铜雕塑牛 2 个：造价太高，且约一部分超出红线；

优化建议：取消该特色雕塑，按普通绿化造景进行优化，可节省成本约 45 万元。

5. 铺装方面

景观的设计意念为，通过曲线和色彩对比强的铺装，来营造商业街热闹的气氛与和建筑物的和谐对比。建议使用一下大尺度的曲线为基调，减化一些零散的曲线和复杂的拼接图案，从而降低石材的损耗及施工的难度。

（1）原方案石材厚度太厚，影响造价成本；

优化建议：超过 20mm 厚以上的石材降低厚度在 20mm 以内；可节省造价约 80 万元。

（2）道牙铺设部分：原方案采用的材料为花岗岩，该材料成本太高；

优化建议：改为仿花岗岩混凝土道牙，可节省造价约 50 万元。

6. 园建设施

在园建设施上，将进一步优化其制作的工艺和构造。如休闲椅，原方案采用铁艺休闲椅，优化方案建议改为砖砌外贴石材的工艺，可节省造价约 60 万元。部分低矮非承重园建，从钢筋混凝土改为砖砌，可节省造价约 30 万元。

7. 绿化

原方案存在问题：树木采用名贵树种，且为大树。如种植有如 30cm 苹婆树，树高 6.5 ~ 7m；吊瓜树 30cm，树高 6 ~ 7m 等大树，成本较高。

优化建议：

在景观绿化效果中，三分硬景，七分软景，植物显得尤为重要。项目处亚热带气候带，可用植物品种丰富，种植的时间没有过多的限制。但由于植物的价格随市场的变化较大，且大型景观树的价格之高，在效果和成本的平衡上，有很大难度。同时，经过深入的调查，项目所在地市场上的苗圃，无论从技术上，还是品质上，都无法满足景观绿化要求，几乎所有的开发商都是从广东等地购买苗木，大大提高了运输的成本。因此可采用合适本土植物，提高成活率；同时多选用常绿易生长的植物，减少清扫和管理成本；改苗木品种或苗木规格；在次要位置，不用名贵树种，以其他树种组合搭配。五层的高大乔木，与结构相对应，减少荷载的压力。经核算，该项可节省成本约 89 万元。

8. 五层入户平台景观

五层为各塔楼的入户平台，可以归入住户生活社区的一部分，视为高档的住宅社区进行园建设计。原方案存在如下问题：

（1）设计图纸中天台园建工程是按先回填至少 35cm 厚的土方，然后再进行开挖等后续园建工程；该种做法导致成本造价大大增加。

（2）水景面积大，花架、雕塑较多，增加成本造价。

（3）园路铺设方式采用拼花，增加工料，导致成本造价增加。

（4）绿化部分：所选用的植物品种较大，增加成本造价。

优化建议：

（1）在原来楼板上做好防水措施后，直接进行园建工程施工，遇到高差较大的地方，可采用阶梯方式进行缓冲；因此按原设计图纸中园路平台上的基础土方回填、碎石、C15 混凝土稳定层等取消或改优化方案，该大项可节省成本约 85 万元。

（2）减少水景面积，增加绿化带；减少花架及雕塑，采用绿色植物代替等方面进行方案优化，可节省成本约 60 万元。

（3）建议对于人流较少的园路，可以采用自然的铺设方式，减少工料成本。部分景观石，就地取材，使用当地的材料，减少运输成本。大约可节省 30 万元。

五、安装专业

根据园建部分减少水景，则电气线路、水泵、水管等可相应减少，经核算，该项共可节省约 20 万元。

综上所述，若对整体景观绿化设计进行优化，可节省成本造价约 769 万元，达到限额设计指标的要求。

从上述分析表明，该项目合计可节省约 4756.08 万元。由此可见设计方案的优化对工程建造成本造价有着举足轻重的作用。

第五节　丽景苑项目建筑设计成本优化案例分析

一、项目概况（图 7.18）

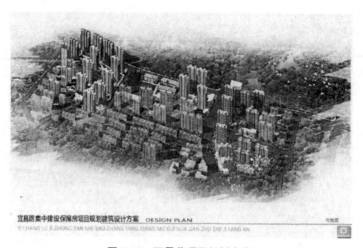

图 7.18　丽景苑项目规划方案

丽景苑项目占地面积约 4.1455 公顷；规划容积率 3.3；总建筑面积 17.39 万 m^2。共 1833 套，其中包含经济适用住房 788 套，公共租赁住房 821 套，廉租住房 224 套；共分地块一、二、三地块，其中地块一含 1～7# 楼，总建筑面积 119666.55m^2，地上建筑面积 91231.79m^2（其中住宅 60491.34m^2，商业及办公 24362.95m^2，幼儿园 4016.42m^2，配套及其他 2361.08m^2）；地块二含 8～11# 楼，总建筑面积 40553.28m^2，地上建筑面积 32039.87m^2（其中住宅 28863.26m^2，商业及配套 3176.61m^2）；地块三含 12# 楼，总建筑面积 13790.77m^2，地上建筑面积 12552.1m^2（其中住宅 11336.61m^2，商业及其他 1215.49m^2）。保障房项目开发由政府统一标准，交房标准为：经济适用房为毛坯房，公租房、廉租房为精装修房，各项经济指标见表 7.6：

表 7.6　丽景苑项目经济技术指标

项　目		总指标	地块一指标	地块二指标	地块三指标
用地面积（m²）		41454.8	23958.6	13534.9	3961.3
总建筑面积（m²）		174010.61	19666.55	40553.28	13790.77
地上建筑面积（m²）		135823.76	91231.79	32039.87	12552.1
其中	住宅建筑面积（m²）	100691.21	60491.34	28863.26	11336.61
	公建建筑面积（m²）	35123.71	30731.65	3176.61	1215.45
	商业配套（m²）	4026.46	1902.9	1648.1	475.46
	社区服务配套（m²）	4621.97	2353.47	1528.51	739.99
	综合服务楼（会所）（m²）	22457.64	22457.64		
	幼儿园（m²）	4016.42	4016.42		
地下建筑面积（m²）		38186.84	28434.76	8513.41	1238.67
容积率（%）		3.28	3.81	2.37	3.17
建筑密度		24.90%	26.76%	23.80%	17.43%
绿地率		35%	30%	35%	35%
总户数		1833	1060	549	224
其中	廉租房（套）	224	0	0	0
	公租房（套）	821	472	349	0
	经济适用房（套）	788	588	200	0
机动车停车位（个）		799	567	168	44
其中	地上停车位（个）	208	110	69	29
	地下停车位（个）	592	478	99	15

二、项目设计成本优化控制的思路和方法

一个房地产开发项目的规划设计分为规划设计阶段、方案设计阶段、扩初设计阶段及施工图设计阶段，项目方案设计是指导项目具体建设的蓝图，要充分考虑建筑形式、路网规划、景观配置、竖向关系等方面优化，要做到有效控制项目开发成本，就要在有限的资源条件下尽可能地开发更多的有效面积。

1. 设计阶段的成本优化与控制

（1）建筑结构设计优化

房地产项目规划设计前，设计相关人员与销售人员应结合项目土地资源及周边配套环境等情况进行充分的调研，一起探讨产品类型与布置方案，根据土地的实际情况与经济分析确定不同性质的产品，并合理确定产品的利润目标，根据不同地域实现产品利润、土地价值同步最大化，用以指导规划设计。

总图规划设计方面，首先要熟悉项目地形和设计意向，在地形总平图上合理布置建筑区、临建区及交通道路等，避免因为不熟悉地形而造成临时设施等建筑物重复建设。如果是山地建筑，总平规划时则应合理利用地形情况来确定项目产品分布，充分考虑洼地及原始山丘的情况，避免在这样的位置排列建筑景观造型、水系、边坡支护等工程均可以充分利用原始地貌条件，既节约成本又能达到意想不到的产品设计效果。需要注意的是，道路的布置方面，在简洁合理、成本优化的前提下，要充分满足消防的要求。

土地利用方面，要尽量保证土地利用最大化，充分考虑容积率、绿地率、车位配比等项目经济指标，减少不可售项目的建筑面积分配。

丽景苑项目遇到的日照挡光问题便需要从该方法进行考虑，在有限的土地上，充分考虑容积率及对周边建筑的影响，如何实现总平图上合理的建筑区分布，设计出最大面积的项目，实现土地的最大利用率，将直接影响项目建造的成本。

（2）景观环境设计

这一阶段的园林环境设计工作，主要就是充分考察项目原始地貌情况，对原始地貌可利用的，尽可能利用其资源创造天然景观，不仅节约成本造价，更可以通过该项目"独一无二"的天然景观提升项目品质，在此基础上适当增加人造景观，与天然景观呼应补充，满足其与项目建设合理搭配的要求，以实现更合理可行的景观环境规划方案。曾经有一个案例，开发商拿到的一块土地上有一个面积很大的地面高差区域，别人都不看好这块地，认为在有限容积率的范围内，这是一个无法解决的问题，但这个开发商却充分利用了这块洼地，将其改造成一个人工湖，结果这个人工湖成为楼盘的最大卖点。

这一阶段开始就要明确景观设计的成本控制，根据项目实际情况，在充分考虑项目品质的基础上，合理搭配软景、硬景与水景的比例。对丽景苑这样的项目来说，在满足绿化率的前提下，尽可能多的设置软景，少做硬景和水景，有利于降低成本造价。

2. 项目方案设计阶段的成本控制

（1）建筑结构选型方案设计

目前房地产项目以高层建筑居多，从成本控制及抗震要求考虑，建筑单体的设计应选择对称形式，不宜多设外挑挂构件及不规则的屋顶造型。

建筑结构的优化设计方面，两个很重要的因素就是层高和窗地比。首先对销售人员来说，层高提高就是卖点，但层高每增加 0.1m，建造成本造价就会提高 5% 左右，那么，最合理层高的确定就必须结合销售、造价等因素，经验看来住宅层高 2.8m 性价比较优。

另外，该阶段窗地比的指标控制很重要，在满足节能规范要求的前提下，设计开敞大窗的方案有利于提高项目产品品质，进而提高销售利润；但如果项目节能达不到规范要求，建议首先减少开窗面积，进而尽量采用体形系数满足节能要求的结构，通过墙体材料来实现节能达标，以最经济的设计方案解决节能要求。

建筑物的结构方案选择方面，如果项目所在地无特殊的地质条件，那么设计人员应该在充分考虑结构成本的基础上选择设计方案，尽量选择矩形柱框架结构，避免设计异形柱结构，对普通住宅建筑来说，尽量减少外墙挑板、外立面异形设计的数量；如果项目所在地是山地建筑，那么设计人员首先要考虑的是结合地形情况确定产品类型，其次要综合考虑项目实际情况，从造价控制的角度来选择山地建筑物的结构，合理运用多指标及多因素方法，确定出既适合项目情况又对造价控制有效的结构方案。

丽景苑作为政府保障房项目，其 90% 以上的户型建筑面积均在 40 ~ 50m² 左右，仅有约 10% 的户型建筑面积在 60m² 左右，如此高的密度导致该项目车位配比难以达到政府规定标准，于是相关人员就提出了钢结构立体停车位和通过构筑地势高差斜向泊车系统两个方案，运用以上理论对这两个进行方案，从多个因素指标中选择关键指标进行比较，结合价值工程理论，最终确定适合该项目的车位构筑方案。

（2）安装工程方案设计优化

相对于建筑结构来说，安装工程的方案设计比选简单，重要的一点就是发挥主动性，随着建筑结构设计的进度，安装工程可以多设几个方案进行比选，尤其是政府配套工程的配电、供水、供气等工程，这些项目是由政府相关专业设计院进行设计，不可能像别的项目那样，可以和委托的设计院进行多次沟通，直至比选出最优方案。对配电、供水、供气等垄断行业来说，开发商拿到图纸时各专业的设计方案就已经定案了，因此设计人员及成本造价控制一定要提前进行不同方案的经济合理性分析，这样就可以提前与这些设计单位沟通，避免方案优化工作不到位。

安装工程方案的设计要注意以下几个原则：

设备尽量集中设置，符合规范要求下距离最短，以减少设备之间的联接线路，其他配管配线尽量设置环网式方案，保证走线长度最短。

按照消防规范的要求，消防工程涉及到建筑及居民的人身安全，因此是安装工程中设计方案比选最严格的一个分项工程，设计方案是最大限度地布置消防分区，尽量利用建筑墙体设置防火墙，如果是结构复杂的大型建筑，要注意将消火栓、自动喷淋、气体灭火、干粉灭火等多种方案相结合进行设计。

雨污水工程的设计要充分考虑项目内自然坡度情况，尽量按照现存市政管网的坡度设计自流排水管网，如果是山地建筑确实达不到自流压力要求的，则考虑设计污水泵进行提升。

（3）景观绿化方案设计优化

景观绿化方案设计阶段，重要的是确定该项工程的目标成本控制指标，实行目标成本限额设计。根据确定好的限额设计指导书，设计人员合理划分软景、硬景、水景的设计比例，并确定景观小品的设计标准。对景观小品等档次的选择主要以满足绿地率及经济指标要求为主，要综合考虑后期运营维护成本。对丽景苑项目来说，政府保障房性质决定了项目的景观绿化设计不宜太复杂，在满足绿地率要求的基础上，设计方案应更贴合小区住宅环境标准，并计入方案优化成本指标，种植植物及地面铺装材料要本地化、易成活，低成本采购，后期养管费用低。景观设计尽量少用水景或不用水景，主要是因为水景后期使用、维护成本太高。有关景观绿化设计成本优化及营造的内容参阅作者的《低成本景观设计与营造》一书。

3. 扩初（初步）设计阶段的成本控制

（1）建筑结构扩初设计优化

建筑结构设计方案确定后，该阶段目标成本造价限额设计思想贯穿始终。开发商向设计单位下发《设计任务书》，明确规定各建筑项目的含钢量、含混凝土量等影响造价较大的分项限额设计标准。在之后的设计工作中，各专业的设计人员应严格按照限额设计标准进行建筑结构设计优化，尤其是含钢量、含混凝土量等影响成本造价比较明显的因素，要求一定不能突破限额设计标准的上限，必要时可设立合适的奖惩措施保证限额设计条款的执行。

这一阶段的工作，除了设计单位人员严格按照限额设计任务书进行设计外，房地产企业的设计部及成本管理人员也应积极参与，与设计人员紧密结合，根据设计进度复核各限额指标，审核设计人员选用的设计方案是否经济合理，是否突破限额设计标准上限，并与设计单位的设计人员就各结构参数深入讨论，力求得到满足设计任务书条件下合理的结构形式、经济柱网布置方式等设计成果。

该阶段成本管理人员的另一重要工作是图纸定稿前含钢量、含混凝土量指标的验算，根据设计单位提供的设计图纸草稿计算含钢量、含混凝土量两个主要指标，核算钢筋含量及混凝土含量是否控制在限额设计指标的上限内，如果该指标超出上限，则应及时将验算结果反馈至设计人员，进行进一步的优化。如果针对该项目的实际情况，某些限额设计指标确实无法实现的，则需做出详细的情况说明报告，详细分析无法实现限额设计指标的项目超标原因，例如，开挖地质情况造成基础换填，结构转换层引起含钢量增加等。该报告通过开发商相关部门及领导的审批后，调整限额设计指标，方可进行下一步的设计工作。

丽景苑小户型的结构形式决定了其含钢量高于普通商品房项目，因此，其控制含钢量的工作正是这一阶段设计工作的重点，限额设计贯穿该阶段工作的始终。首先调取当地其他房地产项目含钢量数据库，给设计单位下发限额设计任务书，规定含钢量不得超于数据库中的含量，在此基础上进行设计优化，使含钢量达到经济合理水平，从而严格控制项目建造成本。

（2）安装工程扩初设计优化

安装工程设计原则确定后，就需要按专业进行设计分解，重点把握对成本影响较大的设备及专业方案设计，对相对复杂的电气工程要重点关注。从项目红线到小区物业站部分，成本的80%以上是设备费，包含变压器、高压柜、低压柜等，对设备不同型号的组合方案要注意比选，比如，对变压器来说，如果变压器规格不超过1250kVA，那么单台容量越大，单位容量费用则越低，而规格超过1250kVA的单台变压器成本较贵，不建议选用；如果设计总容量超过1250kVA，则需要选择多台变压器进行组合，这样在设计总容量一定的情况下，我们选用变压器应尽可能选择每台规格最接近于1250kVA，数量尽量少，这样既可以节约变压器的占用空间，又能满足经济性的要求，节约成本。还要注意的是，如果选定的变压器实际使用容量低于额定容量过大，则会形成空转，引起损耗增加，提高了成本，所以对变压器的选定，一定要综合评选。

从物业站到建筑的配电主干线路，电缆的规格由电业局根据该区域用电量标准进行设计，但是在电缆的敷设方式选定方面，我们要充分考虑成本问题，避免产生浪费。一般情况下，从建安成本方面比较，室外电缆工程的敷设方式成本递增排序为：敷装电缆直埋→穿管敷设→电缆沟敷设。如果场区电缆敷设数目较大，那么当电缆根数达到一定数量集中敷设时，反而选用电缆沟敷设的方式更能节约成本，多根电缆一同敷设，电缆沟可以一并开挖，开挖成本可以达到1+1 < 2的效果，具体需要成本人员根据项目实际开挖地质情况来确定电缆数量。

小区内建筑物的安装工程，要注意与居民生活息息相关的供水方案比选，根据项目所在区域市政管网供水压力标准，综合技术与经济情况，一般选用无负压变频供水设备，这种设备虽然价格相对较高，但是不会对市政供水管网产生负压影响，因此不会影响到用水流量分配，而且变频设计可以节约能源，设备占地面积小，安装简单，不会产生二次污染，所以得到广泛推广应用。其他安装工程则根据项目实际情况来确定材料设备的档次，对宜昌新苑项目来说，政府保障房投资的限制，在满足使用功能前提下，设备选型优先选用国产设备，价格经济，而且后期的维护费用低。

（3）精装修工程扩初设计优化

对项目的设计工作来说，精装修工程设计是最容易完成限额设计指标的。政府保障房项目的精装修工程标准及精装修成本费用有统一的文件规定，相同户型精装修工程无差异，包含墙地砖、木地板、厨卫吊顶、厨卫用品等，材料的选用上，主要以满足功能性需求为主，而且要将各类材料损耗降到最低，所以精装修工程设计中要根据建筑结构尺寸，选择合适模数的材料尺寸，从而有效控制成本，完成限额设计指标规定。

4.施工图设计阶段的成本控制

（1）建筑结构工程施工图设计优化

项目的工程做法与交楼标准要统一，尤其是丽景苑这样的政府保障房项目，交房标准有统一的政府文件规定，如果交房时标准与文件规定不同，则会造成不必要的返工整改。所以施工图设计阶段开始时，首先向设计单位提供《保障房项目交房标准规定》，包含公租廉租房及经济适用房。根据文件规定，公租廉租房按精装修标准交房，经济适用房按毛坯房，这样就要求设计单位认真研究该文件规定，按文件中交房标准编写施工图工程做法，性质相一同的单体，各项做法必须统一，如果因外在实际情况确属无法统一做法的，例如基础承载力不够需要换填的，则需单独做好技术核定单进行情况说明，并在项目开工实施前，由项目设计师向所有工程技术人员进行技术交底，避免错误施工造成不必要的返工浪费。

材料部品的选择工作，由开发公司设计部组织编写《项目部品控制表》，根据项目品质及定位来选择各部品材料档次及施工做法要求，根据产品类型选择材料部品，避免功能溢价产生不必要的浪费。对公租廉租房的单体，为后期精装修项目考虑，设计人员应注意在立面图基础上针对不同规格外檐墙、面砖、厨卫大样图、楼梯间大样图等要进行合理排布及选择砖型，减少断砖及精装修面砖墙砖的损耗，在基础上设计人员进行施工图设计，有效控制项目成本。

施工图纸设计完成后，各相关部门进行图纸会审，设计研发部及工程部人员为主，成本管理人员参与，重点检查项目各分项图纸坐标、标高等尺寸与总平面图中标注是否一致，根据项目地勘报告审查基础工程的设计与地基处理是否符合现场实际地质情况；审查图纸建筑做法等是否符合《项目部品控制表》的规定要求，是否完整齐全。在此基础上，还要重视核对建筑、结构及安装各专业施工图设计是否有矛盾，各种标高是否符合要求，相互间的关系尺寸、标高是否一致；审查建筑施工图中的平面、立面、剖面图之间是否矛盾，标注是否有遗漏等。针对图纸会审过程中发现的问题，要及时反馈给设计人员进行整改，完善图纸细部设计，减少错漏项目，避免项目施工过程中发生不必要的变更成本，从而为控制项目的建安成本打下良好的基础，

项目需要进行二次深化设计的工程，例如铝合金门窗工程、钢结构工程、玻璃幕墙工程等，通常由专业的设计单位来完成，他们在项目施工图设计的基础上进行各专业工程深化设计，但是在不同专业进行衔接的时候，容易因为衔接性差造成各设计板块的矛

盾和冲突，例如丽景苑项目的太阳能设计，太阳能厂家根据项目施工图纸进行二次深化设计，方案确定通过后，施工图设计单位又发生设计变更，将屋面太阳能基础的位置调整，从而造成太阳能管路走向需要全部调整。类似的设计衔接问题如果解决不好，势必造成工程中的变更签证数量激增，施工进度延误，直接导致成本造价增加。在这样的情况下，开发商在对设计单位进行选择的时候，可以考虑选择设计总承包模式，施工图设计与各专业二次深化设计全部由一个设计单位牵头进行，各专业之间的合理衔接由设计总承包单位负责协调，这样就避免了设计过程中不同设计单位之间责任不清、互相推诿的情况发生，避免发生不必要的重复工作而引起的建造过程的浪费。

（2）安装工程施工图设计优化

经过前一阶段的方案比选后，该阶段的安装工程设计主要是细节方面的优选控制。对住宅小区建设来说，小区内的市政供水、热力、电气工程等施工费用，包含在前期配套费中，政府相关部门对以上专业进行图纸设计，开发公司按政府相关规定缴费后，分别由自来水公司、热电公司、电业局等单位对项目红线内相应位置进行施工，由此可见，配套费内包含的项目设计不是开发商决定，设计图纸成本高低都不会突破前期配套费，因此，对开发公司来说设计优化的重点不应在这方面。

建筑单体内的安装工程施工图设计同建筑结构设计，要求设计单位严格按照开发商提供的《项目部品控制表》进行项目施工图设计，水暖施工图的设计优选方面，在满足水头压力、流量等技术条件下，管径严格按照设计规范选择，避免设计过大引起成本浪费，达到要求即可，对需要的预留洞、预埋件等，施工图中要表示清楚齐全，避免后期剔凿而引起造价增加。

智能化工程是现阶段封闭小区的必要配置，因此智能化设计的优化需予以重视。丽景苑作为政府保障房项目，智能化系统根据政府统一规定设计，满足基本的安防智能化要求，达到政府保障房智能化设计标准即可，主要兼顾实用性和经济性。设计方案经过优化后，家居安防与可视对讲系统可设置二合一系统，控制室由三个减为两个，对讲采用黑白可视，景观照明及灯具的布置应根据项目定位。对丽景苑项目来说，室外管线布置都达到了最优效果，做到了成本的有效控制。

对丽景苑项目来说，保障房项目"低利润"的特点决定了目标成本造价的动态管理是其成本控制工作的重中之重，任何一个环节的成本造价控制不达标，都可能导致项目的利润为零，因此从基础数据的编制，到目标成本造价的执行，都是实现项目成本造价有效控制的关键因素。

三、丽景苑项目设计成本优化效果

根据上述工作，丽景苑项目在规划设计阶段按照有效实现项目成本控制的目标进行了设计，但保障房项目的性质决定了它存在不同于普通商品房的问题，针对项目存在的日照问题、结构特殊造成的含钢量过高问题、户型密度高造成的停车位配比不达标问题及特殊项目的目标成本动态管理问题，进行深入研究，得到一系列设计优化改进成果。

1. 日照分析与设计优化

日照分析工作发生在项目规划设计阶段，土地利用最大化为原则。根据各项规划指标，丽景苑小区分三个地块，考虑尽可能合理利用土地面积，规划 12 个单体楼座，沿南北向的 1#、3#、5# 楼三个楼座 24 ~ 31 层的公租房，考虑建筑面积比较小，初步规划正南正北朝向，但用天正的日照分析工具测试后，发现 1# 楼造成挡光，保持朝向不变的话，需对 3#、5# 楼减层，通过试算得出，至少要每个楼座减 2 层，这样就会减少面积约 4000m²。面积的减少就会带来单位平米成本的增加，于是我们通过微调楼座朝向的方式来改变日照结果，以达到不减少楼层的情况下日照符合规范要求。

根据《XX 市建筑日照间距计算和管理办法》第三条规定，住宅建筑的日照间距应当满足每套住宅至少有一个居住空间获得日照，当一套住宅中居住空间总数超过 4 小时，至少有 2 小时获得日照，获得的日照时数不低于大寒日累计 2 小时。丽景苑项目 1#、3#、5# 三个楼座高度均超过了 24m，根据规定，必须重新进行日照分析。

经与设计单位沟通，使用天正软件——天正日照 TSun 对丽景苑项目的日照遮挡情况做了分析，得出结论。对楼座位置进行调整是日照分析挡光调整最常用的办法，包括对几个单体楼座前后左右位置的互换、建筑物角度的旋转等，这样做的优点是不影响该小区的建筑面积、容积率等各项指标。经过分析知道，被挡光的靠近 1# 楼南侧窗户日照不满足 2 小时，由于 5# 楼比 3# 楼面宽小，所以将 3# 楼与 5# 楼位置互换是最简单的办法，但是又出现了新的问题。项目北侧对面是某旅部队，由于 5# 楼高度比 3# 楼高一层，位置互换的话，5# 楼的高度超过了某部队的限高要求，这是肯定不行的。于是，开发商委托了具有甲级测绘资质的勘察测绘研究院对楼座日照测算。根据要求，最终通过天正日照分析软件，调整出新的单体楼座规划方案（图 7.19）：三个楼座整体向东南向微调 15°，满足所有南向房间日照时数不低于大寒日累计 2 小时，方案调整完成，如此便解决了对 1# 楼的遮挡问题，又增加了 4000m² 的建筑面积，既降低了单平米成本，又增加了项目销售收入和利润。

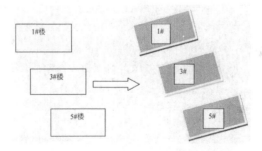

图 7.19　丽景苑 1#、3#、5# 规划设计方案

2. 含钢量限额设计优化

所谓限额设计，广义概念属于按费用设计 (DTC-Design To Cost) 的范畴。DTC 概念出现在 20 世纪 70 年代的美国，其主旨是按照给定的费用指标进行设计，在设计过程中，除了考虑技术、性能、进度等参数外，成本费用被视为另一个重要的参数贯穿设计工作始终。在限额设计工作中，设计人员根据限额设计模型和已有的经验来确定合理的成本目标，以此作为最重要的约束条件来完成整个项目的设计工作，没有特殊情况则不允许任何分项突破成本目标，从而获得满足全生命周期成本 ((LCC. Life Cycle Cost) 要求的设计。

在房地产项目的设计中，限额设计就是设计人员按照开发公司批准的设计任务书控制项目的初步设计，然后按照初步设计总概算控制项目施工图设计，由此可见，限额设计是一个将目标逐级分解、逐级控制的过程，将项目总投资额逐级分解到各专业分部工程，层层把关，不得突破上一级的限额，进而控制总成本。各专业设计人员在保证符合设计规范的前提下，根据限定的额度进行方案筛选和优化设计，以实现成本最优的设计方案，保证总投资不被突破。实践证明，限额设计不仅是一个经济问题，更是一个技术经济问题，它能在有效控制项目投资的基础上，提高设计水平，促进结构优化，有效做到"小投入，大产出"。

对丽景苑项目来说，政府保障房的性质决定了项目的建筑结构及外立面等标准统一，地区差异影响很小，通常一个项目的钢筋成本约占项目总建安成本的20% ~ 40%。因此，含钢量的限额设计是新苑项目规划设计阶段限额设计的重点工作。

标准层含钢量的计算公式为：

含钢量 = 标准层钢筋总量 /(容积率面积 + 不计面积部分)

影响含钢量的因素很多，整体而言，影响含钢量的因素有地区差异、结构方案、建筑结构几类，具体见表 7.7：

表 7.7　影响含钢量的因素

序号	因素类别	具体说明
1	地区差异	风压
		抗震等级
		规范差异
2	结构方案	结构方案是否转换
3	建筑结构	体型（平面、高宽比）
		层数
		层高

对钢筋含量的要求，向设计院下达《设计任务书》，明确钢筋的限额设计含钢量。

表 7.8　含钢量设计标准

序号	建筑层高及类型、抗震等级			标准层含量
				7 度抗震设防
1	高层 h=60 ~ 100m	板式剪力墙结构	钢筋 (kg/m^2)	49 ~ 52.5
2	小高层 h=30 ~ 60m	板式短肢剪力墙	钢筋 (kg/m^2)	42.5 ~ 46

根据设计单位提供的项目图纸设计初稿，开发公司进行了含钢量的分析，该项目层数大都是21 ~ 32层，标准层的含钢量达到了 67kg/m^2，远远高于限额设计含量标准。于是，开发商成本控制部及设计部要求设计单位做含钢量统计表并做分析，在一周时间内提交《丽景苑项目结构含钢量超限分析报告》给开发公司审核。经过分析比较发现，体型因素对含钢量影响最大，设计的高宽比达到了 6.5，超过了高宽比不超过 6 的经济指标，经过测算发现对含钢量的影响达到了 10% ~ 15%；转换层的设置对含钢量的影响也非

常大，该项目一层、二层设计为网点，上部为住宅，尤其是一号楼，顶部楼层布置住宅、宾馆，中部楼层作办公用房，下部楼层为商业网点，这样需要采用一定的结构形式进行转换处理，即加设转换层。通常一个转换层的含钢量相当于三个标准层，有的楼座甚至两个转换层，这就大大增加了平米含钢量，影响值大约 4% ~ 5%。分析之后对以上两个大的影响因素进行调整，在满足容积率等指标的条件下，高宽比调整为 4.17 ~ 5.17，转换层重新进行方案调整，能不设的尽量不设，最终将该项目标准层的含钢量调整为 44.2 kg/m^2，大大节约了项目的建造成本。

经过一系列的限额设计调整比较得出结论，项目五大成本控制指标调整，成本造价节约见表 7.9。

表 7.9 指标管理价值

序号	五大成本指标	指标优化	成本节约额
1	标准层含钢量	2kg/m^2	5.6 元 /m^2
2	地下室含钢量	1kg/m^2	1.2 元 /m^2
3	标准层含混凝土量	0.01m^3/m^2	6 元 /m^2
4	窗地比	0.01m^2/m^2	5 元 /m^2
5	地下室层高	0.10m	4.9 元 /m^2

3. 小区停车位设计优化

根据政府相关规定，保障房的机动车位配比标准为 0.5 个 / 套。这个标准看似低于商品住宅车位配比标准 0.8 个 / 套，但由于保障房面积很小，所以同等建筑面积，保障房的车位配比数量反而高于商品房。普通停车位的尺寸大多数单位是设置 2400mm × 5300mm，丽景苑项目是保障房集中建设项目，1833 套住宅的车位配比就是 917 个，另外还有办公楼及网点，在这么集中的位置设置这么多车位确实存在很大的困难。如何解决这一难题？开发商组织成本部、设计部、工程部及项目设计单位一起走出去调研市场，重点参观己建成的政府保障房小区，通过对这些项目的研究、比选，提出了解决这一问题的两个可能方案：第一个是在地下车库设置钢结构立体停车位，第二个是在地面上设置"构筑地势高差斜向泊车系统"（图 7.20）。

图 7.20 地势高差斜向泊车系统

构筑地势高差斜向泊车系统，其实是一个利用地势高差所建的两层停车库：第一层斜着插入地面之下，最深处与地面高差约 1.2m；上面平行的一层，则斜着挑出地面；两层停车库之间有环形的单向通道联系，通道外侧的平地还可以停放车辆。从使用角度上说，新式停车位坡度有点陡，为此，每个停车位上装上橡胶防滑条、轮胎限位器等防护装置，立柱包上了防撞设施。国内首个"构筑地势高差斜向泊车系统"在宁波市海曙鼓楼旁边的尚书街临时停车场内建成。之前，这块地上能停十二三辆，现在同样一块地，即可停放 25 辆车。

立体停车位虽然在国内是近几年出现的新兴事物，但是在世界上已有几十年的发展历史，德国、日本等国家的技术已经相当完备，其先进程度已被世界广泛承认和接受。立体停车位的工作原理就是利用托盘移位产生垂直通道，实现高层车位升降存取车辆，其运动总原则是：升降复位，平移不复位。目前常见的机械式立体停车库有巷道堆垛式、多层循环式、垂直循环式、水平循环式、升降横移式、平面移动式、垂直升降类和简易升降式 8 种，其中，升降横移类立体停车位的优点是结构简单、操作方便、安全可靠、造价低，在国内车库市场占有主导份额。

对该方案的比选，开发商运用前述单指标法中的价值工程理论进行分析。

首先，构筑地势高差斜向泊车系统与立体停车系统具有相同的停车泊车功能，均可达到项目车位配比要求，即 F 相同。

然后，从经济指标方面测算，斜坡停车库平均每个泊位的造价是 2.5 万元左右，机械式立体车库大约每个 5.5 万左右。

这样两种方案的成本 C(斜向泊车系统)<C(机械式立体车库)

根据价值工程理论公式 $V=F/C$，功能相同，成本降低，则价值提升，得出，V(斜向泊车系统) > V(机械式立体车库)

另外，二者相比，斜坡停车库停车方便、进库取车不用等待，并且无需另外支出地下停车库所需的电费及人工管理费等额外费用，而且这种车库允许采用工厂预制生产好的标准钢构件进行搭建，施工方便灵活，可以周转使用，停车泊位数量至少能增加一半，最多则能增加一倍，这样可以满足宜昌新苑小区停车位配比要求此外，斜坡停车库和地面平行处多出的三角地，可以进行绿化，二层再设置竖向和顶上的支架后，种植一些藤蔓植物，就能给停放的车辆遮阴，同时还能作为停车场的绿化，其绿化面积将近可达 80%，这就解决了地面以上建停车位可能会影响绿化率达标的问题。不过，因为斜坡停车库的泊位都是斜坡的，车辆入库需要采用侧斜向泊车方式，新手停车可能会有不安全感，因为车位层高的问题，停车库内的泊位只允许停放小型车。

综合以上分析，基本功能价值和辅助功能价值方面，斜向泊车系统均高于立体停车系统，与设计部门相关人员沟通后，参照计算丽景苑项目的经济指标，考虑保障房小区业主的停车基本是小型车辆，最终选择斜坡停车库系统的方案，停车位配比、绿化率及项目成本控制都能保证，具体设计方案需要相关人员再做详细的考察计算。

四、设计成本造价目标管理

目前很多房地产开发企业都建立了目标成本制度，但仍然屡屡出现成本失控，在丽景苑项目的目标成本控制经验是：目标成本一旦建立就严格执行，执行过程中检查、预警，对可降低成本的项目及时与设计部沟通变更图纸，对超出目标成本的项目则要严格审查原因，随着项目设计的深化，目标成本随之进行动态调整。对丽景苑项目来说，这样的目标成本动态管理办法尤为务实有效。

　　1. 概算目标成本的建立

　　通常情况下，目标成本是施工图设计完成后建立，但丽景苑项目开发的做法是分阶段编制目标成本，并且明确每个阶段的编制重点及要求，从而降低了编制难度，伴随着图纸设计的深入和完善，整个目标成本是一个由粗到细的过程，避免了施工图纸出来后才编制目标成本的困境，因为施工图纸设计完成后，就已经决定了将近80%的成本。

　　在项目扩初设计阶段，根据代表性设计图纸及有关资料，根据概算定额及概算指标，经过适当的综合项目具体情况，编制项目的概算成本。这个阶段概算成本编制的关键控制点在于，对产品组合方案、场地标高方案、路网布置方案、停车布置方案等进行管控，编制的依据主要有：项目地块红线内外的情况及政府对保障房项目规划的要点等信息；产品类型、面积指标户型配比等各经济指标等信息；已结算的类似项目的指标含量及造价数据；成本配置标准化规划体系等。这样在具体设计工作开展之前，按照保障房项目的经营要求和市场定位，给出一个成本造价目标控制区间，作为成本造价预决算控制的上限。

　　丽景苑项目概算成本编制成果如表 7.10 所示。

表 7.10　新苑项目概算成本汇总表

序号	成本项目	单位	成本金额	建筑面积（m²）	单位成本（元/m²）
一	开发成本	万元	76184.99	173836.58	4382.56
1	土地费用	万元	15826.51	173836.58	910.42
2	前期工程费	万元	4672.56	173836.58	268.79
二	勘察设计费	万元	885.08		
1	勘测费	万元	154.12		
2	工程设计费	万元	391.60		
3	景观设计费	万元	34.90		
4	精装修设计费	万元	20.00		
5	专项设计费	万元	160.00		
三	大市政配套费	万元	2927.09		
1	城市建设基础设施配套费	万元	2927.09	135505.52	18.00
四	报批报建费	万元	717.31		
1	前期报建费	万元	717.31		
2	项目行政性收费	万元			
五	七通一平	万元	102.43	135505.52	7.56
六	其他费用	万元	40.65	135505.52	3.00
七	基础设施费	万元	4926.22	173836.58	283.38
1	给水工程	万元	460.72	135505.52	34.00
2	排水工程	万元	271.01	135505.52	20.00
3	环境及道路工程	万元	1160.73	41454.80	280.00
4	供电工程	万元	2259.88	173836.58	130.00
5	通讯、有线电视工程	万元	69.53	173836.58	4.00
6	供热工程	万元	406.52	135505.52	30.00

（续表）

序号	成本项目	单位	成本金额	建筑面积（m²）	单位成本（元/m²）
7	燃气工程	万元	210.91	135505.52	15.56
8	小区智能化配套	万元	86.92	173836.58	5.00
八	建筑安装精装修工程费	万元	40767.32	173836.58	2345.15
1	土建工程	万元	30522.27		
2	安装工程	万元	8547.73		
3	室内精装修工程	万元	1697.32	53041.10	320.00
九	公共配套设施费	万元	8601.90	173836.58	494.83
十	开发间接费用	万元	1390.48	173836.58	79.99
1	工程检测、实验、化验费	万元	173.84	173836.58	10.00
2	建设管理费	万元	448.65	173836.58	25.81
2.1	监理费	万元	260.75	173836.58	15.00
2.2	招标代理费	万元	31.29	173836.58	1.80
2.3	造价咨询费	万元	156.60	173836.58	9.01
3	行政管理费	万元	768.00	173836.58	44.18
4	物业管理完善费	万元			
十一	期间费用	万元	8299.00	173836.58	477.40
1	财务费用	万元	8299.00	173836.58	477.40
1.1	利息收入	万元			
1.2	利息支出	万元	8299.00	173836.58	477.40
1.3	其他费用	万元			
2	销售费用	万元			
	项目总成本合计	万元	84483.99	173836.58	4859.97

　　由表 7.10 可见，概算成本包括了项目开发各个阶段整体的投资额，但很多分项不够细化，这主要是因为图纸设计未完全完善。概预算成本建立后，对扩初设计及施工图设计相当于一个限额，概算结果项目总成本约计 8.5 亿元，未超出政府投资限额，那么该投资概算成本即为目标成本控制的启动版。

　　2. 目标成本造价的建立

　　规划设计阶段开始后，目标成本的编制要强调对概算成本所确定指标的承接，做好限额设计是关键。在该阶段，成本策划首先下达概算成本所形成的限额设计指标，并列入设计任务书，在规划设计的各阶段性成果形成的过程中，进行同步成本测算、审核及验收，研发部对技术指标和建造标准进行明确，在此基础上成本管控人员对概算成本进行优化。

　　该阶段目标成本的编制，与设计部设计人员沟通后，对公租廉租房、经济适用房分别进行建筑物形态、结构形式、建筑物装饰标准、构造做法等统一要求，进行成本敏感性分析，通过成本的二次不均匀分配，实现成本的最佳投放，目标成本相对与概算成本来说，更能详细、贴合项目实际成本情况。

　　丽景苑项目目标成本的编制成果见表 7.11 所示。

表 7.11　丽景苑项目目标成本汇总表

序号	成本项目	单位	成本金额	建筑面积（m²）	单位成本（元 /m²）	占总成本比例
1	开发成本	万元	8257920	174010.6	4745.64	93.72%
1.1	土地征用及拆迁补偿费	万元	15752.24	174010.6	905.25	17.88%
1.1.1	土地出让金	万元	—	174010.6		
1.1.2	土地出让相关税金	万元	—	174010.6	—	
1.1.3	征地及拆迁补偿费	万元	14449.81	174010.6	830.40	
1.1.3.1	拆迁安置费	万元	—	174010.6	—	
1.1.3.2	拆迁补偿费	万元	14449.81	174010.6	830.40	
1.1.4	其他土地费用	万元	1302.43	174010.6	74.85	
1.1.4.1	土地登记办证费	万元	0.43	174010.6	0.02	
1.1.4.6	水土保持设施补偿费	万元	1.93	174010.6	0.11	
1.2	前期工程费	万元	4242.74	174010.6	243.82	4.82%
1.2.1	勘察设计费	万元	812.78	174010.6	46.71	
1.2.1.1	勘测费	万元	93.00	174010.6	5.34	
1.2.1.1.5	基坑支护设计	万元	15.00	174010.6	0.86	
1.2.1.1.6	基坑支护评审费	万元	15.00	174010.6	0.86	
1.2.1.1.7	永久性支护支护评审费	万元	3.00	174010.6	0.17	
1.2.1.1.8	边坡稳定性评价	万元	5.00	174010.6	0.29	
1.2.1.1.9	勘察测绘设计	万元	55.00	174010.6	3.16	
1.2.1.2	工程设计费	万元	391.60	174010.6	22.50	
1.2.1.3	景观设计费	万元	38.80	174010.6	2.23	
1.2.1.4	精装修设计费	万元	—	174010.6	—	
1.2.1.5	专项设计费	万元	82.14	174010.6	4.72	
1.2.1.6	综合管网设计费	万元	24.40	174010.6	1.40	
1.2.1.7	市政道路设计费	万元	—	174010.6	—	
1.2.1.8	其他设计相关费	万元	182.84	174010.6	10.51	
1.2.1.8.1	深化设计	万元	65.00	174010.6	3.74	
1.2.1.8.2	施工图审查费	万元	61.03	174010.6	3.51	
1.2.1.8.3	防雷审图费	万元	46.81	174010.6	2.69	
1.2.2	大市政配套费	万元	1560.59	174010.6	89.68	
1.2.3	报批报建费	万元	1707.34	174010.6	98.12	
1.2.3.1	前期报建费	万元	1684.34	174010.6	96.80	
1.2.3.1.1	建筑企业保险费	万元	1324.40	174010.6	76.11	
1.2.3.1.2	地质安全评价	万元	24.00	174010.6	1.38	
1.2.3.1.3	白蚁防治费	万元	12.06	174010.6	0.69	
1.2.3.1.4	房产交易费	万元	8.00	174010.6	0.46	
1.2.3.1.5	施工建设工程交易费	万元	9.56	174010.6	0.55	
1.2.3.1.6	监理工程交易费	万元	—	174010.6	—	
1.2.3.1.7	竣工测量费	万元	10.00	174010.6	0.57	
1.2.3.1.8	散装水泥费	万元	14.69	174010.6	0.84	

（续表）

序号	成本项目	单位	成本金额	建筑面积（m²）	单位成本（元/m²）	占总成本比例
1.2.3.1.9	规划技术服务费	万元	20.88	174010.6	1.20	
1.2.3.1.10	规划工程测量费	万元	7.30	174010.6	0.42	
1.2.3.1.11	基坑开挖许可配套费	万元	—	174010.6	—	
1.2.3.1.12	墙改费	万元	73.46	174010.6	4.22	
1.2.3.1.13	房产测绘费	万元	30.00	174010.6	1.72	
1.2.3.1.14	环境影响评价费	万元	—	174010.6	—	
1.2.3.1.15	消防审查费	万元	150.00	174010.6	8.62	
1.2.3.2	项目行政性收费	万元	23.00	174010.6	1.32	
1.2.3.2.1	道路开口费	万元	3.00	174010.6	0.17	
1.2.3.2.2	声像档案制作费	万元	20.00	174010.6	1.15	
1.2.4	七通一平	万元	162.03	174010.6	9.31	
1.3	基础设施费	万元	5668.96	174010.6	325.78	6.43%
1.3.1	给水工程	万元	736.50	174010.6	42.33	
1.3.1.1	小区给水施工费	万元	586.50	174010.6	33.70	
1.3.1.2	中水系统施工费	万元	150.00	174010.6	8.62	
1.3.2	排水工程	万元	271.57	174010.6	15.61	
1.3.3	道路工程	万元	—	174010.6	—	
1.3.4	供电工程	万元	2485.71	174010.6	142.85	
1.3.5	弱电工程	万元	156.57	174010.6	9.00	
1.3.5.1	通讯施工费	万元	34.83	174010.6	2.00	
1.3.5.2	智能化施工费	万元	87.01	174010.6	5.00	
1.3.5.3	有线电视施工费	万元	34.73	174010.6	2.00	
1.3.5.4	防雷施工费	万元	—	174010.6	—	
1.3.6	环境及设施	万元	—	174010.6	—	
1.3.7	园林绿化	万元	1160.74	174010.6	66.70	
1.3.8	供热工程	万元	359.59	174010.6	20.66	
1.3.9	燃气工程	万元	498.29	174010.6	28.64	
1.4	建筑安装工程费	万元	55239.63	174010.6	3174.50	62.69%
1.4.1	土建工程	万元	39628.85	174010.6	2277.38	
1.4.1.1	土石方、地基与基础工程	万元	5452.13	174010.6	313.32	
1.4.1.1.1	土石方工程	万元	1970.50	174010.6	113.24	
1.4.1.1.2	基础工程	万元	1588.15	174010.6	91.27	
1.4.1.1.3	基础防水工程	万元	923.60	174010.6	53.08	
1.4.1.1.4	护壁（坡）	万元	794.87	174010.6	45.68	
1.4.1.1.6	降水	万元	175.00	174010.6	10.06	
1.4.1.2	主体结构及粗装修	万元	24495.34	174010.6	1407.69	
1.4.1.2.1	主体工程	万元	20319.24	174010.6	1167.70	
1.4.1.2.2	土建粗装修	万元	4176.10	174010.6	239.99	
1.4.1.3	外墙工程	万元	4737.28	174010.6	272.24	

（续表）

序号	成本项目	单位	成本金额	建筑面积（m²）	单位成本（元/m²）	占总成本比例
1.4.1.3.1	外墙饰面工程	万元	1839.57	174010.6	105.72	
1.4.1.3.2	幕墙工程	万元	165.00	174010.6	9.48	
1.4.1.3.3	外墙保温工程	万元	2732.71	174010.6	157.04	
1.4.1.4	门窗、栏杆工程	万元	2078.96	174010.6	119.47	
1.4.1.4.1	入户门门工程	万元	256.62	174010.6	14.75	
1.4.1.4.2	防火门工程	万元	289.20	174010.6	16.62	
1.4.1.4.3	塑钢或铝合金门	万元	2.50	174010.6	0.14	
1.4.1.4.4	塑钢或铝台金窗	万元	1131.21	174010.6	65.01	
1.4.1.4.5	钢结构及雨篷工程	万元	40.40	174010.6	2.32	
1.4.1.4.6	楼梯和阳台栏杆	万元	359.03	174010.6	20.63	
1.4.1.5	屋面工程	万元	244.10	174010.6	14.03	
1.4.2	精装修	万元	3547.46	174010.6	203.86	
1.4.2.1	室内精装修	万元	2184.54	174010.6	125.54	
1.4.2.2	电梯厅及公共精装	万元	1362.92	174010.6	78.32	
1.4.3	安装工程	万元	12063.32	174010.6	693.25	
1.4.3.1	室内电气安装	万元	3586.92	174010.6	206.13	
1.4.3.2	室内给排水安装	万元	1457.78	174010.6	83.78	
1.4.3.3	室内采暖工程	万元	942.30	174010.6	54.15	
1.4.3.4	消防工程	万元	2143.50	174010.6	123.18	
1.4.3.5	通风与空调工程	万元	1283.46	174010.6	73.76	
1.4.3.6	电梯设备及安装	万元	1321.45	174010.6	75.94	
1.4.3.7	锅炉设备及安装	万元	421.00	174010.6	24.19	
1.4.3.8	弱电工程	万元	906.91	174010.6	52.12	
1.6	开发间接费用	万元	1675.63	174010.6	96.29	1.90%
1.6.1	检测费	万元	397.99	174010.6	22.87	
1.6.1.1	消防检测费	万元	150.00	174010.6	8.62	
1.6.1.2	基坑监测费	万元	29.50	174010.6	1.70	
1.6.1.3	沉降观测费	万元	29.80	174010.6	1.71	
1.6.1.4	结构抽检费	万元	50.00	174010.6	2.87	
1.6.1.5	空气环境检测费	万元	42.89	174010.6	2.46	
1.6.1.6	防雷检测费	万元	46.80	174010.6	2.69	
1.6.2	建设管理费	万元	499.34	174010.6	28.70	
1.6.2.1	监理费	万元	274.00	174010.6	15.75	
1.6.2.2	招标代理费	万元	32.00	174010.6	1.84	
1.6.2.3	造价咨询费	万元	193.34	174010.6	11.11	
1.6.3	行政管理费	万元	778.30	174010.6	44.73	
1.6.3.1	工资费用	万元	686.00	174010.6	39.42	
1.6.3.2	办公费用	万元	15.00	174010.6	0.86	
1.6.3.3	差旅费用	万元	5.00	174010.6	0.29	

（续表）

序号	成本项目	单位	成本金额	建筑面积（m²）	单位成本（元/m²）	占总成本比例
1.6.3.4	汽车费用	万元	26.80	174010.6	1.54	
1.6.3.5	招待费	万元	42.50	174010.6	2.44	
1.6.3.6	交通费用	万元	3.00	174010.6	0.17	
2	期间费用	万元	5531.70	174010.6	317.89	6.28%
2.1	财务费用	万元	5360.00	174010.6	308.03	6.08%
2.2	销售费用	万元	171.70	174010.6	9.87	0.19%
2.2.1	综合性销售费用	万元	80.00	174010.6	4.60	
2.2.7	项目销售费用	万元	91.70	174010.6	5.27	
2.2.2.1	人工费用	万元	10.00	174010.6	0.57	
2.2.2.2	行政费用	万元	20.80	174010.6	1.20	
2.2.2.3	销售代理费及佣金	万元	34.20	174010.6	1.97	
2.2.2.4	策划及咨询费	万元	—	174010.6	—	
2.2.2.5	宣传资料及礼品费	万元	1.50	174010.6	0.09	
2.2.2.6	售楼处建造费	万元	25.20	174010.6	1.45	
	项目总成本合计	万元	88110.90	174010.6	5063.54	

　　由表 7.11 可见，目标成本是在实现总量控制的前提下对概算成本的优化和修订，对概算成本做了细化，以平衡目标成本总额和各成本模块间的二次分配，贴合项目实际。在经过总部审核通过后，该目标成本可以进一步分解为合约规划来指导招标采购、合同及现场成本控制等实际业务。

3. 目标成本造价的动态调整

　　目标成本确定后，有的开发公司不允许调整，将其视为不可逾越的高压线，也有的认为目标成本的建立本身就有很多不合理的因素，执行过程中频繁调整。这两种做法都有其弊端。在丽景苑项目的实践中，公司从成本控制角度将目标成本的执行与设计优化结合起来，鼓励项目承包商提出有利于项目成本控制的优化方案，如果方案可行，那么节约的成本会作为奖励由开发商和承包商共同分享。这一做法正是应用了价值工程的原理，这就鼓励了承包商与开发商一起，在满足项目建造要求的前提下，认真进行图纸会审，严格把握施工图设计及深化设计，根据项目实际情况，对可节约成本造价的部分进行设计优化变更。

　　如丽景苑项目进行 8# 楼网点施工时承包商即提出一个问题。

　　8# 楼裙房为两层网点，设计单位设计了深度为 3m 的独立基础加抗水底板，持力层为 17.1 层碎裂岩中风化带（表 7.12），地基承载力特征值不小于 2000kPa。按照施工图设计，按石方爆破开挖加毛石混凝土基础考虑，但土方开挖后发现，开挖到 1.5m 处就出现了 17.1 层碎裂岩中风化带的持力层地质特征，地勘报告在该处取点位置有所偏差，该特征地质条件足以承受两层网点加裙房的承载力。

表 7.12　丽景苑 8# 楼地质情况

层号	岩土层名称	F_{ak}/f_a (kPa)	E_0/E (MPa)	C (kPa)	Ψ (度)	容量 r (kN/m^3)
1	素填土	—	—	5	20	19
12	含粘性土角砾	350/	20/	10	30	20
16	细粒花岗岩强风化带	1000/	30/	0	45	23
17	细粒花岗岩中风化带	2500/	5000/	0	55	25
18	细粒花岗岩微风化带	5000/	25000/	0	65	26
16.1	碎裂岩强风化带	800/	35/	0	45	23
17.1	碎裂岩中风化带	2000/	2000/	0	55	25
16.2	靡棱岩	600/	25/	0	45	23

该分项工程如果继续按图施工，则要将石方爆破至设计基础底标高，然后用毛石混凝土回填，根据施工图计算需要多开挖约计 800m^3 石方，由于该网点处靠近市政路及旁边未拆迁的危旧房，石方爆破必须采用控制爆破或静力爆破，这样增加的成本造价约计 450 元 /m^3 × 800m^3=36 万元。而且爆破备案手续办理需要一个月的时间，从成本、工期两个角度考虑，继续按施工图施工都不合适，于是，针对承包商提出的这个问题，由项目总工组织向设计单位提出优化设计及变更的申请，将独立基础底标高优化设计变更为 1.5m，取消了基底不必要的石方爆破开挖，既节约了工期，也为项目节约了成本 36 万元，根据合同条款约定，开发商与承包商共享 36 万元的节约成本，目标成本可以由此为基数进行动态调整。

其他分项工程的动态成本调整同样如此，每季度进行一次目标成本阶段性核算，汇总实际成本与目标成本相差金额 (增 +，减 -) 即可看出目标成本控制效果。如果出现实际成本超过目标成本的情况，则需要对偏差产生的原因进行仔细分析，具体原因可以通过鱼刺图分析（图 7.21）。

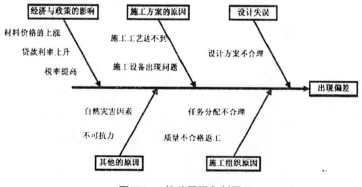

图 7.21　偏差原因鱼刺图

根据鱼刺图来分析项目实际成本与目标成本产生偏差的原因，并判断该偏差的产生是否由于不可抗力或者是否在允许的范围内，对于造成成本增加的分项，要在深入分析原因之后制定相应的成本控制措施来弥补。进行项目目标成本动态偏差分析时最重要的指标就是项目的成本差异 (CV，己完工的计划成本与己完工的实际成本之间的差值) 和项目的进度差异 (SV，己完工的任务计划成本与计划任务的计划成本之间的差值)，可以在基准线的两侧各设立一条临界曲线，对超出临界线的偏差进行相应的处理。

通过以上案例分析可以看出，在建筑设计中很多阶段、很多环节都可以应用价值工程来优化设计，降低成本造价。通过应用价值工程对设计方案进行综合评估，可以找出价值最优的设计方案，有效的降低工程造价，提高投资效益。对于已经选定的设计方案，可以通过价值工程，分析项目的功能和成本，找出过剩的质量功能，进行设计优化。利用价值工程可以对建筑材料进行定量分析，选择价值最优 (性价比最高) 的建筑材料。

第8章　建筑结构设计成本优化管理

建筑结构设计的首要任务是实现建筑质量功能的需求，保证其舒适度，使建筑更有生命力。建筑结构安全更是生命攸关的大事，我国建筑规范有明确的设防标准，结构设计应避免薄弱环节，确保理论计算与实际情况相吻合，并能使所有构件具有同样的安全可靠度。建筑结构造价在建筑产品中的比重很大，优化设计能带来可观的经济效益，不容忽视。所以建筑结构设计应充分运用结构各种手段在真实的受力机理基础上，既保证结构达到安全设防水准，又节省工程造价，同时还能最大程度地实现建筑师创作的产品。这就是真正意义上的结构优化设计。

但目前国内只有 5% 的房地产开发企业进行"结构成本优化设计"，95% 的企业忽视"结构成本优化设计"。由此可见，建筑结构优化设计是房地产建筑成本造价管控的灵魂，是建筑成本造价控制的重点。如何在房地产行业一片低迷的困境下，从建筑结构设计中优化省钱，降低成本造价、增加项目利润，是每一个房地产开发企业应当关注的问题，也是本书本章研究讨论的重点。

第一节　建筑结构设计过程中存在的问题

一、对建筑结构设计优化的误解

对建筑结构设计优化了解不深的人，对结构设计优化工作存在一些误解，有必要予以解释说明，以利于结构设计优化与优化设计工作的开展。

误解一：建筑结构设计优化就是"抽钢筋、减混凝土"，降低了结构安全度

有人认为，结构设计优化只是抽取钢筋的问题。其实不然。一个建筑方案产生后，结构从选型和布置开始就存在优化与否的问题，再加之后续每一道工序的精心设计、准确计算、合理选用等全过程的优化设计才能产生优化的结构。如果仅是抽钢筋的概念，优化是非常有限的，因为所有设计依据同样的条件，遵循同一本规范，计算采用同样的软件，结果应该是一样的，这种优化只能将原有加大的安全贮备减小，不是科学的设计，不能称其为优化。

建筑结构设计是规范加上工程判断和创造的产物。建筑结构设计优化是以深厚的理论基础、丰富的工程经验为前提；以对设计规范实质内涵的理解和灵活运用为指导；以先进的结构分析方法为手段，对结构设计进行深化、调整、改善与提高，也就是对结构设计进行再加工的过程。

建筑结构设计的优化，不是以牺牲建筑结构安全度和抗震性能来求得经济效益的。

建筑结构设计的优化人员以自身精益求精的责任感和成本造价意识，通过进行多方案比较、反复计算以及构造等方面的把控而得到一个安全、经济、合理的设计成果，找到其中安全、经济的平衡点。优化的过程着眼于结构体系和布置的合理性以及高新技术的应用。通过减轻重量、和顺刚度、增大延性等措施使结构更趋合理，从而提高安全度。结构设计优化还可发现差错，纠正不足，降低不安全因素。

并不是材料用的越多建筑结构越安全，例如减少不必要混凝土用量，就是减轻了建筑结构自重，带来的结果是减小了建筑结构刚度，减小了地震力，使柱、基础等增加了安全度。因此建筑结构优化设计能消除、杜绝不必要的浪费，提高建筑结构的技术质量和经济质量。应该说经过设计优化的建筑结构，建筑结构的安全度和合理性都提高了。

误解二：建筑结构优化设计单纯是给设计单位、设计人员挑毛病

结构设计是一种技术行为，结构设计的答案也不是唯一的，必然存在着相对比较合理与经济的做法，由于设计院设计人员在设计工程中考虑问题着眼点不同，得到的设计结果也是不同的。再加上现在的设计单位设计项目多，设计人员都很繁忙，设计周期短，因此设计人员在进行设计时很难花较多的精力进行项目经济方面的分析，因此结构设计优化很有必要花较多的精力进行经济方面的分析，因此结构设计优化很有必要。

对建筑结构设计的优化并不是单纯的挑毛病，而是通过交流、沟通，在充分尊重原设计的基础上，找到更为合理、经济的设计，从而在满足各种规范和使用要求的前提下，消除不必要的质量、功能浪费，节省建筑成本造价。这是符合绿色建筑、科学发展观要求的。

误解三：已有施工图审查了，建筑结构优化设计是多余的

建立施工图审查制度的目的是：确保设计文件符合国家法律、法规和强制性标准；确保工程设计不损害公共安全和公众利益；确保工程设计质量以及国家、企业财产和人民生命财产安全。

施工图审查与建筑结构优化设计并不矛盾，它们的着眼点不同、侧重面不同。施工图审查并没有义务审查设计的经济性，而建筑结构优化设计的目的之一是优化控制成本造价，并使设计更加合理、更为经济。当然，建筑结构优化设计的结果也必须通过施工图审查。

误解四：建筑结构优化设计会影响设计、施工进度

建筑结构设计的优化工作不会影响设计、施工进度，可与设计同步进行；也可以按工程进度（节点）要求分阶段进行。

建筑结构设计优化可分为结构设计过程优化和结构设计结果优化。前者是在项目全过程中介入的设计优化，在设计全过程中对方案、计算简图和图纸进行优化，不耽误设计进度；后者是在施工图设计完成之后进行，需要进行局部设计的修改，但可提前介入，并与施工图审查同步进行，设计单位按施工图审查意见和设计优化意见同步修改即可。

误解五：建筑结构优化设计就是找人看看图、挑挑毛病、提提意见

建筑结构设计优化工作应有高水平的专业设计顾问或咨询公司承担，这类顾问／咨询公司的工作重心和重点就是利用自身过硬的综合技术和经验，通过对建筑设计方案的经济、技术进行综合比对，优化获得一个经济合理的设计方案和设计成果。这种分析、比对、改善、提高的优化设计工作，工作量大，占用时间、精力较多。只有高水平的设计顾问、咨询公司和建筑结构设计专家，才有可能做好优化设计工作。

仅仅找人看看图、挑挑设计毛病、提提意见并不能算是真正的建筑结构设计优化。

二、建筑结构优化设计中存在的问题

（1）相当一部分人将大部分精力投入到构件尺寸的设计上，仅仅局限在已有材料、几何形状的层面上，无暇顾及对结构的整体性能的优化设计，只以取得构件的最优截面及配置为最终设计目的。显而易见，只进行了构件尺寸设计优化的结构是很难达到最优结果的，并且仅对构件截面进行优化，对整体性能提升的效果并不明显。

（2）由于方案目标的多元性使得设计人员很难抉择，结构设计工作同时还存在一定的复杂性，如果只进行简单的设计优化工作很难使结果贴合于实际工程或项目的需要，对于现实的工程项目，设计几乎不能一次就能成功，经常需要反复试算、分析寻求最优解，固然会增加工作量，违背设计人员的最初意愿。

（3）现在多数设计人员仰仗自身多年积累的实战经验设计结构施工图，主要根据经验数据或者现行规范或规程等选取模型的参数，任何相关条文并没有对结构优化提出必要要求，因此设计人员对结构设计优化理论并没有引起足够重视。

（4）我国法律法规将建筑结构设计责任强制规定为终身责任制，所以对建筑结构设计的安全系数一般均较高。过高的安全储备就会导致材料的性能不能合理利用，造成一定程度上的浪费。另外，相当一部分房地产开发商对工期要求严格，优化设计会增加工作量延长设计时间，即便进行了优化设计也不会获得额外奖励，导致设计人员丧失了优化设计的积极性。

三、建筑结构设计中的浪费现象

1. 地基基础太深

地基基础是建筑结构中重要的组成部分，地基基础作为整个建筑中受力最大的基础部分，其设计、施工质量直接决定了整个建筑的质量。如果地基基础的结构设计不合理，可能会导致整个建筑出现滑移或者倾覆。而在我国建筑结构的相关规程中已经对地基结构设计有所说明，在保证地基基础稳定性的基础上，尽量使用浅埋、天然地基等形式，既可以满足受力需求，同时又提高了经济性。但是这种设计方式需要对地基基础的结构设计进行详细的分析计算，需要的技术性较强，而有些设计人员由于受到技术水平的限制，或者责任感不高的影响，没有根据现实情况进行计算，直接采用基础较深或加大基深的设计方案，认为基础越深地基的稳定性越高，这就产生了"深基础"的设计，造成地基基础施工的浪费。

2. 随意提高强度等级，加大配筋率

在建筑结构设计中，按照整体建筑所需要承受的荷载，合理的计算出所用材料的强度等级，满足规范的要求。但在实际执行的过程中，有些设计人员片面的认为材料的强度等级越高，建筑的整体结构性就越稳定，所以随意提高材料的强度等级。

例如，在建筑结构设计中，设计人员在计算配筋率时易犯两种错误：一是计算时取荷偏大，该折减的不折减，该扣除的不扣除；二是在输入计算机时，计算参数有意识放大 1.05 ~ 1.15 倍；三是出施工图配筋时，担心计算不准，有意识的根据计算结构又扩大 10% ~ 15% 的配筋量，所以其最终出图结果显然比精确计算大很多。此外，还有所谓的"算不清加钢筋"等现象。殊不知这种做法不仅超出了规范的标准要求，造成了严重的浪费，同时还会因为超出计划的受力范围而对建筑结构的稳定性造成负面影响，直接威胁到建筑工程的质量和安全。

3. 不按规程设计

抗震设计是建筑结构设计中需要考虑的重要因素，对于建筑的抗震设计要做到"小震不坏，大震不倒"。所以在设计时要对工程当地的地质构造等各种情况进行综合分析，进而制定出合理的设计方案，在满足抗震标准的基础上，节约投资，保证结构设计的经济性。但是有些设计人员在结构设计中，并没有深入现场进行实地勘察，结构设计的标准全部按照最强地震等级设计，没有对建筑的抗震安全与当地的地震风险之间的关系进行计算，所以造成工程的浪费。

第二节 建筑结构设计对建筑成本造价的影响

一、不同建筑结构对成本造价的影响

建筑结构成本造价主要包括土石方、地基处理、建筑结构、围护及装饰施工、设备安装等五部分，其中结构成本占建筑造价的绝大部分。根据有关部门提供的资料测算，建筑物不同跨度对成本造价的影响为 –21% ~ 15%；不同建筑高度对成本造价的影响为 8.3% ~ 33.3%；不同层数对成本造价的影响为 10% ~ 20%；不同层高对成本造价的影响为 -1% ~ 13%；多跨建筑不同长宽比对成本造价的影响为 –4% ~ 7%；不同平面型式对成本造价的影响为 1% ~ 10%；不同户平均建筑面积对成本造价的影响为 –6% ~ 4%；不同建筑外形对成本造价的影响为 3% ~ 8%；不同的单位组合对成本造价的影响为 32% ~ 72%；不同进深对成本造价的影响为 –3% ~ 1%；不同跨数对成本造价的影响为 2% ~ 3.5%。而更重要的是建筑结构作为建筑物的骨架，建筑结构的工程造价及用工量分别占建筑物成本造价及施工用工量的 30% ~ 40%；建筑结构的施工工期约占建筑物施工总工期的 40% ~ 50%。而通过我们的优化设计，在满足同样功能的条件下，一般可降低工程造价 10% 左右，单项甚至可达 30%；而且上述数据仅仅是对建筑结构的优化设计后可节省的百分数，如果不仅仅是对建筑的结构设计进行优化，而是对整个建筑各个方面都进行优化设计，其节省的建造成本将会更多。由此可见，建筑结构体系选择是否合理对于建筑物建造的经济性具有十分重要的作用。

二、建筑主体结构方案对成本造价的影响

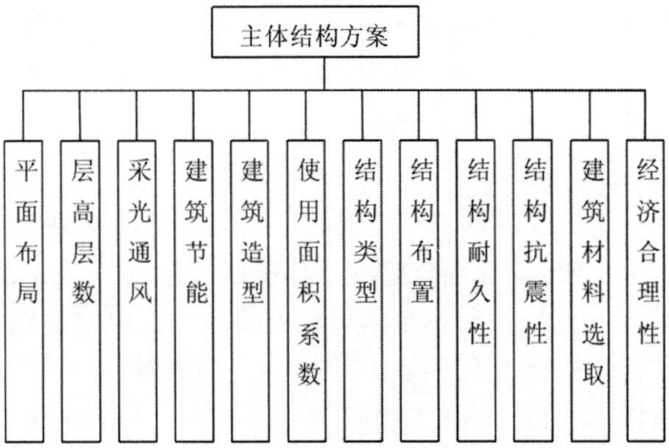

图 8.1　建筑主体方案

1. 平面布局和建筑造型对成本造价的影响

一般地说，建筑物平面形状越简单，它的单位面积成本造价就越低。因为不规则的建筑物将导致室外工程、建筑施工、排水工程、砌砖工程及屋面工程等复杂化，从而增加工程费用。一般情况下，建筑物周长与建筑面积比 k 周 (即单位建筑面积所占外墙长度) 越低，设计越经济。k 周按圆形、正方形、矩形、T 形、L 形的次序依次增大。

震害资料表明，凡是建筑体型不规则，平面上凸出凸进，立面上高低错落，造价比较高且震害比较严重 ; 建筑体型简单规则的造价低且震害比较轻。因此，从技术和经济的双重角度考虑，平面布置应符合下列要求 : ①平面宜简单、规则、对称，减少偏心，否则应考虑扭转的影响 ; ②平面长度不宜过长，突出部分的长度宜减小，凹角处宜采取加强措施。

2. 建筑层高对成本造价的影响

在建筑面积不变的情况下，建筑层高增加会引起各项费用的增加，如墙与隔墙及其有关粉刷、装饰费用的提高 ; 制冷空间体积增加 ; 卫生设备、上下水管道长度增加 ; 楼梯间造价和电梯设备费用的增加。另外，由于施工垂直运输量的增加，可能增加屋面造价 ; 如果屋面高度增加而导致建筑物总高度增加很多，还可能增加基础造价。据有关资料分析，住宅层高每降低 0.1m，可降低造价 1.2% ~ 1.5%，同时还可节省材料，节约能源，节约用地并有利于抗震。更大的价值还在于，不但降低了建造成本，更可以增加可销售的使用面积。如，每层层高降低 0.1m，30 层的商品楼房，就可以增加一个楼层，这样就增加了销售收入及利润。因此，优化降低建筑物的层高，对提高建筑的经济性具有很大的意义。

3. 建筑层数对成本造价的影响

住宅按层数划分为多层建筑住宅 (4 ~ 6 层)、中高层住宅 (7 ~ 9 层)、高层住宅 (10 层以上)。毫无疑问，建筑工程造价是随着层数增加而提高的。但是当建筑层数增加时，单位建筑面积所分摊的土地费用及外部流通空间费用将有所降低，从而使建筑物单位面

积成本发生变化。其中多层住宅具有降低工程成本和使用费用以及节约用地及合理利用空间等优点。众所周知，在多层建筑中层数越多越经济，即六层最经济。当住宅超过七层，就要增加电梯设备费用，需要较多的交通空间（过道、走廊要加宽）和补充设备（供水提升设备和供电设备等）。特别是高层住宅，要经受较强的风力荷载，需要提高结构强度，改变结构形式，从而使工程造价大幅度上升。对于土地费用较高的地区，为了降低土地费用，提高建筑密度，中、高层住宅是比较经济的选择。

概括地讲，建筑物层数（高度）对造价的影响，因建筑类型、形式和结构不同而不同。理论上如果增加一个楼层不影响建筑物的结构形式，单位建筑面积的成本可能会降低。但是当建筑物超过一定层数时，结构形式就要改变，单位面积成本通常又会增加。建筑物越高，电梯及楼梯的造价将有提高趋势，建筑物的维修费用也将增加，但是采暖费用有可能下降。所以在项目总体规划允许高度范围内，项目决策人掌握降低开发成本的临界点是非常关键的。

4. 建筑高宽比超限对建筑成本造价的影响

高层规范规定：在 6 度及 7 度抗震设防区，剪力墙结构及框架核心筒结构的高宽比不宜大于 6，框剪结构的高宽比不宜大于 5。首先需要明确的是，建筑高宽比超限不属于抗震超限的审查范围，即高宽比超限是可以的，但是必须采取适当结构措施，因为高宽比越大，主体结构抗倾覆力矩也越大，由此便会增加结构的成本，而建筑成本也会增加，因为同等面积情况下，高宽比越大的外墙长度越长。

对于不同地区，高宽比超限增加的成本也不同，主要的影响因素有：超限程度、风荷载、地震力。例如某高层住宅，7 度抗震，基本风压 0.75，地面粗糙度 B 类，高度 99.8m，进深 12.2m，高宽比 8.2，该项目增加结构成本约 67 元 /m^2；又例如某高层住宅，6 度抗震，基本风压 0.45，地面粗糙度 C 类，高度 99.9m，进深 12.5m，高宽比 8.0，该项目增加结构成本约 17 元 /m^2；每平方面积成本造价相差近 4 倍。

5. 建筑结构超限对建筑成本的影响

由于结构超限，设计时势必会对结构主体采取加强措施，由此造成结构成本的增加及设计周期的加长。此时应该通过超限后的投入产出比来权衡和控制结构超限；一旦方案确定，结构超限不可避免后，要做好与设计单位及审图公司等职能部门的工作，以便后续工作的顺利进行。

6. 建筑采光通风对成本造价的影响

户型是住宅的基本要素之一，是否具备良好的采光、通风，这对人体健康和环境卫生起着重要的作用，因此它是住宅设计是否合理、是否成功的一个重要标志。

每套住宅的卧室和使用面积在 $10m^2$ 以上的起居室 (厅) 均应直接采光，且至少应有一间卧室或起居室 (厅) 具有良好的朝向，能直接获得日照。

住宅应有良好的自然通风，即应有在相对外墙上开窗所形成的穿堂风或相邻外墙上开窗所形成的转角通风，对单朝向的套型必须有通风措施。

近年来，住宅建筑有不断扩大采光面积的倾向，比如不断地降低窗台的高度甚至采用落地窗；另有目前很多剪力墙结构不用填充墙，直接采用封闭阳台来扩大采光面积，增大了采光系数。但一味的增加采光面积必定会带来造价的增加。

7. 建筑节能对成本造价的影响

建筑节能是一项全方位的综合性系统工程，对于高层建筑来说，为了达到有效的建筑节能效果，需要在外墙、屋面和门窗采取一定的保温措施，比如说外墙和屋面采用聚苯乙烯保温板，确实起到了保温隔热的效果。跟普通墙体相比，增加了前期的一次性投入，但从长远来看，减少了全寿命周期的使用费用。另外通过推广使用节能型电梯、节能型空调、节能型灯具等新的能源利用技术，使建筑物逐渐实现低能耗、零能耗。建筑节能技术的设计和使用可以大大降低全寿命周期成本。

8. 使用面积系数对成本造价的影响

住宅使用面积与建筑面积之比为使用面积系数，这个系数越大，设计方案越经济。因为使用面积越大，说明结构面积就相对减少，有效面积就相应增加，因而它是评价新型结构经济的重要指标。该指标除与房屋结构有关外，还与房屋外形及其长度和宽度有关，同时也与房间平均面积的大小和户型组合有关，房屋平均面积越大，内墙、隔墙的建筑面积所占比重就越低，建筑就越经济。

9. 建筑结构类型对成本造价的影响

目前我国多、高层建筑结构主要形式如表 8.1 所示。不同的建筑结构形式对成本造价有不同程度的影响。

表 8.1　住宅常用结构基本体系的分类及内容

基本分品种体系		内　　　容
水平分体系	板 - 梁体系大跨度体系	平板体系、梁板体系、主次梁体系、双向密肋体系
竖向分体系	砌体结构体系 框架结构体系 剪力墙结构体系 异形柱结构体系	横墙承重体系、纵墙承重体系、纵横墙承重体系 纵横向框架体系 框架 - 剪力墙体系、剪力墙体系、框支剪力墙体系、筒式剪力墙体系
基础分体系		条型基础体系、独立基础体系、筏板基础体系、箱型基础体系、桩基基础体系

（1）框架结构

框架结构由梁、柱构件通过节点连接构成，它既承受竖向荷载，又承受水平荷载。

框架结构体系的优点是：建筑平面布局灵活，能获得较大的空间，建筑立面容易处理，结构自重较轻，计算理论比较成熟，在一定高度范围内成本造价较低。

缺点是：侧移刚度较小，在地震作用下非结构构件（如填充墙、建筑装饰等）破坏较严重。因此，采用框架结构时应控制建筑物的层数和高度。

由于框架结构的层高和总高度受到一定的限制，土地利用率和建筑容积率相对较低，分摊到单位建筑面积的土地费用相对较高；由于框架结构较大的梁、柱结构断面，也增大了装饰费用。

（2）剪力墙结构体系

采用钢筋混凝土墙体承受水平荷载的建筑结构体系，称为剪力墙结构体系。在地震区也称为抗震墙。

剪力墙结构体系的侧移刚度大，结构的水平位移小，抗震性能好，使用寿命长。但是其结构的自重大，建筑平面布置局限性大，较难获得较大的建筑空间，因此它适用于高层住宅、宾馆、酒店等建筑。

因为剪力墙结构一般用于高层住宅建筑，建筑总高度较高，土地利用率和建筑容积率较大，单位面积上的土地费用减少，而且由于剪力墙结构与框架结构相比少了肥梁胖柱的现象，不仅扩大了室内空间，也降低了装饰费用。

但是，剪力墙结构本身由于钢筋混凝土用量大，其总体建筑造价相对较高。

（3）框架－剪力墙结构体系

为了充分发挥框架结构"建筑平面布置灵活"和剪力墙结构"侧移刚度大"的特点，当建筑物需要较大空间且其高度超过了框架结构的合理高度时，可采用框架－剪力墙共同工作的结构体系。在框架结构中加入一定数量的剪力墙，形成框架－剪力墙体系，其中剪力墙承受大部分水平荷载，而框架结构只承担较小的一部分水平荷载。

框架－剪力墙结构体系常用于建造高层办公楼、教学楼等需要有较大空间的房屋，亦可用于建造高层住宅、宾馆、酒店等建筑。

由于框架－剪力墙的钢筋混凝土用量介于框架结构和剪力墙结构之间，其建筑造价较框架结构略高，但比剪力墙结构低一些。

10. 柱网布局对成本造价的影响

柱网布局是确定柱子的行距（跨度）和间距（每行柱子相邻两柱间的距离）的依据。一般来讲，住宅建筑柱网尺寸在8m左右。柱距小则传力路线短，上部结构节省材料，但可能基础费用高。若柱网过大，则梁高增加，配筋加大，造价增高，且影响室内净高。因而柱网布局是否合理，对建筑结构的成本造价有很大的影响。

11. 结构耐久性和结构抗震性对成本造价的影响

随着目前高层建筑的逐渐增多，对高层建筑的结构耐久性和抗震性的要求也不断提高。据统计资料显示，中国的住宅建筑平均寿命仅在30年左右，2008年汶川大地震的震害资料表明，大量的建筑物的抗震性不能满足要求。因此，在需要抗震设防的地区，要在设计和施工两方面把好质量关，提高结构的耐久性和抗震性。随着抗震等级的增大，各种措施及设计参数相应增大，势必提高工程造价。

12. 建筑材料的选取对成本造价的影响

建筑材料是构成建筑物的物质基础，建筑材料费用通常要占工程造价的50%～70%，同时建筑材料的质量直接影响着工程质量。建筑结构承受着作用在建筑物上的各种荷载，它对于整个建筑的坚固耐久性起着决定作用。因此，无论是建筑设计还是建筑施工，正确地选用建筑材料和建筑结构，不仅是保证建筑质量而且也是降低工程造价的重要途径。但是，人们已习惯了高质量的建筑材料和结构须由高成本来换得的陈腐观念，以致于在建筑设计和施工中只把眼睛盯在价格较高的材料和结构上，有意无意地阻碍了在建筑项目中进行科学合理的材料选择。诚然，建筑材料和建筑结构的质量与成本之间存在着密切的互为依存关系，但是这并不等于说满足建筑的功能要求，保证建筑质量，就一定需要支付高额成本为代价。价值工程原理认为，满足一定的产品功能要求的材料也不只有一种方案，实际上它应有多种的替代方案。在众多方案的比较中，根据功能成本分析，可以取得一种既可以满足质量功能要求又能使成本较小的方案。因此，在建筑选材中应用价值工程的功能成本分析技术，能够根据具体研究对象的功能要求，科学地选择既满足功能要求同时成本又相对低廉的材料和结构，大幅度提高建筑项目的价值，使建筑质量的提高和建筑造价的降低达到和谐统一。

近几年房地产市场由于土地价格飞涨，建筑施工用钢筋、混凝土等建材价格涨幅惊人，使得房地产开发成本不断增加。如何有效地控制建安成本，降低建筑物造价，成为当前开发商亟待解决的重要问题。以下以两大建筑材料（钢筋和混凝土）的选用为例来说明材料的选取对建筑成本造价的影响。

（1）钢筋的选用对造价的影响

钢筋工程是土建工程中的重要分项工程，其成本造价所占比例较大，合理的选用钢筋，控制钢筋工程造价对控制工程总造价具有明显的效果。

①价格比较

以2010年1月北京市钢筋价格（表8.2）为例：

表8.2　不同级别钢筋价格比较

钢筋级别	Ⅰ级钢	Ⅱ级螺纹钢	新Ⅲ级螺纹钢	冷轧带肋钢筋	冷轧带肋钢筋网片
价格（元/t）	3460	3800	3880	4300	4700

②指标比较

a Ⅱ级螺纹钢相对于Ⅰ级圆钢：价格稍微提高，强度提高了43%，最小配筋率又可同时降低。

b 新Ⅲ级螺纹钢相对于Ⅱ级螺纹钢：价格基本一样，强度提高20%，对于按计算配筋的梁柱成本有显著影响。如对于柱的构造配筋率，可减少10%（但当抗震等级为三级时，柱构造配筋率为0.7%~0.6%，减少14.3%），由此可见，减少了梁柱的配筋数量，不仅方便了施工，而且降低了造价。

c 冷轧带肋钢筋相对于Ⅱ级螺纹钢：价格贵了10.8%，但强度提高了20%；比如产品供应的直径范围对"实际最小配筋率"的影响：如 φ10@200 在100厚的板中，配筋率是0.393%，较最小配筋率0.2%增加了96.5%。

d 冷轧带肋钢筋相对于冷轧带肋钢筋网片：冷轧带肋钢筋网片购买价格贵了9.3%，但可减少施工绑扎费用，提高工程质量，加快工程进度。

e 冷轧带肋钢筋相对于冷轧扭钢筋：两者价格差不多，强度也相同；冷轧扭钢筋绑扎较为困难，综合单位费用高。

总结以上分析得出在实际工程中钢筋的选择建议见表8.3。

表8.3　钢筋选取表

梁、柱、墙	楼　　　板
6~8mm 直径钢筋统一采用 HRB235	优先采用冷轧带肋钢筋
10~12mm 直径钢筋统一采用 HRB335	板底配筋尽量采用直径小、间距密的方式
14mm 及以上钢筋统一采用 HRB400	当冷轧带肋钢筋不能满承载力要求时，采用 HRB400

③混凝土的选用

a. 混凝土强度等级对成本的影响

表 8.4   不同标号的混凝土价格比较

混凝土强度等级	C20	C25	C30	C35	C40	C50
价格（元/m³）	277	296	315	332	362	400

注：以上价格为 2012 年工程造价价格。

由上表可知：混凝土强度等级增加，单价直接上升，标号每增加一级，单价提高 5% ~ 8%。

b. 混凝土强度等级对造价的影响

对柱及剪力墙（轴压比控制）的影响：提高标号可显著减小柱墙的尺寸，增加建筑实际使用率。

对梁的影响：正常情况下对梁的承载力几乎没影响，因此对梁的截面及配筋影响很小，不宜采用高标号。

对楼板的影响：正常情况下对板的承载力几乎没影响，但可能会提高板的构造配筋率，同时还会增加板开裂的隐患，应尽量采用低标号。

c. 实际工程中混凝土强度等级的选择建议

普通的结构梁板混凝土强度等级一般为 C25、C20，受力较大的梁板混凝土强度等级可采用 C30，如地下室的底板、顶板，屋顶花园的楼板等。

剪力墙、柱混凝土强度等级按轴压比控制，使其尽量接近轴压比规定的上限，同时又使绝大部分竖向构件为构造配筋。

因此，在主体结构方案的设计过程中，对建筑材料的选取，需通过计算分析，选取经济合理的材料，尽量避免"超配筋、超标号、超标准、超用量"等"四超"浪费现象的发生。

三、建筑地基基础方案设计对成本造价的影响（图 8.2）

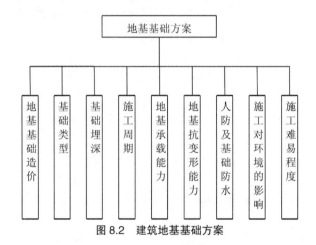

图 8.2   建筑地基基础方案

高层建筑结构作用在基础上的荷载大，基础埋置深，一般设计地下室并常常有作为人防工程或地下停车库等要求，因此基础工程材料用量多，施工复杂且施工周期长，对建筑总造价有很大的影响。

地基基础工程的重要性首先在于其造价与工期都占了建筑物总造价与总工期的相当

大的一部分。在一般多层建筑中，地基基础工程造价约占总造价的 10% ~ 20%，有时高达 25% ~ 35%，工期则占总工期的 20% ~ 25%。其次，由于地基和基础工程是整个工程的基础，其任何缺陷都可能导致整个建筑物的破坏或者影响其使用，从而产生大的损失。第三，地基基础工程是地下的隐蔽工程，一旦发生事故处理起来就有相当的难度，因而显得更加重要。

在实际工程中，判断是否需要对天然地基进行人工处理，如果需要采用人工地基时又将采用什么处理方法，基础形式的选用是否恰当，基坑支护方案、设计、施工等问题解决的正确与否不仅会影响建筑物的安全和使用，影响周围环境，而且对施工进度和工程造价会产生不小的影响，许多时候甚至成为工程建设的关键环节。

但就目前的情况来说，关于地基基础的设计，设计人员一般都是根据经验进行设计，注重安全而快速出图，很少进行细致的多方案分析比较，更不会从价值工程的角度进行分析，地基基础的设计存在着很大的不合理性和不经济性。比如在良好的地基上不必要地采用桩基或者采用过多过长的桩，过大的基础埋深都在无形中造成了浪费。基于价值工程原理的限额设计方法不仅可使地基基础的工程造价控制在投资分配限额内，通过价值工程原理的分析，还能找到满足功能要求的价值系数最大的基础设计方案。

四、建筑装饰装修方案设计对成本造价的影响（图 8.3）

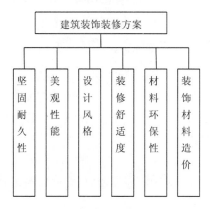

图 8.3　建筑装饰装修方案

从目前房地产市场上看，房地产市场产品同质化现象严重，要在市场竞争中取胜仅靠户型、楼型的变化已很难有所突破，而精装房无疑是产品升级和赢得市场的有效途径，也成为开发商增加销售亮点的砝码。精装房时代的到来被认为是房地产市场成熟的重要标志，尤其在生活和工作节奏越来越快的现代化大都市，成为主流元素的趋势越来越明显。但是在房价越来越高，利润空间越来越小的当今，如何控制装饰装修工程的造价对控制整个项目的成本造价具有重大的意义。

影响装修成本造价的因素有很多，以下对几个主要的因素做简单介绍：

（1）坚固耐久性对成本造价的影响

同建筑结构一样，室内外装修同样存在坚固耐久性问题，在满足美观、实用的基础上要保证装修的坚固耐久性。耐久性材料的选择及施工工艺是保证耐久性的基本措施。

耐久性越高，对工艺及材料的选择越严格，势必增加人工费及装修材料等费用。

（2）装修设计风格对成本造价的影响

目前市场上各种各样的装修风格，尤其是室内装修的众多风格使人们看花了眼睛，有中式风格、美式风格、欧式风格、地中海风格及韩式田园风格等等，不同装修风格由于其设计、施工的复杂程度，各种功能空间和造型的不同，不同材料价格的不同，工程量及施工工艺也就大不相同，装修成本造价也存在很大差距。

（3）装修材料价格对造价的影响

装修造价很大一部分是由装修材料决定的，而装修材料由以下因素决定：①装修材料的珍稀度。新型装饰材料往往价格高；采用贵重原材料生产的装修材料售价必然也高。②装修材料的使用寿命越长、质量越好，价格也就越高。③装修材料的采购渠道。建材超市、建材市场规模越大，进货环节越少，相对价格也会越低。

（4）装修材料的环保性对成本造价的影响

对于装修工程，尤其是室内装修工程，装修材料是否环保至关重要，即使是造型独特、美观舒适、价格合理的装修工程，如果装修后室内环境遭到污染，住户也无法正常入住。轻则需要增加投资进行室内环境污染治理，延误工期造成损失和纠纷；重则需要大拆大改，损失惨重。更加严重的是，如果装修后住户长期生活在有污染的室内，还会影响到全家人的健康安全，造成精神、身体以及求医问药等损失。所以说，装修安全环保最划算。影响装修造价因素很多，其中这是一个绝对不能忽视的因素。

五、地下车库（室）设计对成本造价的影响

设计单位对地下车库方案设计的习惯做法是尽可能多的把面积划进来，从理论上没什么问题，但往往这样做出来的地下车库有很多无效的面积，既不能做车位又不能做设备用房，反而增加了成本造价，这就要求我们在做方案设计的时候就要对地下车库设计作合理的优化（优化设计方法参考第 13 章）。

第三节   建筑结构设计及其优化的价值

一、建筑结构设计的概念

建筑结构设计是建筑项目进行全面规划和具体描述实施意图的过程，是工程建设的灵魂，是科学技术转化为生产力的纽带，是处理技术与经济关键性环节，是具体实现技术与经济对立统一的过程，是确定与控制工程造价的重点阶段。建筑结构设计以充分实现建筑设计方案为目的，严格遵守设计规范，保证结构安全为己任，在实施过程中优化设计节省成本造价把设计师的构想变为可施工的蓝图。

二、整体优化设计理论的基本原理

建筑结构优化设计应该能涵盖建筑的各个方面，例如增加建筑使用的舒适性，提高建筑空间效率和改善建筑的性价比，提高施工效率等。建筑结构优化设计应该能够通盘考虑整体结构的每一个构件，使其所有构件都具有可靠的承载能力，保持整个结构

安全可靠度的一致性，确保实现规范规定的设计目标水准，以达到结构既经济、又安全、又适用的目的。总的来说，即是应该能够提升建筑功能与价值，而降低建造成本；同时应高度重视建设前期决策阶段的规划设计工作，这应是建筑结构整体优化设计的概念。

建筑结构整体优化设计方法，应主要通过造型、细部设计、技术参数三个层面控制结构优化设计的过程。

三个层面的控制因素应分别有各自的功能：造型控制因素主要是控制方案的选择，细部设计控制因素主要是控制结构设计的建模计算，而技术参数的功能是检验方案的合理性，循环过程可用图 8.4(箭头里的文字表示控制因素的功能) 表示。

基于数集原理，三个控制因素中的组成因素应该有各自的集合值。在建筑结构整体优化设计中，重要的是求解出各个控制因素的最佳组合，图 8.5 表示了各造型因素的组合关系。

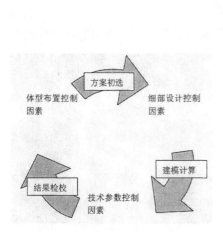

图 8.4　控制因素的运行与作用

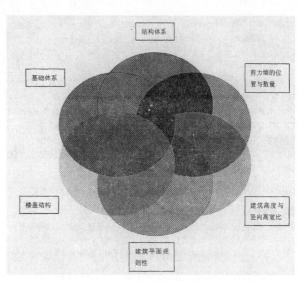

图 8.5　造型控制因素的交集取值关系示意图

三、建筑结构优化设计层面

建筑结构的设计优化主要包含两方面：设计阶段的优化和建造阶段优化。设计阶段优化是关键，建造阶段结构优化是条件，两阶段相辅相成，缺一不可。进行设计阶段优化时，要充分考虑各单体及整楼的结构最优化配置；进行建造阶段优化时，要组织好施工阶段各流程工序，最终实现整体结构优化。

1. 优化建筑结构的功能

建筑是人类最基本的生存及生活得以正常进行的最基础的物质环境，优化的最终目的是使设计在最大程度上满足使用者对建筑价格、舒适度、美观等元素的需求，因此优化设计的第一步就要对建筑的本体功能进行最大程度的挖掘。

日益提高的生活质量已经促使购房者对住宅建筑的使用功能提出了更多更高的要求，如何让结构功能与结构设计达到双方都满意的平衡状态已迅速上升为严峻的现实问题。优良的建筑结构设计方案才会吸引购房者的关注与青睐。但满足不同的需求，无疑会对建筑结构的成本造价产生影响。如果对建筑功能要求过为苛刻势必会造成建造成本上升，反之又很可能会限制到未来住户的正常使用，总之要合理的全局把握建筑功能的分布，使建筑物最大限度的与不同的使用者的需求相匹配，针对于每个建筑功进行深度优化，推敲出一个最优的建筑结构设计方案。

2. 优化建筑结构体系

高层建筑结构体系众多，经常涉及到的结构体系有框架结构、剪力墙结构、框架 - 剪力墙结构、筒体结构等。结构体系的选择虽然较多但不能随意确定，它会受到多种因素的限制，选择建筑结构体系要考虑到建筑结构的整体性能、建筑的美观性、施工的难易复杂程度、后期使用的便利性、经济性等，因此选择一个合理的建筑结构需要全面的分析比较，设计师不仅需要了解各种建筑结构形式的优缺点及适用环境，还需要在建筑学、材料学、经济学、力学、统筹学、美学等多角度多学科的概念中进行建筑结构体系的全面把控。

3. 优化建筑结构构件

建筑结构构件的优化要在满足现行规范、构造措施以及图集等要求之后进行，因为构件仅仅满足以上要求并不能验证建筑构件尺寸选择是否合理，还需要对建筑构件的截面尺寸实行进一步的改良设计，根据实际受力情况，分析建筑构件受到的各种约束，简化为力学受力模型，保证建筑构件截面特征最小或造价达到最省，将其配筋率控制在经济范围内，一则可以使建筑结构布置更为合理美观；二则可以有效控制建筑结构成本，这样才能达到优化设计的预期效果。对于实际的建筑工程，截面尺寸、构件设计参数等条件都属于的构件优化设计的范畴，进行了这一层次的优化才能实现建筑工程的物尽其用原则。

4. 优化建筑结构平面布置

相比于建筑结构构件的优化，建筑结构布置的优化是水平更深的优化措施，主要由于建筑结构的布置方案的细微变化很有可能会对建筑结构的整体性能带来重大影响。

建筑结构平面布置优化主要是为了同时达到节省材料、建造成本和改善结构特性的目的。不仅要考虑荷载的传力途径及地震耗能措施等，还要保证建筑结构的具有足够的刚度、承载力、延性等，实现"小震不坏、中震可修、大震不倒"的结构战略方针。

建筑结构平面置的优化还要积极的与建筑及设备专业提出的要求相配合，使建筑结构的总体布置尽善尽美。

通过对建筑结构以上方面的优化，使结构成为集安全性、经济型、环保性于一体的先进建筑，从而获得最佳的建筑优化产品。

四、建筑结构优化设计的基本思路及途径

针对时下建筑结构设计浪费、成本造价失控现象，根据对成本管理、设计阶段成本管控理论的研究和总结，借鉴目标成本管理理论和方法，结合成本规划理论在建筑工程领域内的应用，建立基于目标成本管理下的建筑结构设计成本优化控制框架模型。

1. 建筑结构成本优化设计模型（图 8.6）

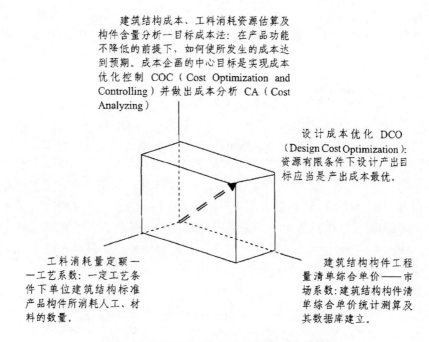

图 8.6　建筑结构设计优化三维啮合系统框架模型

2. 建筑结构成本优化设计路径模型（图 8.7）

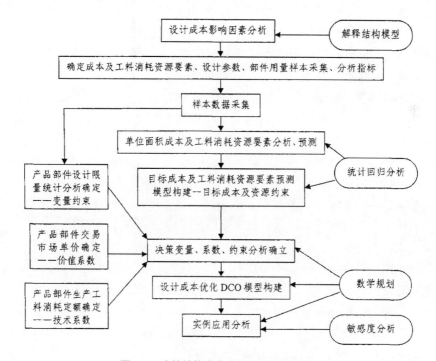

图 8.7　建筑结构成本优化设计路线模型

五、建筑结构设计优化的意义与价值

传统的建筑结构设计方法，过程繁琐，设计质量差，经济效益低。离开了规范就动不了的、离开了计算机就不会设计，得到的设计方案只是满足规范要求的一种方案，而不一定是所有方案中最好的（或较好的）；需要多次重复"试算→验证→修改"的过程。在设计过程中，设计人员偏重于安全考虑，往往采取保守估计，安全保险系数过大，这样不仅浪费人工、材料、资金，资源也未得到合理配置。

在当今可持续发展的经济模式下，建筑结构优化设计是建筑设计至关重要的一部分。采用优化设计理论对多层建筑地下室基础的设计进行合理优化配置，将使建筑结构体系受力合理、材料有效利用，从而创造更大的经济价值。对多高层建筑地下基础进行优化设计研究将完善地下室（车库）基础的设计理论，也为相关规范的制定提供重要科学依据，对于指导建筑工程实践具有重大意义。据有关资料调查，施工图阶段的优化设计可以节省10%以内，而结构总体功能优化设计可以节省30%以内，结构初步优化设计可以节省20%以内，可见这两个阶段开展优化设计潜力比传统的仅仅在施工图阶段开展优化设计巨大，更能体现优化设计的优越性。其意义体现在以下几方面：

1. 降低工程总成本造价

近些年，多高层的建筑物逐渐增多。多高层建筑与普通多层建筑相比，主要区别在于它的占据空间大以至于单位建筑面积占用的土地少，这样就减少了用地成本。但随着高度的增高，层数的增多就会产生楼与楼之间的间距不协调，之前的占地节约量就与建筑层数不成比例。所以不能一味的去追求建筑物的高度，更要协调单位占地面积与总成本造价之间的比例。不仅如此，一个多高层建筑不论层数多高都只有一个楼顶，这就使得建筑成本造价明显下降，而基础部分是每个楼层都要拥有的，所以随着层数加大，基础部分的造价会有所增加。所以关注的主要焦点在于基础部分的建筑设计，这样对于基础部分进行结构设计优化就能促使整体建筑工程成本的降低。

2. 加强建筑整体经济性能

多高层建筑物的层数增加会导致整体框架的梁和柱的承载能力增加，进而墙体面积和梁柱的体积就会加大，结构所呈现的自重也会有所增加，整体房屋配置，例如水管、电线、暖气管道就会加长。而普通多层建筑物就相对比较节约建筑材料，不仅能提高抗震强度更能使得建筑物之间的日照距离等符合国家规定，这就使得其间接性的节省了建筑用地。而且高度不同，墙面的范围也就不同，这样当选择圆形或是越接近方形时，外墙周长系数是越小的，所以，不仅基础部分连外墙砌体、内外装修表面都会随之减少，这样其受力性能也将得到有效提高，从而就增强了建筑的整体经济性能。

3. 降低工程成本造价

优化建筑结构设计，使结构受力均衡，技术应用得当，整体安全可靠度一致，任一结构都能同时发挥其最大作用，这样设计出的建筑结构才能达到既经济，又合理的目的。

比如，剪力墙结构在水平荷载作用下，往往剪力墙的暗柱配筋是构造配筋，暗柱断面的确定与剪力墙的布置有密切的关系，而构造配筋与暗柱断面又有着一一对应关系。由于剪力墙布置的差异性，一片剪力墙两端暗柱的断面可能差 6 ~ 10 倍，配筋也相应差 6 ~ 10 倍。而剪力墙在不同方向的水平荷载作用下是具有对称性的，这样设计出的

建筑结构就会造成极大的浪费。如图 8.8 所示,其中 YAZ1 与 YAZ2 配筋是具有对称性的,配筋却相差 8 倍以上,造成了不必要的浪费。

出现这样的情况,应首先调整剪力墙的布置,尽可能使之对称,同时在另一端配筋较小处应适当加大。这样即节省了造价,又增加了建筑结构安全性。

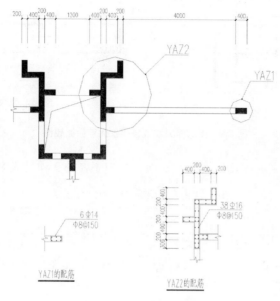

图 8.8　剪力墙结构配筋

有时,造成建筑结构设计浪费是由于设计人员对某种建筑结构概念理解不透而导致的。某 42 层综合大楼,由内筒外框结构组成,外框柱距 7.5m,外框与内筒距离 9m。设计人员将外框边梁做成 1000mm×700mm,目的是增加边梁的抗剪能力,引入剪力滞后的概念,加大外框结构的刚度。实际上,该工程由于外框柱距 7.5m,很难产生剪力滞后效应,边梁采用 1000mm×700mm 与采用 350mm×700mm 对外框的变形是相同的,不会增加建筑结构的刚度,反而会因为增加重量,加大建筑结构自身的负担,对建筑结构不利。这就是设计人员不能准确把握建筑结构概念而造成的设计浪费。

建筑结构安全是生命攸关的大事,我国规范有明确的设防水准。建筑结构设计首要任务是实现建筑安全、功能的需求,保证其安全、舒适度,使建筑更有生命力。所以建筑结构设计应充分运用结构各种手段在真实的受力机理基础上,既保证建筑结构达到安全设防水准,又节省工程成本,同时还能最大程度地实现建筑师创作的产品,这才是真正意义上的建筑结构优化设计。

例如:上海东方明珠的设计者、我国工程院院士江欢成大师在 1985 年对当时在上海广为流行和大量套用的仙霞型高层住宅大刀阔斧地删掉了许多剪力墙(楼板厚度由 120mm 增加至 140mm),混凝土、钢筋量分别减少 30%、38%,经济指标分别达到 0.343m³/m²、40kg/m²,取得较好的经济效益和舒适、灵活的空间使用效果,在施工难度上也大大降低,而后在上海多个项目套用。上海东方明珠结构优化前后比较如图 8.9 所示。

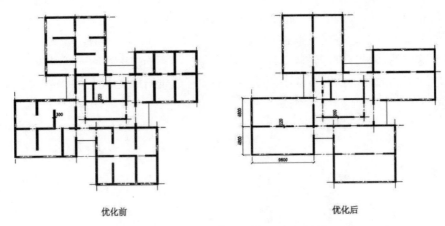

优化前   优化后

图 8.9   上海东方明珠结构优化前后比较图

优化设计大师所采取优化措施共有 5 项，其中主要的 3 项见表 8.5。

表 8.5   上海东方明珠结构设计优化效果

	优化设计措施	优化设计用量	优化设计效果
1	减少剪力墙数量	总延长米由 242 优化为 174（减少 28%）	成本造价降低 净面积增加 室内空间扩大 空间使用灵活性变大
2	减薄剪力墙	1～6 层，由 300 优化为 220（减少 27%）； 7～15 层，由 240 优化为 220（减少 8%）； 16～28 层，由 200 优化为 220（增加 10%）； 内筒，由 220 优化为 200（减少 9.1%）	成本造价降低 净面积增加 室内空间扩大 施工更方便
3	上述措施减轻建筑自重	由 2.08 吨优化为 1.87 吨（减少 10%）	基础成本造价降低；剪力墙减少，结构延性提高，结构更安全；自重降低，抗震性能提高

30 多年过去了，以上措施至今仍是行之有效的。在高层建筑中，普遍采用剪力墙结构，地上结构中剪力墙的钢筋、混凝土用量占到全部构件的 50% 左右、甚至以上。上述优化措施至今仍有很大的借鉴意义。

清华大学土木工程系教授董聪负责奥运场馆结构设计优化，在"鸟巢"瘦身过程中就表示，"进行结构设计优化，必须要尊重建筑师的原创思想。这就像时下的吸脂美体术，只能在不改变人外观、健康和容貌的基础上，减去多余脂肪，达到健美目的。"

"鸟巢"初始方案的用钢量估计在 13.6 万 t 左右，直接造成造价高、施工难度大等不良后果。因此需要通过大幅减轻建筑钢结构自身重量的方法为"鸟巢"结构"瘦身减负"。在"瘦身减负"过程中，在保持建筑外形和构件外廓尺寸的前提下，专家们根据实际情况优化结构构件的截面厚度，采取局部构造性增强等措施，为场馆进行整体的科学"瘦身"，达到了减轻结构自重的目的。经过设计优化，"鸟巢"结构自重降低至 5.3 万 t 左右，"瘦身减重" 8.3 万 t，减重达 60%，大大降低了材料和建造成本。

　　通过"鸟巢"结构优化前后的对比显示,"瘦身"后的场馆各项性能指标均得到提高。如优化后的场馆的负重变形大大减小,其稳定性和稳健性增强了,可抗 8 度地震;总预算从最初的 38 亿元减少到 31.3 亿元,节省 6.7 亿元(降低 18%);在去掉原来的可开启屋顶等方案后,"鸟巢"所需资金减少至 27 亿,且结构安全性更好(图 8.10)。

图 8.10　鸟巢外景

第四节　建筑结构优化设计的主要方面

　　在建筑结构优化设计中,不同方案和不同建筑材料的选择对成本造价都会造成不同影响,尤其是在基础类型的选用、开间的确定、层高与层数的确定以及结构形式选择等方面都有着重大关系。基础、柱、墙体、楼板、梁、屋面板等是建筑结构的主要组成部分,这几个部分在工程造价中所占的比例也不相同,结构优化设计时对工程的造价影响也不相同,所以在设计方案优化过程中的侧重点也不尽相同。据我们优化设计咨询的实例看,在满足同样功能的条件下,经济合理的优化设计可以一般使建筑程的成本造价降低 15% 左右。

一、基础结构的优化设计

　　基础结构占整个建筑物工期的四分之一左右,并且总造价也占到总造价的 10% ~ 20%,所以基础工程结构的重要性是显而易见的。而且基础结构工程的造价还与地质条件密切相关,设计时对地质勘探报告要求也是极高,要选择合理的基础形式、控制好基础的截面尺寸和埋深,能相对减少基础结构在总工程造价中的费用。

二、柱网布局和柱子截面的优化设计

　　柱网布局确定着柱子的行距和间距(同行相邻的两个柱子的间的距离),柱网的尺寸一般来说在 8m 左右,如果柱距小那么其传力路线就短,上部结构的材料就能节省,但是这可能使基础费用高,所以说柱网布局是否合理,对工程的造价有很大的影响。另外,柱子的截面形状和大小对工程造价也有着直接的影响,所以合适的柱网布局、柱子截面的形状及大小的选择对工程造价的影响是很明显的。

三、梁的优化设计

　　在建筑结构设计时通常采用矩形截面梁当做受弯梁,但是这种情况下材料的利用率较低。因为,首先,在靠近中和轴附近的材料的应力较低,再者,梁弯矩会沿梁长变化而变化。由于截面梁大部分区段的应力较低,材料都不能得到很好的利用,要想提高材料的利用率,在设计时可采用平面桁架来代替矩形梁,此时平面桁架就相当于掏空梁,掏去了梁中多余的材料,减轻了其自身的重量,这样既经济又实用,而且,还可以用它来发展成为空架网架,从而大幅度地提高材料的利用率。

四、钢筋混凝土的优化设计

建筑中如果想有利于施工，就不仅要对结构设计进行优化，更要对混凝土的标号和钢筋的型号进行优化选择。

施工过程中采用的梁、板和柱型号不同，就会使施工的难度增加。钢管混凝土结构就是将混凝土填入到薄壁的圆形钢管中形成一种新型结构，把这两种材料结合起来后，在内填混凝土的作用下使得钢管壁的稳定性增强，从而具有更好的抗压强度和抗变形的能力。钢管混凝土结构和钢结构在自重和承载力相同或相近时，钢管混凝土结构要比钢结构节约将近 50% 的钢材，这就大大地节约了工程成本;同时与普通的混凝土结构相比，在保持钢材的用量相近和承载力相同的条件下，构件的截面面积也将减少 50%，同时，材料用量和构件本身的重量也将减少 50%。例如在广州有许多商住楼的下部商业部分就是采用钢管混凝土柱的，如珠江新城的利雅湾等。

钢梁混凝土组合框架结构也越来越多的被采用。因为这种结构形式有以下几个优点：①对于承受大轴力来章，钢筋混凝土柱要比钢柱相对经济得多，并能提高结构的刚度；②免除了钢结构中梁柱节点的现象焊接工序；③可工厂预制、施工方便，缩短了施工工期；④节省了钢筋混凝土结构的模板及其支撑；⑤可加在梁的跨度来增加使用功能；可根据需要而用于低层或中高层建筑，其综合成本可能会更低。

因此，在确定结构方案时，应作多方案比较，根据综合成本或经济效益，最终确定采用何种建筑结构方案。

五、抗震等级的优化设计

一般的建筑工程防震设计，除考虑安全之外，还有符合经济的原则。因为要设计一座绝对耐震的房屋或桥梁，并非绝不可能。但是所花的建筑成本过多，就经济学的观点划不来。从过去的地震记录来看，震级等于 8 级的地震平均每年才发生一次，因此一项合乎经济原则的防震设计，应该根据该地区已往发生地震的最大强度，以及未来可能发生的最大地震来做出合理的抗震设计，以避免人力、物力、财力过度的浪费。建筑要抗震，要好质量，建筑也要经济，要低造价，如何在两者都达到要求时取得平衡成为关键。

就抗震而言，由于建筑结构设计区别主要体现在确定抗震等级上，所以建筑成本也就主要决定于抗震等级，结构抗震等级主要是由建筑高度，结构形式以及抗震烈度决定，对具体的建筑工程来说，由于建筑所在的场地确定即地震烈度已经确定，所以建筑高度和结构形式就是确定抗震等级的依据，也是决定成本造价的主要因素。我们优化设计方案，为使建筑结构在指定设防烈度情况下满足规范的一切约束条件和要求，并且工程造价最优。

第五节　建筑结构设计成本优化措施

一、结构方面——方案选型正确、布局合理、计算精确

结构是建筑的骨架，是建筑的主体，其成本造价是占土建成本相当大的比重，建筑层越高，其结构所占的比重便越大，所以，优秀的结构设计是控制成本造价的重要部分。

我们在房地产项目建筑设计优化中，特别注意在这方面挖潜力，而且效果比较显著。

要想在建筑结构方面控制成本造价，应从以下方面入手：

1. 采用合理的建筑结构体系

建筑结构体系的选择，是结构设计中的第一要素，一般而言，钢结构贵过钢筋混凝土结构，而钢筋混凝土结构又比砖混结构造价更高。应根据建筑的层数和使用功能，选择合理的建筑结构体系。目前广州地区用得最多的是钢筋混凝土结构，一般低层、多层住宅宜采用异形柱结构体系，小高层住宅采和短肢剪力墙＋剪力墙结构，高层住宅采用剪力墙＋筒体结构。由于钢结构比较轻，施工速度快，有不少高层建筑也采用钢结构，有时，钢结构的造价甚至比钢筋混凝土结构还便宜，但钢结构的后期维护比较麻烦。

这方面比较经典的钢结构建筑是美国的约翰－汉考克中心 (John Hancock Center)。该中心于 1969 年建成，为多功能建筑，位于美国芝加哥。地上 100 层，地下 2 层，地上总高 344m。全钢结构，采用析架筒结构，没有内筒。但为了减少楼板的跨度，设计了一些只承受重力荷载不承受水平力的柱子。建筑面积由底层向上缩小，立面呈斜锥形，底部面积为 48.8m×79.2m，顶部面积为 30.5m×48.8m。立面上可见交叉析架斜杆，每跨越 18 层左右设置横向大梁，斜杆与横向大梁相交在角柱处，每个楼层设置次横向梁，斜杆和中间柱子连接，使所有柱子都能分配到轴向力，重力荷载产生的压力可以抵消水平荷载产生的拉力。析架各构件主要是轴向力，使这个结构十分省钢、经济，用钢量仅为 145kg/m^2。深圳发展大厦，地上部分才 165m，核心筒为混凝土结构，外围为钢结构，用钢量却为 191 kg/m^2。

2. 优化建筑结构方案

在确定采用何种建筑结构体系之后，还用对建筑结构进行多方案比较。

由于现代的建筑平面越来越不规则、体型越来越复杂加上现在科技更先进，在满足结构安全的前提下，有多种建筑结构方案可供选择的，通过比较后，选取一个最优方案。这种比较是非常有必要的，一个优秀的结构方案比一个差的结构方案要节省很多成本，对工程造价影响比较大。如上海某楼盘，上部为别墅，下部为地下车库。由于该开发商对规划一直拿不定主意，在结构设计施工图已完成后又提出修改规划，而且以后还很难说不再改。在此情况下，经多方案比较下，考虑上部别墅随意性布置产生的活荷载，最后采用预应力结构，达到了又经济又方便施工的功能，虽然一个平方多花了几十元钱，却使规划更合理，销售价格更好，综合效益更好，该开发商很满意。又如，新加坡联合产业贸易开发 (UICD) 大楼，塔楼平面尺寸 (36.9m×33.5m)，柱距 9.15m，共 40 层，框一筒结构。原设计采用钢筋混凝土梁一板式，林同炎公司改为无粘结预应力混凝土平板，并沿周边向外悬 4.57m，板厚 203mm，每个楼层高度减少了 305mm，整幢塔楼比原设计总高度降低了 12.2m，为业主节省了投资。

对于一些建筑外形复杂、沿高度平面变化较多的复杂结构建筑，如按常规的结构，可能有很多地方需要悬挑或结构转换的地方，造价较高。这时，可考虑采用脊骨结构 (Spine Structure)，也许会比较节约。如美国费城 53 层的 Bell Atlantic Towero。

3. 计算力求精确，严格控制计算结果

在高层建筑中，其建筑重量随看楼层的增加几乎成正比关系增加，但是其水平作用

力 (地震、风力) 则随楼层高度增加而成平方关系地增加，所以随着楼层的增加，水平作用力对楼层作用越来越大，甚至起决定性作用。因此，结构成本随楼层的增加不是成正比的增加，而是增加得更多，因此精确计算结构受力情况、按规范选取结构构件尺寸与配筋，认真控制好结构方面的成本，就显得非常重要。因而，作为房地产的管理人员，应该与设计人员互动沟通，认真审核计算书与设计图，及时调整。

4. 挖掘基础设计中的潜力

建筑基础的合理选型与设计是整体结构设计中的一个极其重要和非常关键的部分。它不但涉及建筑的使用功能与安全可靠，还直接关系到投资额度、施工进度和对周边现有建筑物的影响。基础的经济技术指标对建筑的总造价有很大的影响，基础的工程造价在整个工程造价中所占的比例较高，尤其是在地质状况比较复杂的情况下，更是如此。在高层建筑中，基础选型的选择对工程造价的影响更大。因而，应对上部结构体系、使用功能、地理环境条件 (地基土质、风、地震等)、施工条件及周边条件等因素进行综合考虑，并结合该领域的最新观念与发展，通过多种基础方案的分析和反馈优化，才能选择出既安全可靠又经济合理的基础形式。国内外在这方面均有很多成功案例，如德国的法兰克福商业银行总部大楼，最初设计基础方案为平板式桩筏基础，基础板厚为 6m 左右，后通过优化分析，改用箱形基础，底板改为 2.5m，在最后出施工图时，设计人员又改为一种更节省的群桩基础。

一般而言，基础的选型尽量采用天然地基。一般情况下，基础形式应根据地质条件和上部结构优先采用天然浅基础或复合地基，只有在埋深 4.0m 或地基土质较差时，才考虑采用其他基础。一般而言，对于低小高层建筑采用预应力管桩往往比较节省，因为预应力管桩承载力高而造价低，对高层建筑而言采用人工挖孔桩比采用灌注桩等要节省较多。

在选用桩基础时，在相同承载力作用下，一般选用大直径少数量的桩比采用小直径多数量的桩更节省，因这样承台的尺寸会更小些，成本更低些。

对高层和超高层建筑的采用大直径桩基的，在施工前，应做超前钻探，以探测桩基持力层情况和终孔深度，宜每桩一钻探孔。超前钻每米约需 60 元，每孔约需 2000 元左右 (桩深按 30m 计)，此项费用看似浪费钱，实则不然，因为地质情况千变万化，软弱夹层较多，通过做超前钻，可探清每条桩基持力层下部地层情况，避免下部有软弱层，增加大楼安全度，另外，因为有把握，可以把桩基做得更浅些，节省造价，做到又安全又经济。

二、给排水方面——设备选型与选材合理

给排水专业除了应精确计算给排水负荷外，最重要的就选择合适的材料设备。各种材料的价格各不相同，性能各不相同，应多做比较，而且应同时考虑到施工等各方面，尽量采用性价比最高的材料。

不同材料不同性能等级的管材，其价格相差较大。一般而言，在同等直径及性能要求情况下，用平口钢筋混凝土管比用承插式的钢筋混凝土管便宜；用 HDPE 管比钢筋混凝土的管要贵很多。但是，使 HDPE 管比用钢筋混凝土管施工方便，且质量更有保证，对以后的物业及后期维护带来很大的便利。在给排水设计中，应从以下方面考虑以节省

成本：

（1）给排水管径、地下水池容积、给排水管材、生活变频水泵、消防水泵、净化水处理、污水处理设施、室外管网布置等，均应精确计算，比较各种方案，选择最佳方案。

（2）室外排水坡度应精确计算，尽量浅埋，减少施工工程量，并考虑煤气、供电弱电管线的影响。

（3）给排水设备的选用，除了要考虑一次性投资之外，还必须考虑设备的维护保养、更换等的相关费用，只有综合造价最低的，才是最好的。

（4）设备用房不要利用商业价值较高的地方，可选用商业价值不高的边角地带，设备运行的噪音不能影响业主休息。过大的噪声对人体有相当大的危害。

（5）室内外主要管道的走向应考虑美观和使用影响，室内给排水管应选在角落处，不能设在位置比较明显甚至有碍使用的地方，室外立管等还尽量隐藏或设于转角凹位处，以免影响立面效果或必须花钱装饰。

（6）露台，屋顶等大面积绿化带，应做好有组织排水并考虑在植被下埋设疏水滤水管疏水，为减少室外检查井的数量，应尽时将排水管汇集。

（7）各种检查井应设于绿化带等隐蔽的地方，不得设于道路中间或公众活动场所。

（8）各种管道、管线应尽量贴板底或梁底安装，以节省层高。

三、供配电方面——方案最佳、计算精确

供配电设备在建筑工程造价中所占比重较大，按我们以前的经验，平摊到每建筑平方米中，约需 150 元左右，所以控制好这部分成本，对建筑成本的控制作用不小。以下方面对造价的影响比较大，应加强控制。

（1）用电负荷计算精确，根据各栋各层建筑使用功能要求，合理而精确计算用电负荷，认真审核计算书。

（2）在供配电中，从电线、电缆、变压器以及高低压配电箱（柜）等，都大量使用铜、铁等昂贵金属，用电负荷越大，所需的铜、铁等的使用量便越多，所占的机房、设备间等的面积也越大，所以在满足规划要求的前提下，尽量对负荷计算精确，节省投资。

（3）选择最佳变配电方案。根据各小区用电负荷，同时结合小区规划和建筑平面布置考虑多种变配电方案，选择最经济的方案。一般而言，要求变压器数量越小越好，电缆的线路越短越好。如尽量减少低压柜数量，在低压供配电系统设计时，尽量避免全部采用放射式供电方式，应与其他供电方式综合考虑。

（4）设备房放在次要用房。供配电所需的发电机房、变压器房、配电房、开关房、风机房等应设在次要用房，有可能的话，尽量利用地下室，同时，应考虑设备运行的噪音对住户影响，以免引起住户投诉而引起赔偿。

（5）设备的选择以合适为宜。设备的种类比较多，同一型号的设备其价格相差较大，尽量选用国产优质产品，少用进口产品。

四、建筑结构优化设计实例分析

2000 年在设计佛山某部队宿舍钻孔桩基础时，部队想省钱，没有采纳设计公司做

超前钻的建议。施工时，全部钻到了设计要求的中风化岩或微风化岩。但在做静载试验检测桩时，有一条桩没有达到设计要求的值，不到设计值的一半便失效了。经做抽芯检查，发现桩底微风化持力层厚不到 0.3m 下便是强风化岩软弱夹层，为了安全起见，只有对全部基础采用预制预应力管桩进行加固，不但没有节省成本，反而使桩基础增加了一倍的成本。

在开发翡翠绿洲小区的时候，通过对基础设计进行优化设计，取得了非常显著的效果。

根据地质资料，翡翠绿洲小区桃源、浅水湾等组团别墅的地质情况从上到下土层依次为杂填土 (或耕植土)、黏土 (或粉土)、淤泥质土、残积土、强风化岩、中风化岩等。上部杂填土 (或耕植土) 较厚，上部黏土层或粉土层承载力较低，很多地方在该层土下部还存在一层淤泥质土，因此，原设计为预应为混凝土管桩。在我们周边的其他房地产公司如主要竞争对手凤凰城、新世界、新康花园等都无一例外的采用预应力混凝土空心管桩 (以下简称管桩)。由于基岩埋藏较深，经试打桩，普遍要 30 多米才能达到设计要求的收桩要求。管桩的承载力很高，一般 300mm 直径的管桩其承载力标准值可达 700 ~ 800kN，而我们的别墅由于只有二、三层，单柱最大轴力仅 200 ~ 1000 kN，如 A 型别墅 366m² 却有 I8 条管桩，平均每条桩承担不到 400 kN 的荷载，未能充分发挥管桩的承载力，如按原设计采用管桩，则桩基础造价比较高。我们通过分析地质资料后，提出采用混凝土搅拌桩处理地基，经与广东省有关专家研究，提出在低层建筑中采用水泥土搅拌桩处理地基代替预应为混凝土管桩基础的想法。经调查，广州市内用搅拌桩做建筑基础的几乎没有。经我们理论计算与分析，混凝土搅拌桩 (以下简称搅拌桩) 单桩承载力不高，桩径 600 搅拌桩，其承载力标准值可达 130kN，处理后地基复合承载力为 250kPa，完全可达别墅基础承载力要求。采用水泥土搅拌桩处理地基代替预应为混凝土管桩基础每建筑平方米节约 58.2127.4 元。经过多次试验与研究，最后采用了在低层建筑中采用水泥土搅拌桩处理地基代替预应为混凝土管桩基础的方案。仅此一项，便为地产公司节约数百万元。经济分析比较结果见表 8.6、表 8.7。

表 8.6　别墅基础预应力管桩造价表

型号	面积 (m²)	管桩 (根)	管桩单价 (元 / m)	桩深 (m)	造价 (元)	每平方米 单价 (元)	相比搅拌 桩价
A	366	18	85	33	50490	138.0	1.74
C	445.1	22	85	33	61710	138.6	2.49
E	577.5	25	85	33	70125	121.4	1.92
S2	293.2	19	85	33	53295	181.8	2.35
S3	225	16	85	33	44880	199.5	2.75
S5	309	18	85	33	50490	163.4	2.26
S6	286.3	17	85	33	47685	166.6	2.68
H3	410	23	85	33	64515	157.4	2.20

表 8.7　别墅基础搅拌桩造价表

编号	面积（m²）	搅拌桩（根）	搅拌桩单价（元／m）	桩深（m）	造价（元）	每平方米单价（元）	相比管桩价节省（元）
A	366	96	35.5	8.5	28968	79.1	58.8
C	445.1	82	35.5	8.5	24743.5	55.6	83.1
E	577.5	121	35.5	8.5	36511.8	63.2	58.2
S2	293.2	75	35.5	8.5	22631.3	77.2	104.6
S3	225	54	35.5	8.5	16294.5	72.4	127.0
S5	309	74	35.5	8.5	22329.5	72.3	91.1
S6	286.3	59	35.5	8.5	17803.3	62.2	104.4
H3	410	97	35.5	8.5	29269.8	71.4	86.0

　　经过静载试验检测，水泥土搅拌桩承载力达到了我们预期要求。图 8.11 是部分静载试验的成果表。

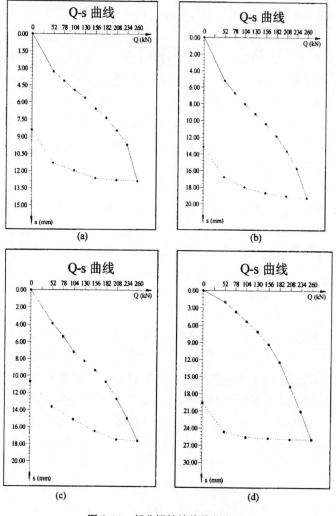

图 8.11　部分搅拌桩静载曲线图

此外，在结构方面控制成本，根据我们以往的经验，应从以下几方面考虑：

(1) 不得违反规范强制性条文。建筑是百年大计，决不能以牺牲安全获取经济利益。现在建筑质量讲究的是责任终身制，在设计中冒风险，地产商应承担主要责任，是主要责任人，规范强制性条文往往是对建筑结构的安全，使用影响较大的，作了强制性规定，若违反，有可能带来很大甚至灾难性后果。

(2) 采用新型钢筋材料。钢筋混凝土柱、墙的主要受力钢筋应优先使用 III 级钢，III 级钢价格比 II 级钢价格略贵，但其强度是 II 级钢的 1.2 倍，相比采用 II 级钢，可节省 15% ~ 20%，效果很可观。

(3) 在高层中，梁板采用普通低标号混凝土，剪力墙、柱采用高标号混凝土。梁板以受弯为主，相同截面的梁、板，提高混凝土强度等级作用很小，而剪力墙、柱以受压为主，提高其混凝土强度等级，可大幅度提高抗压承截力，因而可使截面更小，更经济。虽然提高混凝土强度等级，每立方米混凝土价格略贵一点，但承载力提高得更多。以 C40 混凝土和 C20 混凝土为例，C40 混凝土市场价为 330 元 /m^3，抗压强度为 19.1N/mm^2；C20 混凝土市场价为 275 元 /m^3，抗压强度为 9.1N/mm^2，也就是说，C40 混凝土的价格是 C20 混凝土价格的 1.2 倍，但其抗压强度是 C20 混凝土 2.0 倍。

(4) 结构布置合理。梁板跨度要合理，柱距过密，梁板尺寸小，配筋少，经济但不好使用；柱距过大则梁板跨度过大，将使梁板截面尺寸过大，钢筋增加，合适的梁跨度在 4.0 ~ 7.0 米之间较经济，板跨度 3.55.0m 之间较经济 (板厚：≤ 100mm，宜控制在板跨的 1/35 ~ 1/45 之间；梁高：≤ 400mm，宜控制在梁跨的 1/12 ~ 1/8 之间)。

(5) 隐梁隐柱。尽量把梁柱在建筑中隐藏起来，使墙体砌筑完后，尽量使梁、柱看不见。梁柱外露，将影响使用，而且不美观。最忌讳在厅房中间出现梁，使人心理上产生压抑感，久而久之影响身心健康。这种结构布置影响销售及销售价格。

(6) 梁柱等结构的布置应兼管其他专业。在结构布置时，除应注意在厅房等不要露出梁、柱外，还应兼顾给排、电气等的设置，尤其应注意给排水管走向、标高和通风管道的走向、标高以及预留洞等，管道是否与结构梁柱相碰、设备管道施工后能否满足建筑净空要求等，如果净空不满足，能否考虑穿梁。

(7) 对于坡屋面结构，在计算中，应按空间结构计算，在结构布置中，不允许在厅、卧等中间出现斜梁，如果梁必须设，可考虑做成反梁。

(8) 与其他专业配合好，处理好细部构造大样，正确预留各种洞口、管道的预埋件，避免事后凿打或植筋加固等。

(9) 设计时应考虑施工的难易性，尽量减少不必要的施工工序，少设缝，少做二次以上浇筑混凝土，如地下室的温度伸缩缝，高层与群楼之间的沉降缝等，可采用设后浇带等方法处理，尽量不设缝，因为接缝处防水不好处理，易出问题。

总之，结构设计没有唯一解，没有所谓的"专家标准模式"，在结构设计时，应从结构体的确定、上部结构方案、基础方案等开始，作多方案比较，不但要比较结构成本，还要比较综合成本，从中选取最佳的方案体系；同时，在设计过程中，采取过程控制，每一步均考虑到成本，尽量做到步步节约，这样才能在结构设计中做到对成本造价的有效控制。

第六节　建筑结构优化设计案例分析

本节对一个采用传统成本控制方法实践成熟且成功的实例，进行高层建筑结构设计成本控制的过程与效果对比分析，映证高层建筑结构优化设计的效能，实现以成本造价为目标的建筑结构构件设计量化指标指引。

一、项目背景

1. 项目设计概况

华科大厦为以办公、科研为功能的单一主体钢筋混凝土结构项目，建筑总面积 $55822.51m^2$，其中建筑主体高 993m，塔楼部分 25 层，面积 $36011.81m^2$；裙楼 3 层，面积 $8461.48m^2$，地下设一层停车场，面积 $11349.22m^2$，战时为六级二等人员掩蔽所。主要技术指标见表 8.8。

表 8.8　华科大厦主要技术经济指标

总用地面积	$22705.10m^2$
建设用地面积	$22705.10m^2$
总建筑面积	$55822.51m^2$
地上 / 地下 / 楼梯	$44473.29m^2/11349.22m^2/1282.50m^2$
设计建筑占地面积	$4265.86m^2$
覆盖率	34.48%
道路广场面积	$7807.76m^2$
绿地面积	$7609.76m^2$
绿化率	31.14%
层数：总层数 / 塔楼 / 裙楼 / 地下室	26 层 /22 层 /3 层 /1 层
层高：塔楼 / 裙楼 / 地下室	3.6m/4.5m/5.25m
高度：建筑结构总高度 / 地上主体高度	97.95m/99.30m

本工程为一类高层建筑，耐火等级一级，设计合理使用年限 50 年，人防工程为六级，抗震设防烈度为七度，防水等级为 II 级，结构形式为钢筋混凝土框架 - 剪力墙结构，建筑结构安全等级为二级。按《建筑抗震设防分类标准》（GB50223-2004），本工程抗震设防类别为丙类，按《建筑抗震设计规范》（GB50011-2001）规定，本工程场地抗震设防烈度为 7 度。建筑结构主要材料等级见表 8.9、表 8.10。

表 8.9　华科大厦钢筋混凝土结构用混凝土等级

楼号	层　　号	柱	墙	梁、板
主楼	地下室底板、外墙			C30
	地下室 ~ 12 层板面	C60	C50	C30
	12 层板 ~ 16 层板面	C50	C40	C30
	16 层板 ~ 22 层板面	C40	C40	C30
	22 层板 ~ 构架层顶	C30	C30	C30
裙楼	地下室底板、外墙		C30	C30
	地下室 ~ 一层板面	C40	C30	C30
	一层 ~ 屋顶	C30	C30	C30

表 8.10　华科大厦钢筋混凝土结构用钢筋等级

使用范围	设计强度 f_y	钢筋种类
梁、柱、墙主筋	360MPa	HRB400
直径＞φ10 的板筋或箍筋	300MPa	HRB335
箍筋	210MPa	HRB235
楼板配筋	360MPa	冷轧带肋 HRB550

　　建筑结构设计主要设计依据为：《华科大厦拟建场地岩土工程详勘报告》（编号：2005-AZ14）、《工程建设标准强制性条文（房屋建筑部分）》2002 版、《建筑结构可靠度设计统一标准》（GB50068-2001）、《建筑抗震设防分类标准》（GB50223-2004）、《建筑结构荷载规范》（GB50009-2001）、《混凝土结构设计规范》（GB50010-2002）、《建筑抗震设计规范》（GB500ll-2001）、《高层建筑混凝土结构技术规程》（JGJ3-2002）、《建筑地基基础设计试行规程》（SJGI-88）、《建筑地基基础设计规范》（DBJ15-31-2003）。

　　2. 项目结构设计构件工程量清单及设计成本管理

　　华科大厦项目设计方案结合项目层数、地上高度及建筑面积分布，以 2009 年 10 月为计价期，计算建筑结构构件综合单价，具体数据见钢筋混凝土建筑结构初步设计结构构件工程量清单综合单价及成本要素表（见表 8.11）。

表 8.11　华科大厦钢筋混凝土结构工程量清单综合单价及成本要素

构件	变量	构件图示工程量	单位	结构构件综合单价	合计（元）
基础	X_1	1533.94	m³	480.1.6(元/m³)	736536.63
柱	X_2	3112.62	m³	499.19(元/m³)	1553788.78
梁	$X3$	3989.95	m³	409.97(元/m³)	1635759.80
墙	X_4	5667.54	m³	479.99(元/m³)	2720362.53
板	X_5	12701.25	m³	469.30(元/m³)	5960696.63
楼梯	X_6	983.60	m²	88.17(元/m²)	86724.01
钢筋	X_7	5285.43	T	4985.68(元/t)	26351462.64
钢筋混凝土构件浇捣、养护部分合计				699.45(元/m²)	39045331.01
钢筋混凝土结构成本（含 11.5% 模板费用）				790.34(元/m²)	44119018.09
成本要素				单位面积成本要素	成本要素总量
人工消耗量				216.59(工日/100m²)	120907.72工日
模板工程量				346.39(m2/1.00m²)	193364.76m²
钢筋消耗量				9.85(t/100m²)	5523.27t
混凝土消耗量				49.45(m3/100m²)	27606.70m³

　　该项目设计成本管理采用传统的"方案设计→投资估算→初步设计→设计概算→施工图设计→施工图设计预算"模式，建筑结构设计阶段目标成本对结构成本及钢筋含量作了初步限额设定（凭结构工程师及造价工程师经验确定），对成本要素中的人工、模板及混凝土用量没有设定具体限额，对具体结构构件含量没有明确的量化指标，成本控

制随设计进程仅是一个反映和测度过程，没有进一步的逐步评价、逐步引导，成本控制靠设计的不断调整与返工、成本的反复计量与估算来达成，虽实现了所预设的目标及限额，但资源及构件设计缺少成本方面的优化，成本控制付出代价过大。

二、项目模型构建

1. 建筑结构目标成本及要素预测

按照模型应用步骤，首先预测华科大厦建筑结构目标成本及成本要素，依据成本及资源要素限额预测模型，将实例项目中的设计参数 (建筑功能、结构高度、面积、层数等) 代入，模型中办公楼赋值为 3，预测项目单位建筑面积目标成本及成本要素 (人工、模板、钢筋、混凝土) 如下：

单位面积建筑结构成本 Y_1=445.57+2.46× 建筑结构总高度 X_4+17.00

$\qquad$ × 建筑功能 X_{13}+3.77× 裙楼层数 X_{10}+3.80

$\qquad$ × 地下室层高 X_9=445.57+2.46×97.95+17

$\qquad$ ×3+3.77×3+3.8×5.25=765.79(元 /m^2)

单位面积人工消耗量 Y_2=143.95+4.29× 建筑结构总层数 X_6+5.93× 建筑功能 X_{13}

$\qquad$ −1.73× 塔楼层数 X_5−0.33× 建筑结构总高度 ×4+4.28

$\qquad$ × 地下室层数 ×8=143.95+4.29×26+5.93×3−1.73×22−0.33

$\qquad$ ×97.95+4.28×1-207.18(工日 /100m^2)

单位面积模板工程量 Y_3=266.52+0.69× 建筑结构总高度 ×4−0.001× 地下室面积 X_7

$\qquad$ +3.32× 裙楼层高 ×11=266.52+0.69×97.95−0.001×11349.22

$\qquad$ +3.32×4.5-337.70(m^2/100m^2)

单位面积钢筋消耗量 Y_4=5.349−0.014× 建筑结构总高度 X_4+0.251× 地下室层高 X_9

$\qquad$ +0.384× 建筑功能 X_{13}+0.113× 建筑结构总层数 X_6=5.349

$\qquad$ −0.014×97.95+0.251×5.25+0.384×3+0.113×26−9.39(t/100m^2)

单位面积混凝土消耗量 Y_5=37.02+0.07× 建筑结构总高度 ×4+0.86× 地下室层高 ×9

$\qquad$ =37.02+0.07×97.95+0.86×5.25=48.39(m^3/100m^2)

对比原成本要素含量见表 8.12。

表 8.12　华艺科技大厦建筑结构成本及要素预测结果对比

对比项目	结构成本 Y_1 （元 /m^2）	人工含量 Y_2 （工日 /100m^2）	模板含量 Y_3 (m^2/100m^2)	钢筋含量 Y_4 (t/100m^2)	混凝土含量 Y_5 (m^3/100m^2)
原项目数值	790.34	216.59	346.39	9.85	49.45
模型预测数值	768.79	2078	337.70	9.39	48.39
误差 (%)	-2.73	-4.35	-2.51	-4.69	-2.15

预测精度均在 5% 以内，工程造价业务中设计概算精度范围按惯例是 10%，说明成本及其要素预测模型预测效果显著，与项目实际发生值相符。

2. 建筑结构构件单价确定

建筑结构设计优化 DCO 模型应用的第二个步骤是确定项目构件的清单项目综合单

价，拟建项目是 25 层办公楼，依照《深圳市建筑工程消耗量定额 (2003)》有关超高增加费的规定，确定高层钢筋混凝土建筑结构构件及钢筋的综合单价，计算结果见表 8.11 中结构构件综合单价栏。

3. 项目建筑结构设计成本优化模型构建

华科大厦设计参数：建筑面积 S=55822.5lm^2，楼梯面积 b_5=983.60m^2，单位面积成本 Z=Y_1=768.79 元 /m^2，单位面积人工含量 b_1=Y2=2.0718 工日 /m^2，单位面积模板含量 b_2=Y_3=3.377m^2/m^2，单位面积钢筋含量 b_3=Y4=0.0939t/m^2，单位面积混凝土含量 b_4=Y5=0.4839m^3/m^2，构件综合单价见表 8.13，将以上项目设计参数、成本及其要素预测值及结构构件综合单价代入建筑结构设计成本优化 DCO 模型。

$$480.16x_1+499.19x_2+409.97x_3+479.99x_4+469.30x_5+88.17x_6+4985.68x_7+0.115\times55822.51\times768.79$$

$$\leqslant 55822.51\times768.79$$

$$\text{s.t.}\begin{cases}0.601x_1+3.444x_2+3.710x_3+3.069x_4+2.521x_5+1.216x_6+8.3x_7\leqslant55822.51\times2.0718\\1.07x_1+8.42x_2+7.11x_3+11.52x_4+5.58x_5+1x_6\leqslant55822.51\times3.377\\1.045x_7\leqslant55822.51\times0.0939\\1.015x_1+1.015x_2+1.015x_3+1.015x_4+1.015x_5+0.264x_6\leqslant55822.51\times0.4839\\x_6=983.6\\0.0217\times55822.51\leqslant x1\leqslant0.0725\times55822.51\\0.0312\times55822.51\leqslant x2\leqslant0.0868\times55822.51\\0.0504\times55822.51\leqslant x3\leqslant0.0992\times55822.51\\0.0697\times55822.51\leqslant x4\leqslant0.1589\times55822.51\\0.0959\times55822.51\leqslant x5\leqslant0.2365\times55822.51\\0.0572\times55822.51\leqslant x7\leqslant0.0983\times55822.51\end{cases}$$

构建如下建筑结构设计成本优化模型：$480.16x_1+499.19x_2+409.97x_3+479.99x_4+469.30x_5+88.17x_6+4985.68x_7+4935315.56\leqslant42915787.46$

$$\text{s.t.}\begin{cases}0.601x_1+3.444x_2+3.710x_3+3.069x_4+2.521x_5+1.216x_6+8.3x_7\leqslant115653.08\\1.07x_1+8.42x_2+7.11x_3+11.52x_4+5.58x_5+1x_6\leqslant188512.62\\1.045x_7\leqslant5241.73\\1.015x_1+1.015x_2+1.015x_3+1.015x_4+1.015x_5+0.264x_6\leqslant27012.51\\x_6=983.6\\1211.35\leqslant x1\leqslant4047.13\\1741.66\leqslant x2\leqslant4845.39\\2813.45\leqslant x3\leqslant5537.59\\3890.83\leqslant x4\leqslant8870.20\\5353.38\leqslant x5\leqslant13202.02\\3193.05\leqslant x7\leqslant5487.35\end{cases}$$

式中　x_1——基础混凝土构件图示工程量，单位 :m^3 ；
　　　　x_2——柱混凝土构件图示工程量，单位 :m^3 ；

　　x_3——梁混凝土构件图示工程量，单位 :m^3 ;

　　x_4——墙混凝土构件图示工程量，单位 :m^3 ;

　　x_5——板混凝土构件图示工程量，单位 :m^3 ;

　　x_6——楼梯混凝土构件图示工程量，单位 :m^2 ;

　　x_7——钢筋图示工程量，单位 :t。

十一项约束条件所示含义为 :

第一项 :建筑结构项目的人工消耗量不超过项目预测人工消耗总量 ;

第二项 :建筑结构项目模板工程量不超过项目预测模板工程量总量 ;

第三项 :建筑结构项目钢筋消耗量不超过项目预测钢筋消耗总量 ;

第四项 :建筑结构项目混凝土消耗量不超过项目预测混凝土消耗总量 ;

第五项 :建筑方案设计完成后确定的楼梯面积 ;

第六项 :基础工程量 (图示体积) 统计分析取值范围 ;

第七项 :柱工程量 (图示体积) 统计分析取值范围 ;

第八项 :梁工程量 (图示体积) 统计分析取值范围 ;

第九项 :墙工程量 (图示体积) 统计分析取值范围 ;

第十项 :板工程量 (图示体积) 统计分析取值范围 ;

第十一项 :钢筋工程量 (图示体积) 统计分析取值范围。

三、项目模型实践

1. 设计成本优化 DCO 模型落实

依照建筑设计及结构设计成本优化程序，首先进入方案设计阶段，在 EXCEL 表上构建线性规划模型 (见表 8.13)，设定目标函数单元格为最大值，进行规划求解，在目标成本、成本要素资源及构件工程量约束条件限定下，对方案设计阶段建筑结构构件图示尺寸工程量进行优化，以引导下一步初步设计阶段的成本优化设计。经过 6 步迭代运算，得到方案设计阶段成本优化设计结果——表 8.13 中构件图示工程量 (表中灰色格中数据)。

从表中限额剩余栏中可以看到，对于目标成本及其要素限额的实现，五项指标中有三项发挥了 100% 的制约作用，而成本和人工消耗限额发挥了 97% 以上 (成本 99.3%、人工 97.94%) 的制约作用，五项指标充分而均衡地发挥了对项目构件用量的统筹优化作用。

从 "优化设计表" 中可以看到，建筑结构优化成本比实际设计成本降低 3.41%，说明原成本控制最终效果还是有余地的 ;从初次设计优化的构件工程量结果与最终设计结果间的偏差可以看到，从资源最优配置角度讲，在满足建筑功能与设计规范前提下，柱、墙的工程量应比实际设计值扩大 (柱扩大 55.67%、墙扩大 20.72%)，而基础工程量则应扩大 163.84%;梁和板的工程量应当比实际设计值减小，其中梁减小 29.49%、板减小 38.51%，钢筋应减小 4.64%，楼梯工程量是方案设计已确定的，故不参与优化，优化差异为 0。表 8.13 明确了建筑结构方案设计完成后下一步初步设计成本优化的工程量指标，给出了优化的量化方向。

表 8.13　方案设计阶段（结构高度、层数、层高、面积确定后）设计成本优化表（6步迭代）

构件名称	基础 X_1	柱 X_2	梁 X_3	墙 X_4	板 X_5	楼梯 X_6	钢筋 X_7	资源消耗	规划实现 (m²)	目标限额 (m²)	资源限额	限额剩余 (%)
建筑结构成本（元）	480.16	499.19	409.97	479.99	469.30	88.17	4985.68	42615072.17	763.40	768.79	42915787.46	0.70
人工工日消耗（工日）	0.601	3.444	3.710	3.069	2.521	1.216	8.300	113272.74	2.0292	2.0718	115653.08	2.06
模板制安工作量（m²）	1.070	8.420	7.110	11.520	5.580	1.000		188512.62	3.3770	3.3770	188512.62	0.00
钢筋消耗量（t）							1.040	5241.74	0.0939	0.0939	5241.73	0.00
混凝土消耗量（m³）	1.015	1.015	1.015	1.015	1.015	0264		27012.51	0.4839	0.4839	27012.51	0.00
楼梯工程量（m²）						983.60						
构件图示工程量	4047.13	4845.39	2813.45	6841.98	7809.52	983.60	5054.129					

构件工程量约束值范围	每单位含量 最小值	数值	每单位含量 最大值	数值
基础工程量 X_1 限额 (m³)	0.0217	1211.35	0.0725	4047.13
柱工程量 X_2 限额 (m³)	0.0312	1741.66	0.0868	4845.39
梁工程量 X_3 限额 (m³)	0.0504	2813.45	0.0992	5537.59
墙工程量 X_4 限额 (m³)	0.0697	3890.83	0.1589	8870.20
板工程量 X_5 限额 (m³)	0.0959	5353.38	0.2365	13202.02
钢筋工程量 X_7 限额 (t)	0.0572	3193.05	0.0983	5487.35
建筑面积 S(m²)	55822.51			
模板费用系数 c	0.115			

设计优化表

对比实证项目	实例数值	优化结果	优化差异（%）
基础工程量 X_1(m³)	1533.94	4047.13	163.84
柱工程量 X_2(m³)	3112.62	4845.39	55.67
梁工程量 X_3(m³)	3989.95	2813.45	-29.49
墙工程量 X_4(m³)	5667.54	6841.98	20.72
板工程量 X_5(m³)	12701.25	7809.52	-38.51
楼梯工程量 X_6(m²)	983.60	983.60	0.00
钢筋工程量 X_7(t)	5285.43	5040.13	-4.64
建筑结构成本（元/m²）	790.34	763.40	-3.41

表 8.14 给出了方案设计阶段成本优化运算结果报告，包含目标单元格（最大值）、约束两部分，分别可以看到所求得的最优建筑结构成本、最优构件工程量配置以及优化模型约束条件的满足状况，其中"型数值"是指求解值与限定值之间的差距，反映了限定值的富余值。从约束部分可以看到成本要素部分的模板制安、钢筋和混凝土消耗三个约束到达了限制值，充分发挥了资源约束的效能；构件图示工程量部分的基础、柱图示工程量达到了约束限制值的上限，梁图示工程量达到了约束限制值的下限，说明了成本优化的方向是尽可能"扩大基础和柱、减少梁的图示工程量"；构件图示工程量部分的墙、板和钢筋均未达到限制值，其中板图示工程量处于约束值范围的偏下限值位置，钢筋图示工程量处于约束值范围的偏上限制位置，说明板设计扩大空间及钢筋设计减少空间较大，可以有较大发挥空间，墙图示工程量处于约束值范围的中间位置，说明墙设计的自由度最大，增减的富裕空间相当。

表 8.14　方案设计阶段优化运算结果分析

目标单元格（最大值）					
单元格	项　　　目	初值	终值		
$J$3	建筑结构成本（元）	42615072.17	42615072.17		
约束					
单元格	项　　　目	单元格值	公式	状态	型数值
$J$3	建筑结构成本（元）资源消耗	42615072.17	$J$3<=$M$3	未到限制值	300715.29
$J$4	人工工日消耗（工日）资源消耗	113272.74	$J$4<=$M$4	未到限制值	2380.34
$J$5	模板削安工作量（m²）资源消耗	188512.62	$J$5<=$M$5	到达限制值	0
$J$6	钢筋消耗量(t)资源消耗	5241.73	$J$6<=$M$6	到达限制值	0
$J$7	混凝土消耗量（m³）资耀消耗	27012.51	$J$7<=$M$7	到达限制值	0
$H$9	构件图示工程量楼梯 X_6	983.60	$H$9=$H$8	未到限制值	0
$C$9	构件图示工程量基础 X_1	404713	$C$9>=$D$12	未到限制值	2835.78
$C$9	构件图示工程量基础 X_1	404713	$C$9<=$F$12	到达限制值	0
$D$9	构件图示工程量柱 X_2	4845.39	$D$9>=$D$13	未到限制值	3103.73
$D$9	构件图示工程量柱 X_2	4845.39	$D$9<=$F$13	到达限制值	0
$E$9	构件图示工程量梁 X_3	2813.45	$E$9>=$D$14	到达限制值	0.00
$E$9	构件图示工程量梁 X_3	2813.45	$E$9<=$F$14	未到限制值	2724.14
$F$9	构件图示工程量墙 X_4	6841.98	$F$9>=$D$15	未到限制值	2951.15
$F$9	构件图示工程量墙 X_4	6841.98	$F$9<=$F$15	未到限制值	2028.22
$G$9	构件图示工程量板 X_5	7809.52	$G$9>=$D$16	未到限制值	2456.14
$G$9	构件图示工程量板 X_5	7809.52	$G$9<=$F$16	未到限制值	5392.50
$I$9	构件图示工程量钢筋 X_7	5040.129	$I$9>=$D$17	未到限制值	1847.08
$I$9	构件图示工程量钢筋 X_7	5040.129	$I$9<=$F$17	未到限制值	447.22

表 8.15 给出了方案设计阶段成本优化运算敏感性分析，包括可变单元格和约束两部分，可变单元格部分给出了各构件工程量终值、递减成本、综合单价及其允许的增量和减量。其中递减成本表示各构件工程量的影子价格，它说明在构件总量不变的情况下，某一构件工程量在最优解基础上增加 1 个单位，目标成本增加的数额；综合单价及其允许的增量和减量，是指在最优解保持不变的情况下，构件综合单价的变化范围，它反映

了所获得构件的图示工程量对招投标市场价格变化的适应能力，如果构件综合单价变化在允许的范围内，则不必变动构件工程量配置。

表 8.15　方案设计阶段优化运算敏感性分析

\multicolumn{6}{l}{可变单元格}
单元格	项　　　目	终值	递减成本	综合单价	允许增量	允许减量
$C$9	构件图示工程量 基础 X_1	4047.13	18.98	480.16	1×10^3	18.98
$D$9	构件图示工程量 柱 X_2	4845.39	24.78	499.19	1×10^3	24.78
$E$9	构件图示工程量 梁 X_3	2813.45	−62.08	409.97	62.08	1×10^3
$F$9	构件图示工程量 墙 X_4	6841.98	0.00	479.99	51.83	10.69
$G$9	构件图示工程量 板 X_5	7809.52	0.00	469.3	10.69	83.62
$H$9	构件图示工程量 楼梯 X_6	983.60	−33.08	88.17	33.08	1×10^3
$I$9	构件图示工程量 钢筋 X_7	504013	0.000	4985.68	1×10^3	4985.68
\multicolumn{6}{l}{约　　　束}
单元格	项　　　目	终值	阴影价格	约束限制值	允许增量	允许减量
$J$3	建筑结构成本（元）资源消耗	42615072.17	0.00	42915787.46	1×10^3	300715.29
$J$4	人工工日消耗（工日）资源消耗	113272.74	0.00	115653.08	1×10^3	2380.34
$J$5	模板制安工作量（m²）资源消耗	188512.62	1.80	188512.62	12047.63	17529.82
$J$6	钢筋消耗量（t）资源消耗	5241.73	4793.92	5241.73	62.73	1920.96
$J$7	混凝土消耗量（m³）资源消耗	27012.51	452.47	27012.51	664.61	1285.45

从可变单元格中可以看出，在构件总量不变的情况下，基础、柱和梁的递减成本相对综合单价均较小（小于 15%），故允许的调整余地相对较大，其中基础和柱的递减成本与构件图示工程量成正比，梁的递减成本与构件图示工程量成反比，说明了运算结果分析中"扩大基础和柱的图示工程量，减少梁的图示工程量"的优化方向；墙、板的递减成本为 0，说明其优化空间较大；由构件综合单价及其允许的增减量可以得出，基础和柱的允许增加量及梁的允许减少量近乎无限大，在最优解保持不变的条件下，基础、柱综合单价的涨价空间及梁综合单价的降价空间可以无限大，而基础、柱综合单价的降价空间相对较小（低于其综合单价 18%），梁综合单价的涨价空间相对综合单价也很小，墙、板综合单价允许的变化空间均较小；钢筋递减成本为 0，且综合单价允许的变动空间在其 0 与无限大之间，说明钢筋图示工程量配置达到了最优且综合单价可以最大限度地适应市场变化。

约束部分给出了项目成本及其要素的终值、阴影价格、约束限制值及其允许的增量和减量。其中阴影价格是指约束条件的影子价格，表示在所获得最优解的基础上，当约束条件每增减 1 个单位时，所引起目标函数值的增减量；约束限制值及其允许的增量和减量，是指在保持最优解和其他条件不变的情况下，约束限制值（目标限额）的可变化范围，亦即在此变化范围内表中所列出的约束条件的阴影价格才能成立。

从约束部分可以看出，在所获最优解基础上，成本及其要素中钢筋的阴影价格最大，其次为混凝土，说明钢筋与混凝土限额对目标成本的影响最大，特别是钢筋，其单位影响金额是混凝土的 10 倍之多，而模板的阴影价格又很小，对目标成本的影响每单位仅 1.8 元；成本与人工工日消耗约束限制值允许增量为无限大，说明可不受上限影响，允许的减量正说明了其可以在最优配置与目标成本限额之间的数值范围，即表 8.14 中约束部分相应项目的型数值，亦即上表 8.15 中限额剩余 (0.7% 和 2.06%) 所允许的幅度。从模板、钢筋、混凝土消耗量资源约束限制值及其允许的增减量可以看出，对照其相应的阴影价格，模板的可允许变化范围相对较大，阴影价格小且约束值允许变动范围大 (-9.3 ~ 6.39%)，其次为混凝土，约束值允许变动范围为 -4.76% ~ 2.46%，钢筋允许的减量为 -36.65%，增量为 1.2%。

表 8.16 给出了方案设计阶段成本优化运算极限值分析，报告列出了成本优化后最终的建筑结构成本及相应的构件图示工程量，以及在其他条件不变的情形下，该构件工程量的上下限值及其对应的目标成本 (目标式项目)。

表 8.16　方案设计阶段优化运算极限值分析

单元格	目标式项目	终值				
$J$3	建筑结构成本 (元)	42615072.7				
单元格	项　目	终值	下限极限	下限目标结果	上限极限	上限目标结果
$C$9	构件图示工程量 基础 X_1	4047.13	1211.35	41253442.36	4047.13	42615072.17
$D$9	构件图示工程量 柱 X_2	4845.39	1741.66	41065720.42	4845.39	42615072.17
$E$9	构件图示工程量 梁 X_3	2813.45	2813.45	42615072.17	2813.45	42615072.17
$F$9	构件图示工程量 墙 X_4	6841.98	3890.83	41198550.96	6841.98	42615072.17
$G$9	构件图示工程量 板 X_5	7809.52	5353.38	41462403.49	7809.52	42615072.17
$H$9	构件图示工程量 楼梯 X_6	983.60	983.60	42615072.17	983.60	42615072.17
$I$9	构件图示工程量 钢筋 X_7	5040.13	3193.05	33406117.49	5040.13	42615072.17

从分析中构件图示工程量相应的下限极限对应的目标式结果可以看出，钢筋对成本的影响度及可调整余地最大，其次自大至小为柱、墙、基础、板，且影响程度相近，梁的上下限值相等，说明梁图示工程量约束值达到了最小且其对应的成本为成本最大允许值。极限值报告反映了各构件设计图示工程量极限约束值对应目标成本的数值，对设计各阶段及步骤 (以下各步骤优化运算极限值报告略) 均具成本标示意义。

依照建筑结构设计程序，方案设计完成后便进入初步设计，初步设计阶段建筑结构设计程序，自基础至楼板及其他构件分为三步，在这三个步骤当中，结构设计成本优化同样具有相应的成本引导，随着各步构件的设计确定，成本优化与设计要求相结合地步步落实、件件完成，按照结构设计通常步骤，自下而上地进行成本优化引导及设计落实，直到最终给出施工图设计的成本优化指标。详细过程略，各阶段、各步骤优化状况与结果汇总见表 8.17。

2. 设计成本优化结论与方法总结

通过以上实例应用与分析，我们可以看到，对比传统的设计成本控制，采用设计成本优化 DCO 模型优化建筑结构设计，不但可以起到预测成本、节约成本的作用，更重要的贡献是可以发挥"由价至量"的成本规划、成本优化作用，而且是可在设计的任何阶段和步骤中发挥其引导和控制功能 (设计成本各阶段优化结果见表 8.17)，优化过程结果见图 8.12。

表 8.17　建筑结构设计成本优化实证分析结果汇总

1	2	3	4	5	6	7	8	9	10	11	12	13	14	15	16	17	18	19	20	21	22	23	24
优化步骤	建筑结构设计程序及构件设计内容			规划运算迭代次数	目标成本及要素资源限额约束使用度（%）					构件工程量约束值使用状况（到最小值↓；偏下↘；近中值→；偏上↗；到最大值↑）						建筑结构构件设计（图示工程量）优化差异 {[（优化量 − 实例量）/ 实例量]×100%}						成本优化结果（%）	成本优化方向
					成本	人工	模板	钢筋	混凝土	基础	柱	墙	梁	板（含其他）	钢筋	基础	柱	墙	梁	板	钢筋		
一	方案设计阶段（结构高度、层数、层高、面积参数确定后）			6	99.30	97.94	100.00	100.00	100.00	↑	↑	↗	→	↗	↗	163.84	55.67	20.72	-29.49	-38.51	-4.64	-3.41	增加基础、柱数量；降低梁数量
二	初步设计阶段	（一）	基础设计确定后	7	99.03	100.00	100.00	100.00	99.86	↗	↗	↗	→	↑	↗	0.00	-8.64	4.57	-29.49	3.94	-4.64	-3.67	增加板数量；降低梁数量
三		（二）	基础、柱、墙设计确定后	9	99.01	100.00	99.36	100.00	99.73	↗	↗	↗	→	↑	↗	0.00	0.00	-0.76	-29.49	3.94	-4.64	-3.69	增加板数量；降低梁数量
四		（三）	基础、柱、墙设计确定后	8	99.00	100.00	99.46	100.00	99.70	↗	—	↑	→	↗	↗	0.00	0.00	0.00	-29.49	3.53	-4.64	-3.70	降低梁数量
五	施工图设计阶段		完成设计	8	98.23	100.00	98.78	100.00	97.61	↗	—	↗	—	↗	↗	0.00	0.00	0.00	0.00	-10.10	-4.64	-4.45	设计成本优化基本合理

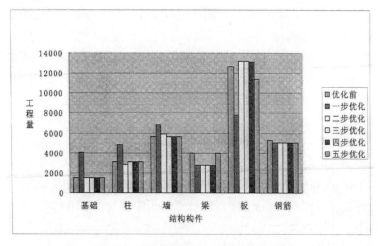

图 8.12　建筑结构设计成本优化结果对比

第七节　基于 VE 的限额设计在结构设计中的应用

一、项目工程概况

此项目为北京市一高层住宅项目。自然条件为 : ①基本风压 : $0.4kN/m^2$, 地面粗糙度为 C 类 ; ②基本雪压 : $0.40kN/m^2$; ③抗震设防烈度 : 8 度, 设计基本地震加速度为 0.20g, 设计地震分组为第一组, 抗震设防类别为丙类 ; ④标准冻深 : 0.8m ; ⑤建筑结构安全等级 : 二级 ; ⑥人防地下室抗力等级 : 核五级 ; ⑦设计使用年限为 50 年 ; ⑧地基基础设计等级 : 乙级。工程地质条件如下 :

(1) 地形、地貌

本工程场地位于永定河重洪积扇的中上部, 场区内地形基本平坦, 地面标高 44.78 ～ 45.62m。场区内存在横穿场地中部的一条东南—西北走向的盖板沟渠。

(2) 地下水情况

本次现场勘察期间在拟建场地勘探深度范围内未见地下水, 根据地质报告提供拟建场地 1959 年最高水位接近自然地面, 近 3 ～ 5 年最高地下水位标高在 21.0m 左右。抗浮设防水位 35.00m。由于地下水埋藏较深, 可不考虑地下水质的腐蚀性。

二、主体结构方案的选择

主体结构方案中建筑方案的选择受开发商对功能的要求及资金的限制, 而结构形式的选用除了受建筑方案对结构的限制外, 还受建筑物所在区域的抗震烈度、场地土类别、建筑物的重要性、设计基本风压等因素决定。我们进行主体结构选型首先要满足涉及到的一些国家规范规程的要求, 在规定的范围内合理选用建筑物的结构形式。但是现实设计中我们往往面临的是一个建筑物在建筑方案设计确定的前提下, 既符合框架结构也符合框剪结构, 这时候究竟选取何种结构, 选择哪种结构不仅能满足功能要求, 还能节约投资呢? 如何应用基于价值工程原理的限额设计方法进行成本控制和设计方案优化呢?

根据本工程的功能要求和场地土类别及抗震设防等一些基本要求，设计方给出几种主体结构设计方案供讨论选择。

方案一：9 层框架结构，层高 3.2m，柱网尺寸 6.6m × 4.8m，柱的断面尺寸：(500 ~ 600) mm × (500 ~ 600) mm；梁的截面尺寸 (250 ~ 350) mm × (500 ~ 650) mm。平面形状采用“一”字形，南北通透，一梯两户，有地下车库，车库层高 3.6m。经概算核算每平方米造价为 3600 元。

方案二：12 层框架 - 剪力墙结构，柱网为 6.6m × 4.8m，一层高 3.9m，二层层高 3.6m，其他层高 3.2m。柱的断面尺寸 (450 ~ 550) mm × (450 ~ 550) mm。墙厚 250，梁的截面尺寸 (250 ~ 300) mm × (450 ~ 600) mm，平面形状采用点式，一梯六户。设地下一层为车库，车库层高 3.6m。经概算核算每平米造价为 3700 元。

方案三：16 层剪力墙结构，地下两层为车库，(含一层电缆夹层)，层高 3.8m，地上十四层，上部结构为剪力墙结构，层高 3.0m。地下室墙厚 250mm，上部墙厚 200mm。梁的截面尺寸 (200 ~ 250) mm × (350 ~ 550) mm，平面形状采用“L”形，一梯四户。经概算核算每平米造价为 4200 元。

就目前设计师给出的方案，采用数学模型一进行无严格成本限额条件下结构方案的最优化选择，选择价值系数最大的方案。主体结构方案功能系数 F 的计算见表 8.18。成本系数 C 见表 8.19。价值系数 V 见表 8.20。

表 8.18 主体结构方案功能系数 F 的计算

评价因素		方案满足程度分数 U	方案评分		
功能因素	权重系数 ω		方案一	方案三	方案三
平面布局	0.0953		7.1	8.2	9.9
层高层数	0.0153		7.2	6.3	10.0
采光通风	0.0265		9.8	9.2	8.9
建筑节能	0.0151		9.6	6.2	9.4
建筑造型	0.0151		9.3	7.4	9.7
使用面积系数	0.0479		7.9	8.1	9.7
结构类型	0.2142		7.5	7.9	9.2
结构布置	0.0841		7.1	8.9	9.6
结构耐久性	0.1944		7.2	8.5	9.9
结构抗震性	0.1910		6.5	8.3	9.8
建筑材料的选取	0.0576		7.8	6.7	9.7
经济合理性	0.0434		9.5	6.4	9.6
方案总分 U	$U=\sum_{i=1}^{n} u_i\omega_i$		7.4167	8.0571	9.6351
功能系数 F	$F=\dfrac{U_i}{\sum U_i}$		0.2954	0.3209	0.3837

表 8.19　主体结构方案成本系数 *C* 计算

方案	方案一	方案二	方案三
单方造价（元 /m² ）C_i	3600	3700	4200
成本系数 C，$C=\dfrac{C_i}{\sum C_i}$	0.3130	0.3217	0.3652

表 8.20　主体结构方案价值系数 *V* 计算

方案名称	方案一	方案二	方案三
功能系数 F	0.2954	0.3209	0.3837
成本系数 C	0.3130	0.3217	0.3652
价值系数 V，$V=\dfrac{F}{C}$	0.9438	0.9975	1.0507

由表 8.18 ~ 表 8.20 可知，方案三的价值系数最大，即方案三为最优化方案。经分析，设计单位决定采用方案三作为最终的主体结构设计方案。

三、地基基础设计方案的选择

高层建筑地基基础选型应根据上部结构形式、工程地质、施工条件等因素综合考虑确定，由于高层建筑一般是水平荷载控制设计，为有利于结构的整体稳定性，宜选用整体性较好的十字交叉基础、筏板基础或箱形基础。当基础直接坐落在微风化或未风化的岩石上时，也可以采用条形基础；当建筑物建造在软弱地基上时，应采用桩基础或筏板基础下桩基与箱形基础下桩基等。

高层建筑基础的埋置深度必须满足地基变形和稳定的要求，以减少建筑物的整体倾斜，防止倾覆及滑移。埋置深度，采用天然地基时可不小于建筑物高度的 1/12，采用桩基时可不小于建筑物高度的 1/15，桩的长度不计在埋置深度内。抗震设防烈度为 6 度或非抗震设计的建筑，基础埋置深度可适当减小。基础埋置深度一般从室外地坪算起，如果地下室周围无可靠侧限时，应从具有侧限的地面算起。

根据建筑物所在地域的地形条件和建筑物的主体结构形式（16 层剪力墙结构；含两层地下室，层高 3.8m），设计单位给出以下三种地基基础设计方案：

方案一：地基采用 DDC 桩处理，桩径 800mm，桩长 12m，桩间距 1200mm；基础采用钢筋混凝土片筏式基础，筏板厚 600mm，基础埋深 7.6m。处理后地基承载力280kPa。该基础工程概算造价为 1065 万元，施工周期 85 天。

方案二：地基基础采用桩基加承台，桩体采用现浇混凝土灌注桩，桩径 600mm，桩长 21m。桩间距 1800mm；单桩极限承载力标准值 4400kN。基础埋深 7.8m。经概算核算该基础工程造价为 1325 万，施工周期 60 天。

方案三：地基基础采用钢筋混凝土预应力管桩加承台，桩径 600mm，桩长 22m，桩间距 2000mm，单桩承载力特征值 3400kN。由于本方案有两层地下室，基础埋深 7.8m，该基础工程概算造价为 1156 万元，施工周期 75 天。

同建筑方案的选择，地基基础设计方案的选择同样采用数学模型一，选用价值系数最大的作为最终确定的方案。

表 8.21　地基基础设计方案功能系数 F 的计算

评价因素		方案评分		
功能因素	权重系数 ω	方案一	方案二	方案三
基础造价	0.0971	9.7	7.1	9.2
基础类型	0.2744	7.8	8.5	8.9
基础埋深	0.0504	8.7	8.5	9.1
施工周期	0.0968	6.1	9.8	8.4
基础工程的承载能力	0.1941	7.4	9.2	10.0
基础工程的抗变形能力	0.1941	8.3	9.1	9.9
人防及基础防水	0.0427	6.5	7.5	9.8
施工对环境的影响	0.0253	7.1	7.9	10.0
施工难易程度	0.0253	9.3	8.7	8.2
方案总分 U	$U=\sum\limits_{i=1}^{n}u_i\omega_i$	7.8510	8.6911	9.3488
功能系数 F	$F=\dfrac{U_i}{\sum U_i}$	0.3032	0.3357	0.3611

注：方案评分列中间有竖排文字"方案满足程度分数 U"。

表 8.22　地基基础方案成本系数 C 计算

方案名称	方案一	方案二	方案三
概算成本（万元）	1065	1325	1156
成本系数 C, $C=\dfrac{C_i}{\sum C_i}$	0.3003	0.3737	0.3260

表 8.23　地基基础方案价值系数 V 计算

方案名称	方案一	方案二	方案三
功能系数 F	0.3032	0.3357	0.3611
成本系数 C	0.3003	0.3737	0.3260
价值系数 V, $V=\dfrac{F}{C}$	1.0097	0.8983	1.1077

由表 8.21 ~ 表 8.23 可知，方案三的价值系数最大。因此，根据价值工程原理，应选用方案三为最终的地基基础设计方案。

四、建筑装饰装修设计方案的选择

基于建设单位对建筑装饰的要求，设计院给出如下可供参考方案：

方案一：外墙立面刷彩色防水涂料，每层四周楼板处设一条 250mm 宽彩色涂料装饰带；室内客厅吊顶采用四周环绕彩色光带装饰；客厅和卧室地面铺 600mm×600mm 全瓷浅色地板砖，墙面贴防水透气中档壁纸；厨房和卫生间墙地面均贴白色瓷砖；外窗采用塑钢窗框双层中空玻璃，进户门采用安全复合防盗门，内门采用板式木门，简易木门套。装饰概算造价 1450 元 /m²。

方案二：外墙立面采用横贴淡灰色 45mm×195mm 全瓷外墙瓷砖，每层四周楼板处设一条 250mm 宽白色同质同规格外墙瓷砖，底层窗台下瓷砖改为深灰色；室内客厅吊顶仅用石膏阴角板做阴角装饰；客厅和卧室地面铺复合实木地板，墙面刷白色环保乳胶漆；厨房和卫生间墙地面均贴白色瓷砖；外窗采用铝合金窗框双层中空玻璃，进户门采用安全复合防盗门，内门采用板式木门、简易木门套。装饰概算造价 1300 元 /m²。

方案三：外墙立面镶贴 50mm×50mm 彩色马赛克，每层四周楼板处设一条 250mm 宽暗红色马赛克；室内客厅吊顶用装饰木吊顶，四周采用彩色光带装饰，客厅墙面做装饰电视墙；客厅和卧室地面铺高档实木地板，墙面贴高档壁纸；厨房和卫生间墙地面均贴带图案白色瓷砖；外窗采用双层铝合金双层中空玻璃，进户门采用安全复合防盗门，内门采用雕花实木门、装饰木门套。装饰概算造价 1700 元 /m²。

表 8.24 建筑装饰装修方案功能系数 F 的计算

评价因素			方案评分		
功能因素	权重系数 ∞		方案一	方案二	方案三
坚固耐久性	0.3357	方 案 满 足 程 度 分 数 U	7.0	9.0	9.0
美观性	0.1405		8.0	8.2	8.8
设计风格	0.0340		8.7	8.2	9.3
装修舒适度	0.2265		8.1	9.1	9.2
材料环保性	0.1563		8.7	8.5	7.9
装饰造价	0.1069		8.2	9.0	7.5
方案总分 U	$U=\sum_{i=1}^{n} u_i\omega_i$		7.8407	8.804	8.6942
功能系数 F,	$F=\dfrac{U_i}{\sum U_i}$		0.3094	0.3474	0.3431

表 8.25 地基基础方案成本系数 C 计算

方案名称	方案一	方案二	方案三
概算成本（万元）	1450	1300	1700
成本系数 C,$C=\dfrac{C_i}{\sum C_i}$	0.3258	0.2921	0.3820

表 8.26 地基基础方案价值系数 V 计算

方案名称	方案一	方案二	方案三
功能系数 F	0.3094	0.3474	0.3431
成本系数 C	0.3258	0.2921	0.3820
价值系数 V,$V=\dfrac{F}{C}$	0.9498	1.1895	0.8982

由表 8.24～表 8.26 可知，方案二的价值系数最大。因此，根据价值工程原理，应选用方案二为最终确定的建筑装饰装修方案。

五、最终建筑结构设计方案的确定及优化

1. 最终设计方案

运用数学模型一对建筑方案和地基基础设计方案进行选择后，将其组合得到最终的整体设计方案为：

地基基础采用钢筋混凝土预应力管桩加承台，桩径 600mm，桩长 22m，桩间距 2000mm，单桩承载力特征值 3400kN。地下两层为车库，（含一层电缆夹层），层高 3.8m。地上十四层，上部结构为剪力墙结构，层高 3.0m。地下室墙 250mm，上部墙厚 200mm。梁的截面尺寸（200 ~ 250）mm×（350 ~ 550）mm，平面形状采用"L"形，一梯四户。装饰装修方案为：外墙立面采用横贴淡灰色 45mm×195mm 全瓷外墙瓷砖，每层四周楼板处设一条 250mm 宽白色同质同规格外墙瓷砖，底层窗台下瓷砖改为深灰色；室内客厅吊顶仅用石膏阴角板做阴角装饰；客厅和卧室地面铺复合实木地板，墙面刷白色环保乳胶漆；厨房和卫生间墙地面均贴白色瓷砖；外窗采用铝合金窗框双层中空玻璃，进户门采用安全复合防盗门，内门采用板式木门、简易木门套。

上述最终方案的确定是由各个部分的最优设计方案组合而成，现行方案是否可行，整体方案的价值系数是否最大还待进一步探讨研究。一般来说，现行方案总有改进的余地，任何事物不能十全十美，因此，制定改进、优化方案是十分重要的。

2. 最终设计方案的优化确定

(1) 背景材料及存在问题

上述设计方案经过设计概算，项目造价将达到 5200 万元，而建设单位由于自筹资金的原因，将投资限额设定为 4700 万，所以改进、优化方案成为必要。

(2) 解决方案

设计人员决定在此方案设计的基础上进行优化，将投资概算控制在合理的限额内。可是，对哪个部分优化？各个部分优化的比例应该是如何？怎样的优化比例才是价值最大的呢？这个问题的解决就需要我们用优化数学模型，在限额已定的情况下，找到各个部分最优化的目标成本。

首先将此项目分为地基基础工程、主体结构工程和建筑装饰装修工程三大部分，然后利用数学优化模型进行成本的优化控制。

根据地基基础工程、主体结构工程和建筑装饰装修工程对于成本来说的重要性，采用重要系数法确定权重系数，见表 8.27。

表 8.27 功能权重系数计算表

评价要素	暂定重要性系数	修正重要性系数	功能权重系数
地基基础工程	0.55	0.825	0.2481
主体结构工程	1.5	1.500	0.4511
建筑装饰装修工程		1.000	0.3008
合　计		3.325	1.000

各部分工程功能评分及成本表，如表 8.28 所示。

表 8.28 各分部工程功能评分及目前成本表

功能项目	功能权重 ω	目前成本 C_i（百万元）	对目前质量满意度评分 U_i（总分 10 分）	参数 $\beta_i = \dfrac{-ln(10/U_i - 1)}{C_i}$
地基基础工程	0.2481	11.56	9.2	0.2113
主体结构工程	0.4511	23.42	9.0	0.0938
建筑装饰装修工程	0.3008	17.02	8.7	0.1117
合　计	1.0000	52.00		

计算四个功能项目的成本系数 C_i 和价值系数 V_i，见表 8.29。

表 8.29 各分部工程价值系数计算表

功能项目	功能重要系数 F_i	目前成本（百万元）	成本系数 C_i	价值系数 V_i
地基基础工程	0.2481	11.56	0.2223	1.1161
主体结构工程	0.4511	23.42	0.4504	1.0016
装饰装修工程	0.3008	17.02	0.3273	0.9190
合　计	1.0000	52.00	1.0000	

限额情况下各个部分的目标成本 C_i，见表 8.30。

表 8.30 最终目标成本及成本降低额计算

功能项目	目前成本（百万）	目标成本 C_i（百万）	成本降低额（百万）	成本降低额排序	满意度评分 U_i（总分 10 分）
地基基础工程	11.56	10.73	0.83	3	9.06
主体结构工程	23.42	21.26	2.16	1	8.80
装饰装修工程	17.02	15.01	2.01	2	8.42
合　计	52.00	47.00	5.00		

由表 8.30 可以看出，通过价值分析，地基基础工程、主体结构工程装饰装修工程都需要降低成本以达到目标成本限额设计的目的。

3. 满足限额要求下结构形式的设计优化

由于价值工程注重的是以功能分析为核心，我们需要得到的是项目的功能，而不是项目本身。因此，我们从满足功能这一点出发，经过价值工程研究人员的分析，决定对设计方案进行调整。

本案例中最优化方案选择的即为全剪力墙体系，全剪力墙体系抗震潜力大，结构延性好，作为分隔墙能与建筑平面较好的配合，而且房间内没有梁柱外露，能满足住宅的使用要求，避免了框架 - 剪力墙结构的缺点。

但从另外的角度看，根据经验，按传统的剪力墙布置方法用于高层住宅，即使是 25 层左右的建筑，剪力墙的配筋仍然是构造配筋，即全剪力墙结构体系的功能水平很高，用在此类建筑中存在一定程度的浪费。

从结构功能和造价角度看，全剪力墙体系可能有以下几点不足：

• 墙体数量多，墙体的承载能力没有得到充分利用；

• 混凝土量和结构自重很大，不仅上部结构费用高，也造成基础费用增加；

- 整个建筑的抗侧刚度大，自震周期短，从而引起地震反应加大；
- 墙体配筋率低，结构延性有限，对抗震不利。

鉴于以上全剪力墙体系的缺点，本案例中采用一种更优化的结构形式—短肢剪力墙结构，简称短肢墙。为了发挥各种结构体系的优点，使结构既有足够的抗侧能力，又能减轻结构自重，减少结构费用，短肢剪力墙属于剪力墙结构体系，只不过采用的墙肢较短（通常认为肢长为 2m 左右或以下），而且通常采用 T 形、L 形、U 形甚至是十字形，当然也可以采用部分"一"形。由于排列不够整齐、规律，肢长又比较短，所以与普通剪力墙体系不同。当肢长相当短（肢长小于 4 倍墙厚）时，它已接近于柱的形式，但并非方形或矩形，因此也称为异形柱。

短肢剪力墙的使用避免了全剪力墙体系的缺点，发挥了各种结构体系的优点，使结构既有足够的抗侧能力，又减轻了结构自重，大大降低了结构的费用。

由于上部结构自重的减轻，在满足承载力要求下，地基基础的桩长可以略微减小，由原来的 22m 改为 18m，这样，在满足承载力的要求下，减少了混凝土的使用量，大大节约了费用，降低了造价。

另外需要降低费用较大的是装饰装修工程，可以通过降低装饰装修的档次以控制投资。如决定将原方案中外墙立面采用横贴淡灰色全瓷外墙瓷砖改为外墙立面采用粉刷彩色防水涂料，铝合金窗框门窗改为塑钢窗框门窗，实木复合地板改为普通地板砖。

经过以上方案的优化过程，最后得出的优化设计方案为：地基基础采用钢筋混凝土预应力管桩加承台，桩径 600mm，桩长 18m，桩间距 2000mm，单桩承载力特征值 3400kN。主体结构采用 16 层剪力墙结构，地下两层为车库（含一层电缆夹层），地上十四层，上部结构为短肢剪力墙结构，层高 3.0m。地下室墙厚 250mm，上部墙厚 200mm。梁的截面尺寸（200 ~ 250）mm ×（350 ~ 550）mm，平面形状采用"L"形，一梯四户。装饰装修方案为：外墙立面采用粉刷彩色防水涂料，每层四周楼板处设一条 250mm 宽的彩带；室内客厅吊顶仅用石膏阴角板做阴角装饰；客厅和卧室地面铺浅色地板砖，墙面刷白色环保乳胶漆；厨房和卫生间墙地面均贴白色瓷砖；外窗采用塑钢窗框双层中空玻璃，进户门采用安全复合防盗门，内门采用板式木门、简易木门套。经过调整的方案概算造价控制在 4700 万元以内。

六、优化前后方案的定性与定量分析

1. 定性分析

基于价值工程原理的限额设计方法在工程领域的应用不仅有效控制了投资限额，还使项目的部分功能得到大大的提高。本案例在利用价值工程原理对方案进行最优化选择后，还进一步的优化所选方案，将全剪力墙体系改为短肢剪力墙体系；在功能方面：①墙体数量减少，墙体的承载能力得到充分利用；②混凝土的用量减少，减轻了结构自重，大大节约了主体结构费用并降低了基础造价；③增大了墙体的配筋率，结构延性变好，抗震能力增强。

2. 定量分析

　　由于原设计方案需要花费 5200 万，而我们只有 4700 万，因此我们采用前面限额条件下数学优化模型来计算各个部分需要调整的额度，在调整额度内，我们在不降低功能的前提下，替换材料或者删除不必要的功能来节约投资，使一定限额内项目功能最大化，即项目的价值最大化。以下将优化前后的成本做一比较（表 8.31，图 8.13）。

表 8.31　优化前后成本比较表

功能项目	优化前成本（万元）	最优化目标成本（万元）	成本降低额（万元）
地基基础工程	1156	1073	83
主体结构工程	2342	2126	216
装饰装修工程	1702	1501	201
合　计	5200	4700	500

　　优化前后成本曲线比较图如图 8.13 所示：

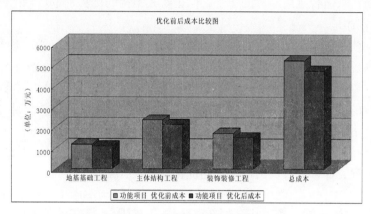

图 8.13　优化前后成本比较图

　　由上述定性和定量的分析看出，经过优化的设计方案不但没有降低建筑物的功能，还大大节约了投资，使投资控制在了限额内，满足了要求。即在限额的要求下，项目的价值达到了最大化。

第9章　多高层建筑剪力墙结构优化设计

建筑结构体系的选择主要是根据建筑使用功能对内部空间的需要、建筑高度、使用荷载、建筑工程造价、施工条件等多种因素确定的。混凝土结构体系主要有：框架结构体系、框架-剪力墙结构体系、剪力墙结构体系、筒体体系。这几种结构体系的抗侧刚度由弱到强依次是框架结构体系、框架-剪力墙结构体系、剪力墙结构体系、筒体体系。抗侧刚度的增强也就意味着建筑高度的增加。框架结构的抗侧刚度虽然较小，不宜建造高度高的建筑，只适合建造多层的建筑，但也有其结构的优势，本章讨论的结构体系是框架-剪力墙结构。

随着高层建筑的迅猛增加，对剪力墙结构的合理选型和优化布置，对于节约建筑成本具有指导性意义。早期由于对剪力墙结构的各种结构形式研究不够深入，力学性能了解不够深刻，以至于对剪力墙结构的布置不能做出一个既符合实际又经济的合适方案。为了保证结构的安全性，建筑设计师往往需要采用较为保守的方法调整计算结果，并采用加强的构造措施。这样处理既不经济也不一定能真正保证安全。因此，近年来工程界对高层剪力墙结构的优化布置给予了更多的关注，而且也取得了一定的进展。因此，结合工程实际情况，深入开展剪力墙结构的优化设计很有必要。

第一节　剪力墙结构的特性及其设计存在的问题

国内的高层建筑大多设计得较刚，尤其在以框-剪结构为主的高层住宅，主要表现为剪力墙过厚(可达 500 ~ 600nnn)，数量较多，柱截面过大，计算的相对位移只达到几千分之一。框-剪结构中剪力墙的混凝土数量比例很大，直接影响着工程造价。在设计中，剪力墙数量一般是凭经验设置而后再进行验算，这样做有时剪力墙设置过多，框架分担的剪力不足总剪力的 20% 时，仍按 20% 总剪力设计截面，造成浪费；也有时剪力墙设置数量过少，框架将分担较多的剪力，使梁柱配筋很多。因此框架和剪力墙应如何设置，使结构用料、造价最省，从而达到工程总成本造价最低，是高层建筑结构方案设计中的一个重要问题。

一、剪力墙结构的特性

现阶段混凝土结构体系主要分为三类：框架结构、剪力墙结构、框架-剪力墙结构，其中剪力墙结构是高层住宅最为常见的结构体系。这三种结构体系有以下特点：

框架结构体系的主要构件由结构梁和柱组成，梁柱之间刚接或者铰接，构成抗侧力和承重体系，即由梁和柱共同作用组成框架，来抵抗水平荷载和竖向荷载。框架结构一般应用于对空间要求较高的建筑，主要优点为框架空间跨度大，隔墙分布灵活，结构梁、柱数量少，自重较轻，比较节省材料；结构梁、柱构件尺寸比较简单，施工方便。但框架结构体系也有明显的缺点，总体抗侧向刚度偏小，框架梁柱节点应力集中；抗侧力能力弱，在水平地震作用下，结构位移较大，节点变形过大，结构破坏较为严重，一般用于多层，高层建筑很少采用纯框架结构体系。框架结构是杆件结构，受制于杆件截面限制，结构承载力相对其他结构体系存在差距。

剪力墙结构体系的主要构件由结构墙和板组成。剪力墙和楼板组成抗侧力和承重体系，来承担水平和竖向荷载。剪力墙结构主要优点为平面内抗侧力刚度大，剪力墙结构体系合理，刚度适中时，具备良好的延性，整体性能较好。地震力主要为水平力，因此抗震性能较好。对比于框架结构,适用的建造高度要高。但剪力墙结构也有相应的缺点，因为剪力墙数量较多，结构自重较大，所承担的地震力也较大。且剪力墙间距受规范严格限制，间距不能太大，建筑平面布置不是很方便灵活，大空间公共建筑难以适用。

框架 - 剪力墙结构体系抗震性能在剪力墙和框架结构之间。剪力墙抗侧向刚度大，可以抵抗地震水平力，使整个结构的抗侧向刚度满足规范的要求。利用框架部分的特点满足建筑大空间布局的需要，主要承担竖向荷载，同时也具备一定的抗水平力的能力。高层商业建筑，采用框剪结构体系的建筑非常普遍。而且在此基础上发展出新的结构体系，如框筒结构、筒中筒、巨型框架 - 核心筒结构体系等等。

二、剪力墙结构设计中存在的问题

高层建筑中绝大多数为框架 - 剪力墙结构。主要是因为框 - 剪结构抗侧力刚度大，能有效地抵抗地震水平力，满足规范中对高层结构侧向位移的要求。但是，高层建筑剪力墙数量不能无限增加，刚度不能无限加大，第一会导致结构自重增加从而增加地震水平力；第二会导致资源耗费增大，工程费用增加，经济上不合算。怎样在抗震性能满足规范要求的的基础上尽可能地经济，就是设计的一个尺度平衡的问题。但在实际设计过程中，相当部分的设计师对此没有深刻认识，认为只要剪力墙计算结果满足规范要求就可以，对结构模型并没有精细化考虑，实际设计时对刚度和地震的平衡控制没有到位，设计质量存在缺陷，造成剪力墙数量庞大、构件尺寸笨重，造成了对社会资源和建造成本的极度浪费。当前，框 - 剪结构设计中主要存在以下问题：

(1) 框 - 剪结构的水平侧移刚度是由框架部分和剪力墙部分共同提供的，即使自振周期相同的结构，也可能由不同框 - 剪刚度比的框架部分和剪力墙部分组成。但框架梁、柱以及剪力墙的单方造价不同，会造成自振周期相同的结构造价不同。

(2) 结构主体的造价主要由钢筋、混凝土组成，由于钢材的价格较其他材料高很多，因此，很有可能混凝土体积最小，但结构的造价并不是最低，而造价最低的结构，其混凝土体积和结构侧移刚度均比较大。对于 8 度设防区，侧移计算值本身就不大，如果一定要求其达到位移限值，很可能使剪力墙数量过少，框架抗震等级提高，造成结构造价的增加，同时也不利于框 - 剪结构各部分构件协同工作。

因此，对高层建筑剪力墙的结构设计进行深入研究和比对，对现阶段控制资源浪费、节省建造成本、提高结构的安全性、合理性具有多方面的价值意义。鉴于此，作者认为有必要引入从建筑结构的宏观整体出发，着眼于结构整体反应的概念设计思路，进行以

结构安全性 - 经济性综合分析为目的的框 - 剪结构优化设计研究。

第二节　结构方案变化对成本造价的影响

一、剪力墙结构各部分成本造价的构成

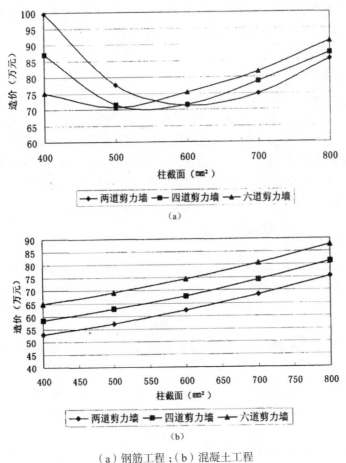

（a）钢筋工程；（b）混凝土工程

图 9.1　剪力墙结构钢筋混凝土材料成本造价曲线图

从图 9.1 中的总造价曲线图及各项材料造价曲线图分析可知，各方案中无论柱截面尺寸大还是小，剪力墙数量多还是少，钢筋所占比例很大，结构方案的变化及钢筋单价较高是导致这种结构造价变化的主要原因。

二、剪力墙结构方案变化对钢筋造价的影响

根据图 9.1，我们可以发现钢筋工程造价随结构方案变化，并不呈现单调关系。三条造价曲线均呈现明显的先减后增的趋势，且最小值出现在结构为两道剪力墙，柱截面 550mm 附近。图 9.1 中总造价的变化趋势也是随结构刚度的增大而先减后增，其最小值也对应于柱截面为 550mm×550mm 道剪力墙的结构附近，这说明了钢筋造价对结构总

造价起到的控制作用。

　　剪力墙的数量或框架柱的截面尺寸变化，均会引起钢材用量比例发生变化。当结构的抗侧刚度较小时，为了满足强度要求，墙、柱、梁的配筋量相应很大；增加剪力墙的数量或框架柱的截面尺寸，结构的抗侧刚度增大，各构件的配筋量逐渐减少；但随抗侧刚度的继续增大，各构件又要保证满足构造要求的最小配筋率，致使结构总体的配筋量又呈增长的趋势。钢材的用量和造价在工程总造价中所占的比例很大（算例中约为 50% ~ 65%），可见，工程总造价的变化趋势主要受配筋量的控制。但组成钢筋造价的梁、柱、墙钢筋用量又分别有不同的造价比例。图 9.2 为柱截面 600mm×600mm 柱截面对应不同剪力墙数量的钢筋用量比例。

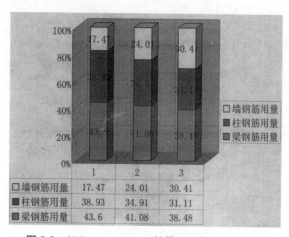

図 9.2 600mm×600mm 柱截面钢筋用量比例图

	1	2	3
□ 墙钢筋用量	17.47	24.01	30.41
■ 柱钢筋用量	38.93	34.91	31.11
▨ 梁钢筋用量	43.6	41.08	38.48

　　分析图 9.2 发现，构成框架的梁、柱配筋量占了结构总用钢量的 69.59% ~ 82.53%，而剪力墙仅占了结构总用钢量的 17.47% ~ 30.41%。剪力墙的用钢量虽然随墙数量的增加，以 6% 幅度增长，但结构将因为剪力墙数量的增加而造成混凝土用量和剪力墙构造配筋量的增加，反而不经济。因此，在影响造价最小值的众多因素中，框架部分的抗推刚度的变化是不容忽视的因素。由于框架梁截面尺寸一般由结构的跨度和竖向荷载确定，极少会根据框架柱截面的改变而调整，因此，根据以上分析，我们考虑通过改变框架柱截面，来改变框架侧移刚度 C_F，进而了解该因素对造价影响程度。

三、剪力墙结构方案变化对混凝土造价的影响

　　根据实例分析，每减少两道剪力墙，将增加两条跨度为 6m 的梁。以柱截面 600mm×600mm 为例，剪力墙的数量由四道变为两道时，总的混凝土体积仅减少了 8.4%。

　　在剪力墙数量已经确定时，改变柱的截面尺寸，如以柱截面由 600mm×600mm 减小到 500mm×500mm，总的混凝土体积减少了 7.68%。

　　由算出的数据可见，结构方案的改变对混凝土体积和造价的影响不大，也间接说明了，结构造价曲线与钢筋造价曲线相似的原因。尽管结构方案的改变对混凝土的总体积和造价改变影响不大，但由于梁与墙混凝土的互换，尤其是剪力墙数量的变化，使得框 - 剪结构刚度特征值入发生了较大的变化。

通过以上对各项材料用量及其工程造价与结构方案之间关系的分析，总结出柱截面尺寸的改变，可使钢筋用量大幅度变化，对于结构造价变化的影响起主要作用。

第三节　框架－剪力墙结构整体优化设计

本节将基于满应力优化准则法的基本原理，把各个控制因素与目标函数、设计变量建立关系，建立整体优化的数学模型和多高层框架-剪力墙结构整体优化设计理论，并探讨这些控制因素的一般优化方法。同时，研究讨论多高层框架-剪力墙结构整体优化设计的效果评价方法。

一、框架－剪力墙结构整体优化设计理论

1. 优化目标函数、设计变量、约束条件及其数学模型

在进行多高层框架-剪力墙结构优化设计时，先要确定方案优化设计的目标函数、设计变量、约束条件。然后，在满足约束条件前提下，通过调整设计变量，使目标函数接近目标值。

（1）目标函数 C_{st}（总造价）

在建筑建造造价的直接费中，包含了直接工程费。直接工程费是人、材、机的费用的总和。在综合清单计价规则中，造价就是工程量与综合单价的乘积。为方便评价结构优化设计的效果，将结构工程造价分为楼盖结构的造价 q，结构柱与墙的造价 C_v 和基础地下室工程的造价三个部分。因此，整体优化的目标函数可以用式 9.1 来表示：

$$C_{st}=C_h+C_v+C_{ba} \tag{9.1}$$

上式中，C_{st} 为结构工程总造价，C_h 为楼盖结构造价，C_v 为柱、墙结构造价、C_{ba} 为基础地下室工程造价。现设 X 为混凝土工程量，Y 为钢筋工程量，则目标函数 C_{st} 可以写成：

$$C_{st}=(Z_hX_h+P_hY_h)+(Z_vX_v+P_vY_v)+(Z_{ba}+X_{ba}+P_{ba}Y_{ba}) \tag{9.2}$$

式中，Z、P 分别为结构工程中的混凝土、钢筋清单项目中的综合单价。

多高层框架-剪力墙结构整体优化设计的目标函数应是追求式 9.2 中的 C_{st} 值的合理最低值。同时，该值又不能无限度地降低，因为每个工程项目会有一个安全性及工期限制问题，过于低的造价，将会给项目工程建设带来非常巨大的压力，这是一个不利的方面。

（2）设计变量 M^T（造型、细部设计控制因素）

式 (9.2) 中，设计变量有两个，混凝土工程量 X 与钢筋工程量 Y。表面上看与造型、部设计控制因素没有直接的关系，而实际上，混凝土工程量 X，钢筋工程量 Y 均为造型、细部设计因素控制。因为，造型、细部设计因素的选择，会影响结构构件截面尺寸的大小，从而决定了混凝土与钢筋的用量。在建筑结构整体优化设计中，算出工程量，从而统计 C_{st}。因此，设计变量应该认为是造型、细部设计因素中的各个控制因素。对于框架-剪力墙结构的优化，是多维的设计变量，记为式 9.3：

$$M^T=(m_1,\ m_2\cdots m_n)^T \tag{9.3}$$

（3）约束条件 L^{T}（技术参数控制因素）

约束条件包括输入的设计参数、结构设计结果的总体参数等。约束条件数可以对设计计算结果的正确性、合理性与经济性进行检校。结构设计应该在约束域的规定范围内进行优化，满足其强度、刚度及构造要求。对于框架 - 剪力墙结构的整体优化，记约束条件表达式为式 9.4：

$$L^{\mathrm{T}}=(L_1,\ L_2 \cdots L_n)^{\mathrm{T}} \tag{9.4}$$

（4）整体设计优化理论的数学模型

建立目标函数、设计变量、约束条件之间的联系，基于结构设计优化与满应力准则法原理，可建立整体优化数学模型。整体优化设计的数学模型应可以表示为式 9.5：

$$\left.\begin{array}{rl}
\text{调整控制因素：} & M=(m_1,\ m_2,\ \cdots m_n)^{\mathrm{T}} \to [\beta]_{\mathrm{optimization}} \\
\text{使设计变量：} & A=(X,\ Y)^{\mathrm{T}} \to \min \\
\text{从而使目标函数：} & C_{\mathrm{st}} \to \min \\
\text{且满足约束：} & L=(L_1,\ L_2,\ \cdots L_n)^{\mathrm{T}} \to [\sigma]_{\mathrm{optimization}}
\end{array}\right\} \tag{9.5}$$

上式中，1，2，…，n 为控制因素或约束条件的序号。$[\beta]_{\mathrm{optimization}}$，$[\sigma]_{\mathrm{optimization}}$ 分别为各控制因素、约束条件的优化组合值。

二、建筑造型控制因素的优化

1. 建筑高度与竖向高宽比

高层建筑因其高度较大，故其受水平荷载的影响很大。建筑高度的优化，应首先了解高度与结构造价的关系。这里对建筑结构的造价 P 与高度 H 的关系作出定性分析。

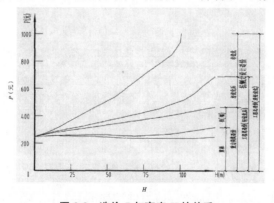

图 9.3　造价 P 与高度 H 的关系

从图 9.3 的曲线分析可看出，建筑物造价 P 与高度 H 呈二次方正比关系，随着建筑物高度的增加，建筑物造价将急剧增加。

在高层建筑中，高度越大，会使构件的设计截面较大，因此会造成建筑空间使用上的不方便。为了有效地解决此方面的矛盾，可以使用弹性模量较高的材料。由于混凝土各强度等级之间，其弹性模量相差不大。所以，采用高强度等级的混凝土材料时，应能在一定程度上解决构件尺寸较大从而影响建筑空间使用的问题。任何结构体系，它都有一个较为合适的建筑高度，一旦超过该高度，则此时的顶点侧移值则应成为影响造价的主要因素。我国《高层建筑混凝土结构技术规程》（JGJ-3-2002）规范规定了 A 级房屋最大适用高度，见表 9.1 所示。这些高度的范围是经大量的工程实践而总结出的多高层建筑的经济适宜高度。

表 9.1　A 级高度钢筋混凝土高度建筑的最大适用高度　　　　　　　　　　(m)

结构体系		非抗震设计	抗震设防烈度			
			6 度	7 度	8 度	9 度
框架构架		70	60	55	45	25
框架 - 剪力墙		140	130	120	100	50
剪力墙	全部落地剪力墙	150	140	120	100	60
	部分框支剪力墙	130	120	100	80	不应采用
筒体	框架 - 核心筒	160	150	130	100	70
	筒中筒	200	180	150	120	80
板柱 - 剪力墙		70	40	35	30	不应采用

从表 9.1 可以看出，多高层框架 - 剪力墙结构在不同的抗震设防要求下的高度应控制在 50 ～ 30m 之间。在多高层框架 - 剪力墙结构整体优化设计时，对建筑的高度取值应控制在相应的高度限值下，否则，会造成结构构件截面尺寸过大，从而产生不合理的工程造价。另外，高宽比 (h/d)，是建筑物的总高度 h 和倾覆方向支承体系的总宽度 d 之比。高宽比对于高层建筑的造价影响应该比较大的，有时甚至比建筑物的高度影响更大。建筑不能过于宽长，一是受建筑用地的限制，二是这样的设计会使结构柱大部分截面为构造配筋，从而没有完全发挥材料的功能。一般来说，建筑物的造价 P 和高宽比 h/d 成正比例关系。

《高层建筑混凝土结构技术规程》（JGJ-3-2002）规范规定了 A 级房屋最大适用高宽比，见下表 9.2。

表 9.2　A 级高度钢筋混凝土高层建筑结构适用的最大高宽比

结构体系	非抗震设计	抗震设防烈度		
		6 度、7 度	8 度	9 度
框架、板柱剪力墙	5	4	3	25
框架 - 剪力墙	5	5	4	50
剪力墙	6	6	5	
筒中筒、框架 - 核心筒	6	6	5	

从表 9.2 可以看出，多高层框架 - 剪力墙结构的高宽比，在不同的抗震设防要求下应控制在 3 ～ 4 之间。因此，在多高层框架 - 剪力墙结构整体优化设计时，对建筑的高宽比值应控制在相应的限值下，控制建筑的平面形状，减少结构在地震应力作用下的扭转反应。

2. 结构体系、结构平面布置、楼盖结构体系的优化

（1）结构体系

结构选型优化需要考虑的因素可以归为五个方面：结构的功能适应性、结构的受力合理性、结构的经济性、结构灾后损失及维修费用、结构施工建造的复杂度等，其中的各个因素本身可进一步的细分。图 9.4 表示了选取方案时需要考虑的各个影响因素关系。

各个因素本身可进一步的细分，进行体型方案的优化时，应该可以从以下五个方面综合考虑方案的合理性。

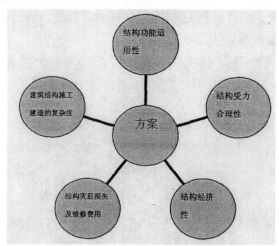

图9.4　结构方案选用时需考虑的因素

1) 功能的适用性：包括室内装修使用效果、建筑改造要求、美观性等；

2) 结构受力合理性：结构承载力的合理性、整体延性、使用舒适度等；

3) 经济性：结构设计的复杂度、材料的选用、建筑规模等；

4) 结构灾后损失及维修费用：直接或间接受破坏的损失、建筑受破坏的机率、预期维修改选费用，预期受震伤害加固维修费用，预期保养费等；

5) 建筑结构施工建造的复杂度：建筑结构的规则性、构件截面尺寸、钢筋布置的合理性、针对该建筑结构的施工方案等。

多高层框架-剪力墙结构体型的优化，主要表现在其规则性的优化。体型规则的建筑结构体系受力简单，传力途径明确，造价经济合理。理论上，一般的建筑体型都有一种相对规则、合适的建筑造型的结构方案。建筑体型或造型确定后，建筑物的形心和质量中心就可以随之确定。那么，只要使结构的传力中心和刚度中心尽量接近或重合，结构基本具备了规则的基本首要条件。在空间关系复杂的情况下，转换部位会出现多次转换的结构构件，这样会导致造价的提高，也容易产生安全问题。在实际设计中，应该采用最简单、直接的传力途径，从而可以省去中间传递的结构构件，减少结构的安全风险，使结构受力更加明确，其造价也相对地经济。

结构需具备一定的塑性变形能力和耗能能力，那就是整体性和延性，因为当遭受高于本地区设防烈度的罕遇地震影响时，结构将处于危险状态，为了不致其倒塌或发生危及生命的严重破坏情况。延性结构容许构件的某些截面有一定的转动能力，形成塑性铰，使结构能按塑性方法进行设计，产生塑性内力重分布，得到有利的弯距分布，使配筋合理，从而节约材料，便于施工。

多高层建筑结构的规则性，应主要体现在以下四个方面：

①高层建筑主体抗侧力结构两个主轴方向的刚度应比较接近、变形特性也应该要比较相近。

②高层建筑主体抗侧力结构沿竖向断面、构成、变化应比较均匀，不应突变。

③高层建筑主体抗侧力结构的平面布置，应注意同一主轴方向各片抗侧力结构刚尽量均匀。同一主轴方向的各片抗侧力结构刚度分布均匀时，水平荷载作用下应力分布将比较均匀，有利于结构抗震延性的实现。

④高层建筑主体抗侧力结构的平面布置应注意中央核心与周边结构的刚度协调均匀性，以避免高层建筑在地震或风的扭矩作用下产生过大的扭转变形，从而引起结构或非结构构件的破坏，严重影响建筑的使用及安全性。

建筑规则性设计优化原则，我国有关的结构设计规范已建立一些总体原则和概念，来处理结构方案、材料选型和细部构造等问题。例如，《建筑抗震设计规范》(GB50011-2001)(以下简称抗规) 第 3.4.1 条规定：建筑设计应符合抗震概念设计的要求，不应采用严重不规则的设计方案；第 3.4.2 条规定：建筑及其抗侧力结构的平面布置宜规则、对称，并应具有良好的整体性；建筑的立面和竖向剖面宜规则，结构的侧向刚度宜均匀变化，竖向抗侧力构件的截面尺寸和材料强度宜自下而上逐渐减小，避免抗侧力结构的侧向刚度和承载力突变；第 3.4.3 条规定：对平面不规则或竖向不规则，或平面、竖向均不规则的建筑结构，应采用空间结构计算模型；当凹凸不规则或楼板局部不连续时，应采用符合楼板平面内的实际刚度变化的计算模型；对薄弱部位应乘以内力增大系数，应按规范有关规定进行弹塑性变形分析，并应对薄弱部位采取有效的抗震构造措施。

（2）结构平面布置及选型

为了得到合理的建筑造型，结构设计师在建筑初步设计阶段就应该开始介入探讨其平面和竖向布置的合理性。在基本满足建筑师设计意图的基础上，平面布置应尽量规则、对称、尽量缩小质量中心和刚度中心的差异，使建筑物在水平荷载作用下不致产生太大的扭转效应。结构布置时，应充分运用概念设计原理，整体上应抓住整体结构的工作原理和抗震设计的基本原则，尽量减小产生对抗震不利的扭转效应和刚度突变布置，减少不必要的内耗。局部上可从单个构件力学性能及破坏特点出发，使所有构件能充分发挥其应有的功能。

水平承重构件(梁、板)的布置应力求其传力路径的简单明确，使构件的受力尽量简单、有利。所以，应该运用力学基本概念进行定性分析，在结构布置时尽量避免构件处于复杂受力状态。建筑结构的结构平面布置应主要包括以下原则：

1) 高层建筑的一个独立结构单元内，宜使结构平面形状对称、简单、规则，刚度和承载力分布均匀，最大限度地减少偏心。不应采用严重不规则的平面布置，以减少扭矩的影响。所以，多高层建筑的平面造型应该优先选用正多边形、圆形、十字形等。图 9.5 列出了四种常用建筑平面形式：

(a)菱 形　　(b)等边三角形　　(c)圆 形　　(d)十字形

图 9.5　建筑平面的常用造型

2) 高层建筑宜选用水平作用 (风载、地震作用) 效应较小的平面形状。

3) 水平结构体系应该保证有相应足够的横向刚度。

4) 应按规范要求在相应位置设置防震缝、伸缩缝、沉降缝或后浇带。

（3）楼盖体系

多高层框架 - 剪力墙结构楼盖体系的优化主要是楼盖形式选择。因为不同的楼盖形式，将对梁、板构件的截面尺寸与其配筋产生重大的影响。钢筋混凝土楼盖的造价一般约占土建总造价 (含结构、装修) 的 20% ~ 30%，在钢筋混凝土多高层结构中，楼盖的自重约占到结构总重量的 40% ~ 60%。对高层建筑来说，由于其层数较多，每层楼盖增加或减少一点重量或高度，累计起来就是比较大的数字，将对整个建筑的适用性和经济性产生较大的影响。

多高层框架 - 剪力墙结构楼盖体系的优化，可按柱网跨度，选取楼盖体系。同时，还应考虑建筑室内的使用功能，对于有梁楼盖，将会减少室内有效使用高度，所以要充分注意结构梁的经济截面高度的选取。

具体内容详见第 10 章。

三、细部设计、技术参数控制因素的优化

1. 构造的优化措施

建筑结构优化设计中，结构构造问题应是优化设计工作的重要部分。参阅第 8 章的讨论分析，结合实际工程经验，归纳出表 9.3 与表 9.4 有关框架、剪力墙结构的一些常用构造规定。

表 9.3　框架结构的合理构造

框架结构构造汇总							
项次	项目	细目		抗震设计				非抗震设计
				一级	二级	三级	四级	
1	一般要求	适用条件		9 度，35m 7 度，>35m	8 度，35m 7 度，>35m	7 度，35m 6 度，>25m	6 度，35m	不分高度
		混凝土强度等级	梁、柱	C30				现浇：C20 装配整体：C30
		梁柱强度差		5MPa				
		净保护层厚度		室内 25mm，潮湿环境及地梁 =35mm				
		钢筋锚固长度 $l_{al}(l_{aE})$		l_a+10d	l_a+5d		l_a	
2	框架柱设计	构造要求		$h_c=400mm, b_c=350mm, h_{cn}/h_c=4$				
		截面尺寸	轴压比	一般柱	0.7	0.8	0.9	0.9	
				短柱	0.65	0.75	0.85	0.85	
			受剪要求	V_c $\dfrac{l}{\gamma_{RE}}$		$(0.20f_cb_ch_{c0})$			$V_c=0.25f_cb_ch_{c0}$
		纵向受力	最大配筋率	4%，搭接区段 5%，一级抗震短柱每边 =1.2%				5%
			最小	中柱，边柱	0.8%	0.7%	0.6%	0.5%	0.4%
				角柱	1.0%	0.9%	0.8%	0.7%	0.4%

（续表）

项次	项目	细目		抗震设计				非抗震设计
				一级	二级	三级	四级	
	钢筋	配筋率	特殊	Ⅳ类场地上较高建筑,表中数值增大 0.1%				
3	框架柱设计	纵向受力钢筋	钢筋净距	50mm				
			钢筋最大间	200mm				350mm
		接头	连接方法	应采用焊接	底层应焊接其他宜焊接直径22mm宜焊接	底层应焊接直径22mm宜焊接	直径22mm宜焊接	
			搭接长度		$1.2l_a+5d$	$1.2l_a$	$1.2l_a$	l_a
			接头位置	1. 在受力较小位置搭接,每次搭接一半; 2. 相邻接头位置间距,焊接500mm,搭接600mm; 3. 距楼板至少为 h_c,宜为750mm。				
			锚周长度	l_a+10d	l_a+5d	l_a	l_a	l_a
4	框架柱设计	箍筋	加密区范围	柱端;h_c 或 D、$H_{cn}/6$、500mm 中的最大值; 底层刚性地坪上、下500mm; 短柱全高,$(H_{cn}/h_c<4)$; 4. 角柱全高				
		加密区	最大间距（取小值）	$6d$,100mm	$8d$,100mm	$8d$,150mm	$8d$,150mm	无特殊加密要求
			最小间距（取大值）	$d/4$,10mm	$d/4$,8mm	$d/4$,8mm	$d/4$,6mm	
		最小体积配筋塞	轴压比 <0.4	普通箍 0.8% 螺旋箍 0.8%	0.6% ~ 0.8% 0.6%	0.4% ~ 0.6% 0.4%		
			轴压比 0.4 ~ 0.6	普通箍 1.2% 螺旋箍 1.0%	0.8% ~ 1.2% 0.8% ~ 1.0%	0.6% ~ 0.8% 0.6%		
			轴压比 >0.6	普通箍 1.6% 螺旋箍 1.2%	1.2% ~ 1.6% 1.0% ~ 1.2%	0.8% ~ 1.2% 0.8%		
5	框架柱设计	箍筋	其他要求	1. 混凝土强度等级 >C40,Ⅳ类场地上较高建筑,最小配箍率取较大值。 2. 局部错层、夹层、楼梯间等处的短柱,按轴压比大于0.6一项采用				
		非加密区	数量	为加密区箍筋的 50%				无要求
			间距	$10d$	$10d$	$15d$		不大于 b_c,不大于400mm 不大于15d(绑扎)、20d(焊接)
			箍筋的其他要素	1. 肢距不大于200mm,每隔一根纵筋都要双向有箍筋约束; 2. 有135°弯钩,直段长度大于10d				封闭式箍
				1. 当纵向钢筋配筋率大于3%,直径不小于ϕ8mm,焊成封闭箍(焊缝长5d),且间距不大于200mm,不大于10d。 2. 纵向钢筋接头处间距,受拉时不大于5d,也不大于100mm;受压时不大于10d,也不大于200mm				

（续表）

项次	项目	细目			抗震设计				非抗震设计
					一级	二级	三级	四级	
6	框架梁	一般要求	截面尺寸	构造要求	1.h_b-(1/8 ~ 1/12)l_b;h_b=l/4l_n; 2.b_b-1/4h_b;b_b=1/2b_n;b_b=250mm				
				叠舍梁	预制部分 h_{b1}=l_b/15; 后浇部分 h_{b2}=100mm				
				受剪要求	$v_b ≤ 1/\gamma_{RE}(0.20f_cb_bh_{bo})$				$v_b=0.25f_cb_bh_{bo}$
				最大受压区高度	$X=0.25h_{bo}$		$X=0.35h_{bo}$		$X ≤ \xi_bh_{bo}$; ξ_b=0.8（1+f_y/0.0033E_s）
7	框架梁	纵向受力钢筋	一般要求	梁柱对中	梁柱尽量做到对中；有偏心时，e=h_b/4 或 e=b_b/4				
			最大配筋率		2.5%				无要求
			最小配筋率	支座	0.4%	0.3%	0.25%	0.25%	0.25%
				跨中	0.3%	0.25%	0.2%	0.2%	0.2%
			贯通全长的钢筋		1. 不少于上部或下部较大面积的1/4；2. 不少于2f14		不小于 2f12		1. 跨中上部，至少 2f12，可以搭接；2. 支座下部，至少两根钢筋
			上部钢筋切断		1. 通长钢筋不允许切断后搭接；2. 非通长钢筋可在柱边外 0.2L_n 处切断				1. 距柱边至少 0.25L_n；2. 与上部跨中钢筋搭接长度 1.2L_a
			锚固	锚周长度	l_{aE}=l_a+10d	l_{aE}=l_a+5d	l_{aE}=l_a		l_a
				构造要求	1. 一、二级梁纵向钢筋伸入边柱中心线：2. 弯折锚固时，水平段 =0.45l_{aE}；垂直段不小于10d，不小于 22d；3. 上部钢筋穿过中间节点：下部钢筋伸入中柱 l_{aE}，过中轴线不小于 5d				1. 屋面梁伸入边柱 1.2l_a；2. 标准层伸入边柱 l_a
				接头	应用焊接	宜用焊接	可用搭接		
			梁端受压筋与受拉筋面积比		$A`_s/A_s$=0.5	$A`_s/A_s$=0.3	不限		
			箍筋 加密区	加密区范围	距梁端 2h_b 不小于 500mm	距 梁 端 1.5h_b；不小于 500mm	无特殊加密要求		
8	框架梁	箍筋	加密区	最小直径	纵筋 $p ≤ 2\%$ d/4 φ10mm	d/4 φ8mm	d/4 φ8mm	d/4 φ5mm	
					纵筋 $p ≥ 2\%$ d/4 φ12mm	d/4 φ10mm	d/4 φ10mm	d/4 φ8mm	
				最大间距（取最小值）	h_b/4,6d, 100mm	h_b/4,8d, 100mm	h_b/4,8d, 150mm	h_b/4,8d, 150mm	$0.20f_c/f_{yv}$
			一般要求	箍筋间距	h_b/2,b_b, 250mm				h_b(mm) / $V_b/f_cb_bh_{bo}$ >0.07 | 0.07；300：150mm|200mm；300 ~ 500：200mm|300mm；500 ~ 800：250mm|350mm；>800：300mm|500mm
9	节点区	箍筋			不少于柱端加密区实配箍筋				无专门要求
		纵向钢筋			柱的纵向钢筋不在节点区内切断				

表 9.4　剪力墙结构的合理构造

			剪力墙构造汇总				
项次	项目	细目	抗震设计				非抗震设计
			一级	二级	三级	四级	
1	一般要求	适用范围	8 度：80 ~ 100m 9 度：60m	8 度：35 ~ 80m 7 度：>80m	8 度：<35m 7 度：-80m 6 度：>60m	6 度：60m	全部高度
		混凝土强度等级	C20				
		最小厚度	$h20$; 160mm	$h/25$; 140mm			
		截面尺寸要求	$V_w<l/l_{\gamma RE}(0.20f_cb_wh_w)$				$V_w=0.25f_cb_wh_w$
		墙肢最小宽度	$3b_w$，500mm 轴压比 $U_m=0.6$		$3b_w$，=500mm		
		错洞墙墙身小洞口 一般错洞墙	不应采用	不宜采用，采用时洞口错开不少于 2.0m			
		错洞墙墙身小洞口 叠合错洞墙	不宜采用，采用时要加暗框架				
		错洞墙墙身小洞口 底层局部错洞	底层洞口边暗柱延伸至二层，二层洞口下设暗梁，形成底层暗框架				
		错洞墙墙身小洞口 设备管道洞口	宜预埋套管，配交叉补强钢筋；直径较大时可配环形钢筋				
		错洞墙墙身小洞口 边长小于 0.8m H=50m	洞口每边不少于 2φ8，伸入墙内锚固长度 l_{al}				
		错洞墙墙身小洞口 边长小于 0.8m H>50m	洞口每边配被截断钢筋量的一半，伸入墙内锚固长度 l_{al}				
		钢筋锚固长度 $l_{al}(l_{aE})$	l_a+10d	l_a+5d	l_a		
2	分布钢筋	加强部位	(1) 顶层； (2) 底部，范围为 $H_w/8$，且不少于底层层高； (3) 楼梯间电梯间； (4) 山墙； (5) 内外纵墙的端开间				
		对双排配筋的要求	所有部位均应采用双排配筋	加强部位应采用取双排，其余宜双排	加强部位宜用双排配筋		
		拉结钢筋	直径 =6mm，间距 =700mm, 底部加强区加密				
		分布钢筋最小配筋率 加强部位	0.25%	0.25%	0.20%	0.20%	0.20%
		分布钢筋最小配筋率 一般部位	0.25%	0.20%	0.15%	0.15%	0.15%
		分布钢筋最大间距	300mm	300mm	300mm	300mm	横向 300mm 竖向 400mm
		分布钢筋最小直径	φ8mm	φ8mm	φ8mm	φ	横向 6φmm 竖向 8φmm
		水平分布钢筋连接	接头错开长度为 l_{aE} 措接长度为 l_{aE}				搭接长度 l_a，接头错开 500mm
		竖向分布钢筋连接	每次接头 50%，接头错开 500mm	加强部位每次接头 50%，错开 500mm	可以在网一截面搭接		

（续表）

项次	项目	细目		抗震设计				非抗震设计
				一级	二级	三级	四级	
3	端部钢筋	边缘构件要求		端部应设暗柱、翼缘或柱；横向剪力墙端部宜设翼缘		端部宜设翼缘或端柱，横墙宜设翼缘，至少应配暗柱		
		端部钢筋最小配筋量	底部加强部位	$0.015A_c$	$0.012A_c$	$0.005A_c$ 或 $2\phi14$（大值）	$2\phi12$	$2\phi12$
			一般部位	$0.012A_c$	$0.012A_c$ 或 $4\phi12$ 的较大值	$0.005A_c$ 或 $2\phi14$ 的较大值	$2\phi12$	$2\phi12$
		箍筋要求	底部加或强部位	$\phi8@100$	$\phi8@150$	$\phi8@150$	$\phi6@150$	$\phi6@150$
			一般部位	$\phi8@150$	$\phi8@200$	$\phi6@200$	$\phi6@200$	$\phi6@200$
			纵筋搭接范围内	间距不大于 $5d$，也不大于 100mm				
4	小墙肢配筋	竖向钢筋		底部加强区不少于 $0.015A_c$；一般地位不少于 $0.01A_c$				不少于 $0.008A_c$
		箍筋	最大间距	$6d,100mm$	$8d,100mm$	$8d,150mm$	$8d,150mm$	$8d,150mm$
			最小直径	$\phi10mm$	$\phi8mm$	$\phi8mm$	$\phi6mm$	$\phi6mm$
5	连梁	截面尺寸要求		跨高比大于 2.5 时：$V_d\le\gamma_{RE}(0.20f_cb_hh_{bo})$ 跨高比小于 2.5 时：$V_b\le\gamma_{RE}(0.15f_bb_hh_{bo})$				
		纵向钢筋（单边）	最大配筋率	2.5%				
			最小配筋率	0.4%	0.30%	0.25%	0.25%	0.25%
			锚固长度	600mm, l_a+10d	600mm, $-l_a$+5d	600mm, l_a+5d	600mm, l_a	600mm, l_a
		箍筋	最大间距（取最小值）	$h_b/4$ $6d$ 100mm	$h_b/4$ $8d$ 100mm	$h_b/4$ $8d$ 150mm	$h_b/4$ $8d$ 150mm	150mm
			最小直径	$\phi10mm$	$\phi8mm$	$\phi8mm$	$\phi6mm$	$\phi6mm$
		其他构造要求		1. 顶层楼层在纵向钢筋伸入墙体的部分应配箍，数量与跨中相同；一般楼层不必配置。 2. 跨高比小于 2.5 的连梁，底部 0.2hb ~ 0.6hb 范围内，设配筋率不慨于 0.2% 的水平分布筋。				

　　2. 主要结构构件的细节优化设计

　　结构细节优化设计的内容主要包括：钢筋的排列、结构构件的尺寸种类、构件节点连接等。通过结构节点构造设计与钢筋布置的优化调整，应在一定的程度上影响工程成本。以下是主要结构构件的一些细节优化方法建议：

　　（1）梁：梁通常是通过内力计算来进行配筋的。对梁的宽度较小的构件来说，当计算的配筋比较大时，往往需要调整钢筋的排数，一般可以调整为配 2 ~ 3 排钢筋。这样会一定程度上减小了梁截面的有效高度。因此当不影响使用或空间观感时，建议适当地增加结构梁截面尺寸宽度，使其尽量放置成单排主筋。或者，当条件允许时，可增加梁截面的高度，以方便混凝土的浇筑。

　　（2）板：对于大跨度而且较为规则的结构板，支座按设计计算配负筋，板面中央部位按构造要求配构造筋。但当板面积不大时，可配通长筋，这样施工较为方便，也减少了剪截钢筋及吊运的工作量，提高现场施工效率。

（3）剪力墙：抗震等级为一、二级的剪力墙分为加强部位和非加强部位两类。按抗震设计规范，前者应按约束边缘构件配筋，后者则按构造边缘构件配筋。所以，在节点区还是在其他的区域，前者的配筋量都会远大于后者。可见，在结构设计中应该严格区分抗震墙的不同部位和抗震等级，对钢筋用量的控制是起一定作用的。剪力墙如果能合理布置、截面合理取值，其截面配筋多是构造配筋，那么，剪力墙的节点区钢筋的配筋率都可以按规范规定的最小配筋率配置。

（4）柱：结构柱一般是压弯构件，其配筋在大多数情况下是构造配筋，因此在其混凝土强度等级的合理选用，而且满足轴压比要求的前提下，柱的截面不宜过大，否则会增加用钢量，同时影响了建筑空间的使用。

3. 主要结构构件的截面尺寸的优化方法

（1）梁、板的截面尺寸优化

钢筋混凝土单筋矩形截面梁、板正截面设计时，一般是先根据其跨度确定梁高、梁宽或板厚，并选取钢筋和混凝土强度等级，然后依据承受的弯矩设计值 M 计算所需配筋 A_s。那么，其正截面配筋率 p 一般是无法事先预知的。如果截面尺寸的选择偏大或偏小，材料强度的选择过高或过低，将导致配筋率过低或过高，直接影响建筑经济效益。本节所论述的结构构件优化设计方法是在保证结构构件强度与刚度要求的前提下，合理选择截面尺寸和材料强度。预先使截面的配筋率控制在经济配筋率范围内，以达到降低建筑结构成本的目的。

钢筋混凝土单筋矩形截面梁、板正截面的设计，截面承受弯矩 M 确定后，可以设计出不同截面的梁。当配筋率 p 取小时，梁截面会大些。当配筋率 p 取大时，梁截面相对的会小些。根据目前材料价格和施工费用测算，单筋矩形截面梁的经济配筋率约为 $0.6\% \sim 1.5\%$，板的经济配筋率约为 $0.4\% \sim 0.8\%$。这里对钢筋混凝土梁、板正截面的设计提出了一种优化方法。其具体方法是，通过计算梁，板的配筋率影响系数 ap 并列表，利用式 9.6 的设计公式：

$$M=a_p bh_0^{2L} \tag{9.6}$$

结构梁、板的截面设计时，首先根据初选的钢筋和混凝土材料强度等级，利用表查出构件在经济配筋率上下限时的配筋率影响系数 a_p，然后代入 9.6 式。当计算出构件配筋在经济配筋率范围内波动时，所具有的最大 (M_{max}) 和最小 (M_{min}) 承弯能力，将弯矩设计 M 与 M_{max}、M_{min} 进行比较，应该有三种情况：

① $M<M_{min}$ 时，说明所需配筋较少，低于经济配筋率下限，初选截面尺寸偏大，材料强度偏高此时，可在允许的范围内适当减小截面尺寸，降低材料强度等级。

② $M>M_{max}$ 时，说明所需配筋较多，高于经济配筋率上限。此时可适当增大截面尺寸，提高材料强度等级。

③ $M_{min}<M<M_{max}$ 时，说明所需配筋在经济配筋率范围内，可利用基本公式计算 A_s，并选择钢筋。

（2）剪力墙、结构柱的截面尺寸优化

剪力墙、结构柱的截面尺寸优化，基于满应力准则法原理，应可以通过结构技术参数尽量接近规范限值的方法，进行优化。

①剪力墙

剪力墙的轴压比应满足：

$$\mu = \frac{N}{bhf_{cm}} \leq [\mu] \tag{9.7}$$

剪力墙单面的构造配筋应满足：

$$A_{sw} \geq 1000 p_{min} \cdot b/4 \tag{9.8}$$

式中　$[u]$——规范规定的轴压比；

N——作用于柱上的轴力 (kN)；

b，L——剪力墙的截面厚度、长度 ((mm)；

f_{cm}——混凝土弯曲抗压强度 (MPa)；

A_{sw}——剪力墙单面主筋面积 (m^2)；

p_{min}——规范规定的最小配筋率。

剪力墙的配箍率按体积配箍率配筋可满足抗剪要求，故剪力墙的箍筋面积为：

$$A_{swv} = R_v bL/1000 \tag{9.9}$$

式中　A_{swv} 为柱截面箍筋面积 (mm^2)，R_v 为柱的体积配箍率。

根据满应力准则法原理，当 $u \to [u]$ 时，剪力墙的截面为经济的，此时剪力墙的截面在满足设计要求的情况下应是最小的截面尺寸。同时，在这种情况下，剪力墙的配筋应该也是经济的。

此时，在初选 b_0，h_0 的截面尺寸后，以 10mm 为模数调整剪力墙截面尺寸，在满足剪力墙的最小截面要求 $[b]=150mm$ 及配筋要求的前提下，尽量满足 $u \to [u]$，便可找出最优的截面尺寸。

②结构柱

对于结构柱，同理使用其截面计算得的 $u \to [u]$，结构柱截面在满足设计要求的情况应是最小的截面尺寸。同时，$\mu = \dfrac{N}{bhf_{cm}} \leq [\mu]$ 剪力墙的配筋应该也是经济的。

$$\tag{9.10}$$

$$A_{sw} \geq p_{min} \cdot bh/4 \tag{9.11}$$

上式的符号意义同上。

结构柱的配箍率按体积配箍率配筋可满足抗剪要求，故结构柱的箍筋面积为：

$$A_{swv} = R_v bh/1000 \tag{9.12}$$

在初选 b_0，h_0 的截面尺寸后，以 10mm 为模数调整剪力墙截面尺寸，在满足剪力墙的最小截面要求 $[b]=300mm$，$[h]=300mm$ 及配筋要求的前提下，尽量满足 $u \to [u]$，便可找出最优的截面尺寸。

4. 混凝土、钢筋、砌体的选用

（1）混凝土材料：随着高强度钢筋、高强度高性能混凝土（其强度达到 $100N/mm^2$）以及高性能外加剂和混合材料的研制及使用，高强高性能混凝土的应用范围不断扩大，钢纤维混凝土和聚合混凝土的研究和应用也有了很大发展。大量的工程设计实践表明，在多高层钢筋混凝土结构建筑的设计中，采用C30，C35，C45级混凝土应较为合理经济。但并不是等级强度取得越高，就越经济的。因为，采用高等级混凝土材料设计，可以相应地减少构件截面尺寸。但是，结构设计除了满足承载力强度要求外，还要满足变形、延性要求，这些跟构件的截面尺寸有关。

新型的高强混凝土建筑材料,其特点是抗压强度高 (一般为普通强度混凝土的 4 ~ 6 倍)、抗变形能力强、密度大、孔隙率低。因此，在特殊需要的结构中得到广泛应用，例如高层建筑结构、大跨度桥梁结构以及某些特种结构等。试验表明，在一定的轴压比和合适的配筋率情况下，高强混凝土框架柱具有较好的抗剪性能。也正因为高强混凝土的高抗压性，使结构柱截面的设计尺寸减小，从而减轻结构自重，避免短柱，这些都是对结构的抗震应该有利的，从而提高了经济效益。同时，高强混凝土材料也为预应力技术提供了支持。因此世界范围内越来越多地采用施加预应力的高强混凝土结构，应用于大跨度房屋建造中。

（2）钢筋：在多高层钢筋混凝土建筑结构中，纵向受力钢筋宜优先采用 HRB400 级钢筋。受力主筋采用新 III 级钢筋来替代我国几十年来常规采用的强度较低的 HRB335 级即 II 级钢，应能够节省钢材和节约资金。新 III 级钢筋的强度设计值为 360 MPa，而 II 级钢筋为 300 MPa。新 III 级钢筋的价格略高于 II 级钢筋，从历年来的资料看，应不高出超过 6% 左右，经测算钢筋资金的节约在 11% 左右。可见这应是一项具有广泛意义的技术节约措施，具有一定的经济效益和社会效益。高层建筑采用高强钢筋为主的配筋方案应该是较优的。另外，结构楼板也可采用新 III 级钢筋 ϕ8mm 或 ϕ6mm 为主的配筋方案。

（3）非承重墙：在框架结构中，梁板柱为承重构件，墙体起分隔保护作用。多高层建筑对地震作用较为敏感，构筑物重量越大，其地震反应越大。同时，结构梁不但承担楼板传来的荷载，而且还要承受其上面的墙体重量。因此，采用轻型砌体，不但可减少结构梁的负担，从而减少其截面配筋，同时减少建筑结构的地震反应，进而减少材料用量，减低工程造价。对于 250 厚墙，可用轻质水泥砖，而对于 120 厚墙，可用灰砂砖。这样，一方面可以减轻了结构自重及地震反应，且能满足一定的建筑节能设计要求。

5. 混凝土结构设计用钢量的主要控制措施

在钢筋混凝土建筑结构中，钢筋是主要的受力材料，用量很大。况且其在市场上的单价稳定性少。因此，含钢量的合理控制应该也是结构的优化设计工作的一部分。下面提出几种控制结构配筋量的方法。

（1）采用合理的结构体系。

（2）合理分析控制性计算结果，正确输入各个计算参数的取值。对计算结果的判定要结合规范，特别是影响结构安全和工程造价的计算结果，要综合考虑各种因素。

（3）推广使用高强 HRB400 钢筋和高强混凝土。

（4）楼板钢筋在工程钢筋用量中占有较大的比例,应合理控制楼板钢筋用量。因此，对于楼盖设计，可参考以下主要的原则：

①结构设计的过程中应注意协调楼板厚度与配筋之间的关系。应该在经济板厚范围

内适当增加板厚，降低钢筋用量，这样材料成本降低的效果应更为明显。楼板厚度的取值在正常荷载情况下，只要满足跨高比，宜尽量使板的钢筋用量接近于板的最小配筋率。

②对楼面结构布置进行优化调整，也是降低建筑钢筋用量的有效途径。

6. 技术参数因素的优化

技术参数因素包括结构设计参数及计算结果总体技术参数，是对造型、细部设计控制因素的检校。基于满应力准则法的优化方法，多高层框架 - 剪力墙结构优化设计中，为了更充分地利用材料的功能，可使各个技术参数的计算值接近规范的限值要求，具体可参照相关规范。

四、框架 – 剪力墙结构整体优化设计的过程

建筑结构的整体优化设计过程可分为三大部分：第一部分是结构的承载力优化；第二部分是结构的弹塑性变形优化验算；第三大部分是优化设计结构方案的经济性评价。其中，第一部分是第二部分展开的基础，而第二部分是第一部分的检校，第三部分是第一、第二部分的效果评价。图 9.6 表示了整体结构优化设计的过程及关系。

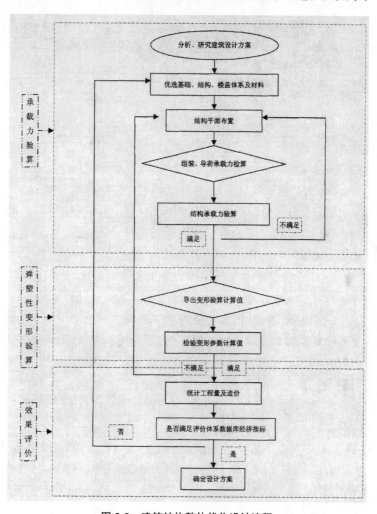

图 9.6　建筑结构整体优化设计流程

在图 9.6 中，优选基础、结构、楼盖体系及材料、结构平面布置等应是结构造型因素与细部设计因素的优化。检验变形参数计算值应是技术设计参数控制因素优化。最后统计分析工程量，统计结构工程直接工程费，把结果与当地定额指标分析比较，分析经济性，最终确定结构设计方案。

建筑结构整体优化设计的方法，其三大过程及其权重关系也可以用图 9.9 表示。

（1）优化结构，进行承载力验算。

（2）弹塑性变形验算，调整结构方案。

（3）效果评价，检校结构方案的经济性。

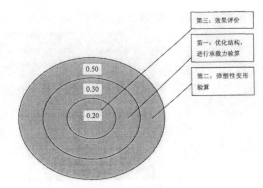

图 9.7　三大过程的权重关系

实例：框架－剪力墙结构整体优化设计

一、工程简介

某项目为拟建的城中村改造项目，规划总用地 20.28 公顷，总建筑面积约 674482m²；包括 20 栋高层住宅楼、教学楼、综合楼、社区公用用房、商铺及地下车库。本优化设计的项目为 15 号高层住宅楼，长度 49.6m，宽度为 17.4m，建筑层数为地上 27 层，地下 2 层，建筑总高度为 81m，结构形式为剪力墙结构，基础采用筏板基础。项目标准层布局如图 9.8 所示。由于目前剪力墙结构住宅的结构布置比较灵活，从而导致有的设计者在设计时结构布置不是很合理，使工程的混凝土用量和用钢量都超过了预期的预算。本项目优化设计的工程已经竣工，根据工程资料，施工完工后该工程的单位面积用钢量为 31.61kg/m²。该工程通过检测能够满足抗震性能的要求。但是，通过结构优化还可以大量节约该工程的用钢量，本次则是对该工程在满足抗震性能的要求下对剪力墙的布置进行优化设计，进而进行剪力墙结构设计的优化讨论。

二、工程标准层布局及设计信息

根据《建筑抗震设防分类标准》(GB50223-2008)，该建筑物的抗震设防类别不应低于标准设防类（丙类）。

根据《高层建筑混凝土结构技术规程》(JGJ 3-2010)，该高层建筑的剪力墙抗震等级为二级。

根据《岩土工程勘察规范》(GB50021-2001)，该高层建筑的工程重要性等级为二级，场地等及为二级，基础等级为二级。

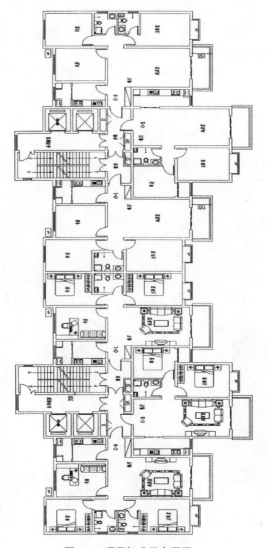

图 9.8　项目标准层布局图

根据《建筑抗震设计规范》(GB50011-2010) 附录 A，该市设计地震分组为第一组，抗震设防烈度为 7 度，设计基本地震加速度值为 0.15g。

根据地勘报告，本次勘探所揭露地层情况，结合区域地质资料分析，场地在自然地面 20m 深度范围内以中硬土为主，场地覆盖层厚度大于 50m，根据自然地面下 20m 深度范围内土层的等效剪切波速值，按照《建筑抗震设计规范》(GB500I 1-2010) 划分，该建筑场地类别为 n 类。

本场地在 20m 勘探深度范围内未见地下水，不存在饱和粉土和饱和砂土，根据《建筑抗震设计规范》的相关条款判定：该场地可不考虑液化影响。

根据本次勘察揭露地层情况，拟建场地地段在地基主要受力层范围不存在液化土层、软弱土层等，场地不存在滑坡、地陷、泥石流，且无断裂通过，依据《建筑抗震设计规范》的判定条文，该场地为对建筑抗震的一般地段。根据《岩土工程勘察规范》

(GB500211-2001)（2009年）第5.7.11条说明，地基土的等效剪切波速值大于90.0m/s，可不考虑地震震陷影响。根据《建筑抗震设计规范》GB50011-2010)第4.3.12条及条文说明，该场地可不考虑地震震陷影响。

本项目勘察未发现危及本工程安全的不良地质作用，场地内亦不存在埋藏的河道、孤石等对工程不利的其他埋藏物，根据区域地质资料，场地及场地附近无全新活动断裂，该场地宜视为较稳定场地，可进行本工程建设。

根据以上数据，本项目工程设计参数见表9.5、图9.8。

表9.5　本项目设计参数表

结构材料	结构类型	楼层总数	地下室层数	裙房层数	转换楼层	施工模拟	地面粗糙度类别	基本风压
钢筋混凝土	剪力墙结构	29	2	2	0	三	B	0.55
地震分组	设防烈度	场地类别	框架抗震等级	钢框架抗震等级	剪力墙抗震等级	双向地震作用	偶然偏心	$P-\triangle$效应
—	7(0.15g)	Ⅱ	二级	二级	二级	考虑	考虑	考虑

 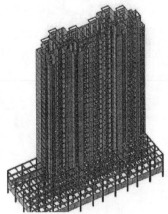 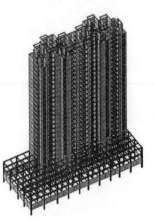

(a) 优化前剪力墙结构模型图　　(b) 初步优化后剪力墙结构模型图　　(b) 优化后剪力墙结构模型图

图9.9　优化前后剪力墙结构模型图

三、剪力墙设计优化及分析对比

1. 设计优化前剪力墙的布置及结果分析

该剪力墙布置图为此工程的实际剪力墙布置图9.10，通过对该工程的建模和计算，分析该建筑结构的特点及设计优化方向。

分析结果见表9.6、表9.7。

表9.6　构件混凝土材料表

层号	梁	柱	墙（厚度）
-2 ~ 2	C30	C35	C35(250)
3	C30		C35(250)
4 ~ 27	C30		C30

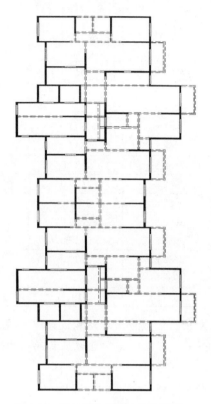

图 9.10　设计优化前剪力墙布置图

表 9.7　结构钢筋用量汇总

层号	墙身用钢量（kg）	梁用钢量（kg）	板用钢量（kg）	楼层面积（m²）	单位用钢量（kg/m²）
-2	23098.1	2328.4	3777.8	619.8	48.7
-1	33679.5	14833.3	10780.3	1781.5	34.62
1	27617.2	16154.5	6729.6	1798.4	29.67
2	30846.5	15298.6	7258.6	1798.4	30.75
3	22415.6	3531.3	2637.0	653.9	44.73
4	19399.1	3968.8	2637.0	653.9	40.8
5	12867.1	3968.8	2637.0	653.9	30.8
6	12983.9	3968.8	2637.0	653.9	31.0
7	13006.9	3968.8	2637.0	653.9	31.0
8	12988.8	3968.8	2637.0	653.9	31.0
9	12982.4	3968.8	2637.0	653.9	31.0
10	12866.9	3968.8	2637.0	653.9	30.8
11	12828.8	3968.8	2637.0	653.9	30.7
12	12746.0	3968.8	2637.0	653.9	30.6
13	12748.3	3968.8	2637.0	653.9	30.6
14	12510.0	3968.8	2637.0	653.9	30.2
15	12592.8	3968.8	2637.0	653.9	30.4

（续表）

层号	墙身用钢量 （kg）	梁用钢量 （kg）	板用钢量 （kg）	楼层面积 （m²）	单位用钢量 （kg/m²）
16	12486.5	3968.8	2637.0	653.9	30.2
17	12450.7	3968.8	2637.0	653.9	30.1
18	12197.0	3968.8	2637.0	653.9	29.8
19	12165.3	3968.8	2637.0	653.9	29.7
20	12006.8	3968.8	2637.0	653.9	29.5
21	11904.6	3968.8	2637.0	653.9	29.3
22	11770.7	3968.8	2637.0	653.9	29.1
23	11696.8	3968.8	2637.0	653.9	29.0
24	11603.1	3968.8	2637.0	653.9	28.8
25	11534.3	3968.8	2637.0	653.9	28,7
26	11487.2	3968.8	2637.0	653.9	28.7
27	11421.8	3968.8	2637.0	653.9	26.88
合计	440902.5	146272.3	89197.6	21042.6	31.61

从以上分析结果可以看出，虽然剪力墙结构设计满足规范要求，但结构整体的扭转系数和单位用钢量（31.61kg/m²）有点偏大。且该结构的剪力墙布置过多，针对剪力墙做以下初步优化。

2. 结构的初步优化及受力分析：

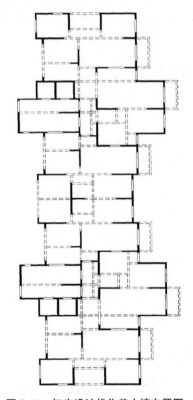

图9.11　初步设计优化剪力墙布置图

此次主要优化调整的是剪力墙的数量，由于设计优化前 X 向的扭矩较大，所以去掉了 X 向的两块剪力墙和四条连梁，并适当优化调整了墙肢的长度。优化调整模型后结构的受力分析结果见图 9.11、表 9.8、表 9.9。

表 9.8　构件混凝土材料表

层号	梁	柱	墙（厚度）
-2 ~ 2	C30	C35	C35(250)
3	C30		C35(250)
4 ~ 27	C30		C30

表 9.9　结构钢筋用量汇总

层号	墙身用钢量 （kg）	梁用钢量 （kg）	板用钢量 （kg）	楼层面积 （m²）	单位用钢量 （kg/m²）
-2	25323.6	2129.6	5153.3	619.8	52.65
-1	34869.3	16934.3	9574.8	1787.5	34.33
1	21532.7	19228.8	7754.5	1798.4	27.00
2	21446.3	17939.8	9231.7	1798.4	26.7
3	19785.4	3906.3	3139	653.9	41.07
4	16899.6	4044.5	3139	653.9	36.79
5	11641.3	4283.4	3139	653.9	28.79
6	11779.9	4359.0	3139	653.9	29.35
7	11868.4	4359.0	3139	653.9	29.67
8	11847.3	4359.0	3139	653.9	29.57
9	11837.7	4359.0	3139	653.9	29.57
10	11790.9	4359.0	3139	653.9	29.47
11	11740.9	4359.0	3139	653.9	29.47
12	11698.4	4359.0	3139	653.9	29.37
13	11636.6	4359.0	3139	653.9	29.27
14	11568.5	4359.0	3139	653.9	29.17
15	11500.7	4359.0	3139	653.9	29.07
16	11421.4	4359.0	3139	653.9	28.97
17	11377.2	4359.0	2637.0	653.9	28.87
18	12197.0	4359.0	3139	653.9	28.67
19	11123.5	4359.0	3139	653.9	28.47
20	11035.8	4359.0	3139	653.9	28.37
21	10965.0	4359.0	3139	653.9	28.27
22	10870.2	4359.0	3139	653.9	28.07
23	10714.9	4359.0	3139	653.9	27.87
24	10622.7	4359.0	3139	653.9	27.67
25	10572.6	4359.0	3139	653.9	27,67
26	10509.6	4359.0	3139	653.9	27.57
27	10417.5	4359.0	3139	653.9	25.28
合计	376400.7	153419.9	103911.8	21042.6	30.13

　　经以上结构初步设计优化后，结构的 X 向的平动系数和扭转系数都有明显改善，且最大位移由原来 1/1096 的变为 1/1245，单位用钢量和原结构相差不多。但结构出现了稍许的 Y 向扭转，对结构同样不利，所以还需进行优化。

　　3. 优化设计后的结构受力分析

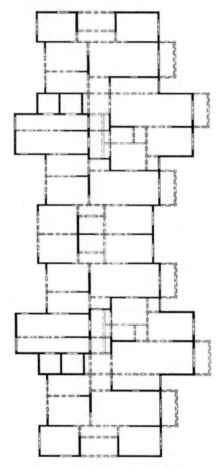

图 9.12　优化设计后剪力墙布置图

　　在初步优化的基础上对结构进行设计优化，由于初步设计优化后 Y 向出现了扭转，所以先调整剪力墙的墙肢长度以消除 Y 向扭转，然后再对剪力墙的厚度进行优化，做到在满足结构抗震性能的前提下，不仅剪力墙的厚度减小，结构整体受力性能提升，而且结构的用钢量降低。所以对剪力墙的厚度和局部墙肢长度做调整，并建模分析，以下为结构的分析信息见图 9.12、表 9.10、表 9.11。

表 9.10　构件混凝土材料表

层号	梁	柱	墙（厚度）
-2 ~ 2	C30	C35	C35(250)
3	C30	C35	C35(200)
4 ~ 27	C30		C30

表 9.11　钢筋用量汇总

层号	墙身用钢量（kg）	梁用钢量（kg）	板用钢量（kg）	楼层面积（m²）	单位用钢量（kg/m²）
-2	25097.8	2146.4	3739.3	619.8	41.99
-1	32922.6	166955.8	6873.7	1787.5	30.58
1	18187	19539.0	7082.2	1798.4	23.82
2	19670.8	16545.0	7392.7	1798.4	23.3
3	17459.6	3648.3	2623.4	653.9	33.12
4	16938.9	4328.5	2623.4	653.9	33.1
5	11683.2	4283.5	2623.4	653.9	27.20
6	11771.3	4883.4	2623.4	653.9	27.7
7	11849.9	4883.4	2623.4	653.9	27.8
8	11812.7	4883.4	2623.4	653.9	27.8
9	11809.6	4883.4	2623.4	653.9	27.8
10	11757.6	4883.4	2623.4	653.9	27.8
11	11699	4883.4	2623.4	653.9	27.7
12	11554	4883.4	2623.4	653.9	27.6
13	11636.6	4883.4	2623.4	653.9	27.5
14	11515.7	4883.4	2623.4	653.9	27.4
15	11377.2	4883.4	2623.4	653.9	27.3
16	11287.3	4883.4	2623.4	653.9	27.2
17	11114	4883.4	2623.4	653.9	27.1
18	11039.4	4883.4	2623.4	653.9	27
19	11194.9	3999.5	2623.4	653.9	26.7
20	11096.1	3876.6	2623.4	653.9	26.6
21	10964.8	3876.6	2623.4	653.9	26.59
22	10903.1	3876.6	2623.4	653.9	26.49
23	10771.2	3876.6	2623.4	653.9	26.29
24	10674.1	3876.6	2623.4	653.9	26.19
25	10579.9	3347.6	2623.4	653.9	25.18
26	10543.9	3455.0	2675.1	653.9	24.73
27	8877.8	2942.4	2456.4	653.9	24.51
合计	365056.8	152159.1	85310.5	21042.6	27.74

　　优化设计后的结构不仅满足了结构抗震性能的要求，且地上三层的剪力墙厚度由原来的 250mm 降低为 200mm，结构的平动系数、扭转系数都达到最优，周期增大 2% 左右，单位用钢量减小到 27.74，比设计优化前减少了 12.24%，很大程度上节约了建筑成本造价。

　　4. 结构设计优化前后对比分析

　　除了以上对结构的理论计算分析，本节对优化前后结构模型的分析数据进行对比。如表 9.13 ~ 表 9.16 所示。

表 9.12　剪力墙厚度及混凝土强度等级对比

层号	优化前墙身厚度	初步优化墙身厚度	优化后墙身厚度
-2 ~ 1	C35（250）	C35(250)	C35(250)
1 ~ 3	C35（250）	C35(250)	C35(200)
4 ~ 27	C30	C30	C30

表 9.14　各振型振动周期、平动、扭转对比表

振型号	各振型振动周期、平动、扭转对比表											
	周期(s)			平动系数（X向）			平动系数（Y向）			扭转系数(Z)		
	优化前	初步优化	优化后	优化前	初步优化	优化后	优化前	初步优化	优化后	优化前	初步优化	优化后
1	2.1761	2.0212	2.2255	0.00	0.94	0.99	1.00	0.00	0.00	0.00	0.06	0.01
2	2.0538	1.9099	2.1594	0.72	0.00	0.00	0.00	0.83	1.00	0.28	0.17	0.00
3	1.7654	1.6977	1.8842	0.28	0.01	0.01	0.00	0.05	0.00	0.72	0.94	0.99
4	0.6128	0.6155	0.6742	0.92	0.99	0.99	0.00	0.00	0.00	0.08	0.01	0.01
5	0.5648	0.5059	0.5666	0.00	0.00	0.00	1.00	1.00	1.00	0.00	0.00	0.00
6	0.4840	0.4524	0.4996	0.08	0.01	0.02	0.00	0.00	0.00	0.92	0.99	0.98
7	0.3233	0.3256	0.3574	0.97	0.99	0.98	0.00	0.00	0.00	0.03	0.01	0.02
8	0.2626	0.2386	0.2652	0.00	0.00	0.00	0.99	0.99	1.00	0+01	0.01	0.00
9	0.2332	0.2162	0.2374	0.08	0.05	0.08	0.02	0.03	0.01	0.90	0.92	0.91
10	0.2081	0.2079	0.2285	0.94	0.96	0.94	0.00	0.00	0.00	0.05	0.03	0.06
11	0.1620	0.1963	0.1648	0.01	1.00	0.01	0.90	0.00	0.89	0.09	0.00	0.10
12	0.1513	0.1514	0.1625	0.60	0.09	0.97	0.07	0.66	0.01	0.33	0.25	0.02
13	0.1431	0.1476	0.1509	0.43	0.84	0.06	0.07	0.14	0.14	0.51	0.02	0.80
14	0.1115	0.1381	0.1220	0.02	0.12	0.96	0.87	0.24	0.01	0.11	0.64	0.03
15	0.1106	0.1101	0.1161	0.90	0.94	0.00	0.00	0.01	0.75	0.10	0.05	0.24
16	0.1010	0.1059	0.1069	0.10	0.01	0.07	0.14	0.66	0.25	0.76	0.33	0.68
17	0.0855	0.0979	0.0946	0.93	0.08	0.93	0.03	0.32	0.02	0.04	0.60	0，05
18	0.0813	0.0851	0.0853	0.02	0.92	0.01	0.88	0.02	0.84	0.11	0.05	0.15
19	0.0740	0.0770	0.0792	0.12	0.01	0.13	0.09	0.84	0.11	0.79	0.15	0.76
20	0.0688	0.0720	0.0756	0.89	0.12	0.86	0.02	0.11	0.03	0.09	0.77	0.11
21	0.0629	0.0682	0.0661	0.01	0.86	0.01	0.85	0.02	0.88	0.14	0.12	0.I1
22	0.0593	0.0629	0.0629	0.56	0.15	0.87	0.10	0.34	0.00	0.35	0.50	0.13
23	0.0567	0.0587	0.0610	0.51	0.19	0.14	0.13	0.74	0.13	0.37	0.07	0.73
24	0.0516	0.0562	0.0542	0.08	0.74	0.05	0.40	0.II	0.58	0.52	0.16	0.37
25	0.0507	0.0544	0.0536	0.68	0.05	0.86	0.29	0.04	0.11	0.04	0.91	0.03
26	—	0.0498	—	—	—	—	—	0.20	—	—	0.03	—

表 9.15　各楼层最大位移对比表

层号	地震作用下的楼层最大位移表						地震作用规定水平力下的楼层最大位移表					
	X 方向层间位移角			Y 方向层间位移角			X 方向层间位移角			Y 方向层间位移角		
	优化前	初步优化	优化后	优化前	初步优化	优化后	优化前	初步优化	优化后	优化前	初步优化	优化后
-2	1/3619	1/3679	1/37728	1/1853	1/1813	1/1863	1/35918	1/3747	1/37626	1/1809	1/18277	1/18468
-1	1/1743	1/1014	1/9850	1/9856	1/7169	1/6784	1/1634	1/9520	1/9405	1/8686	1/6254	1/6009
1	1/3440	1/3889	1/3525	1/4248	1/4706	1/4315	1/3281	1/3749	1/3495	1/3721	1/4157	1/3873
2	1/2258	1/2492	1/2317	1/3010	1/3426	1/2943	1/2167	1/2412	1/2316	1/2628	1/2999	1/2640
3	1/1917	1/1938	1/1764	1/2418	1/2739	1/2339	1/1848	1/1876	1/1762	1/2105	1/2389	1/2091
4	1/1646	1/1615	1/1455	1/2051	1/2295	1/1996	1/1595	1/1551	1/1445	1/1773	1/1991	1/1774
5	1/1565	1/1450	1/1310	1/1829	1/2040	1/1789	1/1519	1/1399	1/1297	1/1572	1/1759	1/1581
6	1/1488	1/1361	1/1229	1/1681	1/1875	1/1650	1/1448	1/1310	1/1214	1/1437	1/1605	1/1450
7	1/1444	1/1309	1/1177	1/1578	1/1757	1/1546	1/1407	1/1256	1/1160	1/1344	1/1495	1/1352
8	1/1420	1/1285	1/1149	1/1505	1/1676	1/1472	1/1386	1/1229	1/1129	1/1276	1/1418	1/1281
9	1/1410	1/1279	1/1138	1/1451	1/1620	1/1419	1/1378	1/1220	1/1117	1/1225	1/1363	1/1230
10	1/1410	1/1286	1/1139	1/1411	1/1580	1/1381	1/1381	1/1223	1/1115	1/1187	1/1323	1/1191
11	1/1419	1/1304	1/1149	1/1381	1/1552	1/1353	1/1391	1/1236	1/1122	1/1158	1/1294	1/1163
12	1/1434	1/1329	1/1166	1/1360	1/1533	1/1334	1/1408	1/1257	1/1137	1/1136	1/1273	1/1142
13	1/1457	1/1363	1/1190	1/1345	1/1522	1/1322	1/1431	1/1284	1/1157	1/1119	1/1259	1/1127
14	1/1485	1/1405	1/1221	1/1335	1/1517	1/1315	1/1461	1/1319	1/1184	1/1108	1/1250	1/1117
15	1/1519	1/1455	1/1258	1/1331	1/1517	1/1313	1/1496	1/1361	1/1217	1/1101	1/1245	1/1111
16	1/1560	1/1513	1/1303	1/1331	1/1522	1/1316	1/1537	1/1410	1/1256	1/1097	1/1245	1/1109
17	1/1606	1/1581	1/1354	1/1335	1/1533	1/1323	1/1584	1/1467	1/1301	1/1096	1/1249	1/1110
18	1/1660	1/1661	1/1414	1/1343	1/1550	1/1334	1/1638	1/1532	1/1352	1/1098	1/1256	1/1115
19	1/1721	1/1753	1/1482	1/1355	1/1573	1/1349	1/1698	1/1609	1/1410	1/1103	1/1268	1/1122
20	1/1792	1/1861	1/1560	1/1371	1/1603	1/1369	1/1768	1/1700	1/1477	1/1110	1/1283	1/1132
21	1/1874	1/1988	1/1650	1/1392	1/1638	1/1394	1/1848	1/1808	1/1554	1/1121	1/1303	1/1145
22	1/1970	1/2141	1/1754	1/1417	1/1675	1/1423	1/1942	1/1932	1/1644	1/1134	1/1327	1/1162
23	1/2083	1/2324	1/1876	1/1446	1/1719	1/1458	1/2054	1/2075	1/1749	1/1149	1/1356	1/1181
24	1/2218	1/2538	1/2019	1/1476	1/1767	1/1497	1/2188	1/2237	1/1872	1/1168	1/1388	1/1203
25	1/2375	1/2777	1/2188	1/1509	1/1815	1/1539	1/2348	1/2417	1/2015	1/1190	1/1422	1/1229
26	1/2551	1/3014	1/2380	1/1543	1/1871	1/1580	1/2531	1/2495	1/2175	1/1212	1/1457	1/1257
27	1/2741	1/3235	1/2578	1/1575	1/1925	1/1627	1/2737	1/2563	1/2320	1/1236	1/1494	1/1291

表 9.16　钢筋用量对比表

	优化前	初步优化	优化后
单位用钢量（kg/m²）	31.61	30.13	27.74

通过以上数据对比可以看出，优化设计后的结构平动系数和扭转系数都比优化设计前的结构有较大改善，尤其是扭转系数，改善幅度最大，这使得结构的受力更简单、直接，避免了结构为抵抗扭转增加的大量建筑材料。优化设计后的周期比优化设计前的周期略有提高，X方向楼层间位移的比优化前更要接近规范的标准，Y方向的变化不大，这是因为整体剪力墙优化时主要优化的部分为X方向的剪力墙，Y方向的剪力墙变化很小。发现结构扭转的改善可以很大程度减小结构的用钢量，整个结构优化设计后比设计优化前的单位用钢量减少了12.24%。

第四节　剪力墙结构经济性设计措施

一、控制剪力墙结构成本的措施

1. 采用轻质隔墙材料

建筑隔墙尽可能采用市面上环保要求符合规定的轻质墙体材料，如陶粒砌块、泡沫混凝土填充料等，以达到减轻结构自重、减小地震作用力、降低材料成本的目的。另外，采用高强度等级钢筋、钢材，减少用钢量，降低成本造价。

2. 根据实际情况进行荷载计算

仔细研读建筑图纸，如有大量的门、窗、机电洞口、客厅门廊，其上的墙体荷载可以扣减，研读建筑面层做法，明确建筑功能，确定合理的活荷载，荷载按照图纸做法实际输入，不随意乱加。

3. 合理的剪力墙结构布置

（1）根据剪力墙布设原则，在保证承载能力和刚度的情况下，尽可能拉大剪力墙的间距，间距宜为4～6m。

（2）保证竖向刚度连续，剪力墙厚度沿结构高度方向均匀有梯度渐变。

（3）利用连梁把剪力墙结构连成整体，提高整体刚度。

（4）剪力墙各向刚度比较均匀，荷载导算时使各个方向剪力墙的轴压比尽量一致，且与规范限值偏离不大，以减少剪力墙数量及结构自重，控制地震力。

（5）剪力墙走向明确、简洁，少复杂形状，多一字形、L形、T形，坚决去除小墙垛和短墙。

4. 严格按结构计算结果及规范构造要求实际配筋

规范对荷载输入设计值与标准值之间有安全系数，在模型荷载精确的标准下严格按计算结果和规范构造要求配筋，不要盲目加安全储备。

二、剪力墙结构构件经济性设计

高层剪力墙结构设计的经济性关键因素是剪力墙结构平面布置方案和剪力墙的数量。在获得合适刚度和承载能力的基础上，通盘考虑剪力墙配筋率、厚度和梁板的布置。因此，要加强剪力墙结构概念设计，仔细斟酌结构方案，重视经济因素，在方案、构造、计算上仔细权衡，使结构图既能保证结构安全，又能经济，减少材料使用，降低成本造价，达到双赢的效果。

1. 科学合理设计剪力墙平面布置，减少数量和厚度

在剪力墙结构设计中，剪力墙的数量和厚度和结构的抗侧刚度、结构所承担的地震力的大小密切相关，合适的剪力墙数量、合理的布置、及梯度变化的厚度，能赋予剪力墙结构良好的抗侧刚度和承载能力。若不合理地增加剪力墙数量、增大墙厚，有可能两个方向上刚度不均造成扭转效应，另外，自重增加，地震力增大，配筋也会增大，会增加工程造价，造成浪费。

一般情况下有以下措施控制剪力墙墙厚取值：①依照规范，根据结构计算，以结构的层间位移角、周期比、位移比、轴压比等控制指标确定剪力墙合理厚度；②稳定性及构造性要求。

2. 按实际计算结果合理给剪力墙配筋

《混凝土结构设计规范》第 11 条对墙体配筋率有明确要求。当计算结构为构造时，严格按照规范要求配筋。控制配筋率的有以下措施：

(1) 当短墙肢的水平配筋率较大时，可适当增大墙厚，可减少用钢量。

(2) 拉筋间距：规范要求，拉筋间距不大于 300mm 和 2 倍的纵筋间距，故可以在计算值设置纵向钢筋时，可以采用稍大直径的钢筋拉开纵筋间距。

(3) 对于剪力墙加强区约束边缘构件的配箍率，可以根据规范相关公式采用高强度等级的钢筋以有效地降低配箍率，减少用钢量。

3. 减轻结构自重

通过结构优化减少混凝土用量，减轻结构自重，可以减小结构内力、竖向荷载和水平地震作用力，特别是转换层和基础的钢材和混凝土。

（1）合理控制楼板厚度与跨度。楼板在整个建筑中占据着相当大的比率，减小楼板厚度即减少了单位建筑面积混凝土用量。将楼板厚度控制在满足板的厚度与计算跨度要求的比值，并满足防火和预埋管线要求的较小值，可使得混凝土的消耗量最低。板厚一般按挠度、裂缝及机电穿管决定，除特殊情况外，120mm 厚板一般均能满足上述要求。板跨一般取 3 ~ 5m。

（2）减少剪力墙数量和厚度。在保证抗侧刚度和承载能力基础上减少剪力墙数量，可以减轻结构自重，可以减少水平地震力，节省用钢量和混凝土用量。可以适当扩大剪力墙间距，控制在 4 ~ 6m，使剪力墙长度合理，均匀布置，走向明确、形状简单、墙厚竖向有序梯度变化，能获得良好的抗侧刚度和承载能力及延性，同时减少结构自重、降低地震力，减少钢材和混凝土用量，有良好的经济效益。

第五节　剪力墙结构优化设计案例分析

一、工程概况

某住宅楼建筑总高度 51.780m，室内外高差 0.55m。地下一层；地上 17 层，1 ~ 17 层住宅层高为 3.0m，17 层层高为 3.9 m，地下室层高为 5.55m。电梯机房层高 4.1m，室内外高差 0.55W。建筑物占地面积 472.89m²，地下室面积 466.75m²，出屋面面积

121.6m²。1 ～ 17 层住宅面积为 8039.13m²，总建筑面积 8627.48m²。原设计建筑布置如图 9.13、9.14 所示。

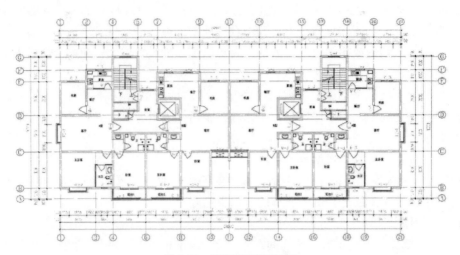

图 9.13　标准层建筑平面图

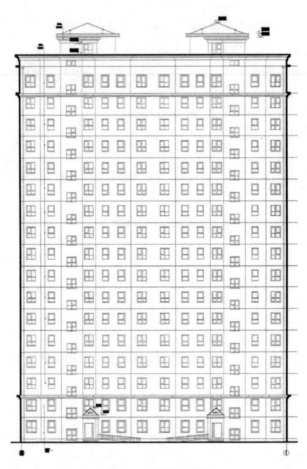

图 9.14　建筑立面图

二、相关设计参数的选取

1. 建筑结构安全等级和设计使用年限

(1) 结构的安全等级：二级。

(2) 设计使用年限：50 年。

(3) 抗震设防类别：丙类。

(4) 地基基础的设计等级：乙级。

(5) 剪力墙的抗震等级：二级。

(6) 地下室的防水等级：二级。

(7) 耐火等级：地下一级，地上二级。

2. 自然条件

(1) 基本风压：W_0=0.40kN/m^2。

(2) 地面粗糙度类别：C 类。

(3) 场地地震基本烈度：8 度；设计基本地震加速度值：0.2g；设计地震分组：第二组；建筑场地类别为：三类。

(4) 场地标准冻深：0.50m。

(5) 场地的工程地质条件:存在 2.5m 厚的湿陷性黄土,地基处理采用 CFG 桩复合地基。

3. 设计采用的主要活荷载标准值

根据建筑各房间使用功能和《建筑结构荷载规范》(GB50009-2001) 对该建筑主要活荷载标准值进行取值，取值结果见表 9.17。

表 9.17　设计采用的主要活荷载标准值

荷载 位置	活荷载标准值 （kN/m^2）	荷载 位置	活荷载标准值 （kN/m^2）
±0.000 楼板	5.0	卫生间	2.0
住宅	2.0	走廊、门厅、楼梯	3.5
电梯机房	7.0	阳台	2.5
不上人屋面	0.5	上人屋面	2.0
栏杆水平荷载	0.5	挑檐、雨篷集中荷载	1.0

4. 计算依据

根据建筑图和设计参数的要求，本住宅楼主体结构采用钢筋混凝土剪力墙结构，基础采用钢筋混凝土筏片基础。

传统剪力墙优化方法主要对剪力墙的数量，长度，位置和开洞的位置及大小进行多种方案的计算分析对比。

5. 结构优化设计方案的形成

首先，根据建筑施工图可以看出该住宅楼以 11 轴为对称的单轴对称结构，因此为了保证结构的抗扭刚度在选择剪力墙布置位置时采用对称布置的方案。

其次，根据建筑施工图确定剪力墙的位置，方法如下：

(1) 墙体是结构的主要抗侧力构件，为结构提供了主要的抗侧刚度。为了避免刚度发生偏置和过度集中，进而使结构发生扭转等对结构不利的现象，因此在布置剪力墙时应尽量使剪力墙的位置均匀和分散，避免发生刚度偏置和集中；其次还应满足剪力墙位置布置对称和放置在建筑物周边的原则，以控制结构的扭转刚度。

(2) 由于在结构设计时要对结构分别进行在 X，Y 方向的地震荷载和风荷载作用下的分析，因此为了满足建筑物在其 X，Y 方向上的刚度，剪力墙的位置应沿建筑 X，Y 两个方向均匀布置且两个方向的刚度相差不应过大，以免结构发生扭转。

(3) 剪力墙宜布置在房屋的端部、平面形状发生变化的位置、恒荷载较大的位置和楼 (电) 梯的位置。

(4) 在平面布置上尽可能均匀、对称，以减小结构的扭转。条件不允许对称时，应使结构的刚度中心尽量的接近质量中心。剪力墙应尽量对直拉通，以增加结构整体的抗震能力。门窗洞口的上层和下层应保持一致，以形成简单明确的传递路线，使计算简单化。

(5) 在竖向布置上，墙体应贯通建筑全高，使结构上下刚度连续、均匀。当剪力墙的垂直特性发生变化时，墙体的厚度和混凝土等级可以随高度的变化而改变，或者减少部分墙肢，使结构的整体抗侧刚度逐渐减小，避免层刚度发生突变，从而导致应力集中。

(6) 洞口布置在截面中部，避免布置在剪力墙端部。当剪力墙墙肢长度较长时，应在墙体上适当的开设洞口，使之形成长度较均匀的若干段，采用弱梁联系各墙段，独立墙段总高度与截面高度的比值不应小于 2；当剪力墙墙肢长度较小时，墙体受弯时产生裂缝的宽度较小，墙体配筋可以充分发挥作用，因此墙肢的截面高度不宜大于 8m。短肢剪力墙比较多时，应采用筒体结构。

(7) 剪力墙间距。为了确保楼屋盖的侧向刚度，避免楼盖发生平面内弯曲，剪力墙最大间距通常应控制在 3 ~ 5m 之内。

(8) 剪力墙数量。剪力墙的数量与结构的体型和高度等特性有关。从抗震性能方面分析，在适当的范围内，墙体的数量越多越好；从经济性能方面分析，墙体的数量太多会增加结构的刚度及自重，从而既增大了地震力，增加材料的用量和提高造价，也增加了结构设计的难度等。所以，剪力墙的数量只需要满足侧向变形的要求即可。剪力墙的布置必须遵循"均匀、对称、周边、分散"的原则。

(9) 剪力墙厚度。依据《高层建筑混凝土结构技术规程》(JGJ3-2010，以下简称《高规》) 第 7.2.1 条、第 7.2.2 条和附录 D 中的规定，一般 100m 以下的建筑物剪力墙厚度为 200 ~ 300mm。

最后，由于建筑平面图中平面形状存在凹凸不规则 (如图 9.15)，4.2/12.5=33.6% > 30%，基于概念设计，结构设计采用如下措施来改善结构的性能。

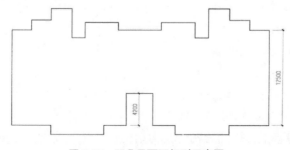

图 9.15   凹凸平面不规则示意图

(1) 在 B/10-12 轴之间加连梁，连梁可以每层加或隔层加。该措施的主要优点是可以增加 Y 向抵抗地震的能力，使其作为耗能构件消耗地震力；缺点是影响建筑外观和建筑的采光等使用功能，此外还增加了施工成本提高了工程的总体造价。

(2) 提高凹进部分的抗震破坏能力。首先，在考虑整体剪力墙布局的前提下，适当地增加其周围的剪力墙，避免由于集中应力对其薄弱部位造成的破坏；其次，加大该区域梁的抗剪能力 (包括截面尺寸和配箍率)，最后加厚该区域板的厚度，并在其阴角处布置钢筋网片。该措施的主要优点是满足了原建筑的外观和使用要求，有效地降低了施工成本。

因此，在综合考虑安全性、使用性和舒适性的条件下，为了使该建筑的总造价成本有所降低，优先考虑第二种方案。

三、剪力墙结构优化设计方案的选取

通过上述剪力墙优化原则对该建筑进行剪力墙优化，剪力墙优化最终结果的形成过程如下：

1.剪力墙位置优化

（1）在该建筑结构四周进行剪力墙布置，由于该住宅楼由两个单元组成且为单轴对称结构，因此根据该住宅楼的建筑平面图将剪力墙布置在各单元的四周（图 9.16）。

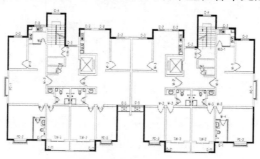

图 9.16 剪力墙四周布置图

（2）根据剪力墙 "均匀、分散" 的布置原则，分别在该建筑四周和各单元中部布置剪力墙。依据建筑平面图的墙体位置，首先选择位于各单元中部卫生间位置的墙体，根据对称性和两个主轴方向的动力特性宜相近的原则，在此处选择 "工" 字形剪力墙进行布置（图 9.17）。

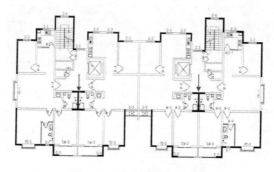

图 9.17 剪力墙居中布置图

（3）电梯是高层建筑的主要交通工具，为了保证电梯在小震后仍能正常工作，应在电梯间周围布置适当的剪力墙满足其安全性和使用性的要求（图9.18）。

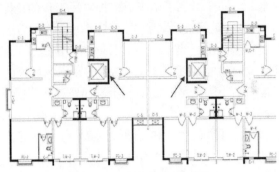

图9.18　剪力墙电梯间布置图

（4）建筑的楼梯间是地震和火灾中主要的逃生通道，应保证其足够的安全性，因此，应在楼梯间四周布置剪力墙。现已在楼梯间外侧布置了剪力墙，根据建筑平面图中墙体位置和剪力墙布置对称性要求，楼梯间内侧剪力墙的布置位置如图9.19所示。

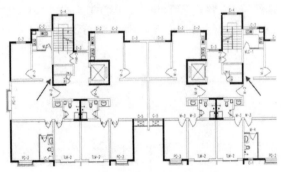

图9.19　楼梯间内侧剪力墙布置图

（5）根据前述剪力墙的布置位置，在X，Y两个主轴方向存在明显的刚度分配不均匀的现象，Y方向存在较多的长墙，整体刚度相对较大，而受建筑条件所限X方向多为短墙肢其整体刚度相对较小，使结构整体宜发生扭转现象。因此为了避免结构发生扭转，在建筑物的X方向对称增设一定数量的长剪力墙，使两个主轴方向的刚度相近（图9.20）。

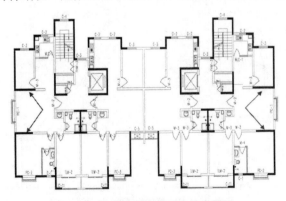

图9.20　X方向增设的剪力墙布置图

（6）考虑由平面凹凸不规则而形成的薄弱部位，会使这个位置产生较大的集中应力或塑性变形。为了避免此类现象的发生，在平面凹凸不规则的部位增设一定数量的剪力墙，使其具备足够的能力来抵抗地震灾害。为了保证 X，Y 两个主轴方向的刚度相近，在薄弱部位两边分别布置 X 和 Y 向各两道剪力墙并在薄弱部位中间布置"T"字形剪力墙。

图 9.21　薄弱位置剪力墙布置图

2. 剪力墙长度和厚度的优化

（1）剪力墙长度优化

首先，根据建筑平面图中门窗洞口的位置确定剪力墙的初始长度，对于长度较长的剪力墙尽量不要在中部开洞，因为剪力墙中部开洞后洞口两侧必然要增设暗柱，进而使一片连续的剪力墙从两个暗柱变为四个，而暗柱的钢筋用量要远远大于剪力墙其他部位的钢筋用量，为了节约钢材降低造价应尽量减少在剪力墙中间开洞的情况。

其次，为了满足在两个主轴方向刚度相近的原则，在不影响建筑的使用功能且同时考虑梁支撑位置的条件下对该结构现有位置的墙体进行反复验算，最终得出如图 9.22 所示的剪力墙长度，其中梁、板构件按照现行规范进行布置。

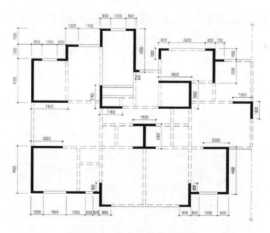

图 9.22　剪力墙优化的长度

（2）剪力墙厚度优化

综合考虑建筑物的防水、保暖和隔声等要害，剪力墙的截面厚度不宜过低，根据《建筑抗震设计规范》，以下简称 (GB 50011-2010《抗震》) 第 6.4.1 条底部加强部位的墙厚，

一、二级不应小于 200mm 和第 6.3.1 条梁的截面宽度不宜小于 200mm，因此该建筑物剪力墙的厚度地下室外墙厚度为 300mm、内墙厚度为 250mm；其余部位剪力墙墙体厚度均为 200mm。

3. 剪力墙混凝土强度的优化

（1）《高规》第 3.2.2 条，各类结构用混凝土的强度等级均不应低于 C20，且作为上部结构嵌固部位的地下室楼盖的混凝土强度等级不宜低于 C30。因此地下部分混凝土构件强度为 C30，地上部分混凝土构件强度为 C20。

（2）《高规》第 7.1.4 条，高层建筑底部加强区高度可取底部两层和墙体总高度的 1/10 二者的较大值，本建筑选取地下室和地上一、二层作为底部加强区，由于地下室的剪力墙厚度大于相邻地上部分的剪力墙厚度且同为底部加强区，因此此处剪力墙混凝土强度应均大于等于 C30。

（3）《高规》第 7.2.14 条，约束边缘构件应设置在底部加强部位及相邻的上一层，在结合《抗震》第 3.4.3 条建筑物竖向不规则的规定得出表 9.18 的混凝土强度等级优化结果。

表 9.18　混凝土强度等级优化

位置	强度等级	位置		强度等级
筏基底板及地梁	C30	剪力墙	地下室一三层	C30
地下室外墙	C30		四层及以上	C25
楼板	同梁	梁	地下室顶	C25
楼梯	C25		一层及以上	C25
圈梁、构造柱	C20	阳台及挑檐等室外露天环境构件		C30

四、剪力墙初步优化设计结果

通过上述方法得出了初步的剪力墙设计优化平面图，再根据建筑图中的墙体和建筑各房间的功能和荷载确定梁的位置和跨度并选择合适的梁截面，得到了经过优化设计后标准层的结构平面图，见图 9.23。

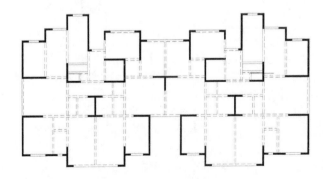

图 9.23　剪力墙设计初步优化结果

第 10 章　建筑楼盖形式经济性分析与优化设计

建筑框架结构体系确定后，楼盖体系设计方案的选择尤为重要。楼盖体系就是楼层的结构布置。楼盖体系作为建筑的水平构件，起着承受竖向荷载和传递水平荷载的作用，对于保证建筑物的承载力、刚度和抗震性能有重要的作用。由于楼盖面积大、层数多，其工程造价一般占整个土建总造价的 30% 以上，而且随着房屋的层数增加其比例也逐渐加大；并且混凝土楼盖的自重占总建筑自重的比例也很大，因此降低楼盖的造价和自重对整个建筑物来讲是非常重要的。另外，混凝土楼盖的设计对于建筑物的隔声、隔热、美观和设备管线的安装都有直接的影响。楼盖结构层高度的减少，对减小建筑层高、增加建筑层数、以及整个建筑工程具有很大的经济意义。

因此，随着经济的快速发展，用地越来越紧张的今天，研究楼盖体系的经济技术指标，在初步设计时优化选取经济合理的结构体系，不仅是必要的，而且是重要的，它会带来明显的经济效益和社会效益。

第一节　楼盖结构设计优化概述

一、楼盖的分类

随着社会经济的发展，人们的生活质量越来越高，为了满足人们对于建筑物使用功能等多方面的需求，建筑体系中出现了多种多样的楼盖形式。

1. 按结构形式分类

楼盖通常可分为有梁楼盖和无梁楼盖两大类。在有梁楼盖中，根据梁、柱的结构布置情况，又可分为单向板肋形楼盖 [图 10.1(a)]、双向板肋形楼盖 [图 10.1(b)]、井式楼盖和双向密肋楼盖 [图 10.1(c)]。井式楼盖与双向密肋楼盖的区别是，双向密肋楼盖中梁与梁的间距较小。通常将两个方向梁间距不大于 1.5m 的楼盖称为双向密肋楼盖。无梁楼盖不设梁 [图 10.1(d)]，楼盖直接支承在柱和墙上。此外，还可以将楼盖做成压型钢板 - 混凝土组合楼盖 [图 10.2(a)]、钢梁 - 混凝土板组合楼盖 [图 10.2(b)]、网架 - 混凝土板组合楼盖 [图 10.2(c)] 等多种形式。

楼盖结构中，梁是板的支承处，板的荷载通过梁传递给柱和墙。因此，梁设置得较多时，楼板的厚度可以减薄，材料节省，自重减轻，比较经济。无梁楼盖不设梁，楼盖底面平整，较为美观，但楼板较厚，材料用量较多，自重较大，造价较高。最近几年，在柱网尺寸较大的楼盖中，为了减轻结构自重，有时将其做成空心无梁楼盖，当无梁板全部支承在柱上时，这种结构称为板柱结构。板柱结构的抗侧刚度弱，不适合在高层建筑中采用。

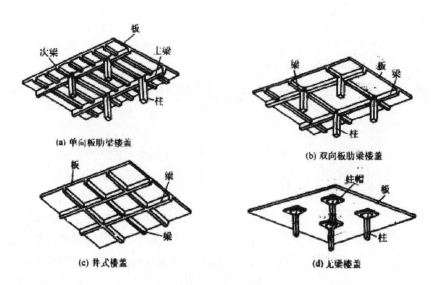

图 10.1   楼盖的主要结构形式

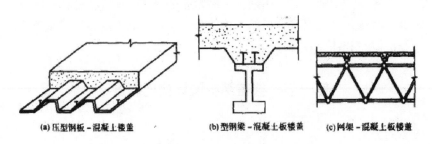

图 10.2   组合式楼盖

2. 按施工方法分类

按施工方法可以分为装配式、装配整体式和现浇式三种类型。

装配式楼盖中，楼板是预制后安放在梁或墙上的，板与梁或墙之间无牢固的结构上的连系。这种楼盖施工简便，经济性好，但整体性差。

装配整体式楼盖是在装配式楼盖的楼面上做一层刚性面层，面层通常用 40mm 厚细石混凝土现浇而成，面层内配有钢筋网。与装配式楼盖相比，装配整体式楼盖的整体性要好得多，但造价略高一些。如果在预制板上预留钢筋或将板面预留许多有一定深度的槽，使后浇的结构与预制结构结合很好，能共同工作，这种楼盖称为叠合式楼盖。叠合式楼盖的受力性能比普通装配整体式楼盖好一些。

现浇式楼盖是在梁和板的钢筋绑扎好以后，用混凝土一次浇灌而成的。由于梁和板的钢筋相互交织，混凝土一次浇灌，其整体性和受力性能比装配式和装配整体性都好。当然，现浇楼盖的模板用量较多，施工麻烦一些，造价也高一些。

3. 按是否施加预应力分类

按是否对其施加预应力可分为普通钢筋混凝土楼盖和预应力混凝土楼盖。普通钢筋混凝土楼盖施工简便，但变形和抗裂性能不如预应力混凝土楼盖好。最近 20 多年来，无粘结预应力混凝土楼盖在工程中得到了一定的应用。

　　楼盖有许多类型,选择哪种楼盖最经济合理是设计者最关心的问题。一般选择楼盖结构形式的应遵循的原则是:从房屋体系的整体要求出发,包括建筑布局、整体结构形式等,选型合理与否直接影响结构受力、工程投资和建筑效果。在结构可靠的前提下,尽量降低楼盖结构占用的建筑高度。

二、楼盖结构体系

　　目前,国内外常用现浇钢筋混凝土楼盖体系有如下几种:

　　1. 现浇梁板式楼盖结构体系

　　一般的梁板式楼盖,如井字梁楼盖,单向板楼盖,应用比较普遍,楼盖刚度好,适用范围广,楼板开洞比较灵活,施工方法简单,有较好的技术经济指标(图 10.3)。但因楼面梁高度较大,占用了较多的空间,不利于水暖电空调管线和建筑吊顶的布置,要求有较大的层高,在层高不受限制的情况下,可首选梁板式楼盖,以单向板肋梁楼盖最佳。

图 10.3　现浇梁板式楼盖

　　2. 无梁楼盖结构体系

　　无梁楼盖早在 1906 年始创于美国,因为它带有柱帽,当时又称为"菌形楼盖",曾出现过不少配筋形式,有双向配筋、四向配筋及环向配筋等。在理论方面及试验方面都做了大量工作,国内外建造甚多,是一种成熟的结构形式。

　　(1)无梁楼盖结构体系的特点

　　钢筋混凝土无梁楼盖和无粘结预应力无梁楼盖虽然楼盖本身比较厚,钢筋用量大,楼盖自重大,对抗震不利,造价也相应增大,但因楼面无梁,占用的空间少,可以降低层高,有利于水暖电空调管线和建筑吊顶的布置。在现代高层建筑中,建筑物总高度往往受城市规划的限制,在层高受限制而建筑面积又不能减少的情况下,采用普通钢筋混凝土无梁楼盖或无粘结预应力无梁楼盖无疑是一种明智的选择。在同等条件下,无粘结预应力无梁楼盖的楼板厚度比普通钢筋混凝土无梁楼盖更小,降低层高的效果更显著。无粘结预应力无梁楼盖适用于楼板开洞较少的商场,车库等建筑,不宜用于楼板开洞较多的写字楼,公寓楼等建筑,因为楼板开洞多了,会影响预应力筋的布置(图 10.4)。

　　(2)无梁楼盖结构体系的优缺点

　　①板底平整,可以不吊顶棚而直接粉刷做成天花。安装通风管时可顺利通过,可以减少吊顶空间。

图 10.4　无梁楼盖建筑物室内空间

②结构高度小，可显著的降低层高；与普通梁式楼盖相比，净高相同的公寓楼，每10层至少可以增加一层而建筑高度不变，经济效益显著。

③建造方便，模板及配筋简单，可以缩短工期。双向板无梁楼盖的不足之处主要在材料消耗方面：

a. 混凝土用量大，6m柱距及活荷载为 4kN/m² 的情况下，单向板梁式楼盖的混凝土折算厚度约为 140mm，而双向板无梁楼盖的混凝土折算厚度一般为 180mm 左右。但是，梁式楼盖因为板厚有限，在板中不能布设电气管路，需要在其上另行浇筑 50mm 厚的混凝土垫层，无梁楼盖则可以省去这个垫层，电气管路可以直接埋设在板内，两种楼盖的混凝土消耗基本上可以拉平。

b. 用钢量较大，上述普通梁式楼盖，用钢量为 16kg/m² 左右，而无梁楼盖的用钢量约为 20kg/m² 左右。

以上两种材料的消耗增大可以在降低层高和加快施工进度中的到补偿。双向板无梁楼盖的应用与很多因素有关，有荷载、跨度、经济、美观、施工进度、抗震设防等各个方面。

带柱帽的无梁楼盖在柱端的板下有较大体积的凸出物，室内景观欠佳，但适用于跨度为 7m 左右且荷载较大的场合。根据分析，当活荷载大于 5kN/m² 时，这种楼盖就比梁式楼盖经济，所以它通常用于仓库、多层厂房及地下筏式基础。我国的工程实践表明，这种楼盖的耐震性能亦好。

平板无梁楼盖的节点较弱，长期荷载下的挠度也偏大，但美观。它适用于跨度大约在 7.2m 以内及轻荷载的情况，如公寓、办公楼等。这种楼盖宜用于无侧移结构体系，地震区慎用。

仅在柱上有梁的双向板楼盖是平板无梁楼盖的改善，因而它在荷载大小、跨度大小、侧移限制及抗震设防等制约条件方面都要比平板无梁楼盖宽松一些，这种楼盖的天花也很开敞。

双向密肋格形无梁楼盖可用于大荷载及大跨度房屋，柱网可以做到 12m×12m，活荷载可以大于 5kN/m²，与平板无梁楼盖相比，大跨度时可减轻自重 20%，降低造价 17%。

这种楼盖因为用塑壳模板建造，混凝土表面平滑，美观，可以不用二次抹灰，也可以不吊顶。它适用于商店营业厅、图书馆以及多层厂房等。

平板楼盖也可以做成预应力的，一般是用无粘结预应力体系。这种预应力方式可以和普通现浇楼盖一样施工，只是要多一道预应力工序。采用预应力方案可以增强板的刚度、减少板厚、扩大跨度和节约钢材。

无梁楼盖也可以用提升法建造，将平板事先在地坪上成叠生产，然后晚上提升，自上而下逐层就位固定（图 10.5）。这种施工方案进度快、省模板、文明施工，但需要专门的提升工具。

图 10.5　无梁楼盖结构中的斜柱施工

（3）无梁楼盖结构体系的几种形式

双向板无梁楼盖，一般包括以下四种形式：

①带柱帽的无梁楼盖（flate-slab floor）。通常称为无梁楼盖。其组成包括柱、柱帽、柱上托板及平板。柱帽及柱上托板有三个功能，一是增强平板与柱的连结，增强结构的刚度；二是可以缓和柱对平板的冲切作用；三是可以减少板的计算跨度和柱的计算长度。这种楼盖的内景略差一点。

②平板无梁楼盖（flate-plate floor）。其组成仅包括柱及平板。这种楼盖在节点处平板受柱的冲切作用较大，需要在柱顶处在平板内设置受剪配筋来加强。这种楼盖的天花平整，且楼板的支模和配筋施工较传统的梁板式楼盖方便、高效，工业化程度亦更高（图10.6，图 10.7）。

图 10.6　无梁楼盖结构板支模施工现场　　　图 10.7　无梁楼盖结构板钢筋施工现场

③仅在柱上有梁的双向板楼盖，简称双向板楼盖。从命名上看，它与双向板梁式楼盖的区别不大；而从实质上看，两者是有区别的。双向板楼盖中采用的梁，其截面较小，梁的刚度没有梁式板楼盖中的梁刚度那么大，不能把它当作板的支座，而只能算作对板的加强，是板的一个组成部分，它也只能从板系中分担部分内力来参与工作，不能把它当作独立的梁。而在双向板梁式楼盖中，梁还可以分次梁及主梁，板面荷载由板而次梁而主梁依次传递，整个楼面荷载最终由主梁承担。所以，前一种楼盖属于板系统，后一种楼盖属于梁系统。

柱上的梁有三个功能：一是增强板系对冲切受剪的抵抗能力，二是加强板与柱的连结，三是可以单独地承受一些集中力。

④双向密肋格形无梁楼盖（waffle slab）。这种楼盖可以理解为在厚板下面规则地挖出一系列立方体后而成形的，其保留部分即为肋，因为肋间距为 0.9 ~ 1.2m，故称为密肋式。这种楼盖为了抵抗冲切而在柱顶部分范围内可不挖空而保留成实体。也可以沿柱列线一定宽度内不挖空而成"暗梁"。密肋楼盖的 T 形截面可以按截面惯性矩相当的原则而折算成一定厚度的实体板。

3. 空心楼盖结构体系

图 10.8　空心楼盖结构

空心无梁楼盖不仅具有一般实心无梁楼盖的优点外，还能克服实心无梁楼盖自重大的缺点，对比密肋楼盖而言不会因为肋梁模板制作造成工期的延长和用工的浪费。简言之，空心楼盖就是将实心楼盖中对受力和变形影响不大的混凝土挖去，使楼板形成空腔与暗肋组成的空间蜂窝状受力结构，既减轻了楼盖自重，又保持了楼盖的大部分刚度和强度的一种楼盖型式。空心楼盖充分挖掘了钢筋和混凝土材料的潜能，节省楼板的混凝土用量，不仅很好解决了建筑的大跨度，大开间问题，且使建筑物具有自重轻、隔热、保温、隔音、空间可灵活间隔、挠度变形小、抗剪抗扭性能好、抗震性好的优良性能，并能有效的增加建筑的净空，施工方便，可以有效的降低成本和工期。这些优点使得现浇混凝土空心楼盖在越来越多的建筑工程中得到应用。

三、楼盖结构优化设计的作用

1. 合理选择楼盖结构的重要性

钢筋混凝土楼盖是建筑结构的主要组成部分。楼盖结构型式的选择、布置的合理性；

结构计算和构造的正确性，对建筑的安全使用和经济性有着十分重要的意义。其主要原因在于：

（1）在一个建筑中，混凝土楼盖约占土建总造价的 20% ~ 30%。在普通钢筋混凝土多层建筑中，楼盖自重占总自重的 30% ~ 40%；在钢筋混凝土高层建筑中混凝土楼盖的自重约占总自重的 50% ~ 60%，因而降低楼盖的造价和自重对整个建筑物来讲至关重要。

（2）适当的楼盖型式，可减少混凝土楼盖的结构高度，因而可降低建筑层高，对建筑工程具有非常大的经济意义(例如 30 层楼，每层降低 0.1m，就可增加一个楼层的面积)。

（3）混凝土楼盖设计对于建筑隔声、隔热和美观等建筑效果有直接影响。

（4）对于保证建筑物的承载力、刚度、耐久性，提高抗风、抗震性能等也有重要的作用。

（5）此外，楼盖的模板工程量在一般现浇结构中占总模板工程量的绝大部分，因此简化楼盖的施工复杂程度及工程量，对加快工程施工进度，保障施工质量等，具有十分重要的意义。

2. 楼盖结构优化设计的作用

楼盖体系作为建筑结构的水平承重体系，不仅起着支承竖向荷载和传递水平荷载的作用，还是竖向承重结构的水平支撑。在多层与高层建筑中，选择合理的楼盖体系，不仅可以改善结构的整体受力性能，保证建筑物的承载力、刚度、耐久性、抗震性能等，而且还可以减少整个工程的造价。这主要是基于以下几个原因：

(1) 在一个建筑物中，由于楼盖面积大，层数多，楼盖造价约占土建总造价 30% 以上，并且随着房屋层数的增加，其比例也逐渐加大，所以降低楼盖的造价，对于整个工程而言是非常有意义的。

(2) 楼盖结构的重量占建筑总重的比例很大。降低楼盖重量，可大幅度减轻建筑总重，在抗震设防地区还可以减轻地震作用；同时，还可以降低墙、柱及基础的造价。

(3) 降低楼盖体系自身的结构高度，不仅可减少层高、节约建筑空间，增加建筑层数，还可以降低围护结构、管线材料及施工机具的费用。因此对于多层尤其是高层建筑而言，应选择整体性好、刚度大、质量轻、高度小、满足使用要求并便于施工的楼盖体系。

第二节　楼盖结构方案设计与经济性分析

楼盖结构方案的技术经济指标即楼盖设计阶段的指标，包含了技术和经济两个层面的指标，技术指标主要指梁高度这项指标；经济指标包含了普通钢筋费用，预应力钢筋费用，混凝土费用。施工方案的经济性指标主要是指模板费用。设计和施工阶段都对建筑工程项目的技术经济指标有很大的影响，每个阶段都不容忽视，所以都需要通过技术经济性分析来判断其是否经济合理。经过一系列的比较之后，就可以选择最佳的方案应用到建筑建造中去。

本节主要介绍单向板肋梁楼盖、井式楼盖、空心楼盖、预应力肋梁楼盖的受力特点、优缺点、计算方法以及构造要求等，并求出了各楼盖结构体系在 6m、8m、10m、12m

跨度下不同活荷载作用下（楼面恒载都取 3.5 kN/m²，活荷载分别取 5 kN/m²、10kN/m²、15kN/m²）的构件尺寸、材料用量及各种经济指标。

为了使计算得到的经济技术指标具有可比性，计算条件取值相同。各种材料的单方造价 (2012 年第一季度广州地区建设工程常用材料综合价格) 如下：C25 混凝土：325 元 / m³，C30 混凝土：340 元 / m³，C40 混凝土：370 元 / m³，钢筋：4663 元 / t，无粘结预应力钢绞线：7078 元 / t。计算时可参考各地不同时期的混凝土市场价格进行计算。

一、现浇单向板楼盖

主要在一个方向受力的板，称为单向板。单向板肋梁楼盖是应用得最普遍的一种楼盖。单向板肋梁楼盖一般由板、次梁和主梁组成，支承在墙和柱上。现浇单向板肋梁楼盖中，梁和板一般采用相同的混凝土强度等级，并且同时浇筑混凝土。单向板肋梁楼盖的特点是：楼板厚度较薄、材料用量较少、结构自重较轻、板上开洞方便，但支模较复杂。

1. 现浇单向板楼盖的受力特点

单向板作用在板上的 94% 以上的均布荷载沿短跨方向传递，使板主要在短跨方向弯曲，荷载在长跨方向的传递及板在长跨方向的弯曲都比较小可忽略，因此，单向板是主要在一个方向受力的板。单向板肋梁楼盖中，次梁的间距决定了板的跨度，主梁的间距决定了次梁的跨度，柱距或墙距或柱至梁的距离决定了主梁的跨度。次梁、主梁、墙和柱设置得多，楼盖刚度大、受力好，但材料用量大，不经济，不美观，还可能造成使用上的不便。反过来，次梁、主梁、墙和柱设置得过少时，梁和板的跨度增大，截面尺寸加大，同样也不经济，室内的有效高度也会减少。单向板肋梁楼盖荷载的传递途径是：荷载→板→次梁→主梁→柱或墙→基础→地基。

2. 现浇单向板楼盖的构造要求

实际工程中，单向板肋梁楼盖的板、次梁和主梁的常用跨长为：板：1.5 ～ 3m，次梁：4 ～ 6m；主梁：5 ～ 8m。这些跨长是长期工程实践中总结出来的，也是比较合理的跨长，可以作为单向板肋梁楼盖结构布置时参考采用。

在满足承载能力、刚度和裂缝控制要求的前提下，板厚应尽量薄，但应满足下列要求：取单位板宽作为计算单元，即 $b = 1000mm$。板厚 h 可按下表 10.1 选取，并以 10 mm 为模数。

表 10.1　肋形楼盖梁、板截面尺寸

构件种类	截面高度 h 与跨度 l 比值	附　　　注
简支单向板 两端连续单向板	$h/l \geq 1/35$ $h/l \geq 1/40$	单向板 h 不小于下列数值： 屋顶板 60mm； 民用建筑楼板 60mm； 工业建筑楼板 70mm； 行车道下的楼板 80mm
多跨连续次梁 多跨连续主梁 单跨简支梁	$h/l=1/18 \sim 1/12$ $h/l=1/14 \sim 1/8$ $h/l=1/14 \sim 1/8$	梁的高宽比 h/b 一般取 1.5 ～ 3.0 并以 50mm 为模数

梁的常用截面高度为 200mm，250mm，300mm，350mm，400mm，450mm，500mm，600mm，700mm，800mm 等。次梁的截面宽度不应小于 150mm，常用截面宽度为

150mm，180mm，200mm，250mm，300mm，350mm，400mm 等。主梁的截面高度至少应比次梁的截面高度高 50mm，如果主梁下部钢筋为双层配筋，或附加钢筋采用吊筋时，应高出 100mm。当梁高跨比满足前面的要求时，一般可满足使用阶段的挠度要求。

3. 现浇单向板肋梁楼盖的技术经济指标

将上述基本参数输入 PM 软件建模，6m 跨楼盖结构布置如图 10.9 所示，8m、10m、12m 跨楼盖结构布置各取一跨如图 10.10 ~ 图 10.12 所示，经 SATWE 计算，单向板肋梁楼盖在各种跨度、荷载下的构件尺寸和经济指标分别见表 10.2 ~ 表 10.5。

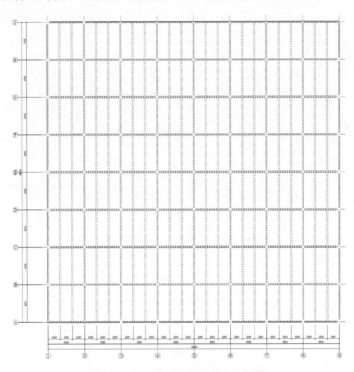

图 10.9　6m 跨单向板楼盖结构布置

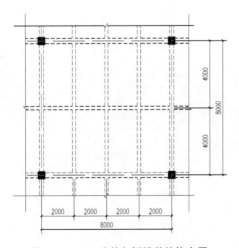

图 10.10　8m 跨单向板楼盖结构布置

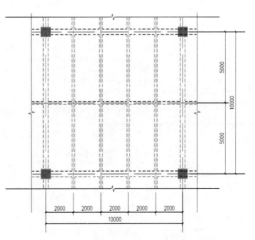

图 10.11　10m 跨单向板楼盖结构布置

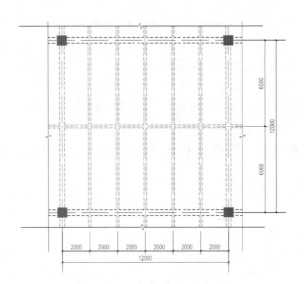

图 10.12　12m 跨单向板楼盖结构布置

表 10.2　活荷载为 5kN/m² 下的构件尺寸和材料用量

柱网 (m)	板厚 (mm)	主梁截面 (mm)	次梁截面 (mm)	柱截面 (mm)	钢筋 (kg/m²)	混凝土 (m³/m²)
6.0 × 6.0	90	200 × 600	200 × 500	400 × 400	24.43	0.19
8.0 × 8.0	100	300 × 700	200 × 500	550 × 550	34.92	0.22
10.0 × 10.0	100	350 × 900	200 × 500	700 × 700	41.94	0.26
12.0 × 12.0	100	400 × 1000	250 × 600	900 × 900	53.57	0.28

表 10.3　活荷载为 10kN/m² 下的构件尺寸和材料用量

柱网 (m)	板厚 (mm)	主梁截面 (mm)	次梁截面 (mm)	柱截面 (mm)	钢筋 (kg/m²)	混凝土 (m³/m²)
6.0 × 6.0	100	300 × 600	200 × 500	450 × 450	34.10	0.21
8.0 × 8.0	100	350 × 800	200 × 600	600 × 600	48.53	0.24
10.0 × 10.0	100	350 × 1000	250 × 600	750 × 750	60.64	0.27
12.0 × 12.0	100	450 × 1200	300 × 600	1000 × 1000	70.02	0.3

表 10.4　活荷载为 15kN/m² 下的构件尺寸和材料用量

柱网 (m)	板厚 (mm)	主梁截面 (mm)	次梁截面 (mm)	柱截面 (mm)	钢筋 (kg/m²)	混凝土 (m³/m²)
6.0 × 6.0	100	300 × 650	250 × 500	500 × 500	43.91	0.23
8.0 × 8.0	100	350 × 1000	200 × 600	700 × 700	60.40	0.26
10.0 × 10.0	100	400 × 1100	300 × 600	900 × 900	74.95	0.31
12.0 × 12.0	100	600 × 1200	350 × 650	1100 × 1100	90.40	0.39

表 10.5　各活荷载下的经济指标　　　　　　　　　　（造价：元 /m²）

跨度（m）		6m×6m	8m×8m	10m×10m	12m×12m
活荷载	项目				
5kN/m²	混凝土造价	62	71	85	91
	钢筋造价	114	165	195	250
	模板造价	24	24	23	28
	总造价	200	258	303	369
	结构高度	600（$L/11$）	700（$L/11$）	900（$L/11$）	1100（$L/11$）
10kN/m²	混凝土造价	68	78	88	91
	钢筋造价	159	226	282	326
	模板造价	23	26	29	31
	总造价	250	330	395	448
	结构高度	600（$L/10$）	800（$L/10$）	1000（$L/10$）	1200（$L/10$）
15kN/m²	混凝土造价	75	85	101	126
	钢筋造价	205	282	349	421
	模板造价	26	27	27	32
	总造价	306	394	477	579
	结构高度	650（$L/9$）	1000（$L/8$）	900（$L/9$）	1100（$L/10$）

二、现浇井式楼盖

　　钢筋混凝土现浇井式楼盖是从钢筋混凝土双向板演变而来的一种结构形式。双向板是受弯构件，当其跨度增加时，相应板厚也随之加大；但板的下部受拉区的混凝土一般都不考虑起作用，受拉主要靠下部钢筋承担。因此，在双向板的跨度较大时，为了减轻板的自重，可以把板下部受拉区的混凝土挖掉一部分，让受拉钢筋适当集中在几条线上，使钢筋与混凝土更加经济、合理地工作。这样双向板就变成为在两个方向形成井字式的区格梁，一般称这种双向梁为井字梁，这种楼盖就是井式楼盖。井式楼盖与现浇单向板肋形楼盖的主要区别是，两个方向梁的截面高度通常相等，不分主次梁，共同承受楼板传来荷载。井式楼盖与现浇双向楼板肋形楼盖的主要区别是，在梁的交叉处不设柱，梁的间距一般为 1.5 ～ 3m，比双向板肋形楼盖中梁的间距小。

　　1. 井式楼盖的优点

　　（1）梁的交叉点处不设柱，可以形成较大的使用空间。因而特别适用于车站、候机楼、图书馆、展览厅、会议厅、影剧院门厅、多功能活动厅、仓库、车库等要求室内不设或少设柱的建筑。

（2）节省材料，造价较低。由于双向设梁，双向传力，且梁距较密，梁的截面高度较小，不但楼盖的厚度较薄，而且材料用量较省，与一般楼板体系相比，可以节约钢材和混凝土30% ~ 40%。

（3）外形美观。由于两个方向的梁等高，通常两个方向梁的间距也相等，楼盖底部一个个整齐的方格，加之适当的艺术处理，外形十分美观。

2. 现浇井式楼盖的受力特点

井字梁间的楼板：按双向板计算，不需要考虑梁的挠度影响，即假定双向板支承在不动支座上。井字梁的计算：井字梁计算较复杂，一般假定：①不考虑剪力和扭矩的作用；②两个方向的梁刚度相等。常用的计算方法有：①有限元法；②查表法。有限元法由于方程求解计算量大，常由电算程序来完成。查表法可根据《建筑结构静力计算手册》中的表格，通过查表手算就可以求出井字梁的最大弯矩、剪力及变形值，颇为方便，但计算精度不如有限元法。

井式楼盖在承受荷载后可能进入弹塑性状态，计算时应考虑其对内力和变形的影响。

(1) 内力：梁板进入弹塑性状态后，支座开裂，因而支座处负弯矩减小，跨中正弯矩相应增大，依据楼盖所承受的活荷载大小，跨中正弯矩可乘以增大系数1.1 ~ 1.2。

(2) 变形：梁板进入弹塑性状态后，截面出现裂缝，因而刚度降低，长期荷载作用下，截面开裂程度增大，刚度继续下降，变形继续增大，通常开裂后的实际变形值是按弹性刚度算得的变形值的3倍。

3. 现浇井式楼盖的构造要求

井字梁的高度：井字梁在两个方向的高度往往相同，根据荷载和刚度要求，一般梁高 $h = (1/15 ~ 1/20) L$（L 为井式楼盖短边尺寸），当荷载或跨度较大时 h 取较大值，当采用预应力筋时 h 值可适当减小，但不应小于1/22。两个方向井字梁的间距可以相等，也可以不相等。如果不相等，则要求两个方向的梁间距之比 $a/b=1.0 ~ 2.0$。应综合考虑建筑和结构受力的要求，在实际设计中应尽量使 a/b 在 1.0 ~ 1.5 之间为宜，一般格间距在 2 ~ 3m 较为经济，且不超过 3.5m。

井字梁的宽度：一般取梁宽 $b=(1/3 ~ 1/4)h$，h 较小时取大值，h 较大时取小值，但不得小于200mm。井字梁间的板厚：梁间楼板按双向板考虑，最小板厚为80mm，且不小于板较小边长的1/40。

井字梁的挠度控制：梁的挠度 f 一般要求 $f \leqslant 1/250$，要求较高时 $f \leqslant 1/400$。

4. 现浇井式楼盖的技术经济指标

将上述基本参数输入 PM 软件建模，6m 跨楼盖结构布置如图 10.13 所示，8m、10m、12m 跨楼盖结构布置各取一跨如图 10.14 ~ 图 10.16 所示，经 SATWE 计算，井式楼盖在各种跨度、荷载下的构件尺寸和经济指标分别见表 10.6 ~ 表 10.9。

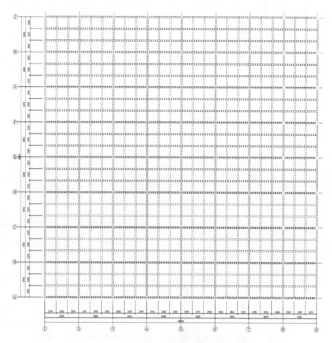

图 10.13 6m 跨井式楼盖结构布置

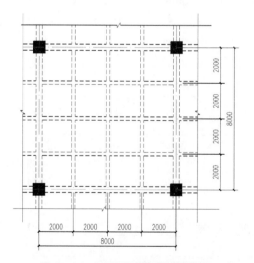

图 10.14 8m 跨井式楼盖结构布置

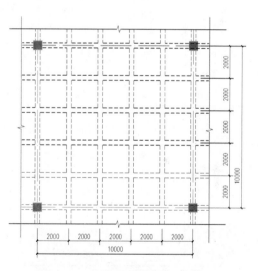

图 10.15 10m 跨井式楼盖结构布置

表 10.6 活荷载为 5kN/m² 下的构件尺寸和材料用量

柱网 (m)	板厚 (mm)	主梁截面 (mm)	次梁截面 (mm)	柱截面 (mm)	钢筋 (kg/m²)	混凝土 (m³/m²)
6.0 × 6.0	90	250 × 500	200 × 450	450 × 450	27.68	0.22
8.0 × 8.0	90	300 × 700	200 × 500	600 × 600	36.95	0.25
10.0 × 10.0	90	350 × 800	200 × 500	800 × 800	46.95	0.26
12.0 × 12.0	90	350 × 1000	250 × 600	900 × 900	59.15	0.31

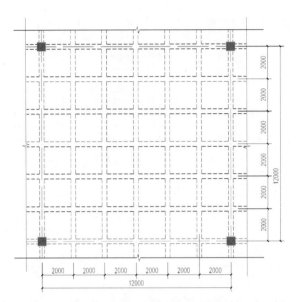

图 10.16　12m 跨井式楼盖结构布置

表 10.7　活荷载为 10kN/m² 下的构件尺寸和材料用量

柱网 (m)	板厚 (mm)	主梁截面 (mm)	次梁截面 (mm)	柱截面 (mm)	钢筋 (kg/m²)	混凝土 (m³/m²)
6.0 × 6.0	90	250 × 500	200 × 450	450 × 450	37.51	0.23
8.0 × 8.0	90	350 × 700	200 × 500	650 × 650	48.95	0.26
10.0 × 10.0	90	400 × 900	200 × 500	900 × 900	60.97	0.31
12.0 × 12.0	90	400 × 1000	250 × 600	1000 × 1000	76.40	0.34

表 10.8　活荷载为 15kN/m² 下的构件尺寸和材料用量

柱网 (m)	板厚 (mm)	主梁截面 (mm)	次梁截面 (mm)	柱截面 (mm)	钢筋 (kg/m²)	混凝土 (m³/m²)
6.0 × 6.0	90	250 × 500	200 × 500	500 × 500	45.64	0.24
8.0 × 8.0	90	400 × 750	200 × 500	700 × 700	64.48	0.28
10.0 × 10.0	90	450 × 1000	250 × 600	1000 × 1000	75.70	0.35
12.0 × 12.0	90	600 × 1200	250 × 700	1100 × 1100	92.61	0.41

表 10.9　各活荷载下的经济指标　　　　　　　　　　　　　（造价：元 /m²）

跨度（m）		6m × 6m	8m × 8m	10m × 10m	12m × 12m
活荷载	项目				
5kN/m²	混凝土造价	71	81	84	101
	钢筋造价	129	172	219	275
	模板造价	31	32	30	38
	总造价	231	285	333	414
	结构高度	500（$L/12$）	700（$L/12$）	800（$L/13$）	1000（$L/12$）

（续表）

跨度（m）		6m×6m	8m×8m	10m×10m	12m×12m
活荷载	项目				
10kN/m²	混凝土造价	75	84	100	110
	钢筋造价	175	228	284	356
	模板造价	34	32	32	40
	总造价	284	344	416	506
	结构高度	500（$L/11$）	700（$L/11$）	900（$L/11$）	1100（$L/11$）
15kN/m²	混凝土造价	78	91	113	133
	钢筋造价	212	300	353	432
	模板造价	36	33	35	42
	总造价	326	424	501	607
	结构高度	600（$L/10$）	750（$L/11$）	1000（$L/10$）	1200（$L/10$）

三、现浇混凝土空心楼盖

现浇混凝土空心楼盖是在绑扎楼板钢筋的同时，在楼板区格中间部位、上下层受力钢筋之间，用轻质材料以一定规则排列并替代实心楼盖一部分混凝土形成空腔，使楼板形成空腔与暗肋组成的空间蜂窝状受力结构，既减轻了楼盖自重，又保持了楼盖的大部分刚度和强度的一种楼盖型式。

图 10.17　现浇混凝土空心楼盖

空心材料把现浇空心楼盖截面设计成符合钢筋混凝土材料最佳受力的"T"形截面与"工"字形截面，充分挖掘钢筋与混凝土两种材料的力学性能，减少了钢筋与混凝土建材并使楼盖具有刚度大、强度高的特点。其受力特点是"T"形截面与"工"字形截面受力，钢筋远离混凝土受压区从而获得更大的刚度与强度。

1. 空心楼盖的优点

由于在现浇钢筋混凝土楼板内埋设了强度高、质量轻、壁薄、不燃的内模，使现浇空心楼板与普通现浇楼板相比，有很多优势：

（1）结构受力性能提高：由于现浇混凝土空心楼盖比普通楼板厚，增强了楼板的整体刚度，同时板内混凝土体积的大幅抽空，减轻了自重，可减小梁、柱、基础的截面和配筋，减小地震作用，提高了结构承载的安全性和可靠性；

（2）使用功能提高：楼盖结构高度的减少，不仅提高楼层净空高度，而且有利于水平管线、空调管道的安装，以满足大跨度、大荷载和大空间的多层和高层建筑对层高的的需求。此种楼板由于完全平整，在楼盖内没有任何凸出的明梁，使分隔墙的真正任意布置成为可能，使得空间更加开阔美观，使得大开间可布置灵活，不受传统的承重墙约束，改善了使用功能。

（3）隔热、保温、隔声性能显著提高：楼盖的封闭空腔减少了热量的传递，使隔热、保温性能得到显著的提高，对于采用空调的建筑来说，大大降低了空调费用，而对大型冷库、储物库等，此种效益尤其明显。同时楼盖的封闭空腔大大减少了噪音的传递，楼盖隔音效果提高。

（4）节约装修费用：此种楼板完全平整，无需吊顶，减少了吊顶装修和吊顶更新的费用，同时，层高降低了，也就减少了竖向的水、电、风、电梯、内外墙等装修费用。

（5）施工方便、经济：与传统的梁板结构相比，减少了模板的损耗、减少了支、拆模板的人工费用，施工简便，缩短了工期，降低了成本。

2. 空心楼盖填充材料的种类

空心楼盖填充材料有很多种，主要分为四大类：第一类为管状或方管状内置模，代表为高强复合薄壁管与加劲肋管；第二类为配筋预制盒状，代表为蜂巢芯；第三类为方形与矩形盒状内置模，代表为薄壁方箱；第四类为 PE、PPE 高分子材料制造上述所有类型的产品。每种产品都有其优点和适用性，本章所采用的填充材料是蜂窝式箱体芯模。薄壁箱体现浇混凝土空心楼盖是为克服其他不同类型的空心楼盖所存在的某些缺陷而提出的另一种结构形式。其基本思路是：将实心板结构在受力时发挥作用不大的腹部混凝土部分挖空，采用薄壁箱体（内胎模）非抽芯成孔，形成顶板、底板及中间层的交叉梁系，从而达到降低结构物的造价与减轻自重的目的。这种结构借鉴了预应力空心板为减轻自重，将板的腹部适当挖空的形式，不同之处在于它是现浇，整体性比预应力空心板楼盖改善很多，且空心率大得多。与普通的无梁楼盖体系相比，该楼盖的自重明显减轻，对于结构的抗震有利。该结构体系与密肋楼盖在形式上很相似，但其结构形式是在密肋楼盖的基础上增加了底板，因此其整体的刚度增大，对受力更为有利；由于顶板、底板与肋梁间形成封闭箱室，因此具有较大的抗扭刚度和抗剪性能。该楼盖体系的剖面图如图10.18 所示，图 10.19 为薄壁箱体空心楼盖混凝土浇筑前的图片。

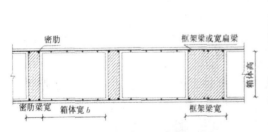

图 10.18　薄壁箱体空心楼盖剖面图

图 10.19　薄壁箱体空心楼盖混凝土浇筑前施工图

3. 空心楼盖的构造要求

空心板在整体上仍呈现板式楼盖的受力特点。除符合一般楼板构造要求外还需符合下列要求：

（1）空心箱体及实心块体的底面宜为正方形，其边长不宜大于1000mm。

（2）现浇混凝土空心楼板的体积空心率不宜小于25%，也不宜大于50%。

（3）对于边支撑板，一般为单向板为1/25 ~ 1/30，双向板为1/30 ~ 1/40。对于柱支撑板，高跨比按柱网的长边计算，一般为1/25 ~ 1/30。

（4）当内模为箱体时，现浇混凝土空心楼板截面的尺寸应根据计算确定，并应符合下列规定：

①楼板的厚度不宜小于300mm。

②箱体间肋宽与箱体高度的比值不宜小于0.25；肋宽的尺寸：对钢筋混凝土楼板，不应小于60mm，对预应力混凝土楼板，不应小于80mm。

③板顶厚度、板底厚度不应小于50mm，且板顶厚度不应小于箱体底面边长1/15。

4. 空心楼盖的技术经济指标

空心楼盖采用的填充箱体型号、尺寸及工程造价信息见表10.10。6m跨楼盖结构布置如下图10.20所示，8m、10m、12m跨楼盖结构布置各取一跨如下图10.21 ~ 图10.23所示。将计算基本参数输入PM软件，建模，SATWE计算，空心楼盖在各种跨度、荷载下的构件尺寸和经济指标分别见表10.11 ~ 表10.14。

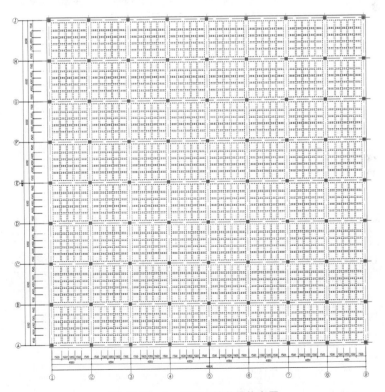

图 10.20　6m 跨空心楼盖结构布置

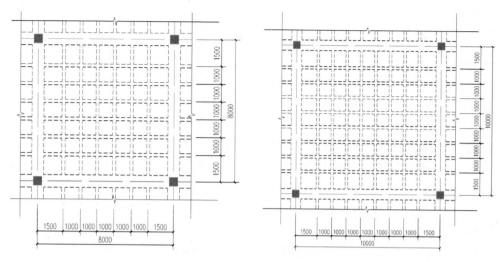

图 10.21　8m 跨空心楼盖结构布置　　　　　图 10.22　10m 跨空心楼盖结构布置

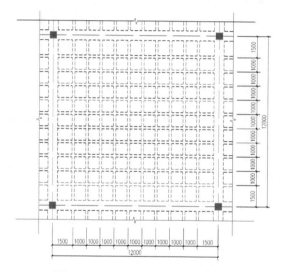

图 10.23　12m 跨空心楼盖结构布置

表 10.10　现浇混凝土空心楼盖轻质填充材料——LPM 蜂窝式芯模（箱体系列）

序号	编号、名称	规格，长 × 宽 × 高（mm）	造价（元 /m²）
1	LPM-X200-01 蜂窝式箱体芯模	820 × 820 × 200	100
2	LPM-X300-01 蜂窝式箱体芯模	820 × 820 × 275	100
3	LPM-X275-01 蜂窝式箱体芯模	820 × 820 × 300	100
4	LPM-X325-01 蜂窝式箱体芯模	820 × 820 × 325	105
5	LPM-X350-01 蜂窝式箱体芯模	820 × 820 × 350	110
6	LPM-X400-01 蜂窝式箱体芯模	820 × 820 × 400	125
7	LPM-X450-01 蜂窝式箱体芯模	820 × 820 × 450	145
8	LPM-X500-01 蜂窝式箱体芯模	820 × 820 × 500	160
9	LPM-X550-01 蜂窝式箱体芯模	820 × 820 × 550	175

表 10.11　活荷载为 5kN/m² 下的构件尺寸和材料用量

柱网 (m)	底板、顶板厚 (mm)	楼盖厚度 (mm)	箱体尺寸 (mm)	暗梁截面 (mm)	肋梁截面 (mm)	柱截面 (mm)	钢筋 (kg/m²)	混凝土 (m³/m²)
6.0 × 6.0	60	320	820 × 820 × 200	600 × 320	180 × 320	400 × 400	21.56	0.18
8.0 × 8.0	60	400	820 × 820 × 275	700 × 400	180 × 400	500 × 500	36.94	0.22
10.0 × 10.0	80 70	450	820 × 820 × 300	1000 × 450	180 × 450	650 × 650	35.36	0.25
12.0 × 12.0	80 70	500	820 × 820 × 350	1200 × 500	180 × 500	900 × 900	40.41	0.27

表 10.12　活荷载为 10kN/m² 下的构件尺寸和材料用量

柱网 (m)	底板、顶板厚 (mm)	楼盖厚度 (mm)	箱体尺寸 (mm)	暗梁截面 (mm)	肋梁截面 (mm)	柱截面 (mm)	钢筋 (kg/m²)	混凝土 (m³/m²)
6.0 × 6.0	60	400	820 × 820 × 270	700 × 400	180 × 400	400 × 400	29.63	0.22
8.0 × 8.0	80 70	450	820 × 820 × 300	800 × 450	180 × 450	600 × 600	38.69	0.25
10.0 × 10.0	80 70	500	820 × 820 × 350	1100 × 500	180 × 500	750 × 750	39.78	0.26
12.0 × 12.0	80 70	550	820 × 820 × 400	1500 × 550	180 × 550	1100 × 1100	46.77	0.29

表 10.13　活荷载为 15kN/m² 下的构件尺寸和材料用量

柱网 (m)	底板、顶板厚 (mm)	楼盖厚度 (mm)	箱体尺寸 (mm)	暗梁截面 (mm)	肋梁截面 (mm)	柱截面 (mm)	钢筋 (kg/m²)	混凝土 (m³/m²)
6.0 × 6.0	60	420	820 × 820 × 300	600 × 420	180 × 420	450 × 450	40.05	0.24
8.0 × 8.0	80 70	480	820 × 820 × 325	1000 × 480	180 × 480	650 × 650	41.64	0.27
10.0 × 10.0	80 70	550	820 × 820 × 400	1200 × 550	180 × 550	800 × 800	51.34	0.29
12.0 × 12.0	80 70	600	820 × 820 × 450	1500 × 600	180 × 600	1100 × 1100	67.81	0.34

表 10.14　各活荷载下的经济指标　　　　　　　（造价：元 /m²）

活荷载	跨度（m） 项目	6m × 6m	8m × 8m	10m × 10m	12m × 12m
5kN/m²	混凝土造价	61	75	85	92
	钢筋造价	101	126	165	188
	箱体芯模造价	100	100	100	110
	模板造价	23	21	20	23
	总造价	285	322	370	413
	结构高度	320（L/19）	400（L/20）	450（L/22）	500（L/24）
10kN/m²	混凝土造价	75	85	88	97
	钢筋造价	138	180	185	218
	箱体芯模造价	100	100	110	125
	模板造价	24	22	21	22
	总造价	337	387	404	462
	结构高度	400（L/15）	450（L/18）	500（L/20）	550（L/22）

（续表）

跨度（m）		6m×6m	8m×8m	10m×10m	12m×12m
活荷载	项目				
15kN/m²	混凝土造价	82	92	99	116
	钢筋造价	187	194	240	316
	箱体芯模造价	100	105	125	145
	模板造价	25	23	21	22
	总造价	394	414	464	599
	结构高度	420（$L/15$）	480（$L/17$）	550（$L/18$）	600（$L/20$）

四、预应力肋梁楼盖

由于采用了高强度钢材和高强度混凝土，预应力混凝土构件具有抗裂能力强、抗渗性能好、刚度大、强度高、抗剪能力和抗疲劳性能好的特点，对节约材料、减小结构截面尺寸、降低结构自重、防止开裂和减少挠度都十分有效，可以使结构设计得更为经济、轻巧与美观。预应力混凝土缺点：预应力混凝土构件的生产工艺比钢筋混凝土构件复杂，技术要求高，需要有专门的张拉设备、灌浆机械和生产台座等以及专业的技术操作人员；预应力混凝土结构的开工费用较大，对构件数量少的工程成本较高。

1. 预应力混凝土结构的分类

根据设计、制作和施工方法的特点，预应力混凝土结构主要有下列几种分类方法：

(1) 按照施加预应力的先后秩序分类：分为先张法与后张法，先张法是指先张拉预应力筋后浇筑混凝土的一种生产方法。这一方法需要有生产台座，以便临时锚固张拉好的预应力筋，当混凝土达到设计强度后，放松预应力筋，使原来由台座支承的预加力传给构件的混凝土。先张法适用于固定性的预制工厂。后张法是指先浇筑混凝土，等达到设计强度后再张拉预应力筋的生产方法。预应力筋可以放在构件的预留孔道内，也可放在构件的混凝土外面。体外预应力筋张拉到要求的应力数值时随即进行锚固。预加力是通过锚头传给构件混凝土的。

(2) 按照施加预应力大小的程度分类：预应力混凝土可分为"全"预应力与"部分"预应力混凝土两类。当构件按使用荷载下不出现拉应力的准则设计时，这种全截面受压的混凝土称为"全"预应力混凝土；当设计允许出现拉应力或开裂时，这种在使用荷载下，拉应力没有被预压应力完全抵消的混凝土称为"部分"预应力混凝土。

(3) 按照预应力筋与混凝土是否有粘结分类：有粘结预应力与无粘结预应力。有粘结预应力指预应力钢筋沿全长均与周围混凝土相粘结的预应力结构。先张法用的预应力筋直接浇筑在混凝土内，是有粘结的。后张法在张拉后，对孔道灌入水泥浆以恢复预应力筋与混凝土粘结力的，也是有粘结预应力。无粘结预应力是指预应力筋沿全长与周围混凝土能发生滑动的预应力结构。无粘结筋为了防止腐蚀，可采用镀锌、涂油脂或其他防腐材料等措施。通常，无粘结筋都涂有油脂等材料以防止与周围混凝土粘结。本文中受弯构件采用的就是无粘结部分预应力混凝土。

2. 无粘结部分预应力混凝土的优点

无粘结部分预应力混凝土指的是采用无粘结预应力钢筋(经涂抹防锈油脂、用聚乙烯材料包裹制成专用的无粘结预应力筋)和普通钢筋混合配筋的部分预应力混凝土。施工时,无粘结预应力钢筋可如同非预应力钢筋一样按设计要求铺放在模板内,然后浇筑混凝土,待混凝土达到设计要求强度后,再张拉锚固。此时,无粘结预应力钢筋与混凝土不直接接触,不能形成一个均匀的整体,形成无粘结状态。在外荷载作用下,该结构中预应力筋束与混凝土横向、竖向存在线变形协调关系,在纵向可以相对周围混凝土发生纵向滑移。无粘结预应力混凝土指的是采用无粘结预应力钢筋和普通钢筋混合配筋的预应力混凝土结构,其设计理论与有粘结预应力混凝土相似,增设的普通受力钢筋是为了改善其结构的性能,避免构件在极限状态下发生集中裂缝。无粘结部分预应力混凝土是继有粘结预应力混凝土和部分预应力混凝土之后又一种新的预应力形式。大量实践研究表明,无粘结部分预应力混凝土结构有如下优点。

(1) 使用性能好。在使用荷载作用下,容易做到挠度和裂缝的控制,减少预应力构件的反拱度。在极限状态下,由于采用无粘结预应力筋束和普通构件混合配筋,避免较大集中裂缝出现,具有与粘结部分预应力混凝土相似的力学性能。

(2) 结构自重减轻。后张无粘结预应力混凝土结构不需要预留孔道,减薄结构底板和腹板尺寸,自重轻,有利于减轻下部支承结构(墩台、基础)的荷载和降低造价。

(3) 施工简便,速度快。施工时,无粘结预应力钢筋同非预应力钢筋一样,按实践要求铺设在模板内,然后浇筑混凝土,待混凝土达到一定强度后进行张拉、锚固封堵端部。它无需预留孔道、穿筋、灌浆等复杂工序,简化了施工工艺,加快了施工进度。同时,它可以预制也可以现浇,特别适应于构造比较复杂的曲线布筋构件和运输不便、施工场地狭小的桥梁建筑。

(4) 抗腐蚀能力强。涂有防腐油脂外包塑料套管的无粘结预应力筋束,具有双重抗腐能力。

(5) 抗震性能好。试验和实践表明在地震火灾作用下,无粘结部分预应力后张结构承受大幅度位移时,无粘结预应力筋一般始终处于受拉状态,不像有粘结预应力筋可能由受拉转为受压。无粘结预应力筋承受的应力变化幅度较小,可将局部变形均匀地分布到钢筋全长上,使无粘结筋的应力保持在弹性阶段,并且部分预应力构件中配置的非预应力普通钢筋,使结构的能量消耗能力得到保证,并仍保持良好的挠度恢复性能。

3. 现浇预应力单向板的技术经济指标

采用无粘结预应力筋,混凝土采用C40,f_{tk}=2.39N/m²,无粘结预应力筋 $1 \times 7 \phi 15.2$,f_{tk}=1860N/m²。框架梁裂缝控制等级取为二级,预应力的张拉方式采用两端张拉。6跨楼盖结构布置如图10.24所示,8m、10m、12m跨楼盖结构布置各取一跨如图10.25～图10.27所示。

将计算基本参数输入PM软件,建模,SATWE计算,在PREC程序中,按以上得到的结果调整预应力筋的数量,使其满足承载力极限要求、长短期挠度要求和裂缝宽度要求等。预应力单向板楼盖在各种跨度、荷载下的构件尺寸和经济指标分别见10.15～表10.18。

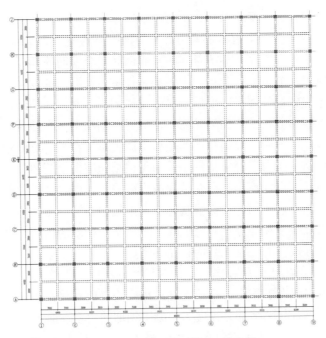

图 10.24 6m 跨预应力楼盖结构布置

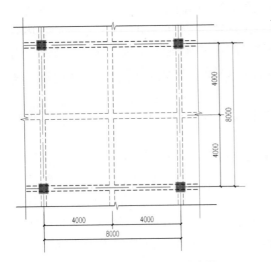

图 10.25 8m 跨预应力楼盖结构布置

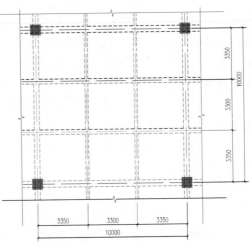

图 10.26 10m 跨预应力楼盖结构布置

表 10.15 活荷载取值为 5kN/m² 和材料用量

柱网 (m)	板厚 (mm)	主梁 (mm)	次梁 (mm)	柱截面 (mm)	钢筋 (kg/m²)	预应力钢筋 (kg/m²)	混凝土 (m³/m²)
6.0 × 6.0	100	250 × 500	200 × 450	400 × 400	19.42	4.56	0.17
8.0 × 8.0	110	300 × 600	200 × 500	550 × 550	28.87	6.92	0.19
10.0 × 10.0	100	350 × 700	200 × 500	700 × 700	36.56	8.26	0.21
12.0 × 12.0	110	400 × 800	250 × 600	900 × 900	47.78	10.21	0.24

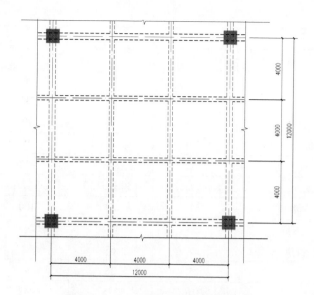

图 10.27 12m 跨预应力楼盖结构布置

表 10.16 活荷载取值为 10kN/m² 和材料用量

柱网 (m)	板厚 (mm)	主梁 (mm)	次梁 (mm)	柱截面 (mm)	钢筋 (kg/m²)	预应力钢 筋 (kg/m²)	混凝土 (m³/m²)
6.0 × 6.0	110	300 × 500	200 × 500	450 × 450	25.67	5.78	0.21
8.0 × 8.0	120	350 × 650	200 × 600	600 × 600	36.37	9.34	0.23
10.0 × 10.0	110	350 × 750	250 × 600	750 × 750	45.54	11.23	0.26
12.0 × 12.0	120	450 × 850	300 × 600	1000 × 1000	52.52	12.02	0.29

表 10.17 活荷载取值为 15kN/m² 和材料用量

柱网 (m)	板厚 (mm)	主梁 (mm)	次梁 (mm)	柱截面 (mm)	钢筋 (kg/m²)	预应力钢 筋 (kg/m²)	混凝土 (m³/m²)
6.0 × 6.0	110	300 × 600	250 × 500	500 × 500	32.75	8.03	0.22
8.0 × 8.0	120	350 × 700	200 × 600	750 × 750	42.21	8.84	0.24
10.0 × 10.0	120	400 × 800	300 × 600	900 × 900	52.46	9.98	0.27
12.0 × 12.0	130	500 × 900	350 × 650	1100 × 1100	62.38	11.23	0.3

表 10.18 各活荷载下的经济指标　　　　　　　　　　　　（造价：元 /m²）

活荷载	跨度（m） 项目	6m × 6m	8m × 8m	10m × 10m	12m × 12m
5kN/m²	混凝土造价	63	70	78	89
	普通钢筋造价	91	135	170	223
	预应力钢筋造价	32	49	58	72
	模板造价	23	23	23	27
	总造价	209	277	329	411
	结构高度	500（L/12）	600（L/13）	700（L/14）	800（L/15）

（续表）

跨度（m）		6m×6m	8m×8m	10m×10m	12m×12m
活荷载	项目				
10kN/m²	混凝土造价	78	85	96	107
	普通钢筋造价	120	170	212	245
	预应力钢筋造价	41	66	79	85
	模板造价	23	25	25	29
	总造价	262	346	412	466
	结构高度	500（$L/12$）	650（$L/12$）	750（$L/13$）	850（$L/14$）
15kN/m²	混凝土造价	81	89	100	105
	普通钢筋造价	153	197	245	291
	预应力钢筋造价	57	63	71	79
	模板造价	25	26	26	30
	总造价	316	375	442	515
	结构高度	600（$L/10$）	700（$L/11$）	800（$L/13$）	900（$L/13$）

第三节 不同楼盖体系的经济分析与比较

一、各种楼盖结构形式材料用量分析

根据前章四种混凝土楼盖在各跨度、荷载下的计算结果，列出不同楼盖形式的混凝土用量、钢筋用量、钢筋造价、模板造价、结构层高度和总造价对比图，对四种楼盖体系进行了经济性比较，得出不同跨度下四种楼盖体系在不同活荷载作用下的混凝土用量、钢筋用量及造价、模板造价、结构层高度以及楼面材料总造价的比较结论，以上结论供设计人员参考。如图 10.28 ~ 图 10.45 所示。

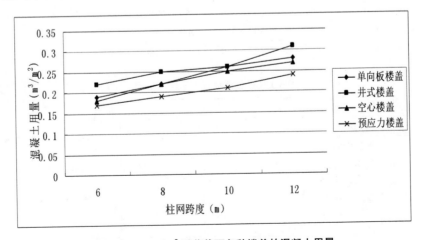

图 10.28 5kN/m² 活荷载下各种楼盖的混凝土用量

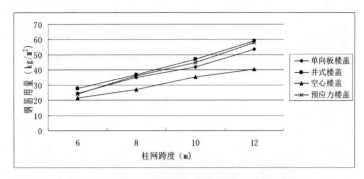

图 10.29 5kN/m² 活荷载下各种楼盖的钢筋用量

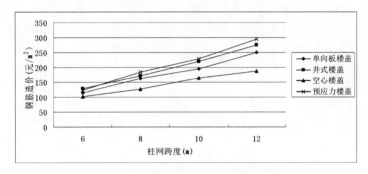

图 10.30 5kN/m² 活荷载下各种楼盖的钢筋造价

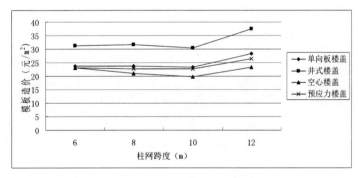

图 10.31 5kN/m² 活荷载下各种楼盖的模板造价

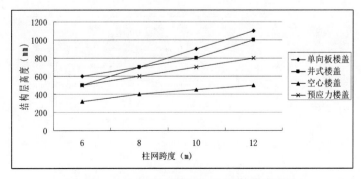

图 10.32 5kN/m² 活荷载下各种楼盖的结构高度

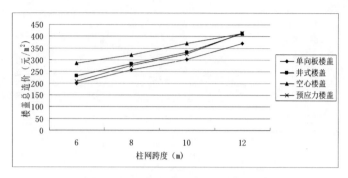

图 10.33　5kN/m^2 活荷载下各种楼盖的总造价

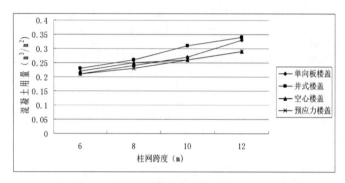

图 10.34　10kN/m^2 活荷载下各种楼盖的混凝土用量

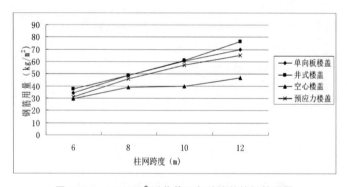

图 10.35　10kN/m^2 活荷载下各种楼盖的钢筋用量

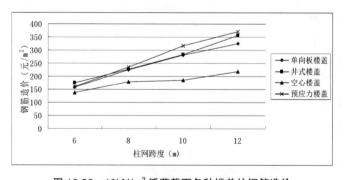

图 10.36　10kN/m^2 活荷载下各种楼盖的钢筋造价

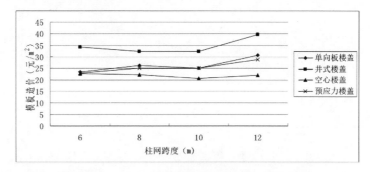

图 10.37　10kN/m² 活荷载下各种楼盖的模板造价

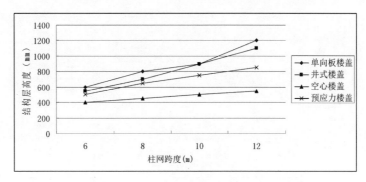

图 10.38　10kN/m² 活荷载下各种楼盖的结构高度

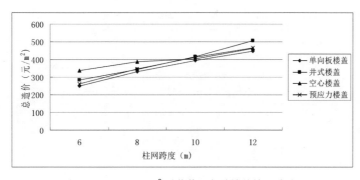

图 10.39　10kN/m² 活荷载下各种楼盖的总造价

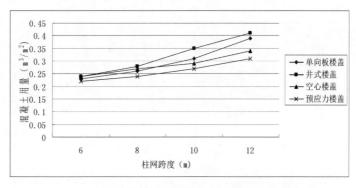

图 10.40　15kN/m² 活荷载下各种楼盖的混凝土用量

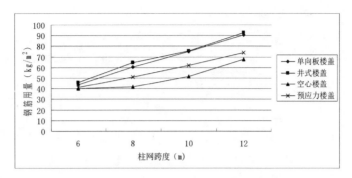

图 10.41　15kN/m^2 活荷载下各种楼盖的钢筋用量

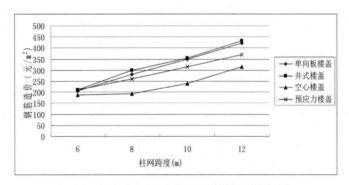

图 10.42　15kN/m^2 活荷载下各种楼盖的钢筋造价

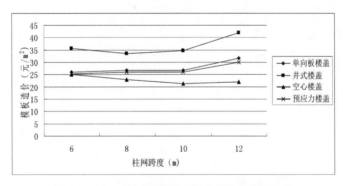

图 10.43　15kN/m^2 活荷载下各种楼盖的模板造价

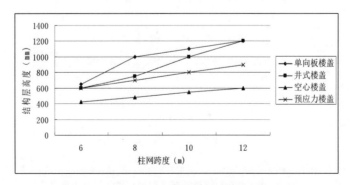

图 10.44　15kN/m^2 活荷载下各种楼盖的结构高度

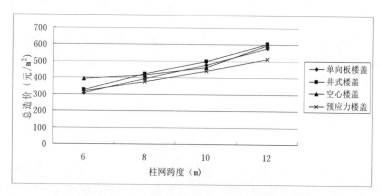

图 10.45 15kN/m² 活荷载下各种楼盖的总造价

二、不同活荷载下楼盖的成本造价分析

根据以上图示的数据表明：

1. 活荷载 q=5kN/m² 的情况下：

（1）从混凝土材料用量上看，6 ~ 12m 跨四种楼盖中，预应力肋梁楼盖混凝土用量最少。跨度在 8m 以下时，单向板楼盖和空心楼盖混凝土的用量相当，随着跨度的加大，空心楼盖的混凝土用量比单向板楼盖减少，井式楼盖混凝土用量最多。

（2）从钢筋的用量上来看，6 ~ 12m 跨四种楼盖中，空心楼盖用量最少。跨度在 8m 以下时，预应力肋梁楼盖和单向板楼盖的钢筋用量相当，8m 跨度以上，单向板的钢筋用量比预应力肋梁楼盖要少，井式楼盖的钢筋用量最高；从钢筋的造价上看，由于预应力钢筋的价格较普通钢筋的价格要高，所以四种楼盖中空心楼盖的钢筋造价最低，其次是单向板楼盖、井式楼盖、预应力肋梁楼盖。

（3）从模板造价上看，6 ~ 12m 跨四种楼盖中，模板造价最少的是空心楼盖，其次是预应力单向板楼盖、单向板楼盖、井式楼盖。

（4）从楼面材料的总造价来看，由于空心楼盖还多了一项空心箱体的价格，所以 6 ~ 12m 跨四种楼盖中，总造价最少的是单向板楼盖、其次是预应力肋梁楼盖、井式楼盖、是空心楼盖，不过从表中可以看出，随着跨度的增加，空心楼盖的造价与单向板楼盖的造价相差越来愈小。

（5）从结构高度上看，空心楼盖的结构层高度最小，其次就是预应力混凝土。

2. 活荷载 q=10kN/m² 的情况下：

（1）从混凝土材料用量上看，10m 跨度以下时，预应力肋梁楼盖、单向板楼盖和空心楼盖的混凝土用量相当，跨度在 10m 以上时，预应力肋梁楼盖和空心楼盖的混凝土用量最少，单向板楼盖次之，井式楼盖混凝土用量最多。

（2）从钢筋用量上来看，6 ~ 10m 跨四种楼盖中，空心楼盖用量最少，其次是预应力肋梁楼盖、单向板楼盖、井式楼盖，并且随着跨度的加大，空心楼盖的优势比较明显。从钢筋的造价上来看，空心楼盖造价最低，其次是单向板楼盖、井式楼盖、预应力楼盖。

（3）从模板造价上看，6 ~ 12m 跨四种楼盖中，模板造价最少的是空心楼盖，其次是预应力肋梁楼盖、单向板楼盖、井式楼盖。

（4）从楼面材料总造价来看，跨度在9m以下时，造价由低到高的顺序是单向板楼盖、预应力肋梁楼盖、井式楼盖、空心楼盖。跨度在9m以上时，单向板楼盖、空心楼盖、预应力肋梁楼盖造价相当，井式楼盖造价最高。

（5）从结构高度上看，空心楼盖方案明显优于其他三种形式的楼盖，其次就是预应力混凝土。

3. 活荷载 $q=15kN/m^2$ 的情况下：

（1）从混凝土材料用量上看，预应力混凝土楼盖用量最少。跨度在8m以下时，单向板楼盖和空心楼盖的混凝土用量相当，随着跨度的增加，空心楼盖的混凝土用量逐渐少于单向板楼盖，井式楼盖混凝土用量最多。

（2）从钢筋的用量和造价上看，6～12m跨四种楼盖中，钢筋用量和造价增加的顺序依次是空心楼盖、预应力肋梁楼盖、单向板楼盖、井式楼盖。

（3）从模板造价上看，6～12m跨四种楼盖中，模板造价最少的是空心楼盖，其次是预应力单向板楼盖、单向板楼盖、井式楼盖。

（4）从楼面材料总造价来看，跨度在8m以下时，预应力肋梁楼盖和单向板楼盖的造价相当，其次是井式楼盖和空心楼盖，跨度在8m以上时，造价由低到高的顺序是预应力肋梁楼盖、空心楼盖、单向板楼盖、井式楼盖。

（5）从结构高度上看，空心楼盖的结构层高度最小，其次就是预应力肋梁楼盖、井式楼盖，单向板楼盖结构层高度最大。

三、楼盖结构形式方案选择的建议

（1）若对层高无限制时，活荷载在 $q=5kN/m^2$ 时，6～12m跨的四种楼盖中，单向板楼盖的楼面材料总造价是最低的，其次是预应力单向板楼盖、井式楼盖、空心楼盖。空心楼盖虽然造价最高，但是随着跨度的加大，空心楼盖的楼面造价和预应力肋梁楼盖的楼面造价与单向板楼盖的造价相差越小。若考虑到层高、施工中的费用、施工周期以及施工难度等因素，8m跨度以上，可以考虑优先采用空心楼盖。

（2）若对层高无限制时，活荷载在 $q=10kN/m^2$ 时，跨度在9m以下时，单向板楼盖的造价与预应力肋梁楼盖相当，考虑到施工费用和施工难度，可以考虑优先选用单向板楼盖。跨度在9m以上时，空心楼盖、单向板楼盖和预应力楼盖的楼面造价相当，若考虑到层高、施工中的费用、施工周期以及施工难度等多种因素，应优先采用空心楼盖。

（3）若对层高无限制时，活荷载在 $q=15kN/m^2$ 时，跨度在8m以下时，预应力楼盖造价和单向板楼盖造价接近，可以考虑优先采用单向板楼盖；跨度在8m以上时，预应力楼盖造价最低，单向板楼盖和空心楼盖造价接近，这两种楼盖选择的话，当然优选空心楼盖。选空心楼盖还是预应力楼盖，要对这两种楼盖方案进行综合比对，从净高、基础、外墙、施工、周期等综合因素进行方案比较来选择最优方案。

（4）在四种楼盖中空心楼盖始终是四种楼盖中模板用量最少，结构高度最小的楼盖。

（5）衡量一个楼盖体系的经济效益，不能仅看其楼面材料造价，真正起决定作用的是它的综合经济指标和使用功能，结构层的高度、施工期的长短、建筑的美观、管线辅设的难易、模板发展、基础的开挖、施工技术等因素都直接影响楼盖体系的经济性。

从上述楼盖造价比较中可以看出，空心楼盖在跨度 8m 以上，并且随着荷载的加大，它的经济优势比较明显。由于空心楼盖的钢筋和混凝土用量减少，结构自重的降低，基础及柱的荷载也相应减少，这样不仅可以减少构件截面，减少配筋，节约竖向构件的费用，同时又可以减少基础的施工费用；在施工过程中由于无需支梁侧模，其模板工程量减少的同时，工期也相应缩短，其提前竣工所带来的经济和社会效益十分显著。再者由于其结构层高度的降低，可以降低建筑物的层高；楼盖顶面的平整，对于水电设施的造价具有十分明显的经济效。

综上所述，空心楼盖在工程中的应用发展具有十分广阔的前景。

案例分析 1：某商业大楼采用不同楼盖设计方案的经济性比较

一、工程概况

该商业大楼楼盖部分材料设计指标：梁、板混凝土强度等级均采用 C30，梁受力钢筋采用 HRB400 三级钢筋，箍筋及现浇板钢筋采用 HPB300 一级钢筋。

该商业大楼楼盖部分荷载取值：设计活荷载按 $q_k = 5kN/m^2$，附加恒载按 $g_k = 1.0kN/m^2$。

本分析报告井字梁楼盖方案计算模型所取柱网区间长 × 宽为 27.6m×33.6m，纵、横向均取三跨，板厚 120mm，柱间大井字梁截面尺寸为 400mm×800mm；内部小井字梁截面尺寸均为 300mm×600mm；BFW 混凝土双向密肋空心楼盖方案所取柱网区间、纵横向跨数均与井字梁楼盖方案相同，现浇板厚 50mm，外框架梁截面尺寸为 400mm×700mm，纵横向柱间暗梁截面尺寸为 800mm×450mm，纵、横向肋梁截面尺寸为 150mm×450mm。

本商业大楼采用 STRAT 通用有限软件进行结构计算和工程量统计。

二、井字梁楼盖结构方案工程量及造价

井字梁楼盖结构方案工程量及造价详见表 10.19。

表 10.19　井字梁楼盖结构方案工程量及造价表

项　目	总数量	每平方米用量	单价	总造价	每平方米造价
普通钢筋 (kg)	31282	33.732	4.68	146399.76	157.867
混凝土量 (m³)	269.107	0.2902	494	132938.86	143.352
模板及抹灰量 (m²)	1868.544	2.015	71.5	133600.90	144.066
合　计	/	/	/	412939.52	445.285

说明：

1. 各项材料价为包含所有取费及施工费的综合价。

2. 其余各项在材料价的基础上加 30% 的取费作为综合价。普通钢筋基价取 3600 元 / 吨（即 3.6 元 /kg，3.6×1.3=4.68）。混凝土基价取 380 元 /m³（380×1.3=494）。模板及抹灰基价取 55 元 /m²（55×1.3=71.5）。

三、BFW 混凝土双向密肋空心楼盖结构方案工程量及造价

BFW 混凝土双向密肋空心楼盖结构方案工程量及造价详见表 10.20。

表 10.20　BFW 混凝土双向密肋空心楼盖结构方案工程量及造价表

项　　目	总数量	每平方米用量	单价	总造价	每平方米造价
普通钢筋 (kg)	36021	38.843	4.68	168578.28	181.783
混凝土量 (m³)	186.545	0.201	494	92153.329	99.372
模板及抹灰量 (m²)	1043.64	1.125	71.5	74620.26	80.465
BFW 空心箱体(个)	711	0.767	160	113760	122.67
合　　计	/	/	/	449111.87	484.29

说明：

1. 各项材料价为包含所有取费及施工费的综合价。

2. 其余各项在材料价的基础上加 30% 的取费作为综合价。普通钢筋基价取 3600 元 / 吨（即 3.6 元 /kg，3.6×1.3=4.68）。混凝土基价取 380 元 /m³（380×1.3=494）。模板及抹灰基价取 55 元 /m²（55×1.3=71.5）。

3. BFW 空心箱体（主要为 900mm×900mm×400mm）综合价为 160 元 / 个，包括 BFW 空心箱体的材料费和安装费用。

四、两种方案经济性能分析比较

（1）与井字梁楼盖结构方案相比，采用 BFW 混凝土双向密肋空心楼盖结构方案每层净高不变而层高减少了 350mm，意味着结构竖向构件降低了 350mm，建筑外围护结构也相应降低了 350mm，将这两部分节约出来的费用折算到楼层每平米面积中大约可以节省建筑成本约 87.5 元 /m²（按商业中心一般取费标准）。

（2）与井字梁楼盖结构方案相比，BFW 混凝土双向密肋空心楼盖结构方案更有利于布置消防、水电管线和空调管道，不仅能节省相应设备材料费用，而且还可以节省安装和维护费用，采用 BFW 混凝土双向密肋空心楼盖结构方案在此方面可以节约约 35 元 /m² 的建筑成本。

（3）采用 BFW 混凝土双向密肋空心楼盖结构方案，楼盖底面为平面，无突出的主次梁，对于商业中心结构而言可以节省室内吊顶费用，同时还可以节省商业中心装修时间，缩短工期。

（4）采用 BFW 混凝土双向密肋空心楼盖结构方案，在不降低楼层净高和使用功能情况下，可以有效减小商业中心室内净空，降低商业中心日常使用和维护费用，尤其是空调使用费用，而且该楼盖空心率高，可以在空心箱体中设置保温隔热隔声材料，对于使用功能为商业中心建筑而言产生的综合效益明显。

（5）采用 BFW 混凝土双向密肋空心楼盖结构方案，空心箱体部分构件由工厂预制，现场安装方便、快捷，可以有效缩短工期，降低劳动力和机械设备租赁成本。

五、结论

考虑上述 1、2 二项影响因素，将以上两种不同楼盖结构方案费用对比数据列于表 10.21。

表 10.21 两种不同楼盖结构方案费用数据对比

楼盖形式	直接费用（元 /m²）	直接费用节省（元 /m²）	间接费用节省（元 /m²）	综合费用节省（元 /m²）
井字梁楼盖结构	445.29	/	/	/
BFW 混凝土双向密肋空心楼盖结构	484.29	39	122.5	83.5

从表 10.21 可知，本工程采用 BFW 混凝土双向密肋空心楼盖结构方案与井字梁楼盖结构方案相比直接费用增加了 39 元 /m²，而间接费用节省了 122.5 元 /m²，综合费用节省 83.5 元 /m²，同时考虑到采用 BFW 混凝土双向密肋空心楼盖结构方案可以节省室内吊顶装修费用，降低商业中心日常使用和维护费用，降低现场施工成本和缩短施工工期等诸多方面的优势，可知采用 BFW 混凝土双向密肋空心楼盖结构方案比井字梁楼盖结构方案综合经济效益优势明显，建议本商业大楼采用 BFW 混凝土双向密肋空心楼盖结构方案。

案例分析 2：普通梁板结构与现浇混凝土空心无梁楼盖的经济性比较

（1）工程基本条件

工程设计的基本条件如下：

①柱网尺寸：8.1m×8.1m；

②覆土厚度：1m；

③人防荷载：70.0kN/m²；

④活荷载：5.0kN/m²；

⑤消防车荷载：20.0kN/m²。

采用两种方案后的构件断面情况见表 10.22。

表 10.22 两种方案后的构件断面尺寸

序号	结构形式	主梁断面（mm）	楼板（或空心楼盖厚度）（mm）
方案 1	普通梁板结构	500×900	250
方案 2	空心无梁楼盖	柱帽尺寸：1900×1900×700	500

现浇混凝土无梁空心楼盖的板厚 500mm，普通梁板结构的主梁高度为 900mm，采用空心楼盖降低层高 400mm。

（2）采用上述两种方案后的楼盖造价比较见表 10.23。

表 10.23 两种方案楼盖造价比较

序号	类别	材料	单位	工程量	单价	合价
1	空心板方案	混凝土 500 厚 C35	m³	20.480	336.74	6896.44
		模板	m²	64.000	32.02	2049.28
		钢筋	t	2.816	6124.52	17246.65
		空心管（350）	m	96	35	3360.00
		造价合计	元			29552.36
		建筑面积	m²			64
		钢筋含量	kg/m²			44.00
		单方造价	元 /m²			461.76

（续表）

序号	类别	材料	单位	工程量	单价	合价
2	普通梁板方案	混凝土 250 厚 C35	m³	23.680	343.62	8136.92
		模板	m²	102.400	32.02	3278.85
		钢筋	t	3.808	6049.39	23036.08
		造价合计	元			34451.85
		建筑面积	m²			64
		钢筋含量	kg/m²			59.50
		单方造价	元 /m²			538.31

从表 10.23 可以看出 :

普通梁板结构为 : 538.31 元 /m²，空心无梁楼盖为 : 461.76 元 /m²。因此从楼盖自身的直接造价来说，方案 1 比方案 2 可节约造价 76.55 元 /m²，降低造价约 14%。

第 11 章　建筑地基基础、桩基础成本造价优化设计

建筑物主要是由地基、基础和上部结构三部分组成。而地基和基础是建筑物的根本，又属于地下隐蔽工程，它的勘察、设计和施工质量直接关系着建筑物的安危。实践表明，建筑物事故的发生，很多与地基基础问题有关。此外，基础工程费用与建筑物总造价比例，视其复杂程度和设计、施工的合理与否，可以变动于百分之几到几十之间。因此，地基基础和桩基础在建筑工程中的重要性是显而易见的。

但目前由于基础设计是一种粗放的设计，对地基基础、桩基础的理论及方法还不完善，很多设计人员由于对地基基础、桩基础的设计缺少经验，或对地基基础、桩基础规范运用不灵活，不能根据地质条件对地基基础、桩基础共同工作进行合理设计，而仅采用桩基础受力形式忽略土的共同作用，造成不必要的地基基础、桩基础工程成本造价浪费（增加）。

目前，对房地产建筑项目必不可少的、重要的、有着自身特点的建筑地基基础、桩基础工程的成本造价管理研究则很少，故本章根据建筑地基基础、桩基础工程的基础性、重要性，有针对性地对其进行研究和讨论是很有必要的，也有着很大的实用价值和实践意义。

第一节　建筑地基基础工程造价的影响因素与控制

一、影响建筑地基基础造价的因素

1. 工程地质条件的复杂性

通常，地质条件并非理论上的理想化，尤其是高层建筑，既要满足建筑物承载力的需要，又要保证规定的埋置深度。在工程实例中有呈"糖葫芦串"的溶洞现象；还有些工程地基岩层为页质石灰岩，或者是同一条孔桩底面一半达到基岩一半是泥浆，都不能达到设计要求的完整基岩；这就给工程的设计、施工提出了很高的要求。而设计阶段的地质勘察工作仅仅是对几个控制孔进行钻探，尽管是定桩定点，桩径远大于钻孔径，因此无法从范围和深度上全面、准确地反映地质情况。设计人员往往是把地质勘察报告作为参考资料，先初步作出基础的设计方案，在施工过程中根据实际开挖情况，不断完善和修改，以保证建筑物的安全可靠。但这样就很难把建筑地基基础工程的造价控制在预算范围内，地基基础分部工程的实际造价只能按照现场签证重新计算。

2. 施工方法和工序的多样性

在实际工程施工中，对同样的设计图纸，在基础施工工序的选择上，可以有不同的施工方案。采用不同的施工方法和工序，地基基础工程的造价是不同的。

3. 建筑地基基础工程施工的季节性

建筑地基基础工程施工一般要选择在干燥少雨的秋冬季节。在雨季施工，可能会带来土方塌方而增加费用，或者由于雨水的作用而增加抽水台班费用。

二、地基基础工程造价的控制

鉴于影响建筑地基基础工程造价的诸多因素，要做到控制建筑地基基础工程造价，做好事前、事中和事后控制都非常重要。

1. 事前控制

做好事前控制，首先就要在设计阶段技术与经济两手抓。据有关统计资料表明：设计阶段影响工程造价的程度为75%以上。在地基基础工程设计方案的选择阶段，如果考虑到技术与经济相结合进行方案优化，对实际情况多做分析，就能更有效的做好地基基础工程造价预算，合理地控制造价。所以，改变设计部门重技术轻经济的思想，健全和加强设计部门的责任制，不仅要对其设计的工程在技术上负责，还应对造价负责，把经济意识渗透到设计人员的每项设计工作中，主动地控制工程造价。这方面对业主的管理水平也有更高的要求，需要业主依靠技术力量，事先对地基基础工程设计方案进行技术性和经济性的方案评审，对各种可能发生的影响因素做出充分的估价，选择最优方案，在设计阶段做到合理控制建筑地基基础工程造价。

其次，增加施工组织设计的技术含量，降低工程造价。地基基础工程施工方案的确定是施工单位在投标阶段完成的，建设单位在招标评标时应对各投标方案进行比较，选择技术含量高的施工组织设计及施工方案。例如基坑支护，方法很多，锤击桩、人工挖孔桩、灰土搅拌桩等，不同的形式适用于不同的场地情况；基坑排水、降水方法也有许多不同；人工挖孔桩的入岩方法也分为机械和爆破法等等。每种不同的工序不同的施工方案都会有不同的造价。因此，在前期工作阶段就应选择技术含量高、工效快、成本低、质量保证的施工方案，做到事先主动地控制建筑地基基础工程造价。

2. 事中控制

在工程施工实施后，造价控制的重任就落在业主或监理人员的肩上，尤其对于建筑地基基础工程这部分完全隐蔽的工程。以往很多工程实例表明，工程变更、签证费用是突破投资限额的主要原因，也成为不少施工单位在工程费用上做文章的突破点。为控制建筑地基基础工程造价，就要紧紧抓住这两个突破点。第一，在有可能发生工程变更和签证费用时，应该与有关工程技术、经济人员认真分析实际情况，尽量找出既能解决问题又能节省投资的科学方法，避免工程变更的发生；第二，对不可避免的工程变更，则认真研究施工合同、招标文件的有关条款，找出充分的、合理的依据，在变更发生的同时就确定合理的变更价款，防止出现事后无法控制的局面；第三，对隐蔽工程及时做好实测、实量、确认、归档资料整理等工作，掌握工程费用的实际发生情况，堵住这个最容易产生突破预算造价及诸多"后遗症"的漏洞或缺口。

3. 事后控制

在做好了事前、事中的投资控制后，地基基础工程的造价得到很大程度的控制，但在地基基础工程完成后及竣工结算时，还有可能发生影响投资的情况，如索赔等。

索赔是当事人在合同实施过程中，根据法律、合同规定及惯例，对并非由于自己的过错，而是应由合同对方承担责任的情况造成，且实际发生了损失，向对方提出给予补偿的要求。工程索赔的健康开展，有利于促进双方加强内部管理，熟悉国际惯例，与国际接轨；可使双方依据合同和实际情况实事求是地协商调整工程造价和工期；可把原来打入工程报价的一些不可预见费用，改为按实际发生损失支付，有助于降低工程报价，使工程造价更加合理。在处理索赔事件时，先要严格按照施工合同文本条款，审查索赔事件是否按规定的时限、程序提出，否则索赔不成立；其次还要审查索赔事件的真实性，证据不足或没有证据，索赔是不能成立的。例如某工程冲孔桩基础就施工过程中因遇到溶洞而卡钻、埋钻提出费用索赔，业主经分析有关资料及合同、招标文件，认为这种情况在地质资料中有所反映，作为有经验的承包商及工程技术人员能预料和及时处理的问题，因此索赔不成立。

第二节　建筑地基基础工程勘察成本造价管理概述

一、目前建筑地基基础工程勘察造价管理中的问题

由于建筑地基基础工程勘察造价的数额较小，在建设项目总造价中所占比例不大，故目前普遍存在着对建筑地基基础工程勘察造价管理不重视、对其理论、方法及手段研究欠缺等问题，归纳起来主要有以下几个方面：

(1) 建设单位 (发包方) 对建筑地基基础工程勘察的重视不够。为所谓的"节约"项目总投资，建设单位在工程建设前或工程建设中不勘察、少勘察、违规合并勘察阶段的现象仍然存在，或者在进行勘察招标时一味地压低勘察费用，或者只重视勘察造价的比较而不注重对勘察方案、工作量的对比。这样就会出现无勘察成果、勘察成果不能满足规范或设计要求、勘察的深度不够等现象，就会导致建设单位不进行场地条件适宜性的研究及论证而盲目决策，就会导致设计单位因无勘察资料可依或勘察资料不准确而为了安全盲目地加大安全系数，反而使建设项目总造价增大。

(2) 政府部门对建筑地基基础工程勘察造价管理的力度不够。政府虽颁布了一些法规对勘察造价的确定及其上浮下调幅度作了规定，但往往是有法不依，执法不严。即政府部门对勘察造价管理的广度与深度均欠缺，宏观调控欠佳，基本上只有建设方和勘察方在对建筑地基基础工程勘察造价进行管理。

(3) 有关各方对建筑地基基础工程勘察造价的管理一般只局限在勘察招标投标阶段，轻视建筑地基基础工程勘察实施中及完工后的管理工作，没有做好全过程管理。

(4) 不注意对建筑地基基础工程勘察造价资料的积累、分析、整理与发布。勘察工程造价比较意识淡薄；或走向另一极端，过分强调勘察工程造价的类比，而不考虑建筑地基基础工程勘察的客观性差异，盲目追求所谓的"低造价"。

(5) 勘察单位为投标的需要而盲目降低勘察报价。过低的定价导致勘察单位为了保证剩余利润而大幅度削减勘察工作量，导致勘察成果不能满足规范或设计要求，直接降低了勘察的社会效益，造成工程质量事故，浪费社会资源。在勘察实施中不注意自身成

本控制，导致成本居高不下，无法科学地降低勘察造价。

二、地基基础工程勘察造价的确定

1. 确定勘察造价的原则

合理地确定建筑地基基础工程勘察造价应遵循以下原则：

①建筑地基基础工程勘察造价的确定必须以勘察成果的质量为基础；

②建筑地基基础工程勘察造价的确定必须遵循勘察造价的计价依据；

③建筑地基基础工程勘察造价的构成必须反映勘察的工作量等实际情况；

④建筑地基基础工程勘察造价的水平应体现先进的技术和管理。

2. 确定勘察造价的依据

编制工程项目建筑地基基础工程勘察估算的依据一般包括如下几个方面：

①项目特征。是指拟建项目的类型、规模、建设地点、时间、总体建筑结构、主要设备类型及建设标准等，它是进行估算的最基本的内容，是进行勘察造价估算的前提。此部分内容越明确，则估算结果越准确。

②同类建设项目建筑地基基础工程勘察的竣工决算资料。此类资料是可供类比的已有市场造价资料，是进行勘察造价估算的基础。

③项目所在地区状况。项目所在地区状况是指该地区、地段的地质、地貌、地下水及交通等情况，是作为对同类项目勘察造价资料进行调整的依据。

④时间条件。时间条件主要指拟建项目欲进行建筑地基基础工程勘察的开工日期、完工日期，相应勘察阶段的勘察开工日期、提交勘察成果日期等，以据此确定资金利率情况、物价变动情况。

⑤政策条件。拟建项目建筑地基基础工程勘察的税费及有关的取费标准等。

3. 合理确定勘察造价

根据建筑地基基础工程勘察造价管理的目标，准确地确定和有效地控制勘察造价并不仅仅是简单地控制造价的数额，而在于怎样使有限的造价投资发挥最大的效益。因此，在确定勘察造价时，应正确处理好勘察造价与勘察质量、勘察工期及勘察后期服务的关系。

（1）勘察造价与勘察质量的关系

勘察质量(含勘察工作量及勘察报告质量水平)决定着勘察造价；反过来，勘察造价也反映、影响着勘察质量。一般来章，高标准的勘察质量必然导致较高的勘察造价。鉴于勘察对工程建设决策、设计及施工的重要性要求，勘察满足一定的高质量固然无可非议，但也不可为求保险、安全而盲目追求高质量。勘察质量标准是依据工程项目特点、场地条件、有关规范标准及设计要求所确定的，满足有关规范标准及设计要求即是质量合格，过分地强调高质量只会造成资源的浪费。因此，制订科学的质量标准对于勘察造价的合理确定和有效控制是非常有意义的。

（2）勘察造价与勘察工期的关系

勘察工期不仅会影响整个建设项目的进度，而且对勘察造价也有影响，二者的关系如图 11.1 所示。

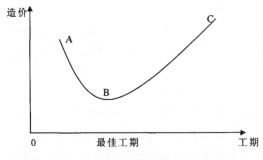

图 11.1　造价与工期关系示意图

如果勘察工期拖长会导致勘察造价提高 (图 11.1 中 BC 段所示)，但若勘察工期太短也会使勘察造价增大 (图 11.1 中 AB 段所示)，即理论上一定存在着一个最佳工期 (图 11.1 中 B 点所对应的工期)。一般认为，按工期定额编制的勘察工期是较为经济合理的工期。但它不是固定不变的，而是随着生产力发展水平的提高而缩短的。

当然，评价一个建设项目勘察工期是否合理，勘察造价并不是唯一的评价标准，还要看所确定的工期是否会带来效益最优。

（3）勘察造价与勘察后期服务的关系

工程地质的隐蔽性、复杂性及变异性决定了勘察不可能分毫不差地、毫无遗漏地精确揭示地基物理及力学性质，而建筑地基基础工程的专业性很强，这就需要勘察工作由建设工程的决策阶段、设计前阶段延伸到设计实施阶段、项目施工阶段，即由建筑地基基础工程勘察单位据其专业技术优势会同设计单位、施工单位优化地基与基础设计方案，解决施工中遇到的地基与基础难题。这显然是增加了勘察服务的内容和数量，勘察造价也会相应提高。但这种取长补短式的、科学的优化，常常会使地基与基础造价得到很大削减，从而降低了整个建设项目的造价。这样看来，这种为强调后期服务而使勘察造价略微提高的情况常会带来建设项目造价的大幅降低。这种抛砖引玉、以小博大的勘察造价管理观点应是值得提倡与鼓励的。相反，则可能因小失大，得不偿失。

三、地基基础工程勘察造价的控制

对建筑地基基础工程勘察造价的有效控制，就是以拟建项目整体经济效益、社会效益及环境效益为目标，在勘察实施前、实施中和完工后，采用一定的方法和措施把勘察造价控制在合理的范围以内。

要对建筑地基基础工程勘察造价进行有效控制就需首先做到以下四点：

1. 以地基基础工程勘察招投标阶段为重点的全过程造价控制

如前我们所章和讨论的，一个房地产开发项目整体成本造价控制的关键是决策和设计阶段，因为决策和设计阶段对工程造价的影响程度达到 75% 以上，而施工阶段对工程造价的影响程度则不到 10%。同样，对建筑地基基础工程勘察造价的影响主要是勘察方案的科学与否、所确定的勘察的深度如何、设计的勘察工作量的大小。在勘察工作量相同或相近的情况下，通常勘察单位所确定的勘察单价差别不会太大，故此时所估算的勘察造价亦不会有太大的出入。而且，很多情况下，勘察工作量的大小反映了对拟建项目勘察的深度，也就决定了勘察质量的优劣。当然，勘察实施过程中及勘察竣工后的造价控制也是需要的。这就好比常说的"勿以善小而不为"，即后两阶段对勘察造价的影响的确不大，但同样需要认真控制。有关的勘察规范规定，勘察过程中发现实际场地条件与勘察方案出入较大时，需要变更方案，通常是增加勘察工作量。则此时无论是承包方还是发包方，均要进行洽商，并根据勘察合同中所确定的计价方式计算变更费用，也就需要根据各有关文件对此部分变更费用进行审核、控制。而当勘察竣工后，勘察单位需根据最终工作量向发包单位(通常是建设单位)报竣工决算。由于无论是估算的勘察造价，还是据勘察方案计算的勘察造价，其均属据同类造价资料凭经验或参考邻近场地资料得出的数值，故常与竣工决算有出入，只有竣工决算才是最真实、最准确的勘察造价，故对决算的审核与控制同样是不可忽视的。

2. 政府主管部门及建设各方齐参与的全方位、多层次的主动控制

建筑地基基础工程勘察有着不同于诸如建安施工等的特性，最重要的一点就是对于一个确定的建设项目，其建筑地基基础工程勘察的深度不是随意确定的，而是根据建设项目的特点、场地条件及有关规范而确定的。只有符合上述各点的勘察才是合格的勘察，勘察成果才能发挥最大的经济效益、社会效益和生态环境效益，据此而建成的项目才能达到其最大经济效益、社会效益和生态环境效益的目标。从这一方面讲，需要政府主管部门站在国家的高度控制建筑地基基础工程勘察造价。另外，建筑地基基础工程造价确定与控制的重要依据——勘察造价资料的积累及造价定额的制订，亦需要在政府主管部门的主持、指导、协调下才能顺利进行。政府主管部门对国家投资项目的建筑地基基础工程勘察造价进行直接控制，属微观层次的控制；对于非国家投资的项目，其对建筑地基基础工程勘察造价的控制属间接的，属宏观层次的控制。

建筑地基基础工程造价的高低对建设单位(发包方)和勘察单位(承包方)有直接利益关系，他们是对勘察造价进行控制的最基本的两方。通常，设计单位参与勘察造价控制的方式是针对项目及场地特点，提出具体的、有针对性的勘察要求，从而影响勘察方案的制订，间接地影响勘察造价的确定与控制，其目的是使勘察成果满足设计要求，使有限的勘察投资发挥最大的经济效益。设计单位可以影响勘察方案的制订，站在整个项目的角度看，这属于对勘察造价的主动控制。有时，监理(咨询)单位代表业主或建设单位直接参与对勘察造价的管理，可以发挥其为"内行"的技术及经验优势，从有效控制项目总造价及便于整个项目的顺利进行的角度控制勘察造价。若拟建建设项目规模较大或地层较复杂，则可能需进行施工勘察，此时，施工单位(主要是地基与基础施工单位)也应参与勘察造价控制，其主要从要求勘察成果满足施工要求的角度提出勘察要求，进而影响勘察造价。相对于政府部门对勘察造价的控制，上述参与项目建设的各方对勘察造价的控制属微观层次的控制。

3. 技术与经济相结合是控制工程造价最有效的手段

长期以来，作为计划经济体制的弊端，在我国建筑领域，技术与经济相分离，设计与成本相分离。这主要体现在设计方面，技术不管经济性和投资效益，设计不管成本造价问题，而是偏重于安全保险的角度层层加大建筑的设计安全系数，加大无谓成本造价，导致项目建造浪费。同是建筑项目不可缺少的前期阶段之一，建筑地基基础工程勘察与

项目设计虽然同属知识性、经验性较强的智力服务，但近几年的建筑地基基础工程勘察却与此相反，投标的勘察方案首先体现的是经济方面而非技术质量保证方面。这主要是因为目前勘察市场竞争激烈，勘察单位为竞标而一味减少勘察工作量以降低勘察报价，其后果就是勘察造价降下来了，勘察质量却也随着降了下来。由于勘察报告质量低劣，缺少设计需要的场地指标数值或数值不准确，设计不得不加大整个工程的安全系数，这样整体成本造价不降反升。因此，建设单位从降低项目总投资以保证项目整体效益的角度出发，勘察单位从保证勘察质量，满足设计要求，出精品的角度出发，都要求将技术与经济有机结合，权衡比较，正确处理技术的先进性、可靠性与造价的合理性两者之间的对立统一关系，做到既技术可靠以保证成果合格，又造价经济合理以保证效益最大化。

4. 加强地基基础工程勘察造价资料积累工作是对勘察造价有效控制的基础

在对建设工程造价资料积累及应用方面，我们的制度建立的时间尚不长，尚有待于进一步完善健全，对建筑地基基础工程勘察造价资料的积累及应用更是如此。发达国家对工程造价资料的科学积累与成功应用的现实使我们认识到：随着市场经济的进一步深化，随着我国加入 WTO 而使得我国的建筑市场进一步扩大，工程勘察造价资料的重要性越来越突出。只有及时积累了丰富而准确的勘察造价资料，政府主管部门才能据此在分析、综合若干个典型工程数据的基础上及时编制、修订勘察收费标准，才能以此为参考及时而准确地测定调价系数，编制造价指数，才能得以研究同类工程造价的变化规律，也就才能科学地对勘察造价进行调控。同样，在建设单位投资估算及编制标底的工作中，在勘察单位编制投标报价的工作中，勘察造价资料的积累也是必不可少的。它可以向承、发包双方指明类似工程的实际造价及其变化规律，使得双方都可以对未来将发生的造价进行正确的预测，从而避免编制标底、报价的盲目性。

四、地基基础工程勘察与工程设计方案的选取

1. 工程概况

某商住楼，地上层数 9 层，地下层数 1 层，建筑面积 24000m^2，总高度 30m，结构类型为框架结构，基础类型为人工挖孔桩。经调查本工程勘察工作完成钻孔 17 个，总进尺 221m，采取土样 10 件作室内分析，现场作标贯试验 4 次，作重型动力触探试验 13 次，共计 1.3m，建筑地基基础工程勘察的结论如下：

(1) 场地地形地貌

场地在地貌上属于冲积阶地，由东南向西北倾斜。

(2) 地层分析

本次勘探查明，在钻探所达深度范围内，场地地层层序如下：素填土→淤泥质粉土→粉土→粉质黏土→强风化泥质砂岩。

(3) 地下水分析

在本次勘探深度范围内有两层地下水，一是杂填土和淤泥层中的上层滞水，二是圆砾层中的孔隙水，弱具承压。实测稳定水位埋深为 1.10 ~ 2.60m，地下水较丰富。

(4) 对持力层的建议

粉质黏土，圆砾，强风化砂岩均可用为持力层，建议天然地基承载力标准值分别为

220kPa，280kPa，280kPa。

(5) 对基础方案的建议

①建筑物宜采用桩基，基础形式宜采用沉管灌注桩以圆砾层作为桩端持力层，不宜采用冲挖孔灌注桩和人工挖孔灌注桩。

②建议拟建筑物增设一层地下室 (即建议设两层地下室)，这样，建筑物则可采用天然基础方案。

③人工挖孔桩端极限端阻力标准值的建议值为 240kPa。

2. 地基基础设计方案的取定

（1）采用天然基础方案，须增设一层地下室，不符合建设单位 (业主) 的功能需要，且基坑护壁和土方须增加 150 万元的费用，故设计中未采用此方案。

（2）采用沉管灌注桩的基础形式，因该基础形式须做承台，而承台部分的混凝土量比较大，费用比人工挖孔桩采用一柱一桩的基础形式多 55 万元。因此，业主单位从节约成本造价的角度出发，确定了人工挖孔桩的基础形式，设计单位根据建设单位的意见进行设计。

因人工挖孔桩的持力层落在圆砾层，圆砾层以砂和圆卵石 (粒径 40 ~ 200mm 不等) 为主，含泥量极少，且扩底尺寸为 0.4 ~ 1.05m 不等，加上地下水较丰富，因此，在施工中无法采用一般的措施 (降低护壁的模数) 来保证扩底的设计尺寸要求，施工一度停止。

面对工程施工中的无法扩底的问题，在业主方的组织下，召开了由设计单位、勘探单位、监理单位和施工单位参加的技术专题会议，提出了以下技术方案：

(1) 提前开始扩底，即在未达到圆砾层中便开始扩底，提高斜率，减少扩底的难度，同时减小扩壁的模数，以满足设计要求的扩底尺寸为原则。

(2) 采用压力注浆的办法，即在到达圆砾层时，用压力向桩周圆砾层中注入水泥浆，水泥浆中掺入 Na_2Sio_3(水玻璃)。但按上述技术方案组织施工时，采用方案 1 无法解决扩底尺寸在 400mm 以上的桩基础，采用方案 2 虽然施工可行，但因费用太高 (3740 元 / 根)，且本工程桩数量较大 (159 根)，扩底尺寸在 400mm 以上的占 80%，因此，在造价上不合算，业主要求暂停施工，对施工方案进行进一步论证和探讨。

面对实际情况，采用补充有关检测手段，触探实验测定的结果表明，圆砾层桩的极限端阻力标准值为 q_{pk}=3200kPa，比原勘探报告提高了 800kPa，设计单位据此并考虑桩的侧阻力重新计算人工挖孔桩实际所需的扩底尺寸，计算结果表明，85% 的桩不需扩底，10% 的桩扩底尺寸为 300mm，5% 的桩扩底尺寸为 500mm。因此，对于扩底尺寸为 300mm 的桩，可采用提前扩底和适当降低护壁模数的办法解决。对于扩底尺寸为 500mm 的桩，可采用少量压力注浆的办法解决。

实践证明，综合采用上述方案，不但有施工可行性，而且比上述初步方案节约资金 55 万元，比将人工挖孔桩挖至强风化泥质砾岩的方案，节约资金达 105 万元。

通过调查的实例分析表明，建筑地基基础工程勘察在工程建设中十分重要，它对工程设计、施工及工程造价具有重要影响。因此，我们要重视建筑地基基础工程勘察，加强勘察造价管理，应注意以下几点：

(1) 作为勘察单位，应对自己的勘察工作认真负责，有关参数建议值的提出，不能仅凭经验，在保证工程项目安全、可靠的前提下，尚须考虑工程项目的经济性。此外，为了加强勘察造价的管理，勘察单位要重视对勘察造价的确定与控制。首先，要在勘察投标阶段合理确定和有效控制勘察造价；其次，要在勘察实施中做好勘察造价管理；最后，在勘察完工后，勘察单位在制订勘察决算的同时，应加强以勘察成本分析为重点的勘察造价资料的整理、分析与应用。加强勘察成本分析的主要目的在于不断降低勘察产品的成本，从而降低勘察耗费，增加收益。通过将完成的勘察工程实际造价资料进行整理、分析和判断，得到关于勘察造价和勘察成本的规律性信息，以便指导以后勘察实践。

(2) 作为设计单位，在设计过程中，特别是基础设计过程中，应重视勘探报告中的内容，必要时可征求勘探单位的意见，更不能盲目服从业主的意志，设计的方案要在施工中具有可行性。

设计单位对勘察造价的管理体现在两个方面：一是勘察招标时，设计单位针对本建设项目的特点提出具体的勘察要求；二是勘察完工后对勘察报告进行审核。勘察方案编制的基本依据是相关阶段的设计文件、国家和地方有关规范要求等。一般仅有这些是不够的，还需要了解拟建工程的一些特点、数据，这就需要设计单位提出一针对本工程特点的勘察技术要求，因为设计单位对拟建工程的荷载分布、结构体系、功能要求、可能选用的基础形式等最为清楚。勘察单位只有在详细了解、研究了设计单位提出的这些技术要求，才能有的放失地编制出科学、合理的勘察方案。这样就从技术要求方面保证了勘察深度的科学、规范，保证了所布置的勘察工作量准确、合理，从而也就保证了所确定的勘察造价的准确性。

勘察完工后，设计单位要对勘察报告的质量进行审查，即从设计方的角度检查勘察报告是否满足规范标准及设计要求。若不能达到规范标准和设计要求，则要通知建设单位要求修改报告或进行补充工作量。这样，设计单位就以建设单位"参谋"的角色间接地控制了勘察造价。

(3) 作为施工单位，在地层基础工程施工过程中若发现一些勘察报告没有涉及、没有说明的地层问题时，应会同勘察、设计等有关单位一起研究决定，对地基进行补充勘察，以查漏补缺，满足施工要求，保证工程质量。由于施工单位对遗漏勘察或勘察不清的问题及其解决目标的提出，决定、影响了补勘方案的组成、内容及补勘的工作量，也就影响了补勘的造价。所以，施工单位对勘察造价的确定也有影响，需要其间接地对勘察造价进行管理。

(4) 作为业主 (建设单位)，应高度重视工程地质勘探工作的重要性，特别是对基础方案的选择更应重视勘探报告建议和有关参数的取值，不能仅从工程造价的角度忽视勘探报告的内容，将自己的意志强加给设计单位。否则，虽然设计可行，但施工没有可操作性，给施工带来极大的困难，甚至工程造价反而提高。同时，对于技术力量较薄弱的建设单位，有必要委托勘察设计阶段的监理单位对设计的全过程进行质量控制。此外，建设单位还要在勘察招标阶段、勘察实施中及完工后对勘察造价的管理。在勘察招标阶段主要做好勘察招标标底的编制，在勘察实施中主要依据有关勘察法规文件的要求，做好诸如及时向勘察单位提供准确可靠的地形地物图或地下管线图等辅助条件、提供勘察用进出场道路及水电等条件、涉及到已有建(构)筑物拆迁时要及时拆除,以保证勘察的顺利进行,防止勘察单位提出索赔。勘察完工后,若勘察合同没有固定总价,则要对勘察单位所报的勘察决算进行仔细审查,核对实际完成的工作量及单价,以保证决算的准确性。

第三节　建筑地基基础工程设计成本造价管理方法

一、建筑地基基础工程设计阶段的成本造价控制

建筑地基基础工程设计一般由设计单位根据业主(建设单位)的设计任务委托书的要求和设计合同的规定,结合相关的工程勘察资料,提出建筑地基基础工程设计文件和施工图,以及施工图预算文件。建筑地基基础工程设计是控制建筑地基基础工程造价的重要环节。一般的建筑工程造价控制,主要部分是在建设实施(施工)阶段,只注重了施工预算、结算而忽视实施前的造价控制,即只注重施工而忽视设计。而建筑地基基础工程则是一个工程勘察—工程设计—工程施工三者紧密联系的系统工作,建筑地基基础工程设计阶段的造价控制不容忽视。在设计阶段,设计单位应根据业主(建设单位)的设计任务委托书的要求和设计合同的规定,结合相关的工程勘察资料,努力将概算控制在委托设计的投资内。在设计阶段内一般又分为三或四个设计的小阶段。作为控制建设工程造价来说:

(1) 方案阶段,应根据设计方案图纸和设计说明书,作出对单项建筑地基基础工程详尽的工程造价估算书。

(2) 初步设计阶段,应根据初步设计图纸(含有作业图纸)和说明书及概算定额(扩大预算定额或综合预算定额)编制初步设计总概算;概算一经批准,即为控制拟建项目工程造价的最高限额。

(3) 技术设计阶段(扩大初步设计阶段),应根据技术设计的图纸和说明书及概算定额(扩大预算定额或综合预算定额)编制初步设计修正总概算。这一阶段往往是针对技术比较复杂,工程比较大的项目而设立的。

(4) 施工图设计阶段,应根据施工图纸和说明书及预算定额编制施工图预算,用以核实施工图阶段的造价是否超过批准的初步设计概算。以施工图预算为基础招标投标的工程,则是以中标的施工图预算作为以经济合同形式确定的承包合同价的依据,同时也是作为结算工程价款的依据。由此可见,施工图预算是确定承包合同价,结算工程价款的主要依据。

设计阶段的基础工程造价控制是一个有机联系的整体,各设计阶段的造价(估算、概算、预算)相互制约、相互补充,前者控制后者,后者补充前者,共同组成工程造价的控制系统。

二、目标成本造价限额设计与建筑地基基础工程成本造价的控制

建筑地基基础工程设计阶段是工程造价控制的重要阶段,目标成本造价限额设计是

设计阶段控制地基基础工程造价行之有效的方法之一，其关键在于正确处理好技术与经济的对立统一关系。既要反对片面强调节约、忽视技术上的合理性，又要反对重技术、轻经济、设计保守浪费的倾向，地基基础设计人员与工程经济人员应密切配合，在批准的设计概算限额以内，有效地控制地基基础工程造价，以取得良好的经济效益和社会效益。

1. 推行目标成本限额设计，控制建筑地基基础工程成本造价

合理利用和有效控制项目成本造价，其目的不仅在于把项目成本控制在批准的限额标准之内，更重要的是在于合理使用人力、物力、财力，取得最大的经济效益。目标成本限额设计是控制地基基础工程造价的重要手段。目标成本限额设计体现了设计标准、规模、原则的合理确定及有关概预算基础资料的合理取定，通过层层目标成本限额设计，实现了对投资造价限额的控制与管理。

目标成本限额设计能扭转设计概预算本身的失控，初步设计阶段应按照批准的可行性研究阶段的投资估算进行目标限额设计，控制概算不超投资估算；施工图设计阶段的施工预算应严格控制在批准的概算内，每一阶段又都有所保留，以便留有一定的调节指标，指标用完后，须经批准才能调整；加强设计变更管理，尽可能把设计变更控制在设计阶段初期，对影响工程造价的重大变更应先算账后变更，使工程造价得到有效控制。

改变目前建筑地基基础工程设计实报实销的做法，积极推行目标成本限额设计，在保证使用功能的前提下，通过优化设计，促进精益设计，使技术与经济、设计与成本紧密结合。采取的措施有以下几方面：

(1) 增强设计人员的成本 / 经济观念。在地基基础工程设计各阶段与工程造价人员密切联系，避免设计人员只管画图，造价人员只管算钱，成本造价与设计人员无关的现象。设计人员应在初步设计阶段重视方案选择，施工图预算严格控制在批准的概算以内，同时加强设计变更管理，树立动态管理意识。造价人员要从成本-经济角度参与设计阶段全过程管理，当好设计人员的经济参谋，为设计人员提供有关经济指标，准确测算和论证最节省投资的技术方案，使概算造价更加准确合理，达到目标造价限额设计的目的。

(2) 建立健全设计单位的经济性设计责任制，实行"节奖超罚"。建设单位与设计部门要签订设计承包合同，明确双方的权利和义务，对设计造成的工期延误及超出造价限额的损失，要追究设计人员的责任，进行赔偿；对科学、合理、经济的设计方案，按目标限额造价与设计造价进行比较，节省部分按比例给予设计人员奖励。

2. 实施建筑地基基础工程成本造价限额设计工作的步骤

要有效地推动建筑地基基础目标造价限额设计，应做好以下工作，顺序依次按图 11.2 所示。

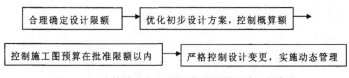

图 11.2　地基基础工程目标造价限额设计工作步骤

(1) 提高建筑造价估算的准确性，合理确定目标成本设计限额。由于可行性研究报告是投资建设主体核准总投资额的重要依据，一经批准审定，即作为下阶段进行限额设计控制的主要依据。因此，为适应开展目标成本限额设计的需要，就必须增加可行性研究的深度，提高其准确性，对设计方案进行全面分析比较和论证，选出最优设计方案。在编制估算时应尊重科学、尊重事实，特别是政府投资项目既要反对为争取项目故意压低造价，有意漏项，搞"钓鱼"工程；又要反对有意抬高造价，超标准、超规模建设，以维护投资估算的严肃性，使目标限额设计有据可依。

(2) 优选初步设计方案，控制概算投资额。初步方案设计是设计工作限额设计的关键一步，在初步设计开始时，项目设计负责人应将设计任务书的设计原则、建设方针和各项控制经济指标向设计人员交底，对主要建筑和各种费用指标提出技术经济的方案比选，应仔细研究实现设计任务书中投资限额的可能性。特别要注意对投资有较大影响的因素进行认真分析，将任务与规定的投资限额分专业下达到设计人员，促使设计人员进行多方案比选，从而克服只画图不算经济帐的现象。在初步设计限额设计中，各专业设计人员应强化控制工程造价的意识，掌握类似工程参考造价和工程量，严格按照限额设计所分解的投资额和工程量进行设计及时反馈技术与经济背离现象，并提出解决办法，不能等到概算编制出后，发现超投资预算再减项目、减设备、降标准、压造价，从而影响设计进度和造成设计上的不合理。

(3) 严格控制设计变更，实施动态管理。在目前地基基础工程建造过程中，工程变更可以说是一种非常普遍的现象，对于非发生不可的变更应尽量提前实现，变更发生得越早，损失越小，反之，损失就越大。如果在设计阶段发生变更，只须修改图纸，而其他费用尚未发生；如果在施工过程中变更，势必要造成更大的损失，为此，应尽可能把变更控制在设计阶段。对工程造价影响大的变更，要先算帐后变更，以使工程造价得到有效控制。同时，在目标造价限额设计的控制中，不能只习惯于算死帐、套定额，乘费率，还应该体现物价指数变化引起的价差因素对目标造价限额设计的影响，用动态的计算方法以适应目标造价限额设计的要求。

3. 建筑地基基础工程设计方案成本造价优化的基本方法

地基基础设计方案的技术经济分析法是采用技术与经济的比较方法，按照建筑地基基础工程项目经济效果，针对不同的地基基础设计方案，分析其技术经济指标，从中选出经济效果最优的方法。不同的地基基础设计方案其功能、造价、工期和设备、材料、人工消耗标准是不同的。建筑地基基础工程造价管理的目标，不是追求地基基础工程造价最低，而是要获得最好的投资效益。技术经济分析法不仅要考察项目的技术方案，更要关注费用，即技术与经济相结合。在地基基础设计方案分析中一般采用最小费用法、多目标优选法和价值工程法。

三、价值工程（VE）在地基基础工程设计成本优化中的应用

价值工程以提高产品价值为中心，并把功能分析作为独特的方法，通过功能分析和价值分析，使物尽其力、财尽其用。

1. 在地基基础中应用价值工程的必要性

　　地基基础工程的重要性首先在于其造价与工期都占了建筑物总造价与总工期中相当大的比例。在一般高层建筑中，地基基础工程造价约占总造价的 10% ~ 20%，有时高达 25% ~ 35%，工期则占总工期的 20% ~ 25%。对高层建筑或者当地质条件较差而需要进行地基加固时，地基基础的造价与工期所占比例还会增加。其次，由于地基和基础工程是整个工程的基础，其任何缺陷都可能导致整个建筑物的破坏或者影响其使用，从而产生大的损失。第三，地基基础工程是地下隐蔽工程，一旦发生事故处理起来有相当的难度，因而更加显得其重要。在实际工程中，判断是否需要对天然地基进行人工处理，如果需要采用人工地基时又将采用什么处理方法，基础形式的选用是否恰当，基坑支护方案、设计、施工等问题解决得正确与否不仅会影响建筑物的安全使用，影响周围环境，而且对建筑进度和工程造价会产生不小的影响，许多时候甚至成为工程建设的关键环节。

　　建筑地基基础的设计，就目前的情况来说，与地区的应用经验有很大关系，而经验因人而异，设计人员往往忙于日常事务，凭个人的习惯做法进行设计，注重安全和快速出图，很少进行细致的多方案分析比较，更不会从价值工程角度进行分析优化，地基基础工程的设计、施工存在着不合理和不经济性现象。比如，在工程中有时碰到的在良好的地基上不必要地采用桩基，或采用过多过长的桩，过大的基础埋深等都在无形中造成了建造浪费。

　　地基基础工程属于地下隐蔽工程，在众多的工程质量事故中，地基基础占的比重较大，所以地基基础设计工作应该成为建筑工程的中心环节，科学合理地选择地基基础类型，也是降低建筑地基基础工程造价的重要组成部分。基础工程不仅与建筑上部结构相互影响，而且与复杂的地基条件直接发生关系，而每一种基础形式都是在满足一定客观需要的条件下产生并得以发展，建筑工程实践中应视客观需要而选用恰当的基础类别。

　　一般而言，地基基础的造价都很高，少则数万元，多则上千万元甚至上亿元，价值工程分析在地基基础设计阶段的运用，可以有效地将技术与经济结合起来，使功能 (F) 与成本 (C) 统一起来，即不盲目地追求地基基础功能的强大，也不一味地降低地基基础工程所需的成本，而是追求地基基础价值 (F/C) 的提升。而功能分析是价值工程的核心，在地基基础设计过程中开展价值工程活动，运用集体的智慧，可以有效避免设计过程中设计者个人的知识与经验的不足；价值工程的实施可有效避免设计过程中重技术、轻经济、轻成本的思想，兼顾功能与成本两者之间的关系，把技术和经济、设计与成本紧密地结合起来，实现工程造价的有效控制，最大化地实现项目价值和效益。

　　2. 地基基础功能系统图的建立

　　地基基础的优化设计就是实现系统性能最优化的各系统组成部分 (分目标) 具有最佳协调、匹配关系的设计。一个好的基础工程必须具备能安全地支承建筑的上部结构和巧妙地将荷载传递到下部地基中的功能。它就应具有最小的基础埋深，良好的稳定性能，又能将沉降和差异沉降控制在允许范围内，同时还应具备造价经济、施工简便快捷、对周围环境影响最小、工期短等特点。

　　地基基础设计功能系统图如图 11.3 所示。

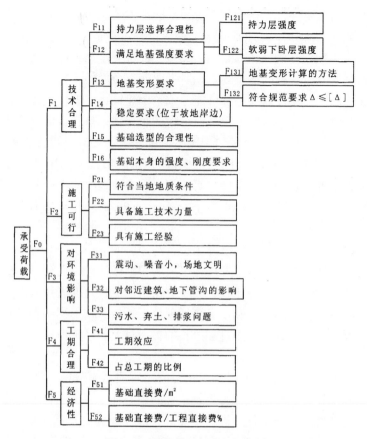

图 11.3　地基基础设计功能系统图

（1）地基基础设计的整体功能

整体功能：在功能系统图中，排在最左边的是研究对象的整体功能，也称总功能。它是用户的直接要求，是功能系统最终要达到的目标。地基基础的整体功能即总功能 F0 是承受荷载。

（2）地基基础设计的功能整理

功能区域：指相对整体功能存在的子功能系统，也即由整体功能以外的其他目的功能，与实现这一目的功能的直接与间接的手段功能组成的功能范围。

功能级别：是功能系统图中功能定义从左向右排列所形成的等级层次，如图 11.3 所示，F0 是总功能，F1、F2、F3、F4、F5 为第一级功能，F11、F12、…、F21、F22… 为第二级功能。地基基础设计的第一级功能是：技术合理、施工可行、对环境影响小、工期短、经济。其功能领域相应为 1、2、3、4、5，符号相应为 F1、F2、F3、F4、F5。

上位功能、下位功能和同位功能：在功能系统图中，具有直接依存关系的两个功能。居右边的功能称为下位功能。同位功能则是指公有同一上位功能的各下位功能。如图 11.3 中 F1 是 F11、F12…的上位功能，F11、F12…是 F1 的下位功能，F11、F12…为同位功能。

1) 技术合理的下位功能分析

技术合理能保证建筑在使用期内稳定、安全、正常地发挥使用功能。要做到这一点，就必须满足地基的强度要求 (持力层强度、软弱下卧层强度)，地基变形要求 (地基的变形特征必须小于规范规定的允许值)，基础本身的强度、刚度要求。在基础选型时还要考虑上部结构的类型、荷载大小是否符合当地的地质条件。对位于坡地岸边的建筑还应进行稳定性验算。

①持力层选择的合理性 : 确定基础埋深事实上就是找地基持力层。

②地基的强度 : 地基持力层强度要求，若持力层下存在软弱下卧层，则还必须满足软弱下卧层强度。故地基强度的下位功能分为地基持力层强度要求和软弱下卧层强度要求。

③地基变形的下位功能为 : 地基变形计算方法 ; 符合规范要求 $\triangle \leqslant [\triangle]$

④稳定要求 (位于坡地、岸边) 水平力作用时，必须满足稳定要求，使地基具有抗倾覆、抗滑的能力。

⑤基础选型的合理性 : 考虑上部结构的类型、特点，上部结构、基础、地基相互作用的整体特点。此外，还要考虑地下室的使用功能。在满足结构安全的前提下，优先选用天然地基基础可以节约大量资金。即使天然地基不能满足要求，也要对地基处理的各种可能方案和各种桩基方案进行充分讨论优选。

⑥基础本身的强度、刚度要求 : 基础本身不能破坏。

2) 施工可行的下位功能分析

施工是实现设计的环节，如果在现阶段的条件下施工技术达不到要求，则不能实现设计。

①符合当地地质条件。

②具备施工技术力量。

③具有施工经验。

3) 对环境影响的下位功能分析

随着生活水平的提高，人们对环境的要求越来越高，对环境的重视也日益加强。工程建设必须要满足环境要求。

①震动、噪音小。

②对邻近建筑、地下管沟的影响小。

③污水、弃土、排浆问题。

4) 工期短的下位功能分析

时间就是效益，时间也是投资。合理的工期既是保证质量的基本条件，也是评价方案优劣的主要依据。

①工期效应 : 设计合理，工期提前带来的效益。或者由于设计不当，拖延工期造成的窝工费、银行贷款增加。

②占总工期的比例。

5) 经济性的下位功能分析

①每平方米建筑面积需基础直接费。

②基础直接费占工程直接费的百分比。

3. 案例：地基基础设计价值实例分析

某 M 商厦工程，框混结构，建筑面积 16271m²。整个地块设计为 5 幢 6～7 层框混住宅楼，由二层商用楼连成整体，平面形状呈"￢"字型，工程占地面积约 3600m²。工程安全等级为二级。因第一次勘察钻孔间距过大，钻孔不深，土层划分不明确，浅部粉质粘土层的承载力明显偏低，设计因此难以采用浅基础方案，只能选用人工挖孔桩方案。施工中发现，大部分桩端持力层又无法确定，所提供的桩基勘察补充报告也不能满足设计及施工要求，桩基施工处于停滞状态。几方对工程勘察报告有疑问，为此对拟建场地部分地段进行了第二次勘察。根据第一次勘察报告，设计采用人工挖孔桩，桩基部分工程直接费为 91.95 万元，基础及垫层为 81.4 万元，基础工程费合计为 173.4 万元；根据第二次勘察报告，粉质黏土层的承载力达到要求，以它为持力层，改为筏板基础，基础工程直接费合计为 84.97 万元，比第一次节约 88.43 万元，若考虑银行贷款利息 30 万元，窝工费 10 万元，共节约 128 万元多。

(1) 功能指标的权重、评价及功能指数的计算

按照上述理论和方法列于表 11.1 中。

表 11.1　某 M 商厦因两次勘察而进行基础设计的功能指数 F 计算表

功能领域	领域权重 W_i	指标项目	指标权重 W_i	指标评分 f_i		指标分值 $w_i f_i$	
				①	②	①	②
技术合理 F1	0.512	F11	0.230	1	8		
		F121	0.118	3	8		
		F122	0.096	2	8		
		F131	0.028	0	7		
		Fl32	0.085	0	8		
		F14	0.230	2	8		
		F15	0.121	1	8		
		F16	0.090	5	7		
		小计	1.0			2.468	7.866
施工可行 F2	0.192	F21	0.219	2	9		
		F22	0.630	0	9		
		F23	0.151	5	9		
		小计	1.0			3.110	9.000
环境影响 小 F3	0.072	F31	0.169	7	7		
		F32	0.387	7	8		
		F33	0.443	8	8		
		小计	1.0			7.436	7.823
工期短 F4	0.078	F41	0.450	4	8		
		F42	0.550	a	8		
		F43	1.0			4.550	8.000
经济 F5	0.146	F51	0.550	3	8		
		F52	0.450	2	8		
		小计	1.0			2.550	8.000
功能指数总计		① $F_0 = F_1 F_1 + W_2 F_2 + W_3 F_3 + W_4 F_4 + W_5 F_5 = 3.123$ ② $F_0 = W_1 F_1 + W_2 F_2 + W_3 F_3 + W_4 F_4 + W_5 F_5 = 8.047$					

注：①由第一次勘察设计；②由第二次勘察设计。

(2) 成本指数计算

第一次勘察：

人工挖孔桩基础工程直接费为 91.95+81.4=173.4 万元，单位价格组成 106.570 元 /m^2。工程直接费 843.1172 万元，基础工程直接费 / 工程直接费 =18.2%。

工程停工 60 天，银行贷款利息 =60×5000 元 / 天 =30 万元，窝工费 10 万元。

故地基基础成本指数为 C=(300000+100000+1734000)/16271=131.112 元 /m^2。

第二次勘察：

基础工程直接费 84.97 万元，单位价格组成 52.22 元 /m^2。工程直接费 771.117 万元，基础工程直接费 / 工程直接费 =11.02%。故地基基础成本指数为 C=52.22 元 /m^2。

(3) 价值指数计算（表 11.2）

表 11.2 地基基础价值指数计算

评价对象	功能指数	基础直接费（万元）	成本指数（元 /m^2）	价值系数
①	3.128	173.40	131.112	0.024
②	8.047	84.97	52.22	0.154

注：①由第一次勘察设计；②由第二次勘察设计。

(4) 总价值结构构成

采用加权评价判据对目标进行优化，可以得到所期望的主体或主体间的最大值。由上述公式计算可绘出呈五边形的地基基础功能系统整体总价值结构组成图 (图 11.4)。

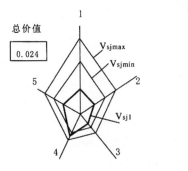
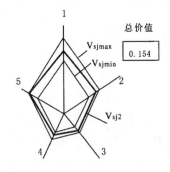

（a）由第一次勘察报告设计　　　（b）由第二次勘察报告设计

图 11.4 M 商厦地基基础设计价值比较图
注：1. 技术合理；2. 施工可行；3. 对环境的影响；4. 工期短；5. 经济性

在整体总价值结构图组成图中有几个功能领域，图中就有几个角，组成相应的多边形的量与功能领域个数一致。如图 11.4 中，对图 11.3 的地基基础功能系统有五个功能领域，每一功能领域的价值分量为：

$$V_i = W_i F_i / C$$

整个系统的价值总和为：

$$V = \frac{W_1 F_2 + W_2 F_2 + W_3 F_3 + W_4 F_4 + W_5 F_5}{C}$$

图 11.3 中分别描述出客观目的物的最低必须的价值分量 (V_{min}) 即及格线；最高可达

到的价值分量 (V_{max}) 即最优，实际达到的价值分量 (V)。1、2、3、4、5 分别代表功能系统图中的功能领域。图中：

$$V_{max}=F_{max}/C_d$$
$$V_{min}=F_{min}/C_d$$

式中：

$F_{max}=9$，为功能指数的最大值；

$F_{min}=5$，为功能指数的及格值。

C_d 为根据不同地区的地质条件，以及工程类型进行调查统计得出的目标成本指数。对于 M 工程，根据调查统计知地基基础直接费为 50 元 /m²。

实际整体总价值 V 越接近 V_{max}，整体总价值越高，方案越优。通过价值分量结构图的表达式给出的整体价值的构成，可直观地给出地基基础方案的优劣比较，使分析过程与结构形象化，便于快速地准确决策。

M 商厦工程因两次勘察而进行基础设计的经济性被分解的更为直观与形象。显然，M 商厦工程基于第二次勘察而设计的地基基础工程价值比基于第一次勘察而设计的价值高很多。由第一次勘察而设计的基础价值低于及格线，应该说第一次工作的质量是低的，不能满足工程的基本要求。实例分析表明，应用价值工程进行基础设计优化，能比较客观地反映工程的价值情况，在工程中实施与应用可保证工程价值的及时、顺利与充分实现。

实例：地基基础优化设计，结构整体成本节省了 700 万

地基基础设计是整个结构设计的重中之重，不仅关乎安全，也关乎成本造价，好多情况下设计人员往往根据自己的设计经验直接选取基础的结构形式，而没有进行经济性比选，造成了不必要的浪费。

1. 住宅小区——基础优化

某地产项目设置一层地下室，层高 4.5m，地下室建筑面积为 4 万 m²（图 11.5）。局部人防区域，抗力级别为常 6 级。原设计筏板厚度为 500mm，柱墩种类为 8 种，且配筋偏大。该项目基本还算常规，但原设计的浪费令人咋舌。

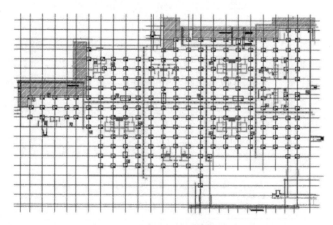

图 11.5　人防部分基础平面布置图

经设计优化后，筏板厚度取为400mm，柱墩种类减为4种，且配筋进行优化。仅人防区域，基础节省结构造价122万元；非人防区域，节省结构造价324万元；此工程仅基础部分优化设计后，合计节省结构造价约446万元。

2. 大型商业广场——基础优化（图11.6～图11.9）

该项目总建筑面积约26.5万 m²，地上一栋超高层约162m，两栋高层，1栋附属裙房，3层地下室，抗浮设计水位为室外地坪下1m，地下室建筑面积约7.8万 m²。

原设计地下室抗浮采用抗拔桩，超高层下采用人工挖孔桩＋筏板，核心筒下筏板厚度2800mm；两栋高层基础采用CFG桩＋筏板，核心筒下筏板厚度为2200mm；其余部分采用厚筏板。经过仔细对比计算，优化设计后：抗浮设计由原来的抗拔桩改为抗拔锚杆，超高层下筒体筏板厚度可做到2600mm，将其余部分的厚筏板改为柱墩＋防水板。

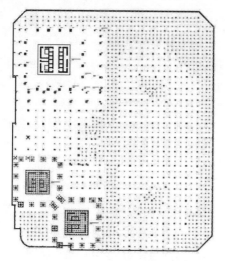　　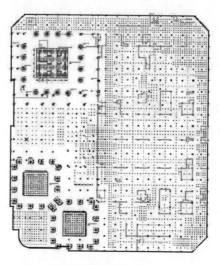

图 11.6　设计优化前桩基平面布置图　　　　　图 11.7　优化设计后桩基平面布置图

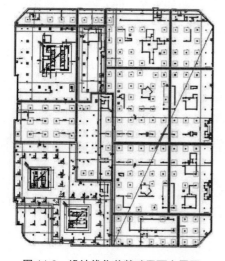　　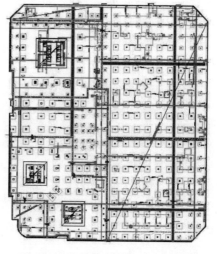

图 11.8　设计优化前基础平面布置图　　　　　图 11.9　优化设计后基础平面布置图

经过测算，地基基础部分优化设计后节约结构造价700万元。

第四节　桩基础工程优化设计

随着建筑高度的不断增加，桩越来越长、基础底板厚度越来越大，基础造价节节攀升。因而，寻求一种经济、安全而又合理的桩筏基础优化设计方法在理论和实践上都具有重要的意义。

桩基础的设计优化即是追求以最少的建造成本来达到最大的功效的技术和方案的过程。桩基础的设计还要考虑施工的便利性和工期缩短等因素。桩基础的设计非常严肃。首先它必须要按规范要求来进行设计，以保证建（构）筑物的长久安全；但也可以灵活地采用多种设计方法来进行桩基础的优化。桩基优化设计就是要做到安全、合理、经济、施工方便快捷，并能发挥出桩与土的力学性能。

一、我国桩基础工程设计的现状

（1）设计人员对桩基设计概念理解不清，不能灵活应用规范，如对有地下水或地下水高的桩筏基础设计时均采用不考虑地基土对筏板的作用，全部采用桩承担上部荷载。

（2）在常规设计方法时把上部结构和基础作为两个独立单元分别考虑，在上部荷载作用下求得上部结构内力和基础反力，然后把反力作用在弹性地基的基础上计算基础的内力，这种设计方法没有考虑上部结构与基础的共同作用。没有考虑上部结构刚度对基础的作用，从而导致基础设计过于偏于保守。

（3）有的由于计算不当而使用了厚筏。高层建筑设计中，采用桩基础时，对于筏板厚度的采用往往争议较大。有采用很厚的，有采用较薄的；有的规程甚至提出，应当使每层建筑不小于多少厚度的。对于筏板厚度的确定，传统上是凭经验假定，然后再进行冲剪验算。这实际上说明目前在筏板厚度确定的问题上并没有什么方法。由此难免造成当前在高层建筑中的筏厚不少超过 1.5m 的，个别的厚度竟达 4m 的不合理现象。所以筏板减薄问题实际上是一个如何确定筏板厚度的问题，而不只是一个单纯的减薄问题。在桩筏筏厚的确定上，郭宏磊专家等采用了一新的方法，即先在正常使用极限状态下，考虑筏板的抗裂性与差异沉降来定出一筏厚值，然后再在承载能力极限状态下，考虑冲切能力加以验算，如果发现板厚过小，此时再加厚也为时不晚，由于先走一步的原因，到了后面也有承载能力极限状态的保证。此外，这样做还有一个好处，即筏厚一定，筏板尺寸就一定。那么，有关桩筏筏板的设计后半部就只剩下筏板的配筋问题了。

二、桩基工程设计存在的问题

对基础工程的调查分析表明，桩基在工程设计中存在一些问题，主要包括以下几个方面：

(1) 因为各种原因没有进行多方案比较，选择的设计方案不够经济合理。

(2) 在设计中通常不考虑桩间土的作用，有时造成浪费。

(3) 为了保证安全而将桩的承载力取值过于偏低，造成桩的数量增加，引起桩基础的工程造价提高。

(4) 不恰当的增加桩的长度和入土深度，增加安全储备，使设计富余，导致桩基础工程造价提高。

三、建筑桩基与地基共同作用的设计

（1）适当加大桩间距，减少桩数，充分发挥筏板底的地基承载力是可行的。高层剪力墙结构计算基础底板时只计局部弯矩，用26%的总荷载或地下水浮力作为地基反力来设计底板（岩土工程学报，《筏式和箱式承台弯矩的计算》，1992（4））。

（2）桩沿剪力墙轴线或柱与桩布置，较之桩满堂布置可大大减小筏板厚度。

（3）施工条件不同，桩承筏承担荷载比例不同，如灌注桩情况下的筏板比预制桩可分担更大的荷载。高层建筑桩筏基础在满足建筑荷载条件下，增减10%的桩数对基础的沉降影响甚微。

（4）《地基规范》第8.4.10条、《箱筏规范》第5.3.9条、《混凝土高规》第12.2.3条规定，当地基土比较均匀上部结构刚度较好，梁式筏基梁的高跨比或平板式筏基厚跨比不小于1/6，且相邻柱荷载及柱间距的变化不超过20%时，筏形基础可仅考虑局部弯曲影响。

（5）基底总荷载不超过桩基承载力与桩间土允许分担荷载的总和，地基变形小于建筑物允许变形，满足水平荷载作用下建筑物的变形。

（6）高层建筑沉降理论分析和沉降实测数据说明，目前一般桩筏基础中减少桩数大有潜力可挖，桩数可以减少，而且应该减少。一般可减少10%～15%。

四、桩基础的优化设计

在目前的桩基础设计中，桩的作用主要表现在以下三个方面：①桩承担所有上部结构的荷载；②桩承担大部分上部结构的荷载，同时也起到减少沉降变形的目的；③桩承担一小部分上部结构荷载，主要起到减少或控制沉降的作用。然而，按照现行的设计规范，桩基设计理论只是建立在满足承载力的基础之上，也即均按第一种情况处理。很显然，这种传统的桩基设计方法，对于上述第二、三种情况是过于保守的，并且在设计概念上也不很清楚。对于上述第二、三种情况，在如何减少桩基工程费用上大有文章可做；即便对第一种情况而言，也存在着一个如何合理选择桩的数量和布桩方式的问题。

1. 现有布桩优化设计方法

目前，国内对桩基优化设计研究刚刚起步，而且在认识上也存在着较大的差异，主要分歧体现在群桩布置原则上是"内强外弱"还是"外强内弱"。

金亚兵从弹性理论出发，利用Mindlin解来优化桩基设计，提出群桩的布置应遵循"外强内弱"的布桩原则，即采用或减小内桩长度，增大角桩、边桩长度，或减小边桩、角桩桩距，或增大角桩、边桩桩径等方法，使群桩的桩顶荷载分布趋于均匀。从它的分析过程可以看出，这些工作只是假定在筏板为刚性条件下几种群桩设计方案的对比分析，它既没有讨论每根单桩在桩顶荷载下的安全性，又没有讨论如何使群桩设计经济、合理。

陈晓平，茜平一把桩筏与上部结构看作一个整体，认为采用"外强内弱"的布桩方法虽然可以使桩顶反力分布趋于均匀，但由于边桩密度大于内部桩，因而实际上基础底板边角处的桩顶总反力并没有减少，甚至会有所增加。因为在总桩数不变或稍有减少的情况下，边桩布置加密必然会减少内部桩的数量，内部桩的单桩桩顶反力虽然会有一定提高，但总反力则会降低。这种布桩方式从总体上来说会使基础底板整体弯矩和内力增加，从而使基础底板的造价增加。显然，这种认识较为合理，采用"外弱内强"的布桩

方法，可改善筏板的内力和弯矩分布，减小底板厚度。尽管这样一来有时会使群桩造价略有增加，但整个桩筏基础造价仍会有较大幅度的降低。

李海峰、陈晓平按最优化理论，对群桩进行优化设计，目标函数为群桩的桩长总和最小，约束条件为群桩中各桩桩顶荷载相等，群桩刚度不变（相对于优化前方案）。优化结果是中桩的桩长为角桩 4 倍左右，为边桩桩长的 2 ~ 3 倍。不难看出，在桩顶荷载相等的情况下，这种优化结果已使得角桩、边桩达到破坏状态。由此看来，这种群桩优化方法只提出了一个方向性的概念和一种研究途径，还远未达到实用目的。

综观国内外现有的桩筏基础设计研究成果，可以发现目前桩筏基础优化设计方面有如下特点：

(1) 在是否考虑群桩对基础刚度影响方面，由于研究对象的差异，产生了两种截然相反的设计原则：当以桩筏基础为优化设计对象，均布荷载时矩形基础下采用"外弱内强"的布桩方式；当以群桩为优化设计对象，均布荷载时矩形基础下采用"内弱外强"的布桩方式；

(2) 没有考虑上部结构与地基基础的共同作用，没有考虑桩土荷载分担作用；

(3) 对施工要求、场地工程地质条件等考虑较少；

(4) 对软土地区群桩基础安全度认识不清。在软土地区，强度很大的持力层埋深往往很大，桩基持力层一般选择强度较大的土层而非岩体，因此，桩多为摩擦桩，桩基设计应按变形量来控制。

2. 桩筏基础优化设计的基本内容

(1) 优化设计方向

筏板的厚度主要取决于基础的内力，而减小筏板内力的最佳方法就是合理布桩，即通过调整桩长、桩径、桩间距以及基础形式，使基础各处沉降均匀，从而达到减小筏板内力的目的。在此过程中，应考虑调整筏板厚度，使筏板和桩基整体造价最低。这样，优化方向应为以变形量作为控制标准，以调整筏板厚度、桩基设计参数为手段，使基础整体造价最低。

(2) 优化设计研究的内容

根据理论研究和现场实测结果，高层建筑基础优化设计主要研究的内容为：筏板厚度、桩长、桩径、桩间距、布桩形式等的确定，对于带裙房的高层建筑，还需考虑主楼与裙房是否可以采用不同厚度的底板、主楼与裙房各自的桩型及布桩形式，甚至在裙房下是否可不布桩，而直接采用天然地基或复合地基等。

(3) 优化设计研究的原则

基础优化设计具有其特殊性，具体表现在：

①高层建筑基础优化按主楼与裙房可分为主楼基础与裙房基础；按桩筏基础又分为筏板基础与桩基、天然地基、复合地基；同时还应考虑上部结构与地基基础两个不同系统；

②现有的桩筏基础的位移与应力计算，通常是通过先将桩基与筏基分解开来，然后再耦合来实现的，这意味着总体的优化计算是在桩基、筏板各自计算结果的基础上进行的，这种所谓的"优化"也就失去了优化应有的基础，因而也就不可能达到真正优化的目的，这就迫使人们不得不放弃最优解去寻求在特定条件下的满意解；

③桩筏基础的优化计算既要顾及现行设计规范的要求，又要考虑设计方案的可行性，当然设计方案的最后选取主要取决于基础造价。其中，方案的可行性要求优化计算结果必须满足方便施工的要求。

通过以上分析，作者认为，优化设计应遵循"寻求经济而又合理的优化计算结果，即满意解而非数学意义上的最优解"这一原则。

(4) 优化设计的数学模型

根据最优化理论，桩筏基础优化设计的数学模型为：

①设计变量：群桩的桩长、桩径、桩间距及筏板厚度、筏板内各种配筋量等；

②目标函数：桩筏基础的造价最小；

③约束条件：对于筏板有抗拉强度、局部抗弯强度、最小尺寸、最小配筋率限制、构造配筋限制、抗剪强度、抗冲切强度等；对于群桩有桩长、群桩沉降量控制，群桩差异沉降量控制，单桩安全系数限制，群桩荷载限制等。

在优化过程中，一般应先采用分级、分部进行局部优化，再综合起来进行总体优化，这样可将部分变量间的耦联关系进行分解后再综合，以解决结构优化设计问题。

五、桩基础形式的比较与选择

桩基形式的选择不仅关系到建筑物的直接成本造价，同时还影响到基坑维护，以及施工周期。

以上海地区为例，上海地区建筑地基土的结构特点及对建筑工程具有重要意义的几个土层主要有第②3层（主要为吴松江故河道沉积的浅层粉性土、砂土层），第⑤1层粉质黏土、第⑥层（绿色硬土层）及第⑦层（砂土层）。其中第②3层土一般用于普通多层住宅的天然地基，第⑤1层粉质黏土一般用于普通多层住宅的沉降控制复合桩基或纯桩基的持力层，第⑥层、第⑦层土一般用于小高层或高层基础的持力层。由此，目前在上海地区普通多层住宅的基础可选取天然地基、工程桩＋条基，沉降控制复合桩基＋条基。其中天然地基费用最省，但沉降量不易控制。当②层土较好时可采用沉降控制复合桩基，采用纯工程桩费用相对较高。在②层土不可利用或较差时，则只能采用工程桩，但在较为特殊的地质条件下采用工程桩也有可能是较为经济的选择，如上海南汇临港地区的普通多层住宅的地基情况，其地表土均为农田及水塘暗浜，在地下 6 ~ 11.2m 处为②3 ~ 2粉砂夹砂质粉土，采用纯桩基工程桩为 200mm×200mm 截面，7 m 长预制桩，条基为 500mm×400mm 基础梁，配筋均安构造布置，由现场试桩取得的最大单桩竖向设计承载力 $R_d = 400kN$，桩基费用仅为 21.4 元 $/m^2$。上海地区高层及小高层住宅常用的结构形式为短肢剪力墙结构，其基础形式一般采用筏板基础或是条型基础，桩型的选择直接影响筏板的厚度及基础梁的截面尺寸，所以尽量宜采用单桩承载力较大的桩型，可作轴线布置，减少直接作用在基础上的荷载。

选桩的原则为：①在合理的持力层上，桩的长细比越大越好，单位混凝土所能承载的荷载越大，②预制桩优先，在可能的情况下，优先选用混凝土预制而非灌注桩，灌注桩的极限侧摩阻力标准值和桩端处土的极限侧摩阻力标准值一般均小于预制桩。若单桩承载力较大，桩可沿轴线方向布置，基础承台截面可相对取小，同时减小了基础的开挖深度，减少了土方量，直接影响基坑维护的费用。

表 11.3 为灌注桩、混凝土预制桩桩型比较。在考虑选择桩型时也必须考虑到施工因素，预制桩的施工周期大大小于灌注桩，且费用相对较省，但其对土体有挤压影响，在场地离道路或周边建筑距离较近时，不宜采用。基础形式的选择还必须同时考虑周边环境的影响，不能单纯考虑施工效益，在人口较为密集的城市中心进行施工，有时由于施工对周边的周边环境的影响而引发的矛盾对工程进度的影响是巨大的。

表 11.3 灌注桩、混凝土预制桩桩型比较

桩类型	预制桩（预制方桩及 PHC 管桩）	钻孔灌注桩桩身质量控制
桩身质量控制	除焊接处严格控制外，其质量相对宜控制。桩身压缩性相对小	施工工艺较成熟，但与施工质量有关。桩底沉渣及桩身质最需严格控制
沉（成）桩可行性	对于持力层位于第⑧1层的桩基，桩身需穿越⑦层砂质粉土夹粉土黏土层，沉桩会有一定阻力；对于位于第⑤3层及其以上土层的桩基，沉桩一般无困难	成桩无困难，在第⑨层中钻进时速度慢，且浅层土层以粉性土为主，易塌孔，应控制泥浆配比
挤土效应及对周边环境的影响	对承台桩，布桩较稀疏，挤土效应不十分明显。PHC 桩的挤土效应相对与预制方桩小。对密集型桩基，挤土效应明显	无挤土效应，成桩对周围环境无影边环境的影响，但泥浆排放需合理控制，否则易造成污染
基础造价	每立方米混凝土的承载力高，基础造价经济，一般比灌注桩节约 30% 左右	相对条件下，基础造价相对较高
施工周期	施工宜管理，施工周期短	施工工序复杂，难管理，施工周期较长

地基基础设计规范规定单桩竖向承载力设计值应根据地基土对桩的支承能力和桩身结构强度进行计算，取其小值。按地基土对桩的支承能力确定单桩竖向承载力设计值时，宜采用静载荷试验按公式确定；当没有进行桩的静荷载试验，按地基土对桩的支承能力确定单桩竖向承载力设计值时，可根据勘探设计单位提供的土层条件（各层土的极限侧摩阻力标准值和桩端处土的极限侧摩阻力标准值参数或静力触探比贯入阻力）按公式计算。由于各层土的极限侧摩阻力标准值和桩端处土的极限侧摩阻力标准值是由勘探设计单位按静力触探比贯入阻力结合土工试验资料、土层的埋深及性质计算的，其中有一定的人为因素，按静载荷试验取得的单桩承载力要比根据公式计算的值要高，故在有条件的情况下，应进行现场原位静载荷试验。由表 11.4 可知在一般情况下应优先选择预制混凝土管桩；其次为预制混凝土方桩；最后为现浇混凝土灌注桩。

表 11.4 灌注桩、混凝士预制桩造价比较

	桩型	单桩竖向承载力 R_d（kN）	单价	单桩价格（万元）	kN 力造价（元 /kN）	节省比例
方案 1 现浇混凝土灌注桩	600 L=32m	1370 持力层⑤ 3 层	880 元 /m³	0.795	5.80	方案 2 同方案 1 相比节省 24.8% 方案 3 同方案 2 相比节省 20.4%
方案 2 预制混凝土方桩	500 × 500 L=32m	1740 持力层⑤ 3 层	950 元 /m³	0.76	4.36	
方案 3 预制混凝土管桩	550 L=32m	1382 持力层⑤ 3 层	150 元 /m³	0.480	3.47	

注：以上数据根据上海项目地质报告，承载力计算根据报告提供侧摩阻力及端摩阻力。

第五节　运用价值工程对桩基础工程进行优化设计

一、桩基础工程成本造价控制原理分析

在确定桩型和数量时，如果满足承载力的桩型有多种时，应选择能保证工期而且施工成本和工程造价最小的桩型和数量，从而在根本上降低工程造价。桩的施工费仅是桩基础总造价的一部分，如果桩的直径小，数量多，而承台大，那么其总造价也许会高于采用承载力大的大直径桩的单桩承台的造价。如果片面以降低工程造价为目的，则会因桩型选择不当或数量不够而使其沉桩困难，既而会延误整个工期，这样造成的损失可能会远远超过桩的施工费用。因此，若地质条件不良而有可能造成施工困难，以致成为延误整个工期的致命弱点时，就应把地质条件作为桩型的决定因素。

二、基于价值工程的桩基础设计方案优化应用分析

1. 项目桩基础工程概况

某项目为一商业大厦建筑，占地 16000m²，总建筑面积 92000m²，地下室约 18000m²，该工程有三层地下室结构及 ±0.000 以上 46 层 (其中裙楼 6 层，第 7 层为转换层，塔楼 33 层) 组成，建筑总高度 176.5m，埋深 13.5m，局部电梯井挖探 17m。为内筒外框钢筋混凝土结构，平面轴线为 36m×40m。裙楼 6 层，柱网多为 9m×8.5m。

2. 桩基础对象选择和信息收集

根据 ABC 分析法，桩基础是地基基础工程造价的主要部分，与土方工程合计占到整个地基础工程的 60% 以上，因此本案例将桩基础做为研究的对象。

根据常规的设计原则，原设计方案为：主楼用桩筏基础，筏板厚度 2.5m，共 396 根嵌岩桩，嵌入中风化岩深度 3～4d，平均桩长 20.3m，核心筒桩距 2.4d，周边桩距 3d；裙楼采用天然地基，持力层在第 4 层黏土，用柱下独立基础，并通过 500mm 厚底板连成整体，并设暗梁拉结。

上部结构总荷载设计值 1.2G+1.4G=1862504(kN)。

主楼部分总荷载设计值 1.2G+1.4G=1312994(kN)。

主楼的荷载全部由筏板下的 396 根桩承担，嵌岩桩几乎没有沉降，只有桩的压缩变形，主楼和裙楼的沉降都很小，总沉降和不均匀沉降都远远低于规范的限值。

在原设计过程中，曾进行过天然地基上筏板基础的试算，即采用三种方案分别计算：

①主楼和裙楼的筏板等厚度；

②主楼和裙楼的筏板不同厚度；

③主楼和裙楼的筏板之间设置沉降缝。

计算结果表明，尽管修正后的地基承载力基本满足要求，但底板相邻柱子的沉降差与柱距之比大大超过了《建筑地基基础规范》(GBJ7-89) 中的要求。为满足变形要求，不得不另外采取措施，即采用桩基础。也就是说，采用桩基础的功能主要是为减少基础沉降，满足沉降要求。

3. 桩基础工程的系统功能分析

在高层建筑中，桩基础一般是与筏形基础或箱形基础结合应用的。桩基础中的筏板

承台与天然地基上的筏板相比，其功能是相同的，即传递和承受荷载、减少不均匀沉降、防止地下水等。

1. 桩基础工程中的桩的功能分析

桩的功能主要有两个，一是提高地基承载力 (F_1)，即通过桩把承台 (筏板) 传来的荷载传递到周围和下面的土层或岩层中，从而提高整个地基的承载力；二是减少基础沉降 (F_2)。

地基土本来是有承载力的，采用桩基础是因为：

(1) 地基土或其下卧层的承载力不足以承担上部结构的荷载；

(2) 由于计算总沉降过大，为了减少和控制沉降而将荷载传递到深层的低压缩性土中。

由于桩将大部分的荷载传递到深层的桩周和桩下的土中，也就是由于桩的功能 F_1，使浅层的地基土的附加压力大大降低，压缩变形的剪切变形降低，因而其压缩性低，增加的附加压力所引起的沉降很小，所以总的基础沉降量还是降低了，即实现了功能 F_2。所以桩的主要功能就是提高地基承载力 F_1 和降低基础沉降 F_2。桩的功能分解如图 11.10 所示。

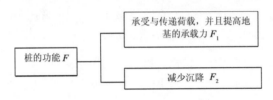

图 11.10　桩的功能分解图

要提高桩的功能，可以通过加大桩径、增加桩的数量、增加桩的长度 (摩擦桩)、合理布桩、使桩尖进入基岩或更深的持力层等等许多方法，如图 11.11 所示。

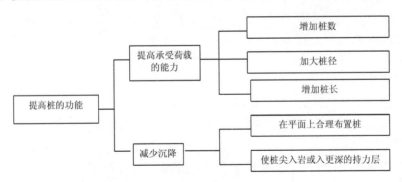

图 11.11　提高桩的功能的途径

2. 合理使用桩基础

既然研究已经证明桩间土可以承担部分荷载，如果仍假定全部荷载由桩基承担，就势必要增加桩的数量。出于安全考虑，设计单位尽可能采用上限的安全系数，"肥梁"、"胖柱"现象普遍存在。对建筑物而言，增加的桩没有意义，也就没有价值，尽管这部分桩的增加使地基承载力提高了，沉降降低了，但这对建筑物而言不是必要的，而是多余的，即产生了"过剩功能"，结果使整个桩基础工程的价值降低了。

前面的分析表明，有两种情况需要采用桩基。一是为了提高地基刚度，减少基础总沉降量；二是由于地基土承载力不足，需由桩来加强。有的工程采用桩基是因为地基承载力不足的原因，又能有沉降变形过大的原因，采用桩基础后，两个问题可以同时得到解决，可以说是一举两得。

在明确采用桩基础以后，选用何种桩型、选择哪一层土作为桩的持力层、桩长应该是多少、如何布桩、桩承台的宽度应该取多少等等问题是决定桩基功能的重要因素，也是决定桩基础工程造价的重要因素。

3. 桩基础工程费用分析与控制模型

桩基础工程的直接费用主要包括建造费用与其他费用，将桩基础的直接费用进行分解，如图 11.12 所示。

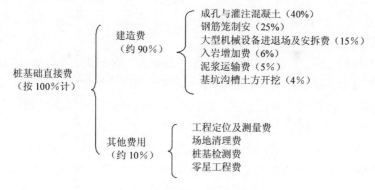

图 11.12 桩基础费用分析图

通过桩基础费用分析模型，将桩基础工程直接费用按照工程施工定额以及施工工序进行分解，主要包括建造费用和其他费用，详细分解如图 11.13 所示。

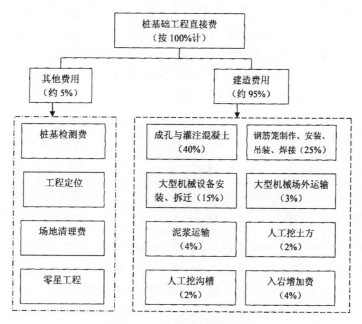

图 11.13 桩基础费用分析模型

由上述桩基础费用控制模型可知，桩基础施工方案中成孔与灌注混凝土以及钢筋笼制作、安装、吊装、焊接两项对于整个桩基础工程的直接费用影响较大，占整个桩基础工程直接费用的 65% 左右。由于桩基础作为一项分部工程无法与其他各环节分部工程并行施工，如果桩较长、持力层较深，将会延长项目整个工期。因此桩基础费用控制模型有利于最大程度地节约成本。通过费用控制模型图，明确费用高低的顺序，很容易发现成本高的功能部分或功能区域，针对这些功能部分，价值工程研究工作小组为后续功能评价提供关注的重点，清楚地显示出费用高的构件或功能。

4. 桩基础功能评价

由于采用了桩基础，既降低了地基沉降变形，同时也提高了地基的承载力，也就是地基承载力的功能水平提高了，但这增加的承载力并不是设计所要求的，即桩基础的功能存在着"过剩"，桩数越多，地基承载力越大，功能水平也就越过剩，而基础的造价也越高，桩基础的价值就越低。

要减少不均匀沉降，采用桩基础不是唯一的办法，还可以通过增加基础底板的厚度、提高底板刚度以及提高上部结构的刚度等办法解决。由于增加上部结构刚度的方案涉及到建筑平面布置，涉及的因素比较多，因此将采用桩基础作为解决问题的重点方案，以桩基础作为价值工程的研究对象进行分析和改进。

首先，筏板本身和上部结构刚度对降低不均匀沉降应该有一定的作用。尽管本案例不考虑采用增加筏板刚度和提高上部结构刚度的办法，但计算中应该考虑其有利的影响。

按照传统方法，不考虑上部结构与地基基础的共同作用，忽略上部结构刚度的贡献，计算得到的不均匀沉降将大于实际值。无论是否采用桩基础，考虑上部结构的作用，将不仅降低不均匀的计算值，也使计算结果与实际值更加接近。

研究表明，相对于无桩的纯筏基而言，当筏基下设置一定数量的桩时，可以显著地减少基础的沉降，同时差异沉降也可以得到很大的改进。但是，当桩长达到一定程度时（例如 30m）再增加桩长，对减少基础沉降的效果就不明显了，如表 11.5 所示。

另外的研究也表明，桩数达到一定数量，再增加桩数对减少沉降的影响是微小的，如超长桩桩数增减 10%，沉降增减 3% 以内，短桩桩数量增减 10%，沉降增减在 1% 以内。因此，通过增加桩数量来降低沉降的作法从价值工程角度来看，其价值不是很高。

表 11.5　桩长对减少基础沉降的影响

桩长（m）	0	10	20	30	40	100
平均沉降（cm）	18.20	5.74	4.59	3.99	3.66	3.16
差异沉降(cm)	0.35	0.23	0.12	0.12	0.11	0.08
筏基分担荷载系数（%）	100	48.24	31.15	24.73	21.60	17.24

上述结论可以理解为，在承载力和沉降都满足规范基本要求的前提下，适当放宽计算沉降的限值，可以大幅度减少桩的数量，或者说，如果放松沉降的要求限值，就可以大幅度降低桩基础工程造价。也就是说，如果超长桩的沉降限值要求可以降低，如果规定沉降允许增加 3%，桩数就可以减少 10%；短桩沉降要求允许增加 1%，桩数可以减少 10%。可见沉降要求不同对桩基础工程造价的影响是非常大的。如果不适当地提高沉

降要求，就要付出相当高的代价。

在案例中的原设计方案中，主楼的荷载全部由筏板下的 396 根桩承担，嵌岩桩几乎没有沉降，只有桩的压缩变形，主楼和裙楼的沉降都很小，总沉降和不均匀沉降都远远低于规范的限值。沉降量小，对项目的安全与稳定固然很有利，但是否有必要控制的这么严格值得探讨。通过前面的分析可以理解，本案例中桩的功能主要是为满足沉降要求，而设计方案的计算沉降很小，说明桩的功能存在着"过剩"，不仅承载力的功能"过剩"，抵抗变形的功能水平也"过剩"，"过剩功能"的低价也比较高，说明方案必须改进。

5. 桩基础施工方案创新

由于桩间土也可以承担一部分荷载，特别是本案例中这样的优质土，可以承担的荷载比例也将很大，而实际设计方案中的主楼荷载全部由桩承担就不太合理。并且，案例中的主要矛盾是沉降问题，并不是地基的承载力问题。

要使桩间土也承担一部分荷载，就应使基础有一定的沉降变形，地基土才会产生反力。只有变形达到一定水平，桩间土才能充分发挥承载作用。这说明案例的原设计方案桩数太多，地基变形控制过严，地基土承载能力不能得到发挥。

通过上述分析可以得出结论：在案例中，从地基承载力角度看，采用桩基础是不必要的；从降低基础沉降角度看，只要满足地基沉降的最低要求即可，即用最少的桩数、最短的桩长，满足沉降的最低要求；从采用桩基的实际设计方案看，桩数太多，桩长过长，没有必要全部深入基岩，桩基工程存在着"过剩功能"。由于嵌岩桩的变形很小，所以改进方案就首先考虑改嵌岩桩为非嵌岩桩，将桩的长度缩短，使桩尖进入强风化岩而不是中风化岩，桩平均长度为 13m（比原桩长 20.3m 少 7.3m）。

其次，考虑减少桩的数量，扩大桩的间距，充分发挥桩间土的作用，将桩的数量降到最低限度，只要满足规范的最低变形要求即可，即考虑将案例中的群桩桩基础议案改进为复合桩基础方案，用复合桩基承载力的计算方法分析。

为降低主楼地基的荷载，在布桩和计算时取主楼向四周外伸一跨，并且将主楼桩基础分成两部分考虑，即核心筒区桩间距为 $2.9d$，桩数 78 根，面积为 $520.2m^2$，核心筒以外，桩间距为 $5d$，桩数 70 根，面积为 $2340.9m^2$。地基土只进行深度修正，修正后的设计值为 520kPa。

因此，单桩极限承载力：

$$Q_{uk}=Q_{sk}+Q_{pk}=U\sum q_{sik}I_i+q_{sk}A_p=5488(kN)$$

由于对钻孔灌注桩的工艺进行了改进，即采用桩侧和桩底后压浆处理，使单桩的承载力提高至少 50% 以上，所以取单桩承载力提高系数为 $\xi=1.5$，单桩设计极限承载力为：

$$Q'_{uk}=Q_{uk}\times\xi=8232(kN)$$

复合桩基的竖向承载力设计值为：

$$R=\eta_{sp}Q'_{uk}/y_{sp}+Q_{ck/yc}$$

上述各式中的符号含义同《建筑桩基技术规范》JGJ94-94，参考取值也按规范要求。

据此，可以计算主楼核心筒区的复合桩基承载力 R_1 和核心筒以外的复合桩基承载力 R_2，分别为：

$$R_1=330766(桩)+54892(土)=385668(kN)$$

$R_2=322295(桩)+713706(上)=1036001(kN)$

$R=R_1+R_2=1421669>1312994(kN)$（主楼部分荷载设计值）

其中桩承担荷载：

$330766+322295=653061(kN)$

约占 50%，桩间土也承担了约 50%，因此桩间土的作用还是很大的。

根据中国建筑科学研究院地基所编制的桩土共同作用计算软件 SFS-SLPL，对改进后的复合桩基方案进行计算，并考虑上部结构的刚度影响，计算结果为核心筒最大沉降值是 30mm 左右，基础总体沉降差 26.1 mm，沉降差完全满足规范 1.5‰ 的要求。为了对比，对不考虑上部结构刚度影响的情况进行了计算，发现底板的挠曲加大了，沉降差增加到 29.8mm，增加了 14%。

由于采用非嵌岩桩，单桩承载力发生变化，要重新验算筏板的冲切承载力，根据核心筒区的荷载和地基反力计算结果，得到核心筒的最大冲切力为 258094kN。经过计算，底板厚度取 2.5m 可以满足要求。

6. 桩基础优化改进方案评价

首先，桩基承载力和沉降计算的结果表明，优化设计方案能够满足规范规定，较好地实现预定的功能要求。

其次，在成本造价方面，与原设计方案相比，优化设计后的方案的桩数由 396 根减少到 148 根，桩长由平均每根 20.3m 减少到平均 13m，总的桩长减少了 396×20.3 — 148×13=6115(m)，即减少了 76%，因而桩基工程造价大幅度降低了，估计仅为原方案的四分之一左右。

第三，由于钻孔总进尺和桩基工程量都减少到原设计方案的四分之一，施工工期比原设计方案减少，估计也仅为原设计方案的四分之一左右。

最后，优化设计方案的筏板厚度由原设计方案的 2.5m 增加到 2.7m，增加 8%。但底板厚度的增加对工期产生的影响较小，而且，底板的单位造价比桩小，所以，优化设计方案的造价可以降低很多。

以上各项的对比汇总如表 11.6 所示。

表 11.6　桩基础改进方案与原方案的比较

	桩数	平均桩长（m）	总桩长 (m)	底板厚度 (m)	桩基造价	桩基工期
原方案	396	20.3	8039	2.5	100%	100%
优化方案	148	13	1294	2.7	24%	24%
增减额	-248	-7.3	-6115	0.2		
增减	-62%	-36%	-76%	8%	-76%	-76%

综上所述，优化设计方案在满足功能要求的前提下，桩基工程量和造价大大降低了，并且工期也大大缩短了，因而优化设计方案的价值得到较大提高。

可见，利用价值工程优化桩基础的设计方案，在满足桩基础的功能要求的前提下，大大降低了桩基础工程量和工程造价，大大缩短了桩基础的工期，大幅度地提高了桩基础的价值。

案例：世纪新城桩基础经济性优化设计

一、工程概况

该工程规划建高层住宅楼9栋，框剪结构，基础埋深约5m，以7#楼为例（占地面积约525m²，地上18层，地下1层），总建筑面积约9975m²，建筑物总荷载截取20kN/m²，则该住宅楼总荷载为：20kN/m²×9975 m²=199500kN。

二、经济比较分析

衡量桩基的经济效益，以每米造价或以单方混凝土造价对比都是不科学的，应以单位承载力（每kN的造价）及单个工程桩基总造价作对比才是合理的。根据岩土工程勘察报告和工程经验，就本工程可能采用的三种桩型分析如下：

1. 单桩竖向承载力特征值估算（表11.7）

表 11.7　单桩竖向承载力特征值计算表

桩型	桩端持力层	平均有效桩长 (m)	桩径	单桩竖向承载力特征值（kN）
钻孔灌注桩	9层粉砂夹粉土	25	600	2200
CFG 桩	7层粉砂夹粉土	16.5	400	520
管桩	7层粉砂夹粉土	18	PHC500×100A	2000
管桩	7层粉砂夹粉土	22	PHC400×95AB	1300

注：各种桩型承载力特征值应通过现场载荷试验确定（管桩可试桩）。

2. 每kN承载力成桩造价对比分析（表11.8）

表 11.8　三种桩型每 kN 承载力造价计算表

桩型	平均有效桩长	桩径（mm）	单桩承载特征值（kN）	单桩位工程量	市场价	单桩造价（元）	每 kN 造价（元）
钻孔灌注桩	25m	600	2200	7.06m²	1000元/m³	7060	3.71
CFG 桩	16.5m	400	520	16.5	68元/m	1122	2.16
管桩	18m	PHC500×100AB	2000	18	205元/m	3690	1.85
管桩	22m	PHC400×80AB	1300	22	145元/m	3190	2.45

3. 单项工程总造价对比分析（表11.9）

表 11.9　7# 楼基础布桩及总造价计算表

住宅	总荷载（kN）	600 钻孔灌注桩		CFC 桩	
		单桩承载力特征值	总桩数	单桩承载力特征值	总桩数
7# 楼	199500	2200kN	109 个	520kN	301 个
成桩总造价		76.95 万元 （7060 元/个 × 109 个）		33.74 万元 （1121 元/个 × 301 个）	
筏板及基础梁造价		29.80 万元 184m³（防水板）+147 m³（承台）=331 m³×900 元/m³		47.25 万元 525m³（筏板）× 950 元/m³	
基础总造价		106.75 万元 （76.95+29.80）		83.61 万元 （33.74+49.87）	

（续表）

住宅	总荷载（kN）	PHC-A500（100）管桩		PHC-AB400（95）管桩	
		单桩承载力特征值	总桩数	单桩承载力特征值	总桩数
7#楼	199500	2000kN	125个	1300kN	169个
成桩总造价		46.13 万元 （3690 元/个 ×125 个）		53.91 万元 （3190 元/个 ×169 个）	
防水板及承台造价		27.45 万元 184 m³（防水板）+121 m³（承台） =305 m³×900 元/m³		28.89 万元 184 m³（防水板）+137 m³（承台） =321 m³×900 元/m³	
桩基础总造价		73.58 万元 （46.13+27.45）		82.8 万元 （53.91+28.89）	

说明：

1. 总桩数 =K× 总荷载 / 单桩承载力特征值（按照结构设计经验，单桩承载力越高利用率越低。PHC-A500（100）管桩 K=1.25，钻孔桩 K=1.20，PHC-AB400（80）管桩 K=1.10,CFG 桩 K=0.785）。

2. 防水板厚度 350mm，筏板（内置基础梁）厚度 1000mm。由于承台部分无实际图纸，故按设计经验计算 500 桩承台占占地面积 23%，400 桩占 26%，由于灌注桩桩径较大，600 桩占占地面积的 28% 左右。

三、推荐桩型

通过以上分析，作者建议采用 PHC 预应力管桩。PHC 管桩因技术先进、质量可靠、造价低、工期短将得到广泛推广和应用。现就管桩生产与施工作一些简单的分析讨论。

1. 质量优势

管桩为工厂现代化制作，混凝土强度等级 C50 以上，出厂前都经过多道质量检验程序把关，运到现场又经业主（驻地监理）现场检查验收合格后才准使用，桩身质量有保证。其他在现场灌注混凝土桩受场地条件及施工人为因素的影响，容易出现缩颈、桩身夹泥、承载力不够等质量问题，因此，管桩的桩身质量明显优于在现场灌注混凝土的其他桩型。使用管桩施工现场干净卫生，并没有泥土污染，施工人员少，用电设备固定，安全易控制，工艺简单直观，便于监理。

2. 设计优势

管桩规格多，单桩承载力特征值从 600kN 到 3300kN，既适用于多层建筑，也适用于 100 m 以下的高层建筑，而且在同一建筑物基础中，还可根据柱荷载的大小采用不同直径的管桩，既容易解决设计布桩单桩的承载力利用率问题，也可充分发挥每根桩的最大承载能力，并使桩基沉降均匀。

3. 价格优势

管桩价格优势十分明显，通过 7# 楼桩基础总造价分析（表 11.10），可以得出以下经济对比结论：

表 11.10　7# 楼桩基础总造价分析

桩型	工期	造价	质量保证	安全	测桩数
灌注桩	25 天	106.75 万元	浮动大	影响较小	3 根
CFG 桩	20 天	83.61 万元	浮动大	对周围影响大	6 根
PHC-500×100AB 桩	7 天	73.58 万元	稳定可靠	无影响	3 根
PHC-400×95AB 桩	10 天	83.919 万元	稳定可靠	无影响	3 根

（1）使用钻孔桩比使用 PHC-A500（100）管桩贵 33.17 万元，多投资 45.08%；

（2）使用 CFG 桩比使用 PHC-A500（100）管桩贵 10.03 万元，多投资 13.63%。

4. 工期优势

施工管桩周期快、时间短，先打桩再进行基坑开挖，节省降水成本并减少因降水对周边建筑物影响的风险。

综上所述，以工期、质量保证、安全、造价、检测等几个方面来看，PHC 管桩都比 CFG 复合地基优越性更大，建议业主充分考虑后优先选用。

第 12 章　建筑含钢量和混凝土用量优化设计

钢筋混凝土结构是建筑业采用最大量的结构类型，也是现阶段我国建筑行业应用最为广泛的结构体系，其在建筑成本造价中所占的份额以及对资源的消耗也是最大的。但相对于其他结构或制造业产品结构的优化设计理论发展，处于相对落后的水平。因而从优化设计、控制成本、降低消耗、节能减排角度讲，对建筑结构钢和筋混凝土使用进行优化设计，始终是设计人员、成本造价控制人员所潜心研究、长期关注的课题。

第一节　影响建筑物含钢量及混凝土用量的因素与优化设计的意义

建筑物的体型是决定含钢量的基本因素,结构体系的选择是影响含钢量的关键步骤,这些都需要设计师在建筑设计方案构思阶段权衡考虑；基础方案的选择，荷载取值的确定，计算方法的选取，都需要设计人员根据对建筑结构和建筑构件受力基本原理的掌握程度，结合建筑功能及地质资料，通过概念设计和设计方案优化比选确定。

一、建筑方案对含钢量及混凝土用量的影响

1. 平面长度尺寸

当建筑结构单元长度超过规范应设置伸缩缝的间距时，称为超长建筑。

一般情况下，地下室及上部结构的长度超过规范设置伸缩缝的要求，但考虑到永久分缝会给建筑功能及建筑维护带来不利的影响，设计时通过适宜的结构措施（设置预应力钢筋、采用微膨胀混凝土、设置后浇带、加强板配筋等）、建筑措施（顶层及外墙加强保温和隔热措施等）及施工措施，地下室及上部结构可以考虑不设永久缝。但是，超长建筑由于必须考虑混凝土的收缩应力和温度应力，相对于非超长建筑主要对待的仅是荷载产生的应力，其单位面积用钢量显然要多些。

2. 平面长宽比

一般的,平面长宽比较大的建筑物,不论其是否超长,由于两主轴方向的动力特性(也即整体刚度)相差甚远，在水平作用（风荷载或地震作用）下，两主轴方向构件受力的不均匀性容易造成建筑物的扭转，为了防止建筑物产生扭转破坏，使得其单位面积用钢量相对于平面长宽比接近 1.0 的建筑物要多。特别对抗震设防的高层建筑，当设防烈度为 6、7 度时结构单元长度和宽度比值不宜大于 6，当设防烈度为 8、9 度时结构单元长度和宽度比值不宜大于 5。

3. 竖向高宽比

高层建筑的高宽比，是对结构刚度、整体稳定、整体倾覆、承载能力和经济合理性的宏观控制，不是强条或必须遵守。超过《高规》（JGJ3-2010）第 4.2.3 条规定数值就必须付出比常规更大的结构造价。

针对高层建筑而言，高宽比大的建筑其结构整体稳定性不如高宽比小的建筑，为了保证结构的整体稳定并控制结构的侧向位移，势必要设置较刚强的抗侧力构件来提高结构的侧向刚度，这类构件的增多自然使得用钢量增多。

4. 立面形状

高层建筑的竖向体型宜规则、均匀，避免有过大的外挑和内收。结构的侧向刚度宜下大上小，逐渐均匀变化，不应采用竖向布置严重不规则的结构。避免竖向抗侧力构件不连续和楼层承载力突变。

竖向体型的规则性和均匀性，主要指外挑或内收程度以及竖向刚度有否突变等。如侧向刚度从下到上逐渐均匀变化，则其用钢量就较少，否则将增多，较典型的有竖向刚度突变的设置结构转换层的高层建筑。

建筑外立面宜简洁，如过多装饰线条或装饰构架，一方面增加结构的荷载，另一方面造成连接的复杂。这两者都会引起结构含钢量的增加。

5. 平面形状

平面宜简单、规则、对称，减少偏心；平面长度不宜过大，突出部分长度不宜过大；不宜采用角部重叠的平面图形或细腰平面图形。避免扭转不规则和狭长、凹凸不规则。

平面凹凸较大或偏心较多的建筑，除了建筑物周长的增加引起材料的耗费外，在水平荷载尤其是地震荷载的作用下，容易由于扭转造成脆性破坏，为此也需付出增加含钢量的代价。

若平面较规则、凹凸少则用钢量就少，反之则较多，每层面积相同或相近而外墙长度越大的建筑，其用钢量也就越多，平面形状是否规则不仅决定了用钢量的多少，而且还可衡量结构抗震性能的优劣，从这点上分析得知用钢量节约的结构其抗震性能未必就低。

规范对建筑平面不规则的超限条件也作出了具体规定。一般情况下，对抗震设防的高层建筑，当设防烈度为 6、7 度时平面突出部分长度不宜大于平面宽度的 0.35，突出部分长宽比不宜大于 2，当设防烈度为 8、9 度时平面突出部分长度不宜大于平面宽度的 0.3，突出部分长宽比不宜大于 1.5；另外，楼面凹入或开洞尺寸不宜大于楼面宽度的一半；楼板开洞总面积不宜超过楼面面积的 30%；在扣除凹入或开洞后，楼板在任一方向的最小净宽度不宜小于 5m，且开洞后每一边的楼板净宽度不应小于 2m，避免楼板局部不连续。

二、结构体系对含钢量及混凝土用量的影响

建筑物的总体结构体系可划分为竖向和水平两类：水平结构必须由竖向结构支撑。与建筑物的总高度相比，竖向分体系在一个方向或两个方向的尺寸通常是不大的，因此它们本身不稳定，必须由水平结构来保持其稳定位置。

1. 竖向分体系

多层和高层建筑抗侧力体系在不断的发展和改进，建筑高度也不断增高。现在，多层和高层建筑结构体系大约可分为四大类型：框架结构、剪力墙结构、框架 - 剪力墙结构和筒体结构，各有不同的适用高度和优缺点。表 12.1 列出了不同结构体系建筑的含钢量（表中的含钢量仅供参考）。

表 12.1   不同结构体系含钢量及影响因素

序号	结构体系	层数	含钢量范围（kg/m²）	备注
1	砌体结构	6 ~ 7	25 ~ 35	当有混凝土斜屋顶，飘窗较多时，含钢量较高
2	框架体系	6 ~ 8	45 ~ 55	民用建筑（居住或办公），楼层荷载不大
3	异形柱体系	9 ~ 12	55 ~ 65	不含人防：体型复杂含钢量高
4	短肢剪力墙	12 ~ 15	55 ~ 65	不含人防：一层地下室，筏板式基础
5	剪力墙	18 ~ 26	48 ~ 65	不含人防：一层地下室，总高不超过80m，抗震等级为三级
6	剪力墙	26 ~ 32	56 ~ 75	不含人防：一层地下室，总高80 ~ 100m，抗震等级为二级
7	带转换层剪力墙	18 ~ 30	90 ~ 110	不含人防：转换层数不同，较复杂时含钢量
8	纯地下人防车库	地下一层	150 ~ 210	六级人防：当面积较大时，含钢量较低
9	纯地下车库	地下一层	65 ~ 100	无人防：形状简单，面积大时含钢量低，填土厚1.2m左右
10	框架别墅	2 ~ 3	40 ~ 55	斜屋顶为混凝土结构时含钢较大

各种结构体系含钢量设计条件：抗震设防基本烈度为 7 度，场地类别 III 类，抗震构造措施为 7 度。

2. 水平分体系

在多层与高层建筑中，选择合理的楼盖体系不仅可改善整个结构的力学性能，还可降低造价。这是基于以下原因：

(1) 在多层与高层建筑中，各竖向抗侧力结构靠楼盖体系连接成为能共同工作的整体以抵抗水平力；

(2) 楼盖结构多次重复使用，其累计质量占建筑总质量的很大比例。降低楼盖质量，可大幅度减轻建筑总质量，从而减轻地震作用；同时，还可降低墙、柱及基础的造价；

(3) 降低楼盖体系自身高度，不仅可降低层高，节约建筑空间，还可降低围护结构、管线材料及施工机具的费用。

因此，对于多层尤其是高层建筑而言，应选择整体性好、刚度大、质量轻、高度小、满足使用要求并便于施工的楼盖体系。

设计优化实例分析一：

F 型建筑单体，10 层，层高 3m，建筑高度 30m，单体结构平面简图如图 12.1 所示。

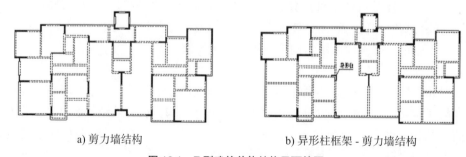

a) 剪力墙结构   b) 异形柱框架 - 剪力墙结构

图 12.1   F 型建筑单体结构平面简图

6度抗震设防，基本风压 0.30kN/m²，剪力墙结构，一般剪力墙抗震等级四级，短肢剪力墙抗震等级三级。F 型结构周期信息见表 12.2；位移计算结果见表 12.3；钢筋及混凝土用量见表 12.4。

异形柱框架 - 剪力墙结构，框架抗震等级四级，剪力墙抗震等级三级。

表 12.2 F 型结构周期信息

结构类型	振型号	周　期	平动系数	周期比 T_t/T_1
短肢剪力墙	1	1.1164	0.89	0.88
	2	1.1006	0.99	
	3	0.9828	0.12	
异形柱框架 - 剪力墙	1	1.3492	0.66	0.8
	2	1.3083	0.99	
	3	1.0728	0.35	

表 12.3 F 型位移计算结果

结构类型	地震作用下楼层最大位移		风荷载作用下楼层最大位移		最大层间位移与平均层间位移的比值
	X 方向	Y 方向	X 方向	Y 方向	
短肢剪力墙	1/3293	1/2859	1/9231	1/4666	1.41
异形柱框架 - 剪力墙	1/2813	1/2657	1/6301	1/3440	1.32

表 12.4 F 型建筑单体结构体系钢筋及混凝土用量统计

类　　　别		短肢剪力墙	异形柱框架 - 剪力墙
钢筋单方含量 (kg/m²)	梁	9.11	12.60
	柱	—	1.90
	墙	13.89	7.65
	板	9.46	9.34
	合计	32.45	31.49
混凝土 (m³/m²)		0.229	0.211

短肢剪力墙结构刚度较大，钢筋及混凝土用量也相应较多。在满足规范限定指标的情况下，选择刚度相对较小的异形柱框架 - 剪力墙结构体系，能够减轻结构自重，减少地震作用，含钢量减少了 3.0%，混凝土单方含量减少了 7.9%。

设计优化实例分析二：

雅荷苑项目，B1 及 B2 型建筑单体，9 层，层高 3.15m，6 度抗震设防，基本风压 0.50kN/m²（图 12.2、表 12.5 ~ 12.9）。

剪力墙结构，一般剪力墙抗震等级四级，短肢剪力墙抗震等级三级。

异形柱框架 - 剪力墙结构，框架抗震等级四级，剪力墙抗震等级三级。

框架结构，框架抗震等级四级。

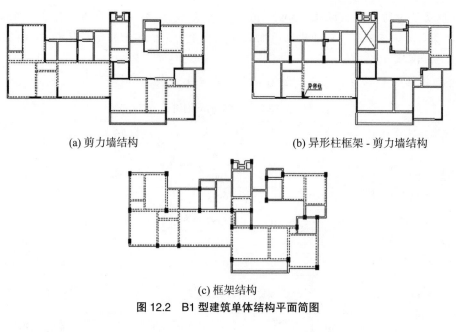

(a) 剪力墙结构

(b) 异形柱框架 - 剪力墙结构

(c) 框架结构

图 12.2 B1 型建筑单体结构平面简图

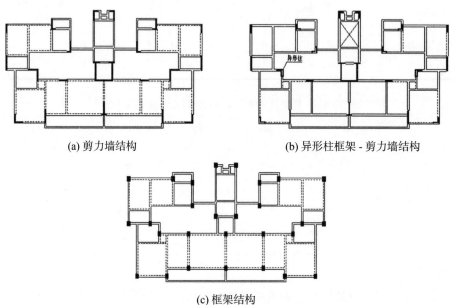

(a) 剪力墙结构

(b) 异形柱框架 - 剪力墙结构

(c) 框架结构

图 12.3 B2 型建筑单体结构平面简图

表 12.5 B1 型结构周期信息

结构类型	振型号	周期	平动系数	周期比 T_t/T_1
短肢剪力墙	1	1.1877	0.77	
	2	1.0050	0.87	0.78
	3	0.9215	0.36	
异形柱框架 - 剪力墙	1	1.1501	0.68	
	2	1.0107	0.90	0.77
	3	0.8895	0.43	

（续表）

结构类型	振型号	周期	平动系数	周期比 T_t/T_1
框架	1	1.9722	1.00	0.75
	2	1.6527	0.51	
	3	1.4851	0.49	

表 12.6　B2 型结构周期信息

结构类型	振型号	周期	平动系数	周期比 T_t/T_1
短肢剪力墙	1	1.2825	0.69	0.79
	2	1.1042	1.00	
	3	1.0175	0.31	
异形柱框架 - 剪力墙	1	1.2280	0.63	0.8
	2	1.0757	1.00	
	3	0.9869	0.37	
框架	1	1.9722	1.00	0.75
	2	1.6527	0.51	
	3	1.4851	0.49	

表 12.7　B1 型位移计算结果

结构类型	地震作用下楼层最大位移		风荷载作用下楼层最大位移		最大层间位移与平均层间位移的比值
	X 方向	Y 方向	X 方向	Y 方向	
短肢剪力墙	1/3293	1/3229	1/3312	1/2351	1.4
异形柱框架 - 剪力墙	1/2593	1/2571	1/3682	1/2243	1.37
框架	1/1351	1/1550	1/1134	1/1047	1.27

表 12.8　B2 型位移计算结果

结构类型	地震作用下楼层最大位移		风荷载作用下楼层最大位移		最大层间位移与平均层间位移的比值
	X 方向	Y 方向	X 方向	Y 方向	
短肢剪力墙	1/2744	1/3461	1/2584	1/2367	1.37
异形柱框架 - 剪力墙	1/2410	1/2793	1/2896	1/2509	1.36
框架	1/1404	1/1912	1/1217	1/1158	1.48

表 12.9　B1 及 B2 型结构体系钢筋及混凝土用量统计

类　　别		B1 型			B2 型		
		短肢剪力墙	异形柱框架 - 剪力墙	框架	短肢剪力墙	异形柱框架 - 剪力墙	框架
钢筋单方含量 (kg/m²)	梁	11.82	11.84	17.15	11.69	11.32	15.03
	柱	—	6.23	6.98	—	7.31	6.73
	墙	16.04	8.73	—	14.68	5.63	—
	板	9.22	9.16	9.16	8.70	8.57	8.09
	合计	37.07	35.96	33.29	35.07	32.83	29.85
混凝土 (m³/m²)		0.258	0.250	0.205	0.245	0.241	0.203

采用短肢剪力墙、异形柱框架－剪力墙及框架结构体系，结构指标均能够满足规范要求。框架结构刚度最小，钢筋及混凝土用量最少。短肢剪力墙到异形柱框架－剪力墙，重新调整了结构布置方案，修改计算模型，住宅功能不受影响。

在满足规范限定指标的情况下，选择刚度相对较小的框架结构体系，能够减轻结构自重，减少地震作用，含钢量减少 10.2% ～ 14.9%，混凝土单方含量减少 17.1% ～ 20.5%。

采用框架结构，房间会出现凸出的框架柱，如果建筑专业能够处理好填充墙与框架柱的关系，避免对使用的影响，对于多层及中高层住宅，框架结构是比较合适的结构体系。

当框架柱对建筑功能使用影响较大时，可以采用异形柱框架结构。由于异形柱框架结构使用的房屋最大高度明显小于普通框架结构，需要在平面中增加一般剪力墙，形成抗侧刚度较大的异形柱框架－剪力墙结构体系。与短肢剪力墙结构体系相比，含钢量减少 3.0% ～ 6.4%，混凝土单方含量减少 1.6% ～ 3.1%。

三、基础方案

当工程场地地质条件较好时，其基础用钢量就较少，相反则较多。建筑场地土质差，浅层土承载力低，持力层埋深大，需要采用桩基础或很厚的钢筋混凝土筏形基础，含钢量较大。

一般来说，钢筋混凝土基础（包括混凝土桩）的配筋率并不高，但因其工程量大，耗用的钢筋总量仍是巨大的。所以对基础采取什么形式，必须反复权衡，能用浅基础时就不要用桩基，采用桩基时求短不求长，灌注桩配筋又有通长和二分之一、三分之一桩长的节省办法。此外，采用加固软土地基新技术可以避免使用钢筋混凝土桩，而进行桩－土复合基础的设计，则可减少桩的数量或桩长。

为了保证高层建筑的整体稳定性，减轻地震作用对结构的损坏和破坏，规范中对高层建筑的基础埋深有一定的要求（天然地基为 H/15，桩基础为 H/18，其中 H 为房屋高度）。在总高度及基础型式相同条件下，基础埋深对高宽比较大者应抓紧，相反则可放宽；对地下室面积仅是塔楼投影面积者应抓紧，相反有裙房且地下室面积远大于塔楼投影面积者则可放宽。

多高层住宅结构基础设计中常见的要点如下：

多高层建筑地下室外墙，混凝土强度等级宜采用 C30，有利于裂缝控制；外墙上部首层柱的混凝土强度即便为 C60，因为柱在地下室已与外墙形成 T 形柱，可使柱的轴压比远小于限值要求，可按 T 形截面偏心受压计算配筋。无上部结构柱相连的地下室外墙，如地下车库外墙，支承顶板梁处不宜设附壁柱，因为附壁柱使得此处墙为变截面，易产生收缩裂缝。不设附壁柱顶板梁在墙上按铰接考虑，此处墙无需设暗柱。

地下室内外墙除了上部为框剪结构或外框架 - 内核心筒结构的剪力墙延伸者外，在楼层不需要设置暗梁，所有剪力墙在基础底板均不需要设置暗梁。

位于电梯井筒区域的承台，由于电梯基坑和集水井深度的要求，常常需要局部下沉，按照常规做法，处于该区域的承台应局部降低，若该联合承台面积较小，可采用改进措施，即将整个承台均下降，承台顶面标高降低至电梯基坑顶面。该做法不仅避免了常规做法构造和施工复杂的缺点，而且不存在局部承台较厚，需要配置较大规格钢筋的不利局面。但对于承台面积较大的情况，仍建议按照常规方法设计。消防电梯的集水井应与建筑专业协调，尽量将其移至承台以外的区域，通过预埋管道连通基坑和集水井，按此方法处理，可大大简化承台设计和施工难度。类似的设计方法可在设计中灵活采用，不仅节省钢筋，还减少混凝土用量。

基础厚板的中间没有必要配置一层钢筋网。

四、荷载取值

建筑结构在使用和施工过程中所受到的各种直接作用称为荷载。另外，还有一些能使结构产生内力和变形的间接作用，如温度变化、地基变形或地震等引起的作用。本节所指的荷载作用包括直接作用及间接作用。结构设计人员在进行建筑结构设计时，首先应进行荷载的计算，取其代表值，荷载确定后，才能根据其大小和作用形式计算结构的内力，然后再进行构件计算。因此不言而喻，荷载取值是否正确、合理，直接关系到整个工程的含钢量是否正常。

1. 恒、活载

建筑的自重荷载、楼（屋）面活荷载及屋面雪荷载应按现行国家标准《建筑结构荷载规范（2006 年版）》（GB 50009-2001）和《全国民用建筑工程设计技术措施 / 结构 / 结构体系 (2009 年版)》取值，不应随意加大。附加恒荷载应按建筑大样详细计算，楼（屋）面活荷载的取值，对于一些特殊功能的建筑，比如商住楼的裙楼作为大型超市，已经不属于规范所列的商店范畴，大型超市形式灵活，功能齐全，商品和人员的流通量比较大，如果活荷载仍取值 $3.5kN/m^2$，将不能满足超市正常的经营。这种情况下，应会同甲方共同测算活荷载的取值。其他诸如地下室车道、自动扶梯、设备机房、室外地下室顶板和屋面花园的覆土厚度、游泳池的水深等，当有特殊使用要求时，需要提供取值依据。

多高层住宅结构设计中荷载取值常见的要点如下：

对于《建筑结构荷载规范（2006 年版）》（GB 50009-2001）第 4.1.2 条可折减的项目，应按所列系数折减。消防车的荷载取值应区分用于主梁、次梁和楼板的计算。

区分恒荷载和活荷载，活荷载分项系数大。例如厨房、卫生间的填充、隔断材料按恒荷载输入计算。

填充墙开窗门洞处，应尽量精确选取线恒载，不得随意加大。

尽量采用轻质材料，减轻结构自重。高层建筑室内填充墙宜采用各类轻质隔墙。

在高层住宅建筑中采用轻质石膏板内隔墙体系，主要的土建结构造价（包括楼板、外墙、内墙、梁、基础结构体系等）比传统砖石混凝土体系的土建结构造价降低 10%，建筑工程的总造价降低 4.27%。而 GRC（玻璃纤维增强水泥的简称）轻质墙板容重为 $6.0kN/m^3$，仅相当于同厚度粘土砖砌体面密度的 1/3，大大减少了结构荷载，降低了整个建筑梁、柱及基础的截面积和含钢量。

地下水的设防水位应取建筑物设计使用年限内（包括施工期）可能产生的最高水位。如果岩土工程勘察报告中没有提供地下水的最高水位时，地下水设防水位可取建筑物的室外地坪标高。当设置地下车库时，设防水位可以取首层车道入口处的标高。

2. 风荷载和地震作用

建筑单体所在地区的抗震设防烈度、风荷载按照规范要求确定。设防烈度越高，含钢量越大；风荷载越大，含钢量也相应增加。通过岩土工程勘察，取得地质资料，为工程设计提供依据。建筑含钢量存在地区之间的差异，控制含钢量必须结合区域实际情况，在满足宏观环境要求的前提下进行。比较建筑含钢量应在相等或相近的自然条件下进行，否则将无法得出准确答案。

结构承载力计算时，基本风压应按现行国家标准《建筑结构荷载规范（2006年版）》（GB 50009-2001）的规定采用，基本风压的重现期与设计使用年限应一致。但安全等级为一级或高度超过60m的高层建筑，其基本风压应按100年重现期的风压值采用。

抗震设防的所有建筑应按现行国家标准《建筑工程抗震设防分类标准》GB 50223确定其抗震设防类别及其抗震设防标准。结构承载力计算时，按照现行国家标准《建筑抗震设计规范》GB 50011-2010的规定采用。

建筑结构的最大高度和高宽比区分为A级和B级高度，尽量满足A级高度。框架结构高度尽量控制在30m，超出时必须提高结构抗震等级。框架-剪力墙结构高度尽量控制在60m，超出时框架必须提高结构抗震等级。剪力墙结构和框支剪力墙结构高度尽量控制在80m，超出时必须提高结构抗震等级。尽量避免采用短肢剪力墙和异型柱，其抗震等级比普通剪力墙和矩形柱严格。

设计优化实例分析一：

H型建筑单体，10层，建筑高度30m，6度抗震设防，剪力墙结构（图12.10）。

表12.10　H型建筑单体填充墙材料变化钢筋及混凝土用量统计

类	别	轻质填充墙容重 (11kN/m³)	灰砂砖填充墙容重 19kN/m³)
钢筋单方含量 (kg/m²)	梁	9.20	9.59
	墙	16.91	16.91
	板	8.14	8.14
	合计	34.24	34.63
混凝土 (m³/m²)		0.246	0.246

翠城花园17栋，26层，建筑高度74.36m，7度抗震设防，剪力墙结构（图12.11）。

表12.11　翠城花园17栋填充墙材料变化钢筋及混凝土用量统计

类	别	轻质填充墙容重 (11kN/m³)	灰砂砖填充墙容重 (19kN/m³)
标准层钢筋单方含量 (kg/m²)	梁	12.66	14.27
	柱	0.22	0.23
	墙	21.11	21.14
	板	8.44	8.44
	合计	42.44	44.08
混凝土 (m³/m²)		0.287	0.287

填充墙由轻质砌块改为灰砂砖，H型建筑单体底层剪力墙轴压比增加13% ~ 19%，翠城花园17栋底层剪力墙轴压比增加8% ~ 12%，均能满足规范限制要求。H型建筑单体恒载产生的总质量由2325.952t增加至2699.828t，增幅16.1%；翠城花园17栋恒载产

生的总质量由 22416.041t 增加至 24861.674t，增幅 10.9%，直接影响基础工程的造价。上部结构除局部短肢剪力墙配筋计算配筋增加外，大部分墙体仍为构造配筋，墙体含钢量变化不大。部分梁支座面筋及跨中底筋增加 10% ~ 20%，箍筋计算值增加 10% ~ 30%，悬挑梁配筋增加明显。但由于钢筋直径级差，实际增加的钢筋比理论计算配筋值少，H型建筑单体增加 4%，翠城花园 17 栋增加 12.7%，建筑物高度越大，含钢量变化的幅度越大。

设计优化实例分析三（图 12.4）：

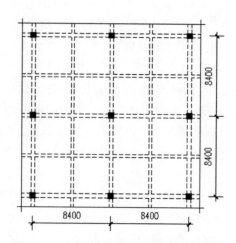

图 12.4　地下室顶板消防车道结构平面简图

当楼板跨度较大及板顶面有覆土时，在设计中应考虑多台消防车轮压的共同作用及轮压在覆土层中的扩散影响。根据《全国民用建筑工程设计技术措施 / 结构 / 结构体系 (2009 年版)》表 F.2-2，本工程地下室楼板顶面覆土层 1.0m 厚，消防车道活荷载取 24.4kN/m²，按照《建筑结构荷载规范（2006 年版）》（GB 50009-2001）第 4.1.2 条，双向板楼盖的梁、柱和基础折减系数取 0.8。分别对楼板、梁、柱及基础取不同值进行分步计算，取相应的计算结果对各构件配筋（表 12.12）。

表 12.12　消防车道梁柱荷载折减钢筋及混凝土用量统计

类　　别		荷载折减	荷载未折减
钢筋单方含量 (kg/m²)	梁	50.62	57.68
	柱	3.52	3.71
	板	27.68	27.68
	合计	81.82	89.07
混凝土 (m³/m²)		0.353	0.353

消防车道荷载折减后，梁柱含钢量减少了 11.8%，可见，根据规范合理取值，细化设计，是控制含钢量的基本要求。

五、高强材料

1. 高强混凝土

混凝土强度对用钢量的影响要看情况：第 1 种情况如量大面广的住宅建筑，绝大部分梁板是不到 1% 的配筋率的，提高混凝土强度对降低含钢量几乎没什么影响，特别对于大量的小跨度梁板还会有很大的副作用，如用钢量和混凝土用量同步增加导致造价提高；另外，由于混凝土材料脆性增加，容易产生收缩裂缝而引发房屋质量问题。第 2 种情况主要是一些大跨度公共建筑和承受重荷载的梁，如大间距柱网的超市和商场建筑、多层工业厂房和做覆土绿化的地下室顶板等，配筋率常远超 1%，采用较高强度混凝土可适当降低含钢量和避免超筋发生。

C60 高强混凝土已在一些工程中应用并取得了良好效果，柱截面减小了 35% ~ 40%，增加了房屋的有效使用面积，降低了结构自重，减少了基础工程造价。对于构造配筋的框架柱，其配筋量也相应降低。

2. 高强钢筋

HRB335 与 HRB400 级钢筋强度设计值 f_y 分别为 300N/m^2 和 360N/m^2，HRB400 与 HRB335 级钢筋强度设计值之比为 360/300=1.2，HRB400 级钢筋目前的市场价格比 HRB335 级钢筋略高，综合价格比约为 1.05。若将强度低的 HRB335 级钢筋改为强度较高的 HRB400 级钢筋用于建筑，则可节省钢材约 14%(1.2÷1.05–1=14%)，这是降低含钢量最直接的措施。

不管楼板是构造配筋还是计算配筋，采用 HRB400 钢筋可降低用钢量。

对于高层建筑的柱，纵向钢筋建议采用 HRB335 甚至 HRB400 级钢筋，尽量避免采用 HPB235 级钢筋。根据规范 GB50009 第 6.3.8 条第 1 款注，采用 HRB400 级热轧钢筋时，柱截面纵向钢筋最小总配筋率减小 0.1%。

六、构造做法

1. 板

楼板厚度的取值首先取决于板跨及板上的作用荷载，对于高层建筑结构来说，还有许多其他方面的宏观控制意义，比如筒体内及其周边，由于筒体是主要抗侧力构件，加之筒内开洞多，其楼板厚度必须增厚；又如结构的首层、屋面层、转换层上下楼层等，为了使整体结构嵌固端成立，竖向刚度不产生突变，或者控制层间相对位移等，都需将上述部位的楼板加厚；即使板跨及作用荷载相同，也由于有单双向板和边界条件的区别，对楼板厚度有时仍需进行必要的增减；对于一些特殊部位，如设备管线出口暗埋管线楼板处、设备房的顶板考虑吊杆固定因素等，其楼板厚度都应予加厚。总之，高层建筑的楼板厚度取值不仅要考虑局部微观因素，还要考虑整体结构受力的宏观因素，只有这样才能使楼板在承受楼面荷载和协调结构整体变形方面起到应有的作用。

采用高强度钢筋可以节省用钢量；而混凝土强度等级对减小配筋的作用很小。不管楼板是构造配筋还是计算配筋，采用 HRB400 钢筋可降低用钢量。

楼板结构混凝土及钢筋用量一般与建筑层数无关，采用新型楼盖体系和高强钢筋可以有效减少含钢量。

除地下室和天面（屋面）等露天或潮湿环境下的楼板，可采用塑性板进行配筋计算。人防板可采用塑性计算方法。

在板构件中采用冷轧带肋焊接钢筋网片代替普通钢筋，冷轧（扭）带肋钢筋在一般的现浇板中使用。

板通长面筋的处理形式有以下两种：

（1）通长钢筋＋另加钢筋形式

(a) 对地下室底板、人防地下室顶板、转换层，按最小配筋率双层双向拉通＋另加钢筋；

(b) 对非人防地下室顶板、屋面板、楼板联系薄弱部位加强处、转换层上下各一层楼板，采用按大部分板的最小配筋率双层双向拉通＋另加钢筋的形式。根据竖向荷载的情况，通长钢筋的数量以经济合理为原则，可适当调整。

(2) 支座实配钢筋＋跨中钢筋网受力搭接形式：主要适用于楼盖长度超过规范规定伸缩缝最大间距的情况。

2. 梁

抗弯强度不够时，可以增大构件截面尺寸，但以增大截面高度最为有效。

梁截面宽度选择时，应尽量避免四肢箍筋的梁宽（$b<350mm$）。

现浇钢筋混凝土楼盖梁不必增加安全贮备。由于现浇钢筋混凝土楼板的约束作用，能在很大程度上提高楼盖梁的承载能力，最高能提高约 2 倍。现行的国内结构计算软件不能准确反映现浇楼板的约束作用，所以按计算结果进行结构设计时，对楼盖梁而言，已经有很高的安全贮备。

3. 剪力墙

剪力墙边缘构件大部分为构造配筋。对于形状复杂的剪力墙和配筋较大的剪力墙，应用 SATWE 后处理中剪力墙组合配筋方法校核。

4. 柱

随着柱截面尺寸的增大，柱纵筋最小配筋增大、加密区体积配箍率也增大：

（1）柱纵筋由最小配筋率控制时，应选取满足轴压比限值的柱截面；轴压比不满足时，优先提高混凝土强度等级（即不加大柱截面）。

（2）柱纵筋由内力计算控制时，也优先提高混凝土强度等级（小偏压柱提高混凝土强度等级效果显著）。

柱纵筋直径选择原则是，在四角放置最大限度的直径（钢筋直径相差不得大于 2 级）。

柱主要承受压力，设计中应通过混凝土强度等级的合理确定来控制其截面尺寸和轴压比，使绝大部分柱段都是构造配筋而非内力控制配筋。

七、钢筋混凝土优化设计的效益

1. 企业经济效益

在土建工程造价中，约 75% 为材料费，其中钢筋约占材料费的 40% ~ 70%。为了降低成本造价，大部分开发商都要求设计单位尽量降低含钢量。

推广应用高强钢筋和高强混凝土可以节约钢筋和混凝土的用量，降低工程成本，获得巨大的直接或间接经济收益。

根据测算，如果能够按照规范的要求，将钢筋混凝土的主导受力钢筋强度提高到 $400 ~ 500N/m^2$，则可以在目前用钢量的水平上节约 10% 左右。在相同的截面和相同的受力大小情况下，板配筋 HRB400 级钢比 HRB235 级钢要节约造价 25% ~ 30%；在截面最优的情况下，梁配筋采用 HRB400 级钢比 HRB335 级钢减小截面 7%，减少用钢量 3%，而节约建造成本造价 5%。

如，美国纽约 102 层的帝国大厦采用的是框架 - 剪力墙体系，用钢量为 206kg/m²；而芝加哥 110 层的西尔斯大厦，采用束筒体系，用钢量仅 161kg/m²，比帝国大厦降低了 21.8%。在建筑结构设计中，结构方案选择不合理造成的浪费，往往比配筋计算的不精确造成的浪费大得多。

图 12.5　纽约帝国大厦

图 12.6　芝加哥西尔斯大厦

2. 社会经济效益

根据统计数据，我国每年建筑螺纹钢消耗量约占钢材消耗总量的 20%。2014 年我国钢材消耗总量将达到 11.26 亿 t，这样通过推广使用高强钢筋，可节约钢材 2324 万 t，比照我国 2014 年螺纹钢平均价格 2800 元 /t 计算，可节省资金约 651 亿元。

混凝土若能以 C30 ~ C40 强度等级为主，部分建筑达到 C50，则可以在目前混凝土消耗量的水平上节约 30% 左右。2014 年我国房屋建筑混凝土用量达到 15.54 亿 m³，如果房屋建筑中有大约 30% 是采用高性能混凝土建造，则 2014 年可节约混凝土约 1.6 亿 m³。同时按照 1m³ 混凝土消耗 0.32t 水泥计算，则 2014 年可减少水泥用量 4360 万 t。比照全国 14 个城市 C40 商品混凝土平均价格 350 元 /m³ 计算，可节省资金约 1526 亿元。

通过以上粗略计算可以得出，到 2014 年，仅通过推广使用高强钢筋和高性能混凝土，就可节省资金约 2177 亿元。

推广使用高强钢筋和高强混凝土除可以获得以上直接经济效益外，还可以获得巨大的间接经济效益。高强材料的使用，解决了建筑结构中肥梁胖柱问题，这样不仅能增加建筑使用面积，也可以使建筑结构设计更加灵活，提高建筑使用功能。目前，我国每年完成建筑面积约 18 亿 m³，如果其中的 30% 左右，即 5.4 亿 m² 是采用高强材料建成的高层建筑，仅以增加 1 ~ 1.5% 的使用面积计算，可以增加建筑使用面积 540 ~ 810 万 m³。比照全国平均建筑造价 2000 元 /m² 计算，可产生经济效益约 108 ~ 162 亿元 / 年；如果以全国商品房平均销售价格 4000 元 /m² 计算，则可产生经济效益 216 ~ 324 亿元 / 年。另外采用高强材料，可以提高施工作业效率，提高建筑质量，延长使用年限，减少维护使用费用。

经以上粗略计算，通过推广使用高强钢筋和高强混凝土，仅建筑一项所产生的年直接经济效益和间接经济效益，到 2010 年约在 677.94 ～ 813.21 亿元之间。当然，由于应用高强钢筋和高性能混凝土，其价格要高于原有钢筋和混凝土，因此，也会减少预估的直接经济效益。另外推广应用高强钢筋和高强混凝土，也是提升我国传统产业技术含量的重要措施，在高强材料推广应用过程中，可以大大加速建设行业技术创新，提高我国建筑企业的国际竞争力。

3. 社会综合效益

在建设阶段通过优化设计节约钢筋和混凝土用量，可以节约土地、煤、水、矿石、砂等能源和资源的消耗量，进而减少二氧化碳、二氧化硫等有害气体和废渣的排放；在使用阶段，则可以降低建筑采暖、空调、热水供应、照明、家用电器、电梯、通风等能耗，减少维护使用费，实现建筑节能。据统计分析，节约 1t 钢材可以节省电能 300kW 时，标准煤 0.70t，减少二氧化碳排放 0.63m³；节约 1t 水泥，可以节省电能 110kW 时，标准煤 0.2t，减少二氧化碳排放 0.18m³。比照以上数据，2010 年，通过推广应用高强钢筋和高强混凝土，则可节省电能 58.56 亿 kW 时，标准煤 1120.2 万 t，减少二氧化碳排放 1008.2 万 m³。

由此可见，推广应用高强钢筋和高强混凝土，对节约能源，提高环境质量，实现我国建设行业可持续发展具有重大意义。

第二节　建筑物含钢量及混凝土用量优化设计案例分析

案例一：林泉山庄 F 区 H2 栋经济指标分析

1. 影响因素分析

（1）建筑平面（图 12.7）

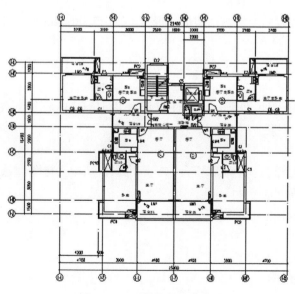

图 12.7　H2 栋标准层户型图

　　本工程建筑 ±0.00 标高相当于该市平面坐标 28.400m，塔楼建筑面积约为 271.30m²，地上 11 层，无地下室，建筑高度 35.80m。首层及以上层为住宅，首层层高为 3.10m，二层～十一层层高为 3.00m。

　　本工程结构设计使用年限为 50 年，建筑结构安全等级为二级；抗震设防烈度为 6 度，按照《建筑抗震设计规范》（GB50011-2001），（2008 年版），设计基本地震加速度值为 0.05g，地震动力反应谱特征周期 0.35s，设计地震分组为第一组，建筑场地类别为 II 类，抗震设防分类为丙类。

　　房屋高度小于 60m 的高层建筑控制结构水平位移的基本风压按 50 年重现期的风压 W_0=0.50kN/m²，控制结构承载力的基本风压按 100 年重现期的风压 W_0=0.55kN/m²。地面粗糙度类别为 B 类，体型系数取 1.4。

　　（2）结构体系

　　剪力墙结构，结构的抗震等级为四级。

　　（3）基础方案

　　地基基础设计等级乙级。静压预应力管桩基础。

　　（4）荷载取值

　　钢筋混凝土自重 25kN/m³。

　　外墙采用加气混凝土砌块，墙体自重 11kN/m³。

　　内隔墙采用加气混凝土砌块，墙体自重 11kN/m³。

　　加气混凝土砌块墙体厚度分别为 100 和 200，详建筑平面图。

　　内墙面层 0.5kN/m³，外墙面层 0.55kN/m³。

　　卫生间回填料回填采用陶粒混凝土，容重 γ=11kN/m³。

　　不上人屋面采用斜屋面，故隔热、防水层和找坡层合计附加恒载 2.2kN/m³，活荷载为 0.5 kN/m³。

　　标准层楼板附加恒载 1.1kN/m³。

　　其余活荷载取值按照《建筑结构荷载规范》（GB50009-2001，2006 版）执行。

　　a) 计算方法

　　整体计算选用中国建筑科学研究院编制的 2008 版 SATWE 软件。

　　b) 材料

　　梁主筋采用 HRB400 钢筋，墙、柱主筋采用 HRB335 钢筋，楼板钢筋全部采用 HPB235 和 HRB335 钢筋。

　　c) 构造做法

　　配合建筑专业大样图，绘制飘窗台、空调机飘板结构大样图。悬挑板验算挠度和裂缝，钢筋面积比计算配筋增大。

　　砌体填充墙采取相应的抗震构造措施。

　　2. 经济指标分析

　　根据图纸进行分析：

　　S-1-2 剪力墙定位图；

　　S-1-3 剪力墙配筋；

S-1-9 三～十一层结构平面；

S-1-10 三～十一层梁配筋平面；

S-1-11 三～十一层板配筋平面。

本工程钢筋含量 51.63kg/m²，梁 14.80 kg/m²，板 11.28 kg/m²，剪力墙 23.45 kg/m²，从这些数据可以看出本工程作为只有 11 层的小高层，又是 6 度区，且结构布置还算规则，结构的含钢量偏大，尤其是剪力墙的含钢量与一些 30 层的高层含钢量都比较接近。

以下结合上面的数据，对原设计图纸进行分析。

H2 栋为 11 层剪力墙结构，没有转换，没有地下室，首层亦无层高较高的架空层，属于小高层，平面形状在住宅建筑中来说相对是较为规则，没有平面很不规则情况，如细腰型和角部重叠型等；唯一会对结构计算和含钢量带来不利影响的就是下部两个户型各有一个转角窗，这点最直观的影响就是在转角窗的这块板加厚到 150mm，而且还加设了暗梁，板钢筋也加强为双层双向配 φ10@200。结构采用悬挑梁的形式，跨度较大，需要验算裂缝和挠度，比计算配筋量增大。

S-1-2 剪力墙定位图

S-1-3 剪力墙配筋

剪力墙的布置：由于该住宅结构总共为 11 层，从剪力墙的布置来看，墙肢相对较多，有优化的空间，如图 12.18、图 12.19 云线所圈，两片剪力墙可以取消不设置。

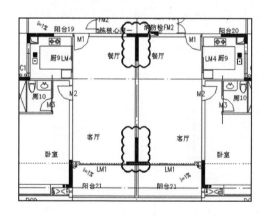

图 12.8　原布置图

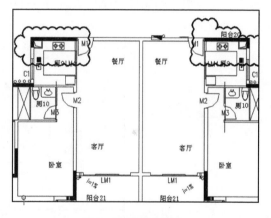

图 12.9　优化布置图

从对该栋结构抽筋统计结果也可以看出，剪力墙的混凝土用量相比于其他工程的小高层来说是相对高出较多。

而从剪力墙的配筋来看，有些暗柱和转角墙的配筋较大，如 GAZ1b 用了 6Φ16 直径的钢筋，从计算书来看，该暗柱只是在 11 层才需要用到 6Φ16，其他层可以用 6Φ14，GZJ1b 也是如此，只是在 11 层才需要用到 14Φ16，其他层可以用 14Φ12，GAZ1a 也存在这种情况，这些类似边缘构件钢筋可以分层表示，进而可以节省钢筋；因此这种情况可以再优化，抽筋的结果显示剪力墙的含钢量相对偏高（23.45kg/m²）。

S-1-9 三～十一层结构平面；

S-1-10 三～十一层梁配筋平面。

梁的布置相对合理，但是个别次梁的截面可以优化，如卫生间次梁可以做成 150 宽，还有就是卫生间下沉的高度是否需要沉 0.40m，一般下沉 0.35m 是足够的，这个不仅影响下沉板的附加恒载，也影响了次梁的截面高度，本工程中此梁的高度为 200mm×500mm，可以做成 150mm×450mm，如 L2,L7 等。

从梁的配筋来说，首先是标准层是一个配筋层，即 3～11 层梁配筋图，是可以再细化配筋，可以沿高度分段归并配筋，增加一个或者是两个配筋层，因为从计算结果来看，其实在 9～11 层的框架梁配筋是小一些的，很多纵筋可以少一个等级或两个等级。其次由于结构是四级抗震，框架梁的贯通筋全部采用不小于 14 的钢筋没有必要，大部分可以采用 12 的贯通筋以节省钢筋；梁的附加箍筋全部采用每边各 3 个没有必要，很多可采用每边各 2 个。建筑设置了较多数量的转角窗，结构采用悬挑梁的形式，跨度较大，需要验算裂缝和挠度，比计算配筋量增大。

S-1-11 三～十一层板配筋平面。

楼板：本结构的楼板基本上是按照常规做法，布置也相对合理，可以考虑再优化的就是转角窗部位（如图 12.10 所示）的楼板是否需要做成 150mm 厚，对于只是 11 层的住宅结构，而且是 6 度设防，按照《广东省住宅工程质量通病防治技术措施二十条》，取 120m 厚应该足够，而还在该板中加设暗梁也作用不大，建议可以取消。具体到图纸来讲，应该说做的比较合理，从抽筋结果来看，板的含钢量算是比较低（11.28kg/m²）。

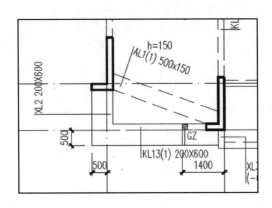

图 12.10　转角窗楼板

3. 优化设计对比

（1）优化措施

剪力墙：对暗柱 GAZ1a 和 GAZ1b，转角墙 GZJ1b 采用分层配筋。

梁：部分梁的贯通筋由 14 修改为 12；附加箍筋由 3 个修改为 2 个；修改部分梁配筋。

板：转角窗部位楼板板厚修改为 120mm，取消暗梁。

（2）优化前后数据对比如表 12.13、表 12.14 所示。

表 12.13　林泉山庄 F 区 H2 栋优化前标准层数据表

| 部位 | 钢　筋 | | | | 钢筋含量 | 混凝土用量 |
	总重 (kg)	HPB235(kg)	HRB335(kg)	HRB400(kg)	建筑面积（kg/m²）	墙柱 C30，梁板 C30（m³）
梁	40393.50	12225.20	3778.10	24390.20	14.80	132.50
板	30791.20	11964.90	18826.30	0.00	11.28	326.90
剪力墙	63986.50	33376.40	30610.10	0.00	23.45	468.90
楼梯	1016.10	325.40	435.20	255.50	0.37	9.80
零星构件	5657.30	3167.50	2489.80	0.00	2.07	36.00
合计	141844.60	61059.00	56139.50	24645.70	51.97	974.10

表 12.14　林泉山庄 F 区 H2 栋优化后标准层数据表

| 部位 | 钢　筋 | | | | 钢筋含量 | 混凝土用量 |
	总重 (kg)	HPB235(kg)	HRB335(kg)	HRB400(kg)	建筑面积（kg/m²）	墙柱 C30，梁板 C30（m³）
梁	37815.50	11675.30	3383.60	22756.60	13.86	126.70
板	29793.60	13699.40	16094.20	0.00	10.92	316.10
剪力墙	63132.30	33091.10	30041.20	0.00	23.13	468.90
楼梯	1016.10	325.40	435.20	255.50	0.37	9.80
零星构件	5657.30	3167.50	2489.80	0.00	2.07	36.00
合计	137414.80	61958.70	52444.00	23012.10	50.35	957.50

注：本次依据林泉山庄 F 区 H2 栋标准层进行钢筋及混凝土抽料，建筑面积为 2729.1m²，总面积为 2944.2m²。

由上述表对比可知：标准层的梁含钢量从 14.80 kg/m² 降低到 13.86 kg/m²，降低了约 1 kg/m²；如果采用沿高度分段归并配筋则应该可以进一步降低含钢量；梁的混凝土用量也从 132.5 m³ 降低到 126.7m³；板的钢筋含量从 11.28 kg/m² 降低到 10.92 kg/m²，板的混凝土用量也从 326 m³ 降低到 316m³ 左右；剪力墙的钢筋含量从 23.45 kg/m² 降低到 23.13 kg/m²，降低了 1.36%。

案例二：保利温泉四期 1# 经济指标分析

1. 影响因素分析

（1）建筑平面

本工程建筑 ±0.00 标高相当于黄海高程系统 1071.00m，建筑面积 26582.76m²，其中地上 23233.44m²，地下 3349.32m²，建筑基底面积 1637.16m²，地上 26 层，地下二层，建筑高度 78m。

房屋高度大于 60m 的高层建筑控制结构水平位移的基本风压按 50 年重现期的风压 $W_0=0.30kN/m^2$，控制结构承载力的基本风压按 100 年重现期的风压 $W_0=0.35kN/m^2$。地面粗糙度类别为 C 类，体型系数取 1.4。

抗震设防类别丙类，抗震设防烈度 6 度，设计基本地震加速度值为 0.05g，设计地震分组为第一组。建筑结构安全等级二级，设计使用年限为 50 年。

建筑平面形状为 T 形，平面凹凸不规则，较平面规则建筑用钢量多；核心筒位置由于电梯、楼梯开洞造成楼板局部不连续，楼板最小净宽度小于 5m；结构构造需要加强。建筑平面上有较多转角窗，配筋加大（图 12.11）。

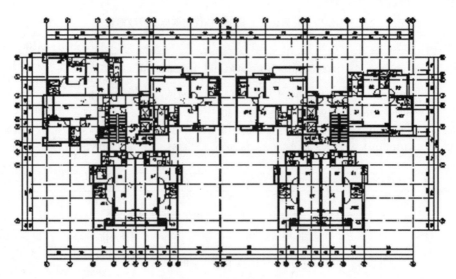

图 12.11　1# 标准层户型图

（2）结构体系

剪力墙结构，有部分短肢剪力墙。

（3）基础方案

地基基础设计等级乙级。采用人工挖孔灌注桩基础及独立基础。

本工程为半地下室，靠边坡一边有侧向土压力，基础计算时考虑侧向土压力作用。

（4）荷载取值

钢筋混凝土自重 26kN/m³；

外墙采用加气混凝土砌块，墙体自重 10.5kN/m³；

内隔墙采用轻集料空心砌块，墙体自重 12kN/m³；

厨房、卫生间、电梯井壁采用灰砂砖，墙体自重 19kN/m³；

地下室用轻集料空心砌块，墙体自重 12kN/m³；

加气混凝土砌块及轻集料空心砌块墙体厚度分别为 100mm 和 200mm；

灰砂砖墙体厚度分别为 120mm 和 180mm。

内墙面层 0.5kN/m³，外墙面层 0.55kN/m³。

首层施工荷载为 7.0 kN/m³，按活荷载计算，地下室顶板的施工荷载与覆土荷载两者选取较大者进行计算。

卫生间回填料，容重 γ =15kN/m³，室内其他楼板面标高回填采用陶粒混凝土，容重 γ =12kN/m³。

上人屋面隔热、防水层附加恒载 2.2kN/m³，找坡按照平均 100mm 厚水泥砂浆（2.0kN/m³），合计附加恒载 4.2kN/m³。

地下室停车库、地下室覆土顶板、裙楼覆土顶板：面层及找坡 3.0kN/m³（按平均厚度 150mm 计），另外加吊顶荷载 0.4kN/m³，合计 3.4kN/m³。覆土另外计算，容重 γ =18kN/m³。

标准层楼板附加恒载 1.5kN/m³。

其余活荷载取值按照《建筑结构荷载规范(2006年版)》(GB50009-2001)执行。

①计算方法

整体计算选用中国建筑科学研究院编制的2008版SATWE软件。

②高强材料

墙、梁、柱主筋采用HRB400钢筋,楼板钢筋全部采用HRB400钢筋。在由最小配筋率控制计算配筋时可有效减少钢筋面积。

③构造做法

配合建筑专业大样图,绘制飘窗台、空调机飘板结构大样图。悬挑板验算挠度和裂缝,钢筋面积比计算配筋增大。

砌体填充墙采取相应的抗震构造措施。

2. 经济指标分析

(1)板配筋较大原因分析:

为满足建筑使用功能,在客厅位置板跨较大,且形成异形板,配筋较大,且形成的内阳角位为加强布置放射筋,宜取消改为板筋加密。

核心筒范围楼板有削弱,加强板厚为150mm,配筋按构造通长配置,使得配筋偏多。

为满足建筑使用功能,结构中有许多板的跨度不等,此长短跨位置,板支座筋长度的配置通常按长跨取相等,也造成成钢筋偏多。

为满足建筑使用功能,结构中设置了单悬挑梁,为安全及满足正常使用要求,此位置板按悬挑板设计,内支座板筋加强,以平衡弯矩。造成板配筋较大。

为满足建筑使用功能,结构中如客厅及卧室位置板跨较大,造成板配筋偏大。

个别位置(如客厅与过道)形成大小板跨,面筋按计算要求及施工方便以大板跨的钢筋拉通配置,造成配筋较大。

(2)梁配筋较大原因分析:

建筑设计中有许多转角窗,图中设置了暗梁加强,造成梁配筋偏多。

为满足建筑使用功能,结构中设置了大量的悬挑梁,且梁高受限,为满足建筑正常使用的需要,钢筋配置较多。

建筑体型复杂,凹凸位置设置墙梁较多,造成梁配筋偏大。

按规范要求梁腹板 $h_w \leq 450$mm 时可不设置腰筋,图中有些梁无必要按构造设置腰筋,有些梁又有遗漏设置腰筋。

建筑体型复杂,为控制扭转,避免超限,在建筑物下部增设剪力墙,周边外框梁加高至1050mm高,造成梁配筋偏多。

(3)墙柱配筋较大原因分析:

建筑设计中有许多转角窗,图中设置了暗梁加强,相应剪力墙设置约束边缘构件,配筋变大。

图中部分剪力墙箍筋、拉筋配筋偏大,可按构造配置。

为满足建筑使用功能,结构设置了较多短肢剪力墙及一字墙,使得剪力墙配筋偏大。

由于建筑需要,设置了较多的平面外梁与剪力墙连接,增加了剪力墙的配筋。

3. 优化设计对比

（1）优化措施

剪力墙：对于原施工图中计算配筋大于构造配筋的墙肢，采用组合配筋，以减少钢筋用量；剪力墙水平及竖向分布钢筋最小直径由 φ10 改为 φ8，以减少钢筋用量；剪力墙个别暗柱箍筋间距可由 200mm 改为 150mm。

梁：部分梁侧面构造钢筋采用了直径 φ12 钢筋，现采用直径 φ10 钢筋；取消了部分腹板高度 < 450mm 梁侧面构造钢筋；取消个别跨度小的梁的支座负筋和架立筋的搭接，采用通长连接；个别跨度较大的梁通长筋直径较大，现在满足规范要求下改为小直径，与梁支座负筋采用搭接；部分梁箍筋分段配置。

（2）优化前后数据对比如表 12.15、表 12.16 所示。

表 12.15　保利温泉四期 1 栋优化前标准层数据表

部位	钢　　　　筋				钢筋含量（kg/m²）	混凝土用量梁板 C25、剪力墙 C35(m³)
	总重 (kg)	HPB235(kg)	HRB335(kg)	HRB400(kg)		
梁	7098.484	2180.747	473.08	4444.657	15.57	25.69
板	3965.918			3965.918	8.70	60.87
剪力墙	5702.118	3247.118	1368.512	1086.488	12.50	45.05
楼梯	229.728	48.128		181.6	0.50	1.9
零星构件	1151.235	657.55	223.776	269.909	2.52	4.62
合计	18147.483	6133.543	2065.368	9948.572	39.79	137.79

表 12.16　保利温泉四期 1 栋优化后标准层数据表

部位	钢　　　　筋				钢筋含量（kg/m²）	混凝土用量梁板 C25、剪力墙 C35(m³)
	总重 (kg)	HPB235(kg)	HRB335(kg)	HRB400(kg)		
梁	6943.972	2126.433	459.184	4358.355	15.23	25.333
板	3965.918			3965.918	8.70	60.87
剪力墙	5668.621	3231.165	1368.512	1068.944	12.43	45.05
楼梯	229.728	48.128		181.6	0.50	1.9
零星构件	1151.235	657.55	223.776	269.909	2.52	4.62
合计	17959.474	6063.276	2051.472	9844.726	39.38	137.773

注：本次依据 1-1# 标准层进行钢筋及混凝土抽料，其标准层建筑面积为 456.03m²（其面积按照国家计算建筑面积标准，按外墙外边线，阳台面积减半计算）。

由上述表对比可知：梁钢筋含量由 15.57kg/m² 优化为 15.23kg/m²，减少了 2.18%；剪力墙钢筋含量由 12.50kg/m² 优化为 12.43kg/m²，减少了 0.56%；总钢筋含量由 39.79kg/m² 优化为 39.38kg/m²，减少了 1.03%。

案例三：保利温泉四期 3# 经济指标分析

1. 影响因素分析

（1）建筑平面（图 12.12）

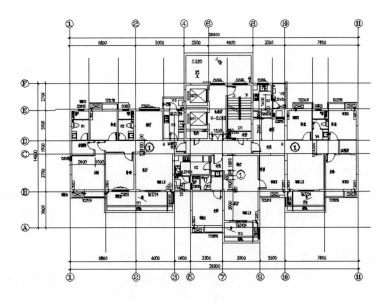

图 12.12　3# 标准层户型图

本工程建筑 ±0.00 标高相当于黄海高程系统 1062.88m，建筑面积 13345.86m²，其中地上 11134.72m²，地下 2211.14m²，建筑基底面积 659.78m²，地上 18 层，地下二层，建筑高度 55.4m。

控制结构水平位移的基本风压按 50 年重现期的风压 W_0=0.30kN/m²，控制结构承载力的基本风压按 100 年重现期的风压 W_0=0.35kN/m³。地面粗糙度类别为 C 类，体型系数取 1.4。

抗震设防类别丙类，抗震设防烈度 6 度，设计基本地震加速度值为 0.05g，设计地震分组为第一组。建筑结构安全等级二级，设计使用年限为 50 年。

建筑平面形状为十字型，平面凹凸不规则，较平面规则建筑用钢量多；核心筒位置由于电梯、楼梯开洞造成楼板局部不连续；结构构造需要加强。建筑平面上有较多悬挑构件，配筋加大。

（2）结构体系

剪力墙结构，有部分短肢剪力墙。

（3）基础方案

地基基础设计等级乙级。采用人工挖孔灌注桩基础。

本工程为半地下室，一边有侧向土压力，基础计算时考虑侧向土压力作用。

（4）荷载取值

钢筋混凝土自重 26kN/m³；

外墙采用加气混凝土砌块，墙体自重 10.5kN/m³；

内隔墙采用轻集料空心砌块，墙体自重 12kN/m³；

厨房、卫生间、电梯井壁采用灰砂砖，墙体自重 19kN/m³；

地下室用轻集料空心砌块，墙体自重 12kN/m³；

加气混凝土砌块及轻集料空心砌块墙体厚度分别为 100mm 和 200mm；

灰砂砖墙体厚度分别为 120mm 和 180mm。

内墙面层 0.5kN/m³，外墙面层 0.55kN/m³。

首层施工荷载为 7.0 kN/m³，按活荷载计算，地下室顶板的施工荷载与覆土荷载两者选取较大者进行计算。

卫生间回填料，容重 γ =15kN/m³，室内其他楼板面标高回填采用陶粒混凝土，容重 γ =12kN/m³。

上人屋面隔热、防水层附加恒载 2.2kN/m³，找坡按照平均 100mm 厚水泥砂浆（2.0kN/m³），合计附加恒载 4.2kN/m³。

地下室停车库、地下室覆土顶板、裙楼覆土顶板：面层及找坡 3.0kN/m³（按平均厚度 150mm 计），另外加吊顶荷载 0.4kN/m³，合计 3.4kN/m³。覆土另外计算，容重 γ =18kN/m³。

标准层楼板附加恒载 1.5kN/m³。

其余活荷载取值按照《建筑结构荷载规范 (2006 年版)》（GB50009-2001）执行。

a) 计算方法

整体计算选用中国建筑科学研究院编制的 2008 版 SATWE 软件。

b) 高强材料

墙、梁、柱主筋采用 HRB400 钢筋，楼板钢筋全部采用 HRB400 钢筋。在由最小配筋率控制计算配筋时可有效减少钢筋面积。

c) 构造做法

配合建筑专业大样图，绘制飘窗台、空调机飘板结构大样图。悬挑板验算挠度和裂缝，钢筋面积比计算配筋增大。

砌体填充墙采取相应的抗震构造措施。

2. 经济指标分析

（1）板配筋较大原因分析

为满足建筑使用功能，在客厅位置板跨较大，且形成较多异形板，配筋较大，且形成的内阳角位板筋需加密，造成配筋较多。

个别位置（如客厅与过道）形成大小板跨，面筋按计算要求及施工方便以大板跨的钢筋拉通配置，造成配筋较大。

建筑立面复杂多变，形成大量飘板，且飘板跨度较大，造成配筋量较大。

为满足建筑使用功能，结构中如客厅及卧室位置板跨较大，造成板配筋偏大。

（2）梁配筋较大原因分析

为满足建筑使用功能，部分主梁跨度较大，而梁高受限制，造成配筋偏大。

室内部分跨度较大且受荷面积较大的梁的梁高可适当加大（可由 500 高改为 600 高），以减少配筋值。

图中梁的附加箍筋按主次梁交接位均设置三肢附加箍，个别位置设置的吊筋均为 2φ14，配筋偏大，可按实际的剪力配置附加钢筋，以减少配筋量。

部分梁端箍筋计算值一端偏大，一端偏小，可按平法规定分开配置，按图中的集中标注配筋，造成钢筋量偏大。

为满足建筑使用功能, 设置了大量的悬挑梁, 且悬挑梁的跨度都较大, 为满足规范规定的梁正常使用极限状态, 造成梁配筋值较大。

建筑立面复杂多变, 形成大量飘板, 且飘板跨度较大, 传递到梁上的荷载增加较多。另外也造成大量的梁需要加高, 包宽, 满足抗扭要求加配抗扭钢筋等, 都增加了梁的钢筋含量。

（3）墙柱配筋较大原因分析

抽筋所用的图中剪力墙墙身的分布筋及拉筋分别采用的 ϕ10 及 ϕ8 直径的钢筋, 造成配筋偏大, 后来的修改图已按构造改为 ϕ8 及 ϕ6 直径的钢筋, 减小了配筋量。

由于建筑体型复杂不规则, 核心筒偏置于建筑物上端位置, 且剪力墙布置数量偏少, 部分剪力墙受力较大, 造成墙暗柱配筋偏大。

由于建筑需要, 个别位置设置了平面外梁与剪力墙连接, 这也增加了剪力墙的配筋。

3. 优化设计对比

（1）优化措施

剪力墙: 对于原施工图中计算配筋大于构造配筋的墙肢, 采用组合配筋, 以减少钢筋用量。

梁: 部分梁侧面构造钢筋采用了直径 ϕ12 钢筋, 现采用直径 ϕ10 钢筋; 取消了部分腹板高度 < 450mm 梁侧面构造钢筋; 取消个别跨度小的梁的支座负筋和架立筋的搭接, 采用通长连接; 个别跨度较大的梁通长筋直径较大, 现在满足规范要求下改为小直径, 与梁支座负筋采用搭接; 部分梁箍筋分段配置。

（2）优化前后数据对比如表 12.17、表 12.18 所示。

表 12.17　保利温泉四期 3 栋优化前标准层数据表

部位	钢　　筋				钢筋含量	混凝土用量
	总重 (kg)	HPB235(kg)	HRB335(kg)	HRB400(kg)	建筑面积（kg/m²）	梁板 C25、剪力墙 C30(m³)
梁	10670.18	3122.78	673.18	6874.22	16.00	46.46
板	4585.94	513.00	253.34	3819.60	6.87	63.12
剪力墙	5894.34	3997.62	1858.24	38.48	8.84	48.84
楼梯	417.10	96.26	—	320.84	0.63	5.80
零星构件	2489.04	1725.12	763.92	—	3.73	9.76
合计	24056.60	9454.78	3548.68	11053.14	36.06	173.98

表 12.18　保利温泉四期 3 栋优化后标准层数据表

部位	钢　　筋				钢筋含量	混凝土用量
	总重 (kg)	HPB235(kg)	HRB335(kg)	HRB400(kg)	建筑面积（kg/m²）	梁板 C25、剪力墙 C30(m³)
梁	10394.40	3067.40	598.78	6728.22	15.58	46.46
板	4585.94	513.00	253.34	3819.60	6.87	63.12
剪力墙	5814.34	3997.62	1778.24	38.48	8.72	48.84
楼梯	417.10	96.26	—	320.84	0.63	5.80

（续表）

零星构件	2489.04	1725.12	763.92	—	3.73	9.76
合计	23700.82	9399.40	3394.28	10907.14	35.53	173.98

注：1. 本次依据 3# 标准层进行钢筋及混凝土抽料，其标准层建筑面积为 667.08m²（其面积按照国家计算建筑面积标准，按外墙外边线，阳台面积减半计算）。

2. 本次钢筋混凝土算量梁包括主梁、次梁、连梁。零星构件包括飘窗台的板及花池的飘板、构造柱、过梁。

由上表对比可知：梁钢筋含量由 16.00kg/m² 优化为 15.58kg/m²，减少了 2.63%；剪力墙钢筋含量由 8.84kg/m² 优化为 8.72kg/m²，减少了 1.36%；总钢筋含量由 36.06kg/m² 优化为 35.53kg/m²，减少了 1.47%。

案例四：保利温泉四期 6# 经济指标分析

1. 影响因素分析

（1）建筑平面

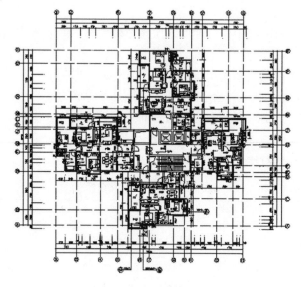

图 12.13 6# 标准层户型图

本工程建筑 ±0.00 标高相当于黄海高程系统 1067.600m，建筑面积 12001.18m²，其中地上 11091.18m²，地下 910.0m²，建筑基底面积 1022.8m²，地上 26 层，地下一层，建筑高度 78m。

房屋高度大于 60m 的高层建筑控制结构水平位移的基本风压按 50 年重现期的风压 $W_0=0.30$kN/m³，控制结构承载力的基本风压按 100 年重现期的风压 $W_0=0.35$kN/m³。地面粗糙度类别为 C 类，体型系数取 1.4。

抗震设防类别丙类，抗震设防烈度 6 度，设计基本地震加速度值为 0.05g，设计地震分组为第一组。建筑结构安全等级二级，设计使用年限为 50 年。

十字形平面，电梯间、楼梯间及采光井等布置在中心位置，楼板开洞，形成薄弱连接部位。平面凹凸尺寸大于相应边长 31% ~ 45%，属于平面凹凸不规则，结构需要特别加强。

（2）结构体系

剪力墙结构，部分较短的墙肢采用短肢剪力墙进行设计。

（3）基础方案

地基基础设计等级乙级。采用柱下独立基础和人工挖孔桩基础。

本工程为一边开敞的半地下室，靠边坡的地下室侧壁紧贴山地，结合边坡支护进行地下室设计，垂直边坡的每一榀框架都必须承担侧向土压力，基础计算时考虑侧向土压力作用。

（4）荷载取值

钢筋混凝土自重 26kN/m^3；

外墙采用加气混凝土砌块，墙体自重 10.5kN/m^3；

内隔墙采用轻集料空心砌块，墙体自重 12kN/m^3；

厨房、卫生间、电梯井壁采用灰砂砖，墙体自重 19kN/m^3；

地下室用轻集料空心砌块，墙体自重 12kN/m^3；

加气混凝土砌块及轻集料空心砌块墙体厚度分别为 100mm 和 200mm；

灰砂砖墙体厚度分别为 120mm 和 180mm。

内墙面层 0.5kN/m^3，外墙面层 0.55kN/m^3。

首层施工荷载为 7.0 kN/m^3，按活荷载计算，地下室顶板的施工荷载与覆土荷载两者选取较大者进行计算。

卫生间回填料，容重 γ=15kN/m^3，室内其他楼板面标高回填采用陶粒混凝土，容重 γ=12kN/m^3。

上人屋面隔热、防水层附加恒载 2.2kN/m^3，找坡按照平均 100mm 厚水泥砂浆(2.0kN/m^3)，合计附加恒载 4.2kN/m^3。

地下室停车库、地下室覆土顶板、裙楼覆土顶板：面层及找坡 3.0kN/m^3（按平均厚度 150mm 计），另外加吊顶荷载 0.4kN/m^3，合计 3.4kN/m^3。覆土另外计算，容重 γ=18kN/m^3。

标准层楼板附加恒载 1.5kN/m^3。

其余活荷载取值按照《建筑结构荷载规范 (2006 年版)》（ GB50009-2001 ）执行。

①计算方法

整体计算选用中国建筑科学研究院编制的 2008 版 SATWE 软件。

高强材料

②墙、梁、柱主筋采用 HRB400 钢筋，楼板钢筋全部采用 HRB400 钢筋。减少最小配筋率，计算配筋控制时有效减少钢筋面积。

③构造做法

配合建筑专业大样图，绘制飘窗台、空调机飘板结构大样图。悬挑板验算挠度和裂缝，钢筋面积比计算配筋增大。

砌体填充墙采取相应的抗震构造措施。

2. 经济指标分析

根据以下图纸进行分析：

S-6-4b   6# 住宅楼 9 ~ 23 层墙柱平面布置；

S-6-11b   6# 住宅楼 9 ~ 23 层墙柱配筋；

S-6-18b   6# 住宅楼 2 ~ 24 层结构平面；

S-6-20b   6# 住宅楼 8 ~ 13 层梁配筋平面；

S-6-23b   6# 住宅楼 2 ~ 24 层板配筋平面。

本工程钢筋含量 42kg/m²，梁 16.36 kg/m²，板 10.11 kg/m²，剪力墙 12.20 kg/m²，梁板钢筋用量稍大，剪力墙钢筋用量适中。

结合上面的数据，对原设计图纸进行分析。

计算方面，施工图审查要求混凝土容重按照 26kN/m³ 取值，比正常设计偏大。

S-6-4b   6# 住宅楼 9 ~ 23 层墙柱平面布置；

S-6-11b   6# 住宅楼 9 ~ 23 层墙柱配筋。

本栋住宅结构设计已采取以下措施控制含钢量：

剪力墙水平及竖向分布钢筋最小直径由 φ10 改为 φ8，剪力墙钢筋大幅降低。

剪力墙拉筋可以由 φ8 改为 φ6，底部加强部位 φ6@400mm × 400mm，其他部位 φ6@600mm × 600mm。

剪力墙采用拉筋，没有采用闭合箍筋。

剪力墙含钢量偏大的原因如下：

布置有短肢剪力墙，可以按照底部加强部位 1.2%，其他部位 1.0% 配置纵向钢筋，在建筑允许的前提下，应尽量避免采用短肢剪力墙。

对于计算配筋大于构造配筋的墙肢，可以采用组合配筋，减少钢筋用量。

对截面较小的楼面梁设计为半刚接；对梁高大于 2 倍墙厚时，在剪力墙与梁相交处设置暗柱，并按计算确定配筋。

控制结构扭转，周边设置了较多的剪力墙，结构刚度较大，调整结构刚性与质心重合，避免成为超限建筑。

S-6-18b   6# 住宅楼 2 ~ 24 层结构平面；

S-6-20b   6# 住宅楼 8 ~ 13 层梁配筋平面。

由于建筑要求周边梁高为 600mm，阳台部位由于沉板 50mm，部分框架梁梁高为 550mm，抗弯有效高度较少，梁跨度 8.6m 时，配筋率达到 2.1%，大于正常配筋范围，且箍筋最小直径需加大至 φ10。

建筑设置了较多数量的转角窗，结构采用悬挑梁的形式，跨度较大，需要验算裂缝和挠度，比计算配筋量增大。

为了配合建筑平面开间，剪力墙布置分散且错位，不能形成完整的框架，荷载传递路径曲折，梁数量较多，该区域板跨较小，在最小板厚 100mm 的情况下，不能达到楼板经济跨度的要求。

在楼板开洞的位置，交叉次梁错位，造成主梁剪扭超限，需要比采用较大截面，较多配筋。

梁附加钢筋偏大，可以按照实际计算简历，配筋两道或三道附加箍筋。

本工程梁配筋已沿高度，分段归并配筋。

S-6-23b　6# 住宅楼 2 ~ 24 层板配筋平面。

局部板跨 4.4m，板厚 120mm，需要验算裂缝和挠度，比计算配筋量增大。

由于建筑平面布置，设置了 4.4m 板跨的异形板，在异形板内凹角部位加密钢筋间距，比普通楼板配筋增加。

本栋住宅为十字形结构，核心筒中间区域设置了采光井、楼梯、电梯井，削弱了楼板整体刚度，且薄弱部位范围较大，该区域楼板均加厚至 150mm，双层双向配 φ10@200。

3. 优化设计对比

（1）优化措施

①剪力墙：剪力墙边缘构件纵向钢筋采用不同直径钢筋搭配，使钢筋面积接近最小配筋率要求；计算配筋较大的边缘构件，采用组合配筋设计，减少钢筋面积。

②梁：梁集中力作用处附加钢筋按照实际剪力数值，每侧配置两道或三道附加箍筋；悬挑梁采用变截面高度，减少梁根部配筋；框架梁端配筋考虑受压钢筋，比单筋截面设计时配筋减少。

（2）优化前后数据对比如表 12.19、表 12.20 所示。

表 12.19　保利温泉四期 6 栋优化前标准层数据表

| 部位 | 钢　　　　　筋 | | | | 钢筋含量 | 混凝土用量 |
	总重 (kg)	HPB235(kg)	HRB335(kg)	HRB400(kg)	建筑面积（kg/m²）	梁板 C25、剪力墙 C30(m³)
梁	7253.97	1692.39	234.92	5326.66	16.80	23.75
板	4512.98	1257.22	103.55	3152.21	10.45	48.70
剪力墙	4984.53	3252.36	1408.94	323.23	11.54	53.61
楼梯	236.55	69.13	-	167.42	0.55	2.20
零星构件	1138.21	694.15	277.06	167	2.64	3.97
合计	18126.24	6965.25	2024.47	9136.52	41.98	132.23

表 12.20　保利温泉四期 6 栋优化后标准层数据表

| 部位 | 钢　　　　　筋 | | | | 钢筋含量 | 混凝土用量 |
	总重 (kg)	HPB235(kg)	HRB335(kg)	HRB400(kg)	建筑面积（kg/m²）	梁板 C25、剪力墙 C30（m³)
梁	6887.26	1658.08	158.09	5071.09	15.95	24.30
梁纵筋	5171.18				11.98	
梁箍筋	1716.08				3.97	
板	4512.98	1257.22	103.55	3152.21	10.45	49.74
剪力墙	4952.34	3279.01	1408.94	264.39	11.47	54.33
楼梯	208.55	48.13	—	160.42	0.48	2.90
零星构件	1138.21	694.15	277.06	167.00	2.64	3.97
合计	17699.34	6936.59	1947.64	8815.11	40.99	135.24

注：1. 本次依据 6# 标准层进行钢筋及混凝土抽料，其标准层建筑面积为 431.82m²（其面积按照国家计算建筑面积标准，按外墙外边线，阳台面积减半计算）。

2. 梁包括主梁、次梁、连梁。零星构件包括飘窗台的板及花池的飘板、构造柱、过梁。

由上述表格对比可知：优化前标准层钢筋含量 41.98kg/m²，优化后标准层钢筋含量 40.99kg/m²；梁钢筋减少 5.1%，其中梁纵筋减少 4.7%，箍筋减少 6.1%；梁混凝土用量增加 0.2%；剪力墙钢筋减少 0.6%；标准层钢筋总量合计减少 2.2%。

案例五：绿景苑 C2 栋经济指标分析

1.影响因素分析

（1）建筑平面（图 12.14）

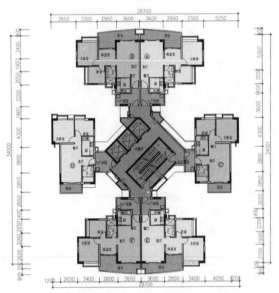

图 12.14　绿景苑 C2 栋标准层户型图

本工程建筑 ±0.00 标高相当于珠江高程系统 11.600m，标准层建筑面积 524.63m²，地上 32 层，地下二层，建筑高度 98.8m。

房屋高度大于 60m 的高层建筑控制结构水平位移的基本风压按 50 年重现期的风压 W_0=0.50kN/m²，控制结构承载力的基本风压按 100 年重现期的风压 W_0=0.6kN/m³。地面粗糙度类别为 C 类，体型系数取 1.4。

抗震设防类别丙类，抗震设防烈度 7 度，设计基本地震加速度值为 010g，设计地震分组为第一组。建筑结构安全等级二级，设计使用年限为 50 年。

建筑平面形状为十字形，平面凹凸不规则，较平面规则建筑用钢量多；核心筒位置由于电梯、楼梯开洞造成楼板局部不连续；结构构造需要加强。建筑平面上有较多悬挑构件，配筋加大。

（2）结构体系

剪力墙结构，有部分短肢剪力墙，首层局部有剪力墙转换。

（3）基础方案

地基基础设计等级甲级。塔楼部分采用冲孔灌注桩基础,纯地下室部分采用筏板基础。本工程考虑抗浮，部分桩兼做抗拔桩设计，纯地下室采用抗拔锚杆。

（4）荷载取值

钢筋混凝土自重 25kN/m³。

外墙及内墙采用轻质砖，墙体自重 11kN/m³。

砌块墙体厚度分别为 100mm 和 200mm。

墙体面层 1.1kN/m³。

首层施工荷载为 7.0 kN/m³，按活荷载计算，地下室顶板的施工荷载与覆土荷载两者选取较大者进行计算。

卫生间回填料，容重 γ =15kN/m³，室内其他楼板面标高回填采用陶粒混凝土，容重 γ =12kN/m³。

上人屋面隔热、防水层及找坡按合计附加恒载 3.5kN/m³。

地下室楼面附加恒载 1.5kN/m³。覆土另外计算，容重 γ =18kN/m³。

标准层楼板附加恒载 1.1kN/m³。

其余活荷载取值按照《建筑结构荷载规范 (2006 年版)》(GB50009-2001) 执行。

①计算方法

整体计算选用中国建筑科学研究院编制的 2008 版 SATWE 软件。

②高强材料

梁纵筋采用 HRB400 钢筋，板筋标准层采用冷轧带肋钢筋；柱纵筋采用二级钢。在由最小配筋率控制计算配筋时可有效减少钢筋面积。

③构造做法

配合建筑专业大样图，绘制飘窗台、空调机飘板结构大样图。悬挑板验算挠度和裂缝，钢筋面积比计算配筋增大。

砌体填充墙采取相应的抗震构造措施。

2. 经济指标分析

（1）板配筋较大原因分析

受制于建筑物体型（十字形），中部核心筒位置楼板不连续、开洞较多（电梯井与楼梯），且与周边结构连接面积较小，形成薄弱连接，经计算需要加强。故核心筒位置楼板加厚为 150mm，且此范围板配筋率人为加强（6%）。

为满足建筑使用功能，在客厅位置板跨较大，且形成较多异形板，配筋较大，且形成的内阳角位板筋需加密，造成配筋较多。

个别位置（如客厅与过道）形成大小板跨，面筋按计算要求及施工方便以大板跨的钢筋拉通配置，造成配筋较大。

为满足建筑使用功能，结构中如客厅及卧室位置板跨较大，造成板配筋偏大。

板配筋计算采用一级筋，导致配筋量偏大。后来实际施工时出修改图采用了高强度钢筋（冷轧带肋钢筋），使得板配筋的钢筋含量有所降低。另核心筒板厚加强范围占整层建筑面积范围较大（1/4 ～ 1/5 左右），对按建筑面积平均的含钢量数值影响比较大。

（2）梁配筋较大原因分析

为满足建筑使用功能，在核心筒周边设置了大量悬挑梁，因而造成配筋较大。

为满足建筑使用功能，各个户型均为南北通透，建筑物水平向及角部墙肢长度受限，使得结构抗侧刚度部分由梁承担，造成梁截面及配筋都较大。

由于建筑体型需要，核心筒位置设置有大量折梁，按构造比普通梁增加的钢筋较多，再加上核心筒与周边的薄弱连接，连接处梁的配筋也较大。

由于住宅梁大部分跨度较小，部分梁支座负筋与架立筋均采用搭接，而不是通长连接，造成钢筋的搭接长度较长，反而增加了钢筋含量。

为满足建筑使用功能，部分梁高受限，造成配筋较大。

（3）墙柱配筋较大原因分析：

由于建筑物体型的原因，核心筒设置了大量整片的剪力墙，而中部核心筒与四周结构连接薄弱，使核心筒部分墙柱配筋较大，加上此部分墙柱较多，对整体含钢量影响较大。

为满足建筑使用功能，各个户型均为南北通透，造成水平向剪力墙墙肢较短，且分布较少，使得抗侧力构件不足，在地震作用下建筑物周边及角部暗柱的配筋较大。

部分剪力墙计算配筋较大，应采用 SATWE 后处理中剪力墙组合配筋方法校核形状复杂的剪力墙配筋和配筋较大的剪力墙。

由于建筑需要，设置了较多的平面外梁与剪力墙连接，增加了剪力墙的配筋。

3. 优化设计对比

（1）优化措施

剪力墙：对于原施工图中计算配筋大于构造配筋的墙肢，采用组合配筋，以减少钢筋用量；剪力墙水平及竖向分布钢筋最小直径由 φ10 改为 φ8，以减少钢筋用量。

梁：部分梁侧面构造钢筋采用了直径 φ12 钢筋，现采用直径 φ10 钢筋；取消了部分腹板高度 < 450mm 梁侧面构造钢筋；部分梁附加箍筋由每侧 3 个改为 2 个；取消个别梁的支座负筋和架立筋的搭接，采用通长连接；部分梁箍筋分段配置；

板：板配筋由原来采用热轧一级（HPB235）及二级钢（HRB335）替换为高强度的冷轧带肋钢筋（CRB550），核心筒内板加强部分仍采用热轧二级钢（HRB335）。

（2）优化前后数据对比如表 12.21、表 12.22 所示。

表 12.21 绿景苑 C2 栋优化前标准层数据表

部位	钢 筋					钢筋含量	混凝土用量
	总重 (kg)	HPB235(kg)	HRB335(kg)	HRB400(kg)	CRB550	建筑面积（kg/m²）	C30（m³）
梁	110435.68	21569.30	12285.95	76580.43	—	20.40	413.19
板	72220.74	32576.27	39644.47	—	—	13.34	490.59
剪力墙	101085.22	596.75	100488.47	—	—	18.67	480.06
楼梯	6015.66	1423.23	4539.50	52.93		1.11	22.58
零星构件	13547.34	10887.88	2659.46	—	—	2.50	54.91
合计	303304.64	67053.43	159617.85	76633.36	—	56.02	1461.33

表 12.22 绿景苑 C2 栋优化后标准层数据表

部位	钢 筋					钢筋含量	混凝土用量
	总重 (kg)	HPB235(kg)	HRB335(kg)	HRB400(kg)	CRB550	建筑面积（kg/m²）	C30（m³）
梁	108054.05	22521.11	10131.68	75401.26		19.96	413.19

（续表）

| 部位 | 钢筋 | | | | | 钢筋含量 | 混凝土用量 |
	总重 (kg)	HPB235(kg)	HRB335(kg)	HRB400(kg)	CRB550	建筑面积（kg/m²）	C30（m³）
板	57477.37	0.00	35845.37	-	21,632	10.62	490.59
剪力墙	96291.23	18928.41	77362.82	-		17.79	480.06
楼梯	6015.66	1423.23	4539.50	52.93		1.11	22.58
零星构件	13547.34	10887.88	2659.46	-		2.50	54.91
合计	259753.65	53760.63	130538.83	75454.19	21,632	51.97	1461.33

注：本次依据绿景苑 C2 标准层进行钢筋及混凝土抽料，其标准层建筑面积为 5414m²（其面积按照国家计算建筑面积标准，按外墙外边线，阳台面积减半计算）。

由上表对比可知：梁钢筋含量由 20.40kg/m² 优化为 19.96kg/m²，减少了 2.16%；板钢筋含量由 13.34kg/m² 优化为 10.62kg/m²，减少了 20.39%；剪力墙钢筋含量由 18.67kg/m² 优化为 17.79kg/m²，减少了 4.71%；总钢筋含量由 56.02kg/m² 优化为 51.97kg/m²，减少了 7.23%。通过优化设计，可使含钢量显著降低。尤其是板配筋，在采用高强的钢筋设计后可大幅降低含钢量；而对梁、剪力墙进行精细化设计后也可使含钢量得到明显降低。

第三节　建筑结构含钢量及混凝土用量设计优化控制措施

一、对建筑设计专业的建议

根据以上分析，影响建筑物结构用钢量的宏观因素，首先是建筑物的体型，包括平面长度尺寸及长宽比、竖向高宽比、立面形状、平面形状等；其次是柱网尺寸、层高等。

对于建筑层高，一般而言，层高越大，消耗的材料就多，包括用钢量与混凝土用量。尤其对于高层建筑及超高层建筑，控制层高，在满足建筑功能的前提下，适当降低层高，会使工程造价降低。有资料表明，层高每下降 10mm，工程造价降低 1% 左右，墙体材料可节约 10% 左右。

在很多情况下，在结构设计开始前，建筑物的体型（平面长度尺寸及长宽比、竖向高宽比、立面形状、平面形状）、层高等都基本明确，甚至地下室柱网也由于车库的布置方案基本确定。这样，很多影响建筑物结构用钢量及混凝土用量的主要宏观因素在建筑方案阶段就基本实施完毕。因此，控制建筑物结构含钢量及混凝土用量不仅仅是结构师的工作，建筑专业也应该积极参与，与结构专业共同完成建筑物结构含钢量及混凝土用量设计优化控制工作。这就要求一方面结构专业应该在建筑方案开始阶段就介入建筑方案设计的确定，更重要的是建筑专业应该建立经济意识以及一定的结构概念，尤其对于住宅等民用建筑，尽量不采用或少采用会导致结构超限的建筑设计方案，努力实现建筑功能、效果与经济指标的有机统一。

（1）尽量按照规范对建筑体型超限的要求控制建筑物，尤其是高层建筑。

（2）住宅平面尽量少采用转角窗，避免结构产生大的扭转。

（3）建筑物外边缘尽量平齐，避免局部的凹凸，除非是住宅厨厕等次要房间，以利于结构框架梁的拉通，避免增加结构墙体。

（4）一般情况下不设结构转换层，如确有必要，可以设置局部转换，减少整体结构的竖向刚度突变。

（5）住宅平面内主要墙体宜尽量对齐，以利于结构墙体的布置，增加结构的刚度。

（6）住宅餐厅与客厅根据实际情况分隔，不必要强求不设分隔梁，尽量避免做成大板形式。

（7）建筑外立面少采用复杂的装饰线条或装饰构架。

（8）住宅平面尽量避免设置大飘板阳台。

（9）建筑功能定位宜清晰，以利于结构专业准确选取荷载。

（10）在地下室方案确定时，宜适当深化竖向设计及景观方案设计，避免太大的覆土深度。

二、结构方案设计阶段的优化设计控制措施

1. 结构体系设计优化措施

（1）一般情况下，小高层及高层建筑的结构体系按框架、框架 - 剪力墙、剪力墙结构的顺序选择。

（2）竖向构件的间距结合建筑平面可取 6 ~ 8m。

（3）尽量不采用转换结构。如建筑确实需要可采用局部转换的形式。

（4）剪力墙布置时尽量避免形成短肢剪力墙结构。

（5）当出现少墙的框架结构体系（多层建筑）和少柱的剪力墙结构体系（高层建筑），剪力墙和柱子抗震等级应根据其所承担的倾覆弯矩的大小来确定。

（6）在布置剪力墙和确定剪力墙截面时应尽量满足梁纵筋锚入支座（剪力墙）中的水平长度不小于 0.41a 或 0.41ae 的构造要求。

（7）地下室柱网以层高为主要控制指标，通常柱距可取为 7.8 ~ 8.4m。

（8）地下车库框架柱宜根据柱网平面设计为方柱或扁长柱，轴压比可以适当放松。

（9）楼盖体系根据柱网布置、荷载情况、建筑效果等因素可顺序选择布置方式有：主次梁体系、十字梁或井字梁体系、宽扁梁体系、无梁楼盖体系。

（10）地下室底板还需结合基础形式确定楼盖体系，如采用桩基础时一般可采用梁板式（框梁＋大板）结构或平板结构；如采用筏板基础时一般可采用平板结构。

2. 结构材料

（1）混凝土

合理采用高性能、高强混凝土。混凝土强度等级选用如下：

垫层常用 C15；构造柱、圈梁、过梁常用 C20；梁板构件常用 C25 ~ C30，除了转换层尽量不要高于 C40；剪力墙和柱常用 C30 ~ C60，受压构件尽量采用高强度等级。

用于填充的混凝土可以采用陶粒混凝土或轻珠混凝土。陶粒混凝土容重 ≤ 1100kg/m³。轻珠混凝土参照广东省标准（BDJ15-62-2008）要求。

（2）钢筋

合理采用高强度钢材。

梁采用 HRB400 级钢筋（ϕ）f_y=360N/mm²（直径 ≥ 14）和 HRB335 级钢筋（ϕ）f_y=300N/mm²（直径 <14）作为纵筋，箍筋可用 HPB300 级钢筋（ϕ）f_y=270N/mm² 及 HRB335 级钢筋（ϕ）；梁纵筋最大直径原则上不超过 ϕ 25。考虑消防车道及覆土荷载较大的梁纵筋可采用 HRB500 级钢筋。

板采用 HRB400 级钢筋作为受力钢筋。

墙边缘构件和柱子采用 HRB400 和 HRB335 级钢筋作为纵筋，箍筋采用 HRB335 级及 HPB300 级钢筋，墙分布筋采用 HRB335 级及 HPB300 级钢筋。

预应力混凝土结构一般采用 1860 级高强低松弛钢绞线作为主要钢筋。

由裂缝宽度控制的构件采用 HRB335 级钢筋（ϕ）作为受力钢筋。

钢筋直径 ≥ 28 采用直螺纹套筒连接接头，保证接头质量，减少搭接长度。

（3）型钢及钢板

建筑结构用钢一般采用碳素结构钢（Q235）和低合金结构钢（Q345、Q390、Q420）。

碳素结构钢（Q235）一般适合应用于细长压杆以及由整体稳定、疲劳强度或刚度控制设计的构件。

低合金结构钢（Q345、Q390、Q420）一般适合应用于由强度控制设计的受拉和受弯构件、内力大的粗短柱。

（4）荷载及作用

①重力荷载

计算梁自重时，要注意扣去梁板重叠部分的板重，尤其在扁梁、宽扁梁结构中更需注意。此部分引起总重力荷载增大的误差通常为 10% 左右；设备房要按照实际情况考虑荷载，不得盲目加大；屋面、阳台、露台考虑绿化荷载；地下室顶板考虑覆土及绿化荷载。

使用活荷载的计算要注意折减。一般情况下，折减系数可以采用与活荷载质量折减系数一致，取 0.5。

应合理确定消防车道及消防登高面范围。消防车的荷载取值应区分用于主梁、次梁和楼板的计算。一般取值范围 12 ~ 35 kN/m³。如果有覆土，应该考虑覆土的荷载扩散作用，一般扩散角可以取 30°。

考虑楼板批荡层未施工及活荷载设计值的分项系数（1.4），高层建筑首层板的施工荷载可取 7.0 kN/m³。

采用普通轻质填充墙（墙质量密度 1000 ~ 1300 kg/m³）的各类现浇钢筋混凝土民用高层建筑地上结构平均质量（经验值）：框架结构为 9 ~ 12 kN/m³；框剪结构为 11 ~ 14 kN/m³；剪力墙结构为 14 ~ 17 kN/m³。

根据地下室顶板覆土厚度及土层性质，采取适当的评估，合理选取人防荷载。

地下室抗浮设计时，地下水位一般情况下可以选择至地下室的车道入口标高。

其他典型荷载

②墙体荷载

轻质砌块，砌体密度 ≤ 1100kg/m³；灰砂砖，砌体密度 ≤ 1900kg/m³。

外墙水磨石墙面：0.55kN/m³；外墙大理石、花岗岩墙面：1.16kN/m²；

外墙贴锦砖墙面：0.72 kN/m³；内墙贴瓷墙面：0.5 kN/m³。

墙体开洞折减荷载系数：当开洞面积占墙体 50% 及以下时取 0.5；

当开洞面积占墙体 50% ~ 70% 时取 0.7；

当开洞面积占墙体 70% 以上时取 1.0。

③附加恒荷载

楼板面层：1.5kN/m³（内地面装修层厚度按 60mm 考虑 + 吊顶批挡）。

梯间前室、走道吊顶：0.2kN/m³。

屋顶防水及保温层：2.2kN/m³（找坡另按实计）。

停车库找坡层荷载 3kN/m³（按平均厚度 150 计）。

沉板填充荷载 11kN/m³（轻质陶粒混凝土）。

④风荷载

基本风压取值原则：对于舒适度控制设计时，基本风压重现期采用 10 年；对于高度小于 60m 的一般高层建筑抗风设计时，基本风压重现期采用 50 年；对于高度大于 60m 的高层建筑，进行承载力设计时基本风压重现期采用 100 年，进行位移控制设计时基本风压重现期采用 50 年。

体型系数 μ_s 取值原则：

对于矩形、十字形平面，$H/B \leq 4, L/B \geq 1.5$ 的高层建筑，体型系数采用 1.3；

对于矩形、十字形平面，$H/B > 4, L/B < 1.5$ 的高层建筑，体型系数采用 1.4；

对于圆形、椭圆形的高层建筑，体型系数采用 0.8；

对于正多边形的高层建筑，体型系数采用 0.8+1.2/n0.5；

对于 V 形、Y 形、弧形、井字形、L 形、Π 形的高层建筑，体型系数采用 1.4。

对于超高层建筑，宜进行风洞试验确定风荷载取值。

⑤地震作用

根据建筑功能准确把握抗震设防分类，如社区卫生院、小区商场等，不得随意提高设防分类。

在多遇地震作用下，结构底层的水平地震剪力合理范围：对于基本周期 $T_1 < 3.5s$：

7 度，Ⅱ类土：1.6% ~ 2.8%。

8 度，Ⅱ类土：3.2% ~ 5.0%。

三、基础选型阶段的优化设计控制措施

基础选型应根据结构状况、地质条件、施工条件、检测验收方式及基坑支护等方面确定合适的方案。

一般情况下，宜先考虑浅基础（包括地基处理），再考虑深基础。

1. 浅基础

（1）在上部地质条件许可情况下，浅基础形式应按独立基础、条形基础、十字交叉形基础、筏板基础的顺序采用。目前一般较少应用箱形基础。

（2）筏板基础、柱下条形基础和十字交叉形基础应采用弹性地基梁板模型考虑上部结构刚度进行整体分析计算，柱下条形基础也可按倒梁法计算；筏板基础宜按照有限元法计算其内力及配筋，柱下考虑冲切局部加厚并考虑其有利影响，对计算结果应进行归并处理，合理确定配筋值。

2. 深基础

（1）当上部土层不满足结构承载力或变形要求时，可采用桩基础等形式。

（2）桩基础主要根据结构类型、穿越土层、桩端持力层、地下水位、施工环境等因素选择合适的桩型。常用的桩型有预制预应力管桩、冲钻孔灌注桩（含桩侧注浆）、人工挖孔桩等。

（3）对于小高层建筑及高层建筑，桩型可以按预应力管桩、冲钻孔桩选择；对于超高层建筑，桩型可以选择大直径冲钻孔桩，如持力层较浅且满足建委相关规定，可采用人工挖孔桩。

（4）对于荷载很不均匀的建筑，不宜采用预应力管桩基础。

四、结构施工图设计阶段的优化控制措施

1. 板

楼板厚度应根据跨度及荷载确定，满足强度及刚度要求，一般双向板宜控制在短跨的 1/40，单向板宜控制在短跨的 1/30，不宜随意加大板厚。楼板厚度可以 10mm 为模数。考虑穿管要求及耐久性，板厚一般不小于 100mm。顶层楼板厚度不宜小于 120mm，宜双层双向配筋。

参照《混凝土结构施工图平面整体表示方法制图规则和构造详图》第 60 页"不伸入支座的梁下部纵向钢筋断点位置"大样图，对于大跨度双向板，由于板底不同位置的内力存在差异，设计中不宜以最大内力处的配筋贯通整跨和整宽，为了节省钢筋，应该分板带配筋。当钢筋较密时，不需将每根钢筋都伸入支座，其中约半数钢筋可在支座前切断。

现浇板简支边支座构造钢筋的截面面积不宜小于板跨中相应方向纵向钢筋截面面积的三分之一，且不小于 $\phi 8@200$，不用按照纵向受力钢筋的最小配筋率设计。板的分布筋可采用 $\phi 8@250$。双层双向配筋（间距 200mm 以内）的板时的内凸梁边不必再加放射筋。

外挑阳台如果结合阳台周边的建筑饰线，采用梁板式受力体系，能够使阳台板减小板厚至 100mm，大幅度减少配筋量。

如果需要双层双向拉通配筋时，拉通钢筋的直径尽量小（含钢量 0.15%），另附加钢筋的直径尽量大（钢筋直径相差不得大于 2 级）。

楼板边支座考虑铰支时，支座负筋可以采用 $\phi 8@200$。

对于平面凹凸较大，局部楼板平面刚度削弱严重应加厚楼板，应采用有限元程序对楼板进行应力分析，作为板配筋依据。采用双层双向配筋，并采用延性好的钢筋。

对于异型且跨度较大的楼板，板厚不宜小于 120mm，应采用有限元程序对楼板进行应力分析，且宜采用板中暗梁构造，暗梁宽度为 500mm，底面纵筋 $4\phi 14$，箍筋 $\phi 8@150(4)$。

2. 梁

边梁通常情况下统一高度，以满足建筑立面要求；结构抗扭不利时，可以局部利用窗台高度做反梁，增加结构整体抗扭刚度。其他梁按跨度及荷载确定梁截面。一般梁的

合理配筋率为 0.6% ～ 1.5%。

次梁布置考虑尽可能使楼板大部分为计算配筋而非构造配筋。

梁底筋不一定全部伸入支座锚固或拉通，次梁的第二排底筋可不拉通。

尽量用板底附加钢筋代替小次梁，小次梁截面高度应按计算选取，最小宽度可取 150mm，最小高度可取 250mm，特别是管井处小梁的截面，不要一律为 200mm×400mm。

梁集中荷载处的附加横向钢筋应严格按计算设置，一般情况下，附加箍筋每侧 2 个可满足绝大多数次梁的集中荷载（$2×2\phi 8:84kN^2$）。主次梁等高时，可以不设附加钢筋。

梁截面宽度选择时，应尽量避免四肢箍筋的梁宽（$b < 350mm$）。框架梁梁宽 ≥ 350 时，其跨中采用两根通长筋＋两根架立钢筋的配筋形式，框架梁梁宽 < 350 时，其跨中采用两根 $2\phi 12$ 或 $2\phi 14$ 通长筋的配筋形式。

次梁的直通筋（架立筋），一般情况下可采用 $\phi 10$ 或 $2\phi 12$，特殊情况或特别重要时（如跨度大，相对受压区高度较大，梁面无楼板或不能很有效形成 T 形或倒 L 形截面），可适当加大。

在配筋相同排数和放得下的合理情况下，尽量采用较小直径的钢筋，以减少锚固长度和搭接长度的损耗。

梁端纵向受拉钢筋的配筋率不应大于 2.5%，当配筋较大时，可考虑受压钢筋的作用，按双筋梁设计，减小梁端支座纵向受拉钢筋，也可适当加大梁截面或设置水平或竖向加腋等。

单跨次梁的两端可以设置为铰接（程序按最小配筋率结果），多跨次梁的端支座为主梁时也可设铰；单跨次梁的支座面筋为架立筋拉通，且核算不小于梁跨中下部纵向受力钢筋计算所需截面面积的四分之一。

梁配筋面积选择可在计算数值的 ±5.0%：支座梁面钢筋面积尽量不要"＋"（正），跨中梁底钢筋面积尽量不要"－"（负）。

抗震等级为一级时，梁端加密区箍筋直径 $\phi 10$，但非加密区直径仍可取 $\phi 8$。

梁侧面构造钢筋可以采用直径 $\phi 10$ 钢筋。梁截面有效高度减去楼板厚度后的腹板高度，应尽量 < 450mm（例如板厚 100mm 时，梁截面高度取 550mm，不取 600mm），可以不必设置侧面构造钢筋。

框架梁的架立筋是不用通长布置的，只是与支座负筋搭接时应满足抗震设计的要求即可。通过对三级框架梁不同跨度和不同直径的支座负筋比较，认为当梁跨度 > 4m，且支座负筋 ≥ 20 时，梁的架立筋满足规范要求即可。反之，宜将支座负筋拉通，这样既省略了钢筋裁剪也节约了钢筋的搭接长度。

框架柱两侧的框架梁梁端弯矩相差较大时，梁面支座钢筋不一定要在支座范围贯通，即支座两侧的梁面钢筋可不同，部分梁面筋可在支座内锚固。应通过比较锚固长度和贯通后长度，选择较经济的方式。

3. 柱

采用高强混凝土控制柱子轴压比，从而控制柱子的截面尺寸，提高使用面积。一般柱的截面宽度和高度均不宜小于 300mm；圆柱直径不宜小于 350mm。

采用冷轧带肋钢筋作柱的箍筋，改善高强混凝土构件的延性，具有较好的塑性变形能力，提高抗震性能，尤其在高轴压比下更具优点。

圆柱的配筋采用"纵向钢筋根数为4的倍数，复合箍筋为多个正方形套箍"形式。

合理确定框支柱的抗震等级，合理把握裙楼与框支柱相邻框架的抗震等级。

框支柱不宜采用短柱，柱净高与柱截面高度不宜小于4，当不满足此项要求时，宜加大框支楼层的层高或采用核心配筋柱。

当抗震等级为特一级时，框支柱宜采用型钢混凝土柱或钢管混凝土柱。

梁墙节点混凝土强度原则上可以采用梁板混凝土强度。对于相差四级及以上的，在节点区设置短钢筋。

梁柱节点应为强节点，当梁板混凝土强度与柱混凝土强度相差二级及以上时，在节点区采用设置短钢筋或增加核心区面积（梁加平面腋）及设置短钢筋的措施后，其混凝土强度可以采用梁板混凝土强度。

非抗震结构的中柱节点区由于有四向梁与之连接，其箍筋可仅沿节点周边设置矩形箍而不需设置复合箍筋。

5. 剪力墙

合理控制剪力墙折算厚度。剪力墙折算厚度即该楼层的剪力墙混凝土体积与楼层的结构面积之比值。12层左右小高层结构的标准层剪力墙折算厚度控制在 90 ~ 100mm 左右；当为 18 层左右时，控制在 120 ~ 130mm 左右；当为 25 层左右时，控制在 140 ~ 150mm 左右。

剪力墙的水平、竖向钢筋为构造配筋（0.25%）时，一般按下述要求布置：

墙厚 180mm，200mm 时：水平筋 φ8@200，竖向筋 φ8@200；

墙厚 250mm 时：水平筋 φ8@150，竖向筋 φ10/φ8@200；

墙厚 300mm 时：水平筋 φ10@200，竖向筋 φ10@200；

墙厚 350mm 时：水平筋 φ10@150，竖向筋 φ10@150 或 φ12@250；

墙厚 400mm 时：水平筋 φ10@150，竖向筋 φ10@150；

墙厚 450mm 时：水平筋 φ12@200，竖向筋 φ12@200。

框支抗震墙结构底部加强部位水平及竖向钢筋为构造配筋（0.3%）时按下述要求：

墙厚 180mm，200mm 时：水平筋 φ8@150，竖向筋 φ10@200；

墙厚 250mm 时：水平筋，竖向筋均为 φ10@200；

墙厚 300mm 时：水平筋，竖向筋 φ10@150；

墙厚 350mm 时：水平筋，竖向筋 φ12@200；

墙厚 400mm 时：水平筋，竖向筋 φ12@150；

墙厚 450mm 时：水平筋，竖向筋 φ12@150。

非边缘构件的剪力墙拉结筋选用 φ6、间距可取 600mm，底部加强部位间距可取 500mm。

剪力墙厚度原则上控制为 200mm。剪力墙长度原则上大于等于 1600mm（满足超过短肢墙规定）。加强区优先采用增加墙长度的做法满足墙的轴压比限制。当剪力墙截面大于 200mm 时，在满足计算及构造的前提下及早收为 200mm 厚，以减少对使用空间的影响。

剪力墙暗柱箍筋形式设计时，尽量避免重叠，因重叠部分不计入体积配箍率。约束边缘构件小箍筋采用封闭箍，构造边缘构件在剪力墙高度 2/3 以上（从地面算起）采用封闭箍和拉筋间隔放置。墙身水平分布筋可计入约束边缘暗柱中的体积配箍率。

剪力墙边缘构件大部分为构造配筋，主筋采用 HRB335 钢筋（Φ）f_y=300N/mm²。纵向钢筋可选两种直径，"角部"放置较大直径钢筋。

纯人防混凝土墙不设置约束暗柱或构造暗柱（除边框构件外）。

连梁超筋的处理：在确保连梁强剪弱弯的前提下，尽可能充分利用连梁的有效截面和刚度吸收并耗能，依据连梁截面抗剪承载力反求连梁所能承担的最大弯矩，合理确定墙肢内力及配筋。

6. 地下室和基础

在设计独立柱基础时，当基础宽度 ≥ 2.5m 时，钢筋长度可按 0.9 倍基础宽度交错布置。基础底板每个方向受力钢筋的最小配筋率为 0.15%，且不小于 φ10@200。

钢筋混凝土独立基础、柱下条形基础、十字交叉形基础翼板、梁板式筏板基础底板受力钢筋的最小配筋率按 0.15%。基础梁的配筋率不宜小于 0.3%，梁、板上部钢筋全跨贯通，底部钢筋应不少于 1/2 全跨贯通。梁两侧腰筋不小于 φ12@250。

承台厚度应满足冲切承载力要求，承台平面尺寸根据所支承的竖向构件截面尺寸、有无地下室、底板是否要抗浮等条件进行设计。计算承台钢筋时，应按实际桩反力来计算。承台受力钢筋的最小配筋率不应小于 0.1%。承台侧面的分布钢筋采用 φ12@300。承台面根据受力状态确定配筋。

桩径为 400 ~ 2000mm 时，截面配筋率可取 0.65% ~ 0.3%（较大直径对应较小配筋率），纵筋配筋建议见表 12.23。

表 12.23 桩径与截面配筋率

桩径(mm)	1000	1200	1400	1600	1800	2000	2400	2800
纵筋	16 18	18 20	22 20	22 22	24 22	26 22	32 22	38 22
配筋率	0.52%	0.50%	0.49%	0.42%	0.36%	0.32%	0.27%	0.24%
纵筋间距	196	210	220	228	235	241	235	231

当桩长较长的摩擦桩且地质条件较好时，在保证桩身截面承载力满足受力要求的前提下，可沿深度局部或通长分段配筋。

在无底板情况下，单桩承台间拉梁应按拉弯构件计算，弯矩取两端墙柱底弯矩，拉力按两端柱的最大轴力的 1/15（7 度）、1/10（8 度）取值。对一般为协调变形而设置基础拉梁，应按非抗震框架设计，纵向拉力应按两端柱的最大轴力的 1/15 取值。

核心筒的大承台由于电梯基坑和集水井深度要求，应进行局部下沉或整体下沉的设计方案比较。

抗拔桩的计算配筋依据采用常年水位，设计方法可按采用裂缝宽度 0.2 作为控制条件进行配筋设计的常规做法；根据现阶段工程实践，也可采用裂缝宽度 0.3 作为控制条件进行配筋设计，并要求钢筋进行抗腐蚀处理。两种做法可进行经济综合比较。

柱（暗柱）纵筋锚入基础时且基础厚度大于纵筋的锚固长度时，可仅四角的纵筋伸至基础底弯折，其他纵筋满足锚固长度（而不全部伸至基础底弯折）即可；剪力墙纵筋也是每米 2 条纵筋至基础底作为支承,其他满足锚固长度即可。

地下室底板(无梁结构)配筋设计时,应通过调整基础(承台)的平面尺寸,使得底板仅需配通长板筋即能满足底板受力和裂缝控制要求。

地下室底板(梁板结构)梁配筋设计时应考虑底板的受压翼缘作用。

地下室底板采用无梁底板的抗浮计算时,应利用桩承台或柱下独基作为柱帽,并调整柱帽尺寸,比较底板和柱帽的总用量的经济值。地下室底板采用无梁底板时,尽量按各板带实际计算值配钢筋,不要任意全层拉通。各板带的配筋值不是取计算极值,而是小区域的平均值。

梁板式地下室底板的框架梁与承台或基础面相平时,梁底筋、地下室板底筋可锚入承台或基础满足锚固长度后断开(以承台或基础为锚固体),承台或基础为封闭式配筋时,梁面筋亦可锚入承台或基础满足锚固长度后断开。

地下室外墙计算简图:一般情况按上端铰支,下端嵌固计算。当地下室顶板与墙身厚度相近时,可采用两端嵌固计算,此时地下室外墙顶部配筋应与地下室顶板配筋同时考虑;外墙受力筋采用长、短筋交错设置。

地下室外墙及其扶壁柱的混凝土强度等级宜相同(塔楼柱兼做扶壁柱除外);纵筋应相匹配。为防止或减少竖向裂缝的产生,其水平构造筋单边配筋率宜大于 0.2%,水平筋的间距不宜大于 150mm。

多层地下室时,侧壁抗渗等级应根据埋置深度分级确定。

地下室外墙计算侧向土压力时土压力系数一般取 0.5,当地下室施工采用护坡桩时可考虑其有利影响,对土压力系数酌情折减。

地下室层高较高时,为减小外墙计算高度,可考虑加竖向腋墙或水平腋墙,变成双向受力板模型等措施。

施工期间,地下室降水要求应根据上部结构建造进度逐渐调整降水标高。

超长(长度 ≥ 55m)结构防温度效应和收缩效应一般采用在混凝土添加膨胀剂、聚丙烯纤维结合设置后浇带的措施,或者采用设置后浇带及诱导缝的措施;不建议采取施加预应力的措施。

需要设置抗拔锚杆时,一般按以下设计原则:

抗拔锚杆的布置要求:优先考虑布置在底板上,同时应考虑地下室底板的抗弯刚度,通过锚杆的合理布置来使其受力尽量均匀,充分发挥每根锚杆的抗拔承载力。

对于永久性抗拔锚杆应考虑抗腐蚀要求,可采用锌基涂镀(不应采用热浸锌)对钢筋表面进行防腐处理(按相关规定增大钢筋的锚固长度),锚杆较短而数量较多时可以提高一个直径等级。

锚杆筋体如必须接驳时,应采用机械连接,并满足同一连接区段接头率为 25%(四根钢筋)或 33%(三根钢筋)。

7. 楼梯构造

工程中常将二跑楼梯一律设计成板式楼梯。实际上,当梯板长度大于 3m 或活荷载较大时,就应设计为梁式楼梯。对于很多的 φ8 构造钢筋,在调查当地能方便采购的前提下(需在设计前与甲方沟通确认),可以考虑使用 φ6 钢筋。

节约楼梯造价往往是由楼梯结构形式的优化所决定的。在一些工程项目中，我们经常看到 3m 乃至 4m 宽的楼梯仍然采用板式楼梯。实际上，当楼板长大于 3m 时，设计采用梁式楼梯会带来直接的经济效益。如某工程楼梯间跨度为 3.6m，采用板式时板厚为 130mm，混凝土用量为 1.5m³，钢筋用量为 50kg；采用梁式楼梯时，板厚为 40mm，混凝土用量为 1.3m³，钢筋用量为 26kg，显然采用梁式楼梯更经济。

五、优化设计配筋率降低含钢率

1. 建筑结构设计含钢量比较分析

在结构设计中，含钢量往往是衡量设计经济与否的一个重要标准。上部结构梁、板、柱、剪力墙等构件中含钢量和混凝土含量的控制非常重要。设计单位在施工图阶段应精心比对各种型号规格钢材的特性，有效控制钢材使用量以降低造价成本。例如目前市面上新 III 级钢比普通圆钢及螺纹钢价格高 200～400 元，每吨成本仅提高 15% 左右，而强度超出 30% 左右，因此某些荷载较大的梁及跨度或荷载较大的板在设计时可优先使用新 III 级钢，既可达到强度要求，又可有效节约用钢量和混凝土用量，取得更好的经济效益。

根据咨询发现，在建筑结构设计中，设计人员在计算与配钢筋时，易犯几种错误：一是计算时取荷偏大，可以折减的不折减，该扣除的不扣除；二是在输入计算机时，计算参数有意识放大 1.05～1.15 倍；三是出施工图配筋时，担心计算不准，有意识的根据计算结果又扩大 10%～15% 的配筋量，所以其最终出图结果显然比精确计算大很多。如对同一工程同类型建筑进行设计，不同设计人员设计方案的钢筋含量相差竟达 $20kg/m^2$ 以上 (多用钢材 38%)。表 12.24 为同一建筑不同设计人员设计的钢筋用量的差异。

表 12.24　同一建筑物不同设计人员设计钢筋用量对比表

设计人员	层数	建筑面积（m^2）	各部位钢筋含量（kg/m^2）							总含钢量（kg/m^2）	基础含钢量（t）
			承台	基础梁	柱	梁	板	斜房面板	楼梯及饰线		
甲	2	379	7.83	5.22	11.12	23.60	12.76	8.30	5.23	74.06	4.90
乙	2	352	4.26	8.85	11.12	18.70	12.05	5.30	5.30	67.53	4.50
丙	3	465	4.06	5.10	12.33	12.69	11.46	4.20	4.20	53.37	4.26
丁	3	568	3.06	3.93	13.68	19.90	12.10	4.20	4.20	64.20	3.97

由上表可以看出，①甲设计的承台及梁配筋量明显比其他人设计的多；②乙设计的基础梁配筋量明显比其他人设计的多；③丙设计的总含钢量明显比其他人的少得多。对同一建筑进行设计，不同的设计人员设计出来的含钢量结果相差达 $20kg/m^2$，说明了施工图设计理念、设计质量对工程成本造价的巨大影响。

例如，在实际设计过程中出于方便施工、提高设计效率等诸多目的，会对构件进行分类归并。为了能涵盖面广，往往会用较大配筋的构件，去包罗较小配筋的同断面构件，以确保结构安全度，这一过程不可避免的会增大配筋。其实应该对电算结果中输出的各层配筋划分区段，使各区段内配筋相差不大，再分段出图。

又如，工程中常将二跑楼梯一律设计成板式楼梯。实际上，当梯板跨度大于 3m 或活荷载较大时，就应设计为梁式楼梯。如一个梯段跨度 3.6 m、活载 $2.5kN/m^2$ 的楼梯，采用板式楼梯时，板厚为130mm，混凝土用量为1.5m³，钢筋用量为50kg。而采用梁式楼梯时，踏步板的底板厚度为40mm，斜梁截面$b \times h$=150mm×250mm，总混凝土用量为1.3m³，钢筋用量为26kg，显然，梁式楼梯更为经济。

此外，很多工程造价的增多，往往是由于施工方对图纸理解不全面或理解偏差所致。当图纸上出现模棱两可的表述时，施工方一般是朝着有利于自身利益的方向去理解，虽然图纸最终的解释权在设计方，但由此造成的浪费往往是既成事实。施工图纸过于简单、粗糙和施工单位技术力量薄弱造成施工中的错误和浪费，屡见不鲜。

因此，合理的设计可以降低工程总造价的5%～10%，甚至20%以上。

2. 合理选择板配筋降低含钢率

板块不大的情况下，一般板都是构造配筋，由最小配筋率来控制，最小配筋率与钢筋等级直接相关，比较一下会发现，混凝土等级一致的情况下，HRB235级钢和HRB400级钢相差明显；大板块，受力控制时HRB400级钢优越性更明显。

(1) C25混凝土，小板块构造配筋，最小配筋率控制

HRB235级钢时：

最小配筋率p_{min}=Max{0.20%，0.45f_t/f_y}=Max{0.20%，0.27%}=0.27%

HRB400级钢时：

最小配筋率p_{min}=Max{0.20%，0.45f_t/f_y}=Max{0.20%，0.16%}=0.20%

若板厚：h=100mm

1米宽的板每延长米需钢筋量：

HRB235级钢A_s1=1000×100×0.27%=270mm²。

HRB400级钢A_s3=1000×100×0.20%=200mm²。

若板厚：h=120mm

1米宽的板每延长米需钢筋量：

HRB235级钢A_s1=1000×120×0.27%=324mm²。

HRB400级钢A_s3=1000×120×0.20%=240mm²。

所以，将过去用的受力钢筋由HRB235级钢(设计强度210kPa)换成HRB400级钢(设计强度360kPa)，构造钢筋仍用HRB235级钢，其钢筋用量大体节省30%～50%，板的下部钢筋基本上接近最小配筋率，而HRB400级钢价格比HRB235级钢每吨仅贵2.9。

(2) 大板块，受力控制配筋

如某图书馆其中一个标准层局部，板平面尺寸8m×8m，厚度250mm，板四个边缘均为连续端，混凝土等级C30，分别用热轧带肋钢筋HRB335级和HRB400级钢筋进行比较(此板跨度大，受荷大，板配筋不宜采用HRB235级钢筋)，配筋计算详见图12.15。

此板的最小配筋率：C30，HRB235级钢筋：0.22%；HRB400级钢筋：0.20。

1m宽的板每延长米需钢筋量：

HRB335级钢筋A_s2=1.000×250×0.22%=550mm²。

HRB400级钢筋A_s3=1000×250×0.20%=500mm²。

取1m板宽计算：

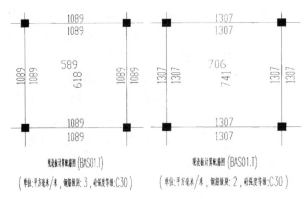

图 12.15　配筋计算

HRB335 级钢板面负弯距筋 A_s =1307mm^2，实际配置 φ14 @ 100mm ；

钢筋总重量 : 0.103kg。

HRB400 级钢板面负弯距筋 A_s =1089mm^2，实际配置 φ14 @ 140mm ；

钢筋总重量 : 0.074kg。

钢筋价格 :HRB335 级钢 3480 元 /t，HRB400 级钢 3600 元 /t

所以 HRB400 级钢用量比 HRB335 级钢节约 29%，而 HRB400 级钢价格比 HRB335 级钢每吨贵 2.9%，可见对于受力大，跨度大的板，板受力筋使用 HRB400 级钢要节省造价 (构造筋可还用 HRB235 级钢)。

3. 合理选用材料降低梁柱含钢率

（1）以前梁柱都用 HRB235 级钢作箍筋，按照现行规范，梁柱的体积配箍率也与钢筋强度有关。由 HRB235 级钢换成 HRB400 级钢后，梁箍筋以及大部分框架柱的箍筋基本上只须采用相应抗震等级要求的最小箍筋直径就可以满足配箍率的要求，框架柱箍筋直径最大用到 12mm 即可满足要求，不需要像以前一样柱子箍筋直径用到 14mm 或更大。有人担心梁柱箍筋采用 HRB400 钢筋加工不方便，其实这是一个误区。强度提高以后，钢筋直径减小，钢筋惯性矩也减小了，加工起来应该更方便了。

（2）对于梁柱的纵向受力筋，HRB400 级钢有 HRB335 级钢所不能表现的优势。

①大跨度梁，受荷大，自重大 (如地下室梁)，采用 HRB335 级钢 (设计强度 360kPa) 计算时会出现超筋现象 (《抗震规范》6.3.3: 梁端纵向受拉钢筋的配筋率不应大于 2.5%)。

而此时由于建筑限制，梁截面不能再加大 ; 即使没有出现超筋，但因为计算结果数值大会使 HRB335 级钢钢筋数量多，直径大，采用多排筋而降低了梁截面的有效受力高度。若我们采用 HRB400 级钢 (设计强度 400kPa)，钢筋强度较 HRB335 级钢提高了 20%，可以有效的解决以上问题。

②对于框架柱纵向钢筋，《规范》规定，采用 HRB400 级钢，柱的最小配筋率为 0.5% ~ 1.1% ; 采用 HRB335 级钢，柱的最小配筋率为 0. 6% ~ 1. 2%(《抗震规范》6.3.8 等中抗震等级一级 ~ 四级，包括各种位置的柱子类型)。HRB400 级钢的柱最小配筋率比 HRB335 级钢降低了 8.3% ~ 16%，但其强度却提高了 20%。即减小配筋率后采用

HRB400 级钢，柱子的承载力要高于减小配筋率前采用 HRB335 级钢的柱子。因此，对于框架柱无论从经济上还是安全度上说采用 HRB400 级钢都有好处。

(3) 建筑物构件的尺寸和钢筋选用的平衡搭配。如何把建筑物的造价控制在合理范围内，要通过计算选择建筑物构件的尺寸，如合理的柱、梁截面尺寸，混凝土墙身及板的厚度等。构件尺寸的增大可以减少该构件本身的配筋，但浪费了空间，增加了混凝土的用量，加大了建筑物的荷重；若减小构件尺寸，又会使得配筋率增加，加大了钢筋用量。所以如何把混凝土构件的配筋率控制在一个经济合理的范围，需要结构设计人员经过计算比较后，选定一个最优方案，这样才能达到降低造价的目的。

① 假设有一根简支梁，跨度 8m，跨中承受 50kN/m 的均布荷载，不同截面尺寸，不同类型的受力钢筋，梁的技术经济比较见表 12.25、表 12.26。

表 12.25　梁的技术经济数据（一）

梁宽 B	梁高 A	梁下部受力筋面积	配筋率	混凝土梁单位长度用材量		混凝土梁单位长度造价（元）			
mm		mm²	%	钢材 (kg/m)	混凝土 m³	钢材	混凝土	合计	变化率 %
300	500	3000	2.00	23.55	0.15	73.01	39.00	112.01	8.46
	550	2600	1.58	20.41	0.17	63.27	42.90	106.17	2.81
	600	2400	1.33	18.84	0.18	58.40	46.80	105.2	1.87
	650	2200	1.13	17.27	0.20	53.54	50.70	104.24	0.94
	700	2000	0.95	15.70	0.21	48.67	54.60	103.27	0.00
	750	2000	0.89	15.70	0.23	48.67	58.50	107.17	3.78
	800	1900	0.79	14.92	0.24	46.24	62.40	108.64	5.20
	850	1800	0.71	14.13	0.26	43.80	66.30	110.1	6.62
	900	1800	0.67	14.13	0.27	43.80	70.20	114	10.39
	950	1800	0.63	14.13	0.29	43.80	74.10	117.9	14.17
	1000	1700	0.57	13.35	0.30	41.37	78.00	119.37	15.59

注：表中混凝土按 C30，造价 260 元 /m³；钢筋采用 HRB335，造价 3100 元 /t。

表 12.26　梁的技术经济数据（二）

梁宽 A	梁高 B	梁下部受力筋面积	配筋率	混凝土梁单位长度用材量		混凝土梁单位长度造价（元）			
		mm²	%	钢材 (kg/m)	混凝土 (m³)	钢材	混凝土	合计	变化率 %
300	500	2500	1.67	19.63	0.15	66.73	39.00	105.73	7.07
	550	2200	1.33	17.27	0.17	58.72	42.90	101.62	2.91
	600	2000	1.11	15.70	0.18	53.38	46.80	100.18	1.46
	650	1800	0.92	14.13	0.20	48.04	50.70	98.74	0.00
	700	1700	0.81	13.35	0.21	45.37	54.60	99.97	1.25
	750	1600	0.71	12.56	0.23	42.70	58.50	101.20	249
	800	1600	0.67	1.2.56	0.24	42.70	62.40	105.10	6.44
	850	1500	0.59	11.78	0.26	40.04	66.30	106.34	7.69
	900	1500	0.56	11.78	0.27	40.04	70.20	110.24	11.64
	950	1500	0.53	11.78	0.29	40.04	74.10	114.14	15.59
	1000	1400	0.47	10.99	0.30	37.37	78.00	115.37	16.84

注：表中混凝土按 C30，造价 260 元 /m³；钢筋采用 HRB400，造价 3400 元 /t。

　　从上表中数据我们可以看到，并非构件尺寸越小越经济，也不是构件配筋率越小越经济。当梁宽确定后，在一个合理的配筋率区间里可以选择不同的梁高，而其单位造价并不发生显著的变化。随着截面尺寸的不同，梁的配筋率和造价的变化呈现出一定的规律性，即较小的梁截面尺寸（配筋率较高）和较大的梁截面尺寸（配筋率较低）相对造价均较高，造价最大差异率超过 15% 甚至更高。因为混凝土价格相对比较稳定，而最近两年钢材价格的波动范围从每吨 2000 多元到每吨 3000 元左右，变化较大。钢材价格的变化对钢筋混凝土构件造价的影响程度大于其他因素，因此，我们将不同钢材价格情况下的钢筋混凝土构件造价变化曲线绘制出来以便于直观分析，见图 12.16。

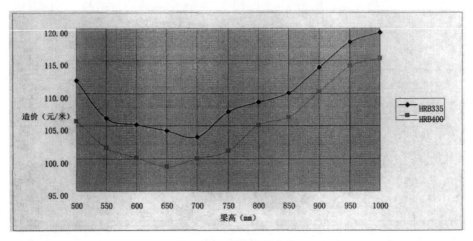

图 12.15　造价变化曲线

　　②通过上表及图可以看出，结构构件有其自己最合理的尺寸大小与配筋多少的平衡。但当结构构件尺寸与配筋搭配平衡时，受力钢筋采用强度高的显然要比强度低的配筋率小，成本造价低。

第四节　主要地产公司的钢筋混凝土含（用）量控制标准

一、万科地产的钢筋混凝土含（用）量控制标准案例

　　万科地产针对各大区域提出设计成本控制标准 2010 版，如表 12.27 ~ 表 12.33 所示。

表 12.27　标准层钢筋含量控制标准（上海区域和成都区域）

层数	上海南京合肥成都（kg/m²）	镇江（kg/m²）	杭州宁波苏州无锡南昌武汉重庆贵阳（kg/m²）	西安昆明太原（kg/m²）	乌鲁木齐（kg/m²）
低多层（洋房 +1）	39	42	38	45	48
7 ~ 19 层（≤ 60m）	42（44.5）	45（47）	40（42）	49（52）	51（55）
20 ~ 25 层（≤ 60m）	43（45.5）	45（47）	41（43）	50（53）	53（56）
26 ~ 34 层（≤ 100m）	47.5（50）	50（52）	45（47）	58（/）	61（/）
35 ~ 41 层（≤ 120m）	51.5（59.5）	54（62）	49（55）	/	/
42 ~ 48 层（≤ 140m）	59.5（/）	62（/）	51（57）	/	/

（续表）

层数	上海南京合肥成都（kg/m²）	镇江（kg/m²）	杭州宁波苏州无锡南昌武汉重庆贵阳（kg/m²）	西安昆明太原（kg/m²）	乌鲁木齐（kg/m²）
48～51层（≤150m）	59.5（/）	62（/）	51（57）	/	/
52～58层（≤170m）	/	/	57（/）	/	/

注：1. 分子包含上部标准层所有结构钢筋；

2. 分母 = 计容积率的面积 + 不计面积部分（落地凸窗赠送面积 + 有墙柱的凹阳露台、入户花园 + 结构拉板）+ 1/2（两层高悬挑凸阳台 + 有柱凸阳台 + 赠送的其他面积）；

3. 再改项目限额可增加 1 kg/m²；

4. 含钢量以层高 2.9m 为基准，每增加 0.1m，含钢量限额可增加 1 kg/m²；

5. 括号内的数值为结构转换时，标准层含钢量限额；

6. 镇江场地土为Ⅲ、Ⅳ场地土时，指标同西安。

表 12.28　标准层混凝土含量控制标准（上海区域和成都区域）

层数	上海南京合肥成都（m³/m²）	镇江（m³/m²）	杭州宁波苏州无锡南昌武汉重庆贵阳（m³/m²）	西安昆明太原乌鲁木齐（m³/m²）
低多层（洋房+1）	0.32	0.33	0.31	0.35
7～19层（≤60m）	0.35	0.36	0.34	0.38
20～25层（≤60m）	0.36	0.37	0.35	0.39
26～34层（≤100m）	0.38	0.39	0.37	0.4
35～41层（≤120m）	0.38	0.39	0.37	/
42～48层（≤140m）	0.39	0.40	0.38	/
48～51层（≤150m）	0.39	0.40	0.39	/
52～58层（≤170m）	/	/	0.39	/

注：分母 = 计容积率的面积 + 不计面积部分（落地凸窗赠送面积 + 有墙柱的凹阳露台、入户花园 + 结构拉板）+ 1/2（两层高悬挑凸阳台 + 有柱凸阳台 + 赠送的其他面积）。

表 12.29　地下室钢筋含量控制标准（上海区域和成都区域）

城市	塔楼信息		普通地下室（kg/m²）		纯地下车库（kg/m²）	人防地下室（kg/m²）
			车库区	塔楼区		
杭州宁波苏南南昌武汉重庆东莞长沙青岛惠州贵阳	80m 以下	塔楼不转换	桩基：105独基条基：110片筏基础：125	120	桩基：110独基条基：115片筏基础：130	150
		塔楼全转换		150		170
	80m 以上	塔楼不转换		130		155
		塔楼全转换		180		175
其他地区	80m 以下	塔楼不转换	同表 4.1.12	130	同表 4.1.12	155
		塔楼全转换		160		175
	80m 以上	塔楼不转换		140		160
		塔楼全转换		170		180

注：1. 含天然基础和承台（不含桩基）；

2. 表中数据按顶板有梁楼盖，覆土 1.2m，水压同室外场地取值，当顶板采用无梁楼盖，车库区增加 5 kg/m²；覆土增加 0.3～0.5m（规划要求）以上，含钢量增加 5～7 kg/m²；

3. 塔楼和人防地下室按照桩基考虑，若采用天然筏基，此部分含钢量增加 15～20 kg/m²；

4. 纯塔楼地下室，当塔楼不转换，增加 20 kg/m²，当塔楼全转换，增加 10 kg/m²；

5. 纯半地下车库较纯地下车库含钢量减少 15 kg/m²；

6. 纯塔楼人防地下室增加 10 kg/m²；

7. 两层地下室减 10 kg/m²；

8. 再改项目可增加 10 kg/m²，高端不控制。

表 12.30　标准层钢筋含量控制标准（深圳区域）

层数	深圳珠海中山（kg/m²）	广州佛山（kg/m²）	福州（kg/m²）	厦门（kg/m²）	东莞惠州（kg/m²）
低多层（洋房 +1）	39	39	40	42	38
7 ~ 19 层（≤ 60m）	42.5（45）	42（44.5）	44（46.5）	47（49.5）	40（42）
20 ~ 25 层（≤ 60m）	44（46.5）	43（45.5）	44（46.5）	47（49.5）	41（43）
26 ~ 34 层(≤ 100m)	49（51）	47.5（50）	49（51）	52（54）	45（47）
35 ~ 41 层(≤ 120m)	52（61）	51.5（59.5）	52（61）	56（64）	49（55）
42 ~ 48 层(≤ 140m)	61（/）	59.5（/）	61（/）	64（/）	51（57）
48 ~ 51 层(≤ 150m)	61（/）	59.5（/）	61（/）	64（/）	57（/）
52 ~ 58 层(≤ 170m)	/	/	57（/）	/	/

注：1. 分子包含上部标准层所有结构钢筋；

2. 分母 = 计容积率的面积 + 不计面积部分（落地凸窗赠送面积 + 有墙柱的凹阳露台、入户花园 + 结构拉板）+1/2（两层高悬挑凸阳台 + 有柱凸阳台 + 赠送的其他面积）；

3. 再改项目限额可增加 1 kg/m²；

4. 含钢量以层高 2.9m 为基准，每增加 0.1m，含钢量限额可增加 1 kg/m²；

5. 括号内的数值为结构转换时，标准层含钢量限额；

6. 厦门场地土为Ⅲ、Ⅳ场地土时，钢筋 +5 kg/m²。

表 12.31　标准层混凝土含量控制标准（深圳区域）

层数	深圳珠海中山广州佛山（m³/m²）	福州厦门（m³/m²）	东莞惠州（m³/m²）
低多层（洋房 +1）	0.32	0.33	0.31
7 ~ 19 层（≤ 60m）	0.35	0.36	0.34
20 ~ 25 层（≤ 60m）	0.36	0.37	0.35
26 ~ 34 层（≤ 100m）	0.38	0.39	0.37
35 ~ 41 层（≤ 120m）	0.38	0.39	0.37
42 ~ 48 层（≤ 140m）	0.39	0.40	0.38
48 ~ 51 层（≤ 150m）	0.39	0.40	0.39
52 ~ 58 层（≤ 170m）	/	/	0.39

注：分母 = 计容积率的面积 + 不计面积部分（落地凸窗赠送面积 + 有墙柱的凹阳露台、入户花园 + 结构拉板）+1/2（两层高悬挑凸阳台 + 有柱凸阳台 + 赠送的其他面积）。

表 12.32　标准层钢筋含量控制标准（北京区域）

层数	沈阳鞍山大连长春烟台（kg/m²）	天津（kg/m²）	青岛（kg/m²）	北京（kg/m²）
低多层（洋房 +1）	39	42	38	45
7 ~ 19 层（≤ 60m）	42（44.5）	45（47）	40（42）	49（52）
20 ~ 25 层（≤ 60m）	43（45.5）	45（47）	41（43）	50（53）
26 ~ 34 层（≤ 100m）	47.5（50）	50（52）	45（47）	58（/）
35 ~ 41 层（≤ 120m）	51.5（59.5）	54（62）	49（55）	/
42 ~ 48 层（≤ 140m）	59.5（/）	62（/）	51（57）	/
48 ~ 51 层（≤ 150m）	59.5（/）	62（/）	57（/）	/
52 ~ 58 层（≤ 170m）	/	/	57（/）	/

注：1. 分子包含上部标准层所有结构钢筋；

2. 分母 = 计容积率的面积 + 不计面积部分（落地凸窗赠送面积 + 有墙柱的凹阳露台、入户花园 + 结构拉板）+1/2（两层高悬挑凸阳台 + 有柱凸阳台 + 赠送的其他面积）；

3. 再改项目限额可增加 1 kg/㎡；

4. 含钢量以层高 2.9m 为基准，每增加 0.1m，含钢量限额可增加 1 kg/㎡；

5. 括号内的数值为结构转换时，标准层含钢量限额；

6. 天津场地土为Ⅲ、Ⅳ场地土时，指标同北京。

表 12.33 标准层混凝土含量控制标准（北京区域）

层数	沈阳鞍山大连长春烟台（m³/㎡）	天津（m³/㎡）	青岛（m³/㎡）	北京（m³/㎡）
低多层（洋房 +1）	0.32	0.33	0.31	0.35
7 ~ 19 层（≤ 60m）	0.35	0.36	0.34	0.38
20 ~ 25 层(≤ 60m)	0.36	0.37	0.35	0.39
26 ~ 34 层(≤ 100m)	0.38	0.39	0.37	0.40
35 ~ 41 层(≤ 120m)	/	0.39	0.37	/
42 ~ 48 层(≤ 140m)	0.39	0.40	0.38	/
48 ~ 51 层(≤ 150m)	0.39	0.40	0.39	/
52 ~ 58 层(≤ 170m)	/	/	0.39	/

注：分母 = 计容积率的面积 + 不计面积部分（落地凸窗赠送面积 + 有墙柱的凹阳露台、入户花园 + 结构拉板）+1/2（两层高悬挑凸阳台 + 有柱凸阳台 + 赠送的其他面积）。

补充规定：

（1）转换层是指转换层高度 < 3 层的情况，若转换高度 ≥ 3 层，则标准层的含钢量在不转换的基础上提高 4 ~ 5 kg/㎡；

（2）若消防车上地下室顶板，则地下室的含钢量提高 5 ~ 8 kg/㎡；

（3）人防地下室是指六级人防（含核六），不含五级人防及以上情况。

补充北京地区全混凝土外墙的上部结构指标限制，如表 12.34 所示。

表 12.34 北京地区全混凝土外墙的上部结构指标限制

类别	结构做法	≤ 6 层	7 ~ 19 层(60m 以下)	20 ~ 25 层(60 ~ 80m)	≥ 26 层（80m 以上）
标准层含钢量（kg/㎡）	外墙为混凝土墙 + 填充墙	45	49（52）	50（53）	58
	外墙均为混凝土墙	46	50（53）	51（54）	59
标准层混凝土含量（m³/㎡）	外墙为混凝土墙 + 填充墙	0.35	0.38	0.39	0.4
	外墙均为混凝土墙	0.37	0.39	0.4	0.4

二、恒大地产的钢筋混凝土含（用）量控制标准案例

恒大地产成本质量控制中心 2008 年颁布的含钢量控制标准，包括 6 ~ 8 度地震区各类住宅正负零以上主体结构钢筋含量控制指标。具体控制指标如表 12.35 ~ 表 12.37 所示。

表 12.35 6 度区各类住宅工程正负零以上主体结构钢筋含量指标

结构分类	常用的结构形式	楼板装修层总厚度（mm）	首层层高	含钢量指标（kg/m²）		备注
				钢筋配置方案 1	钢筋配置方案 2	
独立别墅或双拼别墅	异形柱框架	80		54 ~ 60	50 ~ 56	
		130		56 ~ 62	52 ~ 58	
联排别墅	异形柱框架	80		49 ~ 55	45 ~ 51	
		130		51 ~ 57	47 ~ 53	
5 层以下叠式别墅	异形柱框架	80		43 ~ 49	39 ~ 45	
		130		45 ~ 51	41 ~ 47	
11 ~ 12 层小高层住宅	异形柱框剪或剪力墙	80	同标准层	38 ~ 43	36 ~ 40	
			4.45 ~ 5m	40 ~ 45	38 ~ 42	
		130	同标准层	40 ~ 45	38 ~ 42	
			4.45 ~ 5m	42 ~ 47	39 ~ 44	
18 ~ 19 层高层住宅	剪力墙	80	同标准层	41 ~ 46	38 ~ 42	
			4.45 ~ 5m	42 ~ 47	39 ~ 43	
		130	同标准层	43 ~ 48	39 ~ 44	
			4.45 ~ 5m	44 ~ 49	40 ~ 45	
20 ~ 26 层高层住宅	剪力墙	80	同标准层	44 ~ 49	40 ~ 45	
			4.45 ~ 5m	45 ~ 50	41 ~ 46	
		130	同标准层	46 ~ 51	42 ~ 46	
			4.45 ~ 5m	47 ~ 52	43 ~ 48	
27 ~ 32 层高层住宅	剪力墙	80	同标准层	47 ~ 53	44 ~ 49	
			4.45 ~ 5m	49 ~ 55	45 ~ 51	
		130	同标准层	49 ~ 55	45 ~ 51	
			4.45 ~ 5m	51 ~ 57	47 ~ 53	

表 12.36 7 度区各类住宅工程正负零以上主体结构钢筋含量指标

结构分类	常用的结构形式	楼板装修层总厚度（mm）	首层层高	含钢量指标（kg/m²）		备注
				钢筋配置方案 1	钢筋配置方案 2	
独立别墅或双拼别墅	异形柱框架	80		62 ~ 68	58 ~ 64	
		130		64 ~ 70	60 ~ 66	
联排别墅	异形柱框架	80		57 ~ 63	53 ~ 59	
		130		59 ~ 65	55 ~ 61	
5 层以下叠式别墅	异形柱框架	80		48 ~ 54	44 ~ 50	
		130		50 ~ 56	46 ~ 52	
11 ~ 12 层小高层住宅	异形柱框剪或剪力墙	80	同标准层	40 ~ 45	38 ~ 42	
			4.45 ~ 5m	42 ~ 47	40 ~ 44	
		130	同标准层	42 ~ 47	40 ~ 44	
			4.45 ~ 5m	44 ~ 49	41 ~ 46	

（续表）

结构分类	常用的结构形式	楼板装修层总厚度（mm）	首层层高	含钢量指标（kg/m²）		备注
				钢筋配置方案 1	钢筋配置方案 2	
18 ~ 19 层高层住宅	剪力墙	80	同标准层	43 ~ 48	40 ~ 44	
			4.45 ~ 5m	44 ~ 49	41 ~ 45	
		130	同标准层	45 ~ 50	41 ~ 46	
			4.45 ~ 5m	46 ~ 51	42 ~ 47	
20 ~ 26 层高层住宅	剪力墙	80	同标准层	45 ~ 50	41 ~ 46	
			4.45 ~ 5m	46 ~ 51	42 ~ 47	
		130	同标准层	47 ~ 52	43 ~ 48	
			4.45 ~ 5m	48 ~ 53	44 ~ 49	
27 ~ 32 层高层住宅	剪力墙	80	同标准层	52 ~ 58	49 ~ 54	
			4.45 ~ 5m	54 ~ 60	50 ~ 56	
		130	同标准层	54 ~ 60	50 ~ 56	
			4.45 ~ 5m	56 ~ 62	52 ~ 58	

表 12.37　8 度区各类住宅工程正负零以上主体结构钢筋含量指标

结构分类	常用的结构形式	楼板装修层总厚度（mm）	首层层高	含钢量指标（kg/m²）		备注
				钢筋配置方案 1	钢筋配置方案 2	
独立别墅或双拼别墅	异形柱框架	80		68 ~ 74	64 ~ 70	
		130		70 ~ 76	66 ~ 72	
联排别墅	异形柱框架	80		63 ~ 69	59 ~ 65	
		130		65 ~ 71	61 ~ 67	
5 层以下叠式别墅	异形柱框架	80		54 ~ 60	50 ~ 56	
		130		56 ~ 62	52 ~ 58	
11 ~ 12 层小高层住宅	异形柱框剪或剪力墙	80	同标准层	45 ~ 50	43 ~ 47	
			4.45 ~ 5m	47 ~ 52	45 ~ 49	
		130	同标准层	47 ~ 52	45 ~ 49	
			4.45 ~ 5m	49 ~ 54	46 ~ 51	
18 ~ 19 层高层住宅	剪力墙	80	同标准层	47 ~ 52	44 ~ 48	
			4.45 ~ 5m	48 ~ 53	45 ~ 49	
		130	同标准层	49 ~ 54	45 ~ 50	
			4.45 ~ 5m	50 ~ 55	46 ~ 51	
20 ~ 26 层高层住宅	剪力墙	80	同标准层	50 ~ 55	46 ~ 51	
			4.45 ~ 5m	51 ~ 56	47 ~ 52	
		130	同标准层	52 ~ 57	48 ~ 53	
			4.45 ~ 5m	53 ~ 58	49 ~ 54	

（续表）

结构分类	常用的结构形式	楼板装修层总厚度（mm）	首层层高	含钢量指标（kg/m²）		备注
				钢筋配置方案 1	钢筋配置方案 2	
27 ~ 32 层高层住宅	剪力墙	80	同标准层	57 ~ 63	54 ~ 59	
			4.45 ~ 5m	59 ~ 65	55 ~ 61	
		130	同标准层	59 ~ 65	55 ~ 61	
			4.45 ~ 5m	61 ~ 67	57 ~ 63	

以表 12.35~ 表 12.37 格注解如下：

1. 钢筋配置方案 1：板钢筋 HPB235（直径 12 及以上 HRB335），梁、柱、剪力墙暗柱主筋 HRB335，箍筋 HPB235（直径 12 及以上 HRB335），剪力墙分布筋 HRB335（直径 10 及以下 HPB235）。

2. 钢筋配置方案 2：板钢筋 HRB400，梁主筋 HRB400，箍筋 HPB235（直径 12 及以上 HRB335），柱、剪力墙暗柱主筋 HRB335，箍筋 HPB235（直径 12 及以上 HRB335），剪力墙分布筋 HRB335（直径 10 及以下 HPB235）。

3. 计算钢筋含量指标统一以建筑面积作为基准面积。当带下沉式大面积空中花园的建筑，可在表中基础上乘以增加系数 $K=1+（S_1÷S_2）/2$。如为两层高的空中花园，可在表中基础上乘以增加系数 $K=1+S_1÷S_2$。式中 S_1 是空中花园的投影面积，S_2 是除空中花园以外的建筑面积。

4. 本指标适用于场地土类别Ⅱ、Ⅲ类，如为Ⅰ类场地应略减，Ⅳ类场地应略增。

5. 对 11 层以上高层住宅，本表适用于标准层层高≤ 3.1m 的情况，如超过此层高，可在表中基础上乘以增加系数 $K=（层高 ÷3.1+1）/2$。

6. 低层别墅均按坡屋面不设水平板或拉梁考虑。

7. 本表高层住宅均不设结构转换层，转换层钢筋含量应单独报审。

8. 本数据未考虑施工损耗量，不包括砌体构造柱及砌体拉结筋。包含屋面造型和立面饰线钢筋量。

三、合生创展的钢筋混凝土含（用）量控制标准

合生创展对各个地区的住宅结构制定限额设计标准，如表 12.38 ~ 表 12.43 所示。

表 12.38　北京地区住宅限额设计标准

建筑结构特征		混凝土用量（m³/m²）	用钢量（kg/m²）
层数	结构类型		
4 ~ 9	剪力墙	0.40	55
10 ~ 20	剪力墙	0.40	60
21 ~ 25	剪力墙	0.45	65
26 ~ A 级适用高度	剪力墙	0.60	80

表 12.39　广州、深圳地区住宅限额设计标准

建筑结构特征		混凝土用量（m³/m²）	用钢量（kg/m²）
层数	结构类型		
7 ~ 9	异形柱、抗震墙	0.40	35
10 ~ 11	短肢抗震墙、抗震墙	0.45	40
12 ~ 15	抗震墙	0.45	45
16 ~ 20	抗震墙	0.48	50
21 ~ 25	抗震墙	0.50	55
26 ~ 32	抗震墙	0.50	60

表 12.40　上海地区住宅限额设计标准

建筑结构特征		混凝土用量（m³/m²）	用钢量（kg/m²）
层数	结构类型		
7 ～ 9	异形柱、抗震墙	0.40	48
10 ～ 11	抗震墙	0.45	50
12 ～ 15	抗震墙	0.45	52
16 ～ 20	抗震墙	0.48	55 ～ 58
21 ～ 25	抗震墙	0.50	62
26 ～ 32	抗震墙	0.50	68

上海地区单建式地下车库含钢量控制（特殊情况可根据柱距和覆土厚度适当调整）：非人防：150 ～ 165 kg/m²；六级人防：200 ～ 230 kg/m²。

表 12.41　杭州、宁波（六度、七度区）地区住宅限额设计标准

建筑结构特征		混凝土用量（m³/m²）	用钢量（kg/m²）
层数	结构类型		
7 ～ 9	异形柱、抗震墙	0.36	38
10 ～ 11	抗震墙	0.40	42
12 ～ 15	抗震墙	0.40	45
16 ～ 20	抗震墙	0.40	48

表 12.42　抗震设防六度、场地类别Ⅱ类地区住宅限额设计标准

建筑结构特征		混凝土用量（m³/m²）	用钢量（kg/m²）
层数	结构类型		
7 ～ 9	异形柱、抗震墙		35
10 ～ 11	短肢抗震墙、抗震墙		38
12 ～ 15	抗震墙		42
16 ～ 20	抗震墙		45

表 12.43　各地区别墅限额设计标准

地区	体系	混凝土用量（m³/m²）	用钢量（kg/m²）	备　注
北京	砖混		36	无地下室，含基础
	抗震墙	0.55	65	
广州	框架		45	含半地下室
惠州、从化	框架		42	无地下室，含基础
	砖混		35	无地下室，刚性基础
上海	砖混		40	不含地下室、基础
杭州、宁波	砖混		43	含地下室、基础

第 13 章　地下车库（室）设计与优化

随着城市建设的不断加快，新建住宅小区的数量在不断增加，城市建设土地在不断缩减；同时随着居民生活水平的不断提高，居民人均小汽车拥有量也在不断增加。居民人均小汽车拥有量的不断增加对小区停车位的数量提出了要求，小区地上部分的停车位很难满足这一要求。为了尽可能的减少停车位不足的问题，开发商大多会开发地下空间做地下车库来使用。地下车库的建造既可以解决紧张的停车位问题，同时顶板上的建筑面积也可以相应的设置绿化以此来提高小区人均公共绿化面积。但是建造地下车库所需要耗费的材料增多，材料造价自然就很高。开发商为了降低材料造价，要求设计单位在设计的过程中，考虑影响地下车库的各种因素，并合理采取优化手段减少地下车库的建造成本。高层居住小区停车设计如图 13.1 所示。

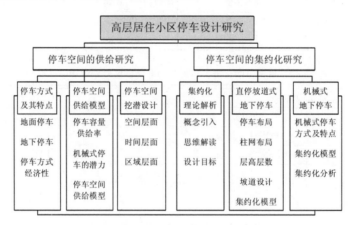

图 13.1　高层居住小区停车设计研究

第一节　地下停车效率比较与设计现状分析

一、几个城市高层住宅区地下车库停车效率比较分析

1. 重庆市高层住宅区停车效率比较分析

从表 13.1 可以看出爱加西西里 A 区的地下停车库每车位的占地面积最小为 $33.85m^2$，而元佳广场每车位的占地面积最大为 $43.61m^2$，两者相差 $9.76m^2$，通过对设计图纸的比较，找出两个小区单位车位占地面积差值的原因在于：（1）元佳广场由于用地的限制，为满足泊位数必须采用地下多层停车库，每层的停车容量小，而两个坡道所占比重大，因此降低了地下空间的停车效率；（2）爱加西西里 A 区地下停车库柱网成网格状非常规整，尺寸基本都是 $8.4m \times 8.1m$（车辆宽度方向），使得停车效率很高，而元

佳广场地下停车库柱网尺寸不固定，进深 6.9m 与 7.4m 的柱网布置了长度只需 5.3m 的停车位，使得停车空间浪费、利用率低（图 13.2、图 13.3）。

表 13.1　重庆市高层居住小区停车位占地调查表

项　　目		皇冠东和花园	同创学林雅园	龙湖水晶郦城五组团	元佳广场	融汇温泉城 A 区	鲁能星城	爱加西西里 A 区	爱加西西里 B 区
配建停车位（辆）		632	730	2380	501	1377	1439	915	688
其中	地面停车位（辆）	53	—	105	60	—	151	46	48
	占配建停车位比例	8.4%	—	4.41%	11.98%	—	10.5%	5.03%	6.98%
	地下停车位（辆）	579	730	2275	441	1377	1288	869	640
	占配建停车位比例	91.6%	100%	95.59%	88.02%	100%	89.5%	94.97%	93.02%
	地下建筑面积（万 m²）	2.46	3.05	8.79	1.92	5.30	4.83	2.94	2.30
地下停车库层数（层）		1	1	1	4	1	2	1	1
地下停车库层高（m）	-1F	3.9	3.6	4.0	3.9	3.9	4.2	3.9	3.9
	-2F	—	—	3.9	—	4.0	—	—	—
地下停车库中车辆占地面积（m²/辆）		42.53	41.81	38.63	43.61	38.52	38.57	33.85	35.93
地下停车库中车辆占用体积（m³/辆）		165.87	150.52	154.52	170.08	150.23	158.62	125.38	140.13

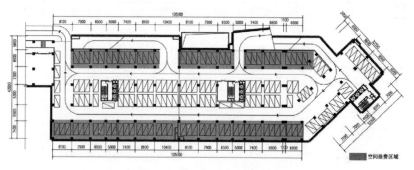

图 13.2　重庆元佳广场地下一层停车库平面图

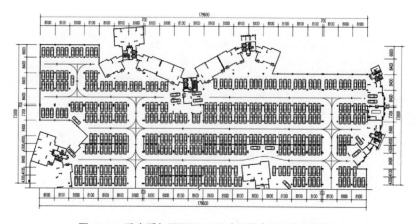

图 13.3　重庆爱加西西里 A 区地下停车库局部平面图

在单位车辆占用地下车库空间方面，最小的同样是爱加西西里 A 区的 121.35m³/辆，最大的是元佳广场的 170.08m³/辆，两者相差 48.73m³/辆。单位车辆占用地下车库的体积实际上就等于单位车辆占地面积与地下车库层高的乘积，因此单位车辆占用地下车库的体积与单位车辆占地面积和地下室层高成正比。当地下车库层高一定时，单位车辆的占地面积越大，单位车辆占用的体积也越大，例如爱加西西里 A 区与融汇温泉城 A 区地下停车库层高同样为 3.9m，但融汇温泉城 A 区地下停车库每车位的占地面积为 38.52m²/辆大于爱加西西里 A 区的 32.15m²/辆，从而使融汇温泉城 A 区每车位的占用体积更大，开挖土方量更大，造价更高；当单位车位占地面积一定时，地下停车库层高越高，单位车辆占用地下停车库的体积也越大。如水晶郦城五组团地下停车库单位车位占地面积 38.63m²/辆与鲁能星城的 38.57m²/辆接近，但鲁能星城两层地下停车库层高分别为 4.2m 与 4.0m，平均层高大于水晶郦城的 4.0m，从而使其每停车位占用地下室的空间比水晶郦城五组团大 4.1m³。

2. 厦门市高层住宅区停车效率比较分析

在停车效率方面，主要对几个新建的高层居住小区停车位分配比例、地下停车库的面积、层高和层数等情况进行了调研，以获得单位车辆的占地面积与占用地下车库空间大小等数据，以下是调研所得到的数据（表 13.2）。

表 13.2　厦门市高层居住小区停车位占地调查表（以调研当时为主）

项　目		龙祥花园	锦绣祥安	国贸春天	华润置地橡树湾	海上五月花一期	国贸润园	海西首座一期	山水尚座
配建停车位（辆）		113	495	398	456	475	1070	1022	452
其中	地面停车位（辆）	23	99	16	28	—	3	81	—
	占配建停车位比例	20.35%	20.00%	4.02%	6.14%	—	0.28%	7.93%	—
	地下停车位（辆）	90	396	382	428	475	1067	941	452
	占配建停车位比例	79.65%	80%	95.98%	93.86%	100%	99.72%	92.07%	100%
	地下建筑面积（万 m²）	0.38	1.53	1.58	1.76	1.79	3.64	3.71	2.09
地下停车库层数（层）		1	1	1	1	1	1	1	2
地下停车库层高（m）	-1F	3.9	3.85	3.9	4.1.5	3.8	4.2	4.1	3.9
	-2F	—	—	—	—	—	—	3.9	
地下停车库中车辆占地面积（m²/辆）		42.36	38.70	41.38	41.12	37.67	34.09	39.47	46.1.5
地下停车库中车辆占用体积（m³/辆）		165.20	149.01	161.38	170.65	143.15	143.19	161.82	179.99

从表 13.2 我们可以看出，由于地下车库上部住宅布置形式及停车库设计方式的不同，使得各小区单位车辆的占地面积与占用体积都各不相同。在单位车辆占地面积方面，最小的是国贸润园 34.09m²/辆，最大的是国贸春天 41.38 m²/辆，两个小区地下车库每车位的占地面积相差 7.29 m²。

通过比对两个小区地下停车库的设计图纸，发现造成两个小区的地下停车库每车位占地面积差值的主要原因在于：（1）受到用地边界的制约及上部住宅承重结构的影响，使得国贸春天地下室停车空间的柱网尺寸和外形轮廓不规整，降低了停车空间的使用效率；（2）国贸春天地下车库的标准柱网尺寸为 8.6m×8.1m，而国贸润园地下车库标准柱网尺寸为 8.4m×8.1m 比国贸春天的柱网紧凑；（3）国贸春天地下停车库的部分行车道实际只服务单侧停车位，效率较低，而国贸润园的行车道大多是环路，车道两侧的车辆布置紧凑、车位多、服务效率高（图 13.4、图 13.5）。

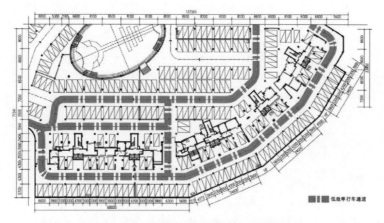

图 13.4　厦门国贸春天地下停车库局部平面图

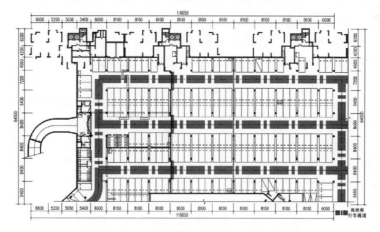

图 13.5　厦门国贸润园地下停车库局部平面图

在单位车辆占用地下车库空间方面，最小的是海西五月花一期 143.15m³/ 辆，最大的是山水尚座 179.99m³/ 辆，两者相差 36.84m³/ 辆。经过对两个小区停车库数据的比较可以发现造成两个小区单位车辆占用地下室体积差值的原因，一方面是由于因为海西五月花一期单位车辆的占地面积较小为 37.67m²/ 辆，而山水尚座为 46.15m²/ 辆，另一方面是因为海西五月花一期地下车库的层高为 3.8m，又小于山水尚座的 3.9m，因此使得海西五月花一期地下车库单位车辆占用地下室的空间比山水尚座小的多。

3. 深圳市高层住宅区停车效率比较分析

对深圳市几个新近建设的高层居住小区的停车现状进行了调研，以获得单位车辆的占地面积与占用地下车库空间大小等数据，以下是调研所得的资料 (表 13.3)。

表 13.3 深圳市高层居住小区停车位占地调查表

项 目		中信红树湾	中航格澜阳光花园	中海阳光玫瑰园	万科金域东郡	水榭春天花园一期	四季山水花园二期	万科金域缇香一期	万科金域缇香二期
配建停车位（辆）		3495	737	880	797	1789	772	954	1412
其中	地面停车位（辆）	80	238	130	128	—	67	113	134
	占配建停车位比例	2.29%	3 2.3%	14.77%	16.1%	—	8.68%	11.84%	9.49%
地下停车位（辆）		3415	499	750	669	1789	705	841	1278
占配建停车位比例		97.71%	67.7%	85.23%	83.9%	100%	91.32%	88.16%	90.51%
地下建筑面积（万 m^2）		12.73	1.83	2.74	2.25	7.39	2.91	2.78	4.23
地下停车库层数（层）		2	1	2	2	1	2	2	2
地下停车库层高 (m)	-1F	3.6	3.6	3.9	3.9	3.6	3.6	3.75	3.6
	-2F	3.6		4.2	3.9	—	3.6	4.0	3.8
地下停车库中车辆占地面积（m^2/辆）		37.27	36.61	36.54	33.56	41.32	41.30	33.06	33.08
地下停车库中车辆占用体积（m^2/辆）		134.16	131.78	149.12	130.89	148.71	148.90	127.36	121.35

从表 13.3 看出万科金域缇香一期地下停车库每车位的占地面积最小为 33.06m^2/辆，而水榭春天花园一期每车位的占地面积最大为 41.32m^2/辆，两者相差 8.26 m^2/辆，通过比较两个小区地下停车库的设计图纸，总结出单位车位占地面积差值的原因在于：1.万科金域缇香一期的住宅沿周边布置，布局规整，对地下停车库影响小，车库柱网布局规整、灵活（图 13.6）；(2) 水榭春天花园一期车库的标准柱网尺寸为 8.4m（车辆宽度方向）×8.1m，部分行车道的净宽度为 7.8m（图 13.7），而万科金域缇香一期车库标准柱网尺寸为 8.1m×8.0m，柱网根据车位布局灵活布置，行车道净宽度基本都是 6m；3.水榭春天花园一期车库一个坡道净宽度为 8.45m，另一个为 7.2m，比万科金域缇香一期 7m 的坡道大了 1.45m 和 0.2m。坡道宽度的加大虽然方便行车，但却增加了坡道的占地面积，带来坡道建设费用的增加，同时还会减少有效的停车空间。

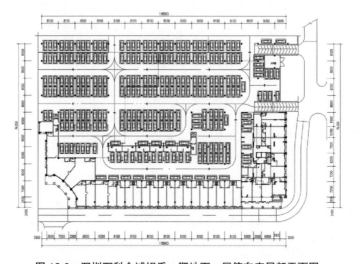

图 13.6 深圳万科金域缇香一期地下一层停车库局部平面图

图 13.7 深圳水榭春天花园一期地下停车库局部平面图

在单位车辆占用地下室空间方面，最小的是万科金域缇香二期 121.35m³/ 辆，最大的是中海阳光玫瑰园 149.12m³/ 辆，两者相差 27.77 m³/ 辆，造成两者单位车辆占用地下室空间差值的原因主要是因为万科金域缇香二期车库每车位占地面积小为 33.08m²/ 辆，且车库负一层与负二层层高分别为 3.6m 与 3.8m（图 13.8），而中海阳光玫瑰园每车位占地面积为 36.54 m²/ 辆，每车位占地只比万科金域缇香二期大 3.46m²/ 辆，但其两层车库层高分别为 3.9m 和 4.2m（图 13.9），从而使每车位占用空间比万科金域缇香二期大出许多。

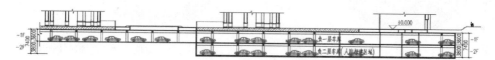

图 13.8 万科金域缇香二期地下停车库剖面图

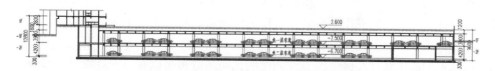

图 13.9 中海阳光玫瑰园地下停车库剖面图

二、高层住宅区停车空间设计现状

1. 停车空间浪费、利用率低

通过对以上三个城市的高层居住小区地下停车库停车质量的调研，并对调研数据进行整理后发现，部分小区地下停车库停车空间存在着停车空间浪费、利用率低的问题，直观表现在以下两个方面：

（1）单位车位占地面积大

三个城市的高层居住小区地下车库每车位的占地面积参差不齐，最小的是深圳万科金域堤香一期的 33.06m²/ 辆，最大的是厦门山水尚座的 46.15m²/ 辆，两者相差 13.09 m²/ 辆。所有调研的高层居住小区地下车库单位车位占地面积的平均值为 38.42m²/ 辆，其中深圳市地下车库单位车位占地面积的平均值最小为 36.59m²/ 辆，说明其地下停车位最紧凑，对地下车库的利用效率最高，其次是重庆市为 39.18m²/ 辆，厦门市最大为 40.12m²/ 辆。在所调研的案例中超过 1/3 的小区单位车位的占地面积大于 40 m²/ 辆，由此可以看出当前部分城市高层居住小区地下车库存在着单位车位的占地面积偏大的问题。

（2）单位车位占用空间大

调研的 24 个城市高层居住小区地下停车库每车位占用地下室的空间也是大小不一，最小值为深圳万科金域堤香二期的 121.35m³/ 辆，最大值为厦门山水尚座的 179.99m³/ 辆，两者相差 58.64 m³/ 辆。所有调研的城市高层居住小区地下停车库单位车位占用空间的平均值为 149.25m³/ 辆，与最小值 121.35 m3/ 辆相差 27.9m³/ 辆。

三个城市中深圳市地下车库单位车位占用空间的平均值最小为 136.53m³/ 辆，其次是重庆市为 151.92m³/ 辆，厦门市最大为 159.30m³/ 辆，24 个调研案例中近半数小区的单位车位的占用空间大于 150m³/ 辆（如图 13.10、图 13.11），可见当前部分城市高层居住小区地下停车库还存在着单位车辆占用空间较大、地下车库空间利用效率较低的问题。

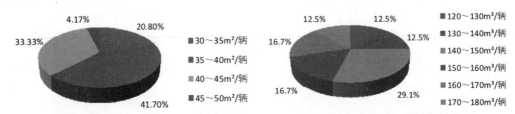

图 13.10　单位车辆占地面积统计图　　　　图 13.11　单位车辆占用体积统计图

2. 停车空间设计粗放

通过调研发现，当前部分城市高层居住小区地下停车库每车位占地面积与占用空间较大，对地下停车空间利用效率低，对比三个城市的高层居住小区可以看出，深圳市高层居住小区地下车库的停车空间利用效率最高，厦门市最低。通过对不同城市之间以及同一城市不同高层居住小区之间设计图纸的比对与分析可以看出，造成当前部分城市高层居住小区地下停车库停车空间浪费、利用率低的主要原因是地下停车库设计粗放，主要表现在以下几个方面：

（1）车道及停车布局不合理

部分城市高层居住小区地下停车库的行车通道过多地采用尽端路形式，未形成环路，使车辆行驶不方便，停车秩序较混乱，同时许多行车通道的服务效率低下，例如部分车库中一条双向行车通道只服务于一侧的停车位。

（2）柱网布局不合理

柱网布局不合理主要表现在部分高层居住小区地下停车库柱网布置开间过大或者过小。过大的柱网尺寸虽然方便停车，但同时也会增加每车位的占地面积与屋盖的结构厚度，从而使停车库造价升高；过小的柱网尺寸会给车辆的停放和行驶造成不便，容易引起车辆剐蹭。

（3）设计建造层高浪费

调研中发现，许多城市高层居住小区地下停车库设计的层高过高，很多车库层高超过4米。层高的增加使地下停车库的基础埋深与开挖的土方量变大，这不仅会让地下室的建设工期变长，而且也将直接导致地下停车库建设费用的增加。

（4）坡道设计不合理

停车库坡道设计不规范，主要表现为坡道宽度过大或过小。过大的坡道方便车辆进出车库，但同样会带来坡道占地面积的增加从而使得坡道造价升高。过小的坡道会引起车辆转弯和行驶困难，影响车库的顺畅运行。

第二节 停车空间容量挖潜提升措施

由此，本节主要从"空间"层面对停车容量进行挖潜设计，以保证高层居住区停车容量的需求及开发商的车库挖潜效益（图13.12）。

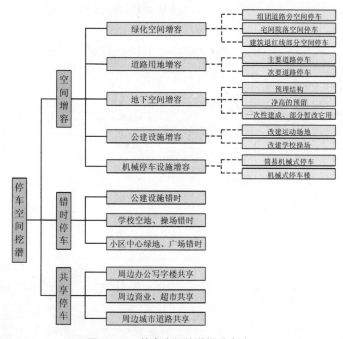

图 13.12 停车空间挖潜提升方法

一、绿化空间停车容量提升规划

1. 组团道路旁空间停车

在每个住宅组团的山墙侧面或道路一侧设置地面停车位（图13.13），停车位采用生态草垫铺砌，草从生态草垫上生长出来（图13.14）。同时在停车位上加大种植树阵，布置方式可采用6m×6m的网格树阵（图13.15），这样可以适应安放两个停车位以及车道的尺度要求，设计的时候还应选用适当的树冠加以遮荫。两者相结合可有效减少绿化损失保证绿化的效果。有的地方还规定：以生态草垫为铺装的停车场，可按 1/2 的比例计入绿地面积。

图 13.13　住宅山墙侧面停车示意图

图 13.14　住宅区生态草垫铺砌停车

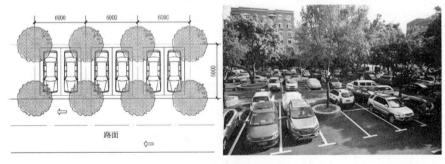

图 13.15　住宅区树阵停车

　　每个组团规模按照 10000 人考虑，户数按照 3000 户计算，以上的挖潜方法可以增容最少 100 个停车位，此种空间增容方法在远期停车高峰期可将停车率提高 3%。

　　2. 宅间院落空间停车

　　在规划设计中常见的规划设计方法是注重围合院落的处理，而非围合院落是位于两个围合庭院之间，我们称之为消极绿化空间。我们可对其进行铺装绿化，精心环境设计，按 6m×6m 的网格布置桌椅、树阵等内容，作为儿童游憩和邻里交往的次要场所，以提高居住生活空间的品质。远期需要增加停车空间时，在保证规定最少绿地率前提下部分消极空间可以改建为停车场，结合周围绿化，采用植草砖铺砌。

每个组团规模按照 10000 人考虑，户数按照 3000 户计算，以上的挖潜方法可以增容最少 300 个停车位，此种空间增容方法在远期停车需求高峰期时可将停车率提高10%。

3. 建筑退红线部分空间停车

居住小区规划的主路沿周边布置，人行道则设置在居住小区中部。近期搞好居住小区外围的绿化，形成富有特色的城市绿化景观。远期需要增加停车空间时，利用居住小区外围主路周边停车，即将停车场地设置在城市规划要求后退红线的范围内。

如图 13.16 为 2000 年中国小康住宅设计国际竞赛的获奖方案。

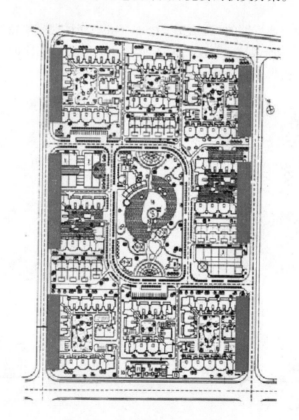

图 13.16　建筑退红线部分空间停车

此种方式较好地解决了人车分行，也充分利用了用地边界不允许建房的空间。该小区的总面积为 10 公顷，东西长 250m，南北长 400m，户数为 1100 户，南北向路需要后退 10m，所以后退红线范围内的绿化用地面积有 4000m²，考虑到绿化景观效果，合理后退红线范围内可采用植草砖铺砌以及地上树阵种植，有效停车面积按 55% 计算，按照一个地面停车位 20m² 计算，最多可停放 110 个车位。随着停车需求的增加，此种增容方法在远期的停车高峰期可以将停车率提高 10%。

总之，以上的方法是保证规定最少绿化率的基础上所采用的最方便、最经济的挖潜增容方法，近期注重景观环境的营造，远期当高层居住小区户均小汽车拥有量突破了 1 辆 / 户时，为了增加停车容量，可选择恰当的方式增加停车供给，达到停车供需平衡。

二、道路用地停车容量提升规划

1. 主要道路

居住小区级的主要道路近期规划路面宽度为 7.5 ~ 8m。当远期需要增加停车容量时，可在路面上可以划出一定的区域（宽度约为 2 ~ 2.5m）作为占用路面的停车场地，在交通流量不大的时候，可以作为临时停车场，晚上则作为居民停车场。居住小区晚上高峰停车时段的路面布局可以转变成道路上单侧停车（2 ~ 2.5m 停车道 +5.5m 行车道，图 13.17）。

2. 次要道路

居住小区级次要路面近期的规划宽度为 5 ~ 6m²。当远期需要增加停车容量时，同样可在路面上划出一定的区域（宽度约为 2 ~ 2.5m²）作为占用路面的停车场地，在晚上交通流量不大的时段内作为居民停车（图 13.18）。

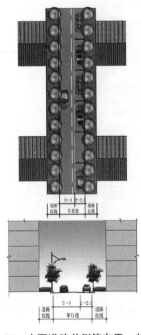
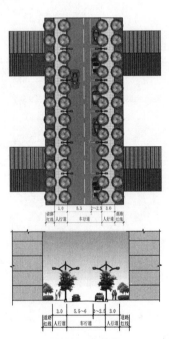

图 13.17　主要道路单侧停车平、剖面图　　　图 13.18　次要道路单侧停车平、剖面图

当然，如果地面停车数量过大，则易造成高层居住小区环境质量下降、占用土地过多的弊端，并对老年人和儿童的安全构成威胁。因此在远期当高层居住小区户均小汽车拥有量突破了 1 辆 / 户而需要增加停车容量时，不能太大量的采用地面停车，从小区的居住环境出发，作者认为为了实现远期停车增容，地面停车率的最大值宜控制在 15% 左右，不应超过 20%。

三、地下空间停车容量提升

1. 预埋结构

居住小区停车容量在地下空间的增容，一种方式是做好前期准备工作，其有效的做法关键是通过预埋承重结构来实现增容。所谓预埋结构是指在组团绿地或前后住宅之间的绿地建设时先预埋"护壁桩"来保护住宅的基础，并对地下空间起框定的作用。

近期我们可进行铺装绿地，远期当居住小区小汽车拥有率超过100%需要增容时，通过下挖该地下空间以"护壁桩"为支撑增建地下停车场地来增加停车容量的挖潜供给。此种方式可减少施工难度，也可减少对居住环境的影响（如图13.19）。

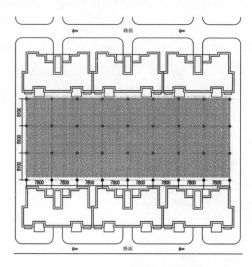

图 13.19　宅间绿地预埋"护壁桩"

2. 净高的预留

居住区停车容量在地下空间的增容，另一种方式是对地下空间净高的预留。一般正常停车库的净高是2.20m，近期可以一次性把停车库的净高做到4.50m，若局部一层停车空间即可满足1辆/户需配建的泊位时就可先用一层停车空间，等远期需要增加停车容量时就可通过钢结构加层、辅设坡道将其改造成双层停车库，以满足停车的要求，此种方式可能会因为增加了停车位数而带来出入口及坡道数的增加，因此需提前考虑出入口的数量及坡道的位置。

3. 一次性建成、部分暂改它用

首先可按照较高停车标准一次性的建成多层地下停车库（如二层、三层），当用其中部分楼层的停车容量即可满足1辆/户需配建的泊位时就可以只用其中的部分楼层，另外楼层用作商业服务业、室内运动场等临时公建。当小汽车的拥有率超过1辆/户时，我们再将临时公建的那部分楼层的地下空间改为停车库，以保证停车容量的弹性。

四、机械停车设施停车容量提升规划

1. 简易机械式停车

当需要对高层居住小区停车容量进行挖潜时，可将小区中的地面停车场下挖一到二

层地坑，以改建成双层或三层简易机械式立体停车库（图 13.20）。如在一块 300m² 的地面停车场地，通过改建成三层简易机械式停车，可以使停车数量从原先的 10 个增加到 30 个。此种停车增容方式需全面顾及到小区业主的相邻权，也就是对住户噪声、光照、地基等的影响。这种方式使得地面停车场地立体化，当高层居住小区户均小汽车拥有辆突破 1 辆而需挖潜停车容量时，可增加一定数量的停车位。

2. 机械式停车楼

在建筑退红线一部分空间或边角地带或不利于修建建筑的地带，当停车容量需增容时，可增建机械式停车楼。例如：居住小区规划布局中主路沿周边布置，近期利用居住小区外围主路周边停车，当需要进行停车容量增容时，将机械式停车楼设置在城市规划要求后退红线的范围外；也可在居住区用地的"边角"（如高层住宅的巨大阴影区里、南北向的狭长地块）地段修建多层机械式停车楼（图 13.21）。为弥补机械式停车楼在外形上看比较杂乱，不够规整，其需结合景观进行设计，形成富有特色的居住小区景观。这种方式充分利用了边界不允许建房的土地，使用地更紧凑、空间效益高，能最大限度地挖潜停车容量。

图 13.20　简易升降式立体停车

图 13.21　机械式停车楼

案例：绿地创新"高差斜向泊车系统"技术，一年增加利润 20 亿

绿地创新"高差斜向泊车系统"，使同样的面积，让停车位扩增 1.5 倍以上。绿地集团一年建设停车位超过 16 万个，采用这项技术，可少建设停车位 5 万个，按每个停车位成本 4 万元计算，一年可节约 20 亿。

一、"高差斜向泊车系统"结构

"构筑地势高差斜向泊车系统"（图 13.22）是由钢筋混凝土构筑而成的复式斜坡停车泊位，类似于市民家里的斜隔板式鞋柜：在同一个平面，正面斜向地面 11 度"借取"1.2m 的垂直高度空间；反面地面抬高 1 米，再斜向上 11 度构筑一个类似走廊的空间。这样一来，下层车位就有了 2.2m 的高度空间。而在上下层停车时，车辆可从斜坡上行或下行入库。利用地势落差，在远低于正常 2 层楼高的情况下，驾驶人员无需等候便可在同一平面处上下各泊 1 辆车。

从使用角度看，新式停车位坡度有点陡，为此，每个停车位装上了橡胶防滑条、轮胎限位器等防护装置，立柱包上了防撞设施。

图 13.22 "构筑地势高差斜向泊车系统"效果图

二、"高差斜向泊车系统"设计形式

构筑地势高差斜向泊车系统依据不同场地的要求进一步深化设计后又演化出创新四种模式。

单一型模式适用于住宅区等场地受限只能采用单组停车系统的场地情形，如图 13.23 所示。

图 13.23 单一型

立体组合型模式适用于地下停车场、立体停车场等场地情形，由若干个单组系统同时在平面和立体空间上组合重叠而成，通风、采光均采用自然方式，更加绿色、环保，如图 13.24 所示。

图 13.24 立体型

　　围墙型模式适用于学校，企事业单位等外来车辆不可驶入，而围墙外道路路面又狭窄，缺少停车位的场地情形，此时可将停车位设为围墙的一部分，这样既方便内外两头车辆的停泊，又有效地将内外区间分隔开，如图 13.25 所示。

图 13.25　围墙型

　　平面组合型模式适用于地面停车场的场地情形，由若干个单组停车系统在平面上组合而成，如图 13.26 所示。

（a）

（b）

图 13.26　组合型

三、数据对比

和机械式立体停车库相比，斜坡停车库不但停车方便、进库取车不用等待、且造价低廉、无需另外支出高昂的电费及人工管理费用。经过经济技术指标核算，该斜坡停车库平均每个泊位的造价是 2 万元左右，大概只有机械式立体车库造价的一半。而且，这种车库允许采用工厂生产好的标准钢构件进行搭建，如果土地要用了，把构件拆下来还可以在别处进行再循环利用。

四、绿化指标

此外，因为斜坡停车库是两层、斜向设车位的结构，和地面平行处多出的三角地，可以种植一些藤蔓植物，二层再设置竖向和顶上的支架后，就能给高温天里停放的车辆遮阴，同时还能作为停车场的绿化。一个全部采用斜坡停车库的停车场，其绿化面积可达 80%。

五、经济效益

按照研究测算的结果，将一个现在是平面停车的停车场改建为斜坡停车库后，停车泊位数量至少能增加一半，最多则能增加一倍——即原来只能停 100 辆的面积，采用这种设计后可以停 150 辆至 200 辆。

以绿地集团年开发车位 16 万个计算，每个车位 25m² 计算，若采用这种技术，就可少建设车位 100 万 m² 以上，按车位造价每平米 2000 元计算，一年就可节约 20 亿。

第三节　居住小区停车空间容量提升设计

地下停车空间容量提升设计，就是不断发掘地下停车空间潜力，提高每块地下停车空间的利用效率，寻求停车位设计、建造与停车用地的经济性。停车空间容量提升的设计更注重三维空间形态的研究以提高综合效益，主要内容包括：

（1）紧凑停车布局，节约土地面积，节省造价；

（2）立体化停车布局，扩大地下停车容量；

（3）优化停车空间，提高停车空间使用效率；

（4）创新停车方式，节省能源，提高安全性。

案例分享：万科地产优化设计地下车库布局，一年增加车库销售收益 25 亿元

万科地产一年建设地下车库 15 万个左右。他们通过地下车库优化设计与布局优化，每个车位可优化降低面积 3.63m²，可少建 54.6 万 m² 的地下车库，仅地下车库一项，一年就比同行节约 12.558 亿元（54.6 万 m² × 2300 元 /m²）；或按每个车位 28.5m²、13 万元计算，可增加 19158 个车位，增加销售收入 24.9054 亿元。

一、直停坡道式地下停车库空间提升设计

随着经济的增长、人们生活水平的提高，高层居住小区停车数量将会越来越多，单一发展地面停车或地上多层停车库已不是最佳的方案。为了营造怡人舒适的居住环境，为住户提供更多的活动场地，地下停车应该成为高层居住小区最主要的停车方式。合理地设计建造住宅小区地下停车库不仅可以获得大量的停车位，达到地面停车不能满足的

停车要求，同时可减小车辆对地面的干扰，最大限度地把宝贵的地面面积用作住区内的绿化，改善住宅小区的环境质量。

再者，在大中城市可以把地下停车库与人防工程有效地结合在一起，把原本使用率较低的人防空间合理地利用起来，达到平战结合的目的。本节主要针对调研中发现的直停坡道式停车库停车空间浪费、利用效率低、设计不合理等问题，对其进行优化设计与集约化研究。

1. 基于车道及停车布局的车库空间提升设计优化

（1）停车位尺寸的确定

在地下停车库设计中，停车位的尺寸和行车道的宽度是影响车库使用的重要因素。因此为了充分利用地下空间，必须在满足规范要求的前提下，尽可能的节约面积，使每寸土地都能得到充分合理的使用，从最经济的角度出发，将地下停车位、行车道宽度紧凑化，设计出经济适用的地下停车库。

表 13.4　汽车设计车型外廓尺寸　　　　　　　　　　　　　　　　　（m）

车型	总长	总宽	总高
微型车	3.50	1.60	1.80
小型车	4.80	1.80	2.00
轻型车	7.00	2.10	2.60
中型车	9.00	2.50	3.20（4.00）
大型客车	12.00	2.50	3.20
铰接客车	18.00	2.50	3.20
大型货车	10.00	2.50	4.00
铰接货车	16.50	2.50	4.00

资料来源：《汽车库建筑设计规范》。

高层居住小区地下停车库的行车道与停车位布置首先应该根据居住小区住户所拥有的车型情况来确定，目前常见的居住小区住户的私家车类型有微型车、小型车和轻型车，而其中以小型车数量居多，在设计中，可以以小型车的轮廓尺寸 4.8m（长）×1.8m（宽）×2.0m（高）作为设计参考依据（表 13.5）。合理地确定标准车型进行设计可避免盲目确定尺寸造成经济和空间上浪费，带来使用不便。停车位尺寸除了能容纳车辆的停放外，还要留出一定的安全距离，以防止停放车辆时车与车之间、车与墙柱、护栏之间产生摩擦或者碰撞，因此对车造成损伤，给人的心里带来不安和紧张。根据规范要求，这些安全距离也应该考虑在停车位尺寸设计当中。

表 13.5　汽车与汽车、墙、柱、护栏之间最小净距　　　　　　　　　　（m）

设计形式		微型车、小型汽车	轻型汽车	大、中、铰接型汽车
平行式停车时汽车间纵向净距		1.20	1.20	2.40
垂直式、斜列式停车时汽车间纵向净距		0.50	0.70	0.80
汽车间横向净距		0.60	0.80	1.00
汽车与柱间净距		0.30	0.30	0.40
汽车与墙、护栏及其他构筑物间净距	纵向	0.5	0.5	0.5
	横向	0.6	0.8	1.00

表 13.6　各车型建筑设计最小停车带、停车位、通车道宽度

停车方式		垂直通车道方向的最小停车位宽度 W_e(m)				平行通车道方向的最小停车位宽度 L_t(m)				通车道最小宽度 W_d(m)			
		微型车	小型车	轻型车	...	微型车	小型车	轻型车	...	微型车	小型车	轻型车	...
平行式	前进停车	2.2	2.4	3.0	...	4.7	6.0	8.2	...	3.0	3.8	4.1	...
斜列式	30° 前进停车	3.0	3.6	5.0	...	4.4	4.8	5.8	...	3.0	3.8	4.1	...
	40° 前进停车	3.8	4.4	6.2	...	3.1	3.4	4.1	...	3.0	3.8	4.6	...
	60° 前进停车	4.3	5.0	7.1	...	2.6	2.8	3.4	...	4.0	4.5	7.0	...
	60° 后退停车	4.3	5.0	7.1	...	2.6	2.8	3.4	...	3.6	4.2	5.5	...
垂直式后退停车	前进停车	4.0	5.3	7.7	...	2.2	2.4	2.9	...	7.0	9.0	13.5	...
	后退停车	4.0	5.3	7.7	...	2.2	2.4	2.9	...	4.5	5.5	8.0	...

　　安全距离应在停车位设计的时候就体现在车位尺寸里面，这样车位尺寸除了考虑车型大小以外也已包含了安全距离的尺寸，也可将停车位之间留出一定的尺寸作为安全距离，总之在设计中需将其考虑在内，根据小型车尺寸，结合车辆的安全距离，所以地下停车库停车位最紧凑的尺寸应为 2.4m（宽）×5.3m（长）。

　　（2）停放方式及其选择

　　除停车位尺寸之外，汽车在地下停车库内的停放方式对停车库平面也有一定的影响，汽车停放方式的不同将不仅仅影响到行车道的尺寸大小、停车位数量的多少等设计问题，还会对地下停车库的经济成本和使用带来影响。地下停车库的造价要比相同面积地上建筑的造价高出很多，而且在未来高层居住小区中地下停车将是住区主要的停车方式，所以我们必须选择最合理、最经济的停放方式，充分利用地下空间，提高地下停车库的使用效率。

　　停车方式以车辆在停车位内平稳停放后，车身与行车道之间形成的角度分类，分为平行、垂直、斜向、交叉这四类，见图 13.27 ~ 图 13.29。

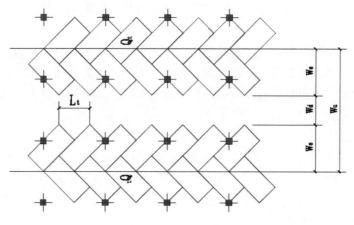

图 13.27　斜列式停车

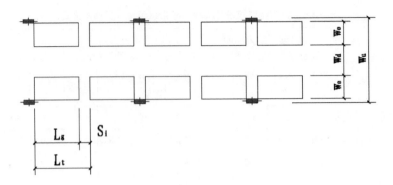

图 13.28　平行式停车

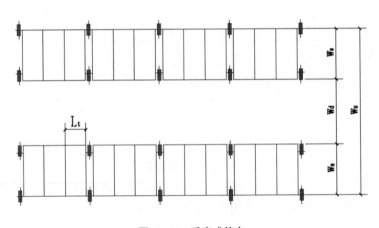

图 13.29　垂直式停车

1) 平行停放方式

车辆停放与车身方向与通道平行，是路面停车带或狭长场地车辆停放的常用形式。进、出车所需的通行宽度最小，所以进、出车方便，但单位车辆停车面积较大。在停车种类很多、未以标准车位设计或沿周边布置停车位时，可采用这种方式。

2) 垂直停车

即停车方向与通车道垂直，是最常用的一种停车方式。垂直停车方式单位长度停放车辆数最多，但通道所需宽度是做大的，驶出驶入车辆较为方便，用地比较紧凑，但出入时需要急转弯。布置时一般为两边停车，合用中间一条通道，这种方式在用地较规则整齐情况下使用。

3) 斜向停放方式

车辆停放时车身方向与通道成一定的夹角。一般为 30°、45°、60°。斜向停车方式的停车带宽度随着停车角度的不同而有所不同；车辆停放较为灵活，对其他车辆影响较少，驶入驶出较为方便，但单位停车面积比较大，当停车场地的用地宽度和地形条件收到限制时使用该形式，

4) 交叉停车

通用的停车布置方式，交叉停车就可以将 45° 的停车浪费余地除之，平行的单向交通的关系进入于全部对之列时难免要迂回停车场。

因为车辆的停放方式决定了车辆的单位停车位面积的大小。在现实中，平行式的面积最大，垂直停车方式面积最小，因此在地下车库的停车方式多为垂直式，平行式辅助设计。

对比规范要求中各种停车方式下每个停车位所占的最小面积，可以看出垂直停车方式的每停车位所占面积最小，而且和其他停放方式相比较，垂直停车布局不仅使停车库平面规整有序，车辆流线直观简明，而且还能最大限度的节省停车位占地面积，提高车库停车率。有关研究表明，与车道成 90° 直角的停车位且车辆倒进顺出布置，每辆车所占车库面积的比例最小，按照这种方式布置的地下停车库每辆车所占面积在 28 ~ 30m²。垂直停车布局在当前高层居住小区下停车库设计中也比较常见。由于高层居住小区地下停车库须最大限度地提供停车数量，因此在条件允许时采用此种方式最为合理。从驾驶和停车的安全、方便、习惯上讲，原则上应优先选择或只采用垂直式停车方式。

表 13.7　最小每停车位的面积

停车方式		最小每停车位面积（m²/ 辆）					
		微型车	小型车	轻型车	中型车	大货车	大客车
平行式	前进停车	17.4	25.8	41.6	65.6	74.4	86.4
斜列式	30° 前进停车	19.8	26.4	40.9	59.2	64.4	71.4
	45° 前进停车	16.4	21.4	34.9	53	59	69.5
	60° 前进停车	16.4	20.3	40.3	53.4	59.6	72
	60° 后退停车	15.9	19.9	33.5	49	54.2	64.4
垂直式	前进停车	16.5	23.5	41.9	59.2	59.2	76.7
	后退停车	13.8	19.3	33.9	48.7	53.9	62.7

注：此面积只包括停车和紧邻车位的通车的面积，不是每停车位的建筑面积。
资料来源：王文卿 . 城市汽车停车场（库）设计手册。

（3）停车通道的布置

高层居住小区地下停车库停车通道的布置应该以进出车方便、路线简短便捷、空间高效紧凑来确定合理的通道尺寸，避免车辆逆行与交叉，对于较大型停车库，应尽量设环形车道，以便车辆能顺着一定的流线方向行驶停靠，保持行车停车秩序。当采用上述与车道成 90° 直角的停车位布置时，由于进出车位的需要，通车道净距应在 5.5m 以上（表 13.8），此种情况下，车道可采用双车道双向行驶的车行路线方式，可以充分的利用地下停车空间。

表 13.8　各车型建筑设计最小停车带、停车位、通车道宽度

停车方式		垂直通车道方向的最小停车带宽度 W_e(m)						平行通车道方向的最小停车位宽度 L_t(m)						通车道最小宽度 W_d(m)					
		微型车	小型车	轻型车	中型车	大货车	大客车	微型车	小型车	轻型车	中型车	大货车	大客车	微型车	小型车	轻型车	中型车	大货车	大客车
平行式	前进停车	2.2	2.4	3.0	3.5	3.5	3.5	0.7	6.0	8.2	11.4	12.4	14.4	3.0	3.8	4.1	4.5	5.0	5.0
斜列式	30° 前进停车	3.0	3.6	5.0	6.2	6.7	7.7	4.4	4.8	5.8	7.0	7.0	7.0	3.0	3.8	4.1	4.5	5.0	5.0
	45° 前进停车	3.8	4.4	6.2	7.8	8.5	9.9	3.1	3.4	4.1	5.0	5.0	5.0	3.0	3.8	4.6	5.6	6.6	8.0
	60° 前进停车	4.3	5.0	7.1	9.1	9.9	12	2.6	2.8	3.4	4.0	4.0	4.0	4.0	4.5	7.0	8.5	10	12
	60° 后退停车	4.3	5.0	7.1	9.1	9.9	12	2.6	2.8	3.4	4.0	4.0	4.0	3.6	4.2	5.5	6.3	7.3	8.2
垂直式	前进停车	4.0	5.3	7.7	9.4	10.4	12.4	2.2	2.4	2.9	3.5	3.5	3.5	7.0	9.0	13.5	15	17	19
	后退停车	4.0	5.3	7.7	9.4	10.4	12.4	2.2	2.4	2.9	3.5	3.5	3.5	4.5	5.5	8.0	9.0	10	11

a) 通常情况下，垂直式后退停车的小型车的停车位最小尺寸宜为 5.3m（长）×2.4m（宽），通车道最小宽度宜为 5.5m；

b) 汽车库内的通车道宽度应按上表选用，但至少应大于或等于 3.0m；

c) 通过对上表的数据分别计算（表 13.9 的数据只包含停车和紧邻车位的通车的面积，不是每停车位的建筑面积），小型车采用垂直式后退停车方式时，其占用的面积最小；

表 13.9　各车型建筑设计最小停车带、停车位、通车道宽度

停车方式		最小每停车位面积（m²/辆）	
		小型车	…
平行式	前进停车	25.8	…
斜列式	30° 前进停车	36.4	…
	45° 前进停车	21.4	…
	60° 前进停车	20.3	…
	60° 后退停车	19.9	…
垂直式	前进停车	23.5	…
	后退停车	19.3	…

2. 基于柱网布局的车库空间提升设计优化

高层居住小区地下停车库的柱网布置应以上述停车位与通车道尺寸大小为设计依据，同时必须兼顾以下几点：

1）确保有足够面积的停车、行车空间，避免车辆之间的碰撞损坏；

2）结构要经济、合理；

3）留有一定的使用灵活性；

4）尽量减少可利用的面积；

5）柱网的尺寸应尽量统一，使用合适的柱网尺寸。

柱网尺寸过小会给车辆的停放和行驶造成不便，柱网尺寸过大虽使用方便，但是随着柱距的增大，屋盖的结构厚度也会增加，停车库造价升高，造成不必要的浪费。因此，确定一个合理的柱网尺寸很重要。

以上提到垂直停车可以最大限度的节省停车位占地面积，提高车库停车率。对于垂直停车布局方式，以调研中常见的柱子截面尺寸 0.6m×0.6m 来讨论，则停 2 辆车最紧凑的柱网尺寸宜为 2.4×2+0.6=5.4m，停 3 辆车的柱网尺寸宜为 2.4×3+0.6=7.8m，这样的尺寸既能满足停车要求，又不会造成停车面积的浪费。规范中要求小型车通车道的最小宽度为 5.5m，结合 5.4m 和 7.8m 的柱网尺寸对停车形式进行设计组合，以探讨最大化的停车数量和最紧凑的停车布局，对于柱网布置相对灵活自由的单建式地下停车库，得到两种基本的柱网尺寸布局模式，如图 13.30 所示。

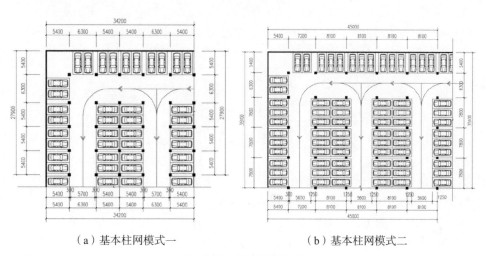

（a）基本柱网模式一 （b）基本柱网模式二

图 13.30 基本柱网模式

案例中的厦门山水尚座地下停车库柱网布局（图 13.31）采用的就是类似于基本柱网模式一，而多数小区如厦门国贸润园、深圳中海阳光玫瑰园（图 13.32）等小区地下停车库柱网布局则采用的是类似于基本柱网模式二。

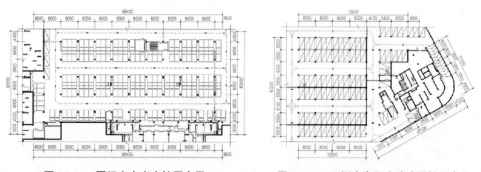

图 13.31 厦门山水尚座柱网布局 图 13.32 深圳中海阳光玫瑰园柱网布局

以上两种基本柱网尺寸可以根据实际情况进行自由组合与变换，根据地下停车库的面积和形状大小布置出合适的停车库平面。

以上集约化研究是以小区住户拥有类型最多的小型车的尺寸作为停车位设计的参考对象，设计出合适的单个停车位的尺寸，然后再根据停车位的尺寸来确定柱网尺寸，从而得出小区整个地下停车库的平面设计尺寸。这种设计方法简明便捷，对于平面较规则的高层居住小区地下停车库柱网设计有很好的借鉴作用。

3. 地下车库层高与层数经济性设计优化

（1）层高的经济性设计优化

高层居住小区地下停车库的层高包括：室内净高、设备层高度以及结构层高度。由于居住小区地下停车库停放的车辆类型较单一，大都是家用小汽车，属于微型车与小型车，所以，针对微型车和小型车的高度及考虑人的空间感觉等因素后，可确定出一个比较合适的室内净高尺寸，一般为2.2m（图13.33）。

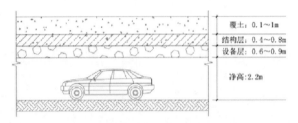

覆土：0.1～1m

结构层：0.4～0.8m

设备层：0.6～0.9m

净高：2.2m

图13.33　地下停车库层高示意图

地下停车库需要有独立的消防、通风、照明等设备，这些设备层一般都集中于车库结构层下方或是与结构层巧妙结合设置以降低设备层高度，设备层高度因停车库规模大小而不同，一般为0.6～0.9m，在设计时需留出这个高度供设备安装使用。常见的7.8～8.4m跨距的结构层厚度在0.4～0.8m，因此考虑车库室内净高、设备层高度和结构高度的地下停车库层高一般应控制在3.2～3.9m左右（表13.10）。

对于设计考虑将来把直停坡道式改造成双层机械式的地下停车库，由于机械式单层停车库净高应达1.8m以上，考虑设备层高度以及结构层高度后，双层机械式停车库层高一般应控制在4.6～5.3m左右。

表13.10　汽车库室内最小净高

车　　　　型	最小净高（m）
微型车、小型车	2.20
轻型车	2.80
中、大型、铰接客车	3.4
中、大型、铰接货车	4.2

（2）地下车库层数的优化控制

结合住宅建筑基础的开挖深度，地下停车库一般以地下1层为宜，因其进、出车方便，也有利于采用辅助性的自然采光通风（如可开闭式通风采光天窗、下沉式广场、通风采光井等）和控制造价。高层居住小区根据埋深可采用地下多层停车，但因建一层地下停车库的成本相当于建地面相同面积三层建筑的价格，而且随着深度的增加，成本并非成线性比例的增加，而是成几何级数成倍增长，因此高层居住小区地下停车库应以2层为宜，最好不超过3层。

4. 基于坡道形式设计与车库空间提升

（1）坡道形式的选择

坡道主要有直线型与曲线型两种类型，常见坡道的几何形式具体可归类为下列几种。（图 13.34 和图 13.35）

(a)直坡道系统　　　(b)错层式系统　　　(c)倾斜楼面系统

图 13.34　直线型坡道

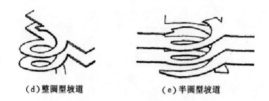

(d)整圆型坡道　　　(e)半圆型坡道

图 13.35　曲线型坡道

1）直坡道系统；

2）错层式系统，它是由两部分构成，一部分中的楼板与相邻另一部分中的楼板垂直错开半层高度，两个楼平面间布置直坡道，但坡道间距要使车辆能在连接各个半层的坡道间很容易地进行 180° 转弯；

3）倾斜楼面系统，它是由倾斜度为 3% ~ 5% 的倾斜楼面与横向通道组成；

4）螺旋曲线坡道系统。此种坡道系统通常设置于立体停车库的角上或者端部，是由连续的螺旋式坡道组成。

平面设计中因曲线坡道对驾车司机视线有影响，所以应尽量多采用直线坡道。表 13.11 是各种形式坡道的优缺点比较，因此通过比较与分析可看出，为了充分利用每一寸地下空间，高层居住小区地下停车库在条件允许时宜优先采用占地面积小、使用效率高的直坡道系统，调研中多数高层居住小区也是采用了此种坡道系统。

表 13.11　不同形式坡道的优缺点比较

坡道形式	优　　点	缺　　点	适用范围
直坡道系统	占用的面积较小；设计、施工简单	进出直坡道后会碰到急转弯	适用于较窄的用地
错层式或交错楼面系统	交通占用面积小	车库的交通组织复杂	适用于用地规模不大的住区
倾斜楼面系统	平缓和直线的倾斜楼面有利于行车	汽车在不同楼面层之间行驶距离大大增加	对行车要求高的地下停车系统
螺旋曲线坡道系统	有利于汽车的缓和转弯	占用面积偏大	多设置在地下停车库的角上或其外部

（2）坡道位置的确定

坡道在地下停车库中的位置取决于库内水平交通组织情况和地面与地下之间的交通

联系以及地面上的交通状况等因素。概况起来，坡道在地下停车库中的位置基本有两种情况，即坡道在车库主体建筑之内和在主体建筑之外（图 13.36），在一定条件下，这两种情况也可以混合使用。

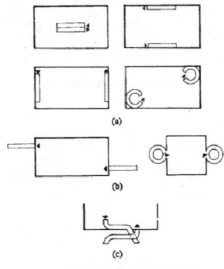

(a)在主体建筑之内；(b)在主体建筑之外；
(c)在主体建筑内、外均有

图 13.36　坡道的位置

　　坡道在车库主体建筑之内的主要优点是节省用地，上下联系方便，但由于坡道的存在使得主体建筑的结构与柱网较复杂，如要求对口部实行防护时较困难。坡道在主体建筑之外时，坡道结构与主体建筑分开，较容易处理，也便于进行防护，但在场地狭窄时，总平面布置可能会有困难。因此，高层居住小区在条件允许时宜优先考虑将坡道设置于主体建筑之内以节省用地，增加有效停车面积，调研中大多数高层居住小区也是采用了此种方式。

　　（3）坡道宽度的确定

　　坡道的宽度一方面会影响行车的安全，另一方面也会决定坡道的面积大小，从而影响停车库空间的利用效率，因此过宽或过窄都是不合理的。地下停车库如果采用直线单车坡道，则其净宽度应为车辆宽度加之两侧距墙的必要安全距离（0.8 ~ 1.0m），如果是双车坡道还要加上两车之间的必要安全距离（1.0m，包括车道分界道标识宽）。曲线坡道的宽度应为车辆的最小转弯半径在弯道上行驶所需要的最小宽度加上安全距离（1.0m）。为了提高高层居住小区地下停车库的停车率，宜优先选用最小宽度的坡道，地下停车库坡道的最小宽度可参照下表（表 13.12）进行设计。

表 13.12　地下停车库坡道的最小宽度　　　　　　　　　　　　　　　　（m）

汽车宽度（小型车）	直线单车坡道	直线双车坡道	曲线单车坡道	曲线双车坡道（内圈）	曲线双车坡道（外圈）
1.8	3.0 ~ 3.5	5.5 ~ 6.5	4.2 ~ 4.8	4.2 ~ 4.8	3.6 ~ 4.2

二、直停坡道式地下停车库空间提升优化设计案例

我们以深圳金域缇香二期地下停车库为例，比对经过上述措施优化设计后的原始车库方案与优化设计方案的停车效率。

深圳万科金域缇香位于深圳 5 大副中心之一坪山新区的 CBD 中心区，坪山街道丹梓大道南侧，土地面积 78583.06m²，总建筑面积 278956m²，主力户型为约 75 ~ 89m² 的 2 房 ~ 4 房，是万科继四季花城、万科城、第五园之后，开发的又一座"大城"，共分两期开发。二期（如图 13.37 和图 13.38）总共 10 栋住宅楼，地上 29 ~ 34 层，容积率 3.2，土地面积 44933.7m²，总建筑面积 172138m²，规划停车位 1412 个。

图 13.37　深圳万科金域缇香二期总平面图

图 13.38　深圳万科金域缇香二期鸟瞰图

通过对深圳金域缇香二期设计文本中地下负二层停车库的分析后发现其存在如下问题：

1. 地下停车库的柱网尺寸统一为 8000mm×8000mm（图 13.39），对照上述的分析可知该柱网尺寸设计不合理、不经济；

2. 车库中的车行流线复杂，许多地方都是死胡同，尽端路过多，行车效率低；

3. 地下二层车库设计层高（3.8m）较高；

4. 坡道过宽不经济等问题。

因此针对上述问题，作者对其地下二层停车库进行了集约化设计优化（如图 13.40），集约化设计优化措施主要包括：

1. 地下停车库的柱网由 8000mm×8000mm 调整为上述基本柱网模式 7800mm×8100mm；

2. 地下车库的层高由 3.8m 调整为 3.6m；

3. 地下车库坡道由 7.5m 调整为 7.0m；

4. 梳理车行流线，形成环形车道；

5. 根据变化的柱网灵活调整外围挡土墙轮廓等。

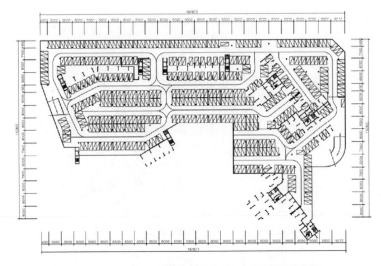

图 13.39　深圳金域缇香二期地下负二层原始平面图

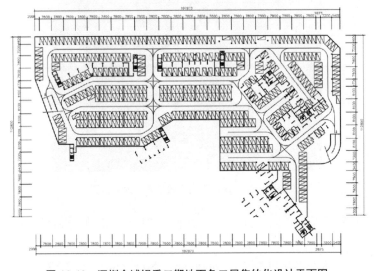

图 13.40　深圳金域缇香二期地下负二层集约化设计平面图

将深圳万科金域缇香二期负二层地下停车库的原始方案 A 与集约化方案 B 的有关数据整理罗列于表 13.13。

表 13.13　深圳万科金域缇香二期负二层地下停车库集约化效果

位　置		原始方案 A	集约化方案 B	比较结果 B-A
地下室	总建筑面积（m²）	14393.7	14325.1	-68.6
	层高（m）	3.8	3.6	-0.2
	空间容量（m³）	54696.1	51570.2	-3125.8
	车位数量（辆）	425	453	+28
停车位	车位占地面积（m²/辆）	33.9	31.6	-2.3
	车位容量（m²/辆）	128.7	113.8	-14.9
坡道	坡道宽度（m）	7.5	7.0	-0.5
	坡道占地面积（m²）	46.7	36.6	-10.1

从表 13.13 中可以看出：通过对地下车库柱网尺寸、层高、坡道宽度的集约化设计后，地下车库中单位车位占地面积由原始方案的 33.9m²/辆减少到 31.6m²/辆，从而使地下车库的停车数量增加了 28 个，增加了地下车库的停车位数量；通过降低层高及灵活变化车库外围挡土墙，使得每车位容量减少 14.9m³，从而减少了基础埋深及开挖土方量，缩短了地下车库建设工期，同时削减了造价；通过紧凑坡道宽度及降低层高，减少了坡道的占地面积从而降低坡道的建设费用，同时也相应地增加了有效停车面积。

第四节　地下车库成本造价与优化设计的意义

地下车库造价中，材料成本（钢筋和混凝土成本）可以占到 60% ~ 70%，所以降低地下车库造价可以通过降低材料造价入手。设计流程中，构件的截面尺寸、材料强度等决定材料造价的高低的因素，是由结构专业决定的。然而地下车库实际的设计流程中，往往是由建筑专业主导，结构专业相对较为被动而且容易受到建筑专业的制约。地下车库轴网尺寸的选择上，考虑到尽可能在相同面积下增加停车数量，建筑专业往往会选择大轴网（8100mm×8100mm），然而地下车库轴网尺寸的大小一定程度上影响了材料造价的高低，大轴网的材料造价较高，这对于降低造价是不利的。另外地下车库施工过程中土方开挖量也涉及造价问题，土方开挖量的多少决定于多层地下车库层高的，而地下车库的层高受到框架梁截面高度的影响，框架梁截面高度增大，为保证净高，层高也相应增大。合理选择楼板类型可以降低框架梁截面进而减小土方开挖量。

在地下车库优化设计时，结构专业可以在经济性、实用性、合理性上发挥专业优势，避免混凝土、钢筋等结构材料造价的增加。所以从降低造价的角度考虑，结构专业应主动地进入到地下车库的优化设计流程中，并在材料造价的降低方面给出自己的专业意见。因此，从结构专业的角度对地下车库材料造价进行优化研究，显得非常有必要性和实用价值性，这也是本章讨论的内容。

本章运用结构优化设计的理论，针对常见的地下车库，选择材料造价作为结构优化设计的目标函数，选择顶板及中间楼板方案、框架柱延性、柱网尺寸以及消防车道荷载作为影响变量，在相关规范的约束条件下对地下车库进行结构优化设计。

本章主要讨论的内容如下：

（1）针对地下车库常用的几种顶板方案（无次梁的主梁布置方案、十字次梁布置方案以及井字次梁方案）和常用的几种中间楼板方案（无次梁的主梁布置方案、一道次梁布置方案以及十字次梁方案），在满足规范对于楼板裂缝、最小板厚以及配筋率要求的前提下，分析对比通过各种方案在材料造价方面的优劣，并根据工程实例对所得出的结论进行论证说明，以期对多层地下车库顶板方案及中间楼板方案的选择给予一定的参考意见。

（2）指出建筑专业以车位排放方式来优化柱网尺寸所存在的弊端，从材料造价角度对多层地下车库的柱网尺寸进行分析，对普遍使用的大柱网尺寸（8100mm×8100mm）与小柱网尺寸（5300mm×5400mm）进行比较，论证小柱网尺寸比大柱网尺寸的材料造价更低。

一、地下车库建造成本的构成

经一个实际工程测算，地下车库成本构成见表 13.14。

表 13.14　地下车库成本构成表

项目	土方	材			料				人工及税金	
		基础	混凝土	钢筋	建筑	电气	水	暖通	人工	税金
比例	7.5%	5%	24%	25%	10%	2.5%	5%	2%	14%	6%
		53%				9.5%			20%	

地下车库成本构成中，建筑、设备占比较小且较为刚性；控制地下室成本的关键是钢筋及混凝土用量，以及基坑支护成本。

二、不同结构的地下车库建造成本

高层住宅的地下车库较上部结构而言造价高、施工难度大、面积利用率低。从目前的房地产建筑项目建造情况看，一般地，高层住宅地下车库成本要占到土建总成本的25% 左右；而不同结构的地下车库建造成本为：

一般地下一层现浇井字梁车库成本约 1600 元 /m²，人防地下室约 2300 元 /m²；地下两层车库造价每平方米约 2200 元左右；地下一层车库和地下二层人防地下室的造价每平方米约 2500 元。

空心楼盖、叠合梁、蜂巢芯、模壳等结构一层地下车库成本约 1400 ~ 1500 元 /m²，人防地下室约 2100 元；地下两层车库造价每平方米约 2100 元左右；地下一层车库和地下二层人防地下室的造价每平方米约 2400 元。

整体现浇装配式车库由于采用了大跨度预应力车库板，综合造价均有大幅降低。一般地下一层整体装配式车库成本约 1200 元 /m²，人防地下室约 1900 元 / 平方米；地下两层车库造价每平方米约 1900 元左右；地下一层车库和地下二层人防地下室的造价每平方米约 2200 元。

在地下车库本身的价值贡献有限的情况下，如果地下空间不精打细算地加以充分利用，将会在不知不觉之中被"吃"掉很大一块利润。因此，优化设计，合理降低地下车库建造成本，将是提高房地产开发利润的重要手段。

三、地下车库设计对建筑成本造价的影响

表 13.15　地下车库的做法及对成本造价的影响

序号	常见错误做法	正确做法及措施	成本造价影响
1	未把层高控制到最小，有的甚至做到 4m 多高。	一般 3.6m 即可（控制梁下高度 2.8m）	地下车库层高每增加 100mm，综合造价约增加 18 元 /m²
2	底板建筑（面）垫层厚度按照 50～150mm 厚度设计	底板结构找坡，面层及排水层 50～150mm 厚	垫层每增加 100mm，地下车库综合造价约增加 10 元 /m²，同时相应的层高也增高 100mm，两者相加，综合造价约增加 28 元 /m²
3	顶板顶面做平均 200mm 厚的配筋细石混凝土找坡层	顶板用结构找坡，顶面做 40mm 厚细石混凝土保护层	平均 200mm 厚的顶板配筋细混凝土找坡层，综合造价约 105 元 /m²
4	顶板覆土太厚，有的覆土厚度甚至达 1.8m	进行精细化设计，厚度优化控制在 0.8～1.2m；有绿化时厚度控制在 1.2m	顶板覆土平均厚度每增加 300mm，综合造价约增加 30 元 /m²
5	地下车库轮廓线未经仔细推敲，出现无效面积	轮廓线应平直方正，没用的空间一定要剔除	地下车库建造成本约 2000 元 /m²
6	柱网及布车不合理，出现"隐形"无效面积	柱网应符合车位模数，紧凑布置，禁止边车道	经常能优化出几十甚至数百上千平方米无效面积，优化增加销售价值常常上千万元
7	设备房面积设计太大	设备房勉强够用即可	减少的设备房面积等于减少成本造价
8	设备房挤占车位位置	禁止设备房挤占行车旁边的停车位	被挤占后，要被回相同车位数，需要付出三倍的面积，等于出现无效面积
9	相邻人防防护单元主要出入口未合并位置	相邻人防防护单元主要出入口应尽量合并位置	相邻人防防护单元主要出入口若未合并位置，不仅浪费而且影响景观布置
10	未利用汽车坡道做人防主要出入口	应尽量利用汽车坡道做人防主要出入口	另做楼梯或坡道出口，浪费会上万元

从表 13.15 可以看出，车库设计中的任何疏忽，轻则带来成本超千万的额外增加。重则影响到未来的使用功能。

四、地下车库结构设计成本优化的意义

迄今为止，关于多层地下车库的的材料造价的优化研究并不多，而且大多数文章都只是对影响造价的个别因素进行研究。从结构专业的角度出发，对影响多层地下车库的材料造价的几个主要因素进行系统的研究，并根据每个因素的影响程度采取合理的优化措施来降低材料造价，此类研究并不多。

实际工程中，地下车库顶板和中间楼板方案以梁板结构为主，关于这方面的研究，主要是在一定的条件下比选几种不同楼板方案的经济性差异，但对于多层地下车库顶板

板厚的研究很少，随着多层地下车库在实际应用中越来越多，多层地下车库中间楼板方案经济性比选的实际意义也越来越大；结构的延性主要与结构的抗震有关系，结构延性的研究主要是从抗震设计的角度提高结构的延性，增加结构构件在超过其屈服强度后的变形能力。石磊在《钢筋混凝土住宅结构体系的优化设计及用钢量控制》一文中研究了高层建筑结构延性与造价之间的关系，增加结构延性可以达到节约造价，多层地下车库结构延性与材料造价具有一定关系，但是针对多层地下车库方面的研究较少；多层地下车库柱网尺寸的选择不仅要满足停车位数量、建筑功能等建筑专业的要求，同时应考虑材料造价的高低；顶板截面尺寸和配筋由多层地下车库顶板的恒荷载和活荷载决定，其中较为关键的也是设计的难点便是消防车活荷载的确定。《建筑结构荷载规范》GB0009-2012仅给出了大跨度单向板及双向板的消防车活荷载取值，对于其均布活荷载取值不详细，不能反映等效均布活荷载与跨度、覆土厚度等相关关系。结构设计人员有时忽视不同覆土厚度对于消防车活荷载的折减影响，仅根据规范选用大板跨消防车活荷载计算，使得消防车活荷载取值变大，出现结构材料浪费。除此之外，荷载规范不是十分准确的表明等效荷载的应用条件。多层地下车库结构设计优化的研究，应通过理论计算，结合各项经济技术指标的对比分析，所得科研成果可为工程技术人员在多层地下车库设计过程中控制结构材料造价提供帮助。

　　地下车库的结构设计涉及多个方面，应根据具体情况，选择合理的柱网尺寸、板跨、荷载以及楼盖形式等进行地下车库的结构优化设计。需综合考虑柱网尺寸、板跨、楼盖形式及荷载之间的关系，进行合理的搭配。研究各因素之间的关系，已经逐渐成为了如今的发展趋势。多层地下车库经常采用无次梁、十字次梁以及井字次梁作为顶板方案。针对这几种顶板方案和工程实例进行综合分析，希望能达到对顶板和中间楼板等结构方案的优化。

第五节　地下车库结构设计优化
——平面布置之柱网优化设计

　　在项目初期的规划设计中，往往有多种方案可供我们选择。例如，同样面积是6400m^{2}的地下车库，可以排布成8m（长）×8m（宽）×1（层）的地下车库，也可以排布成8m（长）×4m（宽）×2（层）的地下车库（见图13.41、图13.42）。这两种做法看似区别不大，实则在工程成本造价方面有着天壤之别。

一、车位排放方式的柱网尺寸优化

　　多层地下车库作为小区建筑工程的附属地下建筑，由于其建筑面积较大、造价较高，所以多层地下车库的工程造价控制一直都是开发商关心的焦点，而柱网尺寸的合理优化可以直接降低工程造价。柱网尺寸的优化指的是在满足停放数量及停车位尺寸等前提下，尽可能减小地下车库的面积，或者同等面积的车库能尽可能多的停放车辆，这两种优化方式都是通过减少单车位面积来实现工程造价的降低。

　　相同面积下，车位的排布方式对单车位面积有很大影响，一般的车位排布方式采用的是环形布局，而较为经济的排布方式则是采用单向经济性原理的布局。假设有一块标准层建筑面积为 3092m² （57.1m × 59.8m）的多层地下车库，柱网尺寸为 8100mm × 8100mm，两种车位排布方式下的标准层建筑平面图如下图 13.41 和图 13.42 所示。

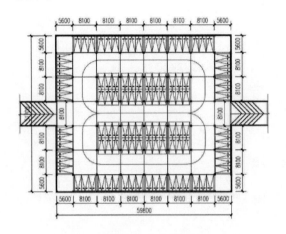

图 13.41 环形布局下的标准层建筑平面图　　图 13.42 经济布局下的标准层建筑平面图

可以看出，环形布局下单车位面积为 3092m² ÷ 108=28.6m²/ 辆，经济布局下单车位面积为 3092m² ÷ 124 辆 =25.0m²/ 辆。相同柱网尺寸、相同建筑面积，因车位排布方式的差异，单车位面积差为 28.6m²-25.0m²=3.8m²。如果一个小区内有 1000 辆车，相同柱网尺寸，通过合理的排布方式，两种车位排布方式下的总面积差为 3800m²，也就是说，同样的柱网尺寸，采用经济布局可以多出 3800m²，如果多出面积按照经济布局实施，单车位面积按照 25.0m²/ 辆考虑，则经济布局可以多出 3800m² ÷ 25.0m²/ 辆=152 辆，每辆车按照 12 万元 / 辆进行销售，则车位的销售收入可以增加 1824 万元。所以在相同的柱网尺寸情况下，合理的车位排布方式可以有效的减小单车位面积，以达到节约地下车库面积目的，而多出的面积可以通过合理的排布形式增加车位的数量，以达到增加销售收入的目的。

二、如何优化设计柱网尺寸

地下车库柱网应正交，柱网方向、柱网位置与塔楼柱网尽量一致。

柱网尺寸应符合停车模数，尽量不要出现一车或两车的小柱距，提高停车效率。一般情况下采用两个方向比较均匀的柱网；在地质情况复杂、抗浮水位较高且基坑围护条件较差的项目中，降低层高 200 ～ 300mm 可以显著节省开挖量和基坑支护费用时，须与小柱网方案经过经济性比较后采用。

为减少柱网尺寸，框架柱可采用宽度较小的矩形柱，宽度不宜超过 600mm（包括 50mm 面层）。地下车库可考虑沿周边设置 5 ～ 10% 的大型尺寸停车位，解决大型车停车问题。根据各个地区交警部门对车道宽度、车位划线的不同要求，两种柱网基本车位布置及柱网尺寸按以图 13.43 和表 13.16 控制。

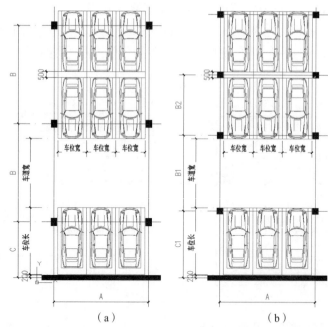

（a）　　　　　　　　（b）

图 13.43　两种柱网基本车位布置

表 13.16

参数	条件及轴网尺寸（m）	
A	7.8（车位宽度 2.4）	8.1（车位宽度 2.5）
B	8.1（车道宽度 5.5）	8.3（车道宽度 6.0）
C	4.4（车位长度 5.3）	4.8（车位长度 5.7）
B1	6.1（车道宽度 5.5）	6.6（车道宽度 6.0）
B2	5.1	
C1	5.3（车位长度 5.3）	5.7（车位长度 5.7）

案例：金地地产地下车库柱网尺寸优化

【金地】

- 停3辆车的柱间净宽应为7200，若采用600×600柱子，停3辆车柱网轴线间宽度至少为7800，若一边有墙则为8100；
- 停两辆车的柱间净宽应为4800，若采用600×600截面的柱子，柱轴距为5400；
- 当车库使用时需要封侧面墙体，会由于原先车位和柱子间的尺寸不够而导致车门不能开；有封闭可能的车位要事先多留300宽度。

三、基于材料成本的柱网尺寸优化

上述地下车库柱网尺寸的优化仅仅是从建筑车位排布方式入手，而忽略了结构材料造价这个很重要的因素。对于结构材料造价而言，上述两种车位排布方式采用的是一种柱网尺寸，在顶板覆土厚度、顶板及中间楼板形式等条件相同的情况下，显然两种车位排布方式的材料造价相等。而材料造价在多层地下车库的整体造价中又占有很大比重，因此，如果能在保证单车位面积经济的前提下减小材料造价，则整体造价也会有明显降低。从材料造价的角度对顶板及中间楼板形式的优化分析已经在第二章中讨论过，这里仅从材料造价的角度对柱网尺寸进行优化分析。

住宅小区的地下车库一般按照微型车（微型客车、微型货车、超微型轿车）、小型车（小轿车、6400系列以下的轻型客车、1040系列以下的微型货车）来设计的，故本节只对独立地下微型及小型车多层地下车库进行分析。

按中华人民共和国行业标准 JGJ100-98《汽车库建筑设计规范》，设计规范要求的小型车不同停车方式所占用的单车位及通车道所需尺寸，不难看出垂直式后退停车所占用的停车面积最小。故一般情况下，多层地下车库都采用该种停车方式。根据规范规定，多层地下车库在垂直停车且倒车进顺车出的情况下车位尺寸最小车位最小尺寸为2400mm×5300mm（平行通车道方向的宽度为2400mm，垂直通车道方向的长度为5300mm），通道的最小尺寸为5500mm。根据工程经验，多层地下车库常见的柱网尺寸有：7800mm×7800mm、8100mm×8100mm、8400mm×8400mm。不同柱网尺寸单车位材料造价的比较如下表13.17所示。

表13.17 不同柱网尺寸下单车位材料造价

柱网尺寸	7800mm×7800mm	8100mm×8100mm	8400mm×8400mm
单车位柱钢筋用量（kg/辆）	125.1	139.6	140.2
单车位梁钢筋用量（kg/辆）	650.1	759	801.8
单车位板钢筋用量（kg/辆）	1458.6	1585.1	1703.5
单车位墙钢筋用量（kg/辆）	174.7	187	188.2
单车位钢筋用量（kg/辆）	2408.5	2670.7	2833.7
钢筋单价（元/kg）	4.95	4.95	4.95
单车位钢筋造价（元/辆）	11922	13220	14027
单车位柱混凝土用量（m³/辆）	1.4	1.4	1.4
单车位梁混凝土用量（m³/辆）	3.3	3.3	3.5
单车位板混凝土用量（m³/辆）	9	9.7	10.4
单车位墙混凝土用量（m³/辆）	1.5	1.5	1.6
单车位混凝土用量（m³/辆）	15.2	15.9	16.9
混凝土单价（元/m³）	397	397	397
单车位混凝土造价（元/辆）	6034	6312	6709
单车位材料造价（元/辆）	17956	19532	20736

从表13.17可以看出，单车位材料造价与柱网尺寸成正比，柱网尺寸每增加300mm，相应单车位材料造价也会增加1300元左右。合理减小柱网尺寸可以有效降低单车位材料造价。

在满足设计规范要求的小型车不同停车方式所占用的单车位及通车道所需尺寸的前提下，现给出柱网尺寸为5300mm×5400mm的小柱网，与柱网尺寸为8100mm×8100mm的大柱网相比，假设有一块标准层建筑面积为1098m²（32.4m×33.9m）的多层地下车库，两种柱网尺寸下的标准层建筑平面图如图13.44和图13.45所示。

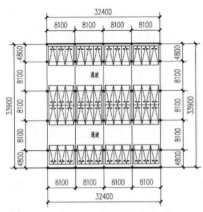

图 13.44　大柱网尺寸的标准层建筑平面图

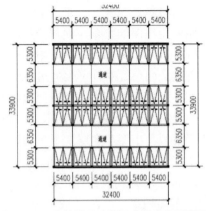

图 13.45　小柱网尺寸的标准层建筑平面图

　　可以看出，二者的单车位面积相同。但是由于小柱网尺寸下柱间跨度较小，所以较之大柱网尺寸，小柱网尺寸相应的梁、板跨度都有明显减小，进而单车位材料造价也会有明显降低。两种柱网尺寸的截面信息以及材料造价统计见表 13.18 和表 13.19。

表 13.18　不同柱网尺寸下构件的截面尺寸及荷载信息

柱网尺寸	大柱网	小柱网
框架柱截面（mm×mm）	600×600	500×500
框架梁截面（mm×mm）	500×900	400×700
次梁截面（mm×mm）	—	—
板厚（mm）	450	250
墙厚（mm）	300	300
恒荷载（kN/m²）	21.6	21.6
活荷载（kN/m²）	20	20

表 13.19　不同柱网尺寸下单车位的材料造价

柱网尺寸	大柱网	小柱网
单车位柱钢筋用量（kg/辆）	139.6	101
单车位梁钢筋用量（kg/辆）	759	580.2
单车位板钢筋用量（kg/辆）	1638	1585.1
单车位墙钢筋用量（kg/辆）	187	170.5
单车位钢筋用量（kg/辆）	2670.7	2489.7
钢筋单价（元/kg）	4.95	4.95
单车位钢筋造价（元/辆）	13220	12324
单车位柱混凝土用量（m³/辆）	1.4	1.2
单车位梁混凝土用量（m³/辆）	3.3	2.8
单车位板混凝土用量（m³/辆）	9.7	7.5
单车位墙混凝土用量（m³/辆）	1.9	1.5
单车位混凝土用量（m³/辆）	15.9	13.4
混凝土单价（元/m³）	397	397
单车位混凝土造价（元/辆）	6312	5320
单车位材料造价（元/辆）	19532	17644

由上表可以看出，与传统的大柱网相比，小柱网由于减小了柱间跨度，梁、柱及板的截面尺寸都相应减小，特别是对于板厚，跨度的减小使得板裂缝得到很好地控制，板厚也由 450mm 降低到 250mm。同时，小柱网的单车位材料造价比大柱网要少 1900 元左右。如果小区车位按照 1000 辆计算，选择小柱网则可以比大柱网节省 190 万元。从表 13.18 还可以看出，小柱网的框架梁梁高为 700mm，大柱网的框架梁梁高为 900mm，从土方开挖的角度来说，选择小柱网则可以减少 200mm 的土方开挖，单车面积按照 25m^2，1000 辆车的建筑面积就是 25000m^2，小柱网可以减少 5000m^3 的土方开挖量，土方开挖造价按照 30 元/m^3 考虑，则小柱网可以节省 15 万的土方开挖造价。所以可以指出，相比于传统的大柱网尺寸（8100mm×8100mm），小柱网尺寸（5300mm×5400mm）的材料造价与土方开挖造价有明显的降低，可以作为多层地下车库柱网尺寸的优化方案。

四、柱网尺寸比较分析与优化选择

地下车库的柱网优化一般会通过车位经济性排放方式来减少单车位面积，从而保证一定建筑面积下停车数最大化，但是这种柱网优化方式忽略了柱网优化中单车位材料造价的影响。通过对实际工程经验的总结，可以对比看出：

（1）地下车库柱网尺寸的大小与单车位材料造价成正比关系，柱网尺寸越小，单车位材料造价越低，因此在满足规范对于车位尺寸最小要求的前提下，合理减小柱网尺寸，显然可以降低单车位材料造价；

（2）相比传统的大柱网（8100mm×8100mm），小柱网（5300mm×5400mm）可以在不增加单车位面积的情况下降低单车位材料造价，通过工程实例分析，小柱网的单车位材料造价比大柱网要节省 8000 元/辆，同时由于小柱网的框架梁梁高比大柱网要小，所以小柱网的土方开挖量比大柱网要少，土方开挖造价也有明显降低。

五、案例分析

1. 工程概况

某住宅小区位于安徽省合肥市，地下部分为双层地下车库，框架结构。双层地下车库四边为 300mm 厚的挡土墙，东西向 79.2m，南北向 33.9m，标准层建筑面积为 2685m^2，总建筑面积为 5370m^2。双层地下车库的净高要保证 2.2m，管线高度 0.7m，层高=（2.9m+梁高），根据框架梁的尺寸，首层层高取 3.8m，负一层层高取 3.7m。混凝土强度等级 C30，钢筋等级 HRB400，地震设防烈度 7 度，框架抗震等级三级。顶板上有 1.2m 的覆土，顶板恒载：1.2m×18kN/m^3=21.6kN/m^2，顶板活载：考虑消防车道荷载。负一层楼板恒载：1.5kN/m^3，负一层楼板活载：参考 GB50009-2012《建筑结构荷载规范》中的表 5.1.1 取 4.0kN/m^3。双层地下车库的平面图见图 13.46。

2. 优化前后方案对比

优化前的方案中，柱网采用的是 8100mm×8100mm 的大柱网，顶板选用井字次梁布置方案，负一层楼板选用十字次梁布置方案，主要构件截面尺寸及荷载取值见表 13.20。

根据 PKPM 的计算结果并结合 STAT-S 程序双层地下车库顶板梁、板、柱的钢筋混凝土用量统计如下：

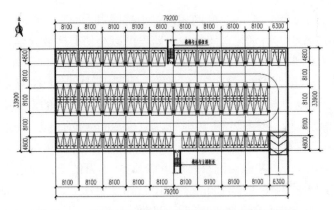

图 13.46　双层地下车库柱网优化前标准层建筑平面图

表 13.20　优化前方案顶板和负一层楼板的截面及荷载信息

顶板方案	顶　　板	负一楼顶板
框架柱截面（mm × mm）	600 × 600	600 × 600
	650 × 650	650 × 650
框架梁截面（mm × mm）	500 × 900	350 × 550
次梁截面（mm × mm）	350 × 600	250 × 450
板厚（mm）	250	120
恒荷载（kN/m²）	21.6	1.5
活荷载（kN/m²）	20	4.0

　　梁混凝土用量：509m³；板混凝土用量：666m³；柱混凝土用量：95m³；混凝土总用量：1270m³。

　　梁钢筋用量：135373kg；板钢筋用量：42564kg；柱钢筋用量：5968kg；钢筋总用量：183905kg。

　　双层地下车库负一层楼板梁、板、柱的钢筋混凝土用量统计如下：

　　梁混凝土用量：155m³；板混凝土用量：320m³；柱混凝土用量：90m³；混凝土总用量：565m³。

　　梁钢筋用量：35184kg；板钢筋用量：19074kg；柱钢筋用量：7011kg；钢筋总用量：61899kg。

　　优化前方案顶板和负一层楼板最大跨单跨构件配筋信息，如下图 13.47 所示：

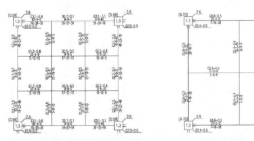

（a）顶板最大跨构件配筋信息　　（b）负一层楼板最大跨构件配筋信息

图 13.47　优化前方案顶板和负一层楼板最大跨构件配筋信息

根据以上对于多层地下车库柱网尺寸的讨论，现对之前方案的柱网尺寸进行优化：选用5300mm × 5400mm的小柱网，对原有车位重新进行排放，柱网优化后的标准层建筑平面图见下图13.48。顶板采用十字次梁布置方案，负一层楼板采用主梁布置方案，主要构件截面尺寸及荷载取值见13.21。

表13.21 优化后方案顶板和负一层楼板的截面及荷载信息

顶板方案	顶板	负一楼顶板
框架柱截面（mm × mm）	500 × 500	500 × 500
框架梁截面（mm × mm）	400 × 700	300 × 600
次梁截面（mm × mm）	300 × 550	—
板厚（mm）	250	120
恒荷载（kN/m²）	21.6	1.5
活荷载（kN/m²）	20	4.0

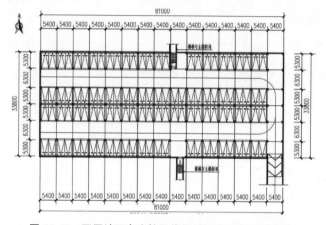

图13.48 双层地下车库柱网优化后标准层建筑平面图

根据PKPM的计算结果并结合STAT-S程序双层地下车库顶板梁、板、柱的钢筋混凝土用量统计如下：

梁混凝土用量：362m³；板混凝土用量：684m³；柱混凝土用量：109m³；混凝土总用量：1155m³。

梁钢筋用量：89012kg；板钢筋用量：61496kg；柱钢筋用量：7938kg；钢筋总用量：158446kg。

双层地下车库负一层楼板梁、板、柱的钢筋混凝土用量统计如下：

梁混凝土用量：144m³；板混凝土用量：328m³；柱混凝土用量：101m³；混凝土总用量：573m³。

梁钢筋用量：12548kg；板钢筋用量：48533kg；柱钢筋用量：8203kg；钢筋总用量：69284kg。

优化后方案顶板和负一层楼板最大跨单跨构件配筋信息，如下图13.49所示：

根据PKPM的计算统计结果，两种方案的材料用量统计及单车位材料造价的计算见表13.22。

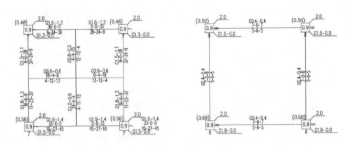

（a）顶板最大跨构件配筋信息 　（b）负一层楼板最大跨构件配筋信息

图 13.49　优化后方案顶板和负一层楼板最大跨构件配筋信息

表 13.22　工程量统计及单车位材料造价计算

方　　　案	优化前方案	优化后方案
梁混凝土用量 (m³)	664	506
板混凝土用量 (m³)	986	1012
柱混凝土用量 (m³)	185	210
混凝土总用量 (m³)	1835	1728
混凝土总造价 (万元)	72.8	68.6
梁钢筋用量 (kg)	170557	101560
板钢筋用量 (kg)	63268	110029
柱钢筋用量 (kg)	12979	16141
钢筋总用量 (kg)	246804	227730
钢筋总造价 (万元)	122.2	112.7
材料总造价 (万元)	195.0	181.3
单车位材料造价（万元 / 辆）	1.81	1.01

　　从表 13.22 可以看出，通过对该双层地下车库柱网尺寸进行优化，在保证单车位面积不变的前提下，单车位材料造价可以节约 8000 元 / 辆，经济效益十分明显。优化前顶板框架梁的梁高为 900mm，优化后顶板框架梁的梁高为 550mm，经过柱网优化，可以减少 350mm（900mm–550mm=350mm）的土方开挖，多层地下车库标准层的建筑面积为 81m × 33.8m=2738m²，土方开挖造价按照 30 元 /m³ 考虑，则经过柱网优化，土方开挖造价可以节省 3 万元左右。

　　案例：万达地产柱网设计优化分析

1. 停车方式

汽车库内停车方式常用的有平行式、垂直式、斜列式三种（图 3.50）：

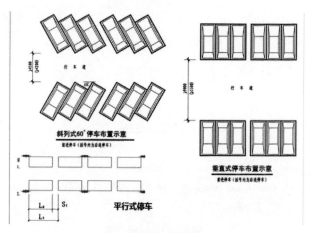

图 13.50 停车方式

从驾驶和停车的安全、经济、方便原则应优先选择或只采用垂直式停车方式

2. 汽车外廓尺寸

车　　　型		品　　　牌	尺　　寸（mm）
微型车 (A00 级)		奇瑞 QQ	3564 × 1620 × 1527
		小贵族	3010 × 1605 × 1600
小型车	A0 级	大众 POLO	3970 × 1682 × 1462
		丰田威驰	4300 × 1690 × 1490
	A 级	大众捷达	4487 × 1706 × 1470
		大众宝来	4523 × 1775 × 1467
中档车（B 级）		大众帕萨特	4870 × 1938 × 1472
		奔驰 C 级	4581 × 1770 × 1448
高档车（C 级）		奥迪 A6L	5015 × 1874 × 1455
		奔驰 E 系	5012 × 1855 × 1644
豪华车（D 级）		宝马 7 系	5223 × 1902 × 1498
		奥迪 A8	5267 × 1949 × 1460

从表中可以看出，车型因档次不同，车型的尺寸从 3m 到 5.2m，有较大的变化幅度。车型尺寸的变化也影响到停车位尺寸的大小，从而会影响到地下车库设计。

依据《汽车库建筑设计规范》（JGJ 100-98）4.1.4 条中，按照垂直后退式停车，和双排背对背停车位，停车位宽度≥车宽 +0.3+0.3。车位长度≥车长 +0.25

建议停车位标准赵分为不同的尺寸类型：

车　　　位	车　　　型	停车位尺寸 (m)
微型车位	微型车（A00 级）	4×2.2（暂不考虑）
标准车位	小型车 (A0 级、A 级)	5×2.3
	中档车（B 级）	5.1×2.4
	高档车（C 级）	5.5×2.5
豪华车位	豪华车（D 级）	5.6*2.6

实际设计建议取 5.5m×2.5m 为设计车位尺寸，基本满足了各种车型的停车要求。

3. 柱网尺寸（图 13.51）

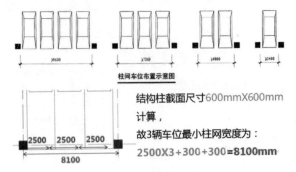

图 13.51　柱网尺寸

在地下车库一个防火分区面积内（约 4000m²），分别按 8.4m×8.4m 和 8.1m×8.1m 排布车位（图 13.52）。

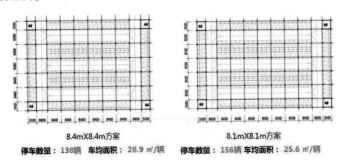

图 13.52　防火分区

结论：

从停车效率角度考虑，最佳柱网选择为 8.1m×8.1m。

4. 车库模块化设计

（1）模块：是经设计研究优化的车道面积最小、停车效率最高、面积是 4000m²（一个防火分区）的设计模数单元。

（2）防火分区的划分：防火墙（防火卷帘）的设置应最大限度地减小对车辆通行及车位布置的影响。

一个防火分区模块的轴网排布可参考图 13.53 轴网布置规律；$X×Y \approx 4000m^2$。

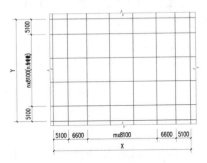

图 13.53　防火分区轴网布置

模块一：（图 13.54）

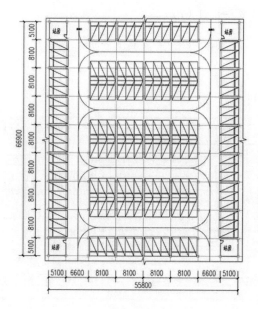

图 13.54

$Y=5.1 \times 2+8.1 \times 7=66.9$（m）

$X=(5.1+6.6) \times 2+8.1 \times 4=55.8$（m）

模块面积：3733.02m²。

车位数：138 辆。

车均面积：27.05m²/ 车。

模块二（图 13.55）：

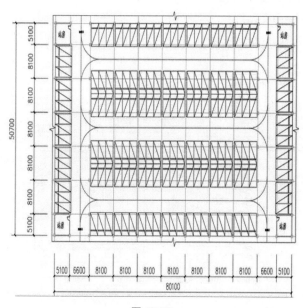

图 13.55

Y=5.1×2+8.1×5=50.7（m）

X=(5.1+6.6)×2+8.1×7=80.1（m）

模块面积：4061.07m^2。

车位数：156辆。

车均面积：26.03m^2/车。

模块三（图13.56）：

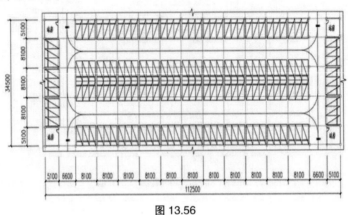

图 13.56

Y=5.1×2+8.1×3=34.5（m）

X=(5.1+6.6)×2+8.1×11=112.5（m）

模块面积：3881.25m^2。

车位数：150辆。

车均面积：25.87m^2/车。

模块化设计总结：

Y=5.1×2+8.1×n(n 为奇数）

X=(5.1+6.6)×2+8.1（mm）

模块面积：$X \times Y$=4000m^2 左右。

可布置车位数：W

车均面积：$X-Y/W=Q$m^2/辆

由以上例证可得（图13.57）：

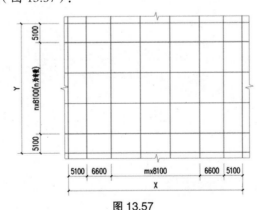

图 13.57

在 n 越小 m 越大的情况下（$n \nleq 3$），即 X 方向越长，Y 方向越短的模块，车均面积 Q 越小。站房可随着模块的自由组合而利用或变化使用性质。

根据以上结果（图 13.58），在总图规划方面，从提高停车效率的原则出发，应尽量使楼间距 L 满足 $Y = 5.1 \times 2 + 8.1 \times n$（$n$ 为奇数）。

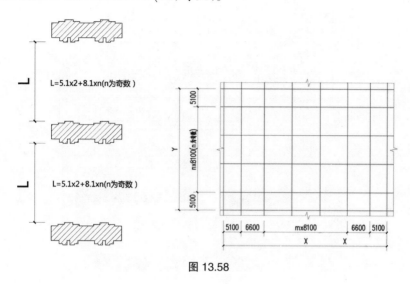

图 13.58

5. 车库与商铺柱网的协调

针对万达销售物业特点，商铺柱网开间为 8.4m，形成以下三种车库平面模块（图 13.59）：

（1）地库完全脱离商铺范围，采用 8.1m×8.1m 柱网。

（2）地库局部地库进入商铺范围，商铺范围为 8.4m 柱网，范围外 8.1m×8.1m 柱网。

（3）地库与商铺外边缘完全重合，商铺范围为 8.4m 柱网，范围外 8.1m×8.1m 柱网。

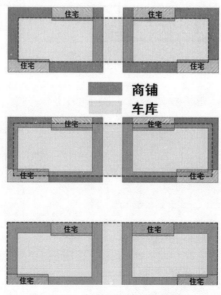

图 13.59 车库与商铺、住宅关系

1. 地库全脱离商铺，基本柱网布置（图 13.60）

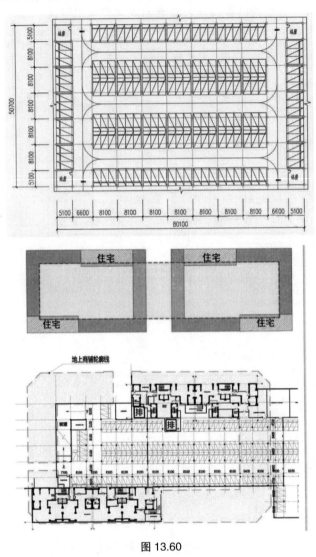

图 13.60

2. 地库局部进入商铺，基本柱网布置（图 13.61）

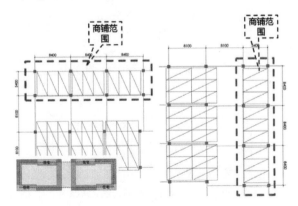

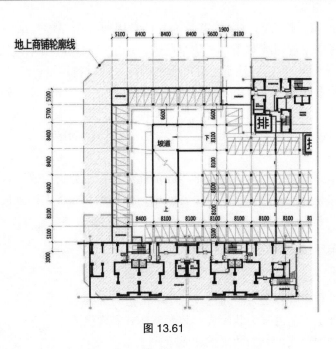

图 13.61

3. 地库全部进入商铺，基本柱网布置（图 13.62）

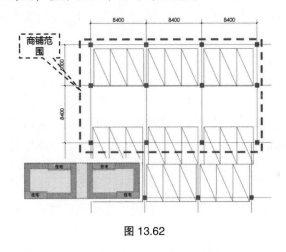

图 13.62

第六节　地下车库结构设计优化
——楼盖结构造价分析与优选

　　地下车库楼盖作为一种较特殊的楼盖结构，具有大跨度、大荷载的特点。在地下车库工程中，楼盖的造价和自重亦占有较大比重。因此，降低地下车库楼盖工程的造价和自重对地下车库乃至整体工程具有重要影响，确定技术可行、经济合理的结构形式至关重要。地下车库楼盖工程的结构形式多样，施工较复杂，工程造价差异较大，其前期的技术经济分析极为重要。合理选择地下车库楼盖的结构体系，是影响工程可行性的关键性战略问题，比设计和施工阶段对工程的合理性及经济性影响更大。本节通过对双向板、井字梁、BDF方箱、蜂巢芯、周转模壳等五种常用地下车库楼盖结构形式的设计特点和构造要求，考虑常规荷载和满布消防车荷载，选定三种柱网尺寸，分别进行地下车库楼盖工程计量与计价，确定各地下车库楼盖结构体系的材料用量、工程造价等经济指标。并综合不同结构形式地下车库楼盖材料用量、工程造价、使用功能、施工管理等综合技术经济指标，分析和比较不同结构形式地下车库楼盖比选结果，为结构选型、施工图设计提供参考，有助于选择结构安全、造价经济、使用方便的结构形式，确定地下车库楼盖方案比选方法。

通过地下车库楼盖结构形式的技术与经济性进行系统分析与研究，使地下车库楼盖的设计在技术和经济指标的控制得以更好实现，在技术和经济上达到最优化，实现最佳经济效益。

一、地下车库楼盖的分类与结构形式

1. 楼盖分类方法

楼盖的分类有多种方法，本讨论按如下标准进行分类：

（1）按其施工工艺可分为装配式、装配整体式和现浇式；

（2）按其结构形式可分为肋梁式和无梁式；

（3）按有无预应力可分为普通钢筋混凝土楼盖和预应力钢筋混凝土楼盖。

本讨论针对不同结构形式的地下车库楼盖进行技术经济分析与评价，得出自的特点和适用范围，为设计方案优化提供可靠的参考依据。

2. 地下车库楼盖结构形式分类

与多层或高层建筑中楼盖类似，地下车库楼盖按其结构形式可分为肋梁式和无梁式地下车库楼盖两大类。

肋梁式地下车库楼盖一般根据板、梁和柱或墙的结构布置情况，划分为一般肋梁式地下车库楼盖和密肋式地下车库楼盖。其中一般肋梁式地下车库楼盖有单向肋梁、双向肋梁、井字梁地下车库楼盖等几种主要结构形式；密肋式地下车库楼盖主要为各类一次、周转模壳结构楼盖。

无梁式楼盖包括实心板无梁楼盖和空心板无梁楼盖。目前，常用的现浇空心无梁楼盖主要有BDF薄壁箱、蜂巢芯等。合理选择地下车库楼盖的结构形式及合理布置肋梁间距可以取得较好的综合经济效益。

统计近几年地下车库楼盖工程的结构形式，如表13.23所示。

表13.23 地下车库楼盖结构形式统计表

序号	工程名称	楼盖结构形式	最大柱网(m)	数量(个)	比重(%)
1	尚风尚水地下车库	双向板	8.1	6	20.70
2	东山小区地下车库		8.0		
3	淄博新区某地下车库		7.8		
4	青岛某教育小区地下车库		8.1		
5	金色海湾地下车库		9.4		
6	华侨城某地下车库		8.1		

（续表）

序号	工程名称	楼盖结构形式	最大柱网 (m)	数量（个）	比重 (%)
7	汇美某住宅小区地下车库	模壳结构	7.2	6	20.70
8	人民路某小区地下车库		8.4		
9	黄金国际地下车库		7.2		
10	领秀城某地下车库		8.1		
11	泰安某地下车库		7.8		
12	兴达佳园地下车库		8.1		
13	良辰美景地下车库	蜂巢芯	8.1	5	17.2
14	瑞景园小区地下车库		8.4		
15	蓝天海景国际公寓地下车库		9.4		
16	山之韵地下车库		8.1		
17	风和日丽地下车库		8.1		
18	某展馆区地下车库	BDF 方箱	8.1	5	17.2
19	长沙路某经济保障房地下车库		8.1		
20	文昌路某经济保障房地下车库		8.4		
21	某运动员公寓地下车库		8.1		
22	滨河花苑地下车库		8.1		
23	孙家疃旧村改造地下车库	井字梁	8.1	3	10.3
24	淄博某旧村改造地下车库		8.1		
25	滨湖苑小区地下车库		8.4		
26	淄博新区某地下车库	GBF 薄壁管	8.1	2	6.9
27	某政府办公楼地下车库		8.1		
28	某保障性住房北区地下车库	叠合箱	8.1	2	6.9
29	淄博名尚 A# 地下车库		7.6		

由表 13.23 统计结果可见，地下车库楼盖各结构形式的数量及所占比重如图 13.63 所示。

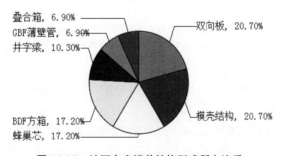

图 13.63　地下车库楼盖结构形式所占比重

根据几种不同结构形式的地下车库楼盖所占比例，并结合地下车库楼盖的设计、施工以及运营的特点，选取双向板、周转模壳、蜂巢芯、BDF 方箱、井字梁五种结构形式地下车库出楼盖进行方案设计、造价分析以及方案比选。

二、地下车库楼盖工程造价计价方式

目前我国工程造价的计价模式主要有消耗量定额和工程量清单。两种计价模式分别有其适用的范围和特点，除国有资本投资的工程项目必须采用清单计价模式外，其他情况下的工程项目具体采用清单模式还是消耗量定额模式由项目业主即建设单位自行确定。为实现计量与计价口径统一，本讨论对地下车库楼盖工程，采用消耗量定额计价模式进行地下车库楼盖的工程造价分析。

根据消耗量定额计价模式，地下车库楼盖工程造价项目包括：直接费、间接费、利润和税金。地下车库楼盖工程的直接费即为完成相应结构形式地下车库楼盖所需的人工、材料、机械台班等直接工程费以及相应措施费的总和。地下车库楼盖工程的间接费包括企业管理费和规费。利润根据建筑性质、规模大小、施工难易程度实施差别利润率。税金包括营业税、城市维护建设税、教育附加及地方教育附加。

地下车库楼盖各结构构件工程量计价方式如下：

（1）混凝土采用商品混凝土，套用商品混凝土定额计算人工、材料、机械台班等工程量消耗造价；

（2）钢筋根据计量结果，对不同级别、直径的钢筋分别套用相应定额计算人工、材料、机械台班等工程量消耗造价；

（3）模板根据计量结果，套用竹（胶）板模板钢支撑定额计算人工、材料、机械台班等工程量消耗造价；

（4）脚手架根据计量结果套用钢管架（双排）定额计算人工、材料、机械台班等工程量消耗造价；

（5）施工过程中砂浆统一采用混合砂浆，套用混合砂浆相应定额计算人工、材料、机械台班等工程量消耗造价。

（6）地下车库楼盖施工中用到的 BDF 方箱、蜂巢芯、周转模壳，根据技术条件和施工工艺的差异，其价格不一而足，本文采用市场均价。

三、地下车库楼盖工程成本造价分析

成本造价分析是指在各个不同阶段对确定工程造价的估算、概算、预算及决算的分析，以评价确定的工程成本造价的经济合理性。并通过分析，寻求降低工程成本造价的可能性及应采取的措施。工程成本造价深层的意义在于合理使用人力、物力、财力、以取得更大的投资效益。

地下车库楼盖工程成本造价，即从工程价格的角度对地下车库楼盖工程的建筑安装工程成本造价进行分析研究。

本章主要对五种常用结构形式地下车库楼盖进行工程成本造价分析，旨在研究不同结构形式地下车库楼盖的经济特征，明确各结构形式地下车库楼盖的经济指标为建筑工程在方案设计阶段提供科学的依据，寻求最优地下车库楼盖结构方案，经济合理地确定地下车库楼盖的工程成本造价并进行控制。

四、地下车库不同楼盖、不同条件的成本计算

王晓丹在《楼盖结构体系在不同跨度下的技术经济比较》论文中，对普通楼盖选用单向板肋梁楼盖、双向板肋梁楼盖、密肋楼盖、井式楼盖、无梁楼盖等四种楼盖形式，而对采用预应力楼盖的情况下选用主次梁楼盖、井式楼盖、密肋楼盖、框架梁平板楼盖、无梁平板楼盖等五种楼盖形式，选用跨度在 6.0m×6.0m 到 15.0m×15.0m 之间的情况下（每隔 1.5m 双向变化），附加恒荷载为 1.5kN/m²，活荷载为 3.0kN/m²，分别计算出不同跨度下各种楼盖的材料用量、裂缝、挠度、造价等各项指标，得出的结论为：

（1）在成本造价上，在普通的钢筋混凝土楼盖中，单向板肋梁楼盖为最经济的，其他依次为井式楼盖、双向板肋梁楼盖、密肋楼盖，无梁楼盖；而在采用预应力的情况下，最为经济的为主次梁楼盖，其他依次为井式楼盖、密肋楼盖、无梁平板楼盖、框架梁平板楼盖。

（2）在柱网不同情况下，从 6~9m 跨度之间的楼盖采用普通的混凝土楼盖会比采用预应力混凝土的楼盖要经济；跨度在 9~12m 之间时，普通的混凝土楼盖与预应力混凝土楼盖的造价相比，造价基本持平或预应力的楼盖会稍低；跨度在 12~15m 之间时，预应力混凝土楼盖的经济性要比普通的混凝土楼盖好，并且材料用量比普通的混凝土楼盖要低得多。

（3）采用预应力混凝土楼盖，其结构高度比普通的混凝土楼盖有明显的优势。

本节对地下车库采用无梁楼盖、普通梁板式楼盖、空心楼盖等三种结构形式的经济性进行系统的分析比较，在进行其经济性分析的过程中，选取柱距 5.5m×5.5m、8.0m×8.0m、10.5m×10.5m 等三种跨度，覆土按 0.5m 和 1.0m 两种工况，附加恒荷载取为 2.50kN/m²，活荷载均按 5.0kN/m² 考虑。计算时均选取五跨标准跨来计算。混凝土强度等级均取为 C30，钢筋均选取 HRB400 级钢，混凝土造价按 300 元 /m³ 考虑，钢筋按 3600 元 /t，模板按 30 元 /m²，土方按 50 元 /m³，模盒选取 580mm×580mm 的规格，成本按 60 元 / 个，计算分析采用不同形式的地下车库楼盖结构的成本造价，以供设计人员在设计前期优化设计楼盖结构形式时参考。

（一）无梁楼盖

1. 无梁楼盖在不同跨度、荷载条件下的成本计算

（1）跨度为 5.5m×5.5m，覆土为 0.5m，活荷载为 5.0kN/m² 的无梁楼盖在不同板厚的条件下，每平方米的主要成本估算如表 13.24 所示。

表 13.24 无梁楼盖 5.5m×5.5m、0.5m、5.0kN/m²

板厚 （mm）	柱帽尺寸 （mm）	钢筋含量 （kg）	钢筋造价 （元）	混凝土含量 （m³）	混凝土造价 （元）	总成本造价 （元）
180	1800×1800	23.08	83.08	0.20	61.07	144.15
200	1800×1800	20.79	74.86	0.22	66.43	141.28
240	1800×1800	19.98	71.93	0.27	79.71	151.64

由表 13.24 可以看出，板厚取为 200mm 的时候，为前面所述条件下相对较经济的截面。选取前面比较得出的相对较为经济的截面，计算每平方米所需的各种材料成本计算如表 13.25 所示（由于无梁楼盖的总高度最低，土方量按 0 计算）：

表 13.25　无梁楼盖 5.5m × 5.5m、0.5m、5.0kN/m² 成本

钢筋造价（元）	混凝土造价（元）	模板造价（元）	土方造价（元）	总成本造价（元）
74.86	66.43	31.18	0	172.47

（2）跨度为 5.5m × 5.5m，覆土为 1.0m，活荷载为 5.0kN/m² 的无梁楼盖在不同板厚的条件下，每平方米的主要成本估算如表 13.26 所示。

表 13.26　无梁楼盖 5.5m × 5.5m、1.0m、5.0kN/m²

板厚（mm）	柱帽尺寸（mm）	钢筋含量（kg）	钢筋造价（元）	混凝土含量（m³）	混凝土造价（元）	总成本造价（元）
210	2000 × 2000	27.30	98.28	0.24	72.52	170.80
230	1800 × 1800	25.87	93.11	0.25	76.39	169.51
250	1800 × 1800	24.56	88.41	0.28	83.03	171.03

由表 13.26 可以看出，三种板厚的楼盖成本基本相当，本算例选取 230mm 板厚的作为相对较经济的截面。

选取前面比较得出的相对较为经济的截面，计算每平方米所需的各种材料成本计算如表 13.27 所示（由于无梁楼盖的总高度最低，土方量按 0 计算）：

表 13.27　无梁楼盖 5.5m × 5.5m、1.0m、5.0kN/m² 成本

钢筋造价（元）	混凝土造价（元）	模板造价（元）	土方造价（元）	总成本造价（元）
93.11	76.39	31.32	0	200.82

（3）跨度为 8.0m × 8.0m，覆土为 0.5m，活荷载为 5.0kN/m² 的无梁楼盖在不同板厚的条件下，每平方米的主要成本估算如表 13.28 所示。

表 13.28　无梁楼盖 8.0m × 8.0m、0.5m、5.0kN/m²

板厚（mm）	柱帽尺寸（mm）	钢筋含量（kg）	钢筋造价（元）	混凝土含量（m³）	混凝土造价（元）	总成本造价（元）
250	2600 × 2600	35.49	122.77	0.28	82.92	210.69
280	2600 × 2600	31.94	114.99	0.31	92.56	207.54
300	2600 × 2600	30.97	111.49	0.33	99.51	210.99

由表 13.28 可以看出，板厚取为 280mm 的时候，为前面所述条件下相对较经济的截面。

选取前面比较得出的相对较为经济的截面，计算每平方米所需的各种材料成本计算如表 13.29 所示（由于无梁楼盖的总高度最低，土方量按 0 计算）。

表 13.29　无梁楼盖 8.0m × 8.0m、0.5m、5.0kN/m² 成本

钢筋造价（元）	混凝土造价（元）	模板造价（元）	土方造价（元）	总成本造价（元）
114.99	92.56	31.20	0	238.75

（4）跨度为 8.0m × 8.0m，覆土为 1.0m，活荷载为 5.0kN/m² 的无梁楼盖在不同板厚的条件下，每平方米的主要成本估算如表 13.30 所示。

表 13.30　无梁楼盖 8.0m×8.0m、1.0m、5.0kN/m²

板厚 （mm）	柱帽尺寸 （mm）	钢筋含量 （kg）	钢筋造价 （元）	混凝土含量 （m³）	混凝土造价 （元）	总成本造价 （元）
320	2700×2700	38.79	139.65	0.36	107.28	246.92
350	2800×2800	34.57	124.45	0.39	117.86	242.32
400	2800×2800	31.19	112.28	0.45	134.70	246.98

由表 13.30 可以看出，板厚取为 350mm 的时候，为前面所述条件下相对较经济的截面。

选取前面比较得出的相对较为经济的截面，计算每平方米所需的各种材料成本计算如表 13.31 所示（由于无梁楼盖的总高度最低，土方量按 0 计算）。

表 13.31　无梁楼盖 8.0m×8.0m、1.0m、5.0kN/m² 成本

钢筋造价（元）	混凝土造价（元）	模板造价（元）	土方造价（元）	总成本造价（元）
124.45	117.86	31.72	0	274.03

（5）跨度为 10.5m×10.5m，覆土为 0.5m，活荷载为 5.0kN/m² 的无梁楼盖在不同板厚的条件下，每平方米的主要成本估算如表 13.32 所示。

表 13.32　无梁楼盖 10.5m×10.5m、0.5m、5.0kN/m²

板厚 （mm）	柱帽尺寸 （mm）	钢筋含量 （kg）	钢筋造价 （元）	混凝土含量 （m³）	混凝土造价 （元）	总成本造价 （元）
350	3200×3200	49.66	178.79	0.38	114.75	293.54
400	3200×3200	41.19	148.28	0.44	131.15	279.43
450	3200×3200	38.56	138.80	0.49	146.15	284.95

由表 13.32 可以看出，板厚取为 400mm 的时候，为前面所述条件下相对较经济的截面。

选取前面比较得出的相对较为经济的截面，计算每平方米所需的各种材料成本计算如表 13.33 所示（由于无梁楼盖的总高度最低，土方量按 0 计算）。

表 13.33　无梁楼盖 10.5m×10.5m、0.5m、5.0kN/m² 成本

钢筋造价（元）	混凝土造价（元）	模板造价（元）	土方造价（元）	总成本造价（元）
148.28	131.15	31.31	0	310.74

（6）跨度为 10.5m×10.5m，覆土为 1.0m，活荷载为 5.0kN/m² 的无梁楼盖在不同板厚的条件下，每平方米的主要成本估算如表 13.34 所示。

表 13.34　无梁楼盖 10.5m×10.5m、1.0m、5.0kN/m²

板厚 （mm）	柱帽尺寸 （mm）	钢筋含量 （kg）	钢筋造价 （元）	混凝土含量 （m³）	混凝土造价 （元）	总成本造价 （元）
420	3500×3500	57.36	206.50	0.46	138.67	345.16
460	3500×3500	49.91	179.68	0.50	149.33	329.02
500	3500×3500	46.94	168.99	0.54	163.33	332.32

由表 13.34 可以看出，板厚取为 460mm 的时候，为前面所述条件下相对较经济的截面。

选取前面比较得出的相对较为经济的截面，计算每平方米所需的各种材料成本计算如表 13.35 所示（由于无梁楼盖的总高度最低，土方量按 0 计算）。

表 13.35　无梁楼盖 10.5m × 10.5m、1.0m、5.0kN/m² 成本

钢筋造价（元）	混凝土造价（元）	模板造价（元）	土方造价（元）	总成本造价（元）
179.68	149.33	31.59	0	360.60

2. 无梁楼盖在不同跨度、荷载条件下的成本汇总

通过以上计算，无梁楼盖在各种跨度、不同荷载条件下的相对经济成本已经出来，汇总为如表 13.36 所示。

表 13.36　无梁楼盖在不同跨度、不同荷载下的单方造价汇总

板跨（m）	覆土层（m）	钢筋造价（元）	混凝土造价（元）	模板造价（元）	土方造价（元）	总成本造价（元）
5.5 × 5.5	0.5	74.86	66.43	31.18	0	172.47
5.5 × 5.5	1.0	93.11	76.39	31.32	0	200.82
8.0 × 8.8	0.5	114.99	92.56	31.30	0	238.75
8.0 × 8.0	1.0	124.45	117.86	31.72	0	274.03
10.5 × 10.5	0.5	148.28	131.15	31.31	0	310.74
10.5 × 10.5	1.0	179.28	149.33	31.59	0	360.60

（二）普通梁板式楼盖

普通梁板式楼盖在选取各条件下的最优截面时，由于选取不同的梁截面，模板的变化不大，因此在筛选截面过程中不计入模板的成本；而选取不同的梁高对土方的开挖量是不可忽略的，所以在筛选普通梁板式楼盖的时候考虑了钢筋、混凝土和土方开挖这三个关键要素。

普通梁板式楼盖的土方开挖成本是相对于无梁楼盖的土方增加成本，而非绝对土方成本。按经验我们知道，在无梁楼盖、普通梁板式楼盖、空心楼盖这三种楼盖当中，在取得相同地下室净高的情况下，无梁楼盖的土方开挖量是最少的。因此，在进行经济性分析的时候，采用这种相对土方成本不会影响最终的分析结果。

普通梁板式的计算采用 PKPM 建模型，通过 SATWE 计算内力、配筋，进而完成造价的计算。

普通梁板式的结构布置形式采用了三种，跨度为 5.5m × 5.5m 的时候，采用了图 13.64 的结构布置形式；跨度为 8.0m × 8.0m 的时候，采用了图 13.65 的结构布置形式；跨度为 10.5m × 10.5m 的时候，采用了图 13.66 两种结构布置形式来计算选其优者。

1. 普通梁板式楼盖在不同跨度、荷载条件下的成本计算

（1）跨度为 5.5m × 5.5m，覆土为 0.5m，活荷载为 5.0kN/m² 的梁板式楼盖在梁截面取为 250mm × 500mm 的条件下，通过 PKPM 建立模型进行计算，计算截面、荷载、内力、配筋的输出结果详图 13.67 ～图 13.72。

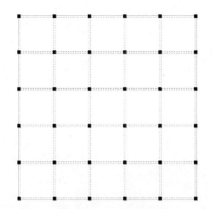

图 13.64　普通梁板式的结构布置形式（一）
（跨度为 5.5m×5.5m 时采用）

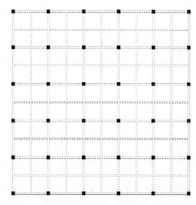

图 13.65　普通梁板式的结构布置形式（二）
（跨度为 8.0m×8.0m 时采用）

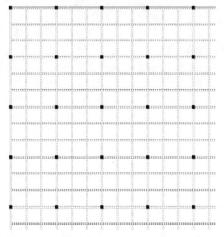

图 13.66　普通梁板式的结构布置形式（三）
（跨度为 10.5m×10.5m 时采用）

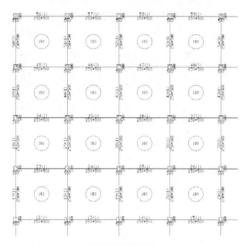

图 13.67　平面布置简图（单位：mm）

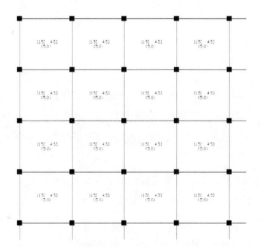

图 13.68　平面荷载布置图（单位：kN/m²）
括号外为附加恒荷载值（括号中为活荷载值）
[括号中为板自重]

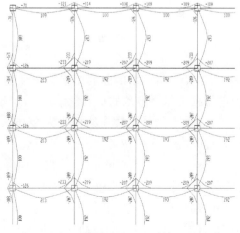

图 13.69　梁弯矩包络图（单位：kN/m）

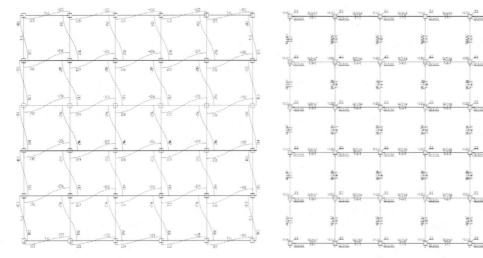

图 13.70　梁剪力包络图（单位：kN）　　　　　　图 13.71　梁配筋简图（单位：cm²）

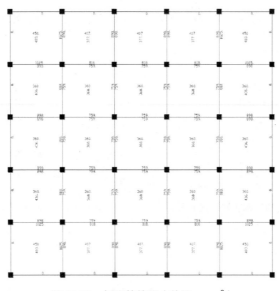

图 13.72　板配筋简图（单位：mm²）

　　通过计算得出来的配筋结果，统计到在梁截面取为 250mm×500mm 的时候，楼盖（梁与楼板）每平方米的钢筋含量为 25.08kg，而每平方米的混凝土含量为 0.25m³。而相应在该条件下的无梁楼盖的板厚为 200mm，则采用本楼盖的情况下每平方需要多开挖土方 0.30m³。

　　因此，在跨度为 5.5m×5.5m、覆土厚度为 0.5m，梁截面为 250mm×500mm 的条件下，楼盖每平方的成本为：25.08×3.6 + 0.25×300 + 0.3×50=180.29 元。

　　在该跨度和覆土的条件下，还选取了 250mm×600mm、250mm×700mm 两种梁截面进行计算，计算方法与截面为 250mm×500mm 的相同，不同截面下每平方米的主要成本估算如表 13.37 所示（板厚均按 180mm 考虑）：

表 13.37 普通梁板式楼盖 5.5m×5.5m、0.5m、5.0kN/m²

梁截面（mm）	钢筋含量（kg）	钢筋造价（元）	混凝土含量（m³）	混凝土造价（元）	土方造价（元）	总成本造价（元）
250×250	25.08	90.29	0.25	75	15	180.29
250×600	22.72	81.79	0.26	78	20	179.79
250×700	22.95	82.62	0.27	81	25	188.62

由表 13.37 可以看出，三种梁截面下的楼盖成本基本相当，本算例选取 250mm×600mm 的梁截面作为相对较经济的截面。

选取前面比较得出的相对较为经济的截面，计算每平方米所需的各种材料成本计算如表 13.38 所示。

表 13.38 普通梁板式楼盖 5.5m×5.5m、0.5m、5.0kN/m² 成本

钢筋造价（元）	混凝土造价（元）	模板造价（元）	土方造价（元）	总成本造价（元）
81.79	78	34.99	20	214.78

（2）跨度为 5.5m×5.5m，覆土为 1.0m，活荷载为 5.0kN/m² 的梁板式楼盖在不同梁高条件下（板厚均按 200mm 考虑），每平方米的主要成本估算如表 13.39 所示。

表 13.39 普通梁板式楼盖 5.5m×5.5m、1.0m、5.0kN/m²

梁截面（mm）	钢筋含量（kg）	钢筋造价（元）	混凝土含量（m³）	混凝土造价（元）	土方造价（元）	总成本造价（元）
250×250	35.23	126.83	0.27	81	13.5	221.33
250×600	31.61	113.80	0.28	84	18.5	216.30
250×650	30.32	109.15	0.29	87	21	217.15
250×700	30.27	108.97	0.29	87	23.5	219.47

由表 13.39 可以看出，250mm×600mm 与 250mm×650mm 两种梁截面下的楼盖成本基本相当，本算例选取 250mm×600mm 的梁截面作为相对较经济的截面。

选取前面比较得出的相对较为经济的截面，计算每平方米所需的各种材料成本计算如表 13.40 所示。

表 13.40 普通梁板式楼盖 5.5m×5.5m、1.0m、5.0kN/m² 成本

钢筋造价（元）	混凝土造价（元）	模板造价（元）	土方造价（元）	总成本造价（元）
113.80	84	34.12	18.5	250.42

（3）跨度为 8.0m×8.0m，覆土为 0.5m，活荷载为 5.0kN/m² 的梁板式楼盖在不同梁高条件下（板厚均按 150mm 考虑），每平方米的主要成本估算如表 13.41 所示。

表 13.41 普通梁板式楼盖 8.0m×8.0m、0.5m、5.0kN/m²

主梁截面（mm）	次梁截面（mm）	钢筋含量（kg）	钢筋造价（元）	混凝土含量（m³）	混凝土造价（元）	土方造价（元）	总造价（元）
350×700	250×700	37.24	134.06	0.26	78	21	233.06
350×800	250×700	61.63	124.67	0.27	81	26	231.67
250×900	250×700	33.69	121.28	0.28	84	31	236.28

由表 13.41 可以看出，梁截面取为 350mm×800mm 的时候，为前面所述条件下相对较经济的截面。

选取前面比较得出的相对较为经济的截面，计算每平方米所需的各种材料成本计算如表 13.42 所示。

表 13.42　普通梁板式楼盖 8.0m×8.0m、0.5m、5.0kN/m² 成本

钢筋造价（元）	混凝土造价（元）	模板造价（元）	土方造价（元）	总成本造价（元）
124.67	81	37.74	26	279.41

（4）跨度为 8.0m×8.0m，覆土为 1.0m，活荷载为 5.0kN/m² 的梁板式楼盖在不同梁高条件下（板厚均按 150mm 考虑），每平方米的主要成本估算如表 13.43 所示。

表 13.43　普通梁板式楼盖 8.0m×8.0m、1.0m、5.0kN/m²

主梁截面（mm）	次梁截面（mm）	钢筋含量（kg）	钢筋造价（元）	混凝土含量（m³）	混凝土造价（元）	土方造价（元）	总造价（元）
400×800	250×800	47.79	170.96	0.29	87	22.5	280.46
400×900	250×800	45.50	163.80	0.30	90	27.5	281.30
400×900	250×800	43.81	157.72	0.30	90	30	277.72
400×1000	250×800	42.70	153.72	0.31	93	32.5	279.22

由表 13.43 可以看出，梁截面取为 400mm×950mm 的时候，为前面所述条件下相对较经济的截面。

选取前面比较得出的相对较为经济的截面，计算每平方米所需的各种材料成本计算如表 13.44 所示。

表 13.44　普通梁板式楼盖 8.0m×8.0m、1.0m、5.0kN/m² 成本

钢筋造价（元）	混凝土造价（元）	模板造价（元）	土方造价（元）	总成本造价（元）
157.72	90	51.48	30	329.20

（5）跨度为 10.5m×10.5m，覆土为 0.5m，活荷载为 5.0kN/m² 的梁板式楼盖(井式次梁)在不同梁高条件下（板厚均按 150mm 考虑），每平方米的主要成本估算如表 13.45 所示。

表 13.45　普通梁板式楼盖 10.5m×10.5m、0.5m、5.0kN/m²

主梁截面（mm）	次梁截面（mm）	钢筋含量（kg）	钢筋造价（元）	混凝土含量（m³）	混凝土造价（元）	土方造价（元）	总造价（元）
450×900	250×800	46.14	166.10	0.30	90	25	281.10
450×950	250×800	44.88	161.57	0.30	90	27.5	279.07
450×1000	250×800	44.21	159.16	0.31	93	30	282.16
450×1100	250×800	42.62	153.43	0.32	96	35	284.43

由表 13.45 可以看出，梁截面取为 450mm×950mm 的时候，为前面所述条件下相对较经济的截面。

选取前面比较得出的相对较为经济的截面，计算每平方米所需的各种材料成本计算如表 13.46 所示。

表 13.46 普通梁板式楼盖 10.5m×10.5m、0.5m、5.0kN/m² 成本

钢筋造价（元）	混凝土造价（元）	模板造价（元）	土方造价（元）	总成本造价（元）
161.57	90	53.73	27.5	332.80

（6）跨度为 10.5m×10.5m，覆土为 1.0m，活荷载为 5.0kN/m² 的梁板式楼盖（井式次梁）在不同梁高条件下（板厚均按 150mm 考虑），每平方米的主要成本估算如表 13.47 所示。

表 13.47 普通梁板式楼盖 10.5m×10.5m、1.0m、5.0kN/m²

主梁截面 （mm）	次梁截面 （mm）	钢筋含量 （kg）	钢筋造价 （元）	混凝土含量 （m³）	混凝土造价 （元）	土方造价 （元）	总造价 （元）
500×1000	300×900	57.63	207.47	0.35	105	27	339.47
500×1050	300×900	57.04	205.34	0.35	105	29.5	339.84
500×1100	300×900	55.75	200.70	0.36	108	32	340.70
500×1200	300×900	55.06	198.22	0.37	111	37	346.22

由表 13.47 可以看出，500mm×1000mm 与 500mm×1050mm 两种梁截面下的楼盖成本基本相当，本算例选取 500mm×1000mm 的梁截面作为相对较经济的截面。

选取前面比较得出的相对较为经济的截面，计算每平方米所需的各种材料成本计算如表 13.48 所示。

表 13.48 普通梁板式楼盖 10.5m×10.5m、1.0m、5.0kN/m² 成本

钢筋造价（元）	混凝土造价（元）	模板造价（元）	土方造价（元）	总成本造价（元）
207.47	105	56.51	27	395.98

（7）跨度为 10.5m×10.5m，覆土为 0.5m，活荷载为 5.0kN/m² 的梁板式楼盖（十字次梁）在不同梁高条件下（板厚均按 180mm 考虑），每平方米的主要成本估算如表 13.49 所示：

表 13.49 普通梁板式楼盖 10.5m×10.5m、0.5m、5.0kN/m²

主梁截面 （mm）	次梁截面 （mm）	钢筋含量 （kg）	钢筋造价 （元）	混凝土含量 （m³）	混凝土造价 （元）	土方造价 （元）	总造价 （元）
500×900	300×900	51.01	183.64	0.32	96	25	304.64
500×1000	300×900	48.10	173.16	0.33	99	30	302.16
500×1100	300×900	45.87	165.13	0.34	102	35	302.13

由表 13.49 可以看出，500mm×1000mm 与 500mm×1100mm 两种梁截面下的楼盖成本基本相当，本算例选取 500mm×1000mm 的梁截面作为相对较经济的截面。

选取前面比较得出的相对较为经济的截面，计算每平方米所需的各种材料成本计算如表 13.50 所示。

表 13.50 普通梁板式楼盖 10.5m×10.5m、0.5m、5.0kN/m² 成本

钢筋造价（元）	混凝土造价（元）	模板造价（元）	土方造价（元）	总成本造价（元）
173.16	99	47.39	30	349.55

（8）跨度 10.5m×10.5m，覆土为 1.0m，活荷载为 5.0kN/m² 的梁板式楼盖（十字次梁）在不同梁高条件下（板厚均按 200mm 考虑），每平方米的主要成本估算如 13.51 所示。

表 13.51　普通梁板式楼盖 10.5m×10.5m、1.0m、5.0kN/m²

主梁截面 （mm）	次梁截面 （mm）	钢筋含量 （kg）	钢筋造价 （元）	混凝土含量 （m³）	混凝土造价 （元）	土方造价 （元）	总造价 （元）
500×100	350×1000	66.69	240.08	0.37	111	27	378.08
500×1100	350×1000	64.09	230.72	0.38	114	32	376.72
500×1200	350×1000	61.27	220.57	0.40	120	37	377.57

由表 13.51 可以看出，梁截面取为 500mm×1100mm 的时候，为前面所述条件下相对较经济的截面。

选取前面比较得出的相对较为经济的截面，计算每平方米所需的各种材料成本计算如 13.52 所示。

表 13.52　普通梁板式楼盖 10.5m×10.5m、1.0m、5.0kN/m² 成本

钢筋造价（元）	混凝土造价（元）	模板造价（元）	土方造价（元）	总成本造价（元）
230.72	114	49.18	32	425.90

2. 普通梁板式楼盖在不同跨度、荷载条件下的成本汇总

通过以上计算，普通梁板式楼盖在各种跨度、不同荷载条件下的相对经济成本已经出来，汇总为如表 13.53 所示：

表 13.53　普通梁板式楼盖在不同跨度、不同荷载下的单方造价汇总

板跨 （m）	覆土层 （m）	钢筋造价 （元）	混凝土造价 （元）	模板造价 （元）	土方造价 （元）	总成本造价 （元）
5.5×5.5	0.5	81.79	78	34.99	20	214.78
5.5×5.5	1.0	113.80	84	34.12	18.5	250.42
8.0×8.8	0.5	124.67	81	47.74	26	279.41
8.0×8.0	1.0	157.22	90	51.48	30	329.20
10.5×10.5	0.5	161.57	90	53.73	27.5	332.80
10.5×10.5	1.0	207.47	105	56.51	27	395.98

（三）空心楼盖

空心楼盖结构在选取各条件下的最优截面时与无梁楼盖很相似，也是选取不同的板厚时，模板和土方开挖的变化都不大；在筛选截面的过程中都不予考虑这两项，而仅考虑钢筋和混凝土这两个关键要素。

通过几个主要生产空心模盒的公司得知，空心模盒的成本主要是跟模盒的平面面积有关，模盒的平面面积相同而高度不同的时候成本几乎是一样的。空心楼盖的厚度在变化时，空心模盒的高度也要跟着调整，模盒的成本可以看作是不变的。

　　由于空心楼盖的计算为五个标准跨，计算时采用PKPM建模，通过SLCAD分析计算，根据其计算结果配筋并计算空心楼盖的成本。空心楼盖的结构布置形式如图13.73所示。

　　1. 空心楼盖在不同跨度、荷载条件下的成本计算

　　（1）跨度为5.5m×5.5m，覆土为0.5m，活荷载为5.0kN/m^{2}的空心楼盖在300板厚的条件下，通过PKPM的SLCAD进行分析计算，在计算过程中，板厚按300厚输入，恒荷载输入时扣除了空心部分混凝土的荷载，荷载、内力、配筋的输出结果详见图13.74～图13.81（由于X向与Y向是对称的，本图只生成X方向的柱上板带和跨中板带）。

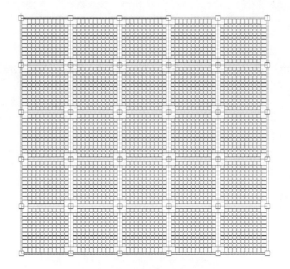

图 13.73　空心楼盖的结构布置形式

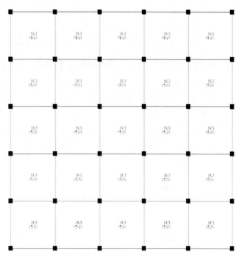

图 13.74　平面荷载布置图（单位：kN/m^2）

括号外为包括自重的恒荷载值（括号中为活荷载值）

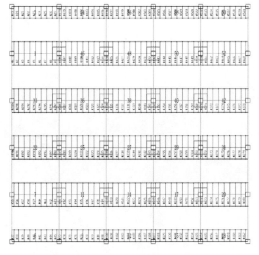

图 13.75　X向柱上板带位置图

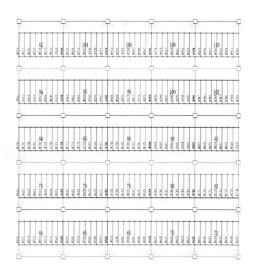

图 13.76　X向跨中板带位置图

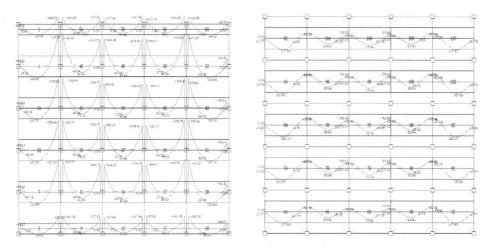

图 13.77　X向柱上板带弯矩包络图（单位：kN·m）　图 13.78　X向跨中板带弯矩包络图（单位：kN·m）

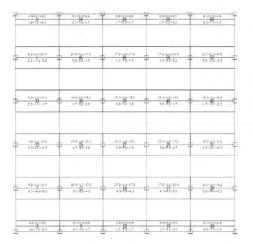

图 13.79　X向柱上板带配筋图（单位：cm²）

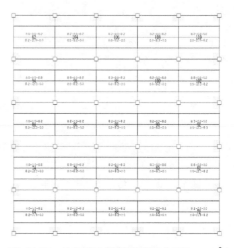

图 13.80　X向跨中板带配筋图（单位：cm²）

图 13.81　冲切验算结果图（冲切力／冲切抗力（柱号））

通过计算得出来的配筋结果，统计到空心楼盖的板厚为 300mm 的时候，楼盖（梁与楼板）每平方米的钢筋含量为 14.61kg，而每平方米的混凝土含量为 0.26m³。

因此，在跨度为 5.5m×5.5m、覆土厚度为 0.5m，板厚为 300mm 的条件下，楼盖每平方的成本为：14.61×3.6+0.26×300=130.69 元 /m²。

在相同的跨度和覆土的条件下，还选取了 350mm、400mm 两种板厚进行计算，计算方法与板厚为 300mm 的情况相同，不同板厚下每平方米的主要成本估算如表 13.54 所示。

表 13.54　空心楼盖 5.5m×5.5m、0.5m、5.0kN/m²

板厚（mm）	柱帽尺寸（mm）	钢筋含量（kg）	钢筋造价（元）	混凝土含量（m³）	混凝土造价（元）	总成本造价（元）
300	1540×1540	14.61	52.58	0.26	78.12	130.69
350	1540×1540	14.61	52.58	0.29	86.41	138.99
400	1540×1540	14.61	52.58	0.32	94.70	147.28

由表 13.54 可以看出，板厚取为 300mm 的时候，为前面所述条件下相对较经济的截面。

选取前面比较得出的相对较为经济的截面，计算每平方米所需的各种材料成本计算如表 13.55 所示（土方造价为与无梁实心楼盖相比多出的土方造价；模盒数为 36 个，每个按 60 元计算，则每平方的模盒成本折算为 36×60/30.25=71.4 元）。

表 13.55　空心楼盖 5.5m×5.5m、0.5m、5.0kN/m² 成本

钢筋造价（元）	混凝土造价（元）	模板造价（元）	土方造价（元）	模盒造价（元）	总成本造价（元）
52.58	78.12	30.97	5.0	71.4	238.07

（2）跨度为 5.5m×5.5m，覆土为 1.0m，活荷载为 5.0kN/m² 的空心楼盖在不同板厚的条件下，每平方米的主要成本估算如表 13.64 所示。

表 13.56　空心楼盖 5.5m×5.5m、1.0m、5.0kN/m²

板厚（mm）	柱帽尺寸（mm）	钢筋含量（kg）	钢筋造价（元）	混凝土含量（m³）	混凝土造价（元）	总成本造价（元）
300	1540×1540	16.72	60.21	0.26	78.12	138.32
350	1540×1540	16.72	60.21	0.29	86.41	146.62
400	1540×1540	15.16	54.56	0.32	94.70	149.27

由表 13.56 可以看出，板厚取为 300mm 的时候，为前面所述条件下相对较经济的截面。

选取前面比较得出的相对较为经济的截面，计算每平方米所需的各种材料成本计算如表 13.57 所示（土方造价为与无梁实心楼盖相比多出的土方造价；模盒数为 36 个，每个按 60 元计算，则每平方的模盒成本折算为 36×60/30.25=71.4 元）。

表 13.57　空心楼盖 5.5m×5.5m、1.0m、5.0kN/m² 成本

钢筋造价（元）	混凝土造价（元）	模板造价（元）	土方造价（元）	模盒造价（元）	总成本造价（元）
60.21	78.12	30.97	3.5	71.4	244.20

（3）跨度为 8.0m×8.0m，覆土为 0.5m，活荷载为 5.0kN/m² 的空心楼盖在不同板厚的条件下，每平方米的主要成本估算如表 13.66 所示。

表 13.58　空心楼盖　8.8m×8.8m、0.5m、5.0kN/m²

板厚（mm）	柱帽尺寸（mm）	钢筋含量（kg）	钢筋造价（元）	混凝土含量（m³）	混凝土造价（元）	总成本造价（元）
380	2140×2140	20.42	73.50	0.30	88.76	162.60
430	2140×2140	19.03	68.52	0.31	94.05	162.57
480	2140×2140	18.29	65.83	0.33	99.62	165.45

由表 13.58 可以看出，板厚为 380mm 与 430mm 的两种楼盖成本基本相当，本算例选取 380mm 板厚的作为相对较经济的截面。

选取前面比较得出的相对较为经济的截面，计算每平方米所需的各种材料成本计算如表 13.59 所示（土方造价为与无梁实心楼盖相比多出的土方造价；模盒数为 117 个，每个按 60 元计算，则每平方的模盒成本折算为 117×60/64=109.7 元）。

表 13.59　空心楼盖 8.0m×8.0m、0.5m、5.0kN/m² 成本

钢筋造价（元）	混凝土造价（元）	模板造价（元）	土方造价（元）	模盒造价（元）	总成本造价（元）
73.50	88.76	31.57	5.0	109.7	308.53

（4）跨度为 8.0m×8.0m，覆土为 1.0m，活荷载为 5.0kN/m² 的空心楼盖在不同板厚的条件下，每平方米的主要成本估算如表 13.60 所示：

表 13.60　空心楼盖 8.0m×8.0m、1.0m、5.0kN/m²

板厚（mm）	柱帽尺寸（mm）	钢筋含量（kg）	钢筋造价（元）	混凝土含量（m³）	混凝土造价（元）	总成本造价（元）
380	2140×2140	27.99	100.78	0.30	88.76	189.54
430	2140×2140	25.91	93.26	0.31	94.05	187.31
480	2140×2140	23.44	84.38	0.33	99.62	184.00

由表 13.60 可以看出，板厚取为 480m 的时候，为前面所述条件下相对较经济的截面。

选取前面比较得出的相对较为经济的截面，计算每平方米所需的各种材料成本计算如表 13.69 所示（土方造价为与无梁实心楼盖相比多出的土方造价；模盒数为 117 个，每个按 60 元计算，则每平方的模盒成本折算为 117×60/64=109.7 元）。

表 13.61　空心楼盖 8.0m×8.0m、1.0m、5.0kN/m² 成本

钢筋造价（元）	混凝土造价（元）	模板造价（元）	土方造价（元）	模盒造价（元）	总成本造价（元）
84.38	99.62	31.17	6.5	109.7	331.37

（5）跨度为 10.5m×10.5m，覆土为 0.5m，活荷载为 5.0kN/m² 的空心楼盖在不同板厚的条件下，每平方米的主要成本估算如表 13.62 所示。

表13.62 空心楼盖10.5m×10.5m、0.5m、5.0kN/²

板厚 （mm）	柱帽尺寸 （mm）	钢筋含量 （kg）	钢筋造价 （元）	混凝土含量 （m³）	混凝土造价 （元）	总成本造价 （元）
430	2580×2580	28.63	103.07	0.32	96.36	199.43
480	2580×2580	26.90	96.85	0.34	102.00	198.85
530	2580×2580	24.02	86.49	0.36	107.91	194.40

由表13.62可以看出，板厚取为530mm的时候，为前面所述条件下相对较经济的截面。

选取前面比较得出的相对较为经济的截面，计算每平方米所需的各种材料成本计算如表13.63所示（土方造价为与无梁实心楼盖相比多出的土方造价；模盒数为192个，每个按60元计算，则每平方的模盒成本折算为192×60/110.25=104.5元）。

表13.63 空心楼盖10.5m×10.5m、0.5m、5.0kN/m² 成本

钢筋造价（元）	混凝土造价 （元）	模板造价（元）	土方造价（元）	模盒造价（元）	总成本造价（元）
84.49	107.91	30.96	6.5	104.5	336.36

（6）跨度为10.5m×10.5m，覆土为1.0m，活荷载为5.0kN/m² 的空心楼盖在不同板厚的条件下，每平方米的主要成本估算如表13.64所示。

表13.64 空心楼盖10.5m×10.5m、1.0m、5.0kN/m²

板厚 （mm）	柱帽尺寸 （mm）	钢筋含量 （kg）	钢筋造价 （元）	混凝土含量 （m³）	混凝土造价 （元）	总成本造价 （元）
480	2580×2580	34.86	125.51	0.34	102.00	227.50
530	2580×2580	31.10	111.96	0.36	107.91	219.87
580	2580×2580	28.76	103.54	0.38	113.83	217.38

由表13.64可以看出，板厚取为580mm的时候，为前面所述条件下相对较经济的截面。

选取前面比较得出的相对较为经济的截面，计算每平方米所需的各种材料成本计算如表13.65所示（土方造价为与无梁实心楼盖相比多出的土方造价；模盒数为192个，每个按60元计算，则每平方的模盒成本折算为192×60/110.25=104.5元）。

表13.65 空心楼盖10.5m×10.5m、1.0m、5.0kN/m² 成本

钢筋造价（元）	混凝土造价 （元）	模板造价（元）	土方造价（元）	模盒造价（元）	总成本造价 （元）
103.54	113.83	30.82	6.0	104.5	358.69

2.空心楼盖在不同跨度、荷载条件下的成本汇总

通过以上计算，空心楼盖在各种跨度、不同荷载条件下的相对经济成本已经出来，汇总为如表13.66所示。

表 13.66　空心楼盖在不同跨度、不同荷载下的单方造价汇总

板跨（m）	覆土层（m）	钢筋造价（元）	混凝土造价（元）	模板造价（元）	土方造价（元）	模盒造价（元）	总造价（元）
5.5×5.5	0.5	52.58	78.12	30.97	5.0	71.40	238.07
5.5×5.5	1.0	60.21	78.12	30.97	5.0	71.40	244.20
8.0×8.8	0.5	73.50	88.76	31.57	5.0	109.7	308.53
8.0×8.0	1.0	84.38	99.62	31.17	5.0	109.7	331.37
10.5×10.5	0.5	86.49	107.91	30.96	5.0	104.5	336.36
10.5×10.5	1.0	103.54	113.83	30.82	5.0	104.5	358.69

（四）三种楼盖的经济性比较

为了使比较的结果简单直观，在各种楼盖在不同跨度、不同荷载下将各种材料的造价及总造价列成图表，具体的各种材料造价如图 13.82 ~ 图 13.93 所示：

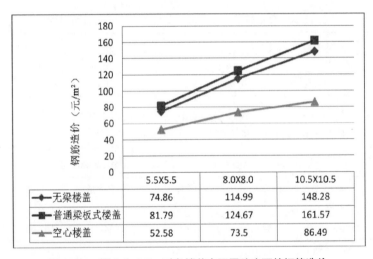

	5.5X5.5	8.0X8.0	10.5X10.5
无梁楼盖	74.86	114.99	148.28
普通梁板式楼盖	81.79	124.67	161.57
空心楼盖	52.58	73.5	86.49

图 13.82　覆土为 0.5m 时各楼盖在不同跨度下的钢筋造价

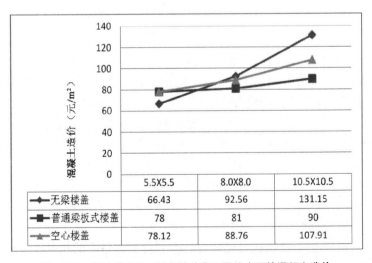

	5.5X5.5	8.0X8.0	10.5X10.5
无梁楼盖	66.43	92.56	131.15
普通梁板式楼盖	78	81	90
空心楼盖	78.12	88.76	107.91

图 13.83　覆土为 0.5m 时各楼盖在不同跨度下的混凝土造价

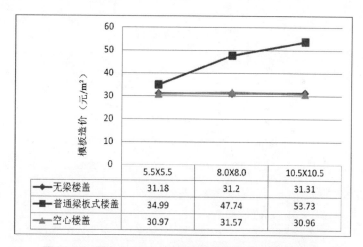

图 13.84 覆土为 0.5m 时各楼盖在不同跨度下的模板造价

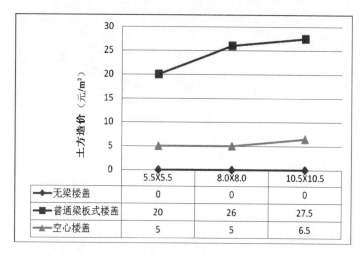

图 13.85 覆土为 0.5m 时各楼盖在不同跨度下的土方造价

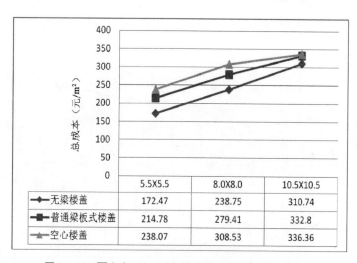

图 13.86 覆土为 0.5m 时各楼盖在不同跨度下的总造价

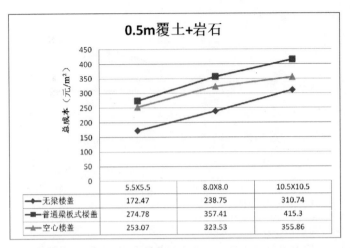

图 13.87　覆土为 0.5m，土方成本增加 4 倍时，各楼盖在不同跨度下的总造价

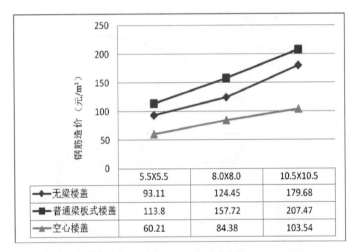

图 13.88　覆土为 1.0m 时各楼盖在不同跨度下的钢筋造价

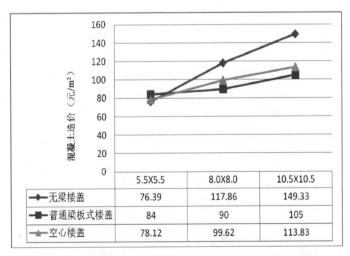

图 13.89　覆土为 1.0m 时各楼盖在不同跨度下的混凝土造价

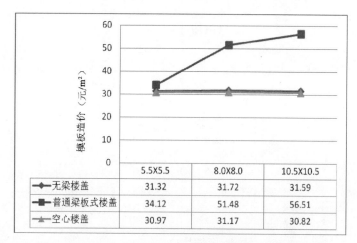

	5.5X5.5	8.0X8.0	10.5X10.5
◆ 无梁楼盖	31.32	31.72	31.59
■ 普通梁板式楼盖	34.12	51.48	56.51
▲ 空心楼盖	30.97	31.17	30.82

图 13.90　覆土为 1.0m 时各楼盖在不同跨度下的模板造价

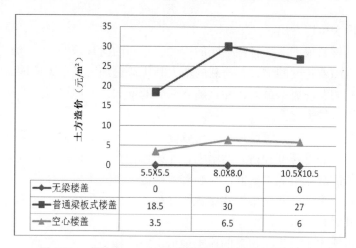

	5.5X5.5	8.0X8.0	10.5X10.5
◆ 无梁楼盖	0	0	0
■ 普通梁板式楼盖	18.5	30	27
▲ 空心楼盖	3.5	6.5	6

图 13.91　覆土为 1.0m 时各楼盖在不同跨度下的土方造价

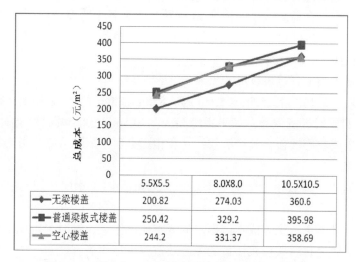

	5.5X5.5	8.0X8.0	10.5X10.5
◆ 无梁楼盖	200.82	274.03	360.6
■ 普通梁板式楼盖	250.42	329.2	395.98
▲ 空心楼盖	244.2	331.37	358.69

图 13.92　覆土为 1.0m 时各楼盖在不同跨度下的总造价

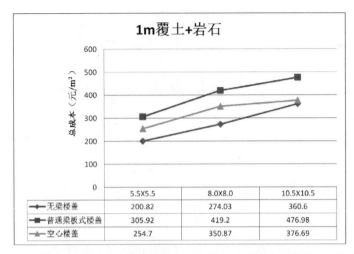

图 13.93　覆土为 1.0m，土方成本增加 4 倍时，各楼盖在不同跨度下的总造价

通过以上图表可以看出：

（1）在钢筋材料成本上，各种不同的跨度、不同的荷载条件下，空心楼盖都呈现绝对的优势，并且随着跨度的增大、荷载的增大其优势更加明显；无梁楼盖的钢筋成本次之，普通梁板式的钢筋成本最大，并且随着荷载的增大，普通梁板式的钢筋成本与无梁楼盖的成本差距就越大。

（2）在混凝土成本上，跨度越小，荷载越小的情况下，无梁楼盖就越占优势，混凝土的成本最低；而随着跨度和荷载的增大，无梁楼盖在这方面的优势就完全消失，变为普通梁板式楼盖的混凝土成本最低，空心楼盖稍逊于普通梁板式楼盖。

（3）在模板成本上，普通梁板式楼盖明显高于其他两种楼盖；而无梁楼盖与空心楼盖的模板成本几乎相当。

（4）在土方成本上，无梁楼盖的成本最低，空心楼盖的成本略高于无梁楼盖，而普通梁板式楼盖的成本比前两者都要高出很多。

（5）在总造价上，在荷载较小的情况下，无梁楼盖在各个跨度条件下都是成本最低的，且跨度越小，其优势更明显；随着跨度的增大，空心楼盖的优势就逐渐表现出来，并且荷载越大，跨度越大，其优势就更明显。

上面分析在图表上直接可以反映出来：

（1）在板跨小的情况下（5.5m×5.5m 跨、8.0m×8.0m 跨），采用无梁楼盖的结构形式可以取得很明显的经济效益；如果板跨较大，10.5m×10.5m 跨度的情况下，可以考虑选择无梁楼盖或空心楼盖，其经济效益基本相当，出于绿色节能的考虑，可以优先考虑采用空心楼盖。

（2）在板跨小、荷载小的情况下（5.5m×5.5m 跨时）不应选用空心楼盖，只会增加建设成本。

（3）在岩石地基上，土方成本占据总的成本比例增大，这时采用无梁楼盖或大跨度时采用空心楼盖较之普通梁板式楼盖的经济效益就更加明显。

（4）从平均的单方结构总造价来看，5.5m×5.5m 跨无梁楼盖的结构总成本是最低的，但是否采用这个结构成本最低的跨度，还应与将来车位的收益一起来考虑，不要盲目地选择结构总成本最低的方案。

在土方成本上，不同的土、运输距离的远近等都有很大的区别，本文在计算土方成本上是按较为普通的情况来考虑的。土质好、运输距离近，则采用无梁楼盖与普通梁板式楼盖在土方上的成本差别不会很大，而在岩石地基，则会有非常明显的区别，曾经就遇到过有项目开挖岩石就要 230 元 /m³，这时选择无梁楼盖、或跨度大的时候选择空心楼盖就有非常明显的经济效益。

通过以上分析比较，得出以下结论（楼盖板厚取值均不小于 150mm）：

（1）在板跨小的情况下 (5.5m×5.5m 跨、8.0m×8.0m 跨)，采用无梁楼盖的结构形式可以取得很明显的经济效益；如果板跨较大，10.5m×10.5m 跨度的情况下，可以考虑选择无梁楼盖或空心楼盖，其经济效益基本相当，出于绿色节能的考虑，可以优先考虑采用空心楼盖。

（2）在板跨小、荷载小的情况下（5.5m×5.5m 跨时）不应选用空心楼盖，只会增加建设成本。

（3）在岩石地基上，土方成本占据总的成本比例增大，这时采用无梁楼盖或大跨度时采用空心楼盖较之普通梁板式楼盖的经济效益就更加明显。

（4）从平均的单方结构总造价来看，5.5m×5.5m 跨无梁楼盖的结构总成本是最低的，但是否采用这个结构成本最低的跨度，还应与将来车位的收益一起来考虑，不要盲目地选择结构总成本最低的方案。

五、不同地下车库楼盖结构形式工况造价分析与比选

1. 不同地下车库楼盖结构形式工况计量与计价统计

根据计算方法与计算过程，将双向板、井字梁、BDF 方箱、蜂巢芯、周转模壳五种结构形式地下车库楼盖按不同工况条件、不同柱网尺寸分别进行计量与计价汇总。并将 5m×5m 跨地下车库楼盖，柱网尺寸 7.2m×7.2m，地下车库楼盖工程计量与计价统计如下：

（1）工程概况一

双向板、井字梁地下车库楼盖钢筋和工程量信息按定额号汇总如表 13.67 所示；BDF 方箱、蜂巢芯、周转模壳地下车库楼盖钢筋和工程量信息按定额号汇总如表 13.68 所示。

表 13.68　肋梁式地下车库楼盖钢筋和工程量按定额号汇总表

序号	定额编号	定额名称	合计	
			双向板	井字梁
1	4-1-2	现浇构件圆钢筋中 φ6.5- 普通钢筋 -HPB300	0.814 t	0.902 t
2	4-1-52	现浇构件箍筋中 φ6.5- 箍筋 -HPB300	0.91 t	1.069 t
3	4-1-53	现浇构件箍筋中 φ8- 箍筋 -HRB400	1.101 t	0.891 t
4	4-1-54	现浇构件箍筋中 φ10- 箍筋 -HRB400	4.259 t	4.833 t
5	4-1-55	现浇构件箍筋中 φ12- 箍筋 -HRB400	3.401 t	5.9 t

（续表）

序号	定额编号	定额名称	合计	
			双向板	井字梁
6	4-1-104	三级钢中 φ8- 普通钢筋 -HRB400	4.864 t	4.886 t
7	4-1-105	三级钢中 φ10- 普通钢筋 -HRB400	6.472 t	4.167 t
8	4-1-106	三级钢中 φ12- 普通钢筋 -HRB400	5.283 t	6.092 t
9	4-1-107	三级钢中 φ14- 普通钢筋 -HRB400	2.082 t	3.03 t
10	4-1-112	三级钢中 φ25- 普通钢筋 -HRB400	23.872 t	24.694 t
11	4-2-24	现浇单梁，连续梁 -C30	109.296m³	104.544m³
12	4-2-36	现浇有梁板 -C30	325.272m³	302.663m³
13	10-1-103	外脚手架 (6m 以内) 钢管架 双排	1180.08m²	1315.71m²
14	10-4-114	单梁连续梁胶合板模板钢支撑	847.44m²	815.76m²
15	10-4-160	有梁板胶合板模板钢支撑	1777.5m²	2153.85m²
16	10-4-176	板钢支撑高 >3.6m 增 3m	1676.25m²	1955.85m²

表 13.68　空心板式、无梁式地下车库楼盖钢筋和工程量按定额号汇总表

序号	定额编号	定额名称	BDF 方箱合计	蜂巢芯合计	模壳合计
1	自定义	模壳数量	1226 个	1226 个	1226 个
2	4-1-53	现浇构件箍筋中 φ8- 箍筋 -HRB400	5.9 t	5.889 t	6.011 t
3	4-1-54	现浇构件箍筋中 φ10- 箍筋 -HRB400	0.764 t	0.764 t	0.764 t
4	4-1-55	现浇构件箍筋中 φ12- 箍筋 -HRB400	0.755 t	0.755 t	0.755 t
5	4-1-104	三级钢中 φ8- 普通钢筋 -HRB400	0.084 t	0.074 t	1.79 t
6	4-1-105	三级钢中 φ10- 普通钢筋 -HRB400	2.695 t	2.695 t	2.695 t
7	4-1-106	三级钢中 φ12- 普通钢筋 -HRB400	0.1 t	0.054 t	0.054 t
8	4-1-107	三级钢中 φ14- 普通钢筋 -HRB400	1.556 t	1.738 t	1.745 t
9	4-1-108	三级钢中 φ16- 普通钢筋 -HRB400	4.516 t	2.856 t	2.577 t
10	4-1-109	三级钢中 φ18- 普通钢筋 -HRB400	11.055 t	12.47 t	13.206 t
11	4-1-110	三级钢中 φ20- 普通钢筋 -HRB400	8.099 t	9.072 t	8.423 t
12	4-1-111	三级钢中 φ22- 普通钢筋 -HRB400	0.104 t	0.791 t	1.007 t
13	4-1-112	三级钢中 φ25- 苦通钢筋 -HRB400	16.829 t	17.153 t	17.535 t
14	4-2-24	现浇单梁，连续梁 -C30	140.633 m³	149.213 m³	168.14 m³
15	4-2-36	现浇有梁板 -C30	11.405 m³	8.813 m³	8.813 m³
16	4-2-37	现浇无梁板	171.475 m³	158.123 m³	158.123 m³
17	10-4-114	单梁连续梁胶合板模板钢支撑	448.8 m²	488.4 m²	441.552 m²
18	10-4-160	有梁板胶合板模板钢支撑	71.424 m²	65.664 m²	65.664 m²
19	10-4-166	无梁板胶合板模板钢支撑	1108.614 m²	1108.614 m²	1108.648 m²

　　双向板、井字梁、BDF 方箱、蜂巢芯、周转模壳地下车库楼盖工程计价汇总如附录 13.I 所示。双向板、井字梁、BDF 方箱、蜂巢芯、周转模壳五种结构形式地下车库楼盖工程取费如附录 13.II 所示。

（2）工程概况二

工况二条件下对五种结构形式地下车库楼盖钢筋和工程量信息按定额号汇总及五种结构形式地下车库楼盖工程计价汇总过程同工况一地下车库楼盖工程。

2. 不同地下车库楼盖结构形式工程造价分析

（1）工程概况一造价分析

1）柱网尺寸 7.2m×7.2m 地下车库楼盖计量计价

该柱网尺寸下五种结构形式地下车库楼盖工程主要材料单方工程量汇总如表 13.69 所示，主要材料单方造价汇总如表 13.70 所示。

表 13.69　柱网 7.2m×7.2m 不地下车库楼盖主要材料单方工程量汇总

结构形式	混凝土用量	钢筋用量	内膜或模壳	模板	脚手架
	(m^3/m^2)	(kg/m^2)	（个 $/m^2$）	(m^2/m^2)	(m^2/m^2)
双向板楼盖	0.335	40.94	0.00	2.03	0.91
井字梁楼盖	0.314	43.57	0.00	2.29	1.02
BDF 方箱楼盖	0.250	40.48	0.96	1.26	0.00
蜂巢芯楼盖	0.244	41.91	0.96	1.28	0.00
周转模壳楼盖	0.259	43.64	0.96	1.25	0.00

表 13.70　柱网 7.2m×7.2m 地下车库楼盖主要材料单方造价汇总（单位：元 $/m^2$）

结构形式	混凝土造价	钢筋造价	内膜或模壳造价	模板造价	脚手架造价	工程总造价
双向板楼盖	224.50	226.52	0.00	145.12	9.66	605.80
井字梁楼盖	210.48	240.00	0.00	163.76	10.77	625.01
BDF 方箱楼盖	167.54	216.81	164.36	78.87	0.00	627.59
蜂巢芯楼盖	163.98	224.03	187.33	80.78	0.00	656.13
周转模壳楼盖	173.92	234.20	175.85	78.21	0.00	662.18

由表 13.69、表 13.70，五种结构形式地下车库楼盖单方工程量和造价对比如下：

①该工况条件下单方混凝土用量最少的是蜂巢芯地下车库楼盖，单方用量为 $0.244m^3/m^2$，其次依次为 BDF 方箱（+2.48%）、周转模壳（+5.99%）、井字梁（+28.72%）、双向板（+37.33%）地下车库楼盖；

②单方钢筋用量最少为 BDF 方箱地下车库楼盖，单方用量为 40.48 kg/m^2，其次依次为双向板（+1.14%）、蜂巢芯（+3.52%）、周转模壳（+7.63%）、井字梁（+7.82%）地下车库楼盖；

③单方模板用量最少为周转模壳地下车库楼盖，单方用量为 $1.25m^2/m^2$，其次依次为 BDF 方箱（+0.82%）、蜂巢芯（+2.90%）、双向板（+62.45%）、井字梁（+83.78%）地下车库楼盖；

④BD 方箱、蜂巢芯和周转模壳地下车库楼盖无脚手架用量，井字梁和双向板地下车库楼盖无内膜或模壳用量；

⑤单方造价最底的为双向板地下车库楼盖，605.80 元 $/m^2$，其次依次为井字梁（增加 19.21 元 $/m^2$）、BDF 方箱（增加 21.79 元 $/m^2$）、蜂巢芯（增加 50.33 元 $/m^2$）、周转模壳（增加 56.3 元 $/m^2$）地下车库楼盖。

由上述数据分析可知：7.2m×7.2m 柱网、工况一条件下，BDF 方箱、蜂巢芯、周转模壳地下车库楼盖单方混凝土用量相差不大，最大值为周转模壳 0.259m³/m²、蜂巢芯 0.244 m³/m²，二者相差 6.15%；相对于井字梁和双向板地下车库楼盖，这三种结构形式地下车库楼盖的单方混凝土用量少。五种结构形式地下车库楼盖在钢筋单方用量上相差最大的为井字梁比 BDF 方箱地下车库楼盖大 7.82%，不同结构形式地下车库楼盖单方钢筋用量各有差异。从单方模板用量分析，BDF 方箱、蜂巢芯和周转模壳地下车库楼盖单方模板用量相近，井字梁和双向板地下车库楼盖相近；可知空心无梁式地下车库楼盖和密肋式地下车库楼盖模板用量要少于肋梁式地下车库楼盖。相对于双向板和井字梁地下车库楼盖，BDF 方箱、蜂巢芯和周转模壳地下车库楼盖无脚手架用量，可以在一定程度上降低地下车库楼盖工程的总造价，但内膜或模壳的设置使得这三种结构形式地下车库楼盖总造价增加的比例要大于脚手架降低的造价。该柱网和工况条件下，双向板造价最低，经济效益最好。

2）柱网尺寸 8.1m×8.1m 地下车库楼盖计量计价

该柱网尺寸下五种结构形式地下车库楼盖工程主要材料单方工程量汇总如表 13.71 所示，主要材料单方造价汇总如表 13.72 所示。

表 13.71　柱网 8.1m×8.1m 地下车库楼盖主要材料单方工程量汇总

结构形式	混凝土用量	钢筋用量	内膜或模壳	模板	脚手架
	(m³/m²)	(kg/m²)	(个/m²)	(m²/m²)	(m²/m²)
双向板楼盖	0.370	36.21	0.00	2.15	0.76
井字梁楼盖	0.366	36.01	0.00	2.54	0.75
BDF 方箱楼盖	0.360	33.60	O.76	1.36	0.00
蜂巢芯楼盖	0.319	32.25	0.76	1.31	0.00
周转模壳楼盖	0.342	32.72	0.76	1.31	0.00

表 13.72　柱网 8.1m×8.1m 地下车库楼盖主要材料单方造价汇总（单位：元/m²）

结构形式	混凝土造价	钢筋造价	内膜或模壳造价	模板造价	脚手架造价	工程总造价
双向板楼盖	247.97	198.61	0.00	154.05	8.09	608.72
井字梁楼盖	248.07	195.96	0.00	181.67	7.92	633.62
BDF 方箱楼盖	241.98	184.77	132.41	85.36	0.00	644.52
蜂巢芯楼盖	214.66	203.23	150.91	82.29	0.00	651.10
周转模壳楼盖	196.29	213.56	141.66	82.29	0.00	633.80

由表 13.71、表 13.72，五种结构形式地下车库楼盖单方工程量和造价对比如下：

①该工况条件下单方混凝土用量最少的是蜂巢芯地下车库楼盖，单方用量为 0.319m³/m²，其次依次为周转模壳（+7.28%）、BDF 方箱（+12.73%）、井字梁（+14.73%）、双向板（+15.89%）地下车库楼盖；

②单方钢筋用量最少为蜂巢芯地下车库楼盖，单方用量为 32.25kg/m²，其次依次为周转模壳（+1.47%）、BDF 方箱（+4.19%）、井字梁（+11.64%）、双向板（+12.28%）地下车库楼盖；

③单方模板用量最少为蜂巢芯和周转模壳地下车库楼盖，单方用量为 1.31m²/m²，

其次依次为 BDF 方箱（+3.31%）、双向板（+94.34%）、井字梁（+64.46%）地下车库楼盖；

④ BDF 方箱、蜂巢芯和周转模壳地下车库楼盖无脚手架用量，井字梁和双向板地下车库楼盖无内膜或模壳用量；

⑤单方造价最底的为双向板地下车库楼盖，608.72 元 /m²，其次依次为井字梁（增加 24.90 元 /m²）、周转模壳（增加 25.07 元 /m²）、BDF 方箱（增加 35.07 元 /m²）、蜂巢芯（增加 49.66 元 /m²）地下车库楼盖。

由上述数据分析可知：8.1m×8.1m 柱网、工况一条件下，五种结构形式地下车库楼盖单方混凝土、钢筋用量各有差异；总体来看，BDF 方箱、蜂巢芯和周转模壳地下车库楼盖在混凝土和钢筋的单方用量上要少于双向板和井字梁地下车库楼盖。模板单方用量分析，由于设置了内膜或模壳，BDF 方箱、蜂巢芯和周转模壳大大降低了模板的用量。该柱网和工况条件下，五种结构形式地下车库楼盖总造价差异不是特别明显，最大差值为蜂巢芯比双向板单方造价高 49.66 元；双向板造价最低，经济效益最好。

3）柱网尺寸 9.4m×9.4m 地下车库楼盖计量计价

该柱网尺寸下五种结构形式地下车库楼盖工程主要材料单方工程量汇总如表 13.73 所示，主要材料单方造价汇总如表 13.74 所示。

表 13.73　柱网 9.4m×9.4m 地下车库楼盖主要材料单方工程量汇总

结构形式	混凝土用量 (m³/m²)	钢筋用量 （kg/m²）	内膜或模壳 （个 /m²）	模板 (m²/m²)	脚手架 (m²/m²)
双向板楼盖	0.492	52.93	0.00	2.56	0.80
井字梁楼盖	0.547	60.74	0.00	3.62	0.79
BDF 方箱楼盖	0.455	42.86	0.74	1.34	0.00
蜂巢芯楼盖	0.409	43.13	0.74	1.35	0.00
周转模壳楼盖	0.463	45.32	0.74	1.35	0.00

表 13.74　柱网 9.4m×9.4m 地下车库楼盖主要材料单方造价汇总（单位：元 /m²）

结构形式	混凝土造价	钢筋造价	内膜或模壳造价	模板造价	脚手架造价	工程总造价
双向板楼盖	329.74	295.67	0.00	183.08	8.49	816.98
井字梁楼盖	366.54	339.62	0.00	258.86	8.42	973.45
BDF 方箱楼盖	306.19	234.16	127.81	92.50	0.00	760.67
蜂巢芯楼盖	276.08	233.98	145.68	93.46	0.00	749.20
周转模壳楼盖	312.93	243.34	136.74	92.80	0.00	785.82

由表 13.73、表 13.74，五种结构形式地下车库楼盖单方工程量和造价对比如下：

①该工况条件下单方混凝土用量最少的是蜂巢芯地下车库楼盖，单方用量为 0.409m³/m²，其次依次为 BDF 方箱（+11.18%）、周转模壳（+13.18%）、双向板（+20.31%）、井字梁（+33.80%）地下车库楼盖；

②单方钢筋用量最少为 BDF 方箱地下车库楼盖，单方用量为 42.86kg/m²，其次依次为蜂巢芯（+0.63%）、周转模壳（+5.74%）、双向板（+23.48%）、井字梁（+41.73%）地下车库楼盖；

③单方模板用量最少为 BDF 方箱地下车库楼盖，单方用量为 1.34m²/m²，其次依次

为蜂巢芯和周转模壳（+1.18%）、双向板（+91.42%）、井字梁（+170.76%）地下车库楼盖；

④ BDF 方箱、蜂巢芯和周转模壳地下车库楼盖无脚手架用量，井字梁和双向板地下车库楼盖无内膜或模壳用量；

⑤单方造价最底的为蜂巢芯地下车库楼盖，749.20 元 /m²，其次依次为 BDF 方箱（增加 11.47 元 /m²）、周转模壳（增加 36.62 元 /m²）、双向板（增加 67.78 元 /m²）、井字梁（增加 224.25 元 /m²）地下车库楼盖。

由上述数据分析可知：9.4m×9.4m 柱网、工况一条件下，蜂巢芯、BDF 方箱和周转模壳、双向板、井字梁地下车库楼盖单方混凝土用量呈阶梯递增，蜂巢芯用量最省。相对于双向板和井字梁地下车库楼盖，BDF 方箱、蜂巢芯、周转模壳地下车库楼盖单方钢筋用量较少，三种结构形式地下车库楼盖单方钢筋用量相差不大。同 8.1m×8.1m 柱网条件，该柱网条件下 BDF 方箱、蜂巢芯、周转模壳地下车库楼盖在模板用量上大大低于双向板和井字梁楼盖。该柱网和工况条件下蜂巢芯地下车库楼盖的总造价最低，经济效益最好。

（2）工程概况二造价分析

1）柱网尺寸 7.2m×7.2m 地下车库楼盖计量计价

该柱网尺寸下五种结构形式地下车库楼盖工程主要材料单方工程量汇总如表 13.75 所示，主要材料单方造价汇总如表 13.76 所示。

表 13.75　柱网 7.2m×7.2m 地下车库楼盖主要材料单方工程量汇总

结构形式	混凝土用量 （m³/m²）	钢筋用量 （kg/m²）	内膜或模壳 （个 /m²）	模板 （m²/m²）	脚手架 （m²/m²）
双向板楼盖	0.360	49.50	0.00	2.09	0.93
井字梁楼盖	0.363	53.06	0.00	2.32	0.91
BDF 方箱楼盖	0.297	45.01	0.96	1.36	0.00
蜂巢芯楼盖	0.249	45.14	0.96	1.39	0.00
周转模壳楼盖	0.281	45.35	0.96	1.39	0.00

表 13.76　柱网 7.2m×7.2m 地下车库楼盖主要材料单方造价汇总（单位：元 /m²）

结构形式	混凝土造价	钢筋造价	内膜或模壳造价	模板造价	脚手架造价	工程总造价
双向板楼盖	241.41	271.35	0.00	149.36	9.88	672.00
井字梁楼盖	243.19	291.08	0.00	165.82	9.62	709.72
BDF 方箱楼盖	199.10	240.00	164.36	78.07	0.00	681.54
蜂巢芯楼盖	167.25	240.71	187.33	80.25	0.00	675.55
周转模壳楼盖	189.32	242.61	175.85	80.25	0.00	688.03

由表 13.75、表 13.76，五种结构形式地下车库楼盖单方工程量和造价对比如下：

①该工况条件下单方混凝土用量最少的是蜂巢芯地下车库楼盖，单方用量为 0.249m³/m²，其次依次为周转模壳（+12.97%）、BDF 方箱（+19.26%）、双向板（+44.63%）、井字梁（+45.76%）地下车库楼盖；

②单方钢筋用量最少为 BDF 方箱地下车库楼盖，单方用量为 45.01 kg/m²，其次依次为蜂巢芯（+0.31%）、周转模壳（+0.76%）、双向板（+9.99%）、井字梁（+17.90%）

地下车库楼盖；

③单方模板用量最少为 BDF 方箱地下车库楼盖，单方用量为 1.36m²/m²，其次依次为蜂巢芯和周转模壳（+2.21%）、双向板（+53.04%）、井字梁（+70.29%）地下车库楼盖；

④BDF 方箱、蜂巢芯和周转模壳地下车库楼盖无脚手架用量，井字梁和双向板地下车库楼盖无内膜或模壳用量；

⑤单方造价最底的为双向板地下车库楼盖，672.00 元/m²，其次依次为蜂巢芯（增加 3.54 元/m²）、BDF 方箱（增加 9.54 元/m²）、周转模壳（增加 16.03 元/m²）、井字梁（增加 37.71 元/m²）地下车库楼盖。

由上述数据分析可知：7.2m×7.2m 柱网、工况二条件下，五种结构形式地下车库楼盖单方混凝土用量明显分为两个级别，BDF 方箱、蜂巢芯和周转模壳地下车库楼盖单方混凝土用量少于双向板和井字梁地下车库楼盖。BDF 方箱、蜂巢芯和周转模壳地下车库楼盖在钢筋单方用量上相差不大，均小于双向板和井字梁地下车库楼盖。从单方模板用量分析，BDF 方箱、蜂巢芯和周转模壳地下车库楼盖单方模板用量相近，井字梁和双向板地下车库楼盖相近；空心无梁式地下车库楼盖和密肋式地下车库楼盖模板用量要少于肋梁式地下车库楼盖。该柱网和工况条件下，五种结构形式地下车库楼盖总造价差异不是特别明显，最大差值为井字梁比双向板单方造价高 37.71 元；双向板造价最低，经济效益最好。

2）柱网尺寸 8.1m×8.1m 地下车库楼盖计量计价

该柱网尺寸下五种结构形式地下车库楼盖工程主要材料单方工程量汇总如表 13.77 所示，主要材料单方造价汇总如表 13.78 所示。

表 13.77 柱网 8.1m×8.1m 地下车库楼盖主要材料单方工程量汇总

结构形式	混凝土用量（m³/m²）	钢筋用量（kg/m²）	内膜或模壳（个/m²）	模板（m²/m²）	脚手架（m²/m²）
双向板楼盖	0.468	47.44	0.00	2.41	0.91
井字梁楼盖	0.405	52.95	0.00	2.66	0.86
BDF 方箱楼盖	0.373	46.84	0.76	1.28	0.00
蜂巢芯楼盖	0.339	45.43	0.76	1.31	0.00
周转模壳楼盖	0.369	45.58	0.76	1.31	0.00

表 13.78 柱网 8.1m×8.1m 地下车库楼盖主要材料单方造价汇总（单位：元/m²）

结构形式	混凝土造价	钢筋造价	内膜或模壳造价	模板造价	脚手架造价	工程总造价
双向板楼盖	315.70	258.89	0.00	172.59	9.61	756.79
井字梁楼盖	271.52	293.46	0.00	190.19	9.14	764.31
BDF 方箱楼盖	250.07	250.05	132.41	80.33	0.00	712.86
蜂巢芯楼盖	228.04	242.86	150.91	82.29	0.00	704.10
周转模壳楼盖	248.74	243.81	141.66	112.23	0.00	746.44

由表 13.77、表 13.78，五种结构形式地下车库楼盖单方工程量和造价对比如下：

①该工况条件下单方混凝土用量最少的是蜂巢芯地下车库楼盖，单方用量为 0.339m³/m²，其次依次为周转模壳（+9.00%）、BDF 方箱（+9.98%）、井字梁（+19.60%）、

双向板（+38.08%）地下车库楼盖；

②单方钢筋用量最少为蜂巢芯地下车库楼盖，单方用量为 45.43kg/m²，其次依次为周转模壳（+0.34%）、BDF 方箱（+3.10%）、双向板（+4.43%）、井字梁（+16.57%）地下车库楼盖；

③单方模板用量最少为 BDF 方箱地下车库楼盖，单方用量为 1.28m²/m²，其次依次为蜂巢芯和周转模壳（+2.14%）、双向板（+88.47%）、井字梁（+107.62%）地下车库楼盖；

④ BDF 方箱、蜂巢芯和周转模壳地下车库楼盖无脚手架用量，井字梁和双向板地下车库楼盖无内膜或模壳用量；

⑤单方造价最底的为蜂巢芯地下车库楼盖，704.10 元 /m²，其次依次为 BD 方箱（增加 8.76 元 /m²）、周转模壳（增加 42.34 元 /m²）、双向板（增加 52.69 元 /m²）、井字梁（增加 60.21 元 /m²）地下车库楼盖。

由上述数据分析可知：8.1m×8.1m 柱网、工况二条件下，五种结构形式地下车库楼盖单方混凝土、钢筋用量各有差异；总体来看，BDF 方箱、蜂巢芯和周转模壳地下车库楼盖在混凝土和钢筋的单方用量上要少于双向板和井字梁地下车库楼盖。五种结构形式地下车库楼盖在模板单方用量上差异较大，由于设置了内膜或模壳，BDF 方箱、蜂巢芯和周转模壳大大降低了模板的用量。该柱网和工况条件下，蜂巢芯地下车库楼盖造价最低，经济效益最好。

3）柱网尺寸 9.4m×9.4m 地下车库楼盖计量计价该柱网尺寸下五种结构形式地下车库楼盖工程主要材料单方工程量汇总如表 13.79 所示，主要材料单方造价汇总如表 13.80 所示。

表 13.79　柱网 9.4m×9.4m 地下车库楼盖主要材料单方工程量汇总

结构形式	混凝土用量 （m³/m²）	钢筋用量 （kg/m²）	内膜或模壳 （个 /m²）	模板 （m²/m²）	脚手架 （m²/m²）
双向板楼盖	0.542	61.09	0.00	2.61	0.81
井字梁楼盖	0.593	63.77	0.00	3.76	0.81
BDF 方箱楼盖	0.495	58.23	0.74	1.39	0.00
蜂巢芯楼盖	0.455	47.74	0.74	1.41	0.00
周转模壳楼盖	0.499	47.66	0.74	1.41	0.00

表 13.80　柱网 9.4m×9.4m 地下车库楼盖主要材料单方造价汇总（单位：元 /m²）

结构形式	混凝土造价	钢筋造价	内膜或模壳造价	模板造价	脚手架造价	工程总造价
双向板楼盖	363.35	340.91	0.00	186.85	8.62	899.73
井字梁楼盖	397.28	358.37	0.00	268.90	8.59	1033.15
BDF 方箱楼盖	333.81	319.68	127.81	96.16	0.00	877.47
蜂巢芯楼盖	307.36	258.26	145.68	97.67	0.00	808.96
周转模壳楼盖	337.25	258.14	136.74	97.67	0.00	829.81

由表 13.79、表 13.80，五种结构形式地下车库楼盖单方工程量和造价对比如下：

①该工况条件下单方混凝土用量最少的是蜂巢芯地下车库楼盖，单方用量为 0.455m³/m²，其次依次为 BDF 方箱（+11.18%）、周转模壳（+13.18%）、双向板（+20.31%）、井字梁（+33.80%）地下车库楼盖；

②单方钢筋用量最少为周转模壳地下车库楼盖，单方用量为 47.66kg/m²，其次依次为蜂巢芯（+0.63%）、BDF 方箱（+5.74%）、双向板（+23.48%）、井字梁（+41.73%）地下车库楼盖；

③单方模板用量最少为 BDF 方箱地下车库楼盖，单方用量为 1.39m²/m²，其次依次为蜂巢芯和周转模壳（+1.18%）、双向板（+91.42%）、井字梁（+170.76%）地下车库楼盖；

④ BDF 方箱、蜂巢芯和周转模壳地下车库楼盖无脚手架用量，井字梁和双向板地下车库楼盖无内膜或模壳用量；

⑤单方造价最低的为蜂巢芯地下车库楼盖，808.96 元/m²，其次依次为 BDF 方箱（增加 11.47 元/m²）、周转模壳（增加 36.62 元/m²）、双向板（增加 67.78 元/m²）、井字梁（增加 224.25 元/m²）地下车库楼盖。

由上述数据分析可知：9.4m×9.4m 柱网、工况二条件下，蜂巢芯、BDF 方箱和周转模壳、双向板、井字梁地下车库楼盖单方混凝土用量呈阶梯递增，蜂巢芯用量最省。蜂巢芯和周转模壳地下车库楼盖单方钢筋用量差距不大，与其他结构形式地下车库楼盖相比用量最少。同 8.1m×8.1m 柱网，BDF 方箱、蜂巢芯、周转模壳地下车库楼盖在模板用量上大大低于双向板和井字梁楼盖。该柱网和工况条件下蜂巢芯地下车库楼盖的总造价最低，经济效益最好。

六、常用地下车库楼盖结构形式综合效益分析

本节旨在对比分析不同柱网、不同工况条件下，常用五种结构形式地下车库楼盖的经济指标，分析总结不同结构形式地下车库楼盖材料用量及工程造价特点，为设计阶段方案选择提供可靠的经济依据。

根据以上分析可知，在不同柱网尺寸、不同工况条件下，不同结构形式的地下车库楼盖各有其适用的经济性。仅从造价分析，在跨度较小、荷载不大时，双向板肋梁式地下车库楼盖的经济效果较好；但随着跨度的增大和承担荷载的增加，BDF 方箱、蜂巢芯和周转模壳地下车库楼盖的经济性要优于肋梁式地下车库楼盖。然而衡量一种结构形式的地下车库楼盖的经济效益，仅从造价分析是远远不够的，应综合其使用功能、施工管理等综合经济指标。

1）力学性能

肋梁式地下车库楼盖刚度好，适用范围广，不受地震区和强风区的限制。

空心无梁式地下车库楼盖抗侧刚度比较差，增设暗梁可以有效加以弥补，同时结构自重较轻，有利于结构抗震。密肋式地下车库楼盖具有很好的竖向和水平刚度，荷载作用下板的变形较小，同时自重较小，具有很好的适用范围。

根据以上地下车库楼盖 STRAT 有限元设计，空心无梁式、密肋式地下车库楼盖具有板式楼盖的受力特征，采用加强受力岛区域的优化设计方法，合理的板式楼盖配筋方式，有效、全面降低楼盖各部位的配筋量，并降低配筋峰值。

2）建筑装饰及保温隔热、隔音性能

肋梁式地下车库楼盖开洞较灵活，但大跨度和大荷载情况下，较大的梁高占用了较多空间，不利于设备管线和建筑吊顶抹灰。空心无梁式地下车库楼盖开洞不灵活，但其平滑的板底可以大大改善采光、通风和卫生条件可以省去吊顶甚至抹灰的费用。密肋式地下车库楼盖由于设备管线容易与肋梁相碰，故适用于设备管线穿越楼板较少的地下车库，不适用于设备管线穿越楼板较多的地下车库。保温隔热、隔音性能角度，不同结构形式地下车库楼盖差异较大。空心无梁式地下车库楼盖，板内封闭的空腔结构减少热量和噪音的传递，相对于肋梁式和密肋式地下车库楼盖保温隔热、隔音性能显著提高。

3）施工管理

肋梁式地下车库楼盖，包括双向板和井字梁地下车库楼盖施工管理受板区格的影响较大。板区格过小，梁数较多，材料用量增加，施工所用模板和脚手架及人工较多，成本增加。空心无梁式和密肋式地下车库楼盖，由于内膜或模壳的设置，大大降低了模板和脚手架的用量，减少人工，施工快速，便于方便管理。

4）层高效益

相对于肋梁式地下车库楼盖，空心无梁式和密肋式地下车库楼盖板式楼盖的受力特点，在变形条件相同，满足净层高相同时，其地下车库的总层高较小。地下车库层高的降低，建筑结构竖向支撑构件相应降低，减少人工、材料和机械台班的成本和消耗，具有较大的经济效益。

作为地下建筑，层高直接影响土方工程造价。层高不同，挖、填、运的土方工程量亦不同，相应的整个地下车库的工程造价亦不同，特别是在建筑较密集、交通容易堵塞的市区，土方运输距离较大，工程成本增加显著。

依据以上分析结果可知，在较小跨度和较小荷载时，空心无梁式和密肋式地下车库楼盖在钢筋、混凝土、模板及脚手架等主要材料用量上较肋梁式地下车库楼盖节省；但BDF方箱、蜂巢芯以及各类模壳的工程成本的增加，使得地下车库楼盖工程的总造价较高。当结构跨度较大时，空心无梁式和密肋式地下车库楼盖在钢筋、混凝土、模板及脚手架等主要材料用量上明显低于；同时在工程造价上空心无梁式和密肋式地下车库楼盖优于肋梁式地下车库楼盖。对比相同柱网下不同工况条件，发现肋梁式地下车库楼盖钢筋工程量增加幅度大于空心无梁式和密肋式地下车库楼盖，这说明后者能充分发挥材料的性能优势，具有较好的受力特点。综上可见，空心无梁式和密肋式地下车库楼盖更适用于大跨度、大荷载情况。

七、地下车库楼盖结构形式方案比选

以上分别进行了双向板、井字梁、BDF方箱、蜂巢芯、周转模壳五种常用结构形式的地下车库楼盖的结构设计和工程造价分析。通过分析可知不同结构形式有各自的特点及经济适用性，仅从工程造价角度进行不同结构形式的方案比选是不全面的，不能完全反映地下车库楼盖的综合效益。这里致力于进行五种结构形式地下车库楼盖全局性、整体性的评价，即进行不同结构形式地下车库楼盖技术经济综合评价，明确评价指标和比选模型，确定最优方案。

1.地下车库楼盖比选指标体系

地下车库楼盖工程结构形式方案比选结果的客观准确性有赖于评价指标体系设置的合理正确性。地下车库楼盖结构形式比选，即对不同结构形式的地下车库楼盖方案进行比较选择，是依据科学的方法进行选优的过程。本文采用层次分析法（AHP），简单、直观、实用地对地下车库楼盖结构形式方案进行比选，正确合理科学的评价指标体系使地下车库楼盖工程结构形式方案比选的结果更具客观准确性。

（1）地下车库楼盖指标体系

依据层次分析法（AHP）指标体系确定原则，结合不同结构形式地下车库楼盖工程特点，综合设计、施工、管理等各不同阶段，将地下车库楼盖工程指标分为定性指标和定量指标两部分，各因素分析如下：

1）定量指标

定量指标包含经济指标和工程指标两类。

①经济指标。不同柱网尺寸、不同工况条件下，不同结构形式地下车库楼盖的工程造价有所差异，而工程造价是决定一个建设项目接受与否的最重要经济指标之一。此外由于不同结构形式地下车库楼盖对建筑的层高影响较大，层高的不同，引起土方工程、柱或墙等竖向构件工程以及建筑装饰装修等项目的工程成本亦不同。因此地下车库出楼盖方案比选的经济指标考虑工程造价和层高效益两方面因素。

②工程指标。此处所指的工程指标主要包括不同结构形式地下车库楼盖的工期和主要建筑材料的消耗。工期涉及施工施工组织与管理的问题，优良的工程工期有利于组织施工，相应经济效益、社会效益和环境效益亦突出。地下车库楼盖工程主要建筑材料包括混凝土、钢筋以及相应的人工、机械、台班的消耗等。不同结构形式的地下车库楼盖的主要建筑材料差异较大，因此主要建筑材料的消耗对方案比选亦有较大影响。

2）定性指标

地下车库楼盖工程定性指标，综合考虑地下车库楼盖不同结构形式下抹灰、吊顶、是否利于布置设备管线、保温隔热及隔音等性能方面的差异，相应方案的经济效益、社会效益和环境效益亦有所不同。将上述因素合称建筑性能指标，参与地下车库楼盖方案比选。

（2）地下车库楼盖比选模型

采用层次分析法（AHP）进行方案比选，所得结果的科学性和实用性有赖于建立合理的层次结构模型。本章为地下车库楼盖工程不同结构方案的比选，根据各指标的相互隶属关系和重要程度划分层次结构。

1）最高层，即目标层，为不同结构形式地下车库楼盖的方案比选问题，确定最优方案。

2）中间层，即准则层，将不同结构形式地下车库楼盖的工程造价、层高、工程施工难易程度、主要建筑材料消耗以及建筑性能指标，作为方案比选的依据。

3）最底层，即方案层，包含双向板、井字梁、BDF方箱、蜂巢芯和周转模壳等五种结构形式地下车库楼盖设计方案。

地下车库楼盖结构形式方案比选层次如图 13.94 所示。

进行层次总排序。根据判断矩阵和权重值各指标层总排序如表 13.81 所示，依据判断矩阵和权重值方案层总排序如表 13.82 所示。

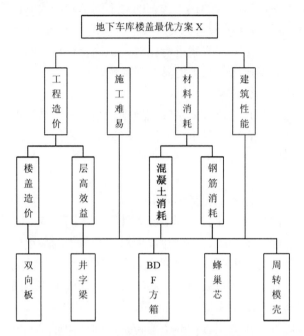

图 13.94 地下车库楼盖方案比选层次示意图

表 13.81 分层指标对指标层总排序

分指标层	指 标 层				分层指标排序 w
	a_1	a_2	a_3	a_4	
	0.4750	0.2414	0.2146	0.0690	
b_1	0.8333				0.3959
c_1		0.75			0.1610
b_2	0.1667				0.0792
c_2			0.25		0.0537

表 13.82 方案层对目标层的总排序

层次	工程造价		施工难易	材料消耗		建筑性能	总排序 w_i
	楼盖造价	层高效益		混凝土消耗	钢筋消耗		
	b_1	b_2	a_2	c_1	c_2	a_4	
分层指标 w_i	0.3959	0.0792	0.2414	0.1610	0.0537	0.0690	
蜂巢芯	0.4427	0.3449	0.4303	0.5315	0.3375	0.3395	0.4335
周转模壳	0.2959	0.3449	0.2812	0.1566	0.4454	0.3395	0.2848
BDF 方箱	0.1407	0.2127	0.1812	0.2161	0.1149	0.2065	0.1715
双向板	0.0933	0.0397	0.0681	0.0685	0.0650	O.0461	0.0742
井字梁	0.0275	0.0578	0.0392	0.0273	0.0372	0.0684	0.0360

由表 13.82 显示，地下车库楼盖结构形式方案指标体系组合权重排序为：蜂巢芯（0.4335）> 周转模壳（0.2848）>BDF 方箱（0.1715）> 双向板（0.0742）> 井字梁（0.0360）。可知，在较大跨度、较大荷载工况条件下，五种结构形式地下车库楼盖最优结构方案为蜂巢芯地下车库楼盖。

（3）地下车库楼盖比选结论

利用层次分析法（AHP）对其他柱网尺寸及工况条件下地下车库楼盖工程结构方案比选，权重值方案层总排序如表 13.83 ~ 表 13.88 所示。

表 13.83　柱网尺寸 7.2m×7.2m、工况一条件地下车库楼盖方案总排序

层次	工程造价		施工难易	材料消耗		建筑性能	总排序 w_i
	楼盖造价	层高效益		混凝土消耗	钢筋消耗		
	b_1	b_2	a_2	c_1	c_2	a_4	
分层指标 w_i	0.3959	0.0792	0.2414	0.1610	0.0537	0.0690	
蜂巢芯	0.0732	0.3449	0.4303	0.3592	0.1477	0.3395	0.2493
BDF 方箱	0.1953	0.2127	0.1812	0.3402	0.4605	0.2065	0.2316
双向板	0.4631	0.0397	0.0681	0.0316	0.2880	0.0461	0.2266
周转模壳	0.0732	0.3449	0.2812	0.2107	0.0519	0.3395	0.1843
井字梁	0.1953	0.0578	0.0392	0.0584	0.0519	0.0684	0.1082

表 13.84　柱网尺寸 7.2m×7.2m、工况二条件地下车库楼盖方案总排序

层次	工程造价		施工难易	材料消耗		建筑性能	总排序 w_i
	楼盖造价	层高效益		混凝土消耗	钢筋消耗		
	b_1	b_2	a_2	c_1	c_2	a_4	
分层指标 w_i	0.3959	0.0792	0.2414	0.1610	0.0537	0.0690	
蜂巢芯	0.2769	0.3449	0.4303	0.5258	0.3408	0.3395	0.3671
周转模壳	0.0825	0.3449	0.2812	0.2601	0.2085	0.3395	0.2043
双向板	0.4243	0.0397	0.0681	0.0356	0.0723	0.0461	0.2003
BDF 方箱	0.1884	0.2127	0.1812	0.1429	0.3408	0.2065	0.1907
井字梁	0.0279	0.0578	0.0392	0.0356	0.0375	0.0684	0.0376

表 13.85 柱网尺寸 8.1m×8.1m、工况一条件地下车库楼盖方案总排序

层次	工程造价		施工难易	材料消耗		建筑性能	总排序 w_i
	楼盖造价	层高效益		混凝土消耗	钢筋消耗		
	b_1	b_2	a_2	c_1	c_2	a_4	
分层指标 w_i	0.3959	0.0792	0.2414	0.1610	0.0537	0.0690	
蜂巢芯	0.0416	0.3449	0.4303	0.5397	0.4274	0.3395	0.2809
双向板	0.6048	0.0397	0.0681	0.0389	0.0487	0.0461	0.2710
周转模壳	0.0831	0.3449	0.2812	0.2523	0.3012	0.3395	0.2083
BDF 方箱	0.1004	0.2127	0.1812	0.1112	0.1545	0.2065	0.1408
井字梁	0.1702	0.0578	0.0392	0.0579	0.0681	0.0684	0.0991

表 13.86 柱网尺寸 8.1m×8.1m、工况二条件地下车库楼盖方案总排序

层次	工程造价		施工难易	材料消耗		建筑性能	总排序 w_i
	楼盖造价	层高效益		混凝土消耗	钢筋消耗		
	b_1	b_2	a_2	c_1	c_2	a_4	
分层指标 w_i	0.3959	0.0792	0.2414	0.1610	0.0537	0.0690	
蜂巢芯	0.4395	0.3449	0.4303	0.4697	0.4041	0.3395	0.4295
BDF 方箱	0.3071	0.2127	0.1812	0.1757	0.1673	0.2065	0.2337
周转模壳	0.1207	0.3449	0.2812	0.2514	0.3063	0.3395	0.2233
双向板	0.0807	0.0397	0.0681	0.0277	0.0932	0.0461	0.0642
井字梁	0.0520	0.0578	0.0392	0.0755	0.0291	0.0684	0.0531

表 13.87 柱网尺寸 9.4m×9.4m、工况一条件地下车库楼盖方案总排序

层次	工程造价		施工难易	材料消耗		建筑性能	总排序 w_i
	楼盖造价	层高效益		混凝土消耗	钢筋消耗		
	b_1	b_2	a_2	c_1	c_2	a_4	
分层指标 w_i	0.3959	0.0792	0.2414	0.1610	O.0537	0.0690	
蜂巢芯	0.4166	0.3449	0.4303	0.4852	0.3149	0.3395	0.4145
BDF 方箱	0.3019	0.2127	0.1812	0.2320	0.4155	0.2065	0.2540
周转模壳	0.1649	0.3449	0.2812	0.1601	0.1756	0.3395	0.2191
双向板	0.0878	0.0397	0.0681	0.0870	0.0654	0.0461	0.0750
井字梁	0.0287	0.0578	0.0392	0.0357	0.0286	0.0684	0.0374

表 13.88　柱网尺寸 9.4m×9.4m、工况二条件地下车库楼盖方案总排序

| 层次 | 工程造价 | | 施工难易 | 材料消耗 | | 建筑性能 | 总排序 w_i |
| | 楼盖造价 | 层高效益 | | 混凝土消耗 | 钢筋消耗 | | |
	b_1	b_2	a_2	c_1	c_2	a_4	
分层指标 w_i	0.3959	0.0792	0.2414	0.1610	0.0537	0.0690	
蜂巢芯	0.4427	0.3449	0.4303	0.5315	0.3375	0.3395	0.4335
周转模壳	0.2959	0.3449	0.2812	0.1566	0.4454	0.3395	0.2848
BDF 方箱	0.1407	0.2127	0.1812	0.2161	0.1149	0.2065	0.1715
双向板	0.0933	0.0397	0.0681	0.0685	0.0650	0.0461	0.0742
井字梁	0.0275	0.0578	0.0392	0.0273	0.0372	0.0684	0.0360

由表可做结论如下：

1）方案排序

①柱网尺寸 7.2m×7.2m、工况一条件地下车库楼盖方案总排序：蜂巢芯，BDF 方箱，双向板，周转模壳，井字梁；

②柱网尺寸 7.2m×7.2m、工况二条件地下车库楼盖方案总排序：蜂巢芯，周转模壳，双向板，BDF 方箱，井字梁；

③柱网尺寸 8.1m×8.1m、工况一条件地下车库楼盖方案总排序：蜂巢芯，双向板，周转模壳，BDF 方箱，井字梁；

④柱网尺 8.1m×8.1m、工况二条件地下车库楼盖方案总排序：蜂巢芯，BDF 方箱，周转模壳，双向板，井字梁；

⑤柱网尺寸 9.4m×9.4m、工况一条件地下车库楼盖方案总排序：蜂巢芯，BDF 方箱，周转模壳，双向板，井字梁；

⑥柱网尺寸 9.4m×9.4m、工况二条件地下车库楼盖方案总排序：蜂巢芯，周转模壳，BDF 方箱，双向板，井字梁。

2）分析比选结论

根据层次分析法（AHP）对不同工况条件下常用结构形式地下车库楼盖进行方案比选，可知蜂巢芯地下车库楼盖排序得分最高，其综合效益最好；双向板地下车库楼盖在跨度和荷载较小的情况下综合效益次之；但随跨度的增加、荷载的增大，BDF、周转模壳地下车库楼盖综合效益逐渐提高，优于双向板地下车库楼盖；井字梁地下车库楼盖综合效益较差。

附录 13. I 地下车库楼盖工程预算表

1. 双向板地下车库楼盖工程预结表

序号	编号	项目名称	单位	工程量	基价	人工费	材料省	材料市	机械费	单价	合计金额	综合单价	综合价
1	4-1-2	现浇构件圆钢筋 φ6.5	t	0.814	6156.9	1259.26	3787.48	3167.79	36.94	5484.02	4463.99	6797.42	5533.1
2	4-1-52	现浇构件箍筋 φ6.5	t	0.91	6546.96	1781.69	4243.16	3541.39	43.7	5897.56	5366.78	7312.97	6654.8
3	4-1-53	现浇构件箍筋 φ8	t	1.01	5856.27	1384.18	5067.88	4243.2	74.79	5179.08	5702.17	6416.28	7064.32
4	4-1-54	现浇构件箍筋 φ10	t	4.259	5455.82	3705.76	19506.2	16338.04	236.12	4761.66	20279.9	5896.18	25111.82
5	4-1-55	现浇构件箍筋 φ12	t	3.401	5247.63	2335.47	15482	12844.86	163.18	4511.47	15343.5	5590.06	19011.79
6	4-1-104	三级钢 φ8	t	4.864	5856.58	4875.67	23629.2	18233.24	260.13	4804.49	23369	5994.85	29158.97
7	4-1-105	三级钢 φ10	t	6.472	5587.12	4756.92	31358.1	27337.79	316.61	5077.93	31411.3	6176.57	39974.74
8	4-1-106	三级钢 φ12	t	5.283	5421.04	3424.44	24826.1	19759.21	584.46	4498.98	23768.1	5594.92	29557.94
9	4-1-107	三级钢 φ14	t	2.082	5278.53	1151.35	9701.52	7730.09	202.83	4363.24	9048.27	5425.58	11296.06
10	4-1-112	三级钢 φ25	t	23.872	5018.91	7402.71	111371	87674.93	1460.97	4044.01	96538.6	5035.32	120203.22
11	4-2-2-24hs	C30 现浇混凝土碎石 <31.5/ 现浇单梁、连续梁	10m³	10.93	3308.58	9961.24	26686.9	46226.2	82.52	5148.4	56270	6073.82	66384.38
12	4-4-10	柱、墙、梁、板泵送混凝土 30m³/h	10m³	11.094	608.31	5808.58	588.4	310.06	683.25	613.14	6801.9	748.14	8299.56
13	4-2-36hs	C30 现浇混凝土碎石 <31.5/ 现浇有梁板	10m³	32.527	3188.09	24317.3	80490.8	138008	281.04	4999.09	162606	5889.42	191566.46
14	4-4-10	柱、墙、梁、板泵送混凝土 30m³/h	10m³	33.015	608.31	17286.7	1751.12	922.77	2033.4	613.14	20242.9	748.14	24699.97
15	10-1-103	外脚手架（6m 以内）钢管架 双排	10m²	118.01	84.94	4708.52	4359.22	4487.84	1224.92	88.31	10421.3	106.12	12522.98
16	10-4-114h	混合砂浆 1:1:1/ 单梁连续梁胶合板板模板模钢支撑	10m²	84.744	314.1	16728.5	8302.37	7607.47	2543.17	317.18	26879.1	384.08	32548.17
17	10-4-313	竹（胶）板板模制作梁	10m²	22.033	1000.1	3115.53	18996.8	20157.73	101.35	1060.87	23374.6	1259.73	27756.12
18	10-4-160h	混合砂浆 1:1:1/ 有梁板胶合板模板钢支撑	10m²	177.75	291.16	32982.6	16258.8	16434.77	4406.42	302.75	53813.8	365.72	65006.53
19	10-4-315	竹（胶）板板板制作 板	10m²	46.215	823.55	6049.54	32152.7	34460.21	203.81	880.96	40713.6	1406.01	48341.15
20	10-4-176	板钢支撑高 >3.6m 增 3m	10m²	167.63	68.95	9856.35	1786.88	1511.98	477.73	70.67	11846.1	86.07	14426.78
21		合计				162882	440338	470997.6	15417.34		649297	785119	785118.83

2. 井字梁地下车库楼盖工程预算结表

序号	编号	项目名称	单位	工程量	基价	人工费	材料省	材料市	机械费	单价	合计金额	综合单价	综合价
1	4-1-2	现浇构件圆钢筋 φ6.5	t	0.902	6156.9	1395.39	4196.93	3510.26	40.93	5484.02	4946.59	6797.39	6131.25
2	4-1-52	现浇构件箍筋 φ6.5	t	1.069	6546.96	2093	4973.97	4160.16	51.33	5897.56	6304.49	7312.96	7817.55
3	4-1-53	现浇构件箍筋 φ8	t	0.891	5856.27	1120.17	4101.26	3433.87	60.53	5179.08	4614.56	6416.29	5716.91
4	4-1-54	现浇构件箍筋 φ10	t	4.833	5455.82	4205.19	22135.1	18539.97	267.94	4761.66	23013.1	5896.18	28496.24
5	4-1-55	现浇构件箍筋 φ12	t	5.9	5247.63	4051.53	26857.9	22283.06	283.08	4511.47	26617.7	5590.06	32981.35
6	4-1-104	三级钢 φ8	t	4.886	5856.58	4897.73	23736.1	18315.71	261.3	4804.49	23474.7	5994.85	29290.85
7	4-1-105	三级钢 φ10	t	4.167	5587.12	3062.75	20190	17601.45	203.85	5077.93	20868	6176.56	24737.73
8	4-1-106	三级钢 φ12	t	6.092	5421.04	3948.83	28627.8	22784.99	673.96	4498.98	27407.8	5594.91	34084.21
9	4-1-107	三级钢 φ14	t	3.03	5278.53	1675.59	14118.9	11249.84	295.18	4363.24	13220.6	5425.58	16439.5
10	4-1-112	三级钢 φ25	t	24.694	5018.91	7657.61	115206	90693.9	1511.27	4044.01	99862.8	5035.32	124342.27
11	4-2-24hs	C30现浇混凝土碎石 <31.5/现浇单梁、连续梁	10m³	10.454	3308.58	9528.14	25526.6	44216.36	78.93	5148.4	53823.4	6073.81	63498.09
12	4-4-10	柱、梁、墙、板采送混凝土 30m³/h	10m³	10.611	608.31	5556.03	562.82	296.58	653.54	613.14	6506.16	748.14	7938.69
13	4-2-36hs	C30现浇混凝土碎石 <31.5/现浇有梁板	10m³	30.266	3188.09	22627.1	74896.1	128415.4	261.5	4999.09	151304	5889.42	178251.06
14	4-4-10	柱、墙、梁、板采送混凝土 30m³/h	10m³	30.871	608.31	16164.2	1637.41	862.85	1901.36	613.14	18929.4	748.14	23096.13
15	10-1-103	外脚手架（6m以内）钢管架双排	10m²	131.57	84.94	5249.68	4860.23	5003.65	1365.71	88.31	11619	106.12	13962.29
16	10-4-114h	混合砂浆 1:1:1/单梁连续梁胶合板模板制作梁支撑	10m²	81.576	314.1	16103.1	7992	7323.08	2448.1	317.18	25874.3	384.08	31331.43
17	10-4-313	竹（胶）板模板制作梁	10m²	21.21	1000.1	2999.06	18286.6	19404.17	97.56	1060.87	22500.8	1259.73	26718.49
18	10-4-160h	混合砂浆 1:1:1/有梁板胶合模板支撑	10m²	215.39	291.16	39953.9	19701.3	19914.5	5339.39	302.75	65207.8	365.72	78770.36
19	10-4-315	竹（胶）板模板制作板	10m²	56	823.55	7330.41	38960.4	41756.47	246.96	880.96	49333.9	1046.01	58576.42
20	10-4-176	板钢支撑高>3.6m 增 3m	10m²	195.59	68.95	11500.4	2084.94	1764.18	557.42	70.67	13822	86.07	16833.17
21	合计					171120	458652	481530.4	16599.84		669250	810014	810013.99

3.BDF方箱地下车库楼盖工程预结算表

序号	编号	项目名称	单位	工程量	基价	人工费	材料省	材料市	机械费	单价	合计金额	综合单价	综合价
1	4-1-53	现浇构件箍筋 φ8	t	5.9	5856.27	7417.48	27157.6	22738.31	400.79	5179.08	30556.6	6416.26	37855.95
2	4-1-54	现浇构件箍筋 φ10	t	0.764	5455.82	664.76	3499.12	2930.8	42.36	4761.66	3637.91	5896.16	4504.67
3	4-1-55	现浇构件箍筋 φ12	t	0.755	5247.63	518.46	3436.9	2851.48	36.22	4511.47	3406.16	5590.07	4220.5
4	4-1-104	三级钢 φ8	t	0.084	5856.58	84.2	408.07	314.88	4.49	4804.49	403.58	5995	503.58
5	4-1-105	三级钢 φ10	t	2.695	5587.12	1988.30	13057.8	11383.71	131.84	5007.93	13496.4	6176.56	16645.84
6	4-1-106	三级钢 φ12	t	0.1	5421.04	64.82	469.93	374.02	11.06	4498.98	449.9	5594.9	559.49
7	4-1-107	三级钢 φ14	t	1.556	5278.53	860.47	7250.51	5777.15	151.59	4363.24	6789.2	5425.58	8442.2
8	4-1-108	三级钢 φ16	t	4.516	5188.25	2206.52	20925.2	16470.57	424.55	4229.77	19101.6	5264.99	23781.2
9	4-1-109	三级钢 φ18	t	11.055	5149.69	4759.18	51495.1	40534.71	947.52	4182.85	46241.4	5207.7	57571.13
10	4-1-110	三级钢 φ20	t	8.099	5097.34	3118.12	37668.7	29651.82	674.73	4129.48	33444.7	5141.23	41638.81
11	4-1-111	三级钢 φ22	t	0.104	5054.12	36.33	486.4	380.52	7.98	4084.86	424.83	5085.87	528.93
12	4-1-112	三级钢 φ25	t	16.829	5018.91	5218.67	785128.	61808.04	1029.93	4044.01	68056.6	5035.32	84739.43
13	4-2-24hs	C30现浇混凝土碎石<31.5/现浇单梁、连续梁	10m³	14.063	3308.58	12817.3	34338.5	59480.02	106.18	5148.4	72403.5	6073.82	85417.89
14	4-4-10	柱、墙、梁、板泵送混凝土 30m³/h	10m³	14.345	608.31	7510.81	760.84	400.93	883.48	613.14	8795.23	748.14	10731.77
15	4-2-37hs	C30现浇混凝土碎石<31.5/现浇无梁板	10m³	1.14	3122.41	776	2819.6	4838.37	9.82	4931.36	5624.22	5804.8	6620.37
16	4-4-10	柱、墙、梁、板泵送混凝土 30m³/h	10m³	1.158	608.31	606.12	61.4	32.36	71.3	613.14	709.78	748.15	866.06
17	4-2-40hs	C303现浇混凝土碎石<31.5/现浇密肋板	10m³	17.148	3143.81	12699.4	41786.6	724926.	148.15	4976.83	85340.2	5859.57	100476.96
18	4-4-10	柱、墙、梁、板泵送混凝土 30m³/h	10m³	17.405	608.31	9113.11	923.15	486.46	1071.96	613.14	10671.5	748.14	13021.19
19	10-4-114h	混合砂浆 1:1:1/单梁连续梁胶合板模板钢支撑	10m²	44.88	314.1	8859.31	4396.89	4028.88	1346.85	317.18	14235	384.08	17237.35
20	10-4-313	竹（胶）板模板制作板	10m²	11.669	1000.1	1649.97	10060.6	10675.44	53.68	1060.87	12379.1	1259.73	14699.51
21	10-4-166h	混合砂浆 1:1:1/无梁板胶合板模钢支撑	10m²	7.142	254.5	1189.92	570.18	628.39	128.63	276.37	1973.95	332.74	2376.56
22	10-4-315	竹（胶）板模板制作板	10m²	1.857	823.55	243.07	1291.9	1384.61	8.19	880.96	1635.87	1046	1942.34
23	10-4-172h	混合砂浆 1:1:1/平板胶合板模板钢支撑	10m²	110.86	251.52	18469.5	8143.88	8889.98	2325.87	267.77	29685.4	323.03	35811.48
24	10-4-315	竹（胶）板模板制作板	10m²	28.824	523.55	3773.06	20053.4	21492.59	127.11	880.96	25392.8	1046.01	30150.04
25		BDF方箱	个	1226	143	3678	171640	171640	143		175318	173.75	213013.53
		合计				108315	541212	551716.6	10141.31		670173	813357	813356.84

4. 蜂巢芯地下车库楼盖工程预结表

序号	编号	项目名称	单位	工程量	基价	人工费	材料省	材料市	机械费	单价	合计金额	综合单价	综合价
1	4-1-53	现浇构件箍筋 φ8	t	5.889	5856.27	7403.65	27107	22695.91	400.04	5179.08	30499.6	6416.26	37785.38
2	4-1-54	现浇构件箍筋 φ10	t	0.764	5455.82	664.76	3499.12	2930.8	42.36	4761.66	3637.91	5896.16	4504.67
3	4-1-55	现浇构件箍筋 φ12	t	0.755	5247.63	518.46	3436.9	2851.48	36.22	4511.47	3406.16	5590.07	4220.5
4	4-1-104	三级钢 φ8	t	0.74	5856.58	74.18	359.49	277.4	3.96	4804.49	355.53	5994.73	443.61
5	4-1-105	三级钢 φ10	t	2.695	5587.12	1980.83	13057.8	11383.71	131.84	5007.93	13496.4	6176.56	16645.84
6	4-1-106	三级钢 φ12	t	0.054	5421.04	35	253.76	201.97	5.97	4498.98	242.94	5595	302.13
7	4-1-107	三级钢 φ14	t	1.738	5278.53	961.11	8098.58	6452.88	169.32	4363.24	7583.31	5425.58	9429.65
8	4-1-108	三级钢 φ16	t	2.856	5188.25	1395.44	13233.5	10416.29	268.49	4229.77	12080.2	5265.98	15039.65
9	4-1-109	三级钢 φ18	t	12.47	5149.69	5368.34	58086.3	45723	1068.8	4182.85	52160.1	5207.7	64940.03
10	4-1-110	三级钢 φ20	t	9.072	5097.34	3492.72	42194.1	33214.13	755.79	4129.48	37462.6	5141.23	46641.23
11	4-1-111	三级钢 φ22	t	0.791	5054.12	276.3	3676.64	2894.17	60.66	4084.86	3231.12	5085.82	4022.88
12	4-1-112	三级钢 φ25	t	17.153	5018.91	5319.15	80024.4	62997.99	1049.76	4044.01	69366.9	5035.32	86370.9
13	4-2-24hs	C30现浇混凝土碎石 <31.5/ 现浇单梁、连续梁	10m³	14.921	3308.58	13599.3	36433.5	63108.89	112.66	5148.4	76820.8	6073.82	90629.23
14	4-4-10	柱、墙、梁、板泵送混凝土 30m³/h	10m³	15.22	608.31	7969.05	807.25	425.39	937.38	613.14	9331.83	748.14	11386.54
15	4-2-37hs	C30现浇混凝土碎石 <31.5/ 现浇无梁板	10m³	0.881	3122.41	599.64	2178.79	3738.76	7.61	4931.36	4346.01	5804.8	5115.75
16	4-4-10	柱、墙、梁、板泵送混凝土 30m³/h	10m³	0.899	608.31	470.68	47.68	25.12	55.36	613.14	551.17	748.16	672.54
17	4-2-40hs	C30现浇混凝土碎石 <31.5/ 现浇密肋板	10m³	15.812	3143.81	11710.6	38532.8	66847.92	136.62	4976.83	786.1	5859.57	92653.29
18	4-4-10	柱、墙、梁、板泵送混凝土 30m³/h	10m³	16.128	608.31	8444.75	855.44	450.78	993.34	613.14	9888.87	748.14	12066.2
19	10-4-114h	混合砂浆 1:1:1/ 单梁连续梁胶合板模 板钢支撑	10m²	48.84	314.1	9641.02	4784.85	4384.37	1465.69	317.18	15491.1	384.08	18758.31
20	10-4-313	竹（胶）板模板制作梁	10m²	12.698	1000.1	1795.55	10948.3	11617.39	58.41	1060.87	13471.4	1259.73	15996.51
21	10-4-166h	混合砂浆 1:1:1/ 无梁板模胶合板模钢 支撑	10m²	6.566	254.5	1093.96	524.2	605.29	115.5	276.37	1814.76	332.74	2184.92
22	10-4-315	竹（胶）板模板制作板	10m²	1.707	823.55	223.47	1187.71	1272.94	7.53	880.96	1503.94	1046	1785.69
23	10-4-172h	混合砂浆 1:1:1/ 平板胶合板模合板支撑	10m²	110.86	251.52	18469.5	8143.88	8889.98	2325.87	267.77	29685.4	323.03	35811.48
24	10-4-315	竹（胶）板模板制作板	10m²	28.24	523.55	3773.06	20053.4	21492.59	127.11	880.96	25392.8	1046.01	30150.04
25		蜂巢芯	个	1226	163	3678	196160	196160		163	199838	198.03	242785.42
		合计				108958	573685	581059.2	10336.29		700354	850342	850342.30

5. 周转模壳地下车库楼盖工程预结表

序号	编号	项目名称	单位	工程量	基价	人工费	材料省	材料市	机械费	单价	合计金额	综合单价	综合合价
1	4-1-53	现浇构件箍筋 φ8	t	6.011	5856.27	7557.03	27668.5	23166.09	408.33	5179.08	31131.5	6416.26	38568.14
2	4-1-54	现浇构件箍筋 φ10	t	0.764	5455.82	664.76	3499.12	2930.8	42.36	4761.66	3637.91	5896.16	4504.67
3	4-1-55	现浇构件箍筋 φ12	t	0.755	5247.63	518.46	3436.9	2851.48	36.22	4511.47	3406.16	5590.07	4220.5
4	4-1-104	三级钢 φ8	t	1.79	5856.58	1794.3	8695.78	6710.01	95.73	4804.49	8600.04	5994.84	10730.77
5	4-1-105	三级钢 φ10	t	2.695	5587.12	1980.83	13057.8	11383.71	131.84	5007.93	13496.4	6176.56	16645.84
6	4-1-106	三级钢 φ12	t	0.054	5421.04	35	253.76	201.97	5.97	4498.98	242.94	5595	302.13
7	4-1-107	三级钢 φ14	t	1.745	5278.53	964.99	8131.19	6478.87	170.	4363.24	7613.85	5425.56	9467.61
8	4-1-108	三级钢 φ16	t	2.577	5188.25	1259.12	11940.7	9398.73	242.26	4229.77	10900.1	5265.99	13570.46
9	4-1-109	三级钢 φ18	t	13.206	5149.69	5685.18	61514.6	48421.65	1131.89	4182.85	55238.7	5207.7	68772.90
10	4-1-110	三级钢 φ20	t	8.423	5097.34	3242.86	39175.6	30838.03	701.72	4129.48	34782.6	5141.23	43304.57
11	4-1-111	三级钢 φ22	t	1.007	5054.12	351.75	4680.63	3684.48	77.23	4084.86	4133.45	5085.81	5121.41
12	4-1-112	三级钢 φ25	t	17.345	5018.91	5378.68	80920.2	63703.15	1061.51	4044.01	70143.4	5035.32	87337.65
13	4-1-113	三级钢 φ28	t	0.19	5021.21	56.39	888.11	718.95	12.75	4147.87	788.1	5149.21	978.35
14	4-2-24hs	C30现浇混凝土碎石 <31.5/现浇单梁、连续梁	10m³	16.814	3308.58	15324.3	41054.9	71113.97	126.95	5148.4	86565.2	6073.82	102125.16
15	4-4-10	柱、墙、梁、板泵送混凝土 30m³/h	10m³	17.15	608.31	8979.89	909.65	479.35	1056.29	613.14	10515.5	748.14	12830.84
16	4-2-37hs	C30现浇混凝土碎石 <31.5/现浇无梁板	10m³	0.881	3122.41	599.64	2178.79	3738.76	7.61	4931.36	4346.01	5804.78	5115.75
17	4-4-10	柱、墙、梁、板泵送混凝土 30m³/h	10m³	0.889	608.31	470.68	47.68	25.12	55.36	613.14	551.17	748.16	672.54
18	4-2-40hs	C30现浇混凝土碎石 <31.5/现浇密肋板	10m³	15.812	3143.81	11710.6	38532.8	66847.92	136.62	4976.83	78695.1	5859.57	92653.29
19	4-4-10	柱、墙、梁、板泵送混凝土 30m³/h	10m³	16.049	608.31	8403.51	851.26	448.58	988.49	613.14	9840.58	748.14	12007.28
20	10-4-114h	混合砂浆1:1:1/单梁连续梁胶合板模板钢支撑	10m²	44.155	314.1	8716.24	4325.88	3963.81	1325.1	317.18	14005.2	384.05	16958.99
21	10-4-313	竹（胶）板模板制作梁	10m²	11.48	1000.1	1623.32	9898.13	10530.03	52.81	1060.87	12179.2	1259.73	1462.13
22	10-4-166h	混合砂浆1:1:1/无梁板板胶合板模板钢支撑	10m²	6.566	254.5	1093.96	524.2	605.29	115.5	286.37	1814.76	332.74	2184.92
23	10-4-315	竹（胶）板板模板制作板	10m²	1.707	823.55	223.47	1187.71	1272.94	7.53	880.96	1503.94	1046	1785.69
24	10-4-172h	混合砂浆1:1:1/平板胶合板模板钢支撑	10m²	110.87	251.52	18470.1	8144.13	8890.25	2325.94	267.77	29686.3	323.03	35812.58
25	10-4-315	竹（胶）板模板板	10m²	28.825	823.55	3773.17	20054	21493.25	127.12	880.96	25393.5	1046.01	30150.97
26		周转模壳	个	1226	153	3678	183900	183900		153	187578	185.89	227899.47
		合计				112556	575472	583770.2	10443.13		706770	858185	858184.56

附录 13.Ⅱ　地下车库楼盖工程取费表

地下车库楼盖工程取费表

序号	项目名称	取费内容	费率	结构形式 金额（元）				
				双向板	井字梁	BDF方箱	蜂巢芯	周转模壳
1	一、直接费	(一)+(二)		658802.38	678948.34	682614.46	713507.62	720077.26
2	(一)直接工程费	∑(人工费+材料费+机械费)		455204.08	455457.76	564694.81	593222.84	601279.42
3	(二)直接工程费（省）	1+2+3+4		422448.76	431.32.73	552936.24	584608.75	591456.02
4	(二)措施费			203598.30	223490.58	117919.65	120284.78	118797.84
5	1.定额规定计取措施费	按定额规定计算		194039.21	213792.34	105478.59	107131.09	105490.08
6	2.费率计取的措施费	(一)×相应费率		9505.09	9698.24	12441.06	13153.69	13307.76
7	夜间施工费		0.70%	5957.14	3017.23	3870.55	4092.26	4140.19
8	二次搬运费		0.60%	2534.69	2586.20	3317.62	3507.65	3548.74
9	冬雨季施工增加费		0.80%	3379.57	3448.26	4423.49	4976.87	4731.65
10	已完工程及设备保护费		0.15%	633.67	646.55	829.40	876.91	887.18
11	3.按施工组织设计计取的措施费	按施工组织设计（方案）计取						
12	4.总承包服务费							
13	人工费 R2（市）			98363.99	106731.81	53820.15	54424.09	54327.16
14	(二)措施费（省）			196385.96	215258.99	113194.30	115509.02	114101.48
15	二、企业管理费	[(一)+(二)]×管理费费率	5%	30941.74	32314.59	33306.53	35005.89	35227.88
16	三、利润	[(一)+(二)]×利润率	3.10%	19183.88	20035.04	20650.05	21703.65	21872.28
17	人、材、机差价							
18	规费前合计			708928.00	731297.97	736571.04	770217.16	777227.42
19	四、规费合计	以下各规费的和		49787.53	51475.50	49432.86	51528.39	52096.66
21	环境保护费		0.11%	779.82	804.43	810.23	847.24	854.95
22	文明施工费		0.29%	2055.89	2120.76	2136.06	2233.63	2253.96
23	临时设施费		0.72%	5104.28	5265.35	5303.31	5545.56	5596.04
24	安全施工费		2%	14178.56	14625.96	14731.42	15404.34	15544.55
25	工程排污费	按环保部门有关规定计算	0.30%	2126.78	2193.89	2209.71	2310.65	2331.90
26	住房公积金		3.80%	6259.36	6573.80	4207.39	4237.06	4374.90
27	危险作业意外伤害保险	按有关规定计算	0.12%	850.71	877.56	883.89	924.26	932.67
28	社会保障费		2.60%	18432.13	19013.75	19150.85	20025.65	20207.91
29	五、税费		3.48%	26403.30	27240.52	27352.94	28596.75	28860.48
30	甲方供材							
31	不取费项目合计							
32	工程总造价			785118.83	810013.99	813356.84	850342.30	858184.56

第七节　地下车库结构设计优化
——其他方面的优化设计

一、地下车库层高的成本与优化设计

1. 地下车库一般层高标准（表 13.89）

按《汽车库建筑设计规范》JGJ 100-98 规范要求微型车、小型车汽车库室内最小净高 2.20m（净高指楼地面表面至顶棚或其他构件底面的距离，未计入设备及管道所需空间），考虑梁底布置排、送风风管，消防喷淋管道等管线的布置所需尺寸所以，普通地下车库的层高按 3.6m 考虑（柱距 8.1m 时梁高约 800mm 左右），梁底高度不小于 2.8m。万科对地下车库层高的设计指标见表 13.90。

表 13.89　地下车库层高标准

单层停车层高估算（8100 柱网，预应力梁）	
车库类型	常用层高
地下室车库底层层高（设排风、喷淋）	a. 风道下无喷淋，底层层高一般为 3.50m（梁高按 650，风道按 300，弹性 100，净高 2200，地面找坡 250）
	b. 风道下设喷淋，底层层高一般为 3.60m（梁高按 650，风道按 300，喷淋等 200，净高 2200，地面找坡 250）
地下室其他层（设排风、喷淋）	a. 风道下无喷淋，层高一般为 3.35m（梁高按 650，风道 300，弹性 100，净高 2200，地面做法 100）
	b. 风道下设喷淋，层高一般为 3.45m（梁高按 650，风道 300，喷淋等 200，净高 2200，地面做法 100）
双层简易立体停车层高估算（8100 柱网、预应力梁）	
车库类型	常用层高
地下室车库底层层高（设排风、喷淋）	a. 风道下无喷淋，底层层高一般为 4.8m（梁高按 650，风道按 300，弹性 100，净高 3500，地面找坡 250）
	b. 风道下设喷淋，底层层高一般为 4.9m（梁高按 650，风道 300，喷淋等 200，净高 3500，地面找坡 250）
地下室其他层（设排风、喷淋）	a. 风道下无喷淋，层高一般为 4.65m（梁高按 650，风道 300，弹性 100，净高 3500，地面做法 100）
	b. 风道下设喷淋，层高一般为 4.75m（梁高按 650，风道按 300，喷淋等 200，净高 3500，地面做法 100）

表 13.90　万科对地下车库层高的限额设计指标

地下汽车库类型	楼盖类型	层高控制值	备　　注
普通地下汽车库	有梁楼盖	非人防 3.6m，人防 3.7m	指水电风管线齐全情况
	无梁楼盖	非人防 3.3m，人防 3.4m	
半地下汽车库	有梁楼盖	3.3m	指采用自然排烟的半地下室情况
	无梁楼盖	3.0m	
说明：再改项目配套车库，层高再增加 0.2m。			

2. 地下车库层高增高成本造价

地下车库层高每增加 100mm，从基坑开挖、基坑支护的角度分析，层高的增加将增加土方工程量，从而增加建造成本。

（1）地下车库层高与成本造价关系分析结果如下：

a. 普通开挖土方及土钉喷锚基坑支护条件下，地下室层高每增加 100mm，每平米增加造价约 32 元；

b. 普通开挖土方及支护桩基坑支护条件下，地下室层高每增加 100mm，每平米增加造价约 36 元；

c. 岩石开挖（动爆）及支护桩基坑支护条件下，地下室层高每增加 100mm，每平米增加造价约 40 元；

d. 岩石开挖（静爆）及支护桩基坑支护条件下，地下室层高每增加 100mm，每平米增加造价约 64 元；

所以把地下车库层高控制到最小可以节约很大部分的成本造价。

3. 控制层高的意义

1）减少所有柱、剪力墙、地下室外墙等竖向构件的长度和体积（侧壁的防水）。

2）减少地下室土方开挖及运输的成本。

3）减少基坑支护的成本。

4）减少抗拔桩或抗拔锚杆的成本。

5）减少基坑降水的费用。

6）减少空调、通风、排烟等设备的计算负荷量，以及运营成本，且能够更好地满足节能要求。

7）根据相关的研究，地下室层高每减少 100，可减少成本约 35 ~ 45 元 /m²。

8）减少坡道长度或坡度。

4. 地下车库层高设计控制

地下车库的层高设计与剖面控制合理与否，在技术上直接影响着地下车库的建造成本和地下车库的正常使用。

在车库的层高设计中，层高包含车库净高及结构、设备层高度之和，一般情况下，车库净高等于汽车高度加 500mm，且停放小汽车的车库部分净高不应小于 2.2m，汽车通道处净高不小于 2.4m。结构梁高、电缆桥架、排烟管道截面尺寸以及人防要求等也是影响地下车库层高的重要因素，既要满足各类构件的空间尺寸，又不能无限制的增加高度。一般地下车库，除了与上部建筑重合的部分以外，大部分地下车库顶板均位于景观绿化层下，覆土深度及板跨度直接影响到结构板厚及梁高。因此，在各项数据之间取得平衡便是建筑设计重点考虑的范围。地下车库的层高设计一般为无人防要求时取 3.6 ~ 3.8m，有人防要求时取 4.2m。覆土层的厚度除了满足给排水专业的管道坡度要求之外，还需考虑种植绿化要求的基本深度，乔木一般为 0.9 ~ 1.5 m，草和灌木为 0.6 ~ 0.9 m。汽车坡道出入口的高度宜 ≥ 2.5 m，可以兼设备用房的安装出入口。

当个别或局部位置高度不够时，建筑、结构、设备各专业应协调优化解决，不应加大整个地下室层高。如对地下室顶板个别大跨框架主梁或竖向转换梁可采用单向上反梁

（但不应采用较大范围的双向上反梁）或宽扁梁；有梁楼盖中局部净高不足位置可采用无梁楼盖；当结构梁与管线的少数矛盾处，可采用变截面梁、加腋梁，或者在梁中埋管、留洞等方法解决。

综合以上分析，区分有无人防设计，地下车库层高设计应遵循以下原则（表13.91）：

表 13.91

分类	层高	控制项	控制高度	控制要点	备注
人防地下车库	3500～3900	结构梁高	600～1000	尽量减少梁板高度，结构形式优先选用无梁楼盖，板厚控制在不超过500mm	
		管线高度	400～600	通风管线占主导。机电让位于其他项	
		停车空间净高	满足规范要求不小于2.2m	目前豪华多用途车高度尺寸达到1.8m，且部分车顶有行李架，建议采用超豪华标准的项目，最小净高考虑2.3m	
无人防地下车库	3400～3600	结构梁高	600～900	尽量减少梁板高度，结构形式优先选用无梁楼盖，板厚控制在不超过500mm	
		管线高度	400～600	通风管线占主导。机电让位于其他	
		停车空间净高	满足规范要求不小于2.2m	目前豪华多用途车高度尺寸达到1.8m，且部分车顶有行李架，建议采用超豪华标准的项目，最小净高考虑2.3m	

根据楼盖的结构形式和设备管线的要求，地下车库的层高不应超过表13.92：

表 13.92

地下车库类型		层高控制值（m）	备注
普通地下车库	有梁楼盖	3.6～3.8；人防：3.8～4.0	水、电、风管线齐全
	无梁楼盖	3.3～3.5；人防：3.4～3.6	
半地下车库	有梁楼盖	3.3～3.5	采用自然排烟
	无梁楼盖	3.0～3.2	

注：表中数据当覆土厚度小于0.6m时取低值，覆土厚度0.6～1.2m时取中值，覆土厚1.2～1.5m时取高值。

5. 控制好地下车库层高的方法

（1）采用无梁楼盖体系（层高可做到3.2～3.3m）；采用梁板顶盖结构，层高可控制为3.6m（人防部分可控制为3.7m）。

（2）顶盖梁的布置：对有覆土的地下室顶板，不应采用单向板的楼盖布置，应采用十字梁或井字梁的布置更经济，荷载越大，越经济。

（3）在合同中要求设计院方案阶段就需做地下室的综合管线图，来进行优化与协调。

对于梁与管线的少数矛盾处，还有以下方法供考虑：

（1）用变截面梁，局部减少梁高度；

（2）在梁中埋管或预留洞；

（3）顶板及底板结构采用新三级钢；

（4）地坪为 50 ～ 60 厚素混凝土地坪即可，不需要设排水沟，但需在车库坡道处设多道截水沟，并设向外泛水坡；

（5）顶板覆土设计埋深不要太大，可取 1.0m 或 1.2m，但为保证顶板由于景观堆坡、种植、造景等可能产生的超载，设计时可适当提高设计荷载即可。这与简单地增加地下车库的埋深是两个不同的概念与处理方法。

二、覆土厚度成本优化设计控制

（一）覆土厚度对材料消耗的影响

地下车库顶板应预留一定量的覆土，以保证设备管线的穿行及景观绿化的要求。但覆土厚度会造成成本造价的增加，如覆土平均厚度每增加 300mm，工程造价约增加 30元 /m²；顶板结构造价增加会更多。

单层地下车库覆土厚度及层高对材料消耗的影响见表 13.93。

表 13.93　单层地下车库覆土厚度及层高材料消耗表

层高 (m)	覆土厚度 1000mm		覆土厚度 1200mm		覆土厚度 1500mm		覆土厚度 1800mm	
	含钢量 (kg/m²)	混凝土含量 (m³/m²)	含钢量 (kg/m²)	混凝土含量 (m³/m²)	含钢量 (kg/m²)	混凝土含量 (m³/m²)	含钢量 (kg/m²)	混凝土含量 (m³/m²)
3.9	80	0.42	85	0.45	96	0.47	105	0.51
4.0	80.4	0.42	85.4	0.45	96.4	0.47	105.4	0.51
4.1	80.8	0.43	85.8	0.46	96.8	0.48	105.8	0.52
4.2	81.2	0.43	86.2	0.46	97.2	0.48	106.2	0.52

注：

1. 柱距 5400 ≤ L ≤ 8000（主要柱距为 8000mm）；

2. 混凝土等级为 C30；

3. 含钢量中，HPB235 占 20%，HRB335 占 15%，冷轧带肋钢筋，HRB400 占 65%。

（二）不同覆土厚度（荷载）对楼板设计造价的影响

为比较各楼盖结构型式的经济性，通过工程实例进行对比分析。为方便比较，取标准跨进行研究。设定地下室层高为 3.6m，柱网尺寸为 8.1m×8.1m，柱尺寸为 500mm×500mm，由于层高的限制，梁高最大取为 900mm。混凝土等级为 C30，钢筋强度为 HRB400，取楼板容重为 25kN/m³，覆土容重 18kN/m³，取吊顶荷载为 1kN/m²，考虑覆土厚度为 0.8m，1.0m，1.2m，1.5m。板的结构形式包括现浇混凝土梁式楼盖：井字梁、十字梁、单向板单梁、单向板双梁和大板结构（部分覆土厚度还考虑了两种厚度的大板）和无梁楼盖。计算采用 PKPM 软件，并按计算结果进行配筋，进而对各结构型式进行造价分析。

1. 覆土厚度 0.8m

覆土厚度 0.8m 时，附加恒荷载为 18×0.8+1.0=15.4kN/m²，附加活荷载根据《建筑结构荷载规范》（GB50009-2012）取为 4 kN/m²，楼板及梁配筋见图 13.95。

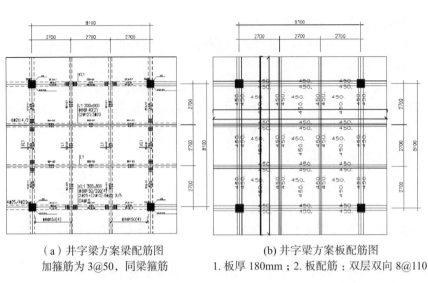

（a）井字梁方案梁配筋图
加箍筋为 3@50，同梁箍筋

(b) 井字梁方案板配筋图
1. 板厚 180mm；2. 板配筋：双层双向 8@110

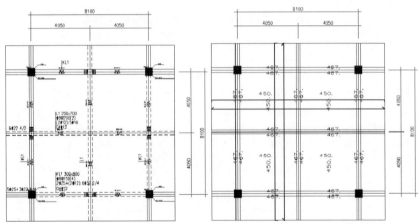

(c) 十字梁方案梁配筋图
附加箍筋为 3@50，同梁箍筋

(d) 十字梁方案板配筋图
1. 板厚 180mm；2. 底板配筋：双向 8@110；
3. 顶板配筋：双向 8@100

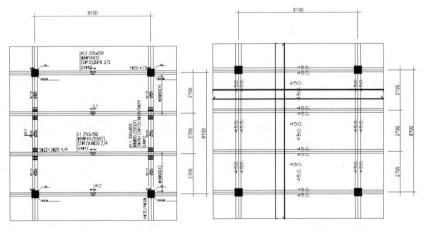

(e) 单向板双梁方案梁配筋图
附加箍筋为 3@50，同梁箍筋

(f) 单向板双梁方案板配筋图
1. 板厚 180mm；2. 板配筋：双层双向 8@110

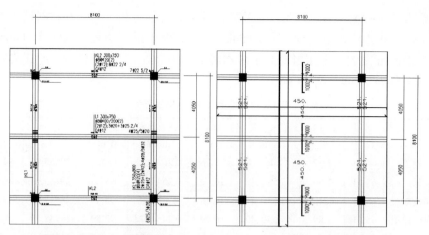

（g）单向板单梁方案梁配筋图
附加箍筋为3@50，同梁箍筋

（h）单向板单梁方案板配筋图
1. 板厚180mm；2. 板配筋：双层双向10@150

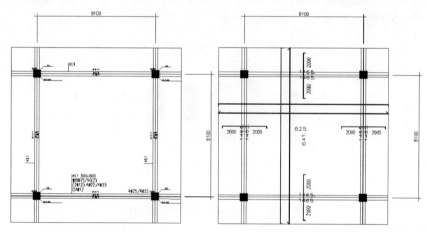

(i) 大板方案梁配筋图

(j) 大板方案板配筋图
1. 板厚180mm；2. 板配筋：双层双向10@120

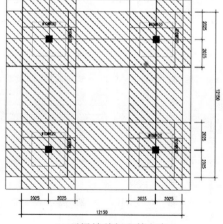

(k) 无梁楼盖板配筋方案
1. 板厚为320mm；2. 板配筋：双层双向12@140；3. 图中只画出支座负筋8@140

图13.95 覆土0.8m下配筋图

在施工图基础上，通过造价计算软件广联达，计算分析可知，在材料使用方面，无梁楼盖单位面积内用钢量最少，为 29.54kg/m²，相对于梁式楼盖，约可节约 40%；模板最省，为 1m²/m²；混凝土用量稍高；成本最低，为 366 元 /m²，相对于梁式楼盖，约可节约 20%（见表 13.94、图 13.96）。

表 13.94　覆土 0.8m 时楼板造价

序号	项目	面积 (m²)	钢筋量 (吨)	平米含量 (kg/m²)	混凝土量 (m³)	平米含量 (m³/m²)	模板量 (m²)	金额 (元)	平米含量 (元 /m²)
1	井字梁	65.61	2.72	41.46 1.4	17.26	0.263 0.82	110.67	29065.98	443.01 1.21
2	十字梁	65.61	2.86	43.58 1.48	16.67	0.254 0.79	100.68	29183.94	444.81 1.21
3	单向板双梁	65.61	2.8	42.65 1.44	16.38	0.25 0.78	98.40	28587.09	435.71 1.19
4	单向板单梁	65.61	2.89	44.05 1.49	16.09	0.245 0.77	92.59	28748.13	43817 1.2
5	大板	65.61	2.38	36.34 1.23	19.23	0.293 0.92	84.46	26757.98	407.83 1.11
6	无梁楼盖	65.61	1.94	29.54 1.00	21.00	0.32 1.00	65.61	24028.29	366.23 1.00

注：钢筋为 6000 元 /t，混凝土为 450 元 /m³，模板为 45 元 /m³。

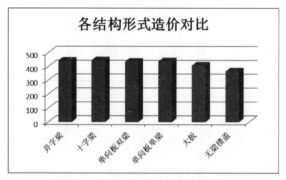

图 13.96　覆土 0.8m 时楼板造价对比

2. 覆土厚度 1.0m

覆土厚度 1.0m 时，附加恒荷载为 18 × 1+1.0=19.0kN/m²，附加活荷载根据《建筑结构荷载规范》（GB50009-2012）取为 4 kN/m²，楼板及梁配筋见图 13.97。

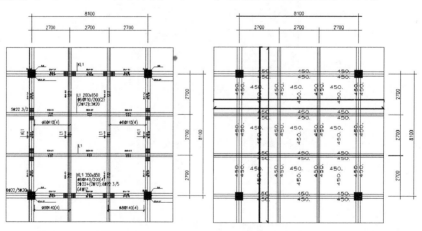

(a) 井字梁方案梁配筋图　　　　　　　(b) 井字梁方案板配筋图

附加箍筋为 3@50，同梁箍筋　　　　　1. 板厚为 180mm；2. 配筋：双层双向 8@110

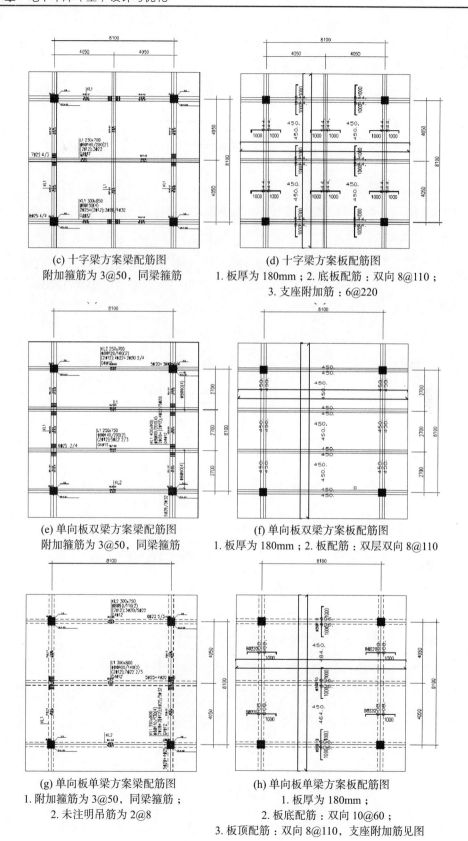

(c) 十字梁方案梁配筋图
附加箍筋为 3@50，同梁箍筋

(d) 十字梁方案板配筋图
1. 板厚为 180mm；2. 底板配筋：双向 8@110；
3. 支座附加筋：6@220

(e) 单向板双梁方案梁配筋图
附加箍筋为 3@50，同梁箍筋

(f) 单向板双梁方案板配筋图
1. 板厚为 180mm；2. 板配筋：双层双向 8@110

(g) 单向板单梁方案梁配筋图
1. 附加箍筋为 3@50，同梁箍筋；
2. 未注明吊筋为 2@8

(h) 单向板单梁方案板配筋图
1. 板厚为 180mm；
2. 板底配筋：双向 10@60；
3. 板顶配筋：双向 8@110，支座附加筋见图

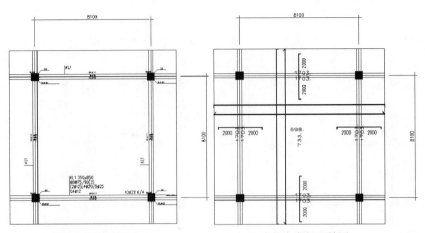

(i) 大板方案梁配筋图

(j) 大板方案板配筋图

1. 板厚为250mm；2. 板底配筋：双层双向 10@100；
3. 板顶配筋：双层双向 10@100，支座附加筋 12@110

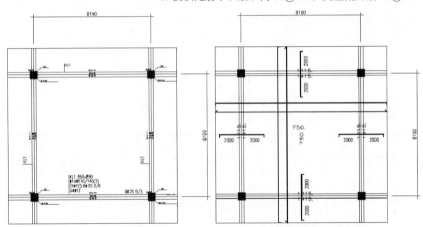

(k) 大板方案梁配筋图

(l) 大板方案板配筋图

1. 板厚为300mm；2. 板配筋：双层双向 10@120；
3. 仅画出支座附加筋 10@100

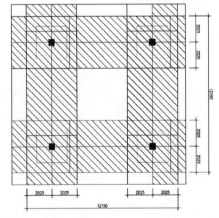

（m）无梁楼盖板配筋方案

1. 板厚为340mm；2. 板配筋：双层双向 12@130；3. 图中只画出支座负筋 8@130

图 13.97　覆土 1.0m 下配筋图

在施工图基础上，通过造价计算软件广联达计算分析可知，在材料使用方面，无梁楼盖单位面积内用钢量最少，为 31.61kg/m²，相对于梁式楼盖，约可节约45%；模板最省，为 1m²/m²；混凝土用量稍高；成本最低，为387 元 /m²，相对于梁式楼盖，约可节约20%。见表 13.95、图 13.98：

表 13.95　覆土 1.0m 时楼板造价

序号	项目	面积（m²）	钢筋量（吨）	平米含量（kg/m²）	混凝土量（m³）	平米含量（m³/m²）	模板量（m²）	金额（元）	平米含量（元 /m²）
1	井字梁	65.61	2.75	41.93 1.33	18.31	0.279 0.82	115.31	29932.92	456.22 1.18
	十字梁	65.61	2.95	44.98 1.42	16.89	0.257 0.76	102.2	29906.94	455.83 1.18
3	单向板双梁	65.61	2.89	44.11 1.40	17.21	0.262 0.77	102.24	29709.21	452.82 1.17
4	单向板单梁	65.61	2.99	45.53 1.44	16.21	0.247 0.73	93.37	29417.88	448.37 1.16
5	大板 300	65.61	3.45	52.61 1.66	22.61	0.345 1.01	82.33	34590.9	527.22 1.36
6	大板 250	65.61	3.42	52.13 1.65	19.97	0.304 0.89	85.98	33374.12	508.67 1.31
7	无梁楼盖	65.61	2.07	31.61 1.00	22.31	0.340 1.00	65.61	25434.78	387.67 1.00

注：钢筋为 6000 元 /t，混凝土为 450 元 /m³，模板为 45 元 /m³。

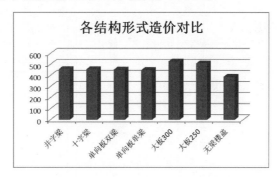

图 13.98　覆土 1.0m 时楼板造价对比

3. 覆土厚度 1.2m

覆土厚度 1.2m 时，附加恒荷载为 18×1.2+1.0=22.6kN/m²，附加活荷载根据《建筑结构荷载规范》（GB50009-2012）取为 4 kN/m²，楼板及梁配筋见图 13.99。

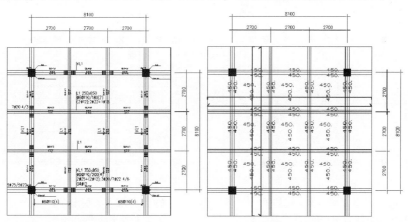

　　　(a) 井字梁方案梁配筋图　　　　　　　(b) 井字梁方案板配筋图
　附加箍筋为 3@50，同梁箍筋　1. 板厚为 180mm；2. 板配筋：双层双向 8@110

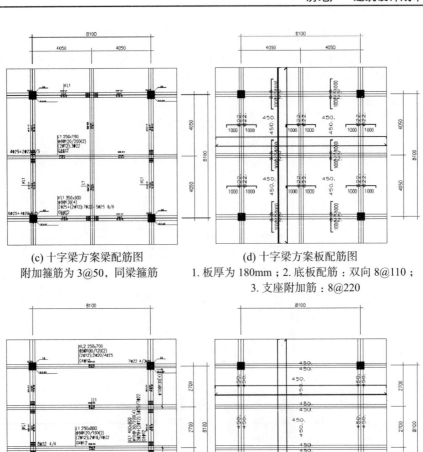

(c) 十字梁方案梁配筋图
附加箍筋为 3@50，同梁箍筋

(d) 十字梁方案板配筋图
1. 板厚为 180mm；2. 底板配筋：双向 8@110；
3. 支座附加筋：8@220

(e) 单向板双梁方案梁配筋图
附加箍筋为 3@50，同梁箍筋

(f) 单向板双梁方案板配筋图
1. 板厚为 180mm；2. 板配筋：双层双向 8@110

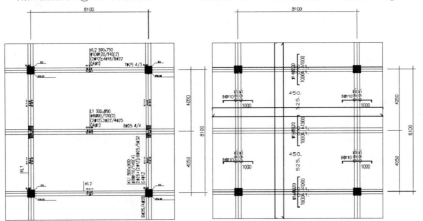

(g) 单向板单梁方案梁配筋图
1. 附加箍筋为 3@50，同梁箍筋；
2. 未注明吊筋为 2@8

(h) 单向板单梁方案板配筋图
1. 板厚为 180mm；
2. 板底配筋：双向 10@160。
3. 板顶配筋：双向 8@110，支座附加筋见图

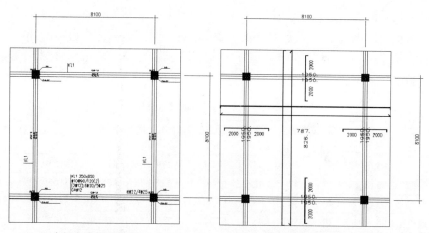

(i) 大板方案梁配筋图

(j) 大板方案板配筋图

1. 板厚为 250mm；2. 板底配筋：双层双向 12@130；
3. 板顶配筋：双层双向 10@110，4. 支座附加筋 14@110

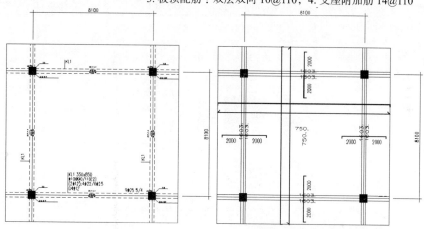

(k) 大板方案梁配筋图

(l) 大板方案板配筋图

1. 板厚为 300mm；2. 板配筋：双层双向 12@150；
3. 仅画出支座附加筋 18@300

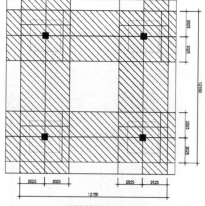

(m) 无梁楼盖板配筋方案

1. 板厚为 350mm；2. 板底配筋：双向 12@120，板顶配筋：双向 10@90；
3. 图中只画出支座负筋 10@180

图 13.99 覆土 1.2m 下配筋图

在施工图基础上，通过造价计算软件广联达计算分析可知，在材料使用方面，无梁楼盖单位面积内用钢量最少，为 33.79kg/m²，相对于梁式楼盖，约可节约 40% ~ 50%；模板最省，为 1m²/m²；混凝土用量稍高；成本最低，为 405 元 /m²，相对于梁式楼盖，约可节约 20% ~ 30%。见表 13.96、图 13.100。

表 13.96　覆土 1.2m 时楼板造价

序号	项目	面积 （m²）	钢筋量 （吨）	平米含量 （kg/m²）	混凝土量 （m³）	平米含量 （m³/m²）	模板量 （m²）	金额 （元）	平米含量 （元 /m²）
1	井字梁	65.61	2.98	45.40 1.34	19.04	0.290 0.83	115.31	31630.86	482.10 1.19
	十字梁	65.61	3.15	47.95 1.42	17.86	0.272 0.78	105.28	31652.13	482.43 1.19
3	单向板双梁	65.61	3.20	48.77 1.44	17.40	0.265 0.76	103.80	31703.16	483.21 1.19
4	单向板单梁	65.61	3.28	50.01 1.48	17.41	0.265 0.76	95.67	31827.09	485.10 1.20
5	大板 300	65.61	3.60	54.90 1.62	22.61	0.345 0.99	82.33	35490.90	540.94 1.33
6	大板 250	65.61	3.95	60.17 1.78	19.97	0.304 0.87	85.98	36542.12	556.96 1.37
7	无梁楼盖	65.61	2.22	33.79 1.00	22.96	0.350 1.00	65.61	26588.03	405.24 1.00

注：钢筋为 6000 元 /t，混凝土为 450 元 /m³，模板为 45 元 /m³。

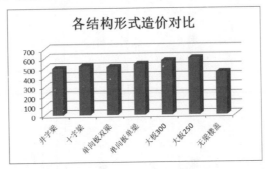

图 13.100　覆土 1.2m 时楼板造价对比

4. 覆土厚度 1.5m

覆土厚度 1.5m 时，附加恒荷载为 $18 \times 1.5+1.0=28kN/m^2$，附加活荷载根据《建筑结构荷载规范》（GB50009-2012）取为 4 kN/m²，楼板及梁配筋见 13.101 图。

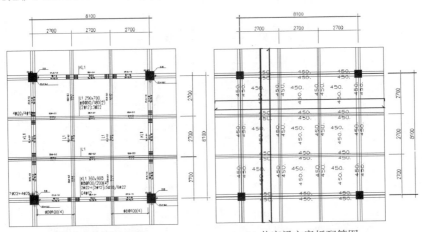

(a) 井字梁方案梁配筋图　　　　　　(b) 井字梁方案板配筋图
附加箍筋为 3@50，同梁箍筋　　　1. 板厚为 180mm；2. 板配筋：双层双向 8@110

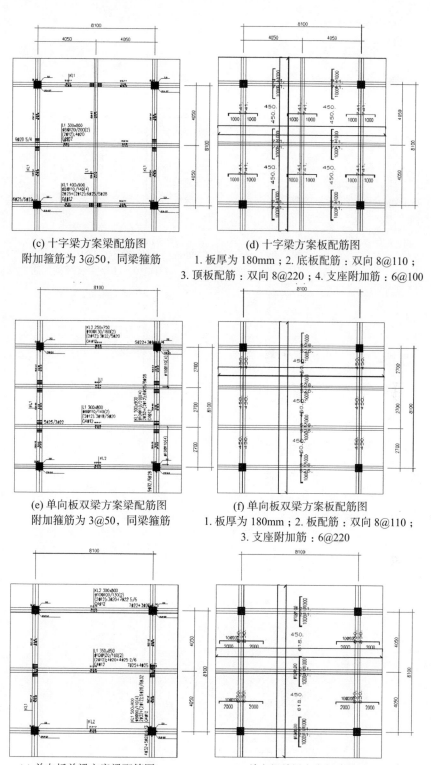

(c) 十字梁方案梁配筋图
附加箍筋为 3@50，同梁箍筋

(d) 十字梁方案板配筋图
1. 板厚为 180mm；2. 底板配筋：双向 8@110；
3. 顶板配筋：双向 8@220；4. 支座附加筋：6@100

(e) 单向板双梁方案梁配筋图
附加箍筋为 3@50，同梁箍筋

(f) 单向板双梁方案板配筋图
1. 板厚为 180mm；2. 板配筋：双向 8@110；
3. 支座附加筋：6@220

(g) 单向板单梁方案梁配筋图
1. 附加箍筋为 3@50，同梁箍筋；
2. 未注明吊筋为 2@8

(h) 单向板单梁方案板配筋图
1. 板厚为 180mm；
2. 板底配筋：双向 12@180；
3. 板顶配筋：双向 8@100，支座附加筋见图

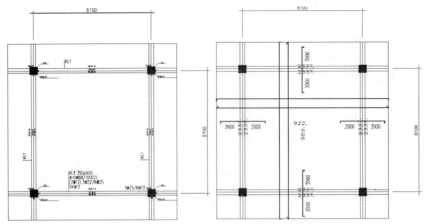

(i) 大板方案梁配筋图　　　　　(j) 大板方案板配筋图

1. 板厚为 250mm；2. 板底配筋：双层双向 12@130；

3. 板顶配筋：双层双向 10@110，4. 支座附加筋 14@110

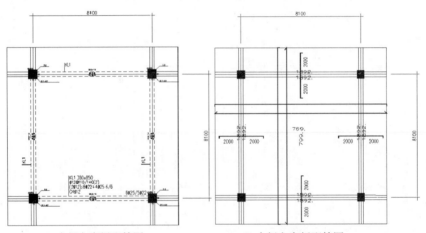

(k) 大板方案梁配筋图　　　　　(l) 大板方案板配筋图

1. 板厚为 300mm；2. 板配筋：双层双向 12@140；

3. 支座附加筋 12@100

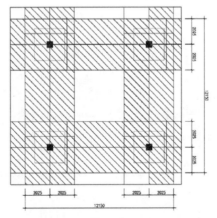

(m) 无梁楼盖板配筋方案

1. 板厚为 350mm；2. 板配筋：双向 12@120；　3. 图中只画出支座负筋 6@75

图 13.101　覆土 1.5m 下配筋图

在施工图基础上，通过造价计算软件广联达计算分析可知，在材料使用方面，无梁楼盖单位面积内用钢量最少，为 38.90kg/m²，相对于梁式楼盖，约可节约 20% ~ 70%；模板最省，为 1m²/m²；混凝土用量稍高；成本最低，为 449 元 /m²，相对于梁式楼盖，约可节约 10% ~ 30%。见表 13.97、图 13.102。

表 13.97　覆土 1.5m 时楼板造价

序号	项目	面积（m²）	钢筋量（吨）	平米含量（kg/m²）	混凝土量（m³）	平米含量（m³/m²）	模板量（m²）	金额（元）	平米含量（元/m²）
1	井字梁	65.61	3.10	47.26 1.21	19.31	0.294 0.77	116.83	32550.96	496.13 1.10
2	十字梁	65.61	3.46	52.66 1.35	19.09	0.291 0.77	106.84	34127.94	520.16.1.16
3	单向板双梁	65.61	3.4	51.82 1.33	18.53	0.282 0.74	104.56	33443.97	509.74 1.13
4	单向板单梁	65.61	3.83	58.34 1.50	17.79	0.271 0.71	96.43	35312.18	538.21 1.20
5	大板 300	65.61	3.98	60.60 1.56	22.61	0.345 0.91	82.33	37734.90	575.14 1.28
6	大板 250	65.61	4.41	67.25 1.73	20.23	0.308 0.81	87.50	39514.22	602.26 1.34
7	无梁楼盖	65.61	2.55	38.90 1.00	24.93	0.380 1.00	65.61	29483.96	449.38 1.00

注：钢筋为 6000 元 /t，混凝土为 450 元 /m³，模板为 45 元 /m³。

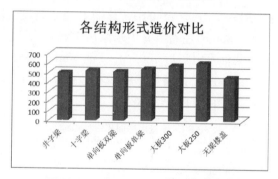

图 13.102　覆土 1.5m 时楼板造价对比

通过以上分析可知，在不同覆土厚度下，现浇梁式楼盖依次采用大板方案、单梁单向板方案、井字梁方案，可获得较好的经济效果，但无论哪种梁式楼盖与无梁楼盖比较，均可以发现，在节省钢材、节约造价方面无梁楼盖更具有优势，可节约造价在10% ~ 30% 之间，且随着外荷载的增加，无梁楼盖的经济效益越发明显。

另外，无梁楼盖施工支模及绑扎钢筋较简单，结构本身高度较小，可以满足地下大空间的要求。在地下工程中，由于水平作用不大，且荷载较大，采用无梁楼盖无论在节省层高还是由开挖基坑、边坡支护引起的工期和造价上都是有优势的。

（三）覆土厚度优化设计控制措施

顶板覆土厚度应结合景观规划，设备管网布置等综合因素确定，尽量在设计前期请机电设备、景观设计人员介入，避免后期因修改车库埋深、层高而增加的费用。当园林设计需要种植高大乔木时可采取局部堆高覆土的方式。同时，种植覆土的厚度又要考虑车库顶板的承载力，这就要求设计做到对覆土厚度的统筹考虑——既能满足种植要求又不会增加车库顶板的荷载。由《种植屋面工程技术规程》JGJ155-2007 对不同的植物的覆土厚度给出了建议值，结合工程实际情况控制在 800 ~ 1200mm；确实要种大树，可采取局部堆土方式。地面、顶板、底板排水坡度和方向尽量一致，减少覆土和埋深。覆土厚度设计控制标准见表 13.98。

表 13.98 覆土厚度设计控制标准

种植土类型	种植土厚度（mm）			
	小乔木	大灌木	小灌木	地被植物
田园土	800 ~ 900	500 ~ 600	300 ~ 400	100 ~ 200
改良土	600 ~ 800	300 ~ 400	300 ~ 400	100 ~ 150
无机复合种植土	600 ~ 800	300 ~ 400	300 ~ 400	100 ~ 150

注：田园土：原野的自然土或农耕土。

改良土：由田园土、轻质骨料和肥料等混合而成的有机复合种植土；

无机复合种植土：根据土壤的理化性状及植物生理学特性配制而成的非金属矿物人工土壤。

三、地下车库设备房优化设计

1. 设备用房面积指标

万科的经验值为：一般一个 10 万 m^2 的住宅小区，考虑将设备用房主要放置在塔楼下面，设备房面积约 700 ~ 800m^2 左右，其中水泵房 120m^2，配电室 150m^2，生活水池 100m^2，消防水池 150m^2，柴油发电机房 100m^2，其他 50m^2。另外，小区规模每增加 10 万 m^2，设备用房面积增加约 30%；设备用房面积不包括车库的进排风机房、消防控制室（80m^2 左右），以及无实际用途的无效设备房，见表 13.99。

表 13.99 设备用房面积设计指标

序号	房间名称	控制面积测算	备　　注
1	变配电房	约 150m^2	
2	水泵房	约 120m^2	含自来水泵房 110、中水泵房 105、消防泵房 49
3	公变房	约 50m^2	
4	生活水池	约 100m^2	
5	柴油发电机房	约 100m^2	
6	消防水池	约 150m^2	
7	其他	约 50m^2	换热站 240，弱电控制 15，热力入口及报警阀室等 50
合计		720m^2	

北方区域与南方区域相比，地下车库设备用房中增加了换热站及中水泵房，面积指标要稍高于北方。

2. 设备用房布置优化设计（图 13.103）

图 13.103

（1）优化利用空间

充分利用车库边角，或坡道下方空间，及不便于停车的位置，布置设备用房，提高车库利用率。

小型设备用房如小型隔油间、小型污水间，布置在车库边角地带，或住宅楼座下不影响停车的位置。

车库地面不设排水沟，仅设排水坑和支沟。

（2）合用机房（图 13.104）

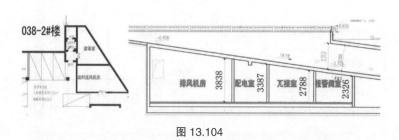

图 13.104

在满足规范要求和方便使用的情况下，尽量合用机房。

暖通机房：一个通风机房可以解决与之相邻的多个防火分区的进排风问题。

配电室：每 6 个防火分区可以设置一组配电室。

报警阀小室：每个防火分区需要设置一个报警阀，相邻防火分区报警阀共用小室。

（3）通过建筑设计优化，减少设备用房面积（图 13.105）

除了站房内部设备布置需要精心设计之外，应充分利用自然条件，如设置采光井、天窗或采用开敞式半地下车库，通过自然采光、通风等方式，在一定程度上起到减少设备站房面积，提高停车效率的作用。

图 13.105

如采用自然通风：至少节约 400mm 左右层高，结构造价减少 40 ~ 50 元 /m²，约占车库土建成本的 3%；节省机械排风排烟系统，设备成本减少约 12 元 /m²，约占车库

土建成本的 ,0.8%；节约后期设备运行维护费用。

3. 给排水专业优化

（1）生活给水泵房优化

根据功能划分和使用要求；小区规模、地形、各个单体情况集中设置泵房（多数设一处）。

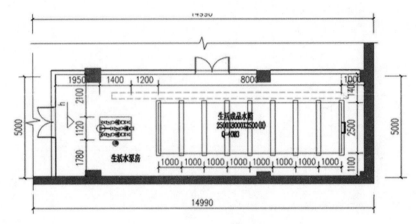

图 13.106　泵房布置

根据防疫要求，生活水箱间应单独设置，且层高不低于 2.8m（水箱高度一般 <4m）。越高越节约泵房面积。

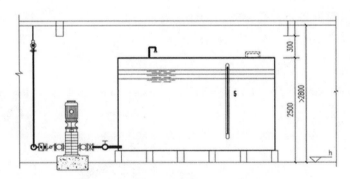

图 13.107　水箱储水生活水泵房净高布置

根据市政条件和小区情况，可以采用无负压供水（节约面积 1/2），可以利用不很规整的位置。

（2）消防泵房优化（图 13.108、图 13.109）

消防泵房和消防水池共墙布置，水泵房净高受水池高度决定，为了减小水池面积，加大水深，使得泵房净高一般不低于 3.60m, 常规为 3.60 ~ 4.70m。

因为所需的标高介于 3.60 ~ 4.70m，但车库其他部位通过管道排布确定的层高往往小于泵房、水池所需要的高度，此时，我们可以采用：

1）泵房、水池低于车库地坪标高的措施；

2）利用住宅下方来处理，不影响车库正常层高。

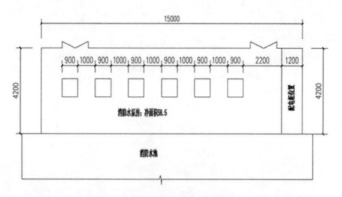

图 13.108　规则的水泵房布置

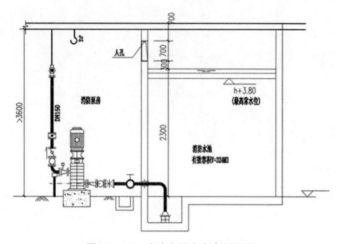

图 13.109　消防水泵房净高剖面图

（3）暖通优化设计

1）通风系统

优先采用自然通风方式,合理布置自然通风口,减少进排风机房面积,降低机电造价。

不具备自然通风条件时, 尽量采用机械排风 + 自然进风（自然补 风结合诱导风机系统）。通过车道、窗井自然进风, 降低机电 造价, 减少进风机房面积, 有效提高停车效率。

例如半地下车库设置开口, 采用自然进风 + 诱导风机系统, 减少通风机房面积。

2）排风 / 排烟系统（图 13.110）

按防火规范要求, 大于 $2000m^2$ 的地下车库应设置机械排烟系统。

可将排风风机兼作排烟风机。

征得项目所在地相关部门同意, 排风、排烟风机可吊装于车库顶棚下方（风机需采用防火板包覆）, 可节约排风 / 排烟机房面积。但平时使用风机时, 风机噪音对车库影响较大。

相邻防火分区的排风 / 排烟机房可合并设置于防火分区交界处（但不同防火分区的风机机房应分设）。

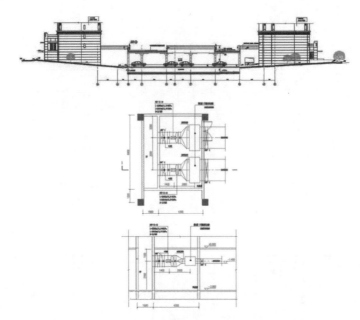

图 13.110 排风 / 排烟系统设计图

排风/排烟机房位置,应考虑排风竖井位置在总图上的合理性,不应位于住户庭院内。

3)补风系统(图 13.111)

自然进风 / 补风。

通过车道或设置通风窗进风,减少进风机房面积,降低机房和机电成本造价。

通风口位置应尽量远离排风 / 排烟机房,例如在同一防火分区内,二者宜呈对角线布置。

采用通风窗自然进风时,通风窗为常开百叶窗或可电动开启;通风窗进风面积(m^2)不应小于车库体积 /1500。

图 13.111

例:地下车库防火分区 4000m^2,净高 3.0m,则一个防火分区所需通风窗进风面积不应小于 4000 × 3.0/1500=8.0m^2。

设有进风 / 补风机房时,相邻防火分区的进风 / 补风机房可合并设置于防火分区交界处,但不同分区的风机应分设。

（4）电气设计优化

每个变电所按 8 面高压柜，2 台变压器、11 面低压柜进行布置（见附图）。

每个变电所的最小面积为 127m²。

注：

①变电所按规则形状进行布置，当变电所的形状不规则时，应加大变电所的面积。

②由于大部分地区住宅变电所属于供电局施工管理，因此，在实际设计时应适当放大变电所的面积。

③变电所的净高要求以当地供电局为准。

（5）管线综合优化（图 13.112）

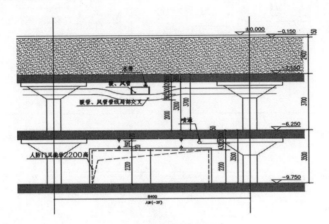

图 13.112　管线综合优化

一般地下车库计算层高的基本内容见表 13.100。

表 13.100

部　　　位	层高内容
车库层高 =（a+b+c+d+e+f+ 梁高或板厚 +100 余量）	a. 面层厚度（50 ~ 100mm） b. 停车库净高（≥ 2200mm） c. 通风管高度（≥ 300 ~ 500mm） d. 水喷淋高度（≥ 200mm） e. 电桥架（≥ 1500mm） f. 顶板梁高（无梁楼盖为板厚）预留富余量 100mm

注：图中"+"不代表简单相加，意为需考虑的因素，实际工程需实际考虑，并进行管线综合。

对于一般居住区地下车库（顶板按 1.5m 覆土考虑），经管线综合优化，理论上能将车库层高控制在 3.4 ~ 3.5m。

排管设计以尽量避免或减少管线交叉为原则，且所有主管线尽可能集中在地库公共区域内排布，以方便维修。

建议低成本项目，采用镀锌铁管穿线，明装强、弱电管线。投入成本最低且便于检修和维护。

采用标准长度的直线管段，将各种变径管和接头的数量减至最少；只要安装空间范围允许，建议采用螺旋圆风管。

在所有管线中，风管所占空间最大。布置应遵循以下原则：

● 尽可能按直线布置，减少转弯和分流。

● 尽可能布置在车位上方，且保证净高不低于 2.2m。

● 垂直方向上尽量贴梁（板）。

● 水平方向避免与成排的主水管和桥架交叉。

● 如交叉不可避免，则应采取措施，保证车库净高要求。如图 13.113、图 13.114 所示。

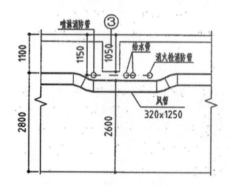 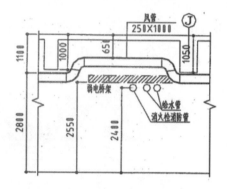

图 13.113 风管避让水管下翻　　　　图 13.114 风管避让弱电桥和水管上翻

（a）甲地库　　　　　　　　　　（b）乙地库

图 13.115 不同地基设计后的效果比较

实例分析：地下车库地基设计成本优化比较分析

有甲乙两块地下车库，在条件基本相同情况下，由于基础及地基处理方法不同，导致成本差异较大(均无人防)，通过比较核算，将合理方案可以推广。两块地均为单层地库，框架结构，顶板为井字梁体系。取一个柱子的基础进行比较如下：

1. 甲地块 地库，II 级非自重湿陷性，顶板 1.1m 厚覆土，C35 混凝土，柱距 7.9m×7.9m，面积 A=62.41m^2。

2. 乙地块地库，II 级自重湿陷性，顶板 1.15m 厚覆土，C30 混凝土，柱距 8.0m×7.9m，面积 A=63.20m^2。

可以看出从柱距到荷载基本相同，乙地块湿陷性稍严重些，即使这样，由于采用了合理的设计方案，乙地块地库更节约成本。两块地基础型式见图 13.116。

甲地库地基处理采用 10m 长素土桩，0.5m 厚 3:7 灰土垫层，基础为 4.3m×4.3m 独立基础，混凝土强度等级 C35；

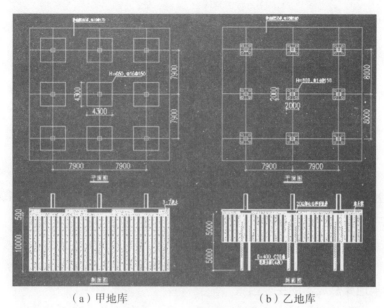

（a）甲地库   （b）乙地库

图 13.116　不同地基开型式

乙地库地基处理采用 5m 长素土桩，4 根 10m 长 CFG 桩（C20 混凝土），0.5M 厚素土垫层，基础为 2.0m×2.0m 独立基础，混凝土强度等级 C30。

两种方案成本如下：

（1）甲地库：

混凝土：4.3m×4.3m×0.65m+0.25m×7.9m×7.9m=28m³，单价 395 元 / m³；

钢筋：（4300/150+1）×2×4.3m×1.58kg/m+（7900/170+1）×4×7.9m×0.617 kg/m=1.3 吨，单价 5900 元 /t；

素土桩：3.14×0.2×0.2m²×10m×44 根 =55.3m³，单价 77 元 / m³；0.5m 厚 3:7 灰土垫层：0.5m×7.9m×7.9m+（7.9m×7.9m-4.3m×4.3m）×0.65m=28.5m³，单价 83 元 / m³；

合计：28×395+1.3×5900+55.3×77+28.5×83=25000 元，即：25000/62.4=406.3 元 / m³。

（2）乙地库：

混凝土：2.0m×2.0m×0.35m+0.25m×7.9m×8.09m=17.2m³，单价 380 元 / m³；

钢筋：（2000/150+1）×2×2.0m×1.21kg/m+（8000/180+1）×4×8.0m×0.617 kg/m=0.97 吨；单价 5900 元 /t；

砂石垫层：0.2m×2.4m×2.4m =1.152m³，单价 158 元 / m³；

CFG 桩：3.14×0.2×0.2m²×10m×4 根 =5.02m³，单价 613 元 / m³；

素土桩：3.14×0.2×0.2m²×5m×44 根 =27.6m³，单价 77 元 /m³；

0.55m 厚素土垫层：0.55m×（8.0m×7.9m-2.0m×2.0m）=59m³，单价 23 元 /m³；

合计：17.2×380+0.97×5900+5.02×613+1.152×158+27.6×77+59×23=19000 元，即：19000/63.2=300.3 元 / m²。

优化设计结论：同样条件下，乙地库采用了合理的设计方案，每个基础节约 25000-19000=6000 元，均摊到地库建筑投影面积上，每平米节约成本 406.3-300.3=106 元 / m²，优化设计效果显著，应该加以推广。

案例：金地地产地下车库布置优化

【金地】
- 依地面建筑布局设计，轮廓规整，避免过多凹凸；
- 不好停车的边角余料空间可作设备用房；
- 双排停车比单排停车效率高，尽量布置双排停车；
- 不够双排停车可设子母车位，字母车位算1.5个停车位；
- 不够垂直停车可适当布置斜角和直线停车，保持距后墙 0.5m，车车间距 0.6m，出车前面 5.5m。

案例：万科是如何做到1个车库省380万的

地下车库投入大回报低，如何控制成本？万科研究发现，采用小柱网车库，单位成本要低得多，如果1个车库有1000个车位，那么可以省下202.4～380.6万元。

一、影响地库总成本的主要因素

影响地库成本的主要因素有2个，一是地库总面积，二是单车位指标。其中，影响地库总面积的主要因素有3个：

1. 政府规划意见书因素

车位配比要求、地上地下车位比例要求。

2. 营销定位因素

（1）定位大户型的楼盘，总户数较小户型少，所以车位总数较小户型少，因此地库总面积小。

（2）营销销售策略要求，进行车位赠送，车位总数量增加，导致地库面积增加。

3. 车位排布方式对地库总面积的影响

（1）环形布局，柱网：8.1m×8.1m（图 13.117）。

（2）经济型排布，柱网：8.1m×8.1m（图 13.118）。

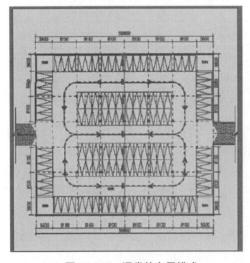

图 13.117　通常的布局模式
S（单）=28.63

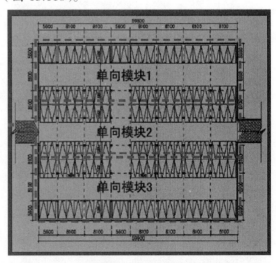

图 13.118　运用单向经济型原理进行的布局模式
S（单）=3100/124=25

（3）两者排布方式的经济性分析

a. 相同柱网，但因排布方式差异，两种车库的单车位面积差：$28.63 - 25 = 3.63\text{m}^2$；

b. 两种车位排布方式，单车位成本差额：$3.63 \times 2200 = 8000$ 元；

c. 如果一个小区地库有 1000 辆车，相同柱网，通过合理的排布方式，两种车库面积差：$1000 \times 3.64 = 3630\text{m}^2$；

d. 仅通过设计人员合理排布，可以节约地库成本：$2200 \times 3630 = 800$ 万；

e. 如果多出的 3630m^2，按经济型排布方式实施，可以多增加车位数量：$3630/25 = 145$ 辆车；

f. 每辆车按 12 万进行销售，车位的销售收入可以增加：$145 \times 12 = 1740$ 万元；

g. 净利润增量：$1740 - 800 = 940$ 万元。

注：在相同的柱网情况下，合理的车位排布方式可以有效的提高停车效率，以达到节约车库面积及车库成本的目的，也可以通过合理的排布形式，增加车位的数量，以达到增加销售收入的目的。

二、如何控制单车位面积

（一）传统标准柱网，从理论角度，最经济的车库布局模式：中间往两边分（图 13.119）。

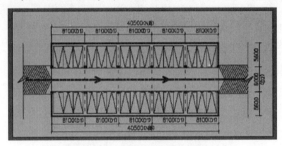

图 13.119

（二）实际设计中，传统高效率柱网模式示意图如图 13.120。

进深方向——柱距：8.1m；

跨度方向——跨度：7.8 ~ 8.1m（排三辆车）；

纵向车道宽度：宜控制在 5.6m。

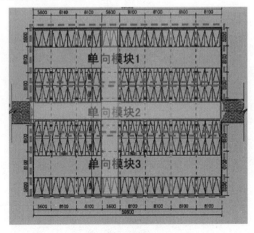

图 13.120

（三）传统标准柱网下，按经济型布局——理论指标（图13.121）

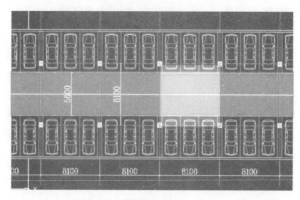

图 13.121

柱网尺寸：7.8（8.1）m×8.1m，按经济型车位布局排布，理论单车位极限指标（图13.122）：

（1）从中间往两边分，两边是地库侧墙的情况：

7.8（8.1）m×(5.6×2+5.6)m/6=21.84(22.68)m²/单车位。

单车位指标极限值：21.84 ~ 22.68m²。

（2）从中间往两边分，车尾对车尾的情况：

7.8（8.1）m×(8.1×2)m/6=21.06(21.87)m²/单车位。

单车位指标极限值：21.06 ~ 21.87m²。

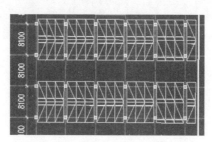

图 13.122

三、小柱网车库的特点（图13.123）

1. 与传统柱网相比，在车尾位置增加一排柱；

2. 柱网尺寸变小，梁、板的跨度变小。

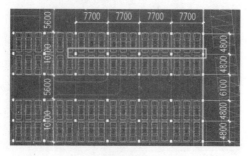

图 13.123

四、小柱网的尺寸（图 13.124）

1. 柱跨度：7700mm（传统跨度 7800mm ~ 8100mm）；

2. 进深：车道进深 6100mm；车身进深 4800mm；

3. 车位尺寸：2400mm×5050mm（车尾对车尾条件下）；

4. 车道净宽：5600mm；

5. 柱尺寸：400mm×500mm；

6. 柱跨净距：7300mm。

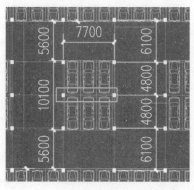

图 13.124

五、小柱网单车位指标（图 13.125）

1. 车尾对车尾，理论单车位指标：$(4.8×2+6.1)×7.7/6=20.14m^2/$ 单车位。

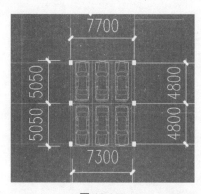

图 13.125

2. 车尾对地库墙体，理论单车位指标：$(5.3×2+5.6)×7.7/6=20.79m^2/$ 单车位。

六、小柱网经济性分析

以下对比，均为理论极限值成本对比见表 13.101。

表 13.101

单车位指标	车尾对车尾	车尾对墙体	备　　注
小柱网	20.14	20.79	柱网：7.7
标准柱网	21.06 ~ 21.87	21.84 ~ 22.68	柱网：7.8 ~ 8.1
单车位差值	0.92 ~ 1.73	1.05 ~ 1.89	

（1）理论上，小柱网单车位指标，每个车位比标准柱网至少可以节约 0.92 ～ 1.89m^2 的车位面积；

（2）理论上，小柱网单车位成本比标准柱网可以节约 2024 ～ 4158 元 / 单车位；

（3）一个地库如果有 1000 个车位，采用小柱网车库，至少可以节约 202.4 ～ 380.6 万元。

七、案例

合肥万科，森林公园 C2 地块项目，半地库采用小柱网，数据见表 13.102、图 13.126。

表 13.102

地下室部分	面积（m^2）
高层地下室	7939
设备用房	1913
纯车库	41253
车位数	1749
单车库部分	23.5
含高层地下室及设备用房	29.2

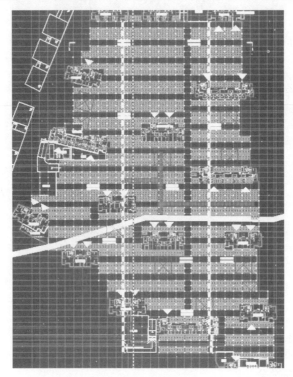

图 13.126

与集团对标值进行比较（表 13.103）：

表 13.103

	C 地库单车位指标	集团对标值限值	指标差值
纯车库部分	23.5	26	2.5
含高层地下室及设备用房	29.2	32	3.8

	单车位 指标差值	单车位 成本	总车 位数	单车位 差值成本	总车位数 差值成本
纯车库部分	2.5	2200	1749	5500	9619500
含高层地下室及设备用房	3.8	2200	1749	8360	14621640

八、结论

1. 理论上，小柱网单车位指标，每个车位比标准柱网至少可以节约 $0.92 \sim 1.89 m^2$ 的车位面积；

2. 小柱网地库，跨度小，配筋低，节约钢筋用量，含钢量及成本测算（表 13.104）：

表 13.104

序号	指标内容	地库含钢量 （kg/m²）	含钢量差值 （1-x）；X=2-4	钢筋单价 （元/m²）	指标差值 （元/m²）
1	C 地库	80		5.5	
2	业内普通值	120	42	5.5	231
3	万科对标值	115	37	5.5	204
4	公司内控值	98	20	5.5	110

案例：龙湖学习万科，深度优化车库设计

龙湖对各项目建设情况进行了统计分析，车库建设规模达到项目总规模的 20% ~ 25%，车库建造成本占项目总建造成本的 20% 左右。在车库本身的价值贡献有限的情况下，合理降低车库成本，将是提升项目利润贡献的重要手段。在通过对万科车库技术的全面分析，结合过去几年的项目中车库建设状况及回顾、总结，找出利于降低车库成本造价的共性方法，从而大幅度提高了项目利润率。

一、车位面积设计优化

目前关于车位大小的政策规定：设计规范中，对微车位有明确的尺寸规定；在重庆，无对小车、微车比例的明确规定。经与规划局沟通，答复是可做微车位，但不宜太多。实际操作是 20% ~ 30%，中小型车的尺寸见图 13.127。

车型	尺寸（长/宽/高）	轴距
Polo	3916/1650/1465	2460
飞度	3845/1675/1535	2450
派力奥	3763/1615/1440	2373
骊威	4178/1690/1565	2600
奔奔	3525/1650/1550	2365
天语X4	4135/1755/1605	2500
C2	3878/1676/1438	2443
QQ	3550/1495/1530	2340
富康	4071/1702/1425	2540
F3-R	4325/1705/1490	2600
乐骋	3896/1660/1499	2480
骐达	4250/1695/1535	2600
威志	3855/1680/1500	2425
高尔	3895/1648/1415	2468
标志206	3873/1673/1435	2443

图 13.127

小型车＋微型车的组合——利用好各种柱网和边角空间。可以适应多种柱网尺寸。

车位设计控制尺寸（图13.128）：

垂直停车：2400mm×5300mm(小)，2200mm×4500mm（微）；

平行停车：2400mm×6000mm(小)，2200mm×5500mm（微）。

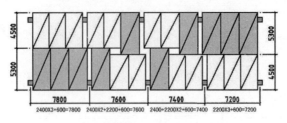

图13.128

小型车单车位面积约32～36m²/个，最经济柱网为7.8m×8.1m；微型车面积约25～28m²/个，最经济柱网为7.2m×7.3m。（注：柱大小按600mm×600mm计）。

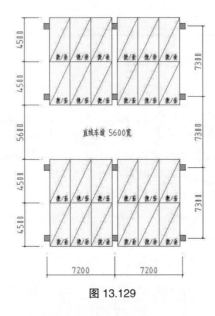

图13.129

按重庆规划管理条例：住宅每100m²配车位0.6个，公建每100m²配车位0.7个，单车位以35m²计，以部分地上停车做补充，车库面积将占到总面积的25%～30%。也就是说，车库建造成本将占总建造成本的30%左右。

微车位的综合单车位面积约为25m²/个，如将车库总车位的30%变为小车位，车库面积将减少10%，车库减少成本将占到总建造成本的2%～3%。

据粗算，以一个普通住宅项目为例，假设所得税率25%，在有土地增值税的情况下，每减少1元建造成本可以增加约0.46元的净利润；如无土地增值税，则每减少1元建造成本可增加约0.75元的净利润。

因此，公共车库（非别墅住宅集中车库、商业及小户型公寓车库）配比20%～40%的微车位。

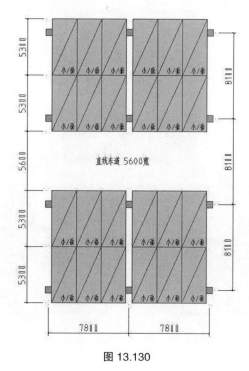

图 13.130

案例1 睿城B区车库

睿城原总车位957个，后更改车库报建为922个，减少35个。减少部分为无产权商区车库，实际销售车位反增加44个。

取消商区车库后的沿街商业，利用建筑后退道路的间距，在后期改做地面停车，约100个，满足商业需要（图13.131）。

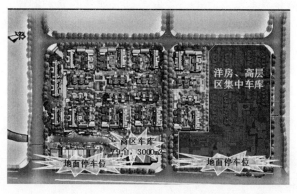

图 13.131

案例2 MOCO中心车库

MOCO中心车库，原有810辆地下车位，原3号楼为写字楼，面积8600m²，17层，4号楼为住宅，面积52000m²，45层；后3号楼、4号楼功能互换，调整为3号楼为住宅，面积11000m²，25层，4号楼为写字楼，35层，面积46000m²，导致车位配置提高，需增加59个停车位（图13.132）。

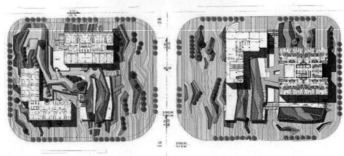

图 13.132

通过布置微型车位，在不改变车库面积、结构、设备管线的情况下，有效利柱网，增加了 59 辆车位，节约面积约 2500m²。小车位比例约 30%。车库总面积 24000m²，总车位数 869 个。平均单车位面积 27.8m²/个。

二、车位配比设计优化

一个小区应该配置多少车位？虽然合适的车位配比，有助于提升小区品质，但从收益角度讲：车位价格和成本基本打平，多做车位将冲淡销售利润率；车位往往在交房后才销售，这将降低内部收益率。应综合利用各业态的车位配比，既满足实际需求，也满足政府规定。

1. 车位配比标准（表 13.105）

(1) 住宅车位：重庆公司标准是别墅每户 2 辆 + 访客车位；洋房：每户 1.2 ~ 1.5 辆；高层：每户 0.5 辆。政府标准是住宅每 100m² 0.6 个。

表 13.105

业　　态	户均建筑面积	户均车位	政府规定户均车位
高端（东桥郡联排）	220m²/户	2 辆	0.9 辆
高端（悠山郡洋房）	137m²/户	1.2 辆	0.9 辆
低端（MOCO 小户型）	65m²/户	尽量少	0.4 辆

(2) 商业 +SOHO 车位：重庆地区政府标准商业每 100m² 0.7 个。

2. 控制要点

(1) 综合性项目，应根据不同业态对车位需求，合理分布车位数和车位等级。

(2) 多业态项目，车位配比应向高端业态倾斜。低端业态按政府最低标准配置。

(3) 项目修建性详细规划报建、方案报建时的技巧性处理相当重要，以便为后期可能的调整留下空间。

(4) 地下车库面积适当多写。

(5) 地下车位数量按最低要求写。

(6) 随时回顾待建车库是否符合预期市场需求，不符合则调整。

案例 1：悠山郡三期车库（图 13.133）

优化一：洋房原配置每户 1.2 个车位，调整到每户 1 个。高层调整到政府标准。

优化二：高层区增加地面车位 150 个。

效果：车库由最初设计的 $62300m^2$，减少到 $40000m^2$ 左右（含洋房赠送地下室）；节约当期成本支付约 3000 万。

图 13.133

优化组合：实现车库面积优化

方法一：洋房每户 1.5 个车位，调整到每户 1.2 个。商区车库取消。

方法二：以小型车 + 微型车的组合，增加车位，补齐报建车位数。

效果：取消商区地下车库，减少车库面积约 $3000m^2$。节约成本 450 万。

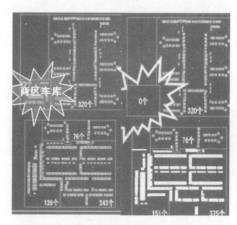

图 13.134

三、车库层高优化设计

合理的设计，可降低车库综合成本约 200 元 $/m^2$。影响车库层高的 4 个因素：

(1) 柱网：跨度直接影响梁高；

(2) 顶板荷载：覆土厚度与其直接相关，是影响梁高的主要因素之一；

(3) 机械通风设备：风管、风机会占到 400 ～ 1000mm 的空间；

(4) 管线布局：管线交叉点、管线重叠点，影响局部净高。

可通过以下几个措施进行成本优化：

1. 合理的柱网跨度：有效控制梁高；应首先满足高效停车要求。

2. 顶板覆土深度控制：覆土层结构高差，在满足绿地率计算规则的前提下，最佳厚度为 1.0m。

覆土 1m 与覆土 1.5m 比较，钢含量节省 20%，约 16kg/m²，每平米土建造价减少 70 ～ 80 元。层高每降低 100mm，每平米土建造价减少 8 ～ 10 元。

3. 车库必须做管线综合，避免出现最不利点。可有效降低设备层高度 200mm 左右；使车库管线整洁、富有逻辑美；避免混乱交叉导致净高不够。

4. 别墅集中车库，应尽量合理布置排烟井（口），实现自然排烟通风。

(1) 至少节约 400mm 左右层高，结构成本减少 30 ～ 40 元 /m²，约占车库土建成本 2.5%；

(2) 节省机械排风排烟系统，设备成本减少约 12 元 /m²，约占车库土建成本 0.8%；且节约了后期设备运行维护费用；

(3) 减小住宅地下室和地下车库之间的高差，优化室内空间。

案例 2：睿城车库（图 13.135）

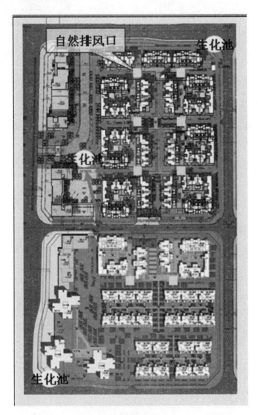

图 13.135

项目总平面优化：

优化一：顶板开洞，变大车库为若干小车库，变机械通风为自然通风（别墅区）。节约风管约 400 高空间。

优化二：覆土由 1500mm 降为 600～900mm，结构梁高由 1000～1100mm 变为 700～900mm。

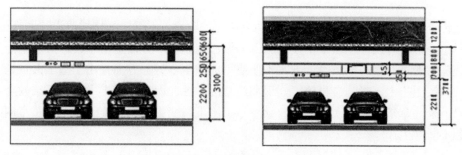

图 13.136

效果：别墅区车库层高 3.1m，洋房高层区车库 3.7m；成本节省约 100 万。

第14章 可施工可建造性成本优化设计管理

在传统建设模式下，设计和施工是两个依次的阶段。由于要严格按照设计图纸施工，施工单位经常会对设计图纸中不便于施工的做法抱怨。一方面是由于设计人员不能充分了解施工的需求，容易导致设计方案不便或不能施工；另一方面是由于施工人员处于被动地位，按图施工，影响自身施工知识和经验的发挥，而且在施工中积累下来的经验很少记录下来并拿来与设计人员分享，导致施工困难、变更频繁、施工成本高、工期延长等问题不断产生。

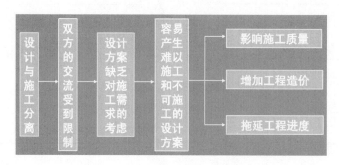

图 14.1 设计与施工关系图

作者在对客户设计优化和优化设计的咨询／顾问服务过程中，可施工可建造性也是客户提出的疑虑之一：优化设计后会不会增加施工难度；会不会一方面优化降低了设计阶段的成本，而在另一方面又增加了施工费用。如何解决传统建造设计模式的缺陷，促进设计与施工的互动沟通，优质、经济、安全、快速地完成建造任务，已成为人们共同关注的话题。鉴于此，作者结合长期从事精益设计和精益建造的咨询／顾问实战经验，对我国建筑工程可施工、可建造性进行研究探讨，对提高我国建筑项目可施工、可建造性提出切实可行的建议。

第一节 可施工、可建造性概论

一、可施工性概念

可施工性一词来源于"eonstruetability"和"buildability"，这两个词在一般的国外字典中很难找到，更没有其相关注释，我国词典里更是没有，听说过的人也为数不多。

与其他众多行业不同，建筑行业中的设计和施工是分开进行的，这主要是因为分工细化可以使不同专业的人可以更加用心去专注于自己的事务，深化研究，已达到自身事务的最佳效果，做到人尽其能。然而由于过分强调分工细化，造成了彼此专业之间的信息不能及时有效地传递。信息的丢失给施工带来了极大的不便，而由于不便施工或不能施工造成的返工也给设计带来困扰。随着问题的不断加深，1983 年英国建筑行业研究信息协会（CIRIA）对此进行了分析，提出了可施工性 (buildability) 的概念："the extent to whieh the desingn of the building faeilitates ease of construetion，subjeet to the overall requirements for the completed boilding."其优点是：①通过对影响施工的因素来控制设计队伍，建立彼此间的互动联系。②正式提出可施工性概念，进一步补充建筑行业理论。不足之处是仅仅建立了设计和施工的联系，并没有涉及到运行与维护等方面，缺少连续性。

1986 年美国建筑师协会（The Construction Industry Institute，CII）对可施工性研究 (Constructability) 的定义为："将施工知识和经验最佳地应用到项目的策划、设计、采购和现场操作中，以实现项目的总体目标。"具体而言，是一种由项目管理的主要人员和其他专家组成可施工性研究小组，进行施工知识和经验系统地集成和优化，并最佳地应用到项目的策划、设计、采购、施工等各个阶段，以确保可施工性，降低施工难度和成本，提高安全性，缩短工期的研究活动。

更通俗的表达为：可施工性设计是指在项目规划、设计、采购及施工操作等方面，应充分使用一些以往通过施工工作获得的知识和经验，从而避免浪费及施工方面的困难，有效保证项目质量、加快项目进度、降低项目成本，进而确保项目整体目标的实现。

建筑工程的可施工性和设计的可建造性相比，设计的可建造性是另一个概念，侧重点在于设计者的设计对施工造成的影响。关于两者的范围，可建造性的范围仅包含在设计阶段，而可施工性的定义包含在工程项目的整个阶段，从而克服了范围相对狭隘的可建造性。

二、可施工性应用范围

由可施工性的概念可知，可施工性的关键在于组织协调各专业部门之间的关系，使其更好的衔接，把各个专业部门的能力组合优化到最佳。所以，可施工性不是一门工程技术（虽然它用到技术的时候很多），而是一种管理。可施工性应用的范围，就是项目管理的范围。但又由于其更侧重于技术层面，所以范围适当地缩减到概念规划、设计、施工、运行与维护四个阶段 (图 14.2)。

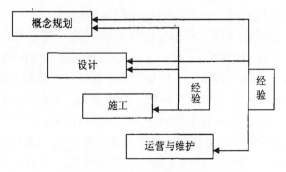

图 14.2 可施工性的应用范围

三、可施工性问题分类（图14.3）

在工程建造中,可施工性问题可以大致分为以下两类:"第一类可施工性问题"和"第二类可施工性问题"。

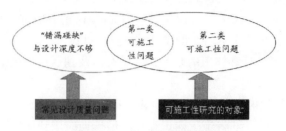

图14.3　可施工性问题的分类

"第一类可施工性问题"是指在设计质量问题中常见的那些"不便施工"或"不能施工"的问题,也被称为"狭义的可施工性问题"。一般来说,"第一类可施工性问题"往往比较直观,发生在某个分项工程的施工过程中,由于设计的原因,没有考虑到方便施工的问题,导致产生难以顺利施工的问题。

较为典型的如:梁与板的混凝土强度等级不同,难以施工;钢筋过密,不便于浇筑混凝土;剪力墙的门垛设计过小,造成门套安装困难或不便于安装;梁、柱尺寸变化太多,增加了施工的难度;阳台栏杆的预埋件在主体施工时因没有栏杆的立杆间距而无法预留,在安装时又不允许打膨胀螺丝,造成要打掉结构;钢筋的型号过多或混凝土强度等级变化多,不便于现场管理;由于楼板厚度限制,使得预留采暖管道高出混凝土保护层管道交叉处,高度超高,不得不剔除楼板;在平面内布置结构件时施工工作面过于狭窄,难以施工;有些楼盘的防火窗设计为上悬窗形式,但按要求必须有自动关闭装置,多次招标厂家均表示做不了;在基础设计时产生了一些尺寸不同的基础,造成了基础大小不一,底部标高不统一,形状复杂,加大了基坑开挖、回填的工作。

"第二类可施工性问题"是与施工方案总体布置和工期安排有关的问题,也被称为"广义的可施工性问题",是"第一类可施工性问题"之外的问题。这类问题主要是由于设计人员在设计的过程中没有站在的层面上考虑后期建造过程中的需求。比如场外交通、加工车间、道路、设备、水电管网和动力设施等的总平面图布置是否满足现场施工的实际需要。

针对这两类可施工性问题,分为两个表格进行阐述。

土建中的可施工性研究项目（表14.1）,主要针对第一类可施工性问题。

总平面中的可施工性研究项目（表14.2）,主要针对第二类可施工性问题。

从表中可以看到,可施工性研究主要分为两个部分:土建和总平面。其中土建部分主要解决设计中存在的第一类可施工性问题。总平面部分是可施工性研究的重点,它主要解决了设计中存在的第二类可施工性问题,这也是目前设计质量管理中的难点。通过表14.1和表14.2可以系统的解决目前大型建设项目中存在的常见的可施工性问题,但是传统模式下的处理效率低下,故将其进行信息化处理,再应用信息化手段Autodesk Buzzsaw平台进行可施工性研究。

表 14.1　土建中的可施工性问题及解决措施

可施工性研究内容				可施工性问题的解决措施
土建	基础工程	地基	地质状况	地下水位高时考虑排水
				地下水含有污染或腐蚀性物质时的排水
				地下土质不适合承载地基时考虑进行地基加固
				基础标高以上遇到岩层的处理
				其他地下设施的避免
			地基处理	强夯法加固地基对周围建筑物和其他设施的影响
				换土垫层法
				挤密桩施工法
				深层密实法
				预压法
		基础	条形基础	考虑地质条件是否适合
			筏板基础	地下水位较高时考虑地下水的浮力
			钢混预制桩基础	考虑打桩对周围建筑物和邻近桩的影响，即桩距的设计
			混凝土灌注桩基础	考虑土壁支撑与地下有无渗水
			地下连续墙	考虑土壁侧压和防水处理
	主体工程	钢混结构	模板	模板选择应符合工程的具体要求
			脚手架	采用统一规范的脚手架搭设
				用持久通道减少脚手架
			钢筋设计	钢筋型号尽量少，方便现场存储管理
				钢筋间距不宜过小，不便混凝土浇筑
			混凝土	混凝土配合比设计满足要求
				混凝土运输考虑道路交通状况
				混凝土浇筑方案
		钢结构	钢构件运输	根据构件长度、重量、断面形状选择车辆
				构件在车上的支点、两端伸出长度及绑扎方法保证不产生变形
			钢构件起吊	吊点设计保证不产生永久变形
			螺栓连接	螺栓直径规格尽量少，适当归类，便于施工和管理
	装饰工程	防水	屋面防水	防水方式的选择考虑气候、施工季节的影响
				防水方式的选择还应考虑屋面的功能
			地下防水	防水方式的选择结合地下水的情况（水位、水质等）
		保温隔热	外墙外保温	尽量不用面砖进行装饰，防止面砖大面积脱落，造成安全事故
				保温材料不宜过厚，增加施工的难度和成本
				开窗面积不宜过大，不宜采用凸窗，采用节能设计
			外墙内保温	注意热桥的影响

表 14.2　总平面中的可施工性研究问题及解决措施

可施工性研究内容			可施工性问题的解决措施
总平面	道路布置	场外交通引入 — 铁路	时间上提前修筑为工程服务
			确定起点和进场位置
			考虑转弯半径和坡度限制
		公路	与场外道路的连接
			场内布置结合加工厂、仓库位置
		水路	卸货码头不少于 2 个，宽度不小于 2.5m
			江河距工地较近时，码头附近可布置主要加工厂和仓库
		内部道路布置 — 永久性道路	提前修建路基和简单路面
		临时道路	要把仓库、加工厂、堆场和施工点贯穿起来
		道路形状	按货运量大小设计双行环行干道或单行道
			道路末端设置回车场
		路面	一般为土路、砂石路、焦渣路
		线路	尽量避免临时道路与铁路、塔轨交叉
			若必须交叉，交叉角宜为直角，至少大于 30°
	临时设施布置	临时房屋 — 总体原则	尽可能利用已建的永久性房屋
			不足时再修建临时房屋
			尽量利用活动房屋
		行政管理用房	设在全工地入口处
		工人生活福利设施	设在工人集中处，或工人出入必经处
		工人宿舍	设在场外，避免低洼潮湿及有烟尘不利于健康的地方
		食堂	布置在生活区，也可视条件设在工地和生活区之间
		临时水电 — 总体原则	尽量利用已有的和提前修建的永久线路
		临时总变电站	设在高压线进入工地处，避免高压线穿过工地
		临时水池、水塔	设在用水中心和地势较高处
		临时水管	过冬时要埋在冰冻线以下或采用保温措施
		排水沟	沿道路布置．纵坡不小于 0.2%
			通过道路处须设涵管
			在山地建设时应该有防洪设施
	设备布置	起重机械布置 — 井架、门架	结合建筑物的平面形状高度、材料、构件的重量布置
			考虑机械的负荷能力和服务范围布置
		塔式起重机	结合建筑物的形状及四周场地情况布置
			起重高度、幅度及起重量满足使用要求
			路基按规定进行设计和建筑
		履带吊、轮胎吊	吊装顺序
			构件重量
			建筑物平面形状及高度
			堆放场的位置
			吊装方法
		一般设备布置 — 道路	应足够宽敞使施工机具能自由移动
		管桥	应足够宽敞以便以后增加管道使用
			多层管桥的各层之间要留有足够的间隙让管道穿过
		重设备	布置在良好道路边沿处并成一直线
			避免一设备直接放在另一设备项上，防止窝工

下面举两个这方面问题的例子：

某电子厂厂房扩建项目，位于原有厂房北侧 3m，新建厂房的基础比原有厂房的基础开挖深了 2m，新建厂房基础施工遇到了对原有厂房的保护问题，经研究最终将整个新建厂房平移 4m 来避免基础施工对原有建筑物的影响。但因调整总平面布置方案造成施工单位等图施工，从而延误工期 25 天。

某集团的鼓风机锭子装配车间扩建项目，需要开挖一个沉淀池，具体情况如下：沉淀池深 16m，直径 16m，东侧 2m 是铁路，西侧 2m 是三层办公楼，北侧 4m 是铁路，南侧 3m 也是铁路，空中 10m 还有管道，开挖地点地面标高以下 2m 处是流沙。由于场地条件的限制，采用沉箱法施工，而在大型设备不能进场的情况下，只有采用人工挖孔，护壁，降水等措施，导致造价很高。

由此可见，传统的设计管理模式，主要是解决计算及绘图错误、设计遗漏、各专业配合失误等设计错误，即所谓的"错、漏、碰、缺"以及涉及设计深度方面的显性问题，尽量避免设计中出现一些可预见性的低级错误，减少由于设计单位失误而造成的设计变更。而大型建设项目一般具有功能复杂、参与单位众多、造价控制难度大、单体施工难度大、海量信息传递难度大等特点。在项目实施的早期阶段，如果不从项目总体目标出发，提前考虑总平面图布置、施工组织设计和主要施工方案，就可能由于先期对施工需求的认识不足而导致窝工、工程返工甚至无法按期竣工等问题，并阻碍先进施工工艺和施工材料的应用。这类问题涉及到优化设计方案、施工方案与设计方案的有机结合、设计人员与施工人员沟通机制等的隐性问题。总而言之，传统的设计管理模式仍停留于解决"不能施工"的问题，而对于"便于施工"并没有提出确切的要求，可施工性研究正好弥补了这一空白。

四、可施工性问题对建筑工程成本的影响

房地产开发建设项目投资额巨大、建设周期长、参与单位众多、技术复杂、施工难度大、项目管理任务艰巨、项目信息处理工作量庞大、工程建设的社会影响深远。传统生产模式由不同的组织承担设计与施工，专业的分工导致设计与施工在组织上和时间上分离，这增加了管理的界面，使得设计与施工信息难以共享，彼此之间缺乏有效的沟通与交流。设计者缺乏施工经验，考虑不到具体的施工方案和施工方法，设计与施工脱节；建造中工期拖延和成本超支的现象是很常见的，其中很大一部分的原因在于设计缺乏可施工性。

可施工性问题对房地产建筑工程的影响主要表现在以下几方面。

1. 成本增加

房地产建筑项目投资规模大、现场情况复杂、露天作业率高，因此对于设计在充分利用资源，合理利用空间和时间方面有着很高的要求。如果设计缺乏可施工性，就会对正常的施工过程造成各种各样的困难和障碍。为了保证项目能够继续进行就需要采取许多代价高昂的施工手段，这些施工手段需要消耗大量额外的资源，导致施工费用大幅度上升。而这些成本是由于业主提供的设计图纸自身存在的可施工性问题造成的，承包商对此不承担责任，由此造成的费用增加将会由索赔的形式转嫁给业主，由此使项目的建

造成本大为增加。

2. 工期拖延

房地产建筑项目建设周期长、技术复杂、施工难度大、施工季节性强，因此项目进度的控制是一个难度很大的复杂的系统工程。假如设计缺乏可施工性，出现某个关键工序无法正常施工，就会对后续的工作产生影响，导致紧后工作无法正常按进度安排开展，致使整个项目的进度被迫拖延。设计可施工性问题在施工过程中被发现，设计中存在的难以施工和无法施工的问题只有通过施工阶段的变更才能解决，由此所需要变更的时间和协调的时间也会拖延工期。

3. 参与各方矛盾增多，协调难度加大

房地产建筑项目参与单位众多，传统模式下业主需要和每个参与单位签订建设合同，每个参与单位仅就自身参与项目的部分对业主负责，业主需要统筹安排各个参与单位的工作，管理和协调难度极大。由于设计和施工的分离，并且设计与施工自身还有可能由多家单位分别参与，可施工性问题一旦产生，参与单位之间责任难以明确，相互推诿，都致力于责任的推托而不是矛盾的解决，协调工作困难重重，解决不好后果十分严重。

五、可施工性设计管理流程

建筑工程设计与可施工性工作流程如图 14.4 所示。

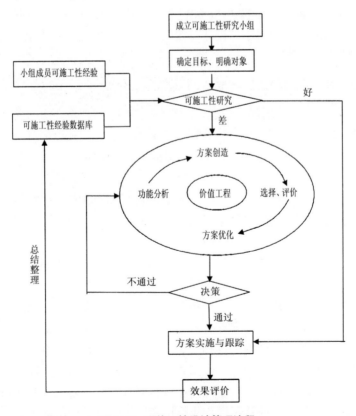

图 14.4　可施工性设计管理流程

六、提高可施工性设计的现实意义

1. 具有降低建筑成本的巨大潜力

可施工性研究可以产生巨大的经济效益。据作者开展的精益建造设计及管理的咨询/顾问服务实例显示，可施工性设计优化可以将建造成本降低 6% ~ 10%，缩短施工作业时间 8.7% ~ 43.3% ；而且从整体收益上来看，投资回报率最高可以达到 20 倍。

2. 能够克服设计和施工严重脱节的问题

一是在传统建造模式下，设计和施工任务分别交由不同的单位负责，设计单位只负责前期设计工作，而且设计单位只对设计缺陷负有责任，判断设计文件是否具有设计缺陷往往是依据设计这一行业的通常做法。对于设计的可施工性问题则不属于其责任范围之内，这就导致了在移交阶段各部门之间的工作交接是"抛砖过墙"式的，如图 14.5 所示，在施工阶段施工单位发现设计中存在许多难以施工的问题，再频繁反馈给设计单位进行变更，这些往往导致施工不便影响工期。在传统的设计管理模式中，虽然设计阶段也会有施工单位的人员参与，但是由于设计人员与施工人员分属于两个完全不同的单位，相互之间有隔阂交流受到障碍，信息沟流不流畅，设计方案不能站在施工单位的角度考虑施工阶段可能遇到的种种需求和实际中会遇到的各种复杂的情况，施工单位又无力直接影响设计单位的设计工作，这无疑都制约了推行可施工性研究的积极性，导致了建筑项目的可施工性差。

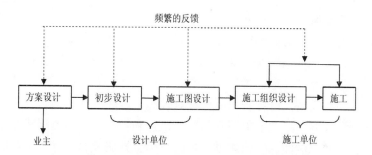

图 14.5　传统建设模式下设计与施工的过程组织模式

二是长期以来业主往往更关注特立独行、风格迥异的设计方案，而对设计方案是否经济合理，施工是否便于操作往往视而不见，导致设计人员只注重设计方案的创新性，强调技术的先进性，而对于设计方案的实用性、经济合理性方面考虑较少，不重视设计中的经济指标和可操作性方面的工作。

设计师为了迎合建设单位"喜高（标准）"、"好大（规模）"的需求，在设计时更多地关心建筑的外观功能、结构安全，往往采取保守设计，增大保险系数，而不是建造的可施工性。导致承包商在按施工图纸进行施工的过程中，会出现"不便施工"或者"不能施工"的问题。究其原因，主要就是因为分工的精细化，导致了设计与施工相分离，设计方和施工方之间的交流受到限制，使得设计方缺乏实际的施工经验并且更多关注工程项目建成后的功能和使用效果，导致设计的不合理，最终影响工程项目的整体效益。所以作者主张把设计和施工过程的紧密结合作为克服施工问题的办法。

3. 有利于建立可建造设计与可施工协同机制

诚然，专业化的细致分工实现了扬长避短，有利于项目参与方集中优势力量提高技术水平，但是设计与施工分离的传统建设模式已逐渐暴露出难以弥补的缺陷——导致了设计与施工的严重分离，分离带来的一个问题就是可施工性问题：设计者的任务是提供图纸和技术说明，指导施工人员施工；施工人员的主要任务是按图施工（按图索骥），将设计者的意图付诸实施。设计与施工脱节严重，势必使设计和施工之间缺乏必要的沟通交流和双向的信息反馈。设计人员不了解施工工艺，各专业设计之间协调性差，设计图纸与施工现场出入大，容易使设计方案实施困难甚至难以施工，从而直接影响施工进度和成本。例如，如果设计要求的设备尺寸巨大，而施工场地狭窄，出入口又受到相邻设施的限制，在结构封顶后进行设备的吊装就会碰到施工工作面受限的问题，会直接影响施工进度和成本；施工人员无法将有价值的、带有前瞻性的建议和方案反馈到设计中，导致设计的可建造性差。另一方面，由于利益机制的制约，设计只讲究技术性而不讲究经济性，设计盲目、保守和浪费现象十分严重。

通过以上分析不难得出结论：设计与施工的分离直接限制了建筑项目的可施工性的应用。因此，采用新的建造模式，实现设计施工一体化，才是解决建筑项目可施工性问题的根本途径。而可施工性着眼于协调设计与施工的关系，清除或减少设计与施工的界面，有利于解决上述问题。

4. 有利于解决设计费用与设计成本控制的矛盾

现行设计费费率偏低和计算方法非常不利于开展可施工性，设计费是以工程中标价作为取费基数，带有比较明显的计划经济色彩，中标价越高，设计费用相应就越高；中标价越低，设计费用相应就越低。工程设计越合理，性价比越高，中标价相应就下降，设计费用相应也会下降；只考虑设计方案的结构规范性、安全性，忽略设计方案的经济合理性，中标价相对要高，设计费用也会相对较高，既然如此，何苦劳心费力，徒劳无功。由于缺乏对设计方案浪费现象明确的判断依据和控制措施，这样势必挫伤设计人员主动进行可施工性的积极性。实施建设项目的可施工性研究，设计人员势必要付出更多的精力，然而，由于付出与收获并不成正比，在利益的驱动下，设计人员必然会抵触可施工性研究。

5. 有利于缩短建设工期、降低工程造价

建筑设计与施工整合成为同一个团队，通过整合资源，单一的权责界面更容易激发全体团员的主观能动性，贡献自己的力量，施工专业的权责在设计阶段就提前输入，有利于在设计阶段及早考虑建设项目的可施工性，同时积极采用新技术、新工艺，并将其纳入设计中，实现设计和施工的深度交叉，这样可以摆脱设计与施工分离的局面，促进设计与施工之间双向沟通，实行边设计边施工的同步工程，大大减少建造过程中的设计变更，能达到快速施工，缩短工期的效果。

6. 有利于设计与施工管理的创新

通过可施工性研究，建立了相对流畅的沟通机制，设计人员与施工人员的技术交流变得相对容易起来，方便解决建筑、结构、水暖、电气、景观各专业设计之间的协调问题，保证各专业的设计符合相关规范和业主的要求，将最新的施工工艺和施工

材料引入项目中也会容易起来，得到整体合理和功能优良的方案，有利于建筑产品的创新。

第二节 建筑可施工性切入点

长期以来，可建造性设计与可施工性问题在很大程度上被当作一个技术问题。实践证明，单纯的技术观点是错误的；先进的技术只有在完善的激励机制和调节手段作用下，才能在可建筑性充分发挥作用。可建造性的实施需要在经济、社会、环境和技术等四个方面综合考虑，这四个方面的一系列切入点，可看作实施可建造性设计与可施工性的四大体系（图 14.6）。

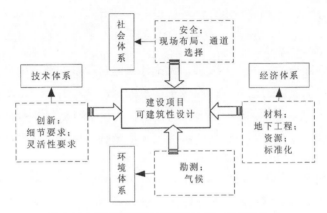

图 14.6 可建筑性设计与可施工性工作的切入点

一、经济体系

1. 材料切入点

设计师在设计过程中，对于施工中运用到的材料应该尽量利用经常使用的材料，或者很容易转换得到的材料，这样对于施工作业来说，能提供极大的便利和经济效果，同时，还要对各个分部分项工程可能使用到的材料、产品作详细的使用计划；为了使需要用到的材料和组件能更合适地被使用，在可能的情况下，可以跟供应商进行详细的沟通，这样能从材料使用上达到较优化的可建筑性。

2. 地下工程切入点

对于地下工程的设计，要慎重考虑，在可能的情况下，同时首先在保证安全和使用要求的情况下，尽量通过设计减少地下工程的工作时间和工作量。这样在保证正常需求条件下降低地下工程量的设计能大大方便将来的施工便利，从而降低工程成本。同时，还要考虑到其与周围建筑物之间的相互影响，例如，地下工程不能破坏其他建筑物基础的稳定，否则，这可能引起巨额的弥补费用开支。

3. 资源切入点

此处的资源主要是指的在建设过程中需要使用到的劳动力、工具、设备和仪器以及水电等。在设计阶段，为了改善项目的可施工性，对于项目建造所需要使用的上述资源应尽可能经济有效率使用，同时采取广泛被使用的工具和设备，尽量使用建设专用性很强的工器具设备，这样可以在减少工人学习其操作方法的时间的同时，降低工程成本。而对于运输、水电资源，从可建造性的角度，则需要考虑项目的地理位置、市场条件以及社会政治环境，在设计中尽量减少特别的或高强度的活动，以减少因此对运输和水电等资源提出的高要求。

4. 标准化切入点

可建造性设计的一个重要的因素就是标准化，标准化是指以可重复的标准尺寸进行工程需要用到的各组件的生产，标准的各组件连接的细节，对各组件进行拼装和使用。标准化与组件的预制结合在一起，最终会促进更好的管理。标准化程度的高低，将决定工程建造的速度，同时，还能减少施工的劳动力数量，能有效地降低工程造价。

二、社会体系

1. 建筑安全切入点

建筑安全是全社会关注的头等大事，无论什么建筑项目的建设活动，安全都是第一要务。设计师在建筑设计的过程中，应该主动意识到已拟定的项目选址的安全问题，以较高的安全性要求设计工作，从而使项目具有较好的社会影响和长期持久的经济效应。应该通过设计促进一个安全的工作环境，尤其是在基础工程和土方工程时要特别注意。

2. 现场布局、通道选择切入点

在现场布局和材料进出通道的选择上，设计师必须考虑的问题有：通道与周围环境之间的相互影响；材料的装卸方便程度以及贮存地点的便利与否；以及到在施工期间对整个项目的各个分部分项工程如何分配材料和组件，尤其是在施工作业繁忙的区域。而且还必须采取合理有效的措施，去避免扬尘、噪音、材料进出通道的中断和其他水电供应中断可能造成的对工程的损毁和干扰。

三、环境体系

1. 勘测切入点

项目建设地点的选择显著地影响到设计的可建造性和可施工性程度。在建设地点选择完毕之后，应进行彻底的周围环境和地质、水文等条件的勘察，可通过现场钻孔测量，附近缆线调查，对附近的建筑物调查等方式获得必要的资料数据，以避免将来在施工展开后而进行变更、改建和工期的延误。

2. 气候切入点

设计过程中，要考虑恶劣天气可能带来的阻碍和破坏，尽可能把需要进行的结构工程、外部饰面的工作时间避免在恶劣天气下进行。在北方主要有沙尘暴、严寒等气候，南方主要有台风、雨季等。

四、技术体系

1. 创新切入点

在建筑设计时，对于创新因素，应该持以整个项目期间持续应用的理念，在各个阶段尽可能应用一些可便于施工和降低成本造价的新技术、新方法；同时，设计中还应允许有承包商为了便于建造而提出的创新方法。

2. 细节要求

简洁明了的细节设计，可能会带来更为简洁方便的建筑施工。在设计中应当协调各类图纸的规格，及时更新各种新信息的增加，并且消除图纸中含糊不清之处，消除图纸中存在的错误和可能导致施工人员产生误解的地方。尽可能对不同分部分项工程的界面、接口进行统一和协调。

3. 灵活性要求

灵活性要求在建筑设计中，在能达到预期目标和结果的情况下，允许承包商选择施工的方式和方法，如模板系统、支撑系统的类型、打桩的方法等等。同时还可以采取一些可以互换的组件，以提供空间变化等不同的情况，如可以左右互换的橱柜等等。

第三节 实施可施工性设计管理，提高建造的可施工性

一、针对可施工性建立矩阵式组织框架

要进行项目管理，组织架构是首先要确定的，这对于可施工性研究来说也不例外。目前，有的学者提出组建可施工性审查小组的方式，对设计的可施工性问题进行审查，从而进行可施工性研究。可施工性审查小组的组织方式类似于工作队式项目组织，其组织形式本身存在较大的缺陷，而且可施工审查小组的单向审查缺少了设计对施工的反馈，不利于设计与施工之间的互动交流，具有局限性。因此，提出建立矩阵式项目组织来做为可施工性研究的组织框架，如表 14.3 所示。

表 14.3 可施工性研究的矩阵式项目组织框架

	项目经理部	工程管理部	质量控制部	安全管理部	采购供应部
总平面设计	●	△	△	△	△
基础设计	●	●	△	△	△
主体结构设计	●	●	△	△	△
装饰装修设计	●	●	△	△	△

注：●为主管领导和主管部门，△为相关领导和部门。

二、改变传统设计、施工作业思维模式

大部分设计人员，尤其是一些资历较老的设计师一开始对可施工性往往都难以接受，更何况是在设计的同时还要保证可施工性，因此一定要先转变设计人员的观念，让他们意识到目前"僧多粥少"设计市场激烈的竞争现状，加强自身职业道德建设，培养设计经济理念以及转变心态，提升服务意识。

施工人员也要摒弃以往设计与我何干的旁观心态，与设计人员及时沟通交流并交换意见，积极为设计方案的优化献谋献策，促进设计和施工的衔接和过渡。鼓励建设项目各参与方之间进行良好的合作与有效的沟通，鼓励设计单位承接所设计工程的监理工作，以便及时接收现场反馈的问题，保证设计意图得以顺利实现；提高业主参与意识，积极

开展以可施工性专家为核心的设计咨询活动，促进设计方案的优化；鼓励承包商提出设计改进建议，以提高项目的可施工性，如果改进措施被采纳，承包商可获得一定比例的收益作为回报。

三、重视设计阶段的可施工性设计

在建筑设计中，重点审查总图方案，分析实现单项设计意图的施工方法，开展价值工程活动，推广应用标准化设计；尽可能多地采用工厂化生产的建筑部件，分析设计项目所需物资的可供性，提高设计对自然环境的适应性；集中组织全方位审查施工图的可施工性等，确保设计具有较高的可施工性。

首先在设计的各子阶段设计过程中可施工性的考虑可以通过如下实现：施工人员在设计人员方案设计过程中就要了解其设计思路和设计进展，并在其设计基础上提出自己的技术建议，一方面为以后初步设计做准备；另一方面可以相互启发，让设计人员在实际进程中就循序渐进的考虑可施工性来完善图纸，减少设计人员返工修改图纸，从而减少日后的时间、人员及资金耗费。

在初步设计过程中，施工人员可以把一些新的施工技术、方法、工艺信息传递给设计人员，使设计图纸在实施中更具时效性，利用先进的技术成果促进项目目标实现，达到项目设计方案的优化。

在初步设计完成后，由施工人员和设计人员进行图纸确认后，进入施工图设计阶段。在施工图设计过程中，由于前阶段施工人员的全程参与会明显加快设计进度，增加设计的合理性，而且在整个设计过程中，两方人员的交流使得施工人员已经熟悉图纸内容，在施工图完成后就省去了在认识图纸、反馈问题、变更等花费的时间，真正做到专业工种搭配进行，消除设计与施工脱离的问题，用过程的优化替代了以往结果的优化。

在施工中，重视并参加设计交底与图纸会审活动，加强对工程变更的管理，建立激励机制，鼓励承包商就设计文件提合理化建议等。

设计阶段开展可施工性研究的基本工作程序可分为七步，如图 14.7 所示。

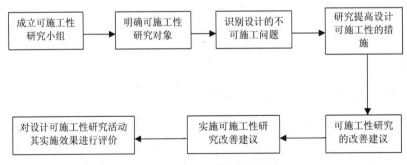

图 14.7　设计阶段可施工性研究流程图

四、发挥设计监理的设计、施工沟通协调作用

在整个工程的建造过程中，施工阶段虽然占据了大量的时间和资金的投入，但可塑性小，项目的造价在设计阶段就大致确定下来了，加强施工阶段的监理工作只能避免

过度浪费、缩短工期，对成本造价节约的贡献并不大；但是设计的影响是全方位的，在设计阶段，虽然时间和资金的投入相对较少，但是不仅对项目的成本、质量、进度有着直接的影响，而且对项目的全过程都有着巨大的影响。我国曾经对514例建筑行业工程事故进行调查并统计分析事故原因，其中由于设计原因导致的事故比例高达40%之多，位居各种因素之首，如表14.4所示。根据美国著名质量管理专家朱兰的理论，大约有80%左右的工程质量问题可以在设计阶段就予以消除。因此可以说，设计工作是决定工程质量的关键环节。

表 14.4　工程质量事故分析表

工程质量事故原因	设计原因	施工责任	材料原因	使用责任	其他
所占百分比（%）	40.1	29.3	14.5	9.0	7.1

可施工性研究促进了设计与施工的结合，打破了设计与分离的局面，在工程的建设过程中实现了设计与施工的有机结合，将施工经验输入到设计中去，施工人员参与项目的时间提前到设计阶段。那么我就想为什么不能将监理机制也引入到设计阶段？

优化设计工作的推行，仅靠设计单位自纠自查已经不能满足社会发展的要求，设计监理己成为业主所需，形势所迫，通过设计监理可打破设计单位自查自纠的单一局面。在施工阶段有监理公司监理，而在设计阶段本该发挥监理作用的审图公司却只审核建筑物的结构、消防等方面是否符合国家强制性条例，而对于"肥梁、胖柱、密筋、厚板、深基础"等过于保守的设计却视而不见，只要设计成果高于国家标准就算审核通过并盖章出图了，至于成本多少、造价多少，浪费多少，方案容易施工与否，就与审核人无关了。因此，作者建议在设计阶段引入设计监理机制，打破设计单位自查自纠的单一局面，真正发挥监理单位监督建设全周期的作用。

设计监理是在接受业主的委托和授权后，为了实现对设计成果的质量、安全、进度和投资的有效控制，力求达到设计工作的最优目标，对设计工作进行全方位、全过程的跟踪服务、全程监理，包括设计的目标设制，组织协调，动态控制等一系列活动。例如对结构选型，抗震参数的设定，各专业设计工种的衔接情况，主要设备、材料的清单，施工工艺的科学性和先进性，方案实施的难度系数，设计概算的经济性等方面进行全面的、深入的审核，发现问题，立即提出问题，与设计人员密切配合，完善和优化设计方案。

设计监理的核心内容是在设计的过程中，从设计质量、安全、进度、投资四个方面进行有效控制。在设计的过程中，设计监理要全程进行跟踪服务，从开始时进行技术磋商，设计过程中跟踪审查，阶段性审查和设计成果的最终审查。审查的内容主要包括以下几个方面：

(1) 方案比选与优选；

(2) 造价与投资；

(3) 检查与控制设计进度；

(4) 规范合理性，结构的合理性，结构的安全可靠度等。

设计成果应先经过设计单位内部自己审核，经过设计监理跟踪审查以及最后全面审查签字后，最后交由业主审查签字。以一般规模的设计项目为例，设计工作可分为初步设计与施工图设计，设计监理的工作流程图如图 14.8 所示。

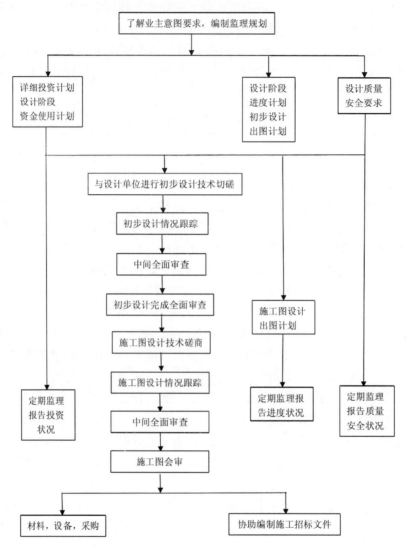

图 14.8　设计监理工作流程图

五、建立"可施工性数据库"

可施工性研究人员每承揽一个项目，从前期的资料收集、整理、分析，到后期研究报告的撰写几乎都是从头开始，从零做起，完全没有利用到过去可施工性研究取得的成果，花费了大量不必要的时间和精力，造成资源的浪费。依据欧美国家的调查报告：在传统的建设模式下，设计人员往往要花费多达 35% 的时间用来查阅图纸资料和沟通交流上；施工人员每天大约有 50% 的时间花费在查询相关的资料和交流协调上，浪费了大量的时间，降低了工作效率，不利于工程按时竣工。而我国的工程数量众多堪称世界之最，累积了不计其数的图纸，快速归档、整理、分类、检索已成为亟需解决的问题；

灵活地管理技术文档，共享设计施工信息资源，快速、精准地协同设计与施工的工作已成为提高工作效率的当务之急。可施工性数据库的建立，把以往成熟的可施工性研究成果输入数据库，经过整理和汇总，把无序的知识系统化管理，使研究成果升华为"可再利用资源"，不仅可以实现知识共享和再利用，还可以提高研究效率。

六、改革设计制度，建立设计成果评价体系

目前，设计费是以设计概算为取费基础，这就导致了设计概算越大，设计费就越高，这就导致了设计人员在设计的过程中经济观念淡薄，往往会设计保守，增大设计概算，来加大自己的设计收入。因此，需要改善原有的设计收费机制，大力提倡可施工性，切实做到将技术与经济有机结合起来，把可施工性的观念渗透到各项专业设计、每个设计细节中去，力求实现技术先进与经济合理的完美统一，把设计成果的可施工性与设计费率挂钩。然而与建筑施工不同，设计单位的服务存在其自身的特殊性。由于存在信息的不对等性，设计人员是否努力，设计成果质量的优劣、水准的高低以及可施工性的好坏，很难使用指标进行量化评价。

可以综合考虑设计方案的建筑空间布局、安全性、耐久性、建筑造型、功能分布、交通便捷度、通风、采光、构件的标准化程度、施工工艺的复杂程度、对周围建筑的影响等方面的因素，构建评价指标体系，并根据评价得分来确定设计费的费率。评价得分越高，设计费率就越高，评价得分越低，设计费率就越低。

贯彻可施工性的理念，建立完善的设计方案评价体系，才能鼓励设计人员不断提高技能、优化设计、提高可施工性和降低工程造价，控制投资成本起到"四两拨千斤"的效果。只有这样，才能取得较好的投资效益和社会效益，才能为国家、为社会的资源利用及投资工程方案创新做出更大的贡献。

试行对因设计而节约成本造价，按设计优化节约部分给予提成奖励，设计人员必须把技术与经济统一起来，明确"笔下一条线，投资千千万"的造价控制责任，由"画了算"变为"算着画"。建立合理的奖罚激励机制，对降低工程造价，增加设计可施工性的设计人员应给予相应的奖励，对于由于设计人员自身原因导致设计变更的应扣除一定的设计费，将设计费用与设计质量挂钩将有利于激励设计人员精益求精地进行设计，把控制工程造价、便于施工的理念贯穿到设计工作的每一细节之中，目前一些地区的住宅设计市场中，已经有越来越多的开发商将每平方米的用钢量写进设计合同，超出部分要扣除一定的设计费；反之，则给予奖励。这些规定，对于目前设计费普遍偏低的设计市场来说，无疑对设计人员产生很有效的激励作用。

第四节　可施工性设计应用案例分析

上海中心大厦的建筑造型为盘旋上升的形态，如图 14.9 所示，与金茂大厦经典隽永的塔形和环球金融中心简洁明快的立体造型形成鲜明对比。建成后的上海中心大厦与金茂大厦、环球金融中心共同构成一个品字型的超高层摩天大楼组群，以其独一无二的形态屹立于黄浦江畔，环球比金茂高 70m，上海中心大厦比环球高 140m，三者之间的

高度差形成的数列关系构成了一条平缓上升的弧线，那么从远处看呢，有更好的一个城市天际线出现，不仅产生了视觉上的和谐效果，集中体现了城市发展的高度和速度，同时也象征着不断进步，追求卓越的精神。

图 14.9　上海中心大厦

一、工程概况

　　上海中心大厦位于上海市浦东新区陆家嘴金融中心，是目前已建的中国第一高楼，也是浦东新区规划的一栋超高层建筑。由美国 Gensler 公司、同济大学建筑设计研究院负责设计，上海中心大厦建设发展有限公司总承包建设，总层高 632m，项目总占地面积 30368m²，地下可容许建筑面积 380000m²，总建筑面积 573223m²，地下部分共 5 层，地上部分包括 124 层塔楼和 7 层东西裙房，共约 17 万 m²。这是工程师们关于垂直城市的大胆想象。但打造这座未来之塔，将面对最复杂的施工环境和人们最挑剔的目光。

　　上海中心大厦最初的方案设计、初步设计到施工图设计以及装饰设计工作从 2008 年 6 月一直持续到 2011 年 5 月份，而自从 2008 年 11 月 29 日就开始动土施工，将施工的经验融入到了设计中去，促使了设计施工的一体化。

二、工程难题及解决方案

　　（1）上海中心大厦是国内在建的最高建筑物之一，结构荷载大，并且所处场地属于软土地基，场地 280m 深度范围内为松软土壤，主要由黏性土、粉性土、砂土组成，含水量极高，就像豆腐一样，重物压下，会产生较大的变形乃至倒塌。要在这样的地基上建造上海第一高楼，足以让设计师和工程师们噩梦连连，如果说不采取一些合理的施工方法，造成的后果是无法弥补的：地面管线可能会破裂，还有可能造成路面不均匀沉降和周围建筑物的沉降，周边的楼倒掉，后果是无法弥补的。

　　解决方法是在土壤中打入坚固的可以与土壤产生摩擦力承载建筑重量的基桩，然后浇筑结实的可以分摊建筑压力的钢筋混凝土底板，再在上面建造大楼便可以稳如泰山。

　　到底要选择什么样的基础方案才能承载这个预估重量达到 80 万 t，接近 70 个埃菲尔铁塔重量的庞然大物呢？紧邻本工程的两幢超过400m的超高层建筑金茂大厦、环球金融中心皆采用钢管桩。但是钢管桩在施工过程中噪音污染以及挤土效应等问题十分突出，且钢管桩的造价相对较高，最后采用性价比较高的桩端后注浆灌注桩技术，如图14.10所示，在桩里面预先埋设3根注浆管，待混凝土基桩半干以后，通过注浆管进入高压注浆，浆液可以从侧面挤出孔底的沉渣，填充基桩的缝隙，让承载力大大提高，同样的桩，它的承载力可以达到31000kN，达到设计要求的3倍，最后，工程师打了955根长达86m的基桩，而后浇筑6万m³混凝土进行加固，形成一个6m厚的基础底板承担起了主楼80万吨的重量，保证大厦的安全。

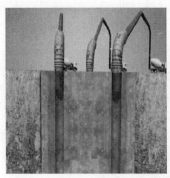

图14.10　桩端后注浆灌注桩

（2）随着建设高度的不断提升，建筑工人们时刻面临着高空作业的危险，这个高度，最终将提升到600m以上，仅仅往下看一眼就足以让人头晕目眩，更不用说在这种环境下工作，掉下来一个小的螺丝，如果砸到底下的人的话那都会致命的。上海的恶劣天气举世闻名，大风、雨雾甚到台风天气则让工人的境况更是雪上加霜，怎样才能确保在施工中万无一失呢？解决所有这些难题的是搭建在核心筒顶部的超级工具——上海中心大厦的钢平台（图14.11），钢平台边缘有两米高的围护栏，将施工空间完全封闭起来，恐高症不再是问题，可以这么说，钢平台不管谁走上来，都如履平地，上百吨的钢筋在夜晚被吊运到钢平台的顶部，堆放在工人触手可及的地方，当然也不用担心有坠物从楼顶落下，危胁施工工人的安全。

图14.11　上海中心大厦施工平台

（3）随着全球气候升温和温室效应问题的日益严重，广泛使用在摩天大楼中的玻璃幕墙因为巨大的热损失，为人们所诟病。解决方法是采用双层玻璃幕墙（图 14.12），两层玻璃幕墙间十多层才做一次隔断，形成一个高挑通透的中庭空间，并将恶劣的天气，隔离在中庭之外，缓解了这种困境，就像热水瓶一样，双层玻璃幕墙之间的空腔能形成一个温度缓冲区，避免室内直接和外界进行热量交换，起到冬暖夏凉的作用，使采暖和制冷的能耗比单层幕墙降低了 50% 左右，设计师继续尝试，减少幕墙表面积的消耗，将最初两个立方体之间的旋转修改为内圆外方，又调整为内圆外三角，并将尖角改为圆弧状，以减少风压的影响，同时希望以圆润的角度能柔和地包容硬朗的金茂和环球，而最终玻璃的消耗仅仅增加 18%，价格就降了下来，据 Gensler 估计，上海塔在提高能效方面采用的革新技术每年可节省 250 万美元，约合 1700 万元人民币。

图 14.12 上海中心大厦双层玻璃幕墙

（4）上海中心大厦主体结构中心是九宫格式的混凝土核心筒，外部用 8 根巨柱 4 根角柱支撑，双层玻璃幕墙的外幕墙则直接悬挂在钢结构上，让整个建筑变得非常柔和轻盈，但是所有钢结构构件的安装可不是一件轻松的工作。上海中心大厦的钢结构构件具有以下两个结构特点：一是形状怪异，大小不一；二是钢构件板厚特别厚。工程师为了保证这些钢构件运到施工场地后还能严丝合缝地对上，所以要进行预拼装，但仅仅是一个分区的桁架的钢构件就有 3000 多 t，直径达到 60m，高 30m，如果将这些构件全部进行实体预拼装的话，那么它至少耗时一个多月，这样的代价太过巨大。

解决方法是采用 BIM 系统，如图 14.13 所示，将设计、施工、设备、材料等所有的信息用计算机平台进行整合，让不同的团队可以共同工作，就如同所有不同的演员可以到这个平台上演好自己的角色，大家就能知道在什么位置该做什么，怎么样和其他团队协同合作，最终所有信息形成一个非常直观的三维模型，不仅包括整个大楼建成后的模样，也可以细化到一面墙，一个构件，甚至一根管线的安装位置都可以细化出来。这是以往的平面图纸完全无法表现的，这样复杂的空间关系，我们的人脑是根本无法想象出来的，那么我们通过 BIM 模型的话，可以很直观地看到这些东西，就能及时的发现问题、解决问题。这样的话设计师那些天马行空的想法可以在 BIM 系统上就得到检验和调整，不用担心脱离施工的实际情况而变得面目全非，而且在工厂里的那些巨大的钢构件完全可以通过全站仪进行实测后将数据输入到 BIM 系统上，完成预拼装，大大缩短了工期。

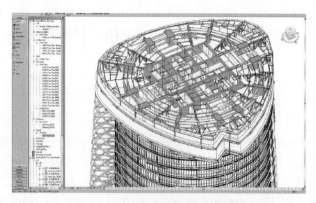

图 14.13　上海中心大厦 BIM 模型

从上我们不难看出，上海中心大厦使用了设计与施工相结合的建设模式，解决了一项项建设过程中的可施工性问题。

第15章　建筑设计与成本造价控制互动协同管理

在以往的建筑工程前期阶段的成本控制管理中，一般只依据方案设计图纸进行简单的成本估算，较少系统地从设计管理与成本控制两方面互动地进行研究。因此，本章从房地产开发前期阶段的建筑设计与成本控制的互动关系为研究讨论目标，运用价值工程、目标成本限额设计，从建筑设计的设计流程、控制评价点与成本控制互动的角度来研究讨论设计的优化和成本造价的控制问题，建立两者互动控制的机制。同时根据房地产企业项目开发的现状，指导建立相应的建筑设计和成本控制的协同组织体制，以有效地控制开发成本 - 效益目标，获得最大限度的投资回报，实现企业的经济效益和社会效益、生态效益。

"开发商出钱，设计师用图纸制定出花钱计划，施工单位按设计师的计划把开发商的钱花掉。"很多人会这样理解开发商、设计单位和施工单位之间的关系。而事实上，在一般情况下，设计师对经营、成本、使用等方面的理解肯定是有局限的。

在房地产开发项目设计过程中，设计和造价是一对矛盾的对立统一体，设计的目标和操作主体与成本造价的目标和操作主体之间在建筑业的行业细分上具有一定的距离，无论从专业目标上还是从工作目标上都需要以企业的战略目标为导向，设计要以成本造价为约束条件，造价要以达到产品设计目标为控制准则，以定位产品的目标成本为造价控制的依据进行规划建筑设计的约束条件和优化依据，提高产品的性价比，使设计和造价相辅相成地实现房地产项目开发的产品目标。作为开发商一方面要充分调动设计师的积极性，深挖设计潜力；另一方面则必须从经营和管理的角度去深入思考技术问题，使项目资源得到最大限度的利用和整合。

第一节　我国建筑设计与成本控制互动存在的
问题与协同控制的必要性

一、我国房地产建筑设计与成本控制互动存在的问题

1. 技术与经济结合不够

长期以来，在房地产开发领域，建筑设计与成本造价控制联系不够紧密是一种普遍现象。一提到设计，大家必然想到那是设计人员的职责；一提到成本造价控制，想当然地认为那是概预算人员的工作。在实际工作中，一般都是设计人员根据设计委托书进行现场调查，选择方案，进行设计。不同的设计阶段向概预算人员提供不同的编制条件，以进行工程估价或预算；而概预算人员对项目概况、现场情况了解很少，无法将各种影响因素考虑全面，这就为成本造价突破控制留下隐患。所以工作中既要克服片面强调节

约、忽视技术合理，又要反对重技术、轻经济、设计保守浪费的现象。设计人员和经济人员应密切配合，从项目的源头参与，做好多方案的技术经济比较，在降低和控制项目投资上下工大。经济人员应该在设计过程中及时对项目投资进行分析对比，反馈造价信息，能动地影响设计，使设计方案在满足建造要求的前提下，功能完备，设备选型更加合理，以节约成本造价。

2. 设计中对成本造价控制认识不足

设计人员在建筑设计中一般都比较注重设计产品形式美观、安全保险、技术先进，强调设计的取费，而对建筑设计的经济性不够重视，不抓设计中的经济指标和成本控制工作。我国工程设计单位和设计人员普遍存在重技术轻经济、设计保守浪费，只求安全保险，不问造价高低。更有甚者认为，造价越高设计费越高，因此追求高造价。安全的设计准则使得部分设计人员经济观念淡薄，通常认为技术上可行，安全上可靠，就算完成设计任务。由于从经济的角度考虑不足，施工图设计深度不够，"肥梁、胖柱、密筋、厚板、深基础"等多有发生，长此以往，势必会造成建设资金的浪费。比如，某房建工程，原设计为地上九层、地下一层地下室的单身公寓大厦，建筑面积为 10256m²，基底面积约 1200m²，框架 - 剪力墙结构，人工挖孔桩基础，满堂红基础，基础底板厚度 500mm，地下室梁不但肥胖而且超筋，后经其他设计人员核算修改为：基础地梁原 300mm×2000mm 改为 400mm×1000mm，原 700mm×1000mm 改为600mm×1000mm；原配筋上下均多于 8φ25 改为只配 φ25；地下室顶板梁 800×1000改为 600mm×850mm，1000mm×1 000mm 改为 600mm×850mm，400mm×900mm 改为 400mm×800mm，500mm×900mm 改为 500mm×800mm，原配筋均多于 8φ25 改为只配 8φ25；并且建筑总层数增加两层，基础、桩身、各层柱仍然都能满足要求。又如，某办公楼工程，设计为五层框架结构，柱网尺寸为 6000×6000，实际设计的基础形式是人工挖孔钢筋混凝土桩，后经审核改为柱下独立基础就满足了要求，大大的节约了成本。由此可见，设计保守造成的浪费可想而知。

3. 设计与成本造价控制环节脱节

目前基本建设项目投资管理都采取分段式的管理方法，与之相适应的估算、预算和结算也是分段编制的。设计单位一般负责初步设计 (扩大初步设计) 概算和施工图预算，有的也编制估算，但结算一般都不参与，造成设计与成本控制的脱节。

设计单位和设计人员的设计创新，被社会认可的只是技术上的创新 (如建筑造型和技术功能)，而设计成本优化的创新却得不到应有的关注和认同。设计人员在降低成本上深挖潜力的优化设计成果得不到表扬和奖励，反而要承担责任风险。这样一来势必挫伤了设计人员优化设计的积极性，造成设计单位和设计人员只求安全保险、不问成本造价高低。导致了项目设计的"肥梁、胖柱、深基础、超筋、大截面"和任意提高含钢量和混凝土强度等级，抬高工程造价的现象。例如，某一商业大楼工程项目的设计招标，只重视了建筑造型和技术功能，而没有对方案进行技术经济分析，对方案进行优化选择，其结果导致此工程项目的各项经济指标大大高出同类项目，成本造价高出 300 元 /m² 左右，钢筋含量高出近 30kg/m²。又如某大楼 15 层，总面积约 26000m²，标准层平面布置基本为 98m×19m 的矩形。建筑设计为了效果在南侧的 7 ~ 13 层挖去了 32.8 m×

8.1 m 的楼板，14 ~ 15 层楼面和屋面板在该处又基本恢复成标准层平面。为了达到立面效果，在南侧 7 ~ 13 层挖去楼板不设柱子，即 7 层与 14 层的四根柱子不能连通。结构设计采用了跨度为 49.2 m 的钢桁架，以上二层和尾面采用钢结构梁柱，使用约 180t 的 Q 345-BF 钢材 (未包括钢骨梁和钢骨柱的钢筋)；施工中钢骨柱和钢骨梁中的钢筋穿越钢梁的梁柱节点时非常麻烦，使用了约 7 吨的结点板，不但造价高，而且影响工程进度。

二、我国建筑设计阶段造价控制的缺失和造价控制的错位

长期以来，我国房地产企业普遍忽视项目建设前期阶段的成本控制，工程成本的控制仅仅局限在施工图设计完成以后的预算和施工完工的竣工结算的审查上，绝大多数房地产开发企业至今依然没有在项目前期阶段建立建筑设计和成本控制的有效协同机制，使得成本控制在前期阶段建筑设计过程中形成缺失的局面。这种模式下，影响成本的因素绝大多数已经形成，即使进行传统意义上的成本控制，也仅仅相当于事后的控制，在施工过程中虽然有一定的效果，但属于亡羊补牢，收效甚微。

同时，中国建筑项目中最为通用的传统的管理模式是设计→招标→建造模式 (Design Biding Building)，这一模式最大特点就的是把供应链上不同职能环节分割开来，实质上是由基于一系列划分为不同职能范围的合同所组成的。这种做法把他方视为对手，大量时间、精力用在研究他方的合同条款上，并尽量强化自身的谈判能力；或者把自己聚焦在一个狭窄的市场位置上，项目各方都在找寻短期利益，并关心消耗他方的资源，出现问题主要通过合同风险转移和法律诉讼加以解决，缺少预测问题和解决争论的机制和方法。

1. 房地产开发过程中建筑设计阶段的成本造价缺失

这是成本缺失的主要原因。长期以来建设行业普遍忽视工程建设前期决策和设计阶段的造价管理与控制，工程造价的确定与控制仅仅局限在施工图预算和竣工结算的审查上。这样的操作模式下，影响造价的因素绝大多数已经形成，相当于事后的控制，在施工过程中也有一定的效果，但属于亡羊补牢，收效甚微。随着我国市场经济体制的确立，项目投资与工程建设市场的规范化，从推行 "项目法人责任制"、"工程招投标制"、"工程监理制"、"合同制" 等制度到贯彻实施 "建筑法"、"合同法"、"招投标法"、"建设工程施工发包与承包管理办法" 等法律法规，促进了建设领域的规范化和法制化，投资行为主体的转移和投资主体多元化的形成，竞争性建设项目的初步设计及概算的审批由过去的政府审批转变为企业自主决定，决策也转变为政府宏观调控下的企业自主决策，计价方式正逐步采用国际惯例工程量清单的计价方式。工程造价管理工作随着市场经济的建立和发展，传统的造价管理格局和方法已经发生了根本性的变化。虽然如此，很多企业至今依然没有建立决策和规划设计阶段的控制机制，使得造价控制在规划建筑设计阶段形成缺失的局面。主要表现在以下几个方面：

（1）开发商对设计阶段控制体系的不完善是造价缺失的主要原因，对设计阶段关乎造价全局控制的认识不足。从方案设计任务书的编制到施工图的完成是一系列不断深化和清晰的系统工程，需要多方专业人员的参与，获得工程施工前的造价确定。多数开发单位一旦通过可行性研究，没有完善的设计控制的组织措施，专业控制人员不齐备，没有将内部专业人员、聘请的中介机构和设计单位置于同一个管理体系内开展工作，完全

依靠设计单位进行规划和单体建筑设计，过分依赖设计单位，使得投资方形成了该阶段造价控制的缺失。投资方控制组织工作的缺失主要反映在以下方面：由产品定位确定的目标到方案的确定和深化；初步设计阶段的技术评估和优化；施工图出图前开发方组织的会审工作。

（2）设计单位对造价控制不担负责任。开发单位选择设计单位进行规划建筑设计，而有关的法律、法规要求设计单位对设计成果的质量负责，而对于造价控制基本上没有提及。即使在《建设工程设计合同》示范文本中，也没有提到控制造价的条款，反而有"在提交最后一部分施工图的同时结清全部设计费，不留尾款"的规定，导致设计单位只管在满足开发单位要求功能的前提下进行设计，而不涉及造价问题，很多的设计单位不具有工程造价咨询资质，即使有资质，也是单独的经营业务，形成对设计中的造价控制不担负任何责任。设计单位提供的设计概算是设计人员先设计，造价人员后计算，技术和经济脱节，工程造价难以控制和约束设计，造价控制失去了意义，设计单位不可能重新设计，即使开发单位要求限额设计，但往往成为一句空话。

2. 设计单位集成度低，且对成本造价控制责任的缺失

（1）设计单位集成度低，整合管理能力差。目前我国的大部分建筑设计院都下设多个综合设计所，各自独立承担任务，综合优势不明显，集成度较低，设计人员基本不具备成本、造价、施工等方面的知识，不同专业缺少协作，同专业间缺少合作，不注重信息的搜集和整理，对新材料、新技术、新工艺、新产品掌握不够，降低投资效益。

（2）设计人员普遍存在"重技术、轻造价，重安全、轻成本"的不正确认识。在设计单位内部技术与经济分离。工程建筑、结构、水电设计是设计人员的事，而造价则是预算人员的事情，工程成本难以控制和约束设计，成本控制失去了意义，即使开发企业要求限额设计，但往往成为一句空话。这样往往使施工图设计过于保守，"肥梁、胖柱、密筋、厚板、深（大）基础"的现象极为普遍，从而造成建筑工程的浪费。据统计，我国普通高层建筑每平方米用钢量 150kg，有的甚至超过 180kg，而国外公司设计的 88 层的上海金茂大厦用钢量仅 127kg / m^2。

3. 房地产开发过程中各阶段的造价控制错位

从以上的分析中我们知道造价控制的最有效阶段为决策和设计阶段。但我国多数房地产开发企业一旦通过象征意义上的可行性研究，在没有系统的成本控制理念和组织结构的状态下匆忙开始建筑设计，完全依靠设计单位进行规划和单体建筑设计，过分依赖设计单位，使得开发商在前期阶段成本控制的缺失，丧失了对项目成本控制的最为关键的阶段。

自从我国建设项目造价管理界在 20 世纪 80 年代中期提出全过程造价管理的思想以来，1988 年国家计委发布的《关于控制建设工程造价的若干规定》中已提出了"为了有效地控制工程造价，必须建立健全投资主管单位、建设、设计、施工等各有关单位的全过程造价控制责任制"的观点。之后，在高校造价课程设置、造价师执业资格考试、陆续发行的造价专业书籍中无不以全过程造价控制思想为理论依托，明确了全过程造价控制的最重要的阶段为决策和建筑设计阶段，而绝大多数的建设开发过程中，恰恰是将造价控制的最重要阶段放在了施工阶段，形成和决策、规划建筑设计阶段的控制错位和

不均衡。

在建设实践中，投资控制工作依然局限在项目的施工阶段，内容以按图计取造价和造价审核为主，而且很多业主认为造价控制可通过聘请一家造价咨询公司来控制即可，在很多情况下，对咨询公司的工作范围和任务的界定往往也描述不准确，极少涉及到设计阶段的造价控制，甚至直到施工图纸出图后才聘请造价咨询公司，建设单位对投资控制范围的界定、内容的把握和性质的理解缺乏足够的重视；在政府和行业颁布的文件中，虽然有的文件将投资控制的时间范围扩大到了全过程，但并没有详细和严格的规定，重点是集中在施工阶段，对项目决策尤其是设计阶段没有给予足够的重视。因此，形成了决策和建筑设计阶段造价控制的缺失，并与施工阶段的造价控制之间形成错位的局面，使得设计阶段失去了经济约束，最终为决策估算的不可控制打开了绿灯，造价的"三超"不可避免。

4. 设计目标成本造价限额约束的缺失

开发商选择设计单位进行建筑设计时，通常的做法是将项目委托给一家"信得过"的设计单位。设计合同一般只是规定了设计进度、设计收费标准、设计范围、设计质量、工程技术要求等因素，却很少或几乎不对设计单位进行"造价成本约束"。加之当前设计单位普遍"经济观念淡薄"，往往使得此阶段成本控制失效。这是因为对于项目的结构形式、装修标准、材料设备选型等关键问题，设计单位只考虑"技术上可行，质量上可靠，安全上保险"，而很少考虑建造成本。毕竟，如果设计不安全，设计人员要负重大责任，而造价的多少则与设计单位的收入无关，在项目的可靠性、安全性、使用性方面过分谨慎，任意加大安全系数，设计保守，造成投资增加、资金损失。

5. 政府部门对成本造价控制制度的缺失

我国于 1988 年开始推行监理制度，1992 年《关于发布工程建设监理费有关部门规定的通知》规定了设计监理收费的标准，1995 年《工程建设监理规定》中也有关于设计监理的相关条款，但在 1998 年颁布的《建筑法》中关于建设监理条款中的监督范围描述却没有涉及设计监理，将设计监理排除在外，在此后依据《建筑法》制定的《建筑工程监理范围和规模标准规定》、《建筑工程质量管理规定》、《工程监理企业资质管理规定》等建筑法规和行业规定都未对设计监理有所规定，建设监理形成了特指施工阶段由投资方委托第三方进行的项目管理。这样，由于制度的缺失，造成了建筑设计与成本控制的脱节，造成了成本造价失控。

三、案例：项目开发决策、建筑设计与成本造价控制的错位

1. 项目简介

该项目位于南京市某开发区，被作为当地引资的一项重点项目，包括一期一座 1000 床位的三甲医院，二期为老年健康居住项目。总占地规模达到 467 亩。项目距离区政府所在镇尚有约 5km，周边除在建的一所大学分校、一汽车装配厂外，散落着一些零星的开发项目，目前尚为形成居住、商业、产业等成熟区域结构。医院项目定位为以眼科、耳鼻喉科、心血管科等特色科室为中心的综合性三级甲等医院，医疗服务范围辐射长三角和东南沿海区域。方案设计为 15 万 m^2，初步设计阶段调整为 12 万 m^2，决策

投资估计 3 亿元。

2. 项目决策阶段

项目决策阶段，规划建设部门设计和造价人员尚不齐备，主要依托设计院和医疗人员作为专业人员参与。没有能够真正参与决策的医疗建筑专家，项目的目标是建设成为当地高档的、一流的医疗建筑设施，在硬件上发挥民营企业审核投资决策的优势，保持建成后一定阶段的优势地位。形成的方案招标设计任务书没有经过医疗、建筑等方专家的审核和评估，此前考察的多所医院也很少从规模上分析。最终形成 1000 床位，建筑面积为 15 万多 m²，造价估算为 3 亿元人民币，医院门诊、急诊、医技和住院部在一栋单体内的集中式建筑设计任务书。

3. 建筑规划设计阶段

在设计方案招标阶段，方案采用美国的一家设计公司的中标方案，方案设计为两栋临近的塔楼，由裙房连接在一起，塔楼部分为住院部，裙房部分为门、急诊部和医技部，地上 15 层，地下 1 层，15 万多 m²，平均每床位 150m²。中标方案没有经过相关专家的严格评估和论证，没有进行方案的深化设计调整，也没有对决策估价进行方案估价修正，而是为赶进度由国内一家设计院开始先行桩基础的设计，随即进行了桩基础施工。

初步设计由南京一家设计单设计，该阶段没有聘请相关医疗专业咨询机构和造价机构的参与，只是由一名曾作过外科大夫的医生参与设计配合，开始初步设计时，原方案基本未作专业和造价方面的功能性调整和优化。待桩基础已经完成施工时，总部工程总监易人，新的总监通过咨询，发现每床位平均 150m² 的医院远远超出了国内甚至国外同级医院的床均面积水平，考虑到施工现状和在当地的影响，已不可能重新方案设计，只好暂终止初步设计进行方案调整，两栋塔楼由 15 层调整为 12 层，地下室设为 2 层，裙楼根据桩基础的布局局部缩小，总规模缩小 3 万 m²，医院建筑面积调整为 12 万多 m²，床均面积为 120m²。改动造成基础桩废桩一百多颗，设计调整增加费用 100 万元，重新进行初步设计，此时估计总造价为 2.8 亿元。

施工图设计与初步设计为同一家设计院，在初步设计阶段对基础、主体的结构选型、暖通、机电系统的评估选择等未做任何审核和优化工作，设计院初步设计一完成即开始施工图设计。这样做的结果，不但失去了建筑功能性、技术性的论证优化，而且为造价的不可控制埋下了伏笔。

因在当地可以将基础地下室部分和地上主体部分分别进行施工报批，基础底板施工图先行设计出图，在初步设计完成时，基础底板施工图已经出图，垫层和防水已完成施工，此时发现底板厚度 650 mm 过厚，只好停工等待底板优化到 550mm 厚，取消预应力钢铰线后再继续施工。

因基础工程已经开始施工，施工图设计尚未完成，和总承包单位未签订总承包合同，根据进度需要，施工一部分即签订一部分的协议，总包单位不敢过多投入，进度缓慢，业主方只好通过向当地招标部门申请，获得以初步设计图进行土建部分总包招标的许可。总包以初步设计图纸为依据，工程量不准确，部分量为估计量，漏项多，实际上只形成了单价总包合同，造成了具有 1.1 亿元（总包合同价）土建总包工程的不确定性。

施工图出图后，未进行图纸的业主方审核工作，即准备水、电、通风空调等机电工程的发包准备工作，在业主方根据施工图测算机电部分造价后，发现通风空调、电气部分的造价过高，经过专家会审评估，发现两者系统设计存在重大缺陷，而且使用建材多为高档材料，需要重新调整。此时，地下室工程已基本完毕，地上工程需要大量的机电工程预留预埋施工，只好根据现图纸预留预埋，待安装工程施工时再进行剔凿。通过对机电工程的专家论证评估，需要颠覆性地进行图纸调整，机电招标工作滞后几个月后，因新施工图纸还未修改出图，只好以老图纸先行招标。因此，估价8000万元的机电工程也充满了不确定性。

裙房施工至地上两层时，因专家评估认为在尚未成熟的区域内一次性建成一千床位的医院，医疗水平等软件跟不上，会形成大量的资产积压，原预计的回收期不太乐观。于是决定缩小规模，鉴于已经施工到地上二层，无法再缩减面积，确定只装修一栋塔楼，待医院收益水平达到一定规模后再行装修另一栋塔楼。

根据工程的进展情况和图纸的陆续出图，原方案阶段估计的总造价2.9亿元已远远包容不住实际总造价的预计，目前包括土地费、前期和土建总包费用，合同价已达1.8亿多元，尚有机电工程、弱电智能工程、内外装修工程、医技建筑配套工程、室外工程等合同未签订，根据新的造价预算和估算，工程总造价预计在3.5亿元左右，超出估算约6000万元。

从该实际工程的实施程序看，决策、设计、施工的各个阶段，几乎违背了建设项目的所有基本程序和操作方法，虽然一些问题在设计阶段已经发现，但执行步骤已经前后混乱，是问题发现后的补救措施，很多问题在边施工边修改的状况下已无法补救，只能留待以后解决，形成事实上的"三边工程"，给投资预设了巨大的不确定性。

四、房地产建筑协同设计的概念

协同设计是一个协同工作的过程，即各设计专家共同合作，人机结合的设计过程；是一个通信处理过程，通信语言机制和规则有利于整个设计过程的通信监控；是一个知识共享和集成的过程，共享数据、信息和知识、经验，能相互传递对设计背景与目标的理解，能将共享的知识与信息集成而产生新的观点和方案；是一个管理过程，强调协同设计中的管理任务。

协同设计通过协同性提高任务完成效率；通过资源共享（信息、专家知识、手段与设备等）扩展完成任务的范围；通过任务的优化分配增加任务完成的可能性；通过避免有害相互作用降低任务之间的干涉。因此，可以用"协同度（Degree of cooperation）"来定性的刻划主体之间协同程度。它之所以在最近才被提出来，是因为协同设计必需以信息集成技术为基础，才有可能实现产品开发过程的集成。

建筑协同设计是协同设计理论在建筑设计中的应用，体现了建筑设计的特点。建筑协同设计可以认为是：在计算机技术支持的网络环境中（即CS），以建筑设计师为核心的建筑设计团队（IADT）协同工作，在考虑建筑物全生命周期的同时，快速、高效、经济地达到设计目标，完成建筑设计任务（即CD），实现"建筑·人·环境"的协调发展的设计模式。然而，实现建筑协同设计需要解决实行建筑协同设计将要遇到的一些问题。

五、建筑设计与成本控制互动控制的必要性

长期以来，房地产开发企业习惯于把成本控制放在建造实施阶段，其实，建筑设计、成本控制、工期管理、质量控制等是互为关联的，存在着对立统一的辩证关系。要抓好成本控制，必须抓好项目成本形成的重要阶段——前期阶段中的建筑设计管理工作，引入成本控制并作为设计工作的评价指标。成本控制是集经济、技术与管理为一体的综合学科，只有做到各方面综合平衡，才能做到直接有效的进行成本控制。

在房地产开发项目中必须对影响成本的各个阶段实施全过程控制，以利于房地产开发企业资金的合理流动，实现投资的良性循环。也只有这样，房地产项目投资才能真正可控，管理才会出效益。其必要性体现在以下方面：

1. 可以创造适销产品，获得更大收益

经济学研究的目标是达到资源配置的最优。对于房地产开发企业而言，在一定的资源条件下，创造最适销对路的产品，获得最大的收益是其最终目的。因此，如何使得投资收益最优，创造最优产品和降低成本，是企业提高竞争能力，实现企业最大利润，获得可持续发展的根本保证，房地产设计研发阶段决定了产品的形态，对产品适销与否起着关键的作用，同时，这一阶段对项目成本造价的确定占有 75% ~ 95% 的比重。因此，成本造价控制的重点主要在此阶段，这对提高房地产项目设计管理和成本造价控制的互动能力是非常必要的。

2. 可以规范房地产开发企业按基本建设程序办事，提高开发项目的利润

我国一直以来延续着计划经济的管理体制，产品定位研究、规划建筑设计、工程施工、造价控制，由不同且互不相干的单位负责完成，由投资方连接到一起，决策缺乏真正的决策程序，或走过场；缺少决策阶段的设计配合，项目目标不明确，简单交给设计单位作方案设计；设计人员缺乏建筑施工方面的经验和知识，不考虑建造成本；施工单位简单地按图施工，技术人员对设计图纸的质量漠不关心；成本造价的控制重点放在施工阶段，只根据图纸和变更洽商文件简单计算，失去了成本造价控制的意义，自动降低了成本造价管理的层次。因此，加强规划设计阶段的建筑设计和成本造价控制对工程的合理性，成本造价控制的有效性，提高产品的性价比，具有重要的意义。

3. 有利于保证房企的持续发展，实现做大做强做优做长的战略诉求

企业再生产的持续进行并扩大是企业生存与发展的基础，然而企业再生产的持续正常进行需要企业的投资及时回笼，并且在生产经营过程中的耗费及时足额地得到补偿为条件。在企业再生产过程中，正确地进行市场定位和产品定位，设计出适销对路的产品，在设计过程中正确地进行造价控制，使得建设成本能够快速回笼，并能够合理补偿生产经营中的耗费。如果成本补偿不足，开发企业的简单再生产规模就会缩减，长期持续就会使企业无以为续导致破产。产品研发阶段合理的设计和造价控制有助于保证企业在未来的生产经营中的耗费得到及时的足额补偿，从而保证生产持续可靠地进行。

4. 有利于维护和持续提高开发企业的竞争能力和竞争优势

在激烈的房地产市场竞争中，产品高度的性价比，优势的产品和适宜的价格是企

业和消费者获得双赢的最直接、最敏感的因素。在产品同质的情况下，产品价格的高
低反映了企业竞争力的强弱，降低价格可以获得市场，同价销售可获得超额利润，而成
本是制订价格的基础；设计研发出差异化适销对路的产品，同时控制好成本，可以获
得溢价或快速销售的优势。因此，成本因素是企业提高竞争力的重要途径，造价控制
的优劣是决定成本高低的基本手段。设计研发阶段的造价控制是谋求产品优化和造价
降低的最有效阶段，造价控制以谋求降低造价为主要内容，从而为价格的降低提供了
可能，有助于提高企业的竞争能力，实现企业的战略目标，为获得竞争优势提供了可
能性。

六、目的与目标

本章选择房地产规划阶段的建筑设计管理和成本造价控制的互动关系为研究目标，
从建筑设计的设计流程、控制评价点与造价控制互动的角度来讨论设计的管理和优化与
成本造价管理的控制问题。针对目前建筑设计和成本造价控制脱节，成本造价控制重点
在施工阶段，即使在设计阶段进行成本造价控制也仅限于完全从造价的角度来控制的现
状，提出了房地产开发项目成本造价控制应和规划建筑设计一起以达到产品定位战略目
标的角度，进行设计管理和造价控制的互动控制。成本造价控制的目的不是一味以降低
成本为原则，而是为提高房地产产品的性价比，提高产品的价值竞争能力，完成房地产
项目开发的战略任务为目标的成本造价控制，规划建筑设计和成本造价控制是产品创造
的一个问题的两个不可分割的方面。

本章根据房地产设计研发阶段的建筑设计和成本造价控制原理，结合建筑设计和成
本造价控制的实际案例，从房地产开发过程中的决策研究阶段的设计参与、建筑设计各
个阶段和造价控制互动的角度，来讨论我国房地产业在规划设计阶段建筑设计与成本造
价互动控制中的管理现状及问题，提出相应的实务操作程序和相应对策。

第二节　建筑设计与成本造价控制的互动协同

一、建筑设计阶段设计管理与造价控制的目标、活动及相互协同关系（表 15.1、表 15.2）

表 15.1　建筑设计阶段的设计管理与造价控制的目标及活动

阶　　段		目　　标	设计与估价活动
决策阶段	立项和可行性研究	向业主提供工程项目评价书和可行性研究报告	功能、技术、经济分析，总体策划，确定工程造价范围，或对业主的限额给出合理的建议
方案设计阶段	轮廓性方案设计	确定总体布局、建筑平面布置、功能和建设标准，可能的施工做法	根据方案的要求，寻求类似建筑，以对比分析的方式，或按规范算出工程量，作出初步估算
	设计方案及深化	根据设计任务书来确定具体的设计要求，总体规划，平、立、剖面，基本构造，设备大体系统，施工方法，概算	建筑师、工程师和工料测量师在功能要求、方案布局、质量标准等方面综合业主的要求，在估算额度内编制概算，并编制造价规划，提交业主审批

（续表）

阶　　　段		目　　　标	设计与估价活动
施工图设计阶段	初步设计	建筑深化确定、结构选型、设备系统优化，形成初步设计文件，初设概算	造价研究，价值工程，设计优化，设备初步寻价，建筑师、工程师、工料测量师对设计和造价互动协商
	施工图设计	在初设优化基础上，进行设计细化，对设计、规范说明、施工、造价，相关的事项作出决定，形成施工图文件。施工图预算不超过初步设计概算	详图设计，进行造价研究和造价比较，从专业分包商获得报价单，工料测量师向建筑师、工程师提出基于造价控制的设计建议
	编制工程量清单、招标文件	根据施工图编制工程量清单，完成招标文件	确定工程量清单，进行造价校核
施工阶段		编制造价控制计划，贯彻施工合同，过程预算控制，结算最终造价，获得工程造价信息	对施工报价分析，审核合同约定的财务事项，定期提出月报、变更、索赔等报告，编制结算报告，确定最终造价，经验总结

表 15.2　建筑设计与成本控制的互动协同关系

控制要点	控制什么	怎　么　控　制	谁来控制
1. 项目规划方案	1）可行性规划设计	●市场信息搜集和分析 ●市政状况信息分析 ●规划要点确立 ●可行性研究设计任务书 ●可行性设计变更	设计部负责，项目部、销售部和成本部配合
	2）方案评审	●组成可行性规划评审委员会，对方案进行评审、确定。 ●未通过的方案进入可行性设计变更环节，再重新评审。	由项目、设计、工程、成本、财务、销售等各部门组成评审委员会，总经理负责
	3）设计成果	●对可行性规划设计根据实际情况进行细节调整 ●设备选型方案提前确定	设计部负责，销售部、成本部配合
		●根据提交的设计成果进行投资估算	成本部负责，设计部配合
2. 项目报批设计	1）设计方案	●根据项目前期运营的情况和市场分析制订设计任务书	设计部负责，销售部、项目部配合
		●方案设计招投标	设计部
		●方案设计评审	招投标评审委员会
	2）报批	●注意市政设计 ●注意相关法规，完善自身报批规范性，材料完整	项目部负责，设计部配合

（续表）

控制要点	控制什么	怎 么 控 制	谁来控制
3. 项目扩初设计	1）扩初设计要求	●对报批设计进一步调整 ●设计要求 ●内部审核	设计部负责，经各部门会签
	2）成本概算	●根据扩初设计招标方案和设备选型、实体研究、环境方案等因素对总成本做出概算	成本部负责，设计部、销售部、工程部配合
		●制订经营指导书	成本部负责
	3）扩初设计图	●根据扩初设计要求招标 ●专家评审、内部评审	招投标评审委员会
		●设计调整	设计部负责
4. 施工图设计	1）施工图设计要求	●在扩初图基础上确立施工图设计要求	设计部和成本部负责，其他部门协助
	2）报批	●政府部门报批费，按政府有关政策交纳。	项目部
	3）审图	●互审互签，明确修改意见，设计洽商	设计部负责，成本、工程、销售部门协助
5. 装修方案设计	1）方案设计要求	●根据扩初设计图、经营指导书和实体研究的结果确定方案设计要求	设计部负责，销售部配合
	2）材料设备选型成本方案	●市场信息调研 ●根据设计要求确定装修材料和设备	设计部负责，成本部配合
		●制订装修设计目标成本计划明细表 ●装饰综合价格拆分分析	
6. 设计变更	1）设计调整费用	●按照合同约定执行	设计部负责，成本部配合
	2）设计变更洽商	●严格按照设计变更洽商流程进行	设计部负责，工程、销售部门配合
7. 材料设备	1）选型 2）方案确定时间	●在扩初图确定前确定材料设备，使设计在图纸阶段就考虑了材料设备的安装	设计部、成本部负责，工程部配合
	3）采购	●招投标	招投标评审委员会
8. 其他	物业管理费	●目标成本限额设计	成本部负责，物业服务部配合

　　以碧水蓝城项目为例，本项目为高端住宅项目，建筑方案为专业建筑设计（单位 A）完成，建筑施工图由建筑行业的设计单位（单位 B）完成，室内精装设计由专项的装修设计公司（单位 C）完成，室外景观由专项设计单位（单位 D）完成，还有智能化专项设计、水处理专项设计、灯光专项设计、钢楼梯专项设计、门窗专项设计、山地支护专项设计、燃气专项设计等等。可以从图 15.1 中看出设计的主线设计流程穿插过程。

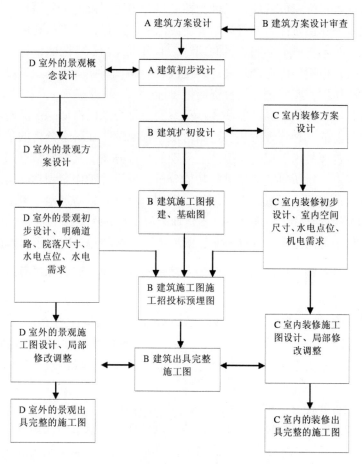

图 15.1　碧水蓝城住宅项目协同设计主流程图

二、项目前期阶段建筑设计与成本控制的互动协同

　　建筑设计与成本控制是房地产开发前期阶段工作的重要组成部分，无论是从全寿命期成本控制角度，还是从全面成本控制角度，实现投资回报是建筑设计和成本控制的共同目标，从成本控制在房地产开发各阶段的控制强度观察，前期阶段是建筑设计和成本控制互动度最高的时期，和建筑设计是相辅相成的关系。

　　项目前期阶段建筑设计管理和成本控制目标的实现，需要两者相辅相成地互动作用。建筑设计是成本控制的计价依据，同时也是成本控制的目标；成本控制是建筑设计的成本边界，也是创造高性价比产品的推进因素。建筑设计的管理特征为按基本建设流程中建筑设计流程进行管理，严格控制各个设计阶段的工作节点，优化设计，给予适时评价和反馈，建筑设计的规范管理是成本控制的一个重要方面；成本控制的计价是多次计价方式，其计价阶段是跟随着建筑设计阶段进行的，成本控制节点就是建筑设计控制的节点，成本控制是针对各个设计阶段过程和成果的控制，控制的目标是设计的内容，导向为基于产品定位的成本目标。两者分别从成本和设计的角度在经济成本上和产品形态上进行同一目标，两个方面的控制。

根据投资回报目标形成的成本条件为控制目标，运用价值工程原理，综合考虑建筑设计、成本因素、建造条件、销售策略等资源因素，加强设计人员和成本造价人员对建筑功能、形式、技术与成本之间关系的理解，通过设计招标、限额设计、设计监理等方法，发挥咨询机构作用、优化产品设计，使成本控制在前期阶段的建筑设计工作中能够切实可行地发挥作用，实现企业的投资回报目标。

价值工程是用来分析产品功能和成本关系的，是力求以最低的产品寿命周期成本实现产品的必要功能的一种管理方法。运用价值工程原理，在科学分析的基础上，对方案实行科学决策，选择技术上可行、经济上合理的建设方案。其主要特点是：以使用者的功能需求为出发点，对所研究对象进行功能分析，使设计工作做到功能与造价统一，在满足功能要求的前提下，降低成本。例如，利用深坑基础，增加地下室，这样地下室既可以停放车辆和储存杂物，小区又可以不建地上停车场，既节约了用地，也美化了环境。这就是运用价值工程的结果。这样一来，既取得了经济效益又取得了很好的社会效益。

三、建筑设计管理与成本造价控制的互动是实现企业战略目标的有效过程

1. 以市场为导向的产品市场定位需要建筑设计与成本造价控制相契合的参与

（1）在决策阶段，建筑设计和成本造价控制人员共同配合市场营销研究人员及其他专业人员综合考虑经济效益、社会效益、环境效益等各种因素，确定初步规划指标、概念设计理念及方案、市场定位指标、产品定位指标、经济效益指标的制定和评价体系。

建筑设计人员要充分理解开发项目产品定位的各种因素，确定规划设计、概念设计的理念和拟设定的初步目标成果，根据地块的内外环境因素条件，参与产品构成、形象定位的建筑语言分析，制定出符合概念意向的各项规划建筑面积规模指标、房型配比指标、配套设施指标、室内环境要求和外部景观建筑初步设想等各项技术指标。并配合可行性报告编制产品概念设计方案。

造价控制人员根据开发项目的产品定位目标，设计人员提供的各项开发指标和概念设计的产品理念，确定投资估算，并根据初步确定的产品定位形态，和开发策略，综合市场研究的因素，预测产品的销售价格，进行投资分析，分析项目的赢利性指标。

（2）建筑设计和成本造价控制参与的工作，在此阶段是相辅相成的契合性很强的工作，各自从专业的角度对项目定位提供咨询。建筑设计配合市场研究确定产品定位目标，涉及到确定什么样的产品业态问题、建设规模设定问题、概念性空间构成和形象定位问题、配套设施指标的问题等等项目可计量的因素，并必须以市场定位需求因素为导向，随着市场研究的深入而不断调整；造价控制根据市场研究拟设定的产品形态预测产品的未来价格，价格的确定和内外环境、产品的业态构成是密切相关的，预测价格一旦

确定，即以倒逼法剥离出其他费用来确定拟设计产品的工程造价，对工程造价按拟选用的计价方式进行分解。反过来分析定位产品的价格构成是否合理，产品的构成、业态的设定、市场的缺口、销售进度等是否符合开发地块效益最大化的原则，对市场和产品的定位、设计产品的形态、建设规模等进行逆向控制，从经济效益的角度调整项目定位和规划设计，促进定位和设计的合理性。造价的控制始终以企业的市场和产品战略要求为导则，尤其在决策阶段，既要坚持确定性因素的造价限额（立项估算）的原则性，又要坚持产品定位目标的造价需求的灵活性，使建筑设计和造价控制在决策阶段相辅相成地配合好开发项目的产品定位和项目定位。

2. 建筑策划阶段设计与成本造价控制的互动协同是实现建筑设计方案的保证

建筑策划的目的是从设计的角度拟定出能够完整表述项目定位目标的建筑方案设计任务书，即向设计单位提交准确的设计条件。建筑策划和造价控制息息相关。

建筑策划是将可行性研究报告的内容通过建筑设计人员进行建筑化分析描述的过程，通过建筑设计人员进行定量和定性的建筑化描述，由非建筑语言过渡到作为设计依据的建筑语言。使设计人员明确了建筑设计的目标、建筑的目的、使用群体、建筑性质，项目开发和设计的法律、法规及规范上的制约条件，以及经济、技术、人口构成、文化环境、生活方式、气候特征、环境特性、基础设施、道路交通和各项规划指标等制约条件、人文条件和建设条件；了解了建筑设计所需要的建筑功能要求、使用方式、设备配置条件。对总体布局的规划设计风格立意、空间的具体要求、建筑的平面、立面、剖面、风格等空间构成特征、建筑的建筑材料、构造方式、施工技术手段、设备标准等有了确定性的描述和相关指标，准确地用建筑语言描述出项目定位的产品目标，而且反复调整，对总体规划设计甚至项目定位进行反馈，是否真正地实现了市场需求和产品定位目标，通过建筑设计的角度理解拟开发的产品，制定出设计任务书。

此阶段需要造价控制人员的紧密配合，可为建筑设计方案估算的准确性和与定位目标的一致性提供造价控制指标的依据。在设计任务书的编制形成过程中，为避免对项目定位的建筑语言表达出现可能的造价偏差，需要造价人员的配合和咨询，提供控制性的审核。在此阶段，根据项目定位的深度，在设计单位的咨询配合下，根据建筑用地方案或初勘报告，可初步提出结构选型和基础选型，由建筑、结构的概念设计可对初步可行性估算进行调整。审核控制点主要为设计任务书对建筑设计要求的专业目标对造价指标控制的影响程度，和形成设计任务书的定量、定性评价标准。对突破估算范围的描述要考虑该项专业要求是否为产品定位所必需的要求，在满足产品定位的前提下有无设计替换的可能，如必须如此，则以满足产品定位目标为准进行估价调整。

对建筑设计项目任务书的审核和估价修正具有操作的可行性，经过审核后形成的设计任务书从经济的层面上对设计可能的偏差提供了一层矫正因素。应始终坚持项目定位是建筑设计的依据，是造价控制的导向。

3. 建筑方案的择优需要成本造价控制的合理约束

（1）方案阶段是将项目第一次由纯粹的语言描述转化为建筑化语言的描述，无论对专业人员还是非专业人员都给出了直观的开发形象诠释，产品设计是否符合项目定位目标，能否用投资分析所拟投入的成本开发出设计的方案，都需要对设计方案和造价估算进行研究和分析，这两方面关系着面对市场的产品和面对企业的建造成本，都是极其重要的方面。从一定的意义上说，方案的确定也是一次重大的决策。

（2）在以往的方案评价指标中，对建筑设计方案的设计理念、美学特质、户型设计和各项技术指标给予了极其重要的评价地位，而造价只是评价指标的一个方面，占据的权数很低，或因投标单位以给定的限额指标只做简单的分解，对形成的建筑效果、拟选的结构形式等在该阶段可初步拟定的分部工程不做基本的工程分解计算，只套用限额，表示根据定额做了估算，至于是否突破定额或是否达到定额标准不做真实分析。方案估价没有纳入到重点审核的因素，而且设计单位提供的估价仅仅是为增加中标机会而编制的，有很大的迎合性因素。在此阶段开发单位一般也很少重视估价的编制是否相对准确，没有给予足够的重视，基本都是忽略估价的控制的。方案的优劣成为唯一的标准，往往形成初步设计时因造价高而调整方案，与方案效果偏差过大，或增加大幅度的投资。方案的设计是以项目定位为指导的，但造价的控制配合是一重要的约束因素。

（3）在建筑设计方案招标或委托设计时，应明确方案的估价依据和指标要作为评标的重要组成部分。方案设计在计价上是很粗略的图纸，但设计外檐、内部装修、构件品质等，意向效果的创造和造价在一定的程度上是可以契合的，方案的估价在粗略的图纸基础上可以在分部工程范围内进行估价分解，对外檐效果、拟选结构形式、内部主要装修要求等可以按较为准确的指标调整可行性研究阶段的估算。要求设计人员对效果的追求和对应建材应争取造价人员的意见。在方案招标中，采用限额设计计取设计费用的方法因涉及以后的初步设计、施工图设计中的方案变化、技术手段、控制力度等因素，计量方式不确定因素太多，或方案设计单位和初步设计、施工图设计单位非同一家单位，由实际造价控制方案设计估算存在过多的不可控因素。限额设计控制目标应以计划造价额的经验值 110% ~ 120% 为宜，一方面有限额控制，另一方面不会因限额而禁锢了方案设计的思路。

定额的评定可在方案评选中按设计标准选择两家入围单位，通过开发单位及聘请相关专家评价估价后，再综合各专业的意见确定最终方案。

（4）项目定位目标只有通过方案设计才能形象地表现出来，因此，对于开发方的控制人员来说，对方案的要求须着重于达到项目产品定位的目标，造价也要以满足方案的定位为控制目标，在方案择优后的调整过程中，定位企求的效果如突破估算限额，应在投资经济分析中查看增加成本对收益的影响，是否修正定位，调整方案。如定位目标明确不可调整，造价应支持设计方案要求的产品效果，不可因限额目标而不修整方案。建筑师和造价人员在方案阶段，对建筑方案的择优分别从设计角度、造价角度以支持产品定位目标为工作依据。方案形成的产品空间、形象是直接面对市场的最直观因素，是极其重要的形成竞争力的产品核心部分。造价人员必须从投资效益的角度支持沿定位目标形成的建筑设计方案，不可为造价控制而使方案受到限制与产品目标形成偏差，应以综合效益最大化目标为控制基础。

4. 初步设计阶段的设计优化与造价互动是提高产品性价比的重要阶段

（1）初步设计（含技术设计）阶段在技术的层面上是对造价影响最大的阶段，该阶段建筑空间、功能、规模、形象的品质已经确定，结构形式、设备配置也已有了雏型。需要对建筑的内外装修材料、构造措施，结构选型、机电设备的选型和系统设计进行确定，是建筑方案的形式与未来建造技术的结合阶段，是在技术层面上对设计进行确定。因此对施工图设计和施工的影响是很大的，起着统帅技术系统全局的作用，无论对建筑设计还是对造价的影响，都是重点控制点。

初步设计阶段同样可以进行设计招标选择设计单位，或保持设计的连续性，由方案设计单位延续设计。此阶段对设计的优化和造价的限额设计作为考察设计单位的重要目标。但无论是招标还是直接委托，开发单位都要组织相应专业的专家对初步设计的技术方案进行多次评审优化，将审核优化的结果与设计单位相关人员进行沟通、探讨，技术方案论证、技术经济分析等，通过优化措施，最终确定建筑各专业的技术实施方案。对初步设计技术方案的优化原则应以达到项目定位的产品品质为导向，以方案阶段修整后的估算为控制目标，进行技术方案的比选，充分运用价值工程的分析方法。

（2）可行性研究报告估算和设计方案估算，属于相对粗略的估算造价，因工程项目的图纸、数据资料不具备可分解的条件，估算是由类比估算、参数估计等方法或修整方法获得的，是由上而下计算出来的，可以作为控制的手段，具有可控制性意义。在初步设计阶段，方案平、立、剖面形式已从技术上确定，单体的层数、高度、功能、标准、外网管线条件等已有确定性技术目标，基础、主体结构选型和设备机电工程系统以可系统性确定，在此阶段各单体项目已可进行较为详细的专业、系统分类的分部以及分项工程的分解，可进行较为准确的估算造价，即初步设计概算，其是有下而上计算统计出来的，造价的精确程度已比较深刻，形成的概算对今后的造价目标已经具有了较为准确的包容性。

初步设计概算可以按一般项目较为清晰的清单编制，建筑、结构可进行项目列项编制，结构构件大体尺寸基本确定，钢筋用量可按定额用量或经验数据，设备选用可根据容量按拟定品质以市场价格确定，干管、支管根据设计系统。图纸已有较为准确的估算范围，有经验的造价人员可根据定额及寻价获得相应的初步设计概算。

概算的编制时间可在初步设计编制阶段，在技术论证之前由设计单位人员编制，开发单位或其聘请机构进行总体沟通、控制，并进行审核。在技术论证阶段，造价人员应和各专业技术人员共同参与，充分运用价值工程的原理。初步设计技术方案论证的依据为开发项目的定位目标，产品定位的品质，对建筑选材、基础和主体结构选型、机电设备和系统方案等进行技术分析和造价分析，目标为既要达到产品和项目的定位目标，以定位目标来指导项目设计，又要满足限额控制标准和造价合理性，对涉及到产品定位品质的突破造价限额的技术项目，要综合分析是否在可行的技术范围内有替代方案，是否需要突破造价满足设计目标，对产品的市场需求有何影响等，进行综合分析。将技术方案论证的结果提交设计单位修改初步设计，调整的初步设计概算即为控制施工图设计的依据。

（3）初步设计的造价控制应以初步设计的成果和设计控制点为工作节点，将对技术的论证与造价控制相结合。

主要技术论证节点为：

1）建筑方面。达到设计方案的效果，建筑外檐设计用材、墙体构造、内部装修用材、空间效果塑造等满足产品定位要求的技术、功能标准与造价的矛盾；

2）结构方案。确定基础、主体结构的结构选型，以及结构断面尺寸对空间的影响等进行多方案选优，和造价的控制目标综合考虑，避免肥梁、胖柱和深基础的现象发生，造成浪费；

3）设备方案。确定管道布局、计量方式和设备配置标准，综合考虑产品定位目标，以达到定位目标确定的标准为宜，从价值工程的角度确定选择标准，经济合理；

4）强弱电方案。设计负荷要计算准确，进出线方式要合理，设备配置要经济合理并符合产品定位的要求品质；

5）面积指标控制。单体建筑面积指标尽量和审定规划方案通知书确定指标相符。重点进行产值面积、地下室面积、单位车位面积等指标的分析，整合各功能面积，提高产值面积，充分挖掘地下室的利用价值，避免任何面积的浪费。产值面积的提高可以最直接地提高投资收益，应作为设计优化的重点控制部分。

5. 完善的施工图设计是实现施工阶段减少设计变更的重要保障

（1）建筑施工图设计阶段是对初步设计确定的技术形式进一步的细化，施工图的完善与否，涉及到设计图纸范围内的变更等问题。一般来说，施工中的设计变更主要是设计细部不够完善，交待不清楚，或选材不当，对造价的影响主要是小范围的变动。大的技术系统问题和功能设计在初步设计阶段已经解决，除非有重大失误，一般不会出现大的技术变动。对造价的影响权数已远小于此前的各个阶段。因此，控制的重点主要在图纸的细部构造处理、结构构件尺寸和配筋、机电系统的支路和末端等方面，要求全面、细致、完善，甩项设计要明确接口范围，应尽可能少甩项设计，以在图纸的范围内能够较完整地编制预算造价，即使有甩项设计，也要根据确定的品质进行市场寻价，确保甩项设计内容的造价包容性。此阶段的造价控制主要是保证施工图的设计完善和建筑用材、设备寻价等技术控制。造价的控制应严格以初步设计概算为控制依据，不可轻易突破，初步设计阶段的技术审核已经将项目定位的产品技术方案、装修和构造用材、设备确定下来，造价已有了完整的包容性。施工图设计是按初步设计确定的原则完善、执行，以满足施工的要求。

（2）要求设计单位保证施工图纸的设计质量，实行严格的内部审核工作，力求将设计变更消灭在施工之前。开发单位要充分发挥监理单位、咨询机构或外聘人员等的技术优势，对施工图审核稿和预算书进行会审，及时纠正设计中的缺陷和失误。正式施工图出图前，在设计单位完成三级会审后，应向开发单位提供施工图审核稿和预算书，由开发单位相关部门组织进行图纸审核，从建筑技术、图纸完善性、产品定位品质、施工技术操作、预算书的复核等方面进行审查，造价人员的审核目标以初步设计概算为控制限额，按分部分项工程进行核算，将技术审核拟修改内容、设计漏项内容等进行造价调整，在满足项目产品定位的标准下是否突破了初步设计概算，对突破的内容应寻求替代方案。设计和造价的互动在技术、标准已确定的情况下，施工图阶段应严格控制。将通过技术和造价审查的结果反馈到设计单位进行施工图修改。同时报建设行政主管部门规定的建筑设计审图部门进行审核，设计单位根据审核意见修改施工图。至此，可以正式施工图出图。

施工图设计阶段的造价控制主要反映在以下几方面：

1) 施工图设计任务书的编制应将初步设计中的各项建筑条件描述清楚，以论证和优化后的初步设计为完成施工图设计的基础，提供完善的建筑条件图。施工图设计要满足图纸深度设计要求；

2) 建筑施工图：确定构造和内外装修的用材符合技术、环保和经济要求，细部交代清楚完善，无遗漏部位，门窗、幕墙、钢构件、木构件等要有确定性品质标准，条件允许时可选择厂家配合设计；

3) 结构施工图：基础和主体结构构件钢筋配置应严格按计算配筋设计，不能任意加大安全系数，混凝土强度等级要以设计要求为准；

4) 水暖施工图：设备配置、管材材质、计量设备和技术措施等要根据初步设计的品质和技术要求进行确定，卫生洁具、厨房设施要和产品定位品质要求相匹配；

5) 强弱电施工图：按确定的品质标准确定配电设备市场价格（招标最终确定），系统设计和初步设计一致，支路和末端使用点达到设计深度要求；

（3）施工图出图后，或在施工过程中，根据选择的施工厂家进行钢结构、门窗等的二次设计。对住宅项目，二次设计的内容和产品的品质关联较大，同时因用材、档次差别较大，和造价密切相关，应认真研究，慎重设计。二次设计图纸的审查要点主要有：

1) 钢结构：主要为楼梯、阳（凉）台、装饰钢架等分部分项工程，关注其与主体的联结方式，防排水措施，本身构造措施和使用色彩等；

2) 栏杆：关注栏杆的用材、质感、式样、色彩及与主体的连接方式；

3) 门窗、幕墙、采光顶等：关注材质、质感、色彩、分格、开启方式、物理参数以及与主体的连接方式等；

4) 外檐装饰构件：主要指装饰百叶窗、防护网、护栏等，关注材质、色彩、质感、构造方式等。

第三节　建立建筑设计和成本控制互动协同组织

产品前期阶段建筑设计管理和成本控制的互动应用机制的形成需要完善的组织保障。房地产项目开发是一个极其复杂的过程，企业内外环境和内外组织机构从多方面形成制约开发的因素，产品前期阶段是开发技术含量最高的环节。根据企业的管理特征，形成一个严密高效的管理组织结构协调企业内部各管理部门和外部业务机构共同协作是控制好产品成本控制的关键因素。

一、房地产开发企业基本组织架构与设计的组织构成

本书论述的设计管理部门和成本控制部门按混合式组织形式的企业来讨论，设计部门和成本控制部门为企业的职能部门，从业务职能的角度给予项目公司以技术支持和执行相关开发阶段的工作，组织形式如图 15.2 所示。

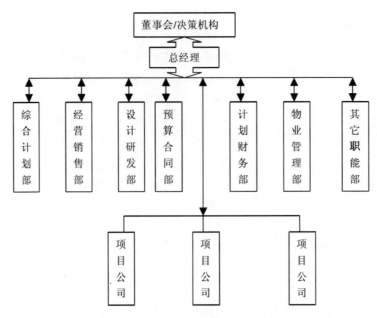

图 15.2　房地产企业混合式组织结构模型

设计部门为公司的一个职能部门，称为设计部 (或者设计中心、设计研发中心)，其部门应具备市场研究配合、设计管理、技术研发和施工阶段配合等职能，以保持产品设计的连续性。由设计工作流程和目标的分析可以看出，从项目的市场定位到施工图的完成，各阶段的工作在流程上是逐步渐进、连续执行的，每一个环节都是前一个环节的延续，后一个环节的条件。

根据其管理职能的构成和企业开发项目的数量及规模确定设计管理人员的编制，设计师的专业设置要齐全，人员构成要合理，必须配置的专业有土建、暖通空调、强弱电、给排水等专业设计人员。针对设计管理的工作特点，设计部可针对项目公司实行矩阵制组织形式，以建筑师牵头组织工作组，其他专业设计人员可根据任务的负荷强度同时服务于几个项目工作组，从项目立项概念设计开始，跟踪至施工图结束以及施工过程中的设计配合。

二、房地产开发企业成本管控部门的组织构成

房地产开发企业成本控制部门为预算合同部，或成本合约部，其主要职责为：负责制定集团公司成本计划管理的相关政策；参与前期阶段的成本预控，成本优化工作；编制项目总包工程的标底，参与总、分包工程合同谈判，审核各类经济合同；审核项目公司年度资金计划，月度资金计划，按计划审核合同付款进度；审核项目进程中大额洽商，按月对项目发生的洽商情况进行备案，定期进行统计分析；审核各项目结算工作，并在项目完成后对项目总成本计划执行情况的评价；制定项目总成本计划，审核各项目公司、专业公司项目的成本计划，掌握计划的执行情况，定期向决策部门分析报告。

根据其管理职能的构成和企业开发项目的数量及规模确定成本人员的编制，造价工程师的专业设置要齐全，人员构成要合理，必须配置的专业有土建、暖通空调、强弱电、给排水等专业造价工程师。针对成本控制的工作特点，预算成本部可针对项目公司实行矩阵制组织形式，以土建造价工程师牵头组织工作组，其他专业造价工程师可根据任务的负荷强度同时服务于几个项目工作组，从项目立项估算开始控制，跟踪至项目结束。其根据项目任务工作的构成，以项目为中心对涉及项目产品成本构成的职能部门、项目公司进行跟踪控制，如针对设计部门、项目公司、设备采购部门等等。预算合同部的组成结构如图 15.3 所示。

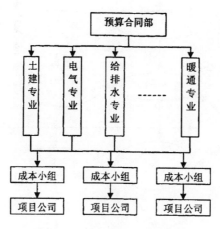

图 15.3　预算合同部的组织构成

三、建筑设计部门和成本控制部门的互动协同机制

在项目开发前期阶段，产品形态的形成需要多个相关部门的配合工作，但以设计部为工作主线，其他部门给予配合、控制，使产品的建筑设计满足市场定位、产品定位的目标，符合集团投资回报要求。

设计部和预算合同部同为开发企业的职能部门，从项目定位（可行性研究报告）到施工图完成，从设计和成本方面紧密配合，确定相应的配合机制。从上可以看到，设计工作为形成针对市场需求的产品设计，成本控制使产品的形成在产品达到最优目标时，成本控制在一定的范围内，确保项目的投资效益，两者的协调控制对项目的成败极其关键。

设计管理和成本控制的配合以设计各个阶段为控制点，在设计各个阶段内，根据项目设计工作组的进度，项目成本工作组提供设计的成本控制和咨询。成本控制目标作为各个设计阶段评价的重要内容之一，在各个设计阶段内，成本工作组给予设计以经济评价，反馈于设计工作组，控制设计工作的调整。两者的关系是以设计工作的推进为主线，以项目定位为指导原则，互为工作条件，相互调整推进，相辅相成地完成各个设计阶段的目标。

项目开发前期阶段是除设计管理和成本控制外，还有其他多个部门、多个单位、各专业工程师共同参与的系统性工作，该阶段可采用并行工作的工作方法，根据各个阶段的特点，形成一个主线和多个附线共同参与协调的工作方式。这些多工作参与方式中，各个工作的目标都是明确的，建筑设计、成本控制、市场研究、工程管理等部门从各自的角度推进建筑设计的进展，即共同创造出符合市场需求的产品设计目标和经济目标，如图 15.4 所示。

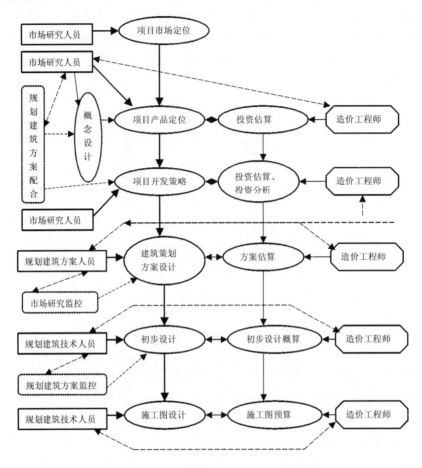

图 15.4　前期阶段建筑设计与成本控制的互动关系

四、建筑设计组织的人员构成模型

建筑设计是一个极其复杂的系统工程，是围绕项目展开的高度连续协作的过程，参与建筑工程设计工作的组织结构层次庞大复杂，要完成一项建筑设计任务，其人员构成也将是庞大而复杂的。

在我国，建筑设计的概念有广义和狭义两种。广义的建筑设计是指设计一个建筑物（或建筑群）所要做的全部工作。狭义的建筑设计是指"建筑学"范围内的工作。它所要解决的问题，包括建筑物内部各种使用功能和使用空间的合理安排，建筑物与周围环境、与各种外部条件的协调配合，内部和外表的艺术效果，各个细部的构造方式，建筑与结构、建筑与各种设备等相关技术的综合协调，以及如何以更少的材料、更少的劳动力、更少的投资、更少的时间来实现上述各种要求。

在整个设计过程中，从设计到建筑物竣工，涉及到许多部门和大量人员，这些部门和人员参与到建筑项目建设过程中，围绕建筑设计问题，发挥不同的作用，如图 15.5 所示。

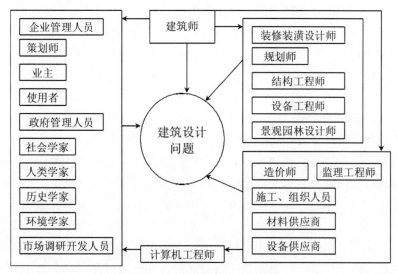

图 15.5　建筑设计的人员构成模型

五、建筑设计中各专业工程师的互动协同

建设工程设计专业划分为建筑、结构、设备、室内和园林设计等几大类。其中，在单体设计中，建筑专业勾画形成建筑物的轮廓和功能，结构专业支撑起建筑物的骨架，设备专业配备给建筑物动力和组织，室内专业塑造建筑物内部环境，园林专业为建筑提供外部美的环境，使建筑是内外过渡自然。各个专业相互独立而又密切相关，最终形成完整的统一体。其中，建筑设计的空间是其他专业设计对象所赖以存在的平台，因此在建筑活动中，建筑设计起着龙头作用，建筑设计必须先行，其他技术领域只能在建筑设计框架确定的前提下开展工作。其中，建筑师和结构工程师的密切配合与合作，是最基本的要求。结构工程师和建筑师的关系有四个层次：

（1）合作——即"你做你的设计，我做我的设计，遇到矛盾，合作协商解决"，这是最低层次的要求。

（2）结合——即"虽然各做各的，但都能懂得对方，主动结合，互相补充"。结构工程师要懂得建筑设计原理，理解建筑艺术需要，熟悉建筑技术问题，清楚本工程的建筑技术思路；同样，建筑师要懂得结构设计原理和结构技术、构造问题，清楚本工程的结构设计思路，这是较高层次的要求。

（3）融合——即"你中有我，我中有你，融为一体"。结构工程师要自觉考虑建筑问题，建筑师也要自觉地考虑结构问题。实际上，建筑平面和体型是所采用结构体系的反映，而结构选型又受到建筑设计思路和效果的影响。它们之间客观上存在着更高层次的融合关系。

（4）统一——即"结构工程师就是建筑师，建筑师也是结构工程师"，两类人才的素质都统一在一个人的身上。如意大利的奈尔维(P.L.Nervi)和西班牙的托罗哈(E.Torroja)就是这种人物。罗马小体育馆和马德里赛马场观众台是他们各自的代表作。这是最高层次的关系，应该作为结构工程师和建筑师的典范。

具体地说，各专业工程师之间有以下几方面的互动协作：

（1）建筑设计师与结构设计师的交流合作

现代建筑建设项目，无论在功能、造型，还是技术上，都比以往提出了更高要求。建筑师的主要任务是合理解决适用空间、审美空间和结构空间之间的有机统一问题，而结构工程师的基本任务是在结构的可靠性与经济性之间选择一种合理的平衡，力求以最低的代价，使所建造的建筑结构在规定的条件下和规定的使用期限内，能满足预定的安全性、适用性和经济性等方面功能要求。建筑创作过程通常是以建筑师的构思开始，以全部技术问题得以解决而结束。建筑师通过把建筑创作中遇到的各种技术问题及时与结构师进行沟通，找出解决方法，保证建筑和结构方案的落实做到基本同步。建筑师的创作是整个设计工作的主线，而结构从方案的确定到技术细节的落实，都要与建筑设计保持协调。结构师应恰当、及时地介入建筑创作的各个环节中，为建筑师提供必要的咨询意见，避免建筑创作中由于对结构可行性估计不足而陷入消极被动的境地。双方在彼此交流、彼此尊重的前提下，对原则性问题应坚持，并赢得对方理解；对非原则问题应互让，以便为对方留出合理表现的空间。

（2）建筑设计师与设备设计师的沟通协作

设备设计是指建筑物内的给水、排水、供热、通风、空调、燃气、供电、照明、通讯等设备系统的设计。复杂建筑物内各种管线纵横交错、立管林立，因此要统筹安排协调，划分好空间，按照建筑的统一格局进行布置，确保既不影响建筑功能和结构安全，又能取得良好的整体效果。尤其是当今建筑呈现出"人性化、智能化、生态化"的特点，即人性化的设计理念、智能化的设备系统、生态化的建筑环境，智能建筑成为一种适应信息社会需要的、新的建筑体系，它是指利用系统集成方法，将智能型计算机技术、通信技术、信息技术与建筑艺术有机结合，通过设备的自动监控，所获得的具有投资合理、安全、高效、舒适、便利和灵活等特点的建筑物。在此背景下，对建筑师和设备师的沟通协作提出了更高的要求。

（3）建筑设计师与室内设计师的协作

室内设计是通过营造环境以满足使用者的生理和精神需求，从而保障生产、生活的需要。室内设计是建筑功能、空间形体、工程技术和设计艺术相互融合的工作。建筑设计和室内设计统属环境设计的范畴，作为整体设计的两项主要内容，具有较强的内在相关性，是一个相互依赖、不可割裂的统一体，为了达到一个共同的目标，两者相辅相成，缺一不可。两者既有相同点，又有不同点，其共同面对和所要解决的首要问题便是空间问题，前者的任务是如何以一种结构形式构筑起空间；后者的任务则是使前者提供的空间完善，并达到最终使用需求。建筑与室内的众多造型因素在形式处理方面应取得和谐统一，建筑内外许多设计元素、实施细节更需在设计过程中整体策划、相互协调。

六、建筑设计团队内部系统的协同管理

建筑设计团队内部系统的协同模式大致可分为服从式、争夺式和混合式（即两种类型协同的混合交替）三种方式，其过程经历为设计要求可完全满足、矛盾激化和协商释放矛盾三个阶段。三个阶段循环交叠，三种方式相互转换。因此，设计循环初期，设计协调余地大，参与协同的各方之间的矛盾虽然尚未充分展开，但是协调工作就已经开始，其主要表现是以单向交流服从式为主，竞争式为辅。根据服从式协作关系，设计师既要服从设计项目的规划原则、功能目标的要求，又要服从项目的技术要求和建设投资的经济指标等规定。此外，还需要在征求其他工程师在相关部分的创意计划要求，并且修改和确认自己的设计能够满足来自整个工程的其他工程师对总体方案的基本要求。

随着设计的深入，设计修改受到的约束增加，可供设计自由修改的空间相对少，冲突增多，矛盾激化，协作转入争夺式。争夺式中各设计师的设计目标须经协商妥协才能实现，通常，需要采用会商的方式集中协调各方矛盾。会商为设计师提供共享知识和设计思路，保持连续思维的平台，使分工设计的方案成为高度耦合的有机整体。通过会商，争夺式面临的矛盾被大量解决，冲突减少，协作又回到服从式的模式上来，直到矛盾再次激化。在内部系统协同工作单位中，既包括同工种的工作小组，也包括不同工种的工作小组的协同作业。这些小组可能散布在全球的各个角落。每一个工种的工作小组又有可能由几个子小组组成。

典型的不同工种的工作小组的协同设计模型如图 15.6 所示。同工种的工作小组的在协同设计时同样如此，对于建筑师小组来说，冲突和争夺尤其显得激烈。而这些冲突和争夺对于设计的创新很有裨益，往往一些新思想和优秀的新作品就是在这种群体激智下激发出来的。

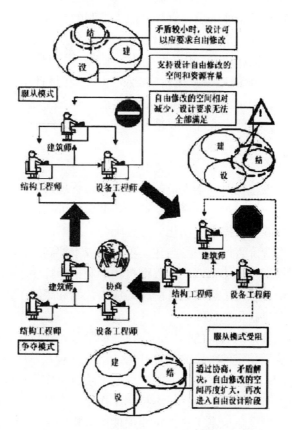

图 15.6 不同工种的工作小组协同设计模型

七、充分发挥外部咨询机构的技术水平和协作能力

外部咨询机构一般为开发企业的职能部门为开发项目提供专业服务的机构，咨询机构的专业设置和人员配置相比开发企业的内部部门具有很大的专业优势。

在配合中，开发企业应充分利用所聘请咨询机构的专业优势，参与阶段性工作评价，对建筑设计的产品定位配合、概念设计、建筑策划、方案设计进行监控，确保建筑设计工作能够按照既定目标执行，对项目的成本具有实质性的影响。

1. 充分调动设计单位在建筑设计中的成本控制意识

设计单位作为设计部的主控外部聘请单位，对形成产品设计的影响是巨大的，是前期阶段过程中极其重要的因素。在对设计单位的进行考察优选或设计投标、合同约束等方式，充分利用设计单位的专业力量资源，对设计人员的要求既要树立定位目标的产品意识，使产品设计能够达到项目定位的要求；又要树立成本意识，在设计过程中，成立具有成本控制经验和资格的造价工程师参与设计阶段的配合工作，结合以往工作的成本控制经验，达到成本节约的目的。

在实际工作中，由开发企业的设计部工作组为牵头单位，组织成本工作组人员及其他部门配合工作组人员，将各个阶段的控制点、控制方式和阶段性评价方式与设计单位的相关人员确定接驳机制，落实各阶段进度计划和工作目标，从技术和经济的角度确定各方的责任和义务。建立工作协调反馈机制，双方能动地推进工作。

设计单位必须执行开发企业的设计管理和成本控制的要求，严格执行开发企业的产品定位意图和成本控制目标，从设计角度出发，对需要调整设计目标和突破限额成本的问题应向开发企业提出依据和建议，由开发企业各项目工作组形成意见，提交决策部门，设计单位应严格按开发企业的反馈意见落实到设计中。在设计单位内部，要求针对开发项目成立项目工作组，确定和开发企业沟通的渠道，建立设计单位项目工作组例会制度，提供质量控制措施，内部专业评审要结合开发企业评审的控制点，必要时开发企业参加。

2. 充分发挥成本造价咨询机构的专业优势

房地产开发企业应该重视对成本人员的编制，专业管理人员配置齐备。从对开发项目成本确的准确性方面来说，聘请一家成本造价咨询单位可从市场公正、平均的角度了解成本的控制情况，并能够发挥其市场化的专业配合、成本的具体编制作用。从长远和专业分工来看，由成本造价咨询机构参与建设项目的成本控制工作是趋势。目前，大部分开发企业在施工招投标阶段才聘请成本咨询机构编制招标标底工作，部分企业聘请咨询机构跟踪至结算完毕。忽视了建筑设计阶段的成本控制和跟踪工作，和现阶段普遍地不重视前期阶段的成本控制是一致的。

要充分发挥成本造价咨询机构的作用，应在前期阶段建筑设计过程开始前即开始聘请咨询机构，要求其从产品定位阶段的估算开始，组织针对开发项目的工作组，配备相对固定的相应成本造价人员，和开发企业预算合同部项目工作组协同工作，服从开发企业成本部门的管理，参与到项目全过程成本控制工作中，产品前期阶段是其成本造价咨询工作的重要阶段。开发企业成本工作人员要促使咨询机构工作组熟悉项目产品的定位

目标，了解设计过程，使其能够从专业的角度，结合其他项目的经验，向开发企业提供有价值的成本控制建议，编制投资估算、成本概算、预算，进行投资预测和分析，参与各阶段性设计评价和技术经济优化。开发企业成本控制工作组承担组织、审核和参与研究具体工作，将形成的成本配合、调控等结果和设计人员一起落实到建筑设计中。

3. 充分发挥监理单位的技术和成本控制能力

从1998年始，我国工程建设实施强制性监理制，凡50万元以上的工程必须施行监理制。但是实践过程中，监理依然限定在工程施工阶段，开发企业将监理聘用为"监工"，仅要求其按照规范和设计图纸监督施工单位进行操作，重视具体施工工序质量控制，轻视项目全局控制和优化项目总体目标，绝大多数项目不施行设计监理制。

在目前房地产开发和建设工程管理体制下，实行完全的全过程监理制尚不具备条件，但可以让监理单位在设计阶段介入工作，进行方案决策、设计阶段的监理，从全过程监理的角度考虑问题。虽然目前项目的总体工作开展主要由开发企业组织管理，但前期阶段可让监理单位配置相应的各专业设计、成本人员形成设计监理工作组，参与设计研发的过程，发挥其技术优势。在监理招标的评标办法中，投标费用方面的权重应限制在一定的范围内，加大对监理公司和参加项目人员的资历、经验和业绩方面的权重，在监理合同签订时，根据监理工作贡献大小合理设置绩效提成比例，调动监理的积极性，促进监理公司增加时间、精力的投入，优化全过程监理，化事后处理为事前、事中的监理。

4. 充分发挥物业管理机构的专业优势。

在前期阶段，要认真征求企业内部或所聘请的物业管理机构的意见。物业公司担负着对未来项目的房屋建筑、附属配套设施、公共绿化、公共设施、安全防卫、清洁卫生等专业化的管理，并提供多方面的服务。因此，物业公司在开发阶段应作为咨询者为开发提供专业化意见，其不仅提出关于物业运行期有关运行管理的各种专业意见，还要对建设期的物业使用功能和寿命期经济成本提出专业意见。对于建筑设计阶段各方面的咨询意见来说，物业公司提出建议是从项目未来使用、管理的角度考虑的，从某种程度上也反映了市场的要求。

物业公司针对项目组成固定的配合人员，针对项目建筑设计的进度节点进行审核，参与各阶段性评价，提出专业性意见。物业公司参与评审项目的各个阶段，对于产品的定位、各阶段的设计，从使用、管理的角度进行审核。

综合上述房地产开发公司的内部机构管理和外部咨询机构的协调合作，在房地产开发管理活动中，建立一种基于并行工程的管理模式的团队，团队成员承诺共同的工作目标、方法，并相互承担责任，以高效率的完成开发任务。在这个团队中包括了：业主、设计、咨询、监理、采购、承包商、物管等涉及到开发活动的各个方面的人员，甚至供应商和用户代表。通过这个由多方利益群体及多学科、不同知识结构的人员构成的团队，从形式上构建出一个整体化组织，有助于在开发工作前期协调好开发工作中参与主体的利益关系，通过群体决策使开发过程和最终产品都能最好的满足各方参与主体的利益，这个组织是实施开发管理主体，是开发活动成功的基本因素。开发团队组织结构见图15.7。

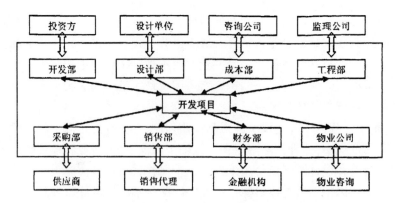

图 15.7 内部机构管理和外部咨询机构的协调关系

第四节 建筑设计与成本控制互动管理的实施

一、建立建筑成本控制和建筑设计互动机制

在投资经济效益层面，成本控制和前期阶段建筑设计各个环节的工作成果是密切结合的。成本的估算、概算、预算等各控制阶段的计价方式与建筑设计深度紧密相关：项目开发指标和建筑设计的技术经济指标是成本控制的计价基础；成本的控制流程应和建筑设计密切结合，建筑设计的控制点同时也是成本控制的关注对象；成本控制体现在对各个设计阶段的工作成果的评价和确定上。如果说，项目定位阶段的建筑设计是对市场和产品研究工作的配合，则从建筑策划开始，建筑设计即是前期阶段的工作主线，成本控制即是从经济成本、效益的角度为达到项目定位目标而进行成本约束。成本控制的工作流程和建筑设计的工作流程是统一的，都是项目基本建设流程的组成部分，同样要按业务工作流程进行系统管理控制。

二、制订建筑设计管理目标和成本造价控制点

项目前期阶段工作计划是项目开发总体工作计划的重要组成部分。对开发公司来说，前期阶段工作计划的内容主要就是设计工作的工作计划，是对设计工作的立体控制。开发公司设计管理部门的组织职责中，一方面是对设计单位的设计质量和进度管理，另一方面是对设计网络进度计划和设计计划在项目开发计划中的关系进行跟进和协调。设计的进度计划管理应在设计合同中与设计单位进行明确，明确双方责任、各自提交资料、设计条件和设计成果的内容、期限，对不同阶段、不同专业的设计文件提交的要求，各专业设计人员的专业水平、数量及稳定性，奖惩措施等。设计的计划编制和执行主要考虑下面的因素：

(1) 前期工作的考察项目开发的前期工作是否充分对设计进度的影响很大，设计进度依赖于规划和单体建筑的方案确定进度，而这二者依赖于产品定位和建筑策划的确定，如果这一决策阶段不能确定，则设计后续无法递进，容易失去开发时机。

(2) 设计单位的考察无论是委托还是招标，入围的设计单位的选择方法要科学严谨，

设计单位的资质、人员素质、设计经验、设计班组的组合以及设计人员的连续性等等方面都要重点考虑，为设计奠定良好的基础。

(3) 确定设计的控制点开发企业根据项目的总体开发要求和项目的规模，确定设计进度的控制点，控制点的安排主要有：总体建筑设计、建筑单体方案设计、外檐设计、建筑单体施工图设计、市政和景观设计、精装修设计、机电工程设计、其他专业设计等。

(4) 设计阶段的设计周期确定设计周期的制定要根据经验、项目规模和复杂程度、规划报批期限及修改和其他不可控因素等考虑。对设计中的进度偏差进行及时的分析和确定纠偏措施。确立开发企业、设计单位和报建审批之间通畅、有效的沟通渠道，减少以意外的时间损失。

(5) 协调主体的确定主体设计单位和各专业设计单位之间的进度协调由开发公司实施会比监理公司更有力度和效率，是由目前我国的管理现状决定的。外檐设计、钢构件、幕墙、机电工程等专业设计和主体设计之间应本着专业设计配合主体设计的原则，开发公司在主体设计单位和专业设计单位之间进行网络化动态管理。

三、制订成本造价控制目标与评审机制

成本控制目标的制定以项目产品定位目标为控制导向，和建筑设计的节点控制是密切相关的，建筑设计各阶段的评审决策点同时也是成本控制的各阶段评审决策点。概念设计的产品定位阶段需要成本估算控制；建筑策划设计任务书的形成由修整的投资估算控制；方案设计的确定由修正的成本估算控制；初步设计的确定由优化设计后的初步设计概算控制；施工图的确认由施工图预算控制。各个设计阶段随着设计的清晰，成本通过对应的多次计价也逐步清晰。在前期工作过程中，成本控制是在经济上、成本上给予约束，以满足产品的定位需求为主导目标，提高产品的性价比。

成本控制目标和评审机制的制定应考虑以下因素：

(1) 确立成本控制和建筑设计是为了共同的目标，即完成确定的产品目标。

(2) 前期阶段的成本控制是开发项目全过程成本控制的一部分，从决策阶段的估算到施工图预算是一个逐步控制、逐步清晰、逐步准确的调整过程。

(3) 各阶段的成本控制评价点和建筑设计的阶段确定点是统一的，是技术和经济的共同确定过程，在每一阶段的确认点，成本控制的目标是在产品设计达到了产品定位目标的原则下是否成本确定准确和性价比最优。

(4) 建筑方案设计之前的成本估算编制是由上而下的编制过程，先进行项目总价确定再进行成本的逐层分解；方案设计之后的初步设计概算和施工图预算是由下而上的成本确定过程，先确定分部分项的价格再汇总确定成本。成本的计价和确定是和建筑设计密切相关的，共同层层递进。

(5) 各个设计阶段为达到产品定位的设计目标是在各阶段内甚至相邻阶段间不断调整、反馈完善的系统过程，成本控制的各阶段之间的限额是在建筑设计满足产品定位目标上的限额控制，并非完全以限额为准，不考虑产品的市场需求和替代性而不能调整限额；但限额的控制是必要的，在逐步的成本确定中，调整的只是为满足产品定位要求的设计中的一部分。

(6) 成本控制目标的实现和评审机制的建立不是孤立地以成本为中心的为控制成本而控制的过程，而是以市场决定的项目产品定位为中心，和建筑设计相辅相成地互动作用，达到总体的效益最大化。

四、建立建筑设计和成本造价控制互动机制

前期阶段是项目开发过程中承上启下的阶段,既要准确地反映项目决策的项目定位,又要指导项目的具体施工。前期阶段中建筑设计是有效成本控制的前提，必须建立建筑设计和成本控制互动协作机制，最终实现项目成本控制总目标。

(1) 前期阶段应从规章制度、业务流程、工作考评等多方面入手，对管理人员和技术人员在增强设计和成本控制意识、完善管理制度、高效组织构成、实施操作规程的等多方面的基础上，不断强化建筑设计和成本控制互动应用的意识，真正的建立建筑设计和成本控制的互动机制。

(2) 建立完善的建筑设计和成本控制的互动应用的业务流程，使操作人员有法可依，业务流程是各个部门、各个工作人员的工作导则，完善可行的工作流程可以使工作不因人员的变动而使工作受到影响，无论在任何岗位上的工作人员，都需要按工作环节办事。确定完善的业务流程，在项目计划的范围内，是工作具有连续和正确执行的关键因素。

(3) 制订完善的组织机构是确保互动机制的主要因素，无论任何工作，人的因素是最重要的因素之一，在工作流程的基础上，采用项目管理的工作分解结构方式，确定开发企业的工作组织结构，完善组织配置，和工作业务流程能够衔接完善。工作组织结构不仅要考虑内部的配置，还要结合外聘专业组织结构的配合因素，能够使内部组织和外部机构有机高效地协作完成每一项开发任务。建筑设计和成本控制的互动应用机制的建立，是逐渐完善的过程，在开发工作过程中不断从组织结构、工作流程、管理方式等方面反馈、研究、补充、调整，机制的确立要纳入到项目开发总体控制过程中，从总体开发的角度来确定。

第五节　房地产建筑设计与成本控制互动管理实例分析

一、项目简介

喜年中心项目位于深圳市福山区车公庙商务组团,深南大道及泰然九路交汇处西南。占地面积 4907m²，总建筑面积 51539m²，由 3 层商业裙楼和前低后高呈梯形联体的 2 座写字楼组成。前一栋 (B 座) 为 12 层,每层约 700m²,为整层出售的大开间;后一栋 (A 座) 为 28 层，每层约 1300m²，可自由分割组合为面积 60 ~ 1300m² 的不同办公空间，均配有 1.8m 的宽幅透明幕墙窗。效果图及标准层平面图如图 15.8、图 15.9 所示。

喜年中心主要材料的使用如下：

外墙：主要为优质玻璃幕墙，实墙面为德国进口高级优质质感涂料；

内墙：水泥砂浆抹面；

大堂：地面、墙面为高级花岗岩贴面，天花为艺术吊顶；

电梯：9 部 OTIS 乘客电梯、4 部 OTIS 自动扶梯；

门窗：透明玻璃，灰色铝合金框料上悬式幕墙窗。

图 15.8　深圳市喜年中心设计效果图

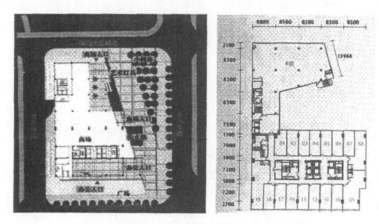

图 15.9　喜年中心的总平面图和标准层平面图

二、设计阶段的投资与设计的互动控制的具体做法和内容

喜年中心的整体设计方案是通过方案投标的方式产生的，后通过多轮的优化和修改形成最终的设计方案和效果。

原设计采用了超现代、全通透的设计概念，即所有外墙均采用玻璃体结构，整体色彩为金属灰色，体现现代工业的理念。

1. 在方案阶段设计与投资控制的互动控制措施

本项目在方案设计过程中，引入了主动成本造价控制的理念。由技术部和成本合约部共同确定了方案设计与成本造价的互动控制的具体方案，要求使用目标成本限额控制的方法对设计方案提出优化意见。在这个阶段对方案的优化、修改和确定主要是围绕项目定位和销售策划来进行，房地产开发的目标就是取得好的符合市场定位的产品，取得好的销售效果和经济效益。围绕这个目标，对设计方案提出了以下优化意见：

（1）采用前后栋、主副楼的形式进行体量的设计，既丰富了建筑的体形，又提高了自然通风的效果，还增加了建筑的通透性。这种双塔楼的设计优于单塔楼的整体效果。

（2）将东西山墙的玻璃体改为采用实体，而非通透立面，减少热负荷，降低空调的费用。

（3）根据项目的定位（甲级写字楼），和整体立面效果，确定空调形式为集中式空调系统。

以上这些优化意见最终落实在方案设计中，对项目成本造价控制起到了良好的效果。

2. 在初步设计阶段的优化和成本造价控制确定

在项目初步设计阶段，开发商要求对项目成本造价进行进一步的控制，经过研究，提出了初步设计与成本造价的互动控制方案。

（1）首先依据各分项目对成本造价的影响确定设计优化的排序

经过分析比较，发展商发现，除了主体结构占成本造价比例最大外，其他的分项对成本造价的影响大小依次为：建筑外立面、集中空调系统、电梯系统、高低压变配电系统、电气系统、给排水系统、消防系统、弱电系统等等。因此在对本项目初步设计阶段进行优化和成本造价控制的时候就是按照这个顺序分别对这些项目进行研究和分析。

经过各方面的单项分析评价和综合评价，提出了具体的优化方案，又通过对设计的优化设计，达到了控制成本造价的目标。

（2）具体优化方案

1) 运用价值工程的理论对空调系统选型进行了全面的比较。主要比较的参数如下：

①系统选型对建筑立面的影响，如采用单户空调或小型中央空调必须考虑空调外机对建筑外立面的影响，建筑立面可能因此增加铝合金百叶，从而影响整体建筑立面效果。

②系统选型对建筑平面的影响，如采用 VRV 等小型中央空调必须在建筑平面上考虑主机系统设备间，如为整体集中空调则必须考虑制冷机组在地下室的机房设置问题，如采用蓄冰空调则必须考虑在地下室设置大型蓄冰罐的问题。

③系统选型对建筑结构的影响，如采用中央空调系统必须考虑主机设备机房的荷载问题，通风管道在各层布置后对建筑层高的影响，以及冷冻水管穿越结构梁板对结构的不良影响。

④系统选型对投资的影响，如选用不同的系统方案、选用不同机组设备，都可能产生对投资的不同影响。

⑤系统选型对日常运行的影响，如采用不同的系统方案和不同的机组设备，由于各设备的特点，将对日常运行稳定性、耗电量、维护和维修的技术难度产生不同的影响。

⑥系统选型对投资回报的影响，如初期投资的大小是投资回报的主要影响因素。

⑦系统选型对销售的影响，如采用不同的空调系统，将对项目的定位产生不同的影响，同时对销售产生不同的影响。

经过比较各类集中空调系统的优缺点以及本项目的特点，考虑不采用蓄冰空调和 VRV 空调形式，采用水冷机组的空调形式。

水冷机组的目前技术下的主要机型为螺杆式压缩机组和离心式压缩机组。两种机组的工况效率不同，产品采购价格也不同，需要针对喜年中心的项目特点，确定合理的计算参数，并对螺杆机和离心机的性能和价格进行详细比较。通过以上比较最终确定了采用螺杆机和离心机相结合的方案，可以保证制冷机组效率最高，成本造价较低。

2) 运用价值工程原理从投入产出比的大小来确定空调系统规模。

空调系统的投资大小有一个很重要的因素，就是空调系统设计所采用的基础设计参数，如冷负荷参数。单位面积冷负荷参数的大小决定了整个系统的负荷大小，也决定了系统规模的大小，对投资的影响较大。冷负荷参数设计选用偏大，则系统的空调能量较大，可以获得较为舒适的空调环境；相反，选用偏小，则空调舒适性一般或较差。设计规范一般采用一个范围来表示冷负荷的参数，各设计单位根据实际情况进行选定。喜年中心的设计单位在确定冷负荷参数时采用了参数范围的上限，计算出来的空调规模达到了 2250 冷吨数，相应的成本造价反映出比类似项目要明显偏高。

经过对类似项目的考察和调研，以及详细的分析和比较，结合项目的销售定位，最终确定在保证办公空调效果的前提下，采用了较低的冷负荷参数，降低了原设计的空调规模约 250 冷吨。同时也降低了造价。

3) 对消防灭火系统的优化和成本造价控制

初步设计单位提交的初步设计方案中的消防灭火系统的对消防系统进行了方案说明，在高低压配电房和发电机房设置气体灭火系统。

开发商的技术部门通过对消防规范的研究发现，国家规范中只是对发电机房要求必须设置气体灭火系统，对高低压配电房没有要求设置气体灭火系统。在咨询深圳市消防局后，提出对设计范围进行优化调整，取消对高低压配电房的气体灭火系统的设置，减少了气体灭火的工作防护面积。同时对气体消防的气种提出优化建议，建议改七氟丙烷为二氧化碳，可以降低投资。

4) 对部分材料的选用提出了优化建议。

原初步设计方案中提出空调冷凝水采用镀锌钢管，这种管材在以往的设计中主要用在有压管道系统中，而且相对 UPVC 管材价格也较高。因此提出了空调冷凝水管道采用 UPVC 管的建议，并获得设计单位的采纳。

原初步设计方案中提出生活给水系统采用铜管，这种管材虽有不少优点，但其价格是其他材质管道的几倍。而且深圳市各类房地产项目在生活给水系统管道的选用上已经普遍采用 PPR 管道，该管道不但具有很多与铜管一样的优点，而且在价格上比铜管低很多。因此通过价值工程的比较，提出了采用 PPR 管道的建议，可以有效地控制给排水系统的成本造价。

通过开发商提出的这些优化意见在初步设计的一步步落实，最终通过修改设计方案，取得了对项目造价进行有效控制的效果。

3. 在施工图设计阶段的优化和成本造价控制确定

施工图纸初稿提交开发商后，开发商同样对施工图设计进行了成本造价对设计的控制与反控制的研究。

（1）施工图设计阶段的优化原则

施工图设计阶段已经将很多系统的系统设计、平面布置、材料选型、施工工艺进行了细节化的明确，以达到指导实际施工的要求。因此，对成本造价控制的工作也进入到细节化的阶段。提出的优化设计的方案和意见也更加细致化、细节化。

（2）具体设计优化方案

1) 对建筑外立面的工艺做法进行优化。

按照方案阶段的立面效果的要求，初步设计和施工图设计均提出了建筑外立面采用全玻璃幕墙结构的工艺做法，按照方案效果图的要求对外立面进行幕墙分隔。由于全幕墙做法的投资造价较高，因此可以探询是否有其他投资较低，又不影响原有立面效果的做法。如果有，那就可以对该项目进行有效的成本造价控制。也就符合在较低投入的条件下，取得相同产出的效果。

通过对铝合金市场上材料和施工技术的调研分析，发现之所以幕墙造价较高的原因一是铝合金含量较高，而铝合金的单价又高达 25000 元 /t；二是玻璃的价格随规格种类的不同差异很大，如是否钢化、是否中空、是否夹胶、是否镀膜、厚度要求等等。采用不同的幕墙结构设计所用的铝合金和玻璃的含量及规格都不相同，这为优化设计及其成本造价控制提供了可能。

经过大量的分析比较，并与设计单位在设计效果上进行论证确认，最终确定建筑外墙大面积玻璃的设计采用铝合金窗的材料和做法，而不是采用玻璃幕墙的做法。仅保留三层以下裙楼及 27、28 层的玻璃幕墙，其余塔楼均采用铝合金窗的工艺做法。经论证工艺可行，成本造价明显降低。

在结合窗下围护的做法上采用隔热材料，可以有效的降低建筑能耗，通过玻璃颜色的变化，达到基本不影响整体立面效果的成效。进一步降低成本造价。

2) 施工图设计在钢筋配筋上，提出了当时比较新的材料Ⅲ级钢筋。Ⅲ级钢筋的使用有节省钢材的优点，在当年的深圳材料市场上虽已经有Ⅲ级钢筋的供应，但存在着规格不全、价格较高、到货期长、供应不及时等问题；在施工工程市场上，存在着施工经验少、钢筋接头配件不规范、价格高，质量检验标准不确定等问题。对这种当时的新生事物如何看待，成了一个需要研究的问题。

经过对工艺技术和造价的详细分析比较，结合当时实际情况，考虑了市场价格差价较大，施工工艺的成熟度，采购的方便性对工期的影响等方面的因素，不同意设计单位提出的全面采用Ⅲ级替代Ⅱ级钢筋的方案。

4. 其他

经过对项目的全面分析，可以发现，除了以上的优化和投资控制方面外，还可以在以下方面进行成本造价控制与设计的互动管理。

（1）对各类材料的选择经过经验数据积累可以提出相对成熟的品牌和种类，形成数据库，指导设计的选材。如外墙采用涂料还是瓷砖，窗采用铝合金还是塑钢等。

（2）对各类影响外表面效果的材料的选择应采用比较好的品牌和档次，并允许设计在这些部位提出较高的要求。如电梯轿厢的装修标准，电梯大堂的装修标准等。

（3）对各类暗敷或不影响外表面效果的材料的选择应在保证质量的前提下采用较低的品牌和档次，采购面会增加很多，价格也会最低。如电线管、电井门、疏散楼梯间的装修标准和材料。

（4）在建筑方案上应尽量采用可销售面积较高的方案，提高可销售率作为建筑方案的重要评判标准。

（5）尽量减少地下室和地下工程，能采用半地下室的就不用全地下室。能降低地下室层高的尽量降低，不为美观而提高层高。

三、互动控制效果：优化前后的效益对比

经过以上各阶段对设计进行优化，从而对成本造价进行控制的措施和建议的提出和采纳，在工程竣工后，开发商对整个项目的造价进行了分析和比较。发现，经过项目设计与成本造价的互动控制的操作，在项目成本造价控制方面取得了比较好的效果。

优化后比优化前的成本造价降低了约1000多万元，其中空调系统约250万元，建筑外立面约550万元，钢筋选用约65万元，消防灭火约30万元，管道材料约80万元，其他优化约25万元。相当于每平方米建筑面积降低成本造价194元，设计优化效益明显。

同时对房地产项目设计与投资的互动控制体系的建立取得了实质性的案例。

四、互动协同优化管理结论

通过以上对房地产开发前期阶段的建筑设计管理和成本控制之间互动应用的讨论，可以得出以下结论：

（1）产品前期阶段建筑设计管理和成本控制的指导目标是同一的，都是基于市场对房地产产品的需求和以项目定位为导向的多方位控制。在前期阶段的管理过程中，建筑设计是将市场需求产品的特征从项目定位的文字、概念状态完成建筑语言化的描述，形成指导工程施工的图纸语言，是项目开发过程中的关键阶段。成本控制是以投资决策目标和项目定位为指导的项目开发全过程成本控制，产品前期阶段是成本控制力度最强、成本节约权数对大的阶段，产品设计一旦完成，从项目成本形成机制上说，项目成本已经基本确定。

（2）产品前期阶段建筑设计管理和成本控制目标的实现，需要两者相辅相成地互动作用。建筑设计是成本控制的计价依据，同时也是成本控制的目标；成本控制是建筑设计的成本边界，也是创造高性价比产品的推进因素。建筑设计的管理特征为按基本建设流程中建筑设计流程进行管理，严格控制各个设计阶段的工作节点，优化设计，给予适时评价和反馈，建筑设计的规范管理是成本控制的一个重要方面；成本控制的计价是多次计价方式，其计价阶段是跟随着建筑设计阶段进行的，成本控制节点就是建筑设计控制的节点，成本控制是针对各个设计阶段过程和成果的控制，控制的目标是设计的内容，导向为基于产品定位的成本目标。两者分别从成本和设计的角度在经济成本上和产品形态上进行同一目标，两个方面的控制。从本文的分析中可看出两者相辅相成地互动作用

共同实现项目定位的目标是可行的。

（3）产品前期阶段建筑设计管理和成本控制的互动应用机制在实施中需要形成制度化的业务管理流程，互动的管理思想必须形成制度化的业务流程才能够在开发过程中执行，业务流程的制定和执行需要在实际工作中反复总结经验，不断完善和修正的过程，在制度上纳入到各级管理和业务工作中，形成从上至下各级人员的管理共识。

（4）产品前期阶段建筑设计管理和成本控制的互动应用机制的形成需要企业完善的组织保障。房地产项目开发是一个极其复杂的过程，企业内外环境和内外组织机构从多方面形成制约开发的因素，产品前期阶段是开发技术含量最高的环节。根据企业的管理特征，形成一个严密高效的管理组织结构协调企业内部各管理部门和外部业务机构共同协作是控制好产品成本控制的关键因素。